NATURA

Biologie für Gymnasien

bearbeitet von

Irmtraud Beyer
Horst Bickel
Harald Gropengießer
Siegfried Kluge
Bernhard Knauer
Inge Kronberg
Hans-Peter Krull
Hans-Dieter Lichtner
Horst Schneeweiß
Gerhard Ströhla
Wolfgang Tischer

Oberstufe

Ernst Klett Verlag
Stuttgart • Leipzig

1. Auflage

1 16 15 14 13 12 | 2016 2015 2014 2013 2012

Alle Drucke dieser Auflage sind unverändert und können im Unterricht nebeneinander verwendet werden. Die letzte Zahl bezeichnet das Jahr des Druckes.

Autoren
Dr. Irmtraud Beyer; Ricarda-Huch-Schule, Gymnasium, Dreieich; Dr. Horst Bickel; Geschwister Scholl Gymnasium, Düsseldorf; Studienseminar für das Lehramt an Gymnasium und Gesamtschule, Düsseldorf; Prof. Dr. Harald Gropengießer; Universität Hannover, Fachbereich Erziehungswissenschaften; Prof. Dr. Siegfried Kluge; Neumark; Bernhard Knauer; Hainberg-Gymnasium, Göttingen; Dr. Inge Kronberg; Fachautorin und Dozentin, Hohenwestedt; Hans-Peter Krull; Albert-Einstein-Gymnasium, Kaarst; Hans-Dieter Lichtner; Rats-Gymnasium, Stadthagen; Dr. Horst Schneeweiß; Gymnasium Othmarschen, Hamburg; Gerhard Ströhla; Gymnasium Münchberg; Dr. Wolfgang Tischer; Gymnasium Sarstedt

unter Mitarbeit von
Roman Claus, Rees; Roland Frank, Stuttgart; Gert Haala, Wesel
Uschi Loth, Burbach; Dr. Jürgen Schweizer, Stuttgart
Ulrich Sommermann, Münchberg; Günther Wichert, Dinslaken

Regionale Fachberatung
Susanne Dexel, Berlin; Margret Hampel, Rüsselsheim
Dr. Birigt Grambow, Schwerin; Wolfgang Martin-Beyer, Mainz
Bärbel Knabe, Leipzig; Hans Jobst Redinger, Hohenwestedt
Dr. Sabine Hild, Erfurt

Entstanden in Zusammenarbeit mit dem Projektteam des Verlags.

Layoutkonzeption und Gestaltung
Prof. Jürgen Wirth; Visuelle Kommunikation, Dreieich
unter Mitarbeit von Matthias Balonier, Evelyn Junqueira, Nora Wirth

Umschlaggestaltung
Jens-Peter Becker; normal Industriedesign, Schwäbisch Gmünd; unter Verwendung folgender Fotos: Eye of Science (Meckes, Ottawa), Reutlingen; IFA (Jon Arnold Images), Ottobrunn

Einbandfotos
links: Haare auf der Unterseite eines Olivenbaums;
rechts: Olivenhain

Reproduktion
Meyle + Müller, Medien-Management, Pforzheim

Druck
Aprinta, Wemding

Printed in Germany

ISBN: 978-3-12-045300-0

9 783120 453000

Schülersoftware zu Natura

Biologisches Fachwissen schnell und gezielt testen, das können Sie mit der Lernsoftware **Natura Biologie-Trainer**, die genau zu Natura passt.
Interaktive Lernbausteine bieten neue Wege zum Verständnis. Übungs- und Testaufgaben machen fit für Klausur und Abitur. Den **Natura Biologie-Trainer** erhalten Sie im Buchhandel oder unter www.klett.de (im Internet gibt's auch weitere Infos):

- Natura Biologietrainer Genetik und Immunbiologie (ISBN 978-3-12-045360-4)
- Natura Biologietrainer Stoffwechsel (ISBN 978-3-12-045362-8)
- Natura Biologietrainer Ökologie (ISBN 978-3-12-045366-6)
- Natura Neurobiologie (ISBN 978-3-12-045364-2)
- Natura Evolution (ISBN 978-3-12-045368-0)

Gefahren und Experimente im Unterricht

Eine Naturwissenschaft wie Biologie ist ohne Experimente nicht denkbar. Auch in Natura Oberstufe findet sich eine Reihe von Versuchen.

Experimentieren mit Chemikalien ist jedoch nie völlig gefahrlos. Deswegen ist es wichtig, vor jedem Versuch mit dem Lehrer die möglichen Gefahrenquellen zu besprechen. Insbesondere müssen immer wieder die im Labor selbstverständlichen Verhaltensregeln beachtet werden. Die Vorsichtsmaßnahmen richten sich nach der Gefahr durch die jeweils verwendeten Stoffe.

Die geltenden Richtlinien zur Vermeidung von Unfällen beim Experimentieren sind zu beachten.

Da Experimentieren grundsätzlich umsichtig erfolgen muss, wird auf die üblichen Verhaltensregeln und die Regeln für die Sicherheit und den Gesundheitsschutz beim Umgang mit Gefahrstoffen im Unterricht nicht bei jedem Versuch gesondert hingewiesen.

Beim Experimentieren muss immer eine Schutzbrille getragen werden.

Was steht in diesem Buch?

In diesem Buch sind alle Themen zu finden, die im Biologieunterricht der Oberstufe behandelt werden. Biologie ist ein Fach, das sich mit der Vielfalt der Erscheinungen des Lebendigen in der Natur beschäftigt. Entsprechend vielfältig sind die Themen und Beispiele, die hier dargestellt sind.

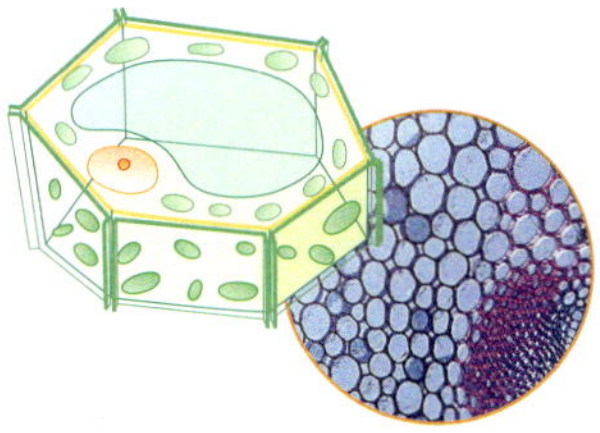

Der Wissenschaft ist es gelungen, viele Phänomene bis in den molekularen Bereich hinein zu erforschen und Lebensvorgänge auch auf der Ebene der Moleküle zu beschreiben und zu verstehen. Mit diesem Buch ist es möglich, sich auch diesen Bereich der Biologie zu erschließen, der nicht mehr der direkten Anschauung zugänglich ist. Mithilfe mikroskopischer und elektronenmikroskopischer Fotos sowie zahlreicher Abbildungen, die das Wesentliche hervorheben, ist es möglich, eine eigene Vorstellung des Nichtsichtbaren zu entwickeln. Wenn dabei in der eigenen Gedankenwelt Modelle entstehen, die benutzt, übertragen, überprüft und korrigiert werden, so ist das Eintauchen in die Welt der Naturwissenschaft gelungen.

Um diesen Prozess zu erleichtern, enthält dieses Buch viele Seiten, die nicht nur der Vermittlung von Wissen dienen, sondern zur vielfältigen Auseinandersetzung mit den biologischen Themen anregen.

Informationsseiten: Hier wird die grundlegende Information zu einem Thema geliefert. Durch zahlreiche Abbildungen werden schwierige Sachverhalte durchschaubar. Mit kurzen Aufgaben zum Text können Sie Ihr Wissen und Ihr Verständnis überprüfen.

Zettelkasten

Zettelkästen enthalten interessante Beispiele, Methoden, Ausnahmen, etc.

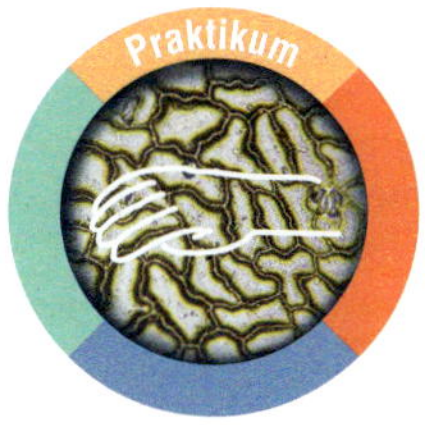

Praktikumseiten: Sie finden hier Anleitungen zu Versuchen, die Sie selbst durchführen können. Für gute Auswertungen sind sauberes Arbeiten und sorgfältig erstellte Protokolle unerlässlich.

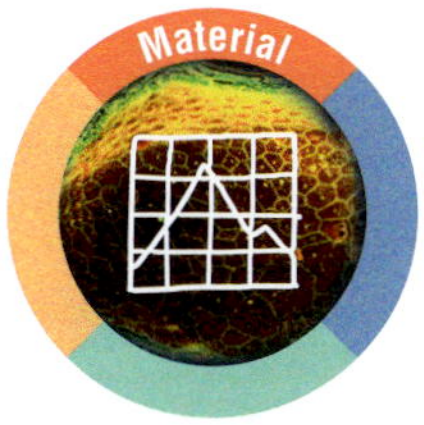

Materialseiten: Auf ihnen befinden sich umfangreiche Informationen zu einem Thema und dazugehörige Aufgaben. Sie sind an den Anforderungen der gymnasialen Oberstufe orientiert und deshalb umfangreicher als die Aufgaben der Informationsseiten. Weiterhin erfordern sie eine intensive Auseinandersetzung mit dem dargebotenen Material und den dazugehörigen Informationsseiten.

Lexikonseiten: Diese Seiten bieten eine Fülle zusätzlicher Informationen, die das bisher Gelernte in einen größeren Zusammenhang stellen und damit überschaubarer machen. Es werden Bereiche angeschnitten, die nicht direkt im Lehrplan vorgesehen sind. Diese Seiten regen zum Weiterlesen an.

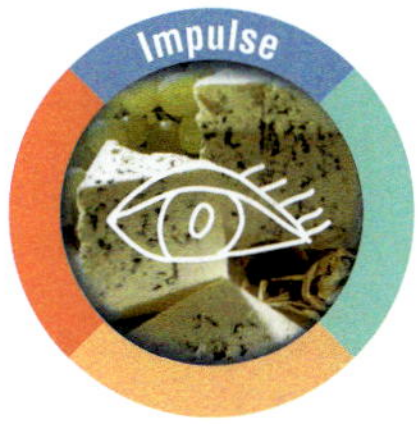

Impulseseiten: Biologische Fragestellungen gehen häufig über das Fach Biologie hinaus. Auf diesen Seiten finden Sie fächerübergreifende Materialien und Impulse zur selbstständigen Bearbeitung. Auch Bezüge zur Alltagswelt sind Thema dieser Seiten.

Basiskonzepte: Biologie ist eine komplexe Wissenschaft, bei der zwischen den verschiedenen Teildisziplinen viele — teils abstrakte — Beziehungen bestehen. Dieser neue Seitentyp zeigt Querbeziehungen zwischen unterschiedlichsten Themen auf. Basiskonzept-Seiten verdeutlichen Prinzipien und ermöglichen es, Faktenwissen zu ordnen und zu strukturieren. Aufgaben fordern zur Auseinandersetzung mit den Beispielen auf. Informationsseiten enthalten entsprechende Hinweise (⟶ 200/201).

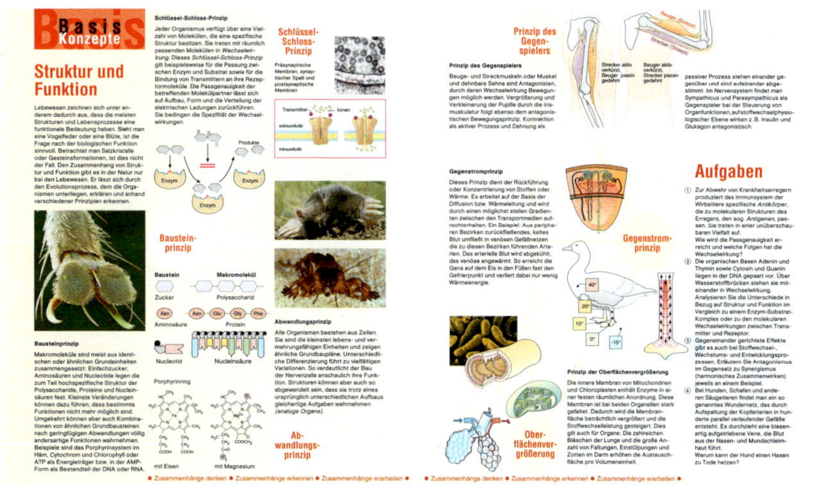

Inhaltsverzeichnis

Genetik

Inhaltsverzeichnis

Zellbiologie

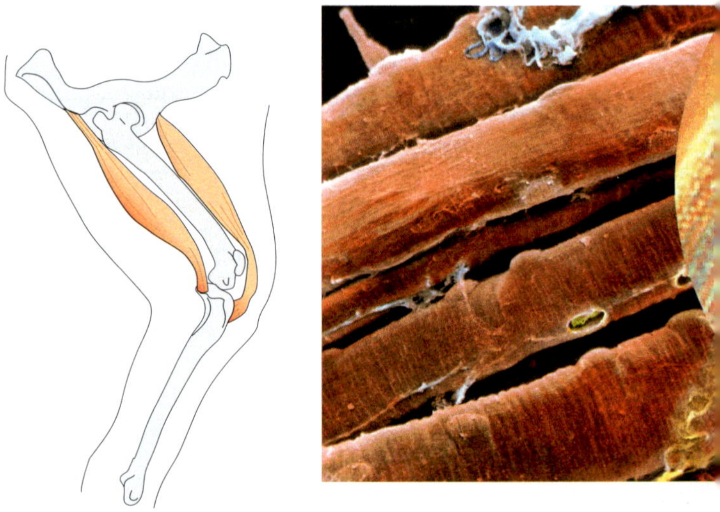

Die *Zelle* ist die kleinste Einheit des Lebendigen. Sie ist der im mikroskopischen Bild stets wiederkehrende Grundbaustein und die Funktionseinheit aller Lebewesen. Die kleinsten Lebewesen bestehen nur aus einer einzigen Zelle; andere sind aus vielen unterschiedlichen Zellen zusammengesetzt. Der menschliche Organismus enthält mehrere Billionen Zellen und ist letztlich doch nur aus einer einzigen Zelle, der *Zygote*, hervorgegangen.

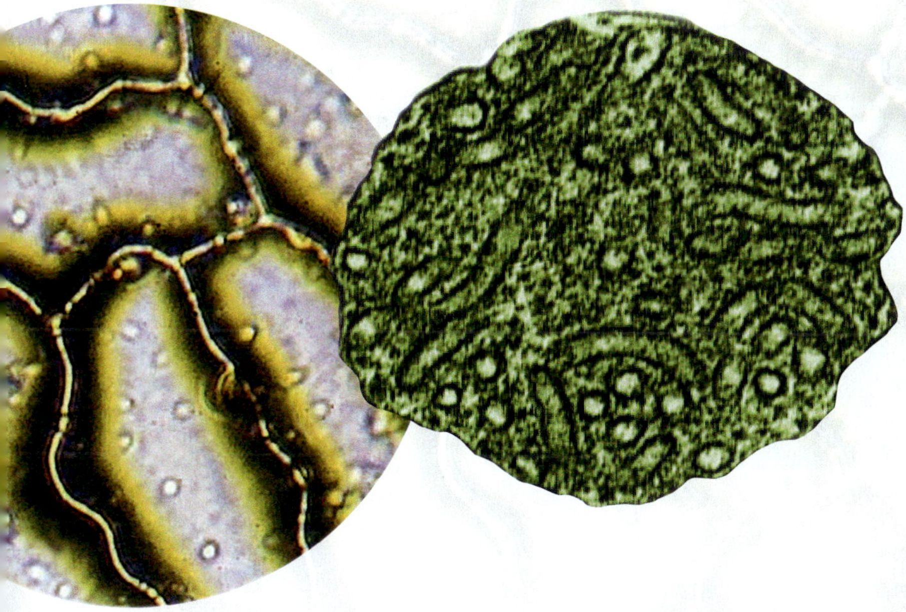

Im Lichtmikroskop und erst recht bei elektronenmikroskopischer Betrachtung erkennt man innerhalb jeder Zelle deutliche Strukturen, die *Organellen*. Sie besitzen einen typischen Feinbau und erfüllen bestimmte Lebensfunktionen. Biochemische Untersuchungen zeigen, dass die Lebensprozesse durch Moleküle bzw. Ionen und durch deren wechselseitige Reaktionen bestimmt werden.

Die *Zellbiologie* befasst sich mit dem Aufbau von Zellen, mit ihrem Zusammenwirken innerhalb des Organismus sowie mit der Funktion der Zellbestandteile bis hin zu den Wechselwirkungen auf molekularer Ebene.

Die Zelle ist ein offenes System. Sie kann mit einer chemischen Fabrik verglichen werden. Der Fabrik werden Rohstoffe (Nahrungsstoffe) zugeführt, die mit dem verfügbaren Maschinenpark (Organellen) und der werkstypischen Technologie umgewandelt werden. Es entstehen daraus Produkte zur Vergrößerung der eigenen Fabrik, es wird Energie für den Produktionsablauf freigesetzt und Abfallprodukte verlassen das Werk.

Zelle — **Organell** — **Molekül**

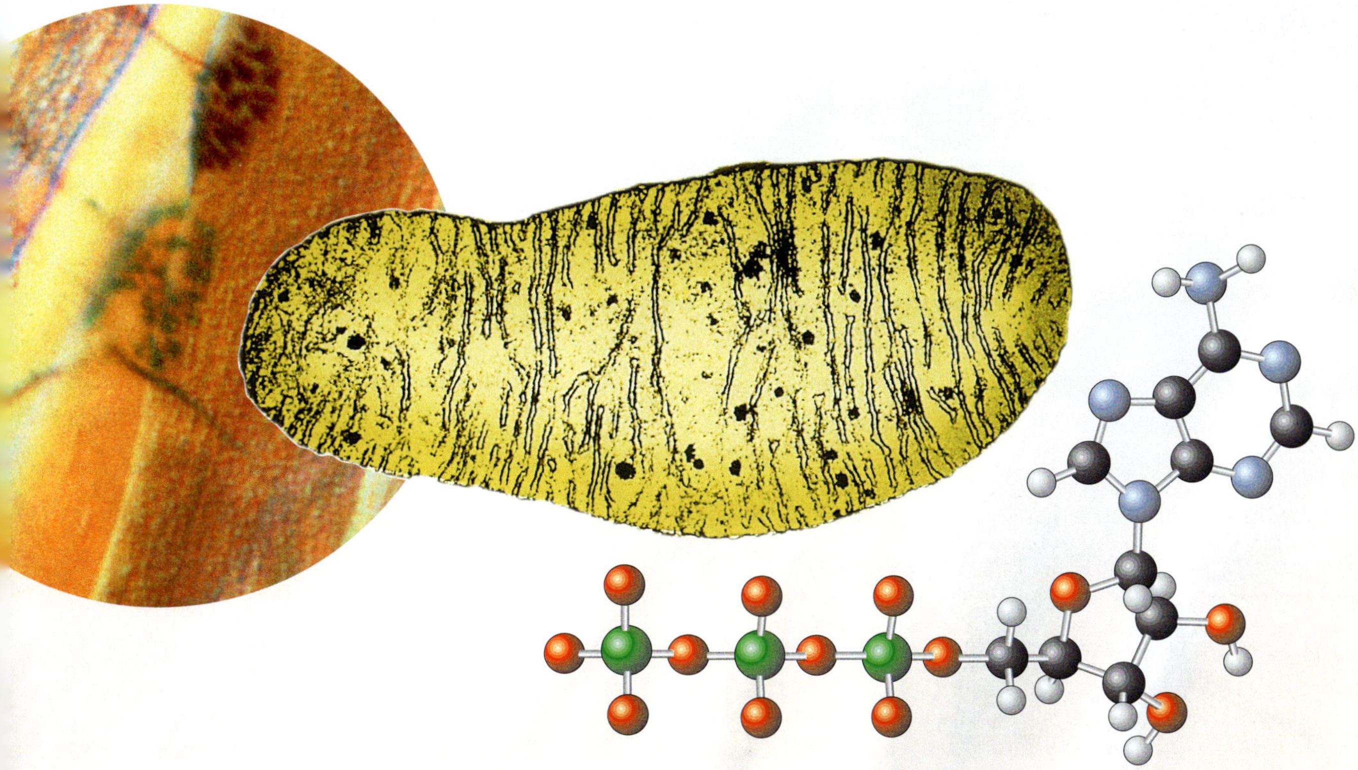

1 Das mikroskopische Bild der Zelle

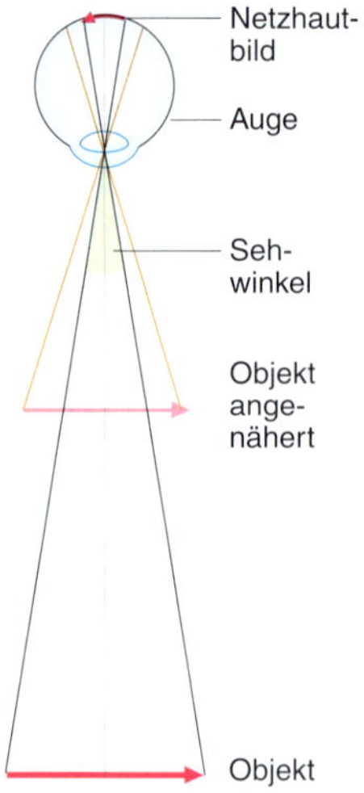

1 Moospolster – Auge

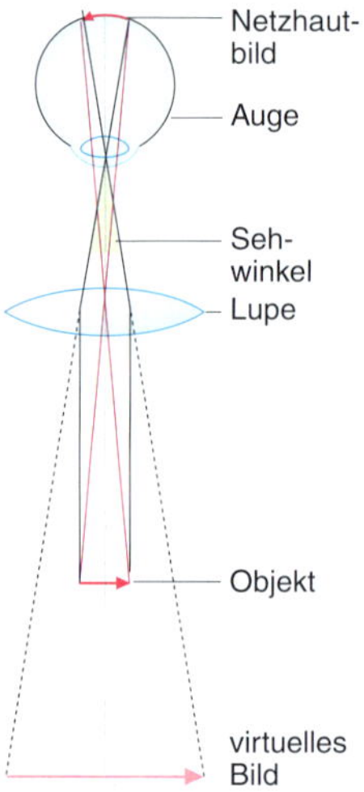

2 Moosblättchen – Lupe

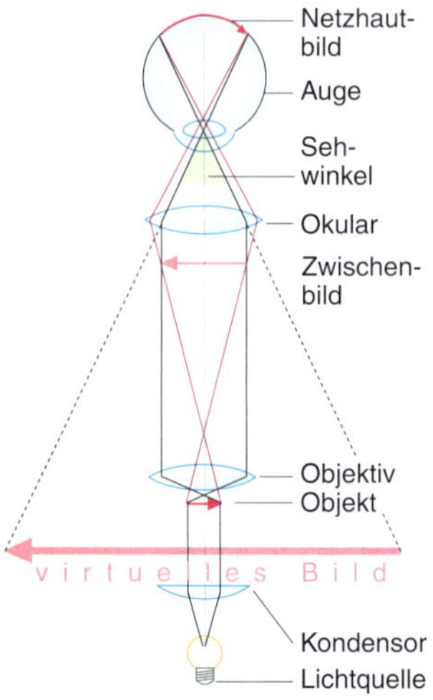

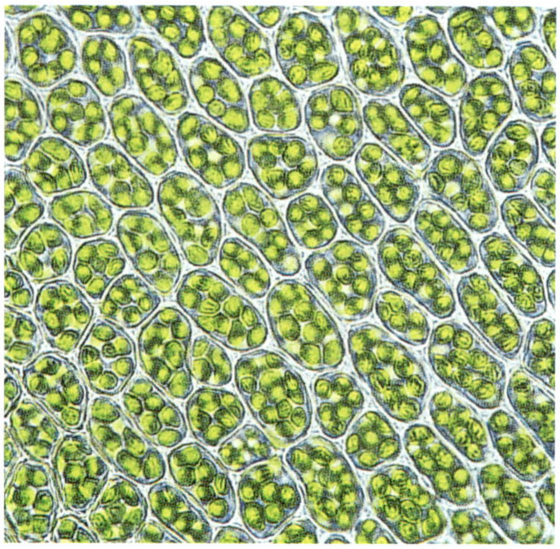

3 Moosblattzellen – Mikroskop

Das Mikroskop

Die meisten Zellen sind kleiner als 0,1 mm. Bei diesem Wert liegt das *Auflösungsvermögen* des menschlichen Auges. Darunter versteht man die Mindestentfernung, die zwei Bildpunkte haben müssen, damit sie noch getrennt voneinander wahrgenommen werden. Ist der Abstand kleiner, verschmelzen sie zu einem Punkt. Viele Entdeckungen der Biologie waren erst durch die Entwicklung des Mikroskops möglich. Besonders der Aufbau von Zellen und Geweben ist mit einer Lupe nicht genau zu erkennen.

Mithilfe der Sammellinse einer Lupe wird der Sehwinkel vergrößert, der Gegenstand wird auf der Netzhaut größer dargestellt als er in Wirklichkeit ist. Das *virtuelle Bild* ist größer als das *reelle Bild*. Die beiden Bildpunkte mit 0,1 mm Abstand liegen nun scheinbar weiter auseinander und sind als zwei einzelne Punkte wahrnehmbar. Je kleiner die Brennweite der Linse ist, umso näher kann man den Gegenstand betrachten und umso größer ist der Sehwinkel, also auch das virtuelle Bild.

Will man noch kleinere Strukturen scharf sehen, ist ein Mikroskop notwendig. Dieses besteht aus mindestens zwei Linsen, einer im Objektiv und einer im Okular. Die Linse im Objektiv hat eine geringe Brennweite, damit man das zu beobachtende Objekt sehr nahe an das Objektiv heranbringen kann. Diese Linse erzeugt ein Zwischenbild, das durch die zweite Linse im Okular wie mit einer Lupe vergrößert wird. Okular und Objektiv bestehen heute aus Linsensystemen. Bedingt durch die physikalischen Eigenschaften der Linsen und des Lichtes liegt die Auflösungsgrenze bei 0,2 µm. Bei noch stärkeren Vergrößerungen erkennt man jedoch nicht mehr Einzelheiten. Die förderliche Vergrößerung wird überschritten und somit zur *leeren Vergrößerung*. Viele kennen diesen Effekt vom Vergrößern digitaler Bilder auf dem Bildschirm. Ab einer bestimmten Vergrößerung sieht man nur unscharfe Pixel.

Das Auflösungsvermögen ist auch von der Wellenlänge des Lichts abhängig. Je kürzer die Wellenlänge, desto geringer kann die Mindestentfernung zweier Bildpunkte sein, die noch getrennt erkannt werden. Daher verwendet man beim Mikroskopieren häufig das kurzwelligere blaue Licht.

Neue Techniken

Bei der *Fluoreszenzmikroskopie* wird das Präparat mit kurzwelligem grünem, blauem oder UV-Licht beleuchtet. Die kurzwellige Strahlung führt zu einem Aufleuchten bestimmter Moleküle im längerwelligen Licht, z. B. rot oder grün. Einige natürlich vorkommende Stoffe, wie z. B. Chlorophyll, werden zum Fluoreszieren angeregt. Werden Zellen bzw. Gewebe mit spezifischen Antikörpern behandelt, die zusätzlich mit fluoreszierenden Farbstoffen verbunden sind, können gezielt die Strukturen sichtbar gemacht werden, an die die Antikörper binden. So kann man das lichtmikroskopisch unauffällige Stützsystem der Zelle *(Cytoskelett)* darstellen (Abb. 1). Die Fluoreszenzmikroskopie wird auch zum Markieren und Sichtbarmachen von DNA-Abschnitten mit fluoreszierenden Farbstoffen *(Markern)* eingesetzt.

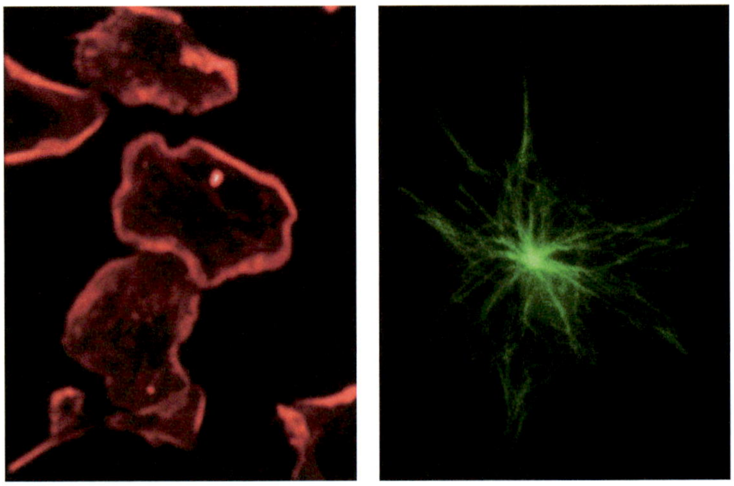

1 Fluoreszenzaufnahmen vom Cytoskelett (links Aktin, rechts Mikrotubuli)

Das allgemein übliche Verfahren, bei dem das Objekt von sichtbarem Licht durchstrahlt wird *(Durchlicht-Hellfeldmikroskopie,* Abb. 2), hat ebenfalls zahlreiche Ergänzungen und Abwandlungen erfahren, die das Anfärben von Präparaten in ihrer Wirkung übertreffen können. Mit den modifizierten Verfahren und oftmals nur einfachen Zusatzeinrichtungen zum routinemäßig genutzten Lichtmikroskop gelingt es, homogene Objekte konstrastreich zu machen oder farbig darzustellen.

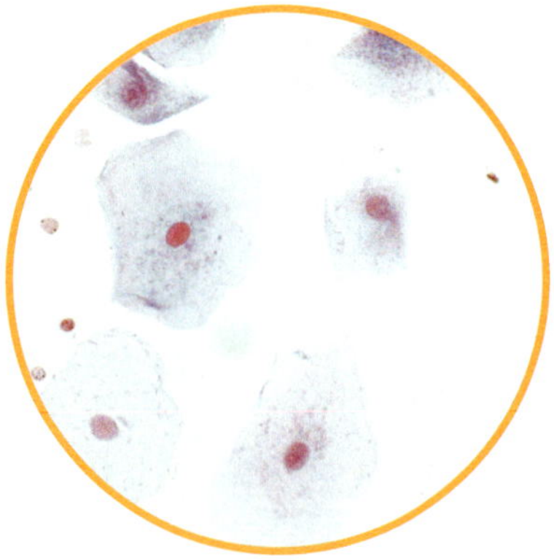

2 Mundschleimhautzellen (Hellfeld, gefärbt)

Im *Durchlicht-Dunkelfeld* erscheint das Sehfeld zunächst dunkel, da durch den Dunkelfeldkondensor das Licht an den Linsensystemen des Mikroskops vorbeigeführt wird. Auf diesem dunklen Hintergrund leuchten die Strukturen von Objekten hell auf, da nur das an ihnen gebrochene, gebeugte oder reflektierte Licht in das Objektiv tritt (Abb. 3). Feine Strukturen ohne Eigenfärbung und geringer Dichte werden damit erst sichtbar.

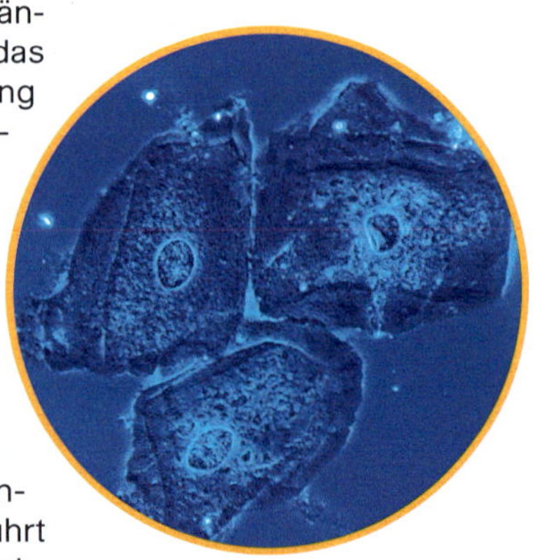

3 Mundschleimhautzellen (Dunkelfeld)

Beim *Phasenkontrastverfahren* werden durch Interferenz zwischen direktem und gebeugtem Licht Phasenunterschiede in für das Auge wahrnehmbare Helligkeitsunterschiede umgewandelt. Dadurch treten ansonsten verborgene Konturen im Objekt plastisch hervor (Abb. 4).

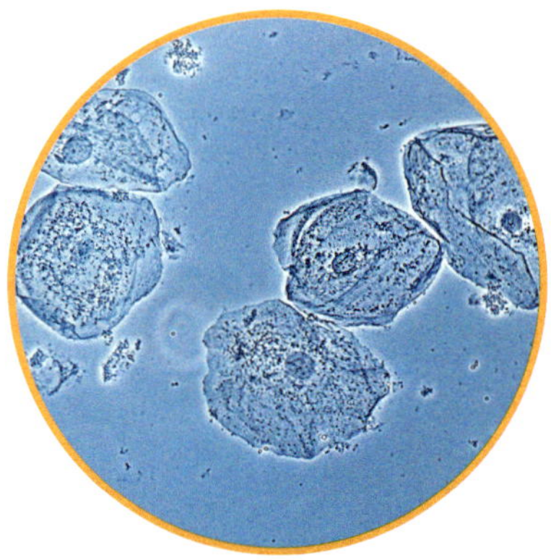

4 Mundschleimhautzellen (Phasenkontrast)

Im *Polarisationsmikroskop* wird das Präparat mit linear-polarisiertem Licht, also Lichtwellen einer ganz bestimmten Schwingungsrichtung, beleuchtet (Abb. 5). Strukturdetails können in verschiedenen Farben so differenziert dargestellt werden.

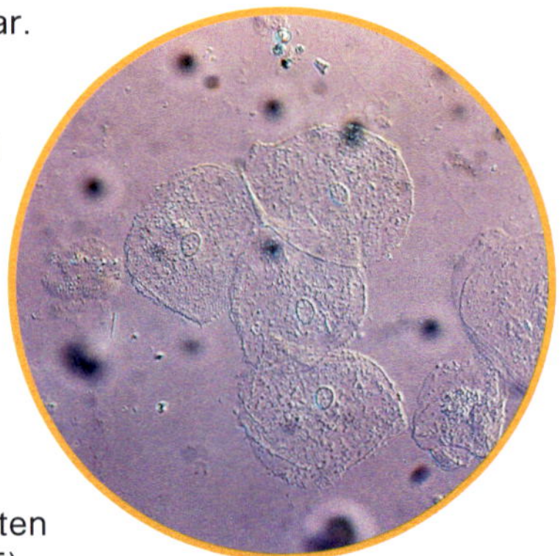

5 Mundschleimhautzellen (Polarisation)

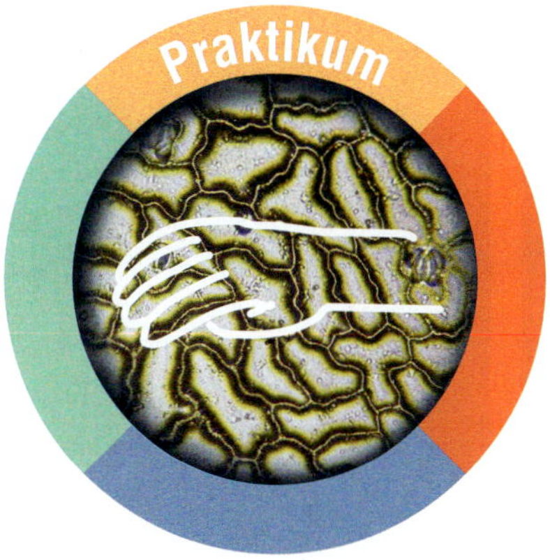

Herstellung von mikroskopischen Präparaten

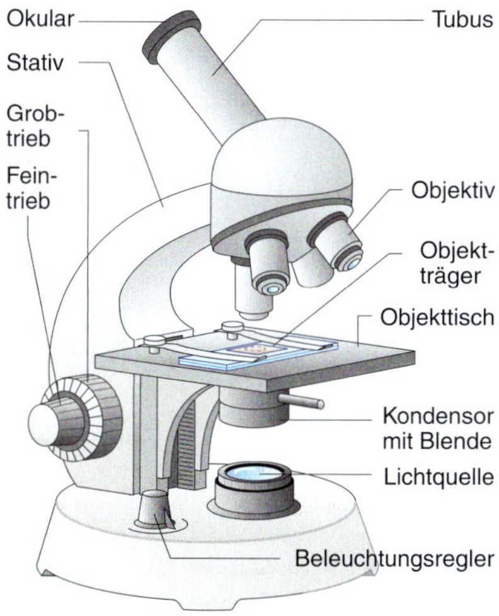

Die innere Zwiebelschuppenepidermis (Zwiebelschuppenhaut) soll mikroskopisch untersucht werden.

Benötigte Materialien und Geräte:
Küchenzwiebel, Messer, Objektträger, Deckgläschen, Pipette mit Gummihütchen, Präpariernadel, Rasierklinge, Pinzette, Glasgefäß mit Wasser.

Herstellen des Präparates

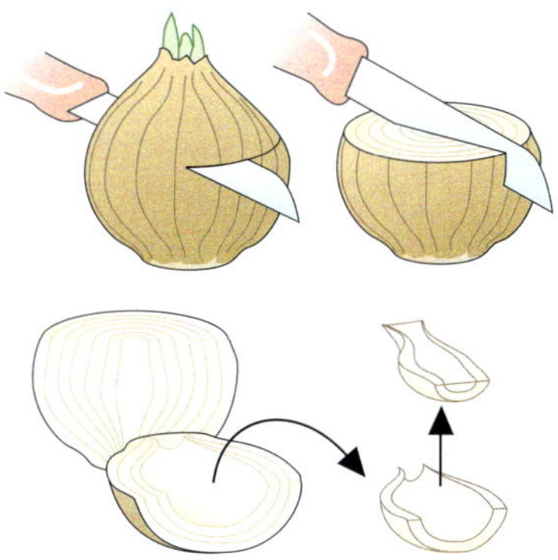

① Mit einer Rasierklinge wird ein kleines Quadrat in die Innenseite der Zwiebelschuppe geritzt, anschließend mit der Pinzette das Zwiebelhäutchen vorsichtig abgezogen und in einen Wassertropfen auf einen Objektträger gelegt.

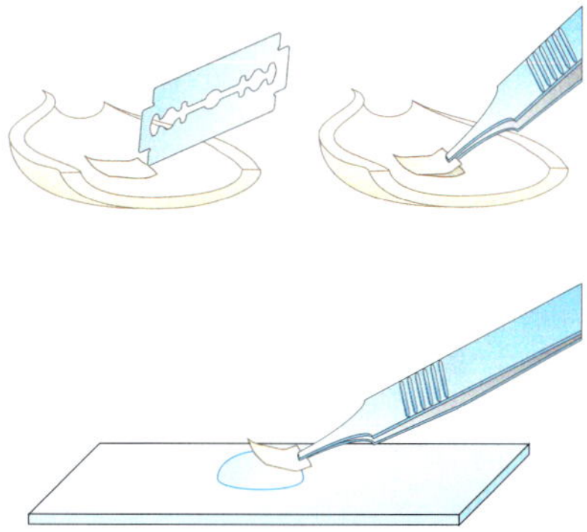

② Das Deckgläschen wird nun langsam mithilfe der Präpariernadel auf das Objekt abgesenkt. Dabei sollten keine Luftblasen mit eingeschlossen werden. Ist die Fläche unter dem Deckglas nicht vollständig benetzt, so gibt man mit einer Pipette noch etwas Wasser an der Seite des Deckglases zu. War der Wassertropfen zu groß, schwimmt das Deckglas. Mit der Pipette oder mit Filterpapier wird etwas Wasser abgesogen. Auf dem Deckglas darf sich kein Wasser befinden!

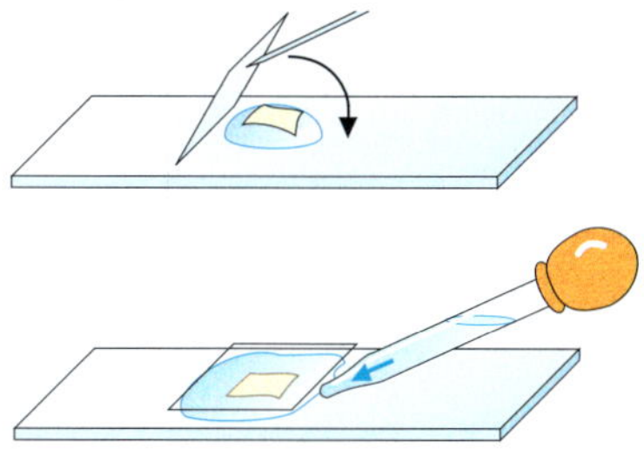

③ Das Zwiebelhautpräparat wird auf den Objekttisch gebracht und wenn möglich mit den Klammern über der Kondensormitte fixiert.

Der Weg zu einem guten Bild

④ Zunächst wird das kleinste Objektiv (Maßstabszahl) in den Strahlengang geschwenkt, das Bild der Zwiebelhaut mit dem Grobtrieb scharf gestellt und in die Mitte des Gesichtsfeldes gebracht. Der Feintrieb, mit dem von nun an alle weiteren Einstellungen erfolgen, ermöglicht das genaue Scharfstellen.

⑤ Nun wird das jeweils nächstgrößere Objektiv (z. B. 10 x) über das Präparat geschwenkt, ohne an der Scharfeinstellung etwas zu ändern. Die Schärfe wird in der Regel nur noch mit dem Feintrieb geringfügig nachgestellt. Durch vorsichtiges Verschieben des Objektträgers wird dabei jeweils die Zellgruppe bzw. die Zelle in die Bildmitte gebracht, die man genauer untersuchen möchte.

⑥ Überprüfen Sie, welche Auswirkung das Öffnen und Schließen der Kondensorblende bei den einzelnen Objektiven hat und stellen Sie jeweils ein kontrastreiches und scharfes Bild ein. Die Kondensorblende dient der Regelung des Bildkontrastes. Die Bildhelligkeit sollte über den Beleuchtungsregler eingestellt werden.

⑦ Um das Objekt vertikal zu durchmustern, dreht man den Objekttisch mit dem Feintrieb langsam nach oben und unten. Dies ist aufgrund der geringen Schärfentiefe notwendig. Sie ist umso kleiner, je größer die Objektivvergrößerung ist.

Weitere geeignete Objekte für mikroskopische Untersuchungen sind: Blattzellen der Wasserpest *(Elodea)*, von Laubmoosen bzw. Epidermiszellen der Dreimasterblume *(Tradescantia pallida)*.

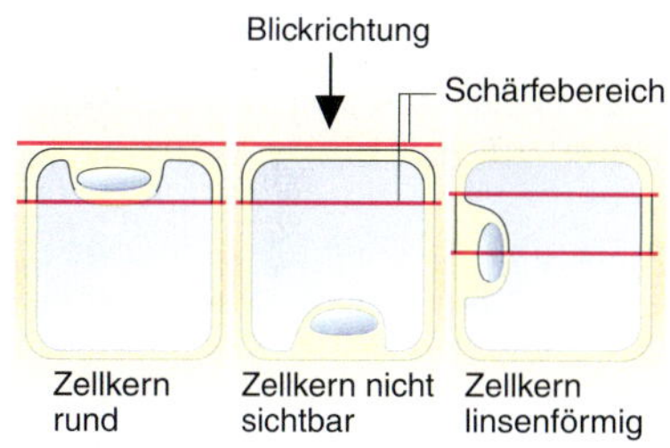

Protokollieren der Beobachtungen

⑧ Mikroskopieren Sie bei mittlerer Vergrößerung das Zwiebelhäutchen. Verschaffen Sie sich einen Überblick über die Gestalt und die Lage der Zellen. Fertigen Sie eine Umrissskizze von 4 bis 5 aneinander liegenden Zellen an.

⑨ Bringen Sie eine in Details gut erkennbare Zelle in die Gesichtsfeldmitte und untersuchen Sie diese mit dem nächstgrößeren Objektiv (40 x). Welche Einzelheiten sind zu erkennen? Fertigen Sie von dieser Zelle eine möglichst genaue Skizze an (Größe auf dem Papier mindestens 10 cm). Achten Sie auf die richtigen Größenverhältnisse von Zelle und Zellbestandteilen.

Fehler beim Mikroskopieren

Das Bild ist kontrastarm bzw. unklar:
Die Blende ist zu weit offen, die Linse ist verschmutzt (mit Linsenpapier reinigen) oder es befindet sich Wasser auf dem Deckgläschen.

Linien im Objekt erscheinen doppelt bei meist dunklem Bild.
Die Blende ist zu weit geschlossen.

Kreisförmige, schwarze und in der Mitte etwas hellere Flecken verdecken das Objekt.
Das Objekt enthält eingeschlossene Luftblasen.

Anfärben kontrastarmer Präparate

⑩ Mit einem Holzspatel oder einem Teelöffel schabt man vorsichtig aus der Mundhöhle etwas Schleim ab, der Mundschleimhautzellen enthält, und bringt diesen in einen Wassertropfen auf den Objektträger. Bei der mikroskopischen Untersuchung werden die einzelnen Zellen nur schwer zu erkennen sein. Das liegt an der Kontrastarmut des Objekts, d. h. es ist überall fast gleich hell. In solchen Fällen färbt man das Präparat an, um es besser sichtbar zu machen. Dazu wird entsprechend der Abbildung eine Methylenblaulösung unter dem Deckgläschen hindurchgesaugt.

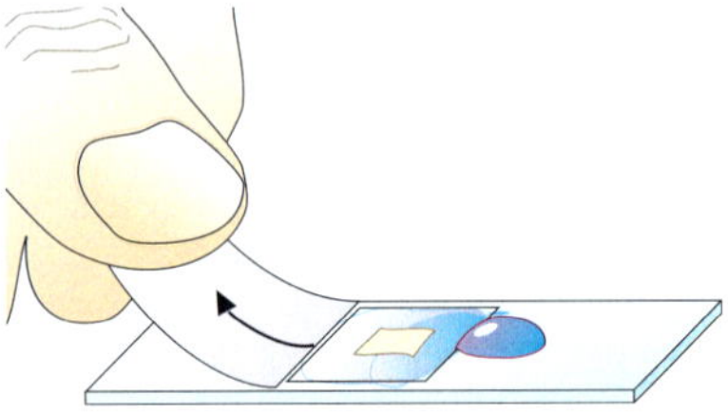

Mikroskopieren Sie das ungefärbte und das gefärbte Präparat und vergleichen Sie. Fertigen Sie anschließend vom gefärbten Präparat eine Skizze an. Welche Details sind besonders gut angefärbt? Warum zeigen die Schleimhautzellen eine Art Faltenbildung? Welche Unterschiede bestehen im Vergleich zur Zwiebelzelle?

Die Farbstoffe Eosin und Neutralrot färben in wässriger Lösung verschiedene Zellstrukturen an. Mit Eosin färben sich das Cytoplasma und der Zellkern gut an, während Neutralrot sich vorzugsweise in der Vakuole (Zellsaftraum) ansammelt.

Schneiden von Objekten

Von dicken Objekten müssen Dünnschnitte hergestellt werden. Das betrifft z. B. Wurzeln, Stängel und Blätter von Pflanzen.

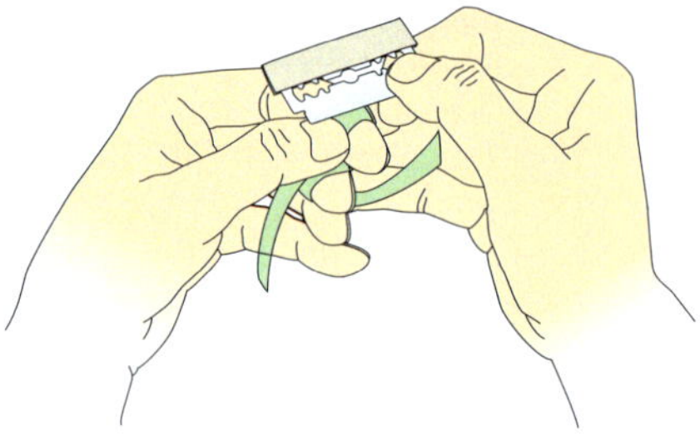

Flächenschnitt
Diese Technik wird angewandt, wenn man einzelne Zellen eines dickeren Blattes, z. B. Zellen von der Sumpfschraube *(Vallisneria)*, einer Wasserpflanze, untersuchen will. Die Abbildung zeigt die Schneidetechnik. (Vorsicht: Klinge ganz flach halten!)

Querschnitt
Häufiger jedoch werden Querschnitte benötigt. Viele Objekte sind relativ weich und lassen sich ohne Hilfsmittel nur schlecht schneiden. Deshalb klemmt man das Objekt wie in der Abbildung zwischen zwei Hälften aus Holundermark oder Styropor und schneidet entsprechend der Abbildung ein dünnes Scheibchen ab, indem man eine scharfe Rasierklinge bei nur leichtem Druck durch das Objekt zieht. Der erste Schnitt wird verworfen, da bei diesem die Zellen meist stark beschädigt sind. Die folgenden, möglichst dünnen Schnitte werden mikroskopiert.

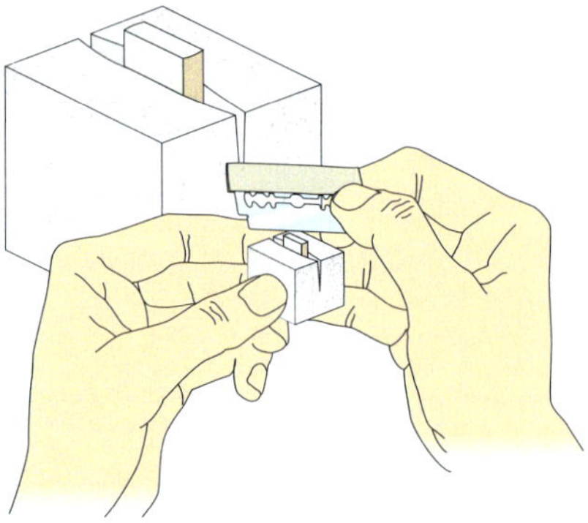

Messen und Zählen

Will man die tatsächliche Größe eines mikroskopischen Objektes oder seiner Teile ermitteln, benötigt man als Hilfsmittel ein Okularmikrometer. Dieses ist für jede gewählte Vergrößerung mit dem Objektmikrometer zu eichen.

⑪ Bestimmen Sie den Mikrometerwert, d. h. die tatsächliche Länge eines Skalenteils des Okularmikrometers, indem Sie die Skala des Okularmikrometers mit der des Objektmikrometers zur Deckung bringen (s. Abb.) und die sich entsprechenden Skalenteile ins Verhältnis setzen:
Mikrometerwert (m_w) = Skalenteile des Objektmikrometers / Skalenteile des Okularmikrometers

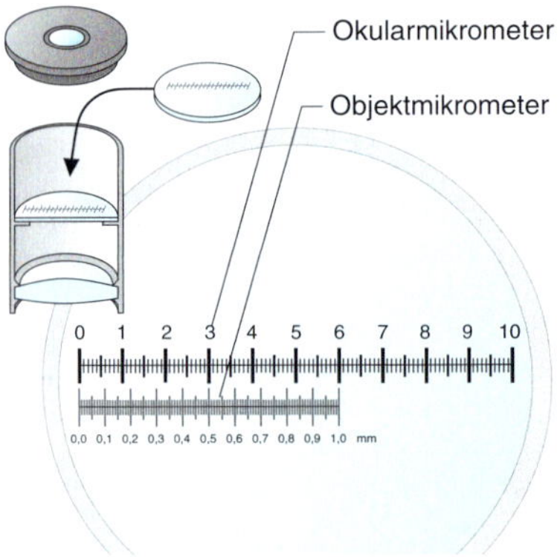

Für die Abbildung ergibt sich:
$m_w = 1{,}0\ \text{mm} / 60 = 0{,}016\ \text{mm} = 16\ \mu\text{m}$

Ein Skalenteil des Okularmikrometers besitzt bei der gewählten Vergrößerung eine tatsächliche Länge von 16 µm, folglich hat eine Zelle, die sich über fünf Skalenteile erstreckt, eine Länge von 80 µm. Stehen kein Okular- und Objektmikrometer zur Verfügung, kann man transparentes Millimeterpapier oder eine entsprechende Folienkopie davon zur Größenbestimmung verwenden.

Soll der Durchmesser des Gesichtsfeldes bestimmt werden, legt man das Millimeterpapier anstelle des Objektes auf den Objektträger. Nun bestimmt man für jede Vergrößerungsstufe den Durchmesser in Millimetern:
Vergr. Objektiv x Vergr. Okular = Gesamtvergrößerung;
dazu bestimmt man durch Auszählen den Sehfelddurchmesser in mm.

Zum Auszählen von Zellen in einem bestimmten Flüssigkeitsvolumen benutzt man eine Zählkammer. In die Vertiefung dieser Glasplatte ist ein Zählnetz eingeätzt. Die Quadrate des Netzes haben definierte, auf der Zählkammer angegebene Abmessungen, die die Berechnung des Volumens erlauben. Routinemäßig werden solche Zählkammern in medizinischen Laboratorien zur Ermittlung der Anzahl von Blutzellen verwendet. In der Schule empfiehlt es sich, Zellen der Backhefe *(Saccharomyces cerevisiae)* in einer Suspension auszuzählen.

Das lichtmikroskopische Bild der Zelle

Eucyte (auch *Eucyt*)
Zelle eukaryotischer Organismen (Pflanzen, Tiere, Protisten, Pilze)

Zellen begegnen uns in einer beachtlichen Vielfalt. Das betrifft ihre Größe und Gestalt ebenso wie die verschiedenen Funktionen. Eine Zelle des Assimilationsgewebes in einem Laubblatt, eine Nerven- und eine Epithelzelle scheinen bei oberflächlicher Betrachtung kaum Gemeinsamkeiten aufzuweisen. Der Schein trügt: Welchem Typ eine Zelle auch zuzurechnen ist, sie ist und bleibt die kleinste funktionelle Einheit eines Lebewesens. Mehr noch: Bei allen Unterschieden in Gestalt und Funktion zeigen Zellen eine grundsätzlich gleichartige strukturelle Ausstattung (→ 204/205).

Bereits das Lichtmikroskop gewährt einen detaillierten Einblick in das Zellinnere. Je besser das Auflösungsvermögen und je stärker die Vergrößerung, desto mehr Einzelheiten werden sichtbar. Was wir im Lichtmikroskop als flächige Bilder sehen, sind in Wirklichkeit räumliche Gebilde.

Alle Merkmale des Lebens spiegeln sich auch in einer lebenden Zelle wieder. Der eigentliche Träger aller Lebensfunktionen ist der Zellleib *(Protoplast)*. Er besteht aus dem Zellplasma *(Cytoplasma)* mit den darin eingeschlossenen Zellstrukturen. Sie werden als *Organellen* (gr. *organon* = Werkzeug) bezeichnet, weil sie in der Zelle – wie ein Organ in einem Organismus – ganz bestimmte Funktionen erfüllen. Das Cytoplasma ist nicht strukturlos. Neben reichlich Wasser mit darin gelösten Substanzen enthält es vorwiegend Proteine.

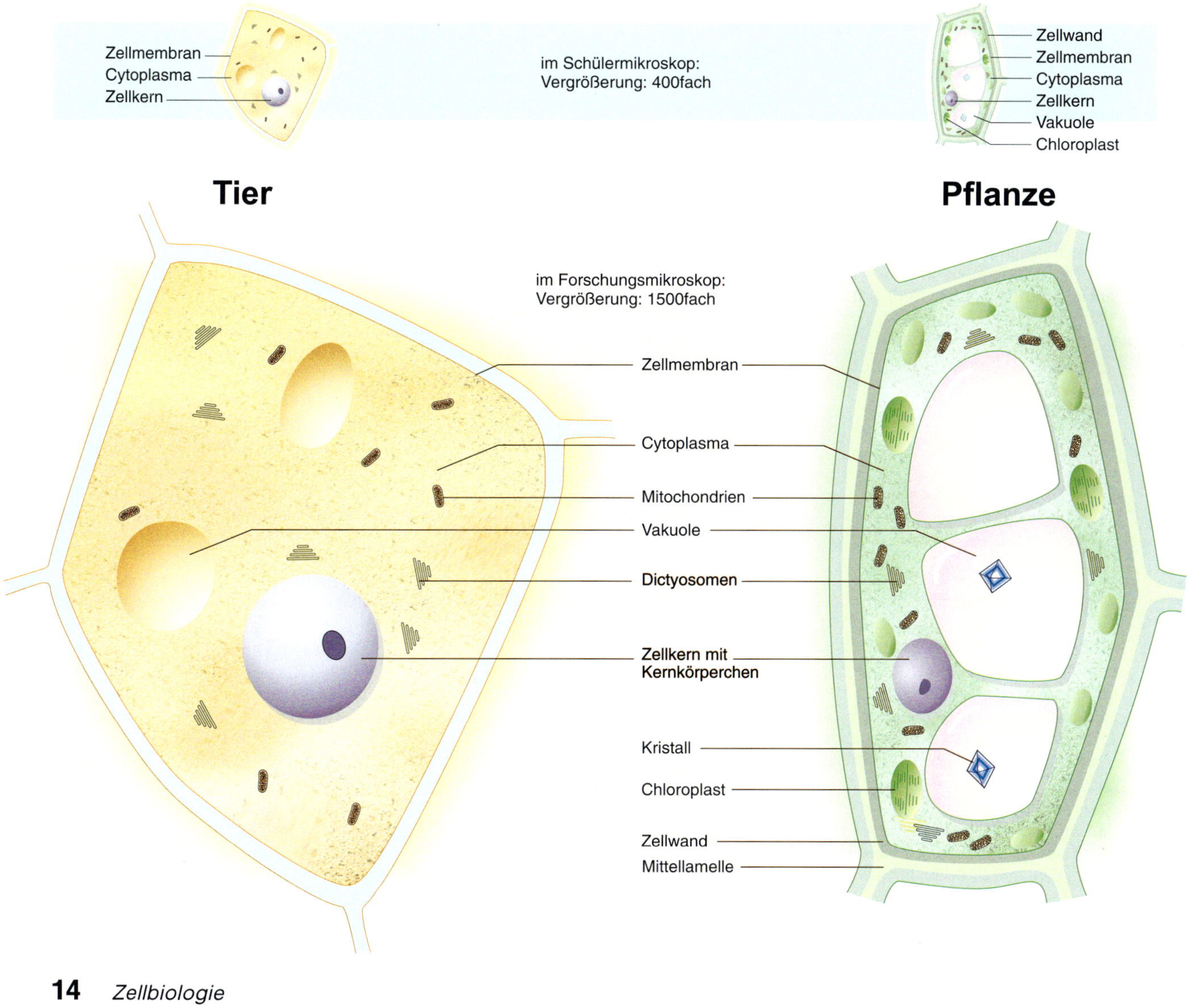

Zettelkasten

Räumliche Bilder mit dem konfokalen Laser-Scanning-Mikroskop

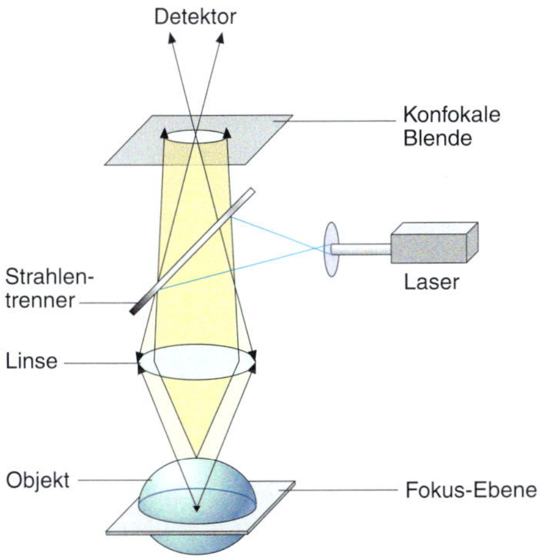

Das allgemein übliche Verfahren der *Durchlicht-Hellfeldmikroskopie* hat zahlreiche Ergänzungen und Abwandlungen erfahren. Mit den modifizierten Verfahren und neuesten technischen Entwicklungen gelingt es, homogene Objekte kontrastreich zu machen, sie farbig darzustellen und räumlich wirkende Bilder zu erlangen.

Dreidimensional wirkende Bilder erhält man durch die *konfokale Laser-Scanning-Mikroskopie*, eine Weiterentwicklung der *Fluoreszenzmikroskopie.* Das Scanning-Mikroskop arbeitet auf der Grundlage eines Abtastverfahrens. Eine dünne Schicht des Präparates wird mit einem Laserstrahl abgetastet und das Fluoreszenzlicht aufgefangen. So erhält man die Bildinformation aus dieser Schicht. Nacheinander werden verschiedene Schichten des manchmal dicken Präparates abgetastet: Es wird „optisch geschnitten". Aus der Bildinformation mehrerer Schnittebenen errechnet der Computer ein räumlich wirkendes Bild.

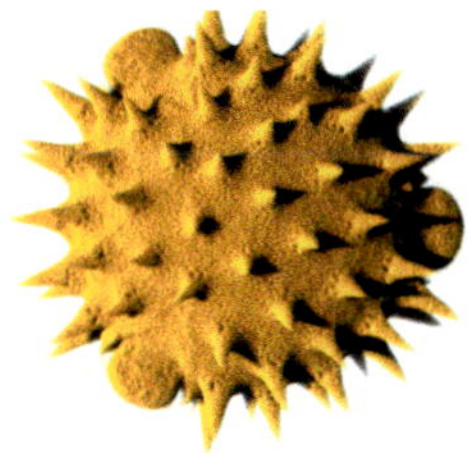

Der Zellkern *(Nucleus)* mit einem Durchmesser von durchschnittlich 3 – 10 µm ist gewöhnlich das größte Organell. In seinem Inneren befinden sich ein oder mehrere *Kernkörperchen*, die *Nucleoli.* Das Plasma des Kerns, das *Karyoplasma*, wird durch die Kernhülle gegen das übrige Cytoplasma abgegrenzt. Es enthält vor allem Nucleinsäure, die *Desoxyribonucleinsäure (DNA).* Der Zellkern steuert die Stoffwechselprozesse innerhalb der Zelle und enthält die Erbinformation.

Gerade noch sichtbar in einem Lichtmikroskop sind die 2 – 8 µm langen *Mitochondrien.* Sie sind von einer Doppelmembran umgeben und in ihrem Inneren reich gegliedert.

Das lichtmikroskopisch kaum in Erscheinung tretende *Endoplasmatische Retikulum* (ER) gliedert das Zellplasma gleichsam in Reaktionsräume, die *Kompartimente.* Nach außen wird das Plasma durch die äußere Zellmembran abgegrenzt.

Flache Stapel von Membranen, an deren Ende sich Vesikel abschnüren, nennt man *Dictyosomen.* Alle Dictyosomen einer Zelle fasst man als *Golgi-Apparat* zusammen.

Typische pflanzliche Zellbestandteile sind die *Plastiden.* Plastiden treten in drei verschiedenen Typen auf: als fotosynthetisch aktive *Chloroplasten*, als *Chromoplasten* mit roten und gelben Farbstoffen und als farblose *Leukoplasten.* Während Leukoplasten als Speicherorganellen dienen und Chromoplasten Blüten und Früchten lebhafte Farben verleihen, sind die chlorophyllhaltigen Chloroplasten die Orte der Fotosynthese. In einer Zelle des Assimilationsgewebes können 100 und mehr linsenförmige, im Durchmesser bis zu 8 µm große Chloroplasten vorhanden sein. Schon mit dem Lichtmikroskop lässt sich bei manchen Objekten erkennen, dass das Chlorophyll innerhalb der Plastiden nicht gleichmäßig verteilt ist.

Ein typisch pflanzliches Merkmal ist auch die Ausbildung einer zellulosehaltigen Zellwand. Nach der Zellteilung bildet sich die *Mittellamelle* aus. Ihr lagern sich Zellulosefasern ein und auf. So entsteht eine zum Teil mächtige und starre Wand mit Aussparungen, den *Tüpfeln.* Durch feine Plasmaverbindungen *(Plasmodesmen)* in den Tüpfeln stehen die Zellen untereinander in Verbindung.

Ältere Pflanzenzellen enthalten große *Zellsaftvakuolen.* Vakuolen als bläschenförmige, von einer Membran *(Tonoplast)* umgebene Flüssigkeitsräume kommen in Zellen sehr verschiedener Lebewesen vor. Als Nahrungs- und pulsierende Vakuolen sind sie bei Einzellern, als Fett- und Eiweißvakuolen bei Tier- und Pflanzenzellen zu finden. Vakuolen, die mit Zellsaft, Kristallen und Farbstoffen gefüllt sind, sind charakteristisch für Pflanzenzellen. Auch Pilze – etwa Zellen der Bäckerhefe (s. Randspalte) – zeigen grundsätzlich den gleichen Aufbau wie Tier- und Pflanzenzellen. Diesen Zelltyp nennt man *Eucyte* und stellt ihn der *Protocyte* der Bakterien gegenüber.

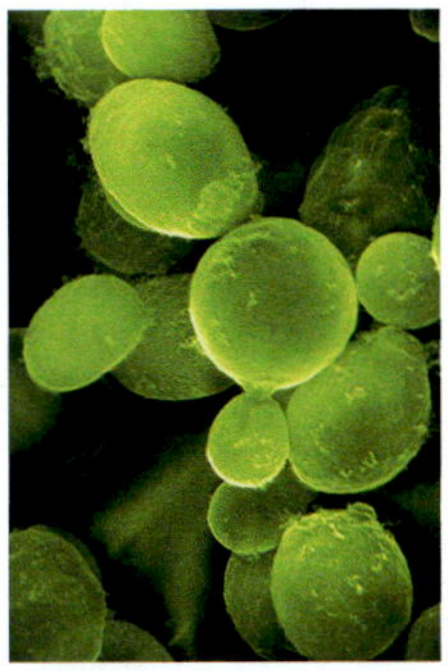

Hefezellen in verschiedenen Entwicklungsstadien

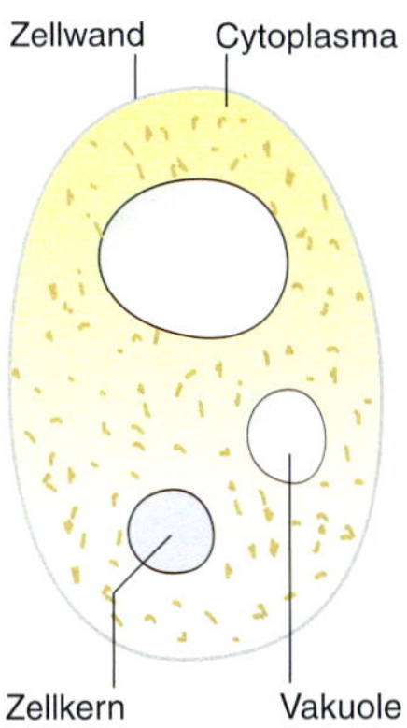

Bau der Hefezelle

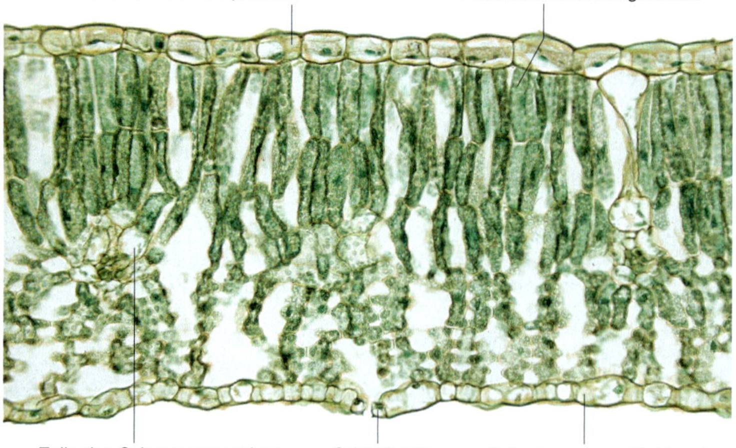

1 Querschnitt durch ein Laubblatt

Pflanzliche Zellen

Differenzierung
Auseinanderentwicklung und Spezialisierung

Determination
Festlegung der Entwicklungsrichtung

totipotent
zur allseitigen Entwicklung befähigt

Betrachtet man lichtmikroskopisch den Querschnitt eines Laubblattes, so sieht man verschiedene Gewebe. Jedes besteht aus einem Verband gleichartiger Zellen. Auf diese Gewebe sind die komplexen Aufgaben des Blattes, Fotosynthese zu betreiben und den Gasaustausch mit der Atmosphäre zu regeln, verteilt. Entsprechend ihrer Aufgabe zeigen die Zelltypen Spezialisierungen. Die Zellen der oberen *Epidermis* verhindern unkontrollierte Transpiration, schützen das Blatt vor Austrocknung und mechanischen Beschädigungen. Man erkennt sie an ihren dicken Zellwänden, die an der Oberseite von einer wasserundurchlässigen Schicht *(Kutikula)* bedeckt sind. Die darunter liegenden *Palisadenzellen* erhalten viel Licht. Sie erbringen die größte Fotosyntheseleistung und enthalten besonders viele Chloroplasten. So kann man bei Zellen häufig schon anhand ihrer Struktur auf ihre Funktion schließen. Zellen, die in einem mehrzelligen Organismus eine bestimmte Funktion haben, bezeichnet man als *differenziert*. Sie sind in der Regel nicht mehr teilungsfähig. Dagegen sind *undifferenzierte* Zellen teilungsfähig und zeigen keine besonderen strukturellen Ausprägungen (→ 200/201).

Schon in einem sehr frühen Stadium werden neu gebildete Zellen auf ihre zukünftige Aufgabe festgelegt. Die fortschreitende Einengung der Entwicklungsmöglichkeiten *totipotenter* Zellen bezeichnet man als *Determination*. Sie wird bestimmt durch cytoplasmatische Faktoren, die Lage der Zellen im Organismus und ihre physiologischen Beziehungen zueinander.

Der Determination folgt die *Zelldifferenzierung*. Während der Differenzierungsphase wird die Zelle durch strukturelle und funktionelle Spezialisierung auf ihre zukünftigen Aufgaben vorbereitet und mit den dafür erforderlichen Strukturen ausgestattet. Der Grundbauplan der eukaryotischen Zelle bleibt dabei natürlich erhalten.

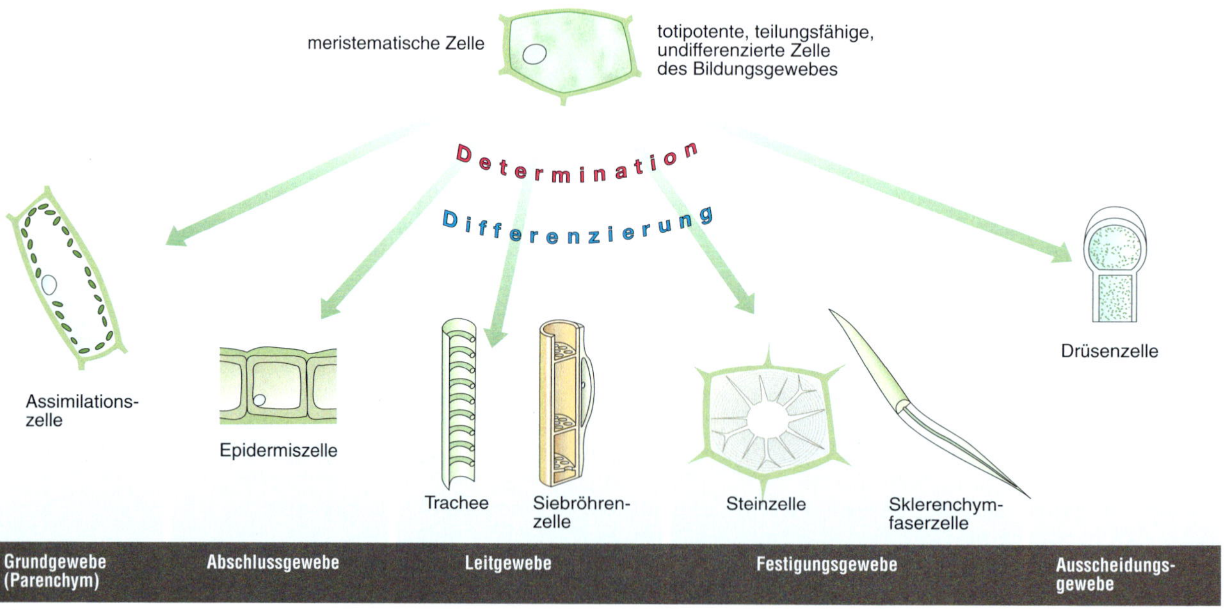

2 Beispiele für die Differenzierung pflanzlicher Zellen

Tierische Zellen

Bei Geweben von Tieren ist es nicht einfach, einzelne Zellen zu erkennen. Im Gegensatz zu pflanzlichen Zellen scheiden die Zellen der Tiere keine Zellwand ab. Form und Größe der Zellen sind meist erst nach Anfärbung zu erkennen.

Bei Tieren fällt auf, dass sie, entsprechend den vielfältigen Leistungen ihrer Organe, eine größere Anzahl unterschiedlich differenzierter Zelltypen besitzen als Pflanzen. Jedoch ist auch hier der einheitliche Grundbauplan der Eucyte erkennbar. Im menschlichen Körper gibt es mehr als 100 Zelltypen. Beispielsweise besitzen *Nervenzellen* viele, zum Teil sehr lange Fortsätze, die der Informationsübertragung dienen. *Drüsenzellen* bilden Stoffe, die sie abgeben, *Knorpel-* und *Knochenzellen* scheiden Substanzen ab, die dem Stützgewebe die Festigkeit verleihen. In der Haut des Menschen liegen die Zellen des Deckgewebes *(Epithel)* mehrschichtig übereinander. Die äußeren *Hautzellen* sind stark verhornt. Sie dienen so dem Schutz des darunter liegenden Gewebes. Das Epithel der Luftröhre (Abb. 1) dagegen besitzt Fortsätze in Form von Flimmerhärchen, mit deren Hilfe die Luftwege von Verunreinigungen gesäubert werden.

So lassen sich auch hier in manchen Fällen die Funktionen der Zellen bereits an ihrer Struktur erkennen. Wie bei Pflanzen, verlieren auch die Zellen der Tiere mit der Differenzierung meist ihre Teilungsfähigkeit. Jedoch sind in vielen Organen Gewebe vorhanden, deren Zellen zeitlebens teilungsfähig bleiben. Sterben differenzierte Zellen ab, so entstehen in diesen *Bildungsgeweben* (z.B. im Knochenmark) durch Teilung neue Zellen, die sich differenzieren und die abgestorbenen Zellen ersetzen. Aus Stammzellen des roten Knochenmarks können sich beispielsweise zeitlebens alle Blutzelltypen entwickeln. Die kurzlebigen Zellen des Blutes werden auf diese Weise ständig nachgeliefert.

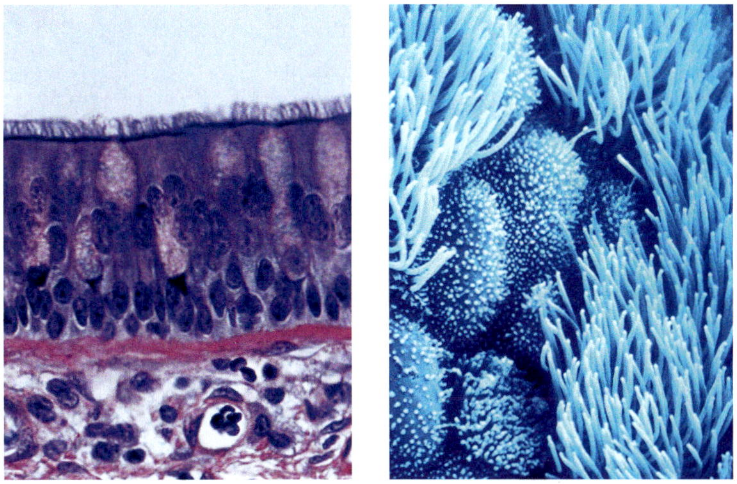

1 Gewebeanordnung in der Luftröhre (links lichtmikroskopisch, rechts REM)

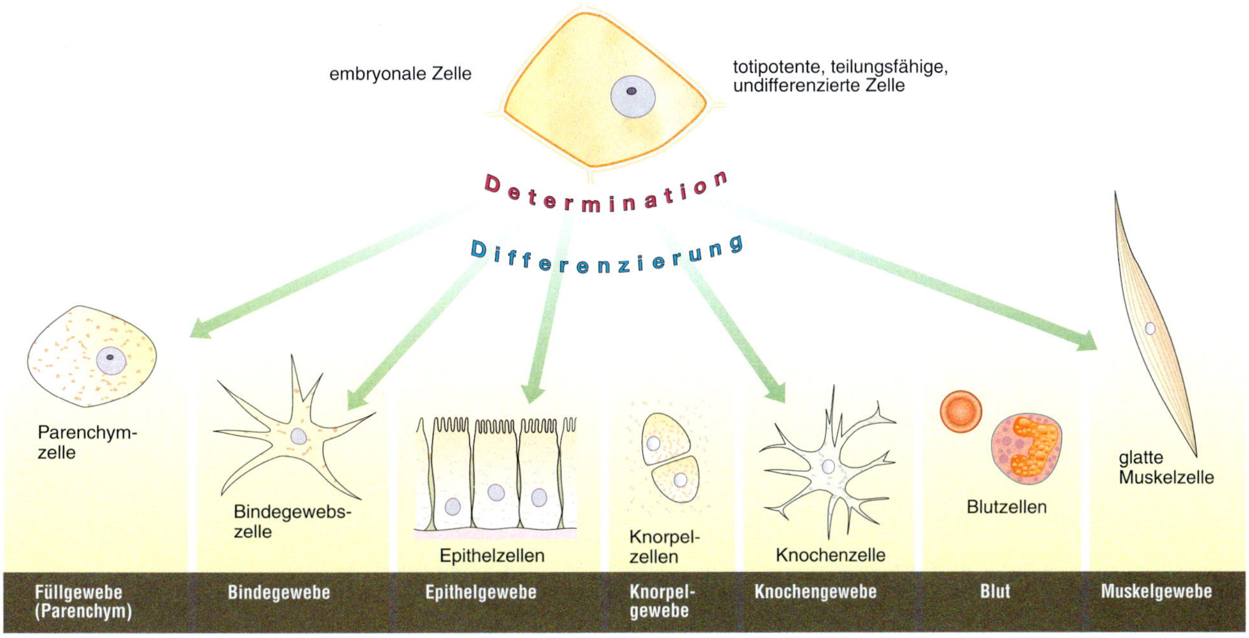

2 Beispiele für die Differenzierung tierischer Zellen

Lebewesen aus einer Zelle

Im Gegensatz zu den vielzelligen Organismen besitzen die Einzeller alle zum Leben notwendigen Funktionen in einer einzigen Zelle. Dies wird ermöglicht durch die Aufteilung *(Kompartimentierung)* in verschiedene Funktionsräume innerhalb der Zelle. Stoffwechsel, Fortpflanzung, Wachstum, Reizbarkeit und Bewegung sind mit nur einer einzigen Zelle möglich (→ 204/205).

Ein Beispiel ist **Euglena**, ein Einzeller (Abb. 1), der nicht in die klassische Aufteilung Tier- oder Pflanzenreich eingeordnet werden kann. Euglena gehört zum Reich der *Protisten* (s. Seite 446). Im Licht bildet sich eine autotrophe, grüne Form aus, die Fotosynthese betreibt, im Dunkeln hingegen eine farblose heterotrophe Form ohne Chloroplasten. Euglena hat eine lange und eine kurze Geißel, die miteinander verschmelzen. Sie bestehen aus *Mikrotubuli.* Beide Geißeln sind in einem Basalkorn im Cytoplasma verankert. Daneben findet man einen lichtempfindlichen Fleck, den *Fotorezeptor.* Darüber liegt ein rot gefärbter *„Augenfleck“,* der bei bestimmten Stellungen das einfallende Licht abschirmt. Auf diese Weise kann Euglena durch ständiges Rotieren die Richtung der einfallenden Lichtstrahlen orten.

Die Vermehrung findet ungeschlechtlich durch eine Längsteilung statt. Zuerst teilt sich der Zellkern, danach verdoppeln sich die Organellen. Finden bei höheren Temperaturen viele Längsteilungen nacheinander statt, erhalten nicht alle neu gebildeten Zellen auch Chloroplasten. Diese sind dann nicht mehr in der Lage, sich autotroph mithilfe der Fotosynthese zu ernähren.

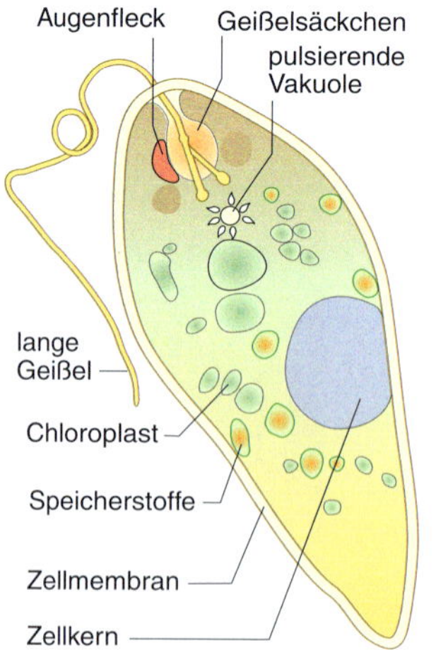

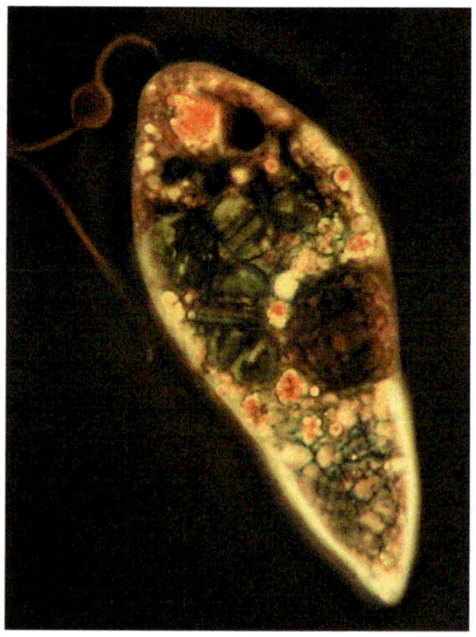

1 Euglena schematisch und Foto

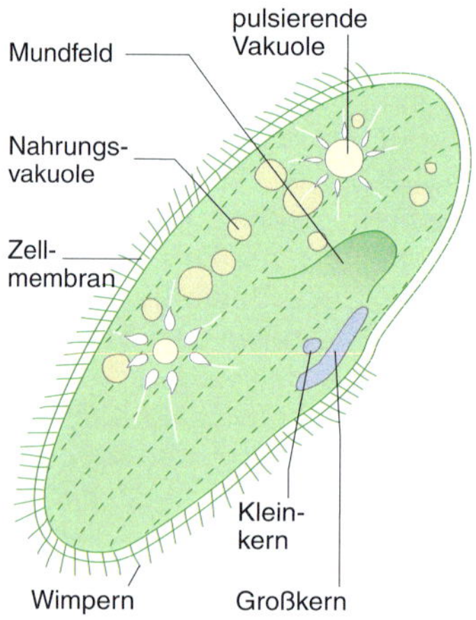

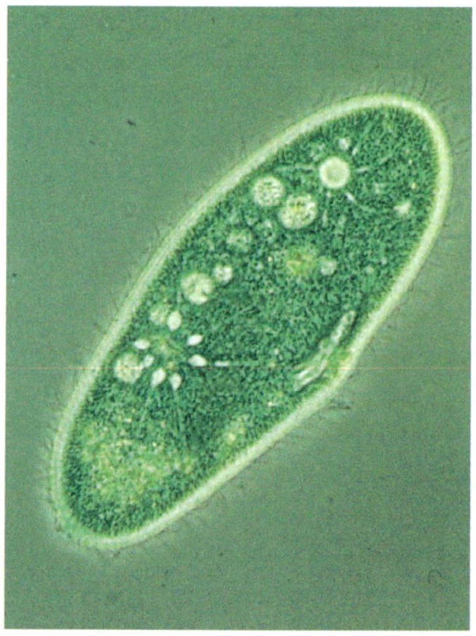

2 Paramecium schematisch und Foto

Pantoffeltierchen *(Paramecien)* leben in Tümpelwasser oder an teilweise zersetzten Pflanzenteilen im Heu oder Laub. Sie sind etwa 0,3 mm lang. Die Oberfläche, eine elastische Zellhaut, ist mit mehr als 10 000 Wimpern bestückt. Diese Wimpern schlagen rhythmisch und treiben die Einzeller durch das Wasser. Dabei drehen sie sich um die eigene Längsachse.

Dieser Einzeller besitzt zwei ungleich große Kerne *(Mikro-* und *Makronucleus).* Im Bereich des Mundfeldes strudelt er mithilfe von Wimpern Nahrungspartikel zum *Zellmund.* Sie werden dort in Nahrungsvakuolen aufgenommen, die auf festgelegten Bahnen durch das Cytoplasma wandern. Dabei wird die Nahrung innerhalb dieser Vakuolen verdaut. Die Nährstoffe werden in das Cytoplasma abgegeben. Die Ausscheidung von unverdaulichen Nahrungsbestandteilen erfolgt über einen *Zellafter.* Sowohl Euglena als auch das Pantoffeltierchen besitzen außerdem *pulsierende Vakuolen*, die ebenfalls der Ausscheidung dienen. Um diese Vakuolen sind sternförmig Kanäle gelagert, die Wasser mit darin gelösten Abfallstoffen oder Salzen aufnehmen und sich rhythmisch nach außen entleeren.

Paramecien sind in der Lage, Temperaturunterschiede, chemische Reize und mechanische Hindernisse wahrzunehmen und auf solche Reize zu reagieren, indem sie sich durch Veränderung des Wimpernschlages in eine andere Richtung fortbewegen.

autotrophe Organismen
müssen keine energiereichen Substanzen zum Leben aufnehmen; haben eine anorganische Kohlenstoffquelle, z. B. CO_2

heterotrophe Organismen
müssen energiereiche organische Substanzen (Nahrung) zum Leben aufnehmen

Vom Einzeller zum Vielzeller – ein Denkmodell

Einzeller besitzen alle zum Leben notwendigen Fähigkeiten. Dagegen kommt es bei *vielzelligen Organismen* im Laufe ihrer Individualentwicklung zu einer Differenzierung der Zellen und zur *Arbeitsteilung.* Die einzelne Zelle hat dann die Fähigkeit verloren, allein zu existieren. Da Einzeller erdgeschichtlich älter sind, geht man davon aus, dass eine Entwicklung vom Einzeller zum Vielzeller hin stattgefunden hat. Die Betrachtung heute lebender Organismen gibt Hinweise darauf, wie man sich diesen Vorgang modellhaft vorstellen kann.

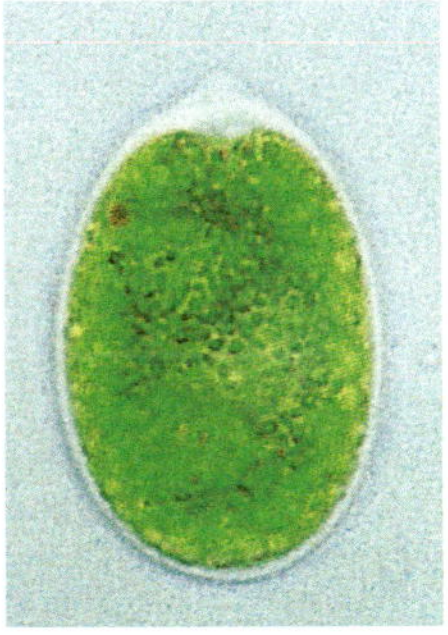

Die Grünalge *Chlamydomonas* besitzt ähnliche Organellen wie Euglena. Zusätzlich ist ihre Zellwand von einer Gallertschicht umgeben. Bei der ungeschlechtlichen Vermehrung entstehen in zwei Teilungsschritten vier Tochterzellen, die noch kurzfristig beieinander bleiben, bevor die Gallerte sie freigibt und sie sich trennen.

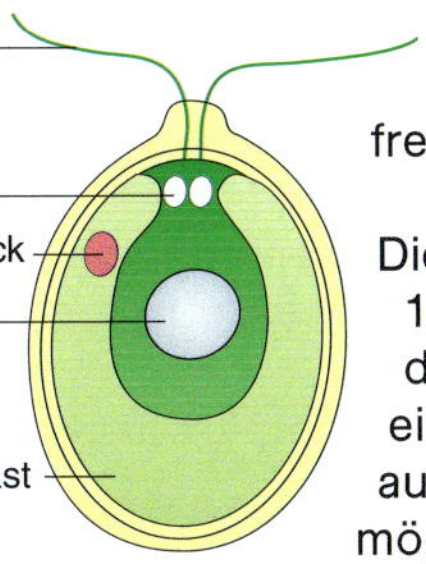

Chlamydomonas

Die *Mosaikgrünalge (Gonium)* besteht aus 16 Zellen, von denen jede wie eine Chlamydomonaszelle aussieht. Die Zellen liegen in einer Gallertplatte zusammen, ein Stoffaustausch zwischen ihnen ist dadurch möglich. Die einzelnen Zellen zeigen keine Differenzierung, sie sind jedoch zu gemeinsamen Leistungen fähig, z.B. zum Schwimmen in eine Richtung. Einen derartigen Zusammenschluss gleich gestalteter Zellen bezeichnet man als *Zellkolonie.* Werden diese Zellen voneinander getrennt, so ist jede Einzelzelle für sich lebensfähig. Sie kann sich teilen und wieder eine neue Kolonie bilden.

Bei der Zellkolonie *Eudorina* ist die Gallerthülle kugelförmig und enthält 32 Zellen. Geringfügige Unterschiede in der Größe des Augenflecks innerhalb der Einzelzellen deuten auf eine erste Spezialisierung der Zellen in der Zellkolonie hin.

Eine weitere Stufe der Entwicklung stellt die Kugelalge *Volvox* dar. Mehrere tausend chlamydomonasähnliche Zellen bilden eine Hohlkugel, bei der die Einzelzellen durch Plasmabrücken miteinander verbunden sind.

Zwischen den Zellen kommt es zu einer Arbeitsteilung. Die meisten Zellen dienen der Fortbewegung und der Ernährung; sie sind nicht teilungsfähig. Eine zweite Zellsorte ist deutlich größer und auf die Fortpflanzung spezialisiert. Sie allein können sich teilen und auf *ungeschlechtlichem* Weg im Inneren der Mutterkugel kleinere Tochterkugeln bilden. Diese wachsen heran und gelangen erst dann ins freie Wasser, wenn die Mutterkugel aufplatzt. Letztere geht dabei zugrunde. Der Tod der Mutterkugel ist die konsequente Folge dieser Arbeitsteilung. Volvox ist auch zur *geschlechtlichen Fortpflanzung* fähig, da sich aus den Fortpflanzungszellen auch *Eizellen* und *Spermien* entwickeln können. Aus der befruchteten Eizelle, der Zygote, entsteht eine neue Volvoxkugel.

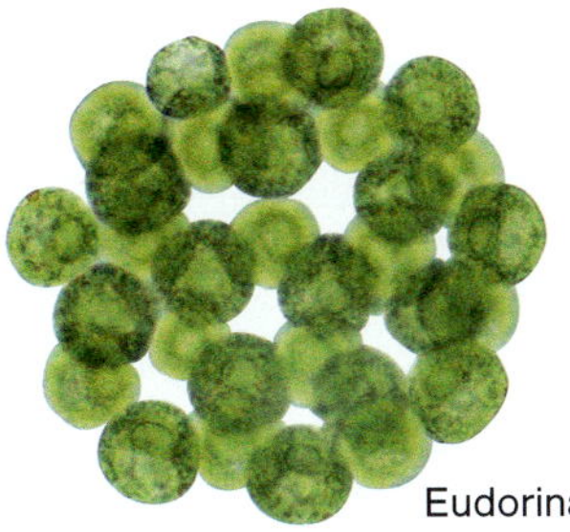

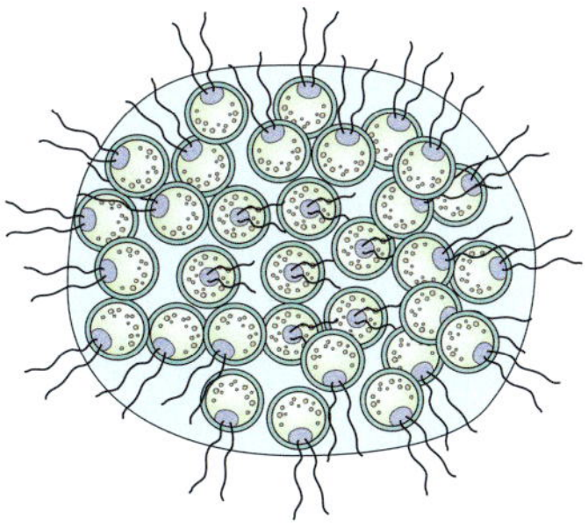
Eudorina

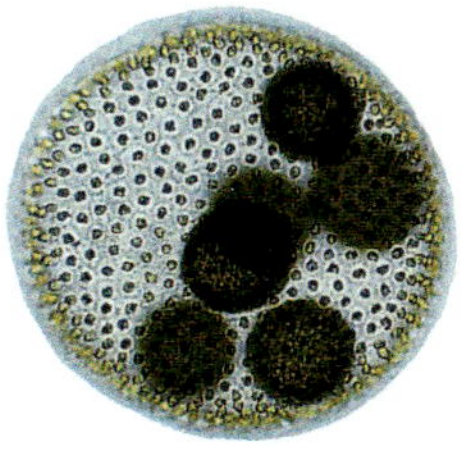
Volvox

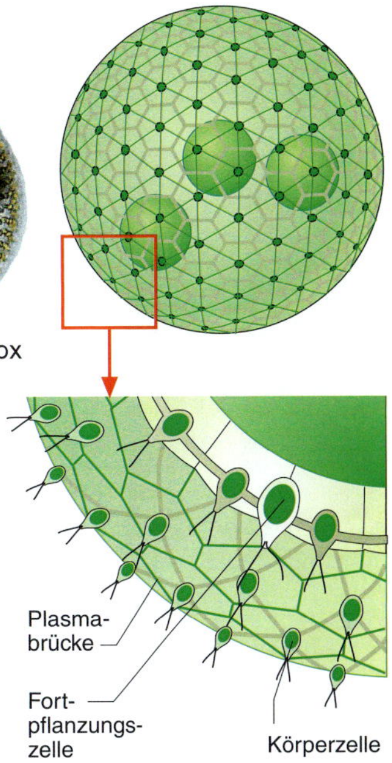

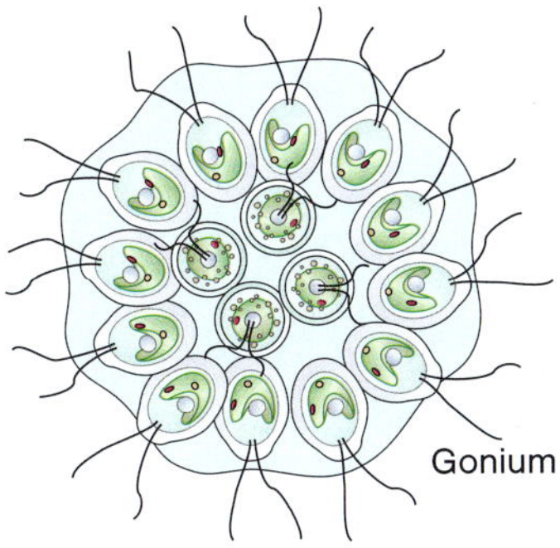
Gonium

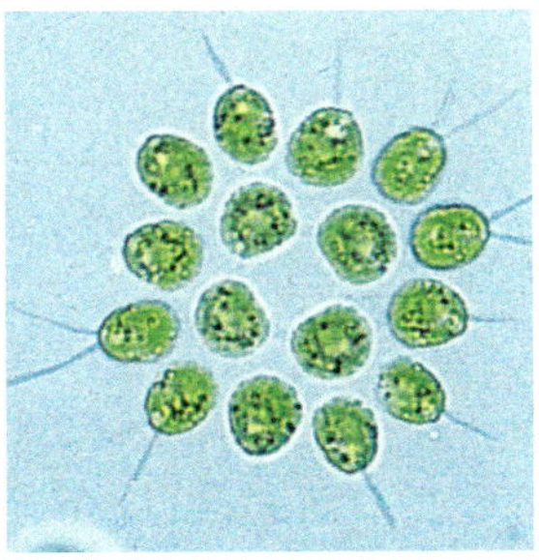

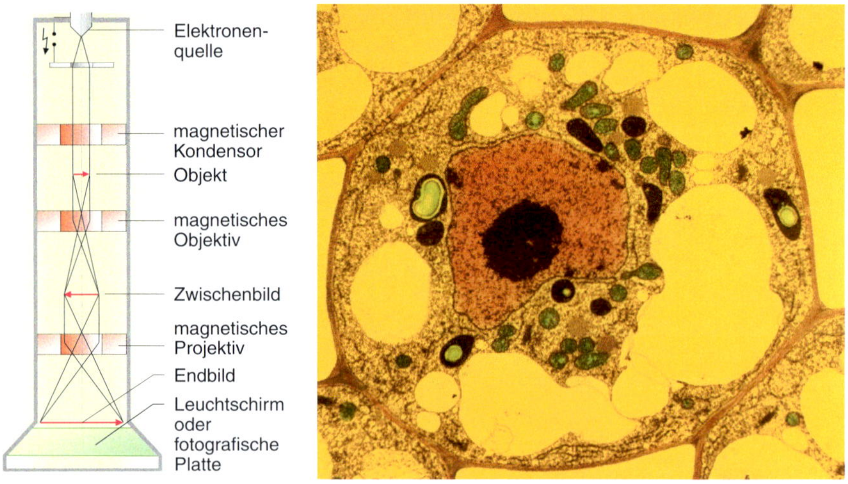

1 Elektronenmikroskop (TEM), Schema und koloriertes Bild einer Pflanzenzelle

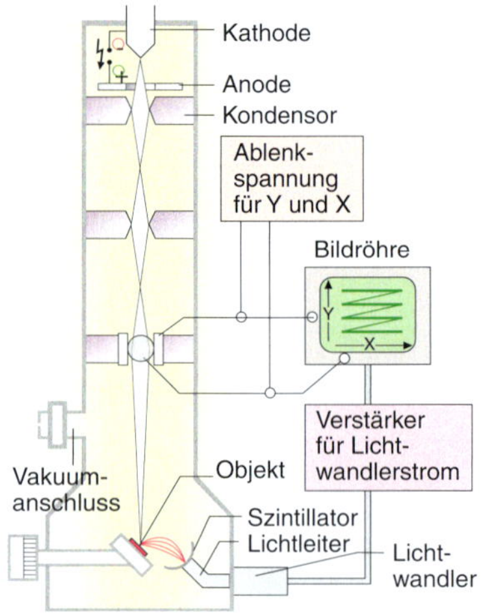

2 Rasterelektronenmikroskop, Schema

Die Zelle im Elektronenmikroskop

Sind die Grenzen des Auflösungsvermögens des Lichtmikroskops erreicht, können bei der weiteren Untersuchung und Strukturaufklärung der Zelle und ihrer Organellen nur Elektronenmikroskope weiterhelfen. Mit dem *Transmissionselektronenmikroskop* (TEM), das gegenüber einem guten Lichtmikroskop die nahezu 1000fache Leistung erbringt, gelingt es, ausreichend dünne Präparate der Zelle zu durchdringen und Strukturen bis zu 0,1 nm Abstand aufzulösen. In der zellbiologischen Forschung findet das Transmissionselektronenmikroskop weitreichend Einsatz. Das *Rasterelektronenmikroskop* (REM) ermöglicht das Abtasten von Oberflächen und liefert so räumlich erscheinende Bilder (Abb. 3).

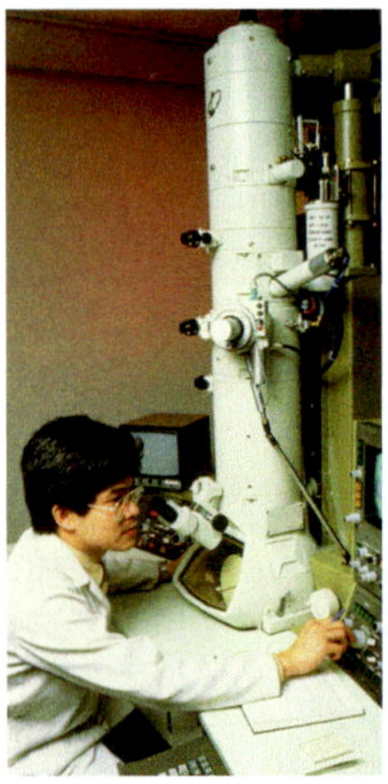

Transmissionselektronenmikroskop

Beide Typen des Elektronenmikroskops nutzen zur optischen Darstellung der Objekte Elektronen. Da die Elektronen von Luftteilchen abgebremst werden und auch Glas nicht durchdringen können, muss das Elektronenmikroskop luftleer gepumpt werden. In dem entstehenden Vakuum lassen sich die Elektronenstrahlen mithilfe elektromagnetischer Felder, deren Wirkung den Linsen im Lichtmikroskop entsprechen, ablenken und bündeln. Das Bild kann dann auf einem Bildschirm betrachtet werden.

Bei einem Rasterelektronenmikroskop trifft ein eng gebündelter Elektronenstrahl *(Primärelektronen)* auf die zu untersuchende Oberfläche. Die reflektierten oder aus der Oberfläche herausgeschleuderten Elektronen *(Sekundärelektronen)* werden gemessen und von einem Rechner in Helligkeitswerte umgesetzt. Rastert dieser Elektronenstrahl das Objekt zeilenweise ab, so erhält man ein Bild, das einen guten räumlichen Eindruck vermittelt.

Elektronenmikroskopische Präparationsverfahren

Für den Einsatz im Elektronenmikroskop müssen die Objekte in besonderer Weise vorbereitet werden. Lebendbeobachtungen sind nicht möglich, da die Zellen fixiert werden müssen. Das kann mittels chemischer Agenzien (Osmiumtetroxid, Formaldehyd) oder durch Gefrieren geschehen. Wichtig

3 REM-Aufnahme der pflanzlichen Zellwand

ist, dass die Zellstrukturen nicht zerstört werden dürfen. Anstelle des in der Lichtmikroskopie üblichen Objektträgers benutzt man im Elektronenmikroskop kleinmaschige Metallnetze zur Aufnahme der Objekte.

Bei der *Ultradünnschnitttechnik* wird das Präparat nach dem Fixieren und Entwässern in Kunstharz eingebettet und dann mit einem Ultramikrotom geschnitten. Dieses Gerät ermöglicht es, Schichten in einer Dicke von 50 nm abzuschaben, d. h. eine Zelle von 0,1 mm Durchmesser wird in 2000 Scheiben geschnitten. Eine Seite dieses Buches ist 1000-mal dicker als ein solches Präparat. Das Messer eines Ultramikrotoms besteht aus einem Diamantsplitter oder der Kante von frisch gebrochenem Glas. Beim Schneiden wird das Präparat auf einem Wassertropfen aufgefangen und von dort mit einem feinen Metallnetz abgefischt. Auf diesem *Trägernetz* kann das Objekt in den Strahlengang des Elektronenmikrotoms eingeführt werden.

1 Ultramikrotom

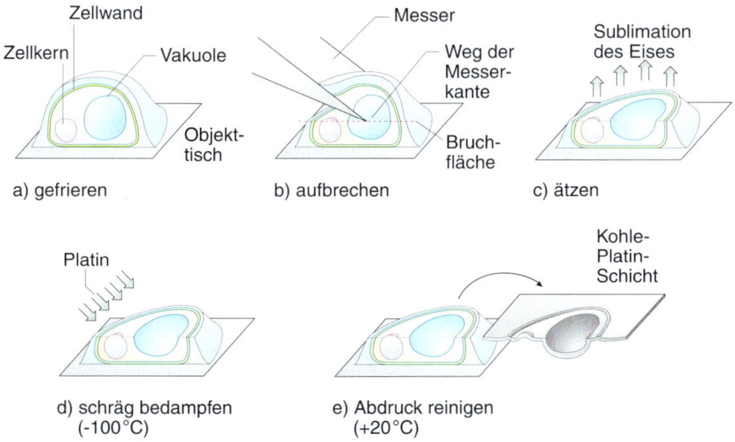

2 Schritte bei der Gefrierbruch- und Gefrierätztechnik

Zum Teil sind biologische Strukturen schon im Lichtmikroskop sehr kontrastarm. Dies gilt noch mehr für das Elektronenmikroskop. Deshalb muss das Präparat *kontrastiert* werden. Das geschieht z. B. durch Osmiumtetraoxid oder andere Schwermetallionen. Auf dem Bildschirm des Elektronenmikroskops sieht man vor allem dieses elektronendichte Kontrastmittel, das sich selektiv an die biologischen Strukturen anlagert.

Eine andere Methode, Präparate für das Elektronenmikroskop herzustellen, ist die *Gefrierätztechnik* (Abb. 2). Bei diesem Verfahren fixiert man die Zellen physikalisch, indem sie auf -150 °C abgekühlt und dadurch eingefroren werden. Bei dieser so genannten *Kryofixierung* bleiben die Zellstrukturen weitgehend erhalten.

3 EM-Bild einer Hefezelle nach Gefrierbruch und Gefrierätzung

Aufgaben

① Deuten Sie die elektronenmikrospischen Bilder der Pflanzen- (Abb. 20.1) und der Hefezelle (Abb. 3).

② Stellen Sie Vor- und Nachteile der Elektronenmikroskopie im Vergleich zur Lichtmikroskopie dar.

③ Bei der Elektronenmikroskopie untersucht man das gleiche biologische Objekt meist mit verschiedenartigen Verfahren. Begründen Sie dieses Vorgehen.

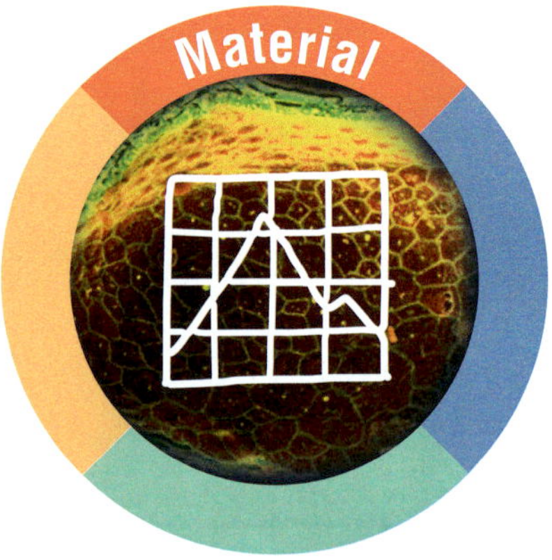

Forschungsmethoden der Cytologie

Neben der Mikroskopie sind in der cytologischen Forschung weitere Untersuchungsverfahren bedeutsam. Sie dienen der Isolierung von Zellorganellen, der Funktionsuntersuchung der Zellbestandteile und der Analyse chemisch-physikalischer Eigenschaften von Molekülen.

Das Prinzip der Zentrifugation

Verteilt man verschieden große Zellen, z. B. ein Gemisch aus Eucyten und Procyten, gleichmäßig in einer wässrigen Lösung, werden die Zellen durch die Schwerkraft im Laufe der Zeit zum Gefäßboden gezogen. Es setzen sich zuerst die Eucyten ab. Je größer die Dichte der Zellen ist, desto schneller verläuft das Absinken, die *Sedimentation*. Das Verfahren eignet sich zum Trennen von Objekten unterschiedlicher Dichte und Größe, bei kleinen Objekten dauert der Vorgang aber sehr lange. Doch je größer die Kraft ist, die auf ein Objekt einwirkt, desto schneller sedimentiert es. Allerdings lässt sich die Erdanziehungskraft nicht vergrößern. Sie ist das Produkt aus Masse und der Erdbeschleunigung g vom Wert 9,81 m/ s^2.

Unterwirft man die zu trennenden Objekte einer hohen Beschleunigung, so erfahren sie entsprechend große Kräfte. Dies erreicht man durch Zentrifugieren. Auf ein Partikel greifen dann drei Kräfte an: die Zentrifugalkraft, der Auftrieb und die Reibung. In Zentrifugen werden Zellen und Zellbestandteile Beschleunigungen ausgesetzt, die um ein Vielfaches größer sind als die dagegen vernachlässigbar kleine Erdbeschleunigung. Die Beschleunigungswerte werden als Vielfaches der Erdbeschleunigung g angegeben.

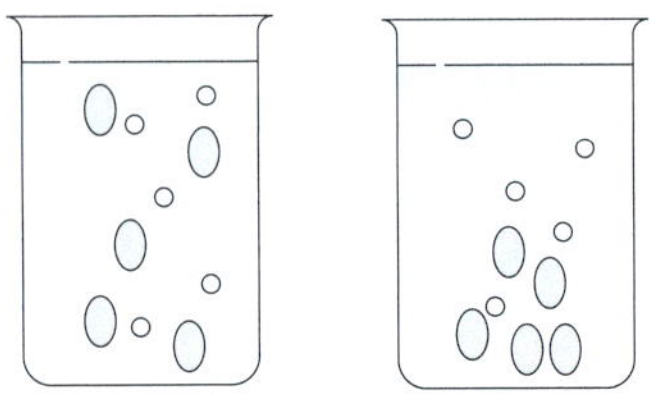

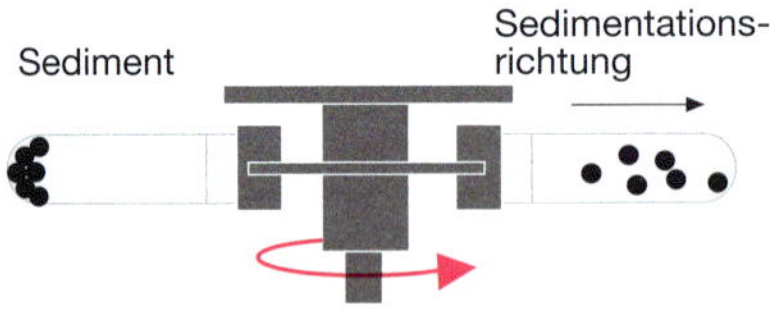

Trennung von Zellbestandteilen

Mithilfe der Zentrifugation werden einzelne Zellorganelltypen gezielt angereichert. Man erhält so genannte *Fraktionen*, z. B. von Zellkernen oder Chloroplasten. Dazu werden die Zellen zunächst mechanisch mit einem Homogenisator oder durch Zerreiben mit feinem Quarzsand „aufgebrochen". Das entstandene Zellhomogenat wird zentrifugiert. Die schweren Zellkerne setzen sich schneller als Sediment am Grund des Zentrifugenröhrchens ab als leichtere Organellen. Gießt man den Überstand ab *(Dekantieren)*, so bleibt eine fast reine Zellkernfraktion zurück. Bei der *Differentialzentrifugation* wird der dekantierte Rest des Homogenats nacheinander bei verschiedenen Drehzahlen zentrifugiert und so weiter fraktioniert. Das geschieht in Ultrazentrifugen, die Drehzahlen von mehr als 1000 Umdrehungen pro Sekunde erreichen. Dabei treten Beschleunigungen bis zum einige Hunderttausendfachen der Erdbeschleunigung auf. So lässt sich am Röhrchenboden auch die Konzentration kleiner Partikel erhöhen. Jedoch behindert die einsetzende Diffusion die Sedimentation vor allem bei sehr kleinen Partikeln. Durch Kühlung wird dieser Vorgang verlangsamt.

Mithilfe der Ultrazentrifugation lässt sich der *Sedimentationskoeffizient* von Zellorganellen bestimmen. Dieser „S-Wert", benannt nach dem Schweden THEODOR SVEDBERG, ist abhängig von der Größe und der Masse der Partikel. Er ist ein Maß für die Geschwindigkeit, mit der Teilchen bei einer bestimmten Beschleunigung sedimentieren. Im Prinzip gilt: Je kleiner die Teilchen, desto langsamer sedimentieren sie, desto kleiner ist ihr S-Wert. So hat man beispielsweise zwei verschiedene Ribosomentypen entdeckt: größere mit 80 S und kleinere mit 70 S.

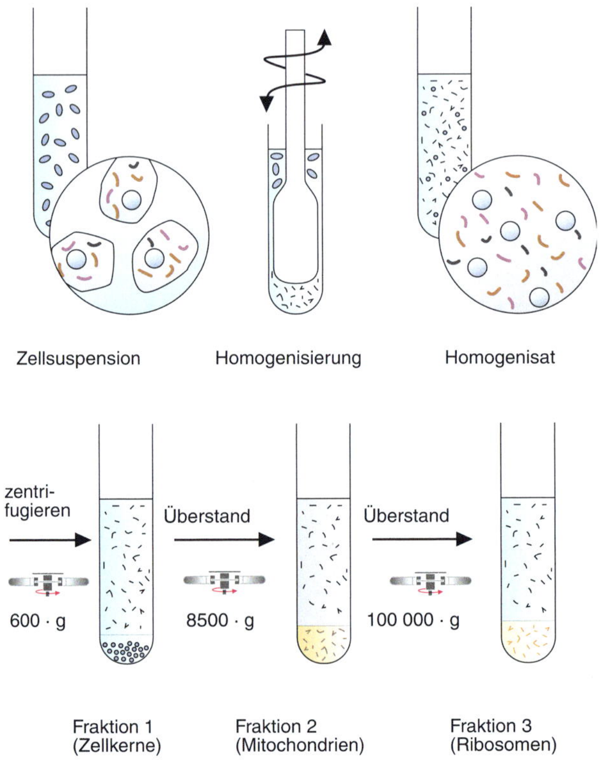

Trennung von Zellbestandteilen

Autoradiographie

Mit der Autoradiographie ist es möglich, Stoffe in der Zelle zu lokalisieren. Damit lassen sich Reaktionsorte für Stoffwechselreaktionen erkennen und häufig auch die Funktionen von Zellorganellen aufdecken.

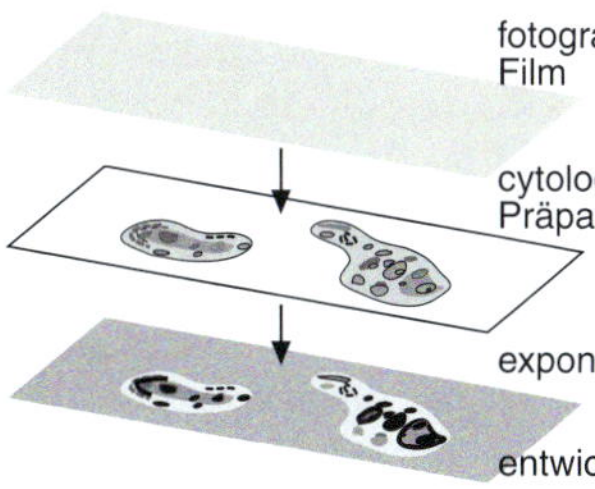

Das Prinzip beruht darauf, dass der Zelle mit radioaktiven Isotopen markierte Stoffe angeboten werden, die dann in zelleigene Stoffe überführt werden. Fixiert man die Zelle, so ist die Radioaktivität am Reaktionsort gebunden. Zum Aufspüren werden die Präparate mit einem Film oder einer fotografischen Emulsion bedeckt. Austretende radioaktive Strahlung „belichtet" die Silberbromidkörner der fotografischen Schicht. Bei der Entwicklung entstehen Silberkörner. Das Präparat mit der entwickelten Fotoschicht wird anschließend licht- oder elektronenmikroskopisch untersucht. Silberkörner sind an den Stellen zu finden, an denen Strahlung ausgetreten ist. Damit ist der Ort der markierten Substanz bestimmt. Mit dem Elektronenmikroskop lässt sich damit sogar die Gestalt von Makromolekülen, zum Beispiel der DNA, erkennen.

Elektrophorese

Um die in einem Proteingemisch enthaltenen Proteine zu analysieren, müssen sie zunächst getrennt werden. Hierbei bedient man sich der Eigenschaft, dass Proteine geladen sind. Die Reste der Aminosäuren, aus denen sie aufgebaut sind, tragen teilweise Überschussladungen. Daher tragen Proteinmoleküle auch als Ganzes Überschussladungen.

Beim Trennverfahren der Elektrophorese wird das Proteingemisch auf einen elektrisch leitenden Träger, meist ein Gel oder getränktes Filterpapier, gebracht. Träger und Proteine werden einem elektrischen Feld ausgesetzt, indem zwischen den Enden des Trägers eine Gleichspannung von ca. 120 V angelegt wird. Die einzelnen Proteine wandern nun mehr oder weniger schnell zum Plus- oder Minuspol: Proteine, die positive Ladungen tragen, zum Minuspol, Proteine mit negativer Überschussladung dagegen zum Pluspol. Da die einzelnen Proteine je nach Ladungsstärke und Molekülgröße unterschiedlich schnell wandern, werden sie voneinander getrennt. Zur Identifizierung schneidet man die einzelnen Proteinbanden auf dem Träger aus und kann das darauf enthaltene Protein weiter untersuchen.

Dieses Verfahren zur Auftrennung von Gemischen aus Makromolekülen ist auch zur Untersuchung von DNA geeignet. DNA ist aufgrund der Phosphatgruppen negativ geladen und wandert im elektrischen Feld vom Minus- zum Pluspol.

Aufgaben

① Geben Sie 10 Gramm frische Bäckerhefe in 500 ml Wasser und suspendieren Sie die Hefe im Wasser gleichmäßig.

a) Nehmen Sie eine Flüssigkeitsprobe und mikroskopieren Sie diese. Fertigen Sie eine Zeichnung der Hefezellen an.
b) Füllen Sie Hefesuspension in eine Zentrifuge. Bestimmen Sie die Zeit, die Sie zentrifugieren müssen, bis sich alle Hefezellen im Sediment befinden. Ermitteln Sie diese Zeit für verschiedene Drehzahlen.
c) Dekantieren Sie den Überstand. Entnehmen Sie dem Sediment Hefezellen mit einer Pipette. Mikroskopieren Sie diese Probe und vergleichen Sie dieses Präparat mit dem von a). Beschreiben Sie die Wirkung der Zentrifugation.
d) Füllen Sie einen 250 ml-Standzylinder mit der Hefesuspension. Wie lange dauert es, bis die Flüssigkeit im Standzylinder klar ist? Vergleichen Sie diese Zeit mit den Zeiten von b). Begründen Sie die auftretenden zeitlichen Unterschiede.

② Beschreiben Sie das Verfahren der Autoradiographie. Weshalb ist dieses Verfahren nicht durch mikroskopische Techniken zu ersetzen?

③ Könnte man mithilfe der Gelelektrophorese ein Gemisch aus Stärkemolekülen unterschiedlicher Größe auftrennen? Begründen Sie Ihre Ansicht.

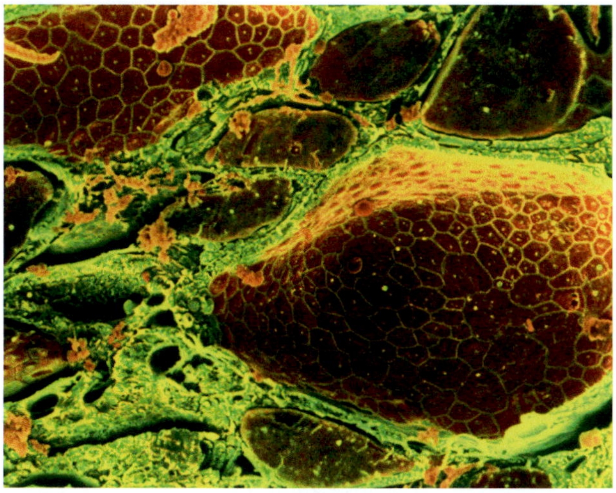

Angefärbte Autoradiographie von Schilddrüsengewebe. Die Silberkörner des Films zeigen, dass das radioaktive Isotop des Elements Iod außerhalb der Zellen angereichert ist (gelb). Dort wird das iodhaltige Schilddrüsenhormon Thyroxin gespeichert.

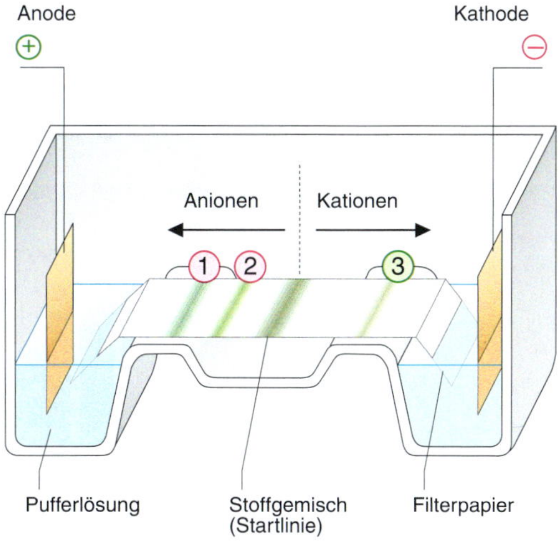

Elektrophorese eines Proteingemisches (3 Proteine). Während Protein 3 positiv geladen ist, tragen Protein 1 und 2 negative Überschussladung. Protein 1 wandert schneller, entweder aufgrund stärkerer Ladung oder weil es kleiner oder kompakter gebaut ist.

Der Zellkern

Das elektronenmikroskopische Bild eines Zellkerns (Nucleus), das durch Schneiden von kontrastierten Zellen gewonnen wurde (Abb. 1 oben) lässt eine zweischichtige Kernhülle erkennen. Zwei *Membranen* verlaufen dicht nebeneinander und schließen einen *Membranzwischenraum* ein. Diese Hülle ist an einigen Stellen durchbrochen; hier stehen Cytoplasma und Kernplasma miteinander in Verbindung. Ob es sich dabei um Poren, Schlitze oder aufgrund der Fixierung und Kontrastierung entstandene künstliche Veränderungen *(Artefakte)* handelt, lässt sich anhand eines solchen Bildes nicht entscheiden. Erst durch Anwendung anderer Präparationstechniken kann eine Artefaktbildung ausgeschlossen werden.

Durch Herstellung eines Präparates mit Gefrierätztechnik (Abb. 1 unten) sind räumliche Strukturen am Kern zu erkennen. Es wird durch diese Präparationstechnik deutlich, dass er durch eine aus zwei Membranen bestehende Hülle begrenzt wird und diese durch *Kernporen* durchbrochen ist.

Besonders auffällige Einschlüsse im Inneren des Zellkernes sind die Kernkörperchen: (*Nucleoli,* Einzahl *Nucleolus*). Sie treten in Ein- oder Mehrzahl auf und beteiligen sich an der Bildung von Ribosomen, den Orten der Proteinsynthese. Im Kernplasma befindet sich eine gut anfärbbare Struktur, das *Chromatin.* In ihm liegt mit Proteinen vergesellschaftet die DNA. Bei einer jeden Zellteilung bilden sich aus dem Chromatin die *Chromosomen* heraus (s. Seite 29).

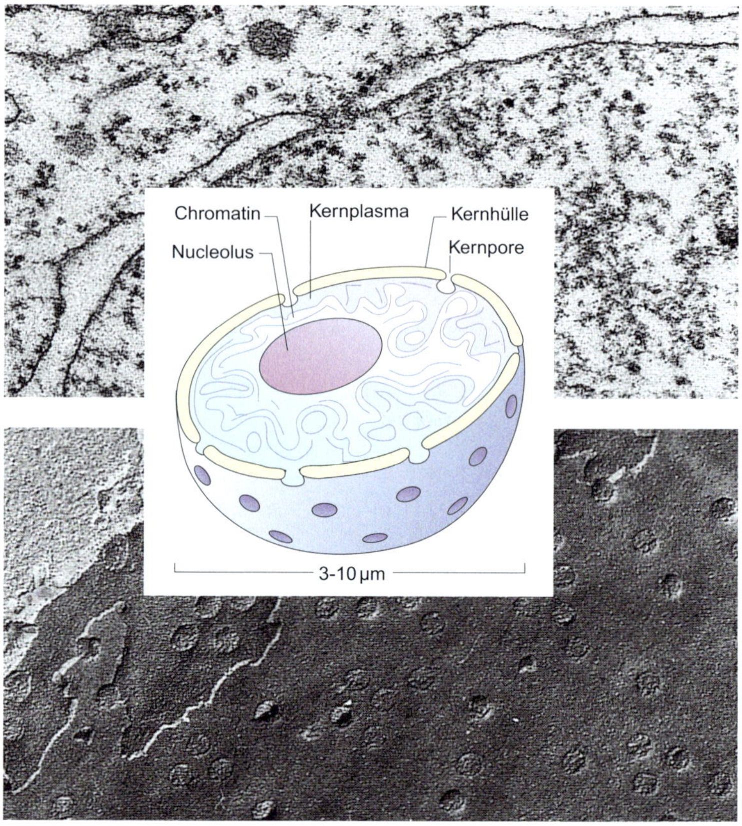

1 Darstellung des Zellkerns mit elektronenmikroskopischen Verfahren

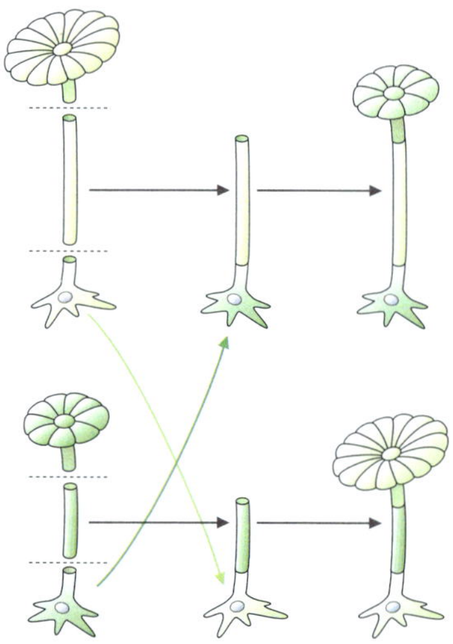

2 Stückaustausch bei Acetabularia

Pfropfungsexperimente mit Algen

Der Kern ist die wichtigste Kommandozentrale der Zelle und gleichzeitig das funktionelle Zentrum in ihr. Welche Bedeutung der Kern für die Entwicklung einer Zelle und des gesamten Lebewesens hat, zeigen Experimente zur Kerntransplantation der jüngsten Zeit ebenso wie die klassischen Pfropfungsversuche von JOACHIM HÄMMERLING mit der Meeresalge *Acetabularia.* Die Algen dieser Gattung bestehen aus einer riesigen Zelle, die sich in ein wurzelähnliches *Rhizoid*, ein Stielchen und einen Hut an dessen oberem Ende gliedert. Im Rhizoid liegt der Zellkern. Schneidet man das Rhizoid von *Acetabularia acetabulum* ab und pfropft darauf ein Stielstück von *A. wettsteinii,* so bildet sich der für A. acetabulum typische Hut aus. Ein A. wettsteinii-Hut entsteht, wenn das kernhaltige Rhizoid von A. wettsteinii und der Stiel von A. acetabulum stammen. Diese Experimente zeigen, dass die Hutform vom Zellkern bestimmt wird. Da aber auch ein abgeschnittener kernloser Stiel einen Hut ausbilden kann, müssen zusätzlich Faktoren im Cytoplasma vorhanden sein, die die Gestaltbildung beeinflussen können.

Acetabularia

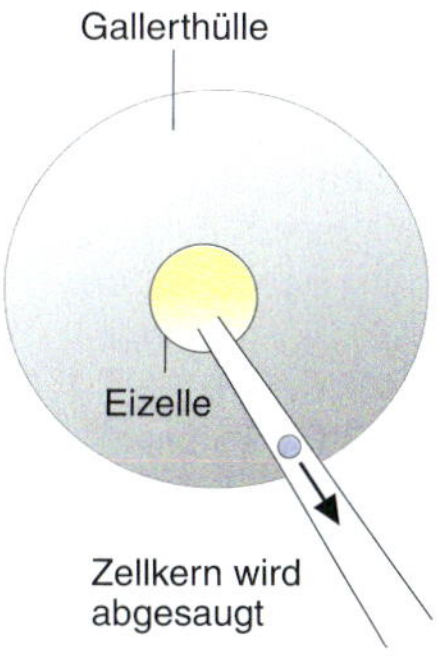

kernlose Eizelle

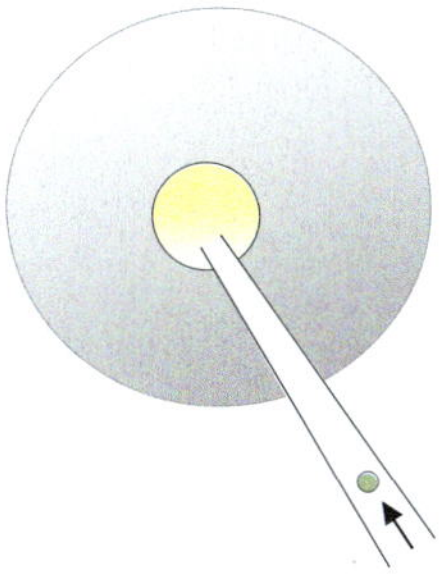

Zellkern einer Albino-kaulquappe wird transplantiert

Transplantation von Zellkernen

Die Bedeutung des Zellkerns verdeutlichen auch Experimente, bei denen Kerne transplantiert werden. Im Jahr 1961 gelang dem britischen Biologen JOHN GURDON ein Aufsehen erregendes Experiment mit dem afrikanischen *Krallenfrosch (Xenopus laevis)*. Er saugte mit einer feinen Glaspipette den Zellkern aus einer unbefruchteten Eizelle eines normal gefärbten Frosches. In die kernlose Eizelle brachte er anschließend einen Zellkern aus der Darmzelle einer *Albinokaulquappe* (s. Randspalte). Einige der manipulierten Eizellen entwickeln sich zu einem *Albinofrosch*. Dieser Versuch zeigt, dass die *Erbinformationen* des Frosches im Zellkern der Zelle enthalten sind und bestätigt Beobachtungen, die seit Beginn des 20. Jahrhunderts bei anderen Lebewesen gemacht werden.

Das erste geklonte Säugetier, das legendäre Schaf *Dolly*, wurde am 5. Juli 1996 geboren. Schottische Forscher hatten den Kern aus Euterzellen des einen Elterntieres in die entkernte, unbefruchtete Eizelle eines anderen Tieres eingebracht. Der sich daraus entwickelnde Embryo war von einem dritten Tier ausgetragen worden. Dolly war mit der Kernspenderin genetisch identisch. Für die Erzeugung des Klonschafes hatten die Wissenschaftler in Edinburgh in 277 Eizellen Kerne transplantiert. Nur 29 von ihnen entwickelten sich so, dass sie einem Mutterschaf eingepflanzt werden konnten. Ein einziger Embryo überstand die Schwangerschaft bis zur Geburtsreife. Das war Dolly. Im Alter von sechs Jahren wurde das Klonschlaf eingeschläfert. Es litt an Symptomen vorzeitigen Alterns. Im Durchschnitt erreichen Schafe ein Alter von 12 Jahren.

1 Krallenfrosch (Albino)

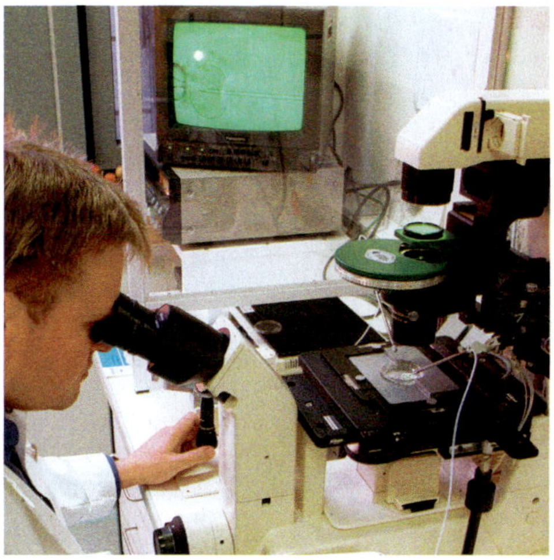

2 Entkernung einer Zelle

Dolly

Aufgaben

① Erläutern Sie die elektronenmikroskopischen Verfahren, mit denen die beiden Bilder in Abbildung 24.1 gewonnen worden sind.

② Berechnen Sie unter Zugrundelegen der Tatsache, dass ein Zellkern in einer Säugetierzelle etwa einen Durchmesser von 5 µm hat, die etwaige Vergrößerung des schematisch dargestellten Kerns in Abbildung 24.1 und in den elektronenmikroskopischen Bildern.

③ Erklären Sie, welche grundsätzlichen biologischen Erkenntnisse mit den beiden zur Kerntransplantation beschriebenen Experimenten (Randspalte und Abbildung 3) gewonnen werden konnten.

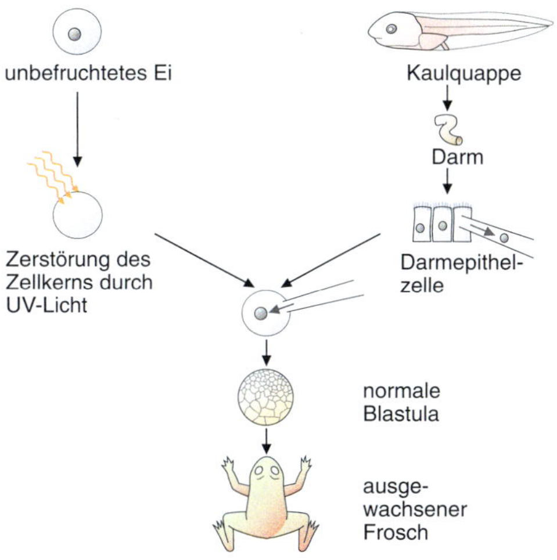

3 Kerntransplantation

Bau und Funktion von Zellorganellen

Jahrzehntelange Forschungsarbeit hat neben einer genauen Vorstellung über die Struktur der Zellorganellen auch zur vertieften Kenntnis über die Funktion der Zellorganellen geführt. In der Zelle tritt als wiederkehrendes Bauelement die Membran auf. Das Zellinnere wird durch Membranen in eine Vielzahl abgegrenzter Räume, so genannte *Kompartimente*, unterteilt. Oft bewirken Membranen durch Faltung oder Stapelung eine starke Vergrößerung der inneren Oberflächen, an denen membrangebundene biochemische Prozesse ablaufen. Immer aber trennen sie eine plasmatische von einer nicht plasmatischen Phase *(Kompartimentierungsregel)*.

Mikrotubuli sind röhrenförmige Strukturen mit einem Durchmesser von 25 nm. Ihre Länge ist sehr unterschiedlich und kann zum Teil über einen Millimeter hinausgehen. Sie sind aus kugeligen Proteinbausteinen (*Tubulin*) zusammengesetzt. Wie die Ribosomen besitzen sie keine Membran und entstehen durch Selbstaufbau.

Den Mikrotubuli werden verschiedene Aufgaben zugeschrieben. So sind sie zum Beispiel Bestandteil des intrazellulären Stützsystems, des *Cytoskeletts*. In großer Zahl treten Mikrotubuli bei der Zellteilung auf. Sie sind an den Bewegungen der Chromosomen bei der Kernteilung beteiligt.

Centriolen kommen fast nur in tierischen Zellen vor. Ihr wichtigstes Bauelement sind Mikrotubuli. In jeder Zelle ist ein Paar von Centriolen zu finden, und zwar in einem Bereich, der Centrosom genannt wird. Die beiden Centriolen sind am Aufbau des Spindelapparates beteiligt. Sie verdoppeln sich vor der Zellteilung.

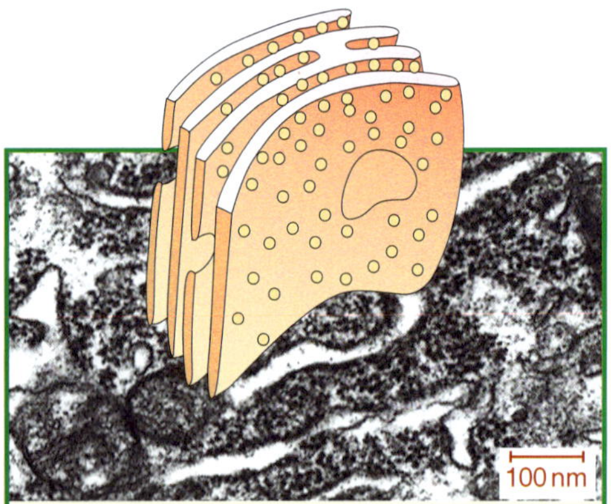

Endoplasmatisches Retikulum

Das **endoplasmatische Retikulum** (ER) ist ein Membransystem. Es durchzieht als flächiges Netzwerk das gesamte Cytoplasma. Die Membranen umschließen lamellen- oder röhrenförmige Innenräume, die *Zisternen*. Das ER kann mit anderen Membranen in Verbindung stehen, z. B. mit der Kernhülle. Es ist der Syntheseort von Membran- und Reservelipiden. An den Membranflächen befinden sich zum Teil dicht nebeneinander *Ribosomen*, wodurch das ER ein raues Aussehen erhält. Andere Bereiche sind frei von Ribosomen. Deshalb unterscheidet man zwischen *rauem* und *glattem ER*. Weitere Funktionen des ER sind die membrangebundene Proteinsynthese und der Stofftransport innerhalb der Zelle. Manchmal schnüren sich von den Membranen Bläschen *(Vesikel)* ab, in denen Stoffe transportiert werden. Drüsenzellen sind besonders stark vom ER durchzogen. In den Zisternen werden viele Stoffe gebildet, umgewandelt oder gespeichert.

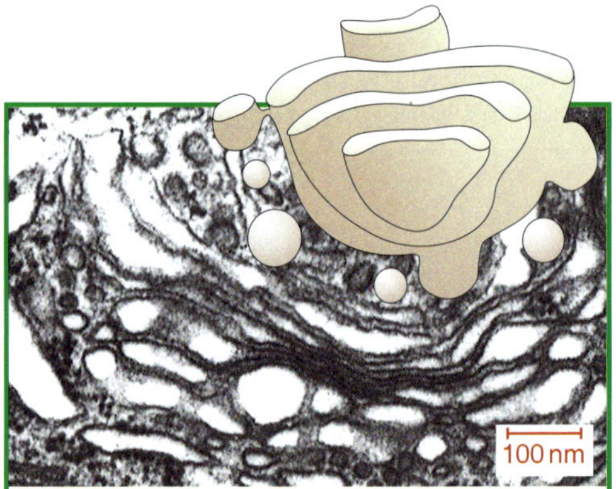

Dictyosomen (Golgi-Apparat)

Dictyosomen sind flache Membranzisternen, die in Drüsenzellen in großer Zahl vorkommen. Nach ihrem Entdecker wird die Gesamtheit der Dictyosomen in einer Zelle auch *Golgi-Apparat* genannt. Im Inneren der Membranzisternen befinden sich vor allem Proteine, bei pflanzlichen Zellen auch Baustoffe für die Zellwand. Sie werden zwar im ER gebildet, aber hier konzentriert und gelagert oder weitertransportiert. Am Rande der Membranstapel können sich – ähnlich dem ER – Bläschen *(Golgi-Vesikel)* abschnüren.

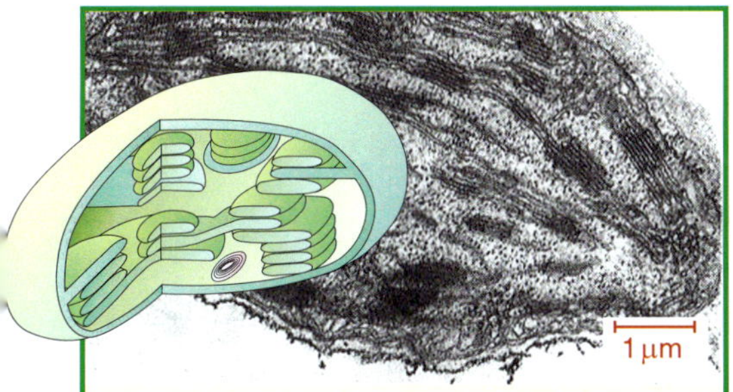

Chloroplast

Chloroplasten sind von zwei Membranen umhüllt und besitzen so zwei Kompartimente. Die innere Membran umschließt einen Matrixraum, das *Stroma*. Darin befinden sich flächige, lamellenförmige Einstülpungen der inneren Membran, die *Thylakoide*. Diese sind zum Teil wie Geldrollen sehr dicht gestapelt. Ein Stapel heißt *Granum* (Mehrzahl: *Grana*). Wie die Mitochondrien besitzen die Chloroplasten eine eigene DNA sowie 70 S-Ribosomen. Die Thylakoidmembran enthält u. a. Chlorophylle und Carotinoide. Die Chloroplasten sind die Organellen der Fotosynthese. Sie entstehen nur durch Teilung vorhandener Chloroplasten.

Mikrofilamente kommen als fadenförmige Strukturen in Zellen vor. Sie bestehen vorwiegend oder ausschließlich aus Proteinen. In Eucyten sind Aktin- und Myosinfilamente allgemein verbreitet. In Muskelzellen wirken diese Filamente bei der Kontraktion zusammen.

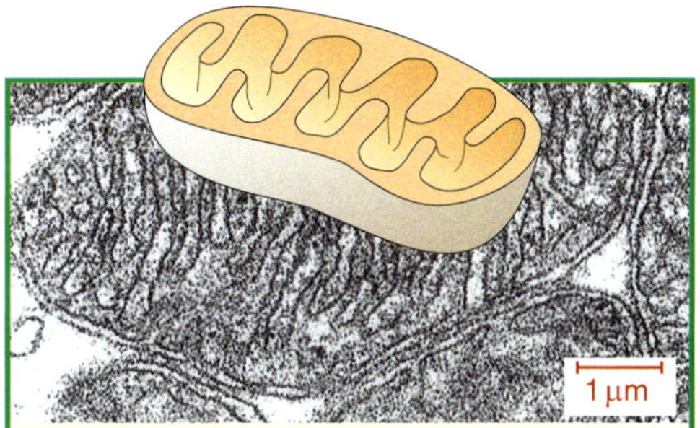

Mitochondrium, Cristae-Typ

Mitochondrien sind von einer Hülle aus zwei Membranen umgeben. Sie bilden zwei Kompartimente: Eines liegt zwischen der äußeren und der inneren Hüllmembran, das andere, die plasmatische Matrix, wird von der inneren, stark gefalteten Membran umgeben. Durch die lamellenförmigen Einstülpungen, die *Cristae*, entstehen große Oberflächen. In der Matrix befinden sich u. a. eine eigene DNA sowie 70 S-Ribosomen. Neben dem *Cristae-Typ* gibt es den *Tubuli-Typ* mit röhrenförmiger und den *sacculären Typ* mit säckchenförmiger Innenstruktur.

Mitochondrien kommen gehäuft in Zellen mit hohem Energiebedarf vor, z. B. in Muskelzellen. Die Mitochondrien sind die Orte der Zellatmung. Bei Oxidationsprozessen wird Energie aus Nährstoffen zum ATP-Aufbau eingesetzt. Mitochondrien kann man als „Kraftwerke" der Zelle bezeichnen. Mitochondrien vermehren sich durch Teilung.

Lysosomen besitzen, wie der Golgi-Apparat und das ER, eine einfache Membran. Die bläschenförmigen Lysosomen haben unterschiedliche Größe, häufig werden sie mitochondriengroß. Sie enthalten vor allem Verdauungsenzyme, die überflüssiges Zellmaterial abbauen.

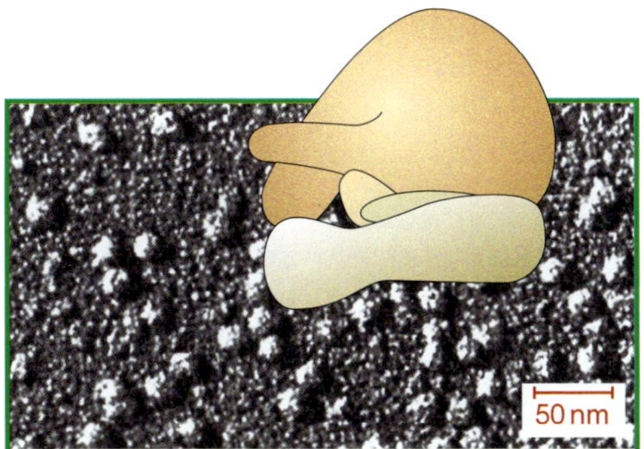

Ribosomen, Vergr. 175 000 x

Ribosomen besitzen keine Membran. Diese kleinen Organellen (Größe 15 – 30 nm) werden aus zwei Untereinheiten gebildet, die zu 40 % aus Nucleinsäuren *(Ribonucleinsäuren, r-RNA)* und zu 60 % aus Proteinen bestehen. Ribosomen sind die Bildungsstätten der Proteine. Sie können zu mehreren perlschnurartig im Cytoplasma liegen *(Polysomen)* oder auch an Membranen angelagert sein.

Es gibt zwei Typen von Ribosomen, die sich in ihrer Größe und im Sedimentationsverhalten unterscheiden. Für große Ribosomen, die nur im Cytoplasma und am rauen ER von Eucyten auftreten, ist der Sedimentationskoeffizient 80 *Svedberg* (= S), für kleine, in Bakterien vorkommende 70 S.

Die **Zellwand** aus Zellulose ist eine typische Struktur der Pflanzenzelle. Ihr Aussehen ändert sich mit dem Differenzierungsgrad der Zelle. Nach einer Zellteilung entsteht zunächst zwischen den Zellmembranen der Tochterzellen eine *Mittellamelle* aus vorwiegend pektinhaltigem Material. *Pektin* ist eine gelartige Substanz von kohlenhydratähnlichem Bau. Darauf bildet sich beim Wachstum eine *Primärwand*, die zusätzlich etwa 10 % Zellulosemikrofibrillen enthält. Diese sind unregelmäßig angeordnet *(Streutextur)*. Stellt die Zelle ihr Wachstum ein, so wird eine *Sekundärwand* aufgelagert, die zu mehr als 90 % aus Zellulose besteht. Die Mikrofibrillen liegen dabei parallel in mehreren Schichten übereinander *(Paralleltextur)*. Aussparungen in der Zellwand *(Tüpfel)* ermöglichen die Verbindung des Plasmas von Zelle zu Zelle.

Formgebende Zellwände umhüllen auch Pilz- und Bakterienzellen. Bei Pilzen bestehen sie vorwiegend aus Chitin, bei Bakterien aus einem Netzwerk von Peptidoglykan (Polymer aus Zuckerabkömmlingen und Peptiden).

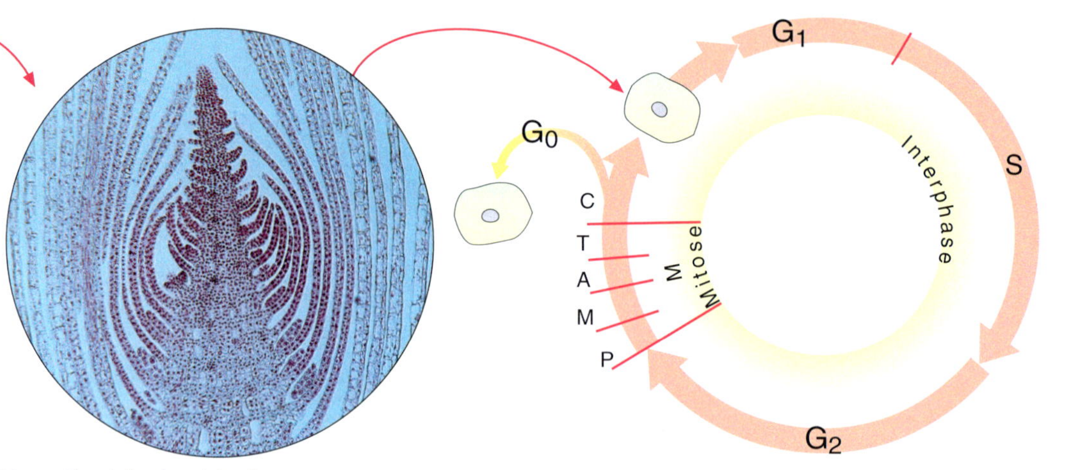

Tannenwedel

Vegetationskegel des Sprosses

G_1 – Zellwachstum mit intensivem Stoffwechsel und Organellenvermehrung

G_2 – weiteres Wachstum und Vorbereitung auf die Mitose

M – Mitose mit den Abschnitten Pro- (P), Meta-(M), Ana- (A), Telophase (T)
C – Cytokinese
S – Synthese neuer DNA (Replikation)
G_0 – Weg der Differenzierung zu einer Dauerzelle

1 Vermehrungszyklus bei Zellen

Zellzyklus und Mitose

„Omnis cellula e cellula" hatte RUDOLF VIRCHOW im Jahre 1855 aufgrund seiner anatomischen Studien formuliert. Dass eine jede Zelle stets aus einer Zelle hervorgeht, gilt heute noch. WALTHER FLEMMING präzisierte 25 Jahre später: „Jeder Kern aus einem Kern."

Solange ein Organismus wächst oder zumindest einen Teil seiner Zellen erneuert, findet Zellvermehrung statt. Aus einer Ausgangszelle gehen durch Teilung zwei Tochterzellen hervor. Eine Vermehrung von Zellen setzt somit deren Fähigkeit zur Teilung voraus. Teilungs- und damit vermehrungsfähige Zellen finden sich massenhaft in pflanzlichen Bildungsgeweben (Abb. 1), Embryonen, der Haut, Darmepithelien und dem Knochenmark. Beim erwachsenen Menschen teilen sich schätzungsweise 100 Millionen Zellen pro Minute.

Auch nach einer Teilung entsprechen die entstandenen Zellen in ihrer Ausstattung den Ausgangszellen. Zellkern und Organellen müssen also gleichmäßig auf die Tochterzellen verteilt worden sein. Eine Zellvermehrung erfordert sowohl die Teilung des Kernes *(Mitose)* als auch die des Cytoplasmas mit seinen Organellen *(Cytokinese)*. Dies wird im Rahmen der *Interphase* sorgfältig vorbereitet. In der Interphase werden Proteine für die Teilung gebildet (G-Phasen) und außerdem wird die Chromatinmenge verdoppelt (S-Phase). In einem immer wiederkehrenden Kreislauf, dem *Zellzyklus*, wechseln Interphase und Zellteilung miteinander ab, bis die Differenzierung beginnt.

Die Vorgänge während der Interphase lassen sich nur mit molekulargenetischen Methoden erfassen und werden daher erst in der Genetik behandelt (s. Seite 114). Die Zellteilung ist dagegen bei geeigneten Objekten unter dem Lichtmikroskop gut zu beobachten (Abb. 2).

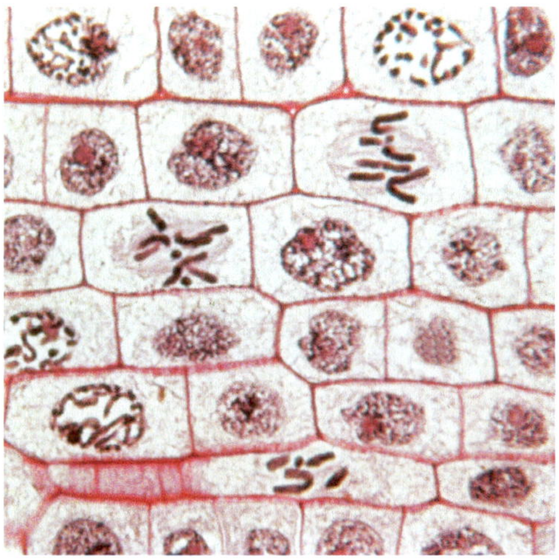

2 Mitosestadien

Die Mitose läuft kontinuierlich ab, aus Gründen der Übersicht unterteilt man sie aber in aufeinander folgende Phasen, die unterschiedlich schnell ablaufen:

Prophase

Während der Prophase wird das Chromatin zur Transportform verdichtet. Dadurch werden die Chromosomen allmählich sichtbar. Ein Spindelapparat aus zahlreichen tubulären Eiweißmolekülen bildet sich zwischen den Polen. Am Ende der Prophase zerfällt die Kernhülle und die Chromosomen wandern in einer *Prometaphase* in die Äquatorialebene.

Metaphase

Der Spindelapparat ist voll ausgeprägt. Die Chromosomen ordnen sich in der Äquatorialebene an und lassen sich jetzt gut unterscheiden. Da jede Zelle Erbmaterial von Vater und Mutter übernommen hat, gibt es zwei äußerlich übereinstimmende Sätze an Chromosomen (2n). Jedes dieser Chromosomen besteht aus zwei identischen Spalthälften (*Chromatiden* = 2C), da es bereits in der Interphase verdoppelt wurde. Am Centromer hängen die beiden Chromatiden eines Chromosoms noch zusammen.

Anaphase

Die Chromatiden eines jeden Chromosoms werden am Centromer voneinander getrennt und bewegen sich mithilfe der Spindelfasern zu den entgegengesetzten Polen. Am Ende der Anaphase befindet sich an jedem Pol eine Spalthälfte eines jeden Chromosoms.

Telophase

Der Spindelapparat löst sich auf, die Chromosomen lockern sich wieder auf, bis sie nur noch als Chromatin zu sehen sind. Kernkörperchen und Kernhülle bilden sich neu.

Auf die Mitose folgt die *Cytokinese*. Tierische Zellen schnüren sich ein (Furchung), pflanzliche Zellen bilden eine mittlere Zellplatte aus, die sich nach außen vergrößert.

Nach der Zellteilung entscheidet sich das weitere Schicksal der Zelle: Verliert sie ihre Teilungsfähigkeit, tritt sie in die G_0-Phase ein und differenziert sich zu einer Zelle des Dauergewebes, anderenfalls tritt sie in eine weitere G_1-Phase ein und durchläuft den Zellzyklus bis zur nächsten Zellteilung.

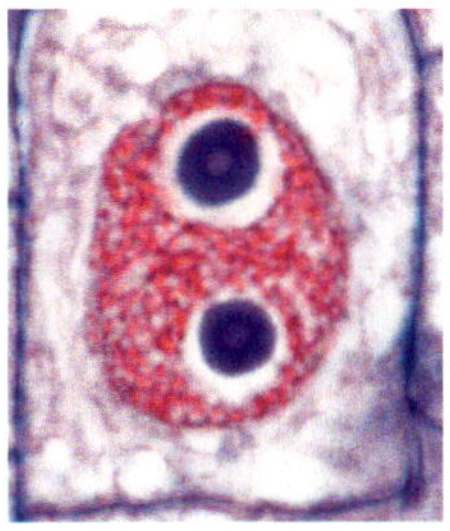
Interphase

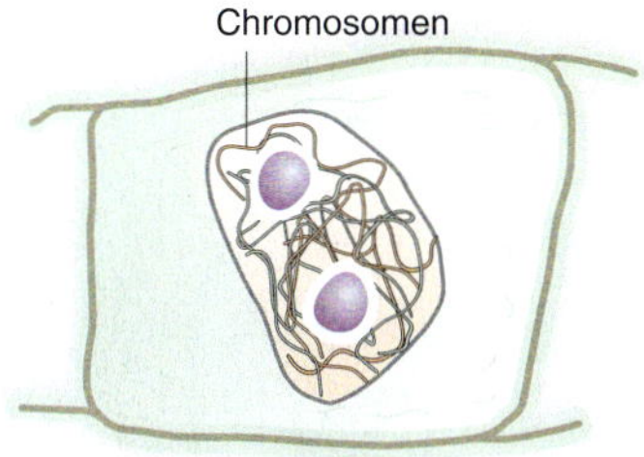

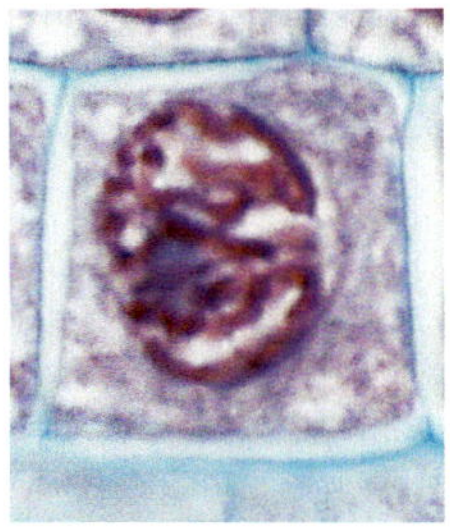
Prophase

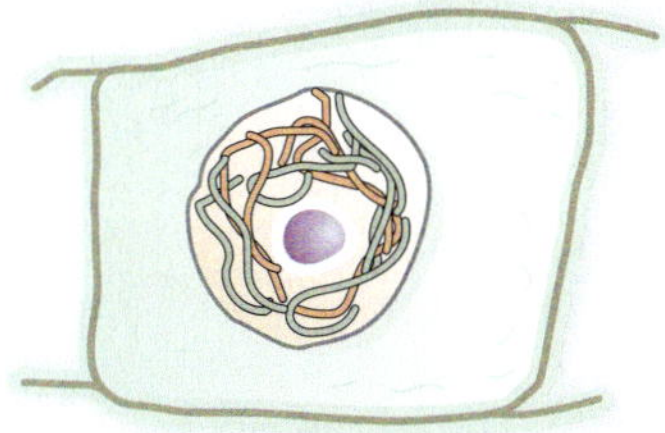

Metaphase

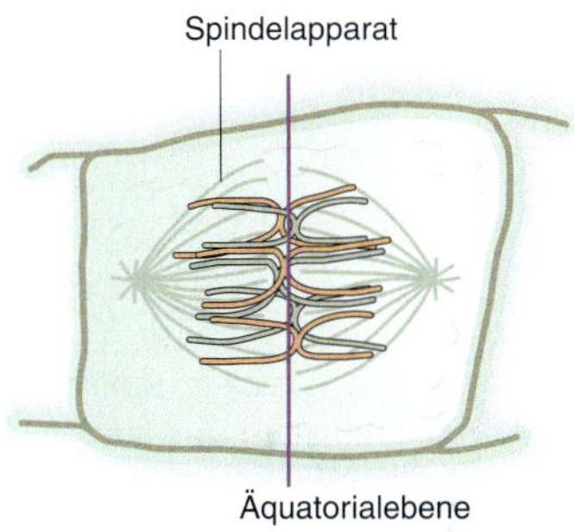

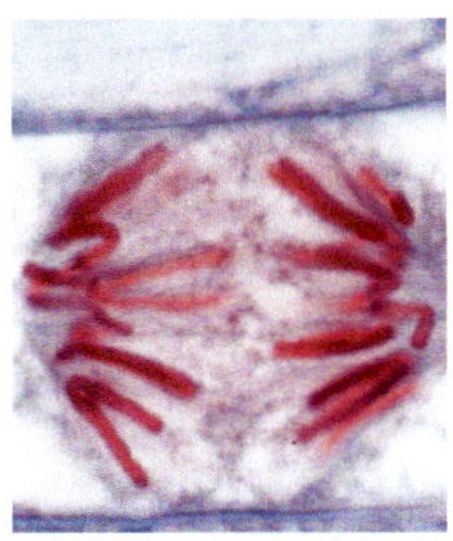
Anaphase

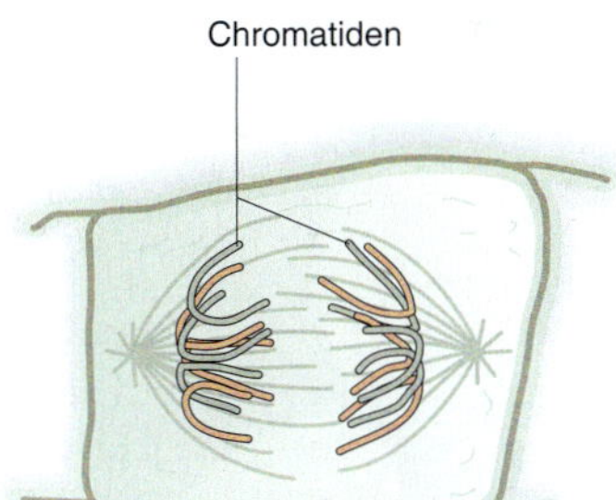

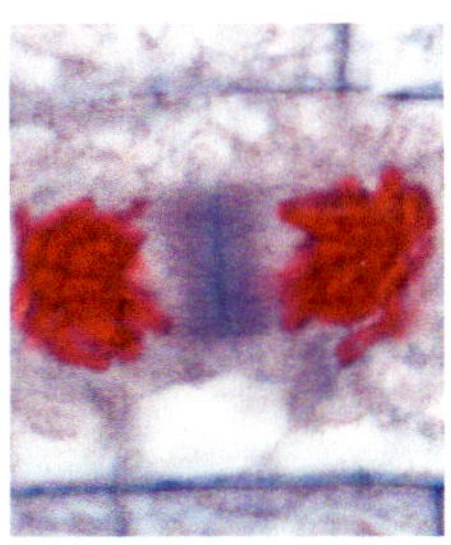
Telophase

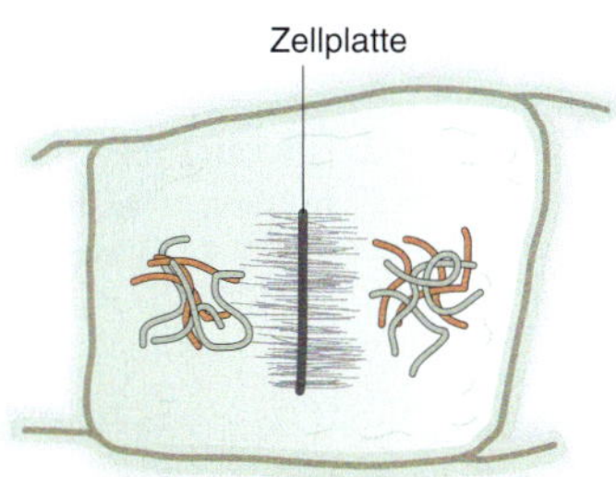

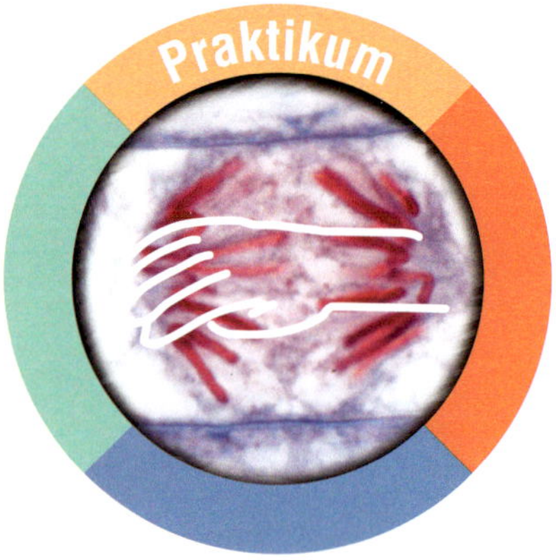

Kern- und Zellteilung

Vermehrung von Hefezellen

Material:
Backhefe *(Saccharomyces cerevisiae)*, Saccharose-Lösung (10%ig), Hefesuspension in Saccharose-Lösung etwa 2 Std. nach dem Ansatz, Erlenmeyerkolben, Saugpipette, evtl. Blutzählkammer, Objektträger, Deckgläser

Durchführung:
Suspendieren Sie ein erbsengroßes Stück Backhefe in 10 ml Saccharose-Lösung. Mikroskopieren Sie bei möglichst starker Vergrößerung unmittelbar nach dem Ansatz und nach etwa 30 min. Wählen Sie die Verdünnung der Suspension so, dass Sie die Anzahl der Zellen im Sehfeld ermitteln können. Beziehen Sie in die Untersuchungen auch die 2 Stunden alte Hefesuspension ein.

Auswertung:
Suchen Sie nach Sprossungsstadien in den Präparaten. Ermitteln Sie den prozentualen Anteil sprossender Hefezellen pro Sehfeld oder mit einer Zählkammer in Abhängigkeit von der Kulturdauer. Stellen Sie den Zusammenhang zwischen Kulturdauer und Prozentsatz sprossender Hefezellen grafisch dar. Dokumentieren Sie anhand von Zeichnungen den Ablauf der Sprossung von der beginnenden Zellausbuchtung bis hin zur fertigen Tochterzelle. Beschreiben Sie die Vorgänge in der Zelle.

Kern- und Zellteilung

Material:
Blütenknospen von Tradescantia-Arten, Pinzette, Rasierklinge oder Skalpell, 3%ige Saccharose-Lösung, Objektträger, Deckgläser

Durchführung:
Öffnen Sie die Blütenknospen und zupfen Sie mit der Pinzette die Staubbeutel von den Filamenten ab. Schneiden Sie die Filamente am Grund mit der Rasierklinge oder einem Skalpell ab und legen Sie sie in einen Tropfen Saccharose-Lösung. Suchen Sie mikroskopisch im Präparat nach den feinen Härchen an den Filamenten und beobachten Sie die Vorgänge in den Zellen über längere Zeit.

Auswertung:
Wenn Sie teilungsaktive Zellen gefunden haben, verfolgen Sie den Vorgang der Kernteilung. Vergessen Sie nicht, das Präparat vor dem Austrocknen zu bewahren. Halten Sie die Kernteilungsvorgänge und deren Zeitdauer in einem Protokoll fest.

Kernfärbung

Material:
Küchenzwiebel *(Allium cepa)*, Karmin-Essigsäure, Rasierklinge, Objektträger, Deckgläser, Gasbrenner

Durchführung:
Stellen Sie ein Abzugspräparat der Epidermis von Zwiebelschuppen (s. Seite 12) her. Geben Sie die Gewebestückchen in Karmin-Essigsäure auf einen Objektträger und erhitzen Sie über einer Brennerflamme kurzzeitig (Vorsicht: Schutzbrille tragen!). Legen Sie ein Deckglas auf und saugen Sie mehrfach Wasser durch das Präparat, um den überschüssigen Farbstoff zu entfernen. Suchen Sie nach Zellen mit deutlich angefärbten Kernen.

Auswertung:
Fertigen Sie eine mikroskopische Zeichnung an. Achten Sie besonders auf die Lage der Kerne in den Zellen und die Größenverhältnisse.

Kern-Plasma-Relation

Material:
Präparate von Zwiebelschuppenepidermen (frisch oder gefärbt), Präparierbesteck, Okularmikrometer

Durchführung:
Mikroskopieren Sie Epidermiszellen der Küchenzwiebel, die Sie (a) als Abzugspräparat und (b) als Querschnitte gewonnen haben. Erfassen Sie unter Zuhilfenahme eines Okularmikrometers von jeweils 5 ausgewählten Zellen mit gut sichtbaren Kernen die Breite, Länge und Tiefe einer jeden Zelle und des dazugehörigen Kernes in Skalenteilen.

Auswertung:
Berechnen Sie von jeder Zelle und deren Kern das Volumen und bestimmen Sie die Kern-Plasma-Relation als Verhältnis 1 : X. Legen Sie der Volumenberechnung eine jeweils geeignete geometrische Figur zugrunde.
Bestimmen Sie die durchschnittliche Kern-Plasma-Relation aus den Messungen an den 5 Zellen. Nehmen Sie unter Berücksichtigung Ihrer Ergebnisse Stellung zu den folgenden Aussagen:
- Bei jungen Zellen besteht eine enge, bei ausgewachsenen Zellen eine weite Kern-Plasma-Relation.
- Bei der ermittelten Relation wird das Plasma mit dem Zelllumen gleichgesetzt.
- Die Kern-Plasma-Relation ist artspezifisch.

Mitosedauer

Material:
Dauerpräparate von Wurzelspitzen der Küchenzwiebel oder eines anderen Objektes mit einer größeren Anzahl von Mitosestadien.

Durchführung:
Mikroskopieren Sie das Präparat und ordnen Sie 100 beliebig ausgewählte Zellen jenen Phasen des Zellzyklus zu, in dem sie sich gerade befinden.

Auswertung:
Gestalten Sie eine Tabelle wie folgt:

	Anzahl	Anteil %
Interphase		
Mitose (gesamt)		
Prophase		
Metaphase		
Anaphase		
Telophase		

Welche Rückschlüsse auf die zeitlichen Abläufe während der Mitose lassen sich aufgrund der Häufigkeit der einzelnen Phasen ziehen, wenn keine Synchronisation zwischen den Zellen vorliegt?

Zellen im Vergleich — Protocyte und Eucyte

Alle bisher betrachteten Zellen besitzen gleiche Grundstrukturen. Die kleinsten einzelligen Lebewesen, die *Bakterien,* zeigen jedoch einen anderen Aufbau. Ihr Zelltyp wird als *Protocyte* oder *Procyte* bezeichnet. Die Zellen sind oft nur 1 bis 5 µm groß, sodass mit dem Lichtmikroskop kaum Strukturen im Zellinnern erkennbar sind. Die Protocyte ist wesentlich weniger kompartimentiert als die Eucyte und das Cytoplasma enthält weniger Typen von Zellorganellen. Ein wichtiges Kennzeichen der Protocyte ist das Fehlen des Zellkerns. Sie enthält jedoch eine ringförmige DNA-Struktur, das *Kernäquivalent.* Außerdem können kleinere DNA-Ringe, die *Plasmide*, vorhanden sein. Die Protocyte besitzt Ribosomen, die ausschließlich zum 70 S-Typ gehören. Mitochondrien, Plastiden und Dictyosomen sind nicht vorhanden. Die Zellmembran zeigt Einfaltungen, an denen vor allem Stoffwechselprozesse zur Energiegewinnung ablaufen. So enthalten Fotosynthese betreibende Formen Einfaltungen mit grünem Farbstoff.

Manche Bakterien haben eine Geißel, die es ihnen ermöglicht, sich schwimmend fortzubewegen. In der Regel ist eine Zellwand vorhanden, die *Murein* enthält. Dieser charakteristische Stoff ist nur bei Bakterien zu finden. Häufig sind der Zellwand noch stark wasserhaltige Schichten aufgelagert, die dünne Schleimhüllen und Kapseln bilden. Sie ermöglichen das Zusammenlagern der Einzelzellen zu Kolonien.

Die kernlosen Zellen der Bakterien zeigen einen einheitlichen Grundbauplan. Man bezeichnet diese Organismen entsprechend ihrem Zelltyp als Prokaryoten. Ihnen stehen die *Eukaryoten* (Protisten, Pilze, Pflanzen und Tiere) gegenüber, die aus kernhaltigen Zellen, den *Eucyten*, aufgebaut sind.

Aufgaben

① Erstellen Sie mithilfe der nebenstehenden Abbildung einen tabellarischen Vergleich von Protocyte und Eucyte.
② Berechnen Sie überschlägig, wie viele Bakterien etwa in eine Eucyte passen.
③ Entwerfen Sie das Schema einer Pilzzelle. Orientieren Sie sich dabei an der nebenstehenden Abbildung.
④ Wie beurteilen Sie die Definition „Die Zelle ist ein Bezirk kernhaltigen Cytoplasmas, von einer Membran umgeben"?

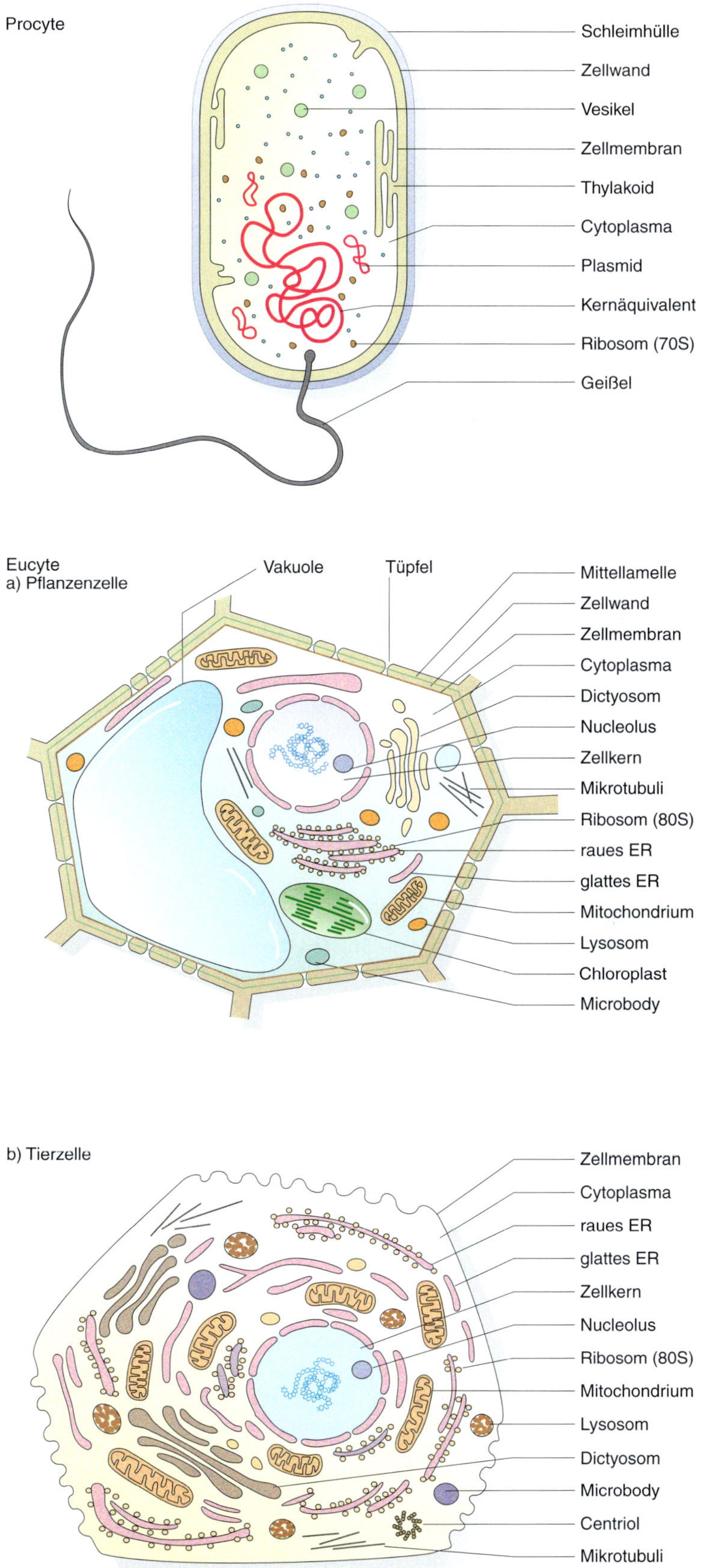

1 Protocyte und Eucyte im Vergleich

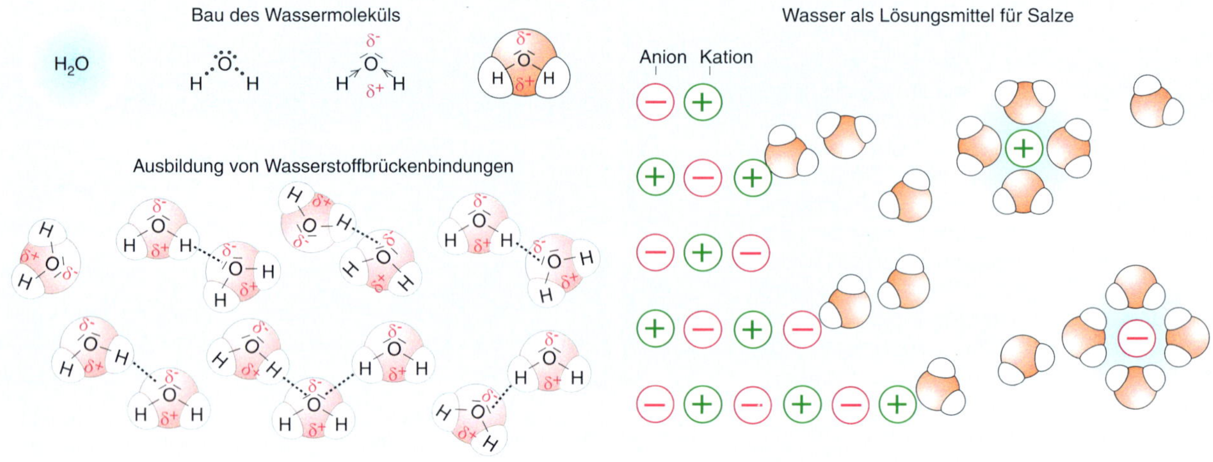

1 Wassermoleküle und ihre Eigenschaften

Chemische Eigenschaften der Zellinhaltsstoffe

Bei der chemischen Untersuchung von Zellen findet man als Bestandteile Wasser, organische Verbindungen und Salze. Zu den organischen Stoffen gehören Proteine (Eiweiße), Kohlenhydrate, Lipide (Fette und fettähnliche Substanzen), sowie die Nucleinsäuren (Kernsäuren).

Wasser

Wassergehalt in % des Frischgewichtes

Mensch	60
Schaf	57
Frosch	77
Käfer	65
Ohrenqualle	98
Gras	67
Holz	50
Gurke	95
Apfel	83

Der größte Teil der lebenden Zellen besteht aus Wasser. Wasser ist ein wichtiges Transportmedium und Lösungsmittel für Salze und andere wasserlösliche Moleküle, die im Stoffwechsel anfallen. Wassermoleküle haben besondere chemische und physikalische Eigenschaften, deren Kenntnis Voraussetzung für ein Verständnis vieler Stoffwechselvorgänge ist.

Die Eigenschaften des Wassers beruhen auf dem Aufbau und der Ladungsverteilung des Wassermoleküls (H_2O). Die bindenden Elektronenpaare bilden zwischen dem Sauerstoffatom und den beiden Wasserstoffatomen einen Winkel von 105°, das Wassermolekül hat eine gewinkelte Struktur (Abb. 1). Die Ladungen sind im Wassermolekül ungleichmäßig verteilt. Der Sauerstoff zieht aufgrund seiner höheren Elektronegativität die bindenden Elektronenpaare stärker zu sich hin, als es die beiden Wasserstoffatome vermögen. Hierdurch ergibt sich eine ungleiche Ladungsverteilung und damit ein polares Molekül: Der Sauerstoff ist leicht negativ geladen, der Wasserstoff leicht positiv. Der Sauerstoff trägt eine negative Teilladung (δ^-), der)Wasserstoff eine positive ($\delta+$). Das Wassermolekül hat zwei Pole, es ist ein *Dipol.* Verstärkt wird die negative Teilladung des Sauerstoffes durch seine beiden freien Elektronenpaare.

Zwischen den Wassermolekülen gibt es elektrostatische Wechselwirkungen. Der Sauerstoff des einen Wassermoleküls übt eine anziehende Wirkung auf den Wasserstoff eines benachbarten Wassermoleküls aus. Diese im Vergleich zur Elektronenpaarbindung schwächere Bindung nennt man *Wasserstoffbrückenbindung.* Dadurch entstehen größere H_2O-Molekülverbände, so genannte *Cluster* (Abb. 1). Das Aufbrechen dieser Bindungen erfordert den Einsatz einer beträchtlichen Energiemenge, weshalb Wasser erst bei 100 °C siedet, Methan (CH_4) (kein Dipol) dagegen schon bei -161 °C. Wasserstoffbrückenbindungen findet man auch bei anderen polaren Verbindungen, wie Alkoholen oder Säuren.

Die Dipoleigenschaft macht das Wasser zu einem sehr guten *Lösungsmittel* für polare Verbindungen und Salze. Salze bestehen aus positiv und negativ geladenen Ionen. Die Wassermoleküle gehen aufgrund elektrostatischer Kräfte Wechselbeziehungen mit den geladenen Ionen ein, sodass sie von den Wassermolekülen gelöst und von einer Hydrathülle umgeben werden (Abb. 1).

Organische Verbindungen

Organische Verbindungen enthalten hauptsächlich Kohlenstoff und Wasserstoff *(Kohlenwasserstoffverbindungen)*. Sie können jedoch auch Sauerstoff, Stickstoff, Schwefel oder Phosphor enthalten. Jedes Kohlenstoffatom geht dabei vier Bindungen ein. Weist es nur Einfachbindungen zu Kohlenstoff auf, so spricht man von *gesättigten Kohlenstoffverbindungen*. Kohlenstoffatome können jedoch auch Doppel- oder Dreifachbindungen untereinander eingehen. Diese Verbindungen nennt man *ungesättigt*. Solche ungesättigten Verbindungen sind sehr reaktionsfreudig.

Im Gegensatz zum Wasser sind Kohlenwasserstoffe unpolar, da die Ladungsverteilung im Molekül ausgeglichen ist. Sie lösen sich daher gut in unpolaren Substanzen. Mit dem polaren Wasser können jedoch keine Wechselwirkungen entstehen, Kohlenwasserstoffverbindungen sind in Wasser nicht löslich. Stoffe, die sich in unpolaren Stoffen wie Fetten lösen, nennt man *lipophil*, jene Stoffe, die wasserlöslich sind, *hydrophil*.

Auch in organischen Molekülen gibt es hydrophile Gruppen. Diese enthalten neben der Kohlenwasserstoffkette zusätzlich Sauerstoff- oder Stickstoffatome. Sie sind in charakteristischen Atomgruppen zu finden, welche die Eigenschaft oder die Funktion des Moleküls beeinflussen. Man nennt sie deshalb *funktionelle Gruppen*.

Alkohole (Alkanole)
Die funktionelle Gruppe der Alkohole ist die *Hydroxylgruppe* (Abb. 1). Beispiele sind Ethanol oder Glycerin. Durch das Sauerstoffatom sind diese Gruppen polarisiert, also hydrophil, der Rest jedoch bleibt unpolar *(lipophil)*. Je länger die unpolare Kette ist, desto mehr tritt der lipophile Charakter beim Gesamtmolekül in Erscheinung.

Carbonylverbindungen
Zu ihnen zählen die Aldehyde *(Alkanale)* und *Ketone* (Abb. 1). Die Carbonylgruppe ist polar und reaktiv.

Carbonsäuren
Die funktionelle Gruppe der Carbonsäuren ist die Carboxylgruppe. Zu diesen relativ schwachen Säuren gehören z. B. Essigsäure, Buttersäure und Citronensäure. Carbonsäuren mit langen Kohlenwasserstoffketten (z. B. Palmitinsäure) sind als Fettsäuren Bestandteile der Fette. Die Carboxylgruppe ist polar, daher sind kurzkettige Carbonsäuren hydrophil. Mit zunehmender Länge der Kohlenwasserstoffkette sind sie jedoch immer lipophiler.

Amine

Auch die Aminogruppe ($-NH_2$) ist polar. Im Gegensatz zu den Carbonsäuren kann sie als Base reagieren. Sie ist Bestandteil aller Aminosäuren.

Aminosäuren

Verbindungen mit einer Amino- und einer Carboxylgruppe (am ersten C-Atom) heißen *Aminosäuren*. Sie sind die Bausteine der Proteine.

hydor
gr. = das Wasser

philo
gr. = liebend

phobos
gr. = die Furcht

lipos
gr. = das Fett

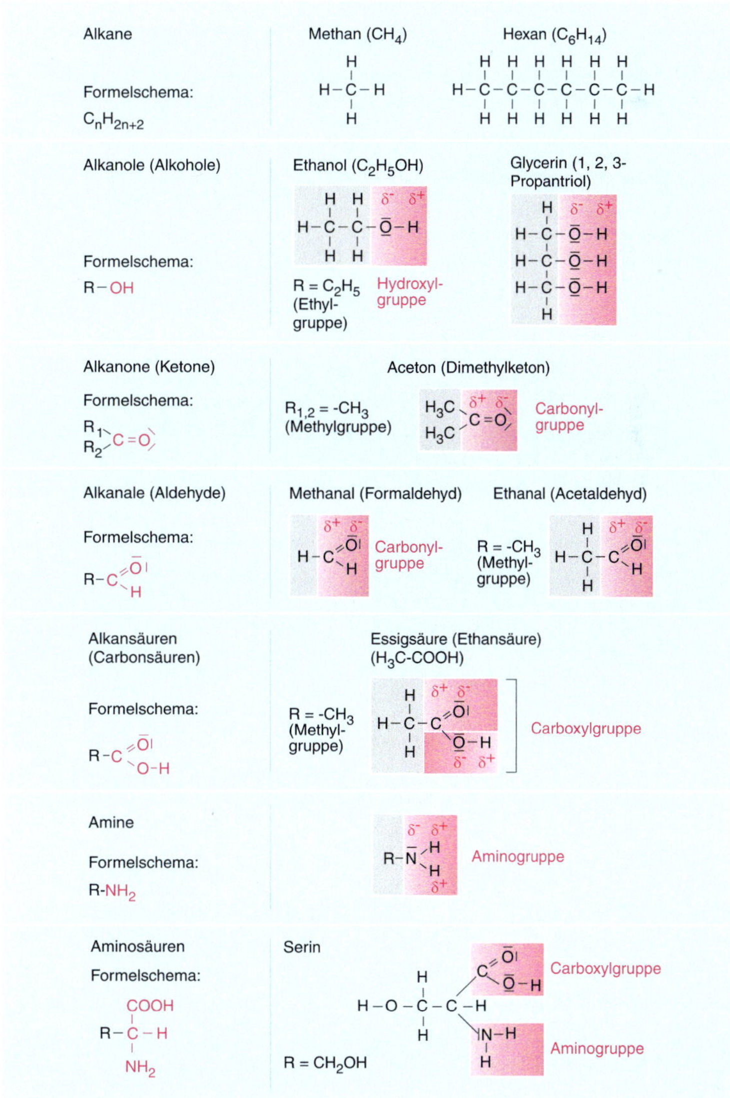

1 Organische Verbindungen

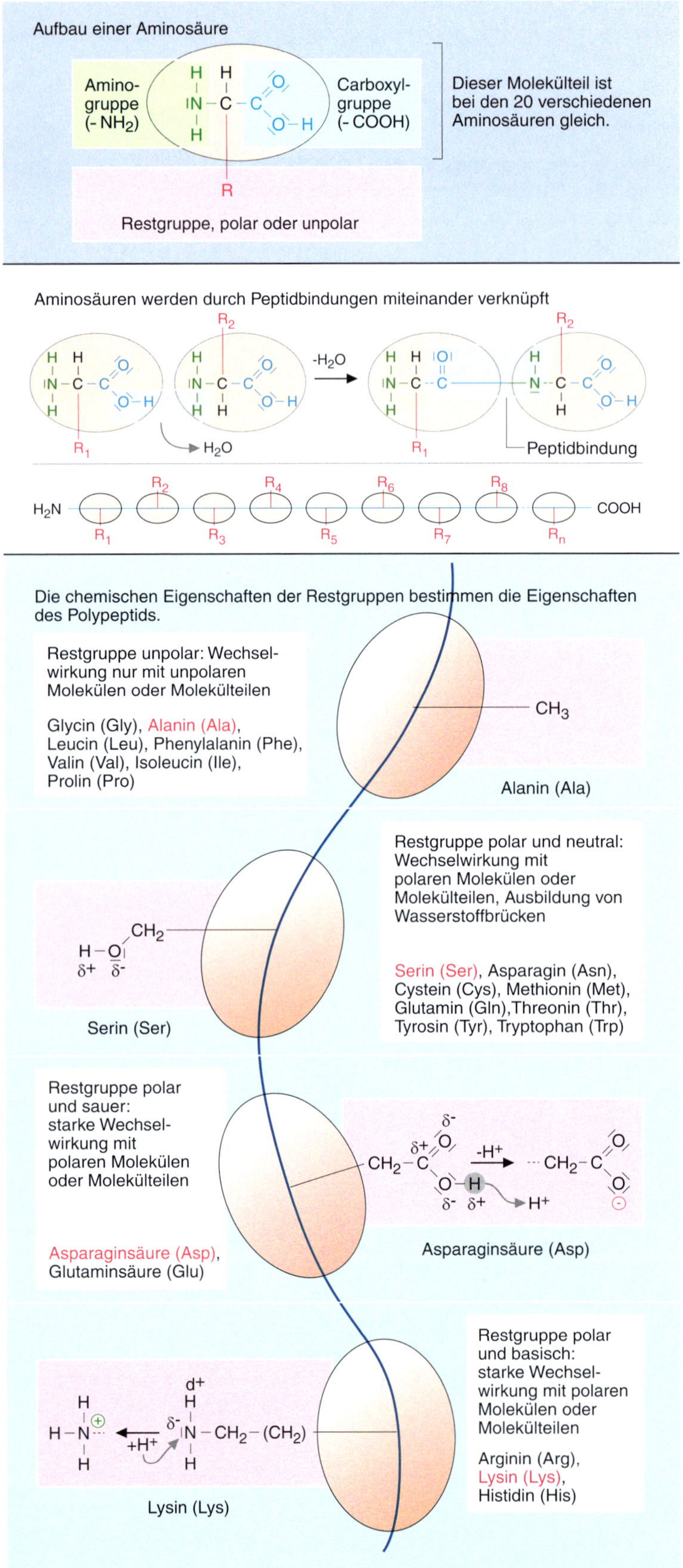

Struktur der Proteine

Jedes Lebewesen enthält tausende verschiedener Proteine *(Eiweiße)*, die unterschiedliche Aufgaben haben:

- Als Enzyme steuern sie den Stoffwechsel.
- Als Hormone vermitteln sie Informationen.
- Als Membranrezeptoren nehmen sie Informationen aus der Umgebung auf.
- Sie transportieren Sauerstoff *(Hämoglobin)*.
- Als Antikörper bekämpfen sie Krankheitserreger.
- Sie bilden Gerüststoffe für Zellen und Gewebe.
- Sie ermöglichen die Bewegung (Muskelfasern, Spindelapparat).

Proteine sind aus Bausteinen, den *Aminosäuren*, aufgebaut. Dabei kommen 20 verschiedene Aminosäuren besonders häufig vor. Kennzeichnende Merkmale sind die saure Carboxylgruppe und die basische Aminogruppe als funktionelle Gruppen. Sie sind immer am endständigen C-Atom des Aminosäuremoleküls, dem α-C-Atom, gebunden. Dieses ist außerdem noch mit einem H-Atom und einem organischen Rest verknüpft. Nur in diesem Rest unterscheiden sich die Aminosäuren. Er kann unpolar, polar, sauer oder basisch sein. Der menschliche Organismus ist nicht in der Lage, alle Aminosäuren selbst zu synthetisieren. Die so genannten *essenziellen* Aminosäuren müssen mit der Nahrung aufgenommen werden.

Proteine entstehen durch Verknüpfung vieler Aminosäuren zu einem Makromolekül. Dabei reagiert die Carboxylgruppe der einen Aminosäure unter Wasserabspaltung mit der Aminogruppe einer zweiten Aminosäure. Die entstehende Bindung nennt man *Peptidbindung.* Aus zwei Aminosäuren entsteht ein *Dipeptid.* Durch Kettenverlängerung entstehen *Oligopeptide*, in denen 2 bis 10 Aminosäuren miteinander verknüpft sind. *Polypeptide* haben mehr als 10 Aminosäuren. Polypeptide mit mehr als 100 Aminosäuren nennt man *Proteine.* Im Prinzip können alle Aminosäuren in beliebiger Reihenfolge verknüpft werden, sodass eine fast unbegrenzte Anzahl verschiedener Proteinmoleküle möglich ist. Heute sind mehrere zehntausend verschiedene Proteine bekannt. Die Abfolge oder Sequenz der einzelnen Aminosäuren wird *Primärstruktur* des Proteins genannt. Sie bestimmt die Eigenschaften des Proteinmoleküls.

Die hintereinander folgenden Aminosäuren bilden eine Molekülkette; die einzelnen Reste ragen seitlich aus der Achse heraus. Ein Ende der Kette trägt eine freie NH_2-Gruppe, das andere eine freie COOH-Gruppe.

Bedingt durch die nicht drehbaren Peptidbindungen entstehen nebeneinander in einzelnen Abschnitten des Proteins räumliche Strukturen, die einer Rechtsschraube (α-Helix) oder einem gefalteten Blatt (β-Faltblattstruktur) ähneln. Wasserstoffbrückenbindungen innerhalb der Peptidkette stabilisieren die spiralartige oder faltblattartige Anordnung. Welche Struktur in einem Proteinmolekülabschnitt ausgebildet wird, hängt von der Aminosäuresequenz, der *Primärstruktur*, ab. Diese räumliche Anordnung eines Proteins nennt man *Sekundärstruktur*.

Oft wird eine *Tertiärstruktur* ausgebildet, indem sich das ganze Molekül in charakteristischer Weise faltet. Für die Stabilität sind die Anziehungskräfte zwischen den Resten der einzelnen Aminosäuren verantwortlich. Wenn bei der Faltung die unpolaren Reste in der Mehrzahl zum Molekülinneren orientiert sind und die polaren Reste nach außen zeigen, ist das Proteinmolekül meist wasserlöslich. Durch die Faltung liegen einzelne Abschnitte innerhalb des Moleküls nebeneinander, deren Lage durch Wechselwirkungen zwischen verschiedenen Resten stabilisiert wird. Wasserstoffbrücken, ionische Wechselbeziehungen infolge unterschiedlicher Ladungen und Disulfidbrücken – das sind Verbindungen über zwei Schwefelatome – halten die Nachbarabschnitte im Molekül zusammen. Parallel liegende Abschnitte besitzen häufig die β-Faltblattstruktur, die durch α-Helix-Abschnitte verbunden sind. Die Tertiärstruktur bestimmt die Funktion eines Proteins entscheidend. Proteine besitzen häufig taschenförmige Vertiefungen, in die ganz genau die Reaktionspartner hineinpassen. Diese Eigenschaft geht verloren, wenn die Tertiärstruktur zerstört wird. Den Vorgang der Zerstörung der Tertiärstruktur nennt man *Denaturierung* des Proteins.

In einigen Fällen bilden mehrere Proteinmoleküle eine funktionsfähige Einheit. Diese der Tertiärstruktur übergeordnete Struktur nennt man *Quartärstruktur*. Ein Beispiel dafür ist das Hämoglobin, der rote Blutfarbstoff. Es besteht aus vier Untereinheiten, an die zusätzlich je eine nicht aus Eiweiß bestehende Hämgruppe gebunden ist. Nur diese Struktur kann Sauerstoff binden.

Die Primärstruktur eines Proteins ist die Abfolge (Sequenz) der Aminosäuren.

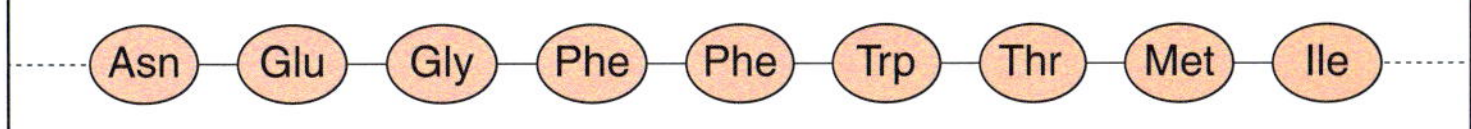

Die Aminosäurekette ordnet sich zu einer Sekundärstruktur als

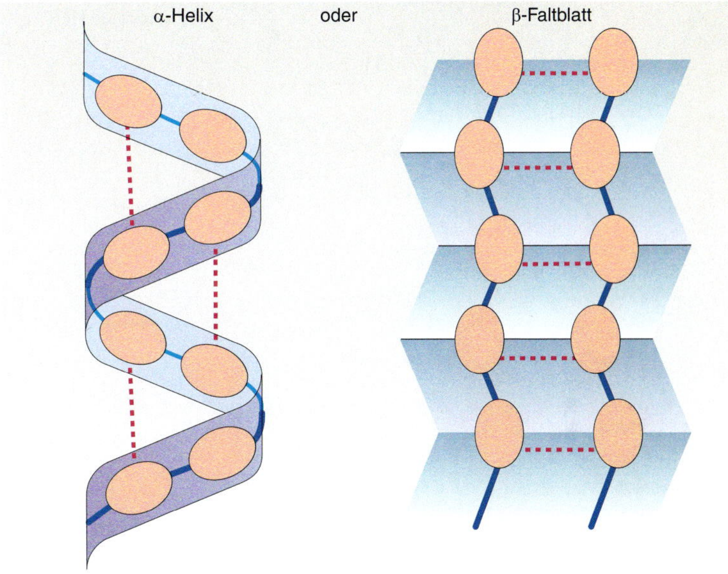

Durch Auffaltungen innerhalb des Moleküls entsteht die Tertiärstruktur

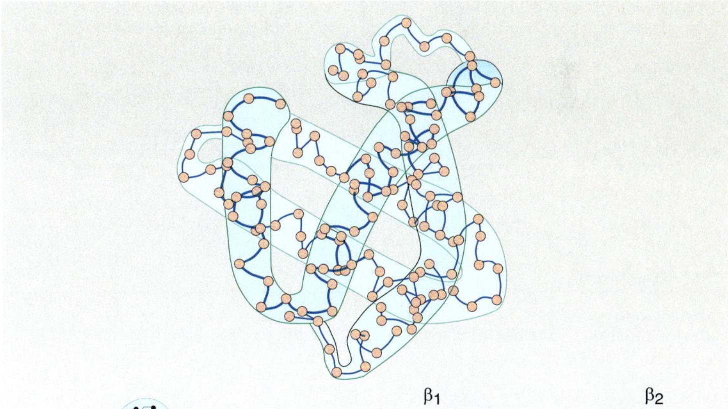

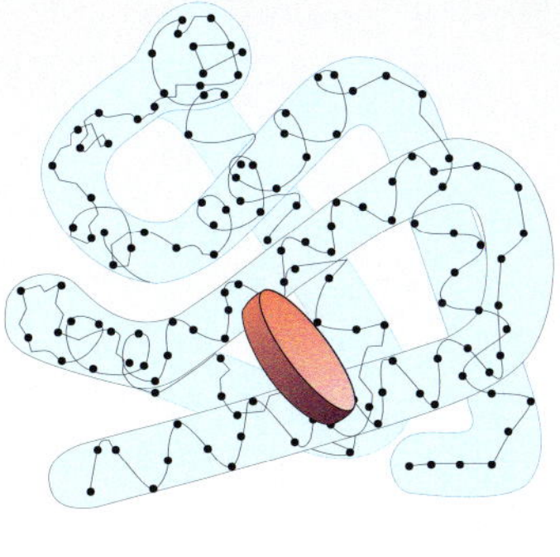

α-Untereinheit des Hämoglobins

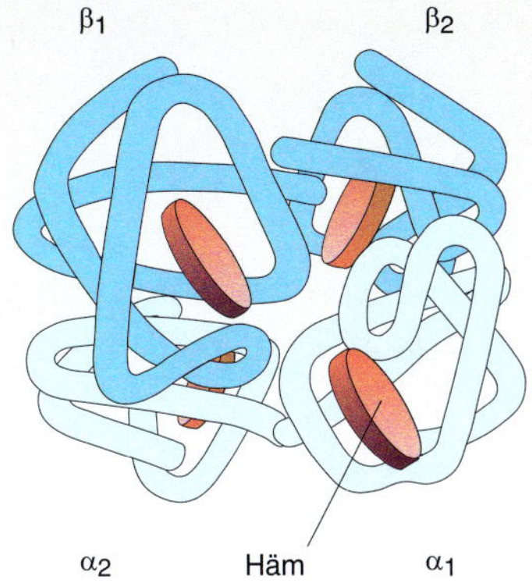

Hämoglobin, Quartärstruktur

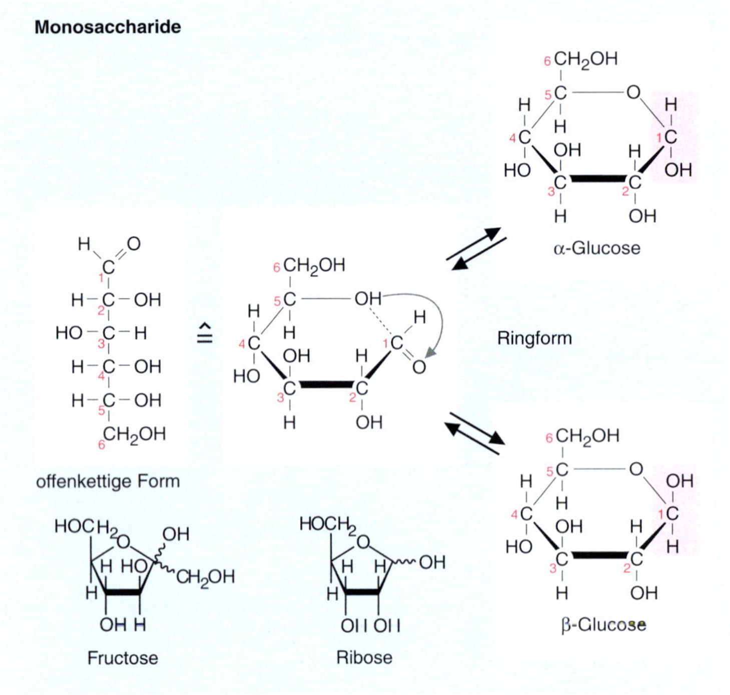

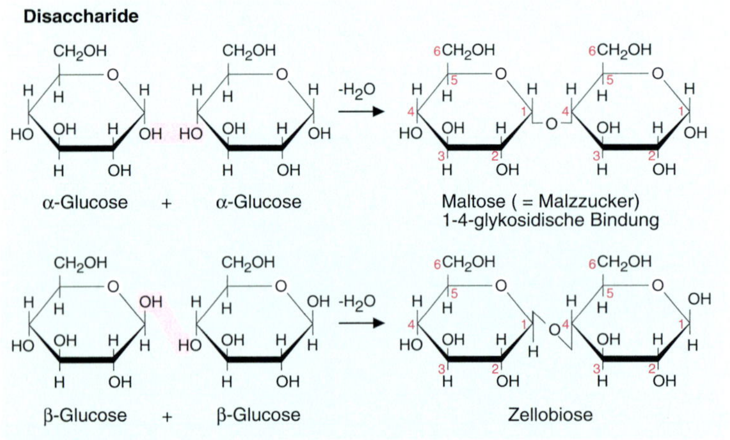

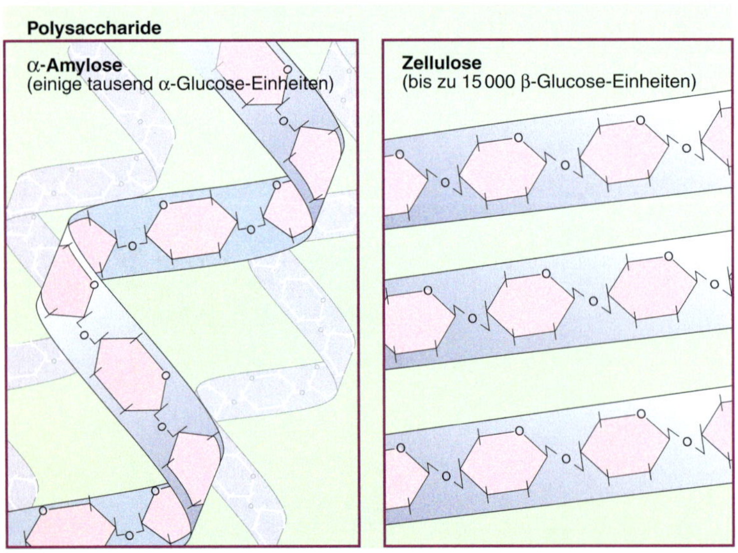

Kohlenhydrate

Kohlenhydrate *(Saccharide)* kennen wir vor allem als Bestandteile der Nahrung, z.B. Stärke, Rohrzucker und Traubenzucker. Es sind wichtige Energielieferanten für den Organismus. Am Beispiel des Traubenzuckers (Glucose) soll der Aufbau eines Kohlenhydrates verdeutlicht werden. Seine chemische Zusammensetzung wird durch die *Summenformel* $C_6H_{12}O_6$ angegeben. Die *Strukturformel* gibt die Verknüpfung der einzelnen Atome an. Mithilfe solcher Strukturformeln *(Konfigurationsformeln)* kann man darstellen, dass Glucose in zwei Formen existiert. Man unterscheidet α-Glucose und β-Glucose. Von anderen Zuckern unterscheidet sich Glucose vor allem durch die unterschiedliche Anordnung der OH-Gruppen.

Glucose ist ein Einfachzucker oder *Monosaccharid*, sie besteht aus einem einzigen Zuckerbaustein. Durch Verknüpfung zweier Monosaccharide entstehen *Disaccharide* (Zweifachzucker). Dabei reagiert eine Hydroxylgruppe des einen Zuckers mit einer Hydroxylgruppe des anderen, wobei ein Molekül Wasser abgespalten wird. Die beiden Zuckermoleküle sind dann über ein Sauerstoffatom miteinander verbunden. Durch Wasseraufnahme kann umgekehrt ein Zweifachzucker gespalten werden. Wichtige Disaccharide sind *Maltose* (Malzzucker), *Saccharose* (Rohrzucker) und *Lactose* (Milchzucker). Durch den Besitz mehrerer OH-Gruppen und die geringe Molekülgröße sind Mono- und Disaccharide in Wasser gut löslich.

Stärke, Glykogen und Zellulose sind wichtige *Polysaccharide* oder *Vielfachzucker*. In diesen drei Polysacchariden sind jeweils viele Glucosemoleküle zu einem Makromolekül miteinander verknüpft. Bei dem pflanzlichen Reservestoff Stärke sind es α-Glucosemoleküle, die zwei Bestandteile der Stärke bilden, die wasserlösliche *Amylose* und das wasserunlösliche *Amylopektin*.

Glykogen wird manchmal als „tierische Stärke" bezeichnet, da es tierischen Organismen als Kohlenhydratspeicher dient. Unser Körper kann ca. 500 Gramm davon in Leber und Muskulatur speichern.

Der pflanzliche Gerüststoff *Zellulose* hingegen besteht aus β-Glucosebausteinen. Das Makromolekül stellt eine lang gestreckte Fibrille dar. Durch parallele Anordnung vieler derartiger Moleküle entsteht eine Faser.

Lipide

Lipide gehören zu einer Stoffgruppe unterschiedlicher Substanzen, die in unpolaren Lösungsmitteln löslich sind. Sie sind als Fette bei Pflanzen und Tieren die Hauptenergiereserve. Ein Baustein ist der dreiwertige Alkohol *Glycerin*. Dazu kommen bestimmte, langkettige Carbonsäuren, die man wegen ihres Vorkommens in Fetten auch *Fettsäuren* nennt. Mit ihrer Carboxylgruppe können sie unter Abspaltung von Wasser jeweils mit einer OH-Gruppe des Glycerins eine Esterbindung bilden. Dabei können drei verschiedene Fettsäuren an der Bildung eines Fettes beteiligt sein. Unter Wasseraufnahme sind die Esterbindungen wieder spaltbar.

Häufig vorkommende Fettsäuren sind z. B. Stearin- und Palmitinsäure. Sie besitzen, wie andere in Organismen vorkommende Fettsäuren auch, eine gerade Anzahl von Kohlenstoffatomen. Stearin- und Palmitinsäure gehören zu den *gesättigten Fettsäuren*, da sie keine C-C-Doppelbindungen besitzen. *Ungesättigte Fettsäuren*, z. B. Ölsäure und Linolsäure, zeichnen sich durch das Vorhandensein einer oder mehrerer C-C-Doppelbindungen aus. Mehrfach ungesättigte Fettsäuren sind für den Menschen meist *essenziell*, sie müssen mit der Nahrung aufgenommen werden. Gesättigte und ungesättigte Fettsäuren unterscheiden sich in ihrem Schmelzpunkt. Fette mit einem hohen Anteil an mehrfach ungesättigten Fettsäuren sind flüssig, wie z. B. Sonnenblumenöl. Fette, die fast nur gesättigte Fettsäuren enthalten, sind dagegen fest, wie z. B. Butter.

Fette sind unpolare Moleküle. Lediglich im Bereich der Esterbindungen sind sie sehr schwach hydrophil, während sich die langen Kohlenwasserstoffketten hydrophob verhalten. Die in den Zellmembranen enthaltenen *Phospholipide* weisen ein polares und ein unpolares Ende auf. Eine der drei Fettsäuren ist in diesen fettähnlichen Lipiden (z. B. *Lecithin)* durch eine polare Phosphatgruppe mit daran gebundenem Rest ersetzt. Die hydrophilen Eigenschaften werden dadurch verstärkt. Solche Moleküle richten sich gegenüber Wassermolekülen aus. Ihr polarer Teil orientiert sich zum Wasser hin, sodass sich die unpolaren, langen Kohlenwasserstoffketten nebeneinander anordnen. Deshalb kann sich auf einer Wasseroberfläche ein dünner Phospholipidfilm ausbilden. Durch Schütteln entstehen in Wasser fein verteilte Phospholipidtröpfchen (*Micellen)*. Es bildet sich eine *Emulsion*.

Bildung eines Fettmoleküls aus einem Glycerinmolekül und drei Fettsäuremolekülen unter Abspaltung von drei Wassermolekülen

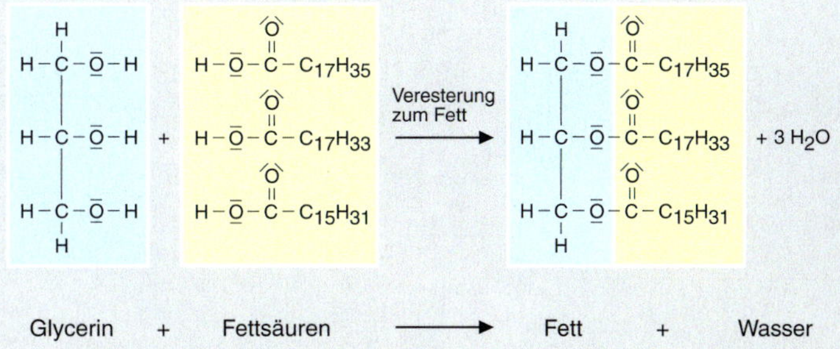

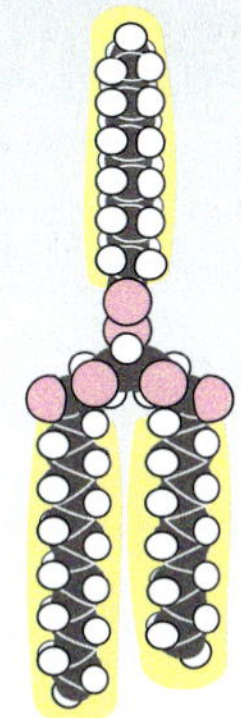

Kalottenmodell eines Fettmoleküls

Gesättigte Fettsäuren		
Name	**Summenformel**	**Schmelztemp.**
Palmitinsäure	$C_{15}H_{31}COOH$	+ 63 °C
Stearinsäure	$C_{17}H_{35}COOH$	+ 71 °C
Ungesättigte Fettsäuren		
Ölsäure	$C_{17}H_{33}COOH$	+ 16 °C
Linolsäure	$C_{17}H_{31}COOH$	– 05 °C
Linolensäure	$C_{17}H_{29}COOH$	– 11 °C

Struktur des Phospholipids Lecithin

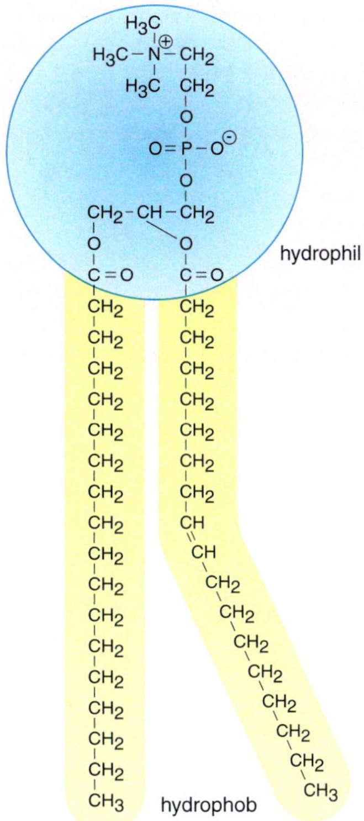

Orientierung von Phospholipiden an Grenzflächen und im Wasser

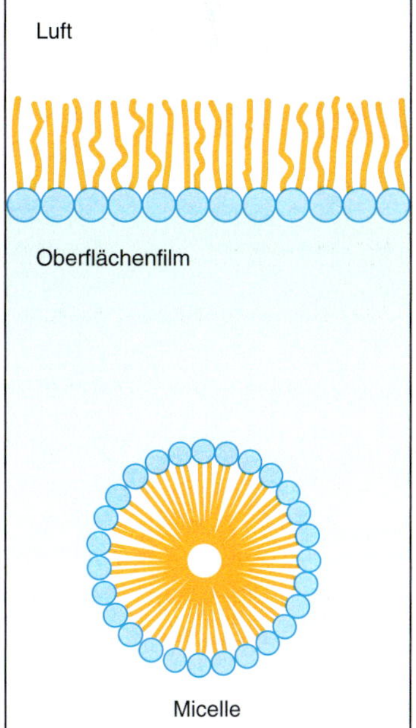

1 Trüffelschwein bei der Suche

2 Kaliumpermanganat verteilt sich in Wasser

Diffusion und Osmose

Trüffeln gehören zu den begehrtesten Pilzen. Manche Sauen (sog. *Trüffelschweine*) können sie noch 60 cm unter der Erdoberfläche riechen. Die Pilze enthalten einen Stoff, der in seiner Struktur dem Duftstoff von Ebern sehr ähnlich ist. Die Moleküle des Duftstoffes verteilen sich im Boden und in der darüber befindlichen Luft. Auch in Flüssigkeiten lässt sich dieser Vorgang der Verteilung der Moleküle beobachten (Abb. 2). Moleküle in der Luft oder in einer Flüssigkeit sind in ständiger Bewegung. Diesen Vorgang, bei dem Moleküle sich aufgrund ihrer zufälligen Bewegung miteinander vermischen, nennt man *Diffusion*.

Die ständige Bewegung der Teilchen beobachtete 1827 der Botaniker ROBERT BROWN, als er Pollen auf einem Wassertropfen unter dem Mikroskop betrachtete. Die Pollen bewegten sich zufällig mit einer Zitterbewegung in alle Richtungen. Diese *Brown'sche Molekularbewegung*, sichtbar gemacht durch Pollen, wird ausgelöst durch die ständige Bewegung der Wasserteilchen, welche die Pollen zufällig von allen Seiten anstoßen. Die Geschwindigkeit der Teilchen ist von ihrer Größe, dem umgebenden Medium, z. B. Luft oder Wasser und der Temperatur abhängig. Sie kommen jedoch nur sehr langsam voran, weil sie bereits nach kurzer Zeit mit anderen Teilchen zusammenstoßen und dabei die Richtung ändern. Durch viele zufällige Bewegungen und Zusammenstöße kommt es allmählich zu einer gleichmäßigen Verteilung, einem Konzentrationsausgleich (Abb. 2).

Behindert wird die Diffusion, wenn verschiedene Lösungen durch eine Membran getrennt sind. Salz- oder Zuckerteilchen z. B. können die Zellmembranen nicht passieren, wohl aber die Wasserteilchen. Solche Membranen, die nicht für alle Teilchen durchlässig sind, nennt man *semipermeable Membranen*.

Sind Wasser und eine Zuckerlösung in einem Gefäß durch eine semipermeable Membran getrennt, liegt in dem einen Volumen eine höhere Zuckerkonzentration als im anderen vor. Die Wasserkonzentration hingegen ist in der Zuckerlösung geringer, da hier ein Teil des Volumens von den Zuckerteilchen eingenommen wird. Zusätzlich wird durch die um die Zuckermoleküle liegende Hydrathülle ein Teil des Wassers gebunden und liegt nicht frei beweglich vor.

Von beiden Seiten stoßen Teilchen gegen die Membran. Da die Zuckermoleküle sie nicht durchqueren können, sind ihre Stöße gegen Poren wirkungslos, während die Wasserteilchen durch die semipermeable Membran diffundieren (Abb. 39. 1). Diese Diffusion des Wassers durch eine semipermeable Membran nennt man *Osmose*. Sie führt zu einer steigenden Anzahl von Wasserteilchen in der Zuckerlösung und zu einer Abnahme der Anzahl von Wasserteilchen auf der Wasserseite. Dadurch nimmt das Volumen auf der Seite der Zuckerlösung zu, auf der Wasserseite ab. In einem geschlossenen System, in dem sich das Volumen nicht verändern kann, verändert sich der *osmotische Druck*.

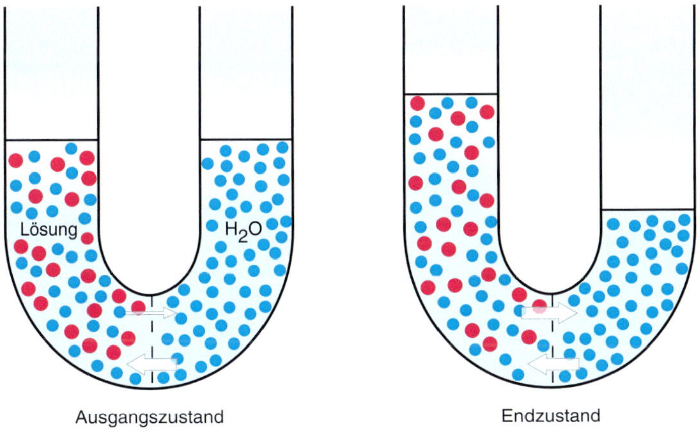

1 Osmose: Ausgangszustand und Endzustand

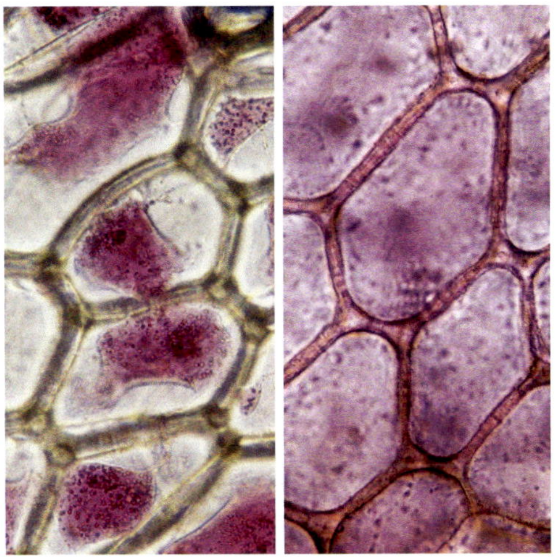

2 Plasmolyse, Deplasmolyse bei Rotkohlzellen

Plasmolyse — Deplasmolyse

Die Vorgänge der Osmose findet man auch in Lebewesen. Die Zellmembran stellt hierbei die semipermeable Membran dar. Jeder kennt das Phänomen bei frisch zubereitetem Salat. Nach kurzer Zeit sehen die Blätter welk und zusammengefallen aus, während die nicht verwendeten Blätter sich nicht verändert haben. Ursache sind Zucker und Salz in der Salatsoße. Außerhalb der Zellen der Salatblätter ist die Zuckerkonzentration höher als in den Blattzellen. Die Lösung ist *hypertonisch* gegenüber dem Zellsaft. Da die Salz- und Zuckerteilchen zwar die Zellwand, aber nicht die semipermeable Zellmembran passieren können, findet ein Wasserausstrom aus den Zellen statt. Untersucht man unter dem Mikroskop Zellen des Rotkohls, bei dem die Vakuolen intensiv rot gefärbt sind, kann man den Vorgang des Wasserverlustes beobachten (Abb. 2). Umgibt die Zellen eine konzentrierte Zucker- oder Salzlösung, schrumpft die Vakuole und die Zellmembran löst sich leicht von der Zellwand. Die Vakuole wird immer kleiner, die Zellmembran löst sich schließlich vollständig von der Zellwand. Diesen Vorgang nennt man *Plasmolyse*. Der Wasserverlust führt beim Rotkohl zur Intensivierung der Rotfärbung des Zellsaftes.

Ersetzt man die Zuckerlösung durch destilliertes Wasser, läuft der Vorgang bei intakten Zellen wieder in die andere Richtung. Das Außenmedium ist *hypotonisch*. Wasser diffundiert in die Zelle, der Protoplast vergrößert sich und legt sich wieder an die Zellwand an *(Deplasmolyse)*. Lösungen mit gleicher osmotisch wirksamer Konzentration nennt man *isotonisch*.

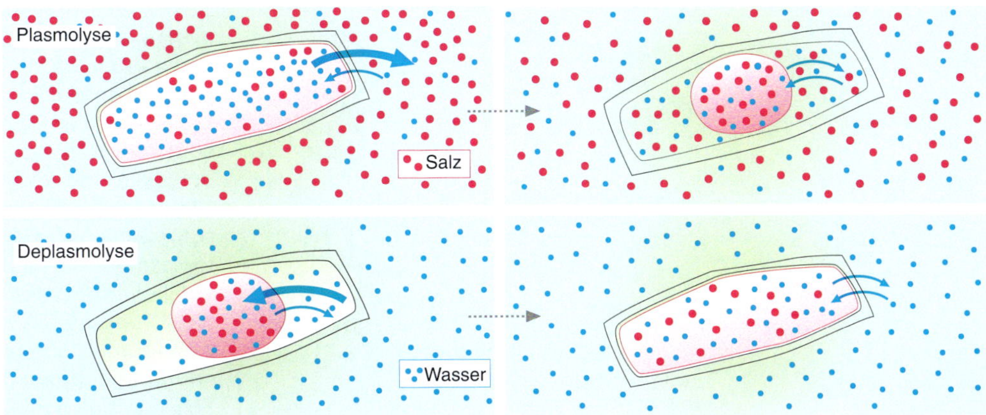

3 Plasmolyse und Deplasmolyse (Schema)

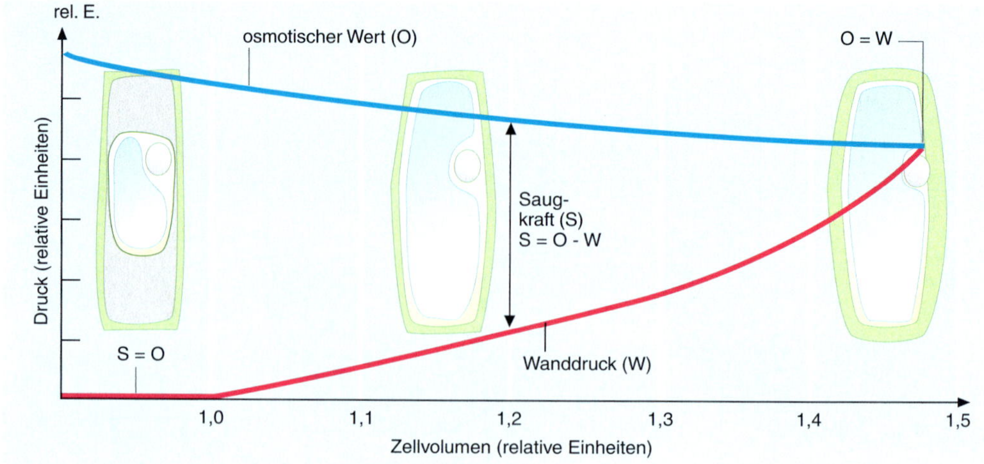

1 Osmotisches Zustandsdiagramm der Pflanzenzelle

Die osmotische Zustandsgleichung

Eine Zelle ist darauf angewiesen, sich ständig mit Wasser zu versorgen und ihren Wassergehalt trotz aller Verluste einigermaßen konstant zu halten. Wasseraufnahmevermögen und Druckverhältnisse in der Zelle stehen bei dem osmotischen Aufnahmevorgang in engem Zusammenhang und lassen sich an Pflanzenzellen besonders gut verdeutlichen.

Als Modell für diese osmotischen Vorgänge dient das *Osmometer* (Abb. 2). Durch den Konzentrationsunterschied bezüglich der gelösten Zuckerteilchen auf beiden Seiten der semipermeablen Membran entsteht ein osmotischer Druck. In einem offenen System wie dem Osmometer strömt Wasser in den Tonzylinder. Durch die Höhe der Wassersäule entsteht ein Gegendruck, der *hydrostatische Druck*.

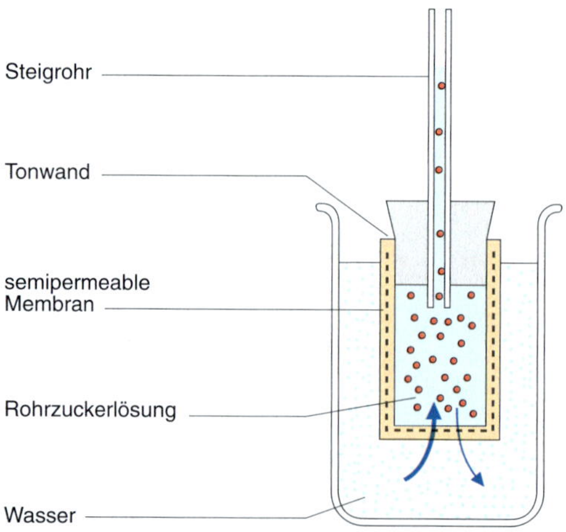

2 Osmometer

Die Wasseraufnahme und damit das Steigen der Wassersäule kommen zum Stillstand, wenn der hydrostatische Druck gleich dem Druck des Wassereinstroms ist. Dieser hydrostatische Druck entspricht dann dem osmotischen Wert der Lösung.

In einer lebenden Zelle wird durch das einströmende Wasser die Zellmembran gegen die Zellwand gepresst. Den entstehenden Innendruck bezeichnet man als *Turgor*. Er nimmt so lange zu, bis der Gegendruck der gedehnten Zellwand ebenso groß ist (Abb. 1); die Pflanze ist *turgeszent*. Weiteres Wasser kann sie nicht aufnehmen, ihre Saugkraft ist null.

Stellt man sich demgegenüber eine vollkommen entspannte Zelle vor, deren Wanddruck vernachlässigbar ist, dann wird die Saugkraft ausschließlich durch den osmotischen Druck bestimmt. Eine zunehmende Wasseraufnahme führt zu einer Volumenzunahme der Zelle und lässt dadurch einerseits den *Wanddruck* (W) steigen und andererseits aufgrund einer leichten Verdünnung des Cytoplasmas den *osmotischen Wert* (O) etwas abfallen. Von diesen beiden Größen hängt die *Saugkraft* (S) der Zelle ab. Diese lässt sich durch die osmotische Zustandsgleichung beschreiben: $S = O - W$. In einem Zellverband muss zudem der Einfluss der Nachbarzellen berücksichtigt werden.

Osmoregulation

Erythrocyten im Blut

Die Salzkonzentration unseres Blutes wird durch die Funktion der Niere auf einem gleich bleibenden Niveau gehalten. Eine Erhöhung oder Senkung der Salzkonzentration würde zu Formveränderungen der roten Blutzellen *(Erythrocyten)* führen. Diese können dann nicht ungehindert durch die Kapillaren transportiert werden. Als Folge können Durchblutungsstörungen und Fehlfunktionen einzelner Organe auftreten.

Bei Blutverlusten ist es daher wichtig, eine so genannte physiologische Lösung zuzuführen, deren osmotischer Wert dem des Blutes entspricht.

Aufgabe

① Ordnen Sie die Erythrocyten in Abb. 2 (a, b, c) den verschiedenen Salzkonzentrationen zu und begründen Sie Ihre Entscheidung unter Verwendung der Fachbegriffe hypotonisch, hypertonisch und isotonisch.

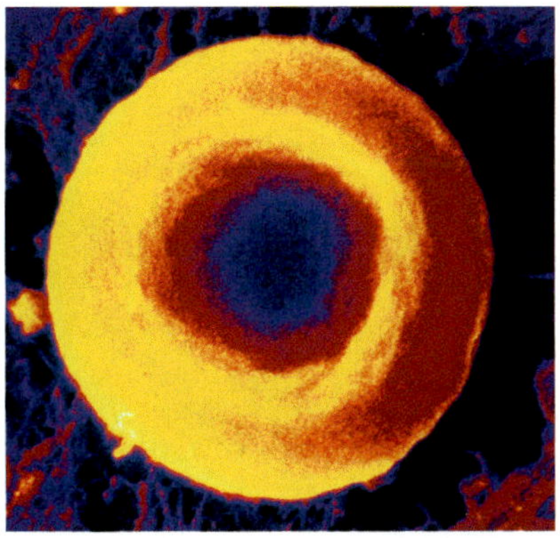

a

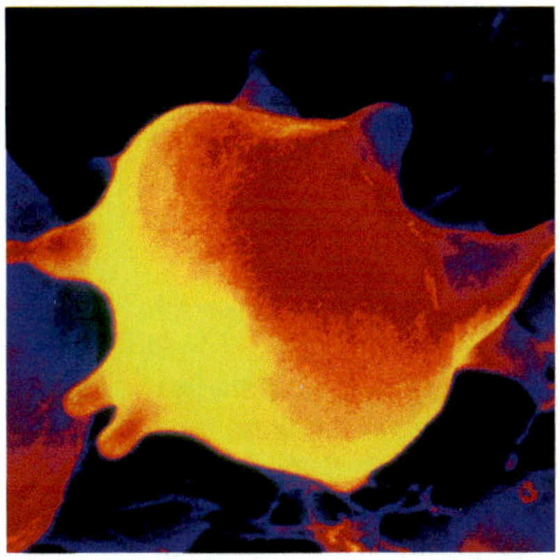

b

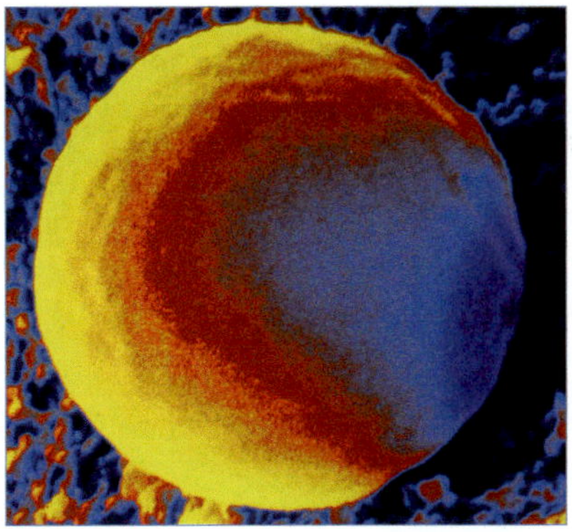

2c Erythrocyten in unterschiedlichen Lösungen

Salzwiesen

Salzwiesen sind die Grünlandflächen am Meer vor dem Deich, die von Salzwasser überspült werden. Die Pflanzen auf diesen Flächen besitzen Schutzmechanismen, die verhindern, dass sie vertrocknen und absterben.

Auf der Blattoberfläche der *Salzmelde*, einer charakteristischen Salzwiesenpflanze, befinden sich kleine gestielte Blasenhaare, in die Pflanzen aktiv Salz aus ihren Zellen ausscheiden. Die Blasenhaare sterben bei hoher Salzkonzentration ab und werden vom Regen oder Wind abgetragen.

Aufgabe

② Beschreiben Sie die Funktion der Blasenhaare und erläutern Sie, inwiefern es sich hierbei um Osmoregulation handelt.

Pantoffeltierchen (Paramecium)

Ist die *pulsierende Vakuole* der Einzeller ein *osmoregulatorisches Organ*? Um diese Frage zu klären, wurden Pantoffeltierchen bei verschiedenen Salzkonzentrationen gehalten. Die Förderleistung der Vakuole hat man in µl pro Minute gemessen. Bei einer Salzkonzentration von 20 mOsm betrug die Fördermenge 2,2 µl; bei 40 mOsm 1,8 µl; bei 50 mOsm 1,0 µl; bei 100 mOsm 0,8 µl. (Osm = Osmolarität: Je niedriger der Wert, desto geringer die Salzkonzentration). Die abgegebene Flüssigkeit besteht fast nur aus Wasser, das kaum gelöste Ionen enthält.

Aufgaben

③ Beschreiben Sie die Funktion der pulsierenden Vakuole (Abb. 4).
④ Übertragen Sie die Messwerte (s. o.) in ein Koordinatensystem.
⑤ Erläutern Sie das Ergebnis und begründen Sie, warum die pulsierende Vakuole eine osmoregulatorische Funktion hat.

1 Salzwiese

3 Salzmelde

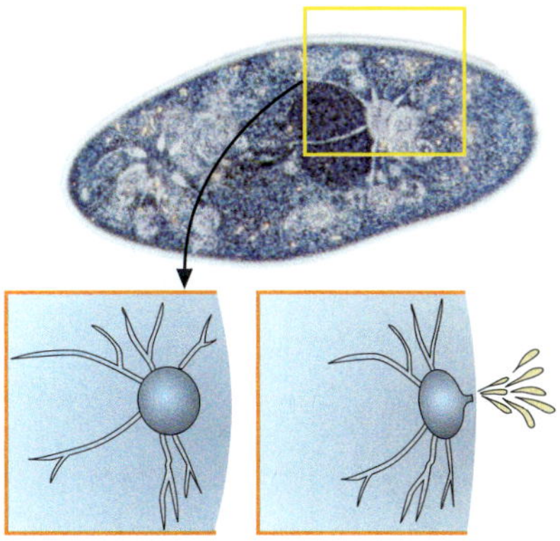

4 pulsierende Vakuole

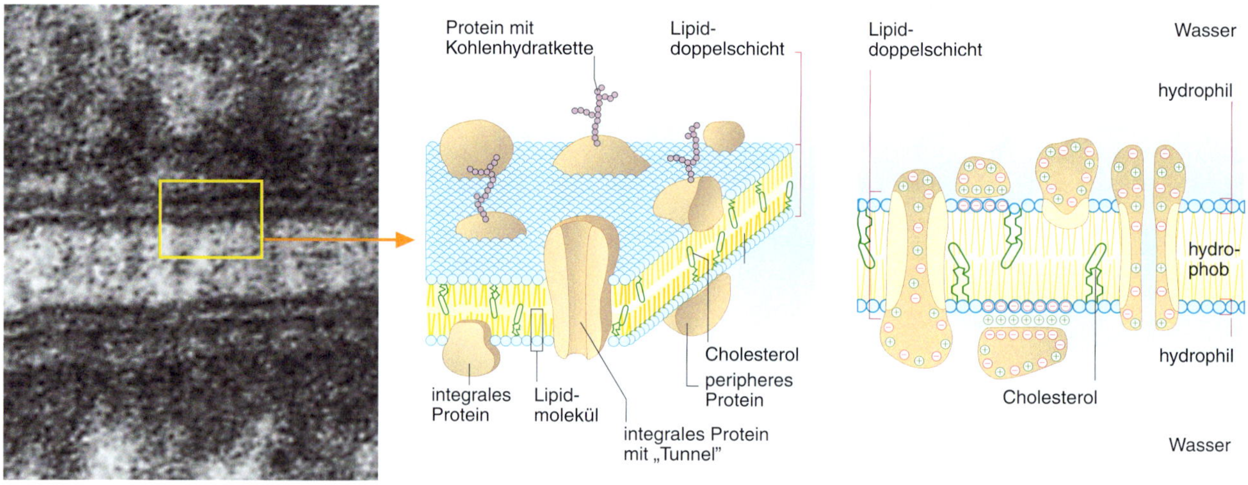

1 Elektronenmikroskopisches Bild und Schema der Biomembran

Aufbau der Biomembranen

Biomembran
Grundtyp der biologischen Membran (= Elementarmembran)

Zellmembran
Biomembran, die das Zellplasma gegen die Umgebung abgrenzt

Das Elektronenmikroskop gibt einen ersten Eindruck vom Aufbau der Biomembran. Bei starker Vergrößerung sind drei Schichten sichtbar: Eine mittlere helle Schicht (ca. 3 nm) wird von zwei dunkleren Schichten (jeweils 2,5 nm) umgeben. Alle Membranen besitzen diese Grundstruktur. Deshalb spricht man auch von der *Elementarmembran*.

Membranen bestehen zu einem großen Teil aus Lipidmolekülen, vor allem *Phospholipiden,* wie z. B. *Lecithin*. Diese Moleküle haben sowohl einen hydrophoben Bereich, verursacht durch die beiden Fettsäuren, als auch einen hydrophilen Bereich, bedingt durch die Phosphatgruppe (s. Seite 37). *Glykolipide*, in denen statt der Phosphatgruppe Zuckermoleküle gebunden sind, und Cholesterol sind weitere Bestandteile. Die hydrophoben Enden der Lipide befinden sich im mittleren Teil, der im Bild hell erscheint. Die Lipidmoleküle sind in zwei Lagen parallel angeordnet. In dieser *Lipiddoppelschicht* zeigen die hydrophilen Anteile zur wässrigen Phase, also zum Cytoplasma und zur Zellumgebung. Unter dem Mikroskop erscheinen sie aufgrund des hydrophilen Kontrastmittels dunkel (s. Seite 21). Die hydrophoben Anteile sind zur Membranmitte gerichtet. Die Lipiddoppelschicht bildet die Grundstruktur der Membran und bestimmt Eigenschaften wie Stabilität, Flexibilität und Undurchlässigkeit für große hydrophile Teilchen.

Neben Lipiden sind globuläre Proteinmoleküle mit hydrophoben und hydrophilen Abschnitten am Membranaufbau beteiligt. Sie sind unregelmäßig verteilt, lagern der Lipidschicht auf oder durchdringen sie teilweise oder ganz. Mit ihren hydrophoben Abschnitten sind sie in der Lipidschicht verankert.

Die Membran ist unregelmäßig strukturiert und befindet sich in ständigem Auf- und Umbau. So sind Wachstum und Formänderungen der Zelle möglich. Die Lipidmoleküle tauschen ständig infolge der Wärmebewegung ihre Plätze mit Nachbarmolekülen. Dieses dynamische Modell der Membran wird als *„fluid-mosaic-Modell"* bezeichnet. Die Proteine verhalten sich in der Lipidschicht wie schwimmende Eisberge. Die integralen Membranproteine ermöglichen einen kontrollierten Stoffaustausch.

Die intrazellulären Membranen der Zellorganellen dienen der Abgrenzung verschiedener Reaktionsräume *(Kompartimente)* mit unterschiedlichen Reaktionsbedingungen (→ 204/205). Nur so ist ein geordneter Ablauf unterschiedlicher Stoffwechselvorgänge zur gleichen Zeit in einer Zelle möglich. Je nach Aufgabe zeigen Membranen charakteristische Eigenschaften. Entsprechend findet man bei verschiedenen Membrantypen erhebliche Unterschiede im Anteil und der Zusammensetzung der Membranproteine und anderer Makromoleküle.

Aufgabe

① Wie viele Biomembranen müssten übereinander gelegt werden, um die Dicke einer Buchseite (0,08 mm) zu ergeben?

Ein Modell entwickelt sich

Die Anordnung der verschiedenen Membrankomponenten wurde zu unterschiedlichen Zeiten erforscht und führte zu immer genaueren Modellvorstellungen.

1917: Langmuir
Langmuir vermutete aufgrund von Experimenten, dass die Lipide als Einzelschicht auf der Wasseroberfläche schwimmen, wobei sie sich so anordnen, dass sich die polaren Lipidenden in der wässrigen Phase befinden und die unpolaren Kohlenwasserstoffketten, die Fettsäuren, vertikal aus dem Wasser herausragen.

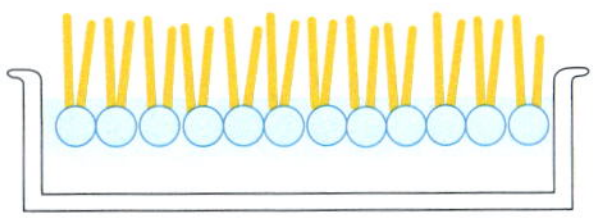

1 Lipideinzelschicht ohne Proteine

1925: Gorter und Grendel
Die beiden extrahierten mit unpolaren Lösungsmitteln die Lipide aus der Zellmembran von Erythrocyten und brachten diese auf eine Wasseroberfläche auf. Sie wiesen nach, dass diese Lipidfläche doppelt so groß war wie die errechnete Oberfläche aller Erythrocytenmembranen. Messwert: 0,92 μm^2, berechneter Wert: 0,47 μm^2. Daraus folgerten sie, dass es sich nicht um eine Einzelschicht, sondern um eine *Lipiddoppelschicht* handeln muss. Spätere Untersuchungen am Elektronenmikroskop bestätigten diese Vermutung: zwei dunkle, elektronendichte Linien, die einen hellen Zwischenraum einschließen.

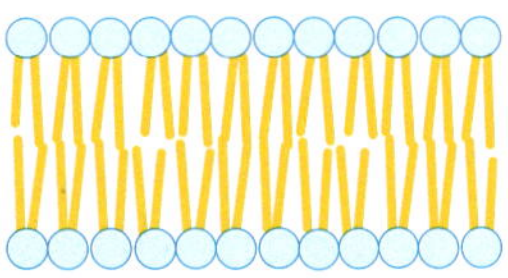

2 Lipiddoppelschicht

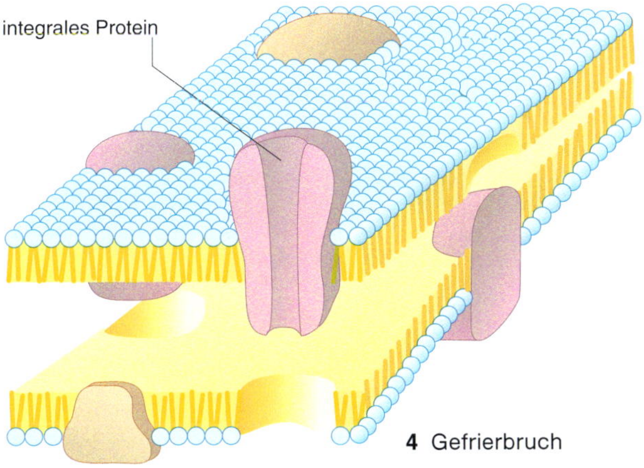

4 Gefrierbruch

1935: Danielli und Davson
Sie veröffentlichten das erste allgemein anerkannte Membranmodell. Sie fanden heraus, dass aus Membranen isolierte Lipide Proteine adsorbieren können. Daraus folgerten sie, dass die Lipiddoppelschicht beidseitig mit Proteinen bedeckt ist.

1972: Singer und Nicolson
Aufgrund verfeinerter elektronenmikroskopischer Methoden (z. B. Gefrierätztechnik) konnte ein in Grundzügen heute noch gültiges Membranmodell entworfen werden. Tiefgefrorene Biomembranen trennen sich entlang der

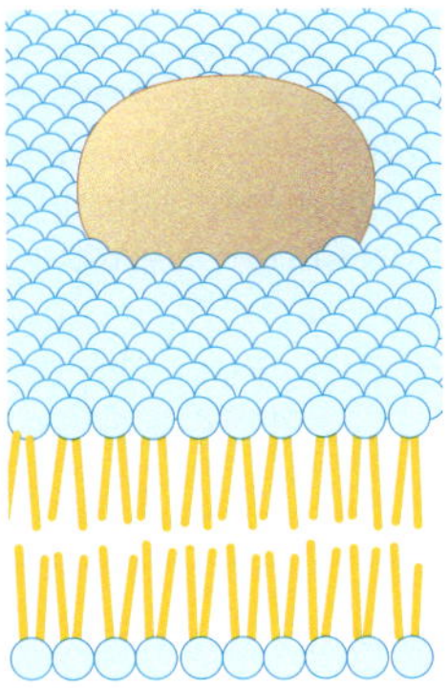

3 Doppelmembran mit Proteinen darauf

Lipidschichten besonders leicht voneinander. Die beiden komplementären Lipidschichten waren jedoch nicht glatt, sondern strukturiert. Auf der einen Hälfte waren Erhebungen zu erkennen, auf der komplementären Hälfte Vertiefungen. Diese Abbildungen wurden so gedeutet, dass der Bruch um ein Proteinmolekül herumläuft. Dies bedeutet aber, dass die Proteinmoleküle durch die Membran hindurchgehen *(integrale Proteine)*. Zusätzliche chemische Untersuchungen zeigten, dass 20 % der Proteine sich leicht von der Membran ablösen lassen, die restlichen fest in der Membran verankert sind. Hieraus folgerte man, dass die leicht ablösbaren Proteine auf der Membran liegen, die anderen durch sie hindurchgehen.

1972: Frye und Edidin
Zur gleichen Zeit wurden Versuche mit Proteinen durchgeführt, die mit Farbstoffen markiert waren. Auf zwei Zellen wurden mit farbigen Antikörpern jeweils bestimmte Membranproteine markiert. Die beiden verschiedenfarbig markierten Zellen wurden vereinigt. Die zunächst getrennt vorliegenden Farbbereiche vermischten sich. Hieraus folgerten Frye und Edidin, dass die Membran nicht statisch sein kann, sondern ständig in Bewegung ist. Die Proteine schwimmen „wie Eisberge in der See" *(fluid-mosaic-Modell)*.

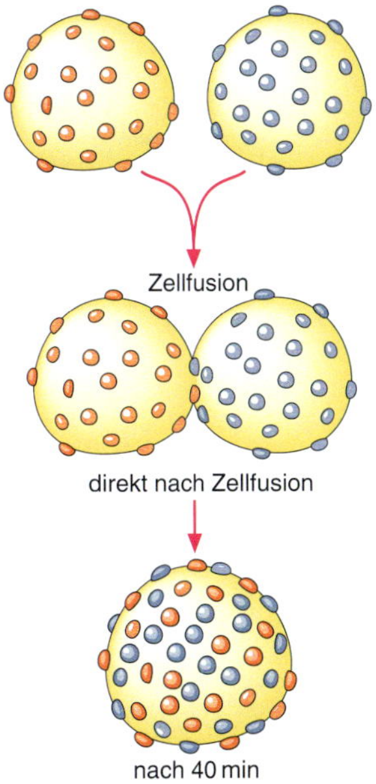

5 Zellfusion

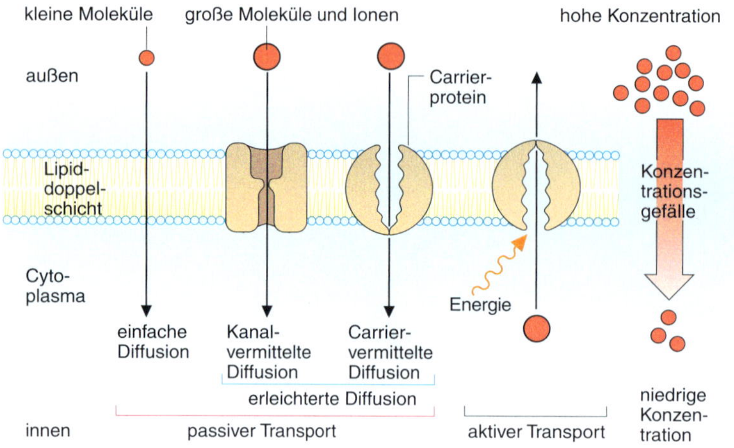

1 Schematische Darstellung der Transportmechanismen

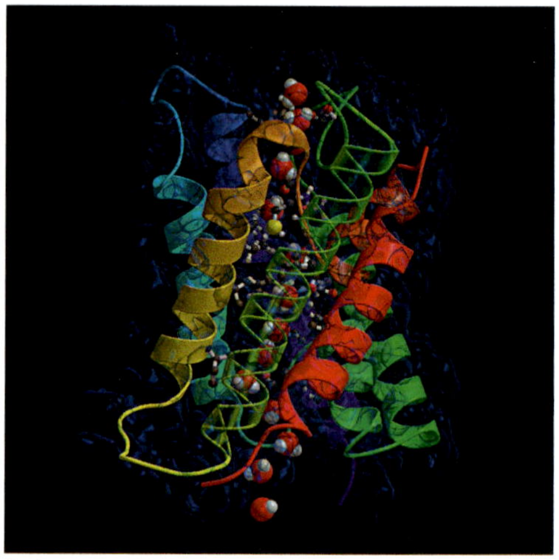

2 Aquaporin

Stofftransport durch Biomembranen

Biomembranen haben keinen Rand, sie sind immer in sich geschlossen und begrenzen einen Raum. Stoffe, die zwischen Zellen oder Organellen ausgetauscht werden, müssen daher die Membran überwinden. Biomembranen sind jedoch selektiv permeabel, d.h. nicht alle Stoffe können passieren.

Der Durchtritt durch Biomembranen erfolgt durch passive oder aktive Transportmechanismen. Unpolare Moleküle wie Sauerstoff können sie leicht durchdringen. Auch kleine polare Wassermoleküle gelangen hindurch. Der Austausch von größeren Molekülen oder von Ionen, die von einer Hydrathülle umgeben sind, setzt jedoch integrale Membranproteine voraus, die als Kanäle, Translokatoren *(Carrier)* oder Pumpen fungieren. Der Transport in Richtung des Konzentrationsgefälles ist energieunabhängig, während beim Transport gegen das Konzentrationsgefälle Energie aufgewendet werden muss.

Passiver Transport

Kanäle sind integrale Tunnelproteine, sie können ständig geöffnet sein oder sie werden durch elektrische oder chemische Signale geöffnet bzw. geschlossen. Durch elektrische Felder, spezielle Überträgerstoffe und auch Hormone kann das Öffnen von Ionenkanälen ausgelöst werden.

Zettelkasten

Endo- und Exocytose

Größere Bestandteile können nicht durch die Zellmembran aufgenommen werden. Die Zellmembran umfließt die festen oder flüssigen Partikel, sodass schließlich Membran umschlossene Vesikel mit den aufgenommenen Substanzen nach innen in das Cytoplasma abgeschnürt werden. Man spricht von *Endocytose*. Man nennt die Aufnahme von Flüssigkeiten *Pinocytose*, die von festen Partikeln *Phagocytose*. Beide spielen z.B. bei der Nahrungsaufnahme durch Amöben eine wichtige Rolle. Bakterien werden von den Fresszellen des Immunsystems, den *Phagocyten* aufgenommen.

Bei der *Exocytose* werden Flüssigkeitstropfen oder feste Partikel aus dem Cytoplasma nach außen geschleust. Bestimmte Drüsenzellen erfüllen ihre Funktion auf diese Weise. Die Hauptzellen der Magenschleimhaut sondern z.B. auf diese Weise das Enzym Pepsinogen ab.

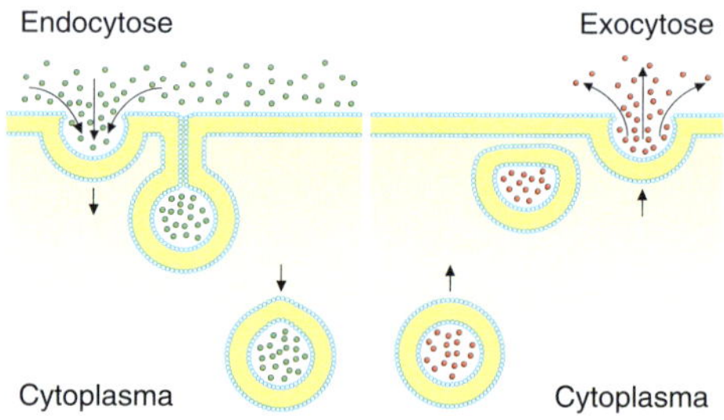

Ein Beispiel für einen passiven Transport über *Carrier* ist die Glucoseaufnahme aus dem Blutplasma in die Erythrocyten. Im Blutplasma ist die Glucosekonzentration höher als in den Erythrocyten. Glucosemoleküle werden an den Carrier in der Erythrocytenmembran gebunden und in Richtung des Konzentrationsgradienten ins Zellinnere transportiert. Man spricht hier von einer *erleichterten Diffusion* durch die Biomembran. Der Glucoseeinstrom erfolgt nur solange, bis die Glucosekonzentrationen angeglichen sind.

Aquaporine sind integrale Proteinkanäle, die selektiv für Wassermoleküle durchlässig sind (Abb. 44.2). Sie ermöglichen einen schnellen Wassertransport in Richtung des Konzentrationsgefälles. Beim Menschen regulieren sie den Wasserhaushalt in der Niere, der Augenlinse und im Gehirn. Bei Pflanzen sind sie wichtig bei der hohen Wasseraufnahme während der Keimung und dem Wassertransport im Gewebe außerhalb der Leitungsbahnen. Obwohl diese Kanäle sehr feinporig sind, erreichen sie eine hohe Wasserleitfähigkeit von bis zu drei Milliarden Wassermolekülen pro Sekunde und Kanal.

Aktiver Transport

Beim aktiven Transport gibt es zwei Varianten: primär aktiv und sekundär aktiv. Der *primär aktive Transport* ist direkt verbunden mit energetischen Vorgängen. Die benötigte Energie stammt entweder aus dem energiereichen ATP-Molekül, aus Redoxreaktionen oder aus der Lichtenergie.

Ein Beispiel für durch Lichtenergie getriebene Carrier besitzen in Salzseen lebende Halobakterien. Durch die Energie des Sonnenlichts werden Protonen aus dem Inneren des Bakteriums in das Außenmedium gepumpt. Der entstehende Protonengradient ist die Basis für deren Energiestoffwechsel.

Beim *sekundär aktiven Transport* wird das zu transportierende Molekül zusammen mit einem anderen Molekül in die gleiche Richtung *(Symport)* oder in die entgegengesetzte Richtung transportiert *(Antiport)*. Das zu transportierende Molekül wird gegen das Konzentrationsgefälle transportiert, der zweite Stoff jedoch immer in die Richtung des Konzentrationsgefälles. Hierzu wird das Molekül an eine spezifische Stelle des Carriers gebunden. Durch diese Bindung ändert sich die Konformation des Proteins. Hierdurch gelangt das gebundene Molekül auf die andere Seite der Membran.

Ein Beispiel für einen Symport: Die Konzentration der bei der Verdauung angefallenen Glucose ist im Darminhalt niedriger als in den Darmzellen. Ein Transport kann über die Carrier nur erfolgen, weil Natriumionen im Darminhalt in sehr viel höherer Konzentration als in den Darmzellen vorkommen. Bei dem „freiwilligen" Konzentrationsausgleich der Natriumionen werden die Glucosemoleküle „huckepack" mittransportiert. Um den Konzentrationsgradienten für die Natriumionen aufrecht zu erhalten, sind jedoch ATP-abhängige Natriumpumpen in den Darmzellen notwendig. Von *Antiport* spricht man z. B.

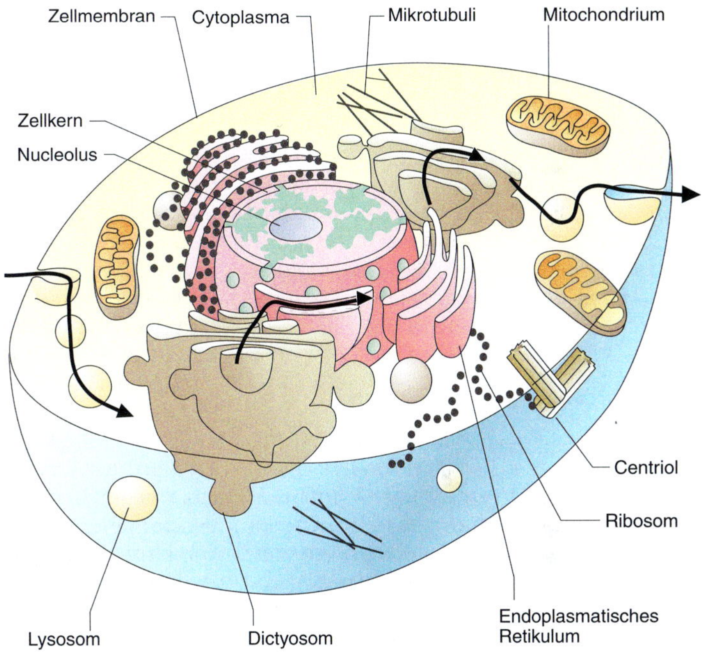

1 Membranfluss

bei der Natrium-Kaliumpumpe in Nervenzellen (s. Seite 221), die unter ständigem Verbrauch von ATP Na^+- und K^+-Ionen gekoppelt in entgegengesetzter Richtung transportiert. Durch diesen Mechanismus wird eine ungleiche Verteilung von Ionen aufrechterhalten, die zur Funktion der Nervenzelle notwendig ist.

Größere Partikel werden in membranumschlossenen Bläschen *(Vesikel)* durch Endocytose aufgenommen, durch Exocytose abgegeben oder durch Zellen hindurch transportiert. Vesikel können mit Dictyosomen und Endoplasmatischem Retikulum verschmelzen oder von ihnen abgeschnürt werden *(Membranfluss*, Abb. 1).

Enzyme sind Biokatalysatoren

Stärke ist ein wichtiger Bestandteil unserer Nahrung. Sie ist zum Beispiel in Getreideprodukten enthalten. Die schwer löslichen Makromoleküle der Stärke können von unserem Körper nur dann genutzt werden, wenn sie durch Spaltung in leicht lösliche Di- und Monosaccharide zerlegt werden. Denn der Dünndarm kann in der Regel nur gelöste Stoffe in die Blutbahn abgeben.

Obwohl Stärke eine energiereiche Verbindung ist, zerfällt sie von alleine nur sehr langsam in ihre Bausteine. Stärke wäre deshalb also kaum verwertbar, wenn in den Verdauungssäften nicht Substanzen enthalten wären, welche die Spaltung von energiereichen Verbindungen unterstützen würden. Gibt man zu einer mit Iod-Kaliumiodid blau angefärbten Stärkeaufschwemmung etwas Speichel, so entfärbt sich das Gemisch schon nach kurzer Zeit. Das lässt die Schlussfolgerung zu, dass der Speichel einen Stoff enthält, der die Stärkespaltung fördert.

Die Wirkung von Biokatalysatoren

Durch die Analyse von Speichel, z. B. mithilfe der *Elektrophorese,* kann man ein Protein identifizieren, das für die enorme Reaktionsbeschleunigung verantwortlich ist: die *Amylase.* Proteine, die im Organismus wie die Amylase als Reaktionsbeschleuniger fungieren, nennt man allgemein *Enzyme.* Sie wirken als *Biokatalysatoren.* Zur Aktivierung der Stärkespaltung – ohne Katalysator – muss zunächst ein bestimmter Energiebetrag aufgewendet werden (Abb. 2), die *Aktivierungsenergie* (E_A). Erst dann kann die Reaktion ablaufen, die bei der Stärkespaltung die Reaktionsenergie freisetzt. Das hängt damit zusammen, dass zunächst einmal unter Energiezufuhr Bindungen aufgebrochen werden müssen, bevor an den entstehenden Enden neue Bindungen unter Freisetzung von Energie gebildet werden. Die Freisetzung von Reaktionsenergie wird in einem Energiediagramm (Abb. 2) dadurch veranschaulicht, dass der Ausgangsstoff Stärke einen größeren Energiegehalt zugeordnet bekommt als die Spaltprodukte *(Ordinate).* Die Verbindung zwischen dem Energiegehalt von *Edukten* (Ausgangsstoffen) und *Produkten* (Endstoffen) stellt den Reaktionsverlauf dar *(Abszisse).*

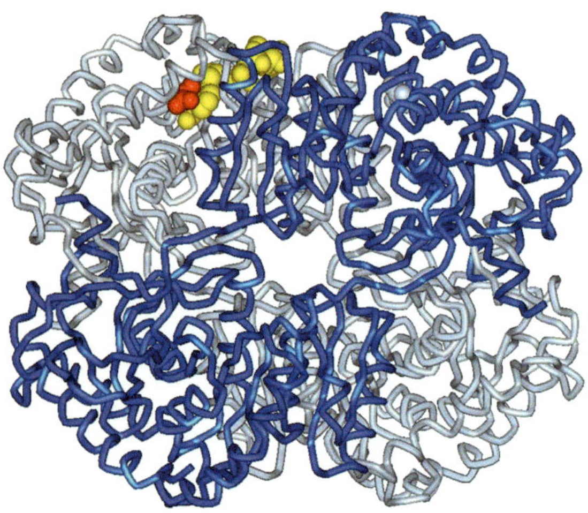

1 Strukturmodell eines Enzyms

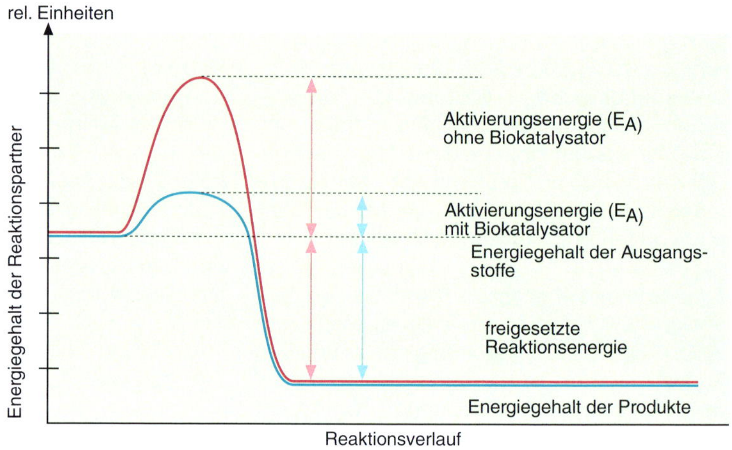

2 Ablauf einer enzymkatalysierten Reaktion

Enzyme wie die Amylase sind in der Lage, die Aktivierungsenergie so weit zu senken, dass oft schon bei Körperwärme genügend Teilchen darüber verfügen und dann die Reaktion schnell genug abläuft. Die Herabsetzung der Aktivierungsenergie ist auf eine Wechselwirkung zwischen dem Enzym und dem umzusetzenden Stoff *(Substrat)* zurückzuführen. Dadurch kommt es zu einer Lockerung der zu spaltenden Bindungen.

Substrat- und Wirkungsspezifität

Der Bau des Enzymmoleküls ist Voraussetzung für die Wechselwirkung zwischen Enzym und Substrat. Am Beispiel des *Chymotrypsins,* eines proteinspaltenden Enzyms

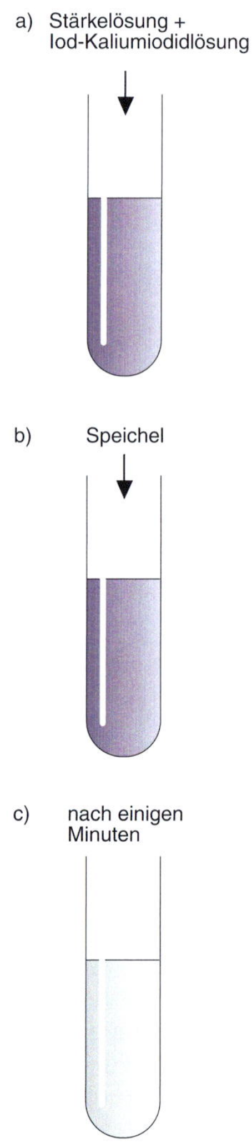

des Bauchspeichelsaftes, soll dies erläutert werden. Chymotrypsin besteht, wie alle Enzyme, aus einem Proteinmolekül und besitzt aufgrund seiner Eiweißnatur eine ganz bestimmte räumliche Gestalt *(Tertiärstruktur)*. Die Moleküloberfläche besitzt in einem Bereich eine Oberflächenstruktur, in die das Substrat ganz genau wie ein Schlüssel ins Schloss hineinpasst *(Schlüssel-Schloss-Prinzip)*. Enzymmoleküle sind in der Regel wesentlich größer als ihre Substratmoleküle. Das Substrat besteht in diesem Fall aus einem Eiweißbruchstück. Die wie eine Passform konstruierte Bindungsstelle im Enzymmolekül *(Bindungszentrum)* enthält das *aktive* oder *katalytische Zentrum*. Das ist der eigentliche Ort für die katalysierte Reaktion. Andere Moleküle können in der Regel nicht gebunden und in der entsprechenden Weise umgesetzt werden. Nach der Umsetzung wird das Enzym wieder frei und steht erneut für eine Reaktion zur Verfügung (→200/201).

Enzyme für die Umsetzung anderer Stoffe reagieren in gleicher Weise wie das Chymotrypsin. Enzyme sind also spezifisch für ein ganz bestimmtes Substrat *(Substratspezifität)*. Aufgrund der Eigenschaften des aktiven Zentrums katalysiert ein Enzym zudem nur eine von mehreren möglichen Reaktionen des Substrats, d.h. es entstehen nur ganz bestimmte Produkte. Enzyme besitzen also außerdem die Eigenschaft der *Wirkungsspezifität*. Eine Enzymreaktion kann mit folgendem Schema beschrieben werden:

$$E + S \rightarrow [ES] \rightarrow E + P$$

E	= Enzym, S = Substrat
[ES]	= Enzym-Substrat-Komplex
P	= Produkt(e)

Von der Art der chemischen Reaktion hängt es unter anderem ab, mit welcher Geschwindigkeit Enzyme ihre Substrate umsetzen. Die *Wechselzahl* ist ein Maß dafür. Mit der Wechselzahl gibt man die Anzahl an Substratmolekülen an, die pro Sekunde von einem Enzymmolekül umgesetzt werden. Sie liegt etwa zwischen 1000 und 1000000 pro Sekunde. Ein besonders schnell arbeitendes Enzym ist z.B. die *Peroxidase* (Wechselzahl ca. 10^6/s), welche die Spaltung von Wasserstoffperoxid in Sauerstoff und Wasser katalysiert. Das bei bestimmten Stoffwechselprozessen entstehende, für die Zelle aber giftige Wasserstoffperoxid wird auf diese Weise unschädlich gemacht.

Systematik von Enzymen

Die meisten Enzyme sind reine Proteine, andere bestehen aus einem Komplex von Protein und einer besonderen Wirkgruppe. Das Protein wird dann als *Apoenzym* bezeichnet. Zusammen bilden Apoenzym und Wirkgruppe das *Holoenzym*. Man unterscheidet zwei Typen von Holoenzymen. Ist die Wirkgruppe fest mit dem Apoenzym verbunden, so wird die Wirkgruppe als *prosthetische Gruppe* bezeichnet. Kann sich die Wirkgruppe vom Apoenzym lösen und in einer weiteren Reaktion mit einem anderen Apoenzym binden, nennt man die Wirkgruppe *Coenzym* oder aber *Cosubstrat*, da es durch die Enzymreaktion selbst verändert wird.

Die Benennung von Enzymen erfolgt in der Regel so, dass der erste Teil des Namens aus dem jeweils umgesetzten Substrat besteht. Der zweite Teil des Namens gibt über die Wirkung des Enzyms Auskunft. Die Bezeichnung kann sich auf eine Enzymgruppe oder auch ein bestimmtes Enzym beziehen. Vielfach sind auch noch Trivialnamen in Gebrauch. So bezeichnet *Ptyalin* die Mundspeichelamylase und *Chymotrypsin* eine Proteinhydrolase des Bauchspeichels. Der Name Proteinhydrolase bedeutet, dass erstens ein Protein umgesetzt wird und zweitens das Protein unter Wasseranlagerung gespalten wird *(Hydrolyse)*. Bezieht man sich nur auf das Substrat, so nennt man es *Protease*. Außer den Hydrolasen gibt es u.a. *Oxidoreduktasen*, die Redoxreaktionen katalysieren. Die Katalyse der Spaltung von Wasserstoffperoxid durch Katalase (H_2O_2-Oxidoreduktase) ist eine solche Reaktion.

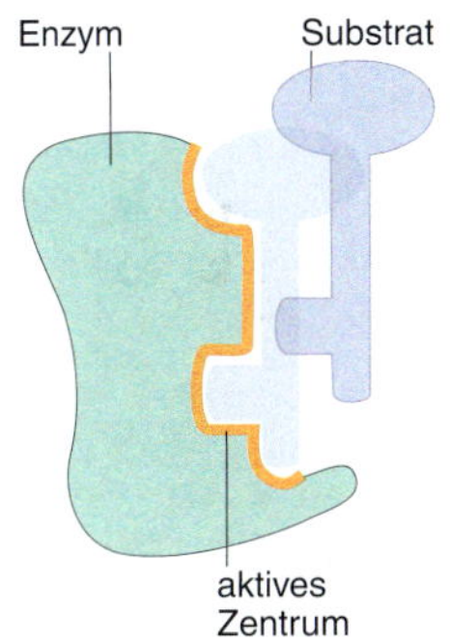

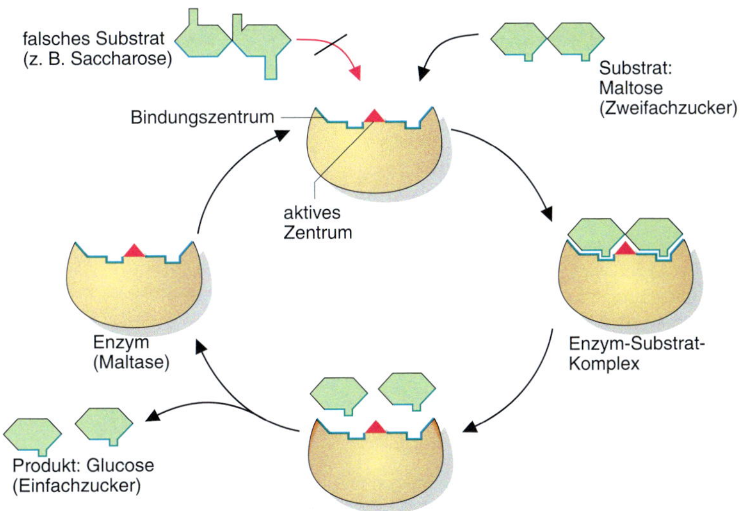

1 Schema zur Substrat- und Wirkungsspezifität

Enzyme

Eigenschaften von Enzymen

Benötigte Materialien:
Reagenzgläser mit Ständer, Sand, Reibschale mit Pistill, Kartoffel oder Leber, H_2O_2-Lösung (3%), [C], Braunsteinpulver (MnO_2) [Xn], verd. Salzsäure [C], verd. Natronlauge [Xi], Bleinitratlösung [Xn], Holzspan, Schutzbrille.

Zu Beginn wird die Kartoffel bzw. die Leber in der Reibschale mit etwas Sand zerrieben. Das Homogenat stellt das Katalasepräparat für die Versuche dar.

1. Versuch
In drei Reagenzgläser werden je 2 ml H_2O_2-Lösung gegeben. Geben Sie dann in das erste etwas Sand, in das zweite etwas Braunstein und in das dritte etwas Katalasepräparat. Halten Sie einen glimmenden Holzspan in die Reagenzgläser.

2. Versuch
In zwei Reagenzgläser wird etwas Katalasepräparat gegeben. In das erste wird anschließend 1 ml Salzsäure gegeben, in das zweite 1 ml Natronlauge. Lassen Sie die Lösungen 5 min einwirken und geben Sie dann je 2 ml H_2O_2-Lösung hinzu.

3. Versuch
In ein Reagenzglas wird etwas Katalasepräparat gegeben. Anschließend werden wenige Tropfen Bleinitratlösung hinzugegeben. Lassen Sie das Reagenzglas 5 min stehen und geben Sie dann 2 ml H_2O_2-Lösung dazu. Deuten Sie die Ergebnisse der Versuche.

Versuche mit Amylase

Benötigte Materialien:
Reagenzgläser, Ständer, Wasserbäder, Reibschale, Gerstenkörner, Stärkelösung, Iod-Kaliumiodidlösung.

Die benötigte Amylaselösung stellt man sich auf folgende Weise her: Etwa 100 Gerstenkörner werden zwei Tage vor dem Versuchstag in einer Petrischale auf einem feuchten Filterpapier ausgebreitet. Am Tag des Versuchs werden die Gerstenkörner in der Reibschale mit etwas Sand und 50 ml Wasser zerrieben. Der erhaltene Extrakt wird 10 min zentrifugiert. Der Überstand wird 1 : 20 verdünnt und stellt die Amylaselösung dar. (kühl aufbewahren!)

Die Stärkelösung wird vorsichtig mit so vielen Tropfen Iod-Kaliumiodidlösung versetzt, bis eine deutliche Blaufärbung zu sehen ist. Zu viel Iod behindert den Versuch!

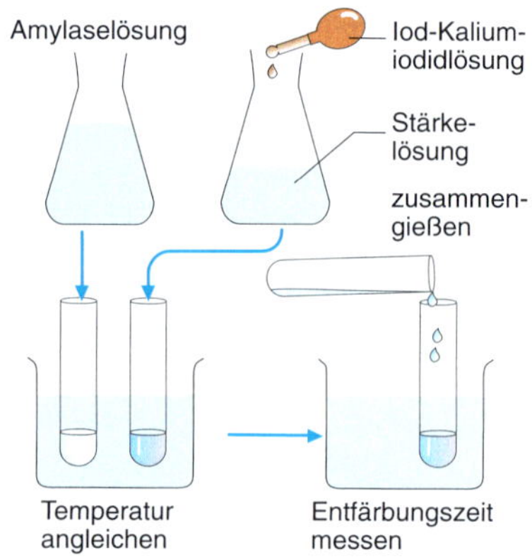

Versuchsablauf:
In den Versuchen wird die Zeit (t) bis zur Entfärbung bei verschiedenen Temperaturen (T) bestimmt.
Die vorhandenen Wasserbäder werden auf verschiedene Temperaturen im Bereich von 10 °C bis 60 °C eingestellt. In jedes Wasserbad werden zur Temperaturangleichung zwei Reagenzgläser mit folgendem Inhalt gestellt:
1) 2 ml (blaue) Stärkelösung
2) 1 ml Amylaselösung
Nach Angleichung der Temperaturen (ca. 5 min) wird der Versuch gestartet und die Entfärbungszeit ermittelt.

Auswertung:
Tragen Sie die Entfärbungszeit (t) gegen die Temperatur (T) auf. Erklären Sie, wie man aus der Entfärbungszeit (t) auf die Reaktionsgeschwindigkeit (v) schließen könnte.

Versuche mit Urease

Benötigte Materialien:
Reagenzgläser mit Ständer, Tropfpipetten, Ureaselösung (10 mg in 10 ml Wasser), Harnstofflösung (20 mg in 100 ml Wasser), Thioharnstofflösung (1 mg in 10 ml Wasser) [Xn], Indikatorlösung Bromthymolblau, Messpipetten und Pipettierhilfe.

Achtung: Nie mit dem Mund pipettieren! Stets mit einer Pipettierhilfe arbeiten. Ohne Pipettierhilfe besteht Verätzungs- und Vergiftungsgefahr!

1. Versuch

Zu 5 ml Harnstofflösung wird 1 Tropfen Indikator gegeben. Dann wird 1 ml Urease hinzugegeben.

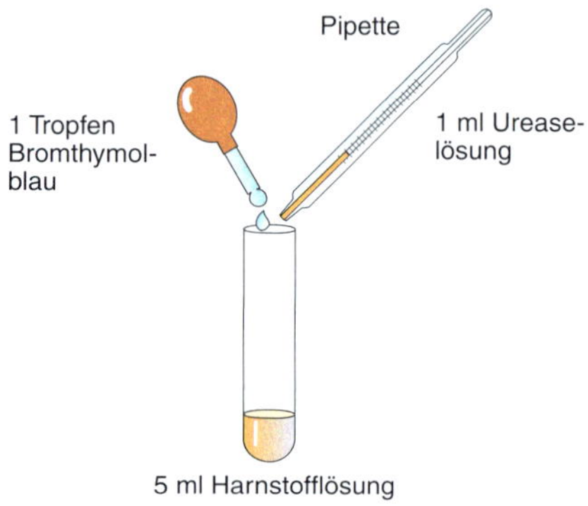

2. Versuch

Vier Reagenzgläser werden wie folgt gefüllt:

Stoff (ml)	Reagenzglas Nr.			
	1	2	3	4
Harnstoff	5,0	1,0	0,5	0,1
Wasser	0,0	4,0	4,5	4,9

Anschließend werden die vier Versuchsansätze möglichst gleichzeitig durch Hinzugabe von je 1 ml Ureaselösung gestartet.

3. Versuch

Drei Reagenzgläser werden wie folgt gefüllt:

Stoff (ml)	Reagenzglas-Nr.		
	1	2	3
Harnstoff	4,0	4,0	4,0
Thioharnstoff	0,0	0,1	1,0
Wasser	1,0	0,9	0,0

Nach Zugabe von 2 Tropfen Indikatorlösung und Schütteln werden die Versuchsansätze möglichst gleichzeitig mit je 1 ml Ureaselösung gestartet. Protokollieren Sie die Ergebnisse und deuten Sie sie.

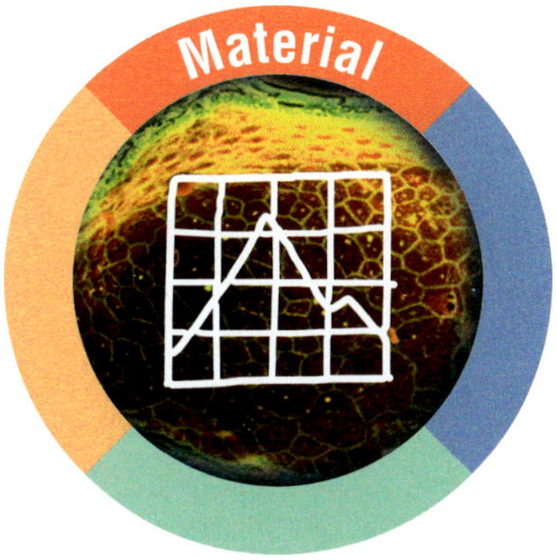

Aufbau von Enzymen

Enzyme sind unabhängig von der Zelle funktionsfähig: Bereits 1892 hatten Experimente ergeben, dass Hefeextrakte Glucose zu Kohlenstoffdioxid und Ethanol umwandeln. Auf dieser Grundlage führten HARDEN und YOUNG im Jahre 1905 folgende Experimente durch:

a) Hefezellen wurden zermörsert und
b) die größeren Zellbestandteile vom Zellsaft durch Filtration getrennt (Filtrat 0).
c) Ein Teil des so gewonnenen Filtrates wurde 24 Stunden dialysiert, d. h. es wurde in einen Schlauch mit einer Membran gegeben, die für kleinere Moleküle durchlässig ist, aber nicht für größere.
d) Danach wurden aus dem Außenmedium (1) und dem Dialyseschlauch (2) Proben entnommen. Diese wurden wie das Filtrat (0) nach Zugabe von Glucoselösung auf Kohlenstoffdioxidentwicklung untersucht (Versuchsreihe 1) oder wie in Versuchsreihe 2 weiterbehandelt.

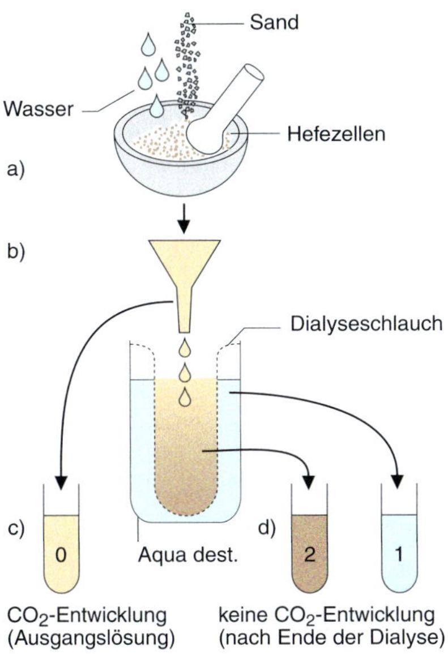

Versuchsreihe 1

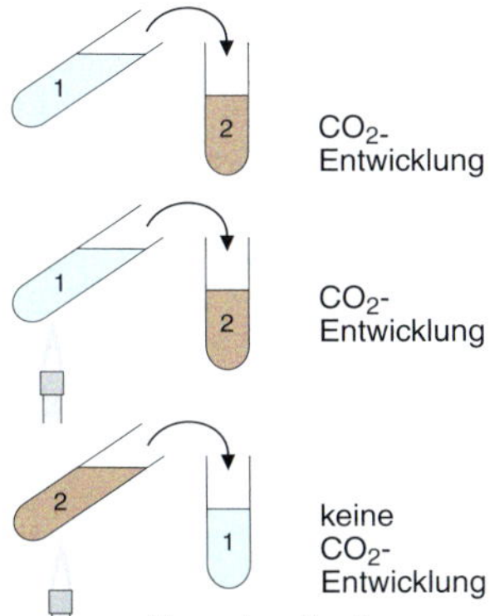

Versuchsreihe 2

Aufgabe

① Welche Rückschlüsse sind auf den Aufbau und die Wirkung des hier eine Rolle spielenden Enzyms möglich? Begründen Sie Ihre Schlussfolgerungen konkret anhand der einzelnen Experimente.

Die Wirkung der Katalase

Katalase ist ein Enzym, welches Wasserstoffperoxid (H_2O_2) zu O_2 und H_2O zersetzt. Man hat die Aktivität der Katalase in Abhängigkeit von der H_2O_2-Konzentration untersucht und dabei die nachfolgenden Ergebnisse erhalten:

g H_2O_2 pro 100 ml Reaktionslsg.	ml O_2-Entwicklung in 5 min
1	3,1
2	4,9
3	6,0
4	6,8
5	7,3
6	7,8
7	8,1
8	8,2
9	8,2

Aufgaben

② Setzen Sie die Werte der Tabelle in eine Grafik um. Achten Sie dabei auf eine sinnvolle Achsenwahl und die Beschriftung.

③ Erläutern Sie den Kurvenverlauf. Welche verallgemeinerbaren Rückschlüsse sind auf die Wirkungsweise von Enzymen möglich? Gehen Sie dabei auch auf die einzuhaltenden Versuchsbedingungen ein.

Temperatur und Ureasewirkung

Urease spaltet Harnstoff hydrolytisch in Kohlenstoffdioxid und Ammoniak. CO_2 und NH_3 reagieren mit Wasser in einer Säure-Base-Reaktion, bei der Ionen entstehen. In einer wässrigen Lösung leiten sie im Gegensatz zum ungeladenen Harnstoff den elektrischen Strom. Setzt man Harnstofflösung mit Urease um, so kann man die Änderung der Leitfähigkeit pro Zeiteinheit als relatives Maß für die Aktivität der Urease benutzen. Für eine solche Messung benutzt man die in der Abbildung dargestellte Apparatur. Nacheinander werden bei verschiedenen Temperaturen (5°, 15°, 35°, 50° und 75 °C) jeweils 40 ml Harnstofflösung und 10 ml Enzymlösung zusammengegeben und die Änderung der Leitfähigkeit über einen Zeitraum von 10 Minuten gemessen. Dabei werden in Abständen von 20 Sekunden die Leitfähigkeitswerte abgelesen. Das Ergebnis dieses Versuchs zeigt die untere Grafik.

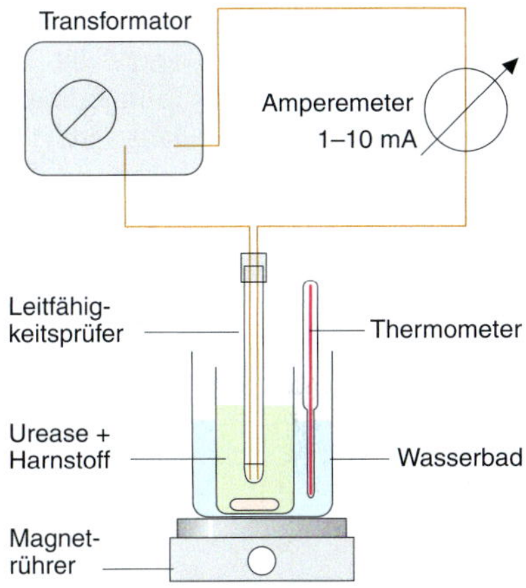

Abhängigkeit der Enzymaktivität von der Temperatur

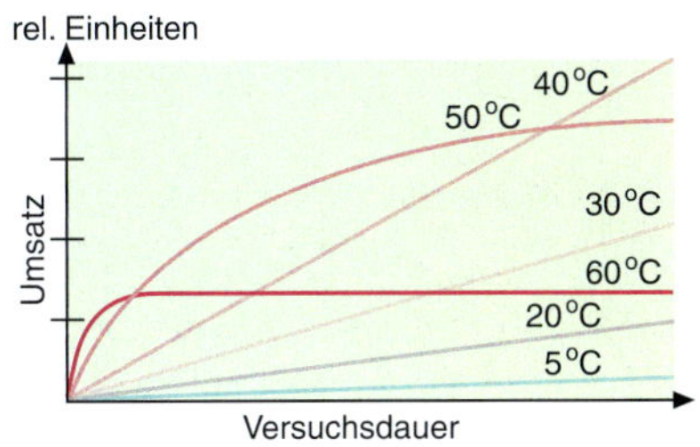

Aufgaben

④ Begründen Sie, weshalb bei allen Versuchen mit jeweils derselben Menge Harnstoff- und Ureaselösung gearbeitet wird.

⑤ Erläutern Sie anhand der Grafik die Ergebnisse der Versuche einzeln und im Vergleich.

Die Reaktionsbedingungen bestimmen die Enzymaktivität

Substratkonzentration

Bei niedrigen Substratkonzentrationen ist die Geschwindigkeit der Substratumsetzung gering. Diese lässt sich durch Erhöhung der Konzentration steigern, bis schließlich weitere Erhöhungen der Substratkonzentration zu keiner weiteren Steigerung der Geschwindigkeit führen (Abb. 1). Jedes Enzym hat daher einen Maximalwert (v_{max}) bei der Geschwindigkeit der Substratumsetzung. Da sich die Sättigungskonzentration des Substrates zur Maximalgeschwindigkeit aus der Kurve schlecht ablesen lässt, ermittelt man, bei welcher Substratkonzentration die halbmaximale Geschwindigkeit ($^1/_2\,v_{max}$) erreicht wird. Die Substratkonzentration bei halbmaximaler Reaktionsgeschwindigkeit bezeichnet man als *Michaelis-Menten-Konstante* (K_m).

Bei niedrigen Substratkonzentrationen sind nicht alle Enzyme mit einem Substratteilchen beladen, weil die Wahrscheinlichkeit, dass Enzym und Substrat sich treffen, gering ist. Mit zunehmender Anzahl der Substratteilchen steigt die Wahrscheinlichkeit, auf das Enzym zu treffen; daher steigt die Reaktionsgeschwindigkeit. Bei hohen Konzentrationen ist die Wahrscheinlichkeit des Zusammentreffens zwar sehr hoch, jedoch können die Substratmoleküle das aktive Zentrum nicht besetzen, da sich dort das Produkt der vorigen Reaktion erst langsam vom Enzym trennt. In lebenden Zellen wird der Maximalwert nie erreicht, da andere Stoffe die Reaktion behindern.

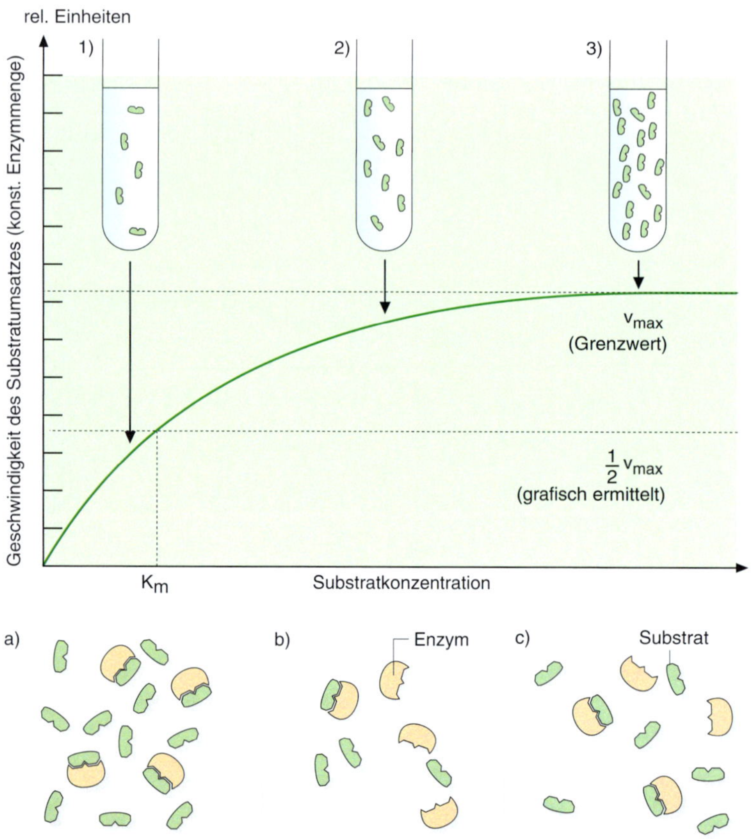

1 Reaktionsgeschwindigkeit und Substratkonzentration

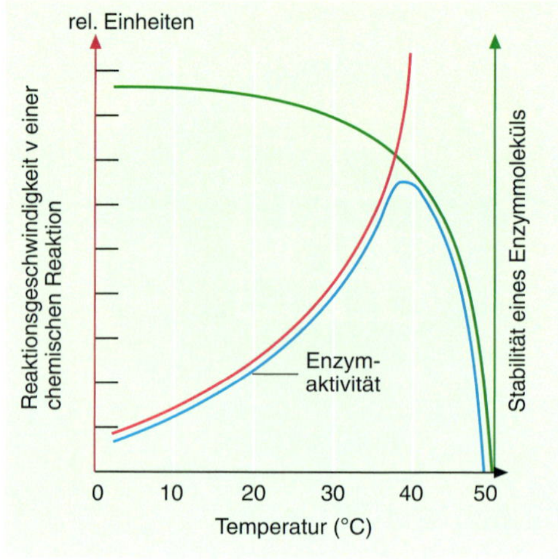

2 RGT-Regel und Enzymaktivität

Der Einfluss der Temperatur

Gleichwarme Tierarten haben eine konstante Körpertemperatur, egal ob sie in der Wüste oder der Antarktis leben. Wechselwarme Tiere, wie Amphibien oder Insekten, bewegen sich bei tiefen Temperaturen in der Regel träge bzw. fallen in eine Kältestarre. Erst bei höheren Temperaturen werden sie wieder aktiv. Die chemischen Reaktionen des Stoffwechsels in einem Organismus sind temperaturabhängig. Diese Zusammenhänge zeigen sich auch bei isoliert ablaufenden enzymatischen Reaktionen.

Untersucht man die Aktivität eines Enzyms experimentell, so stellt man zunächst bei steigenden Temperaturen eine starke Erhöhung der Reaktionsgeschwindigkeit fest (Abb. 2). Bei einer bestimmten Temperatur wird schließlich ein Maximum erreicht. Dieses liegt bei vielen Enzymen zwischen 30 °C und 50 °C. Danach nimmt die Geschwindigkeit der enzymkatalysierten Reaktion sehr schnell ab, bis schließlich überhaupt keine Wirkung des Enzyms mehr erkennbar ist.

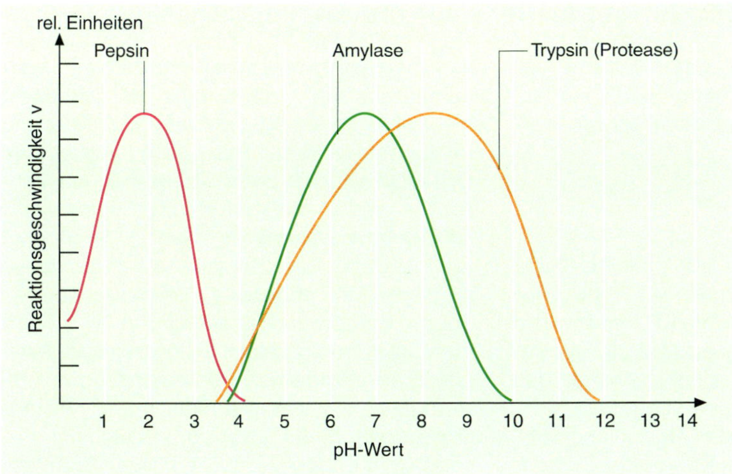

1 Abhängigkeit der Enzymaktivität vom pH-Wert

Höhere Temperaturen bewirken eine stärkere Teilchenbewegung, sodass Enzym und Substrat mit einer größeren Wahrscheinlichkeit aufeinander treffen. Zudem werden die Bindungen zwischen Atomen reaktiver. Die Folge ist ein höherer Stoffumsatz. Bei enzymkatalysierten Reaktionen erhöht sich die Reaktionsgeschwindigkeit bei einer Temperaturerhöhung um 10 °C exponentiell um das 2- bis 4fache. Dieser Zusammenhang wird als ***R**eaktions**g**eschwindigkeits-**T**emperatur-Regel,* kurz *RGT-Regel,* bezeichnet.

Bei Eiweißen, und damit auch bei Enzymen, haben hohe Temperaturen noch eine andere Wirkung: Sie verändern und zerstören schließlich die *Tertiärstruktur,* d. h. die räumliche Anordnung der Aminosäurekette wird irreversibel verändert. Diesen Vorgang bezeichnet man als *Denaturierung.* Da die Funktion des Enzyms von der Tertiärstruktur abhängt – sie ist verantwortlich für die Passform – wird die Abnahme der Enzymaktivität ab einer bestimmten Temperatur verständlich. Enzyme sind meist nur bis zu Temperaturen zwischen 50 °C und 60 °C stabil (Abb. 50.2). Höhere Temperaturen liefern so viel Energie, dass die meist geringen Bindungskräfte, welche die räumliche Faltung des Proteinmoleküls aufrechterhalten, überwunden werden. Die Passform des Enzymmoleküls für das Substrat geht verloren, das Enzym ist inaktiv. Nur wenige Enzyme werden erst bei höheren Temperaturen denaturiert. Zu diesen gehören die Enzyme von Bakterien, die in heißen Quellen mit Temperaturen um 90 °C und mehr leben. Deren Enzyme sind an diese extremen Lebensbedingungen angepasst, indem bei ihnen die

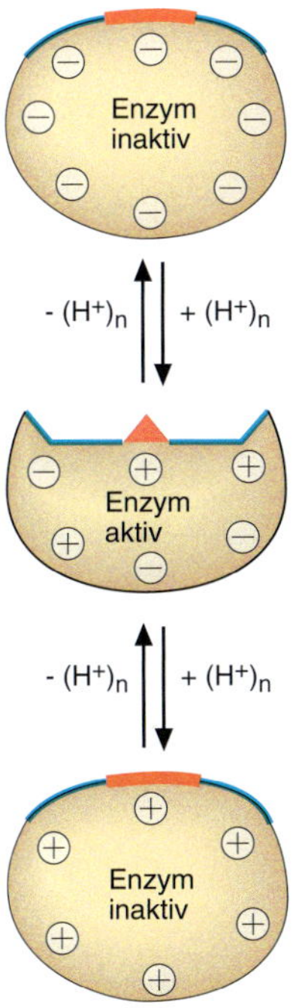

Einfluss des pH-Wertes auf die Enzymaktivität

Passform im Wesentlichen durch Disulfidbrücken aufrecht erhalten wird, die stabiler sind als Wasserstoffbrückenbindungen und ionische Anziehungskräfte.

Der Einfluss des pH-Wertes

Am Beispiel der Verdauungsenzyme des Menschen wird der Einfluss eines weiteren Faktors, des *pH-Wertes,* auf die Enzymaktivität sichtbar. Der Mundspeichel hat einen fast neutralen pH-Wert. Die in ihm enthaltene Amylase spaltet Stärke und entfaltet unter diesen Bedingungen ihre größte Aktivität. Gelangt der eingespeichelte Nahrungsbrocken mit dem Schluckvorgang in den Magen, wird die Stärkespaltung infolge Inaktivierung der Speichelamylase eingestellt. Ursache hierfür ist der saure Magensaft, dessen pH-Wert aufgrund der Salzsäure zwischen 1,5 und 2,5 liegt. In diesem sauren Milieu ist statt dessen ein anderes Enzym, das *Pepsin,* aktiv. Es katalysiert die Spaltung von Proteinen in größere Peptidabschnitte. Gelangt der Speisebrei weiter in den Zwölffinger- und dann in den Dünndarm, dessen Verdauungssaft leicht alkalisch ist, stellt das Pepsin seine Funktion ein und andere Enzyme sorgen dann für die weitere und vollständige Verdauung.

Untersucht man die Enzymaktivität in Abhängigkeit vom pH-Wert experimentell, so ergibt sich eine Optimumkurve (Abb. 1). Jedes Enzym hat sein spezifisches pH-Optimum. Bei vielen Enzymen liegt es im mittleren pH-Bereich. Bei deutlich höheren oder niedrigeren Werten sinkt die Aktivität stark ab, bis schließlich der Nullwert erreicht wird. Ursache ist, wie bei hohen Temperaturen, eine Denaturierung des Enzyms, da durch Säuren bzw. Basen an bestimmte Reste der einzelnen Aminosäurebausteine H^+-Ionen angelagert oder von ihnen abgespalten werden können. So wird die für die Passform wichtige Ladungsverteilung im Enzymmolekül verändert, sodass die spezifische Molekülfaltung verloren geht (Abb. Mittelspalte).

Aufgaben

① Ordnen Sie die modellhaften Darstellungen (a, b, c) in Abbildung 50.1 den Stellen 1, 2, 3 der Kurve zu. Begründen Sie.

② Nähert sich die Körpertemperatur bei hohem Fieber dem Wert von 42 °C, besteht für den Menschen Lebensgefahr.
Erläutern Sie mögliche Gründe dafür mit Bezug zu den genannten Eigenschaften von Enzymen.

Der Einfluss des Bindungspartners auf die Enzymaktivität

Wenn außer dem eigentlichen Substrat andere Stoffe an das Enzymmolekül binden, kann die Enzymaktivität beeinträchtigt werden.

Kompetitive Hemmung

Konkurrieren zwei chemisch ähnliche Stoffe um das Bindungszentrum eines Enzyms, beeinflusst dies die Enzymaktivität, wenn einer das Substrat ist und der andere als Hemmstoff wirkt. Der Hemmstoff kann zwar an das Enzym gebunden, aber nicht umgesetzt werden. Er verdrängt somit das eigentliche Substrat *(Verdrängungshemmung* oder *kompetitive Hemmung,* Abb. 1). Die Wirkung solcher Hemmstoffe ist umso größer, je höher die Konzentration im Vergleich zum eigentlichen Substrat ist.

Ein Beispiel dafür ist die Anwendung des Medikaments *Allopurinol* gegen *Gicht.* Diese Krankheit äußert sich – infolge der Einlagerung von Harnsäurekristallen – in einer schmerzhaften Veränderung der Gelenke, die unbehandelt bis zu deren Zerstörung fortschreiten kann. Harnsäure entsteht im Organismus z. B. beim Abbau von Nucleinsäuren, wobei die Verbindung *Hypoxanthin* als Zwischenprodukt entsteht. Hypoxanthin wird mithilfe des Enzyms *Xanthinoxidase* zu Harnsäure abgebaut, die bei Gesunden über die Nieren ausgeschieden wird. Entsteht aber infolge einer Stoffwechselschwäche oder infolge von Fehlernährung zu viel Harnsäure, so wird sie nicht mehr vollständig ausgeschieden, sondern lagert sich bevorzugt in Gelenken in kristalliner Form ab. Eine mögliche medikamentöse Behandlung ist die Verabreichung von Allopurinol, das dem Hypoxanthin chemisch sehr ähnlich ist, aber von der Xanthinoxidase nicht umgesetzt werden kann. Die dadurch bedingte Hemmung des Enzyms, die zur Verminderung der Harnsäureeinlagerung in die Gelenke führt, ist abhängig von der Menge des eingenommenen Medikaments. Diese Hemmung endet nach dem Absetzen des Medikaments. Sie ist reversibel.

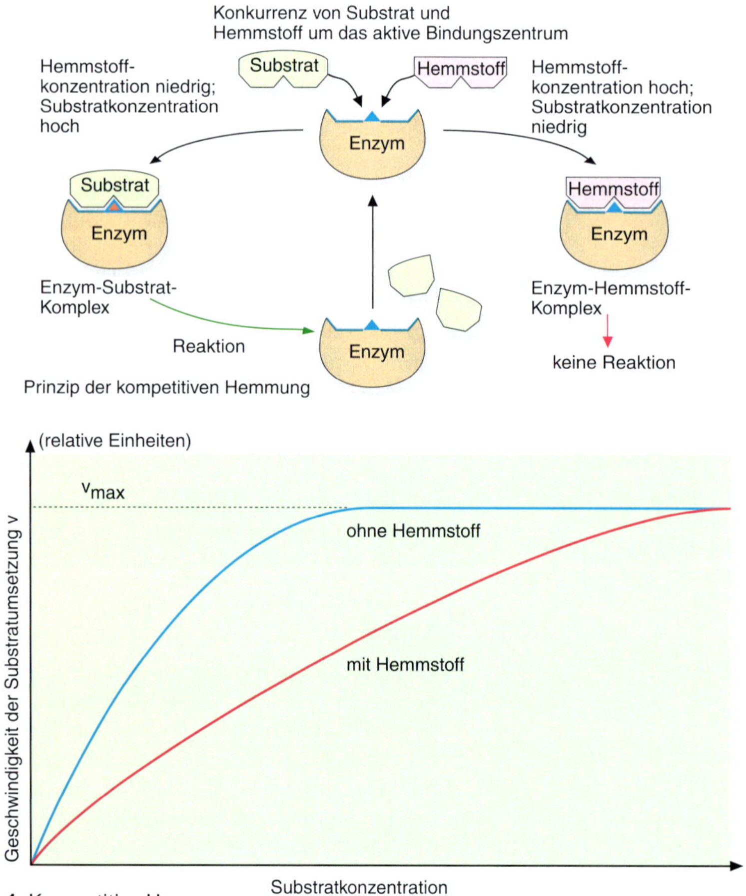

1 Kompetitive Hemmung

Allosterische Effekte

Bestimmte Enzyme haben nicht nur eine Bindungsstelle für das umzusetzende Substrat, sondern eine weitere Bindungsstelle, an der ein ganz anders aufgebautes Molekül binden kann. Die Passform eines solchen Enzyms hängt davon ab, ob an dieser Stelle ein Hemmstoff gebunden ist oder nicht. Dadurch kann das Enzym zwei verschiedene räumliche Strukturen annehmen. In der einen Form kann es das Substrat binden und umsetzen. In der anderen Form, also mit Hemmstoff, ist das Bindungszentrum für das Substrat so verändert, dass es nicht mehr gebunden werden kann. Diese durch die Veränderung der räumlichen Struktur bedingte Hemmung nennt man *allosterische Hemmung* oder nichtkompetitive Hemmung (Abb. 53.1). Sie spielt bei der Regulation vieler Stoffwechselprozesse eine wichtige Rolle.

Allosterische Effekte sind aber nicht in jedem Fall hemmend. Manche Enzyme erreichen erst durch allosterische Veränderungen ihre volle katalytische Wirkung, sie werden *allosterisch aktiviert.* Bei zu hohem Blutzuckerspiegel z. B. wird durch aktivierte Glucose ein Enzym allosterisch aktiviert, das den Aufbau des Speicherstoffs Glykogen aus Glucose bewirkt.

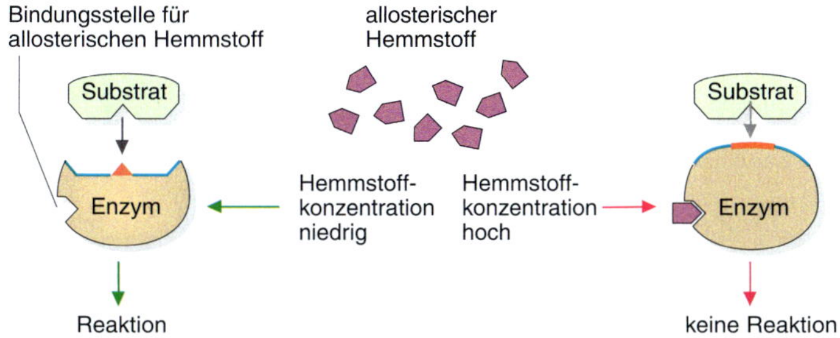

Prinzip der allosterischen Hemmung

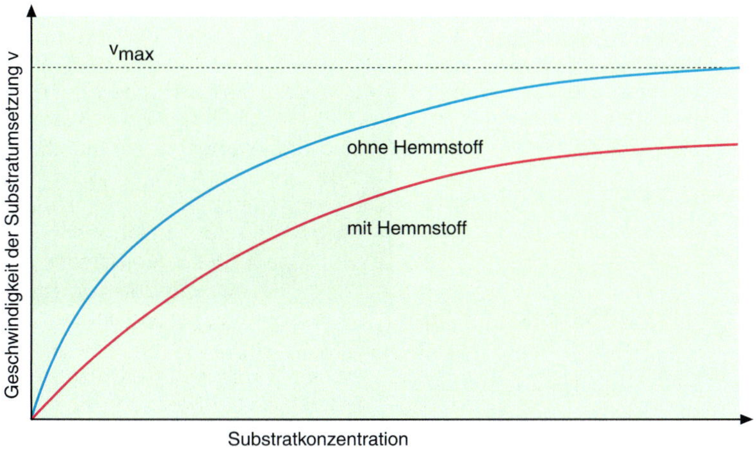

1 Allosterische Hemmung (nichtkompetitive Hemmung)

Irreversible Hemmung

Die Giftigkeit bestimmter Metalle beruht darauf, dass sie bei Enzymen Veränderungen ihrer Passform bewirken, die nicht rückgängig zu machen sind. Die Hemmung ist irreversibel. Besonders giftig für den Menschen sind die *Schwermetalle* Quecksilber und Blei. Sie zerstören die Disulfidbrücken von Enzymen, da sie mit Schwefel eine äußerst stabile Verbindung bilden.

Einige Organismen lassen sich als Bioindikatoren einsetzen, da sie Enzyme besitzen, die auf Schwermetalle sehr empfindlich reagieren. So wird die Gäraktivität von Hefezellen bereits von geringen Schwermetallmengen deutlich gehemmt. Hefezellen vergären Zucker u. a. zu Kohlenstoffdioxid. Bringt man in eine Versuchsapparatur eine bestimmte Menge der Probe, z. B. von belastetem Boden zusammen mit Zucker und Hefeaufschwemmung, so kann die Kohlenstoffdioxidentwicklung im Vergleich zu einer Kontrollprobe ohne Schwermetalle bestimmt werden. Je geringer die Gasentwicklung, desto belasteter ist die Probe. Nach einem solchen Vortest gibt eine chemische Analyse genauen Aufschluss über Art und Menge der Schwermetalle.

Zettelkasten

Vitamine: Cofaktoren von Enzymen

Zahlreiche Enzyme bestehen aus einem Proteinanteil und aus einem *Cofaktor*. Dabei handelt es sich um ein Hilfsmolekül, das für sich alleine keine Katalysatorfunktion hat. Der Cofaktor kann aus bestimmten Metallionen, wie Fe^{2+}, Mn^{2+} bestehen oder aus größeren Molekülen. Die Cofaktoren verleihen den Enzymen besondere katalytische Fähigkeiten und können leicht von ihnen getrennt werden. Ein besonders wichtiger Cofaktor ist das NAD^+ *(Nicotinamid-Adenin-Dinucleotid)*, das bei der enzymatischen Elektronenübertragung von einer Substanz auf eine andere eine entscheidende Rolle spielt. Viele Cofaktoren können vom Körper des Menschen nicht selbst synthetisiert werden. Sie müssen vollständig oder als halbfertige Vorstufe mit der Nahrung aufgenommen werden und sind als Vitamine von großer Bedeutung.

Thiamin (Vitamin B_1)
Thiamin ist eine Vorstufe von Thiaminpyrophosphat, das für den Körper als Cofaktor wichtig ist. Es bindet und aktiviert kleine Molekülbausteine, sodass diese von Enzymen übertragen oder verändert werden können (Abb. 1).

Pantothensäure
Pantothensäure ist Bestandteil und damit gleichzeitig Vorstufe von Coenzym A. Dieses wiederum besitzt eine wichtige Funktion bei der Zellatmung und den Reaktionen des Fettstoffwechsels (Abb. 2).

Pyridoxin (Vitamin B_6)
Pyridoxin bindet und aktiviert Aminosäuren. Es ist ein wichtiger Cofaktor von Enzymen des Aminosäurestoffwechsels und an vielen biochemischen Reaktionen beteiligt (Abb. 3).

Biotin (Vitamin H)
Biotin dient in vielen Enzymen als Überträger von Carboxylgruppen. Es ist über eine Atombindung fest mit dem Enzym verbunden (Abb. 4).

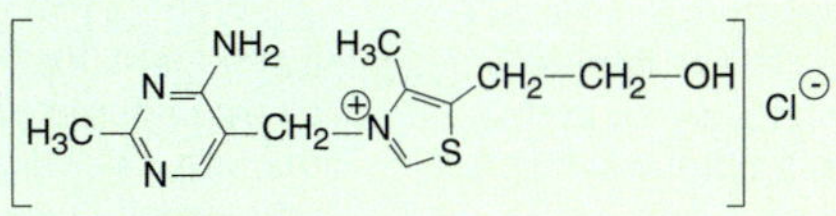

1 Thiamin

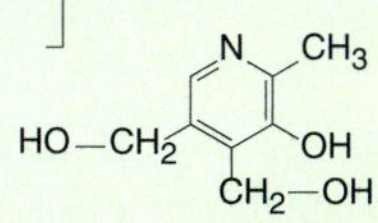

3 Pyridoxin

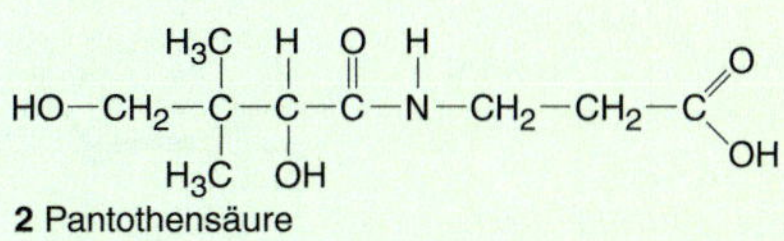

2 Pantothensäure

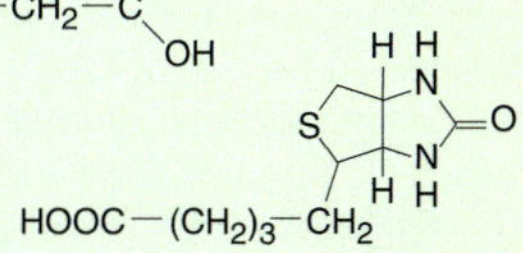

4 Biotin

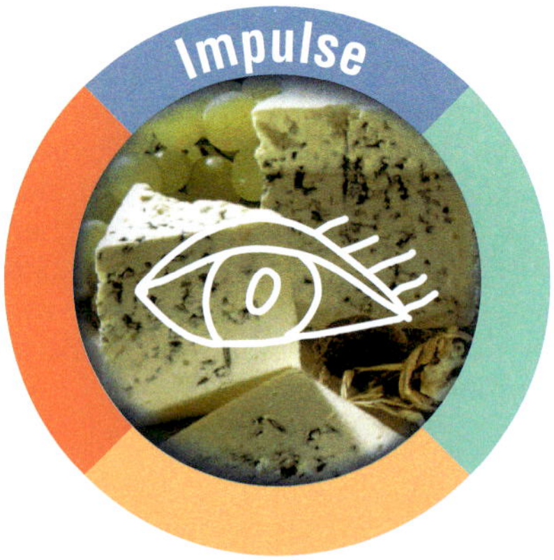

Enzyme in Haushalt, Industrie und Medizin

Man kennt heute über 2000 verschiedene Enzyme. Ein Teil von ihnen wird großtechnisch hergestellt und findet im Haushalt, in Industrie und Medizin Verwendung. In den letzten Jahrzehnten hat sich die Enzymproduktion zu einem wichtigen Zweig der Biotechnologie entwickelt.

Saubere Wäsche

Die Qualität von Waschmitteln wird am schonenden Umgang mit den Textilien, dem Reinigungseffekt und der Belastung des Wassers gemessen. Heute sind nur noch wenige Waschmittel auf dem Markt, die keine Enzyme enthalten. Enzymhaltige Waschmittel lösen auch hartnäckigen Schmutz.

Möglich wurde die Herstellung dieser Waschmittel erst, als es gelang, ausreichende Mengen Proteasen großtechnisch zu gewinnen. Im Forschungslabor der dänischen Carlsberg-Brauerei fanden Wissenschaftler heraus, dass Bakterien der Gattung *Bacillus* Proteasen in das Kulturmedium ausscheiden. Heute werden pro Jahr ca. 500 Tonnen dieser Proteasen für die Waschmittelherstellung benötigt.

Unter welchen Reaktionsbedingungen müssen die Waschmittel-Proteasen wirksam sein?
Mit welchem Experiment könnte man die Reinigungswirkung eines Waschmittels mit Protease gegenüber einem enzymfreien Mittel überprüfen?

Von der Stärke zum Flüssigzucker

Wohl in keinem Haushalt darf Zucker fehlen. Als weißer oder brauner Kristallzucker, als Würfel- oder Kandiszucker gehört er einfach zu unserem Alltag. Der im Haushalt verwendete Zucker, die *Saccharose*, ist ein Disaccharid. Er wird aus Zuckerrüben oder Zuckerrohr gewonnen. Verglichen mit anderen Zuckern hat Saccharose eine starke Süßkraft.

Saccharose	100
Fructose	173
Glucose	74
Invertzucker	130
Maltose (Malzzucker)	32
Lactose (Milchzucker)	16

Relative Süßkraft verschiedener Zucker

Und dennoch – die *Fructose* übertrifft die Saccharose an Süßkraft deutlich. Verschiedene Zweige der Lebensmittelindustrie, vor allem die Getränke-, Back- und Süßwarenherstellung, benötigen große Mengen an Zucker. In flüssiger Form lässt er sich dabei in der Regel besser verarbeiten als in kristalliner und süßer ist Flüssigzucker auch.

Flüssigzucker erhält man durch Stärkeverzuckerung unter Verwendung der Enzyme *Amylase* und *Glucoamylase*. Durch Amylase wird das Polysaccharid Stärke zunächst in Bruchstücke, nachfolgend durch Glucoamylase in das Monosaccharid Glucose zerlegt. Um die Süßkraft des so erhaltenen Sirups noch zu steigern, kann durch den Einsatz eines weiteren Enzyms, der *Glucoisomerase,* ein Teil der Glucose in Fructose umgewandelt werden.

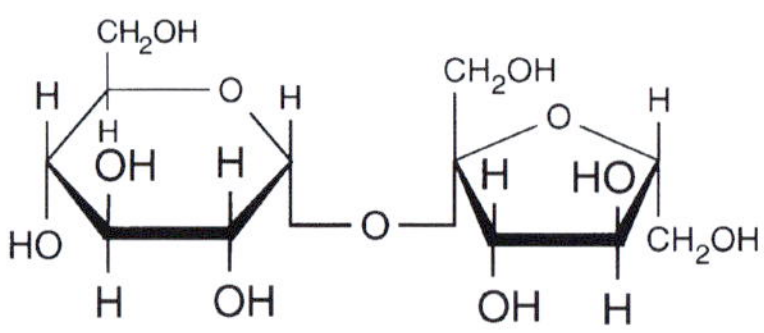

In den USA ist die Verwendung von Flüssigzucker weit verbreitet. In der Bundesrepub lik macht er nur einen sehr kleinen Anteil am Zuckerverbrauch aus. Welche Gründe könnten dafür verantwortlich sein?

Zuckerrübenernte

Mais ist der Hauptlieferant für Stärke zur Verzuckerung.

Biosensoren

Messgeräte sind oftmals mit Fühlern ausgestattet. Sie nehmen Signale auf und leiten sie an den *Transduktor* weiter. Dieser wandelt das Signal in eine messbare, physikalische Größe wie Strom, Wärme oder Licht um. Techniker konstruieren Messfühler mit Enzymen als biologische Komponente. Man bezeichnet sie als *Biosensoren* bzw. *Enzymelektroden*. Derart ausgestattete Messgeräte werden zur Kontrolle biotechnologischer Verfahrensabläufe eingesetzt. So kann der pH-Wert in einem Kulturmedium mithilfe des Enzyms Penicillin-Acyclase im Biosensor bestimmt werden.

Welche Vorteile besitzen Biosensoren gegenüber traditionellen Messfühlern?

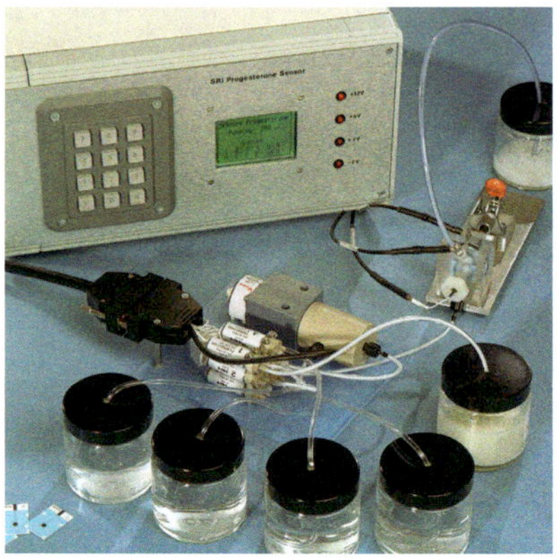

Damit der Käse gelingt

Ein Blick in die Käsetheke einer Verkaufsstelle offenbart die Produktvielfalt. Was der Käufer meist nicht weiß: Bei der Käseherstellung ist der Einsatz von Enzymen zur Gerinnung der Milch unverzichtbar. Traditionell wird dazu das *Labferment* aus Kälbermägen als Schlachtnebenprodukt genutzt. Hinzugekommen sind in den letzten Jahrzehnten biotechnologisch erzeugte Enzyme aus Mikroorganismen. Nur mit deren Hilfe kann der gestiegene Bedarf gedeckt werden.

Welche Zusammensetzung hat Milch? Erklären Sie die Wirkungsweise der zur Milchgerinnung eingesetzten Enzyme und die Ursache der Gerinnung.

Wenn der Magen drückt

Bei Stoffwechselstörungen können Enzyme als Medikamente eingesetzt werden. Bestimmte Magen-Darm-Erkrankungen oder eine Leistungsschwäche des *Pankreas* (Bauchspeicheldrüse) führen zu einer mangelhaften Verdauung der Nahrung. Sie können mit darmwirksamen Enzympräparaten behandelt werden (siehe nebenstehenden Auszug aus einem Beipackzettel). Manche enthalten ein Pulver aus Schweinepankreas und damit Lipasen, Proteasen und Amylasen.

Die Enzyme sind in eine magensaftresistente Hülle eingeschlossen. Warum?

Recherchieren Sie, wie viel Bauchspeichel das Pankreas eines Erwachsenen pro Tag produziert.

Welche Funktionen erfüllen die zwei wichtigsten Proteasen Trypsinogen und Chymotrypsinogen, die Amylase und die Lipase im Bauchspeichel? In welchem Teil des Verdauungstraktes wirken die Enzyme?

Kreon ® 25 000 Kapseln

Wirkstoff: Pankreatin

Der arzneilich wirksame Bestandteil ist Pankreatin. 1 Kapsel mit magensaftresistenten Mikropellets enthält 300 mg Pankreatin aus Schweinepankreas, entsprechend 25 000 Lipase-, 18 000 Amylase- und 1 000 Protease-Einheiten nach PH.Eur.

Die sonstigen Bestandteile sind:
Dibutylphthalat, Dimeticon 1000, Gelatine, Macrogol 4 000, Methylhydroxypropylcellulosephthalat, dünnflüssiges Paraffin, Farbstoffe E 171, E 172.

Stoffgruppe:
Verdauungsenzyme der Bauchspeicheldrüse (Pankreasenzyme)

Darreichungsform und Inhalt:
Kreon® 25 000 Kapseln sind in folgenden Originalverpackungen erhältlich:
- 50 Kapseln (N1)
- 100 Kapseln (N2)
- 200 Kapseln (N3)

Was ist Kreon® 25 000 und wofür wird es angewendet?
Kreon® 25 000 ist ein Arzneimittel zum Ersatz von Verdauungsenzymen.

Der Diabetes-Teststreifen

Mit einem einfachen Test kann jedermann überprüfen, ob sein *Blutzuckerspiegel* stimmt oder ob ein Verdacht auf Zuckerkrankheit *(Diabetes mellitus)* besteht. Dabei nutzt man aus, dass Personen mit zu hohem Blutzuckerspiegel Zucker mit dem Urin ausscheiden. Teststreifen, die Enzyme enthalten, machen es möglich.

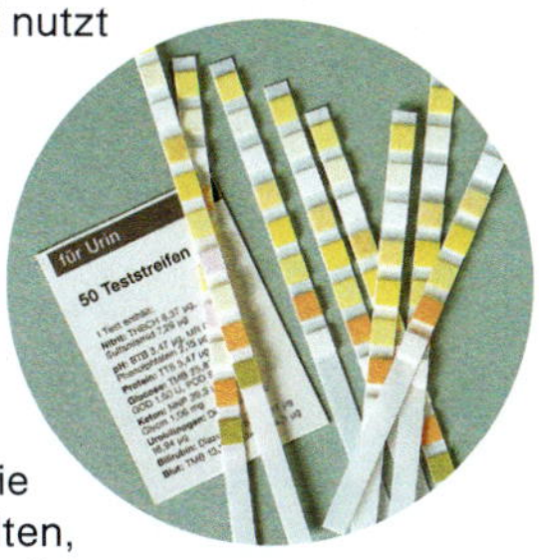

Die käuflichen Streifen enthalten *Glucoseoxidase* und *Peroxidase*, dazu einen Stoff, der durch Wasserstoffperoxid von einer farblosen in die Farbform umgewandelt wird. Wird ein solcher Teststreifen in glucosehaltigen Urin der Testperson gehalten, so oxidieren die Enzyme den Zucker und bilden gleichzeitig Wasserstoffperoxid. Letzterer führt zur Färbung des Teststreifens.

Diabetes tritt nicht nur im Alter auf. Was wissen Sie über den Typ I-Diabetes bei Kindern und Jugendlichen? Welche organischen Ursachen hat die Krankheit? Überprüfen Sie doch einmal Ihren Urin. Sicherheit beruhigt. Teststreifen gibt es in jeder Apotheke.

Von der Tierhaut zum Schuh

Seit alters nutzt der Mensch Felle und Tierhäute als Kleidung und zur Herstellung von Gebrauchsgegenständen. Mit der Behandlung und Zubereitung des Rohmaterials entwickelte sich die Gerberei als Industriezweig. Beim Gerben kommt es darauf an, die weichen Eiweißschichten der Häute zu entfernen. Bei der Ledergerberei sollen auch die Haare verschwinden. Von Bakterien *(Bacillus-Arten)* und mikroskopischen Pilzen *(Aspergillus-Arten)* in Fermentoren produzierte Proteasen ermöglichen oder beschleunigen diese Prozesse. Inzwischen haben die biotechnologisch erzeugten Enzyme die meisten der alten Gerbzusätze, wie Extrakte aus Schlachtabfällen oder Kot, abgelöst.

Warum eignen sich Mikroorganismen besonders gut zur großtechnischen Enzymproduktion?

Stoffwechsel

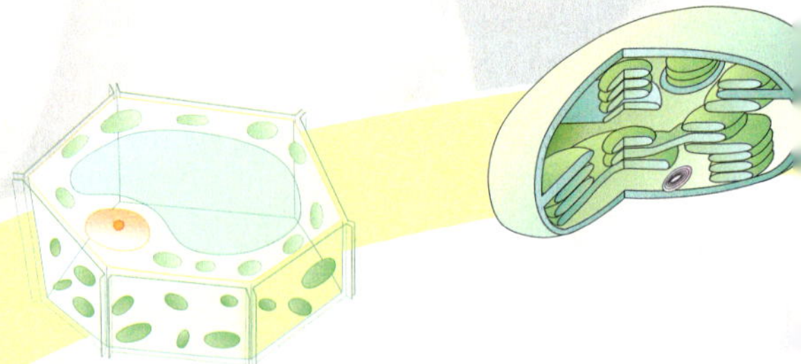

Alle Lebewesen setzen sich aus unbelebten Molekülen zusammen. Trotzdem besitzen sie Eigenschaften, die unbelebte Materie nicht aufweist. Eine wichtige Voraussetzung ist der hohe Ordnungsgrad, der in den Zellen vorliegt. Ein entscheidender Prozess innerhalb dieser Zellstrukturen ist die Energieumwandlung.

Bei der Fotosynthese wird die Lichtenergie der Sonne in chemisch gebundene Energie umgewandelt. Sie liegt dann in Form des energiereichen Stoffes Glucose vor. Vereinfacht dargestellt wird mithilfe der Lichtenergie Wasser gespalten *(lichtabhängiger Teil)*. Sauerstoff wird freigesetzt, Wasserstoff wird auf Kohlenstoffdioxid übertragen. So entsteht das Energieträgermolekül Glucose *(lichtunabhängiger Teil)*. Dieser Vorgang *(Assimilation)* läuft in den Chloroplasten ab. Kohlenstoffdioxid wird über die Spaltöffnungen in das Blatt aufgenommen. Der Sauerstoff kann über die Spaltöffnungen an die Umgebung abgegeben werden.

Die Glucosemoleküle bleiben zur Speicherung nicht als einzelne Moleküle in den Zellen, sondern werden zu langen Ketten, den *Stärkemolekülen*, zusammengesetzt. Die Stärke wird in bestimmten Speicherorganen, wie der Sprossknolle bei der Kartoffel oder den Samen beim Getreide, gespeichert.

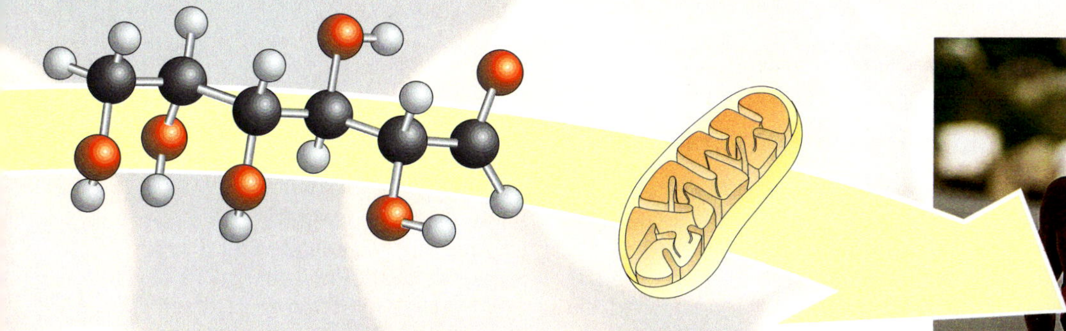

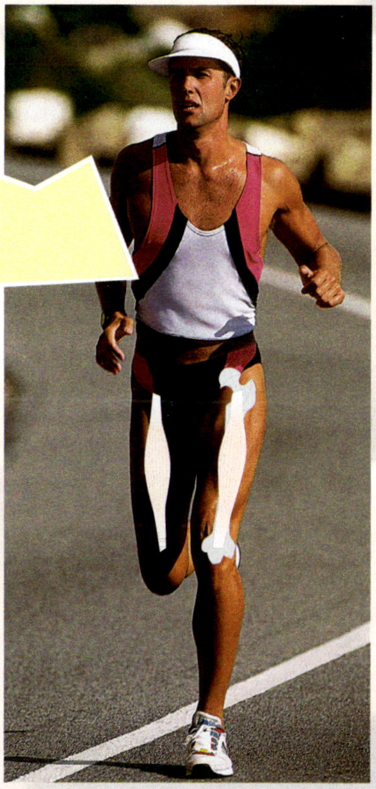

Bei der Zellatmung *(Dissimilation)* findet der an die Glucose gebundene Wasserstoff wieder Verwendung. Hierbei reagieren Wasserstoff und Sauerstoff in den Mitochondrien.

Menschen, Tiere und auch „Pflanzen ohne Licht“ erhalten ihre Energie aus der *Zellatmung*. Bei Mensch und Tier gelangt die Glucose mit der Nahrung über den Verdauungstrakt in den Körper und wird mit dem Blutsystem zu den einzelnen Zellen verteilt. Der Sauerstoff gelangt über die Lunge und das Blut zu den Zellen und den Mitochondrien. Der beim Abbau der Glucose zurückbleibende Rest wird wieder in Form von Kohlenstoffdioxid ausgeatmet.

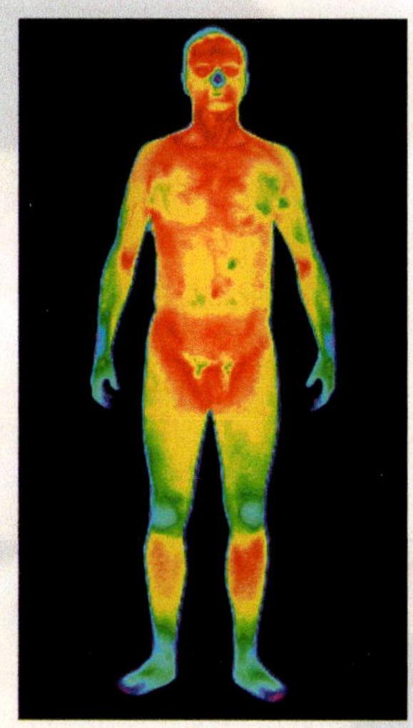

Die in den Glucosemolekülen gespeicherte chemische Energie wird von den Lebewesen für die Erhaltung der Körperfunktionen, das Wachstum oder die Bewegungen benötigt. Ein Teil der Energie wird als Wärme vom Körper an die Umgebung abgestrahlt. Im Energiehaushalt der Tiere und des Menschen ist dies ein entscheidender Faktor.

Volumen und Oberfläche, Kraft und Energie

Dissimilation
Abbau energiereicher Stoffe

homoiotherm
gleichwarm;
Vögel, Säugetiere

poikilotherm
wechselwarm;
z. B. Fische, Reptilien, Wirbellose

Ameisen können das Fünfzigfache ihres eigenen Köpergewichts tragen. Ein Gewichtheber schafft „nur" etwa das Doppelte bis Dreifache. Die Leistungen kleiner Tiere nötigen Bewunderung ab. Dennoch sind sie physikalisch einfach erklärbar.

Die Krafterzeugung eines Muskels ist abhängig von der Zahl der parallelen Muskelfasern und damit vom *Muskelquerschnitt*. Er wächst mit dem Quadrat des *Muskeldurchmessers*. Ein großer Teil der Muskelkraft muss aber zum Tragen und Bewegen der eigenen Körpermasse des Tieres aufgebracht werden. Diese ist proportional zum Volumen des Tieres, wächst also mit der dritten Potenz seiner Größe. Daher brauchen große Tiere einen erheblich größeren Anteil ihrer Muskelkraft zum Bewegen ihrer eigenen Masse als kleine. Ihr *Leistungsumsatz*, d. h. der Energieumsatz, der für die Tätigkeiten eines Tieres gemessen wird, ist entsprechend größer. Kleine Tiere verbrauchen im Verhältnis auch weniger Energie für ihre Bewegungen.

Anders ist es beim *Energie-Grundumsatz*. Er ist der Energieumsatz eines Tieres in Ruhe sowie nüchtern und wird vor allem vom Wärmehaushalt bestimmt. *Poikilotherme*, d. h. wechselwarme Tiere „heizen" nicht, bei ihnen richtet sich die Körpertemperatur im Wesentlichen nach der Umgebungstemperatur. Ihr Energieumsatz ist erheblich geringer als bei den *homoiothermen*, d. h. gleichwarmen Säugetieren und Vögeln. Diese wenden viel Energie zur Aufrechterhaltung ihrer Körpertemperatur auf. Entsprechend intensiv sind ihre Körperfunktionen wie Herzschlag oder Atemfrequenz und entsprechend hoch ist die nötige Nahrungsmenge im Vergleich zu ihrem Körpergewicht. Andererseits haben sie den Vorteil, dass sie auch bei Kälte eine hohe Körperaktivität beibehalten können.

Allerdings spielt auch in diesem Zusammenhang das Verhältnis von Volumen zu Oberfläche eine große Rolle. Die Wärmeproduktion erfolgt größtenteils in den Muskeln und der Leber der Tiere und ist daher ihrem Volumen proportional. Wärme strahlen die Tiere an ihrer Oberfläche ab. Je größer sie ist, desto größer ist potenziell die Energieabgabe und somit auch der Energiebedarf.

Die Energie für ihre Körperfunktionen gewinnen Tiere durch *Dissimilation* von Nährstoffen, vor allem durch die *Oxidation von Kohlenhydraten und Fetten*. Sie sind die wichtigsten Stoffe für den *Energiestoffwechsel*. Proteine aus der Nahrung werden vor allem für den *Baustoffwechsel* verwendet. Für die Oxidation der Nährstoffe ist Sauerstoff nötig. Bei poikilothermen Tieren reichen meist einfache Atemorgane aus, um den Bedarf zu decken. Bei gleichwarmen Tieren sind dazu hohe Sauerstoffaufnahme und schnelle Verteilung im Körper nötig.

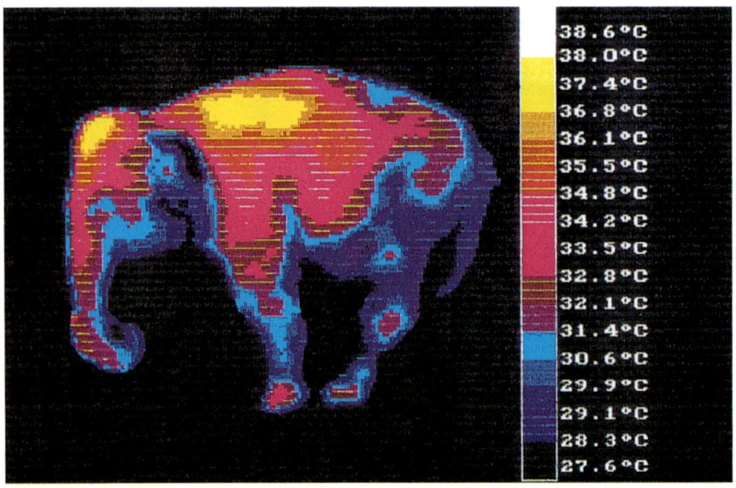

1 Thermografie eines Elefanten

2 Blattschneiderameise als Gewichtheber

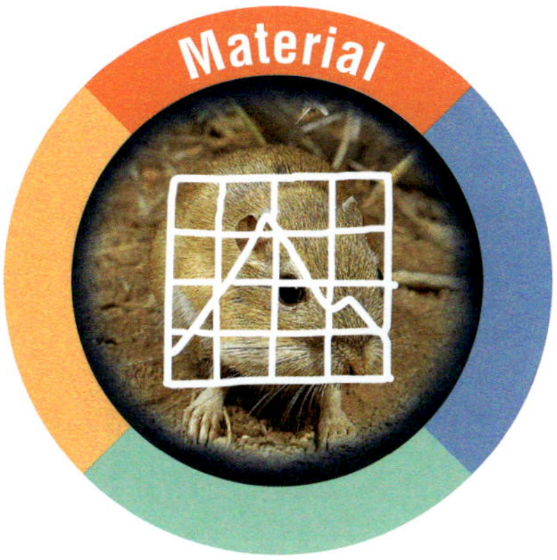

Körpergröße und Energiehaushalt

Kleine homoiotherme Tiere haben bezogen auf ihre Körpermasse einen höheren Energieumsatz und damit eine höhere Stoffwechselrate als große. Messwerte können diese Hypothese bestätigen.

Säugetierarten	Masse (g)	Sauerstoffverbrauch ml O_2/h	Herzfrequenz (1/min)
Maus	22	36	600
Meerschweinchen	900	605	280
Zwergziege	7 000	2 710	158
Orang-Utan	54 000	12 105	106
Mensch	76 000	15 980	72
Löwe	155 000	26 490	50
Pferd	500 000	65 100	44
Elefant	3 833 000	268 000	26

1

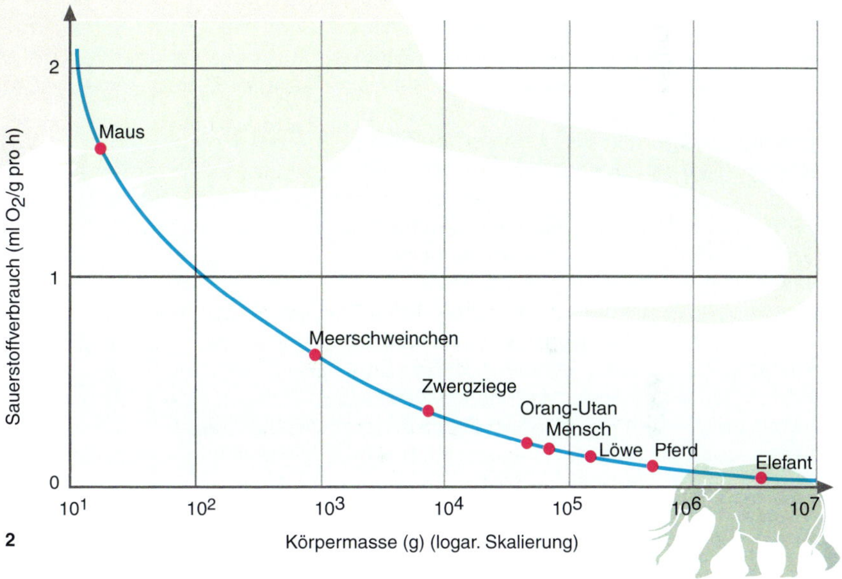

2

Aufgaben

1. Berechnen Sie den 10er-Logarithmus der Werte zu Sauerstoffverbrauch und Herzfrequenz (Abb. 1). Stellen Sie die Zusammenhänge Körpermasse – lg (Sauerstoffverbrauch) und Körpermasse – g (Herzfrequenz) grafisch dar. Welche Aussagen erlauben die Grafiken?
2. Erläutern Sie anhand von Abbildung 2, dass es kaum homoiotherme Tiere geben kann, die kleiner als eine Maus sind. Wieso trifft das für poikilotherme Tiere nicht zu?
3. Berechnen Sie anhand von Abbildung 3 die Oberfläche, das Volumen und die relative Oberfläche (Verhältnis Oberfläche : Volumen) für verschieden große Würfel. Beginnen Sie bei 80 cm Kantenlänge und halbieren Sie sie immer weiter bis zu einer Länge von 5 cm. Stellen Sie die Ergebnisse in einer Tabelle zusammen und formulieren Sie die Grundaussage.
4. Was sagen die Werte aus Aufgabe 3 über den Wärmeverlust, die Wärmeproduktion und die Stoffwechselintensität gleichwarmer Tiere verschiedener Größe aus?
5. Je größer ein Tier, desto problematischer die Wärmeableitung. Begründen Sie.
6. Beschreiben Sie das Versuchsergebnis in Abbildung 4 und deuten Sie das Ergebnis.
7. Leiten Sie aus den Versuchsreihen allgemeine Regeln über die Körpergestalt gleichwarmer Tiere in verschiedenen Klimazonen ab.

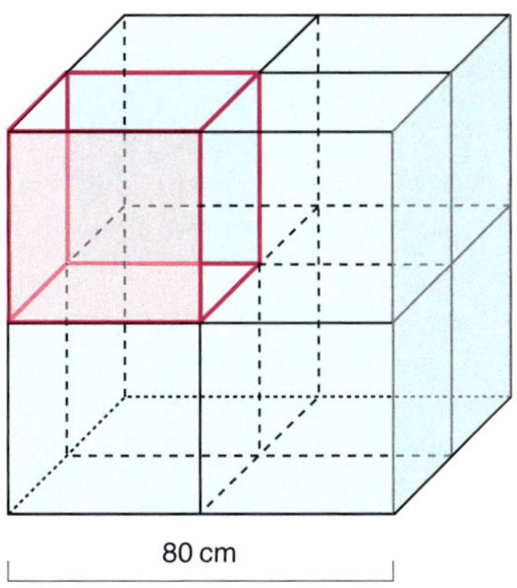

3

6 Ferkel des gleichen Wurfes wurden in zwei Gruppen aufgeteilt und ab dem 12. Tag langsam an unterschiedliche Umgebungstemperaturen gewöhnt. Nach 88 Tagen wurden die folgenden Daten erfasst:

Temperatur	35 °C	5 °C
Masse (kg)	16,8	18,1
Körperlänge (mm)	715	624
Länge der Oberschenkel (mm)	126	109

4

Sauerstoff — Power-Stoff

Im Jahre 1953 wurde der Mount Everest (8847 m) zum ersten Mal vom neuseeländischen Bergsteiger EDMUND HILLARY und seinem Bergführer TENSING NORGAY bezwungen. Im Jahre 1983 machte eine neue Erstbesteigung dieses Berges Schlagzeilen: REINHOLD MESSNER bestieg den Mount Everest erstmals ohne Sauerstoffgerät. Warum war das eine herausragende Leistung?

In der extremen Höhe ändert sich zwar nicht die prozentuale Zusammensetzung der Luft, wohl aber der Luftdruck. Während er in Meereshöhe 1013 hPa beträgt, herrschen auf dem Mount Everest nur noch 305 hPa. Damit ist auch die Sauerstoffmenge im Luftvolumen nur etwa $^1/_3$ so groß wie in Meereshöhe. Jedes Gas liefert einen bestimmten *Partialdruck*: Es trägt entsprechend seinem Volumenanteil zum Gesamtluftdruck bei. Der Sauerstoff (21 % der Luft) hat also in Meereshöhe einen Partialdruck von 213 hPa, auf dem Mount Everest nur 63 hPa. Daher geht Bergsteigern in der „dünnen" Luft sehr schnell „die Puste aus".

Der Partialdruck ist aber auch ein Maß für die Konzentration eines in Flüssigkeit gelösten Gases. Der Flüssigkeitsfilm auf der inneren Lungenoberfläche nimmt umso mehr Gas auf, je höher der Partialdruck in der Luft in den Lungenbläschen *(Alveolen)* ist. Das Blut kann in der Lunge also maximal so viel Sauerstoff aufnehmen wie es dem Partialdruck dieses lebenswichtigen Gases in der Atemluft entspricht. Da beim Ausatmen Restluft in den Alveolen verbleibt, ist nach dem Einatmen der Sauerstoffpartialdruck in den Alveolen geringer als in der atmosphärischen Luft.

Sauerstoff diffundiert passiv durch die Wand der Alveolen. Einziger Antrieb ist der Konzentrationsunterschied zwischen Atemluft und Blut. Je größer er ist, desto schneller erfolgt die Diffusion und desto mehr Sauerstoff gelangt folglich ins Blut. Im menschlichen Körper wird die Diffusion des Sauerstoffs aus der Atemluft ins Blut durch eine Reihe von Faktoren gefördert. Die Atembewegungen sorgen stets für frische sauerstoffreiche Atemluft in der Lunge. Sauerstoff wird sofort nach der Diffusion an das Hämoglobin der roten Blutzellen *(Erythrocyten)* gebunden und das sauerstoffreiche Blut wird schnell abtransportiert. Dadurch bleibt die Konzentration in den Lungenkapillaren niedrig und begünstigt so die Diffusion.

1 Bergsteiger mit Atemgerät in extremer Höhe

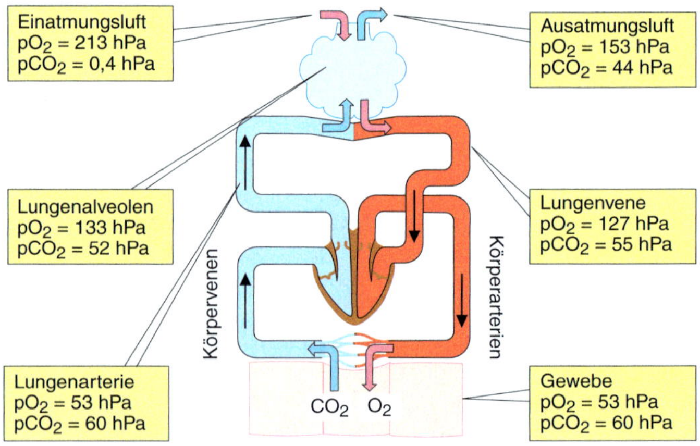

2 Partialdruckwerte von O_2 und CO_2 im menschlichen Körper

Aufgaben

① Erläutern Sie anhand der Abbildung 2 die Triebkräfte für den Sauerstoff- und Kohlenstoffdioxid-Austausch in der Lunge und im Gewebe.

② Warum ist die Zahl der Erythrocyten pro mm^3 Blut bei Bewohnern der Anden erheblich höher als bei Bewohnern der Meeresküste?

③ Welchen Sinn hat das Höhentraining von Ausdauersportlern?

④ Erythropoetin ist ein Wachstumsfaktor der Niere, der die Bildung von Erythrocyten anregt.
Warum spielt diese Substanz beim Doping gerade bei Ausdauersportlern eine große Rolle?

Regulation der Sauerstoffkonzentration im Blut

Experiment

① Messen Sie 30 s lang Ihren Puls und Ihre Atemfrequenz in Ruhe.
② Machen Sie 30 schnelle Kniebeugen.
③ Messen Sie Puls und Atemfrequenz erneut und vergleichen Sie.
④ Messen Sie 2 min nach der Anstrengung erneut.

$H_2O + CO_2$

$\downarrow\uparrow$

H_2CO_3

$\downarrow\uparrow$

$H^+ + HCO_3^-$

$\downarrow\uparrow$

$2\,H^+ + CO_3^{2-}$

Wasser und Kohlenstoffdioxid bilden Kohlensäure, die in Ionen zerfällt.

Der links angegebene Versuch zeigt: Körperliche Belastung führt zu einer Erhöhung der Atem- und Herzfrequenz. Der Mensch kann sie zwar auch willkürlich in Grenzen variieren, doch passen sie sich „unbewusst" an die körperliche Belastung an. So werden die Konzentrationen von Sauerstoff und Kohlenstoffdioxid im Blut der Arterien praktisch konstant gehalten, obwohl durch die erhöhte Muskeltätigkeit die Sauerstoffkonzentration vermindert und die Kohlenstoffdioxidkonzentration in den Venen erhöht wird.

Ein System zur *Regelung*, d.h. zur Konstanthaltung bestimmter Größen in einem System, kann man gut mit dem *Regelkreismodell* erfassen. Die geregelte Größe ist die *Regelgröße*. Bei der Atmung sind es Sauerstoff- und Kohlenstoffdioxidkonzentration. Eine *Störgröße*, im Beispiel die Muskeltätigkeit, bewirkt, dass der *Istwert* der Regelgröße sich verändert und von dem durch übergeordnete Zentren eingestellten *Sollwert* abweicht. *Messfühler*, in diesem Fall Chemorezeptoren in der Halsschlagader *(Carotis)* und im Hirnstamm, messen laufend den Istwert und melden ihn an einen *Regler* weiter. Die wichtigste Messgröße ist dabei die Kohlenstoffdioxidkonzentration bzw. die Kohlensäurekonzentration im Blut.

Regler ist das Atemzentrum im Nachhirn. Es empfängt über Nervenimpulse die Informationen der Chemorezeptoren über den Istwert und außerdem den Sollwert, der vom Führungsglied im verlängerten Rückenmark vorgegeben wird. Er ist genetisch bestimmt. Der Regler vergleicht Ist- und Sollwert und

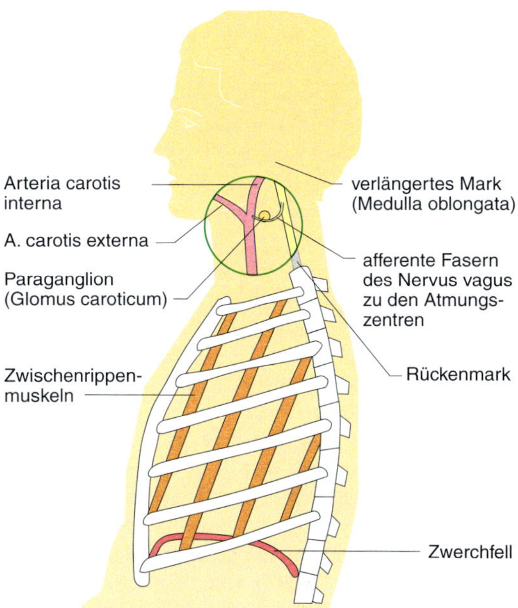

errechnet aus der Abweichung den *Stellwert*. Über Nerven wird er weiter gegeben an die *Stellglieder*, die in der Lage sind, die Regelgröße zu verändern. Bei der Atmung ist es die Atemmuskulatur, also Zwerchfell und Zwischenrippenmuskeln. Bei einem Anstieg der Kohlenstoffdioxidkonzentration arbeiten sie stärker und wirken diesem entgegen. Dieses Entgegenwirken einer Veränderung durch den Regelkreis nennt man das *Prinzip der negativen Rückkopplung*. Es spielt bei allen Regelkreisen eine Rolle, die zur Konstanthaltung einer Regelgröße eingesetzt werden. Dabei kann es sich um biologische oder technische Regelungsprozesse handeln. Abweichungen vom Sollwert werden durch dieses Prinzip ausgeglichen (→ 206/207).

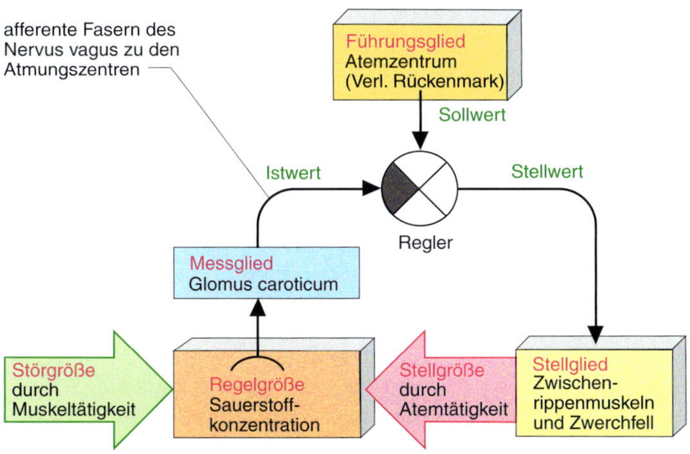

1 Allgemeines Regelkreisschema am Beispiel der Atmung

Aufgaben

① Wenden Sie das Regelkreisschema auf die Konstanthaltung der Temperatur im Klassenzimmer bzw. in einem Kühlschrank durch einen Thermostaten an.
② Die Regelung der Sauerstoffkonzentration im Blut durch das Kohlenstoffdioxid als Messgröße birgt Gefahren. Übermäßiges Atmen vor dem Tauchen vermindert den CO_2-Gehalt sehr stark. Es kann in der Folge zur Sauerstoff-Unterversorgung bis hin zur Ohnmacht kommen. Erklären Sie diesen Zusammenhang anhand des Regelkreisschemas.
③ Was versteht man unter „positiver Rückkopplung"?

Erythrocyten transportieren den Sauerstoff

Erythrocyten, die roten Blutzellen, sind runde scheibenförmige Zellen mit 7,5 µm Durchmesser. Pro Sekunde werden etwa 2,5 Millionen von ihnen im roten Knochenmark gebildet, sie leben ca. 3 Monate und werden dann in Milz und Leber abgebaut. Ein Liter Blutserum löst maximal etwa 3 ml Sauerstoff. Ein Liter Blut mit Erythrocyten bindet das Siebzigfache.

Menschliche Erythrocyten enthalten keinen Zellkern, aber bis zu $^1/_3$ ihrer Masse Hämoglobin. Es ist das Trägermolekül für den Sauerstofftransport und besteht aus 4 *Globinmolekülen* (Eiweiß), in die je ein *Häm* eingebunden ist. Zentrum des Häm ist ein Eisen(II)-Ion, das über 4 Bindungsstellen in ein Porphyrin-Ringsystem eingebunden ist. Die 5. Bindungsstelle hält das Häm am Globin fest, die 6. Bindungsstelle bleibt frei und kann ein Sauerstoffmolekül locker (reversibel) binden. Dabei entsteht aus dem dunkelroten Hämoglobin das hellrote Oxi-Hämoglobin.

Die Sauerstoffbindungskurve (Abb. 1) zeigt die Abhängigkeit der Sauerstoffsättigung des Hämoglobins vom Sauerstoff-Partialdruck der Umgebung. Im Bereich der Lunge ist der Sauerstoff-Partialdruck mit ca. 130 hPa hoch, hier wird das Hämoglobin fast vollständig mit Sauerstoff beladen. In den Geweben herrscht aber wegen des Sauerstoffverbrauchs ein niedriger Partialdruck. Je weiter das Blut durch die großen Arterien und die Kapillaren ins Gewebe transportiert wird, desto mehr gibt es daher Sauerstoff ab. Bei einem Partialdruck von ca. 60 hPa, wie er oft in den Muskeln herrscht, werden bereits ca. 30 % des Sauerstoffs an die Zellen abgegeben. Da die Bindungskurve in diesem Partialdruckbereich recht steil verläuft, wird schon bei einem geringen weiteren Abfall des Partialdrucks relativ viel Sauerstoff freigesetzt. So ist die Versorgung der Gewebe auch bei hohem Sauerstoffverbrauch gesichert.

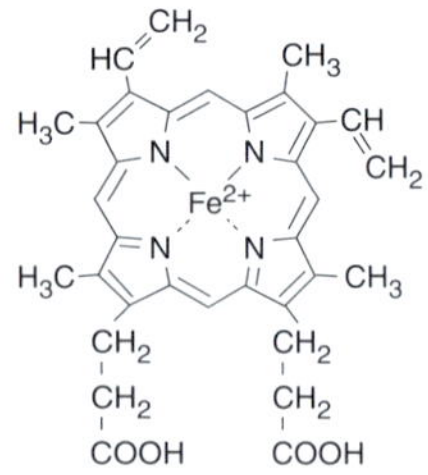

Häm

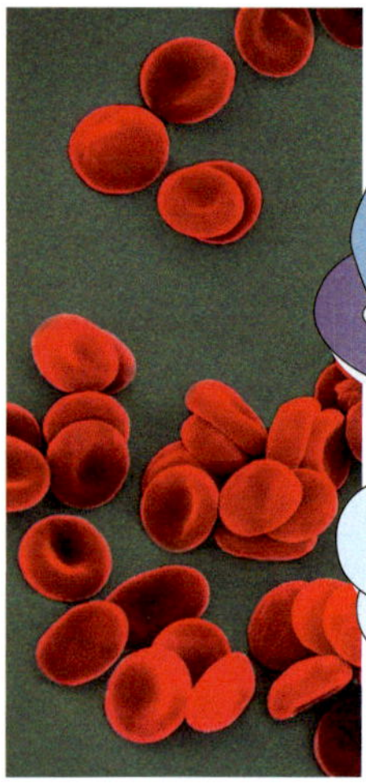
rasterelektronenmikroskopische Aufnahme von Erythrocyten

Empfänger des Sauerstoffs ist in den Muskeln zunächst das Myoglobin. Es ist ähnlich aufgebaut wie das Hämoglobin, besteht aber nur aus einer statt 4 Untereinheiten. Es kann den vom Hämoglobin freigesetzten und in die Zelle diffundierenden Sauerstoff fester binden (s. Abb. 1).

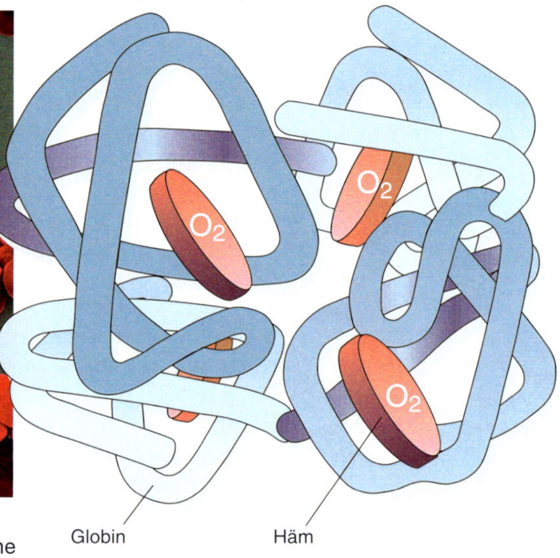

2 Hämoglobinmolekül

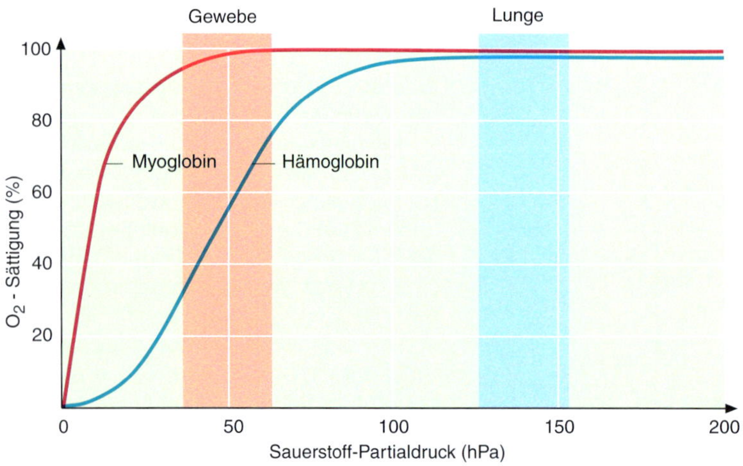

1 Sauerstoffbindungskurve des Hämoglobins und des Myoglobins

Es stellt eine Sauerstoffreserve für den Fall eines hohen Verbrauchs dar. Muskeln, die große Ausdauerleistungen erbringen, wie z. B. der Herzmuskel, haben auch einen besonders hohen Myoglobingehalt.

Aufgaben

① Kohlenstoffmonooxid entsteht bei unvollständigen Verbrennungsvorgängen wie beim Zigarettenrauchen und bindet ca. 200-mal fester an Hämoglobin als Sauerstoff. Warum sind Raucher dadurch körperlich weniger leistungsfähig?

② Welchen biologischen Vorteil bringt den Robben und Walen ihr sehr hoher Myoglobingehalt in den Muskeln?

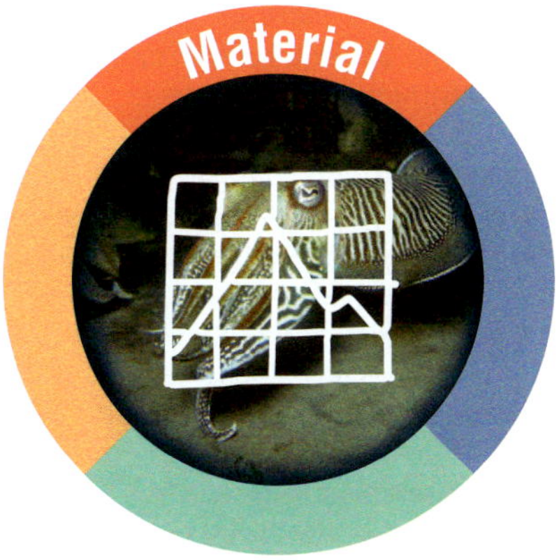

Sauerstoffbindung

CO_2 und der Bohr-Effekt

Je mehr Leistung den Muskeln abverlangt wird, desto besser sollte ihre Sauerstoffversorgung sein. Das wird u. a. durch die Sauerstoffbindung des Hämoglobins gewährleistet. Sie hängt nicht nur vom Sauerstoff-Partialdruck, sondern auch vom Säuregehalt der Umgebung ab *(Bohr-Effekt)*. Er wird wiederum stark vom Kohlenstoffdioxidgehalt des Blutes beeinflusst, das im Blut Kohlensäure bildet. Drei Bindungskurven veranschaulichen diesen Zusammenhang (Abb. 1). Die mittlere entspricht dem CO_2-Gehalt eines ruhenden Menschen, die untere dem eines Menschen bei starker körperlicher Arbeit, die obere einer Hyperventilation (starke CO_2-Abgabe durch willentlich gesteigerte Atmung).

Aufgaben

① Zwischen den 4 Einheiten des Hämoglobins besteht eine Kooperation. Die Sauerstoffanlagerung an die erste Hämgruppe erleichtert die Sauerstoffbindung der weiteren drei Gruppen.
Von welchem Bereich der Bindungskurve kann man auf diesen Zusammenhang schließen?

② Beschreiben Sie die Wirkung von Säure auf die Sauerstoffbindung des Hämoglobins (Bohr-Effekt).

③ Bei einem erhöhten Kohlenstoffdioxidgehalt im Blut ändert sich der Sättigungsgrad des Hämoglobins mit Sauerstoff in der Lunge nur wenig, in den Muskeln wird aber deutlich mehr Sauerstoff frei gesetzt. Erläutern Sie diese Zusammenhänge anhand von Abbildung 1.

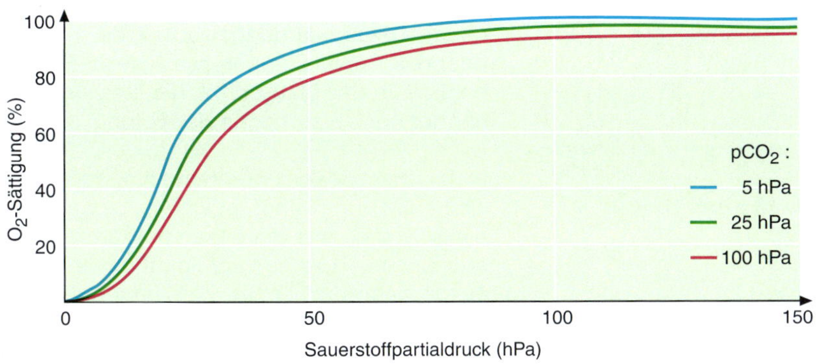

1 Hämoglobin-Sauerstoff-Bindungskurve

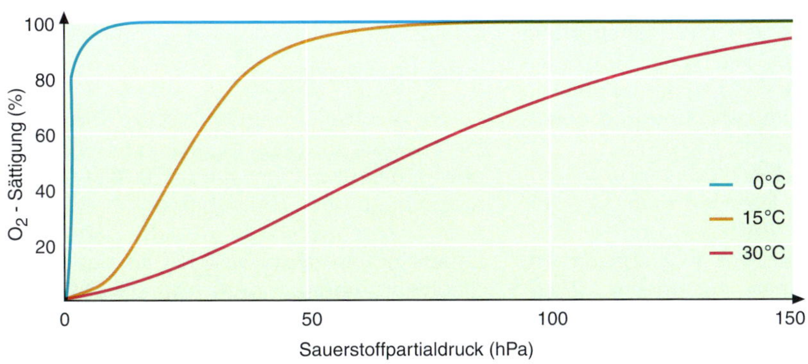

2 Temperaturabhängigkeit der Sauerstoffbindung am Hämocyanin

④ Der Bohr-Effekt erleichtert auch die Sauerstoffaufnahme in der Lunge. Diskutieren Sie diese Aussage unter Bezug auf die Kohlenstoffdioxidkonzentration und den Säuregrad des Blutes in der Lunge.

Kälte verändert das Blut

3 Octopus

Tintenfische sind wechselwarme meeresbewohnende Weichtiere. Die Atmung erfolgt über Kiemen in ihrer Mantelhöhle. Sie besitzen ein Herz und ein größtenteils geschlossenes Blutgefäßsystem. Lediglich das Gehirn und bei manchen Arten der Magen werden frei vom Blut umspült.

Auch Tintenfische transportieren den Sauerstoff in ihrem Blut. Sie haben aber kein Hämoglobin in den Zellen, sondern einen im Blut gelösten blauen bis grünen Farbstoff, das *Hämocyanin*. Darin sind anstelle von Eisen- Kupferionen gebunden, die wie im Hämoglobin Sauerstoff reversibel anlagern können. Im Vergleich zum Hämoglobin hat das Hämocyanin aber eine wesentlich geringere Sauerstoffbindungskapazität, seine Bindungskurven verlaufen demzufolge anders. Abbildung 2 gibt sie in Abhängigkeit von der Temperatur wieder.

Aufgaben

⑤ Vergleichen Sie die drei Bindungskurven des Hämocyanins in Abbildung 2. Welche Aussagen können Sie über die in den Kiemen gebundene und die im Körper freigesetzte Sauerstoffmenge bei den verschiedenen Temperaturen machen?

⑥ Oft findet man Tintenfische tropischer Regionen in Gewässern mit niedrigen Wassertemperaturen tot auf. Die inneren Organe sind nicht verändert. Blutuntersuchungen zeigen, dass die Tiere erstickt sind. Erklären Sie.

Beispiel einer Messung:

eingeatmetes Atemvolumen: 12 l/min

eingeatmete Sauerstoffkonzentration: 21 %

ausgeatmete Sauerstoffkonzentration: 17 %

Die Differenz von 4 % ergibt einen Sauerstoffverbrauch von: 12 x 4 : 100 = 0,48 l/min

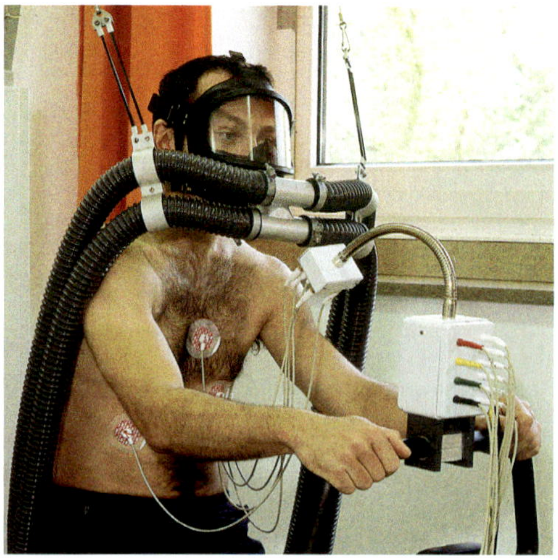

1 Messung des Sauerstoffverbrauches

Energieumsatz		
Alter (a)	Mann	Frau
5	4950	4870
20	3910	3570
70	3400	3190
Grundumsatz in kJ pro m^2 Körperoberfläche und 24 h im Vergleich		

Liegen	1,0
Gehen	5,1
Schwimmen	8,1
Bäume fällen	14,5
Leistungsstoffwechsel; angegeben als das x-fache gegenüber dem Grundumsatz	

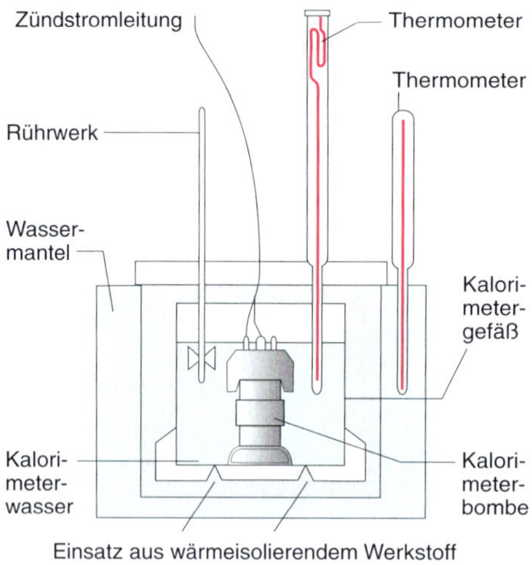

2 Aufbau eines Kalorimeters

Messen des Energieumsatzes

In den Industrieländern leiden viele Menschen unter Übergewicht. Die Ursachen sind meist Fehlernährung und Bewegungsmangel. Deshalb ist es von gesundheitlichem Interesse zu wissen, wie viel Energie ein Mensch über die Nahrung aufnimmt und wie viel Energie er bei körperlichen und geistigen Leistungen benötigt.

Die aufgenommene Nahrung setzt sich neben Ballaststoffen, Vitaminen und Mineralstoffen hauptsächlich aus Kohlenhydraten, Fetten und Proteinen zusammen. Diese energiereichen Substanzen werden veratmet, d. h. unter Sauerstoffverbrauch zu energiearmem Kohlenstoffdioxid und Wasser abgebaut, soweit sie nicht in den Baustoffwechsel fließen. Die Hauptenergielieferanten sind Kohlenhydrate und Fette.

Bei den Dissimilationsprozessen wird Energie frei. Sie wird zu einem kleineren Teil im *Baustoffwechsel* zum Aufbau körpereigener Stoffe verwendet. Der Hauptanteil dient dazu, im *Betriebsstoffwechsel* den Energiebedarf des Körpers zu decken. Wird über die Nahrung mehr Energie aufgenommen als der Körper benötigt, wird sie in Form von Reservefetten gespeichert.

Direkte Kalorimetrie

Der Energieumsatz ist stark von der Aktivität des Körpers abhängig. Jede körperliche Tätigkeit, auch Verdauung und Temperaturregulation, steigert den Energiebedarf. Deshalb muss eine Person zur Bestimmung des *Grundumsatzes* nüchtern sein, völlig entspannt und bekleidet bei 20°C auf einer Liege ruhen. Unter diesen Bedingungen wird die Energie nahezu völlig in Wärme umgewandelt. Daher kann man den Grundumsatz durch die abgegebene Wärmemenge direkt bestimmen. Für dieses Verfahren der *direkten Kalorimetrie* ist eine vollständige Wärmeisolierung notwendig oder ein direkter Vergleich mit einem Kalorimeter unter gleichen Außenbedingungen ohne die Person oder das Tier. Der apparative Aufwand ist erheblich. In der Medizin hat die Methode daher nur noch historische Bedeutung.

In der chemischen Forschung hingegen wird sie häufig angewandt. In einem *Kalorimeter*, einem Gefäß, das die gesamte Wärme einer chemischen Reaktion aufnimmt, ohne etwas davon unkontrolliert an die Umgebung abzugeben, bestimmt man die Reaktionsenergie. Durch Verbrennung im Kalorimeter kann man z. B. die Brennwerte von Nahrungsmitteln bestimmen, also die durch vollständige Oxidation freigesetzte Wärmemenge pro Gramm Substanz (Abb. 2).

Indirekte Kalorimetrie

Da die direkte Kalorimetrie viele Fehlerquellen aufweist und nur bei kleinen Tieren gut anwendbar ist, führt man Energieumsatzmessungen beim Menschen durch *indirekte Kalorimetrie* durch. Man zieht dabei den Sauerstoffverbrauch als Maß für den Energieumsatz heran, indem man die Differenz zwischen dem Sauerstoffgehalt der eingeatmeten und der ausgeatmeten Luft sowie das Atemvolumen bestimmt. Das Verfahren ist

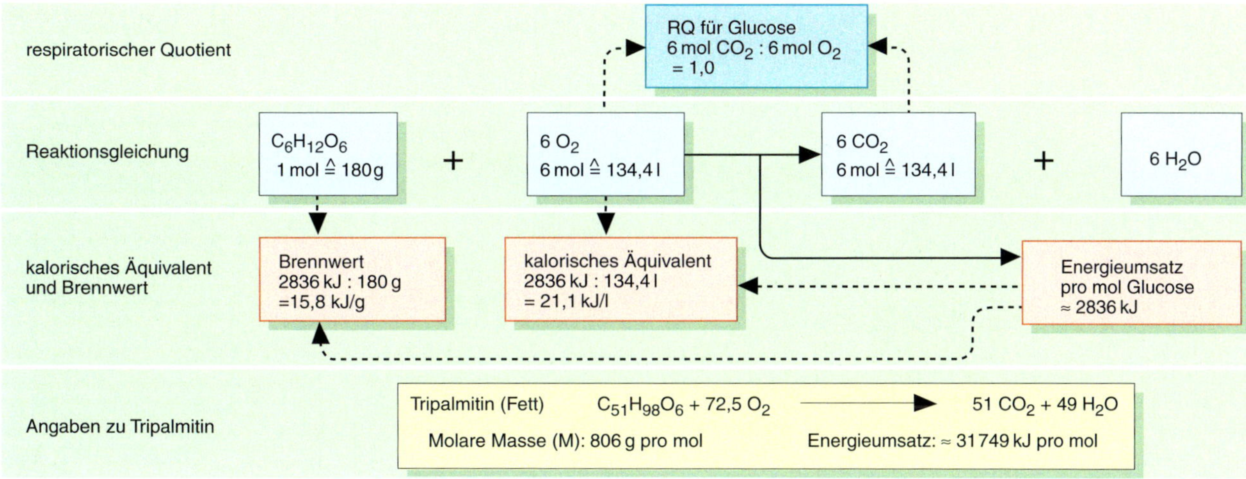

1 Respiratorischer Quotient und kalorisches Äquivalent

RQ	kal. Äquivalent (kJ pro Liter O_2)
0,71	19,62
0,80	20,10
0,84	20,30
0,90	20,61
1,00	21,13

Beziehung zwischen RQ und kalorischem Äquivalent bei Mischkost

Gurken	42
Tomaten	80
Spinat	110
Bier	200
Kabeljau	325
Kartoffeln	365
Fruchteis	530
Brathuhn	605
Pommes Frites	940
Vollkornbrot	1000
Schlagsahne	1250
Fruchtbonbon	1500
Zwieback	1640
Leberwurst	1885
Marzipan	1915
Salami	2240
Schokolade	2350
Erdnüsse	2720

Energiegehalt verschiedener Nahrungsmittel (kJ / 100 g)

einfacher durchführbar als die direkte Kalorimetrie und lässt auch eine Bestimmung des *Leistungsumsatzes* zu, des zusätzlich zum Grundstoffwechsel messbaren Energieumsatzes bei körperlicher Aktivität.

Aus der chemischen Verbrennungsgleichung für Glucose geht hervor, dass pro mol Glucose 6 mol Sauerstoff verbraucht werden (Abb. 1). 1 mol Sauerstoff nimmt bei Normalbedingungen 22,4 Liter ein, bei Oxidation von 1 mol Glucose werden also 6 x 22,4 = 134,4 Liter verbraucht. Aus kalorimetrischen Messungen kennt man die Reaktionsenergie: Bei diesem Vorgang werden pro mol Glucose 2836 kJ freigesetzt. Aus dem Vergleich der Werte ergibt sich, dass pro Liter Sauerstoff bei diesem Vorgang im Körper 2836 kJ : 134,4 Liter = 21,1 kJ/Liter umgesetzt werden. Dieser Wert wird als das *kalorische Äquivalent* bei der Oxidation von Glucose bezeichnet. Er gilt allerdings nur für eine Ernährung rein auf Kohlenhydratbasis, da sich die kalorischen Äquivalente für die verschiedenen Nährstoffe unterscheiden.

Bei Mischkost werden Substanzen aus allen drei Nährstoffgruppen abgebaut. Ihr jeweiliges Verhältnis muss in der aufgenommenen Nahrung bei der Berechnung des Energieumsatzes berücksichtigt werden. Man kann es aus dem *respiratorischen Quotienten* (RQ-Wert) bestimmen. Er ist das Verhältnis aus abgegebener CO_2- und aufgenommener O_2-Menge:

$$RQ = \frac{V(CO_2 \text{ abgegeben})}{V(O_2 \text{ aufgenommen})}$$

Aus den chemischen Gleichungen für die Oxidationsvorgänge kann man schließen, dass der RQ-Wert für Kohlenhydrate wie Glucose 1,0 beträgt, für Fette ca. 0,7 (Abb. 1). Für Proteine sind die Verhältnisse komplexer, da beim Abbau auch Harnstoff entsteht. Der RQ-Wert ist für sie ca. 0,8. Grasfresser haben RQ-Werte um 1, Fleischfresser um 0,75. Beim normal ernährten Menschen liegt der Wert bei etwa 0,9, kann in Hungerphasen aber auf 0,7 zurückgehen. Dann werden nämlich nur noch Reservefette veratmet.

Aus dem RQ-Wert schließt man auf die Zusammensetzung der veratmeten Stoffe, mithilfe ihres kalorischen Äquivalents auf die umgesetzte Energie pro Liter verbrauchten Sauerstoff. Zu jedem RQ-Wert zwischen 0,7 und 1,0 gehört ein bestimmtes kalorisches Äquivalent. Daraus kann man auch den Energieumsatz bei Mischkost bestimmen.

Nährstoff	Brennwert (kJ/g)	kalor. Äquivalent (kJ/l O_2)
Kohlenhydrate	17,2	21,15
Fette	38,9	19,60
Proteine	17,2	18,75

Aufgaben

① Berechnen Sie den Energieumsatz des Sportlers in Abbildung 64.1 anhand der angegebenen Daten bei normaler Ernährung und in einer Hungerphase.

② Der RQ-Wert von Mittelamerikanern liegt deutlich über dem von Europäern. Begründen Sie.

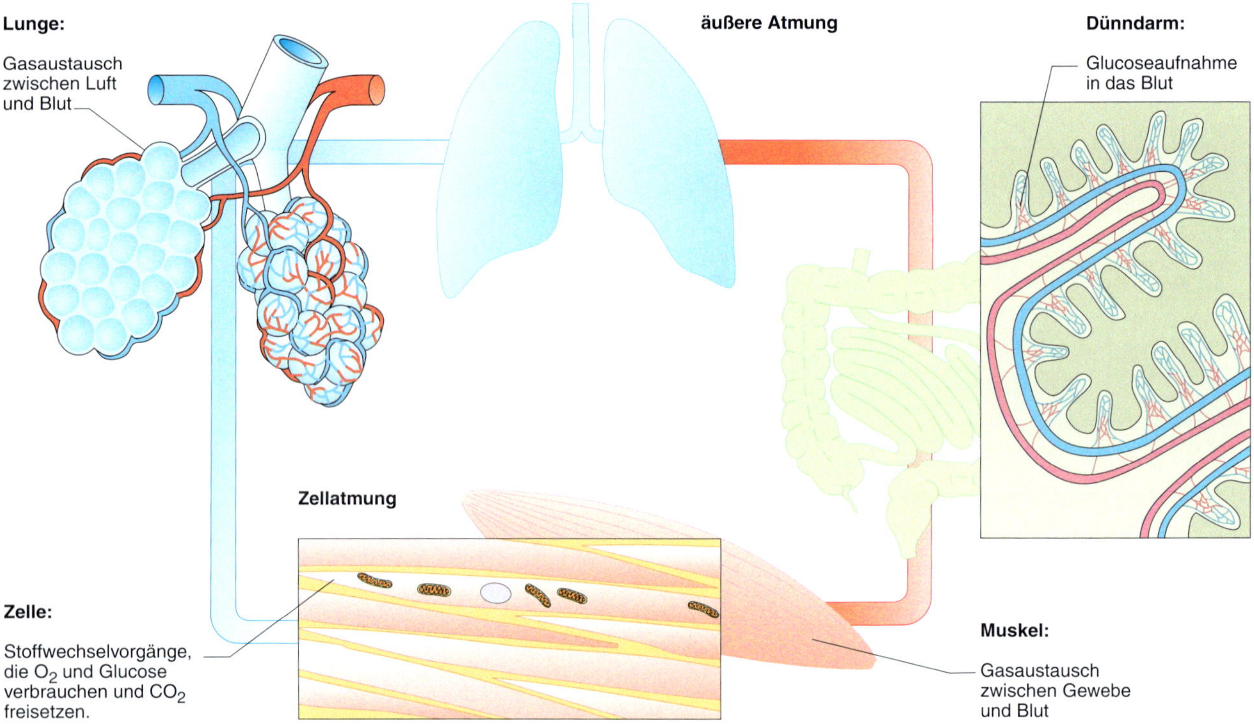

1 Der Weg der Atemgase und Nährstoffe

Äußere Atmung – Zellatmung

Resorption
Transport von Substanzen durch eine Zellschicht

Die Aufnahme des lebenswichtigen Sauerstoffs in den Körper wird als *äußere Atmung* bezeichnet. *Hautatmung* haben Tiere mit feuchter, durchlässiger Haut und geringem Sauerstoffbedarf. Dazu gehören viele einfache Wassertiere, Bodentiere wie der Regenwurm oder Feuchtlufttiere wie die Amphibien, deren Hautatmung durch Lungenatmung ergänzt wird. *Kiemen*, d. h. großflächige wasserumspülte, stark durchblutete dünnwandige Atemorgane sind typisch für Wassertiere wie Krebse, viele Weichtiere oder Fische. *Tracheen* sind typisch für viele Gliederfüßer. Das fein verzweigte Röhrensystem nimmt die Luft auf und verteilt sie im Körper. Da die Diffusionsgeschwindigkeit für die Atemgase darin nicht allzu hoch ist, ist die Größe der Gliederfüßer dadurch begrenzt.

Lungen sind Atemorgane im Inneren der Tiere mit einer großen inneren Oberfläche, dünnen Wänden und guter Durchblutung. Ihre Struktur steht in einem engen Verhältnis zum Sauerstoffbedarf der Tiere. So ist die innere Oberfläche bei Amphibien recht klein, bei den gleichwarmen Säugetieren durch Untergliederung in Lungenbläschen erheblich größer. Bei Vögeln sorgen nachgeschaltete Luftsäcke zusätzlich dafür, dass beim Ein- und Ausatmen Frischluft durch die Lungen strömt.

In den Atemorganen wird der Sauerstoff aber nicht chemisch verändert, sondern nur in den Körper aufgenommen und an die Zellen weitergeleitet. An Zellkulturen von tierischem Gewebe und an Mikroorganismen konnte gezeigt werden, dass auch Einzelzellen Sauerstoff aufnehmen. In ihnen finden eine Reihe von chemischen Reaktionen statt, bei denen letztlich H_2O und CO_2 entstehen. Zellen benötigen also Sauerstoff zur Oxidation von energiereichen organischen Stoffen bei der *inneren* oder *Zellatmung*.

Die Nährstoffe werden bei Vielzellern im Darm verdaut, d. h. zu kleinen wasserlöslichen Molekülen abgebaut. Von der Darmwand werden sie durch die Zellen hindurch in das Blut transportiert (resorbiert). Nur die nicht wasserlöslichen Bestandteile der Fette werden an Transportmoleküle gebunden und zunächst durch die Lymphe, später erst im Blut weiterbefördert. Aus den Kapillaren gelangt durch den Blutdruck Lymphe mit den gelösten Stoffen an die Zellen.

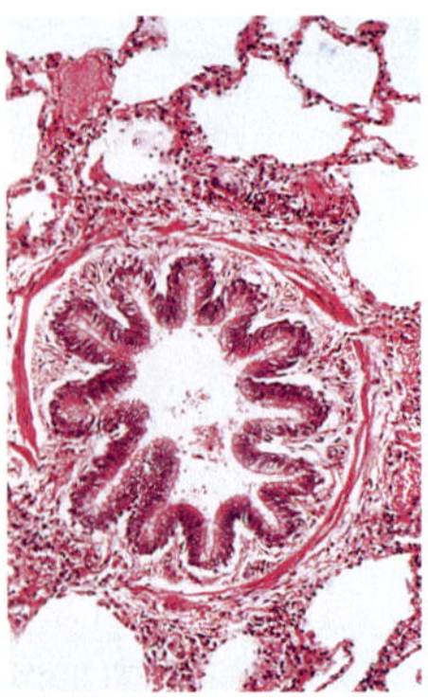

Lungengewebe mit Bronchiole

Auch Pflanzen atmen

Kresse atmet beim Keimen

Material:
1 Tag lang vorgekeimte Kressesamen oder 2 Tage lang vorgekeimte Weizenkörner, 4 Waschflaschen, kurze Schläuche, Wasserstrahlpumpe, Kalkwasser, Kalilauge [C].

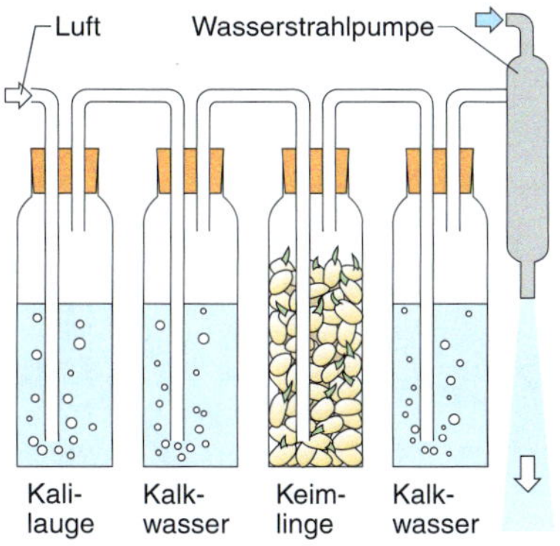

Durchführung:

a) Die Versuchsanordnung wird aufgebaut wie in der Abbildung gezeigt.
b) In die dritte Waschflasche wird locker feuchte Watte mit etwa 20 g leicht vorgekeimten Kressesamen eingebracht.
c) Die Waschflaschen werden miteinander verbunden und mit der Wasserstrahlpumpe wird langsam Luft durchgesaugt.

Aufgaben

① Beschreiben Sie die Veränderungen während des Versuchs.
② Welche Funktion haben die verschiedenen Waschflaschen?
③ Formulieren Sie die chemischen Reaktionsgleichungen für die Waschflaschen 1, 3 und 4.
④ Formulieren Sie das Versuchsergebnis.

Keimlinge erzeugen Wärme

Material:
Je ein Päckchen ungekeimte und 3 Tage vorgekeimte Erbsensamen, 2 kleine Thermosflaschen, 2 Thermometer, Styroporstopfen, Wärmeschrank

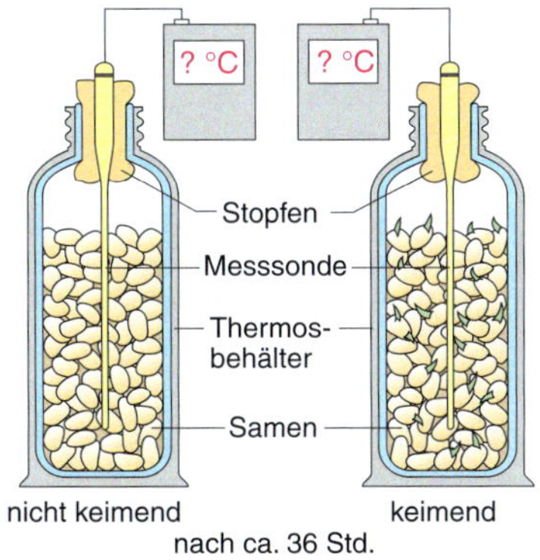

Durchführung:

a) Die Thermosflaschen, die gekeimten und ungekeimten Samen werden im Wärmeschrank auf ca. 35 °C vortemperiert.
b) In die eine Thermosflasche werden die trockenen, in die andere die vorgekeimten Samen gefüllt. Jede Flasche wird mit einem Thermometer versehen und mit einem Styroporstopfen verschlossen.
c) Die Temperatur wird zunächst alle 15 min, später in größeren Zeitintervallen bis zu 2 Tagen abgelesen und protokolliert.

Aufgabe

⑤ Vergleichen und erklären Sie die Temperaturverläufe in den Versuchsansätzen.

Bestimmung des RQ-Wertes

Material:
1 Tag vorgekeimte Kressesamen oder 2 Tage lang vorgekeimte Weizenkörner, 20%ige Kalilauge [C], Schlifffett, Weithals-Erlenmeyerkolben (250 ml), kleiner Porzellantiegel, 2 doppelt durchbohrte Stopfen, 2 Manometer, 2 Sperrhähne, Faltenfilter, Wärmeschrank, Stativ.

Durchführung:

a) Jeder Kolben wird mit feuchtem Filterpapier ausgelegt, darauf gibt man 20 g Keimlinge.
b) In einen der beiden Kolben wird ein Porzellantiegel mit ca. 10 ml Kalilauge gestellt. Er wird mit einem Faltenfilter versehen, damit eine große Absorptionsoberfläche entsteht.
c) Die Kolben werden im Wärmeschrank offen auf ca. 30 °C vortemperiert.
d) Die Stopfen werden aufgesetzt, Wasser in die Manometer pipettiert, die Sperrhähne verschlossen und die Kolben in den Wärmeschrank zurück gestellt.
e) Nach ca. 30 Minuten wird der Wasserstand an den Manometern abgelesen.

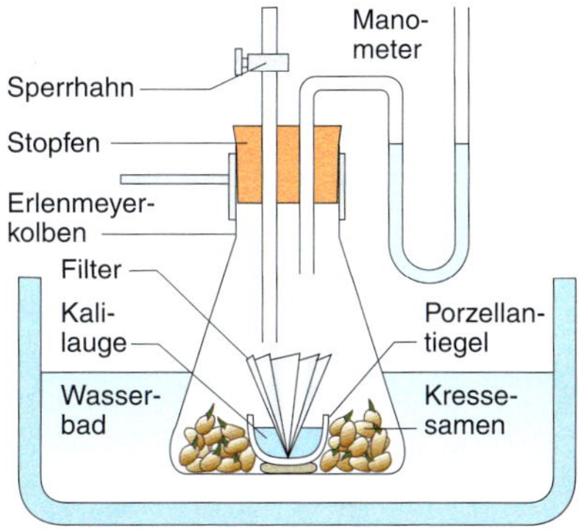

Aufgaben

⑥ Berechnen Sie aus den gemessenen Wasserständen und der Querschnittsfläche der Manometerröhrchen die Volumenänderung in jedem der beiden Kolben.
⑦ Vergleichen Sie die Volumenveränderungen. Bei welchem Kolben ist sie größer? Begründen Sie.
⑧ Welcher der beiden Versuchsansätze liefert das Volumen des verbrauchten Sauerstoffs, welcher zusätzlich das des erzeugten CO_2?
⑨ Berechnen Sie aus den Volumenveränderungen die Volumina des verbrauchten Sauerstoffs und des produzierten Kohlenstoffdioxids.
⑩ Berechnen Sie den RQ-Wert (s. Seite 65) der Samen beim Keimen.
⑪ Welche Reservestoffe dürften nach den Ergebnissen in den Samen veratmet werden?
⑫ Eine Versuchsreihe wurde durchgeführt (s. Tabelle) und erbrachte die aufgeführten Ergebnisse. Deuten Sie die gemessenen Volumenänderungen.

Kolben mit feuchtem Papier	1	2	3	4
KOH/Tiegel/Faltenfilter	ja	nein	ja	nein
Kresse	20 g	20 g	–	–
Volumenänderung	-1,2 ml	-0,1 ml	-0,01 ml	0,00 ml

2 Dissimilation — Zellatmung

Mitochondrien: Atmungsorganellen

Angegeben ist das Mitochondrienvolumen in % am Zellvolumen bei verschiedenen Zellen einer Maus

Leber	16,9
Hypophyse	7,5
Herzmuskel (Kammer)	47,7
Herzmuskel (Vorhof)	34,9
Blutzellen (weiß)	3,6

Betrachtet man Zellen verschiedener Gewebe mit dem Elektronenmikroskop, findet man unterschiedlich viele *Mitochondrien* (s. Tabelle). Zum Beispiel enthalten die Herzmuskelzellen einer Ratte sehr viele Mitochondrien, während in den Muskelzellen ihres Zwerchfells wesentlich weniger zu finden sind (Abb. 1, 2). Da der Energiebedarf dieser Gewebe sehr unterschiedlich ist, kann man vermuten, dass die Mitochondrienanzahl mit dem Energiehaushalt in Verbindung steht.

Die Untersuchung der Stoffwechselvorgänge in den Mitochondrien oder anderen Teilen der Zelle setzt Messmethoden voraus, mit denen die Wissenschaftler die Glucose oder deren Abbauweg im Stoffwechsel verfolgen können. Die Schwierigkeit besteht darin, geringste Mengen dieser Substanzen in der Zelle oder ihren Organellen wiederzufinden. Die am häufigsten angewandte Methode ist die Markierung der zu untersuchenden Substanzen mithilfe *radioaktiver Atome.* Auf diese Weise fand man zwei wesentliche Ergebnisse:

1. Glucose wird nicht in einem Reaktionsschritt abgebaut, sondern in kleineren Zwischenreaktionen, die man in die Abschnitte *Glykolyse*, *Tricarbonsäurezyklus* und *Endoxidation* unterteilt.
2. Nicht alle Teilreaktionen laufen in den Mitochondrien ab.

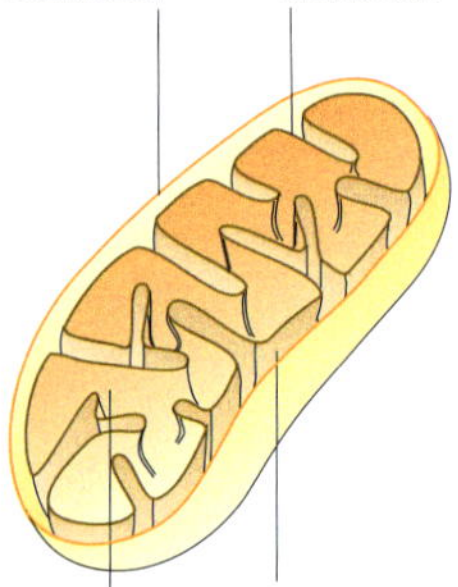

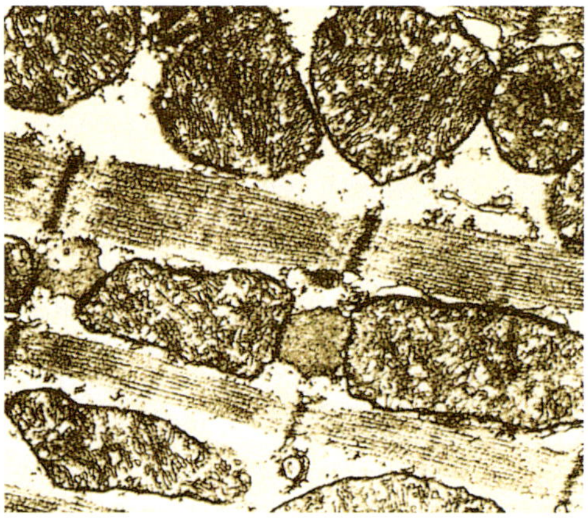

1 Gewebe vom Herzmuskel einer Ratte

2 Gewebe vom Zwerchfell einer Ratte

Zettelkasten

Forscher verfolgen die Glucose: Radioisotopenmethode

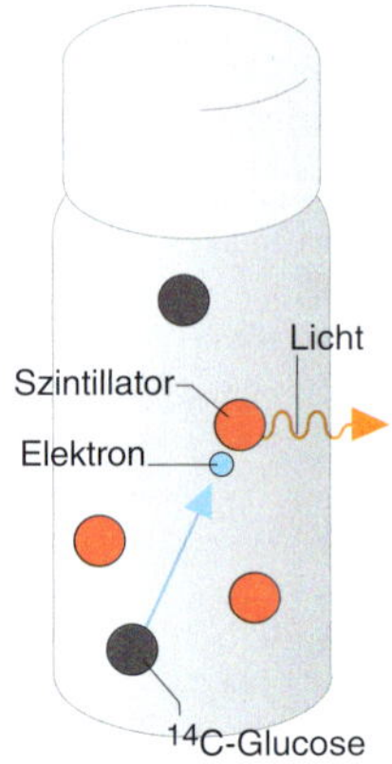

Beim Element Kohlenstoff kommen Atome mit einer unterschiedlichen Neutronenzahl im Atomkern vor, die man *Kohlenstoffisotope* nennt. Sie unterscheiden sich nicht in der Protonen- und Elektronenzahl und haben daher gleiche chemische Eigenschaften. Das Isotop mit der Atommasse 14 u (^{14}C) hat einen instabilen Atomkern, der beim Zerfall radioaktive Strahlung aussendet. Radioisotope dieser Art strahlen Elektronen ab. Sie können anstelle der stabilen ^{12}C-Atome in größere Moleküle, z. B. Glucose, eingebaut werden.

Gibt man zu isolierten Zellen oder Zellorganellen diese ^{14}C markierte Glucose, so können auch geringste Mengen der Abbaustufen, die ja ebenfalls die ^{14}C Atome enthalten, nachgewiesen und quantitativ bestimmt werden. Auch von anderen Elementen gibt es Radioisotope (z. B. Wasserstoff). Der Nachweis dieser Stoffe erfolgt in den meisten Fällen mithilfe der *Flüssig-Szintillationsmessung.*

Die mit dem radioaktiven Kohlenstoff oder Wasserstoff markierten Substanzen werden hierzu mit einem flüssigen Leuchtstoff *(Szintillator)* vermischt, der aufleuchtet, wenn er von einem Elektron aus einem radioaktiven Zerfall eines der beiden Elemente getroffen wird. Das Leuchten wird von einer Fotozelle in einer völlig verdunkelten Messkammer registriert. Aus der Anzahl der Impulse kann man auf die Konzentration der Stoffe schließen.

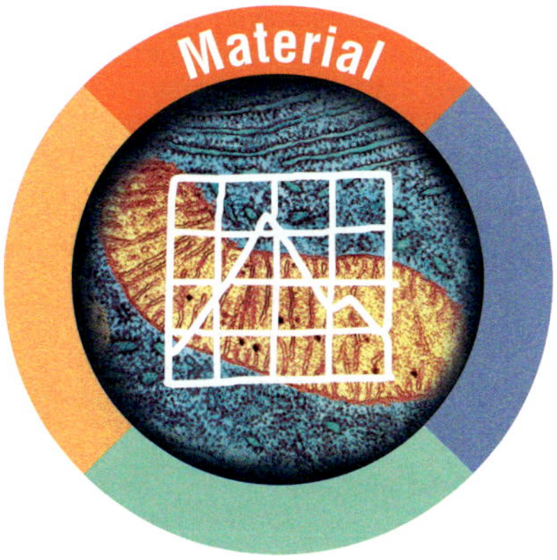

Befunde zum Ort der Zellatmung

Mitochondrien sind der Ort der Zellatmung. Sind aber diese Organellen allein an der Zellatmung beteiligt oder spielen andere Zellbestandteile auch eine Rolle?

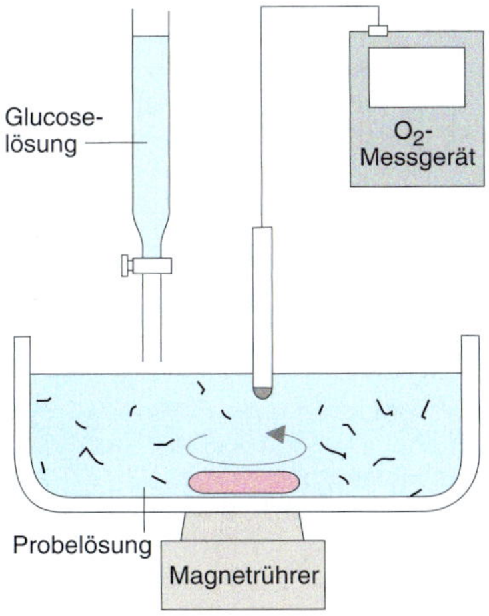

Experiment 1

Zerkleinert man Leberzellen so schonend, dass die Organellen intakt bleiben, erhält man eine homogene Suspension. Aus dieser können die verschiedenen Zellbestandteile isoliert werden. Sie dienen als Grundlage für verschiedene Probelösungen. Die Probelösungen werden in ein offenes Becherglas gegeben. Dazu wird Glucoselösung gegeben. Der Sauerstoffgehalt der Lösung wird gemessen.

Aufgabe

① Deuten Sie die Ergebnisse und formulieren Sie möglichst verschiedene Hypothesen zum Ablauf der Zellatmung.

Versuch a:
Die Probelösung enthält isolierte und gereinigte Mitochondrien

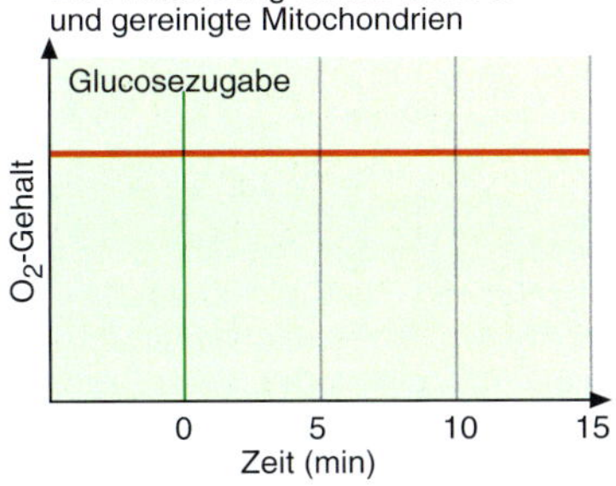

Versuch b:
Die Probelösung enthält Mitochondrien und Cytoplasma

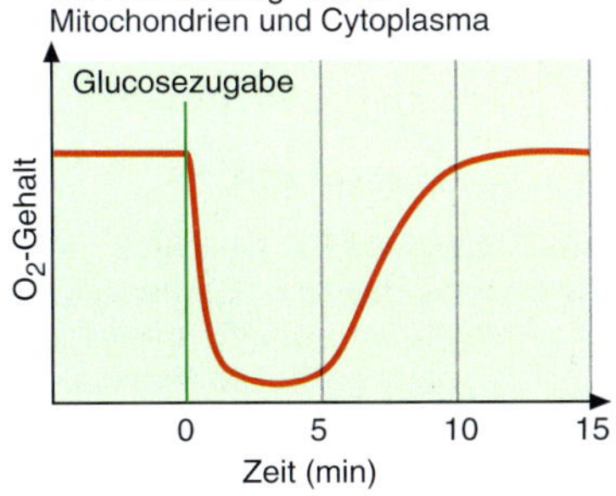

Experiment 2

a) Eine wässrige Probelösung enthält mit ^{14}C markierte Glucose sowie isolierte, gereinigte Mitochondrien. Nach 10 min Inkubationszeit wird diese Lösung in ein Zentrifugenröhrchen pipettiert, das eine konzentrierte Salzlösung und darüber in einer gesonderten Phase Silikonöl enthält (Silikonöl mischt sich nicht mit wässrigen Lösungen und löst auch keine Glucose). Dieses Röhrchen mit den drei Phasen wird nun so lange zentrifugiert, bis sich die Mitochondrien in der unteren Salzlösung befinden. Anschließend wird die Radioaktivität der drei Phasen gemessen.

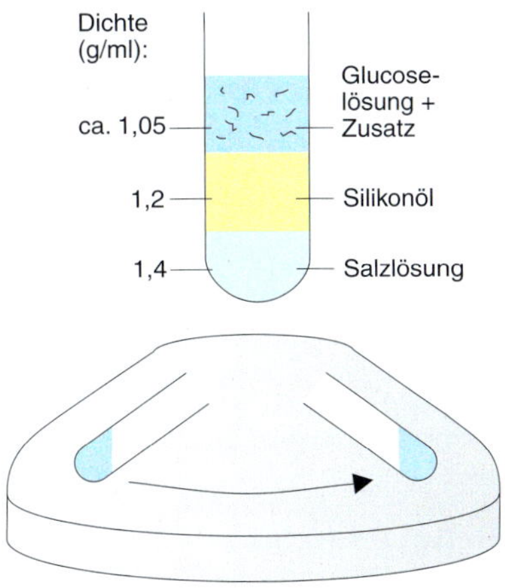

Zentrifuge

a)

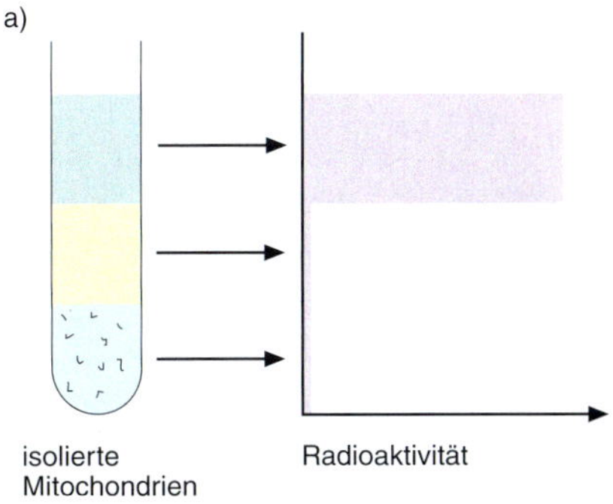

b)

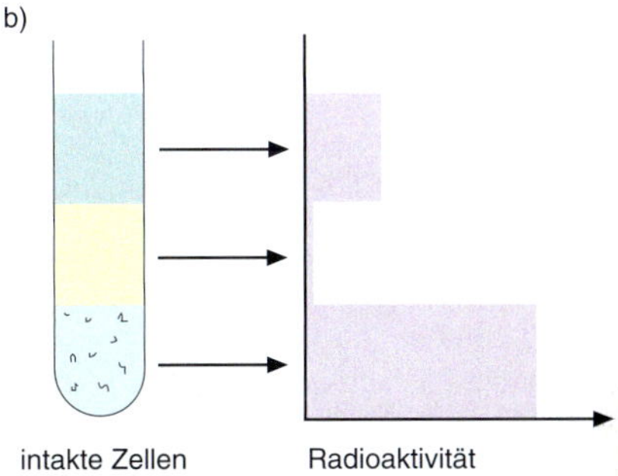

c)

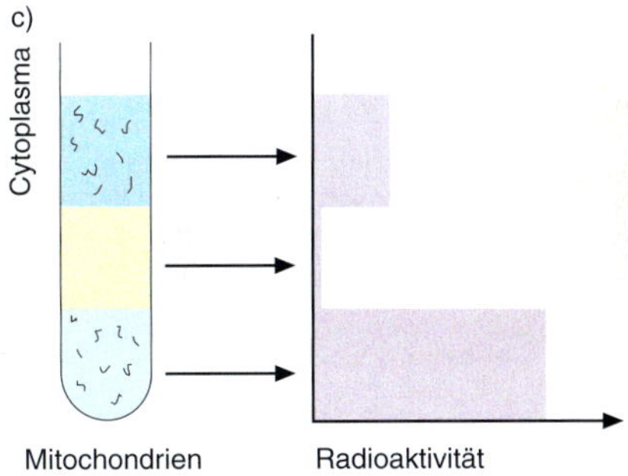

b) Statt der Mitochondrien werden nun ganze, intakte Zellen verwendet.

c) Der Versuchsaufbau entspricht dem von Experiment 2a. Die Probelösung enthält hier jedoch Cytoplasma, Mitochondrien sowie mit ^{14}C markierte Glucose. Zwei Minuten nach dem Ansetzen dieser Suspension (Inkubationszeit) wird sie auf das Siliconöl pipettiert und anschließend so zentrifugiert, dass sich nur die Mitochondrien in der unteren Salzlösung ansammeln.

Aufgaben

② Deuten Sie die Ergebnisse.

③ Wo erfolgt demnach der Glucoseabbau durch die Zellatmung?

④ Wo erfolgen die ersten, wo die späteren Abbauschritte?

Leben braucht Energie

Nach dem Tod eines Lebewesens zerfällt sein Körper, sein hoher Ordnungsgrad geht verloren. Auch für Lebewesen gelten die Gesetze der Physik, hier des 2. Hauptsatzes der Thermodynamik. Er besagt einfach formuliert, dass sich in einem abgeschlossenen System freiwillig immer nur ein Zustand größerer Unordnung einstellen wird. Ein Maß für die Unordnung eines Systems ist seine *Entropie* S. Ein Organismus kann eine hohe innere Ordnung nur aufrechterhalten, indem er Energie aufwendet und dabei die Entropie in seiner Umgebung vergrößert. Energiefreisetzung ΔH und Entropiezunahme ΔS sind die Triebkräfte aller chemischen Reaktionen, auch aller Lebensprozesse. Sie werden zusammengefasst in der *freien Enthalpie* G. Für jede Reaktion bei einer Temperatur T gilt:

$$\Delta G = \Delta H - T \cdot \Delta S$$

Ist ein Vorgang exergonisch, d. h. ist die freie Energie < 0, kann er ablaufen. Endergonische Prozesse laufen freiwillig nicht ab.

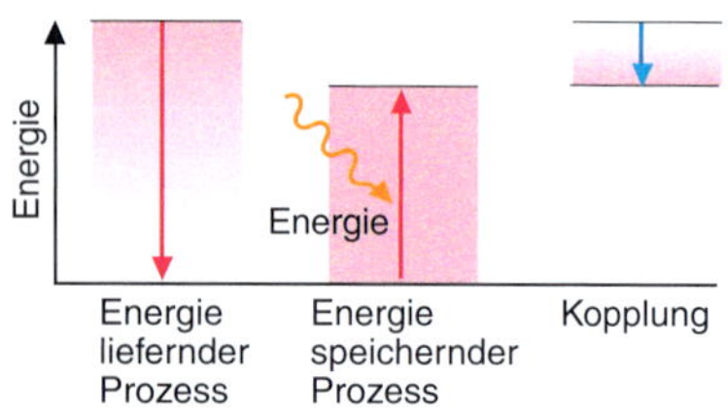

andere Darstellung:

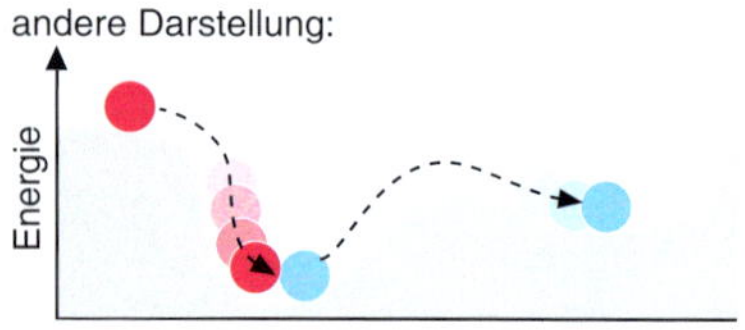

Ordnungsprozesse in Lebewesen sind z. B. Aufbauprozesse: Aus einfachen Molekülen werden komplexere, hochgeordnete Stoffe gebildet. Solche Vorgänge sind in der Regel endergonisch. Damit sie trotzdem möglich werden, müssen sie mit einem stärker exergonischen Vorgang gekoppelt werden, der sie energetisch „finanziert". Der Gesamtprozess aus beiden ist dann exergonisch, wenn mehr freie Energie freigesetzt als gebraucht wird. Solche exergonischen Prozesse sind z. B. der oxidative Abbau von Nährstoffen oder die Aufnahme von Lichtenergie. Allerdings finden sie nicht überall dort in der Zelle statt, wo Energie liefernde Prozesse gebraucht werden. Daher gibt es einen universeller Energieträger, der in den Zellen transportiert werden kann.

Der Energiespeicher ATP

Bereits Anfang des 20. Jahrhunderts wurde erkannt, dass die Substanz *Adenosintriphosphat (ATP)* an einer Vielzahl von biochemischen Reaktionen beteiligt ist und sie „energetisch finanziert". ATP wird daher auch „die Energiewährung der Zelle" genannt.

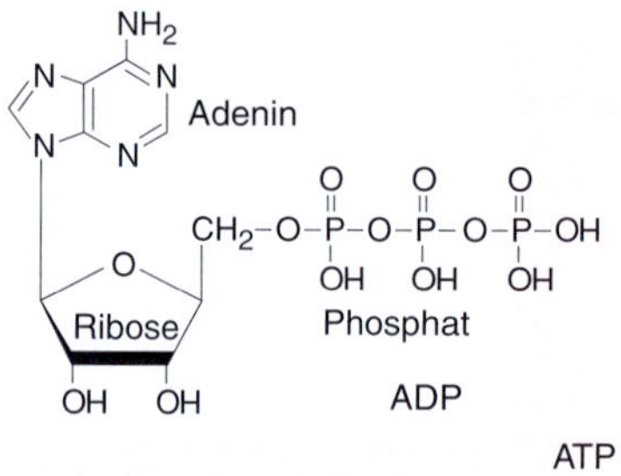

Bei der Abspaltung einer der drei Phosphatgruppen als anorganisches Phosphat P_i entsteht *Adenosindiphosphat (ADP)*. Dabei werden 30,5 kJ/mol ATP frei gesetzt. Diese exergonische Reaktion kann andere endergonische Reaktionen ermöglichen, wenn sie miteinander gekoppelt sind.

$$ATP \rightarrow ADP + P_i + 30{,}5\ kJ/mol$$

Die Spaltung des ATP wird durch Enzyme (ATPasen) katalysiert. Sein Aufbau kann durch ATP-Synthetasen beschleunigt werden.

Der gesamte Körper eines Menschen enthält ca. 80 g ATP, eine recht kleine Menge. Daraus wird deutlich, dass ATP sofort nach der Spaltung wieder aufgebaut wird und dann wieder Energie liefern kann. Zu diesem Aufbau ist Energie nötig, die z. B. aus der Oxidation von Nährstoffen stammt. Pro Tag wird das gesamte ATP in unserem Körper ca. 1000-mal auf- und abgebaut.

ATP wird in Zellen universell eingesetzt, wo immer Energie aufnehmende Prozesse stattfinden. In Muskeln wird das ATP zur Verrichtung mechanischer Arbeit verwendet.

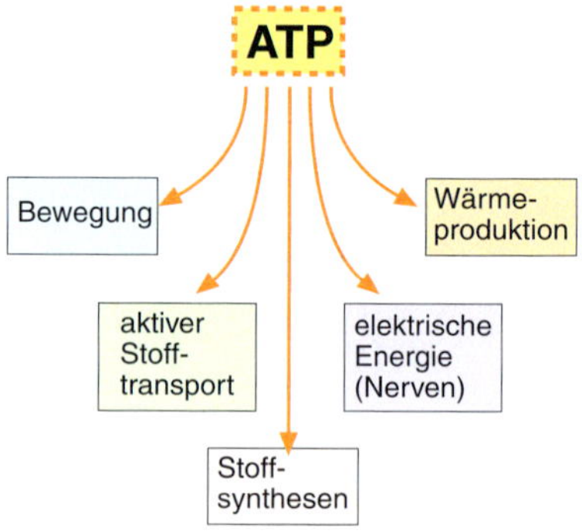

Durch Übertragung einer Phosphatgruppe wird eine „molekulare Feder" gespannt und diese kann die Muskelproteine um eine kleine Strecke aneinander vorbei bewegen. Bei der Resorption von Nährstoffen leisten molekulare Pumpen Transportarbeit und befördern z. B. Glucosemoleküle durch die Darmwand hindurch ins Blut. In Nervenzellen wird durch aktiven Transport von Kalium- und Natriumionen eine elektrische Spannung aufgebaut.

An Ribosomen wird ATP gespalten und mithilfe der freigesetzten Energie die endergonische Verknüpfung von Aminosäuren zu einem Protein möglich gemacht. In anderen Fällen wird eine Phosphatgruppe vom ATP auf ein anderes Molekül übertragen. Diese *Phosphorylierung* macht die Stoffe energiereicher, sie sind aktiviert. Solche Aktivierungen sind notwendig bei Synthesen oder beim Abbau reaktionsträger Stoffe wie Glucose.

Umgekehrt kann zum Aufbau von ATP auch eine Phosphatgruppe von einer energiereichen Substanz auf ADP übertragen werden. Kreatin in Muskelzellen kann unter Energieaufwand eine Phosphatgruppe binden und bei Bedarf dieses Phosphat wieder zum ATP-Aufbau zur Verfügung stellen. Es ist ein mittelfristiger Energiespeicher.

In Mitochondrien und Chloroplasten schließlich wird die chemische bzw. Lichtenergie in Form unterschiedlicher Stoffkonzentrationen gespeichert. Ein kontrollierter Konzentrationsausgleich setzt die darin gespeicherte Energie frei, eine ATP-Synthetase baut damit ATP aus ADP und Phosphat auf. Eine einzige Muskelzelle kann in der Sekunde bis zu 10 Millionen ATP-Moleküle erzeugen.

Energieträger Elektron

In Atomen sind Elektronen mehr oder weniger fest gebunden. Je lockerer sie gebunden sind, desto energiereicher, je fester sie gebunden sind, desto energieärmer sind sie. Werden Elektronen von einem Atom auf ein anderes übertragen, in dem sie fester gebunden werden, wird Energie frei.

Das Redoxpotential

Ein Maß für die Festigkeit der Bindung ist das *Redoxpotential* eines Stoffes. Es wird in Volt angegeben. Je weiter es im Negativen liegt, desto lockerer sind die Elektronen gebunden, je positiver es ist, umso fester. Die Redoxpotentiale der Stoffe zeigen also an, in welche Richtung Elektronen übertragen werden können, nämlich von dem Stoff mit stärker negativem zu dem mit stärker positivem Potential. Je mehr sich die Redoxpotentiale unterscheiden, desto mehr Energie kann bei der Elektronenübertragung freigesetzt werden.

Gibt ein Molekül Elektronen ab, wird es *oxidiert*, nimmt es Elektronen auf, wird es *reduziert*. Der Sauerstoff nimmt z. B. leicht Elektronen auf und reagiert dabei mit Wasser zu Hydroxidionen. Er ist deshalb ein gutes Oxidationsmittel. Entsprechend positiv ist das Redoxpotential E_0 für diese Reaktion

$O_2 + 2\,H_2O + 4\,e^- \rightarrow 4\,OH^-$
$E_0 = +0{,}82\,V$

Die organischen Nährstoffe haben recht niedrige Redoxpotentiale und geben daher Elektronen recht gut ab. Diese können z. B. auf den Sauerstoff unter Energiefreisetzung übertragen werden. Allerdings geschieht das nie in nur einem Schritt. Das hat den Vorteil, dass dann die freigesetzte Energie in mehreren Schritten nutzbar gemacht und zur Bildung von mehreren ATP-Molekülen verwendet werden kann.

Hydroxidionen bzw. Wasser haben ihre Elektronen relativ fest gebunden. Geben sie dennoch Elektronen ab, z. B. wenn in der Fotosynthese Sauerstoff aus ihnen entsteht, so erfordert dies viel Energie. In der Fotosynthese kann das nur über mehrere Zwischenstufen und mehrmalige Lichtenergieaufnahme erreicht werden.

Bei organischen Molekülen ist es wichtig zu wissen, welches die oxidierte und welches die reduzierte Form ist. Als Faustregel gilt: Von zwei Molekülen ist das wasserstoffreichere bzw. das sauerstoffärmere die reduzierte Form und umgekehrt.

Elektronenüberträger: NAD^+, $NADP^+$ und FAD

In lebenden Zellen laufen viele Redoxreaktionen nebeneinander ab. So wie das ATP-ADP-System ihr universelles Energieübertragungssystem darstellt, haben Zellen auch chemische Systeme zur Übertragung von Elektronen zur Verfügung. Die wichtigsten dieser Redoxsysteme beruhen auf den Stoffen NAD^+, $NADP^+$ und FAD. Sie können Elektronen aufnehmen und später wieder abgeben.

oxidierte Form	reduzierte Form
$NAD^+ + 2H^+ + 2e^-$	$NADH + H^+$
$NADP^+ + 2H^+ + 2e^-$	$NADPH + H^+$
$FAD + 2H^+ + 2e^-$	$FADH_2$

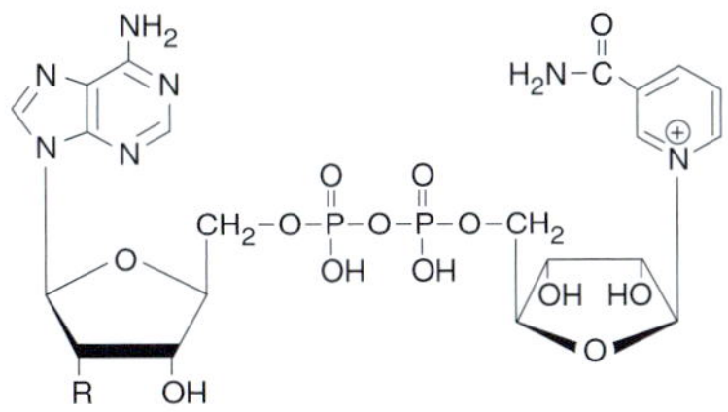

R = OH: NAD^+
R = PO_4: $NADP^+$

Das Redoxpotential von $NADP^+$/$NADPH + H^+$ ist mit $-0{,}32$ V recht niedrig. Die Elektronen sind in der reduzierten Form $NADPH + H^+$ also nicht sehr fest gebunden und können leicht übertragen werden, z. B. über Zwischenstufen bei der Atmung auf Sauerstoff oder auch auf andere organische Stoffe bei der Fotosynthese.

Andererseits können NAD^+ und $NADP^+$ auch noch relativ gut Elektronen aufnehmen, z. B. von anderen organischen Molekülen beim Glucoseabbau oder mithilfe von Lichtenergie auch aus dem Wasser bei der Fotosynthese. NAD^+, $NADP^+$ oder FAD arbeiten dabei immer mit Enzymen zusammen. Man bezeichnet sie deshalb häufig als *Coenzyme*. Weil sie aber bei der Reaktion im Gegensatz zu den eigentlichen Katalysatoren chemisch verändert werden und damit selbst Reaktionsteilnehmer sind, werden sie treffender *Cosubstrate* genannt.

E_0 (Volt)	Substanz
-0,43	Ferredoxin
-0,32	$NADH + H^+ / NAD^+$
-0,21	Riboflavin-Ⓟ · H_2/ Riboflavin-Ⓟ
0,00	Flavoprotein (Ubichinon-Reduktase)
+0,10	Ubihydrochinon/ Ubichinon
+0,12	Cytochrom *b*
+0,26	Cytochrom *c*
+0,55	Cytochrom *a*

Das NAD^+- und das FAD-System spielen vor allem bei Abbauprozessen in Zellen, wie z. B. der Oxidation der Nährstoffe zur Energiefreisetzung, eine Rolle. Das $NADP^+$-System ist dagegen vor allem bei Aufbauprozessen von Bedeutung, so bei der Baustoffsynthese in der Zelle oder bei der Fotosynthese.

Deutlich wird die Rolle des NAD^+ bzw. $NADP^+$ am Beispiel der Reaktion von Phosphoglycerinaldehyd (PGA) zu Phosphoglycerinsäure (PGS). Die oxidierte, sauerstoffreichere Form ist PGS, die reduzierte PGA. Beim Glucoseabbau wird PGA zu PGS oxidiert, bei der Fotosynthese PGS zu PGA reduziert. Das System PGA/PGS hat ein stärker negatives Redoxpotential als NAD^+ bzw. $NADP^+$. Daher kann PGA beim Nährstoffabbau 2 Elektronen zusammen mit 2 Protonen unter Energiefreisetzung auf NAD^+ übertragen. Die umgekehrte Reaktion bei der Fotosynthese ist nur unter Energieaufwand, also ATP-Spaltung möglich.

Oxidation:

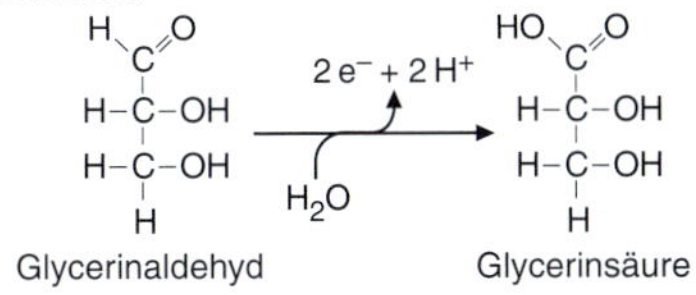

Glucose wird zerlegt: Glykolyse

Glucose ist ein energiereicher Stoff. Die Zellen können die darin chemisch gebundene Energie für den Organismus verfügbar machen, indem sie die Glucose stufenweise zu den energiearmen Stoffen Kohlenstoffdioxid und Wasser verarbeiten. Mithilfe der freigesetzten Energie wird energiereiches ATP aufgebaut. Die ersten Abbauschritte finden im Zellplasma statt, die folgenden in den Mitochondrien. EMBDEN und MEYERHOF gelang es 1940, die im Cytoplasma ablaufenden Reaktionsschritte aufzuklären. Sie werden als *Glykolyse* zusammengefasst.

Glucose wird aktiviert und gespalten

Glucose ist ein energiereiches, aber reaktionsträges Molekül. Daher wird es zunächst durch Übertragung einer Phosphatgruppe von einem ATP-Molekül aktiviert, ADP bleibt übrig. Am Anfang der Reaktionsabfolge wird dem Molekül also Energie zugeführt. Glucose-6-phosphat ist im Unterschied zur Glucose negativ geladen. Es kann daher nicht mehr durch Zellmembranen transportiert werden, sein Abbau in der Zelle ist damit festgelegt. Das Glucose-6-phosphat wird zu Fructose-6-phosphat umgelagert und erhält unter nochmaliger ATP-Spaltung eine zweite Phosphatgruppe (zweite Aktivierung). Es entsteht das energiereiche, reaktionsfähige Fructose-1,6-bisphosphat, das in zwei C_3-Körper *Phosphoglycerinaldehyd (PGA)* gespalten wird. Alle folgenden Schritte müssen in einer Abbaubilanz daher zweifach berücksichtigt werden.

Oxidation zu Brenztraubensäure

Von PGA werden im nächsten Schritt 2 Wasserstoffatome auf NAD^+ übertragen, es entstehen $NADH + H^+$ und Phosphoglycerinsäure. Der Vorgang liefert so viel Energie, dass damit ADP und Phosphat zu ATP reagieren können. Es wird also erstmals in der Reaktionsfolge Energie für Lebensprozesse nutzbar gemacht. Über Zwischenstufen wird die energiereiche *Phosphoenolbrenztraubensäure (PEP)* gebildet, die ihre Phosphatgruppe auf ADP übertragen kann. Endprodukt ist *Brenztraubensäure (BTS)*.

Der Abbau von Glucose zu Brenztraubensäure setzt nur 197 kJ/mol Glucose frei. Allerdings ist daran auch kein Sauerstoff beteiligt, die Reaktion ist völlig anaerob. Bei aerober Oxidation der Glucose könnten 2872 kJ/mol gebildet werden. Weitere Reaktionsschritte ermöglichen der Zelle die Nutzung dieser Energie. Sie laufen aber nicht mehr im Cytoplasma ab, sondern in den Mitochondrien. Dorthin wird nach der Glykolyse die Brenztraubensäure transportiert.

Aufgaben

① Stellen Sie eine chemische Gesamtgleichung der Glykolyse mit allen Ausgangs- und Endstoffen sowie eine ATP-Bilanz auf.

② Der Fettbestandteil Glycerin wird zum Abbau zunächst durch Anlagerung einer Phosphatgruppe aktiviert, dann zu PGA oxidiert. Stellen Sie eine Abbaubilanz bis zur Brenztraubensäure auf.

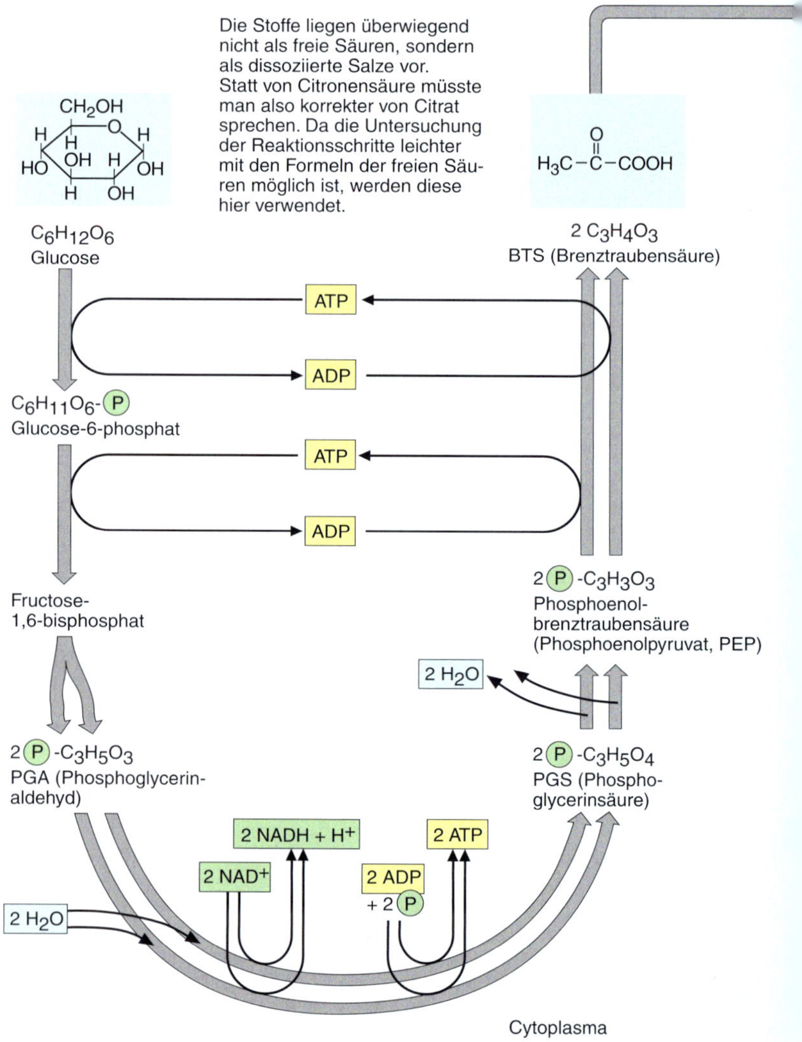

1 Schema von Glykolyse und Tricarbonsäurezyklus

Der Tricarbonsäurezyklus

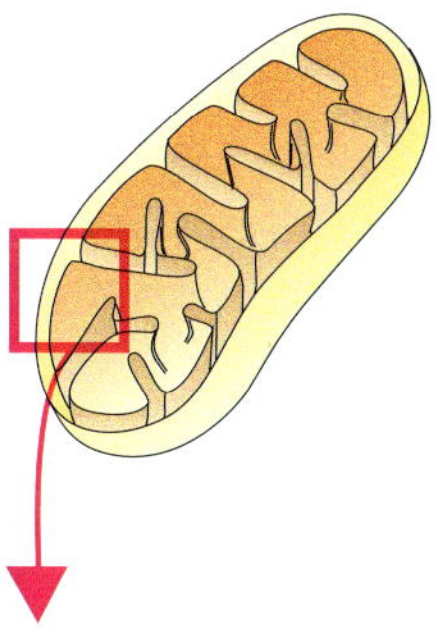

In der Mitochondrienmatrix wird die Brenztraubensäure (BTS) zunächst an einen *Multienzymkomplex* aus mehreren Enzymmolekülen angelagert. Dieser katalysiert mehrere Reaktionen. Zuerst erfolgt die Abspaltung eines CO_2 von der BTS *(Decarboxylierung)*. Das verbleibende Molekülbruchstück wird dann von einem anderen Enzym des Komplexes übernommen und oxidiert. Dabei wird Wasserstoff auf den Wasserstoffakzeptor NAD^+ übertragen. Insgesamt wird der Prozess als *oxidative Decarboxylierung* zusammengefasst. BTS wird dabei zu einem C_2-Körper abgebaut, der mit dem Coenzym A zu Acetyl-CoA *(aktivierter Essigsäure)* gekoppelt und dadurch aktiviert wird. Pro Glucosemolekül werden oxidative Decarboxylierung und auch Tricarbonsäurezyklus zweimal durchlaufen.

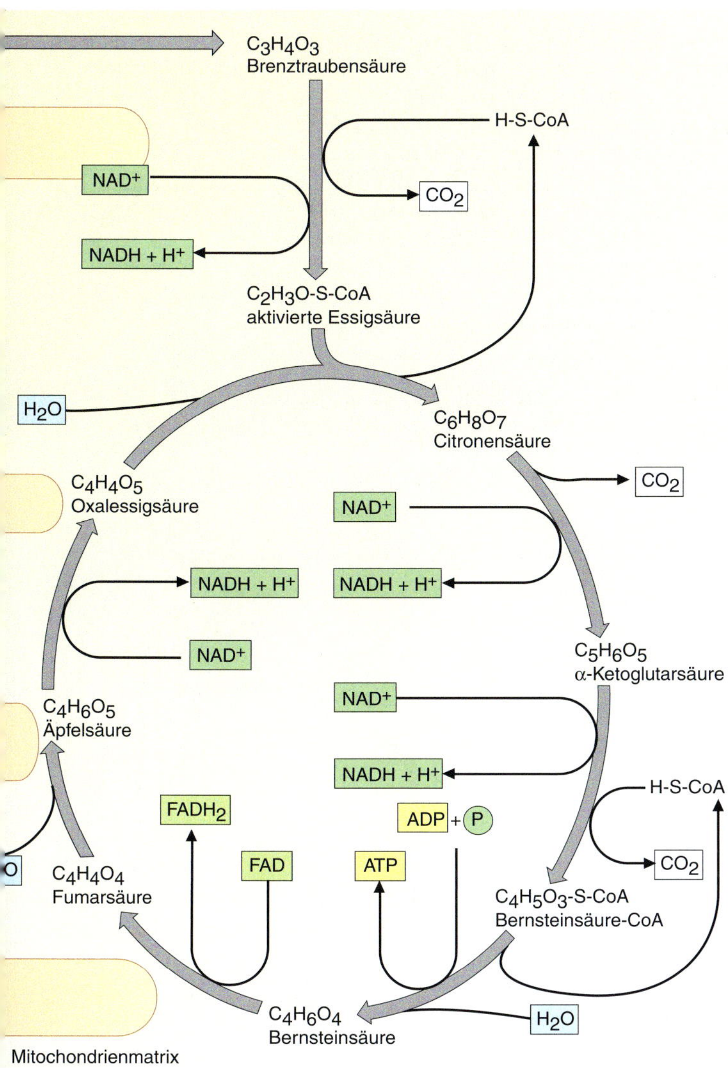

Der folgende Reaktionszyklus wurde von Sir Hans Krebs im Jahr 1937 aufgeklärt *(Krebszyklus)*. Er beobachtete bei Zugabe bestimmter organischer Säuren wie Citronensäure eine erhöhte Abbaurate und Energiefreisetzung in den Mitochondrien. Daher wird der Tricarbonsäurezyklus manchmal auch *Citronensäurezyklus* genannt. Durch Ordnung der beteiligten Moleküle nach ihrer Struktur erkannte er die Reaktionsabfolge.

Oxidation und CO_2-Abspaltung

Das *Acetyl-CoA* wird mit der C_4-Verbindung *Oxalessigsäure* verbunden, es entsteht der C_6-Körper *Citronensäure*. Unter zweimaliger Oxidation – dabei wird je ein $NADH + H^+$ gebildet – und zweimaliger CO_2-Abspaltung entsteht daraus der C_4-Körper *Bernsteinsäure-CoA*.

Regeneration des Acetyl-CoA-Rezeptors

Die Abspaltung des Coenzyms A liefert die Energie zum Aufbau eines ATP-Moleküls. Der C_4-Körper *Bernsteinsäure* wird noch zweimal oxidiert, dabei entstehen ein $FADH_2$ und ein weiteres $NADH + H^+$. Es resultiert Oxalessigsäure, die als Akzeptormolekül einen neuen Zyklus beginnen kann. Durch Glykolyse, oxidative Decarboxylierung und Citronensäurezyklus sind nun alle C-Atome des eingesetzten Glucosemoleküls zu CO_2 verarbeitet.

Die Vielfalt der beteiligten Moleküle kann auch zur Synthese verschiedenster Baustoffe (z. B. Aminosäuren oder Fettsäuren) verwendet werden. Umgekehrt wird das Kohlenstoffgerüst vieler Aminosäuren nach Abspaltung der Aminogruppe im Tricarbonsäurezyklus abgebaut. Daher wird er auch oft als „Drehscheibe des Zellstoffwechsels" bezeichnet.

Aufgabe

① Stellen Sie chemische Gesamtgleichungen auf für
- die oxidative Decarboxylierung
- den Tricarbonsäurezyklus
- den Abbau der Glucose durch Glykolyse, oxidative Decarboxylierung und Tricarbonsäurezyklus zusammen.

Die Endoxidation

Weg der Elektronen in der Atmungskette:

	E^0 (V)
$NADH + H^+$	– 0,32
↓	
FMN	– 0,10
↓	
Cytochrom b	+ 0,12
↓	
Cytochrom c	+ 0,26
↓	
Cytochrom a	+ 0,55
↓	
Sauerstoff	+ 0,82

In der Glykolyse, der oxidativen Decarboxylierung und im Tricarbonsäurezyklus wurde das Kohlenstoffgerüst der Glucose vollständig abgebaut. Die Ausbeute an verwertbarer Energie ist aber nur klein: Pro mol Glucose wurden nur 4 mol ATP gewonnen. Andererseits steht in den ebenfalls gewonnenen 10 mol $NADH + H^+$ und 2 $FADH_2$ eine große Anzahl von Wasserstoffatomen zur Verfügung, die in einer exergonischen Reaktion mit Sauerstoff reagieren und Wasser bilden können. In mehreren Schritten wird dabei ATP aufgebaut.

Durch die Oxidation von $NADH + H^+$ und $FADH_2$ werden die Elektronenakzeptoren NAD^+ und FAD regeneriert. Sonst käme der Glucoseabbau zum Erliegen, bei dem diese Cosubstrate benötigt werden.

Die Reaktionsschritte der *oxidativen Phosphorylierung*, auch Atmungskette genannt, erfolgen an der inneren Mitochondrienmembran. Diese ist aus zwei Gründen wichtig: Zum einen sind in sie eine große Zahl verschiedener *Redox-Cosubstrate* eingelagert, die wie an einem Fließband Elektronen aufeinander und schließlich auf Sauerstoff übertragen. Zum anderen gliedert sie das Mitochondrium in zwei Räume: den *Matrixraum* und den *Intermembranraum*.

Das niedrigste Redoxpotential hat das $NADH + H^+$. Es kann daher in einer exergonischen Reaktion Elektronen an das benachbarte FMN-Redoxsystem abgeben, das ein etwas höheres Redoxpotential aufweist. Bei dieser Reaktion gibt das $NADH + H^+$ auch H^+-Ionen (Protonen) ab, und zwar in den Intermembranraum. Dort lagern sie sich an Wassermoleküle. Der Intermembranraum wird damit saurer.

Wenn das *Ubichinon*-System Elektronen aufnimmt, nimmt es gleichzeitig H^+-Ionen auf. Sie stammen aus dem Matrixraum, der damit an Protonen verarmt. Bei der Weitergabe der Elektronen an die verschiedenen *Cytochrome* (Redoxsysteme mit einem Häm, in dem das Eisenion zwischen Fe^{2+} und Fe^{3+} wechseln kann) gibt das Ubichinon auch die H^+-Ionen wieder ab, ebenfalls in den Intermembranraum. Im letzten Redoxschritt werden die Elektronen auf Sauerstoff übertragen, dabei entsteht zusammen mit den H^+-Ionen Wasser.

Der Elektronentransport ist also immer mit einem H^+-Ionentransport aus dem Matrix- in den Intermembranraum gekoppelt. Dadurch entsteht ein Konzentrationsunterschied, der *Protonengradient*. Er kann bis zu 2 pH-Einheiten ausmachen.

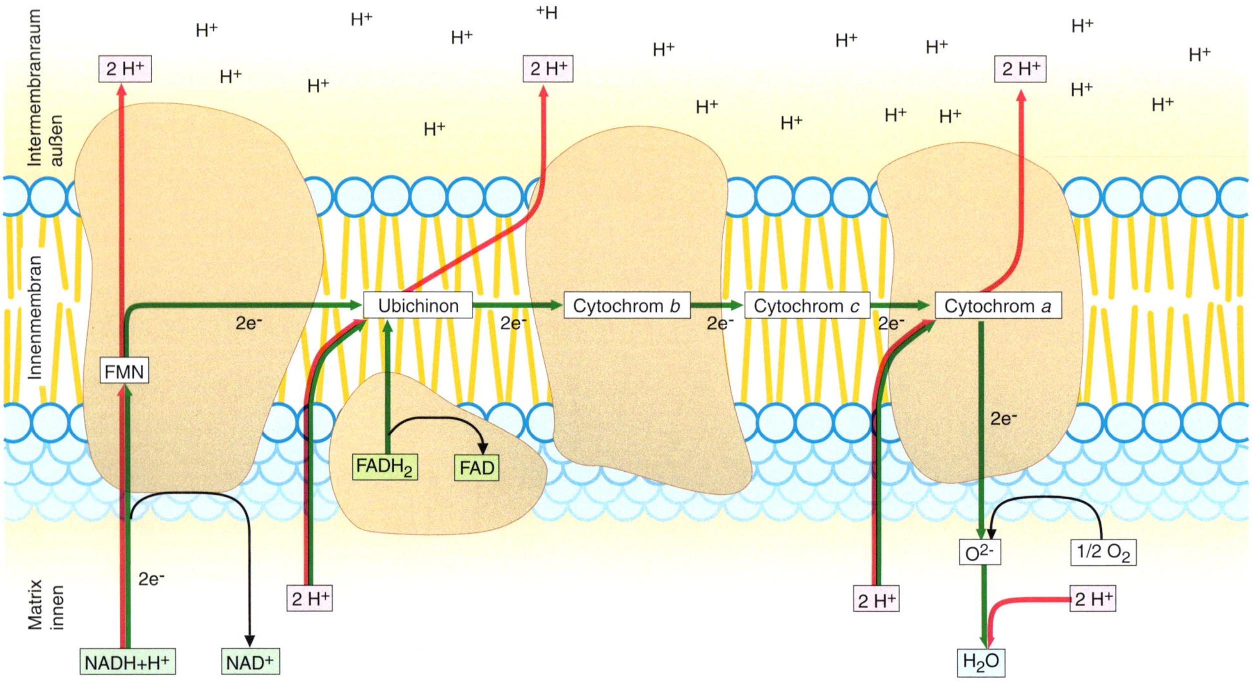

1 Vereinfachtes Schema der Atmungskette

Im Konzentrationsgefälle steckt Energie

Energieausbeute
pro NADH + H^+:
3 ATP
pro $FADH_2$: 2 ATP

Messungen zeigen, dass der Abbau von 1 mol Glucose den Aufbau von ca. 38 mol ATP ermöglicht. Von der Glykolyse bis zum Tricarbonsäurezyklus werden aber nur 4 mol gebildet. Die Atmungskette erbringt also mit 34 mol ATP pro mol Glucose den Hauptteil der Energieausbeute. Die Redoxreaktionen zwischen NADH + H^+ und Sauerstoff setzen genug Energie frei, um 3 mol ATP pro mol NADH + H^+ und 2 mol ATP pro mol $FADH_2$ zu erzeugen. Ein Mechanismus für die ATP-Produktion *(oxidative Phosphorylierung)* wurde von MITCHELL 1961 erkannt und als *chemiosmotische Hypothese* formuliert (→ 204/205).

Ursache für die ATP-Produktion ist allein der *Protonengradient* an der Mitochondrien-Innenmembran zwischen Matrix- und Intermembranraum. Dieser Konzentrationsunterschied speichert Energie. Außerdem ist der Matrixraum negativ, der Intermembranraum positiv geladen. Dadurch entsteht ein energiereiches elektrisches Feld. Wie in einem Stausee das höhere Wasserniveau potenzielle Energie bedeutet, so hat auch der Protonengradient Energie gespeichert. Wie ein Wasserstrom bergab diese Energie an eine Turbine abgeben kann, so können auch die zurück in den Matrixraum strömenden Protonen ihre Energie abgeben. Die „Turbine" in der inneren Mitochondrienmembran ist ein Enzym, die *ATP-Synthase*.

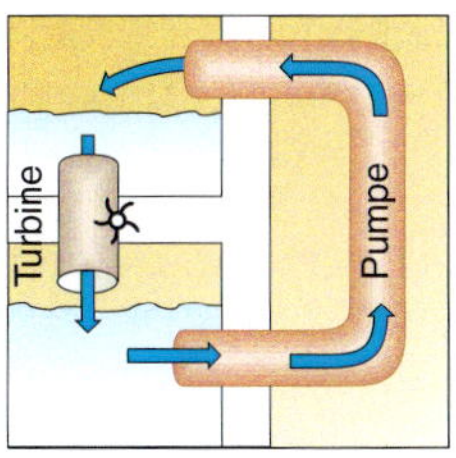

Modell Wasserkraftwerk

Mit einer Reihe von Versuchen konnte man den Verlauf der ATP-Bildung bestätigen:

1. Die Außenmembran der Mitochondrien ist für viele Stoffe durchlässig, die Innenmembran aber nicht. Wird sie durch Gifte durchlässig gemacht, hört die ATP-Synthese auf, obwohl NADH + H^+ und Sauerstoff weiterhin reagieren.
2. Der Intermembranraum ist deutlich saurer als der Matrixraum, enthält also eine höhere H^+-Ionenkonzentration.
3. Sorgt man künstlich für einen Protonengradienten, so findet ATP-Produktion auch ohne NADH + H^+ oder Sauerstoff statt.

Inzwischen hat man die Struktur der ATP-Synthetase aufgeklärt und Modelle entwickelt, wie sie die Wanderung der Protonen durch die Membran in den Matrixraum zum ATP-Aufbau nutzt. Dabei arbeiten immer 3 Proteinkomplexe in einem ATP-Synthase-Köpfchen zusammen. Jedes durchläuft zeitlich versetzt die gleichen drei Reaktionsschritte. Zwischen den Schritten dreht sich der gesamte Komplex jeweils um 120°.

1. Eine Bindungsstelle nimmt ADP und Phosphat auf; die erste Drehung erfolgt.
2. Durch die Anlagerung von Protonen wird er verformt. Dadurch kommen ADP und Phosphat so nahe zu einander, dass ATP entsteht; die zweite Drehung erfolgt.
3. Die dritte Drehung setzt das ATP frei.

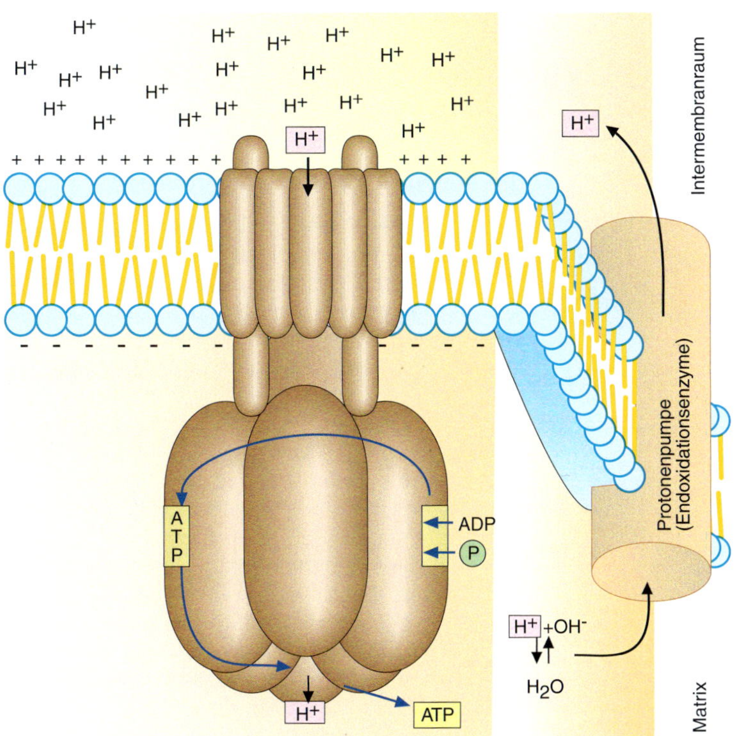

1 ATP-Produktion durch die ATP-Synthase

Aufgaben

① Erklären Sie mithilfe der Abbildungen 74.1 und 75.1 die unterschiedliche ATP-Ausbeute bei der Oxidation von NADH + H^+ und $FADH_2$.

② Die ATP-Bildung in der Atmungskette ist ohne die Innenmembran der Mitochondrien nicht möglich, während sie in der Glykolyse ohne diese Struktur geschieht. Erklären Sie.

③ Mit Ultraschall kann man kleine, zu Kugeln geschlossene Bruchstücke der Mitochondrien-Innenmembran erzeugen, deren ATP-Synthase-Köpfchen außen liegen. Für welche Bedingungen müsste man außen sorgen, damit (kurzzeitig) ATP entsteht? Begründen Sie.

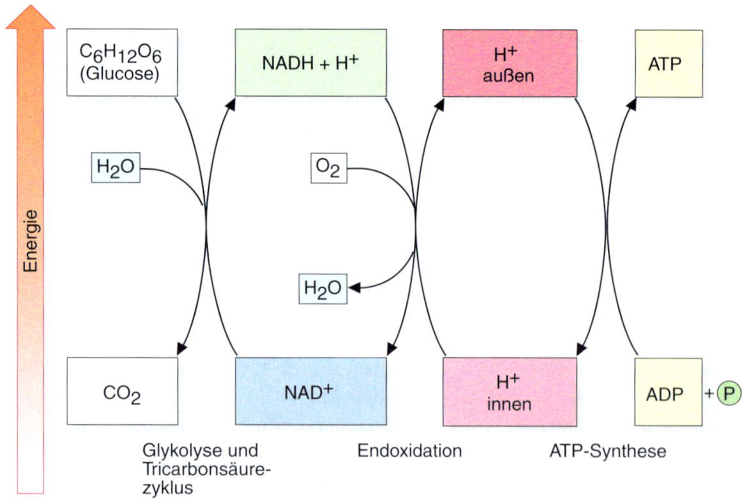

1 Energiefluss in der Zellatmung

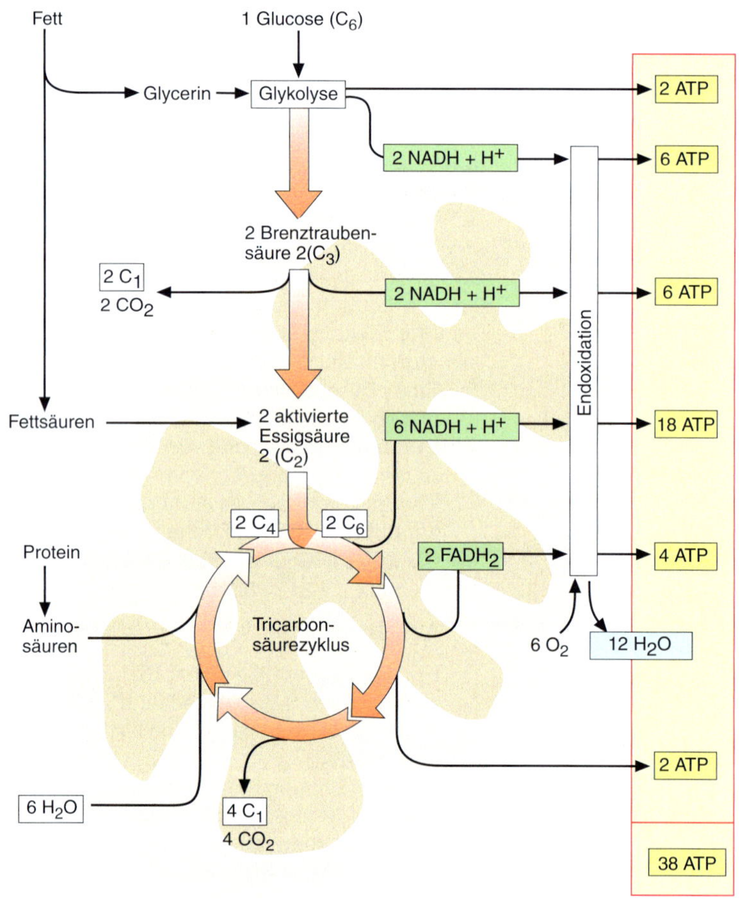

Bisheriges vorläufiges Reaktionsschema:
$C_6H_{12}O_6 + 6\,O_2 \longrightarrow 6\,CO_2 + 6\,H_2O$

Neues, erweitertes Reaktionsschema:
$C_6H_{12}O_6 + 6\,H_2O + 6\,O_2 \longrightarrow 6\,CO_2 + 12\,H_2O$

2 Schema zur Zellatmung

Bilanz der Zellatmung

Im Verlauf der Zellatmung werden pro Glucosemolekül 38 Moleküle ATP gebildet. Der größte Teil davon (34 Moleküle) entsteht durch die Oxidation von Wasserstoff in der Endoxidation. Während die *Glykolyse* nur 4 Wasserstoffatome pro eingesetztem Glucosemolekül liefert, werden in der *oxidativen Decarboxylierung* und vor allem im Tricarbonsäurezyklus insgesamt 20 Wasserstoffatome an Cosubstrate gebunden. Zwölf davon stammen aus dem Wasser, der Rest aus der Glucose. Insgesamt werden also in der Zellatmung 24 Wasserstoffatome an Cosubstrate gebunden. Deren Oxidation liefert 12 Moleküle Wasser. Insgesamt ergibt sich also das erweiterte Reaktionsschema:

$$C_6H_{12}O_6 + 6\,H_2O + 6\,O_2 \rightarrow 6\,CO_2 + 12\,H_2O$$

Die *Endoxidation* an der Mitochondrienmembran baut einen Gradienten der Protonenkonzentration auf. Wenn diese Protonen durch den Kanal der ATP-Synthase fließen, wird Energie frei, die zur ATP-Synthese genutzt wird. Pro $NADH + H^+$ reicht sie zum Aufbau von 3 ATP-Molekülen, pro $FADH_2$ nur für 2 ATP-Moleküle. Insgesamt entstehen bei der Endoxidation also 34 Moleküle ATP pro Glucosemolekül. Pro mol ATP sind ca. 30,5 kJ verwertbare Energie gebunden. Die aus 1 mol Glucose gewonnenen 38 mol ATP speichern also eine Energie von 1159 kJ. Die chemische Oxidation der Glucose liefert pro mol 2836 kJ. Der Wirkungsgrad der Zellatmung beträgt damit ca. 40 %. Der Rest der Energie wird als Wärme frei.

Abbau von Fetten und Proteinen

Auch Fette dienen der Energiegewinnung. Sie werden dabei zuerst in Glycerin und Fettsäuren gespalten. Das Glycerin wird in der Glykolyse und den Folgereaktionen abgebaut. Die Fettsäuren werden in Bruchstücke mit 2 C-Atomen (Acetyl-CoA) gespalten und so in den Tricarbonsäurezyklus eingeschleust. Proteine werden im Darm in die einzelnen Aminosäuren gespalten, diese in die Zellen transportiert. Sie dienen in erster Linie als Baustoffe für körpereigene Proteine, können aber auch abgebaut werden. Dies geschieht nach Umbaureaktionen in den bestehenden Stoffwechselwegen. Die stickstoffhaltigen Aminogruppen werden dabei abgespalten und in Harnstoff oder Harnsäure gebunden. Der Tricarbonsäurezyklus ist an allen Nährstoffabbauprozessen beteiligt und stellt Stoffe für Synthesewege bereit.

Zellatmung — der Weg zur Erkenntnisgewinnung

Die *Zellatmung* ist heute ein bis ins Detail bekannter Prozess, der aus einer Vielzahl von Teilabschnitten besteht. Das täuscht leicht darüber hinweg, dass der Weg zum heutigen Wissensstand von vielen Irrtümern markiert ist. An der Entschlüsselung dieses Vorgangs kann man daher modellhaft die Entstehung einer naturwissenschaftlichen Theorie nachvollziehen.

Ausgangspunkt neuer Erkenntnisse sind stets eine oder mehrere Beobachtungen. So erkannte man früh, dass alle tierischen Organismen Sauerstoff aufnehmen, ihn im Körper verteilen und umgekehrt Kohlenstoffdioxid wieder an die Umgebung abgeben. Wird dieser Weg unterbrochen, steht den Lebewesen keine Energie mehr zur Verfügung, es stirbt.

Aufgrund dieser Beobachtungen wurde die *Hypothese der Zellatmung* aufgestellt: Jede Zelle atmet, nimmt Sauerstoff auf, gibt Kohlenstoffdioxid ab und bezieht aus der Umwandlung ihre Lebensenergie. Die Zellen sind also der eigentliche Ort des Stoffwechsels. Als *Deduktion* folgt daraus: Auch an einzelnen Zellen sollte sich der Gasaustausch messen lassen. WARBURG konnte das im *Experiment* bestätigen. Beobachtung – Verallgemeinerung in Form einer Hypothese *(Induktion)* – Schlussfolgerungen aus dieser Hypothese *(Deduktion)* und Überprüfung der Deduktion im Experiment: Diese Abfolge ist charakteristisch für die naturwissenschaftlichen Erkenntnisprozesse.

Die Prozesse der Zellatmung laufen nur ab, wenn ausreichend Glucose zur Verfügung steht. Aus dieser Beobachtung könnte gefolgert werden, dass Glucose mit dem Sauerstoff CO_2 und H_2O bildet. Die Hypothese kann man in der chemischen Gleichung fassen:

$C_6H_{12}O_6 + 6\,O_2 \rightarrow 6\,CO_2 + 6\,H_2O$

Die Richtigkeit dieser Gleichung muss nun bestätigt oder widerlegt *(falsifiziert)* werden. Zur Überprüfung kann man Hefezellen mit schwerem Sauerstoff ^{18}O begasen. Der schwere Sauerstoff findet sich aber nicht im entstehenden CO_2 wieder, sondern nur im Wasser. Zur Bindung von 6 Sauerstoffmolekülen müssen aber 12 Wassermoleküle entstehen, nicht 6. Die Hypothese ist also durch das Experiment widerlegt und muss verworfen oder modifiziert werden. Dies führt zur erweiterten Atmungsgleichung:

$C_6H_{12}O_6 + 6\,H_2O + 6\,O_2 \rightarrow 6\,CO_2 + 12\,H_2O$

Widersprüche dazu haben sich im Experiment nie ergeben. Durch genauere Untersuchungen wird sie sogar gestützt. Eine vielseitig bewährte Hypothese, zu der es nach dem gegenwärtigen Erkenntnisstand keine Alternative gibt, erhält den Rang einer *Theorie*. Sie ist so lange gültig, wie sie nicht durch Experimente widerlegt wird.

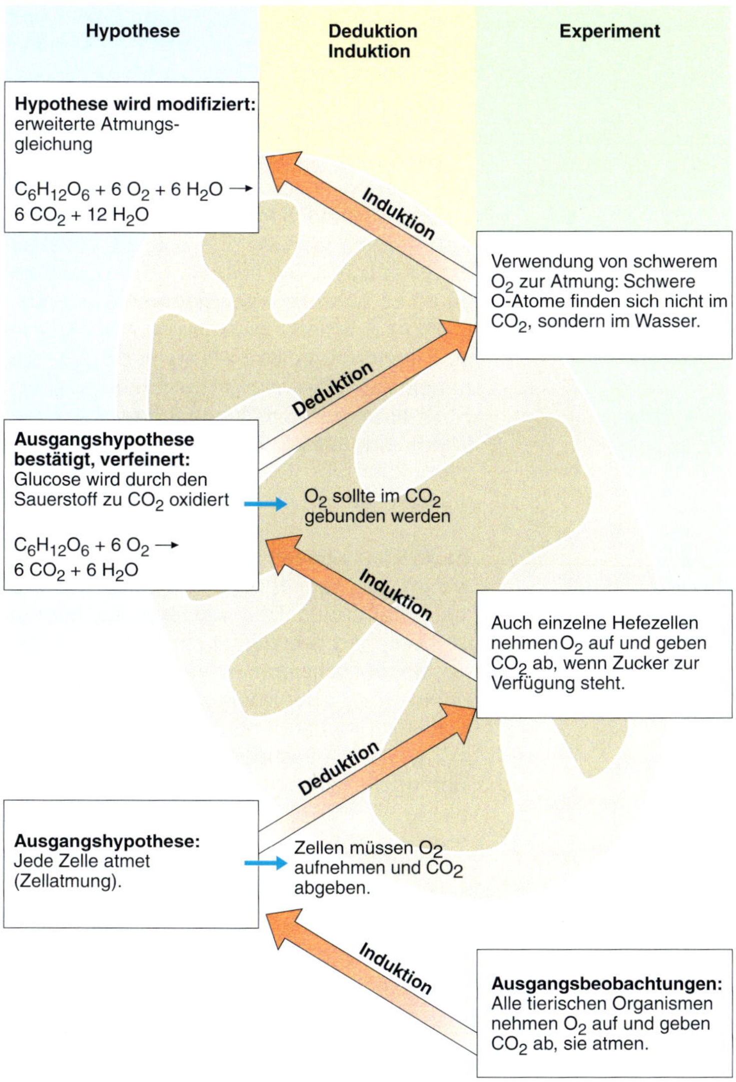

1 Naturwissenschaftliche Erkenntnisgewinnung

Aufgabe

① Die chemiosmotische Hypothese steht im Rang einer Theorie. Fassen Sie die Experimente zusammen, die das belegen.

Gärung — es geht auch ohne Sauerstoff

Um aus Milch Jogurt zu bereiten, wird sie mit einer Jogurtbakterienkultur geimpft und dann luftdicht verschlossen. Ein Hundertmeterläufer atmet auf der gesamten Strecke höchstens ein- bis zweimal. Milchsäurebakterien und der Kurzstreckenläufer haben eines gemeinsam: Der Sauerstoffvorrat ist für ihre Stoffwechselaktivität viel zu gering. Die Bakterien haben in der Milch nur eine kleine Sauerstoffmenge zur Verfügung. Der Läufer hat wegen seiner hohen Leistung einen extrem hohen Sauerstoffverbrauch, den er nicht durch Atmung decken kann. Beide überleben dennoch, da sie in der Lage sind, auch ohne Sauerstoff ATP zu gewinnen. Diese *anaerobe* Art der Dissimilation nennt man *Gärung*. Viele Organismen können bei Bedarf (fakultativ) Gärung betreiben, für andere ist es der einzige obligate Stoffwechselweg.

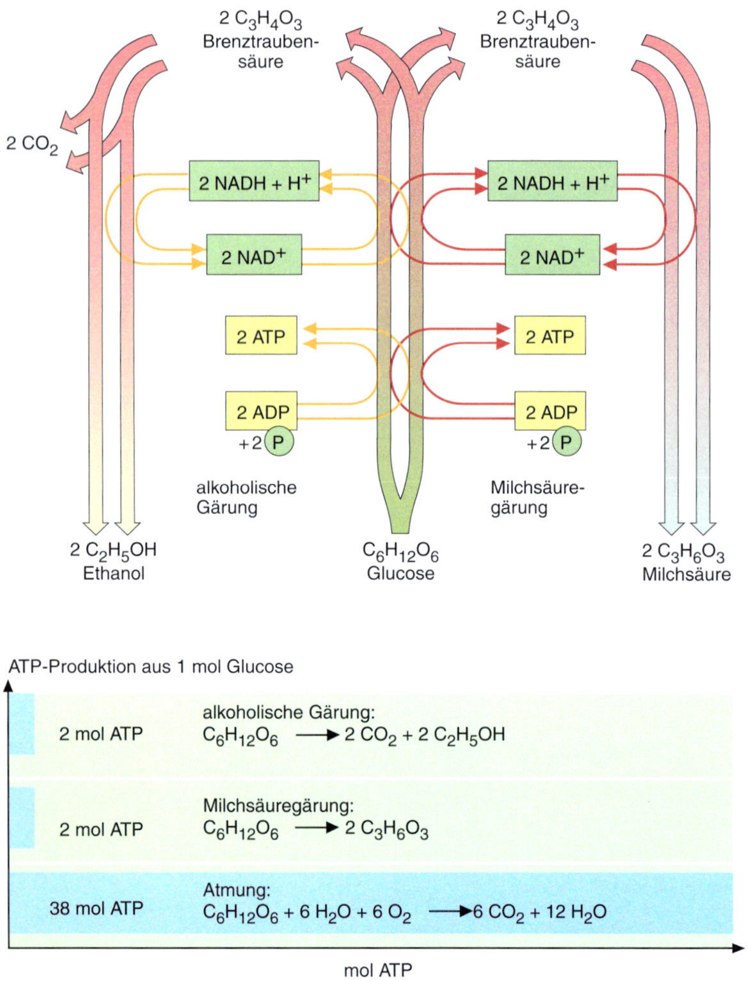

1 Schematische Darstellung der Gärung

Ist der Sauerstoffvorrat aufgebraucht, so können NADH + H^+ und $FADH_2$ nicht zurück zu NAD^+ und FAD oxidiert werden. Diese Cosubstrate stehen dann in der Glykolyse und den Folgeprozessen nicht mehr zur Verfügung, die Reaktionen kommen deshalb zum Erliegen. Nun ist aber NADH + H^+ aufgrund seines niedrigen Redoxpotentials in der Lage, Elektronen (und Protonen) direkt auf Brenztraubensäure zu übertragen. Viele Organismen haben Enzyme, um diese Reaktion zu katalysieren. Dann steht NAD^+ wieder bereit. Es kann zumindest in der Glykolyse wieder ATP erzeugt werden, wenn auch erheblich weniger pro mol Glucose als in der Atmung. Daneben wird die giftige Brenztraubensäure in die ungefährlichere Milchsäure umgewandelt. Daher heißt der Vorgang auch *Milchsäuregärung*. So entsteht durch Milchsäurebakterien aus Milch Jogurt bzw. aus Weißkohl Sauerkraut. In Mikroorganismen arbeitet ein anderes Enzym als in Wirbeltiermuskeln, daher produzieren sie $D^{(+)}$-Milchsäure statt der $L^{(-)}$-Form.

Nach dem gleichen Prinzip arbeiten Hefepilze der Gattung *Saccharomyces* bei der *alkoholischen Gärung*. Sie spalten zunächst enzymatisch CO_2 aus der Brenztraubensäure ab und reduzieren den entstehenden C_2-Körper Ethanal mithilfe von NADH + H^+ zu Ethanol. Auf diese Weise wird NAD^+ regeneriert. Hefen werden zur Erzeugung von Ethanol in der Getränkezubereitung (Bier, Wein) eingesetzt. Beim Backen wird ihre Produktion von CO_2 ausgenutzt: Die Gasbläschen lassen den Teig aufgehen.

Backhefen können in Gegenwart von Sauerstoff auch atmen und schalten nur unter sauerstoffarmen Bedingungen auf Gärung um. Sie sind *fakultative Anaerobier*. Andere Mikroorganismen und Wirbellose, wie Wattwürmer oder Tubifex-Larven, leiden als Schlammbewohner häufig unter Sauerstoffmangel und gewinnen dann durch andere Gärungsformen Energie.

Aufgaben

① Hefe wird in gut belüfteten Behältern vermehrt, arbeitet aber im Teig oder beim Bierbrauen unter Luftabschluss. Begründen Sie.

② Gefäße zur Bereitung von Sauerkraut müssen völlig sauber und luftdicht abgeschlossen sein. Was würde sonst geschehen?

Versuche zur Gärung

Untersuchung von Sauerteig

Material:
300 g Roggenmehl oder käufliche Backmischung Roggenbrot, dest. Wasser, pH-Teststreifen, Glaswolle

Geräte:
Backschüssel, Becherglas (1 Liter), kleiner Teller zum Abdecken, kl. Löffel, 3 kl. Reagenzgläser, 1 gr. Reagenzglas, Becherglas 500 ml (hoch), Drahtnetz, Dreifuß, Brenner

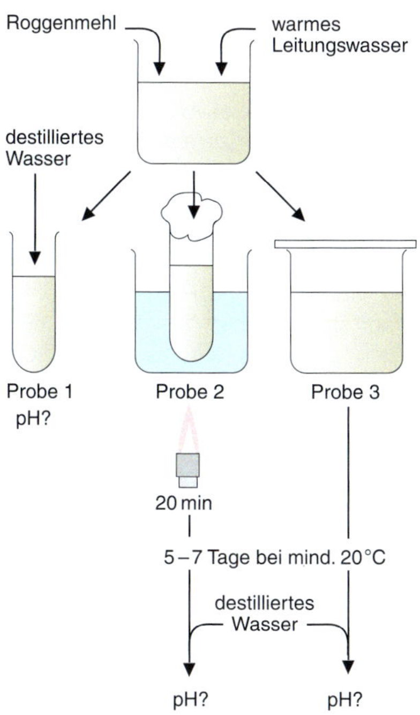

Durchführung:
300 g Roggenmehl (möglichst frisch und nicht zu fein gemahlen) werden in der Backschüssel mit so viel Leitungswasser (ca. 300 ml) bei ca. 30 °C gründlich vermischt, sodass der Teig gerade noch fließfähig ist.

Zwei kleine Proben von ca. 10 g werden abgenommen. Probe 1 wird mit ca. 10 ml Wasser aufgeschwemmt. Man lässt den Teig sich absetzen und misst den pH-Wert.

Probe 2 wird im großen, mit Glaswolle verschlossenen Reagenzglas ca. 20 min im kochenden Wasserbad erhitzt.

Der restliche Teig wird in ein hohes Becherglas gefüllt, mit einem Teller abgedeckt und etwa eine Woche lang an einem dunkeln warmen Ort (nicht unter 20 °C) zusammen mit Probe 2 stehen gelassen.

Aufgabe

① Nach Ablauf der Zeit wird in beiden Proben wie bei Probe 1 der pH-Wert ermittelt. Deuten Sie das Ergebnis.

Backen eines Sauerteigbrotes

Material:
Versuchsansatz aus Versuch 1, 300 g Roggenmehl, 12 g Speisesalz

Geräte:
Backschüssel, Rührlöffel, Kastenbackform, sauberes Handtuch, Backofen oder Trockenschrank

Durchführung:
Dem Teig aus Versuch 1 werden das Roggenmehl, Salz und Wasser zugegeben. Unter Rühren wird so viel Wasser dazu gegeben, dass der Teig klebrig, aber nicht fließfähig ist. Er wird in der mit einem Tuch abgedeckten Backschüssel ca. einen Tag an einem warmen Ort aufbewahrt.

Danach wird der Teig in die Backform gefüllt und nochmals mit einem Tuch abgedeckt ca. eine Stunde gehen gelassen. Dann wird der Teig bei ca. 180 °C ca. eine Stunde lang gebacken.

Alkoholische Gärung

Material:
Backhefe, Glucose, Calciumhydroxidlösung, Spülmittel

Geräte:
2 Wasserbäder (40 °C), 2 große Reagenzgläser, 3 Gaswaschflaschen, Sprudelsteine, Gummischläuche, Aquarienpumpen, Destillierapparatur oder doppelt durchbohrter Gummistopfen mit breitem Steigrohr (ca. 60 cm hoch), Thermometer

Durchführung:
Für einen Hefeansatz werden 40 g Glucose in 200 ml Wasser gelöst. Dazu kommen 20 g Bäckerhefe oder ein Beutel Trockenhefe. Der Ansatz wird im Wasserbad vorgewärmt, gut geschüttelt und gleichmäßig auf 2 Reagenzgläser verteilt. Die beiden Versuchsansätze werden gemäß der Abbildung aufgebaut. Nur einer wird mittels Aquarienpumpe belüftet.

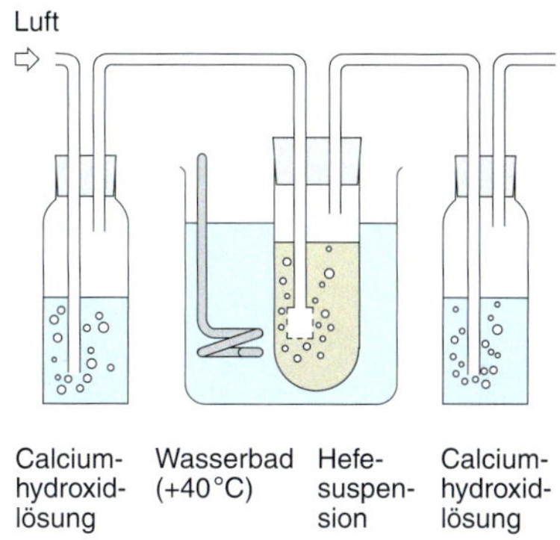

Aufgaben

② Beobachten Sie die Lösungen in den Waschflaschen und deuten Sie Ihre Beobachtungen.

③ Lassen Sie die Ansätze (ohne weitere Heizung) einen weiteren Tag stehen. Destillieren Sie dann (getrennt) den Inhalt der beiden Reagenzgläser. Vergleichen Sie dabei die Siedetemperaturen. Begründen Sie den Unterschied.

④ Versuchen Sie, die ersten 10 Tropfen des Destillats zu entzünden. Begründen Sie Unterschiede zwischen den beiden Ansätzen.

Alternative (einfachere) Durchführung:
- Geben Sie in jedes Reagenzglas je einen Tropfen Spülmittel, um zu starkes Schäumen zu verhindern.
- Verschließen Sie jedes Reagenzglas nach Befüllen wie oben mit einem doppelt durchbohrten Stopfen.
- Setzen Sie in die eine Öffnung des Stopfens ein Thermometer, in die andere ein ca. 50 cm langes Steigrohr (ca. 1 cm Ø).

Aufgaben

⑤ Erhitzen Sie und vergleichen Sie die Siedetemperaturen.

⑥ Wenn Dampf aus dem Steigrohr strömt, versuchen Sie (mehrmals), ihn zu entzünden. Welchen Stoff weisen Sie damit nach?

⑦ Vergleichen Sie beide Ansätze in Bezug auf Siedetemperatur und Brennbarkeit. Begründen Sie.

Die Muskelkontraktion

ATP ist die universelle „Energiewährung“ der Zelle und wird für die verschiedensten Lebensprozesse benötigt, auch für Bewegungen. ATP spielt eine wichtige Rolle bei der Bewegung von Geißeln bei Einzellern, aber auch bei Bewegungen unseres Körpers, die auf der Kontraktion der Muskeln beruhen. Dabei wird chemische Energie in mechanische Arbeit umgewandelt.

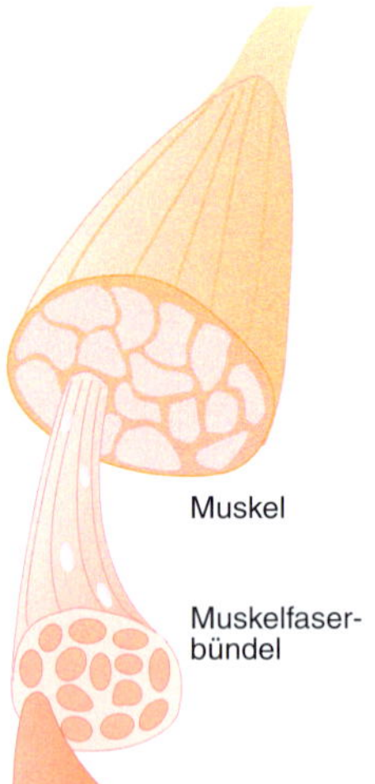

Bau des Muskels

Muskeln sind deutlich sichtbar in einzelne *Muskelbündel* gegliedert. Sie wiederum sind aus vielen bindegewebsumhüllten *Muskelfaserbündeln* aufgebaut, die auch Nerven und Blutgefäße enthalten. Jedes dieser Bündel enthält auch eine größere Zahl von ca. 50 µm dicken parallel geordneten *Muskelfasern*. Es sind ungewöhnlich große Zellgebilde aus vielen miteinander verschmolzenen Einzelzellen. Jede Muskelfaser enthält mehrere Zellkerne und zahlreiche Mitochondrien am Rand, wo sie Bewegungen nicht behindern. Die Fasern der Skelettmuskeln erscheinen im Mikroskop quergestreift. Im Inneren jeder Muskelfaser sind nämlich viele 1 bis 2 µm dicke *Myofibrillen* exakt parallel gelagert. Jede besteht aus einer Vielzahl von hintereinander liegenden *Sarkomeren* von gleichartigem Aufbau: Jedes Sarkomer wird von 2 quer gelagerten Z-Scheiben begrenzt. Darin fest verankert ist eine große Zahl paralleler *Aktinfilamente*. Zwischen sie sind regelmäßig die dickeren *Myosinfilamente* (ca. 0,01 µm Durchmesser) eingelagert.

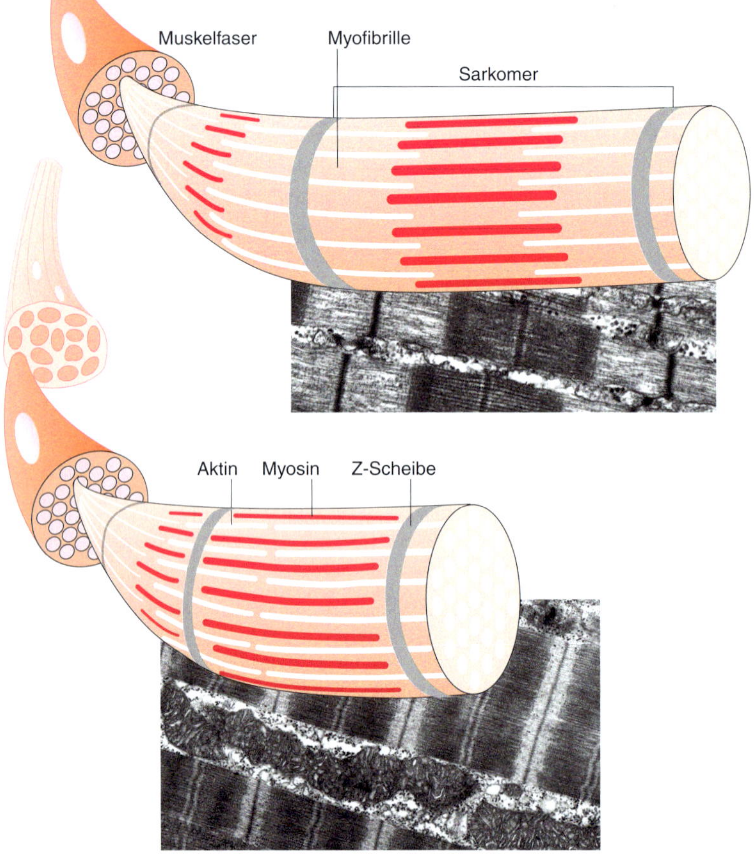

Gleitfilamenttheorie der Kontraktion

Muskeln verkürzen und verdicken sich bei der Kontraktion. Das Gleiche gilt für jedes einzelne Sarkomer. Aktin- und Myosinfilamente schieben sich ineinander und ziehen so die Z-Scheiben aufeinander zu.

Die Myosinköpfe eines Myosinmoleküls binden je ein ATP. Sie bilden in dieser Form mit ihren Hälsen einen Winkel von 90°. Bei hoher intrazellulärer Ca^{2+}-Konzentration verbinden sich die Myosinköpfe mit dem Aktin. Aktin aktiviert dabei die *ATPase* des Myosinkopfes, sodass das an ihn gebundene ATP gespalten wird ($ATP \rightarrow ADP + P_i$). Es entsteht also ein Komplex A-M-ADP-P_i. Löst sich P_i (anorganisches Phosphat) aus diesem Komplex, „kippen“ die Myosinköpfe aus ihrer 90°-Stellung in eine 50°-Stellung, was dazu führt, dass die Aktin- und Myosinfilamennte aneinander vorbeigleiten. Die Abgabe von ADP bringt schließlich die Myosinköpfe in ihre Endstellung (45°), was das Gleiten beendet. Der übrig gebliebene A-M-Komplex ist stabil und kann nur durch erneute Bindung von ATP an die Myosinköpfe wieder gelöst werden. Dieser Vorgang kann immer von Neuem erfolgen, solange der Muskel durch Nervenimpulse aktiviert ist.

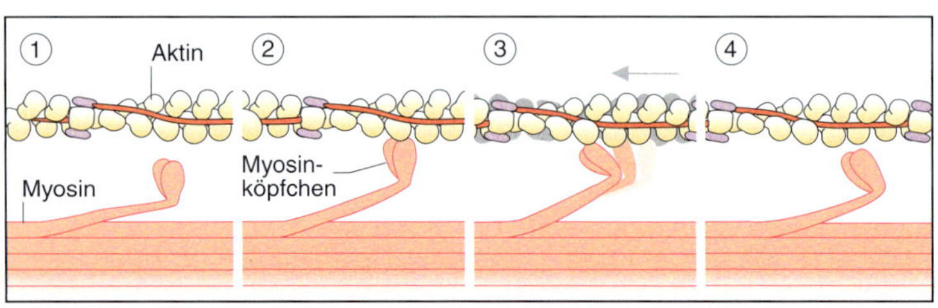

1 Ablauf der Muskelkontraktion

Aufgabe

① Bei zu starker, ungewohnter Dauerbelastung eines Muskels verkrampft er: Er wird steif und hart. Welche Ursachen könnte das haben?

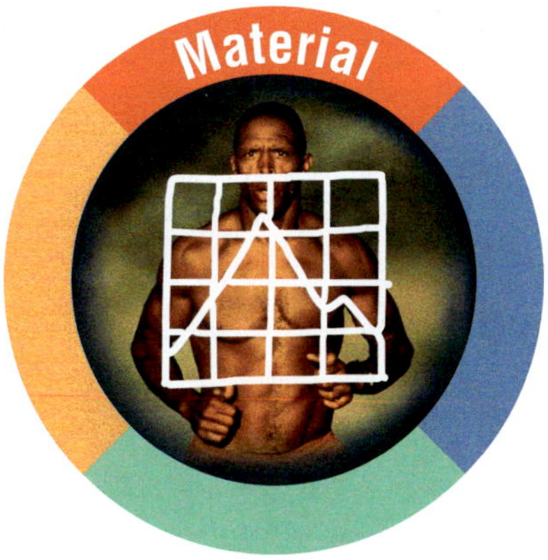

Die Rolle des ATP bei der Muskelkontraktion

Eine Vielzahl von Einzelbefunden ermöglichte es, eine Theorie zu den molekularen Mechanismen bei der Muskelkontraktion aufzustellen:

1) In Muskelzellen findet man eine besondere Form des Endoplasmatischen Retikulums (ER), die als Ca^{2+}-Speicher dient. In der Membran dieses ER befinden sich spezielle Ionenpumpen, die Ca^{2+} in das ER transportieren.

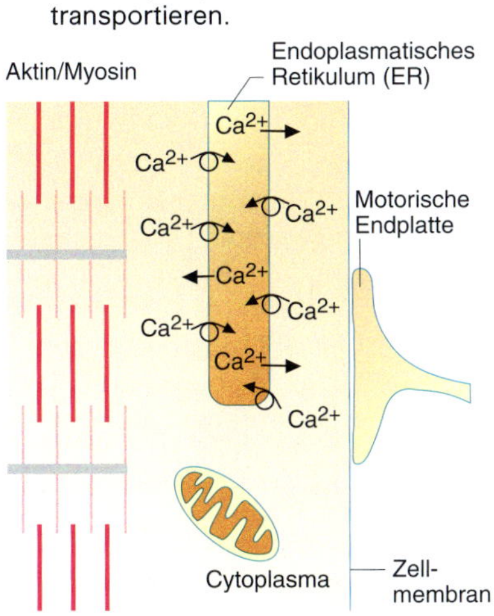

2) Gelangen Nervenimpulse an die *Motorische Endplatte* (die Nervenendigung an der Membran), erhöht sich schlagartig die Permeabilität der Membran des Muskelzellen-ERs für Calciumionen. Darauf erhöht sich die Ca^{2+}-Konzentration im Cytoplasma der Muskelzelle um ca. das 1000fache.
3) Das Myosinmolekül weist flexible Teile auf, die Änderungen seiner räumlichen Struktur ermöglichen. Nur in einer dieser räumlichen Strukturen hat der Myosinkopf Kontakt mit Aktin.
4) ENGELHARDT und seine Mitarbeiter stellten schon 1939 fest, dass der Myosinkopf ATP-Bindungsstellen aufweist. ADP und Phosphat dagegen werden vom Myosinkopf nicht gebunden.
5) Der Myosinkopf kann bei Anwesenheit von Aktin ATP schnell zu ADP und Phosphat spalten. Der Myosinkopf wirkt also wie eine ATPase.

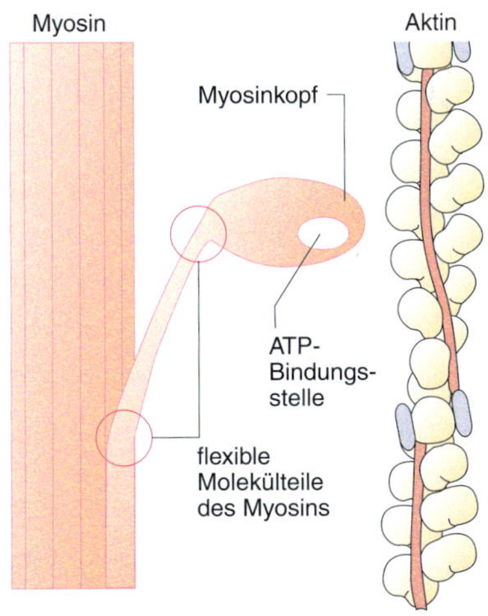

6) Eine Änderung der räumlichen Struktur von Myosin erfolgt unter verschiedenen Bedingungen:
   a) Hohe Ca^{2+}-Konzentrationen verändern die Struktur von Myosin und Aktin so, dass das Myosin in Kontakt mit Aktin tritt.
   b) Die Anlagerung von ATP an die ATP-Bindungsstelle des Myosinkopfes führt zu einer 90°-Einstellung des Myosinkopfes zum Myosinstiel. Diese räumliche Struktur des Myosins bleibt nur bestehen, so lange ATP gebunden ist.
   c) Bei niedriger Ca^{2+}-Konzentration binden zwei weitere Proteine so an Aktin, dass sie den Zugang für das Myosinköpfchen blockieren. Bei höheren Ca^{2+}-Konzentrationen verändern diese beiden Proteine ihre Lage geringfügig, sodass Myosin an Aktin binden kann und die Kontraktion erfolgt.

Aufgaben

① Ermitteln Sie mithilfe der obigen Versuchsergebnisse die richtige Reihenfolge der Schemata in der nebenstehenden Abbildung.

② Stirbt ein Wirbeltier, so tritt nach einigen Stunden Totenstarre ein: Alle Muskeln werden starr und hart. Gehetztes Wild zeigt nach dem Tode eine extrem kurze Zeit bis zum Einsetzen der Totenstarre. Erklären Sie diese Phänomene; überlegen Sie, in welcher Phase der unten stehenden Abbildung sich ein Muskel in Totenstarre befindet.

③ Die Zugabe von ATP auf einen frisch isolierten Muskel führt nicht, wie man zuerst vermuten könnte, zu einer Kontraktion. Überlegen Sie, wie man tatsächlich eine Kontraktion auslösen könnte.

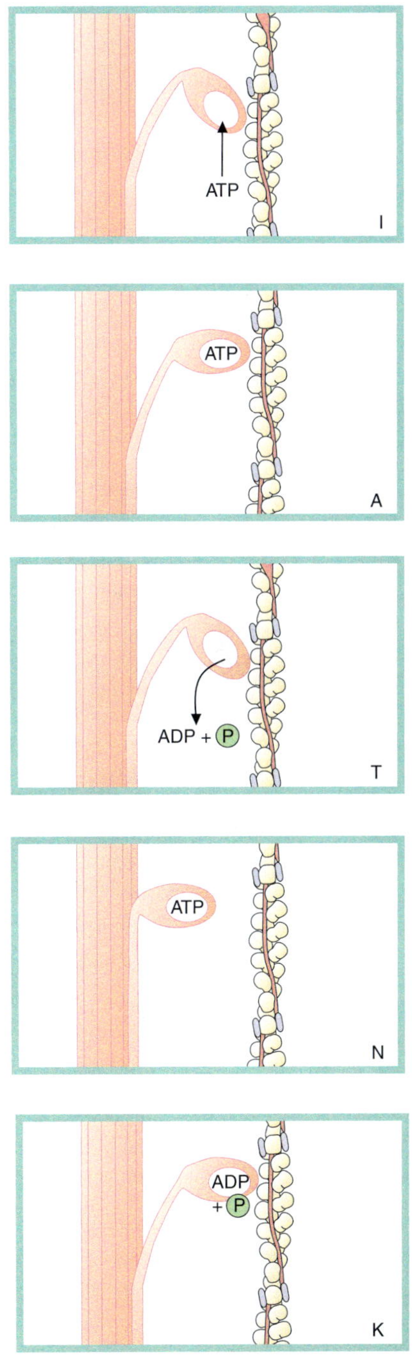

1 Fechten: Dynamik und Körperbeherrschung

2 Marathonlauf

Sport — Spaß und Gesundheit

FT-Fasern
(*fast twitch* — schnell reagierende, aber schnell ermüdende Fasern)
gewinnen Energie vor allem aus Kreatinphosphat, ATP und Milchsäuregärung

ST-Fasern
(*slow twitch* — langsam reagierende Fasern für Dauerbelastungen)
gewinnen Energie vor allem aus der Zellatmung

Sportliches Training macht Spaß, es fördert gleichzeitig die Leistungsfähigkeit. Viele Trainingsregeln werden heute aus den wissenschaftlichen Grundlagen der Stoffwechselphysiologie abgeleitet. Das Training kann so optimal an die geforderten Belastungen angepasst werden.

100-Meter-Strecke oder Marathon?

Sport ist nicht gleich Sport. Die Anforderungen an die Muskeln und inneren Organe können grundverschieden sein. Auf der Kurzstrecke kommt es vor allem auf möglichst schnelle Kraftentfaltung und gute Koordination an, auf der Langstrecke auf optimale Versorgung der Muskulatur mit Sauerstoff.

Selbst die beanspruchten Muskelfasern unterscheiden sich: Schnelle hellrote *FT-Fasern* können kurzfristig große Kräfte entfalten. Sie zeichnen sich durch große Reserven an energiereichen Stoffen aus: *ATP, Kreatinphosphat* und *Glykogen*. Kreatinphosphat kann leicht Phosphat auf ADP übertragen, Glykogen kann gut zu Glucose abgebaut werden. Die Fasern sind reich an Enzymen der *Glykolyse*, sodass anaerob schnell Energie bereitgestellt wird. Dagegen gewinnen die langsamen dunkelroten *ST-Fasern* ihre Energie vor allem durch Zellatmung: Sie enthalten viel *Myoglobin* als Sauerstoffspeicher und viele *Mitochondrien*. Sie werden auch durch ein dichtes *Blutkapillarnetz* besser mit Sauerstoff versorgt. Der Anteil von ST- und FT-Fasern ist durch Training kaum zu beeinflussen, er ist genetisch festgelegt.

Training — was bewirkt es?

Sportliches Training wirkt auf mehrere Organe ein. Zum einen wird die zentralnervöse Koordination in den Bewegungszentren des Gehirns verbessert. Viele Reaktionen in den dynamischen Sportarten werden eingeübt, automatisiert und dadurch präziser. Bei Ausdauersportarten wird der Bewegungsablauf effektiver und ökonomischer. Mit weniger Energieaufwand kann mehr erreicht werden. So setzt z. B. ein ungeübter Schwimmer nur ca. 2 % der aufgewandten Stoffwechselenergie in Bewegungsenergie um, ein trainierter etwa das Vierfache. Außerdem kann der Trainierte vor und während der Anstrengung seinen Kraftaufwand so einteilen, dass nicht sinnlos Energie verschwendet wird. Zudem erholen sich Sportler in der Regel schneller als Untrainierte.

Durch *Krafttraining* kann die Muskelmasse zunehmen. Die Maximalkraft der Muskeln wird durch die Vergrößerung des Muskelquerschnitts gesteigert. Die Myofibrillen werden vermehrt, die Muskelfasern werden dicker. Durch *isometrisches Krafttraining*, z. B. beim Bodybuilding, kann schon mit relativ wenigen kurzzeitigen Trainingseinheiten pro Woche ein erheblicher Muskelzuwachs erreicht werden. Die Dauerleistung wird aber nicht gesteigert, weil die vergrößerten Fasern nicht besser mit Blutkapillaren versorgt werden. Umgekehrt werden nicht belastete Muskeln aber auch abgebaut *(Atrophie)*. Astronauten wirken dem bei längerem Aufenthalt in der Schwerelosigkeit durch regelmäßiges Training entgegen.

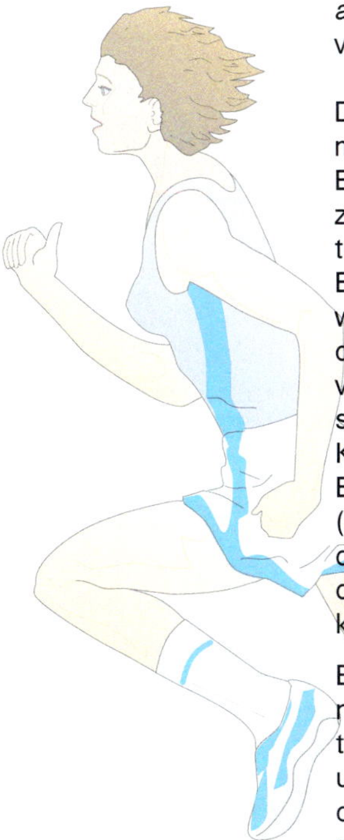

Ausdauertraining – aerob oder anaerob?

Die Art eines Trainings richtet sich nach den Anforderungen der jeweiligen Sportart. In Sprintsportarten arbeitet man oft mit dem *anaeroben Intervalltraining*, dem Wechsel von Belastung und Erholung.

Die Übungen werden mit 60 bis 90% der maximalen Leistungsfähigkeit durchgeführt. Ein Maß dafür ist die *Pulsfrequenz*. Sie sollte zwischen 140 und 170 Schlägen pro Minute liegen. Die Übungen werden mit kurzen Erholungspausen je nach Belastungsgrad wiederholt. In den Belastungsphasen werden ATP, Kreatinphosphat und Glykogen verbraucht und Milchsäure produziert, die später aerob abgebaut wird. Damit geht der Körper eine *Sauerstoffschuld* ein, die in den Erholungsphasen wieder ausgeglichen wird (s. Seite 84). Trainiert werden anaerobe Ausdauer durch Vermehrung der Reserven und der Glykolyse-Enzyme, Muskelkraft und lokale Muskelausdauer.

Beim *Ausdauertraining* wird kontinuierlich nur im aeroben Bereich gearbeitet oder im extensiven Intervalltraining abwechselnd stark und gering belastet. Es nehmen nicht nur die Kraft und der Querschnitt der Muskeln zu, sondern auch die Glykogenreserven sowie die Zahl und Größe der Mitochondrien. Die Sauerstoffversorgung der Muskeln und des gesamten Körpers wird verbessert, u. a. durch Vergrößerung des Herzschlagvolumens, Vergrößerung der Herzmuskeln und Verbesserung der Versorgung des Herzmuskels mit Herzkranzgefäßen, stärkere Kapillarenbildung in den Muskeln sowie höhere Erythrocytenzahl im Blut.

Trainieren bis zum Umfallen?

In den Belastungsphasen werden die Energiereserven des Körpers abgebaut. Die Leistungsfähigkeit wird dadurch vermindert. Erst nach einer Erholungspause von einigen Stunden kann der Körper wieder Leistung erbringen, dann aber eine gewisse Zeit lang sogar mehr als vor der Belastung *(Superkompensationsphase)*. Wird in einer solchen Phase wieder trainiert, ergibt sich ein positiver Trainingseffekt *(Superkompensationseffekt)*, die Leistungsfähigkeit kann durch Ausnutzung der Superkompensationsphasen auf Dauer gesteigert werden. Sie wird sich aber im Endeffekt auf dem im Durchschnitt geforderten Belastungsniveau einpendeln.

Aufgaben

① Normalpersonen haben im Durchschnitt ein Herzvolumen von ca. 780 ml. Bei Sportlern wurden gemessen: 790, 880, 920, 1000 ml. Welche dieser Werte würden Sie einem Radrennfahrer (Profi), Fußballspieler, Turner, Skilangläufer, Fechter, Langstreckenschwimmer, Mehrkämpfer zuordnen?

② Würden Sie Höhentraining einem Ausdauersportler empfehlen?
Begründen Sie.

③ Ein Leichtathletik-Trainer empfiehlt als Training zum 400-m-Lauf, die Strecke nicht mehrmals durchzulaufen, sondern mehrere 100-m-Einheiten mit dazwischen liegenden Erholungspausen. Welche Auswirkungen haben die beiden Trainingsmethoden auf den Körper?

Zettelkasten

Doping

Medikamente können sportliche Leistungen steigern. Dann spricht man von *Doping*. Medizinisch unbedenklich sind die Mittel aber keinesfalls und können sogar tödlich wirken.

Anabolika sind mit den männlichen Sexualhormonen verwandt, aber meist so abgewandelt, dass sie bei Frauen eine möglichst geringe Vermännlichung bewirken. Sie steigern den Protein-Aufbaustoffwechsel und bewirken ein schnelleres und stärkeres Muskelwachstum. Sie werden illegal beim Bodybuilding oder bei Kraftsportarten eingesetzt. Allerdings halten Sehnen und Bänder mit dem übersteigerten Muskelwachstum nicht Schritt, die Gefahr von Überdehnungen und Rissen ist sehr hoch.

Amphetamine steigern kurzfristig Wachheit, Konzentration und Stoffwechselrate. Sie wirken auf das Gehirn und können als Suchtmittel missbraucht werden *(Ecstasy*, s. Seite 257). Gefahren sind eine zu starke Verausgabung bis hin zur völligen Erschöpfung und ein unter Umständen nicht rechtzeitig wahrgenommener tödlich hoher Flüssigkeitsverlust.

EPO (Erythropoietin) ist ein Wachstumsfaktor der Niere, der die Produktion von Erythrocyten anregt. Es wird gentechnisch gewonnen und ist für Nierenkranke ein wichtiges Medikament. Als Dopingmittel eingesetzt verbessert es den Sauerstofftransport im Blut und damit die Ausdauerleistung. Allerdings wird dadurch das Blut dickflüssiger, Übersteigerung des Blutdrucks und totaler Zusammenbruch sind die Folge. Todesfälle sind belegt.

Zur Fairness im Sport und zum Schutz der Sportler ist Doping verboten und wird mit Wettkampfsperren bestraft. Die meisten Dopingmittel sind inzwischen nachweisbar. Die Einnahme solcher Stoffe kann jedoch auch medizinisch begründet sein.

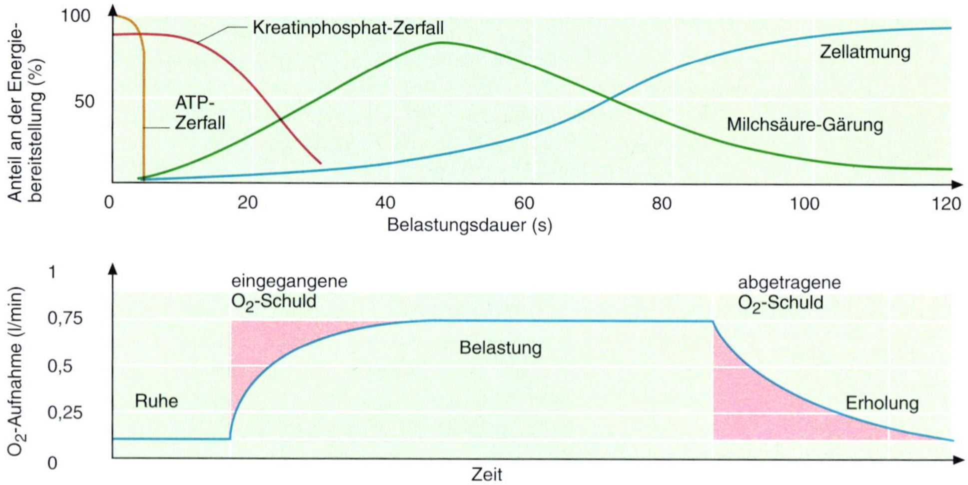

1 Energiereserven der Muskeln und O_2-Aufnahme während eines 800-m-Laufs

Energieumwandlung im Muskel

Die 400-m-Strecke gilt in der Leichtathletik als eine der schwersten Strecken überhaupt. Die Geschwindigkeit ist fast so hoch wie bei einem 100-m-Lauf, die Belastung dauert aber ungleich länger.

Die *ATP-Vorräte* im Muskel sind nicht hoch und reichen nur für ca. 2 Sekunden aus. Kurzfristig kann aber Phosphat aus dem energiereichen *Kreatinphosphat* auf ADP übertragen werden, doch reicht dieser Kurzzeitspeicher für Energie auch nur für ca. 15 Sekunden. Aus der *Zellatmung* lässt sich der hohe Energiebedarf zunächst nicht decken, weil die Kapazität der Mitochondrien dafür nicht ausreicht und ihre Sauerstoffversorgung so kurzfristig nicht an den hohen Verbrauch angeglichen werden kann (letzte Phase des 400-m-Laufs). Daher stammt die Energie bei ländern Distanzen zum großen Teil aus der Milchsäuregärung. Dazu muss Glucose aus Glykogen mobilisiert werden. Entsprechende Enzyme werden durch die Ausschüttung der Calciumionen aktiviert, die auch die Muskelkontraktion auslösen.

Innerhalb von 60 bis 90 Sekunden erhöht sich der Puls auf bis zu 180 Schläge pro Minute und die Sauerstoffaufnahme auf das 8- bis 10fache. Damit kann ATP bis zum Ende des Laufs überwiegend durch *Zellatmung* bereitgestellt werden.

Trainingsplan für Nichtprofis:

Dreimal 30 min Dauerlauf pro Woche reichen für einen positiven Effekt auf die Gesundheit aus.

Man sollte in nicht zu hohem Tempo mit einer Laufzeit von ca. 15 min beginnen, unterbrochen von einigen kurzen Pausen. Der Puls sollte 135 Schläge/min nicht überschreiten.

Dann wird langsam auf 30 min Laufzeit ohne Pausen gesteigert.

Zettelkasten

Muskelkater – halb so schlimm

Jeder weiß aus eigener schmerzhafter Erfahrung: Muskelkater ist am 2. Tag am heftigsten. Lange vermutete man eine Übersäuerung der Muskeln als Ursache. Sie produzieren zwar unter Sauerstoffarmut Milchsäure durch Gärung, doch die wird bereits nach wenigen Stunden in der Leber und im Herzmuskel wieder abgebaut. Muskelkater hat also andere Ursachen.

Das langsame Abklingen der Schmerzen lässt auf Entzündungsreaktionen schließen. Dafür ist nicht Übersäuerung die Ursache, sondern winzige, mikroskopisch kleine Verletzungen der Myofibrillen. Ursache ist das Abfangen ungewohnter äußerer Belastungen, wie z. B. das Abfedern von Sprüngen oder Schritten.

Die motorischen Zentren des Gehirns können sie bei ungeübten Personen nur ungenau vorausplanen. Sie aktivieren dann zu wenige Muskelfasern dafür, diese halten den Überlastungen nicht Stand und bekommen winzige Risse, die Ursache der Entzündungen.

Training verbessert die zentralnervöse Koordination und Kontrolle dieser Abfangbewegungen und verhindert so das Auftreten der winzigen Verletzungen.

Massage, Einreiben und leichtes Weitertrainieren verbessern die Durchblutung der Muskeln, beschleunigen den Heilungsprozess und helfen beim Abklingen der Beschwerden.

Tauchende Säugetiere

Wale sind die besseren Taucher

Pottwale tauchen auf ihren Beutezügen bis zu 1100 m tief. Die Dauer eines Tauchgangs kann bis zu einer Stunde betragen. Wie können diese lungenatmenden Säuger so lange Zeiten ohne Atmung auskommen? Eine Reihe von Forschungsergebnissen ermöglicht die Beantwortung dieser Frage.

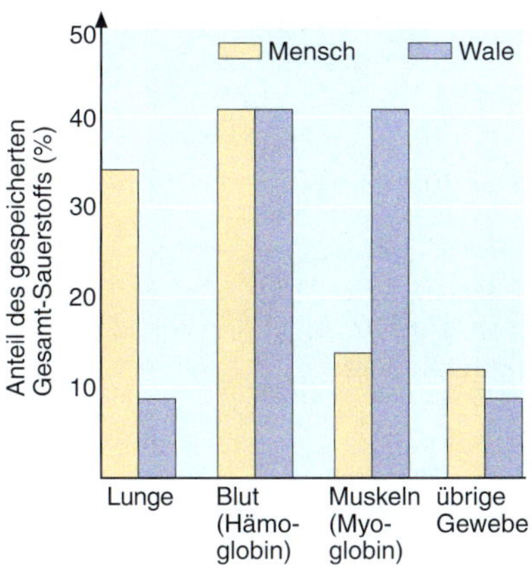

Aufgaben

① Welche Sauerstoffspeicher nutzt der Mensch beim Tauchen, welche der Wal?

② Aus welchen Gründen nehmen die Wale nicht ein größeres Luftvolumen in der Lunge als Sauerstoffvorrat mit nach unten?

③ Taucher können nach längeren Tauchgängen nur langsam mit mehreren Pausen auftauchen, um die Taucherkrankheit zu umgehen: Bei dem starken Druck in der Tiefe löst sich eine große Menge der Luft in der Blutflüssigkeit, die bei zu schnellem Druckabfall als Bläschen ausperlt und durch Verstopfung der Kapillaren zum Tode führt. Leiten Sie aus der Grafik mehrere Gründe ab, warum die Taucherkrankheit bei Walen nicht auftritt.

Stoffwechsel der Weddell-Robbe

Die Weddell-Robbe im antarktischen Eismeer jagt ihre Beute in bis zu 600 m Tiefe. Ein durchschnittlicher Tauchgang dauert etwa eine Viertelstunde. Die Grafiken unten zeigen die Verhältnisse bei einigen wichtigen Stoffwechselgrößen, die im Blut und der Atemluft der Robben gemessen wurden.

Aufgaben

④ Beschreiben Sie die Veränderungen der Konzentrationen von O_2, CO_2 und Milchsäure während eines Tauchganges anhand der Grafiken.

⑤ Aus welchen Stoffwechselvorgängen gewinnt die Robbe demnach beim Tauchen das benötigte ATP? Begründen Sie.

⑥ Die Abbildung 84.1 zeigt die Prozesse zur Energiegewinnung eines Läufers während eines 800-m-Laufs. Zeichnen Sie ein gleichartiges Diagramm für eine Robbe während eines Tauchganges.

⑦ Erklären Sie die starken Unterschiede der Atmung vor und nach dem Tauchen.

⑧ Welche Bedeutung hat die starke Veränderung der Pulsfrequenz?

⑨ Wieso leiden die Muskeln trotz dieser Abnahme nicht unter Versorgungsproblemen?

⑩ Während des Tauchens werden die Arterien zum Darm und zum Genitalsystem stark verengt, die zum Herz und Gehirn bleiben weit geöffnet. Welche Bedeutung hat das?

⑪ Zum Beginn des Tauchganges atmet die Robbe vollständig aus. Welche Vorteile bietet dieses Verhalten beim Tauchen?

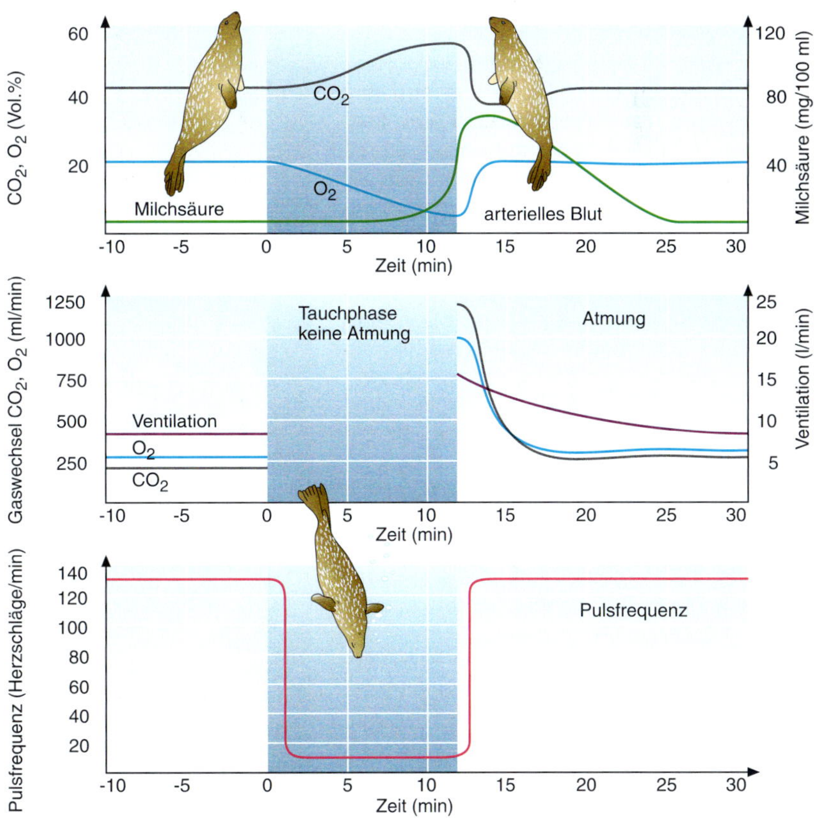

Pflanzen leben autotroph

So wie die Tiere nehmen auch Pflanzen aus ihrer Umgebung Stoffe auf und wandeln diese durch ihren *Stoffwechsel* zu körpereigenen Verbindungen um. Benötigt werden diese zur Erhaltung der Organismen, für Wachstum und Entwicklung. Genau wie Tiere geben auch Pflanzen Stoffe wieder ab.

Der *Energiehaushalt* der Pflanzen entspricht in den Grundprinzipien denen anderer Lebewesen. Aus der Umwelt wird Energie aufgenommen. Mit ihr werden die Lebensvorgänge aufrechterhalten, die körpereigenen Stoffe produziert und im Organismus transportiert. Vom Tier unterscheidet sich die grüne Pflanze dadurch, dass sie in der Lage ist, für die zur Synthese organischer Stoffe notwendige Energie das Sonnenlicht als Energiequelle zu nutzen. Im Gegensatz zum Tier und zu den Pilzen lebt die Pflanze fotoautotroph.

Pflanzen nehmen keine energiereichen organischen Nährstoffe, sondern einfache anorganische chemische Verbindungen auf. Sie sind auf mineralische Verbindungen aus dem Boden, Kohlenstoffdioxid aus der Luft und auf Wasser angewiesen.

Auf die von den autotrophen Pflanzen hergestellten organischen Stoffe und auf den von ihnen produzierten Sauerstoff sind fast alle anderen Lebewesen angewiesen. Ohne Übertreibung kann man behaupten, dass alles Leben auf der Erde von den grünen Pflanzen abhängt.

Die grünen Pflanzen produzieren im Rahmen der Fotosynthese mithilfe des Sonnenlichtes aus den chemischen Verbindungen Kohlenstoffdioxid und Wasser zunächst Einfachzucker und Sauerstoff. Die Zucker sind die Ausgangsstoffe für viele weitere körpereigene organische Verbindungen und Ausgangsstoffe für ihren Energiestoffwechsel. Werden Pflanzen und Tiere gefressen oder von Mikroorganismen zerstört, gehen die energiereichen Verbindungen auf diese Organismen über. Durch deren Stoffwechsel werden körpereigene Verbindungen hergestellt. Bei der Atmung werden die energiereichen Verbindungen verbraucht und Kohlenstoffdioxid sowie Wasser freigesetzt. Auch anaerobe Mikroorganismen nutzen die von Pflanzen produzierten Stoffe zur Energiefreisetzung beim Prozess der Gärung.

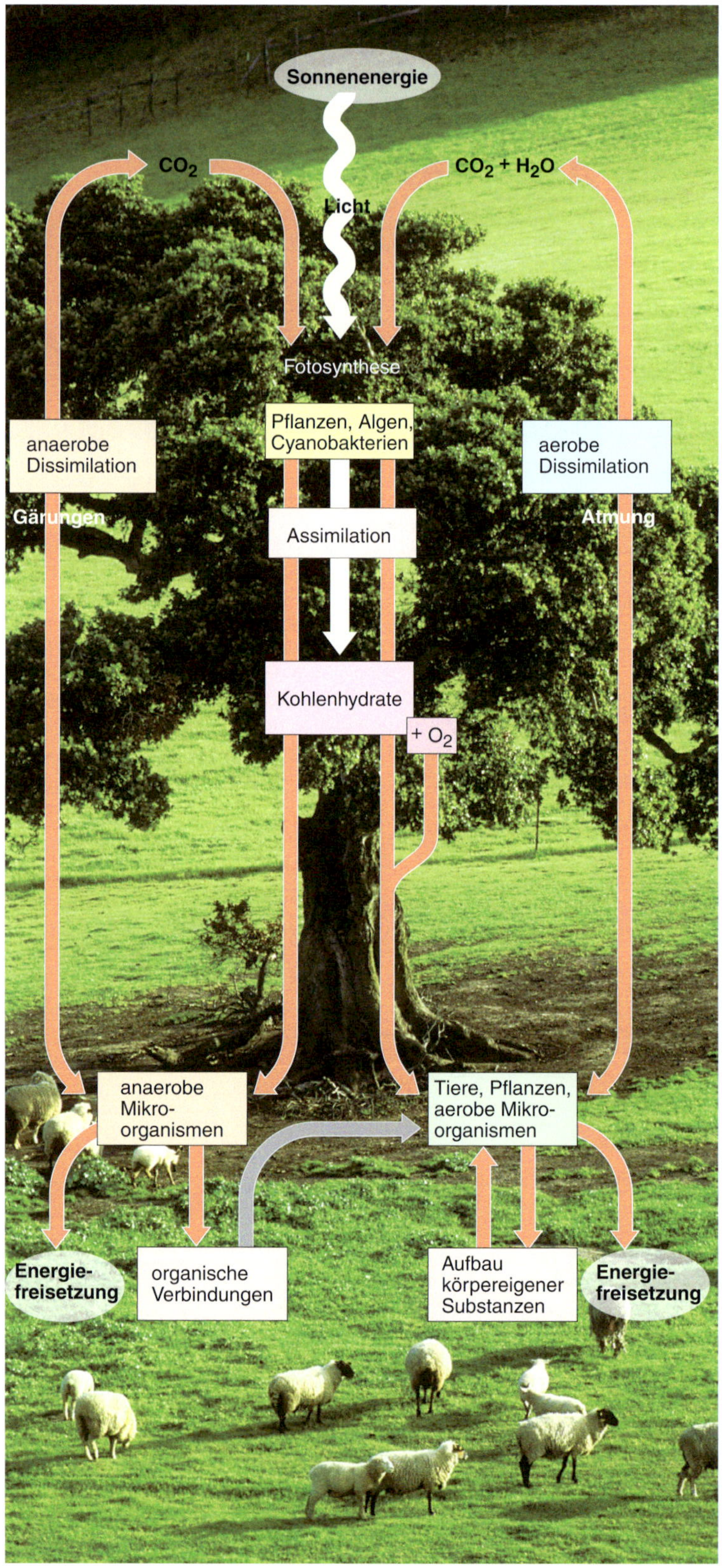

1 Energie bereitstellende Stoffwechselprozesse

Mineralstoffhaushalt der Pflanze

Den größten Teil des *Frischgewichtes* lebender Pflanzen macht das Wasser aus. Der Wasserhaushalt ist ein zentrales Problem der Stoffwechselvorgänge in der Pflanze.

Den Wassergehalt ermittelt man, indem die Pflanzen oder Pflanzenteile so lange bei 105 °C getrocknet werden, bis die Masse konstant bleibt. Erhitzt man diese Trockensubstanz unter Luftzufuhr auf hohe Temperaturen, so entweicht ein Teil der Elemente als Verbrennungsgas (CO_2, H_2O oder SO_2), während zahlreiche andere Elemente in der Asche zurückbleiben. Aus den *Aschenanalysen* allein kann jedoch nicht geklärt werden, ob diese Elemente für die Pflanze lebensnotwendig, d. h. *essenziell* sind, oder ob sie aus dem Boden nur zufällig aufgenommen und in der Pflanze abgelagert werden.

Genaue Aufschlüsse darüber, welche Elemente essenziell sind, erhält man durch Wasserkulturen. Dazu kultiviert man Pflanzen in Nährlösungen mit genau festgelegten Konzentrationen der einzelnen Elemente und deren Verbindungen. Fehlt ein Element, kann man mehr oder weniger starke *Mangelerscheinungen* beobachten. Diese zeigen sich z. B. im Vergilben der Blätter, am kümmerlichen Wachstum oder am Absterben von Pflanzenteilen.

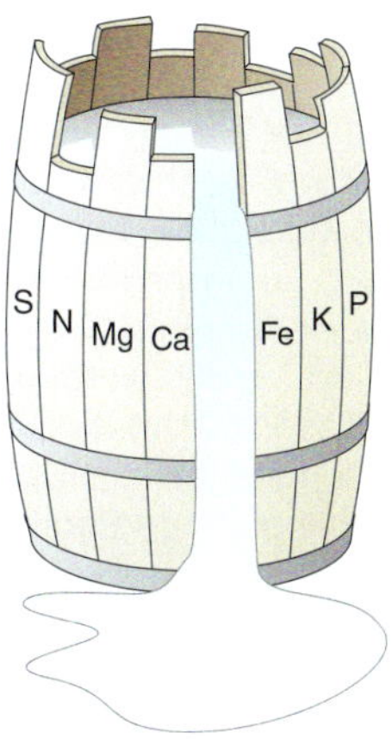

Gesetz des Minimums von LIEBIG

Aus solchen und ähnlichen Experimenten konnte man eine Liste der essenziellen Elemente ermitteln. *Makroelemente* sind solche, die in größeren Mengen benötigt werden. Hierzu gehören: C, H, O, N, S, P, K, Ca, Mg, Fe. Die *Mikro-* oder *Spurenelemente* sind nur in kleinsten Mengen erforderlich, aber dennoch unentbehrlich: Mn, Cu, Zn, Mo, Cl, Na. Von den meisten dieser Elemente kennt man auch ihre Funktion im Bau- und Betriebsstoffwechsel.

Pflanzen nehmen die meisten der genannten Elemente in Form von in Wasser gelösten Ionen über die Wurzel auf. Ionen, die in höherer Konzentration im Boden vorliegen als in der Wurzel, gelangen passiv durch Diffusion in das Wurzelgewebe. Bestimmte Ionen werden jedoch aktiv in die Wurzel aufgenommen. Dieser Vorgang benötigt Energie in Form von ATP.

Nach dem Absterben der Pflanze oder als Ausscheidungen von Pflanzenfressern kehren die von der Pflanze aufgenommenen Elemente wieder in den Boden zurück. Der Stoffkreislauf ist geschlossen. Durch das Ernten der Pflanzen aber wird dem Boden eine große Menge der Pflanzennährstoffe entzogen. In der modernen Landwirtschaft nutzt man ihn über viele Jahre intensiv, dadurch verarmt er an bestimmten Ionen. Diese werden zum begrenzenden Faktor für das Pflanzenwachstum. Das von JUSTUS VON LIEBIG aufgestellte „Gesetz des Minimums" sagt dazu aus: Der in der relativ geringsten Menge vorliegende Faktor begrenzt das Wachstum (s. Randspalte). Mangel besteht häufig an Stickstoff, Phosphor und Kalium. Der Landwirt muss dem Boden durch Düngung die fehlenden Elemente wieder zuführen, um weiter hohe Erträge zu erzielen. Wichtig ist immer die ausreichende Versorgung mit Wasser, damit die Ionen aufgenommen werden können.

Der *biologisch-ökologische Landbau* versucht, einen geschlossenen Stoffkreislauf zwischen Boden, Pflanze, Tier und Mensch zu erhalten. Kennzeichnend hierfür ist die Pflege der im Boden lebenden Organismen durch eine umsichtige Bearbeitung und Düngung. Als Dünger werden hauptsächlich organische Materialien, wie aufgearbeiteter Mist oder Kompost, verwendet.

1 Pflanzen auf Versuchsfeldern in Mineralstoffmangelversuchen

Wasserhaushalt der Pflanze

Mammutbäume haben Stammhöhen von 100m oder mehr. Das Wasser muss aus dem Boden in die Blätter in 100m Höhe gelangen. Haupttriebkraft der enormen Transportleistung ist die Verdunstung der Wassermoleküle an der Blattoberfläche, die *Transpiration.* Die Wärmestrahlung der Sonne senkt die relative Luftfeuchte und vergrößert so das Konzentrationsgefälle des Wassers zwischen der Luft und dem Blattinnern, die Transpiration nimmt zu. In den Blättern entsteht ein Wasserdefizit, das durch Wasser aus den Blattzellen und den feinen Blattadern ausgeglichen wird. Dies bewirkt einen *Transpirationssog.*

Aufgrund der Dipoleigenschaften des Wassers halten Wasserfäden von den Blattadern über die Blattstiele und die *Leitungsbahnen* bis in die Wurzelspitzen fest zusammen. In den Leitungsbahnen der Laubbäume strömt das Wasser mit Geschwindigkeiten von 4 bis 44 m/h, in Lianen sogar mit 150 m/h. Misst man bei großen Bäumen die Wasserbewegung, so ist sie nachts nicht nachweisbar. Am Morgen beginnt die Wasserbewegung in der Krone und setzt sich über den Stamm bis zur Wurzel fort. In der Mittagszeit kann der Transpirationssog so groß werden, dass nicht genügend Wasser nachgeliefert werden kann und im Baumstamm ein Unterdruck entsteht. Daher sind einige Baumstämme zur Mittagszeit messbar schlanker als nachts. Durch spiralige Leisten sind die Zellwände der Leitungsbahnen ähnlich wie bei einem Staubsaugerschlauch versteift, sodass diese nicht durch den Unterdruck kollabieren können.

An Wurzelstümpfen frisch gefällter Bäume oder verletzten Baumstämmen tritt Flüssigkeit aus. Dies ist eine Folge des *Wurzeldruckes.* Er ist mit 5000 hPa im Vergleich zum Transpirationssog von 930000 hPa minimal und würde nicht für die Baumhöhe reichen. Er scheint dadurch zustande zu kommen, dass aus dem Cytoplasma stoffwechselaktiver Zellen osmotisch wirksame Substanzen ausgeschieden werden, denen das Wasser folgen muss. Das herausdiffundierende Wasser erzeugt den Wurzeldruck. Dieser erfordert den Aufwand von Stoffwechselenergie. Die biologische Bedeutung des Wurzeldrucks liegt darin, dass er selbst bei einer Luftfeuchtigkeit von fast 100 % einen Wassertransport gewährleisten kann. Im tropischen Regenwald ist er besonders entscheidend.

Im Gewebe des Blattes verlaufen Leitbündel. Äußerlich sind sie als Blattadern erkennbar. Sie dienen der Festigkeit und Stabilität der Blätter und ihrer Versorgung mit Wasser und Mineralien. Die Wassermoleküle haben nur noch eine geringe Diffusionsstrecke zu den fotosynthetisch aktiven Zellen zurückzulegen. Außerdem gelangt der Wasserdampf auch leicht zu den Spaltöffnungen und kann dort verdunsten.

1 Blatt mit Leitbündeln

Im Spross der Pflanze befinden sich die Leitgefäße. Sie bestehen aus zwei Teilen. Im *Xylem* strömt das Wasser von der Wurzel in die Sprossachse und die Blätter. Das *Phloem* transportiert die Fotosyntheseprodukte aus den Blättern und verteilt sie in der Pflanze. Die Röhrensysteme des Xylems sind aus Zellen entstanden, die abgestorben und deren Querwände aufgelöst sind. Die Röhren erreichen eine Länge bis zu 10 m.

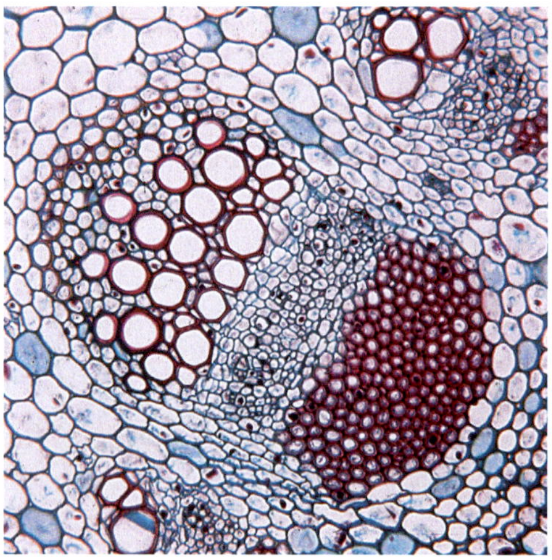

2 Leitgewebe

Die Wurzeln dringen mit ihren Wurzelhaaren in die mit Wasser gefüllten Hohlräume des Bodens. Wasser wird auf osmotischem Wege direkt in das Cytoplasma der Zellen aufgenommen oder es diffundiert in die Zellwände der Wurzelhaare. Auf dem Weg des Wassers von der Rinde in den Zentralzylinder liegt der *Caspary'sche Streifen*, eine wasserundurchlässige Einlagerung in den Zellwänden. Hier gelangt das Wasser aktiv aus den Zellwänden ins Cytoplasma.

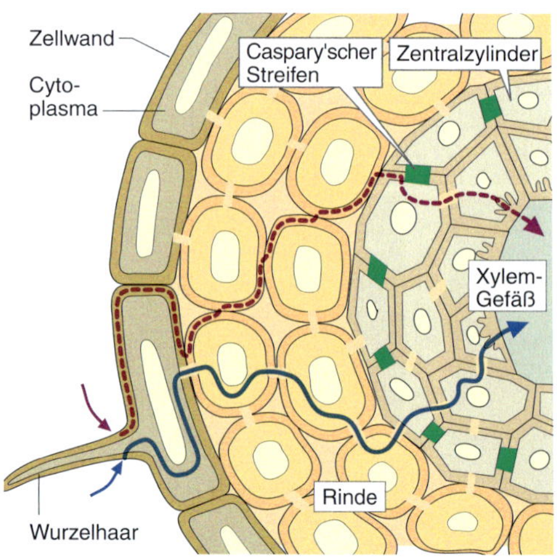

3 Weg des Wassers in der Wurzel

Transpiration

Blätter verdunsten Wasser

Material: Beblätterte Zweige von Flieder, Bohnenpflanzen o. ä., 6 Messzylinder (100ml), Vaseline und Paraffinöl

Durchführung: Schneiden Sie 5 gleich große Zweige mit jeweils derselben Anzahl von etwa gleich großen Blättern ab. Stellen Sie die Zweige in die mit Wasser gleich hoch gefüllten Gefäße:

Gefäß-Nr.
1 Kontrollprobe ohne Zweig
2 Zweig, von dem die Blätter abgetrennt wurden
3 Zweig mit Blättern (unbehandelt)
4 Zweig mit Blättern, deren Unterseiten dünn mit Vaseline bestrichen wurden
5 Zweig mit Blättern, deren Oberseiten mit Vaseline dünn bestrichen wurden
6 Zweig mit Blättern, deren Ober- und Unterseiten dünn mit Vaseline bestrichen wurden.

Gießen Sie zum Schluss auf die Wasseroberfläche eine dünne Schicht Paraffinöl (Abb. unten). Messen Sie alle 24 Stunden die Wasserstandshöhe in den Gefäßen. Bilden Sie die Differenzen zum jeweiligen Ausgangswert.

Aufgaben

① Stellen Sie diese Ergebnisse grafisch dar und deuten Sie die Befunde.

Blattoberseite und -unterseite

Material: Blätter einer Tulpe oder von Tradescantia, Mikroskop, Objektträger, Deckgläschen, Wasser, Pipette, Pinzette, Rasierklinge, 10%ige Natriumchloridlösung

Durchführung: Legen Sie ein Blatt mit der Unter- bzw. Oberseite nach oben über einen Bleistift und ritzen Sie es mit der Rasierklinge etwas ein (s. Abb.). Erfassen Sie mit der Pinzette die Schnittkante und ziehen Sie ein Stück der äußeren Gewebeschicht (Epidermis) vorsichtig ab.

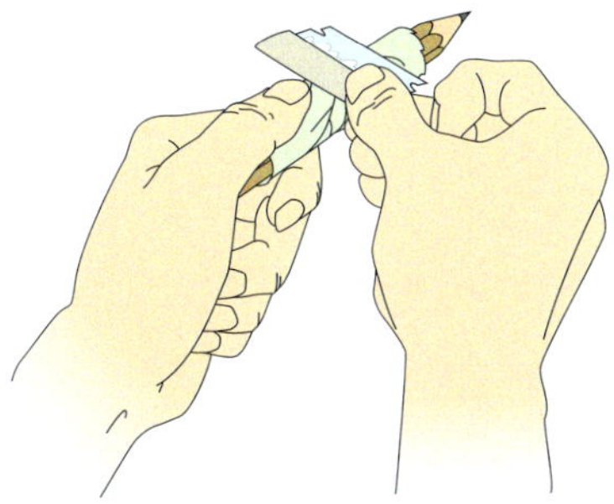

② Mikroskopieren Sie je ein kleines Gewebestück der Ober- und Unterseite des Blattes. Fertigen Sie Ausschnittskizzen an. Zeichnen Sie insbesondere die Strukturen genau, über die eine Wasserabgabe erfolgen könnte.
Ermitteln Sie die Anzahl der Epidermiszellen im Sehfeld. Wie groß ist der prozentuale Anteil der Zellen, die die Spaltöffnungen umschließen?

③ Geben Sie anschließend zu dem Gewebestück der Blattunterseite einige Tropfen Natriumchloridlösung. Beobachten Sie unter dem Mikroskop und deuten Sie.

Anfärben einer Schließzelle

Material: Trandescantia-Blatt, dickwandiges Glas mit durchbohrtem Stopfen und Schlauchanschluss, wässrige Neutralrotlösung 1 : 10 000, Wasserstrahlpumpe

Durchführung: Legen Sie das Blatt in die Neutralrotlösung und infiltrieren Sie die Farblösung einige Minuten im Vakuum. Ziehen Sie Stückchen der oberen und der unteren Epidermis ab und vergleichen Sie.

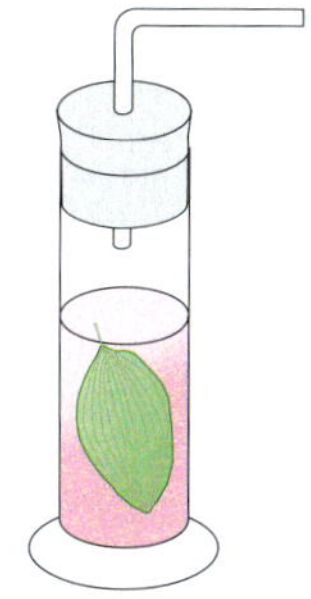

Porusgröße und Blattfläche

Material: Blätter einer Tulpe, Iris oder Tradescantia, Mikroskop, Objektträger, Deckgläschen, Wasser, Pipette, Pinzette, Rasierklinge, Okularmikrometer und Objektmikrometer.

Durchführung: Präparieren Sie wie oben angegeben ein Gewebestück der Blattunterseite. Eichen Sie das Okularmikrometer (s. Seite 13).

④ Zählen Sie die Spaltöffnungen auf 1 mm^2. Messen Sie mithilfe des Okularmikrometers die Länge und Breite von 10 Spaltöffnungen und bestimmen Sie die Mittelwerte. Nehmen Sie stark vereinfacht an, dass Spaltöffnungen rechteckig seien. Berechnen Sie die Fläche eines Porus, die Fläche aller Pori pro mm^2 Blattfläche und ihren prozentualen Anteil.

Der Randeffekt

Material: 5 Petrischalen, Filterpapier, Korkbohrer (siehe Tab.), Stecknadel, Wasser, Pipette, Waage (10mg-Skala).

Durchführung: Legen Sie die Böden der Petrischalen mit zwei Lagen Filterpapier aus. Pipettieren Sie 6 ml Wasser darauf. Stanzen Sie, den Angaben in der Tabelle entsprechend, Löcher in die Alufolie, mit der Sie die Petrischalen abdecken.

Petrischale	Durchmesser	Anzahl
1	ganz geschlossen	
2	14 mm	1
3	7 mm	4
4	5 mm	8
5	0,5 mm	784

Wiegen Sie die Petrischalen sofort und nach jeweils 30 min.

⑤ Berechnen Sie jeweils die Gesamtfläche und den Umfang der Löcher und die Gewichtsdifferenzen. Deuten Sie das Ergebnis und beziehen Sie Ihre Ergebnisse auf die Transpiration bei Pflanzen.

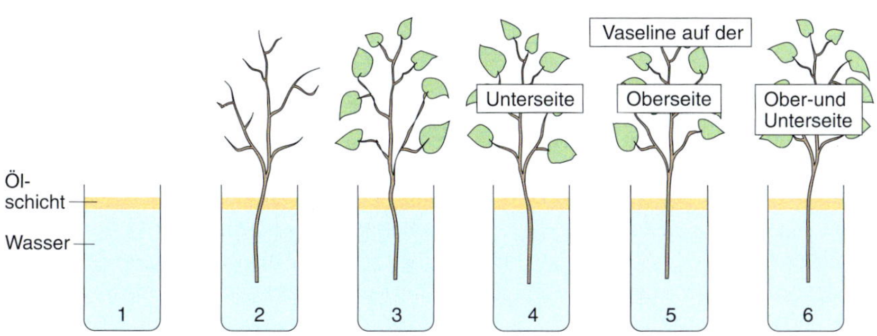

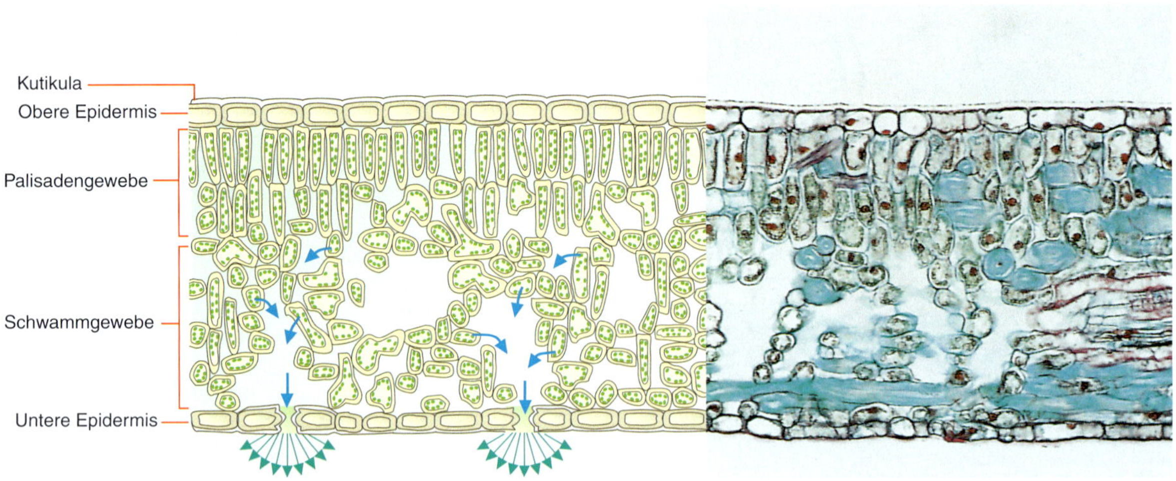

1 Zeichnung und mikroskopische Aufnahme eines Blattquerschnittes

Bau und Funktion des Blattes

Die Form der Blätter variiert von kleinen Schuppen bis zu meterlangen Wedeln, vom Laubblatt bis zur Nadel. Meist sind die Blätter grün, haben eine große Oberfläche, ihre Lage ist exponiert und sie stehen senkrecht zum Lichteinfall. Die Blätter haben vor allem zwei Funktionen zu erfüllen: *Transpiration* und *Fotosynthese*. Für den Vorgang der *Fotosynthese* sind Kohlenstoffdioxid, Wasser und Licht notwendig.

Die Blätter werden von einer einlagigen Zellschicht, der *Epidermis*, nach außen abgegrenzt. Sie ist frei von *Chloroplasten* und enthält somit auch kein *Chlorophyll*. Die äußeren Zellwände der Epidermis sind verdickt und schließen lückenlos aneinander. Auf die Zellen aufgelagert ist die *Kutikula*, eine für Wasser und Gase schwer durchlässige Wachsschicht. In der Regel erkennt man auf der Blattunterseite die *Spaltöffnungen (Stomata)*. Sind sie geöffnet, so können Gase wie Sauerstoff, Kohlenstoffdioxid und Wasserdampf durch sie diffundieren.

Im mikroskopischen Bild eines Blattquerschnittes fallen besonders große, senkrecht zur Blattoberseite stehende, zylindrische Zellen auf. Sie stehen dicht gedrängt. Lediglich feine Spalten durchziehen dieses Gewebe. Diese Zellschicht wird als *Palisadengewebe* bezeichnet, da die Zellen im Schnitt wie Pfähle einer *Palisadenwand* aufgereiht sind. Das Palisadengewebe kann ein- oder mehrschichtig sein, es enthält etwa 80 % der Chloroplasten eines Blattes und erscheint im mikroskopischen Querschnittsbild daher meist intensiv grün gefärbt. Die Palisadenzellen sind der Hauptort der Fotosynthese.

Unter der Palisadenschicht liegt ein lockerer Gewebebereich, dessen Zellen sehr unterschiedliche und unregelmäßige Formen besitzen. Man erkennt zahlreiche Zwischenräume, die so genannten *Interzellularen*, die untereinander in Verbindung stehen und mit den in der unteren Epidermis liegenden Spaltöffnungen und den feinen Spalten zwischen manchen Palisadenzellen Kontakt haben. Die Zellen dieser Gewebeschicht, die man als *Schwammgewebe* bezeichnet, besitzen deutlich weniger Chloroplasten als die Zellen des Palisadengewebes.

Eingebettet in Palisaden- und Schwammgewebe liegen die *Blattleitbündel*, die wie Adern das Blatt durchziehen. Über sie werden alle Teile des Blattes mit Wasser und Nährsalzen versorgt. Fotosyntheseprodukte, die nicht im Blatt gespeichert werden, gelangen über die Blattleitbündel in Stamm und Wurzel.

Aufgrund des weit verzweigten Interzellularsystems ist die innere Zelloberfläche 100-mal so groß wie die Blattoberfläche. Dadurch wird ein intensiver Stoffaustausch zwischen den Fotosynthese treibenden Zellen, den Leitbündeln und den Spaltöffnungen ermöglicht. Kohlenstoffdioxid kann ungehindert zu den Zellen diffundieren, sowie Sauerstoff und Wasserdampf in umgekehrter Richtung zu den Spaltöffnungen.

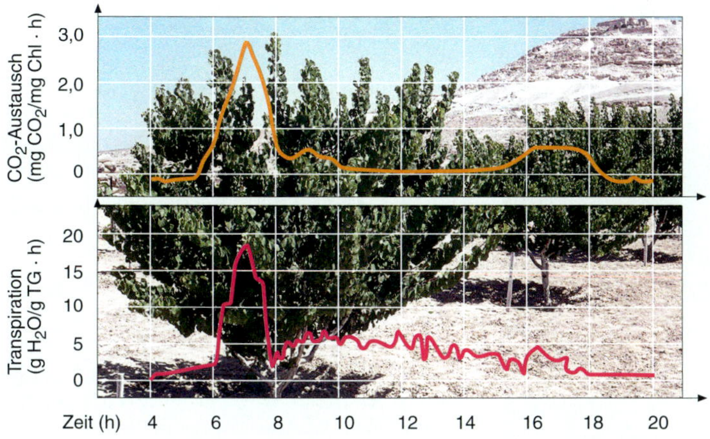

1 Transpirationsrate und Gasaustausch im Tagesverlauf

Pflanzen machen Mittagspause

Pflanzen können die Öffnungsweite ihrer *Spaltöffnungen (Stomata)* verändern. Mit zunehmender Lichtintensität im Laufe des Vormittags vergrößert sie sich, dagegen schließen sich in trockenen Lebensräumen die Spaltöffnungen zur Mittagszeit. Erst am späten Nachmittag öffnen sie sich erneut.

Parallel zu diesen Bewegungsvorgängen verändert sich die *Transpirationsrate*, was vermuten lässt, dass der Wasserdampf fast ausschließlich über die Spaltöffnungen *(stomatäre Transpiration)* entweicht. Messungen bei geschlossenen Stomata belegen, dass die Transpiration durch die Kutikula *(kutikuläre Transpiration)* sehr gering ist.

Die meisten Blätter besitzen zahlreiche Stomata. Die Summe aller Öffnungen beträgt jedoch nur 0,5 bis 2% der Blattfläche. Trotzdem verdunstet ein Blatt mittels stomatärer Transpiration bis zu 60% der Wasserdampfmenge, die eine gleich große, unbedeckte Wasseroberfläche abgibt.

Die von der offenen Fläche verdunstenden Moleküle diffundieren in die gleiche Richtung und behindern sich gegenseitig. Demgegenüber können über eine Vielzahl kleiner Poren, die zusammen die gleiche Fläche ergeben, in der gleichen Zeit wesentlich mehr Wassermoleküle austreten. Dies liegt daran, dass sich über jeder Pore eine halbkugelförmige Wasserdampfkuppe bildet und die Wassermoleküle ohne gegenseitige Störungen auch nach den Seiten diffundieren können *(Randeffekt)*.

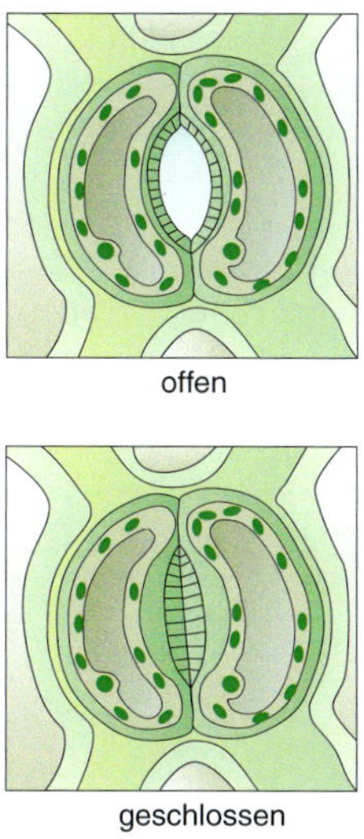

Spaltöffnung

Alle Poren sind umgeben von zwei meist bohnenförmigen *Schließzellen*, die in ihrer Mitte einen Spalt freilassen und sich an ihren Enden berühren. Ihre unmittelbaren Nachbarzellen werden als *Nebenzellen* bezeichnet. Sie gehören ebenfalls zum Spaltöffnungsapparat. Die Schließzellen enthalten als einzige Zellen der Epidermis Chloroplasten, sie können also Fotosynthese betreiben. Eine weitere Besonderheit ist die unterschiedliche Verdickung der Zellwände. Die Außen- und Innenwände sind besonders massiv gebaut. Damit sind sie relativ starr und formstabil. Demgegenüber sind die an die Nebenzellen grenzenden Zellwände unverdickt und folglich elastisch. Auch die dem Spalt zugewandte Seite der Schließzellen besitzt einen dünnen, elastischen Bereich. Erhöht sich der Innendruck *(Turgor)* der Schließzellen, so dehnen sich die elastischen Rückenwände. Die Zellen wölben sich in die Nebenzellen hinein. Da die Außen- und Innenwände relativ starr sind, wird die etwas elastische Bauchseite durch die Bewegung der Rückenseite nachgezogen. Die Gestalt der Schließzellen wird stärker bohnenförmig, der Spalt öffnet sich (siehe Randspalte).

Die Öffnungsweite des Spaltes hängt ausschließlich vom Turgor der Schließzellen ab. Da bei Wassermangel auch in diesen Zellen der Turgor abnimmt, wird verständlich, dass sich die Stomata unter diesen Bedingungen schließen. Der Spaltenschluss schränkt die Transpiration ein.

Abbildung 1 zeigt, dass die Öffnungsweite der Schließzellen indirekt von der Lichtintensität beeinflusst wird. Begast man das Interzellularsystem mit kohlenstoffdioxidfreier Luft, so öffnen sich die Spaltöffnungen auch im Dunkeln. Daraus folgt, dass die Lichtintensität die Öffnungsweite der Stomata nur indirekt über die Konzentration des Gases CO_2 steuert.

Aufgrund der unterschiedlichen wissenschaftlichen Befunde versteht man heute die Bewegung der Spaltöffnungen als ein kompliziertes physiologisches Geschehen. Die unmittelbare Ursache der Spaltöffnungsbewegung ist die Differenz zwischen dem Turgor in den Schließzellen und dem in den angrenzenden Nebenzellen. Die Turgorschwankungen aber werden von mehreren miteinander in Wechselwirkung stehenden Regelkreisen kontrolliert, bei denen Lichtintensität, Kohlenstoffdioxidkonzentration und die Umverteilung von Kaliumionen zwischen den Zellen wichtige Größen sind.

1 Lichtdurchflutete Blätter

2 Solarmobil

Die Sonne spendet Leben: Die Fotosynthese

Tiere, Pilze und die meisten Bakterien benötigen energiereiche Substanzen, aus denen in Abbauprozessen Energie freigesetzt wird, mit deren Hilfe sie energiereiches ATP synthetisieren. Auch die im *Baustoffwechsel* entstehenden körpereigenen Substanzen sind energiereich.

Dies trifft nicht für grüne Pflanzen zu. Sie nehmen in der Regel keine organischen oder anderen energiereichen Substanzen auf. Und dennoch zeigen sie die für alle Lebewesen typischen, Energie benötigenden Merkmale wie Fortpflanzung und Bewegung.

Grüne Pflanzen nutzen das riesige Energiereservoir der Sonne aus. Mithilfe der Lichtenergie werden im Prozess der *Fotosynthese* die anorganischen Stoffe Kohlenstoffdioxid und Wasser zu energiereicher Glucose und zu Sauerstoff umgebaut. Die Glucose ist der Ausgangsstoff für den Baustoffwechsel der Pflanze und auch für die Zellatmung zur Energiebereitstellung.

Die meisten Pflanzen bauen allerdings Glucose sofort oder nach dem Transport in die Speicherorgane in Stärke um, da diese nur schwer löslich und osmotisch wenig wirksam ist. Dadurch wird verhindert, dass ein zu hoher osmotischer Druck entsteht, der die Zellen zerstören und die Pflanze schädigen könnte. Vor allem nachts, wenn die Energie des Sonnenlichts fehlt, wird ein Teil der Stärke über Glykolyse, Tricarbonsäurezyklus und die Atmungskette unter Aufnahme von Sauerstoff wieder abgebaut.

Das Reaktionsschema der Fotosynthese entspricht formal der Umkehrung des Reaktionsschemas der Zellatmung:

$$6\ CO_2 + 12\ H_2O \longrightarrow C_6H_{12}O_6 + 6\ O_2 + 6\ H_2O$$

Daher wird auch genau dieselbe Energiemenge in der Glucose gespeichert (2836 kJ/mol), die bei ihrem Abbau in der Zellatmung frei wird.

Die Nutzung energiereicher organischer Substanz, wie bei der Zellatmung oder der Gärung, stellt einen Abbauprozess *(Dissimilation)* dar. Die Fotosynthese dagegen, bei der mithilfe der Lichtenergie Glucose entsteht, ist ein Aufbauprozess *(Assimilation)*: Unter Energiezufuhr wird aus energiearmen anorganischen Stoffen energiereiche organische Substanz aufgebaut.

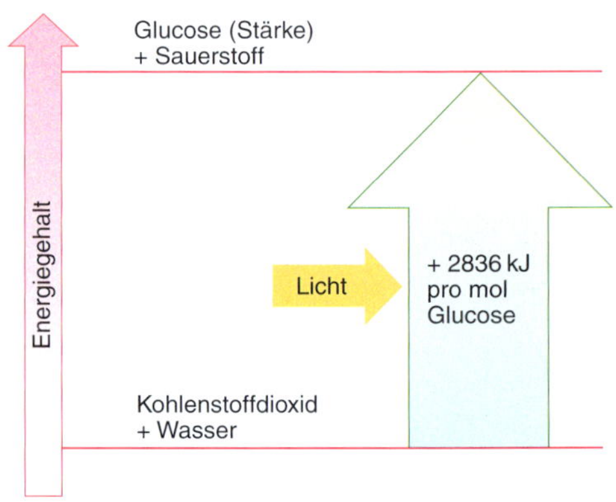

3 Die Fotosynthese – ein Assimilationsprozess

Versuche zur Fotosynthese

Bedeutung der Außenfaktoren

Geräte: großes Becherglas, Diaprojektor, verschiedene Farbfilter: violett, blau, grün, rot
Material: frische Sprosse der Wasserpest (Elodea)

Durchführung:

a) Füllen Sie das Becherglas zur Hälfte mit abgekochtem, abgekühltem Leitungswasser. Geben Sie einen Spross der Wasserpest hinein und schneiden Sie ihn unter Wasser am unteren Ende schräg an. Belichten Sie mit dem Projektor aus ca. 20 cm Abstand und bestimmen Sie über 5 Minuten die Anzahl der Gasblasen, die an der Schnittstelle austreten.
b) Füllen Sie das Becherglas mit CO_2-haltigem Mineralwasser auf (ungefähr gleiche Temperatur wie das Leitungswasser). Bestimmen Sie erneut über 5 Minuten die Zahl der Gasblasen pro Minute.
c) Schalten Sie den Diaprojektor ab und ermitteln Sie wieder über 5 Minuten die Anzahl der Gasblasen pro Minute.
d) Schalten Sie den Diaprojektor wieder an. Schieben Sie anschließend einen Farbfilter in den Diaprojektor. Messen Sie nun über 10 Minuten die Anzahl der Gasblasen. Verwenden Sie gruppenteilig verschiedene Farbfilter.

Aufgaben

① Stellen Sie zur Auswertung die Versuchsergebnisse grafisch dar (Blasenanzahl pro Minute gegen die Wellenlänge des Farbfilters). Welche Schlüsse lassen sich aus den Versuchen ziehen.
② Deuten Sie die Ergebnisse aller Versuche.

Dünnschichtchromatographie

Die Chromatographie ist eine Methode zur Trennung von gelösten Stoffgemischen. Sie wird heutzutage in fast allen Bereichen der biologischen Forschung eingesetzt. Hierzu trägt man das Gemisch auf ein Trägermaterial (z. B. Papier oder Kieselgel) auf. Anschließend lässt man ein Laufmittel durch das Trägermaterial fließen. Die einzelnen Bestandteile des Gemisches haften wegen ihrer verschiedenen Eigenschaften einerseits unterschiedlich fest am Trägermaterial und werden andererseits unterschiedlich gut mit dem Laufmittel transportiert. Dadurch legen sie unterschiedliche Strecken zurück (Laufstrecken), anhand derer sie identifiziert werden können. Als Maßzahl dient dabei der so genannte R_f-Wert. Darunter versteht man den Quotienten aus der Laufstrecke und der Frontstrecke (Startlinie bis zur Lösungsmittelfront).

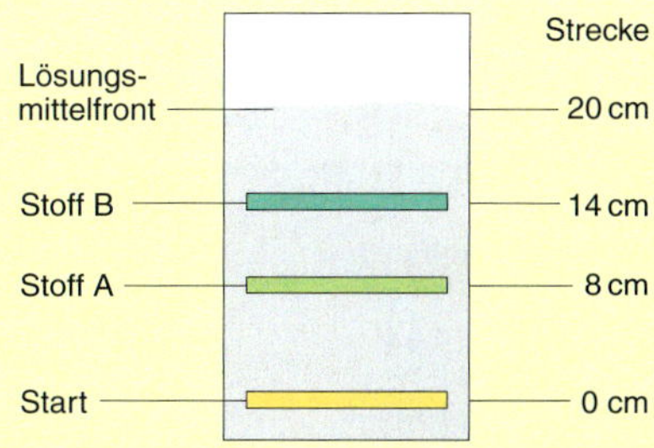

Berechnungsbeispiel: Laufstrecke A = 8 cm
Frontstrecke = 20 cm
R_f-Wert A = 8/20 = 0,4

Isolierung der Blattfarbstoffe

Geräte: Schere, Mörser mit Pistill, Becherglas, Chromatographiekammer, DC-Platten (am besten mit Kieselgel beschichtet), Pipette
Material: Petersilie, Schnittlauch, Brennnessel o. ä., Quarzsand, $CaCO_3$, Propanon (Aceton) [F]
Laufmittel: 100 ml Petrolbenzin (Siedebereich 100 °C – 140 °C), 10 ml 2-Propanol (Isopropanol) [F], 0,25 ml dest. Wasser

a) Das Pflanzenmaterial mit der Schere zerkleinern.
b) Im Mörser mit Quarzsand, einer Spatelspitze $CaCO_3$ und ca. 10 ml Propanon zerreiben (Abzug oder offenes Fenster!).
c) Die tiefgrüne Lösung in das Becherglas abgießen.
d) Mit der Pipette in ca. 2 cm Höhe auf die DC-Platte auftragen (Punktlinie bilden, trocknen lassen, neue Punkte auf dieselbe Linie).
e) Die DC-Platte nun in die Chromatographiekammer stellen, in der sich ca. 1 cm hoch Laufmittel befindet. Die Kammer abdecken und erschütterungsfrei stehen lassen, bis das Laufmittel fast den oberen Rand erreicht hat.

Aufgaben

③ Markieren Sie die Laufmittelfront auf der Platte und messen Sie ihre Entfernung von der Startlinie. Verfahren Sie auf gleiche Weise mit den einzelnen Farbstoffbanden und ermitteln Sie deren R_f-Werte. Bestimmen Sie die Farbstoffe (s. Tabelle).

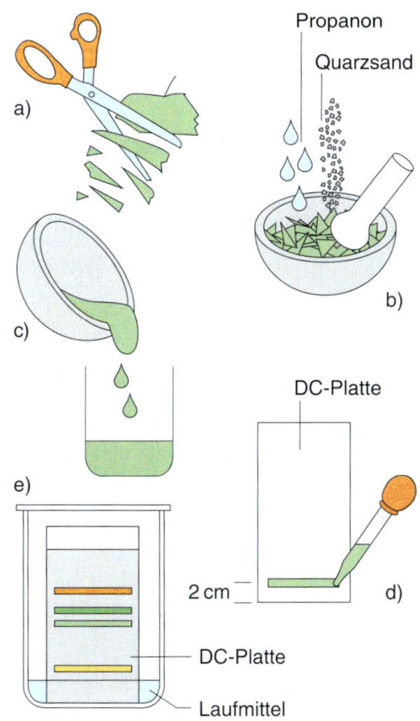

④ Bestrahlen Sie die Blattfarbstoffe auf der entwickelten DC-Platte mit UV-Licht (360 nm). Augen schützen!

R_f-Werte für Kieselgelplatten und das angegebene Laufmittel:

Stoff	R_f-Wert
β-Carotin	0,95
Chlorophyll a	0,74
Chlorophyll b	0,64
Lutein	0,48
Violaxanthin	0,35
Neoxanthin	0,20

Die Werte können bei Schulversuchen variieren, die Reihenfolge bleibt erhalten.

Äußere Einflüsse auf die Fotosynthese

Am **Kompensationspunkt** ist die O_2-Produktion durch die Fotosynthese gleich groß wie der O_2-Verbrauch bei der Atmung.

Gemüse und andere Pflanzen werden heute vielfach in Gewächshäusern angebaut. Es ist wichtig, den Pflanzen Bedingungen zu bieten, unter denen sie optimal wachsen und Fotosynthese treiben können. Dazu misst man unter anderem die *Fotosyntheserate* einer Pflanze, indem man die Sauerstoffabgabe oder -aufnahme pro Zeit ermittelt (als Messgrößen sind auch die Aufnahme und Abgabe von Kohlenstoffdioxid möglich). Man unterscheidet dabei die durch die Fotosynthese verursachte Sauerstoffproduktion *(reelle Fotosynthese)* und die nach außen hin messbare Sauerstoffbilanz *(apparente Fotosynthese)*, die von anderen Prozessen wie der Zellatmung mitbestimmt wird.

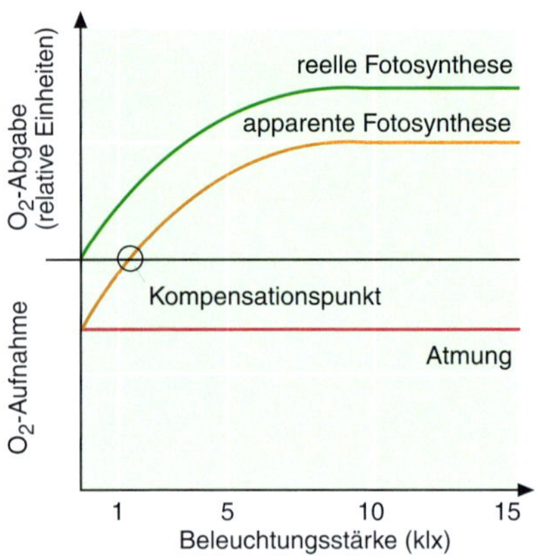

Abhängigkeit von der Beleuchtungsstärke

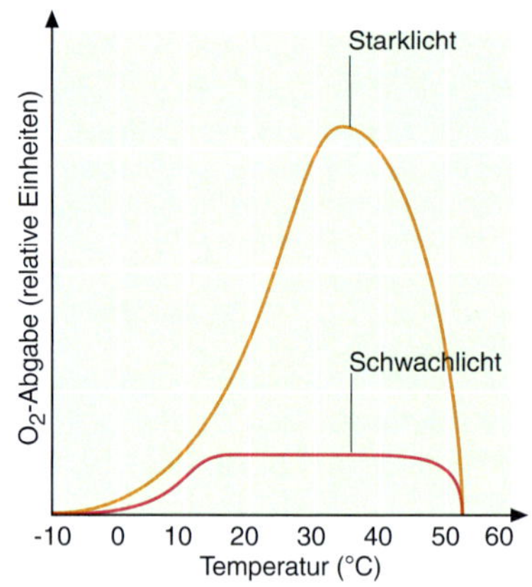

Abhängigkeit von der Temperatur

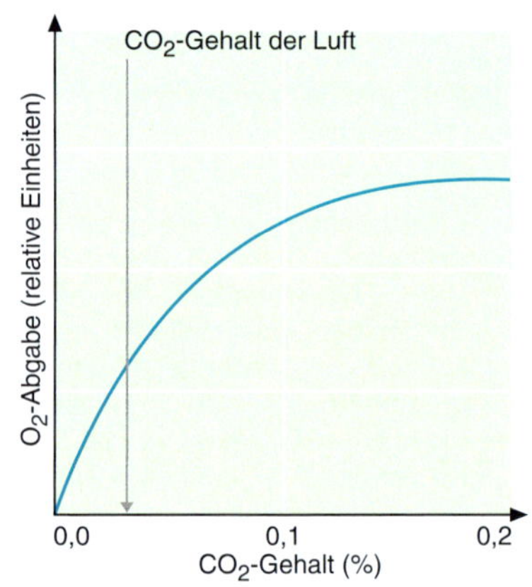

Abhängigkeit vom CO_2-Gehalt

Einer der Faktoren, die die *Fotosyntheserate* beeinflussen, ist die *Beleuchtungsstärke*. Bei der erhaltenen Kurve lassen sich zwei Phasen unterscheiden: Im Bereich niedriger Beleuchtungsstärken nimmt die Fotosyntheserate mit der Stärke der Beleuchtung zu. Sie bestimmt hier die Intensität der Fotosynthese. Bei sehr geringen Beleuchtungsstärken ist der Sauerstoffverbrauch durch die Atmung größer als die Produktion durch die Fotosynthese, die Pflanze nimmt daher Sauerstoff auf. Bei höherer Beleuchtungsstärke, am *Kompensationspunkt*, gleichen sich diese beiden Prozesse genau aus. Bei noch höherer Beleuchtungsstärke gibt die Pflanze Sauerstoff ab, da die Produktion durch die Fotosynthese den Verbrauch durch die Atmung übersteigt. Im zweiten Bereich erreicht die Sauerstoffabgabe bei einer bestimmten Beleuchtungsstärke einen Höchstwert. Dieser wird auch bei höheren Beleuchtungsstärken beibehalten. Das Aufnahmevermögen der Pflanze für Licht ist gesättigt, andere Faktoren begrenzen die Stoffproduktion. Einer dieser Faktoren ist die *Temperatur*. Bei Lichtsättigung zeigt sich eine Temperaturabhängigkeit, die für enzymatische Reaktionen typisch ist. Die Geschwindigkeit der Synthesereaktionen bestimmt dann die Geschwindigkeit der Fotosynthese. Dagegen wirkt bei Schwachlicht die Beleuchtungsstärke begrenzend. Ein weiterer Faktor ist die Menge des vorhandenen Kohlenstoffdioxids.

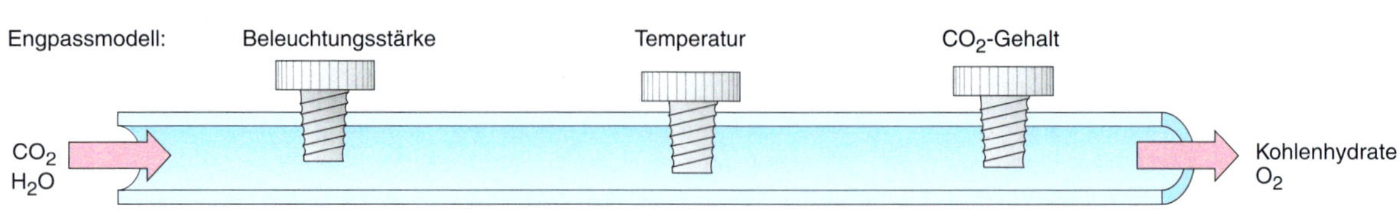

Sonnenblätter — Schattenblätter

Die Rotbuche besitzt *Sonnenblätter* und *Schattenblätter*. Diese unterscheiden sich in Fläche, Dicke und Fotosyntheserate sowie in ihrer Position in der Baumkrone. Der Kompensationspunkt der Schattenblätter liegt bei sehr geringen Beleuchtungsstärken; deshalb erbringen sie auch bei geringem Licht eine positive Stoffbilanz für die Pflanze. Sonnenblätter dagegen können höhere Beleuchtungsstärken besser ausnutzen und sind in diesem Bereich leistungsstärker.

Die unterschiedliche Anzahl von Zellschichten im Palisadengewebe lässt sich anhand eines einfachen Prinzips folgendermaßen erklären:

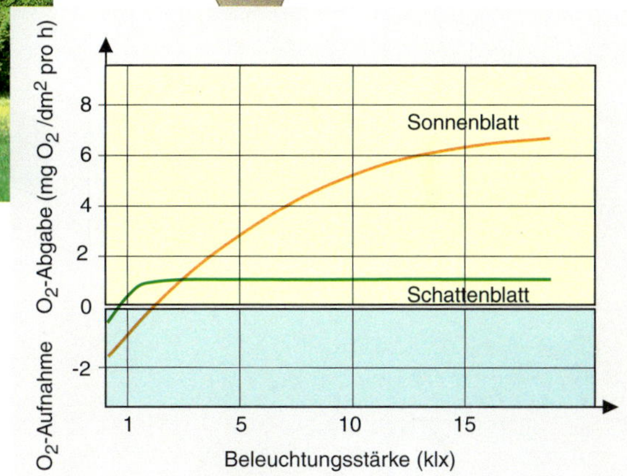

Das Licht trifft auf die Blattoberseite und wird von jeder Zellschicht teilweise absorbiert. Die tiefer liegenden Zellschichten erhalten daher weniger Licht und arbeiten auch bei starker Beleuchtung näher an ihrem Kompensationspunkt. Bei schwacher Beleuchtung wird dieser eventuell von den tiefsten Schichten nicht mehr erreicht. Die Zellen verbrauchen mehr Fotosyntheseprodukte als sie produzieren. Jede Zellschicht ist aber für die Pflanze nur dann vorteilhaft, wenn sie eine positive Stoffbilanz erzielt.

Was für das einzelne Blatt gilt, trifft auch auf die gesamte Pflanze zu. Die vom Einzelblatt oder auch dem gesamten bis zu 500 Quadratmeter großen Blätterdach einer ausgewachsenen Rotbuche produzierte Biomasse in einer bestimmten Zeit bezeichnet man als *Bruttoprimärproduktion*. Vom Bruttoprimärprodukt benötigt der Baum einen Teil zur Aufrechterhaltung seiner Lebensvorgänge. Übrig bleibt die *Nettoprimärproduktion* als echter Zugewinn in Form von Blättern, Holz und Wurzeln.

Aufgabe

① Erläutern Sie, wie im Interesse der Ertragssteigerung begrenzenden Faktoren der Fotosynthese entgegengewirkt wird.

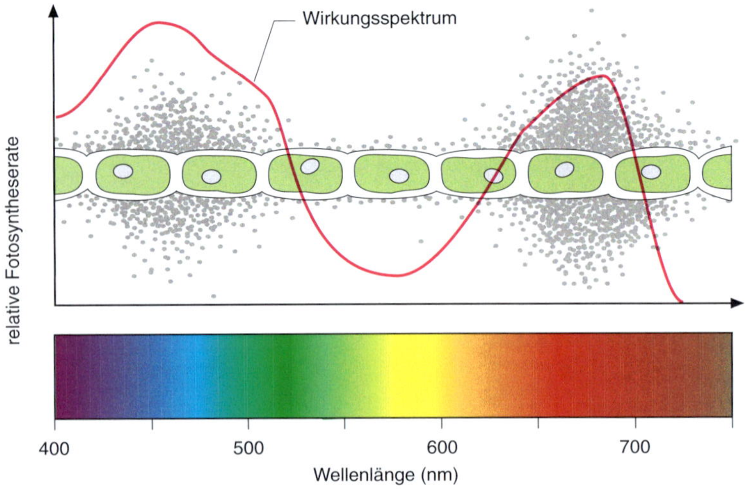

1 Fotosyntheserate bei verschiedenen Wellenlängen

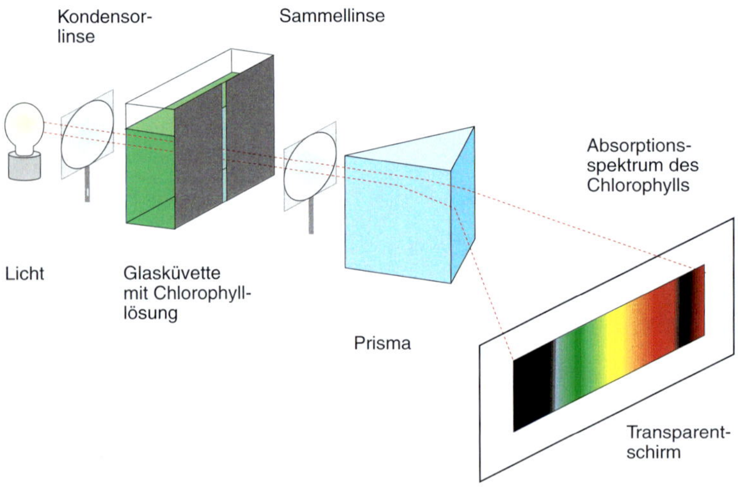

2 Absorption durch Chlorophyll

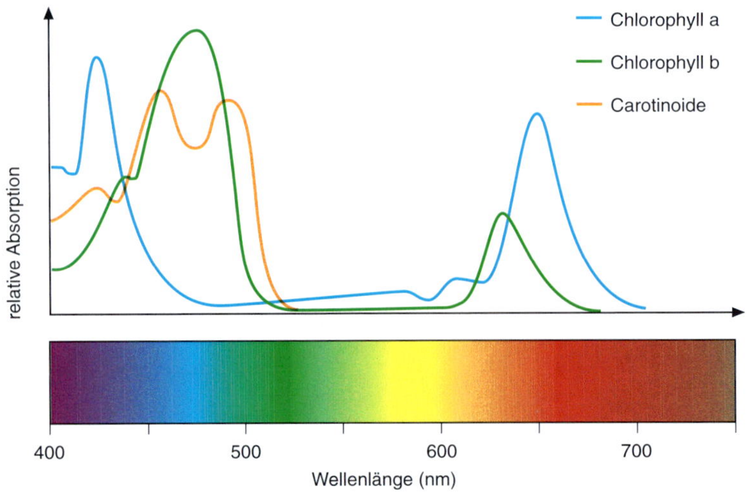

3 Absorptionsspektren der Blattfarbstoffe

Pflanzen brauchen blaues oder rotes Licht

Theodor Wilhelm Engelmann konnte 1882 die für die Fotosynthese notwendigen *Wellenlängen* des Lichtes identifizieren. Er verwendete Sauerstoff liebende Bakterien und einen Algenfaden. Als Beleuchtung benutzte er ein *Spektrum* des sichtbaren Lichts.

Engelmann stellte fest, dass sich die Bakterien vorwiegend an den Stellen des Algenfadens sammelten, die mit rotem oder blauem Licht bestrahlt wurden. Hier war offenbar besonders viel Sauerstoff entstanden. Die Alge konnte demnach mit rotem oder blauem Licht besonders gut Fotosynthese treiben, während sich die anderen Spektralfarben weniger gut dafür eigneten (Abb. 1).

Mit modernen Methoden lässt sich genauer untersuchen, welche Fotosyntheserate die einzelnen Farben des Lichts erzielen, wie wirksam sie also sind. Die so erhaltenen Werte ergeben das *Wirkungsspektrum der Fotosynthese*. Rotes und blaues Licht erweisen sich als besonders wirksam, während grünes Licht wenig wirksam ist, was Engelmanns Ergebnisse bestätigten.

Aus dem gesamten Spektrum des Lichts werden nur das rote und blaue Licht von grünen Pflanzen aufgenommen und die Energie für die Fotosynthese ausgenutzt. Diesen Vorgang nennt man *Absorption*. Andere Farben, vor allem das grüne Licht, werden nicht absorbiert (Abb. 2), sondern reflektiert und deshalb von uns als Blattfarbe wahrgenommen.

Lichtabsorptionen werden mit einem Fotometer gemessen. Ein *Fotometer* enthält dazu eine Lichtquelle, deren weißes Licht durch ein Prisma oder ein optisches Gitter in die einzelnen Spektralfarben zerlegt wird. Mithilfe eines Spaltes wird eine Farbe ausgewählt, durch eine Probe des gelösten Stoffes geschickt und die nach Passage der Probe verbliebene Lichtstärke wird dann wie in einem Belichtungsmesser erfasst. Für ein Absorptionsspektrum (Abb. 3) wird auf diese Weise die Absorption über den gesamten Spektralbereich bestimmt.

Zur Bestimmung der absorbierenden Farbstoffe trennt man die Bestandteile eines Blattextraktes durch *Chromatographie* (s. Seite 93) auf. Es zeigen sich die grünen *Chlorophylle a* und *b* sowie einige gelbe *Carotinoide*.

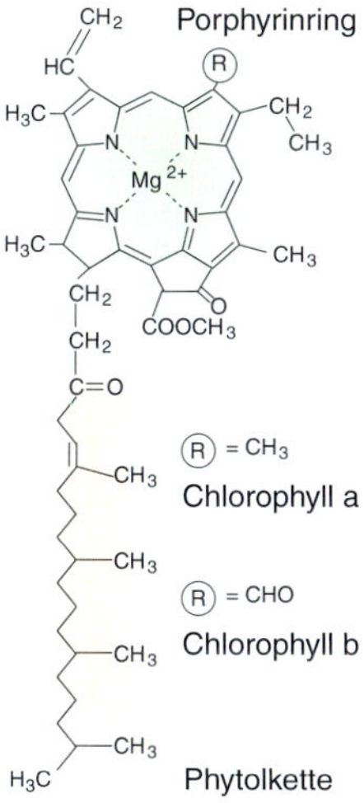

Ein Chlorophyllmolekül besteht aus zwei Bauteilen: Einem *Porphyrinring*, der ein Magnesiumion enthält, und einer *Phytolkette*. Der Porphyrinring ist dabei für die Lichtabsorption verantwortlich. Die Chlorophylle a und b unterscheiden sich hinsichtlich einer am Porphyrinring gebundenen chemischen Gruppe und einer leicht unterschiedlichen Absorption. Alle Chlorophylle absorbieren jedoch im Wesentlichen rotes und blaues Licht.

Die Energie des absorbierten Lichtes wird von den Pflanzen bei der Fotosynthese verwertet. Die verschiedenen Spektralfarben ergeben dabei unterschiedliche Fotosyntheseraten, sie sind unterschiedlich gut wirksam *(Wirkungsspektrum)*. Dies liegt vorwiegend daran, dass einige Spektralfarben stark absorbiert werden, andere dagegen (v. a. im grünen Bereich) fast gar nicht. Der Pflanze steht aber nur die Energie der tatsächlich absorbierten Wellenlängen zur Verfügung.

Welche Farbstoffe aus dem Blattextrakt für die Wirksamkeit verantwortlich sind, ergibt sich daher aus dem Vergleich ihrer Absorption mit dem Wirkungsspektrum. Es zeigt sich, dass es vor allem die beiden Chlorophylle (besonders Chlorophyll a) sind. Daneben sind auch die Carotinoide für die Fotosynthese von Bedeutung. Sie dienen als akzessorische Pigmente *(Hilfspigmente)* und geben die aufgefangene Lichtenergie nahezu verlustfrei an die Chlorophyllmoleküle weiter.

Zettelkasten

Licht, Energie und Chlorophyll

Licht besteht aus einzelnen Quanten, deren Energie von der Wellenlänge abhängig ist: Blaues Licht ist energiereicher als rotes Licht.
Nach der Planck'schen Formel
$E = h \cdot f = h \cdot c/\lambda$
erhält man als Energieformel für 1 mol Lichtquanten:
$E = 1/\lambda \cdot 1{,}196 \cdot 10^5$ (kJ/mol) · nm (λ in nm angegeben)

Aufgabe

① Berechnen Sie den Energiegehalt von Licht bei $\lambda = 430$ nm und $\lambda = 700$ nm.

In Molekülen befinden sich die Elektronen wie in Atomen auf verschiedenen Energieniveaus. Durch Absorption eines Lichtquants gelangt ein Elektron vom Grundzustand auf ein höheres Energieniveau (angeregter Zustand). Die Energie des absorbierten Lichtes entspricht genau der Differenz der beiden Energieniveaus (Grundzustand und angeregter Zustand). Daher können nur bestimmte Wellenlängen absorbiert werden. Bei der Rückkehr in den Grundzustand strahlt das Elektron die absorbierte Energie wieder ab *(Fluoreszenz)*.

Die Chlorophylle absorbieren rotes und blaues Licht. Es existieren also zwei angeregte Zustände. Blaues Licht ist energiereicher als rotes. Der durch diese Lichtabsorption erreichte angeregte Zustand befindet sich daher auf einem höheren Energieniveau. Bei der Rückkehr in den Grundzustand kann das Elektron jedoch erst auf das Niveau der roten Absorption gelangen und von dort in den Grundzustand zurückkehren. Eine Chlorophylllösung zeigt daher bei Belichtung mit blauem Licht eine rote Fluoreszenz.

Die Energiedifferenz zwischen dem angeregten Zustand aus der Absorption von blauem und rotem Licht ist nur gering und entspricht der Emission von unsichtbarem Infrarotlicht bzw. Wärmestrahlung.

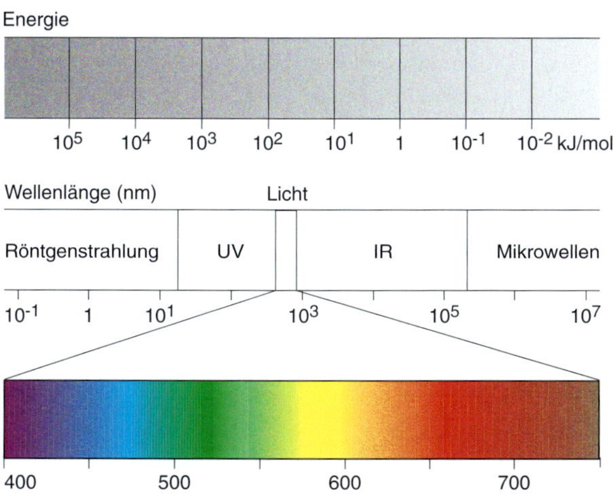

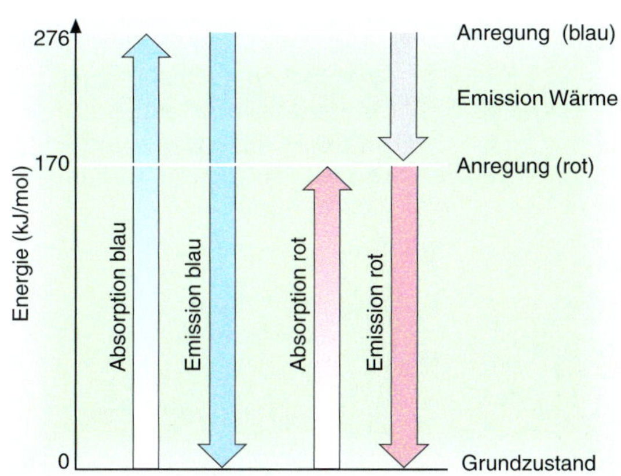

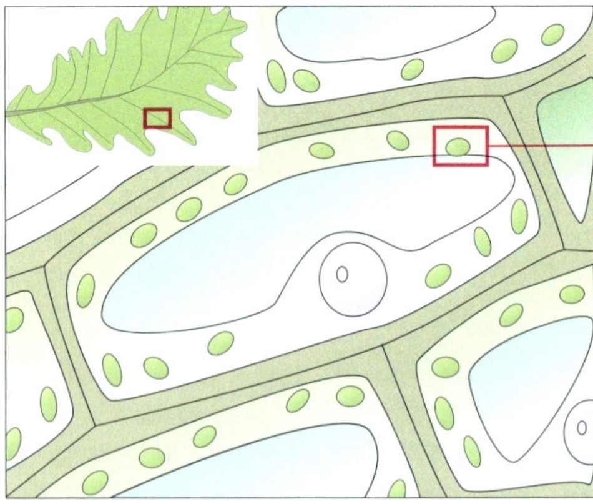

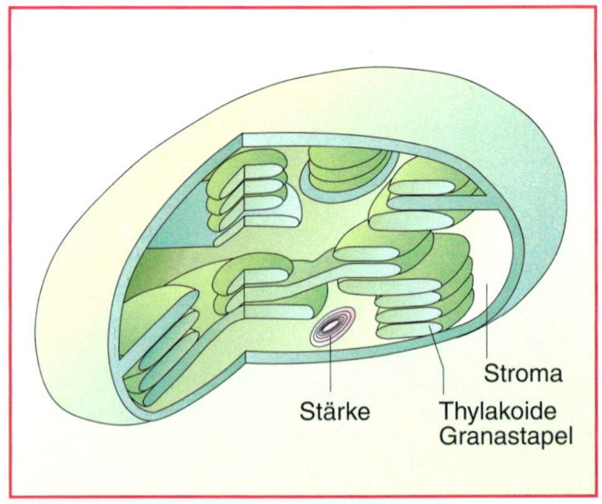

Zweigeteilte Fotosynthese

Das Palisadengewebe ist der Hauptort der Fotosynthese. Seine Zellen enthalten die meisten Chloroplasten mit dem für die Fotosynthese notwendigen Chlorophyll. Erst vor wenigen Jahrzehnten konnte DANIEL ARNON völlig intakte Chloroplasten isolieren und zeigen, dass sämtliche Reaktionen der Fotosynthese in den Chloroplasten ablaufen. Sie besitzen zwei Hüllmembranen. Im Inneren befindet sich das Plasma der Chloroplasten, das *Stroma*, in das die *Thylakoide* als inneres Membransystem eingebettet sind. In den Thylakoidmembranen befinden sich auch die Chlorophylle. An einigen Stellen bilden sie Stapel, die *Granastapel*.

ROBERT HILL entdeckte 1939 bei seinen Versuchen mit isolierten Thylakoidsystemen, dass diese bei Belichtung Sauerstoff entwickeln und dabei Eisen-III-Verbindungen reduzierten. Diese Reaktion, auch *Hill-Reaktion* genannt, benötigt aber kein CO_2 und es wird kein Kohlenhydrat gebildet. Die Eisenverbindung stellt hier einen künstlichen Elektronenakzeptor dar, normalerweise ist dies in der Pflanzenzelle $NADP^+$. Die Hill-Reaktion zeigte: Das entstehende O_2 stammt aus dem Wasser und nicht aus dem CO_2. Dies wurde später mithilfe eines Sauerstoffisotops (^{18}O) belegt. Bietet man zur Fotosynthese Wasser, das ^{18}O gebunden enthält, so besteht das entstehende O_2 ausschließlich aus ^{18}O-Atomen. Das Reaktionsschema der Fotosynthese muss folglich lauten:

$$12\,H_2{}^{18}O + 6\,CO_2 \rightarrow C_6H_{12}O_6 + 6\,{}^{18}O_2 + 6\,H_2O$$

Die Bildung von Sauerstoff stellt damit eine *lichtabhängige Reaktion* dar.

Ein zweiter Prozess ist die Synthese von Kohlenhydraten aus CO_2. ARNON konnte nachweisen, dass sie kein Licht benötigt; sie wird daher *lichtunabhängige Reaktion* genannt. Er konnte die beiden Teilreaktionen auch räumlich zuordnen: Die lichtabhängige Reaktion ist an die Thylakoidmembran gebunden, während die lichtunabhängige Reaktion im Stroma stattfindet. Beide Prozesse sind im Gesamtablauf der Fotosynthese miteinander verbunden: Die lichtabhängige Reaktion produziert ATP und $NADPH + H^+$, die in der lichtunabhängigen Reaktion zum Aufbau von Kohlenhydraten verwendet werden.

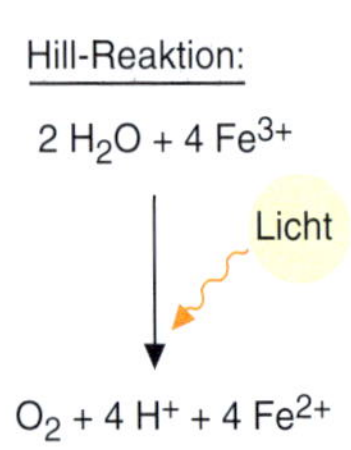

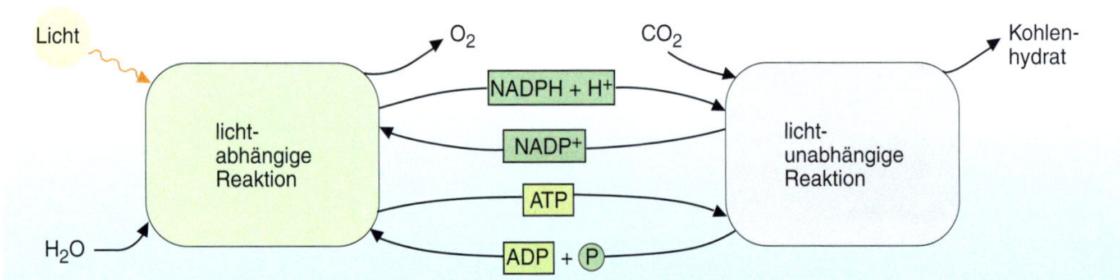

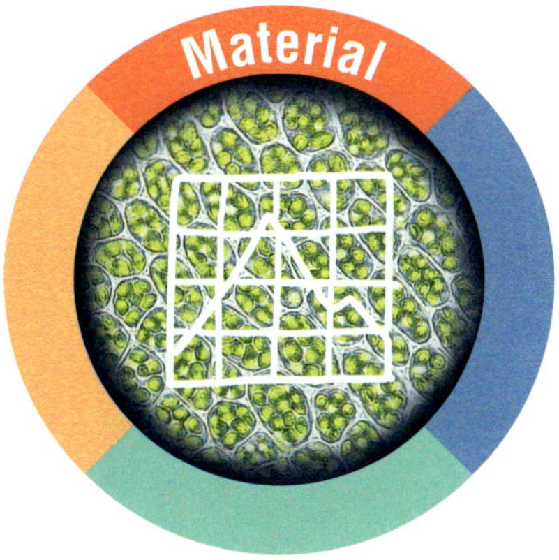

Die Experimente von Trebst, Tsujimoto und Arnon

Die Wissenschaftler der Arbeitsgruppe um DANIEL ARNON wollten herausfinden, welche Substanzen in Chloroplasten mithilfe der Energie des Sonnenlichts gebildet werden und damit die lichtunabhängige Reaktion ermöglichen. Weiterhin wollten sie klären, inwieweit der komplizierte Aufbau der Chloroplasten mit den zwei Hüllmembranen, den Thylakoiden und dem Stroma, für die ablaufende Reaktion notwendig ist.

Um zu untersuchen, in welchen Teilen der Chloroplasten die beiden Prozesse der Fotosynthese, die lichtabhängige und die lichtunabhängige Reaktion, stattfinden, isolierten sie Thylakoide und Stroma aus den Chloroplasten.

In zwei Versuchsansätzen variierten sie die Beleuchtung der Proben bei gleicher CO_2-Zugabe. In zwei weiteren Ansätzen trennten sie nach der Licht- bzw. Dunkelphase die Thylakoide durch Zentrifugation vom Stroma ab und gaben anschließend CO_2 zum Stroma hinzu.

Als CO_2-Quelle wurde eine Lösung von Natriumhydrogencarbonat ($NaHCO_3$) mit dem Isotop ^{14}C verwendet, dessen radioaktive Strahlung eine direkte Möglichkeit zur Messung bot. Das radioaktive Kohlenstoffatom wurde während des Versuchs in die Fotosyntheseprodukte, wie z. B. Glucose, eingebaut. Nach chemischer Abtrennung der Produkte konnte die eingebaute Menge an radioaktivem Kohlenstoff anhand der Strahlung bestimmt werden.

Im einzelnen wurden die Versuche 1 – 4 mit Stroma und Thylakoiden durchgeführt.

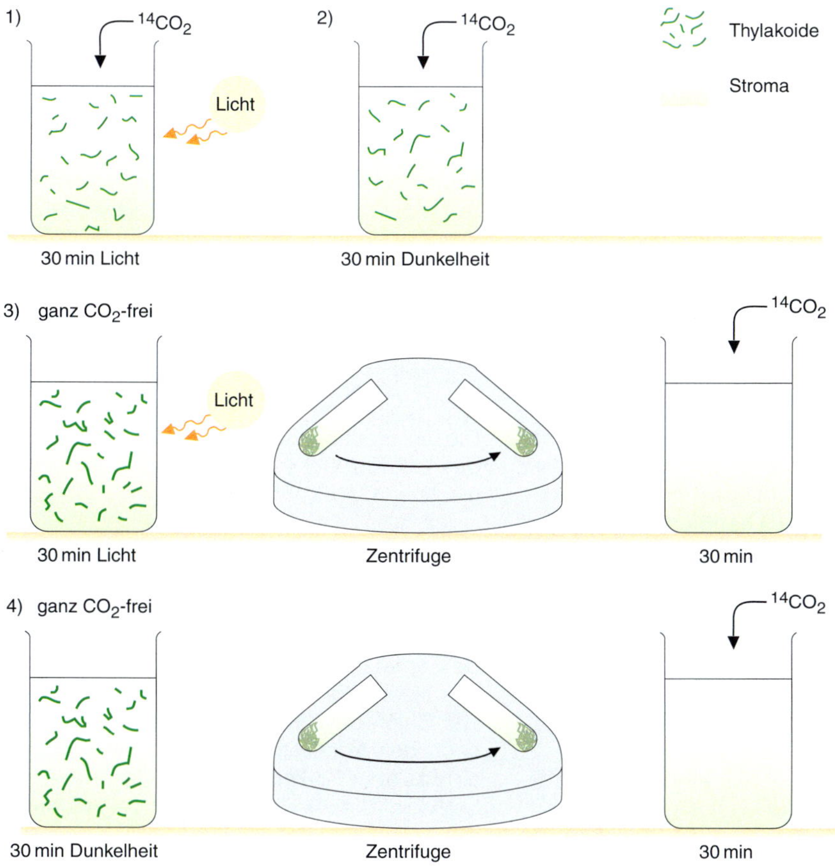

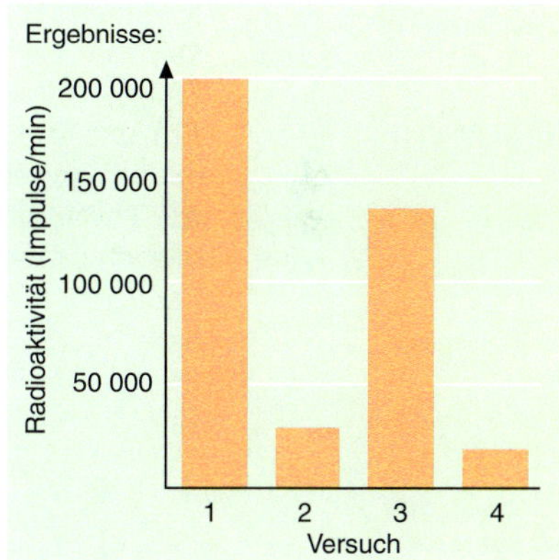

Um den Bedarf an energiereichen Verbindungen bei der Synthese von Glucose zu untersuchen, wurden drei weitere Versuche (A, B und C) mit isoliertem Stroma durchgeführt: (Die Versuchsergebnisse von A, B und C sind lichtunabhängig.)

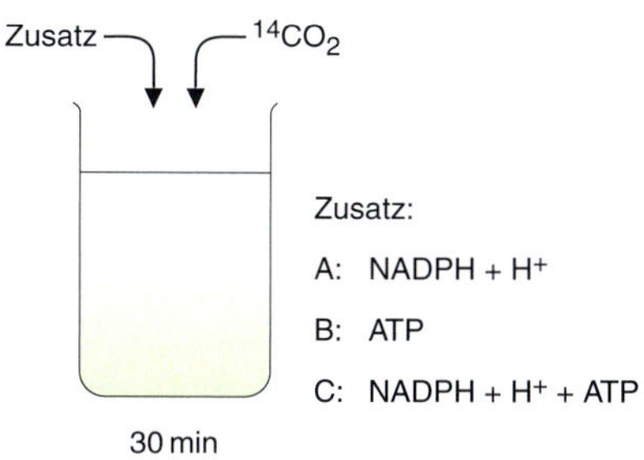

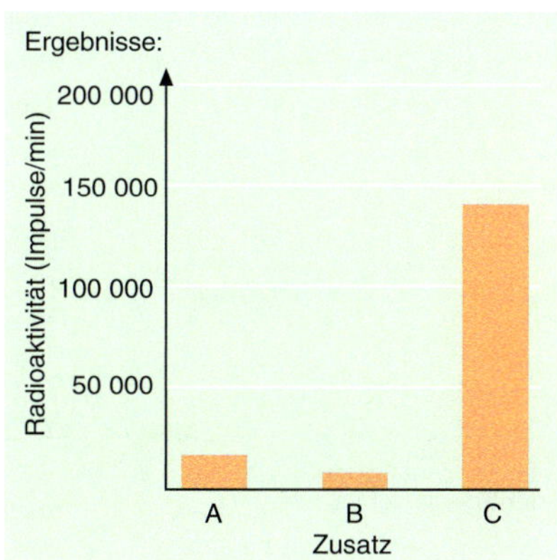

Aufgaben

① Erklären Sie die Ergebnisse der Experimente.

② Belegen Sie mithilfe der Ergebnisse, wo im Chloroplasten die lichtabhängige und die lichtunabhängige Reaktion ablaufen.

Die lichtabhängige Reaktion

Belichtet man ein intaktes Blatt, so zeigt es im Gegensatz zu einer Chlorophylllösung fast keine Fluoreszenz. Die im Licht enthaltene Energie wird also nicht wieder abgestrahlt, sondern in der lichtabhängigen Reaktion für die Fotosynthese genutzt.

Zwei Fotosysteme

Bei seinen Untersuchungen der lichtabhängigen Reaktion bei verschiedenen Wellenlängen bemerkte EMERSON ein Phänomen, das später nach ihm *„Emerson-Effekt"* genannt wurde: Belichtet man einzellige Algen mit Rotlicht bei 680nm , so erhält man nur eine geringe O_2-Produktion. Ein vergleichbarer Effekt zeigt sich bei der Wellenlänge 700nm. Als EMERSON seine Algen jedoch mit Licht beider Wellenlängen gleichzeitig belichtete, erhielt er eine deutlich höhere O_2-Produktion, als die Summe der Einzelbelichtungen ergab (Abb. 1).

Aus EMERSONS Beobachtungen folgerten andere Forscher, dass an der lichtabhängigen Reaktion *zwei Fotosysteme* beteiligt sein müssen, die gekoppelt sind und einzeln weniger leisten als in Kombination. Das *Fotosystem I* (FS I) besitzt seine größte Wirksamkeit bei 700nm mit dem Chlorophyll a 700 (P700) im Reaktionszentrum, für das *Fotosystem II* (FS II) ist dies mit P680 bei 680nm gegeben. Beide Fotosysteme sind in der Thylakoidmembran verankert. Sie geben jedoch unterschiedlich leicht Elektronen ab, besitzen also verschiedene *Redoxpotentiale*.

Auswahl von Stoffen der Redoxkette und ihre Standard-Redox-Potentiale (V)

Elektronenakzeptor	
H_2O/O_2	+0,82 V
Plastochinon (Q)	+0,06 V
Plastocyanin (PC)	+0,35 bis 0,39 V
Cytochrom-bf-Komplex	+0,37 V
Ferredoxin (Fd)	−0,42 V
$NADP^+$	−0,32 V

Fotolyse des Wassers
Zerlegung des Wassers durch Elektronenentzug:
$H_2O \rightarrow 2\,H^+ + 2\,e^- + {}^1/_2\,O_2$

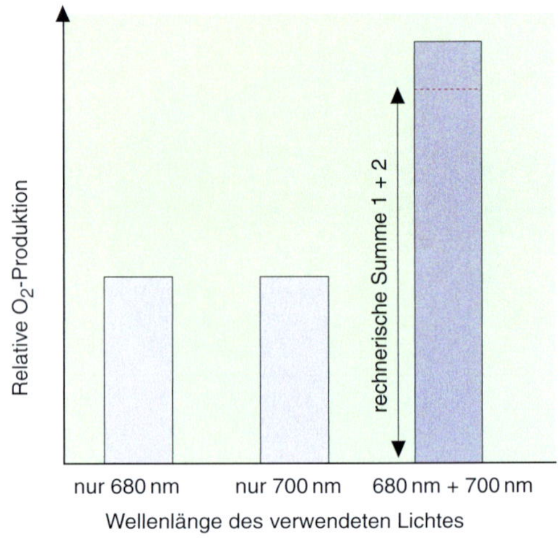

1 Emerson-Effekt

Neben den Chlorophyllen sind noch weitere Redoxsysteme beteiligt, die ebenfalls in der Thylakoidmembran verankert sind. Die Reaktionsschritte ergeben insgesamt eine Elektronenübertragung vom Sauerstoffatom eines Wassermoleküls auf ein $NADP^+$-Molekül:

$$H_2O + NADP^+ \rightarrow {}^1/_2\,O_2 + NADPH + H^+$$

Diese Reaktion benötigt stets die Energie des Lichtes. Der Prozess ist stark endergonisch.

Im ersten Schritt absorbiert das Chlorophyll im Fotosystem II (P680) Licht (680nm) und gibt ein Elektron ab, das über Zwischenstufen (Abb. 2) zum *Plastocyanin* (PC) gelangt. Das entstandene P680* erhält ein Elektron aus einem Wassermolekül *(Fotolyse)*. Auch das Chlorophyll im Fotosystem I (P700) gibt nach der Absorption (700nm) ein Elektron ab, das über *Ferredoxin* auf $NADP^+$ übertragen wird. Dieses wird zu $NADPH + H^+$ reduziert. Das entstandene P700* erhält dann ein Elektron vom Plastocyanin. Im Bereich des Fotosystems I gibt es noch einen zweiten Weg für die Elektronen: Nach der Absorption wird ein Elektron an Ferredoxin (Fd) gegeben. Vom reduzierten Ferredoxin gelangt das Elektron dann über Zwischenstufen zum P 700 zurück (Abb. 2). Dieser Weg ergibt einen zyklischen Elektronentransport, bei dem kein $NADPH + H^+$ gebildet wird. Für die Bildung eines $NADPH + H^+$ sind (neben zwei Protonen) zwei Elektronen erforderlich. Jedes dieser Elektronen benötigt ein Lichtquant am P 680 und eines am P 700. Insgesamt werden vier Lichtquanten für ein $NADPH + H^+$ benötigt.

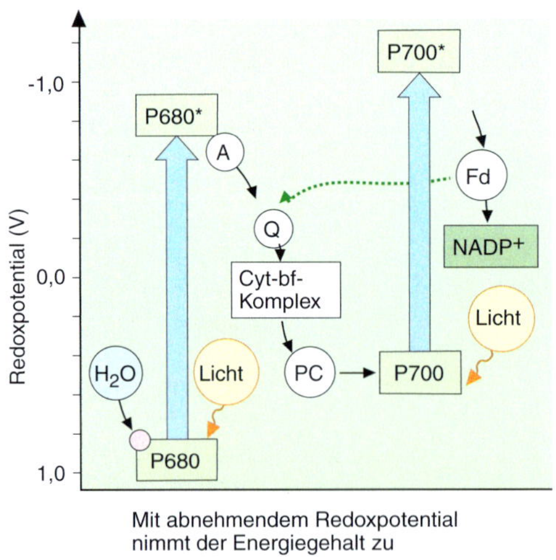

2 Redoxschema der lichtabhängigen Reaktion

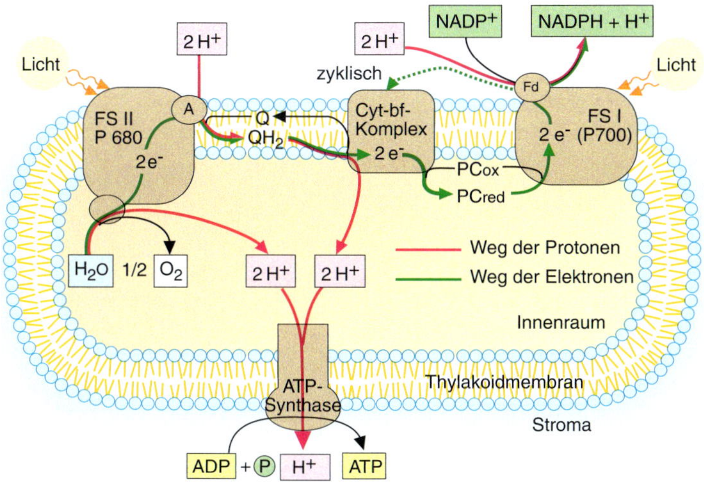

1 Energiegewinnung im Chloroplasten

$$QH_2 \xrightarrow{ox} Q + 2\,e^- + 2\,H^+$$

$$2\,PC(Cu^{2+})_{ox} + 2\,e^- \xrightarrow{red} 2\,PC(Cu^+)_{red}$$

Summe beider Reaktionen

$$QH_2 + 2\,PC_{ox} \xrightarrow{Redox} Q + 2\,PC_{red} + 2\,H^+$$

Die Gewinnung von ATP

Für die lichtunabhängige Reaktion der Fotosynthese ist ATP erforderlich, das zuvor in der lichtabhängigen Reaktion gebildet wurde. Die zur ATP-Synthese benötigte Energie stammt ursprünglich aus dem Sonnenlicht. Sie ist nun in einer Differenz der Protonenkonzentration enthalten, die zwischen beiden Seiten der Thylakoidmembran mithilfe des Elektronentransportes in der Membran aufgebaut wird.

Dazu werden Elektronen in der Thylakoidmembran wie durch ein Fließband an mehrere Stoffe weitergegeben. Ihr Transport ist mit dem H^+-Transport vom Stroma in den Thylakoidraum gekoppelt.

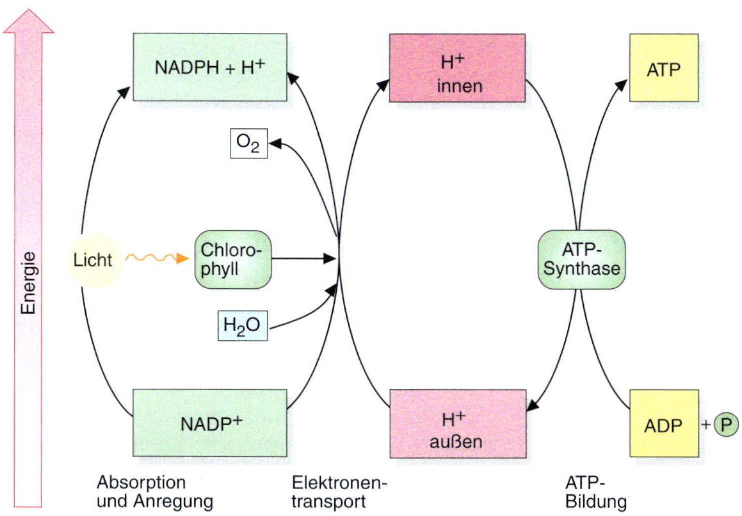

2 Bilanz der lichtabhängigen Reaktion

Am *Cytochrom-bf-Komplex* werden Elektronen vom Plastochinon (Q) übernommen und weiter auf Plastocyanin (PC) übertragen. Plastochinon ist ein Stoff im Redoxsystem, der nur unter Aufnahme von Protonen reduziert wird; bei der Oxidation werden die Protonen wieder abgegeben.

Wegen der räumlichen Anordnung der Enzyme und Moleküle in der Thylakoidmembran erfolgt die Protonenaufnahme aus dem Stroma (Reduktion des Plastochinons). Die anschließende Protonenabgabe am Cytochrom-bf-Komplex erfolgt jedoch in den Innenraum der Thylakoide. Dieses System bildet daher eine Pumpe, die Protonen mithilfe des Elektronentransports aus dem Stroma in die Thylakoide transportiert.

Im Stroma sinkt deshalb die Protonenkonzentration, der pH-Wert steigt auf pH 8. In den Thylakoiden steigt dagegen die Protonenkonzentration, der pH-Wert sinkt auf pH 5.

Zusätzlich findet die Oxidation des Sauerstoffs im Wasser im Inneren der Thylakoide statt und setzt dort ebenfalls Protonen frei, während die Protonen verbrauchende Reduktion von $NADP^+$ an der Thylakoidaußenseite stattfindet. Daneben werden ebenfalls durch den zyklischen Elektronentransport Protonen in die Thylakoide gepumpt und verstärken die pH-Differenz. Diese gleicht sich durch Diffusion der Protonen wieder aus. Der Weg auf die andere Seite der Thylakoidmembran führt dabei durch den Enzymkomplex (ATP-Synthase). Dieser katalysiert mithilfe der Protonen die Synthese von ATP aus ADP und Phosphat. So entstehen mit jedem $NADPH + H^+$ daher auch ein bis zwei Moleküle ATP.

Die lichtabhängige Reaktion besteht im Wesentlichen aus zwei Teilprozessen: Einmal entsteht $NADPH + H^+$ (und Sauerstoff). Dabei werden Elektronen bzw. Wasserstoffatome gespeichert. Die endergonische Reaktion wird durch Lichtenergie ermöglicht und das Produkt ist energiereich. Zum anderen wird energiereiches ATP gebildet. Auch dieser Prozess ist endergonisch.

Die Energie für die Bildung von $NADPH + H^+$ und die indirekt daran angekoppelte ATP-Bildung stammt aus dem eingestrahlten Sonnenlicht (Abb. 2). In der Bilanz ergibt sich daher eine zweifache Energiespeicherung in Form von $NADPH + H^+$ und ATP-Molekülen.

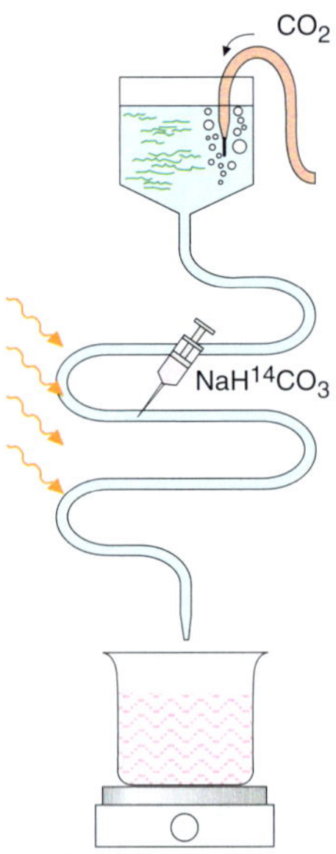

siedender Alkohol

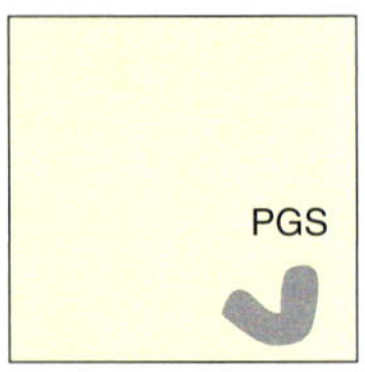

5 Sekunden

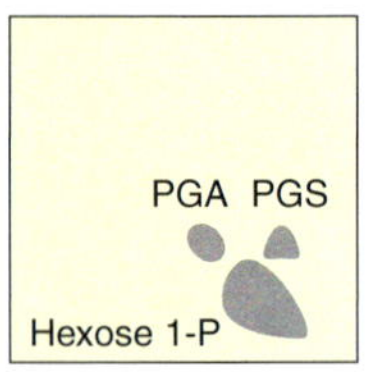

90 Sekunden

Autoradiogramme

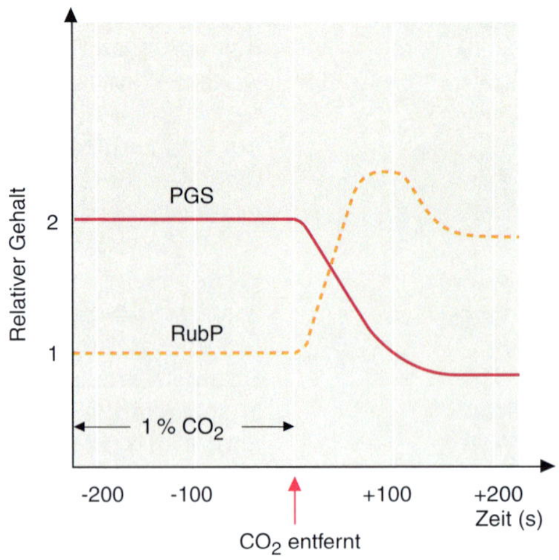

1 Ermittlung des CO_2-Akzeptors

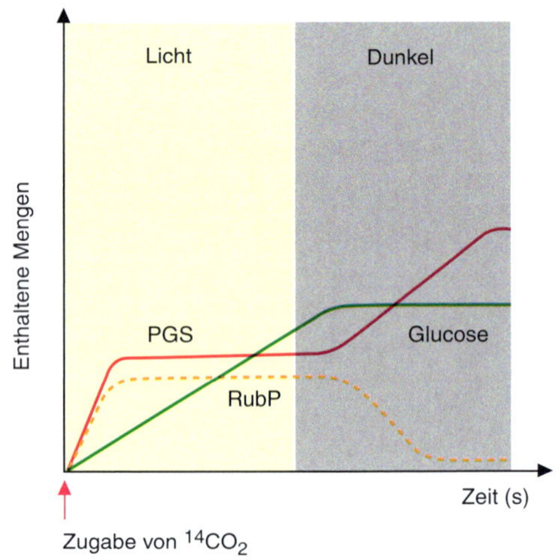

2 Abbruch der PGS-Reduktion

Die lichtunabhängige Reaktion

In der lichtunabhängigen Reaktion wird Glucose aus CO_2 aufgebaut. Die Aufklärung der daran beteiligten Schritte leisteten vor allem Melvin Calvin und seine Mitarbeiter. Sie verwendeten dafür das radioaktive Isotop des Kohlenstoffs ^{14}C und boten Algen das daraus hergestellte Natriumhydrogencarbonat ($NaH^{14}CO_3$) an. Dieser Stoff kann CO_2 abspalten (s. Randspalte). Die gebildeten Fotosyntheseprodukte konnten durch *Chromatographie* und *Autoradiographie* identifiziert werden.

Der CO_2-Akzeptor

Der Abstand zwischen Einstichstelle und Schlauchende bestimmt die den Algen für die Fotosynthese zur Verfügung stehende Zeit, da sie im Alkohol sofort abgetötet werden. Blieb ihnen fünf Sekunden Zeit, radioaktives CO_2 aufzunehmen, fand man im Autoradiogramm nur ein radioaktiv markiertes Produkt: *3-Phosphoglycerinsäure* (PGS).

Zur Klärung der Frage, auf welche Weise PGS entstanden war, wurde Algenzellen laufend CO_2 angeboten. Dann wurde das CO_2 entfernt. *Ribulose-1,5-bisphosphat* (RubP), ein Zuckerphosphat mit C_5-Molekülen, nahm zu, während PGS weniger wurde (Abb. 1). Daraus kann man schließen, dass RubP nicht mehr so stark verbraucht wurde und nur wenig PGS entstehen konnte. Offenbar hatte RubP mit CO_2 reagiert, wobei PGS entstand. Nach Entfernung des CO_2 konnte diese Reaktion nicht mehr ablaufen:

$$\text{RubP}\ (C_5) + CO_2\ (C_1) \rightarrow 2\ \text{PGS}\ (C_3)$$

Das Enzym *Ribulose-bisphosphat-carboxylase-oxidase (Rubisco)* für die Reaktion von RubP und CO_2 arbeitet sehr langsam. Daher werden in jedem Chloroplasten viele solcher Enzymmoleküle (ca. 50 % des gesamten Chloroplastenproteins) benötigt. Rubisco ist das häufigste Enzym in der Natur.

Reduktion einer Phosphoglycerinsäure

Bei einem weiteren Versuch mit den Algen wurde die Belichtung abgestellt. PGS reicherte sich nun an (Abb. 2). Es wurde aus RubP und CO_2 weiterhin gebildet, konnte aber nicht weiter umgesetzt werden. Es zeigte sich, dass an dieser Stelle des Reaktionsweges NADPH + H^+ und ATP aus der lichtabhängigen Reaktion fehlten und der Reaktionsweg unterbrochen war. Ein Beleg hierfür ist auch, dass Glucose nicht weiter gebildet wurde und dass der CO_2-Akzeptor RubP verbraucht und nicht regeneriert wurde. Normalerweise wird PGS in diesem Schritt der lichtunabhängigen Reaktion durch ATP aktiviert und durch NADPH + H^+ reduziert. Auf diese Weise entsteht das Kohlenhydrat *Phosphoglycerinaldehyd (PGA)*:

$$\text{PGS} + \text{NADPH} + H^+ \rightarrow \text{PGA} + \text{NADP}^+$$
$$\text{ATP} \rightarrow \text{ADP} + \text{Ⓟ}$$

Aus dem anfänglich vorhandenen RubP und CO_2 sind damit insgesamt zwei Kohlenhydrate entstanden. Diesen Ablauf bestätigt auch das Autoradiogramm: Nach einer Verweildauer von 90 Sekunden im Schlauch zeigten sich PGA und auch schon ein C_6-Zucker mit Phosphatgruppe.

Autoradiographie
Radioaktive Strahlung schwärzt Filmmaterial. Radioaktive Substanzen kann man dadurch sichtbar machen. Man trennt z. B. ein Gemisch aus ^{14}C-markierten Stoffen mit der Chromatographie auf und legt Filmmaterial auf das fertige Chromatogramm. Nach der Entwicklung zeigen sich die radioaktiven Substanzen durch geschwärzte Stellen.

Der Calvinzyklus

Die durch CO_2-Fixierung und Reduktion gebildeten Moleküle des *Phosphoglycerinaldehyds (PGA)* werden auf unterschiedliche Weise weiter verwertet:

Einerseits werden zwei Moleküle PGA über verschiedene Zwischenstufen, wie z. B. Fructosephosphatmoleküle, zu einem Molekül Glucose (C_6) verbunden: Aus zwei Molekülen C_3-Zucker wird damit ein Molekül C_6-Zucker gebildet. Auf diese Weise entsteht das bekannte Endprodukt der Fotosynthese: die Glucose ($C_6H_{12}O_6$).

Andererseits werden RubP-Moleküle aus anderen PGA-Molekülen regeneriert. Sie stehen dann für die weitere CO_2-Fixierung zur Verfügung. Die hierbei ablaufenden Stoffwechselschritte sind inzwischen aufgeklärt. In der Bilanz ergibt sich folgender Ablauf:

Zur Neusynthese eines Glucosemoleküls sind 6 CO_2-Moleküle erforderlich. Aus 6 RubP-Molekülen und 6 CO_2-Molekülen entstehen durch Fixierung und Reduktion 12 PGA-Moleküle, von denen zwei zur Bildung eines Moleküls Glucose dienen. Die verbleibenden 10 PGA-Moleküle enthalten als C_3-Körper insgesamt 30 C-Atome, ebenso wie 6 RubP-Moleküle. Diese werden daraus in mehreren Schritten zurückgebildet. Bei diesen Regenerationsreaktionen werden weitere 6 ATP-Moleküle verbraucht.

Alle lichtunabhängigen Reaktionen ergeben damit einen Kreislauf, der nach seinem Entdecker *Calvinzyklus* (oder auch Calvin-Benson-Zyklus) genannt wird. Für die entscheidenden Arbeiten anfang der 50er-Jahre erhielt Melvin Calvin im Jahre 1961 den Nobelpreis für Chemie.

Aufgabe

① Die Rückgewinnung der 6 RubP-Moleküle erfolgt im Wesentlichen mithilfe von zwei Enzymen: Die *Aldolase* verbindet zwei kleine Zuckermoleküle zu einem größeren. Die *Transketolase* überträgt ein C_2-Stück eines Zuckermoleküls auf ein anderes. Die dabei entstehenden Zwischenprodukte sind aber nicht kürzer als C_3 und nicht länger als C_7. Ermitteln Sie die notwendigen Schritte zur Rückgewinnung der 6 RubP-Moleküle. Verwenden Sie dabei vereinfachend nur C-Körper und vernachlässigen Sie die angebundenen Phosphatgruppen.

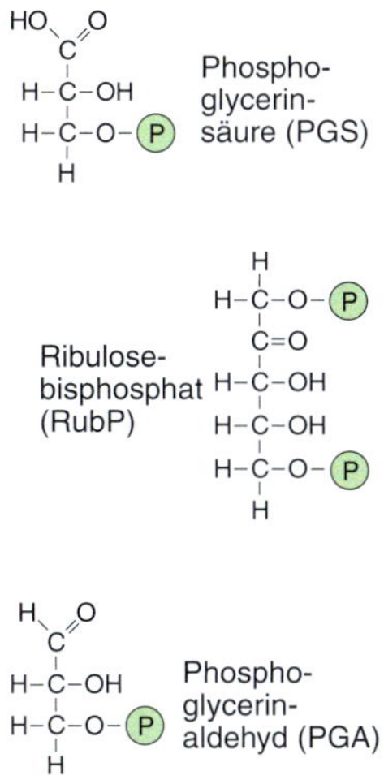

1 Melvin Calvin

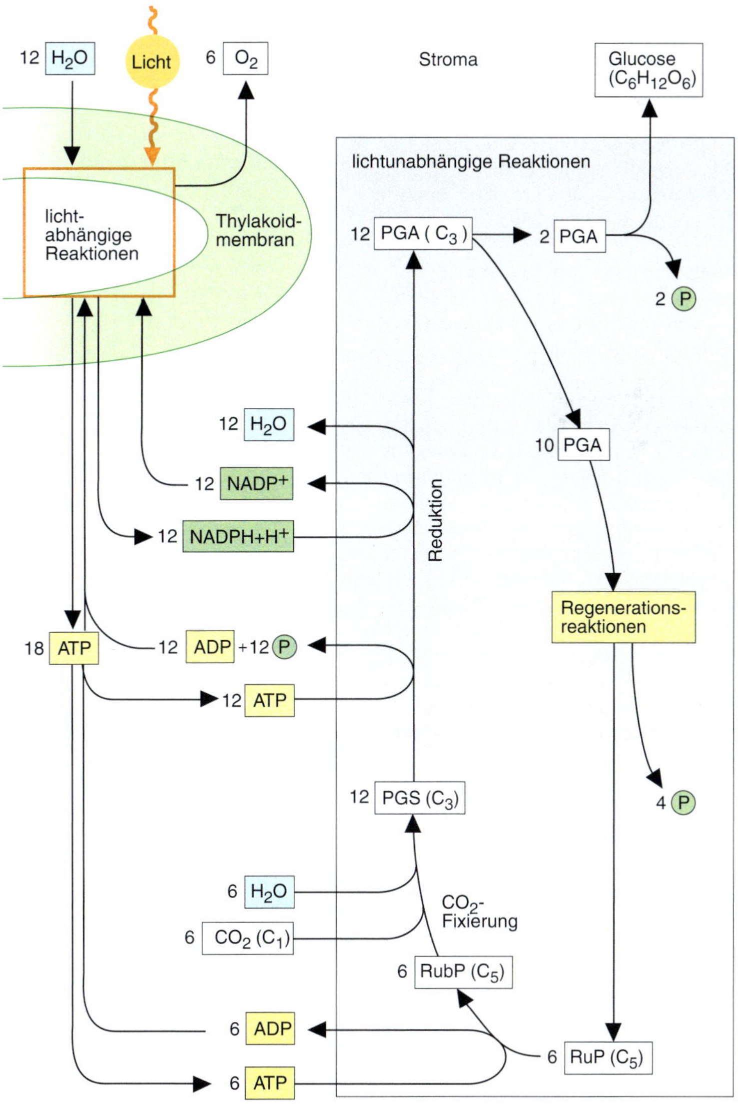

2 Calvinzyklus

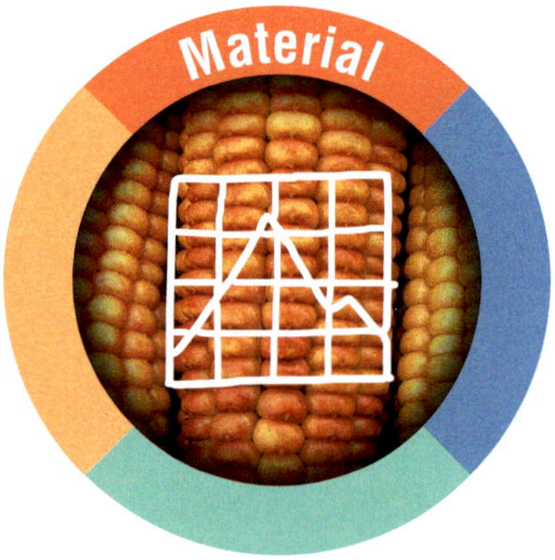

Mais – ein Sonnenspezialist

Mais wurde bereits von den Inkas, Mayas und Azteken angebaut. Seine heutigen Zuchtformen haben von allen Getreidesorten den höchsten Kornertrag und die größte Blattmassenproduktion. Durch diese Eigenschaften ist er zur wichtigsten Nutzpflanze Amerikas geworden. Obwohl die Abstammung des Maises noch nicht völlig geklärt ist, so steht sein Ursprungsgebiet fest: Eine heiße Region Mexikos mit hoher Lichteinstrahlung und Wasserknappheit. Vermutlich brachte Kolumbus den Mais nach Europa.

Heute baut man ihn weltweit an. In Deutschland reift der Mais nur selten aus, deshalb nutzen die Bauern ihn als Grünfutter oder Silage.

Besonderheiten im Blattaufbau waren den Wissenschaftlern schon früh aufgefallen. Um die Leitbündel befinden sich kranzförmig große, plastidenreiche *Bündelscheidenzellen*. Sie enthalten viel Assimilationsstärke. Diese Besonderheiten wurden aber erst durch die physiologischen Befunde von Hatch und Slack verständlich. Diese Wissenschaftler fanden in den 60er-Jahren, dass Mais neben den Substanzen des Calvinzyklus größere Mengen an Äpfelsäure und Oxalessigsäure enthielt. Deren Grundstruktur besteht aus 4 C-Atomen. Deshalb bezeichneten sie Pflanzen mit dieser Eigenschaft als *C_4-Pflanzen* und grenzten sie damit von den *C_3-Pflanzen* ab, in denen Phosphoglycerinsäure (3 C-Atome) als erstes Produkt nach der CO_2-Fixierung im Calvinzyklus auftritt.

Heute weiß man ferner, dass die C_4-Pflanzen neben dem CO_2-Bindungsenzym des Calvinzyklus in den Mesophyllzellen ein weiteres CO_2-Bindungsenzym mit fast 100facher Affinität besitzen. Dies ist eine Möglichkeit, den Wasserverlust durch effektivere CO_2-Aufnahme zu verringern.

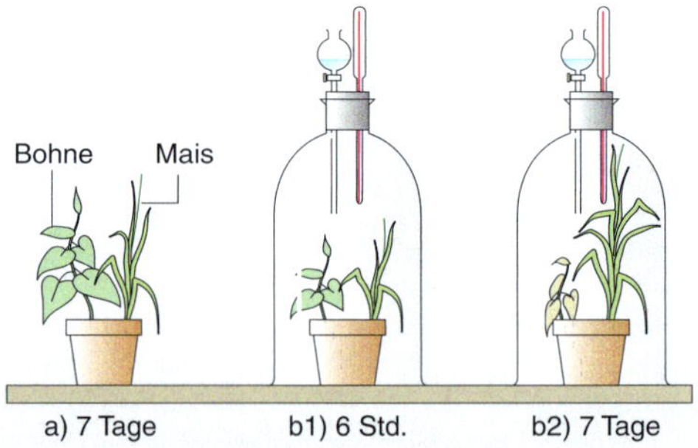

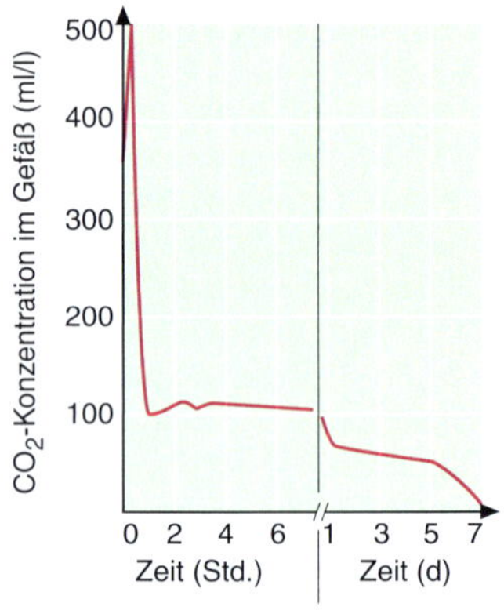

Belichtung der Versuchsansätze: 15 Std./Tag (Starklicht)
Versuchstemperatur: 30 °C (konstant)
luftdichter Verschluss der Glasglocken

1

Lichtatmung

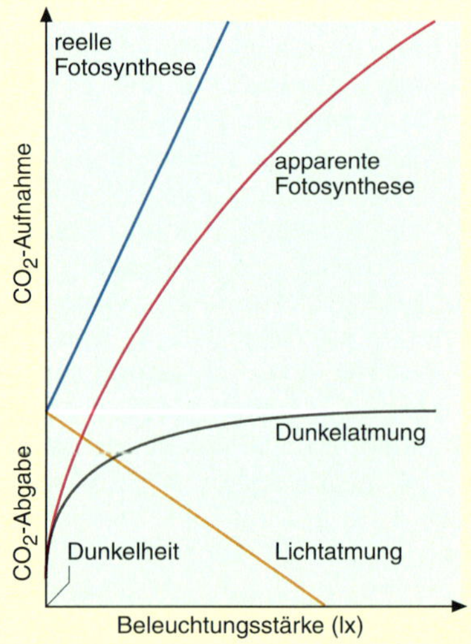

Die Prozesse der mitochondrialen Atmung laufen in pflanzlichen und tierischen Zellen gleich ab. Im Unterschied zu den Tieren wird diese Atmung bei Pflanzen jedoch durch Licht gehemmt. Man bezeichnet sie häufig als *Dunkelatmung* und stellt sie der so genannten *Lichtatmung* gegenüber.

Der Prozess der Lichtatmung wird dadurch in Gang gesetzt, dass sich an die katalytische Stelle des CO_2-Bindungsenzyms des Calvinzyklus auch Sauerstoff anlagern kann. Folglich konkurrieren Kohlenstoffdioxid und Sauerstoff miteinander. Wird Sauerstoff gebunden, dann wird das entstehende Zwischenprodukt nicht zu einem Zucker, sondern zu einer Aminosäure umgebaut. Dabei wird weiterer Sauerstoff verbraucht und Kohlenstoffdioxid gebildet. Aus diesen Gründen unterscheiden sich die Prozesse der Lichtatmung grundsätzlich von der mitochondrialen Atmung.

Die Raten der CO_2-Abgabe und der Sauerstoffaufnahme steigen mit zunehmender Lichtintensität. Es können bis zu 50 % des durch die Fotosynthese gebundenen CO_2 an die Umgebung abgegeben werden.

Damit bedeutet die Lichtatmung eine erhebliche Einbuße für den Energiehaushalt und wird häufig als Leck des Calvinzyklus bezeichnet. Eine biologische Bedeutung scheint nicht vorzuliegen.

	Mais (C_4-Pflanze)	**Bohne** (C_3-Pflanze)
apparente Fotosynthese (mg CO_2 cm^{-2} h^{-1})	0,6 – 1,0	< 0,3
Lichtsättigung der apparenten Fotosynthese (W cm^{-2})	0,04 – 0,06	< 0,02
Lichtatmung (ng CO_2)	nicht messbar	43
Transpiration (µg H_2O cm^{-2} s^{-1})	6,8	18,2

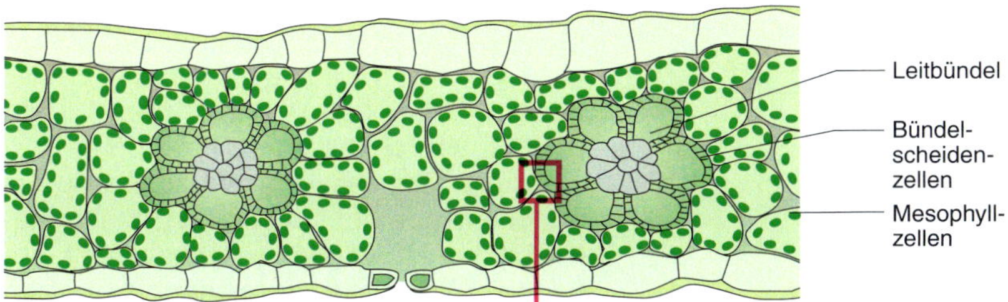

1a Querschnitt durch ein Maisblatt

1b Foto von Chloroplasten

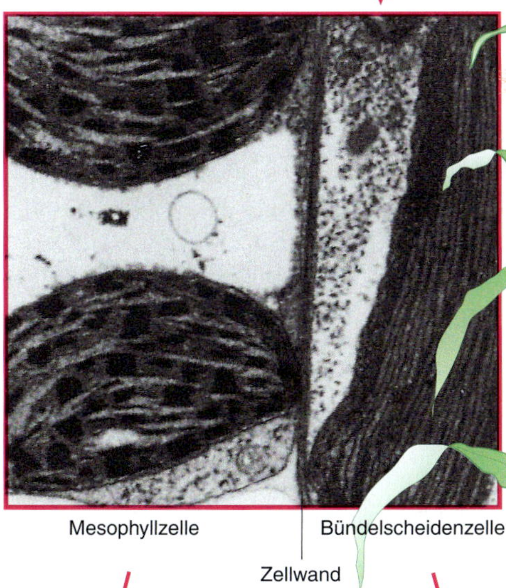

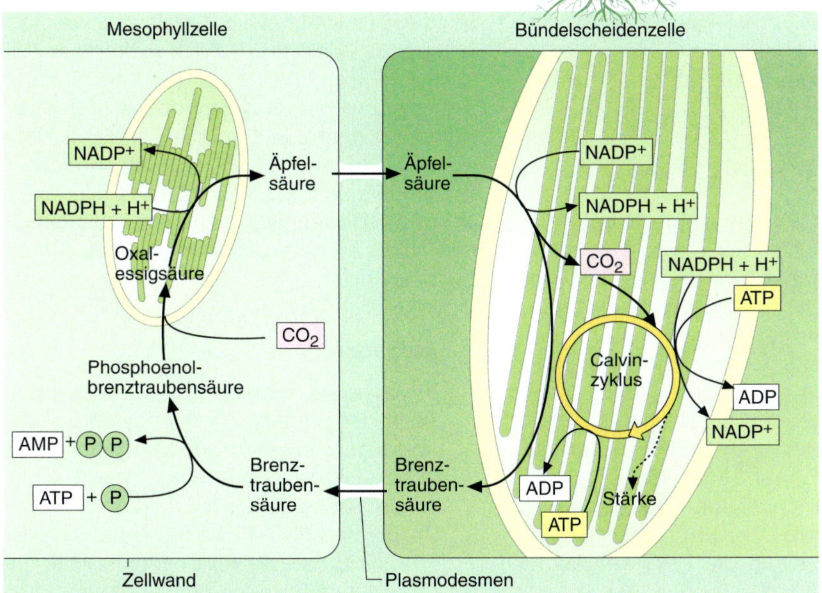

1c Biochemische Abläufe in C_4-Pflanzen

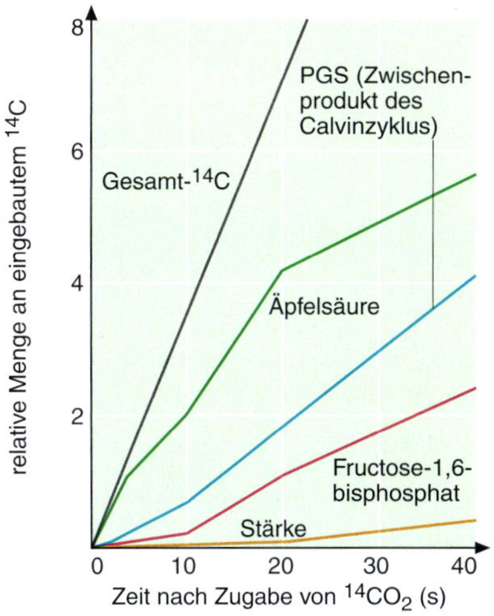

2 C_4-Pflanze

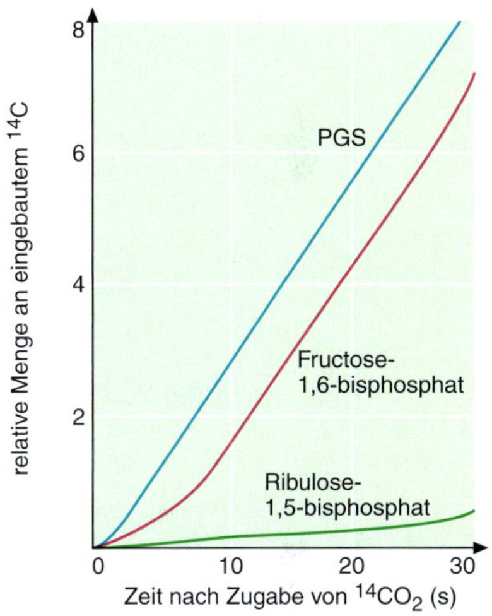

3 C_3-Pflanze

Aufgaben

① Formulieren Sie das stoffwechselphysiologische Dilemma, in dem sich Pflanzen heißer, trockener Klimazonen, wie der Mais, befinden. Beschreiben Sie Abbildung 104.1 und erstellen Sie eine Hypothese zur Deutung des Experimentes.

② Beschreiben Sie den Aufbau eines Maisblattes (Abb. 1 a, b) und vergleichen Sie ihn tabellarisch mit dem eines Bohnenblattes. Dies entspricht weitgehend dem Sonnenblatt einer Buche (s. Seite 95).

③ Beschreiben und deuten Sie die physiologischen und histologischen Befunde (Abb. 2, 3, 1b und dann 1 c). Erläutern Sie auf dieser Grundlage den dargestellten Reaktionsverlauf.

④ Überprüfen Sie Ihre Hypothese aus Aufgabe 1 und erläutern Sie die Überlegenheit der C_4-Pflanze Mais gegenüber der Bohne (s. Seite 104).

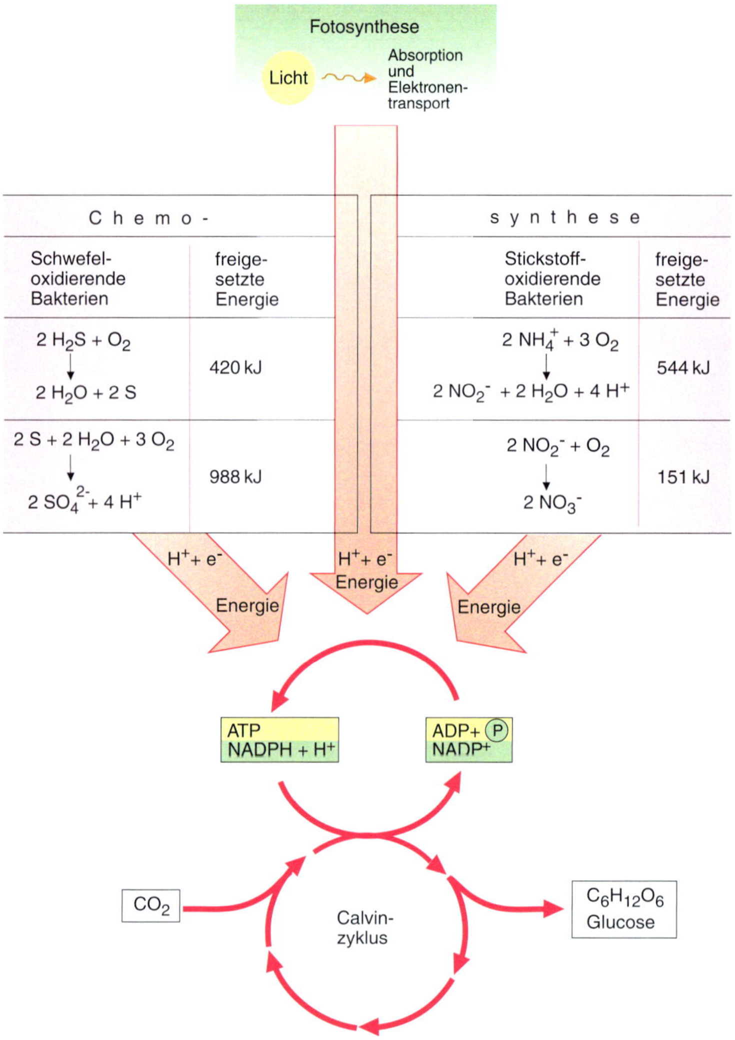

1 Schematische Darstellung von Chemo- und Fotosynthese

Es geht auch ohne Licht

Die grünen Pflanzen und einige farbstoffhaltige Bakterien nutzen die Energie des Sonnenlichtes. So sind sie in der Lage, aus den energiearmen anorganischen Substanzen CO_2 und H_2O energiereiche organische Stoffe wie Glucose herzustellen. Ihre Lebensweise bezeichnet man als *photoautotroph.* Daneben gibt es eine Reihe von farblosen Bakterien. Bei ihnen dient nicht das Licht als Energiequelle, sondern energiereiche anorganische Substanz, wie Schwefel- und Stickstoffverbindungen. Die Substanzen werden aus der Umgebung in die Zelle aufgenommen, oxidiert und die Oxidationsprodukte werden ausgeschieden. Die hierbei frei werdende Energie wird in Form von ATP und $NADPH + H^+$ gespeichert. Die weiteren Prozesse der Glucosesynthese laufen wie bei grünen Pflanzen im *Calvinzyklus* ab. Da chemische Verbindungen Ausgangsstoffe der Energiequellen sind, bezeichnet man diese Stoffwechselprozesse als *Chemosynthese* und die Organismen als *chemoautotroph.* Die Chemosynthese ist, wie die Fotosynthese, ein Assimilationsprozess.

Schwefel oxidierende Bakterien, wie z. B. *Thiobacillus* oder die fädigen *Thiotrix*, oxidieren Schwefelwasserstoff oder Schwefel zu Sulfat (Abb. 1). Die Energieausbeute bei diesen Reaktionen ist beachtlich. Diese Bakterien leben vorrangig in Schwefelquellen, aber auch in nährstoffreichen Tümpeln. Sie tragen zur Selbstreinigung der Flüsse bei und kommen in Rieselfeldern der Abwasserreinigung vor, also überall dort, wo durch Fäulnisprozesse H_2S frei wird.

Organisches Material von abgestorbenen Pflanzen und Tieren wird von Fäulnisbakterien im Boden zersetzt. Bei der Zersetzung der Eiweiße wird Ammoniak frei. Die im Boden lebenden *nitrifizierenden Bakterien* wandeln Ammoniak in zwei Schritten über Nitrit zu Nitrat um (Abb. 1). Bei dieser Oxidation sind immer zwei Bakteriengattungen notwendig. *Nitrosomonas* oxidiert Ammoniak zu Nitrit. Dieses ist für Nitrosomonas jedoch ein Giftstoff. Ein Zusammenleben mit *Nitrobacter* ist notwendig, da Nitrobacter das Nitrit in das ungiftige Nitrat oxidiert. Nitrosomonas setzt bei dieser Reaktion pro mol Ammoniak 272 kJ frei. Nitrobacter muss für den gleichen Energiegewinn fast die vierfache Menge an Substrat umsetzen. Dies gewährleistet, dass giftiges Nitrit sich nicht im Boden anreichert. Die Nitrifikation ist für die Bereitstellung von Nitrat im Boden ein wichtiger Prozess, da das Nitrat die Hauptstickstoffquelle für die Pflanzen ist.

Aufgaben

① Erklären Sie, weshalb die Chemosynthese im Gegensatz zur Fotosynthese keinen Energiegewinn im Energiehaushalt unserer Erde, sondern nur eine Energieumverteilung darstellt.

② Berechnen Sie mithilfe der Daten aus der Fotosynthese, wieviel mol Ammoniak Nitrosomonas für ein mol Glucose mindestens umsetzen muss.

Chemosynthese in der Tiefsee

Proben aus dem völlig dunklen Meeresboden zeigen bei oberflächlicher Betrachtung nur wenige lebende Organismen. Daher überraschten die Funde, die Geologen 1977 auf einer Exkursion mit einem Forschungs-U-Boot in 2 600 m Tiefe machten. Sie fanden eine Oase überquellenden Lebens. *Röhrenwürmer* mit mehr als 1 m Länge, 30 cm große Muscheln, Trauben von Miesmuscheln, Garnelen, Krabben und Fischen. Die Organismen dieses Lebensraumes konnten in der völligen Dunkelheit nicht auf fotosynthetisch hergestellte Nährstoffe angewiesen sein. In der Umgebung der großen Muscheln oder der Röhrenwürmer konnten auch keine Nahrungspartikel entdeckt werden.

Das Besondere dieser Tiefseestandorte sind Lavaspalten mit heißen Tiefseequellen oder *„Black Smokern"* (Abb. 1). Durch diese Spalten dringt Wasser in den Meeresboden ein und wird in der Erdkruste stark erhitzt. Das kochend heiße, von Schwefelverbindungen pechschwarze Wasser wird mit Druck herausgepresst. Diese Thermalquellen enthalten viel Schwefelwasserstoff aus der Erdkruste.

Die hier lebenden Röhrenwürmer sind Tiere, die weder einen Mund noch andere Teile eines Verdauungssystems besitzen (Abb. 2). Der größte Teil der Körperhöhle ist ein Organ, in dem das Gewebe mit Schwefel oxidierenden Bakterien vollgepackt ist *(Trophosom)*. Diese Bakterienkultur wird von einem effektiven Blutsystem mit Sauerstoff und Schwefelwasserstoff aus dem Seewasser versorgt. Die Bakterien gewinnen durch die Oxidation von Schwefelwasserstoff Energie. Mithilfe dieser Energie und dem aufgenommenen Kohlenstoffdioxid wird über den Calvinzyklus Glucose gewonnen (Abb. 3). Diese energiereichen Verbindungen gelangen in den Blutkreislauf der Röhrenwürmer und dienen als Energiequelle.

Auffallend sind die leuchtend roten Kiemenbüschel, über die Röhrenwürmer nicht nur Sauerstoff und Kohlenstoffdioxid austauschen, sondern auch Schwefelwasserstoff aufnehmen. Transportiert werden Sauerstoff und Schwefelwasserstoff durch dieselben Hämoglobinmoleküle.

Schwefelwasserstoff ist zwar energiereich, aber für die meisten Lebewesen auch äußerst giftig. Bei uns Menschen verdrängt er z. B. den Sauerstoff vom Hämoglobin. Das Hämoglobinmolekül der Röhrenwürmer ist nicht nur größer als das des menschlichen Blutfarbstoffs, sondern besitzt auch eine andere Struktur und veränderte biochemische Eigenschaften. So befinden sich an diesem Hämoglobin eine Bindungsstelle für den Sauerstoff und eine zweite für den Schwefelwasserstoff. Die Sauerstoffversorgung des Gewebes wird somit durch den Schwefelwasserstoff nicht beeinträchtigt.

Aufgabe

① Beschreiben Sie die gegenseitige Abhängigkeit von Röhrenwürmern und Schwefel oxidierenden Bakterien.

1 Black Smoker

2 Röhrenwürmer

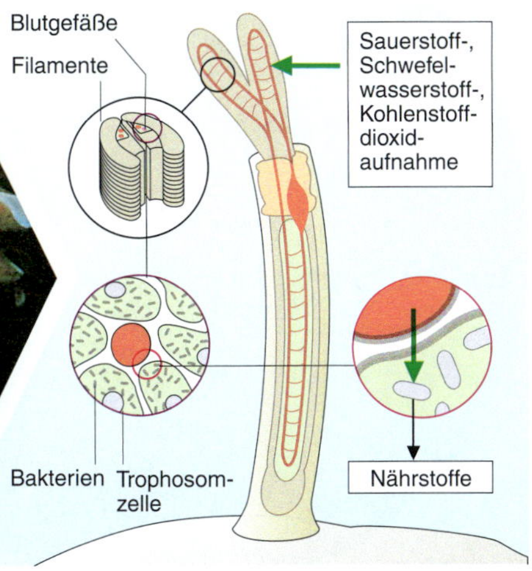

3 Röhrenwurm mit symbiontischen Bakterien

Genetik

Gentherapie, Gentechnik, Gensequenzierung, Genkarte, Genomprojekt, genetischer Fingerabdruck – die Genetik und ihre Anwendungen beschäftigen Diskussionsrunden und Tagespresse. Mit noch nicht einmal 150 Jahren ist die Genetik eine vergleichsweise junge Wissenschaft. Als Begründer gilt GREGOR MENDEL, der mit seinen Kreuzungsversuchen an Erbsenpflanzen den Regeln der Vererbung auf die Spur kam. Den namensgebenden Begriff „Gen" benutzte er nicht, er nannte die erblichen Faktoren schlicht „Anlagen".

Die rasante Entwicklung der Genetik spiegelt sich erstaunlich gut im Definitionswandel des Begriffes Gen wider: Beim klassischen Ansatz geht man von äußeren Merkmalen aus und versteht unter Genen die unteilbaren Einheiten der Vererbung. Die Aufklärung der DNA-Struktur und Funktion machte die Gene molekular fassbar: Gene sind bestimmte Abschnitte der DNA, die für die Ausprägung von Merkmalen verantwortlich sind. So lassen sich die Merkmale von MENDELS Erbsen bis zu den Nucleinsäuren im Zellkern zurückverfolgen.

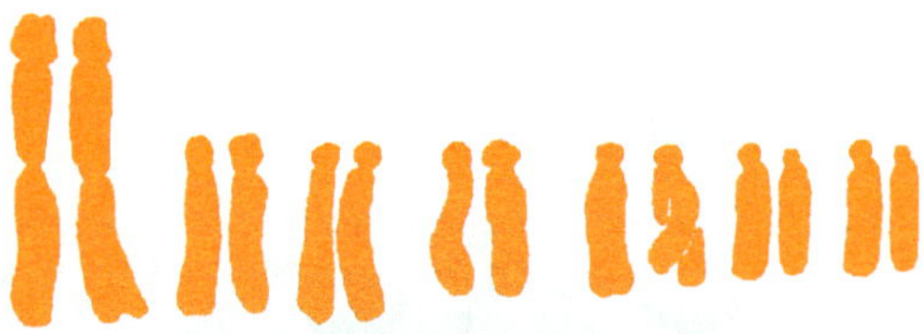

Inzwischen hat man die DNA-Sequenzen vieler Organismenarten entschlüsselt, trotzdem kann man oft nicht sagen, wie viele Gene ein Genom enthält, denn es gibt überlappende, sich wiederholende und informationslose Sequenzen. Während wir auf der einen Seite also Gene durch ausgefeilte Methoden stofflich immer besser isolieren und analysieren können, ist unser Verständnis von dem, was ein Gen funktionell ist, immer abstrakter geworden.

„Soweit die Erfahrung reicht, finden wir es überall bestätigt, dass constante Nachkommen nur dann gebildet werden können, wenn die Keimzellen und der befruchtende Pollen gleichartig, somit beide mit der Anlage ausgerüstet sind, völlig gleiche Individuen zu beleben, wie das bei der normalen Befruchtung der reinen Arten der Fall ist."
GREGOR MENDEL 1866

„Ein Gen ist der DNA-Abschnitt, der für ein m-RNA-Molekül codiert."
FRANÇOIS JACOB und JACQUES MONOD 1961

"A gene is a combination of DNA segments that together constitute an expressible unit, expression leading to the formation of one or more functional gene products that may be either RNA molecules or polypeptides. The segments of a gene include the transcribed region, which encompases the coding sequences, intervening sequences, any 5'leader and 3'trailer sequences that surround the ends of the coding sequences, and any regulatory segments included in the transcription unit, and the regulatory sequences that flank the transcription unit and are required for specific expression."
MAXINE SINGER und PAUL BERG 1991

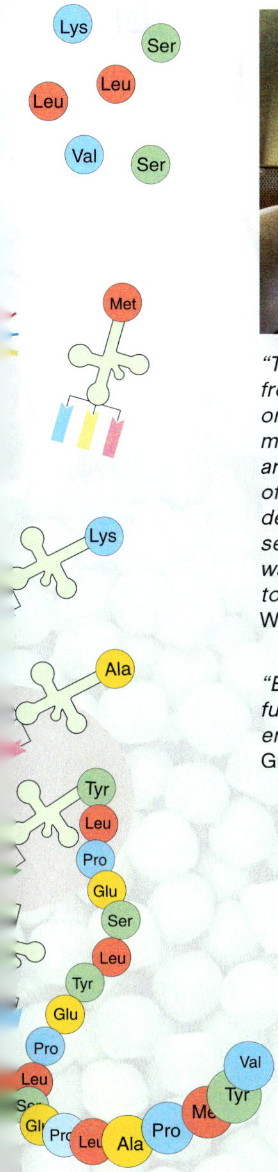

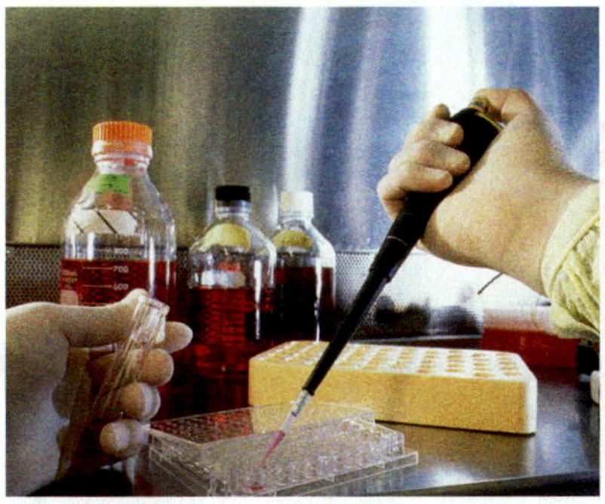

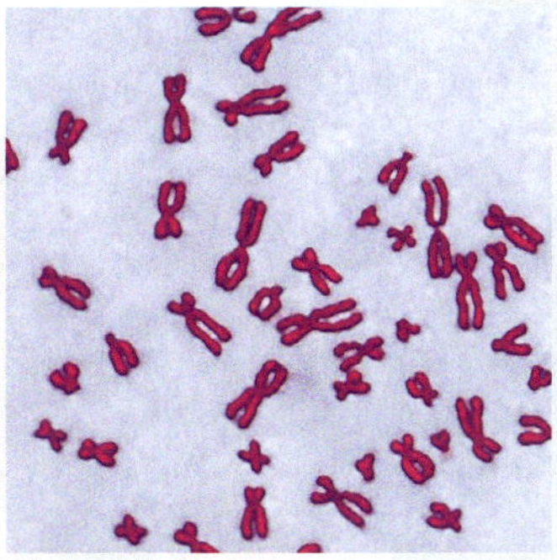

"The word 'gene' is completely free from any hypotheses; it expresses only the evident fact that, in any case, many characteristics of the organism are specified in the gametes by means of special conditions, foundations, and determiners which are present in unique separate, and thereby independent ways — in short, precisely what we wish to call genes."
WILHELM JOHANNSEN 1909

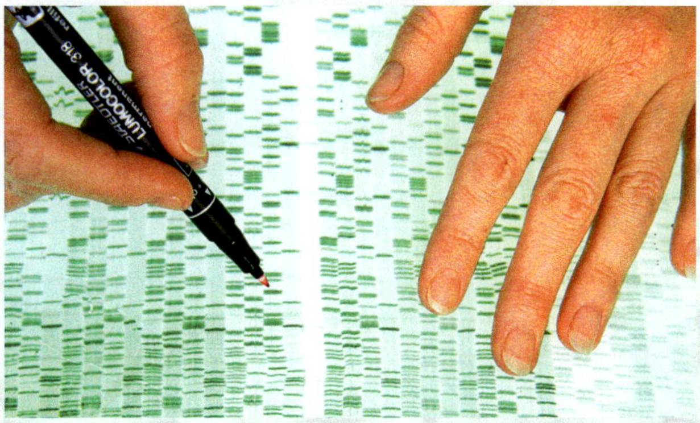

"Each gene controls the production, function and specifity of a particular enzyme."
GEORGE W. BEADLE & EDWARD TATUM 1941

Träger der Erbinformation — experimentelle Beweise

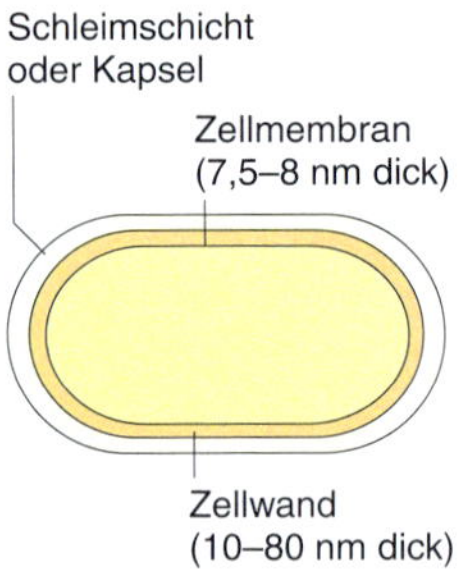

Eine typische Bakterienzelle mit ihren äußeren Schichten (1nm = 1 millionstel mm)

In den 30er-Jahren des letzten Jahrhunderts stand man vor der ungeklärten Frage, ob Proteine oder Nucleinsäuren die Träger der Gene sind. Beide Stoffklassen liegen als langkettige, unverzweigte Moleküle vor, die eine beinahe unbegrenzte Anzahl verschiedener Varianten bilden können.

Experimentell wurde die chemische Natur der Erbsubstanz erstmals an Bakterien untersucht. FREDERICK GRIFFITH experimentierte 1928 mit dem Bakterium *Streptococcus pneumoniae*, das in zwei Varianten vorkommt. S-Zellen sind in der Lage, Schleimkapseln zu bilden. Ihre Kolonien sind glatt (engl. *smooth*). S-Zellen sind virulent, d.h. sie rufen bei Mäusen eine tödliche Form der Lungenentzündung hervor. Werden sie durch Hitze abgetötet, verlieren sie ihre Virulenz. R-Zellen hingegen bilden aufgrund genetischer Unterschiede keine Schleimkapseln aus. Ihre Kolonien erscheinen in der Bakterienkultur rau (engl. *rough*), auch lebend sind sie nicht virulent.

DNA
Desoxyribonucleinsäure (engl. **D**eoxyribo**n**ucleic **a**cid)

Transformation
Übertragung von DNA in eine beliebige lebende Zelle

GRIFFITH vermischte abgetötete S- und lebende R-Zellen. Überraschenderweise konnte dieses Gemisch bei Mäusen die Lungenentzündung hervorrufen. Aus den erkrankten Tieren ließen sich sogar lebende S-Zellen isolieren. Die Fähigkeit zur Kapselbildung war von den abgetöteten S- auf die lebenden R-Zellen übertragen worden. Die Erbinformation hat also eine stoffliche Basis.

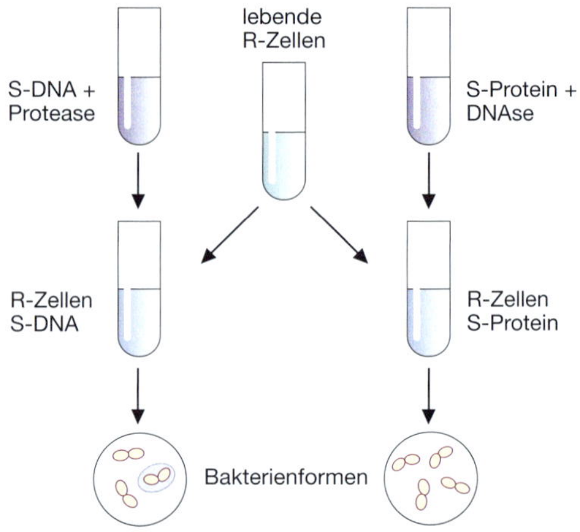

2 Avery: Die DNA ist das transformierende Prinzip

Der Bakteriologe OSWALD AVERY nahm die Versuche von GRIFFITH 1944 wieder auf, um die Substanz, die von S- auf R-Zellen übertragen worden sein musste, zu identifizieren. Er trennte DNA und Proteine abgetöteter S-Zellen voneinander ab und mischte anschließend lebende R-Zellen entweder mit der DNA oder mit den Proteinen. Die Proteine der S-Zellen lösten bei R-Zellen keine Kapselbildung aus. Die DNA der S-Zellen hingegen übertrug die Fähigkeit zur Kapselbildung auf R-Zellen. AVERY hatte mit diesem Versuch bewiesen, dass DNA der stoffliche Träger der Erbinformation ist. Die Übertragung von DNA in lebende Zellen wird *Transformation* genannt.

Oswald Avery (1877 – 1955)

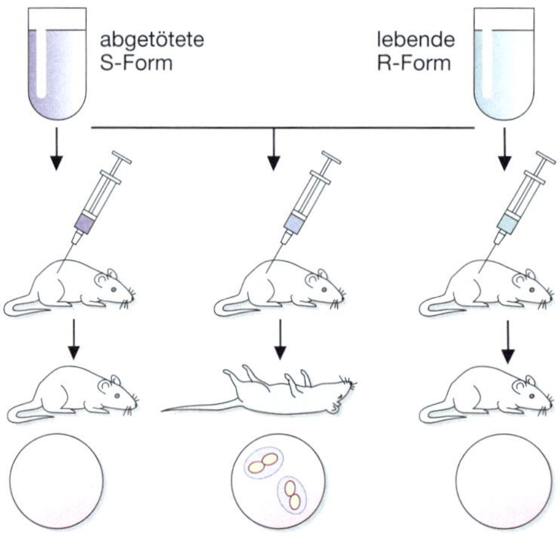

1 Die Versuche von Griffith

Aufgaben

① OSWALD AVERY führte eine Reihe von Kontrollexperimenten durch. Beispielsweise behandelte er die abgetrennte DNA zusätzlich mit Protein spaltenden Enzymen *(Proteasen)* und die Proteine mit DNA spaltenden Enzymen *(DNAsen)*. Begründen Sie.

② AVERY gab seinen Bakterienkulturen Serum zu. Hitzebehandeltes Serum beeinträchtigte seine Versuche nicht. Unbehandeltes Serum hingegen verhinderte oftmals eine Transformation von R-Zellen durch isoliertes Material aus S-Zellen. Serum enthält eine Reihe verschiedener Enzyme. Erklären Sie.

Experimente mit DNA

DNA gewinnen

In molekularbiologischen Labors ist die Fällung von Nucleinsäuren eine Standardmethode. Oftmals ist das Abtrennen von DNA aus homogenisierten Geweben Ausgangspunkt für weiterführende genetische Untersuchungen. Die Erbsubstanz DNA kann mit einfachen chemischen Methoden aus Zellen isoliert und von anderen Zellinhaltsstoffen abgetrennt werden.

Materialien:
Ethanol (tiefgekühlt), Natriumchlorid Tomate, Spülmittel, Zentrifuge, Glasstab, Feinwaschmittel mit Proteasen

Durchführung:
Zerkleinern Sie eine halbe Tomate grob mit einem Messer. Die Gewebestücke werden zusammen mit 40 ml Wasser, 5 ml Spülmittel, einigen Krümeln Feinwaschmittel sowie 1/2 Teelöffel Kochsalz in einen Mörser gegeben und püriert *(homogenisiert)*. Geben Sie den Tomatenbrei in ein Becherglas, das 15 min bei 60 °C in einem Wasserbad gehalten wird.

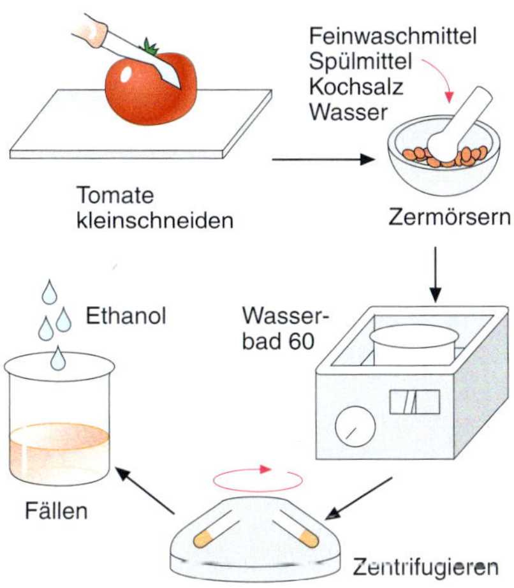

Der zellfreie Extrakt wird dann in ein Reagenzglas gegeben und zur Entfernung der Zelltrümmer zentrifugiert. Die Zelltrümmer bilden ein Sediment am Reagenzglasboden. Ist der Überstand nach der Zentrifugation nicht durchscheinend klar, kann er zusätzlich durch einen Kaffeefilter gegeben werden.

Zur Fällung der DNA überschichten Sie vorsichtig mit Ethanol. An der Phasengrenzfläche der beiden Flüssigkeiten sammelt sich eine geleeartige Masse, die ausgefällte DNA. Die Substanz lässt sich an einem Glasstab aufwickeln.

Fragmente erzeugen

Die fädigen DNA-Moleküle sind oftmals zu lang und sperrig, um damit weiter experimentieren zu können. Isolierte DNA wird deswegen für weiterführende Versuche in kleinere Bruchstücke gespalten *(fragmentiert)*. Dazu stehen heute eine Reihe von DNA schneidenden Enzymen zur Verfügung. Diese *Restriktionsenzyme* erkennen bestimmte Basenabfolgen innerhalb der DNA-Stränge und schneiden diese an den so definierten Stellen. Man erhält kürzere Bruchstücke bestimmter Länge. Unspezifische DNAsen hingegen haben die Fähigkeit, DNA-Stränge von den Enden her vollständig in ihre Bausteine, die *Nucleotide*, zu zerlegen. DNA kann aber auch durch saure Hydrolyse chemisch zu Nucleotiden abgebaut werden.

Durchführung:
Die aus Tomaten isolierte DNA wird zur chemischen Fragmentation zusammen mit 10 ml Schwefelsäure (1 mol/l) in ein Reagenzglas gegeben [C] (Schutzbrille tragen!). Das Reagenzglas wird locker mit Aluminiumfolie verschlossen und 15 min in siedendes Wasser gehalten. Dadurch wird die DNA in ihre Bestandteile, die Nucleotide gespalten. Sie löst sich auf.

Aufgaben

1. Wie könnten Sie experimentell den Einwand entkräften, bei der Behandlung der isolierten DNA mit Säure sei keine Hydrolyse eingetreten, vielmehr sei die DNA wieder in ihre lösliche Form übergegangen?
2. Im DNA-Fällungsversuch wird Feinwaschmittel, das *Proteasen* enthält, zugesetzt. Proteasen sind Protein spaltende Enzyme. Mit welchen Proteinen ist das DNA-Molekül assoziiert? Schlagen Sie in diesem Buch nach.

Fragmente trennen: Elektrophorese

Wird DNA mithilfe von Restriktionsenzymen geschnitten, ist es häufig für das weitere experimentelle Vorgehen notwendig, die Bruchstücke sichtbar zu machen. Dazu werden die Fragmentationsansätze elektrophoretisch in einem Stärke-Gel aufgetrennt (s. Seite 23). Die geladenen DNA-Fragmente wandern im elektrischen Feld, kleinere Stücke schneller als größere. Gleichartige Stücke konzentrieren sich dabei zu Banden. Diese können mithilfe von Farbstoffen sichtbar gemacht werden.

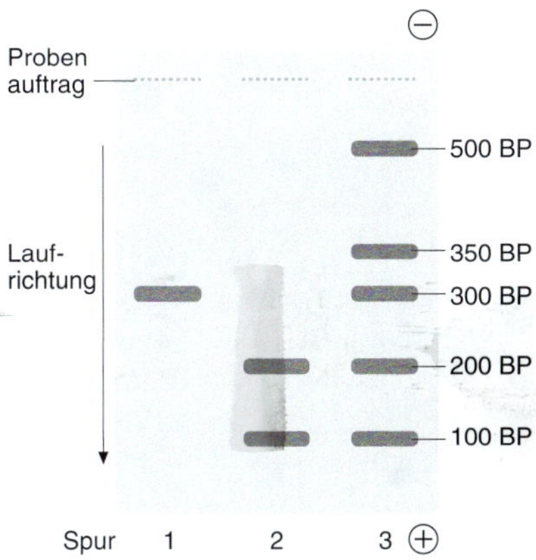

Die Abbildung oben zeigt die Auftrennung eines Fragmentationsansatzes (Spur 2). Um die Größe der DNA-Fragmente abschätzen zu können, wurde ein sog. Molekulargewichtsstandard (Spur 3) verwendet. Dieser enthält DNA-Fragmente bekannter Größe, angegeben als Basenpaare (BP).

Aufgaben

3. Welche Ladung haben die aufgetrennten DNA-Fragmente? Welche Größe haben sie?
4. Wie oft hat das verwendete Restriktionsenzym die Proben-DNA (Spur 1) in Spur 2 geschnitten?

Fragmente isolieren: Blotting

Um die aufgetrennten DNA-Fragmente einer weiteren Analyse zugänglich zu machen (s. Seite 178), werden sie aus dem Elektrophorese-Gel isoliert (Southern Blot). Auf das Gel wird eine Nylonmembran gelegt, darauf eine Lage Papiertücher und darauf ein Gewicht. Das Sandwich wird in einen Puffer gestellt, der von den Papiertüchern „angesaugt" wird. Der Puffer durchströmt das Gel, reißt die DNA-Banden mit, die von der Membran fest gebunden werden.

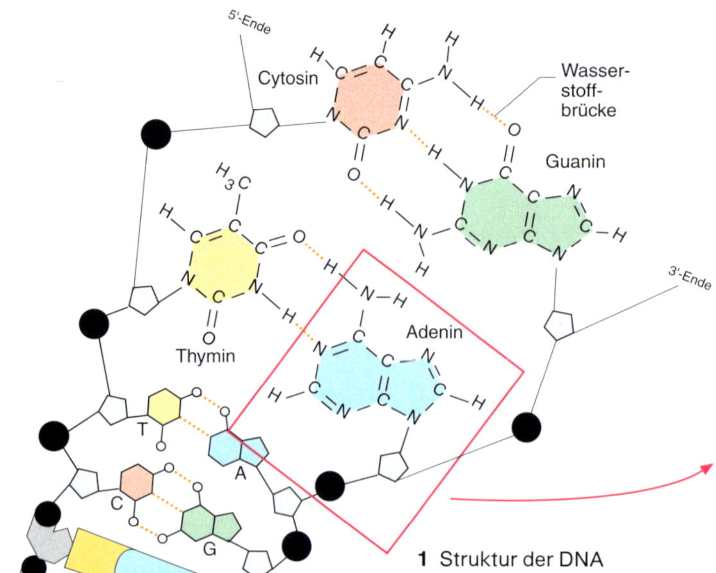

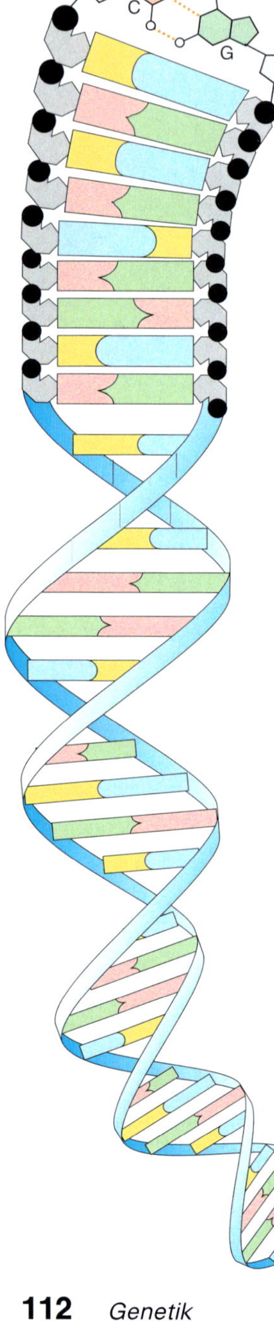
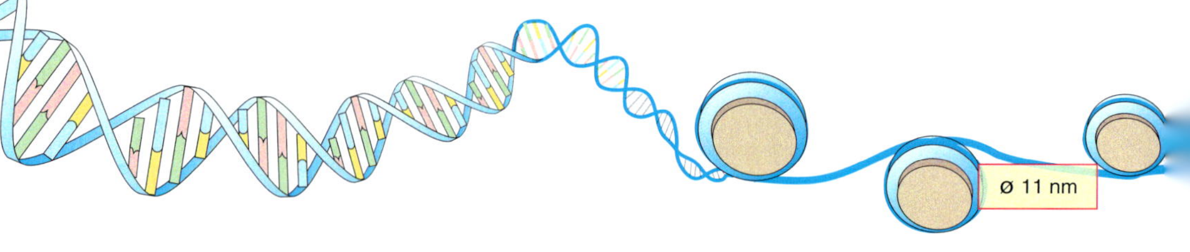

1 Struktur der DNA

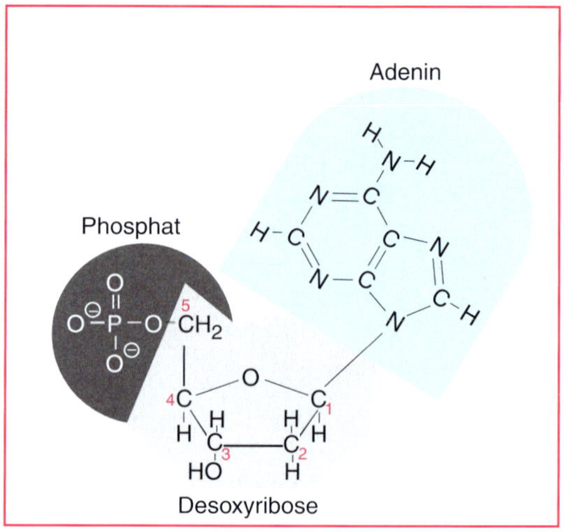

Nucleotid

DNA — der Stoff aus dem die Gene sind

Lebewesen werden durch Merkmale, wie Blütenfarbe, Blattform, Blutgruppe, Haarfarbe und unzähliges mehr, charakterisiert. Chemische Stoffe im Zellkern steuern die Merkmalsausprägung und werden an die nächste Generation vererbt.

Ein Molekül, das Erbinformationen tragen und weitergeben kann, muss folgende Eigenschaften besitzen:

- Es muss Informationen verschlüsseln können und eine Leserichtung haben.
- Es muss sich unverändert verdoppeln und an die folgende Generation weitergeben lassen.
- Es muss stabil sein und trotzdem leichte Abwandlungen ermöglichen.

Nach jahrzehntelanger molekulargenetischer Detektivarbeit wurde die *Desoxyribonucleinsäure (DNA)* als Träger der Erbinformation identifiziert. Einheiten der Erbinformation sind die *Gene*, das sind Abschnitte auf dem DNA-Molekül.

Aufgrund der Experimente von FRIEDRICH MIESCHER und ALBRECHT KOSSEL wusste man schon im 19. Jahrhundert, dass Zellkerne Nucleinsäuren enthalten, die aus gleichen Mengenanteilen des C_5-Zuckers *Desoxyribose*, des Phosphats und der vier Basen *Adenin (A), Thymin (T), Cytosin (C)* und *Guanin (G)* bestehen. A und G sind Purinbasen, T und C Pyrimidinbasen. Beim Vergleich der DNA verschiedenster Lebewesen stellte ERWIN CHARGAFF (1951) zudem fest, dass in jeder DNA gleich viele Moleküle von A und T bzw. von C und G vorliegen *(Chargaff-Regel*, Abb. 113.1).

Aus Röntgenuntersuchungen an kristalliner DNA schloss ROSALIND FRANKLIN (1953), dass es sich um zwei schraubig gewundene Einzelstränge handelt, bei denen die Phosphatmoleküle nach außen und die Basen nach innen gerichtet sind. JAMES D. WATSON und FRANCIS H. C. CRICK fügten das vorhandene Datenpuzzle genial zusammen und stellten 1953 das *DNA-Doppelhelixmodell* auf. Sie erkannten, dass die beiden Einzelstränge gegenläufig umeinander gewunden sein müssen und durch Wasserstoffbrücken zwischen den Basen der Einzelstränge zusammengehalten werden.

Zum besseren Verständnis sind ein paar chemische Einzelheiten nötig: Jeder DNA-Einzelstrang entsteht durch die Verkettung von DNA-Nucleotiden. Ein DNA-Nucleotid besteht aus Zucker, Phosphat und einer der Basen A, T, G oder C. Der C_5-Zucker Desoxyribose kann über die Kohlenstoffatome

1', 3' und 5' Brücken zu anderen Molekülen bilden. Phosphat bindet an das 3'C-Atom sowie an das 5'C-Atom des nachfolgenden Zuckers. So werden die Desoxyribosemoleküle verkettet.

Jeder DNA-Einzelstrang hat daher ein 5'-Ende für Phosphat und ein 3'-Ende mit einer freien OH-Gruppe. Damit hat die DNA eine Leserichtung. Die beiden Einzelstränge sind gegenläufig um eine gemeinsame Achse gewunden, d. h. in einer Doppelhelix liegen sich jeweils 3'- und 5'-Ende der Einzelstränge gegenüber *(Antiparallelität)*. Die Basen binden an das C_1-Atom des Zuckers, sie zeigen im Doppelstrang nach innen und verbinden sich mit den Basen des anderen Einzelstrangs. Es paaren sich immer eine (lange) Purinbase und eine (kurze) Pyrimidinbase, Adenin und Thymin halten über zwei Wasserstoffbrückenbindungen, Guanin und Cytosin über drei Wasserstoffbrücken zusammen. Sie bilden die *komplementären Basenpaare* A—T und G—C. Das erklärt die Zahlenverhältnisse der Chargaff-Regel und die Stabilität doppelsträngiger DNA.

Das DNA-Molekül ähnelt einer Wendel-Strickleiter, deren Sprossen aus Basenpaaren gebildet werden und deren äußere Holme abwechselnd aus Phosphat- und Zuckermolekülen bestehen. Die DNA-Nucleotidsequenz, also die Abfolge der Basen in einem Einzelstrang, verschlüsselt die Erbinformation und lässt sich vereinfacht als Buchstabenfolge, die *Basensequenz* (z. B. AAATTCGAA), wiedergeben. Das DNA-Doppelhelixmodell verhalf der molekularen Genetik zum entscheidenden Durchbruch: Heute sind die Basensequenzen vieler Arten entschlüsselt.

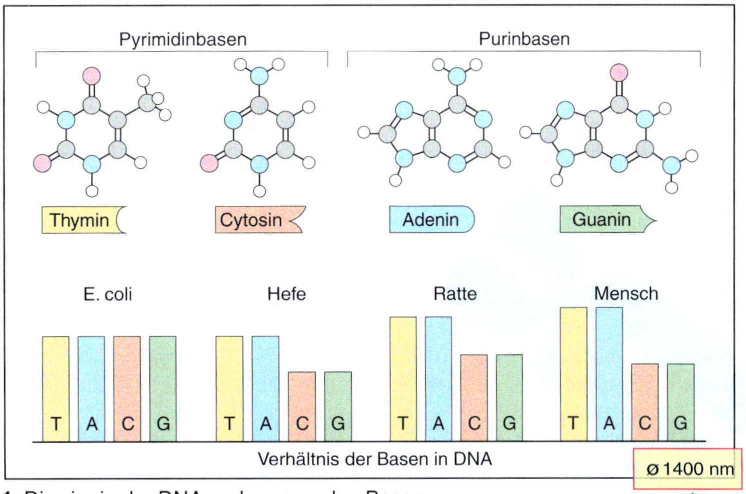

1 Die vier in der DNA vorkommenden Basen

DNA wird verpackt

Die DNA ist bei Prokaryoten zu einem Ring geschlossen, bei Eukaryoten in einzelne lineare Abschnitte, die *Chromosomen*, unterteilt. Die genetische Information in einer Zelle ist sehr umfangreich: Die gesamte Länge der DNA beträgt bei dem Bakterium *Escherichia coli* 1,5 mm (4,7 Millionen Basenpaare), in jeder einzelnen menschlichen Zelle 97 cm (3 Milliarden Basenpaare). Es ist erstaunlich, dass derart lange Moleküle in einer Zelle untergebracht werden können. Die DNA wird bei Eukaryoten in einem hoch geordneten Verpackungsprozess verdichtet. Daran sind bestimmte Proteine, die *Histone,* beteiligt. Histonkomplexe wirken wie Lockenwickler, um die das DNA-Molekül gelegt ist. Auf diese Weise entsteht ein *Nucleosom*. Die Nucleosomen sind im elektronenmikroskopischen Bild wie Perlen an einer Schnur erkennbar. Durch die Aufwicklung wird die DNA auf ca. $^1/_6$ verkürzt. Der Nucleosomenstrang wird nochmals regelmäßig zu einer 30 nm dicken Faser aufgewunden, die zu kompakten Schleifen und dann zu Rosetten angeordnet wird.

Die DNA-Histon-Komplexe im Zellkern lassen sich anfärben und sind dann lichtmikroskopisch als *Chromatin* erkennbar. Stark verdichtete Bereiche färben sich intensiver und werden als *Heterochromatin* bezeichnet. Sie gelten als genetisch inaktiv. Im weniger verdichteten und daher weniger stark anfärbbaren *Euchromatin* ist die DNA dagegen aufgelockert und genetisch aktiv.

Neben diesen räumlichen gibt es auch zeitliche Dichteunterschiede. Vor jeder Zellteilung muss die DNA nicht nur verdoppelt, sondern auch so dicht verpackt werden, dass sie verlustfrei auf die Tochterzellen verteilt werden kann. Dazu werden die DNA-Rosetten noch stärker aufgewickelt.

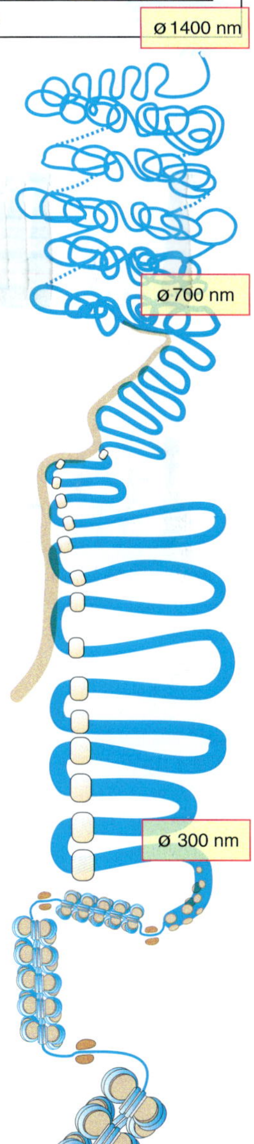

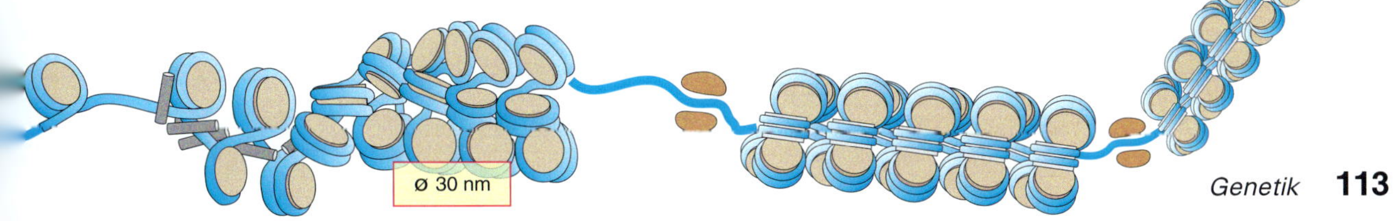

DNA-Replikation — aus eins mach zwei

Die DNA-Doppelhelix erfüllt alle Anforderungen, die man an einen Informationsträger stellt: Sie kann Informationen über die Basensequenz codieren, hat eine Leserichtung und ist stabil. Schon WATSON und CRICK erkannten, dass auch eine Verdopplung leicht vorstellbar ist, wenn sich die Doppelhelix in Einzelstränge trennt und sich passende DNA-Nucleotide anlagern: „We imagine that prior to duplication the hydrogen bonds are broken and the two chains unwind and separate. Each chain then acts as a template for the formation on to itself of a new companion chain, so that eventually we shall have two pairs of chains, where we only had one before. Moreover the sequence of the pairs of bases will have been duplicated exactly." (WATSON & CRICK 1953, Nature 171).

An die DNA-Einzelstränge synthetisiert das Enzym *Primase* eine kurze Nucleotidsequenz, den so genannten *Primer* (engl. Zünder). Der Primer dient als Ansatzstelle für eine *DNA-Polymerase*, denn diese Enzyme können eine Nucleotidkette zwar verlängern, aber nicht neu beginnen. Einzelne DNA-Nucleotide lagern sich an die elterlichen Einzelstränge an, dabei verbinden sich jeweils die komplementären Basen A und T, sowie C und G miteinander.

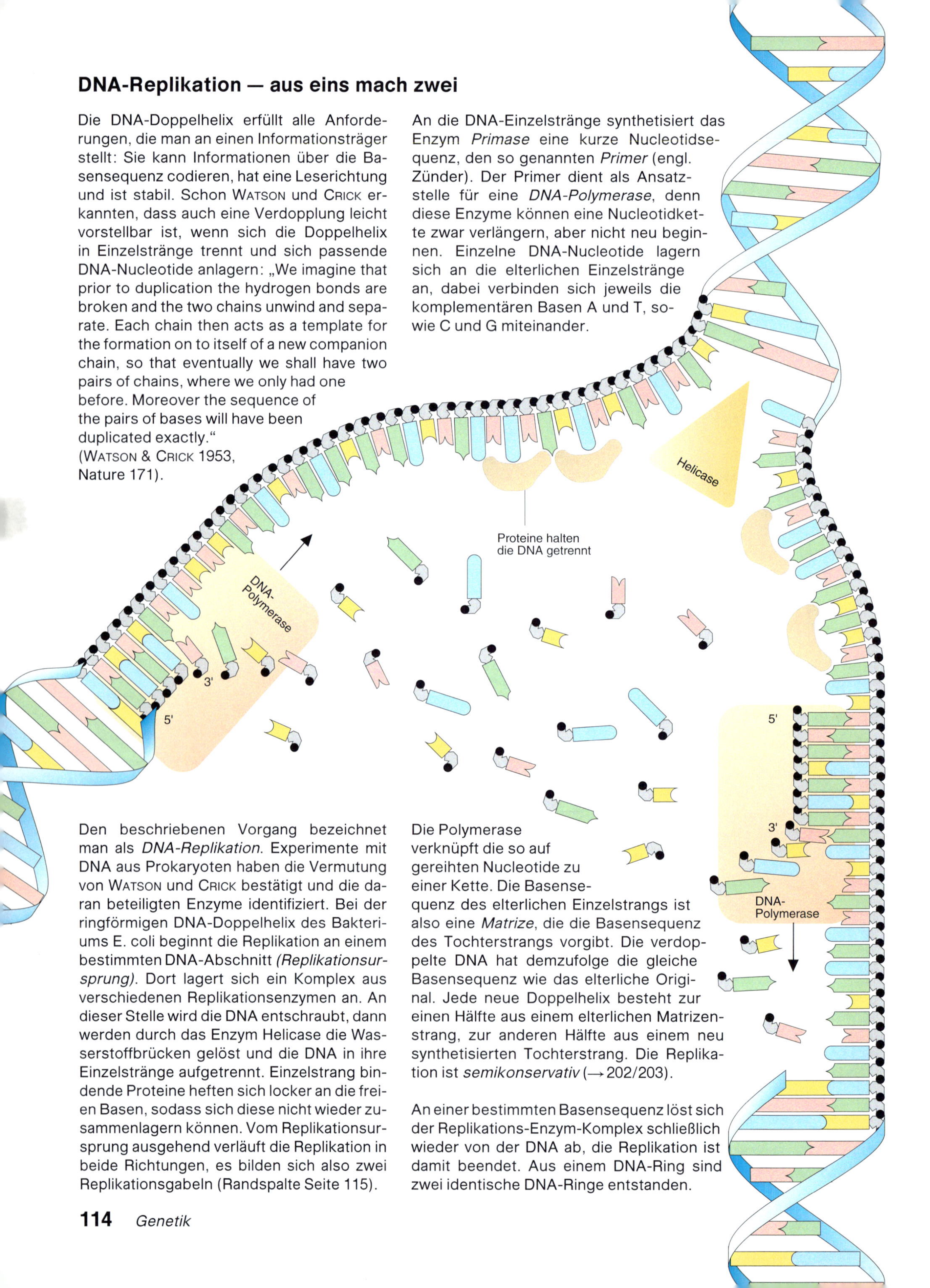

Den beschriebenen Vorgang bezeichnet man als *DNA-Replikation*. Experimente mit DNA aus Prokaryoten haben die Vermutung von WATSON und CRICK bestätigt und die daran beteiligten Enzyme identifiziert. Bei der ringförmigen DNA-Doppelhelix des Bakteriums E. coli beginnt die Replikation an einem bestimmten DNA-Abschnitt *(Replikationsursprung)*. Dort lagert sich ein Komplex aus verschiedenen Replikationsenzymen an. An dieser Stelle wird die DNA entschraubt, dann werden durch das Enzym Helicase die Wasserstoffbrücken gelöst und die DNA in ihre Einzelstränge aufgetrennt. Einzelstrang bindende Proteine heften sich locker an die freien Basen, sodass sich diese nicht wieder zusammenlagern können. Vom Replikationsursprung ausgehend verläuft die Replikation in beide Richtungen, es bilden sich also zwei Replikationsgabeln (Randspalte Seite 115).

Die Polymerase verknüpft die so auf gereihten Nucleotide zu einer Kette. Die Basensequenz des elterlichen Einzelstrangs ist also eine *Matrize*, die die Basensequenz des Tochterstrangs vorgibt. Die verdoppelte DNA hat demzufolge die gleiche Basensequenz wie das elterliche Original. Jede neue Doppelhelix besteht zur einen Hälfte aus einem elterlichen Matrizenstrang, zur anderen Hälfte aus einem neu synthetisierten Tochterstrang. Die Replikation ist *semikonservativ* (→ 202/203).

An einer bestimmten Basensequenz löst sich der Replikations-Enzym-Komplex schließlich wieder von der DNA ab, die Replikation ist damit beendet. Aus einem DNA-Ring sind zwei identische DNA-Ringe entstanden.

Im Gegensatz zur ringförmigen Prokaryoten-DNA wird die lineare Eukaryoten-DNA in mehreren Abschnitten verdoppelt, sie hat mehrere Replikationsursprünge. Nach ihrer Synthese werden die replizierten Abschnitte miteinander verknüpft. Vor der Replikation besteht jedes *Chromosom* aus einer *Chromatide* (1 C), nach der Replikation aus zweien (2 C). Die beiden Chromatiden hängen am *Centromer* zusammen, sie werden erst während der Mitose voneinander getrennt. Die Replikation findet in der S-Phase des Zellzyklus statt (s. Seite 28). Zuvor wurden in der G1-Phase die benötigten Enzyme gebildet. Nach der S-Phase wird kontrolliert, ob eine vollständige Replikation stattgefunden hat, denn nur dann kann das genetische Material später mitotisch zu gleichen Teilen auf die Tochterzellen verteilt werden.

Aufgabe

① Inwieweit lässt sich das Schema der Replikation aus dem Bau der DNA ableiten?

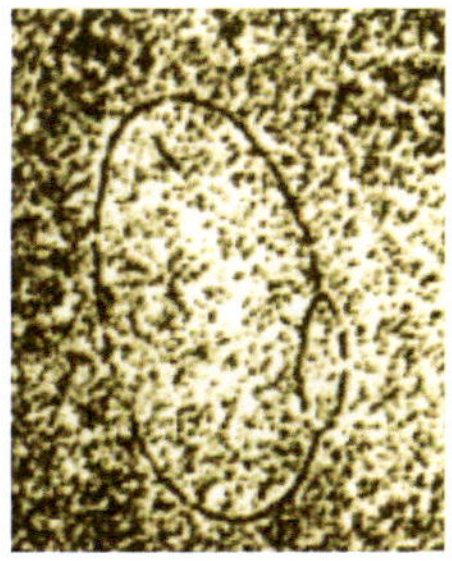
Replikationsgabeln in der DNA von E. coli

Zettelkasten

Vom Reißverschluss zur Schleife

Die Isolierung und Analyse einzelner Replikationsenzyme hat inzwischen weitere Verfeinerungen des Replikationsmodells ermöglicht:

Die für die DNA-Synthese zuständige DNA-Polymerase ist ein mehrteiliges Doppelmolekül, das sich wie der Zipper eines Reißverschlusses an die beiden elterlichen Einzelstränge klammern kann. Allerdings gleitet es nur in 3'→5'-Richtung weiter und synthetisiert dabei den komplementären Tochterstrang vom 5'- zum 3'-Ende. In der Doppelhelix sind die Einzelstränge gegenläufig (antiparallel) gepaart, nur der als Vorwärtsstrang bezeichnete 3'→5'-Matrizenstrang kann daher kontinuierlich abgelesen werden. Hier wird der Leitstrang synthetisiert.

Der gegenläufige Rückwärtsstrang wird dagegen stückweise verdoppelt, für jedes Stück ist ein eigener Primer notwendig. Die Primer-Nucleotide werden von der DNA-Polymerase gegen DNA-Nucleotide ausgetauscht. Nach dem Entdecker werden die DNA-Stücke *Okazaki-Fragmente* genannt, sie werden anschließend durch das Enzym Ligase miteinander verknüpft und bilden den *Folgestrang*.

Da sich die DNA-Polymerase auf dem Vorwärts- und Rückwärtsstrang nicht gleichzeitig in entgegengesetzte Richtungen bewegen kann, vermutet man, dass sich der Rückwärtsstrang um den Replikations-Enzym-Komplex wickelt. Seine DNA ist im Schleifenbereich dann genauso wie im Vorwärtsstrang ausgerichtet und wird von der DNA-Polymerase stückweise gleichsinnig abgelesen.

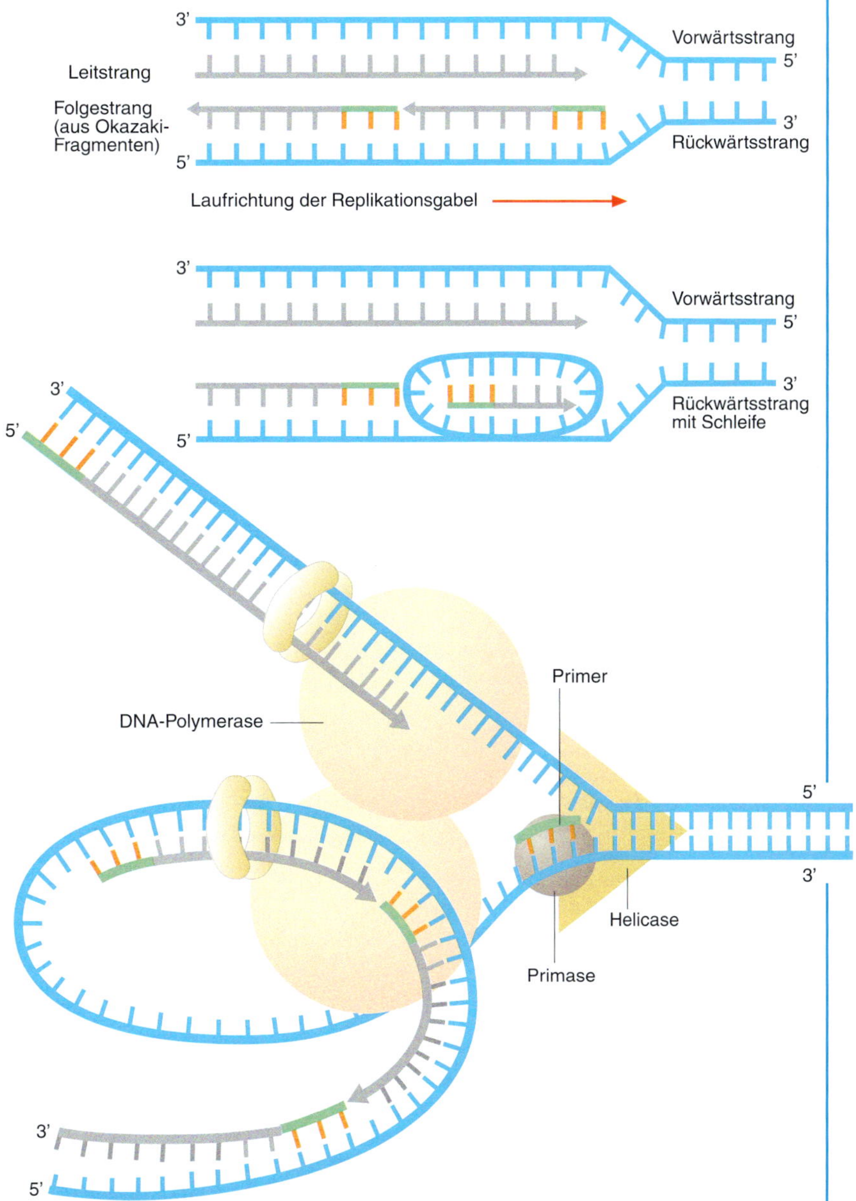

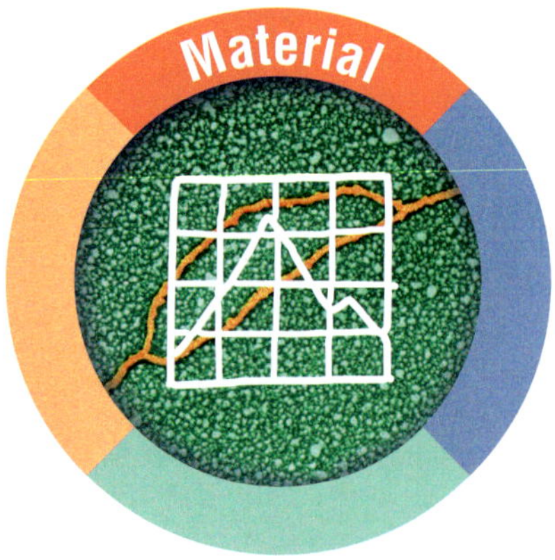

DNA-Verdopplung – wie und wann?

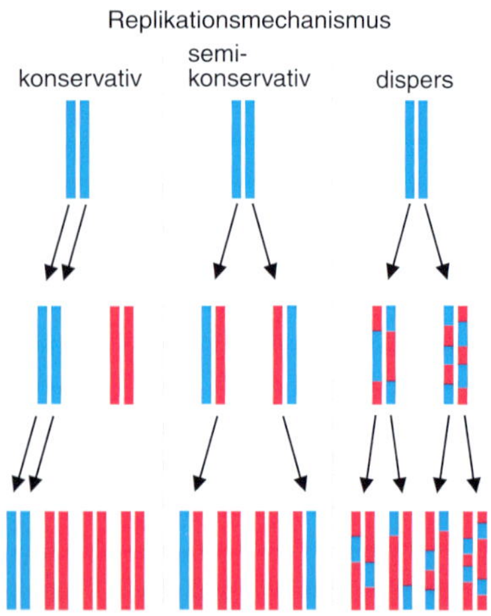

1 Denkbare Replikationsmechanismen

Eine Verdopplung *(Replikation)* der DNA findet vor jeder Zellteilung statt. Möglich wäre z. B. eine Verdopplung wie beim Fotokopieren, wobei das Original unverändert erhalten bleibt und nach seiner Vorlage eine Kopie erzeugt wird *(konservativer Mechanismus)*. Denkbar ist auch ein *disperser Mechanismus* (Abb. 1). Aufgrund der von WATSON und CRICK 1953 vorgestellten DNA-Struktur ist jedoch die *semikonservative Verdopplung* naheliegender: Der DNA-Doppelstrang wird in seine beiden Einzelstränge getrennt, an jeden der beiden Elternstränge wird ein komplementärer Strang neu synthetisiert.

Das Meselson-Stahl-Experiment

MATTHEW MESELSON und FRANK STAHL setzten 1958 Stickstoffisotope ein und klärten damit den Replikationsmechanismus der DNA auf. Sie züchteten Bakterienzellen in einer Kulturflüssigkeit, die anstelle des in der Umwelt vorherrschenden leichten Stickstoffisotops ^{14}N das seltenere (nicht radioaktive) schwerere ^{15}N-Isotop enthielt. Bakterien können zwischen diesen beiden Isotopen nicht unterscheiden und bauen den markierten Stickstoff in ihre Zellbestandteile ein, auch in ihre DNA. DNA, in die z. B. organische Basen mit ^{15}N anstelle von ^{14}N eingebaut wurden, hat eine höhere Dichte („schwere DNA").

MESELSON und STAHL ließen eine Kultur von *E. coli* in Anwesenheit von ^{15}N wachsen. Dann wurde das Kulturmedium gewechselt und nur ^{14}N angeboten. Die neu synthetisierte DNA enthielt also nur ^{14}N. Den Bakterien wurde Zeit gegeben, sich einmal zu teilen, was bei E. coli rund 20 min dauert. Einige Zellen wurden der Kultur entnommen, um deren DNA zu extrahieren und zu reinigen. Nachdem die Bakterien sich in der Kultur ein zweites Mal geteilt hatten, wurde deren DNA ebenfalls isoliert.

Um zwischen „leichter" und „schwerer" DNA zu unterscheiden, entwickelten die Forscher das Verfahren der *Cäsiumchlorid-Gleichgewichtszentrifugation*. Die Trennmethode basiert darauf, dass ein Teilchen in einer Lösung schwebt, wenn seine Dichte mit der umgebenden Lösung übereinstimmt. Zur Ausbildung eines Konzentrations- und damit Dichtegradienten wird eine Cäsiumchlorid-Lösung in der Ultrazentifuge einem sehr starken künstlichen Schwerefeld ausgesetzt. Im unteren Bereich des Röhrchens bildet sich eine höhere Cäsiumchlorid-Konzentration und damit eine höhere Dichte als im oberen (s. Abb. 2).

Bringt man eine DNA-Probe in diesen Gradienten ein und zentrifugiert erneut, wandert die DNA im Dichtegradienten solange, bis ihre Dichte der Dichte der Cäsiumchlorid-Lösung entspricht (s. Abb. 2). Da DNA nicht mit bloßem Auge sichtbar ist, wohl aber UV-Licht absorbiert, kann ihre Lage an der Absorption des UV-Lichts erkannt werden.

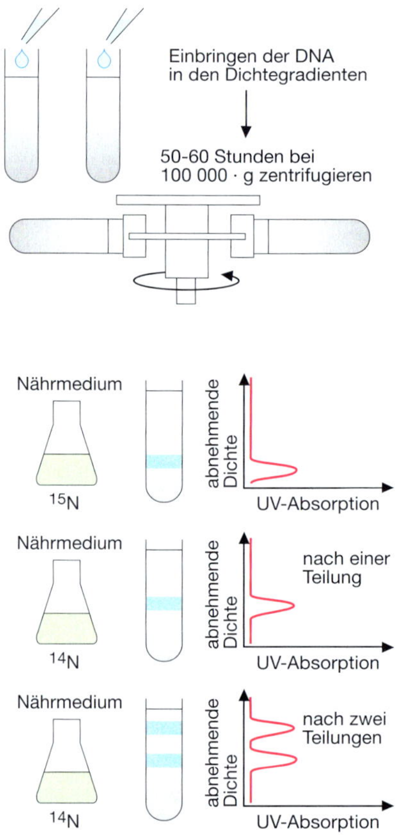

2 Die Ergebnisse von MESELSON und STAHL

Aufgaben

① DNA wird nach dem semikonservativen Mechanismus repliziert. Begründen Sie anhand Abbildung 2.

② Welche Dichteverteilung hätten Sie bei konservativer, welche bei disperser Verdopplung erwartet?

Autoradiographie

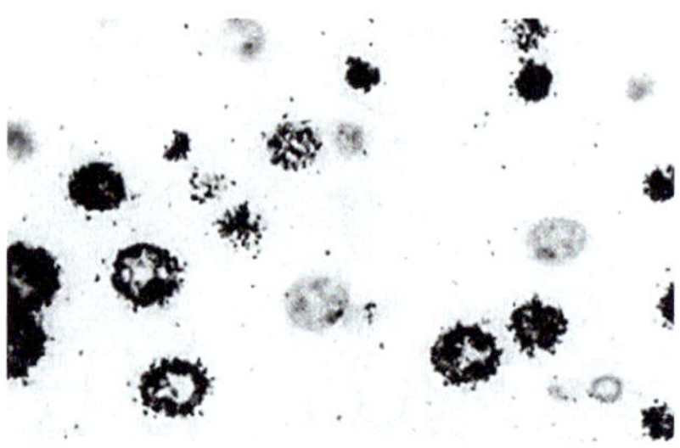

Die Zahl der Zellen, die sich in der Mitose befinden, lässt sich lichtmikroskopisch bestimmen. Für den Anteil der Zellen in der S-Phase benötigt man eine besondere Markierung. Den Zellen werden radioaktiv markierte DNA-Vorläufer – meist [^{3}H]-Thymidin – angeboten. Nur DNA replizierende Zellen bauen dieses Molekül in ihre DNA ein. Der Nachweis erfolgt mithilfe der Autoradiographie: Die Zellen werden fixiert, zur Entfernung von nicht eingebautem [^{3}H]-Thymidin gewaschen und dann mit einem Film bedeckt. Radioaktive Zerfälle bewirken eine Schwärzung des Films.

Aufgabe

③ Die Abb. zeigt die Autoradiographie von Leberzellen. Wie hoch ist der Prozentsatz replizierender Zellen?

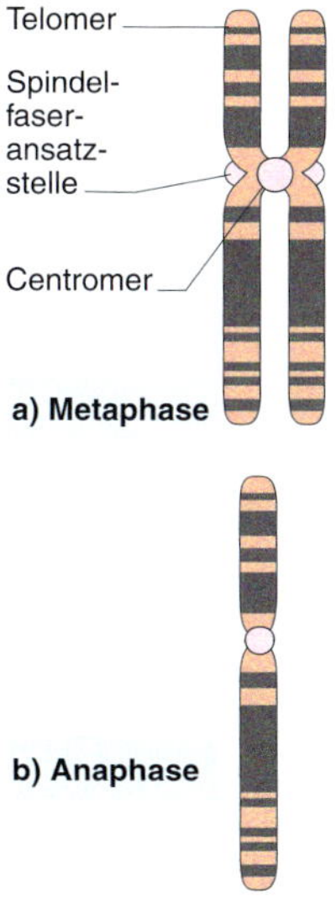

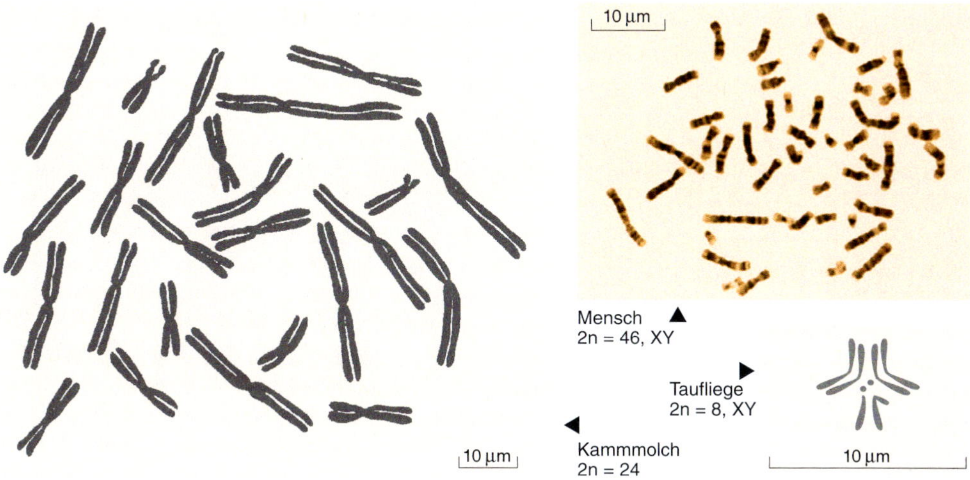

1 Metaphase-Chromosomen verschiedener Lebewesen

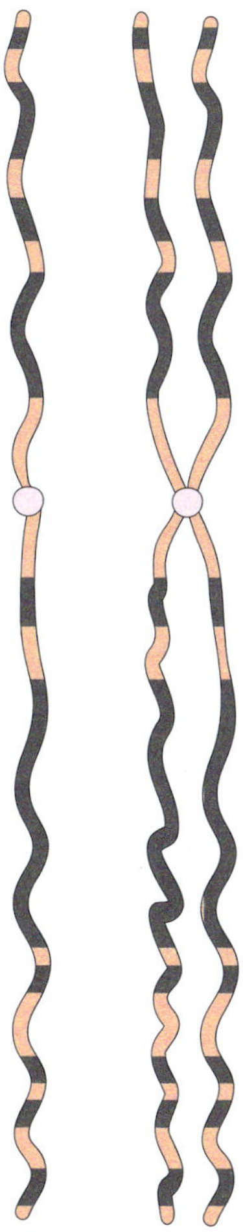

c) G_0- und G_1-Phase d) G_2-Phase

Karyogramme zeigen Metaphase-Chromosomen

Schon in der Mitte des 19. Jahrhunderts wurden in den Kernen von Zellen, die sich teilen, fädige Strukturen entdeckt. Der deutsche Anatomieprofessor WILHELM WALDEYER gab ihnen den Namen *Chromosomen* (griech. *chroma* = Farbe, *soma* = Körper). Chromosomen lassen sich mit bestimmten Farbstoffen anfärben, oft kann eine charakteristische Querbänderung dargestellt werden.

Lichtmikroskopisch sind Chromosomen am besten in der Metaphase der Mitose zu erkennen. Die Zelle hat zu diesem Zeitpunkt bereits die S-Phase durchlaufen, daher bestehen alle *Metaphase-Chromosomen* aus zwei genetisch identischen Chromatiden (2C), die am *Centromer* noch zusammenhängen. Das ergibt eine X- oder V-förmige Gestalt. Das Centromer ist die Bindestelle von Proteinen, an denen die Spindelfasern ansetzen. Die Enden der Chromatiden weisen besondere Abschlussstrukturen auf *(Telomere)*, sie verhindern z.B. das Aneinanderkleben von Chromosomen.

Man ordnet die Metaphase-Chromosomen (Abb. 1) nach Größe, Gestalt und Bandenmuster zum *Karyogramm*. Dazu wird die Zellteilung mit dem auf den Spindelapparat wirkenden Gift *Colchicin* in der Metaphase abgestoppt und die Chromosomen werden angefärbt und durch das Lichtmikroskop fotografiert und dann sortiert. Karyogramme zeigen, dass Chromosomen in Körperzellen jeweils einen gleich gestalteten Partner besitzen. Die Chromosomen eines Paares ähneln sich zwar äußerlich, genetisch sind sie aber meist nicht identisch: In Körperzellen liegen also zwei homologe Chromosomensätze mit jeweils n Chromosomen vor. Solche Zellen bezeichnet man als *diploid* (gr. *diplos* = doppelt). Anzahl und Gestalt der Chromosomen in diploiden Zellen (2n) sind arttypische Merkmale. Zwischen männlichen und weiblichen Zellen der gleichen Art kann es jedoch Unterschiede geben, die sich meist auf ein einzelnes Chromosomenpaar beziehen. Solche Chromosomen bezeichnet man als *Gonosomen (Geschlechtschromosomen)*, die übrigen als *Autosomen*. Der Mensch besitzt 22 Autosomenpaare und die Gonosomen X und Y. Karyogramme können in einer Kurzformel, dem *Karyotyp*, beschrieben werden. Dabei wird zunächst die Anzahl aller Chromosomen genannt und anschließend die Gonosomentypen. Der Karyotyp einer Frau ist 46, XX; der eines Mannes 46, XY.

Während der Interphase des Zellzyklus sind die Chromosomen so weit aufgelockert, dass sie sich lichtmikroskopisch nur als Chromatin erfassen lassen. Der Kern enthält aber weiterhin zwei homologe Sätze (2n). *Interphase-Chromosomen* liegen in Form wenig verpackter, aufgelockerter DNA vor. Vor der Replikation in der S-Phase bestehen sie aus einer Chromatide (1C), nach der S-Phase aus zwei Chromatiden (2C).

Der Begriff „Chromosom" ist heute nicht mehr auf Eukaryoten beschränkt, sondern wird auch für die prokaryotischen, ringförmigen DNA-Einheiten benutzt.

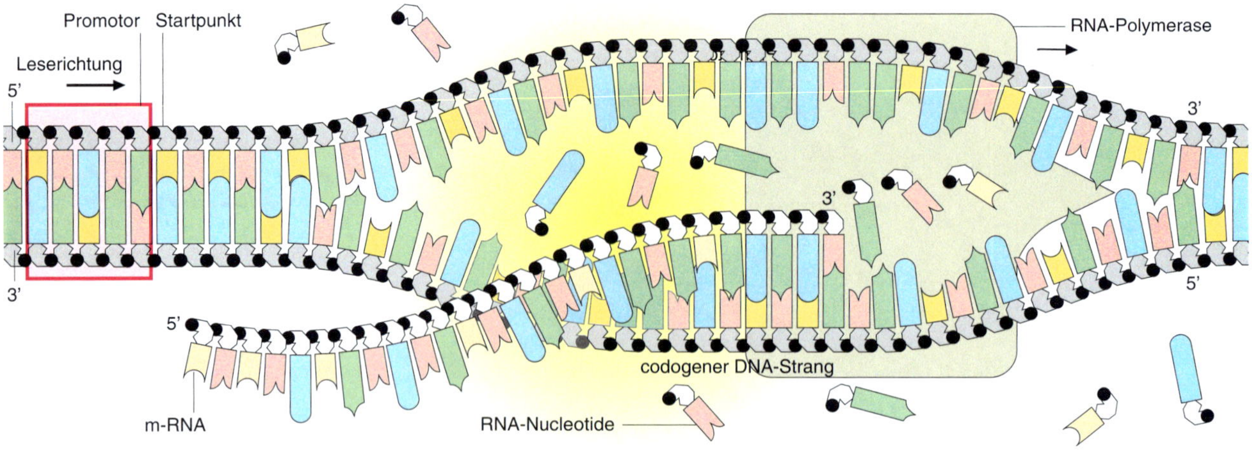

1 Transkription: m-RNA wird von einer DNA-abhängigen RNA-Polymerase aufgebaut

Genexpression: Von der Information zum Produkt

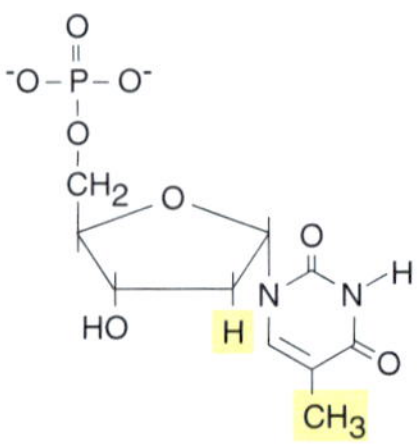

DNA-Nucleotid mit Thymin

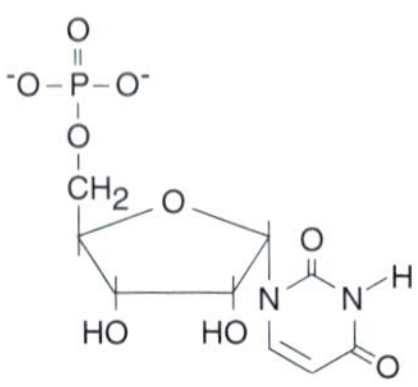

RNA-Nucleotid mit Uracil

Durch DNA-Verdopplung und Mitose wird sichergestellt, dass alle Zellen in einem Organismus die gleiche Erbinformation erhalten. Dennoch bestehen z. B. Säugetiere aus mehreren hundert verschiedenen Zelltypen, die sich deutlich voneinander unterscheiden. Da Proteine Träger zellulärer Struktur und Funktion sind, unterscheiden sich diese Zelltypen auch in ihrer Proteinausstattung. So weisen Muskelzellen eine hohe Konzentration der Motorproteine Aktin und Myosin auf. Unter dem Elektronenmikroskop ist eine hochgradig geordnete Struktur zu erkennen, die der Verkürzung der Zelle dient. Antikörper produzierenden Immunzellen hingegen fehlt diese Struktur. Und auch im Leben einer einzelnen Zelle ändert sich das Proteinmuster z. B. in Abhängigkeit davon, ob sie sich auf eine Zellteilung vorbereitet oder teilungsinaktiv ist.

Die *Genexpression*, also der Vorgang, mit dem sich eine Zelle die in ihren Genen enthaltene Information zugänglich macht, gliedert sich in zwei Teilschritte:

1. *Transkription:* Am DNA-Matrizenstrang wird eine RNA-Kopie erzeugt.
2. *Translation:* Nach Vorlage der Kopie wird an den Ribosomen ein Polypeptid synthetisiert.

Transkription: genetische Information wird beweglich

Auf dem Weg vom Gen zum Protein wird in einem ersten Schritt ein Gen von der DNA in RNA *(Ribonucleinsäure)* umgeschrieben. Diesen Vorgang nennt man *Transkription* (lat. *transcribere* = umschreiben). Genetische Information wird auf diese Weise beweglich, kann bei eukaryotischen Zellen den Kern verlassen und von der DNA zu den Ribosomen, den Organellen der Proteinbiosynthese, transportiert werden. Es gibt verschiedene Typen von RNA. Die RNA, die die genetische Botschaft (engl. *message*) überträgt, nennt man *messenger-RNA* (m-RNA).

RNA unterscheidet sich in einigen Punkten von DNA:

– Sie besteht nur aus einem Einzelstrang von Nucleotiden, während die DNA aus zwei Nucleotidsträngen besteht.

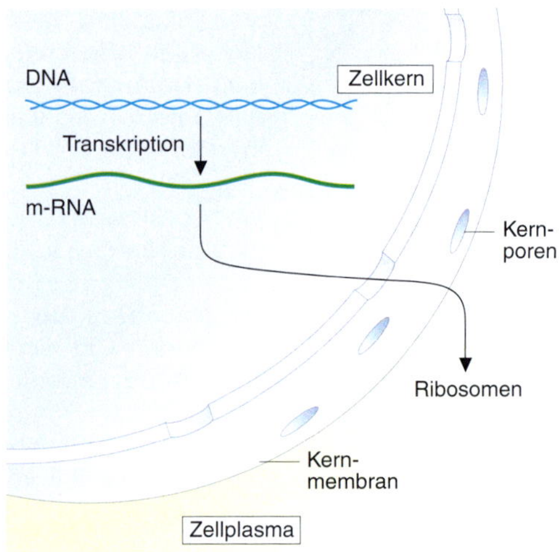

2 Die Information verlässt den Zellkern

Gen
DNA-Abschnitt, der für eine RNA codiert (s. Seite 128)

Transkription
Erzeugung eines komplementären RNA-Moleküls an einem DNA-Matrizenstrang (codogenen Strang) in der G-Phase des Zellzyklus

RNA
Ribonucleinsäure

- Sie ist viel kürzer, da sie nur einen kleinen Ausschnitt der genomischen Information repräsentiert.
- Anstelle der Desoxyribose enthält sie den Zucker Ribose (daher die Abkürzung RNA).
- Anstelle der Base Thymin findet man die ähnlich gebaute, sich ebenfalls mit Adenin paarende Base Uracil.

Die Transkription ähnelt in einigen Punkten der DNA-Replikation. Die DNA wird entwunden und in ihre Einzelstränge aufgetrennt. Komplementäre Nucleotide lagern sich nach der Basenpaarungsregel am Matrizenstrang an und werden durch das Enzym RNA-Polymerase zu einem RNA-Einzelstrang, der m-RNA, verkettet. Die RNA-Polymerase benötigt Informationen darüber, welchen DNA-Abschnitt an welchem der beiden DNA-Einzelstränge sie in welche Richtung transkribieren soll. Dazu dienen spezielle DNA-Steuerungssequenzen vor dem betreffenden DNA-Abschnitt, die *Promotoren.* Sie geben die Startstelle und damit gleichzeitig die Transkriptionsrichtung vor. Da auch RNA-Polymerasen die RNA nur von 5' nach 3' aufbauen können, liegt damit gleichzeitig fest, welcher DNA-Einzelstrang abgelesen wird, nämlich der von 3' nach 5' verlaufende sog. *Vorwärtsstrang.* Man nennt ihn den *codogenen Strang.* Die Transkription endet, sobald die RNA-Polymerase auf eine bestimmte Basenabfolge am DNA-Matrizenstrang, den sog. *Terminator*, stößt. Das Enzym löst sich vom codogenen Strang und setzt die m-RNA frei.

Aufgabe

① Stellen Sie tabellarisch DNA-Replikation und Transkription gegenüber, indem Sie die Funktion, den Zeitpunkt im Zellzyklus, die zugehörigen Matrizen, die beteiligten Enzyme und die verwendeten Nucleotide auflisten.

Zettelkasten

Riesenchromosomen: Transkription sichtbar gemacht

1881 fielen E.-G. Balbiani in den Speicheldrüsenzellen von Zuckmücken „Kernfäden" auf, die man Jahrzehnte später als *Riesenchromosomen* identifizierte. Riesenchromosomen entstehen in Zellkernen, bei denen sich an die Replikation keine Mitose anschließt. Die DNA wird zwar verdoppelt, aber nicht auf Tochterzellen verteilt. Mit jeder weiteren Replikation verdoppelt sich die Zahl der Chromatiden, nach r Replikationen besteht jedes Chromosom also aus 2^r identischen Chromatiden. Oft sind nicht nur die identischen Chromatiden, sondern auch die homologen Chromosomen gepaart, daher lassen sich lichtmikroskopisch nur n Riesenchromosomen zählen. Riesenchromosomen weisen ein typisches Bandenmuster auf, denn die unterschiedlich stark anfärbbaren DNA-Bereiche der einzelnen Chromatiden liegen exakt nebeneinander. Neben den typisch gebänderten Bereichen gibt es aufgebläht wirkende Abschnitte, die *Puffs.* An diesen aufgelockerten DNA-Abschnitten findet an unzähligen Chromatiden parallel und damit sehr effektiv Transkription statt. Das ließ sich durch radioaktiv markierte RNA-Nucleotide nachweisen, die sich an den Puffs ansammeln. Da in den verschiedenen Geweben und Entwicklungsstadien einer Larve unterschiedliche Proteine benötigt werden, sind auch verschiedene Gene aktiv, entsprechend unterscheidet sich ihr Puffmuster. An Riesenchromosomen findet also Transkription und Replikation statt, es handelt sich damit eindeutig um Interphase-Chromosomen.

Der genetische Code

Kolinearität
Die Basenabfolge einer m-RNA entspricht der Aminosäuresequenz des codierten Proteins.

Struktur und Funktion von Proteinen werden durch die Abfolge ihrer Aminosäuren, die *Aminosäuresequenz* bestimmt. Aus 20 verschiedenen Aminosäuren kann theoretisch eine beinahe unbegrenzte Anzahl verschiedener Aminosäuresequenzen erzeugt werden. In der Basensequenz der m-RNA ist festgelegt, in welcher Reihenfolge Aminosäuren zu langen Ketten verbunden werden müssen, um ein funktionsfähiges Protein zu erhalten.

Wie ein Codebuch die Übersetzung von Zeichen aus einem System in ein anderes erlaubt, z. B. vom Morsealphabet in herkömmliche Buchstaben, liefert der *genetische Code* die Übersetzungsvorschrift, um aus einer m-RNA-Basensequenz die Aminosäuresequenz eines Proteins abzuleiten. In der Abfolge der Nucleotidbasen der m-RNA ist die Aminosäuresequenz codiert.

Die **Codesonne** gibt an, welches Codon der m-RNA in welche Aminosäure übersetzt wird. Das erste Nucleotid eines Codons (5'-Ende) steht innen, die Codons werden von innen nach außen gelesen. GCA steht z. B. für die Aminosäure Alanin.

Da es nur vier verschiedene Basen gibt, aber 20 Protein bildende Aminosäuren, muss eine Gruppe von mehreren Nucleotiden ein Codewort *(Codon)* bilden und für eine Aminosäure codieren. Stünde nur eine Base für eine Aminosäure, könnten nur vier verschiedene Aminosäuren, durch Zweiergruppen nur $4^2 = 16$, und erst durch Dreiergruppen $4^3 = 64$ verschiedene Aminosäuren verschlüsselt werden.

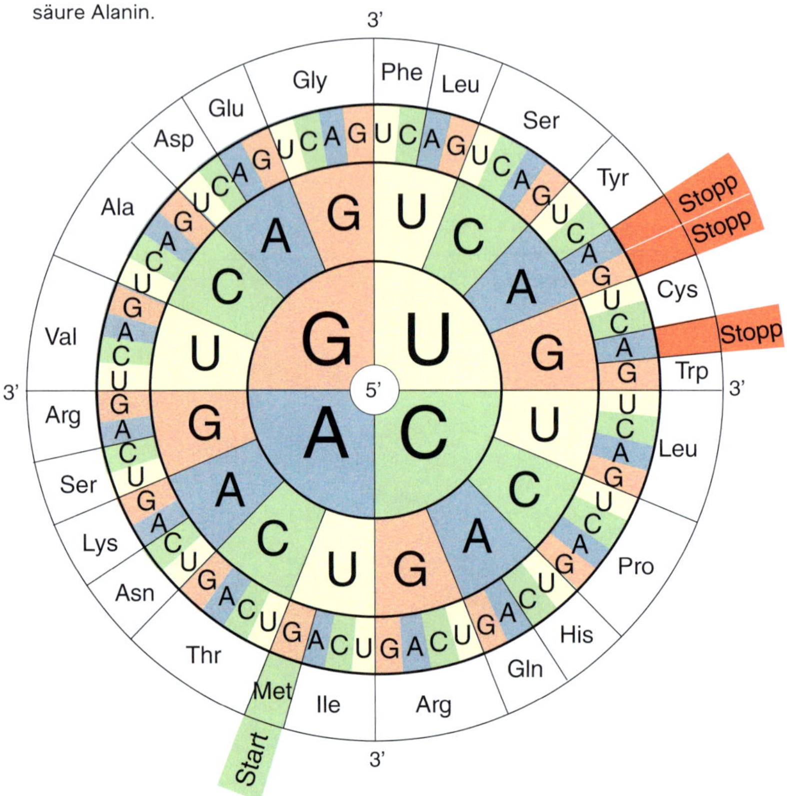

1 Codesonne

Eine Dreiergruppe, ein *Basentriplett*, ist also die theoretische Mindestgröße für ein Codon. Es gibt dann aber mehr Tripletts als zu codierende Aminosäuren. Manche Aminosäuren sind mehrfach codiert. Der genetische Code ist *redundant* (→ 210/211).

Mithilfe künstlicher m-RNA-Moleküle bekannter Basensequenz und der Untersuchung der danach synthetisierten Aminosäurestränge konnten Länge und Bedeutung der einzelnen m-RNA-Codons experimentell aufgeklärt werden. Der genetische Code ist tatsächlich ein Triplettcode. Er ist redundant, die meisten Aminosäuren werden von mehreren verschiedenen Codons verschlüsselt, die sich meist in der dritten Base unterscheiden. Den seltenen Aminosäuren Methionin und Tryptophan entspricht nur ein einziges Codon. Andere Codons haben Sonderbedeutungen, ähnlich wie unsere Satzzeichen: Das *Startcodon* AUG passt zur DNA-Startstelle der Transkription, die entsprechende Aminosäure (verändertes Methionin) wird später aber wieder aus dem Protein entfernt. UAG, UAA und UGA entsprechen keiner Aminosäure, sondern markieren den Endpunkt des Übersetzungsvorgangs, es handelt sich um sog. *Stoppcodons*. Die einzelnen Codons haben bei nahezu allen Lebewesen die gleiche Bedeutung. Eine gegebene m-RNA wird also in fast allen Organismenarten in die gleiche Aminosäuresequenz übersetzt. Der genetische Code ist universell.

Aufgaben

① Suchen Sie das Startcodon und translatieren Sie diese m-RNA-Sequenz:
5'UUAGAUGAGCGACGAACCCCU-AAAAUUUACCUAGUAGUAGCCAU3'

② In welche Aminosäuresequenz wird folgender Abschnitt eines codogenen Strangs der DNA übersetzt?
3'CTGGCTACTGACCCGCTTCTTCTATC5'

③ Lassen Sie den ersten Buchstaben im Beispielsatz „VORDERRNAISTDIEDNA" weg und behalten den „Triplettcode" bei, wird der Sinn des Satzes entstellt. Welche Konsequenz hätte es, wenn in der oben gezeigten DNA-Sequenz die erste Base wegfallen würde?

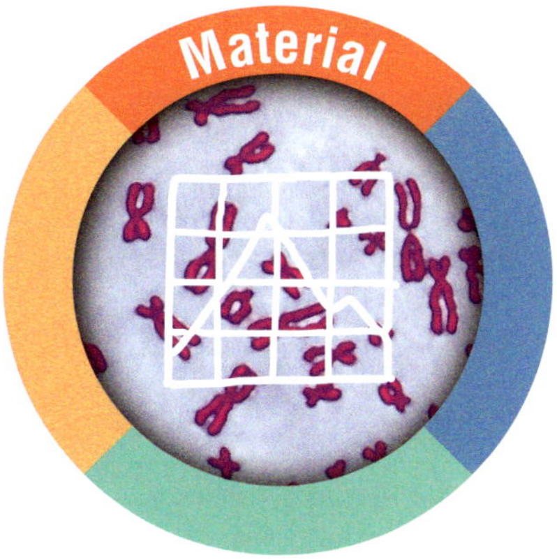

Die Entdeckung des genetischen Codes

Lange Zeit konnte keine eindeutige Aussage darüber getroffen werden, welches Basentriplett für welche Aminosäure codiert. Die beiden Wissenschaftler MARSHALL NIRENBERG und PHILIP LEDERER beschrieben im Jahre 1964 einen experimentellen Ansatz, mit dem der genetische Code in der Folgezeit vollständig aufgeklärt werden konnte.

Der Triplettbindungstest

NIRENBERG und LEDERER synthetisierten kurze m-RNA-Moleküle mit bekannter Basensequenz. Diese mischten sie mit Ribosomen, die aus Bakterien isoliert worden waren. Die Untersuchungen zeigten zunächst, dass die m-RNA-Moleküle an die Ribosomen binden.
In einem zweiten Schritt gaben sie alle zur Proteinbiosynthese notwendigen Bestandteile in ein Reagenzglas. In diesem zellfreien System befanden sich in der Hauptsache:
- gereinigte Ribosomen
- ein Gemisch aller 20 in Lebewesen vorkommenden Aminosäuren (jeweils von Versuch zu Versuch wechselnd war eine der Aminosäuren radioaktiv markiert)
- eine m-RNA aus drei Nucleotiden bekannter Basensequenz

Nachdem die genannten Komponenten zusammengebracht worden waren und aufeinander einwirken konnten, wurde das Gemisch auf einen Filter gegeben. Die Porengröße des Filters wurde so gewählt, dass er Teilchen von der Größe eines Ribosoms zurückhält, kleinere Teilchen hingegen passieren lässt. Dann wurde untersucht, ob sich das radioaktive Signal auf dem Filter oder im Filtrat befindet.

Vier Schlüsselexperimente

Die beiden Forscher gaben ihrem zellfreien System eine m-RNA der Basensequenz UUU hinzu. Markierten sie die Aminosäure Serin radioaktiv, fand sich das radioaktive Signal im Filtrat, gaben sie hingegen anstelle von Serin die radioaktiv markierte Aminosäure Phenylalanin hinzu, fand sich das Signal auf dem Filter. In einem weiteren Versuchsblock wurde dem System eine m-RNA der Basensequenz UCU zugegeben. Radioaktiv markiertes Serin fand sich auf dem Filter, radioaktiv markiertes Phenylalanin hingegen im Filtrat.

Aufgaben

① Skizzieren Sie den Versuchsaufbau von NIRENBERG und LEDERER, mit dem der genetische Code entschlüsselt wurde.

② Welche Schlüsse können Sie aufgrund der experimentellen Befunde zur Bedeutung der Tripletts UUU und UCU ziehen?

③ Aus den Ribosomenpräparationen wurden vor den Triplettbindungstests alle m-RNA-Moleküle der Herkunftszellen entfernt. Warum?

Weiterführende Versuche

Gibt man dem zellfreien System längerkettige m-RNA-Moleküle bekannter Basensequenz hinzu, werden nach der Anweisung der künstlichen m-RNA-Moleküle Polypeptide synthetisiert. Die Aminosäuresequenz der isolierten Polypeptide kann ermittelt werden.

Auf diese Weise war es M. NIRENBERG und H. G. KHORANA möglich, weitere Tripletts zuzuordnen. In der Tabelle finden Sie einige Ergebnisse der Versuche. Links angegeben stehen die eingesetzten synthetischen RNA-Moleküle, rechts die dadurch aufgebauten Peptide. Die RNA ist in Kurzschreibweise angegeben; da es regelmäßige Polynucleotide sind, genügt es, ihre sich ständig wiederholenden Bausteine anzugeben. Poly-U bedeutet also eine RNA nur aus Uracil-Nucleotiden (–UUUUUUUUUUUUU–), Poly-A eine nur aus Adenin-Nucleotiden (–AAAAAAAAAAAA–), Poly-AC eine, in der sich regelmäßig immer Adenin- und Cytosin-Nucleotide abwechseln (–ACACACACACAC–).

Aufgaben

④ Verwendet man Poly-U, Poly-A, Poly-C bzw. Poly-G, erhält man die unten aufgeführten Peptide mit jeweils nur einer Aminosäureart. Damit ist die Bedeutung von 4 Tripletts geklärt. Geben Sie diese an.

⑤ Verwendet man RNA, in der zwei Nucleotide abwechselnd vorkommen, erhält man Peptide, in denen sich zwei Aminosäuren abwechseln. Erklären Sie dies. Kann man durch diese Versuche die Bedeutung weiterer Tripletts eindeutig klären?

⑥ Verwendet man andere, regelmäßige Polynucleotide aus längeren Untereinheiten, erhält man im Gemisch verschiedene Peptide (s. unten). Warum werden dann jeweils mehrere verschiedene Peptide aufgebaut? Klären Sie mithilfe der Angaben zu Aufgabe 4 und 5 die Bedeutung weiterer Nucleotide auf.

⑦ Auch RNA-Moleküle mit 4 regelmäßig wechselnden Nucleotiden wurden konstruiert. Welche Tripletts lassen sich mithilfe des Produktes (s. Tabelle) klären? Warum tritt eine Wiederholung in der Primärstruktur nach 4 Aminosäuren auf?

RNA	Damit entstehende Peptide
Poly-U	Phe - Phe - Phe - Phe - Phe - . . .
Poly-A	Lys - Lys - Lys - Lys - Lys - Lys - . . .
Poly-C	Pro - Pro - Pro - Pro - Pro - Pro - . . .
Poly-G	Gly - Gly - Gly - Gly - Gly - Gly - . . .
Poly-AC	Thr - His - Thr - His - Thr - His - . . . oder His - Thr - His - Thr - His- Thr - . . .
Poly-AAC	Asn - Asn - Asn - Asn - Asn . . . oder Thr - Thr - Thr - Thr - Thr - Thr . . . oder Gln - Gln - Gln - Gln - Gln - Gln - . . .
Poly-ACC	Thr - Thr - Thr - Thr - Thr - . . . oder Pro - Pro - Pro - Pro - Pro - . . . oder His - His - His - His - . . .
Poly-ACCC	Thr - His - Pro - Pro - Thr - His - Pro - Pro - . . .

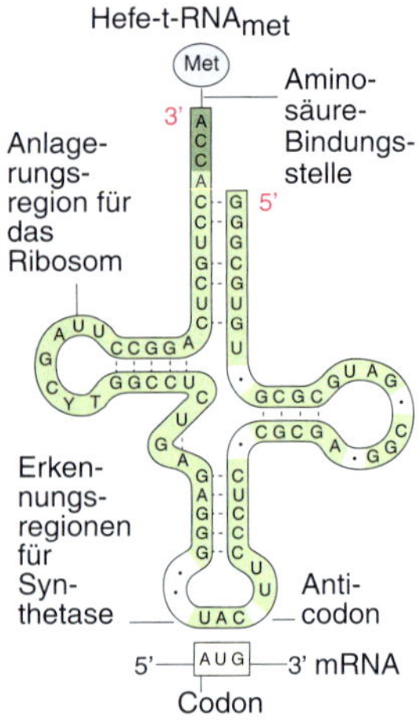

t-RNA — Vermittler zwischen m-RNA und Peptiden

Der genetische Code gibt an, welches Basentriplett in welche Aminosäure des entsprechenden Polypeptids übersetzt wird. Er ist das Wörterbuch für die Übersetzung. Als Vermittler ist eine besondere Nucleinsäure eingeschaltet, die *Transfer-RNA* (t-RNA, t für lat. *transferre*, übertragen), sie stellt das Bindeglied zwischen Basen- und Aminosäuresequenz dar. Die t-RNA besteht aus Ribonucleotiden und hat eine Kleeblattstruktur. Die t-RNA-Moleküle besitzen zwei exponierte Bindungsstellen:

— Das so genannte *Anticodon* bindet nach der Basenpaarungsregel komplementär an bestimmte m-RNA-Tripletts.
— Die Aminosäurebindungsstelle, an der eine bestimmte Aminosäure angelagert wird, und zwar diejenige, die nach den Regeln des genetischen Codes von dem zugehörigen m-RNA-Triplett verschlüsselt wird.

Hochspezifische Enzyme, die sog. *Aminoacyl-t-RNA-Synthetasen*, erkennen das Anticodon einer t-RNA und beladen diese mit der dazugehörigen Aminosäure. Man könnte auch sagen, der genetische Code beruhe auf der Fähigkeit von Aminoacyl-t-RNA-Synthetasen, bestimmten RNA-Tripletts definierte Aminosäuren zuzuordnen. Dies ist der entscheidende Schritt bei der Realisierung des genetischen Codes. In allen Zellen gibt es 20 verschiedene Synthetasen, für jede Aminosäure eine. Es sind rund 50 verschiedene t-RNA-Arten bekannt, also mehr als genug, um jeweils genau eine der 20 Aminosäuren spezifisch zu binden. Pro Aminosäure kann es mehrere Typen von t-RNA-Molekülen geben, die meisten Aminosäuren werden durch mehrere Tripletts codiert, der genetische Code ist redundant. Auch für t-RNA-Moleküle codieren DNA-Abschnitte.

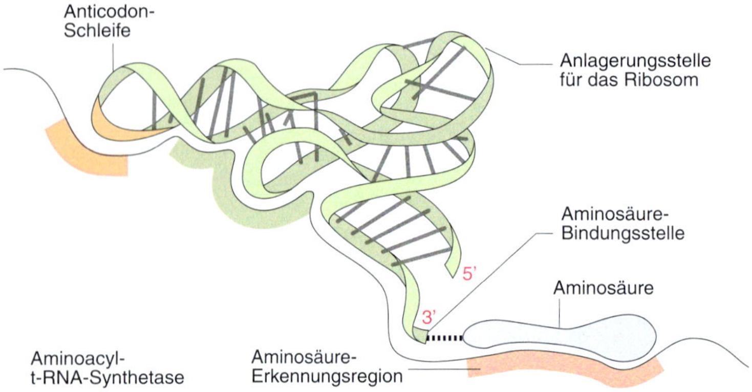

1 Beladung einer t-RNA mit einer Aminosäure

Zettelkasten

Wobble-Hypothese

Eigentlich könnte man erwarten, dass in jeder Zelle 61 verschiedene t-RNA-Moleküle anzutreffen sind, nämlich eines für jedes m-RNA-Codon, das für eine Aminosäure codiert. Man weiß jedoch, dass eine Zelle mit nicht mehr als 31 verschiedenen t-RNA-Molekülen auskommen kann. F. CRICK formulierte dazu die *Wobble-Hypothese* (engl. *wobble* = wackeln). Aufgrund der Raumstruktur der t-RNA lässt der kurze komplementär gepaarte Bereich von Anticodon und Codon unübliche Basenpaarungen zu. Ein einziges Anticodon kann daher mit mehr als einem Codon-Typ paaren, von der gleichen t-RNA ablesbare Codons bilden eine Codon-Familie. Die Regeln des genetischen Codes bleiben davon unberührt, der Code wackelt nicht.

Die ungewöhnliche Base Inosin (I) kann mit C, A, und U Basenpaarungen eingehen. AUC, AUU, AUA codieren für die Aminosäure Isoleucin.

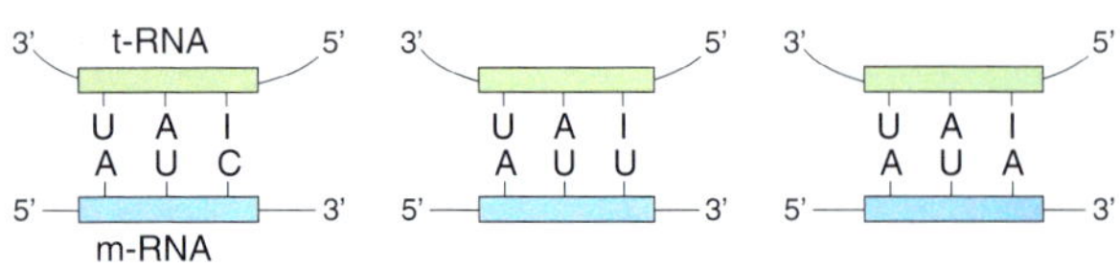

Codon-Bevorzugung

Die Codons gleicher Bedeutung werden erstaunlicherweise nicht immer gleich häufig verwendet. In systematisch nahe verwandten Organismengruppen werden oftmals die gleichen Codons bevorzugt und andere vermieden. Gewissermaßen verwenden verschiedene Organismengruppen unterschiedliche genetische Dialekte.

Für die Aminosäure Prolin codieren die vier Tripletts CCC, CCG, CCA und CCU. Im Genom des Menschen codiert das Triplett CCC für 33% aller Prolin-Moleküle, es ist damit das bevorzugte Triplett. Bei der Ratte ist das bevorzugte Triplett CCC (32%), bei *Escherichia coli* CCG (51%), bei der Hefe *Saccharomyces cerevisiae* CCA (41%), bei *Saccharomyces frugiperda* codieren die Tripletts CCA und CCT mit 29% gleich häufig.

Aufgabe

① Die Codon-Bevorzugung spiegelt sich in der Konzentration der t-RNA-Moleküle wider.
Welches Problem kann auftreten, wenn man ein Gen, beispielsweise von Escherichia coli, auf Saccharomyces frugiperda überträgt, um das zugehörige Protein herstellen zu lassen?

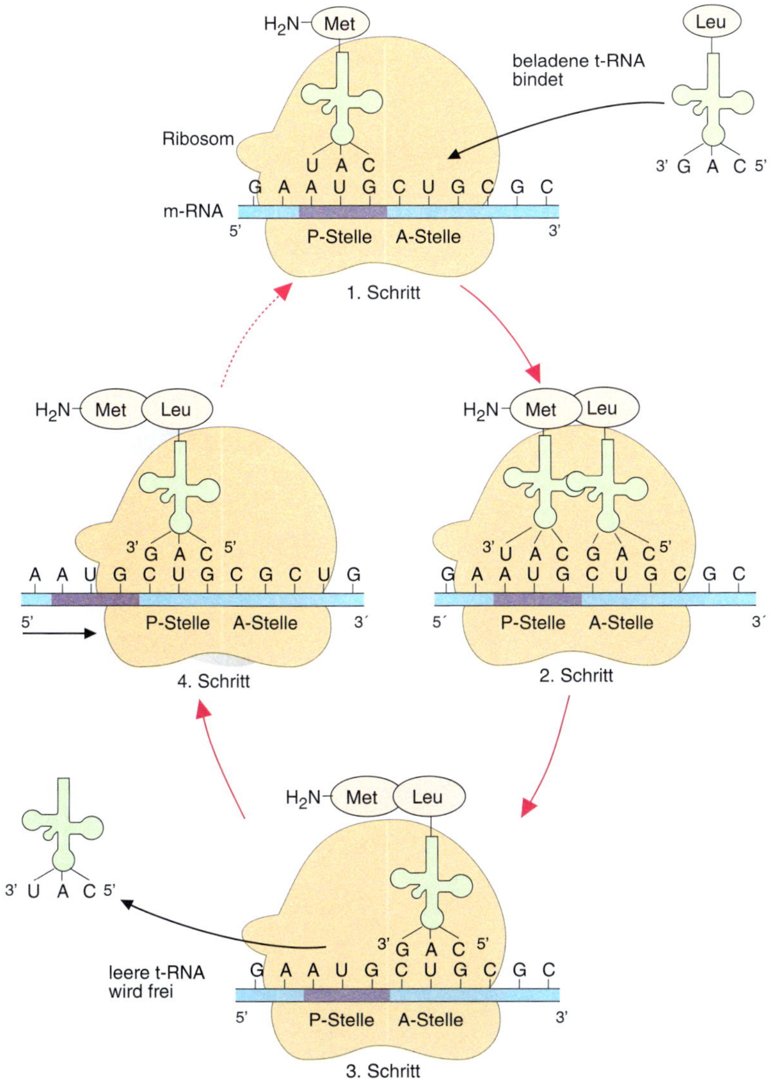

1 Der Translationsvorgang: Kettenverlängerung

Translation: ein Protein entsteht

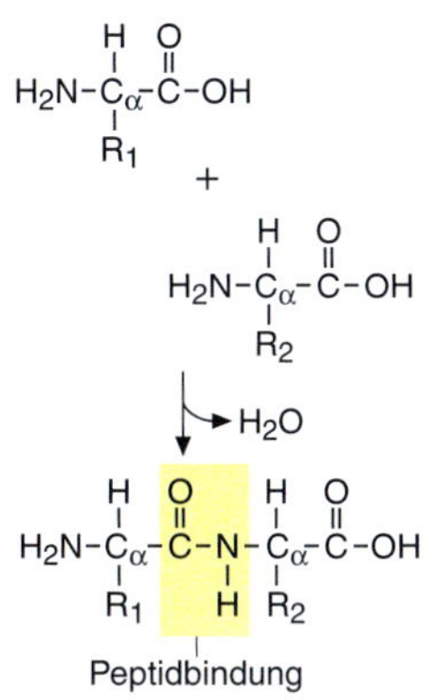

Die *Translation* ist nach der Transkription der zweite Schritt auf dem Wege der Genexpression. Dabei wird die *Basensequenz* der m-RNA in die *Aminosäuresequenz* des Proteins übersetzt *(translatiert)*. Die Translation erfolgt an den Ribosomen. Diese Organellen der Proteinbiosynthese bestehen aus Protein und Nucleinsäure, der r-RNA. Das funktionsfähige Ribosom ist aus zwei unterschiedlich großen Untereinheiten zusammengesetzt.

Die Translation gliedert sich in vier Teilreaktionen. Zunächst treten die beiden ribosomalen Untereinheiten am *Startcodon* einer m-RNA zusammen. An das Startcodon (AUG) lagert sich nach dem Prinzip der komplementären Basenpaarung die Methionin-t-RNA (Anticodon UAC) an. Das t-RNA-Molekül bindet zudem an die P-Stelle des Ribosoms. An der A-Stelle lagert sich eine weitere beladene t-RNA an (1. Schritt, Abb. 1), deren Anticodon zum nächsten Codon der m-RNA passt. Sind Codon und Anticodon basenkomplementär, wird die entsprechende t-RNA noch fester gebunden. Nicht passende Moleküle fallen wieder ab. Bei Basenkomplementarität werden die Aminosäuren der beiden t-RNA-Moleküle unter Energieaufwand chemisch miteinander verknüpft (2. Schritt). Das Ribosom führt diese enzymatische Reaktion durch.

Zur Verlängerung der Aminosäurekette wird das Ribosom um ein Basentriplett auf der m-RNA in Translationsrichtung (von 5' nach 3') versetzt. Die t-RNA an der P-Stelle rückt aus dem Ribosom heraus und löst sich ab (3. Schritt). Die verbliebene t-RNA rückt dabei von der A-Stelle zur P-Stelle vor, die A-Stelle ist wieder frei (4. Schritt). Sie liegt nun am nächsten Codon der m-RNA und kann eine t-RNA mit passendem Anticodon komplementär binden. Die entsprechende Aminosäure wird mit dem Dipeptid zu einem Tripeptid verknüpft. Auf diese Weise folgt ein Zyklus dem anderen und das Peptid wird dabei jeweils um eine Aminosäure verlängert.

Der beschriebene Verlängerungsvorgang wiederholt sich solange, bis das Ribosom auf ein *Stoppcodon* der m-RNA trifft. Dazu gibt es keine nach den Regeln des genetische Codes passende t-RNA. Der Abbruch der Translation wird eingeleitet: Der Komplex aus Ribosom und m-RNA zerfällt und die synthetisierte Aminosäurekette wird freigesetzt.

Aufgaben

① RNA und Proteine gehören unterschiedlichen chemischen Stoffklassen an. Dennoch gibt es strukturelle und funktionelle Parallelen. Begründen Sie.

② Das Codon AUG hat zwei verschiedene Bedeutungen, je nachdem ob es sich am Anfang einer m-RNA oder nicht befindet. Begründen Sie.

③ Formulieren Sie zu dem codogenen DNA-Abschnitt unten die komplementäre m-RNA. Formulieren Sie dann die komplementären Anticodons und die zugehörigen Aminosäuren:
3' CTGGCTTGAACCCGCTTC 5'

Proteinbiosynthese bei Prokaryoten

Prokaryoten
Organismen ohne Zellkern, ohne membranumgrenzte Organellen, z. B. Bakterien

Eukaryoten
Organismen mit Zellkern und membranumgrenzten Organellen, z. B. Pflanzen, Tiere

Die Grundzüge von Transkription und Translation wurden zunächst an *Prokaryoten* genauer erforscht. Man erkannte, dass ein *Promotor*, also die Erkennungs- und Bindungsstelle der RNA-Polymerase, die Leserichtung der Polymerase vorgibt. An den DNA-Einzelstrang, der von 3' nach 5' verläuft, werden die RNA-Nucleotide mit einer Geschwindigkeit von ca. 2500 Nucleotiden pro Minute komplementär angelagert. Er stellt den *codogenen Strang* dar und gibt den Sinn der m-RNA, d.h. ihre Basensequenz vor. Die Basenfolge der entstehenden m-RNA kann man aber leicht am gegenüberliegenden DNA-Strang ablesen, indem man nur T durch U ersetzt.

Die m-RNA ist bei *Prokaryoten* schon während ihrer Synthese frei zugänglich. Die Ribosomen können am zuerst entstehenden freien 5'-Ende bereits ansetzen, während die Transkription der folgenden Abschnitte noch erfolgt. Ist das erste Ribosom ein Stück auf der m-RNA vorgerückt, setzt schon ein weiteres an dem wieder frei gewordenen 5'-Ende an. So wird die m-RNA gleichzeitig mehrfach abgelesen, an jeder m-RNA befinden sich mehrere Ribosomen, der Komplex wird *Polysom* genannt.

Neu synthetisierte Proteinmoleküle können bereits eine halbe Minute nach Beginn der Transkription in der Bakterienzelle nachgewiesen werden. Allerdings wird die dabei verwendete m-RNA auch schon nach wenigen Minuten wieder abgebaut. Diese kurze Lebensdauer ist für Bakterien biologisch bedeutsam angesichts der kurzen Generationszeit, die unter günstigen Bedingungen weniger als 30 Minuten betragen kann. Viele verschiedene m-RNA-Moleküle können in kurzer Zeit wirksam werden, die synthetisierten Proteine können sofort die verschiedensten Stoffwechsel- und Entwicklungsschritte steuern. Auch eine schnelle Reaktion auf wechselnde Umweltbedingungen ist möglich, indem die jeweils benötigten Proteine erzeugt werden können, die Synthese aber nicht länger fortdauert als es dem momentanen Bedarf entspricht. Nucleotide abgebauter m-RNA werden wieder verwendet.

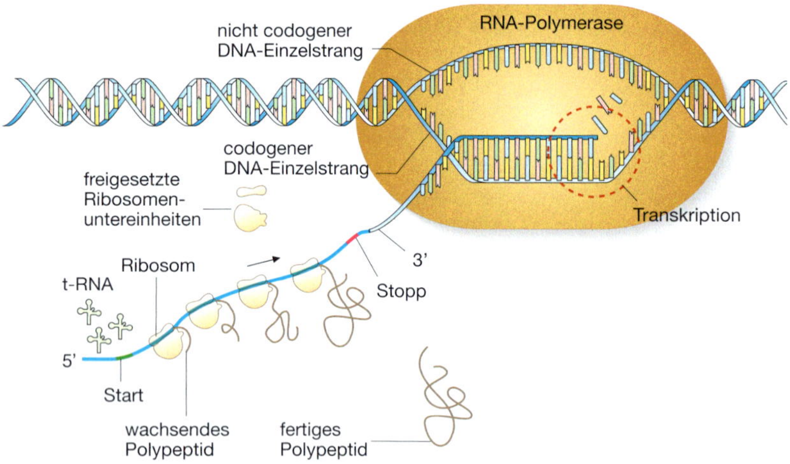

1 Zusammenfassung der Proteinbiosynthese bei Prokaryoten

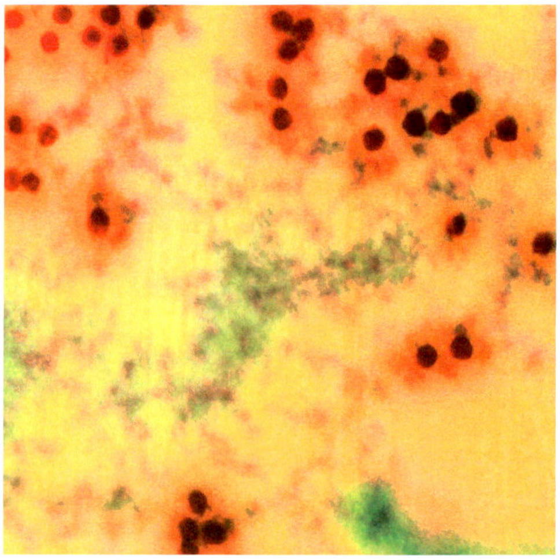
2 Polysomen

Zettelkasten

DNA in Chloroplasten und Mitochondrien

Chloroplasten und Mitochondrien werden von Zellen nicht neu gebildet, sondern vervielfältigen sich durch Teilung. Beide Zellorganellen besitzen eigene DNA, die sich vom Genom des Zellkerns z. B. dadurch unterscheidet, dass sie keine Introns besitzt (s. Seite 125). Die mitochondriale DNA ist haploid (keine Rekombination) und relativ klein. Die DNA liegt wie bei Prokaryoten ringförmig geschlossen vor und ist nicht mit Histonen verbunden. Mitochondriale Gene werden in den Mitochondrien transkribiert und an eigenen Ribosomen, die bakteriellen Ribosomen ähneln, translatiert. Mitochondriale DNA codiert für einige Enzyme des Energiestoffwechsels, für t- und r-RNA-Moleküle.

Das Chloroplasten-Genom ist ebenfalls ringförmig geschlossen und trägt bis zu 120 Gene. Auch die Ribosomen der Chloroplasten ähneln bakteriellen. Aufgrund dieser Ähnlichkeiten vermutet man, dass sich die Chloroplasten und Mitochondrien der Eukaryoten aus aufgenommenen Prokaryoten entwickelt haben *(Endosymbionten-Hypothese,* S. 442).

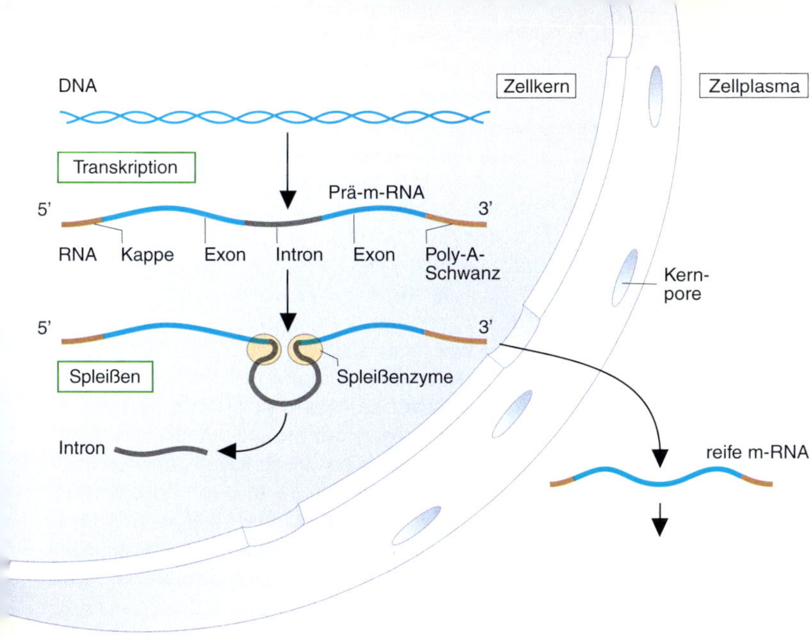

1 Spleißen

Proteinbiosynthese bei Eukaryoten

Bei Eukaryoten verläuft die Proteinbiosynthese prinzipiell in den gleichen Phasen ab wie bei Prokaryoten. Auffällig ist, dass die durch Transkription entstehende RNA bei Eukaryoten zunächst ungleich länger ist als es das codierte Protein erfordern würde. Sie ist ein Vorläufer *(Prä-m-RNA)* und muss vor der Translation in eine funktionsfähige m-RNA umgewandelt werden. Nur einige Abschnitte des RNA-Stranges, die *Exons*, enthalten die Information für das Protein. Dazwischen liegen nicht informationstragende Abschnitte, die *Introns*. Sie können zwischen 50 und 30000 Nucleotide lang sein. Sie werden an vorbestimmten Stellen durch Schneideenzyme zu einer Schleife zusammengelegt und ausgeschnitten. Die *Exons* werden zur eigentlichen m-RNA verknüpft. Dieser gesamte Vorgang heißt *Spleißen*. Bei Prokaryoten existieren keine Introns und daher gibt es keine Spleiß-Vorgänge.

Eukaryotische m-RNA-Moleküle haben eine wesentlich größere Lebensdauer als prokaryotische. An ihr 3'-Ende wird nämlich nach der Transkription eine Schutzgruppe aus 150 bis 200 Adenin-Nucleotiden *(Poly-A-Schwanz)* angehängt, die den enzymatischen Abbau deutlich verlangsamt. Am 5'-Ende wird eine „Kappe" aus methyliertem Guanin aufgesetzt. Sie ist wichtig für den Kontakt zur kleinen Ribosomen-Untereinheit zu Beginn der Translation. Die reife *m-RNA* wird aus dem Zellkern über die Kernporen zum *rauen Endoplasmatischen* Retikulum transportiert. An dessen Ribosomen findet dann die Translation statt.

Nach ihrer Synthese an den Ribosomen werden viele eukaryotische Proteine noch verändert. Beim unreifen *Insulin* z.B. gibt es zwei Aminosäureabschnitte, die dem Endprodukt Insulin in den Körperflüssigkeiten fehlen. Die *Präsequenz* ermöglicht den Eintritt in das Endoplasmatische Retikulum. Sie wird dort entfernt. Die *Prosequenz* wird ebenfalls im ER abgetrennt. Erst in dieser Form kann das Molekül an den Insulinrezeptor binden. Lysosomale Verdauungsenzyme werden mit einem Mannose-Phosphatrest etikettiert und werden erst aufgrund dessen den Lysosomen zugeführt. Fehlt der Zuckerrest aufgrund genetischer Defekte, gelangen die Enzyme in die Körperflüssigkeiten.

Hemmstoff	**Wirkung auf die Proteinbiosynthese**
Actinomycin D	verbindet sich nur mit Prokaryoten-DNA
Rifampicin	bindet an die RNA-Polymerase von Prokaryoten
Amanitin	bindet an die RNA-Polymerase von Eukaryoten
Streptomycin	bindet an die kleine Ribosomen-Untereinheit bei Prokaryoten
Tetracycline	verhindern die Bindung der t-RNA an das Bakterien-Ribosom
Puromycin	wird anstelle einer beladenen t-RNA fest an das Ribosom gebunden
Chloramphenicol, Erythromycin	binden sich an Bakterien-Ribosomen
Kirromycin	verhindert das Vorrücken der t-RNA von der A- an die P-Stelle bei Prokaryoten
Cycloheximid	verhindert die Verknüpfung der Aminosäure am Eukaryoten-Ribosom

Aufgaben

① Menschliches Insulin kann von „unprogrammierten" Bakterienzellen erzeugt werden. Mit welchen Schwierigkeiten ist aufgrund der unterschiedlichen Genetik von Pro- und Eukaryoten zu rechnen?

② Bei der Erforschung der Proteinbiosynthese haben Hemmstoffe eine wichtige Rolle gespielt, da mit ihnen gezielt bestimmte Schritte blockiert werden können. Welcher Schritt wird von den in der Tabelle genannten Stoffen jeweils blockiert? Welche Hemmstoffe sind theoretisch als Antibiotikum in der Medizin geeignet?

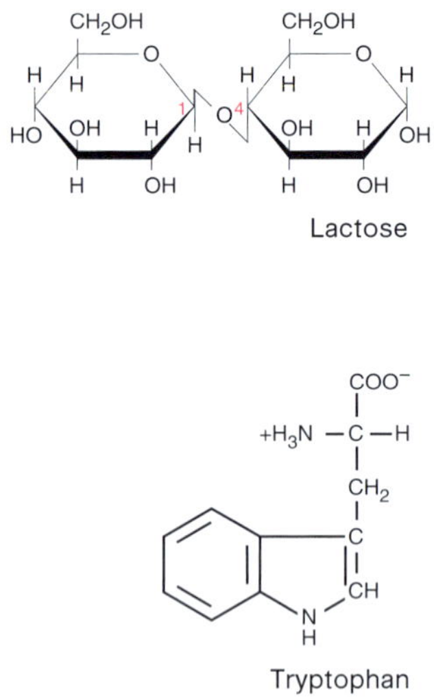

Lactose und Tryptophan

Regulation der Genexpression

Viele Proteine werden in Zellen ständig benötigt, z. B. die Enzyme des Energiestoffwechsels oder die strukturbildenden Proteine des Zellskeletts. Andere Proteine sind nur unter besonderen Bedingungen erforderlich, bei Bakterien z. B. wenn anstelle von Glucose der Zucker Lactose als Nährstoff angeboten wird. Gene, die ständig transkribiert werden, nennt man *konstitutive Gene*, solche, die je nach Bedarf kurzfristig an- oder abgeschaltet werden, *regulierte Gene* (→ 206/207).

Das Operon-Modell

Welcher Mechanismus für das An- und Abschalten von Genen verantwortlich ist, untersuchten die Forscher François Jacob und Jacques Monod an Bakterien. Für das vorgeschlagene Operon-Modell zur Regulation der Genaktivität erhielten die beiden Forscher zusammen mit André Lwoff 1965 den Nobelpreis. Ihre Vorhersagen zur Regulation der Genaktivität auf Transkriptionsniveau wurden später mithilfe molekularbiologischer Methoden bestätigt. Das Modell gilt auch für viele eukaryotische Gene.

Substrat-Induktion

Von einem Regulatorgen wird ein Repressorprotein fortlaufend erzeugt. Ist keine Lactose (Milchzucker) vorhanden, ist der *Repressor* an einen bestimmten DNA-Abschnitt, den *Operator*, gebunden (Abb. 1, oben) und blockiert die Transkription der Gene des Lactosestoffwechsels. Dringt von außen Lactose als *Effektor* (Abb. 1 unten) in die Zelle ein, lagern sich die Lactosemoleküle an den Repressor an. Der ändert daraufhin seine Raumstruktur, löst sich von der DNA ab und ist inaktiviert. Die RNA-Polymerase hat „freie Bahn" und transkribiert die Gene des Lactosestoffwechsels. Die translatierten Enzyme spalten den Zweifachzucker Lactose in Glucose und Galactose, die dann im Stoffwechsel des Bakteriums weiter verwertet werden können. Der Operator ist mit einem Schalter zu vergleichen, der darüber entscheidet, ob die Gene des Lactosestoffwechselweges transkribiert werden. Promotor, Operator und die von ihnen kontrollierten Gene bilden eine Funktionseinheit, das *Operon*. Beim lac-Operon bewirkt das Substrat (Lactose), dass der Syntheseweg angeschaltet wird.

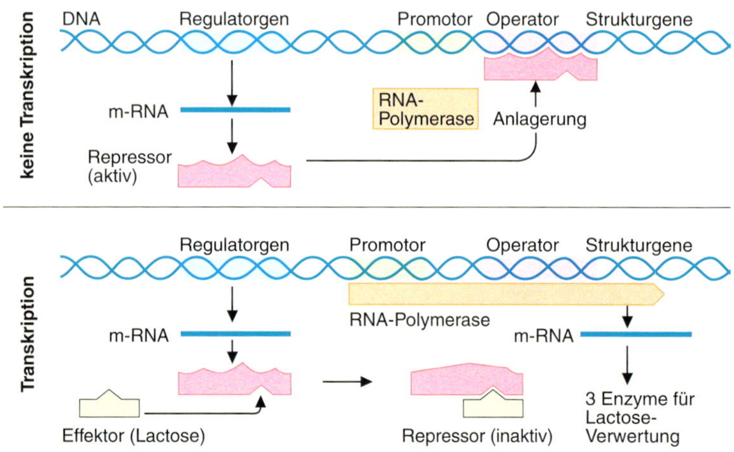

1 Substrat-Induktion: Das lac-Operon von E. coli

Endprodukt-Repression

Bei der Endproduktrepression bewirkt die hohe Konzentration des Endprodukts, dass der Syntheseweg abgeschaltet wird (*negative Rückkopplung*). Der Syntheseweg der Aminosäure Tryptophan ist ein solcher negativ rückgekoppelter Vorgang: Durch ein Regulatorgen wird ein Repressorprotein erzeugt, das inaktiv ist, es bindet nicht an seinen Operator auf der DNA. Die Gene, die für die Enzyme des Tryptophanstoffwechselwegs codieren, werden ungehindert in m-RNA transkribiert, diese dann translatiert (Abb. 127.1 oben). Die Tryptophankonzentration steigt infolgedessen in der Zelle an, bis es immer wahrscheinlicher wird, dass ein Tryptophanmolekül mit einem Repressorprotein in Kontakt kommt und bindet (Abb. 127.1 unten). Der Repressor ändert daraufhin seine Raumstruktur, wird aktiviert und lagert sich an seinen Operator an. Das Tryptophanoperon wird blockiert, die Transkription der Tryptophangene wird gestoppt, die Tryptophansynthese kommt zum Erliegen. Bei fallenden Tryptophanspiegeln löst sich das Tryptophanmolekül aber wieder vom Repressorprotein, die Blockade ist reversibel. Das ist biologisch auch sinnvoll, weil Bakterien auf diese Weise flexibel reagieren und sich veränderlichen Umweltbedingungen anpassen können.

Transkriptionsaktivatoren

Transkriptionsaktivatoren sind Proteine, welche die Transkription eines Gens gezielt steigern. Das Schwermetall Kupfer wird als Spurenelement in geringen Konzentratio-

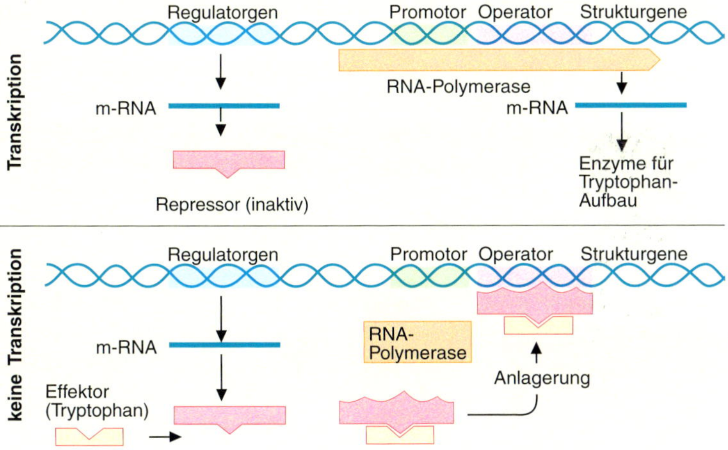

1 Endprodukt-Repression: Das Tryptophan-Operon von E. coli

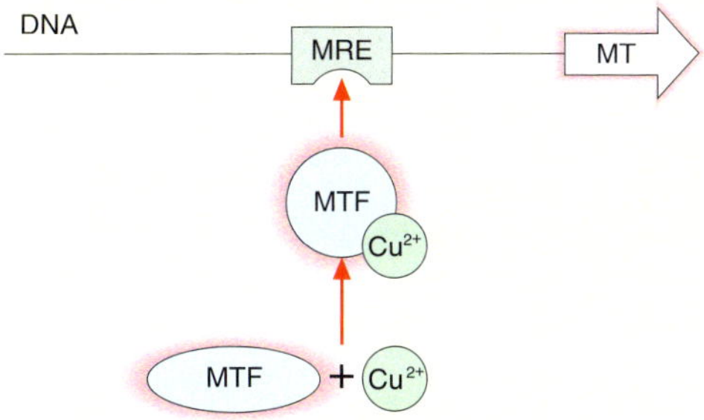

2 Gen-Induktion bei Hefezellen

nen in allen Zellen benötigt. Zu hohe Konzentrationen dieses Schwermetalls können Zellen jedoch so stark schädigen, dass sie absterben. Hefezellen reagieren auf erhöhte Kupferkonzentrationen, indem sie Kupfer bindende Schutzproteine synthetisieren, die die Ionen unschädlich machen. Dringen Kupferionen in die Hefezellen, binden und aktivieren sie einen Transkriptionsfaktor (MTF). Dieser Komplex bindet an die Steuerungssequenz (MRE) des Gens (MT), das für das Schutzmolekül codiert. Die Polymerase erkennt diesen Komplex und transkribiert das Gen.

Zettelkasten

Induktion durch Hormone

Die größte Masse eines Getreidekorns macht der Mehlkörper aus, der aus abgestorbenen Zellen und dem Reservestoff Stärke besteht. Umgeben wird er von der *Aleuronschicht*, die aus lebenden Zellen besteht. Die Stärke dient dem Embryo während der Keimung als Nährstoff. Gibt man ein Getreidekorn in Wasser, quillt es, das Amylase-Gen der Aleuronzellen wird aktiviert und nach einer gewissen Zeit wird das Enzym Amylase in den Mehlkörper abgegeben. Stärke wird von diesem Enzym zu Zucker abgebaut, der in den Embryo transportiert wird. Die Expression des Amylase-Gens wird vom Embryo durch das Hormon *Gibberellin* veranlasst.

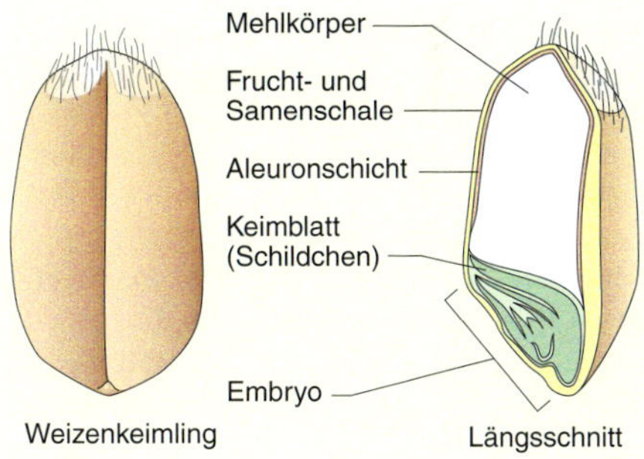

Versuch zur Genregulation bei Weizenkörnern

100 mg lösliche Stärke werden zusammen mit 1 g Agar in 100 ml Wasser aufgekocht. Der flüssige Agar wird in eine Petrischale gegeben. Weizenkörner werden 3 Stunden in Wasser gehalten. Die gequollenen Körner werden in der Mitte quergeschnitten und beide Hälften mit der Schnittfläche auf den Stärke-Agar gelegt. Nach 24 Stunden wird der Agar zum Stärkenachweis mit verdünnter Iod-Kaliumiodidlösung überschichtet.

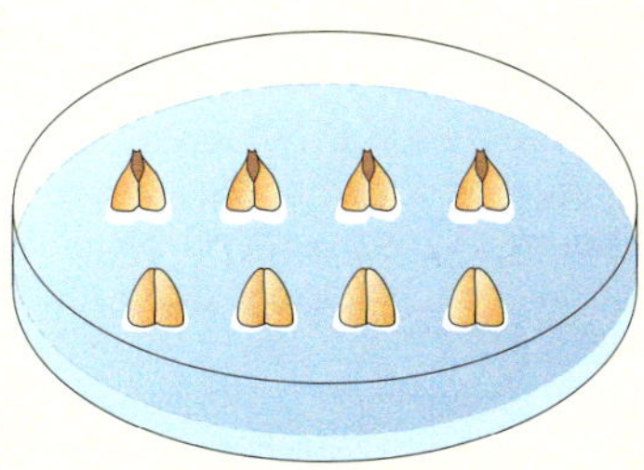

Aufgaben

① Wie erklären Sie die Entfärbung des Agars?
② Warum haben sich unterschiedlich große Höfe gebildet?
③ Mit welchem Ergebnis rechnen Sie bei Weizenkörnern, bei denen vor dem Versuch der Embryo abgetrennt wurde?
④ Das Hormon Gibberellin kann künstlich synthetisiert werden. Mit welchem Ergebnis rechnen Sie, wenn dem Stärke-Agar Gibberellin zugegeben wird?

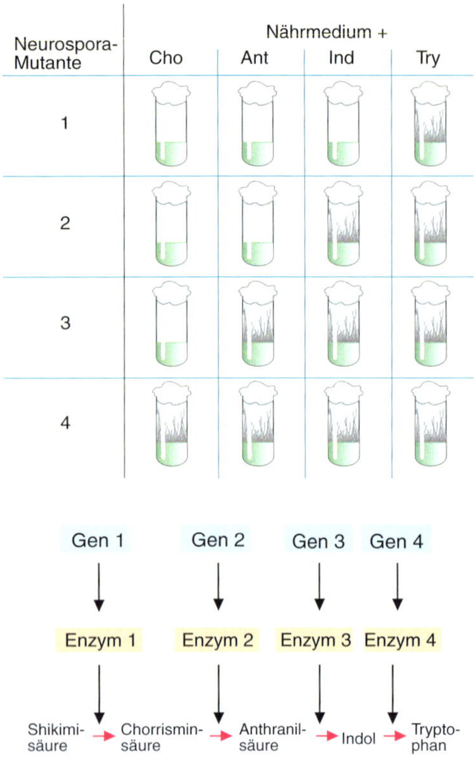

1 Mangelmutanten bei Neurospora

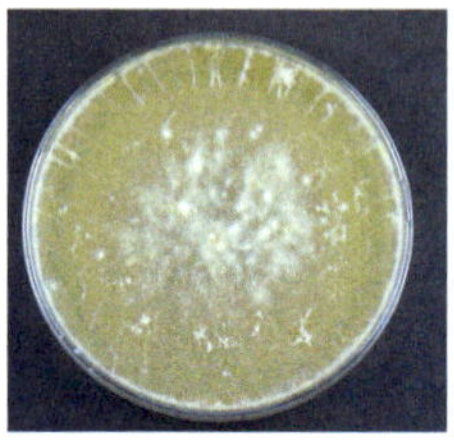

Neurospora

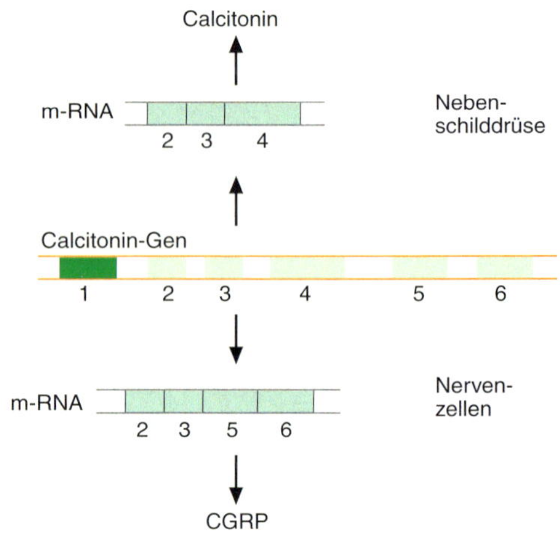

2 Ein Gen, zwei Genprodukte durch Spleißen

Vom Genotyp zum Phänotyp

Gene bilden die Grundlage für die Merkmalsbildung eines Organismus. In ihrer Gesamtheit bilden die Gene eines Organismus den *Genotyp*, seine Merkmale den *Phänotyp*. Die meisten Gene werden zunächst als m-RNA abgelesen und anschließend in Polypeptide übersetzt. Aber erst die funktionstüchtigen Proteine kontrollieren die Merkmalsausprägung. Während Prokaryoten nahezu ihre gesamte DNA geradlinig in RNA und dann in Polypeptide übersetzen, nutzen Eukaryoten nur einen kleinen Teil ihrer DNA zur Proteincodierung und dies oftmals nicht geradlinig, denn es können verschiedene Mechanismen der RNA-Aufbereitung zwischen Gen und Protein eingeschaltet sein. Die gleiche DNA-Basensequenz kann verschiedene Merkmale kontrollieren. Man sagt auch, Genotyp und Phänotyp von Eukaryoten seien „weich" miteinander „verdrahtet". Historisch gesehen führten viele Experimente zu widersprüchlichen Vorstellungen von einem Gen und machten Abwandlungen der Gendefinition nötig.

Gen
ein RNA codierender DNA-Abschnitt (s. Seite 118)

Genotyp (Erbbild)
Gesamtheit aller Gene (Erbanlagen) eines Organismus

Phänotyp (Erscheinungsbild)
Gesamtheit der Merkmale eines Organismus

Proteom
Gesamtheit der Proteine eines Zelltyps

Genom
Gesamtheit der genetischen Information (codierende und nicht codierende DNA-Abschnitte) einer Zelle

Ein-Gen-ein-Polypeptid-Hypothese

Die Genetiker George W. Beadle und Edward L. Tatum hatten 1941 Stämme des Schimmelpilzes Neurospora entdeckt, die nicht in der Lage waren, aus Shikimisäure die lebensnotwendige Aminosäure Tryptophan herzustellen. Nach gezielter Zugabe einzelner Stoffwechselzwischenprodukte (Abb. 1) konnte das Wachstum aber wieder angeregt werden. Daraus schlossen die Forscher, dass den betreffenden Stämmen die am Stoffwechselweg beteiligten Enzyme fehlten und führten dies auf Defekte an den zugehörigen Genen zurück. Das Merkmal „erfolgreiche Tryptophansynthese" baut auf einer Kette von Enzym codierenden Genen auf. Es ist ein *polygenes Merkmal*, jedes Gen codiert dabei für ein Enzym.

Spleißen macht flexibel

Das Calcitonin-Gen ist in Zellen der Nebenschilddrüse und in Zellen des Nervensystems (Rückenmark) aktiv. Es besteht aus sechs Exons (Abb. 2). In der Nebenschilddrüse werden nur die Exons 2 bis 4 in der reifen m-RNA belassen und diese dann in das Hormon Calcitonin translatiert. In Nervenzellen hingegen enthält die reife m-RNA nur die Exons 2, 3, 5, 6 (man spricht von *zelltypspezifischem Spleißen*), Translationsprodukt ist das Neuropeptid CGRP *(calcitonin gene related protein)*. Auf der Grundlage ein und desselben Gens werden in verschiedenen Geweben unterschiedliche Genprodukte hergestellt.

RNA-Edition

Bei der *RNA-Edition* wird die Basensequenz einer transkribierten m-RNA nachträglich verändert. Vom Protein Apolipoprotein B kennt man zwei Varianten unterschiedlicher Funktion: eine größere (ApoB 100), die in vielen verschiedenen Zelltypen von Säugetieren exprimiert wird (Bindungspartner von Cholesterin) sowie eine kleinere (ApoB 48), die nur in Zellen des Dünndarms vorkommt und dort am Fettabbau beteiligt ist. Beide Varianten werden von der gleichen m-RNA codiert. In Dünndarmzellen wird aber im Gegensatz zu anderen Körperzellen ein Cytosin der m-RNA in Uracil umgewandelt. Das entsprechende Sinn-Codon wird in ein Stopp-Codon umgewandelt, die Translation kommt frühzeitig zum Abbruch. Es entsteht ein kürzeres Proteinmolekül.

Das Proteasom — gezielter Proteinabbau

In einer Zelle liegen Tausende verschiedener Proteine vor. Analog zum Begriff *Genom* bezeichnet der Begriff *Proteom* die Gesamtheit aller Proteine einer Zelle. Proteine können in der Zelle miteinander in Wechselwirkung treten und dabei übergeordnete Strukturen ausbilden, wie z. B. Enzymkomplexe. Diese werden meist nicht mit molekularbiologischen, sondern mit biochemischen Methoden *(Elektrophorese, Kristallographie)* sowie der Elektronen- und Immunfluoreszenzmikroskopie untersucht.

Die auf diese Weise gefundenen *Proteasomen* haben in Zellen die Aufgabe, Proteine, die nicht mehr benötigt werden, abzubauen (A. Ciechanover, A. Hershko, J. Rose; Nobelpreis 2004). Sie kommen im Zellkern und im Cytoplasma praktisch aller Organismenarten vor. Proteasomen sind große zylinderförmige Komplexe, die aus mehreren Dutzend Proteinen gebildet werden. In der Mitte besitzen Proteasomen einen Kanal. Proteine, die abgebaut werden sollen, z. B. nicht mehr benötigte Enzyme, werden in der Zelle zunächst markiert, indem das Protein Ubiquitin angehängt wird. Dieser Komplex wird von den kappenförmigen Enden des Proteasoms erkannt, d. h. gebunden. Das abzubauende Protein wird in den Kanal des Proteasom transportiert und dabei entfaltet. Ein Teil der Proteine, die den Kanal bilden, sind *Proteasen*, also Enzyme, die Proteine zerschneiden. Der mittlere Teil bildet die katalytisch aktive Komponente. Die anfallenden Aminosäuren können von der Zelle zum Aufbau neuer Proteine wiederverwertet werden.

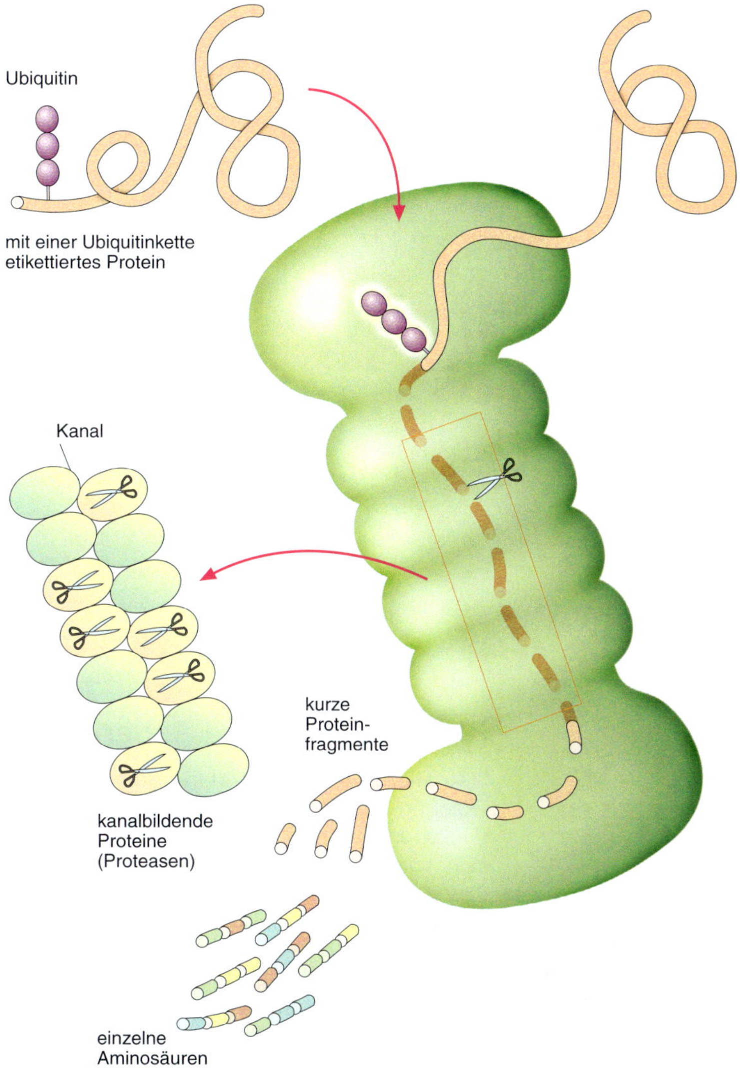

1 Proteasomen bauen markierte Proteine in Zellen ab

Aufgaben

① Am Shikimisäure-Tryptophan-Stoffwechselweg sind vier Enzyme beteiligt (Abb. 128.1). Die untersuchten Neurospora-Stämme tragen genetische Defekte in den beteiligten Genen. Geben Sie an, welches Gen jeweils mutiert ist.

② Es kommt auch vor, dass einzelne Gene mehrere Merkmale beeinflussen *(Polyphänie)*. Erklären Sie die phänotypischen Auswirkungen des Defekts, der beim Menschen zur Mukoviszidose führt (s. Seite 170/171).

③ Die ursprüngliche molekularbiologische Definition eines Gens als „Bauanleitung für ein Polypeptid" musste erweitert werden. Begründen Sie.

Polygenie
Mehrere Gene kontrollieren ein Merkmal.

Polyphänie
Einzelne Gene beeinflussen mehrere Merkmale.

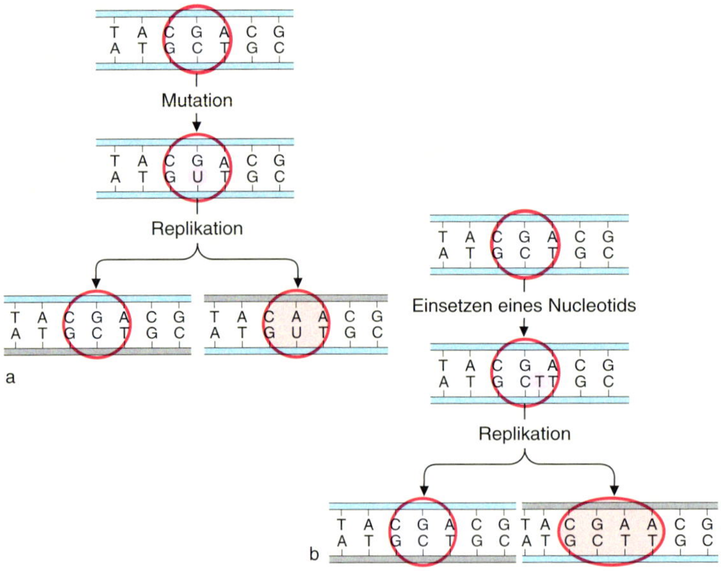

1 Punktmutationen (a) und Leserastermutationen (b)

DNA-Schäden und Reparatur

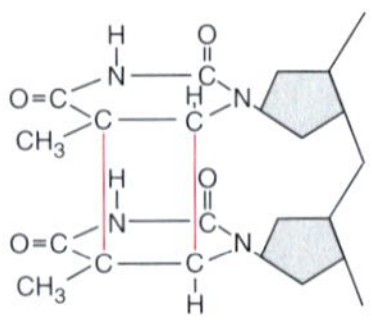

Thymindimere

Mutationen sind Veränderungen der genetischen Information. Sie werden verursacht durch *Mutagene* wie z. B. UV-Strahlung und Chemikalien, aber sie treten auch spontan auf aufgrund der chemischen Labilität der DNA-Bausteine. Mutationen sind ungerichtet, es ist nicht vorhersagbar, an welcher Stelle des Genoms sie eintreten. Untersuchungen an Bakterienkulturen haben gezeigt, dass auf 1 000 000 Gene in einer Generation etwa 1 – 10 spontane Mutationen kommen. *Mutationen* können ein einzelnes Gen *(Genmutation)*, die Struktur eines Chromosoms *(Chromosomenmutation)* oder die Chromosomenanzahl *(Genommutation)* betreffen.

Genmutationen

Genmutationen sind auf der Ebene eines einzelnen Gens wirksam. Man unterscheidet *Punktmutationen* und *Leserastermutationen*. Bei einer Punktmutation wird eine einzelne Base ausgetauscht. Bei Bakterien sind rund 70 % aller Mutationen Punktmutationen, die meisten Mangelmutanten beruhen darauf. Durch den Austausch einer DNA-Base ist die Aminosäuresequenz des codierten Enzyms verändert, es ist meistens funktionsuntüchtig. Bei einer Leserastermutation werden Basen zusätzlich eingefügt *(Insertion)* oder entfernt *(Deletion)*. In beiden Fällen wird das Leseraster des m-RNA-Triplettcodes verschoben, wenn es sich nicht um drei Basen oder ein Vielfaches davon handelt. Es resultiert ein völlig anderes Protein. Während Genmutationen bei haploiden Bakterien auf den Phänotyp durchschlagen, sind diploide Organismen besser geschützt: Die meisten Stoffwechselerkrankungen sind rezessiv, d. h. die unveränderte Variante des Gens übernimmt die Aufgabe des mutierten Gens (s. Sichelzellanämie, Seite 404/405).

Aufgabe

① Eine Punktmutation wirkt sich aufgrund der Redundanz des genetischen Codes nicht immer aus. Man spricht von einer *stummen Mutation*. Zeigen Sie dies an einem Beispiel.

Zettelkasten

DNA-Reparaturmechanismen

Spezielle DNA-Polymerasen sind in der Lage ein fälschlicherweise eingebautes, also nicht komplementäres Nucleotid, vom neu synthetisierten Strang wieder abzuspalten. Diese Reaktion findet während der Replikation statt, wenn die Base keine Wasserstoffbrückenbindungen zum Matrizenstrang ausbilden kann.

UV-Licht wird von den Purin- und Pyrimidinringsystemen der DNA-Basen absorbiert. Benachbarte Thymine verbinden sich dann oft kovalent zu Dimeren (s. Randspalte), die keine Wasserstoffbrücken zu Adenin ausbilden können. Bleibt der Schaden unbemerkt, bricht die nächste Replikation an dieser Stelle ab. Das „Reparaturenzym" *Photolyase* trennt Thymindimere wieder. Interessant ist, dass das Enzym durch sichtbares Licht aktiviert wird. In der Natur kommt UV-Licht nie ohne sichtbares Licht vor.

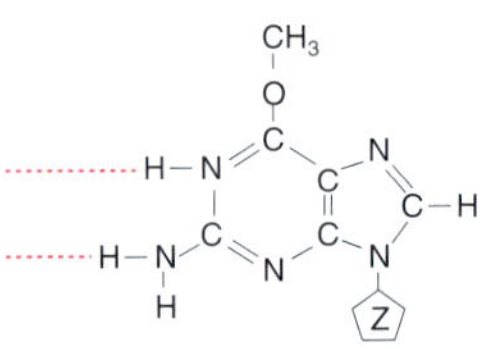

O^6-Methylguanin

Die Base Guanin wird durch *Ethylmethansulfonat* (EMS) in O^6-Methylguanin umgewandelt, das mit Thymin anstatt mit Cytosin paart. Bei nachfolgenden Replikationen wird das Basenpaar G – C in A – T umgewandelt. In dem Bakterium E. coli macht das Enzym O^6-Methylguanin-DNA-Methyltransferase die chemische Veränderung des Guanins wieder rückgängig und verhindert so die Punktmutation. Bei Anwesenheit von EMS wird die Produktion des Entgiftungsenzyms induziert.

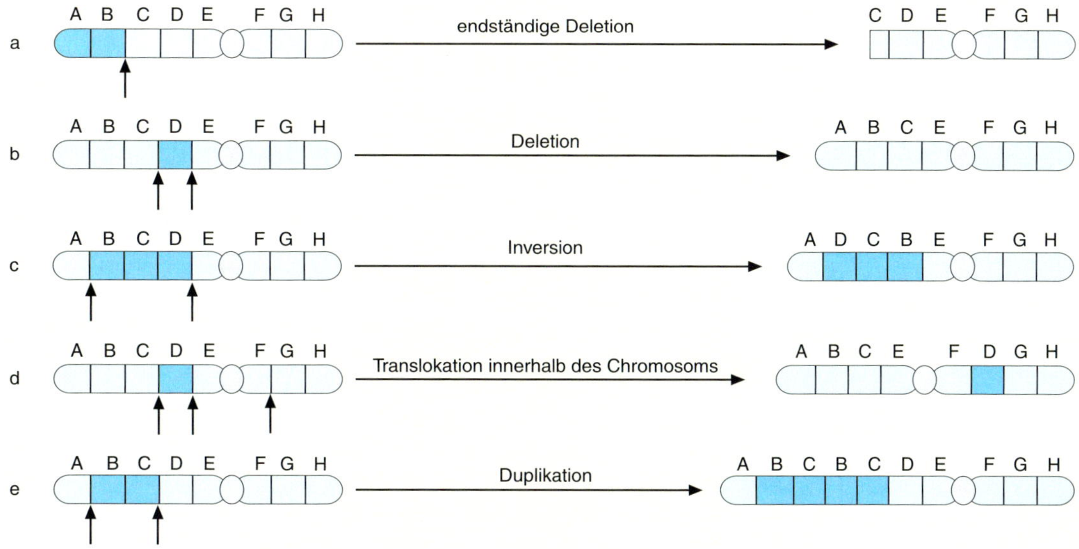

1 Chromosomenmutationen schematisch

Chromosomenmutation: Umbau durch Bruch und Fusion

Riesenchromosom mit Chromosomenmutation (Inversion)

DNA-Moleküle können brechen und werden dann von der Zelle wieder verknüpft. Gelegentlich gehen dabei größere DNA-Abschnitte verloren oder werden neu, aber falsch kombiniert. Bei *unbalancierten* Chromosomenmutationen ist die Genmenge verändert, bei *balancierten* bleibt die Genmenge gleich. Die veränderte Position von Genen kann ihre Wirkung aber stark beeinflussen bzw. sie völlig unwirksam werden lassen.

Ein Einzelbruch zerlegt ein Chromosom in zwei Teile, nur eines davon trägt das Centromer, also die Ansatzstelle des Spindelapparates *(endständige Deletion)*. Das centromerfreie Fragment geht bei der nächsten Zellteilung verloren. Das Bruchstück mit dem Centromer kann zwar in eine Tochterzelle gelangen und repliziert werden. Ihm fehlt aber ein endständiges Telomer, daher „verklebt" das offene Chromosomenende mit dem offenen Ende der Schwesterchromatide. Das langgestreckte Verschmelzungsprodukt enthält nun zwei Centromere und wird bei der nächsten Mitose leicht zerrissen.

Bricht ein Chromosom zweimal, kann ein mittlerer Chromosomenabschnitt verloren gehen *(Deletion)*. Die freien Enden verbinden sich dann. Eine schwere Erbkrankheit des Menschen, das *Katzenschreisyndrom*, geht auf eine Deletion im Chromosom 5 zurück.

Wird ein durch zwei Brüche entstandenes Fragment um 180° gedreht und wieder in das gleiche Chromosom eingebaut, liegt eine *Inversion* vor. Die Genmenge bleibt dabei unverändert, nicht aber die Reihenfolge der Gene. Während der Meiose ist die Rekombination in diesem umgedrehten Abschnitt erschwert, er wird deswegen meist unverändert als Einheit *(„Supergen")* vererbt. Chromosomenmutationen lassen sich lichtmikroskopisch am Bandenmuster von Riesenchromosomen gut erkennen, bei denen veränderte und nicht veränderte homologe Chromosomen gepaart sind (s. Randspalte).

Chromosomenfragmente können auch an anderer Stelle desselben oder eines anderen Chromosoms eingebaut werden *(Translokation)*. Im Extremfall verschmelzen zwei ganze Chromosomen miteinander wie bei der *Translokations-Trisomie* (s. Seite 168).

Ein Sonderfall ist die *Duplikation*, bei der ein zuvor verdoppelter Chromosomenabschnitt wieder eingebaut wird. Die Vervielfachung einer Nucleotidsequenz verursacht z. B. die Erbkrankheit *Chorea Huntington (Veitstanz, s. Seite 180)*. Eine Duplikation kann aber auch zur Bildung neuer Gene führen, wenn Gen und Duplikat durch Mutationen verändert werden. Es bilden sich *Genfamilien*, wie z. B. die Globin-Genfamilie, die für die Bestandteile des Säuger-Hämoglobins codiert.

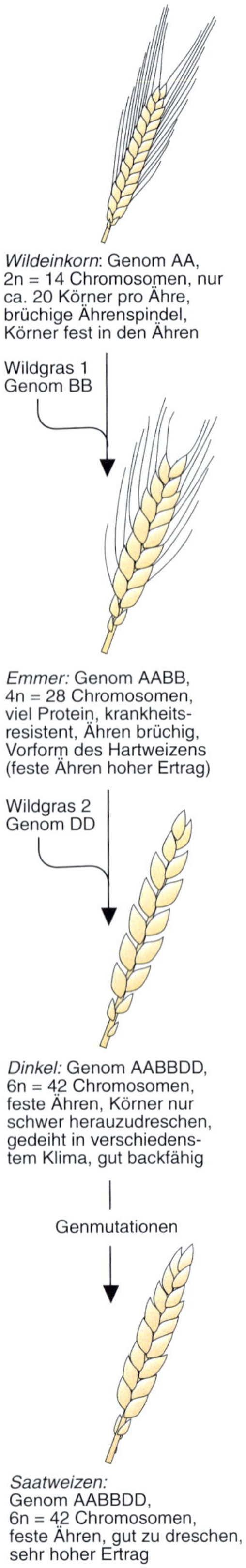

Entstehung des Saatweizens

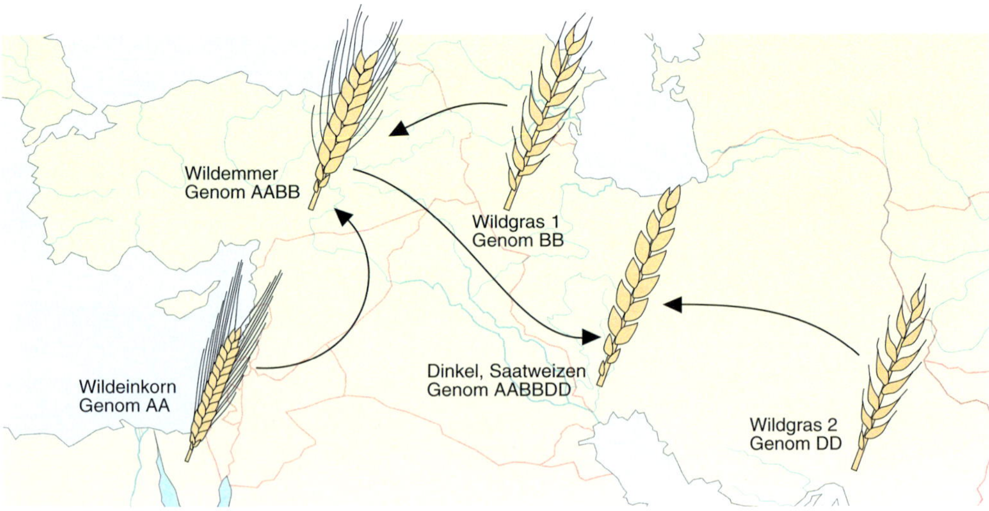

1 Entstehung des Saatweizens

Genommutationen: Veränderung der Chromosomenanzahl

In einer Zelle ist das Mengenverhältnis zwischen DNA und Cytoplasma so eingestellt, dass sich der Stoffwechsel optimal lenken lässt. Diese Kern-Plasma-Relation bestimmt letztlich die Größe der Zellen. Die DNA-Menge im Kern ist bei Eukaryoten durch Anzahl und Größe der Chromosomen festgelegt. Eine Veränderung der Chromosomenanzahl kann zur regulären Entwicklung eines Lebewesen gehören, kann aber auch auf Mutationen zurückgehen.

Bei den meisten Tieren und höheren Pflanzenarten befinden sich in den Körperzellen zwei homologe Chromosomensätze, sie sind *diploid* (2n), nur die Keimzellen haben einen einfachen Chromosomensatz, sie sind *haploid* (1n). Bei Moosen und Farnen wechseln sich dagegen Generationen aus diploiden und haploiden Zellen regelmäßig ab (s. Seite 137). Letztere sind meist zarter gebaut. Das gilt auch für Pflanzen, bei denen man die Haploidie künstlich, z. B. durch Bestäubung mit sterilem Pollen, erzeugt hat. *Haploidie-Mutanten* von Tieren sind dagegen meist nicht lebensfähig.

Bleibt nach der Mitose oder Meiose eine Zellteilung aus, entstehen Vielfache des Chromosomensatzes im Kern *(Polyploidie)*. Zellen, Gewebe und Früchte polyploider Pflanzen sind besonders groß. Daher ist die künstliche *Polyploidisierung* ein verbreitetes Verfahren in der Pflanzenzucht. Man benutzt Zellgifte wie das Alkaloid *Colchicin* aus der Herbstzeitlosen *(Colchicum autumnale)*, um die Ausbildung des Spindelapparates zu verhindern und Pflanzen mit großen Früchten zu erhalten. Beim Menschen kann gelegentlich bei der Befruchtung einer Eizelle durch zwei Spermien der dreifache Chromosomensatz in der Zygote beobachtet werden. Die daraus hervorgehenden Keime sind nicht lebensfähig (69, XXY oder 69, XXX).

Werden Chromosomen bei der Zellteilung fehlerhaft auf die Tochterzellen verteilt, kann ein Chromosom fehlen oder überzählig sein. Das Fehlen eines Chromosoms hat in der Regel dramatischere Folgen als ein zusätzliches drittes Chromosom *(Trisomie)*. Bei der Tomate kennt man Trisomien von jedem Chromosom, die Sorten lassen sich phänotypisch unterscheiden. Beim Menschen sind nur wenige Trisomien von Autosomen überhaupt lebensfähig und sind sie es doch, resultieren schwere Fehlbildungen: Trisomie 21 *(Down-Syndrom)*, Trisomie 18 *(Edwards-Syndrom)* oder Trisomie 13 *(Patau-Syndrom)* (s. Seite 168). Ein zusätzliches oder fehlendes Gonosom beim Menschen ist weniger auffällig, z. B. *Klinefelter-Syndrom* 47, XXY oder *Turner-Syndrom* 45, X0. Selten treten mehrere zusätzliche Gonosomen auf.

Aufgaben

① Werden Chromosomensätze nahe verwandter Arten miteinander kombiniert, entsteht eine nicht homologe Polyploidie. Beschreiben Sie die Entstehung des Saatweizens anhand Abbildung 1.

② Informieren Sie sich über die Symptome von Klinefelter- und Turner-Syndrom.

Mutagene

Mutagene lösen Mutationen bei allen Lebewesen im Prinzip nach dem gleichen Mechanismus aus. Dafür sprechen experimentelle Befunde, aber auch die Tatsache, dass die DNA Träger der Gene ist und als Makromolekül gleichartig reagiert. Mutationen in Körperzellen können Zellen so schwer schädigen, dass sie absterben. Der Zellverlust kann durch Teilung benachbarter Zellen ausgeglichen werden. Sind allerdings Gene betroffen, die das Wachstum der Zelle kontrollieren, können sich Tumore bilden. Mutationen in Keimzellen hingegen haben für den betroffenen Organismus keine Konsequenzen, aber für seine Nachkommen.

Chemische Mutagene

Basenanaloga sind basenähnliche Stoffe, die bei der Replikation als Platzhalter fungieren. 5-Bromuracil (5BU) leitet sich von Thymin ab, dessen Methylgruppe durch Brom ersetzt wurde. 5BU wird bei der Replikation anstelle des Thymins eingebaut. 5BU kann erwartungsgemäß mit A paaren, nach spontaner chemischer Umlagerung aber auch mit G. Geschieht dies

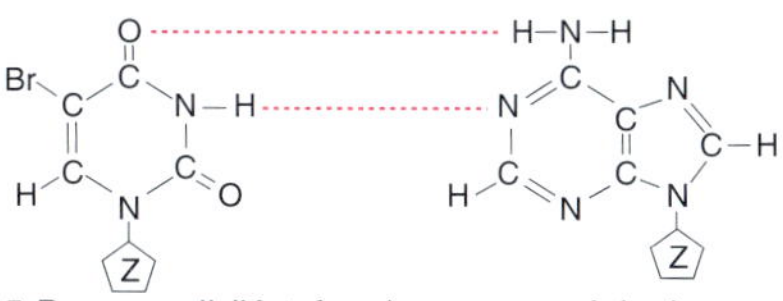

5-Bromuracil (Ketoform) Adenin

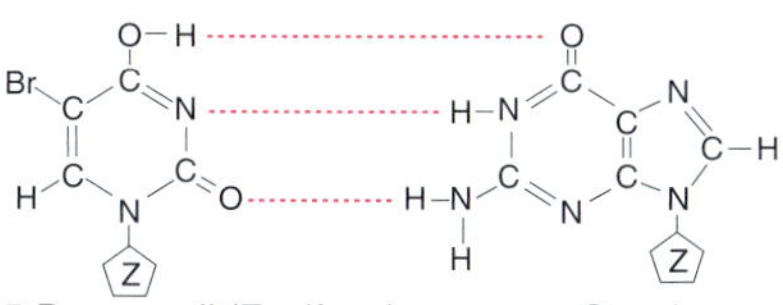

5-Bromuracil (Enolform) Guanin

während der Replikation, weist eines der DNA Tochtermoleküle ein 5BU – G anstelle des ursprünglichen A – T-Basenpaares auf. Nach einer weiteren Replikation trägt das Tochtermolekül mit dem G – C-Paar eine Punktmutation, die es bei den folgenden Replikationen weitergibt.

Ethidiumbromid (EB) ist ein Farbstoff zur Sichtbarmachung von DNA-Banden im Elektrophorese-Gel. Das EB-Molekül hat die Abmessungen eines Basenpaares und kann sich zwischen DNA-Basenpaare schieben. Dadurch wird die Doppelhelix gedehnt und entwunden. An den entsprechenden Stellen kommt es oft zum Abbruch der DNA-Replikation; zudem werden häufig Nucleotide zusätzlich eingebaut, es kann eine Leserastermutation resultieren (s. Seite 130). Mit EB gefärbte Elektrophoresegele müssen als Sondermüll entsorgt werden. Ganz ähnlich wie EB wirkt auch der im Zigarettenrauch enthaltene Teerstoff *Benzanthracen*.

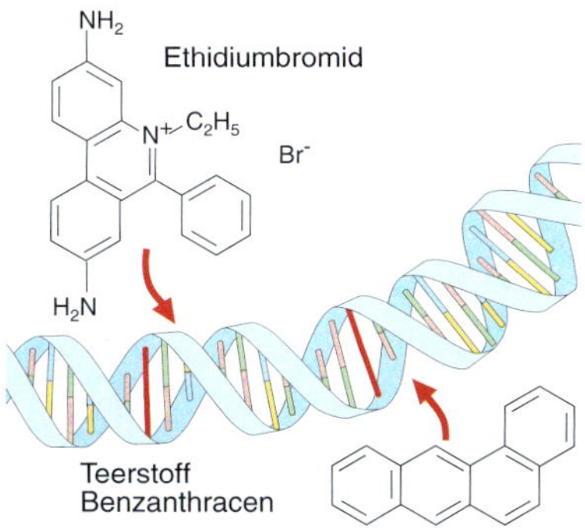

Physikalische Mutagene

Wärme ist eines der wichtigsten Mutagene. Unter Wärmeeinwirkung werden die Bindungen zwischen Purinbasen (A, G) und ihren Zuckern gespalten. Depurinierte DNA-Bereiche, die nicht repariert werden, können bei der Replikation Punktmutationen oder Deletionen verursachen. Man schätzt, dass pro Tag in jeder menschlichen Zelle bis zu 10 000 depurinierte Stellen entstehen können.

Strahlung

Röntgen- und **Gammastrahlung** sowie **korpuskuläre Strahlen** (Alpha-, Betastrahlen) geben beim Eindringen in Zellen Energie ab. Trifft die Strahlung auf ein Makromolekül wie die DNA, können die Folgen drastisch ausfallen. Es werden Strangbrüche, kovalente Verknüpfungen zwischen Nucleotiden und Zerstörung der DNA-Basen beobachtet. Indirekte Schäden entstehen, wenn die Strahlung mit zellulären Wassermolekülen reagiert. Dabei werden Hydroxyl-Radikale (·OH) freigesetzt, die oxidative DNA-Schäden verursachen.

Strahlenforscher haben rund 100 verschiedene durch ionisierende Strahlung gebildete Reaktionsprodukte von DNA-Nucleotiden identifiziert, darunter auch 8-Oxoguanin (8-OxoG). Während der Replikation kann gegenüber einem 8-OxoG am Matrizenstrang sowohl ein Cytosin als auch ein Adenin-Nucleotid eingebaut werden.

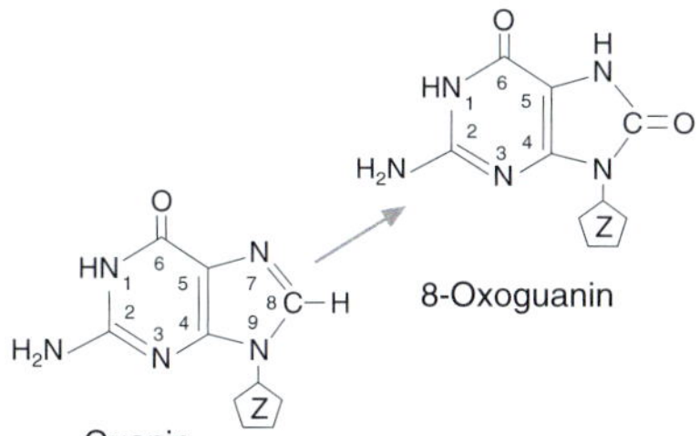

Mutagenitätstest nach Ames

B. N. Ames entwickelte 1970 einen einfachen *Mutagenitätstest* mit einen Stamm des Bakteriums *Salmonella typhimurium*, der aufgrund einer Punktmutation die Aminosäure Histidin nicht bilden kann. Auf Nährböden ohne Histidin kann die Mangelmutante nicht wachsen, also keine Kolonien bilden. Gibt man mutagene Substanzen auf die Nährböden, kommt es vereinzelt zu *Rückmutationen*. Deren Zahl kann an der Kolonienzahl auf der Agarplatte direkt abgelesen werden. Je stärker die Mutagenität einer zu testenden Chemikalie ist, desto größer ist die Zahl der Kolonien nach dem Einwirken. Bei der Beurteilung von Chemikalien muss allerdings bedacht werden, dass viele Ausgangsverbindungen erst durch den Stoffwechsel der Leber in Mutagene verwandelt werden.

Der im Zigarettenrauch enthaltene Teerstoff Benzpyren z. B. wird in der Leber durch Oxidation so abgewandelt, dass er sich zwischen Basenpaare und DNA schieben kann. Deswegen werden zu testende Chemikalien mit einem Leberextrakt vorbehandelt, um deren Mutagenität im menschlichen Körper (in vivo) abschätzen zu können.

Gene und Umwelt

Modifikation
nicht erbliche Abwandlung von Merkmalen durch Umweltfaktoren

Reaktionsnorm
genetischer Rahmen für die Merkmalsausprägung

1871 entdeckte HERMANN HENKING, dass Spermien von Feuerwanzen zu 50 % ein besonderes Chromosom aufweisen. Er nannte es X-Faktor. Mit solchen Spermien befruchtete Eizellen entwickeln sich zu Weibchen. Das war der erste Beweis für den Zusammenhang zwischen einem Chromosom und einem Merkmal. 90 Jahre später gelang es, durch die Übertragung eines einzigen Gens männlicher Mäuse das Geschlecht weiblicher Mäuse umzukehren: Diese transgenen Mäuse waren zwar steril, glichen aber ansonsten Männchen und verhielten sich auch so. Man spricht von *genotypischer Geschlechtsbestimmung*, wenn Gene über das Geschlecht entscheiden.

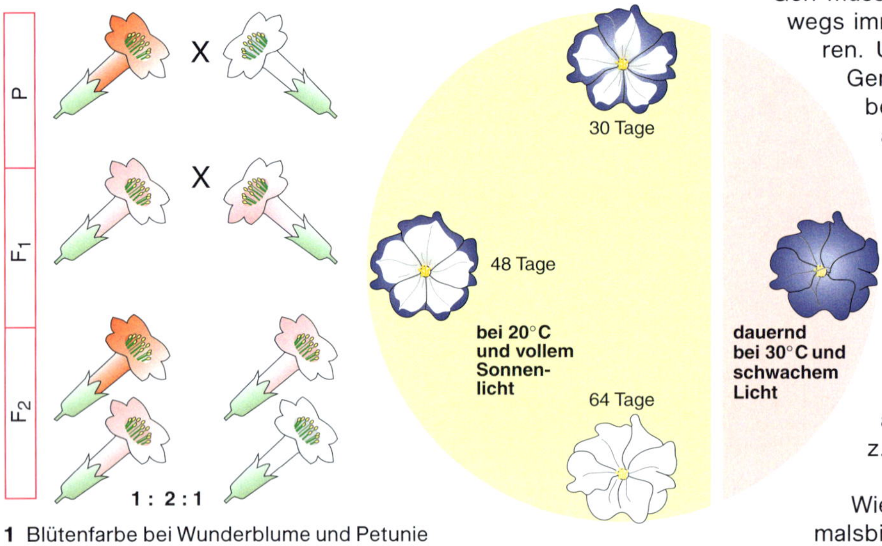

1 Blütenfarbe bei Wunderblume und Petunie

Petunie

Im Gegensatz dazu steht die Beobachtung, dass aus den Eiern von Sumpfschildkröten *(Emys orbicularis)*, die bei einer Temperatur unter 27,5 °C ausgebrütet wurden, ausschließlich Männchen schlüpfen, bei Temperaturen über 29,5 °C dagegen Weibchen, zwischen 27,5 °C und 29 °C beide Geschlechter. Auch bei vielen Krokodilen und Eidechsen hängt das Geschlecht von der Bruttemperatur ab. Bei der phänotypischen Geschlechtsbestimmung entscheiden Umweltfaktoren über das Geschlecht.

Wie beim Merkmal „Geschlecht" wirken sich Gene und Umwelt auch bei anderen Merkmalen sehr unterschiedlich aus. So lassen sich bei der Wunderblume an den Blütenfarben Rot, Weiß, Rosa die mendelschen Regeln eines intermediären Erbgangs verfolgen (s. Seite 140), die Blütenfarbe ist ein erblich bedingtes Merkmal. Bei der Petunie beeinflussen dagegen Umweltfaktoren die Blütenfarbe *(Modifikation)*.

Umweltfaktoren können den Phänotyp von Lebewesen also verändern (modifizieren). Die Modifikation eines Merkmals ist nicht erblich. Modifikationen lassen sich auf eine veränderte Genexpression zurückführen, aber nicht auf veränderte Gene. Nach heutiger Auffassung enthalten Gene die Rahmeninformation für eine mögliche Merkmalsbildung, diese kann im Zusammenspiel mit anderen Genen und Umweltfaktoren unterschiedlich stark abgewandelt werden. Damit legen Gene die *Reaktionsnorm* fest. Ein bestimmtes Gen muss bei veränderter Umwelt keineswegs immer zu demselben Phänotyp führen. Umgekehrt können verschiedene Genotypen bei bestimmten Umweltbedingungen ähnliche Phänotypen aufweisen. Eine Unterscheidung zwischen Modifikationen und erblich bedingten Merkmalen ist oft nur möglich, wenn man genetisch gleiche Individuen (Zwillinge, Klone) unter verschiedenen Umweltbedingungen beobachtet. Dabei erweisen sich einige Merkmale, z. B. die Blutgruppe des Menschen, als *umweltstabil*, andere dagegen als *umweltlabil*, z. B. das Körpergewicht.

Wie Gene und Umwelt bei der Merkmalsbildung zusammenspielen, betrifft auch die gesellschaftlich wichtige Frage, ob der Mensch ein Produkt seiner Gene oder ein Produkt seiner Umwelt durch Sozialisation und Erziehung ist. Daraus lassen sich unzählige provozierende Fragen ableiten, die in verschiedenen Zeiten und Kulturen oft unterschiedlich beantwortet wurden: Lässt sich bei geeigneter Umwelt die Entstehung von Kriminalität verhindern? Ist die Bevorzugung sozialer Berufe bei Mädchen das Ergebnis einseitig geschlechtsbezogener Erziehung oder ein angeborenes Pflegeverhalten? Ist Übergewicht erblich bedingt oder Ergebnis übernommener Ernährungsgewohnheiten oder beides? (→ 212/213)

Aufgabe

① Erklären Sie anhand Abbildung 1, wodurch die Blütenfarbe der Petunie beeinflusst wird.

Geschlechtsbestimmung

Die meisten Samenpflanzen, aber auch viele Tierarten (Regenwurm, Weinbergschnecke) sind *Zwitter*, bei ihnen werden vom gleichen Individuum weibliche und männliche Keimzellen gebildet. Bei *getrenntgeschlechtlichen Organismen* unterscheiden sich dagegen männliche und weibliche Individuen. Am Anfang ihrer Entwicklung haben die Zellen aber auch noch die Möglichkeit, beide Geschlechter auszubilden. Diese bisexuelle Potenz wird durch Gene oder Umweltfaktoren zur männlichen oder weiblichen Seite verschoben. Wird dieser Vorgang gestört, entstehen Individuen, die nicht eindeutig männlich oder weiblich sind *(Intersexe)*.

Genotypische Mechanismen

XX/XY-Mechanismus

Männchen und Weibchen vieler diploider Tierarten besitzen in ihren Körperzellen zwei Autosomensätze und zwei *Gonosomen*. Eines der beiden Geschlechter hat jeweils unterschiedliche Geschlechtschromosomen und kann deshalb zwei unterschiedliche Keimzelltypen bilden. Man spricht vom *heterogametischen Geschlecht* (gr. *heteros* = andersartig; gr. *gametes* = Keimzelle). Das Geschlecht, das nur einen Keimzelltyp bildet, ist *homogametisch* (gr. *homoios* = gleichartig).

Löwe XY, Löwin XX

Bei allen Säugetieren ist wie beim Menschen das weibliche Geschlecht homogametisch (XX), das männliche heterogametisch (XY). Dies gilt auch für viele Fische, Käfer und den Grasfrosch. Die Männchen dieser Tiere können Spermien mit unterschiedlichem Karyotyp bilden: X oder Y. Bei Säugern bewirkt die Anwesenheit des Y-Chromosoms die Ausbildung männlicher Geschlechtsmerkmale. Für diese Entwicklung ist nur eine bestimmte Region des Y-Chromosoms verantwortlich, die man beim Menschen SRY, bei der Maus Sry nennt. SRY und Sry weisen zwar teilweise übereinstimmende Basensequenzen auf, SRY funktioniert aber nicht in der Maus. Die Sry/SRY-Expression lässt während der Embryonalentwicklung aus der Keimdrüsenanlage Hoden entstehen, ohne SRY entwickeln sich Eierstöcke. Die Keimdrüsen produzieren Hormone, die die weitere Geschlechtsdifferenzierung regulieren.

ZW/ZZ-Mechanismus

Weibliche Vögel sind heterogametisch (ZW). Sie können zwei unterschiedliche Eizelltypen erzeugen (Z oder W). Die homogametischen Männchen produzieren nur einen Spermientyp (Z). Das gilt z. B. auch für viele Reptilien, Molche, Schmetterlinge und den Krallenfrosch.

Pfauenhahn ZZ, Henne ZW

Diplo-Haplo-Mechanismus

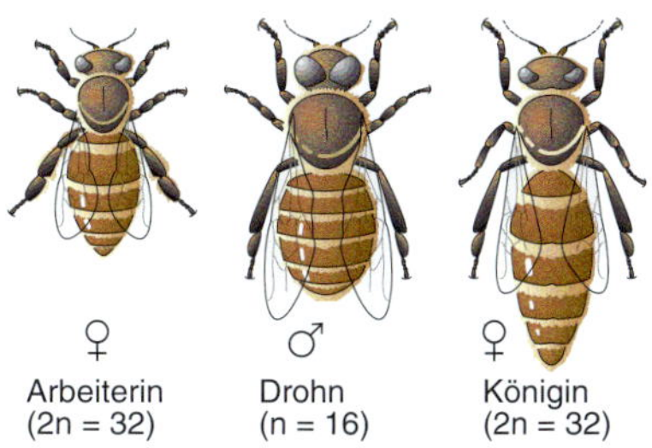

Bei Bienen und Wespen entstehen aus befruchteten Eizellen diploide Weibchen, aus unbefruchteten Eizellen haploide Männchen. Aus einer befruchteten Eizelle kann eine geschlechtsreife Königin oder eine Arbeitsbiene mit verkümmerten Geschlechtsorganen entstehen. Dabei spielt die Ernährung die entscheidende Rolle. Königinnenlarven bekommen ausschließlich Futtersaft aus den Kopfdrüsen der Ammenbienen. Arbeiterinnenlarven werden auch mit Pollen gefüttert. Der Umweltfaktor „Nahrung" bestimmt zwar die unterschiedliche Entwicklung der Weibchen, jedoch nicht das Geschlecht.

Phänotypische Mechanismen

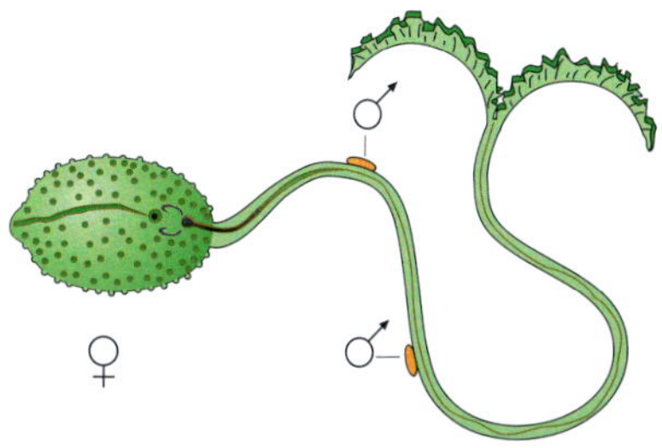

Bei *Bonellia*, einem im Meer lebenden Igelwurm, hängt die Geschlechtsentwicklung von Umweltfaktoren ab. Im freien Wasser entwickeln sich die Larven zu etwa 15 cm langen Weibchen, die einen rüsselartigen Kopflappen bei der Nahrungssuche bis zu einem Meter weit ausstrecken können. Setzt sich die Larve dagegen an der Oberfläche eines erwachsenen Weibchens fest, entsteht ein nur 1 bis 3 mm kleines Männchen. Verantwortlich für die unterschiedliche Entwicklung sind chemische Signale der Körperoberfläche des erwachsenen Weibchens.

Geschlechtsumwandlungen sind von *Anemonenfischen* (s. Abb.) bekannt, die in Korallenriffen leben. Sie sind eigentlich Zwitter. Beim äußerlich männlichen Anemonenfisch wird die Eizellproduktion jedoch durch die Anwesenheit eines größeren Weibchens im gemeinsamen Revier unterdrückt. Entfernt man das Weibchen, wandelt sich das Männchen in ein laichbereites Weibchen um.

Ungeschlechtliche und geschlechtliche Fortpflanzung

Fortpflanzung
Erzeugung von Nachkommen und Weitergabe der genetischen Information von einer Generation zur nächsten.

Leben geht nur aus Leben hervor, das setzt die Weitergabe der genetischen Information von Generation zu Generation voraus. Die *Fortpflanzung* zählt daher neben Wachstum und Stoffwechsel zu den zentralen Kennzeichen des Lebens. Die genetische Information soll möglichst identisch an die Nachkommen weitergegeben werden, nur dann sind die Nachkommen von Kaninchen wieder Kaninchen, von Buschwindröschen wieder Buschwindröschen. Andererseits ermöglicht eine gewisse Variabilität erst die Evolution der lebendigen Vielfalt. Fortpflanzung findet also im Spannungsfeld genetischer Kontinuität und Variabilität statt. Dabei hängt es von den Umweltfaktoren ab, ob mehr oder weniger variable Merkmale den Nachkommen günstigere Fortpflanzungschancen bieten.

Polypengeneration der Ohrenqualle

Ungeschlechtliche Fortpflanzung

Bei der *ungeschlechtlichen (vegetativen, asexuellen) Fortpflanzung* entstehen Nachkommen aus nur einem Elternteil, sie enthalten eine Kopie der elterlichen Erbanlagen. Bakterien teilen sich in Tochterzellen, bei eukaryotischen Einzellern entstehen im Rahmen der Mitose aus einer elterlichen Zelle zwei Tochterzellen. Asexuelle Fortpflanzung ist stets mit einer Vermehrung verbunden. Dabei geht jeder Zellteilung eine DNA-Verdopplung voraus. Genetische Variabilität geht bei ungeschlechtlicher Fortpflanzung auf neue Mutationen zurück, die selten vorteilhaft sind. Diese Art der Fortpflanzung sichert also die Kontinuität der genetischen Information. Auch viele Mehrzeller vermehren sich ungeschlechtlich: Süßwasserpolypen können seitliche Knospen bilden, die sich bereits nach wenigen Tagen ablösen und zu selbstständigen Tieren entwickeln. Die Knospen gehen aus wenig spezialisierten Zellen hervor. Solche undifferenzierten, teilungsfähigen Zellen bezeichnet man als *Stammzellen*. Mit biotechnischen Verfahren können auch aus Stammzellen von Wirbeltieren oftmals wieder komplette, genetisch identische Organismen gewonnen werden *(Klone)*. Bei Pflanzen ist die ungeschlechtliche Fortpflanzung häufig anzutreffen. Sie wird auch gärtnerisch beim Teilen von Stauden, bei Stecklingen, Ablegern und Absenkern genutzt, um identisches Pflanzenmaterial zu gewinnen. Mehrzellige Pflanzen und Pilze können sogar aus einer einzelnen Zelle entstehen, die sich ohne Befruchtung weiterentwickelt. Solche Zellen bezeichnet man als *Sporen*. Sporen sind Ausbreitungs- und Überdauerungszellen, die meist in speziellen Fortpflanzungsorganen, den *Sporangien*, gebildet werden.

1 Medusengeneration der Ohrenqualle

Geschlechtliche Fortpflanzung

Zellen, die nur nach einer Befruchtung zu einem vollständigen Organismus heranwachsen können, bezeichnet man als *Keimzellen (Gameten)*. Sie entstehen in ebenfalls spezialisierten Organen, bei Pflanzen und Pilzen bezeichnet man diese als *Gametangien*, bei Tieren als *Keimdrüsen (Gonaden)*. Befruchtungsvorgänge sind charakteristisch für die *geschlechtliche (sexuelle) Fortpflanzung*. Bei der Befruchtung verschmelzen die Genome zweier elterlicher Keimzellen, es entsteht eine Zygote mit neu kombinierter genetischer Information. Sexuelle Fortpflanzung erhöht damit die Merkmalsvariabilität in Populationen. Jeder Keimzellbildung geht eine Halbierung des Chromosomenbestandes auf den einfachen Satz voraus, sonst würde sich das Genom der Nachkommen nach jedem Befruchtungsvorgang verdoppeln. Diese Reduktion des Chromosomenbestandes findet im Rahmen einer speziellen Zellteilung, der *Meiose*, statt (s. Seite 139). Geschlechtliche Fortpflanzung gibt es sowohl bei Einzellern als auch Mehrzellern. Bei vielen Algen sehen

Sporen
Fortpflanzungszellen, aus denen ohne Befruchtung ein Individuum hervorgeht. Sporen können haploid oder diploid sein.

Keimzellen (Gameten)
Fortpflanzungszellen, aus denen erst nach einer Befruchtung ein Individuum hervorgeht, Keimzellen sind haploid.

alle Keimzellen gleich aus. Meistens kommen Keimzellen aber in zwei Typen vor: Die weibliche Keimzelle *(Oocyte, Eizelle)* ist größer und unbeweglich, die männliche Keimzelle *(Spermatocyte, Spermazelle)* ist kleiner und beweglich.

Generationswechsel

Bestimmte einzellige Algen *(Chlamydomonas)* vermehren sich zunächst ungeschlechtlich. Sobald sich die Umweltbedingungen verschlechtern, gehen sie zur geschlechtlichen Fortpflanzung über und bringen so neue Varianten hervor. Die Wahrscheinlichkeit für besser angepasste Individuen wird erhöht. Ein Wechsel von ungeschlechtlicher und geschlechtlicher Fortpflanzung wird aber nicht immer durch Umweltfaktoren ausgelöst. Bei zahlreichen Arten ist ein solcher Wechsel fester Bestandteil der Entwicklung und genetisch gesteuert. Meerespolypen vermehren sich ungeschlechtlich durch Quereinschnürungen. Die tellerartig gestapelten Tochterindividuen lösen sich ab und entwickeln sich zu freischwimmenden Medusen *(Quallen)*. Die Meduse bildet Keimdrüsen, in denen die Keimzellen für die geschlechtliche Fortpflanzung gebildet werden. Aus der Zygote geht wieder ein Polyp hervor. Ungeschlechtlich und geschlechtlich entstandene Generationen wechseln sich also regelmäßig ab *(Generationswechsel)*.

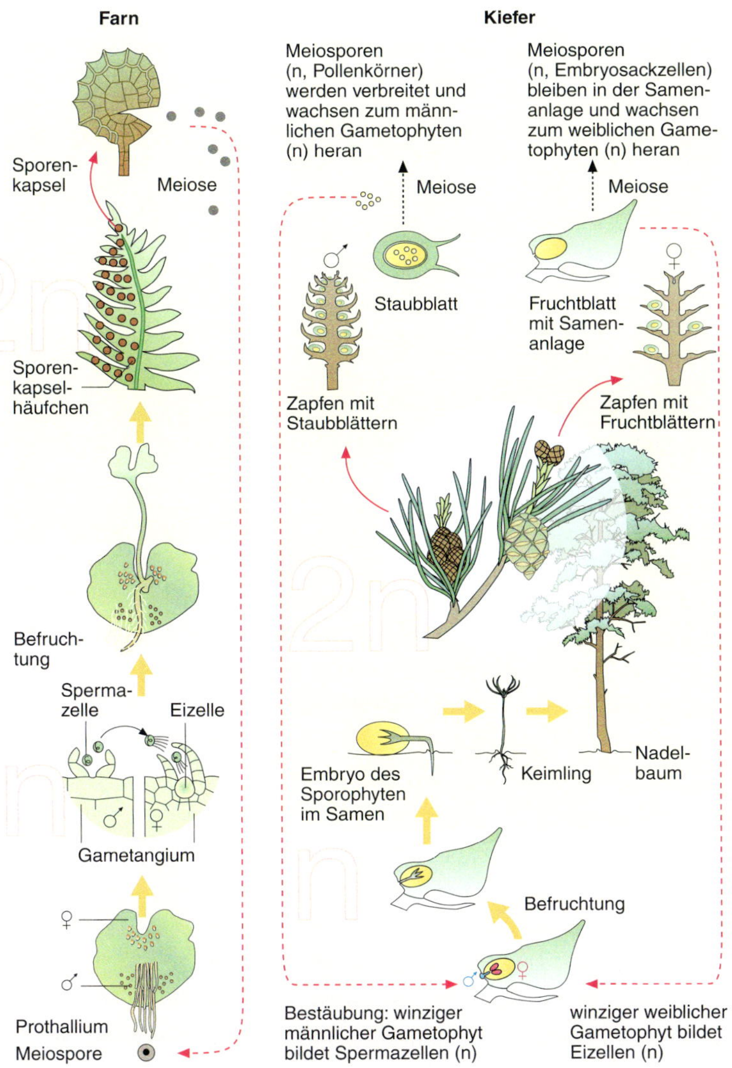

1 Generationswechsel bei Farnen und Samenpflanzen

Kernphasenwechsel

Auch bei Pflanzen findet ein Generationswechsel statt. Dieser ist aber nicht immer offensichtlich, da die Geschlechtsgeneration sehr unscheinbar sein kann. Die typische *Farnpflanze* mit ihren gefiederten Blattwedeln entspricht der ungeschlechtlichen Generation, dem diploiden *Sporophyten*. In Sporangien auf der Blattunterseite entstehen durch meiotische Teilung haploide Sporen. Aus diesen Meiosporen wachsen mitotisch und ohne Befruchtung zarte Pflanzen, die *Prothallien* heran. Sie stellen den haploiden *Gametophyten* dar, also die geschlechtliche Generation. Sie bilden durch mitotische Teilung haploide männliche und weibliche Keimzellen. Nach der Befruchtung geht aus der Zygote wieder eine diploide Farnpflanze hervor (Abb. 1). Bei den *Nacktsamern* stellt der Nadelbaum die ungeschlechtliche Generation, also den diploiden Sporophyten dar. Er bildet meiotisch zwei verschiedene Sorten Meiosporen und zwar *Embryosackzellen* in den Samenanlagen der Fruchtblätter und *Pollenkörner* in den Staubblättern. Die Embryosackzellen wachsen in der Samenanlage derselben Pflanze zum mikroskopisch kleinen weiblichen Gametophyten heran und bringen mitotisch Eizellen hervor. Die Pollenkörner werden verbreitet und entwickeln sich auf einem anderen Fruchtblatt zum männlichen Gametophyten, der mitotisch Spermazellen bildet. Nach der Befruchtung wächst die Zygote zum diploiden Embryo heran. Der Embryo mit seiner Umhüllung wird als *Samen* bezeichnet und entwickelt sich zu einem Nadelbaum.

Den Wechsel von diploider und haploider Generation bezeichnet man als *Kernphasenwechsel*. Die *Haplophase* wird durch die Meiose eingeleitet, die *Diplophase* durch die Befruchtung.

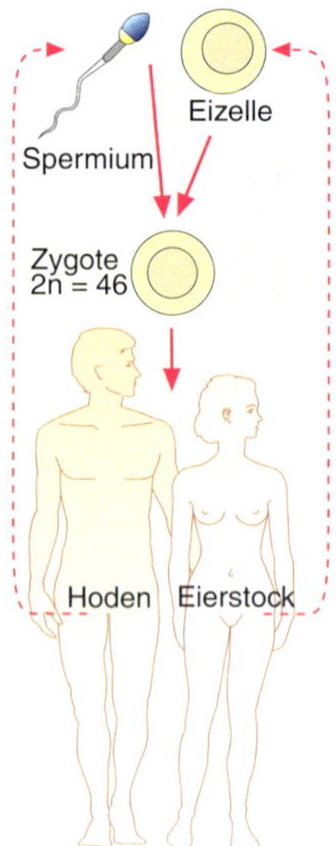

Entwicklungszyklus des Menschen

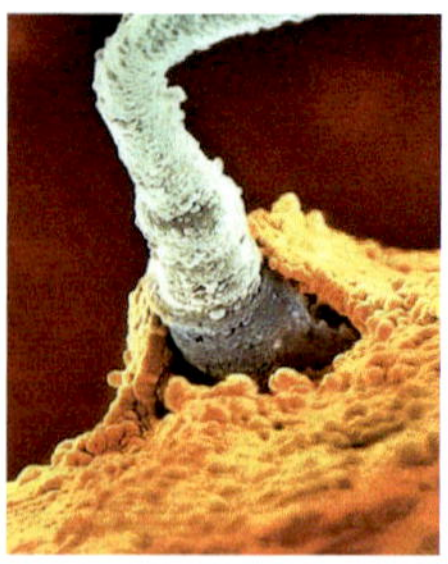

Befruchtung und Meiose

Charakteristisch für die sexuelle Fortpflanzung ist die Vereinigung zweier haploider Keimzellen (n) zu einer diploiden Zygote (2n). Als *Befruchtung* bezeichnet man die Verschmelzung der Zellkerne zweier Keimzellen. Der Befruchtung ($n + n \rightarrow 2n$) geht eine *Besamung* voraus, wobei eine Spermazelle in die Eizelle eindringt. Wie die höheren Pflanzen sind fast alle Tiere Diplonten, nur die Keimzellen sind haploid (s. Randspalte).

Für die sexuelle Fortpflanzung müssen sich die Geschlechtspartner erkennen und in ihrer Paarungsbereitschaft synchronisiert sein. Entsprechend aufwändig sind die sexuellen Verhaltensmuster. Bei im Wasser lebenden Tieren, wie Fischen und Amphibien, geben die Partner Keimzellen in das Wasser ab, die Spermien gelangen durch Eigenbewegung zu den Eizellen. Es handelt sich um eine äußere Besamung. Bei den meisten Landtieren hat sich die direkte Übertragung der Spermazellen in den weiblichen Fortpflanzungsapparat im Rahmen einer *Begattung (Kopulation)* als vorteilhaft erwiesen. Bei dieser inneren Besamung werden die empfindlichen Keimzellen vor dem Austrocknen geschützt und Verluste gering gehalten.

Keimzellen werden in spezialisierten Organen *(Keimdrüsen, Gonaden)* aus diploiden Urkeimzellen gebildet. Zur Entstehung haploider Keimzellen müssen die beiden Chromosomensätze durch eine besondere Zellteilung, die *Meiose* (*meiosis* griechisch: *Minderung)*, auf einen einfachen Satz reduziert werden. Wie der Mitose geht auch der Meiose eine Verdopplung der DNA voraus. Jede Urkeimzelle enthält also beim Eintritt in die Meiose zwei Chromosomensätze (2n), wobei die Chromosomen aus jeweils zwei Chromatiden bestehen (4C).

Die Chromatiden werden in zwei Teilungsschritten (Meiose I, Meiose II) zufallsgemäß auf vier Keimzellen (1n, 1C) verteilt:
- **Meiose I:** Die homologen Chromosomen werden auf zwei haploide Tochterzellen verteilt (1n, 2C), die genetische Information wird neu kombiniert.
- **Meiose II:** Die Schwesterchromatiden werden an den Centromeren getrennt und auf bis zu vier haploide Keimzellen (1n, 1C) verteilt.

Männliche und weibliche Keimzellen *(Gameten)* differenzieren sich anschließend unterschiedlich. Dabei bildet die Eizelle mit verschiedenen Hilfszellen und Hüllen das *Ei*. Die Spermazellen reifen zu begeißelten *Spermien* heran.

Aufgaben

① Nennen Sie Gemeinsamkeiten und Unterschiede bei der Bildung weiblicher und männlicher Keimzellen (Seite 139).

② Stellen Sie die Vorgänge bei Mitose und Meiose in Form einer Tabelle einander gegenüber.

Zettelkasten

Befruchtung bei Säugetieren

Bei der Besamung binden zunächst Spermien mithilfe von Rezeptormolekülen an Oberflächenmoleküle der Eihülle *(Schlüssel-Schloss-Prinzip)*. So wird sichergestellt, dass nur Gameten derselben Art miteinander verschmelzen. Die Bindung löst die *Akrosomreaktion* aus: Die vordere Spitze des Spermienkopfes, das *Akrosom*, durchdringt mithilfe von Enzymen die Eihülle. Sobald die Membranen in Kontakt kommen, vereinigen sie sich; Spermienkopf und Mittelstück werden aufgenommen. Dadurch wird die Rindenreaktion ausgelöst: Die Eizelle scheidet eine Substanz aus, ihre Oberfläche ist für weitere Spermien undurchdringbar. Das verhindert eine Mehrfachbefruchtung. Der Eizellkern beendet die Meiose II (1n, 1C), Eizell- und Spermazellkern replizieren (1n, 2C) und verschmelzen (2n, 4C). Die Zygote enthält damit einen mütterlichen und einen väterlichen Chromosomensatz, ihr Cytoplasma und die Mitochondrien stammen von der Eizelle. Vereinzelt von der Spermazelle übernommene Mitochondrien werden meist abgebaut.

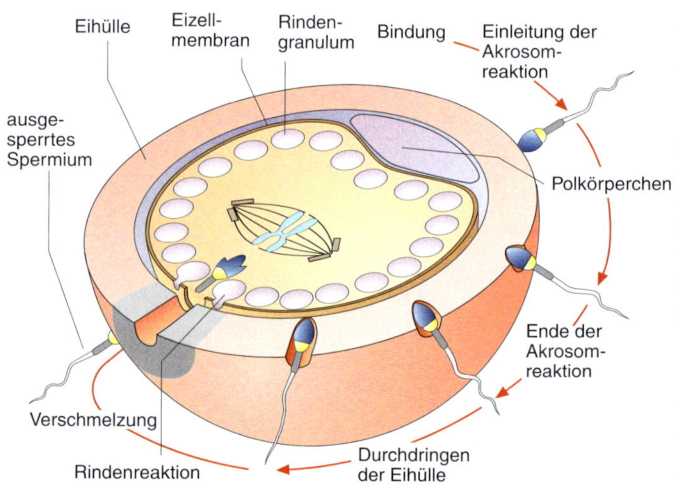

Meiose: Bildung haploider Zellen

Die Meiose dient der Reduktion des Chromosomensatzes eines Diplonten (2n) auf 1n sowie der Rekombination der Gene. Sie besteht aus den Teilungsschritten Meiose I und II, die sich in weitere Phasen unterteilen lassen.

Das Ergebnis der Meiose sind haploide Keimzellen, aus denen durch Verschmelzung eine Zygote hervorgehen kann, die wiederum diploid ist. Diese wächst durch mitotische Teilungen zum Organismus heran (→ 202/203).

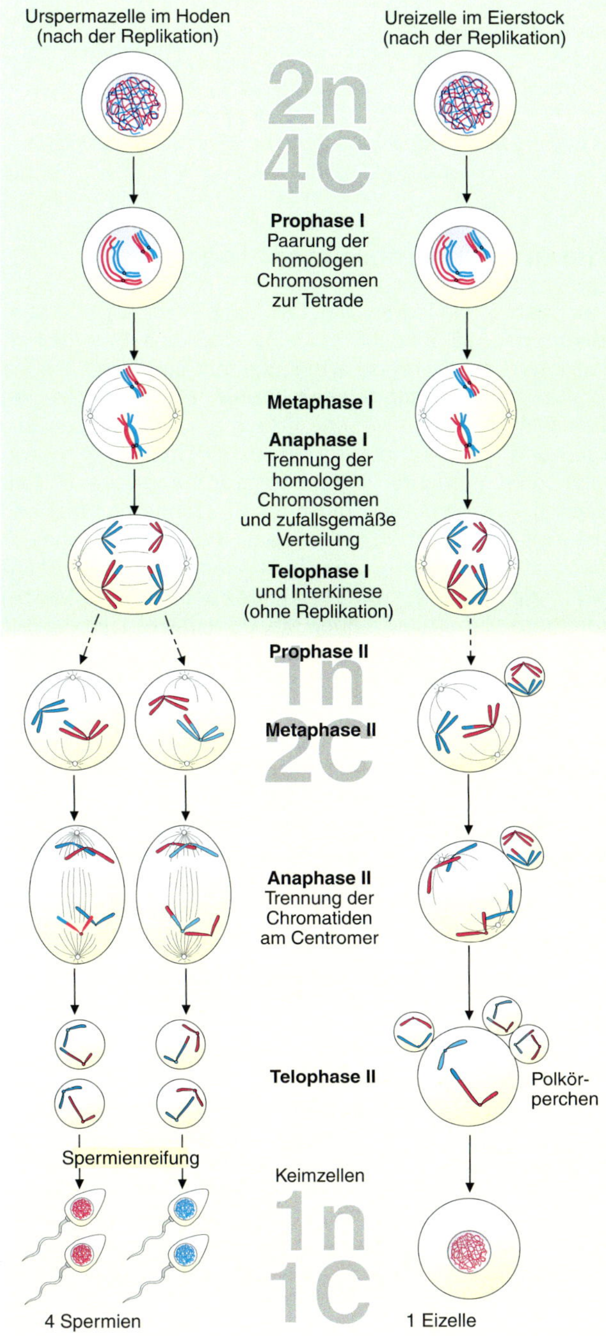

Meiose I

Prophase I: Die Chromosomen beginnen sich zu verdichten. Es kann Wochen dauern, bis sie lichtmikroskopisch zu erkennen sind. Die homologen Zweichromatid-Chromosomen lagern sich dabei exakt aneinander. Bei dieser Homologenpaarung entsteht eine *Tetrade* aus vier Chromatiden; lichtmikroskopisch zählbar sind n Tetraden. Jede Tetrade wird durch einen Proteinfaserkomplex zusammengehalten, der einen DNA-Stückaustausch zwischen homologen Chromatiden vermittelt. Dieses sog. *Crossingover* (s. Seite 145) trägt zur Rekombination der genetischen Information bei. In der späten Prophase weichen die Homologen auseinander, man erkennt nun die Crossingover-Bereiche als Kreuzungen *(Chiasmata)*, normalerweise mindestens ein Chiasma pro homologem Chromosomenpaar. Der Proteinfaserkomplex wird abgebaut. Die Auflösung von Kernmembran und Kernkörperchen steht am Ende der Prophase I; der *Spindelapparat* bildet sich.

Metaphase I: Die durch Crossingover rekombinierten n Chromosomenpaare ordnen sich unter Vermittlung der Spindelfasern in der Äquatorialebene an.

Anaphase I: Die Chromosomenpaare werden getrennt und vom Spindelapparat jeweils zu den Zellpolen transportiert. Dabei werden die Partner zufällig auf die Pole verteilt. Dadurch wird die genetische Information ein zweites Mal rekombiniert.

Telophase I und Interkinese: An den Zellpolen können Kernhüllen um die Zweichromatid-Chromosomen (1n, 2C) entstehen. Die Chromosomen lockern sich in den Tochterzellkernen nur unwesentlich auf, sie sind also mikroskopisch zu erkennen und replizieren nicht.

Meiose II

Prophase II: Die Zweichromatid-Chromosomen verdichten sich, die Kernhülle zerfällt ggf.

Metaphase II: Die Chromosomen ordnen sich unter Vermittlung des Spindelapparates in der Äquatorialebene an.

Anaphase II: Die Schwesterchromatiden werden am Centromer getrennt und zu den entgegengesetzten Zellpolen transportiert.

Telophase II: Um die Einchromatid-Chromosomen entstehen Kernhüllen; die Zellkerne der Keimzellen (1n, 1C) werden gebildet.

Johann Gregor Mendel

Merkmal	Gegensätzliche Eigenschaften
Stiellänge	lang : kurz
Blütenlage	axial : terminal
Hülsengestalt	voll : eingeschnürt
Hülsenfarbe	gelb : grün
Blütenfarbe	Violett : weiß

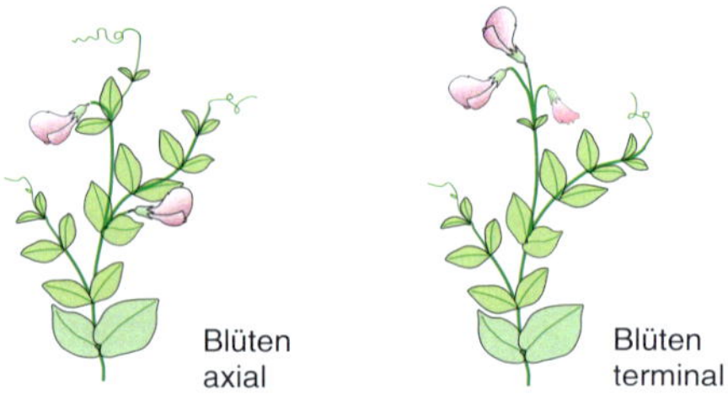

1 Untersuchte Merkmalspaare an der Gartenerbse

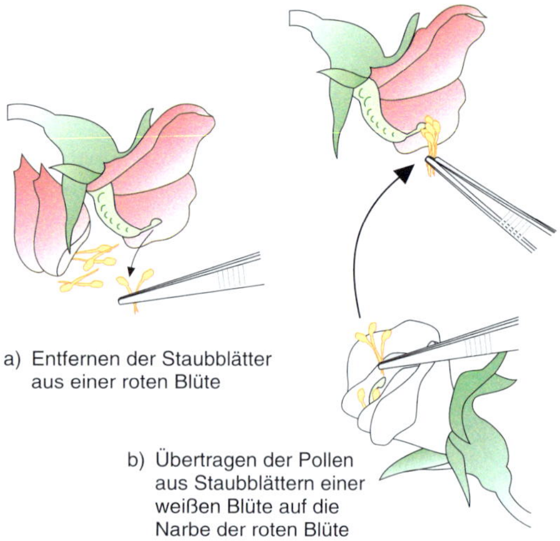

2 Mendels Methode der Fremdbestäubung

Vererbungslehre von Mendel und Chromosomentheorie

kantige und runde Erbsen

Allel
alternative Form eines Gens

Noch Mitte des 19. Jahrhunderts war man der Meinung, „cytoplasmatische Mischungen" seien dafür verantwortlich, dass Kinder Eigenschaften von Vater und Mutter besitzen. Weder konnte man sich vorstellen, welcher Natur diese Mischungen waren, noch dass man Vererbung wissenschaftlich untersuchen könne. Der Augustinermönch Johann Gregor Mendel (1822 – 1884) im Kloster zu Brünn war anderer Meinung. Er wollte wissen, nach welchen Gesetzmäßigkeiten Eigenschaften in Eltern- und Nachkommengenerationen auftreten. Mendel führte seine Versuche mit der Gartenerbse durch. Er wählte Merkmale aus, die in zwei deutlich unterscheidbaren Varianten auftreten, z. B. runde und kantige Erbsensamen, aber keine Mischformen *(intermediäre Form)*. Da Mendel mit hunderten Pflanzennachkommen rechnete, wählte er zudem Merkmale aus, die ohne großen Aufwand auszuwerten waren. Die in Abbildung 1 aufgeführten Merkmale waren zudem stabil, d. h. wenn bei den Pflanzen eine Selbstbefruchtung vorgenommen wurde, sahen alle Nachkommen wie die Eltern aus. Sie waren durch Inzucht reinerbig *(homozygot)*.

Monohybridkreuzungen

Mithilfe der Kreuzbefruchtung erforschte Mendel den Erbgang der Merkmalspaare, indem er z. B. Pollen von Pflanzen aus runden Erbsensamen auf die Fruchtblätter von Pflanzen aus kantigen übertrug *(Monohybridkreuzung)*. Die sieben von Mendel durchgeführten monohybriden Kreuzungen ergaben ein klares Bild. Die erste Pflanzengeneration (F_1) besaß nur eine elterliche Eigenschaft, z. B. runde Erbsensamen. Sie waren uniform **(1. mendelsche Regel,** ***Uniformitätsregel*****)**. Führte Mendel jedoch bei den Pflanzen der F_1-Generation Kreuzbestäubungen durch, tauchten in der nächsten Generation (F_2) die Merkmale, die in der F_1-Generation nicht erschienen, wieder auf. Aus der uniformen F_1 erhielt er z. B. 5474 runde und 850 kantige Samen. Dieses Muster beobachtete Mendel bei allen sieben Merkmalspaaren. Er verglich die Ergebnisse und kam zu dem Schluss, dass bei Berücksichtigung der Streuung das wirkliche Verhältnis 3 : 1 sei **(2. mendelsche Regel,** ***Spaltungsregel*****)**. Mendel schloss aus dem übereinstimmenden Vererbungsmuster, dass jedes Merkmal von einem unteilbaren (Erb-)Faktor kontrolliert wird und dass dieser in unterschiedlicher Form vorliegen kann (z. B. R für runde Erbsen, r für kantige). Da ein elterliches Merkmal im Erscheinungsbild der F_1 verschwand und dann in der F_2 wieder auftauchte, schloss Mendel, dass die F_1 zwei Formen besitzen müssen (R, r).

Die mendelschen Faktoren lassen sich molekularbiologisch als *Gene* verstehen. Die meisten eukaryotischen Zellen sind *diploid*, sie besitzen zwei homologe Ausgaben jedes Chromosoms. Gene eukaryotischer Organismen können in einer Zelle in zwei verschiedenen Varianten vorliegen, die *Allele* genannt werden. Den Genotyp (Rr) bezeichnen wir als *heterozygot*, (RR) und (rr) als *homozygot*. Der Genotyp (Rr) weist das beobachtbare Merkmal (Phänotyp) „runde Erb-

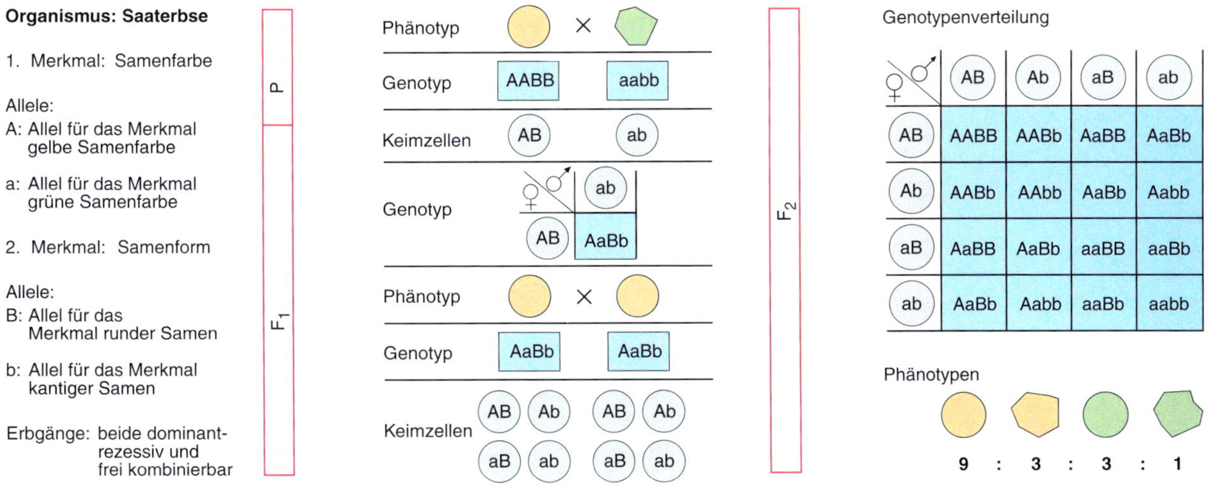

1 Kreuzungsschema zur 3. mendelschen Regel

sen" auf. Das Allel (R) dominiert das Allel (r): Allele können dominant oder rezessiv sein. Treten phänotypische Mischformen auf, sind Allele intermediär.

MENDEL suchte nach einer Erklärung für das Verhältnis von 3 : 1 in der F_2-Generation. Die Pflanzen der F_1-Generation besitzen den Genotyp (Rr), daher kann die F_1-Kreuzung wie folgt beschrieben werden: (Rr) x (Rr). Aus dieser Kreuzung können kantige Samen entstehen, die den Genotyp (rr) besitzen. Sie haben ein rezessives Allel von jedem Elternteil geerbt. Wir wissen heute, dass sich die Allele der Eltern während der Keimzellbildung *(Meiose)* trennen. Bei der Befruchtung verschmelzen weibliche und männliche Keimzellen zur Zygote. So werden zwei der elterlichen Allele zusammengeführt.

Aufgaben

① MENDEL experimentierte auch mit Erbsenpflanzen, die sich in zwei Merkmalen unterschieden *(Dihybride)*. Leiten Sie aus Abbildung 1 die **3. mendelsche Regel** *(Unabhängigkeitsregel)* ab: Merkmalspaare können beim dihybriden Erbgang in neuen Kombinationen auftreten.

② Es gibt weit mehr Gene als Chromosomen. Das bedeutet, dass zahlreiche Gene auf einem Chromosom liegen müssen und dann natürlich auch zusammen (gekoppelt) vererbt werden.
Welche Veränderungen würden sich in dem dargestellten Erbgang ergeben, wenn die Allelpaare gelb-grün und rund-kantig auf demselben Erbsenchromosom lägen?

Zettelkasten

Physiologische und molekularbiologische Deutung der Dominanz

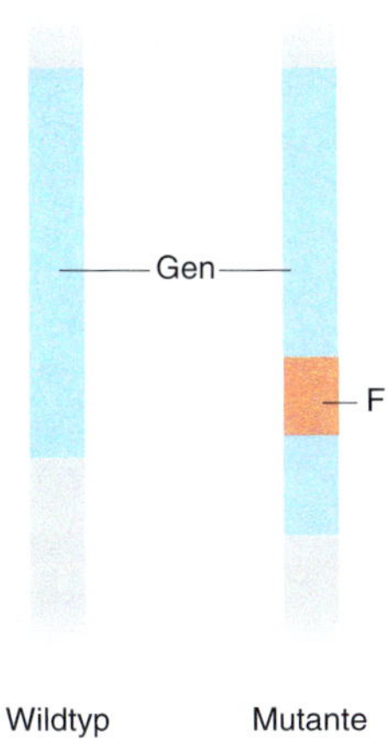

MENDEL führte die Merkmale seiner runden und kantigen Erbsensamen auf hypothetische Erbfaktoren zurück. Heute lassen sich diese Merkmalsunterschiede über das Genprodukt bis zum Gen hin zurückverfolgen.

In runden Erbsensamen wird Saccharose (Rohrzucker) unter der Wirkung eines Enzyms in Stärke umgewandelt. In kantigen Samen ist dieses Enzym aufgrund einer Mutation nicht aktiv, die Saccharosekonzentration bleibt hoch. Die Früchte nehmen während des Wachstums aus diesem Grund osmotisch mehr Wasser auf. Wenn sie austrocknen, geben sie dies aber auch wieder ab, sie schrumpfen. Das (r)-Allel ist die mutierte Form. Eine Pflanze des Genotyps (rr) wandelt Saccharose nicht in Stärke um, bei heterozygoten (Rr) Pflanzen reicht die Enzymkonzentration noch aus, um den Saccharosespiegel zu senken, (Rr)-Pflanzen haben runde Früchte, (R) ist dominant über (r). Durch Einfügung eines rund 800 Basenpaare großen DNA-Fragments (F) in das codierende Gen (s. Abb.) wird die Struktur des Stärke bildenden Enzyms so stark verändert, dass es nicht mehr aktiv ist.

Man kennt heute eine Reihe von Fällen, in denen auf diese Weise Gene durch Einfügung von DNA-Fragmenten verändert werden und dadurch ihre Funktion verlieren. Beispiele sind spontane Escherichia coli- und Drosophila-Mutanten.

Statistische Natur der mendelschen Regeln

Der Mais ist eine wichtige Pflanze in der genetischen Forschung. Die eingeschlechtlichen Blüten lassen sich durch Papiertüten abdecken. So wird im Experiment unkontrollierte Bestäubung verhindert. Die Maiskörner enthalten die Embryonen der Folgegenerationen. Für Vererbungsexperimente eignen sich Samenmerkmale besonders, denn man kann sie überprüfen, ohne die Pflanze aufziehen zu müssen.

Wie bei Erbsen, so findet man auch beim Mais glatte und kantige Samen. Das Allel für glatt ist dominant (Allel A). Entsprechend gehört zu kantig das rezessive Allel a. Kreuzt man heterozygote, glatte F_1-Pflanzen miteinander, so müssten nach der 2. mendelschen Regel unter den Körnern der F_2-Generation drei Teile glatt und ein Teil kantig sein. Die Auszählung von drei Maiskolben lieferte folgende Ergebnisse:

	glatt	kantig	gesamt	Verhältnis glatt : kantig	relative Häufigkeit glatt	kantig
1. Kolben	209	76	285	2,75 : 1	0,733	0,267
2. Kolben	164	71	235	2,31 : 1	0,698	0,302
3. Kolben	201	56	257	3,59 : 1	0,782	0,218

In keinem Fall findet man das Verhältnis 3 : 1, sondern nur Werte, die ihm nahe kommen. Das tatsächliche Ergebnis ist vom Zufall abhängig. Bei der Auswertung von Kreuzungen ermittelt man die Häufigkeit eines Merkmals durch Auszählung. Daraus lässt sich die relative Häufigkeit als Verhältnis von glatten bzw. kantigen Maiskörnern zur Gesamtzahl bestimmen. Die Ergebnisse weichen mehr oder weniger von den nach den mendelschen Regeln zu erwartenden Wahrscheinlichkeitswerten (0,75 für glatt, 0,25 für kantig) ab.

Zufallsereignisse, wie die Neukombination der Allele, lassen sich in Computersimulationen veranschaulichen (Abb. 1). Jeder Punkt stellt die relative Häufigkeit von glatten Maiskörnern in einer Kreuzungsreihe dar.

Ergebnis: Je größer die Anzahl der untersuchten Nachkommen ist, umso dichter liegt die relative Häufigkeit am Wahrscheinlichkeitswert. Schon MENDEL analysierte seine Kreuzungsergebnisse und untersuchte viele tausend Nachkommen.

Aufgaben

① Ermitteln Sie die relative Häufigkeit kantiger Körner anhand der Tabelle für mehrere Kolben zusammen. Kombinieren Sie dazu die Ergebnisse von Kolben 1 + 2, 1 + 3, 2 + 3 sowie 1 + 2 + 3.
Was zeigen die Vergleiche der Häufigkeiten mit dem theoretisch zu erwartenden Wert?

② Ein braunäugiger Vater und eine blauäugige Mutter erwarten nach drei braunäugigen Kindern ihr viertes Kind. Sie meinen, nach der 2. mendelschen Regel müsste es blauäugig sein. Wie ist eine solche Aussage zu bewerten?

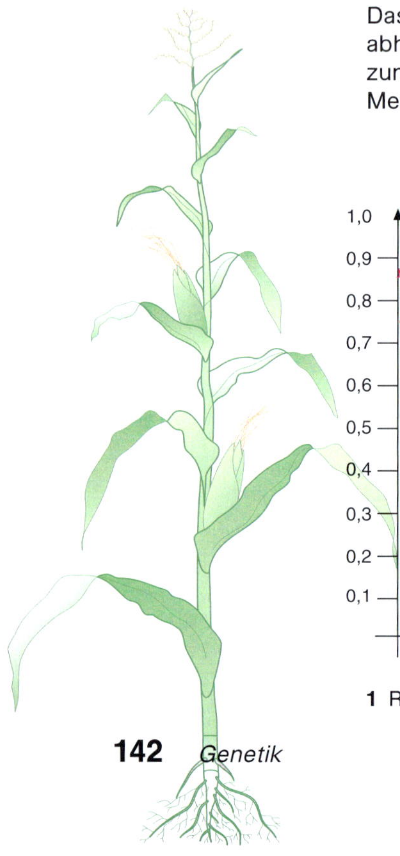

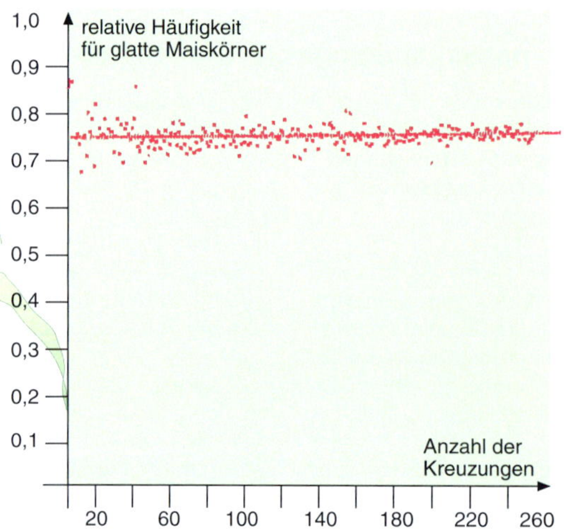

1 Relative Häufigkeit

2 Maiskolben

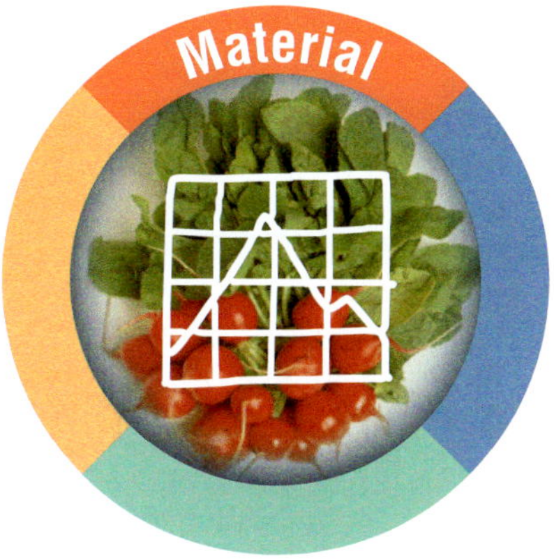

Übungsprogramm: mendelsche Regeln

Entscheiden Sie sich bei den folgenden 10 Fragen für eine Antwort. Wenn Sie die zugehörigen Ziffern aufsuchen, stellen Sie fest, ob Sie die Frage richtig oder falsch beantwortet haben. Die Ziffer nach dem Pfeil zeigt, an welcher Stelle Sie weitermachen müssen.

1 Ein Hobbygärtner züchtet Radieschen mit verschiedenen Formen: lang (Genotyp ll) und kugelrund (kk). Aus der Kreuzung lang x kugelrund entstehen nur ovale Radieschen. Welcher Erbgang liegt hier vor?
dominant-rezessiv ⟶ 13
intermediär ⟶ 27

2 Weil ihm die ovalen Radieschen gefallen, kreuzt er sie untereinander mit dem Ziel, wieder nur ovale zu erhalten. Hat er Erfolg mit dieser Kreuzungsmethode?
ja ⟶ 23
nein ⟶ 20

3 Wie viel Prozent der Nachkommen sind homozygot, wenn in drei Kreuzungen nur die phänotypisch gleichen F_2- Radieschen miteinander gekreuzt werden?
50 % ⟶ 19
mehr als 50 % ⟶ 25

4 Der Gärtner hat herausgefunden, dass auch die Farbe der Radieschen einen intermediären Erbgang hat: rot (rr), weiß (ww), rosa (rw). Wie viele Phänotypen sind zu erwarten, wenn ovale, rosa gefärbte Radieschen untereinander gekreuzt werden?
4 Phänotypen ⟶ 15
9 Phänotypen ⟶ 11

5 In welchem Zahlenverhältnis treten die neun Phänotypkombinationsmöglichkeiten in der F_2-Generation auf? Lösen Sie diese Aufgabe mit einem Kombinationsquadrat!
⟶ 28

6 Kugelrunde rosafarbene Radieschen werden miteinander gekreuzt. Wie viele unterschiedliche Phänotypen erwarten Sie unter den Nachkommen der nächsten Generation?
3 Phänotypen ⟶ 21
6 Phänotypen ⟶ 26

7 Welche mendelsche Regel wenden Sie für diese Kreuzung an?
2. Regel ⟶ 18
3. Regel ⟶ 16

8 Aus welcher Kreuzung gehen nur ovale Radieschen mit rosa Farbe hervor?
oval/rosa x oval/rosa ⟶ 12
kugel/rot x lang/weiß ⟶ 24

9 Führt auch eine andere Kreuzung nur zum Ergebnis oval/rosa?
ja ⟶ 17
nein ⟶ 14

10 Wenn Sie bis hierher durchgehalten haben, dürfte es Ihnen nicht mehr schwer fallen, das Kombinationsquadrat für einen trihybriden Erbgang aufzustellen. Welches Zahlenverhältnis der Phänotypen (A/B/C) erwarten Sie bei dominant rezessiven Allelen (Aa/Bb/Cc)?
⟶ 22

11 Richtig! Jedem möglichen Genotyp entspricht ein charakteristischer Phänotyp. *⟶ 5*

12 Falsch! Diese Kreuzung würde wieder zur Aufspaltung führen (vergl. 28). *⟶ 9*

13 Falsch! Ovale Radieschen sind heterozygot (kl). Bei Dominanz eines Allels würde sich die entsprechende Form durchsetzen. *⟶ 2*

14 Falsch! Auch die andere homozygote Kombination kugel/weiß x lang/rot führen zu uniformen Nachkommen. *⟶ 10*

15 Falsch! Vier Kombinationsmöglichkeiten gibt es beim dihybriden dominant-rezessiven Erbgang. Beim intermediären Erbgang sind es dagegen neun: kugel/rot, kugel/rosa, kugel/weiß, oval/rot, oval/rosa, oval/weiß, lang/rot, lang/rosa, lang/ weiß. *⟶ 5*

16 Nicht unbedingt falsch, weil es formal ein dihybrider Erbgang ist. Besser wäre aber die 2. Regel, weil die Phänotypen im Verhältnis 1 : 2 : 1 aufspalten. *⟶ 8*

17 Richtig! Man könnte auch kugel/weiß x lang/rot kreuzen. *⟶ 10*

18 Richtig! Die Phänotypen spalten im Verhältnis 1 : 2 : 1 auf. *⟶ 8*

19 Falsch! Die Kreuzung kl x kl führt zwar zu 50 % homozygoten Nachkommen, aber ll x ll und kk x kk ergeben ausschließlich homozygote Radieschen. Insgesamt werden mehr als 50 % homozygote Nachkommen entstehen. *⟶ 4*

20 Richtig! Nach der 2. mendelschen Regel spalten die Phänotypen beim intermediären Erbgang in der F_2-Generation im Verhältnis 1 : 2 : 1 auf. *⟶ 3*

21 Richtig! Es können nur wieder kugelrunde Radieschen mit allen 3 Farben sein. *⟶ 7*

22 Es gibt acht Phänotypkombinationen (ABC : ABc : AbC : aBC : Abc : aBc : abC : abc), die im Verhältnis 27 : 9 : 9 : 9 : 3 : 3 : 3 : 1 auftreten. *⟶ 29*

23 Falsch! Ovale Radieschen sind heterozygot (kl). Wenn sie miteinander gekreuzt werden, spaltet die nächste Generation (F_2) auf: rund (kk) : oval(kl) : lang (ll) = 1 : 2 : 1 auf. *⟶ 3*

24 Richtig! Die beiden Eltern sind homozygot. Ihre Nachkommen sind uniform. *⟶ 9*

25 Richtig! (Zur Erklärung siehe 19). *⟶ 4*

26 Falsch! Es sind nur 3 Kombinationen möglich: kugel/rot, kugel/rosa, kugel/weiß. *⟶ 7*

27 Richtig! Die ovalen Radieschen sind heterozygot (kl). Dies ergibt beim intermediären Erbgang die ovale Form. *⟶ 2*

28 Die neun Phänotypen kugel/rot, kugel/rosa, kugel/weiß, oval/rot, oval/rosa, oval/weiß, lang/rot, lang/rosa, lang/weiß treten im Verhältnis 1 : 2 : 1 : 2 : 4 : 2 : 1 : 2 : 1 auf. *⟶ 6*

29 Vielen Dank für Ihre Geduld!

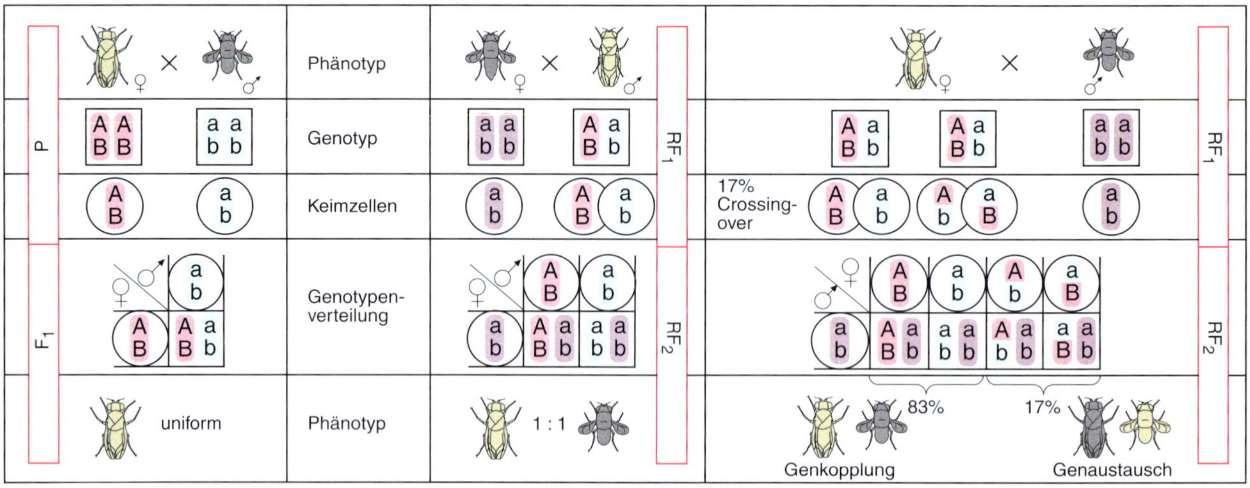

1 Kopplung von Genen bei Drosophila

Organismus:
Drosophila

1. Merkmal:
Flügelform

Allele:
A: Allel für das Merkmal normalflügelig
a: Allel für das Merkmal stummelflügelig

2. Merkmal:
Körperfarbe

Allele:
B: Allel für das Merkmal braune Farbe
b: Allel für das Merkmal schwarze Farbe

Beide Erbgänge dominant-rezessiv und gekoppelt

A/B bzw. a/b Symbole für gekoppelte Gene

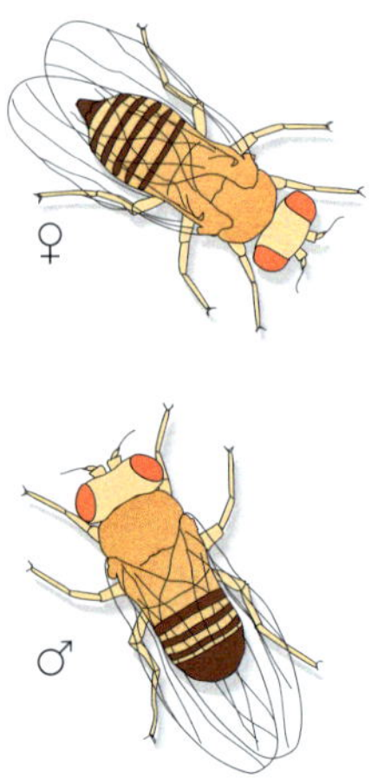
Drosophila (Wildtyp)

Gekoppelte Vererbung und Austausch von Genen

Die Taufliege *Drosophila melanogaster* ist ein Modellorganismus in der Genetik. An ihr wurden grundlegende Mechanismen der Vererbung zuerst untersucht. Diese nur wenige Millimeter großen Tiere finden sich auf reifem Obst ein und können leicht gezüchtet werden. Die Anzahl der Nachkommen ist groß (500 Eier pro Weibchen), die Generationsdauer beträgt nur 12 Tage. Neben dem *Wildtyp* der Fliege gibt es viele gut unterscheidbare *Mutanten*. Drosophila hat außerdem nur acht Chromosomen ($2n = 8$) im diploiden Satz, die sich leicht präparieren und untersuchen lassen.

Der amerikanische Biologe THOMAS HUNT MORGAN führte tausende von Versuchen mit Drosophila durch. Als er bei einer Zweimerkmalskreuzung schwarze, stummelflügelige Männchen mit reinerbigen Wildtypweibchen (normale Körperfarbe, normale Flügel) kreuzte, erhielt er in der F_1-Generation erwartungsgemäß einheitliche Nachkommen, nämlich nur Wildtypfliegen (1. mendelsche Regel). Die Rückkreuzung zwischen einem Männchen der F_1- und einem Weibchen der P-Generation führte zu Wildtypfliegen und schwarzen Stummelflüglern im Zahlenverhältnis 1 : 1 (Abb. 1). Dieses Ergebnis widerspricht der 3. mendelschen Regel von der unabhängigen Neukombination der Erbanlagen. Es wird aber erklärbar, wenn man davon ausgeht, dass mit einem Chromosom gleichzeitig mehrere Gene weitergegeben werden. Man spricht von einer *Kopplungsgruppe* und schreibt im Kreuzungsschema gekoppelte Gene untereinander (Abb. 1).

In vielen Kreuzungsexperimenten stellte MORGAN fest, dass Drosophila vier Gruppen gekoppelter Gene besitzt. Dies stimmt mit der Anzahl der Chromosomen im einfachen Chromosomensatz überein und bestätigt die Chromosomentheorie der Vererbung.

Weitere Kreuzungsversuche MORGANS mit schwarzen, stummelflügeligen Mutanten von Drosophila erbrachten ein überraschendes Ergebnis. Bei der umgekehrten Rückkreuzung eines heterozygoten Weibchens der F_1- mit einer männlichen Drosophilamutante der homozygoten P-Generation traten doch alle vier möglichen Merkmalskombinationen auf. Das Zahlenverhältnis entsprach jedoch nicht der Theorie MENDELS (1 : 1 : 1 : 1), sondern die meisten Fliegen glichen phänotypisch den Eltern. Nur 17 % der Nachkommen waren Einfachmutanten (s. Abb. 1 rechts). MORGAN glaubte zunächst an einen Fehler in der Versuchsdurchführung, erhielt aber immer das gleiche Ergebnis. Es musste demnach zur Trennung gekoppelter Gene gekommen sein *(Kopplungsbruch)*.

Die Chromosomentheorie liefert auch für diese Beobachtungen eine plausible Erklärung: Während der Prophase I der Meiose paaren sich die homologen Zweichromatid-Chromosomen, sodass sie untereinander DNA-Abschnitte austauschen können. Dieser als *Crossingover* bezeichnete Stückaustausch lässt sich in der Metaphase I als Überkreuzung *(Chiasma)* erkennen, wenn sich die Homologen wieder trennen. Ehemals auf demselben Chromosom liegende Allele werden durch Crossingover auf verschiedene Homologe verteilt. Dies geschieht in einem geordneten Prozess, bei dem Enzyme dafür sorgen, dass einander entsprechende Bereiche der Chromosomenarme getrennt und neu verknüpft werden (Abb. 1). So kann es zu einer Neukombination zuvor gekoppelt vererbter Allele kommen.

Dies wurde bestätigt, als man bei den Zweiflüglern, zu denen Drosophila gehört, eine Besonderheit der Meiose feststellte: Chiasmata sind nur bei der Eizellbildung, nicht aber bei der Spermienbildung zu beobachten. Dies deckt sich exakt mit den Ergebnissen der Versuche. Es tritt nur dann eine Entkopplung auf, wenn bei der Rückkreuzung heterozygote Weibchen verwendet werden.

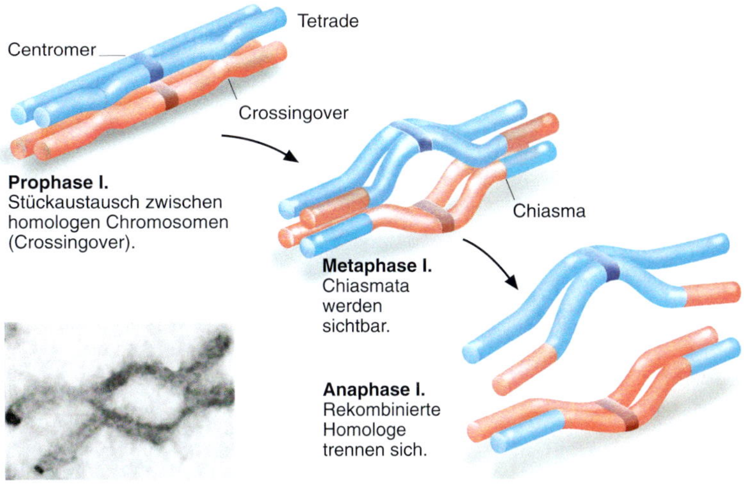

1 Crossingover und nachfolgende Chiasmabildung

Zettelkasten

Die Genkarte – ein Lageplan für Gene

MORGAN fand durch Auszählen der Phänotypen bei jedem gekoppelten Genpaar einen anderen Prozentsatz von Kopplungsbrüchen. Diesen charakteristischen Wert nannte er *Austauschwert*. Zum Beispiel ist das Gen für hellrote Augen (cinnabar: cn) mit schwarz (black: b) und stummelflügelig (vestigial: vg) gekoppelt. Für die Gene b und cn beträgt der Austauschwert 9 %, bei cn und vg ist er 9,5 %.

Zur Erklärung der unterschiedlichen Werte entwickelte THOMAS HUNT MORGAN eine Theorie. Er setzte voraus, dass die Gene auf dem Chromosom *linear hintereinander* liegen und dass ein Crossingover an allen Stellen des Chromosoms gleich wahrscheinlich ist. Dann steigt mit dem Abstand der Genorte auch der Austauschwert. Er kann also als relatives Maß für die Entfernung zweier Gene auf dem Chromosom angesehen werden.

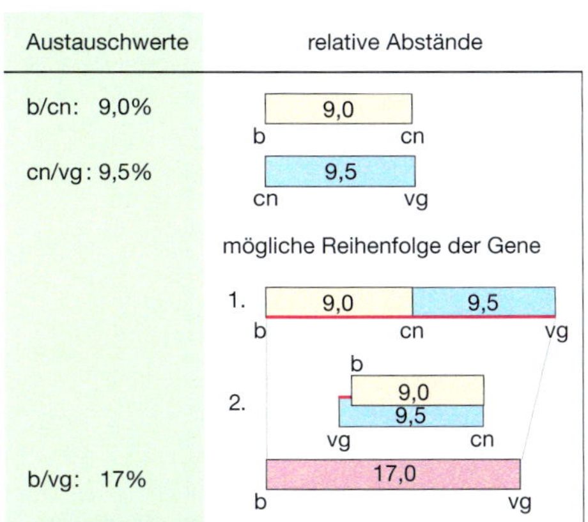

→ Die Reihenfolge der Gene ist b-cn-vg

Mit zwei Austauschwerten lässt sich die Reihenfolge von drei Genen allerdings nicht festlegen. Erst ein drittes Kreuzungsexperiment, bei dem im genannten Beispiel der Austauschwert von vg und b ermittelt wird, bringt Klärung *(Dreipunktanalyse)*. Das Ergebnis von 17 % ist mit der Reihenfolge vg-b-cn nicht vereinbar, passt aber recht gut zur Anordnung b-cn-vg (s. Abbildung).

Der Austauschwert b/vg (17 %) ist allerdings kleiner als die Summe der Austauschwerte b/cn und cn/vg (18,5 %). Dieser Wert wäre bei Addition der relativen Abstände zu erwarten gewesen. Zur Erklärung nahm MORGAN an, dass gleichzeitig mehrere Crossingover-Ereignisse bei einer Kopplungsgruppe möglich sind. Auch das wird durch die mikroskopische Beobachtung der Chiasmata am Chromosom bestätigt. Wenn sowohl zwischen b und cn als auch zwischen cn und vg je ein Crossingover stattfindet *(Doppel-Crossingover)*, werden die Gene b und cn bzw. cn und vg entkoppelt. Die Gene b und vg bleiben allerdings weiterhin in Kopplung, weil sie wieder auf dem gleichen Chromosom liegen. Deshalb liegt der experimentell gefundene Wert unter dem errechneten. Wenn zwei Genorte sehr weit voneinander entfernt liegen, so ist die Entkopplung genauso wahrscheinlich wie die Kopplung. Solche Gene erscheinen deshalb ungekoppelt.

MORGAN und sein Team bestimmten durch Dreipunktanalysen die relativen Abstände vieler Genorte und erhielten so *Genkarten* für die vier Chromosomen von Drosophila. In den Karten wird der prozentuale Austauschwert benachbarter Gene als dimensionslose *Morgan-Einheit* angegeben (1 cM = 1 centi-Morgan).

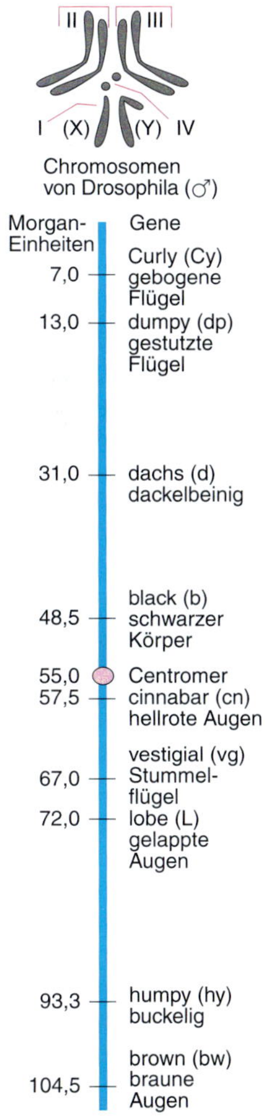

Genkarte für Chromosom II

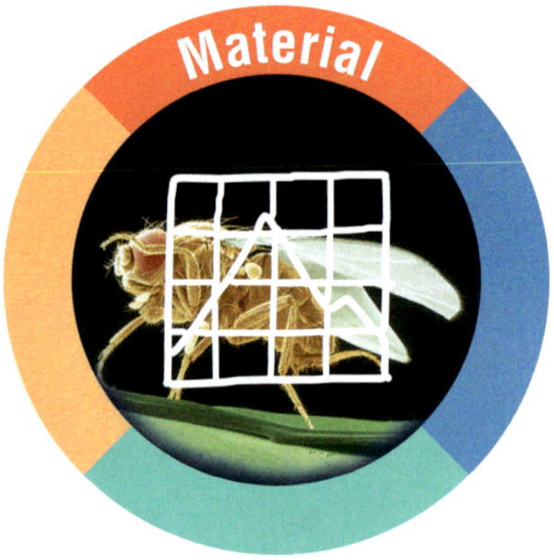

Drosophilagenetik

Wildtyp und Mutanten

In der von MORGAN eingeführten Symbolik werden Wildtyp-Allele mit „+" bezeichnet. So haben reinerbige Wildtypfliegen mit braunem Körper zwei Allele +, die ebenholzfarbene Mutante *„ebony"* besitzt zwei rezessive Allele e. Im dihybriden Erbgang kann diese Symbolik zu Verwechslungen führen, da zwei *unterschiedliche* Wildtyp-Allele die *gleiche* Bezeichnung bekommen. Werden z. B. ebenholzfarbene Mutanten mit Fliegen gekreuzt, deren Flügel eingerollt sind *(curled)*, so treten im Kreuzungsschema die Allelenpaare e und + auf. Um in solchen Fällen Verwechslungen zu vermeiden, findet sich in manchen Genetikbüchern eine Symbolik, in der zur Verdeutlichung beim Wildtyp-Allel immer das zugehörige mutierte Allel angegeben wird: e und e^+ bzw. cu und cu^+.

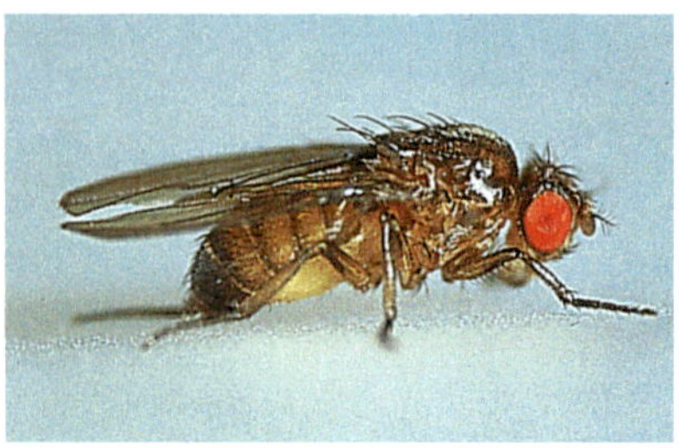
Körperfarbenmutante „ebony"

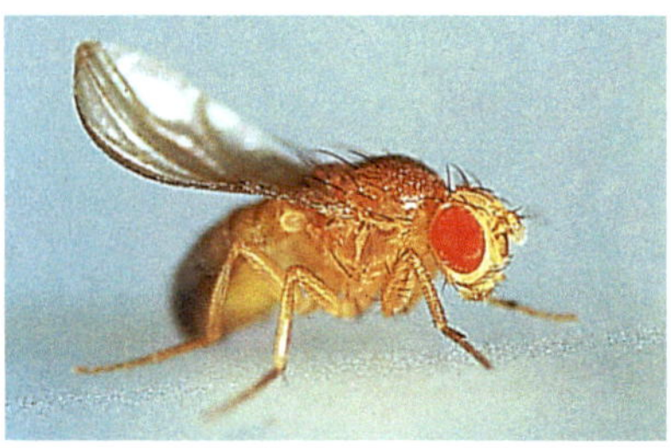
Flügelmutante „curly"

Aufgaben

① Reinerbige ebenholzfarbene Fliegen werden mit reinerbigen gekreuzt, deren Flügel eingerollt sind. Ermitteln Sie mithilfe der Genkarte, ob in diesem Fall eine Genkopplung vorliegt.

② Erstellen Sie das Kreuzungsschema bis zur F_1-Generation. Wildtyp-Allele sind e^+ bzw. cu^+.

Augenfarben

Von Drosophila existieren zahlreiche Mutanten mit veränderter Augenfarbe. Gut erkennbar sind die Farben „cinnabar" (hellrot), „brown" (braun) und „white" (weiß). Am Zustandekommen der Augenfärbung des Wildtyps sind mehrere Wildtypallele beteiligt:
bw: Allel für die Bildung eines braunen Farbstoffes
cn: Allel für die Bildung eines hellroten Farbstoffes
w^+: Allel für die Farbstoffaufnahme in die Pigmentzellen

Augenfarbenmutante „brown" (links) und „white" (rechts)

Bei Wildtypfliegen mit roten Augen sind beide Farbstoffe in den Pigmentzellen der Komplexaugen. Das Allel w^+ befindet sich auf dem X-Chromosom.

Aufgaben

③ Warum haben Fliegen mit dem Genotyp $\frac{cn}{cn}$ (alle übrigen Allele Wildtyp) hellrote Augen?

④ Reinerbige Tiere mit hellroten Augen werden mit reinerbigen gekreuzt, die braune Augen haben. Geben Sie den Genotyp und die Augenfarbe der Tiere in der F_1-Generation an.

⑤ Männchen mit dem Genotyp $\frac{cn\ bw}{cn\ bw}$ werden mit Weibchen aus der F_1-Generation gekreuzt. Aus dieser Kreuzung gehen folgende Phänotypen hervor: Wildtyp (281), Augen braun (281), Augen hellrot (293), Augen farblos (208). Erklären Sie dies durch ein Kombinationsquadrat und berechnen Sie den Austauschwert der Gene cn und bw. Vergleichen Sie Ihr Ergebnis mit der Genkarte.

⑥ Reinerbige Weibchen mit der Einfachmutation „white" werden mit reinerbigen Wildtypmännchen gekreuzt. Ermitteln Sie über ein Kreuzungsschema, welche Genotypen und Phänotypen bei den Männchen bzw. Weibchen der F_1-Generation auftreten. Beachten Sie dabei, dass männliche Fliegen das X-Chromosom von der Mutter bekommen und dass auf dem Y-Chromosom kein Gen für die Augenfärbung ist.

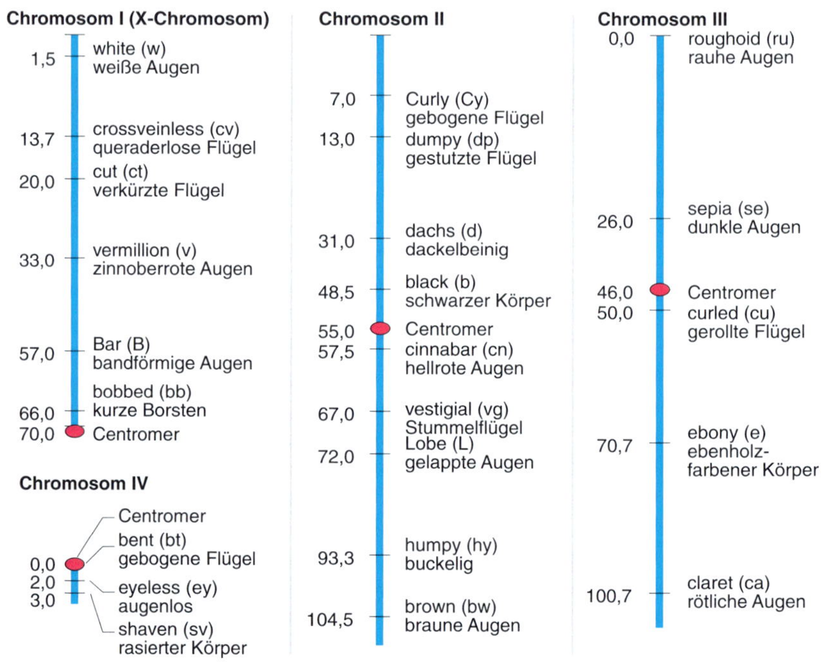

Gene außerhalb des Zellkerns

Aufgrund molekularbiologischer Forschungen wissen wir heute, dass nicht alle Gene eukaryotischer Zellen im Zellkern angesiedelt sind. Chloroplasten und auch Mitochondrien besitzen eigene Gene, die Fähigkeit zur Replikation ihrer DNA, komplette Biosyntheseapparate sowie die Fähigkeit, sich durch Teilung zu vermehren. Eine Reihe von Pflanzenarten (Petunie, Tabak, Gerste, Wunderblume) geben Chloroplasten nur über die Eizelle an die nächste Generation weiter. Aus dem Pollen wird bei der Befruchtung nur der Spermakern übertragen. Man spricht deswegen von *mütterlicher Vererbung* der Chloroplasten und Mitochondrien. Beim Rhododendron werden Chloroplasten sowohl über Pollen als auch über die Eizellen weitergegeben.

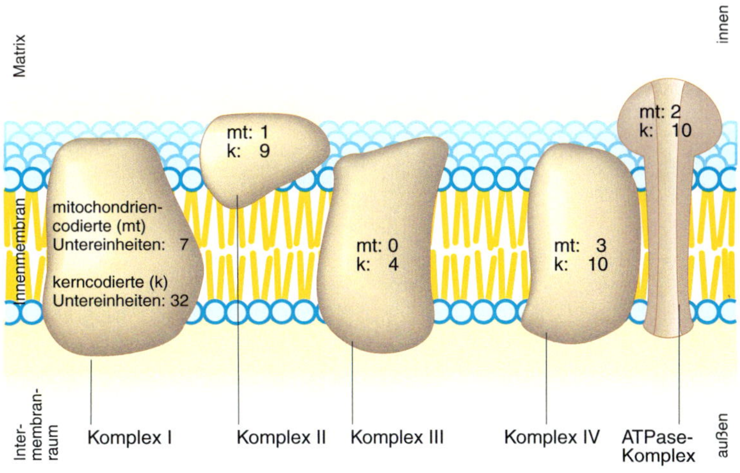

1 Herkunft einiger Atmungskettenenzyme

Gene in Chloroplasten

Als erster beobachtete CARL CORRENS das Phänomen mütterlicher Vererbung 1909 an *Wunderblumen*. Diese Pflanzenart besitzt grüne, weiße und grün-weiß gefleckte (panaschierte) Zweige und Blätter. Unter dem Mikroskop sah CORRENS, dass grüne Pflanzenteile aus Zellen mit grünen Chloroplasten bestehen, weiße Teile aus Zellen mit Chloroplasten ohne Chlorophyll (s. Randspalte). CORRENS bestäubte Fruchtblätter in Blüten grüner Zweige mit Pollen aus Blüten unterschiedlich gefärbter Zweige. Er erhielt nur vollständig grün gefärbte Hybriden. Bestäubte er Fruchtblätter aus Blüten weißblättriger Zweige erhielt er ebenfalls nur weißblättrige Nachkommen, unabhängig vom verwendeten Pollen. Werden Blüten an Zweigen mit gefleckten Blättern bestäubt, erhält man unabhängig vom verwendeten Pollen Pflanzen mit grünen, weißen oder panaschierten Teilen. CORRENS vermutete aufgrund seiner Beobachtung, dass Tochterpflanzen immer den Phänotyp der Mutterpflanze aufweisen, dass sich das für die Chlorophyllbildung verantwortliche Gen nicht im Zellkern, sondern in den Chloroplasten befinden muss.

Gene in Mitochondrien

Die Spermien der meisten Tierarten enthalten einige hundert, Eizellen mehrere hunderttausend Mitochondrien. Auch wenn bei der Befruchtung einige Mitochondrien mit den Spermien in die Zygote gelangen sollten, verdanken die Nachkommen ihr mitochondriales Genom fast ausschließlich ihren mütterlichen Vorfahren.

Kooperation mit dem Zellkern

Die Chloroplasten-DNA enthält rund 100 Protein codierende Gene. Man schätzt, dass für den Aufbau und die Funktion von Chloroplasten aber mindestens 1000 verschiedene Proteine benötigt werden. Molekularbiologen haben herausgefunden, dass der größte Teil dieser Proteine vom Zellkern codiert, im Cytoplasma hergestellt und dann in die Chloroplasten transportiert wird. Ein typisches Beispiel ist das Enzym *Ribulose-1,5-bisphosphat-carboxylase-oxidase (Rubisco)*, das eine Schlüsselfunktion bei der CO_2-Fixierung der Fotosynthese hat (s. Seite 102). Das Enzym besteht aus acht identischen großen und acht identischen kleinen Untereinheiten. Das Gen für die große Untereinheit befindet sich im Chloroplasten-Genom, das für die kleine Untereinheit im Zellkern. Ähnlich verhält es sich bei Mitochondrien. Beim Menschen wird der überwiegende Teil mitochondrialer Proteine ebenfalls im Zellkern codiert. Die Enzyme der Atmungskette stellen ein Mosaik kern- und mitochondriencodierter Proteine dar (s. Abb. 1).

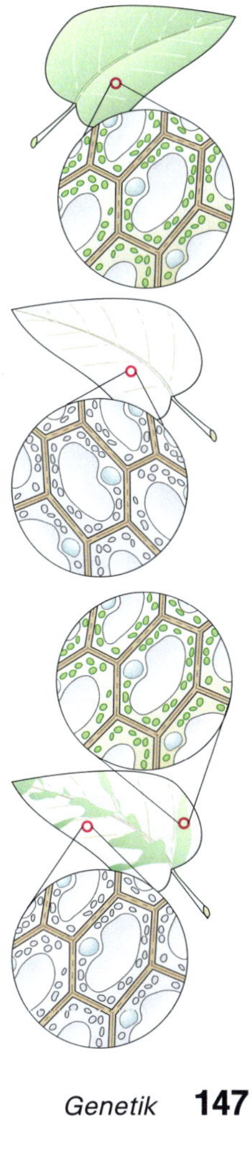

Aufgaben

① Der genetische Apparat von Chloroplasten und Mitochondrien besitzt einige auffällige Gemeinsamkeiten und unterscheidet sich darin vom genetischen Apparat des Zellkerns. Benutzen Sie die diesbezüglichen Informationen auf Seite 124 und legen Sie eine Tabelle an.

② Mütterliche Vererbung gehorcht nicht den mendelschen Regeln. Begründen Sie.

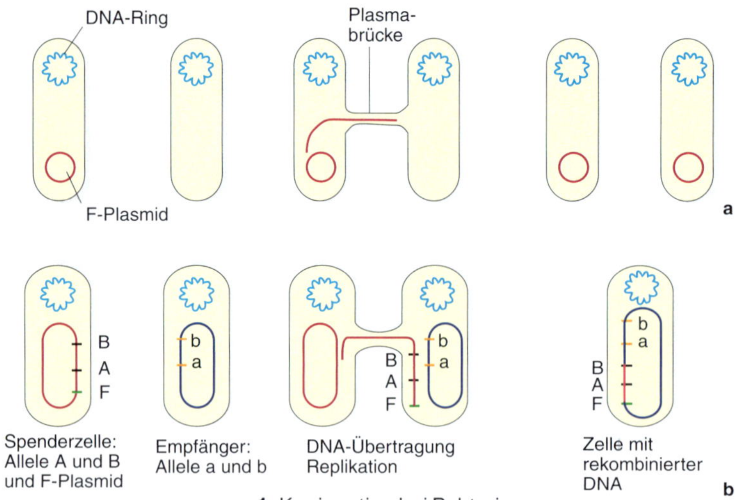

1 Konjugation bei Bakterien

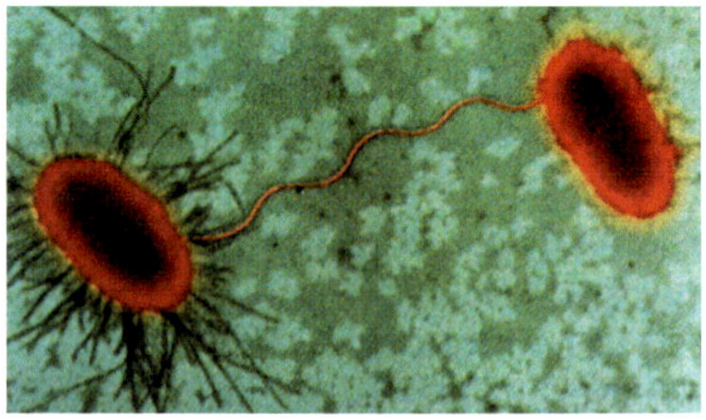
Konjugation bei Bakterien: Plasmabrücke

Genetische Rekombination bei Prokaryoten

Konjugation
DNA-Übertragung von einer Bakterienzelle auf eine andere über eine Plasmabrücke

Transformation
Aufnahme und Einbau von freier DNA in Bakterien oder andere Zellen

Transduktion
Einschleusen von Fremd-DNA in eine Zelle mithilfe von Phagen

Transposition
Verschiebung von DNA innerhalb eines Genoms

Bei Eukaryoten ist die genetische Rekombination fester Bestandteil der sexuellen Fortpflanzung. Bei Prokaryoten gibt es zwar weder Meiose noch Befruchtung, aber auch Bakterien können genetische Information neu kombinieren und so die genetische Variabilität in ihrer Population erhöhen. Das sichert ihre Anpassungsfähigkeit gegenüber veränderten Umweltbedingungen.

Eine direkte DNA-Übertragung von einer Bakterienzelle zur anderen bezeichnet man als *Konjugation*, dabei stellt eine Plasmabrücke den Zellkontakt zwischen zwei Bakterien her. Ein gut untersuchtes Beispiel ist die Übertragung des *Fertilitäts-Plasmids* beim Bakterium *Escherichia coli* (Abb. 1)). Zellen mit dem F-Plasmid heißen F^+, ohne F-Plasmid F^-. Das F-Plasmid enthält etwa 25 Gene, die zur Herstellung der Plasmabrücke benötigt werden. Es wird vor seiner Übertragung vervielfältigt: F^- ist der DNA-Empfänger („weiblich"), F^+ der DNA-Spender („männlich"). Alle Nachkommen tragen das F-Plasmid. Das F-Plasmid (Abb. 1a) baut sich zeitweise in das Bakterienchromosom ein, man bezeichnet die Zellen dann als *Hfr-Zellen („high frequency of recombination“*, Abb. 1b). Bei der Ablösung vom Bakterienchromosom kann das F-Plasmid weitere Gene mit sich reißen, die bei einer Konjugation dann ebenfalls übertragen werden. Auf diese Weise kann der DNA-Empfänger Gene für neue Merkmale erwerben. Die Plasmabrücke zwischen den Bakterien ist recht instabil, schon Erschütterungen unterbrechen daher die DNA-Übertragung. Das kann man zur Genkartierung nutzen: Je länger man die Plasmabrücke bestehen lässt, desto mehr Gene werden übertragen (→ 202/203).

Die natürliche Rekombinationsfähigkeit von Bakterien wird auch in der Gentechnik genutzt: Bei der *Transformation* nehmen Bakterienzellen freie DNA aus ihrer Umgebung auf und bauen sie in ihr eigenes Genom ein. Das nutzten AVERY und seine Mitarbeiter zum Nachweis, dass die DNA Träger der genetischen Information ist (s. Seite 110).

Bei der *Transduktion* sind Viren für die DNA-Übertragung verantwortlich. Bei der Phagenbildung (s. Kasten Seite 149) in der Wirtszelle können kleine Teile der Wirts-DNA mit in die Phagenhülle übernommen werden und in andere Wirtszellen gelangen.

Im Falle der *Transposition* werden DNA-Abschnitte innerhalb des Bakterienchromosoms verschoben oder auf ein Plasmid übertragen, oft werden diese Transposons vorher verdoppelt. 1947 entdeckte B. MCCLINTOCK solche beweglichen DNA-Abschnitte *(Transposons)* auch bei Eukaryoten. Man nennt sie *„springende Gene“*.

Aufgaben

① Eine Hypothese besagt, dass Viren sich von Plasmiden ableiten lassen. Begründen Sie.

② Warum ist die Unterscheidung zwischen rezessiv und dominant bei Prokaryoten nicht angebracht (s. Kasten Seite 149)?

Zettelkasten

Bakterien und Viren

Die wichtigsten Erkenntnisse der Molekulargenetik wurden nicht an Eukaryoten gewonnen, sondern an Bakterien, also Prokaryoten. Bakterien sind nur etwa 1 bis 2 µm lang. Die Zellmembran ist etwas anders aufgebaut als bei Eukaryoten und von einer starken Zellwand umgeben (s. Seite 31). Im Zellplasma liegen als einzige Zellorganellen Ribosomen, sie ähneln den eukaryotischen Ribosomen der Mitochondrien und Plastiden. Die Erbinformation einer Bakterienzelle liegt als verknäulter DNA-Ring frei im Plasma, ist also nicht wie bei den Eukaryoten von einer Kernhülle umgeben. Dieses so genannte *Bakterienchromosom* bildet zusammen mit dem umgebenden Plasma das *Kernäquivalent*. Darüber hinaus können kleinere ringförmige Plasmide aus DNA vorhanden sein, sie verdoppeln sich unabhängig vom Bakterienchromosom, einige können sich zeitweise in das Bakterienchromosom einbauen. Im Gegensatz zu Viren besitzen Plasmide kein extrazelluläres Stadium, möglicherweise haben sich Viren aber aus Plasmiden entwickelt.

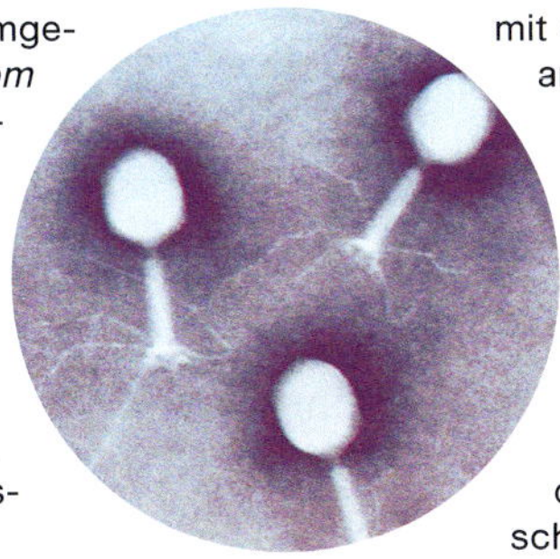

Bakterien teilen und vermehren sich auf geeigneten Nährböden sehr schnell, jeder Zellteilung geht eine DNA-Replikation voraus. Innerhalb weniger Minuten entsteht ein Klon aus Tochterzellen, jeweils mit einer identischen DNA-Kopie. In 1 ml Bakterienkultur können mehrere Milliarden Bakterien enthalten sein, darunter findet man immer wieder Mutanten. Sie unterscheiden sich meist in ihren biochemischen Fähigkeiten von den Wildtypzellen; so können sie z. B. Antibiotika widerstehen *(Resistenzmutanten)* oder bestimmte Substanzen nicht mehr aufbauen *(Mangelmutanten)*. Alle Mutationen setzen sich im Phänotyp durch, da es kein homologes Doppel des Genoms gibt. Die bei diploiden Eukaryoten mögliche Unterscheidung von dominanten und rezessiven Allelen entfällt daher normalerweise bei Prokaryoten.

Viren sind mit einer Größe unter 500 nm noch kleiner als Bakterien. Sie bestehen im Wesentlichen aus einer Proteinhülle, die ein oder mehrere Nucleinsäuremoleküle enthält. Da Viren nicht zellulär aufgebaut sind und keinen eigenen Stoffwechsel aufweisen, kann man sie nicht als Lebewesen bezeichnen. Zur Vermehrung benötigen Viren lebende Zellen. Viren, die Bakterienzellen befallen, bezeichnet man als *Bakteriophagen* oder kurz *Phagen*. Man unterscheidet zwei Typen von Vermehrungszyklen bei Phagen.

Der *lytische Vermehrungszyklus* gilt als exemplarisch für viele Viren. Bei der Adsorption heftet sich ein Phage mit den Proteinen der Schwanzfasern und Spikes an bestimmte Rezeptormoleküle auf der Zellwand seines Wirtsbakteriums an. Das hohle Schwanzrohr durchdringt enzymatisch die Zellwand und injiziert die Phagen-Nucleinsäure in die Bakterienzelle. Das Phagen-Genom besteht aus etwa 100 Genen, die nun durch die „versklavte" Bakterienzelle transkribiert und translatiert werden. Der Phage ist *virulent*. Eines der ersten Phagen-Genprodukte ist ein Enzym, das die Bakterien-DNA zerschneidet. Die entstandenen Nucleotide dienen der Replikation der Phagen-Nucleinsäure. Damit hat das Phagengenom die komplette Kontrolle über die Bakterienzelle. Währenddessen läuft auch die Synthese von Phagenproteinen durch die Ribosomen der Bakterienzelle an. Viren besitzen nur wenige Proteintypen, die sich selbstständig aufgrund ihrer Form und Ladungsverteilung zur Phagenhülle zusammenlagern und die Phagen-Nucleinsäure umschließen. Durch das Enzym *Lysozym* wird schließlich die Bakterienzellwand aufgelöst, die Bakterienzelle platzt und setzt 50 bis 200 Phagen frei.

Beim *lysogenen Vermehrungszyklus* von *temperenten* Viren wird das Phagengenom nicht sofort in der Wirtszelle aktiv, sondern baut sich an einer bestimmten Stelle in das Wirtsgenom ein. Dieser *Prophage* wird vor jeder Zellteilung zusammen mit dem Bakteriengenom repliziert und auf die Tochterzellen übertragen, er ist *temperent*. Erst bei bestimmten Umweltbedingungen *(Induktion)* verlässt der Prophage das Bakteriengenom und wird lytisch.

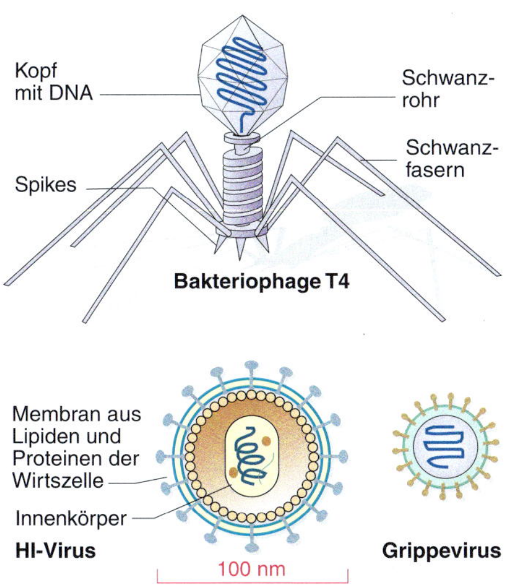

1 Bau verschiedener Viren

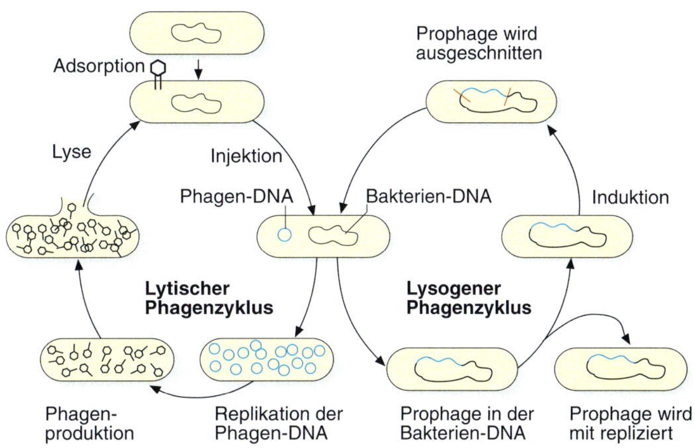

2 Lytischer und lysogener Vermehrungszyklus von Phagen

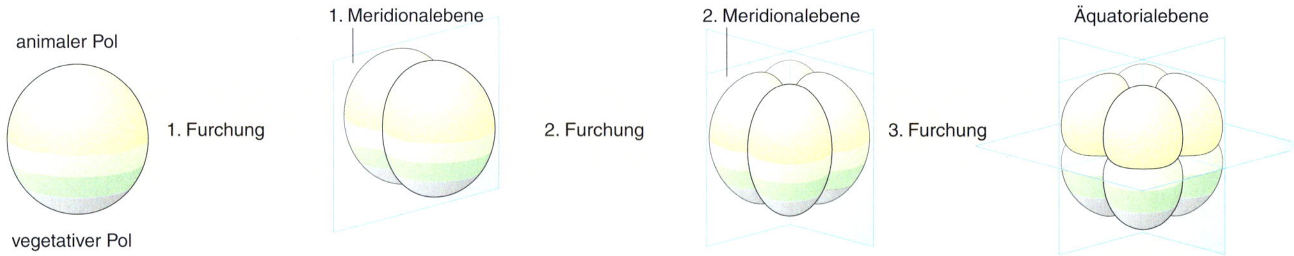

Zygote **2-Zellenstadium** **4-Zellenstadium** **8-Zellenstadium**

Von der Zygote zum Mehrzeller

Blauwal, Seeigel, Taufliege oder Mensch – sie alle sind durch zahllose Mitosen aus einer einzigen Zelle, der *Zygote*, hervorgegangen. Die Grundlage für die arttypische Entwicklung und Gestaltung der Organismen liegt in den Genen. Umweltfaktoren können modifizierend wirken (→ 212/213).

Die ersten Teilungen einer befruchteten Eizelle sind besonders gut am Seeigel untersucht. Die dotterarme Eizelle des Seeigels ist polar gebaut, die etwas stärker dotterhaltige und pigmentierte Seite bezeichnet man als *vegetativen Pol*, die andere als *animalen Pol* (s. Abb.). Die Befruchtung durch eine Spermazelle löst Mitosen in der entstandenen Zygote aus. Nach den ersten Zellteilungen verlaufen äußerlich sichtbare Furchen vom animalen zum vegetativen Pol sowie äquatorial. Die Furchungen teilen das gesamte Plasma der Eizelle in etwa gleich große Zellen *(Blastomere)* auf. Diesen für dotterarme Zellen typischen Furchungstyp nennt man *total-äqual*.

Die Blastomeren teilen sich weiter, ohne dass das Plasma zunimmt. Die Tochterzellen werden also immer kleiner und enthalten jeweils einen Teil des mütterlichen Zellplasmas mit seinen ungleich verteilten Inhaltsstoffen. Alle Zellen haben damit zwar die gleiche genetische Ausstattung, unterscheiden sich aber in der Zusammensetzung des Plasmas. Es entsteht zunächst eine kompakte Zellkugel *(Morula)*, aus der sich dann eine Hohlkugel *(Blastula)* entwickelt. Den entstandenen Hohlraum bezeichnet man als *primäre Leibeshöhle*.

Auf die Furchung folgen Zellbewegungen und Zellverlagerungen, die man als *Gastrulation* zusammenfasst. Dabei entstehen drei Zellgruppen *(Keimblätter)*, aus denen später die Organe hervorgehen. Zunächst wandern einzelne Zellen des vegetativen Pols in den Hohlraum der Blastula, sie sind Vorläufer des mittleren Keimblatts *(Mesoderm)*. Danach stülpt sich der vegetative Pol in das Innere, sodass das ganze Gebilde einem eingedellten Ball ähnelt. Die so entstandene *Gastrula* besitzt einen Urdarm mit einer Mündung nach außen, dem *Urmund*. Die Zellen des Urdarms bilden das innere Keimblatt *(Entoderm)*. Die äußere Zellschicht wird zum *Ektoderm*. Aus dem Ektoderm entstehen Haut und Nervensystem, das Mesoderm bildet Bindegewebe sowie Muskulatur und umkleidet die sekundäre Leibeshöhle, aus dem Entoderm wird das Darmepithel. Aus der Gastrula entwickelt sich eine planktonische Larve *(Pluteus)*, die sich durch eine *Metamorphose* in einen Seeigel verwandelt.

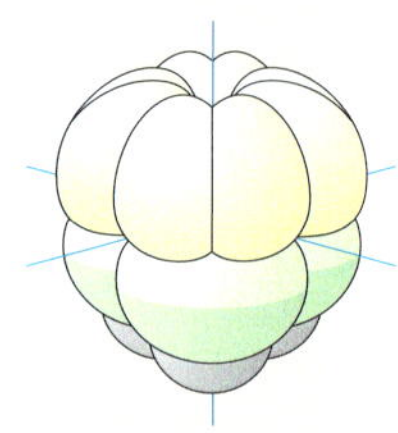

16-Zellenstadium

Morula

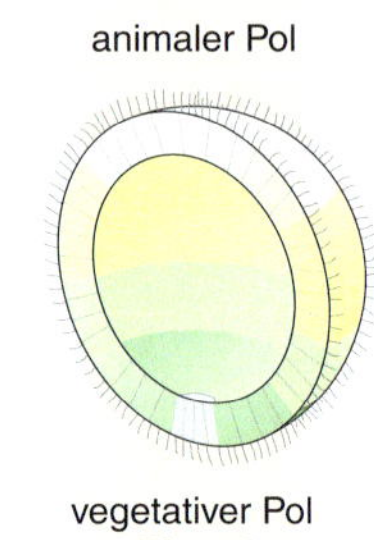

Blastula

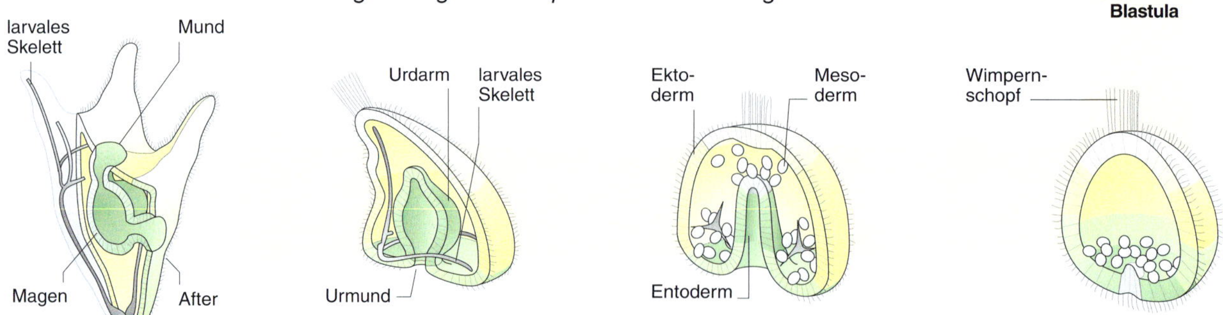

Pluteus **junger Pluteus** **späte Gastrula** **frühe Gastrula**

Ei- und Furchungstypen

Bei allen mehrzelligen Tieren verlaufen die ersten Schritte der Entwicklung von der Zygote zum vielzelligen Lebewesen – Furchung und Gastrulation – prinzipiell ähnlich. Vergleicht man die ersten Furchungsstadien, so findet man Unterschiede vor allem in der Größe und Anordnung der Blastomeren (Blastomerensymmetrie).

Die unterschiedlichen *Furchungstypen* hängen entscheidend von der Menge und Verteilung des Dotters in der Eizelle ab.

Dotter

Als *Dotter* bezeichnet man Reservesubstanzen, z. B. Proteine, Aminosäuren, Glykogen, Lecithin und Vitamine, die den Stoffwechsel des Keimes unterhalten, solange er noch keine Nährstoffe aufnehmen kann.

Dotter wird schon während der Eizellreifung im Muttertier gebildet und zwar in der Eizelle selbst, durch Hilfszellen, die die Eizelle als Follikel umgeben, oder als Sekretionsprodukt der Eierstöcke.

Das Eigelb eines Hühnereis z. B. ist die dotterreiche Eizelle, das umgebende Eiklar ist ein Sekret der Eierstöcke. Die Gesamtheit von Eizelle und Dotter, Eihülle oder Eischale ist das *Ei*.

Dotterreiche Eier werden oft von Tieren gebildet, die nur wenige Eier bilden, denen sie dann meist eine intensive *Brutpflege* zukommen lassen. Dotterarme Eizellen kennzeichnen Tiere mit Massenvermehrung, aber auch Säuger, deren Keime im Mutterleib über eine *Plazenta* mit Nährstoffen versorgt werden und deshalb weniger Vorräte benötigen.

Totale Furchung

Bei befruchteten dotterarmen Eizellen wird das gesamte Zellplasma in etwa gleich große Zellen *(Blastomere)* geteilt. Die beiden ersten Furchungen verlaufen meridional, die dritte mehr oder minder äquatorial. Sie teilt den Keim *äqual* in acht gleich große Zellen oder *inäqual* wie beim Seeigel in vier kleinere und vier größere Zellen (s. Seite 150). Die weiteren Furchungen liegen vom animalen Pol aus gesehen *radiär*, schräg versetzt *(spiral)*, oder seitwärts *(bilateral)* und legen so die späteren Körperachsen fest.

Partielle Furchung

Befruchtete dotterreiche Eizellen werden nur teilweise *(superfiziell* oder *discoidal)* gefurcht. Bei Insekten teilt sich der zentrale Zellkern zunächst mehrfach, die Tochterzellkerne wandern zur Peripherie der Zygote. Erst hier grenzen sich die Zellen durch Zellmembranen ab *(Periblastula)*. Bei Kriechtieren und Vögeln furcht nur die am animalen Pol liegende Keimscheibe *(Discoblastula)*. Die Dottermasse wird nicht geteilt.

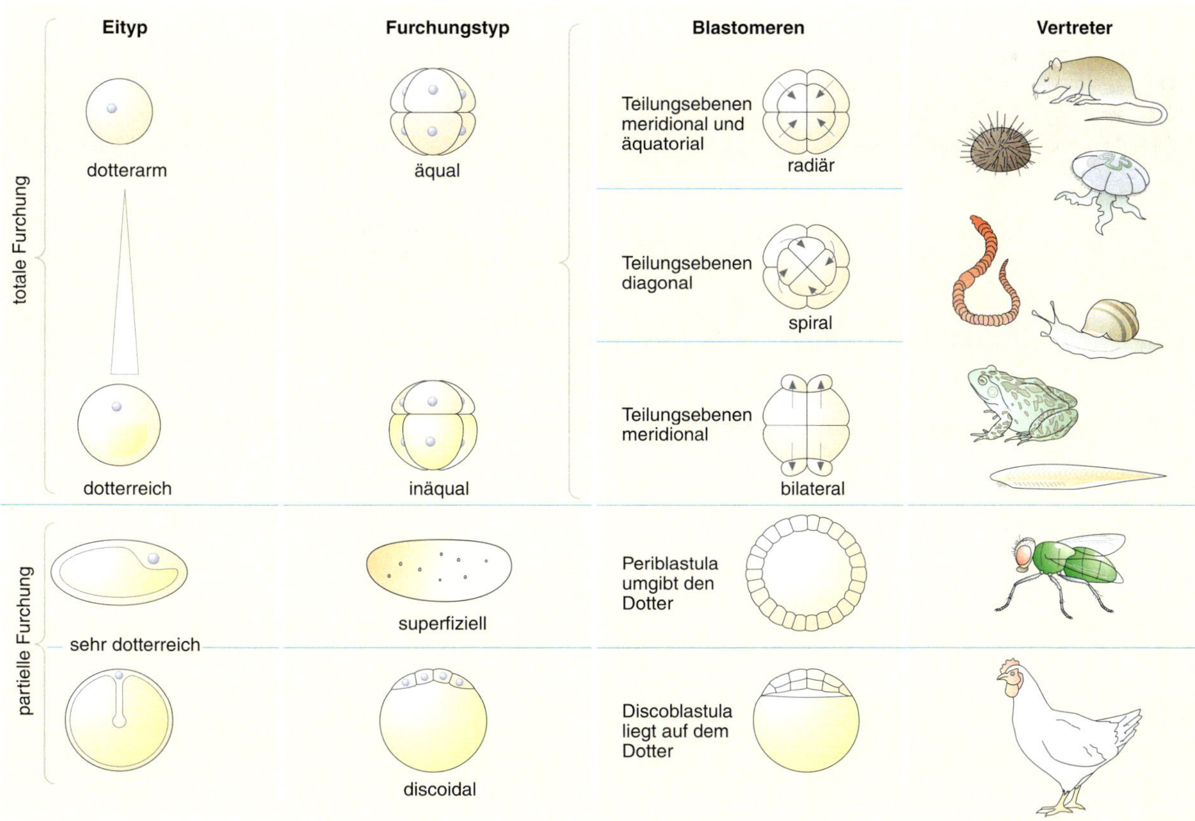

Determinierung
Einschränkung der Entwicklungsmöglichkeiten einer Zelle

Differenzierung
Erreichen der endgültigen Gestalt und Funktion

omnipotente Stammzellen
(„zu allem fähig“) können einen vollständigen Organismus hervorbringen

pluripotente Stammzellen
können alle Zelltypen, aber keinen vollständigen Organismus hervorbringen

multipotente Stammzellen
können den Zelltyp des umgebenden Gewebes hervorbringen

Stammzelltypen des Menschen
embryonale Stammzellen: pluripotent, adulte Stammzellen: multipotent

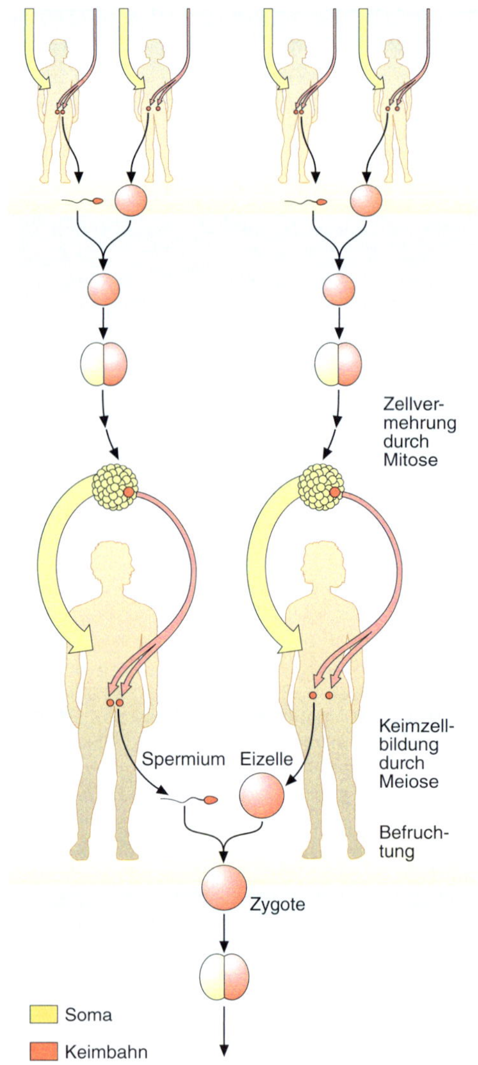

1 Keimbahn

Stammzellen: Alleskönner und Vielkönner

Wie einem Bauplan folgend, entstehen aus den zunächst gleichartigen Zellen eines Mehrzellerkeims spezialisierte Zellen, z. B. Muskel-, Nerven-, Darmzellen. *Entwicklung* bedeutet eigentlich nichts anderes als die zeit- und ortsgerechte *Differenzierung* von Zellen. Die Entwicklungsmöglichkeiten der Zelle werden dabei schrittweise eingeschränkt *(Determination,* s. Seite 16).

Aus der befruchteten Eizelle eines Mehrzellers kann ein vollständiger Organismus hervorgehen, die Zygote ist eine *omnipotente Stammzelle*. Zu den omnipotenten Stammzellen des Menschen zählen auch die Zellen der ersten Zellteilungen, denn aus ihnen können noch eineiige Zwillinge entstehen. Bei den ersten Zellteilungen erhalten die Tochterzellen zwar die gleiche genetische Information, übernehmen aber unterschiedliche Bereiche des mütterlichen Zellplasmas. Konzentrationsunterschiede an m-RNA und Proteinen führen zu einer spezifischen Genexpression in den einzelnen Zellen, auch Nachbarzellen beeinflussen die weitere Entwicklung (s. Seite 126). Beim Menschen können Zellen aus dem Inneren der *frühen Gastrula* alle Zelltypen, aber keinen kompletten Organismus bilden. Diese *embryonalen Stammzellen* sind *pluripotent* und bringen vermutlich auch die *adulten Stammzellen* hervor. Das sind teilungsfähige Zellen, die im ausgewachsenen Organismus für die Geweberneuerung sorgen. Adulte Stammzellen sind *multipotent*, bei ihnen legt die zelluläre Umgebung fest, welche Zelltypen erzeugt werden: Adulte Stammzellen der Haut bilden nur Hautzellen, solche aus dem roten Knochenmark nur Blutzellen usw. Werden adulte Stammzellen aber aus dem Gewebeverband herausgelöst, können sie im Reagenzglas mithilfe verschiedener Wachstumshormone umprogrammiert werden. Stammzellen aus dem Nervensystem entwickeln sich dann z. B. zu Muskelzellen. Bei der Determinierung geht die genetische Gesamtinformation der Zelle also nicht verloren, sie wird nur nicht mehr abgerufen.

Einen Sonderweg schlagen die Keimzellen ein. Sie entstehen meiotisch aus Urkeimzellen und bilden nach einer Befruchtung ein neues Individuum, in dem wiederum auf gleiche Weise Keimzellen entstehen. Zellen dieser *Keimbahn* werden von den Körperzellen *(somatischen Zellen)* unterschieden (Abb. 1).

Aufgabe

① Das *Embryonenschutzgesetz* (ESchG) vom 13.12.1990 verbietet künstliche Veränderungen der Keimbahnzellen, § 8 lautet: „Keimbahnzellen im Sinne dieses Gesetzes sind alle Zellen, die in einer Zell-Linie von der befruchteten Eizelle bis zu den Ei- und Samenzellen des aus ihr hervorgegangenen Menschen führen, ferner die Eizelle vom Einbringen oder Eindringen der Samenzelle an bis zu der mit der Kernverschmelzung abgeschlossenen Befruchtung.“
Bezieht sich dieses Gesetz auch auf Stammzellen und wenn ja, auf welche Sorte?

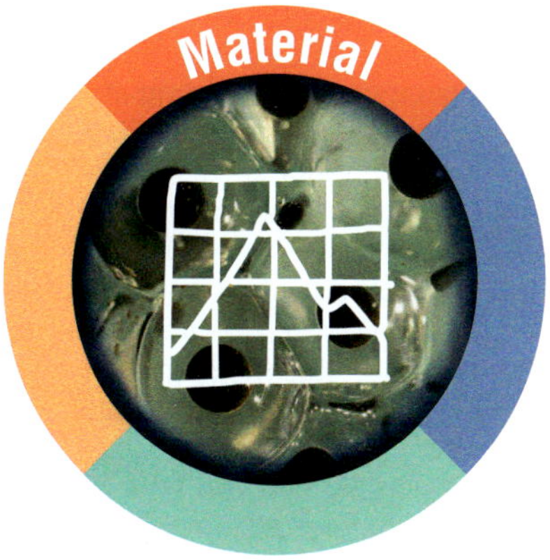

Klassische Experimente

Amphibien sind Modellorganismen für die Embryogenese von Wirbeltieren. Die Vorne-Hinten-Achse des erwachsenen Tieres entspricht der Verbindungsachse zwischen animalem und vegetativem Pol der Eizelle. Die zukünftige Bauchseite wird durch die Eintrittsstelle des Spermiums festgelegt, gegenüber entsteht ein anders pigmentierter Bereich, der graue Halbmond. HANS SPEMANN und HILDE MANGOLD (1901/1903) schnürten verschiedene Keime und stellten fest: Bei einer *Regulationsentwicklung* entsteht mindestens ein komplettes Tier, bei einer *Mosaikentwicklung* dagegen nur unvollständige Gebilde. Zellen sind determiniert, wenn sie sich bei einer Transplantation herkunftsmäßig und nicht ortsgemäß weiterentwickeln. Außerdem zeigten sie, dass bestimmte Zellgruppen *(Organisatoren)* die Entwicklung der Nachbarzellen beeinflussen *(Induktion)*.

Aufgaben

① Informieren Sie sich über die Fortpflanzung bei Amphibien und beschreiben Sie die Entwicklung von der Zygote bis zur Neurula (Abb. linker Teil).

② Leiten Sie aus den Schnürversuchen ab, welchen Einfluss der graue Halbmond auf die weitere Entwicklung hat (Abb. oben).

③ Trennt man die beiden Blastomeren im Zweizellstadium eines Seeigelkeimes voneinander, entwickeln sich zwei Larven, aus einem ebenso behandelten Fadenwurm-Keim geht kein lebensfähiges Tier hervor. Nennen Sie Entwicklungstyp und Entwicklungspotenz der Keime von Amphibien, Seeigel und Fadenwurm.

④ Leiten Sie aus den Transplantationsversuchen ab, wann die Determination im Amphibienkeim stattfindet (Abb. Mitte und unten).

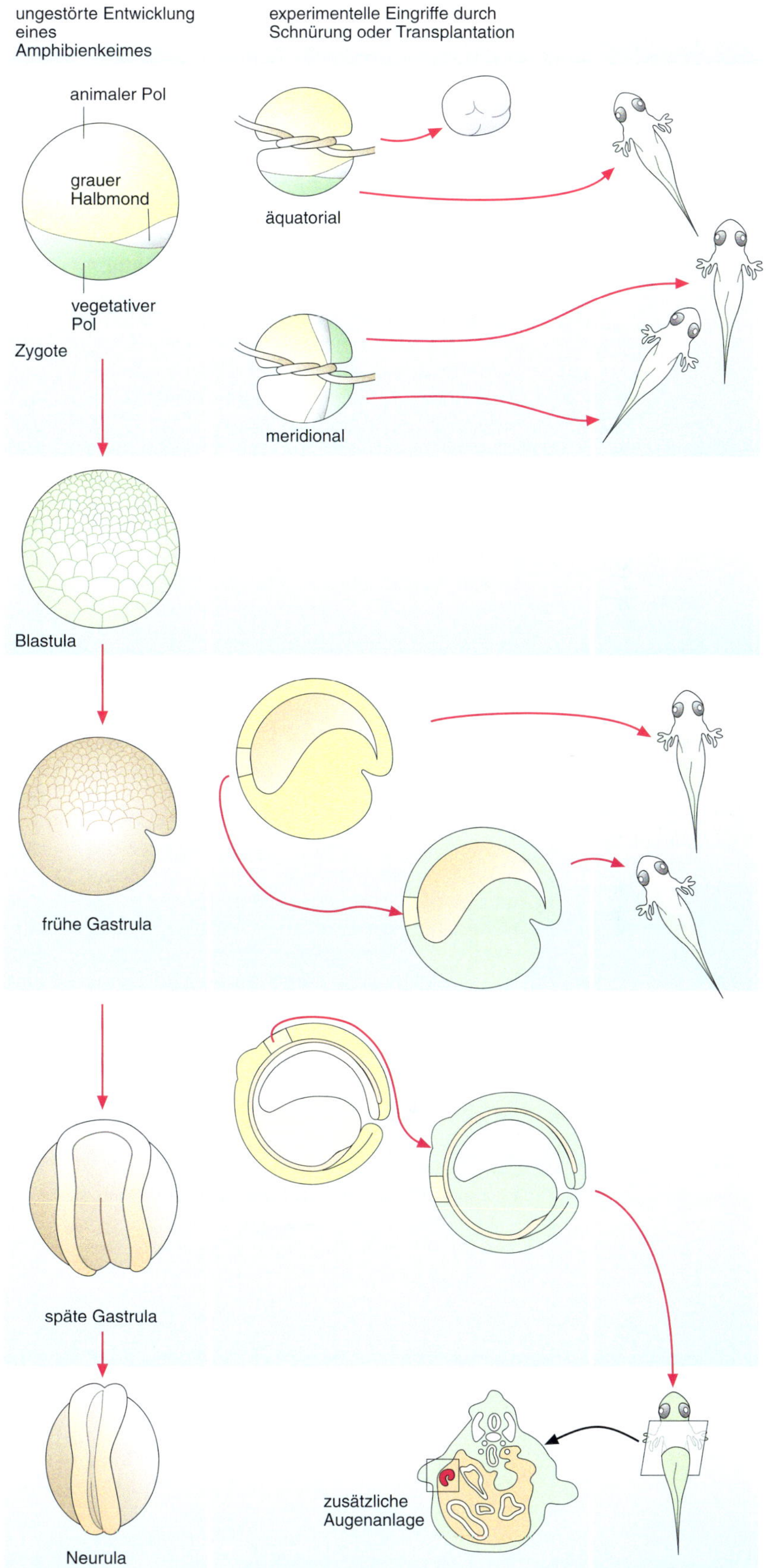

Individualentwicklung und Genregulation

Homunculus

Bicoid-Proteine
aktivieren
↓
gap-Gene
↓
gap-Proteine
aktivieren
↓
Segmentierungsgene

Hierarchie von Genaktivierungen bei der embryonalen Musterbildung

Noch im 18. Jahrhundert waren viele Biologen der Meinung, Spermien enthielten den erwachsenen Organismus in verkleinerter Form. Heute wissen wir, dass erst die befruchtete Eizelle die genetische Information eines Individuums enthält, vergleichbar einem Bauplan. Aber ein Bauplan macht noch keinen Organismus. Im Verlauf der Embryonalentwicklung werden bestimmte Gene in genau festgelegter Reihenfolge aktiviert. Die Proteine dieser Entwicklungskontrollgene sind DNA-bindende Moleküle, die eine Reihe weiterer Gene aktivieren. Der *embryonalen Musterbildung* liegt eine Hierarchie von Genaktivierungen zugrunde.

Maternale Effekte

Wesentliche Einsichten in die Steuerung von Entwicklungsprozessen haben wir Untersuchungen an der Taufliege *Drosophila melanogaster* zu verdanken. Entwicklungsbiologen versuchen die Mechanismen zu verstehen, die zum einen bei der Embryonalentwicklung des befruchteten Fliegeneies zur Bildung von Segmenten führen und zum anderen auch die Mechanismen, die deren Differenzierung bewirken.

Drosophila-Weibchen betreiben eine Art genetischer Brutpflege, sie geben nämlich Signalstoffe in die Eizelle ab. In den Eierstöcken umgeben mütterliche Zellen (Follikel- und Nährzellen) die Eizellen (s. Abb. 1). Die am vorderen Pol der Eizelle befindlichen mütterlichen Zellen „injizieren" die m-RNA für ein bestimmtes Protein *(Bicoid)* in die Eizelle. Wenn das Ei nach der Befruchtung abgelegt wird, beginnt am Vorderende der Eizelle die Translation der mütterlichen Bicoid-m-RNA. Das Bicoid-Protein diffundiert durch das Cytoplasma des Embryos. Es bildet sich ein Konzentrationsgradient aus. Dies ist leicht möglich, da in befruchteten Drosophila-Eizellen zunächst nur Kernteilungen stattfinden, ohne dass Zellmembranen gebildet werden. Der Konzentrationsgradient des Bicoid-Proteins lässt sich mithilfe von spezifischen Antikörpern sichtbar machen (Abb. 2).

Auch am hinteren Pol und an der Bauchseite des Embryos werden auf diese Weise mütterliche Proteine gebildet. Dadurch sind die Körperhauptachsen (zwischen Vorder- bzw. Hinterende, bzw. zwischen Bauch- und Rückenseite) der Taufliege festgelegt. Am vorderen Pol des Embryos, wo die Konzentration des Bicoid-Proteins am höchsten ist, bildet sich später der Kopf aus. Substanzen, die wie das Bicoid-Protein in Abhängigkeit von ihrer Konzentration die Zellentwicklung und damit die spätere Gestalt des Tieres kontrollieren, werden *Morphogene* genannt. Fehlen diese, entwickelt sich die Larve unvollständig. Eizellen von Bicoid-Mangelmutanten entwickeln sich zu Larven ohne Kopf und Brustsegmente. Die Eizellen können jedoch durch einen künstlichen Eingriff repariert werden: Wenn man in ihr vorderes Ende Cytoplasma von regulären Eizellen injiziert, wird der Gradient wieder hergestellt, die Entwicklung läuft ordnungsgemäß ab. Injiziert man das Cytoplasma jedoch in die Mitte der Eizelle, bildet sich dort ein Kopf aus.

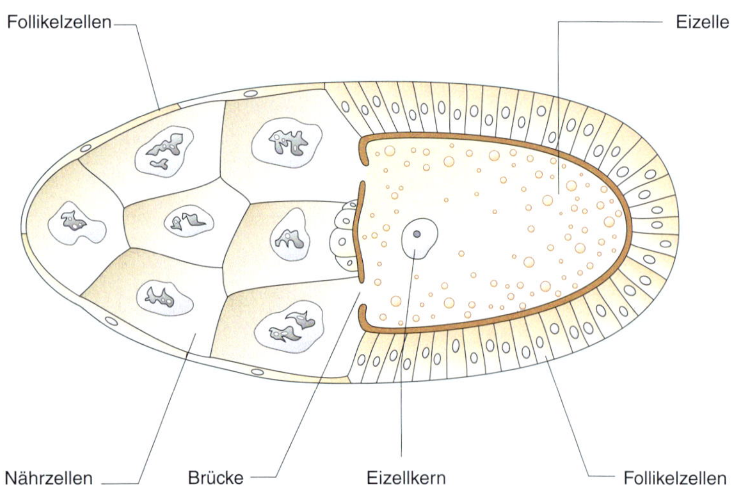

1 Follikel- und Nährzellen umgeben die Drosophila-Eizelle

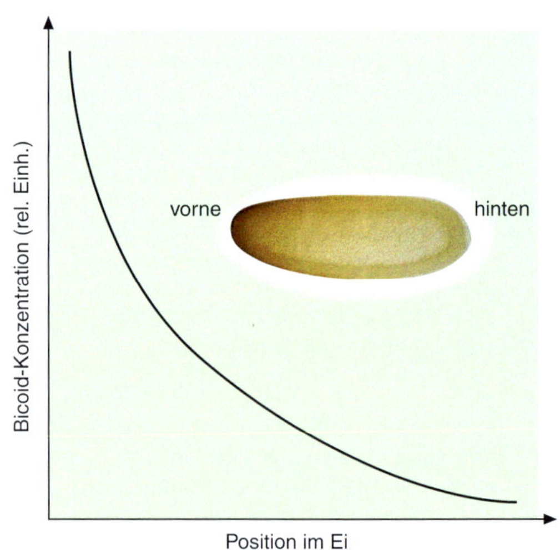

2 Konzentrationsgradient des Proteins Bicoid

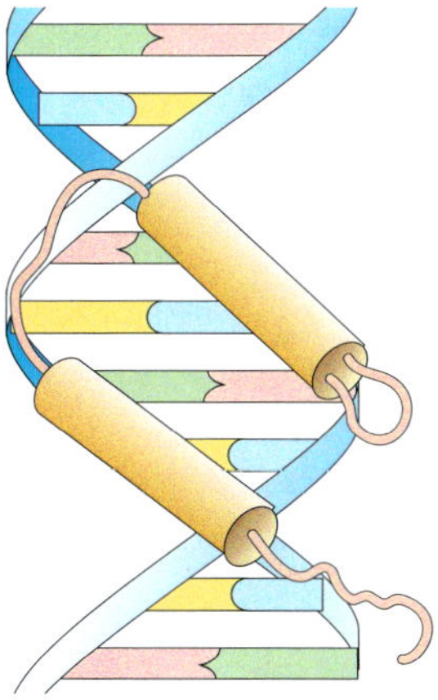

Homöodomänen binden DNA spezifisch

1 Die Proteine der Segmentierungsgene

Homöotische Gene
Gene, die den Bauplan von Tieren bestimmen, indem sie die Entwicklung von Zellgruppen steuern. Die Produkte homöotischer Gene *(Homöoproteine)* besitzen einen Abschnitt *(Homöodomäne)*, der spezifisch an DNA binden kann.

Die Bicoid-Proteine lösen die Bildung weiterer Proteine aus, die ihrerseits die so genannten Segmentierungsgene aktivieren (s. Randspalte Seite 154).

Abbildung 1 zeigt einen Drosophila-Embryo drei Stunden nach der Befruchtung. Zwei verschiedene Genprodukte von Segmentierungsgenen wurden mithilfe von Antikörpern sichtbar gemacht. Der Embryo weist ein Muster von 14 Streifen auf, wobei immer ein brauner auf einen grauen Streifen folgt. Zwischen den angefärbten Streifen liegen Bereiche, die keine Proteine von Segmentierungsgenen aufweisen und die sich deshalb nicht gefärbt haben. Die spätere Segmentierung des vielzelligen Embryos ist bereits drei Stunden nach der Befruchtung angelegt.

Differenzierung der Segmente

Nach der groben Einteilung in Segmente entscheiden die so genannten *homöotischen Gene* über die spezielle Ausstattung jedes einzelnen Drosophila-Segments. Auf diese Gene ist man durch bestimmte Mutationen aufmerksam geworden, die z. B. die Ausbildung von Beinen anstelle von Antennen im Kopfbereich bewirken.

Homöotische Gene sind sich in einer Sequenz von 180 Basenpaaren untereinander sehr ähnlich. Die entsprechende Aminosäuresequenz der codierten Proteine bildet die so genannte *Homöodomäne* (*Domäne* = strukturelle Einheit) aus, die spezifisch an DNA bindet. Bei den Genprodukten der homöotischen Gene handelt es sich also ebenfalls um regulatorische Proteine, die die Aktivität nachgeordneter Gene steuern.

Homöotische Gene sind nach ihrer Entdeckung bei Drosophila mittlerweile auch bei Wirbeltieren und ebenso beim Menschen gefunden worden. Überträgt man ein homöotisches Gen, das bei der Maus für die Augenbildung verantwortlich ist, auf eine Fliege, bildet diese ein zusätzliches Facettenauge aus. Dieser experimentelle Befund deutet daraufhin, dass homöotische Gene bei Insekten und Säugetieren ähnliche Funktion haben.

Aufgabe

① Mutationen in Bicoid-Genen werden phänotypisch erst in der Nachfolgegeneration sichtbar. Begründen Sie diese Aussage.

Zettelkasten

Entwicklung der Taufliege

Das Ei der Taufliege hat die Form eines länglichen Zylinders. Bei der Befruchtung dringt das Spermium in die Eizelle ein, sein Kern verschmilzt mit dem der Eizelle. Innerhalb von 2,5 Stunden bilden sich rund 5000 Zellkerne, die in einem gemeinsamen Cytoplasma schwimmen und zur Peripherie gelangen. Erst dann bilden sich um die Kerne Zellmembranen, der vielzellige Embryo entsteht. Nach 22 Stunden hat sich aus dem Embryo eine segmentierte, fressende Larve entwickelt.

Larve und ausgewachsene Fliege ähneln sich lediglich darin, dass sie aus sich wiederholenden, im Prinzip gleichartigen Abschnitten *(Segmenten)* zusammengesetzt sind. Nach Verpuppung und Metamorphose schlüpft die erwachsene Fliege. Die Segmente im Bereich des Kopfes sind dann miteinander verschmolzen und besitzen Sinnesorgane wie Augen, Antennen sowie Mundwerkzeuge. Sie haben sich differenziert. Die drei Brustsegmente ($B_1 - B_3$, s. Abb.) tragen Anhänge, also Flügel und Beine zur Fortbewegung. Der Hinterleib wird von 8 Segmenten ($H_1 - H_8$) gebildet.

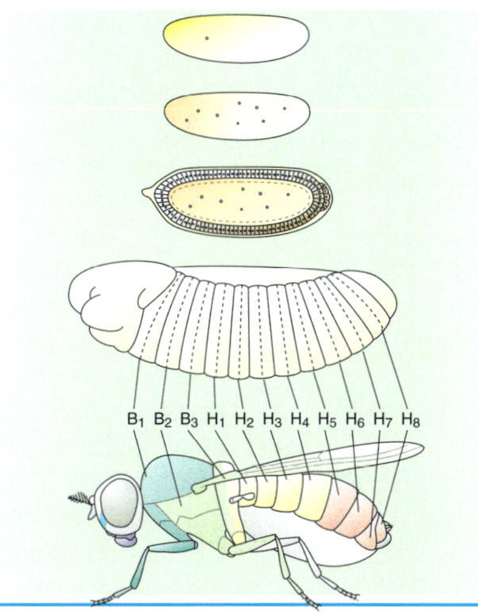

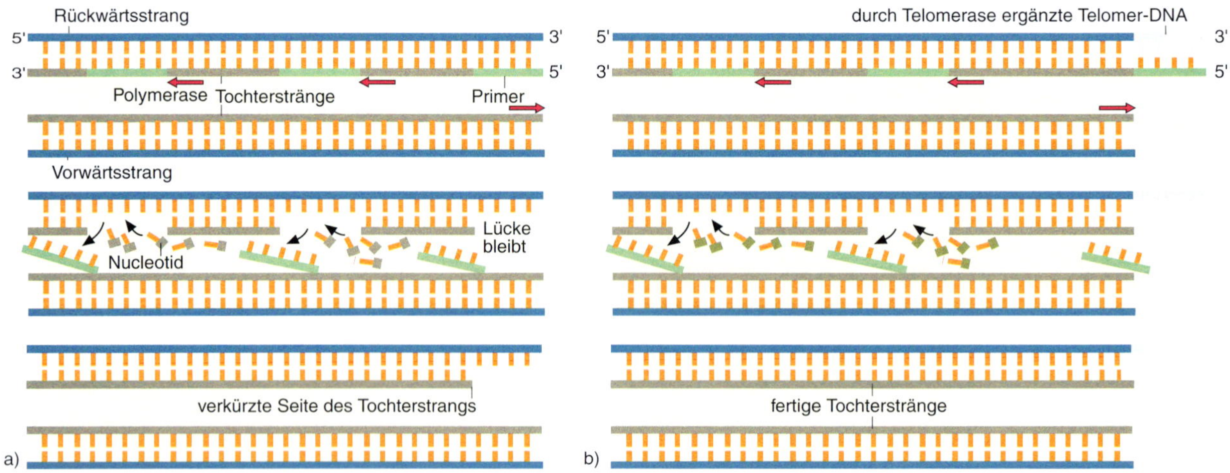

1 Verkürzung der Telomeren bei der Replikation: a) ohne Telomerase, b) mit Telomerase

Altern und Tod

Maximale Lebensdauer von Pflanzen
(in Jahren)

Eichenfarn	7
Haselnuss	120
Birnbaum	300
Zeder	1300
Mammutbaum	4000
Grannenkiefer	4700

Maximale Lebensdauer von Tieren
(in Tagen bzw. Jahren)

Rädertierchen	2–3 T
Taufliege	46 T
Regenwurm	10 J
Gorilla	60 J
Stör	152 J

Lebensdauer von Zellen des Menschen
(in Tagen)

Leberzelle	10-20
Dünndarmzelle	1,3-1,6
Weiße Blutzelle	1-3
Rote Blutzelle	120

Die Haut des Patienten ist faltig, die Haare grau, er leidet an Arthrose und Grauem Star. Man könnte ihn für einen Greis halten, tatsächlich ist er aber erst 12 Jahre alt und leidet am äußerst seltenen *Werner-Syndrom*: Mutationen auf Chromosom 8 haben einen veränderten Replikations-Enzym-Komplex hervorgebracht und lassen die Entwicklung im Zeitraffer ablaufen. Folgt auch das normale Altern einem genetischen Programm oder handelt es sich um einen Verschleiß von Zellen und Organen?

Für jede Organismenart lässt sich ein spezifisches Höchstalter angeben, das nur selten überschritten wird (s. Randspalte). Es erreichen heute zwar mehr Menschen das Greisenalter, aber nach wie vor wird kaum ein Mensch über 120 Jahre alt, besonders langlebige Menschen kommen nicht selten gehäuft in bestimmten Familien vor. Bei der Taufliege *Drosophila* und beim Fadenwurm *Caenorhabditis elegans* lassen sich langlebige Stämme züchten. Es wurden Gene identifiziert, die Lebenserwartung und Altern beeinflussen.

Die meisten Zellen in den Geweben eines Organismus erreichen bei weitem nicht das Lebensalter des Individuums und müssen durch neue Zellen ersetzt werden (s. Randspalte). Auch in Zellkulturen gehen sie nach 50 bis 60 Zellteilungen zugrunde. Die Lebensuhr der Zelle tickt mit jedem Zellzyklus. Das Zählwerk befindet sich in den *Telomeren* der Chromosomen (s. Seite 117), sie werden bei jeder Replikation verkürzt (Abb. 1). Wenn die Telomeren verbraucht sind, erliegt die Zelle dem *programmierten Zelltod*. Unbegrenzt teilungsfähige Zellen (Stammzellen, Tumorzellen) können mit dem Enzym *Telomerase* die Telomeren-DNA nachsynthetisieren, sie bleiben daher unbegrenzt teilungsfähig. Ob man über die Beeinflussung der Telomerase auch das Lebensalter einer Zelle beeinflussen kann, ohne dass daraus eine Tumorzelle entsteht, ist unklar.

Aber auch Nerven- und Herzmuskelzellen altern und sterben, obwohl sie sich so gut wie gar nicht teilen. Hier spielt die Telomerenverkürzung also eine untergeordnete Rolle. Bei ihnen stellt man allerdings eine allmähliche Anhäufung von Schadstoffen fest. Reaktive Sauerstoff-Radikale bilden sich bei der Zellatmung in den Mitochondrien und rufen oxidative Schäden an Nucleinsäuren, Proteinen und Lipiden hervor. Sind Antioxidantien aus der Nahrung nicht in ausreichender Konzentration vorhanden, können geschädigte Zellen absterben. Die zelluläre Schadensuhr bestimmt die mittlere Lebensdauer eines Individuums. In stoffwechselaktiven Zellen bzw. Organismen häufen sich besonders schnell Schadstoffe an, hier ist der Verschleiß größer. Das könnte die im Vergleich zu großen Tieren geringere Lebenserwartung kleinerer, und damit stoffwechselaktiverer Arten erklären.

Das Altern von Zellen hat also genetische und physiologische Ursachen und kann mit einer Theorie alleine nicht befriedigend erklärt werden.

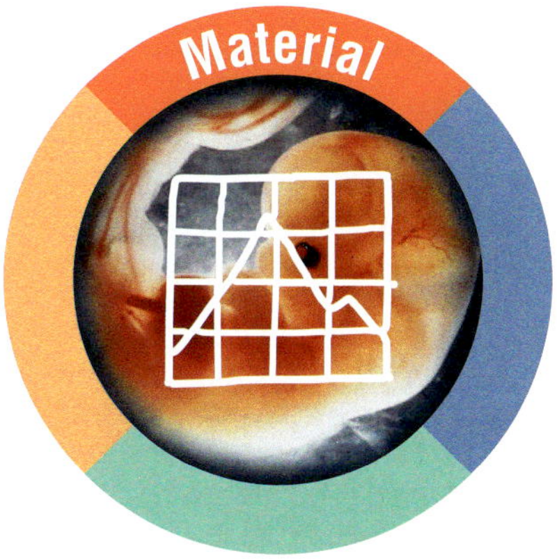

Programmierter Zelltod

Einem erwachsenen Frosch fehlt der Schwanz der Kaulquappe. Er wurde nicht etwa abgeworfen, sondern „zurückgebildet", d. h. die Zellen wurden in einem geordneten Prozess abgebaut und ihre Bestandteile dem Organismus zugeführt. Dieser genetisch gesteuerte (programmierte) Zelltod *(Apoptose)* formt ebenso wie die Zellteilung Gewebe und Organe. Durch Apoptose werden überflüssige, beschädigte, infizierte oder anders veränderte Zellen beseitigt. Weist das genetische Programm für den Zelltod Fehler auf, kann das zu Krankheiten und Fehlentwicklungen führen. Es gilt heute als gesichert, dass zu viele Apoptose-Vorgänge Schlaganfall, Herzinsuffizienz, Alzheimer und Parkinson begünstigen. Zu wenig Apoptose lässt Zellen ungehindert wachsen und fördert die Krebs- und Tumorbildung. Mediziner hoffen auf eine pharmakologische Kontrolle des Zelltodes und der damit verbundenen Krankheiten.

Typen des Zelltodes

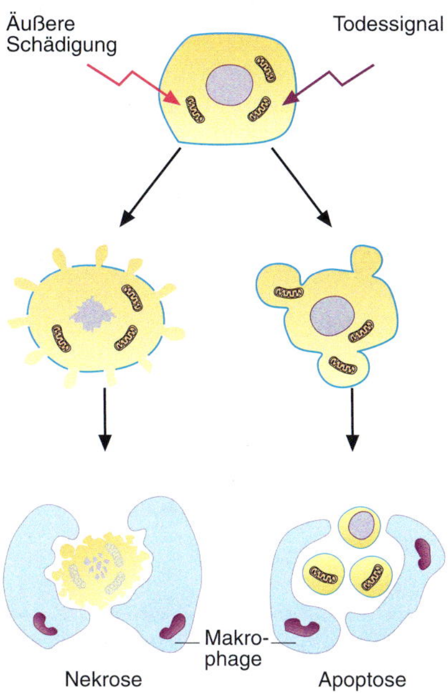

1 Vergleich Nekrose/ Apoptose

Aufgaben

① Zellen sterben auch nach Gewalteinwirkung oder Verbrennung. Erläutern Sie anhand Abb. 1, wie sich dieser als *Nekrose* bezeichnete Zelltod von der Apoptose unterscheidet.

② Die Nekrose wird oft einem „Mord", die Apoptose einem „Selbstmord" gleichgesetzt. Erklären Sie.

Formgebung durch Apoptose

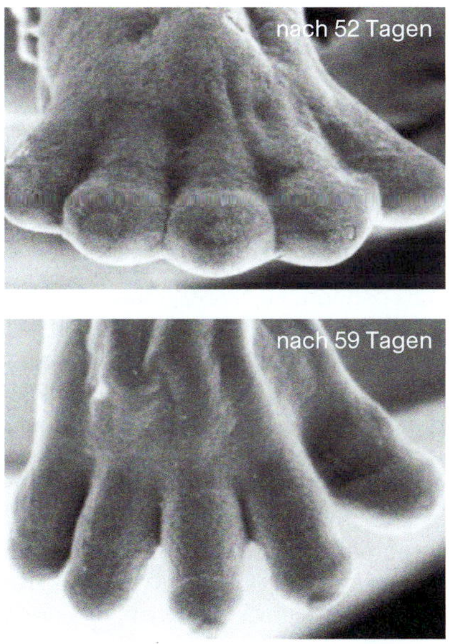

2 Fuß eines menschlichen Embryos

Aufgaben

③ Beschreiben Sie die Entwicklung des menschlichen Fußes und bringen Sie diese Entwicklung mit der Apoptose in Zusammenhang (Abb. 1).

④ Bei vielen Tieren werden in der Entwicklung Zell- und Gewebeteile zurückgebildet. Nennen Sie Beispiele, für die Apoptose verantwortlich sein könnte.

Ablauf der Apoptose

Die Apoptose lässt sich in drei Hauptphasen unterteilen: In der ersten Phase aktiviert ein von außen kommendes Signal (zellschädigende Stoffe, Entzug von Zellkontakten, Wachstumsfaktoren oder Hormonen) oder ein intrazellulärer Prozess (Fehler im Zellzyklus, DNA-Schädigung) das Apoptose-Programm. In der betroffenen Zelle bewirkt das Kontrollprotein P53 die Synthese von Apoptose fördernden Genprodukten, sodass diese gegenüber den Apoptose hemmenden Stoffen überwiegen. P53 fällt damit das Todesurteil über die Zelle, indem abbauende Enzyme aktiviert werden. In der zweiten Phase wird die Zelle zerstört: Bestimmte Proteasen zerlegen die Proteine, Nucleasen zerlegen die DNA. In der dritten Phase schnüren sich von der sterbenden Zelle membranumschlossene Vesikel ab, die dann von Makrophagen aufgenommen und verdaut werden.

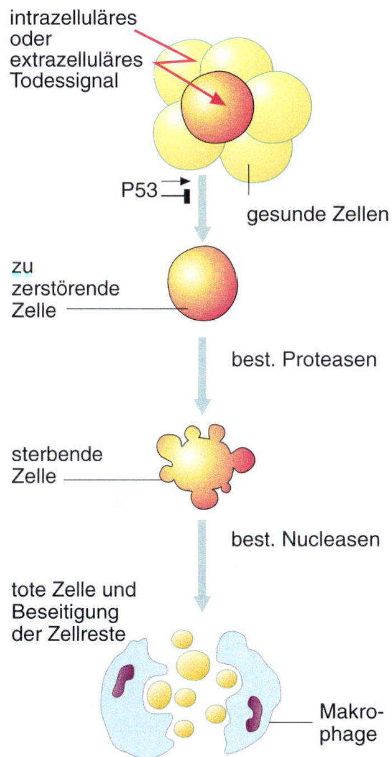

3 Hauptphasen der Apoptose

Aufgaben

⑤ Beim Menschen wird P53 von einem Gen auf Chromosom 17 codiert. Es wird als Tumor-Suppressorgen bezeichnet, verhindert also die Entstehung von Krebs. Erklären Sie diese Wirkung.

⑥ Krebs auslösende Viren bilden ein Protein, das an P53 bindet und es dadurch inaktiviert. Inwieweit begünstigt das die Vermehrung der Viren?

⑦ Rote Blutzellen besitzen keinen Zellkern und sind sehr kurzlebig. Warum werden gealterte Rote Blutzellen nicht durch Apoptose, sondern in einem speziellen Organ, der Leber, vernichtet?

Krebs — Folge fehlgesteuerter Gene?

Tumor
Geschwulst

gutartiger Tumor
z. B. Myom, Polyp

bösartiger Tumor
Krebs, z. B. Karzinom, Sarkom

Onkogen
Krebsgen

Proto-Onkogen
Gen, das Zellteilung und Wachstum kontrolliert und aus dem durch Mutation ein Onkogen entstehen kann.

Nach den Herz-Kreislauf-Erkrankungen ist *Krebs* in den Industriestaaten eine der häufigsten Todesursachen. Krebs ist eine Sammelbezeichnung für bösartige *Tumore*, also für Geschwülste von Körpergewebe, in denen sich Zellen unkontrolliert teilen und ihre normale Funktion verlieren. Tumore verdrängen durch ihr Wuchern das gesunde Gewebe und entziehen dem Organismus lebenswichtige Nährstoffe für ihren eigenen übersteigerten Stoffwechsel. Gutartige Tumore wachsen sehr langsam und dringen nicht in das umgebende Gewebe ein, sie sind daher nicht unbedingt lebensbedrohend. Bösartige Tumore dringen in das umgebende Gewebe ein; Zellen können sich aus dem Krebsgeschwulst lösen und im Körper ausbreiten. Sie bilden dann Tochtergeschwülste *(Metastasen,* Abb. 159.1).

Während die Häufigkeit und der Zeitpunkt der Zellteilungen bei gesunden Körperzellen gesteuert wird, entziehen sich Krebszellen einer Kontrolle. Sie teilen sich unablässig, ohne sich zu differenzieren und ohne sich als Gewebe zu ordnen. Die Molekularbiologie bietet inzwischen Erklärungsansätze für die Entstehung von Krebszellen.

Bereits 1775 stellte man gehäuft Krebs bei Schornsteinfegern fest, die oft in Kontakt mit Teerstoffen und Kohlenstoffpartikeln des Rußes kamen. Bestimmte Stoffe können also Krebs verursachen, sie wirken *karzinogen*; ebenso energiereiche Strahlen, wie Röntgen-, UV- oder radioaktive Strahlung. Da die genannten Einflüsse mutagen sind, liegt es nahe zu vermuten, dass Mutationen in Körperzellen *(somatische Mutationen)* Krebs verursachen können. Es gibt daneben aber auch spezielle Viren, die Krebs auslösen können.

Die Rolle von Genen beim unkontrollierten Wachstum von Tumoren, wurde zuerst an Krebs erregenden Viren erkannt. Man bezeichnet Krebs erregende Gene als *Onkogene* (griech. *onkos* = Geschwulst). Virale Onkogene führen zur vermehrten Zellteilung bei befallenen Zellen und fördern so ihre eigene Vervielfachung. In ihrer Basensequenz ähneln die viralen Onkogene wirtseigenen Genen, die Wachstum und Zellteilung gesunder Zellen im Gewebe kontrollieren. Sind diese Gene verändert, kann das Zellwachstum außer Kontrolle geraten. Daher sind sie potenzielle Vorstufen von Onkogenen und man bezeichnet sie entsprechend als *Proto-Onkogene*. Verschiedene Mutationsereignisse können lebensnotwendige Proto-Onkogene in Krebs verursachende Onkogene umwandeln (Abb. 1): Eine Vervielfachung (mehrfache Duplikation) des Proto-Onkogens steigert seine Expression und damit die Zellteilung. Bestimmte Punktmutationen können stärker wirksame Genprodukte entstehen lassen. Durch Translokation kann ein Proto-Onkogen in eine DNA-Nachbarschaft kommen, in der es unter die Kontrolle eines besonders aktiven Promotors gerät (s. Seite 119).

Krebs kann aber nicht nur entstehen, wenn zellwachstumsfördernde Gene mutieren, sondern auch wenn solche Gene verändert werden, die normalerweise das Zellwachstum hemmen, die Entstehung eines Tumors also im intakten Zustand verhindern. Man

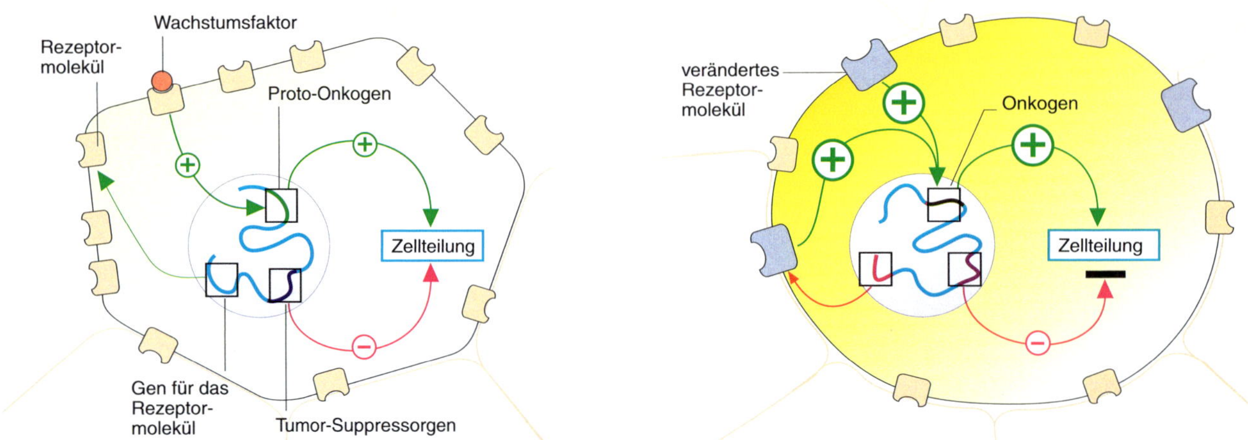

1 Steuerungsvorgänge in normalen Körperzellen (links) und Tumorzellen (rechts)

bezeichnet sie daher als *Tumor-Suppressorgene*. Mutationen in Tumor-Suppressorgenen werden mit verschiedenen Krebserkrankungen in Zusammenhang gebracht, z.B. mit einem bösartigen Netzhauttumor bei Kindern. Neben Genmutationen werden heute auch somatische Genommutationen (s. Seite 130) für die Krebsentstehung verantwortlich gemacht.

Krebs wird meistens durch mehrere Mutationen verursacht. Das erklärt auch das vermehrte Auftreten von Krebs im Alter und eine gewisse Häufung von Krebserkrankungen in bestimmten Familien. Die *Zwei-Treffer-Theorie* geht davon aus, dass mindestens zwei Mutationen erforderlich sind, um Zellen entarten zu lassen: Eine Mutation schädigt z.B. ein Gen für die Regulation der Zellteilung, die andere eines für die Anordnung zu Geweben. Hat eine Person bereits ein mutiertes Gen geerbt, genügt eine weitere Mutation, um in Körperzellen Krebs auszulösen. Der Betroffene ist *prädisponiert*.

Mit der Zwei-Treffer-Theorie kann die Entstehung von Dickdarmkrebs, der häufigsten Krebsart bei Männern, erklärt werden: In gesunden Zellen codiert ein Proto-Onkogen auf Chromosom 12 für ein membrangebundenes Rezeptorprotein. Dieses aktiviert im Inneren der Zelle das Programm zur Zellteilung, sobald sich Wachstumsfaktoren anlagern. Verwandelt eine Mutation dieses Proto-Onkogen in ein Onkogen, ist das veränderte Rezeptorprotein daueraktiv und regt die betroffene Zelle auch ohne Wachstumsfaktoren zu ständigen Teilungen an. Es bilden sich gutartige Wucherungen *(Polypen)*. Der Verlust eines Tumor-Suppressorgens durch eine weitere Mutation führt dann zum Krebs (Abb. 1).

Aufgaben

① Die Mutation eines Proto-Onkogens zum Onkogen wirkt sich dominant aus, durch Mutation unwirksame Tumor-Suppressorgene dagegen rezessiv. Begründen Sie.

② Zigarettenrauch und Alkohol können ein Gen auf Chromosom 17 verändern, das für das Kontrollprotein P53 codiert (s. Seite 157). Erklären Sie den Zusammenhang mit der Krebs verursachenden Wirkung des Rauchens.

③ Informieren Sie sich über weitere Risikofaktoren, die zur Entstehung von Krebs führen können.

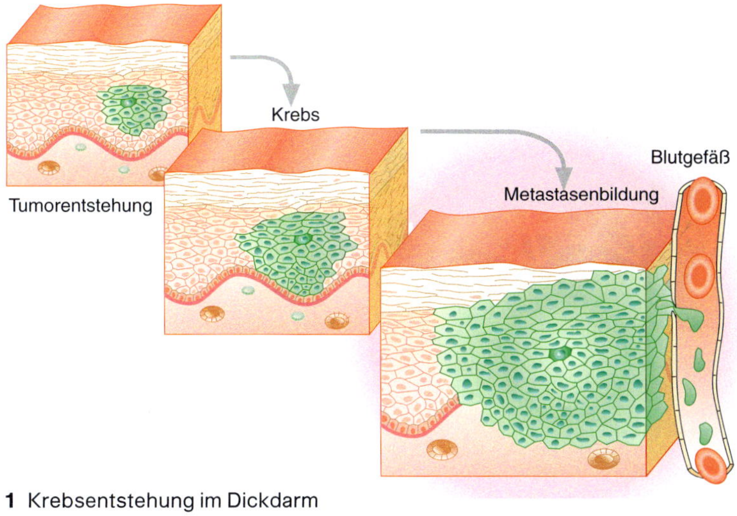

1 Krebsentstehung im Dickdarm

Zettelkasten

Methoden der Krebsbehandlung

Die Diagnose „Krebs" ist heute kein „Todesurteil" mehr. Die klassischen Therapieverfahren wurden weiter verfeinert und dadurch wirksamer. Verbesserte Operationstechniken helfen, Tumore restlos zu entfernen, bevor sie in das umgebende Gewebe eindringen oder Metastasen gebildet haben. Zellteilungshemmende Mittel *(Cytostatika)* können das Wachstum von Krebszellen stoppen. Neue Substanzen aus dieser Wirkstoffgruppe bekämpfen Tumorzellen gezielter, haben daher weniger Nebenwirkungen und verhindern die Resistenzbildung bei Tumorzellen besser. Die radioaktive Bestrahlung von Tumoren kann inzwischen immer genauer gesteuert werden, sodass weniger gesunde Zellen dadurch geschädigt werden.

Molekulargenetische Erkenntnisse erleichtern die Krebstherapie. Vor allem die genetische Diagnostik zur Identifizierung von Onkogenen erlaubt eine frühzeitige Risikoabschätzung für Personen, in deren Familien gehäuft bestimmte Krebstypen auftreten. Die Vorsorge kann dann intensiviert und eventuell eine vorbeugende Operation vorgenommen werden. Genetische Analysen zeigen auch Erfolge in der Krebsnachsorge. Bei vielen operierten Patienten tritt der Tumor erneut auf, weil die Krebszellen nicht vollständig entfernt wurden. Mit der PCR-Methode (s. Seite 174) kann man bereits das Vorhandensein einzelner Krebszellen nachweisen und die Therapie bis zu ihrem Verschwinden fortführen oder den Patienten unnötige weitere Therapiemaßnahmen ersparen.

Erfolg versprechende Ansätze zur Therapie liegen auch in immunologischen Methoden. Das Immunsystem erkennt Krebszellen an irregulären Oberflächenmerkmalen und vernichtet sie. Erst bei einer Überlastung dieses Systems kann sich Krebs manifestieren. Man kann bei Krebspatienten das Immunsystem aktivieren oder Immunzellen gegen Tumore in Zellkulturen vermehren und dem Körper wieder zuführen. Koppelt man gegen Krebszellen gerichtete Immunzellen mit stark strahlenden radioaktiven Substanzen oder starken Zellgiften, lassen sich Tumorzellen gezielt zerstören, denn gesunde Zellen ohne die Tumor-Oberflächenstrukturen werden nicht angegriffen. Andere Medikamente können Oberflächenstrukturen im Gewebe blockieren, an denen sich Tumorzellen anheften. So wird die Bildung von Metastasen verhindert.

Alle Methoden sind umso erfolgreicher, je früher der Krebs erkannt wird. Vorsorgeuntersuchungen können Leben retten!

Gen-Geschichte

1866: Der Augustiner-Pater Johann Gregor Mendel veröffentlicht seine „Versuche über Pflanzenhybriden“. Aus über 10 000 Kreuzungsexperimenten ermittelte er Zahlenverhältnisse, von denen er die Vererbungsregeln ableitete. Ihre allgemeine Gültigkeit haben seine Zeitgenossen nicht erkannt.

1869: Der Chemiker und Mediziner Friedrich Miescher isoliert aus Zellkernen „Nuclein“, das Walther Flemming 1879 in mikroskopischen Schnitten *Chromatin* nennt. R. Altmann prägte 1889 den Begriff Nucleinsäuren.

1881: Edouard-Gérard Balbiani entdeckt „Kernfäden“ in den Zellkernen von Mückenlarven. Erst 1933 beweisen Emil Heitz und Hans Bauer die Chromosomennatur dieser Riesenchromosomen.

J. G. Mendel

T. H. Morgan

O. T. Avery

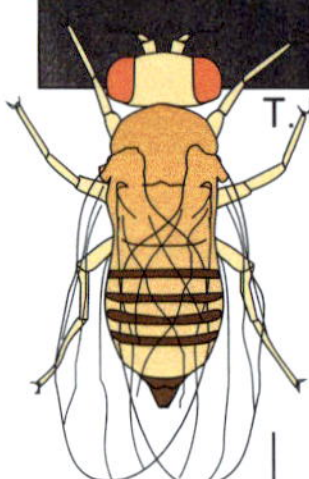

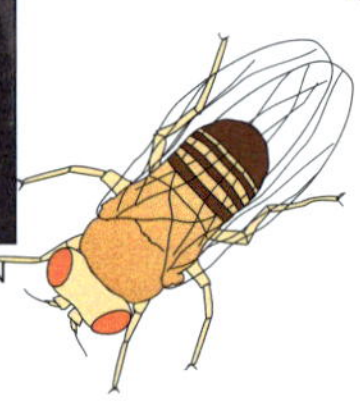

1888: Der Anatom Wilhelm Waldeyer verwendet erstmals den Ausdruck „Chromosomen“ für die bei der Zellteilung beobachteten „Kernschleifen“.

ca. 1900: Albrecht Kossel (Nobelpreis 1910) spaltet Nucleinsäuren chemisch und weist Phosphorsäure, Zuckereinheiten sowie die Purin- und Pyrimidinbasen als Bestandteile nach.

1900: Carl Correns, Hugo de Vries und Erich von Tschermak-Seysenegg bestätigen unabhängig voneinander Mendels Vererbungsregeln.

1902: Der Zoologe Theodor Heinrich Boveri und der Cytologe William S. Sutton formulieren unabhängig voneinander die *Chromosomentheorie der Vererbung,* indem sie Zellbiologie und Vererbungslehre kombinieren.

1905: William Bateson, Edith Rebecca Saunders und Reginald Curdell Punnett entdecken die gekoppelte Vererbung von Genen.

1909: Wilhelm Johannsen definiert die Gene als unteilbare Einheiten der Vererbung. Er unterscheidet zwischen dem *Genotyp* und dem *Phänotyp* eines Lebewesens. Bei der Keimzellenbildung des Salamanders beobachtet er Überkreuzungen homologer Chromosomen (*Chiasmata*).

1911: Thomas Hunt Morgan (Nobelpreis 1933) erkennt bei Kreuzungsversuchen mit Drosophila, dass gekoppelt vererbte Gene auf demselben Chromosom liegen. Kopplungsgruppen können durch Genaustausch aufgebrochen werden. Auf dieser Basis lassen sich relative Genkarten erstellen. Der Genabstand wird in der Einheit *Morgan* angegeben.

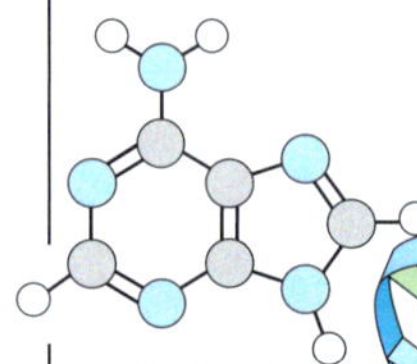

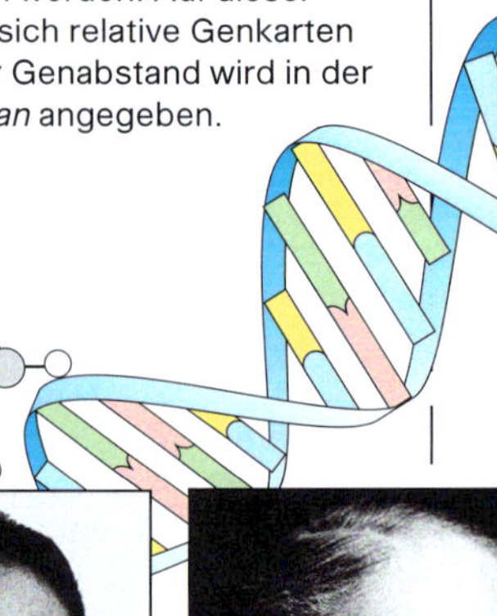

J. D. Watson

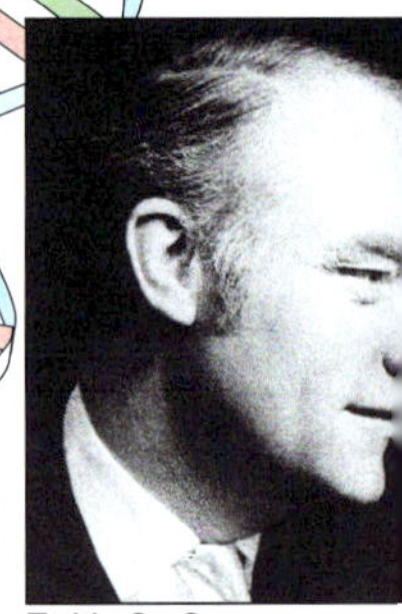
F. H. C. Crick

1926: Hermann J. Müller (Nobelpreis 1948) zeigt, dass Röntgenstrahlen Mutationen verursachen.

1928: Frederick Griffith beweist, dass Erbinformation von einer Bakterienzelle in eine andere übertragbar ist.

1935: Max Delbrück (Nobelpreis 1969) vermutet, dass Gene fest umrissene, molekulare Einheiten eines Stoffes sind, der später als DNA erkannt wird.

1941: George W. Beadle und Edward Tatum (Nobelpreis 1958) formulieren die „Ein-Gen-ein-Enzym-Hypothese“.

1944: A. M. Srb und N. H. Horowitz definieren das Gen neu: „Jedes Gen kontrolliert einen Schritt in einer Kette biochemischer Reaktionen.“

1944: Oswald T. Avery, Colin McLeod und Mclyn McCarty beweisen, dass DNA Träger der Erbinformation ist.

1947: Barbara McClintock (Nobelpreis 1983) beschreibt „springende Gene“ beim Mais.

1951: Erwin Chargaff findet heraus, dass die vier Basen der DNA in bestimmten Zahlenverhältnissen zueinander vorliegen *(Chargaff-Regel).*

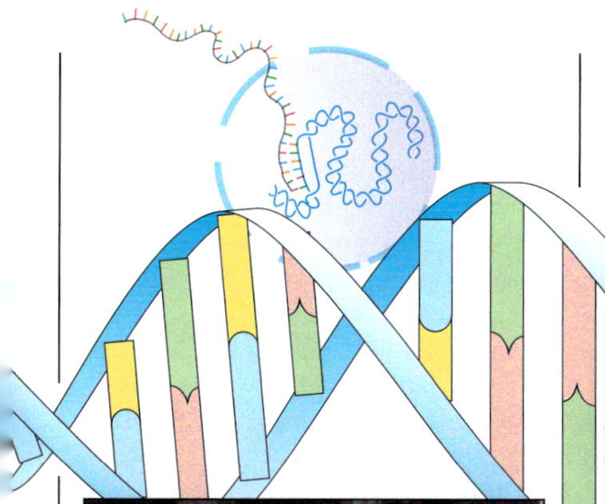

F. Jacob und J. L. Monod

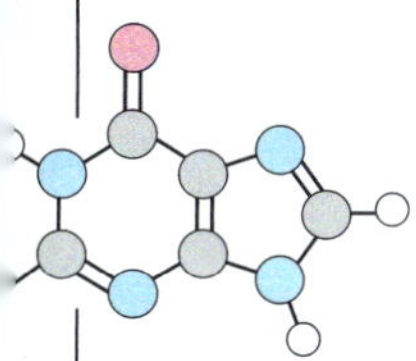

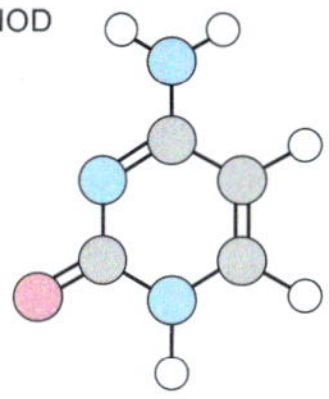

1953: James D. Watson und Francis H. C. Crick (Nobelpreis 1962) stellen das Doppelhelixmodell der DNA auf, in das u. a. Röntgenbeugungsergebnisse von Rosalind Franklin einfließen. Sie erhielt keinen Nobelpreis, da sie zuvor im Alter von 37 Jahren starb.

1958: Matthew Meselson und Frank und Mary Stahl weisen nach, dass DNA semikonservativ verdoppelt wird.

1959: Claus Pelling zeigt Gentranskription, indem er RNA-Synthese in den Puffs von Riesenchromosomen nachweist.

1961: François Jacob und Jacques L. Monod (Nobelpreis 1965) veröffentlichen das *Operon-Modell*, das veranschaulicht, wie Gene an- und ausgeschaltet werden. Sie entwickeln die *Ein-Gen-eine-m-RNA-Hypothese*.

1965: Auf Grundlage der Arbeiten von Marshall Nirenberg (Nobelpreis 1968) gelingt es Heinrich Matthaei und Severo Ochoa den genetischen Code aufzuklären: Jeweils drei Nucleotide definieren eine Aminosäure.

1969: Joseph G. Gall und Mary Loupardue erfinden die *In-situ-Hybridisierung* von Nucleinsäuren. Diese Technik erlaubt es, Gene auf Chromosomen zu lokalisieren.

J. H. Matthaei und M. Nirenberg

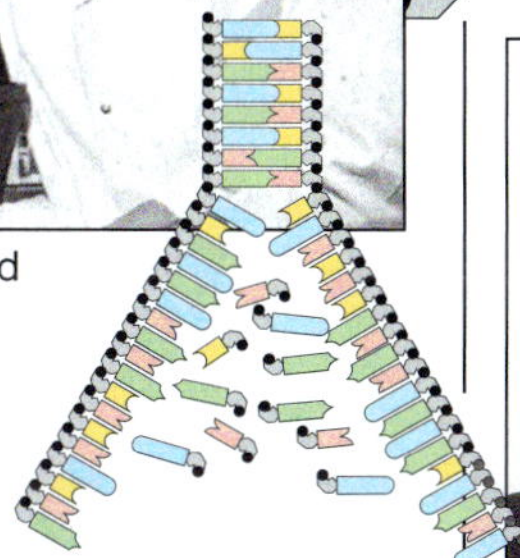

1970: Howard Temin und David Baltimore (Nobelpreis 1975) finden in Retroviren die *reverse Transkriptase*. Mit diesem Enzym übersetzen Retroviren ihre RNA-Erbinformation in DNA.

1972: Werner Arber (Nobelpreis 1978) entdeckt die *Restriktionsenzyme* („enzymatische Scheren").

1972: Paul Berg und Mitarbeiter (Nobelpreis 1980) bauen das erste rekombinante DNA-Molekül, indem sie DNA zerschneiden und die Fragmente neu verkleben.

1973: Stanley N. Cohen, Herbert W. Boyer und ihre Mitarbeiter zeigen, dass rekombinante DNA in lebenden Zellen die Produktion von Proteinen anweisen kann.

1975: Georges Köhler und Cesar Milstein (Nobelpreis 1984) gelingt die Herstellung von monoklonalen Antikörpern.

1977: Richard J. Roberts und Philipp A. Sharp (Nobelpreis 1993) entdecken in Eukaryoten die *Spleißreaktion*. Aus dem primären Transkript *(Prä-m-RNA)* werden die Introns entfernt und die Exons noch im Zellkern zur reifen m-RNA zusammengefügt.

1977: Allan Maxam und Frederick Sanger (Nobelpreis 1980) entwickeln unabhängig voneinander leistungsfähige Methoden zur DNA-Sequenzierung.

1982: Das erste gentechnisch hergestellte Medikament *(Insulin)* kommt in den USA auf den Markt.

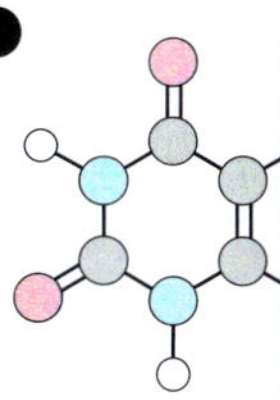

C. Nüsslein-Volhard

W. Arber

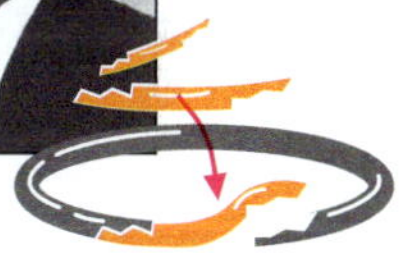

1983: Kary B. Mullis (Nobelpreis 1993) erfindet die *Polymerasekettenreaktion (PCR)*. Diese Technik kopiert DNA im zellfreiem System.

1985: Alec J. Jefferys, Victoria Wilson und S. L. Thein entwickeln die Methode des genetischen Fingerabdrucks.

1990: Das *Human-Genome-Project* wird gestartet, um das menschliche Genom zu entschlüsseln.

1995: Edward B. Lewis, Christiane Nüsslein-Volhard und Eric F. Wieschaus (Nobelpreis 1995) klären grundlegende genetische Mechanismen der Embryonalentwicklung auf.

1996: Das Genom eines komplexen Organismus, der Backhefe, wird vollständig entschlüsselt.

2001: Leland H. Hartwell, R. Timothy Hunt und Paul M. Nurse (Nobelpreis 2001) erforschen an Hefe die Schlüsselgene zur Kontrolle des Zellzyklus.

2002: Sydney Brenner, H. Robert Horvitz und John E. Sulston (Nobelpreis 2002) verfolgen am Fadenwurm *Caenorhabditis elegans*, welche Gene das programmierte Zellsterben *(Apoptose)* auslösen. Solche Gene sind auch bei der menschlichen Embryonalentwicklung und der Tumorabwehr aktiv.

Fortpflanzung im Reagenzglas

Rund 700 000 Paare, die ungewollt kinderlos geblieben sind, suchen jährlich in Deutschland ärztlichen Rat. Man kennt verschiedene Ursachen für Unfruchtbarkeit. Bei der Frau gehören dazu: Hormonstörungen, die gestörte Aufnahme der Eizelle aus dem Eierstock in den Eileiter oder ein Eileiterverschluss; beim Mann gibt es z. B. eine zu geringe Spermienkonzentration oder bewegungsunfähige Spermien.

Bei beidseitigem Eileiterverschluss kann eine Befruchtung im Reagenzglas *(In-vitro-Fertilisation, IVF)* vorgenommen werden. Dazu wird bei der Frau die Heranreifung von mehreren Eizellen hormonell ausgelöst. Die Eizellen werden kurz vor dem Eisprung (Ultraschall-Kontrolle) aus den Eierstöcken abgesaugt und im Reagenzglas mit den Spermien des Partners zusammengebracht. Nach rund 18 Stunden wird mikroskopisch geprüft, ob eine Befruchtung stattgefunden hat. Die befruchteten Eizellen werden in Kultur gehalten, bis mehrzellige Embryonen herangewachsen sind. Diese können dann mithilfe eines Katheters in die Gebärmutter der Frau eingespült werden. Zuvor muss die Frau mit Hormonen behandelt worden sein, damit sich die Gebärmutterschleimhaut so aufbaut, dass sich der Embryo einnisten kann.

Ist die Spermienkonzentration im Ejakulat eines Mannes zu gering, können einzelne Spermien unter dem Mikroskop mithilfe einer feinen Glaskapillare direkt in das Plasma einer Eizelle injiziert werden. Die künstlich erzeugte Zygote entwickelt sich wie eine durch IVF befruchtete Eizelle.

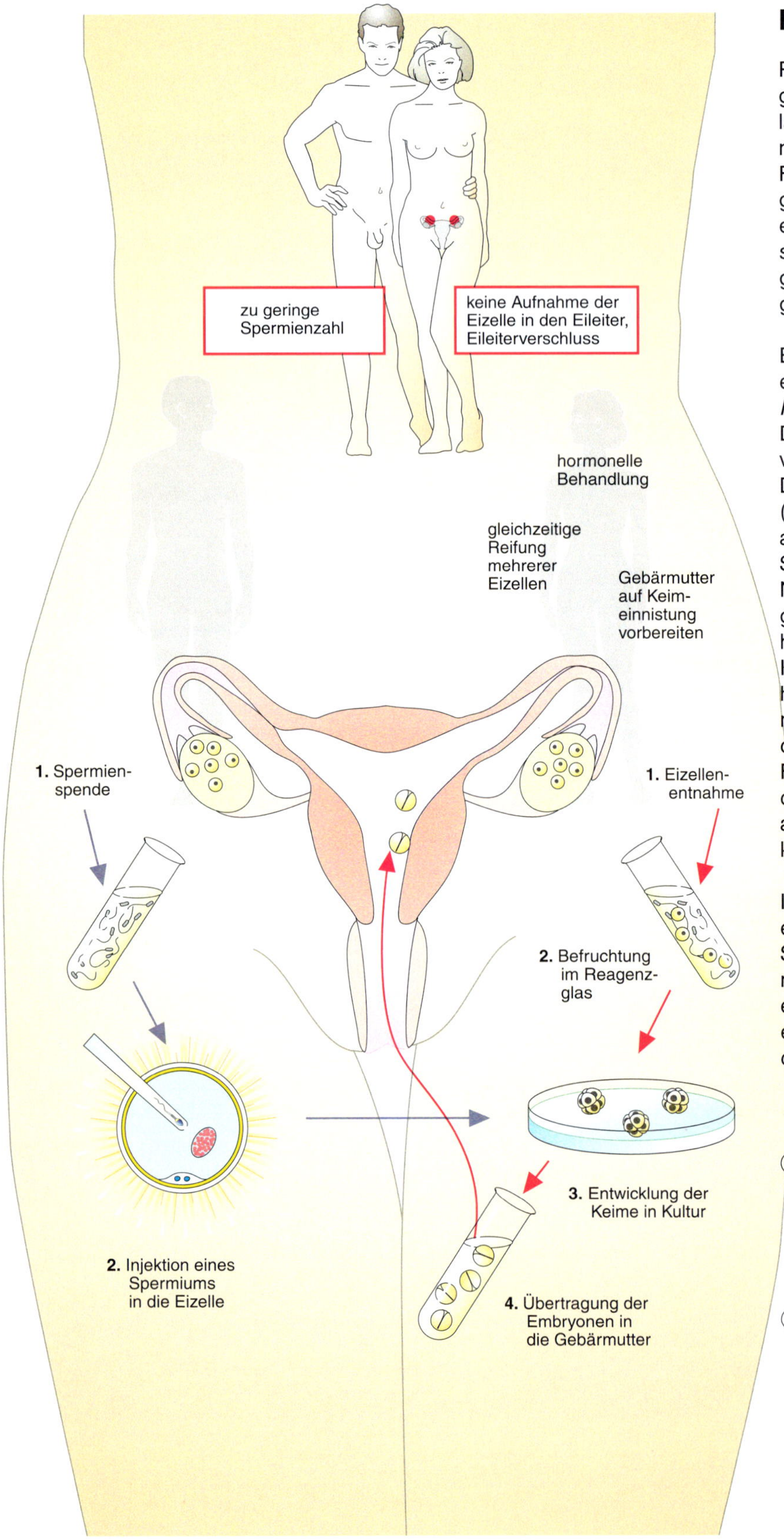

1 Methoden der In-vitro-Fertilisation

Aufgaben

① Recherchieren Sie z. B. im Internet, wie die In-vitro-Fertilisation in Deutschland rechtlich geregelt ist (mögliche Suchbegriffe: Embryonenschutzgesetz, Fremdsamenspende, Eizellspende, Leihmutterschaft, überzählige Embryonen).

② Bei einer In-vitro-Fertilisation ist es möglich, verschiedene genetische Merkmale festzustellen (z. B. das Geschlecht oder die Veranlagung zu bestimmten Krankheiten). Man spricht von *Präimplantationsdiagnostik (PID)*. Welche Regelungen hat der Gesetzgeber erlassen, um eine Auswahl von Embryonen nach bestimmten Merkmalen *(Embryonenselektion)* zu verhindern (s. Seite 173)?

Reproduktionstechnik, Klonen

Ein *Klon* ist ein genetischer Doppelgänger eines Lebewesens. In der Natur gibt es Klone z. B. bei Ablegern von Pflanzen, die sich vegetativ vermehren, aber auch in Form von eineiigen Zwillingen. In reproduktionsbiologischen Labors versucht man seit Jahren Klone von Nutztieren (z. B. Schaf, Schwein, Rind) zu erzeugen, um damit die „störende" Neukombination des genetischen Materials bei der sexuellen Fortpflanzung auszuschalten und Individuen mit genau definierten Eigenschaften zu erzeugen. Die Erfolgsaussichten beim Klonen sind allerdings gering, d. h. oftmals müssen hunderte von Versuchen durchgeführt werden. Zudem leiden Klontiere häufiger an Krankheiten. Klonforscher untersuchen, warum es zu Organschäden, Immunschwäche und frühzeitigem Altern kommt.

Methode Dolly – Kerntransplantation

1997 gelang es erstmals nach mehreren hundert erfolglosen Versuchen, ein erwachsenes Säugetier zu klonen. Eizellen eines Schafs wurden entkernt, um ihnen den Zellkern von Euterzellen eines anderen Schafs einzusetzen. Nachdem man das Produkt zur Teilung gebracht hatte, wurde es in die Gebärmutter eines dritten Schafs verbracht, das als Leihmutter fungierte. Die Tragzeit verlief erfolgreich. Das *Klonschaf Dolly* allerdings zeigte frühzeitige Alterserscheinungen (z. B. Arthritis). Am 14.02.2003 musste Dolly wegen einer Lungenentzündung eingeschläfert werden. Schafe werden ca. 12 Jahre alt. Auffällig ist, dass das Kernspender-Schaf 6 Jahre alt war und Dolly ebenfalls 6 Jahre alt wurde. Ob die Erkrankungen mit dem Klonen zusammenhängen, ist nicht klar. Genetiker haben jedoch schon frühzeitig Dollys beschleunigtes Altern vorausgesagt. Die Telomere von Chromosomen gelten als zelluläre Lebensuhren, mit jedem Teilungsschritt werden sie etwas kürzer. Dollys Chromosomen stammten von einem älteren Spenderschaf, sie waren bereits verkürzt (s. Seite 156).

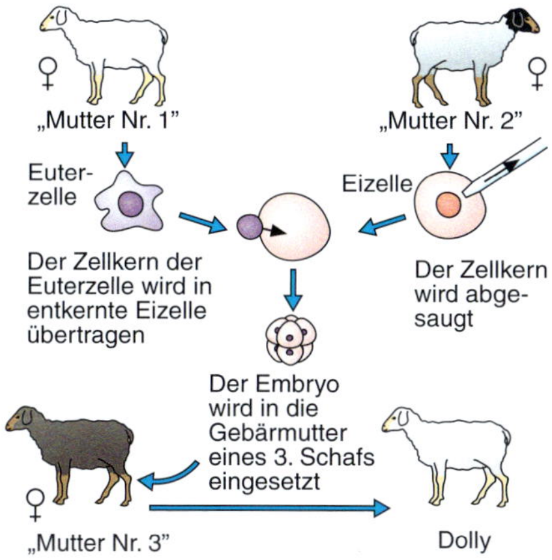

Aufgaben

① „Klonen" bedeutet die Anfertigung genetischer Doppelgänger, „Klonieren" die Vervielfältigung eines Gens. Reproduktionsbiologie und Gentechnik werden oft nicht auseinandergehalten. Warum war das Klonen des Schafes Dolly kein gentechnisches Experiment?

② IAN WILMUT, der wissenschaftliche „Vater" des Klonschafs Dolly, warnt vor Klonversuchen am Menschen, es gäbe „reichlich Beweise, dass dies völlig unverantwortlich" wäre. Begründen Sie.

③ In den meisten Ländern ist das Klonen von Menschen verboten. Welche Gründe sprechen dafür?

Reproduktionsgeschichten

Der geklonte Mensch

(AP-Nachricht, Washington)
Dem amerikanischen Forscher JERRY HALL gelang es erstmalig, menschliche Embryonen zu klonen. Um ethische Probleme zu vermeiden, verwandte er abnorme Embryonen, die nicht lebensfähig gewesen wären. Insgesamt 17 Embryonen aus 2 bis 8 Zellen teilte er in 48 einzelne Zellen und umgab sie mit einer schützenden Hülle. Die so geschaffenen neuen Einzelzellen teilten sich im Durchschnitt dreimal. Kein Klonembryo lebte nach seinen Angaben länger als 6 Tage.

Streit um eingefrorene Embryonen

(AP-Meldung)
In den USA muss ein Gericht bei einem Scheidungsprozess klären, was mit eingefrorenen Embryonen geschehen soll. Das Ehepaar hatte sich nach langjähriger Kinderlosigkeit aus medizinischen Gründen zu einer In-vitro-Fertilisation entschlossen. Von den zehn Embryonen, die auf diese Weise entstanden waren, wurden der Frau drei eingespült und sieben eingefroren. Die Frau wurde nicht schwanger. Das Paar war den psychischen Belastungen dieser Zeit nicht gewachsen und ließ sich scheiden. Die Frau möchte sich auch nach der Scheidung ihren Kinderwunsch erfüllen. Sie möchte sich die eingefrorenen Embryonen einpflanzen lassen. Der Mann möchte die Übertragung gerichtlich verhindern.

Typen der Mutterschaft

Nach geltendem Recht ist Mutter, wer ein Kind geboren hat. Seit es In-vitro-Fertilisation und Embryonentransfer gibt, kann man drei Typen der Mutterschaft unterscheiden: die genetische, die physiologische (Leihmutter) und die soziale.

Aufgaben

④ Die Manipulation an menschlichen Keimen ist in Deutschland zwar grundsätzlich verboten, Grundlagenforschung an importierten menschlichen embryonalen Stammzellen wird auf Antrag aber genehmigt. Informieren Sie sich über die rechtliche Auffassung in anderen Ländern.

⑤ Spielen Sie eine Gerichtsverhandlung mit verteilten Rollen durch, in der die geschiedenen Eheleute sich um das Schicksal ihrer eingefrorenen Embryonen streiten.

⑥ Mithilfe der Reproduktionsmedizin kann das Alter, in dem eine Schwangerschaft möglich ist, beträchtlich erhöht werden. In Österreich ging z. B. der Kinderwunsch einer 61-jährigen Frau in Erfüllung. Dazu wurden einer jungen Spenderin Eizellen entnommen und in vitro mit Spermien des Partners der älteren Frau befruchtet. Die Embryonen wurden in die Gebärmutter der 61-Jährigen eingesetzt. Welche sozialen Folgen können derartige Praktiken für die Eltern, die erzeugten Kinder und für die Gesellschaft haben?

Verfahren der Humangenetik

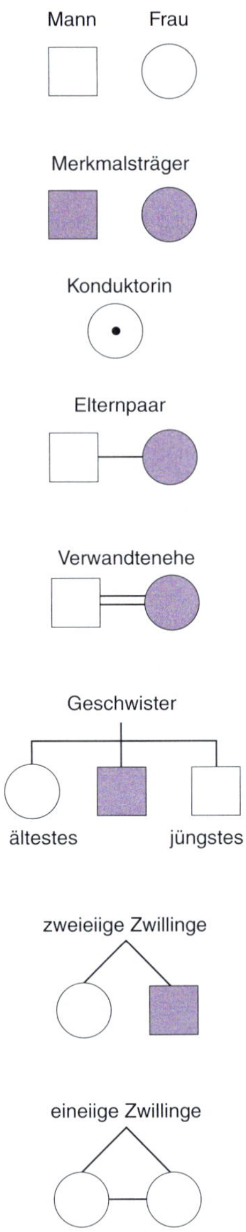

Stammbaumsymbole

Die Vererbung beim Menschen folgt denselben Gesetzmäßigkeiten, denen auch alle anderen Lebewesen unterliegen. Die *Humangenetik* untersucht den Erbgang von Blutgruppen ebenso wie diejenige genetisch bedingter Erkrankungen und Behinderungen sowie die Möglichkeiten ihrer Diagnose. Klassische genetische Verfahren wie die Analyse von Familienstammbäumen spielen nach wie vor eine Rolle und sind oftmals Ausgangspunkt weiterführender Untersuchungen. Erst zusammengenommen liefern die Ergebnisse der verschiedenen Verfahren ein genaues Bild (Abb. 165.1).

Analyse von Erbgängen

Bei der Analyse von Familienstammbäumen wird vom Phänotyp auf den Genotyp geschlossen, um den Erbgang eines Merkmals aufzuklären. Zur Erstellung eines Stammbaums verwenden Humangenetiker bestimmte Symbole (s. Randspalte).

Zunächst wird geklärt, ob dominante oder rezessive Vererbung vorliegt. Bei dominanter Vererbung reicht die Anwesenheit eines Allels *(Heterozygotie)* aus, um das Merkmal zur Ausprägung zu bringen. Ein rezessiv vererbtes Merkmal tritt nur bei *Homozygotie* in Erscheinung. Die Kinder merkmalsfreier heterozygoter Eltern können das Merkmal ausprägen, wenn sie von beiden Elternteilen ein entsprechendes Allel bekommen.

Allele, die auf den 22 Autosomen des Menschen liegen, werden *autosomal* vererbt. Im Unterschied dazu werden Allele, die auf den Gonosomen (X-, Y-Chromosomen) liegen, *gonosomal* vererbt, treten also in Abhängigkeit vom Geschlecht auf. Gonosomale Vererbung zeigt im Stammbaumschema einige Besonderheiten: Erben Männer ein rezessives Allel mit dem X-Chromosom der Mutter, tritt das Merkmal in Erscheinung, da das zweite homologe X-Chromosom fehlt *(Hemizygotie)*. X-chromosomal-rezessive Vererbung erkennt man im Stammbaumschema an der Häufung von männlichen Merkmalsträgern. Da Frauen zwei X-Chromosomen besitzen, tritt das Merkmal im weiblichen Geschlecht nur auf, wenn beide rezessiven Allele zusammenkommen. Heterozygote, merkmalsfreie Frauen, die das rezessive Allel an ihre Söhne vererben, werden *Konduktorinnen* (Überträgerinnen) genannt. Bei X-chromosomal-dominanter Vererbung sind Frauen doppelt so häufig Merkmalsträger wie Männer. Männliche Merkmalsträger vererben das Allel immer an ihre Töchter und erben das Allel immer von ihrer Mutter.

Modellsystem Hämophilie A

Die heute als *Hämophilie A* beschriebene Blutgerinnungsstörung wurde aufgrund ihres Auftretens in europäischen Herrscherhäusern, ausgehend von Königin VICTORIA, bekannt (Abb. 1).

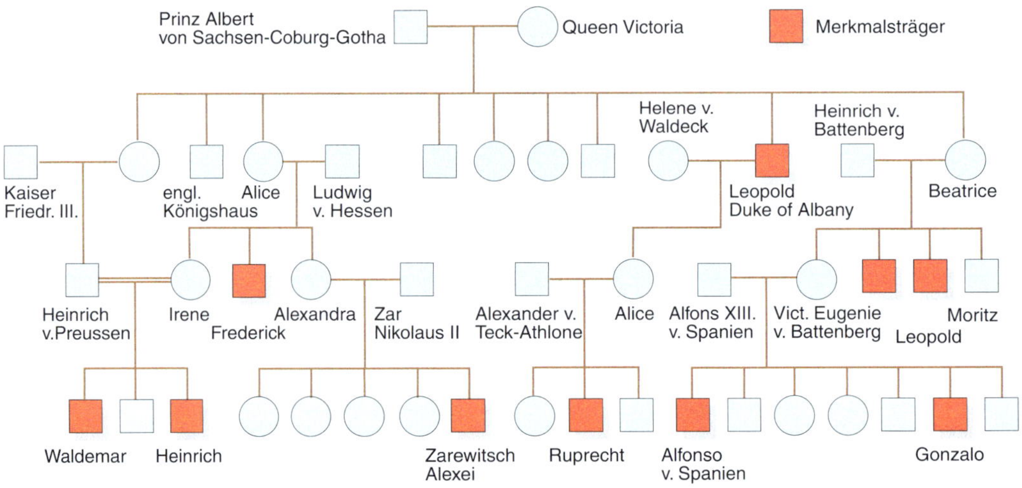

1 Stammbaum der Bluterkrankheit (Hämophilie A) in europäischen Fürstenhäusern

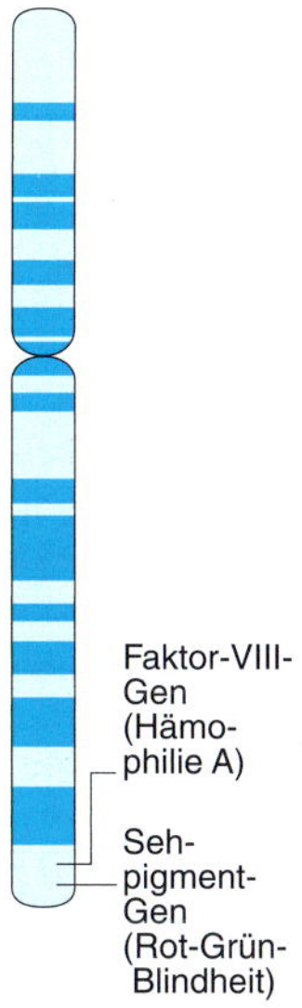

Genorte auf dem X-Chromosom

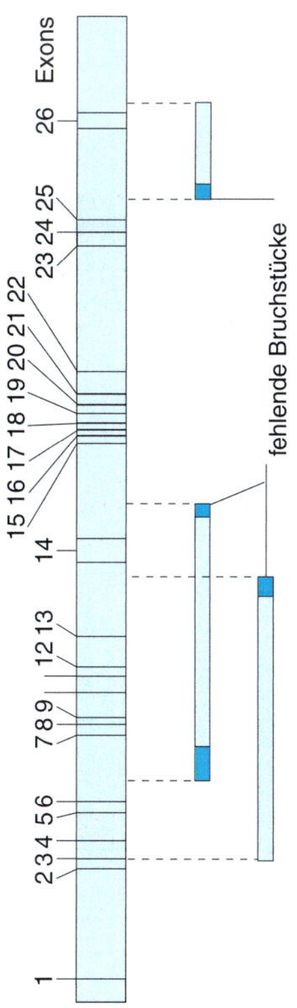

Bei Hämophilie A-Patienten beobachtete Deletionen im Faktor VIII-Gen

Die Anlage für die Krankheit wird von gesunden Frauen übertragen, und zwar nur auf ihre Söhne, wobei deren Väter gesund sind. Hämophilie A tritt mit einer Häufigkeit von 1 : 10 000 auf, d. h. auf 10 000 männliche Neugeborene kommt ein Erkrankter, unabhängig von der ethnischen Herkunft.

Biochemische Erklärung: Hämophilie A-Patienten fehlt ein Protein der Blutgerinnungskaskade *(Faktor VIII)*. Das Glukoprotein besitzt 1997 Aminosäuren. In den Körperflüssigkeiten Gesunder liegt es in einer Konzentration von 0,5 bis 1,0 mg/100 ml vor. Rund die Hälfte aller Hämophilie A-Patienten weisen weniger als 1 % dieser Konzentration auf. Einige der Patienten weisen zwar 30 % der Normalkonzentration auf, aufgrund von Aminosäuresequenzunterschieden ist das Genprodukt allerdings funktionsunfähig, es bewirkt keine Blutgerinnung. Heterozygote Träger des Hämophilie A-Gens haben zwar eine geringere Faktor VIII-Konzentration als Gesunde, die Konzentration reicht aber noch aus, um eine Blutgerinnung zu gewährleisten. Früher wurde Hämophilie A-Patienten Plasma von Blutspendern verabreicht. Das hatte den Nachteil, dass es häufiger zur Übertragung von Krankheitserregern (z. B. Hepatitis-Viren) kam. Seit der Faktor VIII gentechnisch erzeugt werden kann, stehen keimfreie Präparate in ausreichender Menge zur Verfügung.

Cytogenetische Erklärung: Das in der menschlichen Population seltene rezessive Allel für Hämophilie A ist auf dem X-Chromosom lokalisiert (s. Randspalte). Frauen fungieren als Konduktorinnen, sie geben das Allel an ihre Kinder weiter. Sie erkranken selbst nicht, da sie zwei X-Chromosomen besitzen und eines der beiden Chromosomen das dominante Allel trägt (Gleiches gilt für ihre Töchter). Im männlichen Genotyp gibt es nur ein von der Mutter übernommenes X-Chromosom. Vom Vater erben Söhne das Y-Chromosom, das keine Allele des Hämophilie-Systems trägt. Erbt ein Mann das Hämophilie-Allel von der Mutter, erkrankt er, weil ihm das dominante Allel fehlt.

Molekularbiologische Erklärung: Das Faktor VIII-Gen besteht aus 2351 Codons, verteilt über 26 Exons (s. Randspalte). Den schweren familiären Ausprägungsformen liegen in 50 % der Fälle Deletionen oder Inversionen größerer Genabschnitte zugrunde.

Aufgaben

① Analysieren Sie die Familienstammbäume für Albinismus, erbliche Kurzfingrigkeit und Rot-Grün-Blindheit. Um welche Erbgänge handelt es sich jeweils? Bestimmen Sie den Genotyp möglichst vieler Individuen.

② Warum tritt Hämophilie A bei Frauen wesentlich seltener auf als bei Männern?

③ Welche Personen fungieren bei der Hämophilie A (Abb. 164.1) als Konduktorinnen? Begründen Sie.

④ Genetisch bedingte Erkrankungen werden mit verschiedenen Verfahren wissenschaftlich untersucht. Stellen Sie eine Tabelle zur Hämophilie A zusammen, in der die Erkenntnisse aus Klassischer Genetik, Cytogenetik, Molekularbiologie und Biochemie aufgelistet sind.

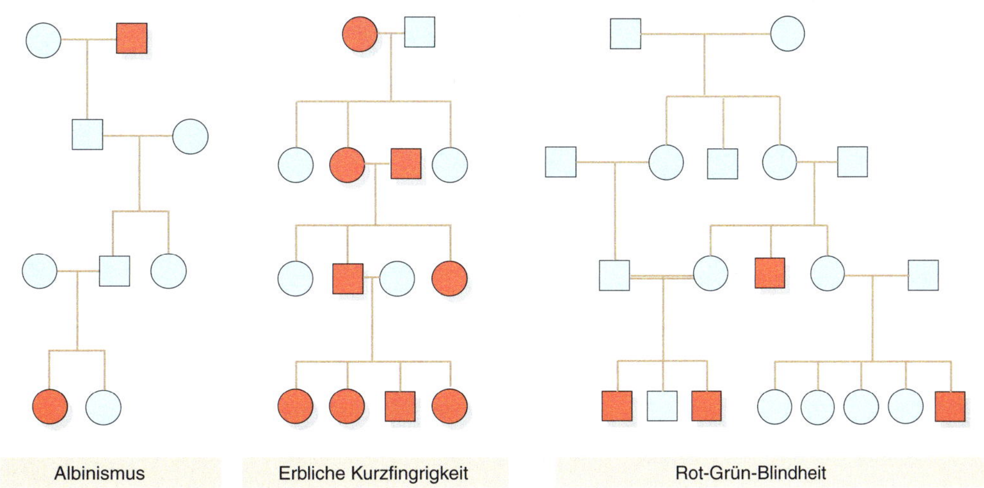

1 Stammbäume zu erblich bedingten Leiden

Erbgänge

Häufig ist der Zusammenhang zwischen Genotyp und Phänotyp erst zu erkennen, wenn durch die Mutation eines Gens das Genprodukt verändert wurde und in seiner Funktion gestört ist. Für die genetische Grundlagenforschung und die Medizin sind solche genetisch bedingten Erkrankungen besonders aufschlussreich, die sich auf die Veränderung eines einzelnen Gens zurückführen lassen, also *monogenen* Ursprungs sind.

Autosomal-dominanter Erbgang

Beim sog. *Marfan-Syndrom* beobachtet man Defekte am Skelett (Spinnenfingrigkeit, Brustkorbdeformationen), am Auge (Linsenschädigungen) und am Herzen. Die Häufigkeit der Krankheit ist 1 : 10 000, d. h. von 10 000 Neugeborenen ist eines erkrankt, unabhängig vom Geschlecht. Das verantwortliche Gen *(FBN1)* liegt auf Chromosom 15. Es codiert für ein Calcium bindendes Protein, das Bestandteil elastischer Fasern des Bindegewebes ist. Das erklärt auch die weitgestreuten Schäden, die Mutationen im *FBN1*-Gen verursachen können. Beim *FBN1*-Genprodukt handelt es sich um ein nicht sehr großes Protein. Die meisten Organschäden werden durch Mutationen in den Calcium bindenden Domänen des Proteins verursacht. Die Calcium bindende Aminosäure Cystein fehlt dann in der Schlüsselposition, das Bindegewebe kann nicht mehr regulär aufgebaut werden. Die Anwesenheit eines defekten Allels verursacht die Produktion defekter Proteine. Diese werden zusammen mit anderen intakten Proteinen in das Bindegewebe eingebaut, das nun ebenfalls einen Defekt aufweist. Das Allel tritt deswegen dominant in Erscheinung.

Autosomal-rezessiver Erbgang

Bei der *Phenylketonurie* (PKU) handelt es sich um die häufigste Aminosäurestoffwechselstörung des Menschen (regionale Häufigkeit bis 1 : 2500). Die mit der Nahrung aufgenommene Aminosäure *Phenylalanin* (Phe) kann aufgrund eines enzymatischen Defekts nicht in die Aminosäure *Tyrosin* (Tyr) umgewandelt werden (s. Abb). Phe reichert sich bis auf das 30fache der normalen Konzentration an und wird in giftige Stoffwechselprodukte *(Phenylketone)* umgewandelt. Diese beeinträchtigen u. a. die Bildung der Myelinscheiden von Nervenzellen.

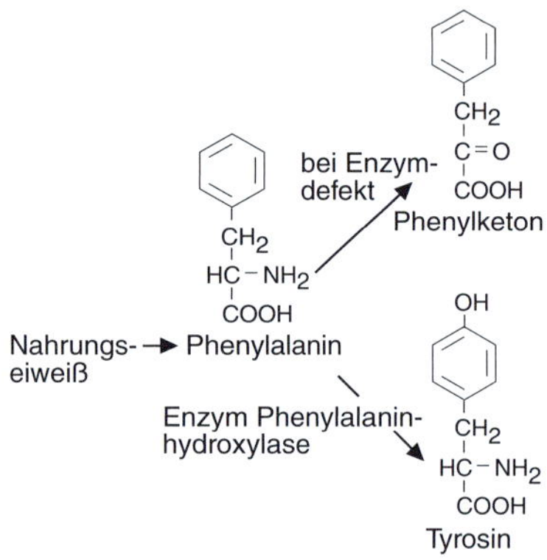

Schwere geistige Schäden, Lähmungen und Krämpfe sind die Folge. Neugeborene werden routinemäßig mithilfe eines massenspektroskopischen Tests auf erhöhte Phe-Konzentrationen im Blut hin untersucht. Bei positivem Ergebnis wird eine Phe-arme und Tyr-reiche Diät verabreicht, das Gehirn entwickelt sich dann normal. PKU folgt einem autosomal-rezessiven Erbgang, d. h. liegt ein nicht mutiertes Allel neben einem mutierten vor, wird noch genügend Enzym produziert, um Phenylalanin abzubauen. Das Gen, das für das Enzym Phenylalaninhydroxylase codiert, liegt auf dem kurzen Arm von Chromosom 12. Es sind über 70 verschiedene Mutationen dieses Gens bekannt, die PKU verursachen können.

Gonosomaler Erbgang

X-chromosomal-dominante Erbgänge sind selten, ein Sonderfall der *Rachitis* zählt dazu. Bei der Vitamin D resistenten Rachitis härten die Knochen aufgrund von Calcium-Mangel nicht richtig aus, es resultieren Skelettdeformationen. Aufgrund eines enzymatischen Defekts bleibt die Synthese des Hormons Calcitriol aus der Vorstufe Vitamin D3 aus. Deswegen sind Vitamin D3-Präparate unwirksam. Calcitriol kann jedoch künstlich erzeugt und verabreicht werden und stellt den regulären Phänotyp wieder her. Calcitriol bewirkt die Aufnahme von Calcium im Dünndarm sowie dessen Ablagerung im Knochen. Das codierende Gen befindet sich auf dem kurzen Arm des X-Chromosoms.

Komplexe Erbgänge

Bei monogenen Erbgängen kommen in der Bevölkerung drei Phänotypen vor: Personen, die ein bestimmtes Merkmal tragen, nicht tragen oder schwach ausgeprägt tragen. Es gibt aber auch Erbgänge, die eine solche Dreiteilung nicht zeigen. Das Merkmal tritt in feinen Unterschieden auf, man spricht von *kontinuierlicher Variabilität*. Diese beruht meist auf dem Zusammenspiel vieler Gene *(Polygenie)*, deren Allele einzeln keine so starke Wirkung besitzen wie bei monogenen Erbgängen. Jedes einzelne Gen unterliegt aber auch bei polygener Vererbung den mendelschen Regeln, sie können also dominant, rezessiv, autosomal oder gonosomal vererbt werden. Die Variabilität der meisten kontinuierlichen Merkmale hängt dabei nicht allein vom genetischen Hintergrund ab, sondern von einer Gen-Umwelt-Interaktion, man spricht deswegen von *multifaktorieller Vererbung*. Beispiel dafür sind Hautfarbe, Körpergröße, Körpermasse oder die Zuckerkrankheit *(Diabetes mellitus)*.

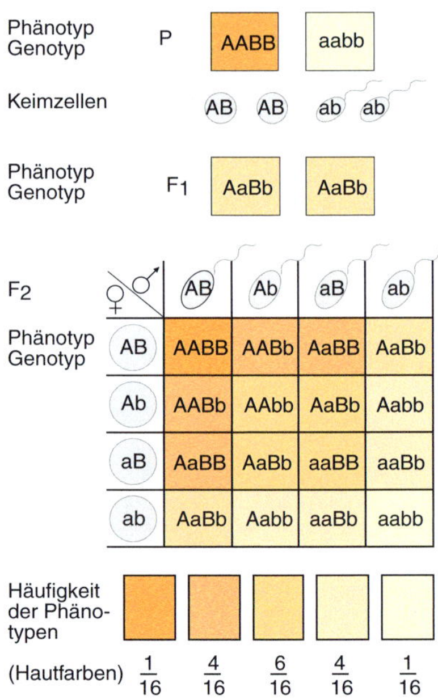

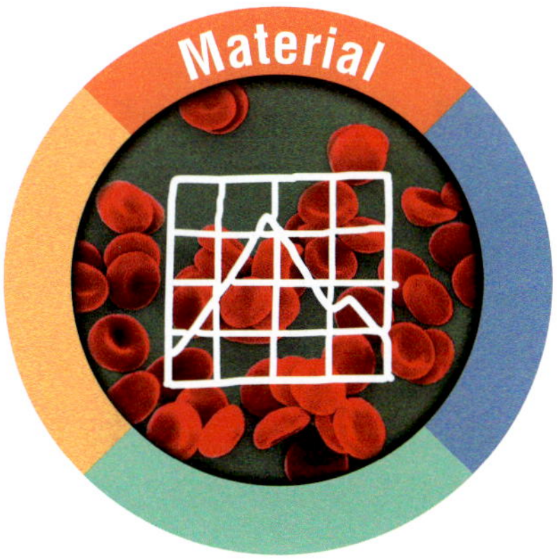

Klassische Humangenetik

Statistik und Blutgruppensystem

Beim Menschen sind mehr als 100 verschiedene Blutgruppensysteme bekannt. Im ABO-System, das im Jahre 1901 von KARL LANDSTEINER entdeckt wurde, kommen vier verschiedene Phänotypen vor: A, B, AB, 0. Die Vererbung dieser Blutgruppen wurde zunächst mit einem dihybriden Erbgang erklärt, bei dem die Blutgruppe 0 den Genotyp aabb haben sollte. Der Mathematiker FELIX BERNSTEIN schlug 1925 einen monohybriden Erbgang mit drei verschiedenen Allelen (A, B, 0) vor, von denen jeder Mensch nur zwei in seinem Genotyp aufweist.

Blutgruppe	Genotypenhäufigkeit in Mitteleuropa		mögliche Keimzellen
(A)	AA	31%	nur (A)
	A0	11%	(A) oder (0)
(B)	BB	1%	nur (B)
	B0	14%	(B) oder (0)
(AB)	AB	6%	(A) oder (B)
(0)	00	37%	nur (0)

Die Allele A und B sind jeweils dominant über das Allel 0. Kommen A und B nebeneinander vor, wirken sich beide auf den Phänotyp (AB) aus *(kodominante Allele)*. Wenn für ein Gen mehr als zwei Allele existieren, spricht man von *multipler Allelie*. Die Hypothese der multiplen Allelie bestätigte BERNSTEIN durch die Auswertung von Familienstammbäumen. Er untersuchte ca. 3000 Kinder, bei denen mindestens ein Elternteil die Blutgruppe AB hatte. Dabei fand er nur 13 Kinder mit der Blutgruppe 0.

Aufgaben

① Entwerfen Sie ein Rekombinationsquadrat zu den Merkmalen des AB0-Blutgruppensystems.

② Ein dihybrider Erbgang mit einem Elternteil der Blutgruppe AB und dem hypothetischen Genotyp AaBb hätte zu einem wesentlich höheren Anteil an Kindern mit der Blutgruppe 0 (Genotyp: aabb) geführt als BERNSTEIN festgestellt hat. Begründen Sie (3. mendelsche Regel).

③ BERNSTEIN konnte alle 13 Kinder mit der Blutgruppe 0 auf eine unklare Vaterschaft zurückführen. Ohne diese Kenntnis hätte das Modell der multiplen Allelie nicht widerspruchsfrei auf die Vererbung des ABO-Blutgruppensystems angewandt werden können. Begründen Sie, warum nie Kinder der Blutgruppe 0 geboren werden, wenn ein Elternteil die Blutgruppe AB hat.

Zwillingsforschung

Mit dem Zwillingsvergleich kann festgestellt werden, wie groß der genetische Anteil an der Ausprägung eines Merkmals ist, auch wenn die zugehörigen Erbanlagen nicht bekannt sind. Die Zwillingsmethode hat besondere Bedeutung bei der Aufklärung komplexer, multifaktorieller Merkmale. Eineiige Zwillinge entstehen, wenn sich frühe Embryonen bis zum 4-Zellstadium in zwei Tochterindividuen teilen. *Eineiige Zwillinge* sind genetisch vollständig identisch.

Zweieiige (dizygote) Zwillinge weisen dagegen nicht mehr genetische Ähnlichkeiten auf als andere Geschwister.

Stimmen eineiige Zwillinge im Vergleich zu zweieiigen Zwillingen in einem Merkmal stärker überein, wird für dieses Merkmal von genetischer Verursachung ausgegangen. Ist dagegen die Verschiedenheit bei beiden Zwillingsgruppen gleich groß, ist die Merkmalsausbildung überwiegend umweltbedingt. Vergleicht man eineiige Zwillingspaare miteinander, die getrennt aufgewachsen sind, können Merkmale identifiziert werden, die schwach oder stark von Umweltfaktoren beeinflusst werden.

Aufgabe

④ Interpretieren Sie die in den Tabellen aufgeführten Angaben. Welche der genannten Krankheiten bzw. Merkmale halten Sie für genetisch bedingt?

Krankheit	Übereinstimmung in %	
	eineiige Zwillinge	zweieiige Zwillinge (gleiches Geschlecht)
Keuchhusten	96	94
Blinddarmentzündung	29	16
Tuberkulose	69	25
Zuckerkrankheit	84	37
Bronchialasthma	63	38
gleicher Typ von Tumoren	59	24
Schlaganfall	36	19

Untersuchte Zwillingsgruppe	Durchschnittlicher Unterschied in		
	Körpergröße (cm)	Körpergewicht (kg)	IQ-Punkte
zweieiige Zwillinge	4,4	4,4	8,5
eineiige Zwillinge (getrennt aufgewachsen)	1,8	4,5	6,0
eineiige Zwillinge (gemeinsam aufgewachsen)	1,7	1,9	3,1

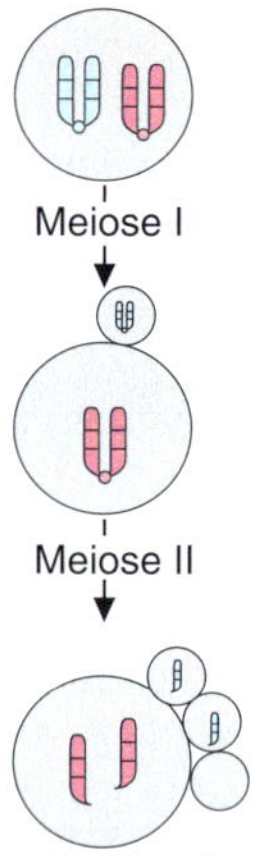

Es entsteht eine Eizelle, die das Chromosom 21 zweimal enthält.

Entstehung der freien Trisomie 21

1 Junge mit Down-Syndrom

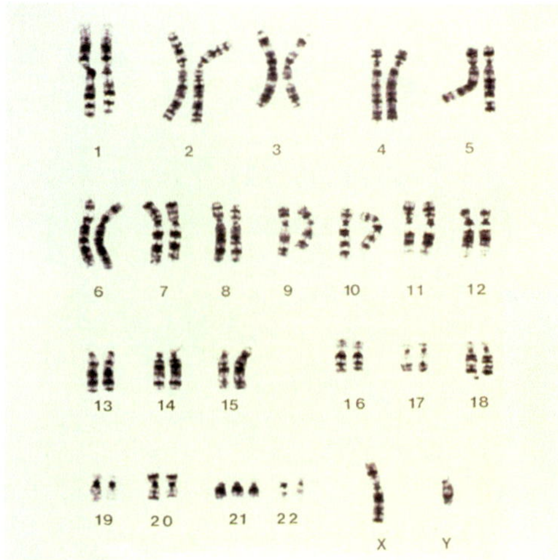

2 Karyogramm, freie Trisomie 21 (47, XY, +21)

Das Down-Syndrom

Syndrom
komplexes Krankheitsbild mit bestimmter Symptomkombination

Der englische Kinderarzt John Langdon-Down beschrieb 1886 erstmals die Symptome des nach ihm benannten *Down-Syndroms*: unterdurchschnittliche Körpergröße, kürzere Finger und Zehen, rundlicher Kopf, Augen mit schräg gestellter Lidfalte. Zu diesen äußerlich erkennbaren Merkmalen treten u.a. Herzfehler, Infektionsanfälligkeit, geistige Behinderungen und verkürzte Lebenserwartung. Down-Patienten erkranken häufiger an Leukämie und der Alzheimer-Krankheit.

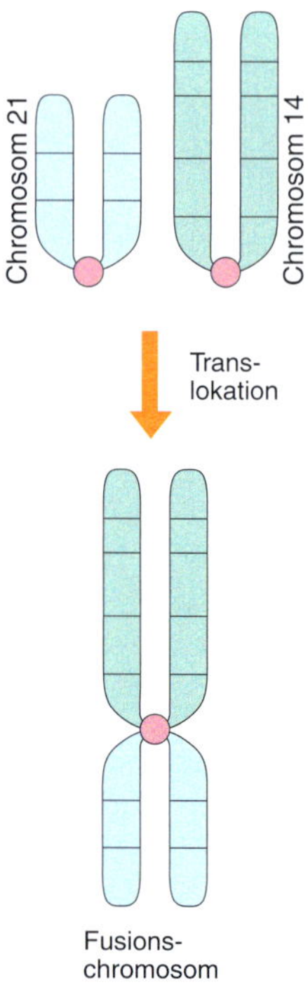

Entstehung der Translokations-Trisomie 21

1959 wurde die cytogenetische Ursache des Down-Syndroms aufgeklärt. Im Karyogramm von Down-Patienten sind 47 Chromosomen zu finden, Chromosom 21 liegt in dreifacher Ausfertigung vor *(Trisomie 21)*. Die Ursache liegt meist in einer Fehlverteilung der Chromosomen bei der Keimzellbildung: Wird z.B. bei einem Elternteil das homologe Chromosomenpaar 21 in der Meiose II nicht getrennt *(Nondisjunction)*, gelangt Chromosom 21 zweifach in eine Keimzelle und bei der Verschmelzung mit einer regulären Keimzelle entsteht eine Zygote, die Chromosom 21 dreimal enthält (47, XX oder XY, +21). Obwohl Chromosom 21 das kleinste menschliche Chromosom ist, beeinträchtigt seine Trisomie den Phänotyp schwer. Die Genbalance ist gestört.

Unter 700 Neugeborenen befindet sich durchschnittlich ein Kind mit Down-Syndrom. Das Risiko steigt aber mit dem Alter der Mutter an (1 : 1500 bei einer 20-Jährigen, 1 : 30 bei einer 45-Jährigen). Die Eizellen verharren beim Menschen ab der Geburt in der Meiose I, die Meiose II (s. Seite 139) wird erst zum Zeitpunkt des Eisprungs begonnen. Wahrscheinlich sind Eizellen deswegen störanfälliger. In 97 % der Trisomie-Fälle handelt es sich um eine Fehlverteilung bei der Meiose, das Karyogramm der Eltern ist unauffällig. Diese „freie" Trisomie 21 (Abb. 2) kann anhand von Zellmaterial des Keimes aus dem Fruchtwasser pränatal diagnostiziert werden (s. Seite 173).

3 bis 4 % der Karyogramme von Down-Patienten besitzen ein zusätzliches Chromosom 21, das mit Chromosom 14 verschmolzen ist (s. Randspalte). Diese so genannte *Translokations-Trisomie 21* kann entstehen, wenn ein Elternteil dieses Fusionsprodukt trägt. Bei der Meiose kann ein Chromosom 21 sozusagen huckepack mit Chromosom 14 in die Keimzelle gelangen. Anstelle von Chromosom 14 und 21 enthält die Keimzelle dann 14 + 21 und 21. Nach der Befruchtung enthält die Zygote ein überzähliges Chromosom 21. Die Translokation kann – im Gegensatz zur so genannten freien Trisomie 21 – im Karyogramm der Eltern erkannt werden, das Risiko ist altersunabhängig.

Aufgaben

① Informieren Sie sich, wie Karyogramme angefertigt werden (s. Seite 117).

② Eine freie Trisomie 21 kann auch auf eine fehlende Chromosomentrennung (Nondisjunction) in der Meiose I zurückgehen. Entwerfen Sie ein Schema analog zur Randspaltenabbildung.

Das Genom des Menschen

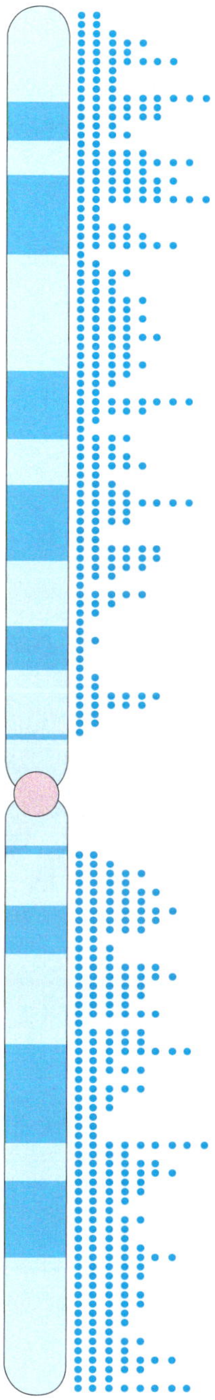

Jeder Punkt dieser SNP-Karte des menschlichen Chromosoms 20 repräsentiert 25 verschiedene SNPs.

Im Rahmen des *Human-Genome-Projects* ist die Basensequenz des menschlichen Genoms weitgehend entschlüsselt worden. Die Basensequenzinformationen zum Genom vieler Personen sind in Datenbanken gesammelt und anonymisiert öffentlich zugänglich. Durch Vergleich der Sequenzen konnte man feststellen, dass der größte Teil (99,9 %) der rund 3 Milliarden Basenpositionen im menschlichen Genom bei Menschen gleichen Geschlechts identisch sind. Der verbleibende Rest ist also für die genetische Verschiedenheit einzelner Menschen verantwortlich. Das sind immerhin 3 Millionen Sequenzunterschiede (= 0,1 % von 3 Mrd.). Der größte Teil dieser Unterschiede besteht im Austausch einzelner Basen *(Punktmutation)*. Man nennt sie *SNPs* (engl. *Single Nucleotide Polymorphisms*). SNPs können sowohl in Genen als auch in nicht codierenden DNA-Abschnitten vorkommen. Menschen können bezogen auf ein definiertes SNP homozygot (z. B. T/T, C/C) oder heterozygot (z. B. T/C) sein.

Mit automatisierten Sequenzierungsverfahren können heute Tausende von Proben auf SNPs untersucht werden. Man hat festgestellt, dass bestimmte SNPs mit Krankheiten korreliert sind, deren genetischer Hintergrund unklar ist. Das gilt insbesondere bei multifaktoriell verursachten Erkrankungen wie Alzheimer und Asthma.

Zur Ermittlung derartiger Übereinstimmungen wird das SNP-Muster von Patienten mit dem von Gesunden verglichen. In einem zweiten Schritt geht es dann darum, die Mechanismen aufzuklären, die zur Krankheit führen. Mit dieser anspruchsvollen Aufgabe beschäftigt sich die *funktionelle Genomanalyse*. Liegen die SNPs in codierenden DNA-Bereichen, so werden die Genprodukte analysiert; liegen sie in nicht codierenden Regionen, gibt es mindestens zwei Möglichkeiten: Zum einen sind Effekte auf die Genregulation möglich, zum anderen können bestimmte SNPs zufällig in der Nähe von Allelen lokalisiert sein, die ursächlich mit der Ausbildung der Krankheit zusammenhängen und werden mit diesen gekoppelt vererbt. Man kennt z. B. mehrere SNPs auf dem langen Arm des menschlichen Chromosoms 10, die in der Nähe von Allelen liegen, die regelmäßig bei Alzheimer-Patienten zu finden sind. Diese SNPs können als genetische Marker dienen, d. h. sie zeigen die Anwesenheit der Alzheimer-Kandidaten-Gene an.

Da es abgesehen von eineiigen Mehrlingen keinen Menschen gibt, der in seinem SNP-Muster mit einem anderen vollkommen übereinstimmt, kommt SNP-Karten auch kriminalistische Bedeutung bei der Erstellung „genetischer Fingerabdrücke“ zu, zumal bei heutiger Analysetechnik Spuren von DNA genügen.

Zettelkasten

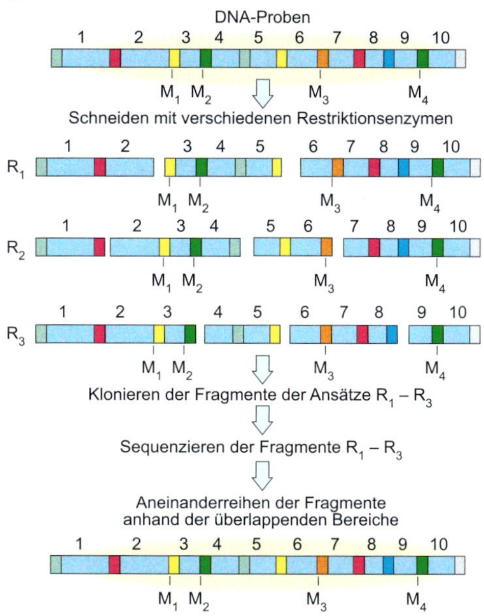

Sequenzierung des menschlichen Genoms

Die menschliche Proben-DNA wird mithilfe von verschiedenen Restriktionsenzymen ($R_1 - R_3$) geschnitten. Solche „genetischen Scheren“ schneiden DNA an definierten Stellen. Die Fragmente der verschiedenen Ansätze werden vervielfältigt (kloniert) und sequenziert (s. Seite 175). Anhand der überlappenden Basensequenzbereiche werden die Fragmente aneinandergereiht. So wird die zusammenhängende Basensequenz ermittelt.

Zur Kontrolle, ob die Stücke tatsächlich richtig kombiniert sind, werden Markerpaare (M_1, M_2, M_3, M_4) eingesetzt. Dabei handelt es sich um DNA-Abschnitte bekannter Sequenz. Markerpaare, die auf einem Fragment liegen, sind auch auf dem Chromosom benachbart. Wie nahe sie zusammenliegen, erkennt man daran, wie oft ein Paar auf den verschiedenen Fragmenten gemeinsam auftritt (s. Seite 145).

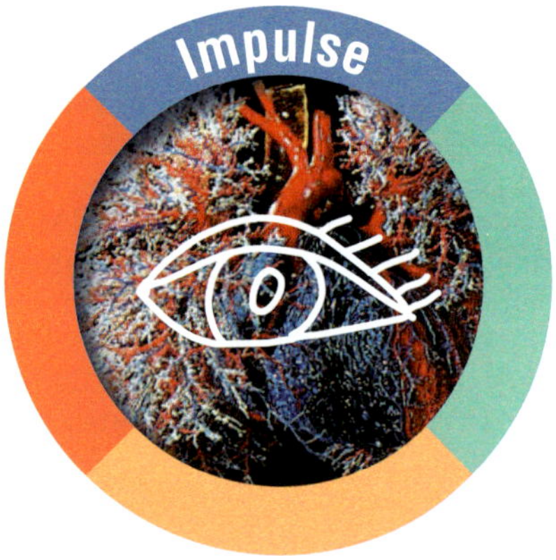

Mukoviszidose

Jährlich werden in Deutschland etliche hundert Kinder mit Mukoviszidose *(Cystischer Fibrose, CF)*, einer genetisch bedingten Erkrankung, geboren. Zäher Schleim verstopft lebenswichtige Organe, quälender Husten, Atemnot und schwere Verdauungsstörungen sind die Folge dieser Drüsenfehlfunktion. Durch schleimlösende Medikamente, Inhalationstherapie und Diät hat sich die Lebensqualität deutlich verbessert, aber eine Heilung ist immer noch nicht möglich. Die Lebenserwartung ist eingeschränkt. 1948 wurde festgestellt, dass im Schweiß der Erkrankten zu viel Kochsalz enthalten ist. Der NaCl-Schweiß-Test ist auch heute noch die übliche Diagnosemethode für Mukoviszidose.

Ab 1980 konnte gezeigt werden, dass bei CF-Patienten die Zellmembran der Schleimhautzellen eine gestörte Chloridionendurchlässigkeit hat. Ursache dafür ist ein Chloridionenkanal, der sich nicht öffnet. Nachdem diese Zusammenhänge bekannt sind, besteht die Hoffnung, ein Medikament zu entwickeln, das die Öffnung dieses Kanals bewirkt und die Symptome der Mukoviszidose beseitigt.

Nennen Sie Bedingungen, unter denen eine rezessive Erbkrankheit in einer Population erhalten bleibt.

Erbgang der Mukoviszidose

Mukoviszidose folgt einem autosomal-rezessiven Erbgang.

Es ist möglich, durch pränatale Diagnostik festzustellen, ob der Fetus homozygoter Anlagenträger ist. Die Sicherheit des Verfahrens beträgt etwa 99 %. Welche Probleme ergeben sich für die Eltern?

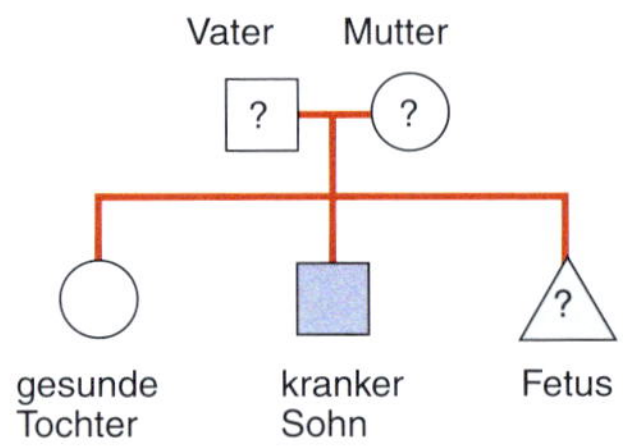

Klassische Therapie

Eine klassische Methode, einem an Mukoviszidose erkrankten Kind Erleichterung zu schaffen, besteht in leichtem Abklopfen von Rücken und Brust. Etwa 90 Minuten pro Tag sollte diese Therapie durchgeführt werden. Sie soll helfen, den zähen Schleim in den Atemwegen zu lösen und zu entfernen.

Informieren Sie sich über weitere klassische Therapien bei Mukoviszidose (Symptombehandlung).

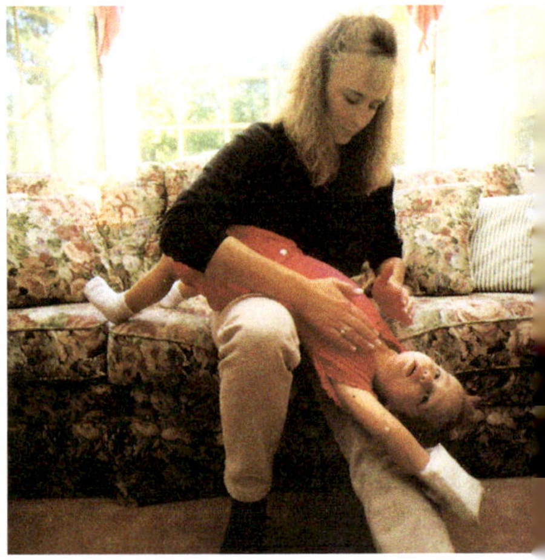

Bewältigungsstrategien

„Georg ist mir als ruhiger und blasser Schüler gut in Erinnerung. Er saß in meinem Biologie-Leistungskurs in einer der letzten Bänke. Seine Leistungen waren nicht schlecht, doch ich hatte den Eindruck, er hätte durchaus mehr erreichen können. Hinter seinem ständigen Hüsteln vermuteten Mitschüler und Lehrer eine chronische Erkältung. Ab und zu war er in den Wintermonaten längere Zeit abwesend, in der Biologie-Facharbeit beschäftigte er sich als leidenschaftlicher Hobbyangler mit Libellenlarven. 3 $^1/_2$ Jahre nach dem Abitur fand ich in der Zeitung seine Todesanzeige. Unfall? Drogen? Solche Gedanken gingen mir durch den Kopf. Die Antwort wusste sein Beratungslehrer. Nur ihm hatte Georg vor Jahren erzählt, dass er Mukoviszidose hat. Er wollte nicht, dass Mitschüler oder Lehrer davon wussten.“
(Bericht eines Biologielehrers)

„Bei meinem letzten Anfall hatte ich eine Vorahnung, wie es ist, wenn man erstickt“ berichtet die 25-jährige Pädagogikstudentin Dagmar Ziegler. „Ich weiß, dass meine Krankheit immer schlimmer wird, aber meist verdränge ich das.“
(aus Stern, Hamburg 1989)

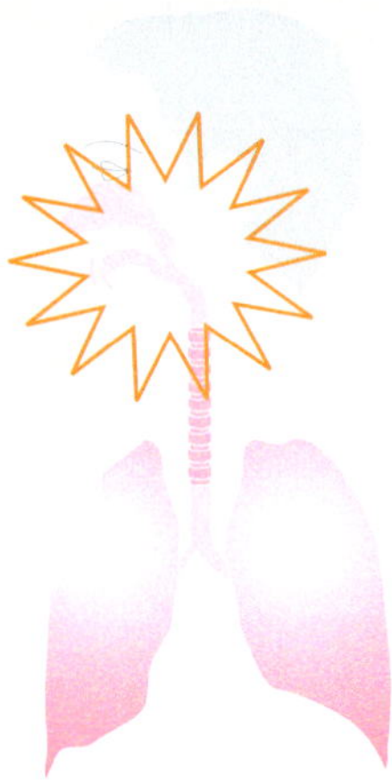

„Da stand ich nun. Es gibt Stunden, da weiß man nicht, ob man nun weinen oder lachen soll. Einerseits erfuhr ich, dass CF eine unheilbare Krankheit ist, die die Lebenserwartung erheblich einschränkt und eine intensive Therapie erfordert, andererseits bekam ich Medikamente, die mir halfen, nun wieder auf die Beine zu kommen und ich hatte ein Stück Gewissheit. Für mein Leben habe ich mir folgenden Grundsatz vorgenommen: Weniger Arbeit, mehr Therapie und auch mehr Vergnügen. Neben meinem Halbtagsjob als Schriftsetzer sollen also weder das Inhalieren und die Atemtherapie noch meine Hobbys Tischtennisspielen und das Schreiben von Sportberichten zurückstehen. Dann lässt es sich auch mit Mukoviszidose gut leben.“ (Klaus, 26 Jahre alt)

Wie bewältigen die CF-Kranken in den drei Beispielen ihre Krankheit? Nehmen Sie dazu Stellung.

Das CFTR-Gen

Bis zum Jahr 1990 hat man zwar den Erbgang der Mukoviszidose als autosomal-rezessiv aufgeklärt, sogar das mutierte Gen auf dem langen Arm des Chromosoms 7 lokalisiert, kannte jedoch nicht die Wirkung dieses Gens. Es handelt sich um ein relativ großes Gen von ca. 250 000 Basen Länge, das 27 Exons enthält. Erst durch die Analyse des Gens konnten Rückschlüsse auf seine Funktion gezogen werden.

Es codiert für ein 1480 Aminosäuren langes Protein, das nach seiner Synthese in die Zellmembran transportiert und eingebaut wird. Die Bezeichnung für dieses Protein ist CFTR; engl. *cystic fibrosis transmembrane conductance regulator* = Regulator der Transmembran-Leitfähigkeit bei Cystischer Fibrose. Das Protein fungiert als Kanal für Chloridionen, der durch ATP geöffnet wird. Die häufigste Mutation (ca. 70 % der Fälle) ist eine Deletion von drei Basen im Exon 11. Dadurch fehlt eine Aminosäure (Nr. 508). Das fehlerhafte Protein kann seine Aufgabe nicht erfüllen.

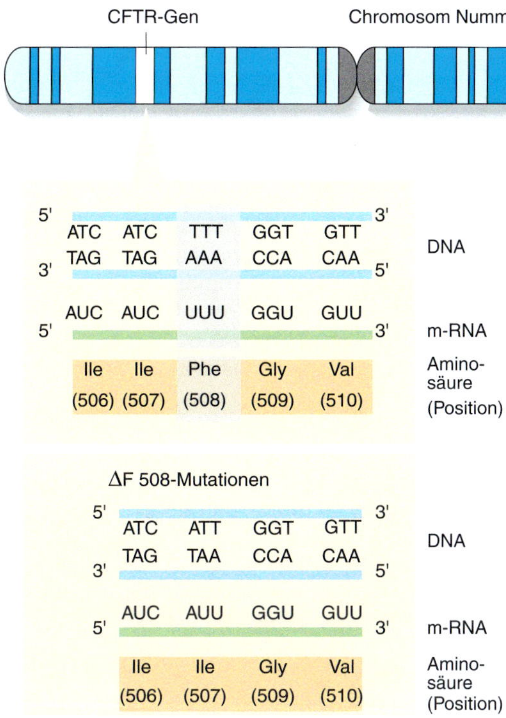

Das CFTR-Gen und die ΔF508-Mutation

Es sind inzwischen über 400 verschiedene Mutationen bekannt, die zu unterschiedlich schweren Formen der Krankheit führen. Am schwerwiegendsten sind *Nonsense-*, *Raster-* oder *Spleißmutationen*, die ein völlig verändertes und damit funktionsloses Protein entstehen lassen. Weniger gravierend sind *Punktmutationen*, die eine korrekte Öffnung des Kanals verhindern.

Inwieweit ist eine monogene Krankheit wie Mukoviszidose einer Gentherapie leichter zugänglich als polygene Krankheiten?

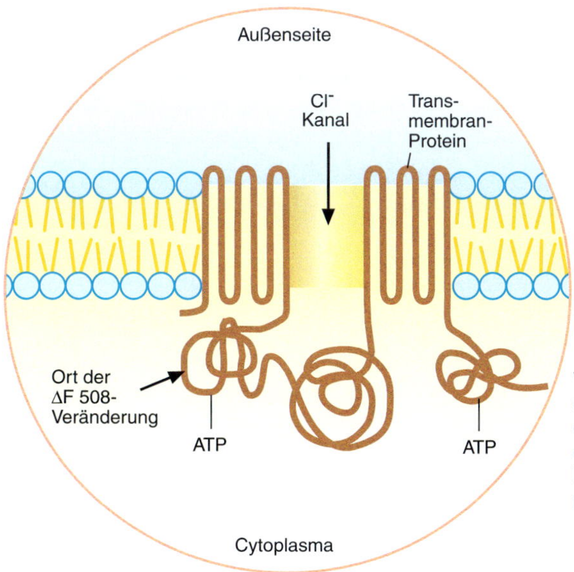

Welche Organe werden in ihrer Funktion durch die Mukoviszidose beeinträchtigt? Nennen Sie weitere polyphäne Gene.

Der Chloridionenkanal

Die Chloridionenkanäle sorgen für die benötigte Fließfähigkeit des im Darm und den Atemwegen abgesonderten Schleims. Die Chloridionenkanäle auf der Schleimhautoberfläche scheiden aktiv Cl^--Ionen in den Schleim aus, die osmotisch Wasser anziehen und ihn so fließfähig halten. Ist dieser Prozess gestört, behindert der zähe Schleim die Atmung und bewirkt eine erhöhte Anfälligkeit für Entzündungen der Atemwege und der Lunge. In den Schweißdrüsen wird durch diese Kanäle Chlorid rückresorbiert. Bei einer Störung unterbleibt der Rückfluss der Chloridionen, es bildet sich Kochsalz (Natriumchlorid), wodurch der Schweiß der Betroffenen deutlich salzhaltiger wird.

Somatische Gentherapie

Ein interessanter Versuch, CF-Patienten zu helfen, wird verfolgt, seitdem das Gen isoliert werden konnte. Mithilfe von Viren bzw. Liposomen, in die das Gen eingeschleust wurde, werden versuchsweise die Nasenschleimhäute betroffener Personen infiziert. Die Stoffwechseltätigkeit konnte zu 20 % korrigiert werden. Die Wirkung hält allerdings nur wenige Tage bis Wochen an. Deshalb müsste die Therapie mehrmals im Jahr durchgeführt werden. Ziel ist es, solche Zellen der Schleimhaut zu verändern, die noch fähig sind, neue Schleimhautzellen zu produzieren. Diese seltenen Zelltypen *(adulte Stammzellen)* müssen dazu gebracht werden, das intakte Gen einzubauen.

Informieren Sie sich darüber, unter welchen Bedingungen eine Gentherapie in Deutschland zulässig ist.

Bei welchen erblich bedingten Krankheiten außer Mukoviszidose wird eine somatische Gentherapie erprobt? Recherchieren Sie.

Genetische Beratung

Menschliche Keime mit größeren genetischen Defekten werden zu 80 % bereits im Alter von einigen Tagen abgestoßen. Derartige Kurzschwangerschaften werden von den betroffenen Frauen oft gar nicht bemerkt. Bei den lebendgeborenen Kindern weisen etwa 1 bis 2 % eine genetisch bedingte Erkrankung oder Behinderung auf. Daher haben werdende Eltern zunehmend den Wunsch, über genetische Risiken für ihren Nachwuchs aufgeklärt zu werden. Diese Aufgabe übernehmen *genetische Beratungsstellen*. Sie informieren außerdem über die Methoden vorgeburtlicher Diagnostik und über mögliche Therapien. Beratungsgespräche werden ergebnisoffen geführt, es geht also nicht darum, die Entscheidung für oder gegen die Austragung des Kindes zu beeinflussen.

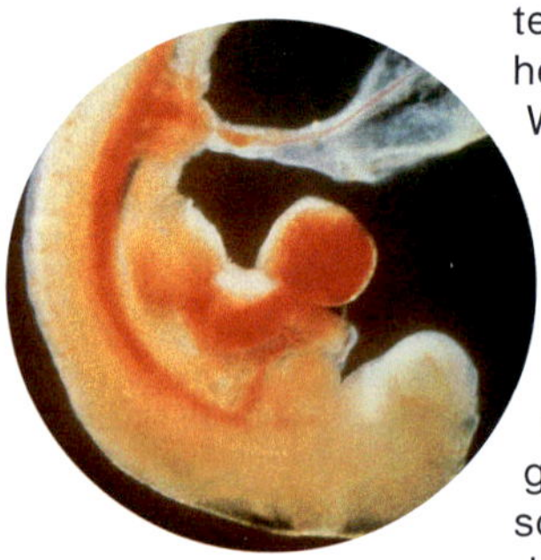
Embryo 4 Wochen

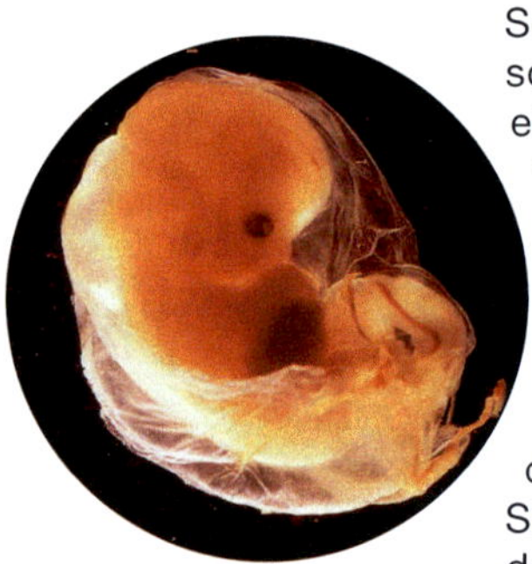
Embryo 8 Wochen

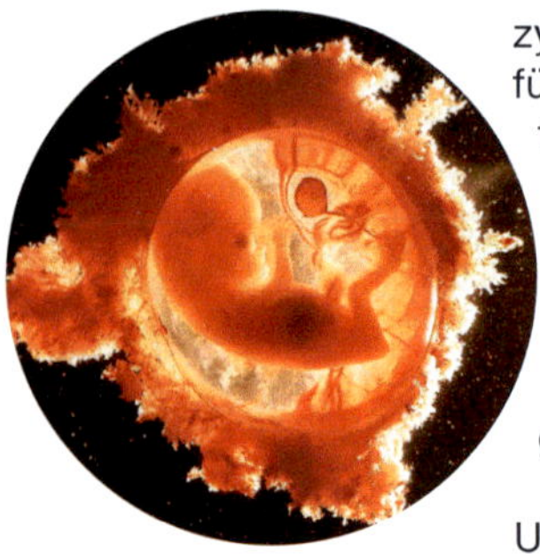
Embryo 14 Wochen

Schon vor dem Eintritt einer Schwangerschaft lässt sich am Familienstammbaum eine Risikoabschätzung vornehmen. Tauchten in der Familie bereits erblich bedingte Krankheiten auf, gibt deren Erbgang Auskunft über die Risiken. Im Falle der Dominanz haben gesunde Eltern auch gesunde Kinder. Ist hingegen ein Elternteil erkrankt und heterozygot betroffen, werden statistisch 50 % der Kinder erkranken. Sind beide Eltern heterozygot, erhöht sich der Anteil entsprechend der 2. mendelschen Regel auf 75 %. Liegt ein rezessiver Erbgang vor, ist die Analyse schwieriger, da heterozygote Eltern gesund erscheinen, das Allel für die Krankheit aber auf ihre Kinder übertragen können. Bei vielen erblich bedingten Krankheiten lassen sich Überträger durch einen Heterozygotentest identifizieren: Überträger der Sichelzellanämie haben veränderte Blutzellen, Mukoviszidose-Überträger einen erhöhten Chloridionengehalt im Schweiß.

Unter *Pränataldiagnostik* versteht man medizinische Untersuchungen, mit denen man während der Schwangerschaft mögliche Erkrankungen des ungeborenen Kindes erkennen kann. Dazu gehören bildgebende Verfahren wie *Ultraschalluntersuchungen*, mit denen man die Größe und auch Fehlbildungen des Embryos feststellen kann. Auf diese Weise lassen sich nicht nur genetisch bedingte Erkrankungen des Ungeborenen diagnostizieren, sondern auch solche, die auf *Umweltschädigungen* zurückzuführen sind. Denn nicht jede angeborene Erkrankung ist genetisch bedingt: Viruserkrankungen, Strahlenbelastung, Stoffwechselerkrankungen, Medikamenten- und Drogenmissbrauch der Mutter können das ungeborene Kind schädigen. Hier kann eine gezielte Beratung die Chancen auf ein gesundes Kind deutlich erhöhen.

Zur Pränataldiagnostik gehören außerdem medizinische Eingriffe, um für weitere Untersuchungen Zellen des ungeborenen Kindes aus dem Mutterkuchen, dem Fruchtwasser oder dem Nabelschnurblut zu gewinnen (*Chorionzottenbiopsie, Amniozentese, Nabelschnurvenen-Punktion,* s. Seite 173). Chromosomenschäden entdeckt man an entsprechend präparierten Zellen mit dem Mikroskop, Stoffwechselstörungen mithilfe biochemischer Tests. Jeder Mensch weist in seinem Genom einige defekte Allele auf, sie sind in ihrer Bedeutung für den Träger und seine Angehörigen aber sehr unterschiedlich zu bewerten. Das Risiko im Alter an Diabetes zu erkranken ist sicher nicht mit dem Risiko für das *Marfan-Syndrom* (s. Seite 166) gleichzusetzen. Oft ist werdenden Eltern nicht klar, dass bestimmte genetische Erkrankungen durchaus therapierbar sind. So können die Folgen der *Phenylketonurie* durch eine spezielle Diät vermieden werden (s. Seite 166), Lippen-, Kiefer-, Gaumenspalten lassen sich operativ korrigieren, gonosomale Abweichungen wie z. B. das *Turner-Syndrom* (s. Seite 132) lassen sich durch eine Hormontherapie im Phänotyp mildern.

Die genetische Beratung soll den Eltern helfen, zu einer mit ihren ethischen und religiösen Wertevorstellungen zu vereinbarenden Entscheidung in der Familienplanung zu kommen. Entscheiden sich die Eltern für das Kind, kann zur Vorbereitung auf ein Leben mit einem möglicherweise behinderten Menschen Hilfe angeboten werden.

Vor 1995 galt eine zu befürchtende Schädigung des Kindes vor dem Gesetz als hinreichender Grund für einen straffreien Schwangerschaftsabbruch *(Indikationsregelung)*. In der Neufassung des § 218 StGb von 1995 bleibt der von einem Arzt vorgenommene Schwangerschaftsabbruch in den ersten 12 Schwangerschaftswochen straffrei, wenn die Schwangere eine Schwangerschaftskonfliktberatung nachweisen kann *(Fristenregelung)*. Werden nach Ablauf dieser Frist medizinische Gründe bekannt, die für einen Abbruch sprechen, verlängert sich diese Frist auf 22 Wochen.

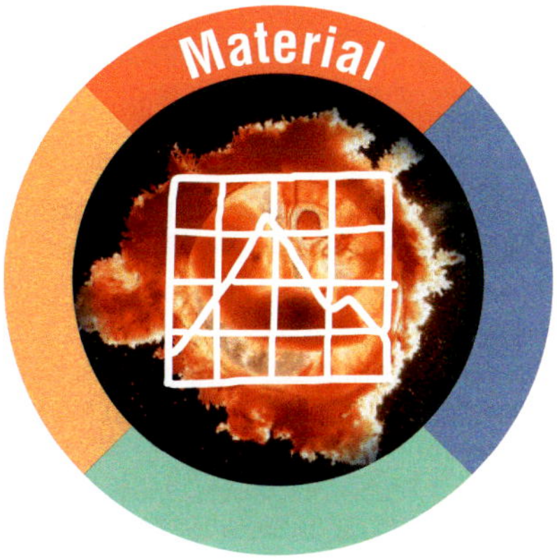

Pränatale Diagnostik

Krankheits- und Familiengeschichte

Anhand der Krankheits- und Familiengeschichte der zukünftigen Eltern lässt sich oft schon das Risiko für ein Kind mit einer erblich bedingten Krankheit erkennen.

Aufgaben

① Zeichnen Sie den Stammbaum folgender Familie und berechnen Sie folgende Wahrscheinlichkeiten.
   a) Das erste Kind eines phänotypisch gesunden Elternpaares leidet an einer autosomal-rezessiv vererbten Krankheit. Wie groß ist die Erkrankungswahrscheinlichkeit für das nächste Kind?
   b) Ein Elternteil ist Überträger einer autosomal-rezessiv vererbten Krankheit, der andere homozygot gesund. Wie groß ist die Wahrscheinlichkeit, dass ihr Kind erkrankt? Wie groß ist die Wahrscheinlichkeit, dass ihr Kind Überträger ist?

Methoden der Pränataldiagnostik

Bei einer Fruchtwasseruntersuchung wird eine Kanüle durch Bauchdecke und Gebärmutter der werdenden Mutter in die Fruchtblase gestochen. Unter Ultraschallkontrolle entnimmt der Arzt Frucht(blasen)wasser mit Zellen des Fetus. Durch biochemische Untersuchungen des Fruchtwassers lassen sich Stoffwechselstörungen des Fetus nachweisen.

Fetale Zellen gewinnt man durch Zentrifugieren von Fruchtwasser und regt sie in einer Nährlösung zur Teilung an. Das Pflanzengift *Colchicin* unterbricht die Mitose, sodass sich gut erkennbare Metaphase-Chromosomen ansammeln. Diese werden fixiert, gefärbt und lichtmikroskopisch untersucht.

Die durch Chorionzottenbiopsie bzw. Nabelschnurvenenpunktion gewonnenen Zellen werden entsprechend behandelt.

Aufgaben

② Vergleichen Sie die Methoden hinsichtlich des Risikos für das Kind und der Zeit, die den Eltern für eine Entscheidung bleibt.

③ Welchen Eltern würden Sie zu einer pränatalen Diagnostik raten?

④ Der *Triple-Test* misst die Konzentration von drei Hormonen im Blut der Mutter (ab der 15. Schwangerschaftswoche). Bei genauer Kenntnis des Schwangerschaftsalters kann aus den Messwerten errechnet werden, ob ein erhöhtes Risiko besteht, dass das ungeborene Kind am Down-Syndrom oder an einer gestörten Entwicklung des Neuralrohres *(„offener Rücken", Spina bifida)* leidet. Es gibt jedoch viele falsch-positive und einige falsch-negative Ergebnisse. Diskutieren Sie Vor- und Nachteile des Tests.

Präimplantationsdiagnostik (PID)

Die *Präimplantationsdiagnostik* (PID) ist ein Spezialfall der pränatalen Diagnostik, sie kommt in der Reproduktionsmedizin in Frage. Nach einer In-vitro-Fertilisation (s. Seite 162) wird dem Embryo im Achtzellstadium eine Zelle entnommen und auf genetische Schäden untersucht. Erst danach wird entschieden, ob dieser Embryo in die Gebärmutter der Frau eingepflanzt wird.

Aufgabe

⑤ PID ist in Deutschland verboten. Stellen Sie Argumente der Befürworter und Gegner gegenüber und bilden Sie sich eine eigene Meinung.

Zellgewinnung	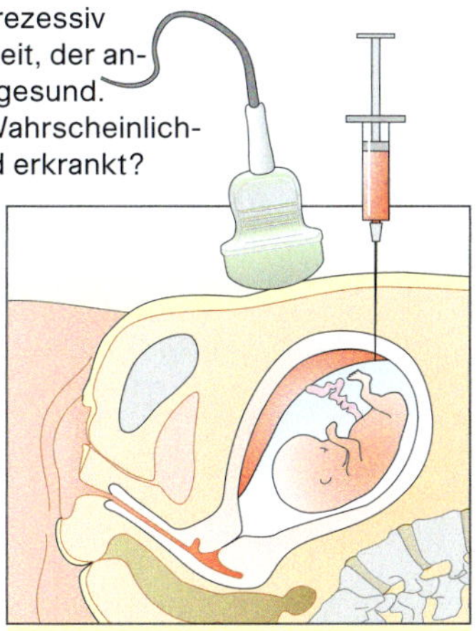	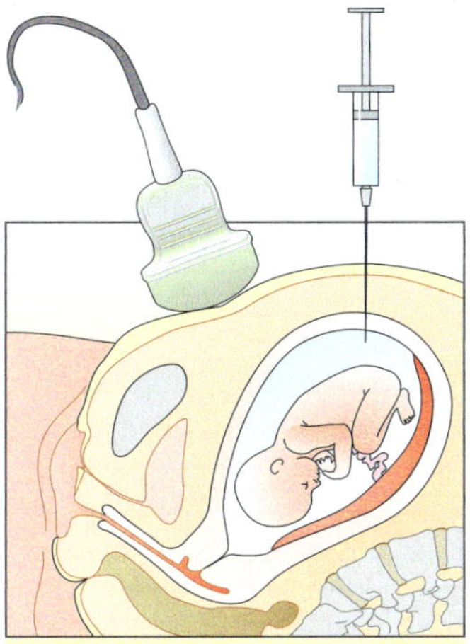	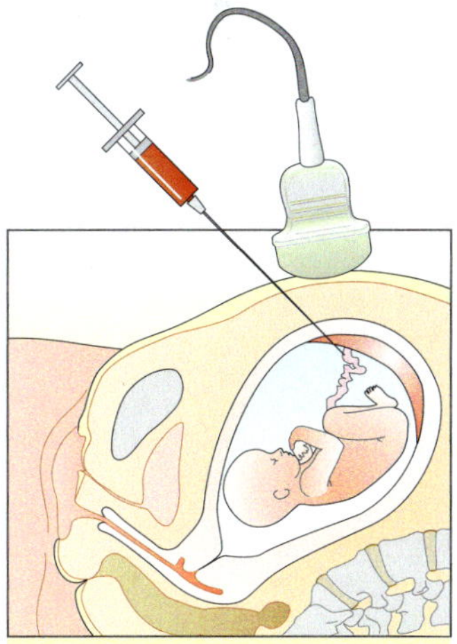
Methode	Mutterkuchen-Untersuchung (Chorionzottenbiopsie)	Fruchtwasser-Untersuchung (Amniozentese)	Nabelschnurvenenpunktion
Zeitpunkt	ab 11. Schwangerschaftswoche	ab 15. Schwangerschaftswoche	ab 20. Schwangerschaftswoche
Analyse-Ergebnis nach	bei Direktpräparation nach 1 – 7 Tagen bei Langzeitkultur nach 14 – 21 Tagen	nach 14 – 21 Tagen	nach 5 – 7 Tagen
Fehlgeburtenrate	0,5% – 1%	0,5%	1 – 2%

DNA-Analyse

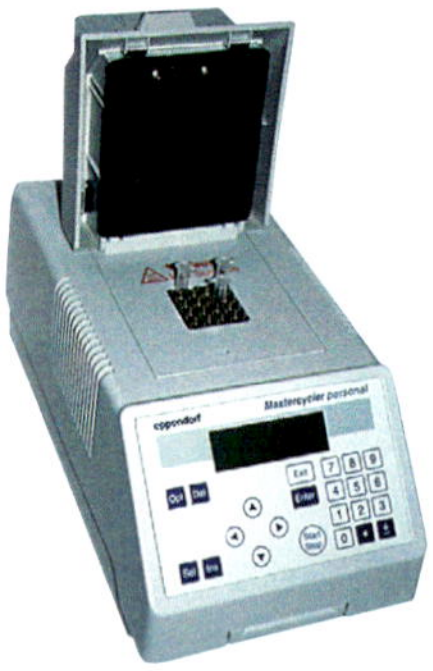
Thermocycler

Der Thermoblock zur Aufnahme der PCR-Reaktionsgefäße befindet sich oben am Gerät. Für einen PCR-Ansatz werden nur geringe Flüssigkeitsmengen benötigt, z. B. 2 µl DNA-Probe, 1 µl Taq-Polymerase, je 2 µl Primer 1 und 2.

Polymerasekettenreaktion
(PCR vom englischen *Polymerase Chain Reaction*):
Eine Methode, mit der DNA-Abschnitte gezielt im Reagenzglas vervielfacht werden können.

Unter dem Begriff *Gentechnik* werden Verfahren zusammengefasst, mit denen man DNA isolieren, gezielt vervielfältigen, zerschneiden, rekombinieren und in Empfängerzellen aktiv werden lassen kann. Dabei bildet die Bestimmung von DNA-Nucleotidsequenzen die Grundlage der genannten Verfahren. Je nach Fragestellung werden kurze DNA-Abschnitte, einzelne Gene oder die Gesamtheit der DNA (Genom) einzelner Organismenarten sequenziert. Man unterscheidet zwei Teilschritte:

1. Vervielfältigung eines bestimmten DNA-Abschnitts.
2. Sequenzierung des vervielfältigten Abschnitts.

Vervielfältigung von DNA

Mit der *Polymerasekettenreaktion (PCR)* beschrieb KARY B. MULLIS 1983 ein Verfahren zur gezielten Vervielfältigung von DNA-Abschnitten im Reagenzgefäß. Er löste damit ein Problem, das die molekularbiologische Forschung stark eingeschränkt hatte. MULLIS nutzte das bestehende Grundlagenwissen zur DNA-Replikation und kombinierte es auf geniale Weise. Mit der PCR lassen sich auch geringste DNA-Proben-Mengen in kurzer Zeit identisch vervielfältigen. Die PCR hat die genetische Grundlagenforschung und anwendungsnahe Disziplinen (z. B. medizinische Diagnose, Kriminalistik) revolutioniert.

Sequenzierung von DNA

Der DNA-Sequenzierung liegt eine Methode zugrunde, die von FREDERICK SANGER und ALAN COULSON 1977 beschrieben wurde. Es gibt heute viele Varianten mit dem gleichen Prinzip, die DNA-Synthese im Reagenzglas durch modifizierte Nucleotide abzubrechen.

Suspendierte DNA-Polymerase wird dazu sowohl mit *Desoxynucleotiden* (dNTP) als auch mit *Didesoxynucleotiden* (ddNTP) ver-

Zettelkasten

Die Polymerasekettenreaktion (PCR)

Doppelsträngige DNA wird bei hohen Temperaturen (95 °C; 2 min) geschmolzen, d. h. einzelsträngig gemacht. Die Markierung des zu kopierenden DNA-Abschnitts ist der entscheidende Schritt jeder PCR: Dazu muss die Nucleotidsequenz der Abschnittsenden bekannt sein. Es werden *komplementäre,* kurze DNA-Moleküle synthetisiert. Sie dienen als *Primer*, „zünden" also die DNA-Synthese durch die DNA-Polymerase. Um die Replikation vorzubereiten, setzt man ein gegenläufiges Primerpaar ein. Bei 50 °C (1,5 min) binden die Primer an die DNA-Matrizen. Vom 3'-Ende der Primer her synthetisiert eine DNA-Polymerase den komplementären Strang. Für diese DNA-Synthese (bei 70 °C) wird die *Taq-Polymerase* eingesetzt. Dieses Enzym wurde aus dem Hitze liebenden, in heißen Quellen lebenden Bakterium *Thermus aquaticus* isoliert. Es hat mit 72 °C ein ungewöhnlich hohes Temperaturoptimum und übersteht auch die hohen Schmelztemperaturen der PCR.

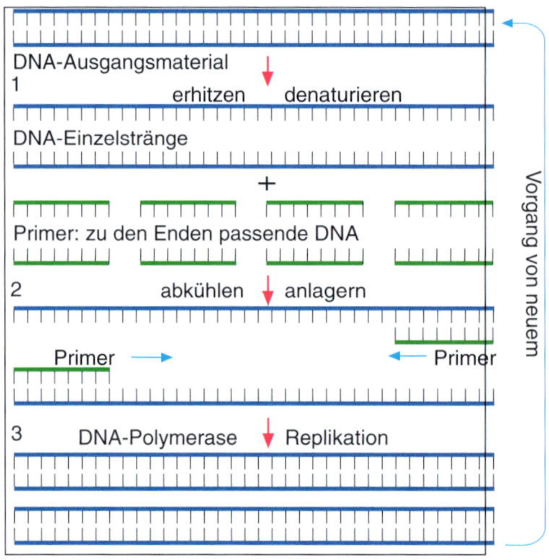

Primer und die *Nucleotidtriphosphate*, aus denen die neuen DNA-Stränge entstehen, werden zu Beginn einer PCR im Überschuss zugesetzt.

Für die PCR werden *Thermocycler (s. Randspalte)* eingesetzt. Kernstück dieser Geräte ist ein Thermoblock, dessen Temperatur veränderbar ist. Zyklenzahl sowie Dauer und Länge der drei PCR-Einzelschritte werden programmiert und automatisch abgearbeitet.

setzt (Abb. 2). Sie werden vervielfältigten DNA-Einzelsträngen aus einer PCR zugesetzt (s. Abb. Kasten Seite 174). Bei der Synthese komplementärer DNA-Stränge an DNA-Einzelsträngen werden beide Nucleotidsorten eingebaut. Handelt es sich dabei um dNTP, kann die Synthese fortlaufen. Nicht aber bei ddNTP, da die OH-Gruppe am C_3-Atom fehlt, an der die Polymerasen das folgende Nucleotid anfügen. Daher bricht die DNA-Synthese bei einem Teil der neu synthetisierten Stränge ab. Nach Länge sortiert unterscheiden sich die synthetisierten DNA-Stränge um ein Nucleotid (Abb. 1). Im Labor werden die Sanger-Coulson-Ansätze elektrophoretisch in einem Sequenzierungsgel aufgetrennt. Kleinere Stränge wandern im Gleichspannungsfeld schneller als größere. dd-Nucleotide sind bei nicht radioaktiven Verfahren verschiedenfarbig mit Fluoreszenzfarbstoffen markiert (Abb. 2), daher weisen die DNA-Fragmente diese Markierung an ihrem 3'-Ende auf. Die Banden aus Fragmenten gleicher Größe passieren bei ihrer Wanderung durch das Gel einen Detektor, der die Farbenfolge registriert. An der Abfolge der Farben kann die Basensequenz abgelesen werden (Abb. 3).

Seit mit der Taq-Polymerase eine temperaturstabile DNA-Polymerase verfügbar ist, kann das Sanger-Coulson-Verfahren wie eine PCR geführt werden und besteht wie diese aus den drei Einzelschritten Schmelzen, Markieren mit einem Primer und Verlängern. Mehrere Zyklen werden aneinandergereiht, um die Ausbeute zu erhöhen. Im Vergleich zur PCR besteht aber ein wesentlicher Unterschied: Es darf nur einer der beiden Primer zugesetzt werden, damit nur einer der beiden Matrizen-Einzelstränge repliziert wird. Die vorgeschaltete PCR wird entweder so geführt, dass die Primer vollständig aufgebraucht werden, oder der zu sequenzierende DNA-Matrizen-Strang muss vor der Weiterverarbeitung aufgereinigt werden.

Aufgaben

① Ein PCR-Zyklus im Reagenzglas hat Ähnlichkeit mit der DNA-Replikation in Zellen. Begründen Sie.

② Bei der PCR fungieren die neusynthetisierten DNA-Stränge als Matrizen des nachfolgenden Zyklus. Berechnen Sie die Zahl der Stränge nach 30 Zyklen.

③ Vervollständigen Sie die Basensequenz (Abb. 3).

④ Wie lautet die Basensequenz des Matrizen-DNA-Stranges?

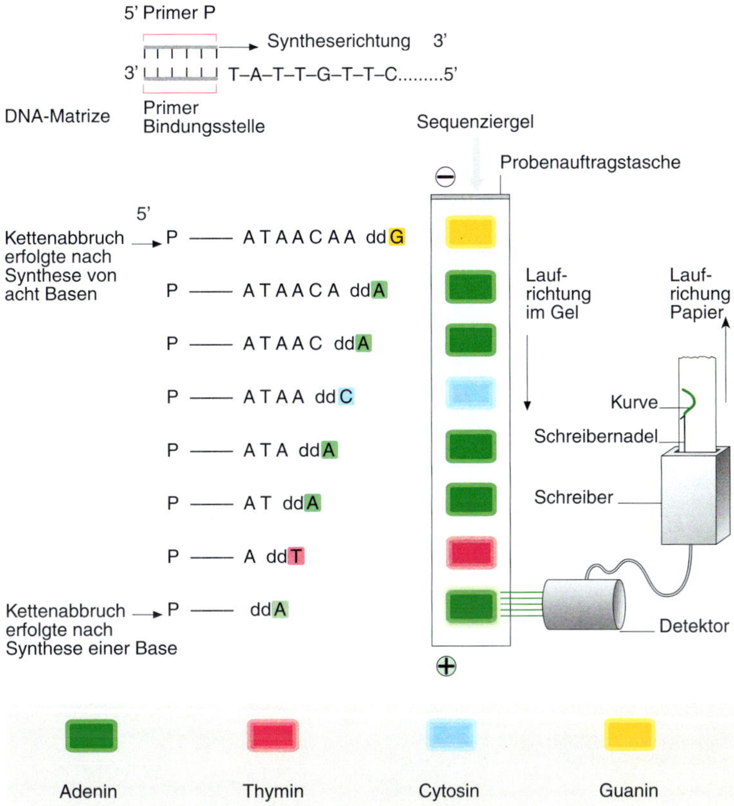

1 Schema der DNA-Sequenzierung nach Sanger-Coulson

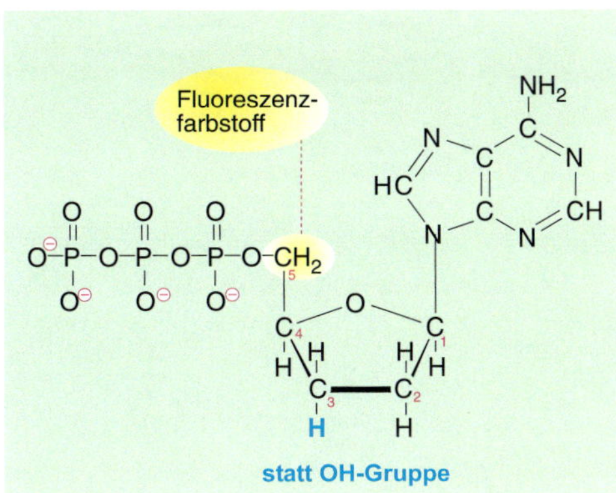

2 Didesoxy-Adenosin-Triphosphat (ddATP)

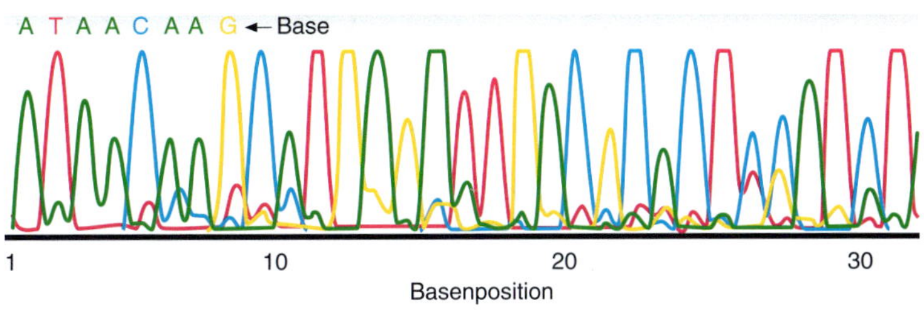

3 Papierausdruck des Fluoreszenz-Detektors

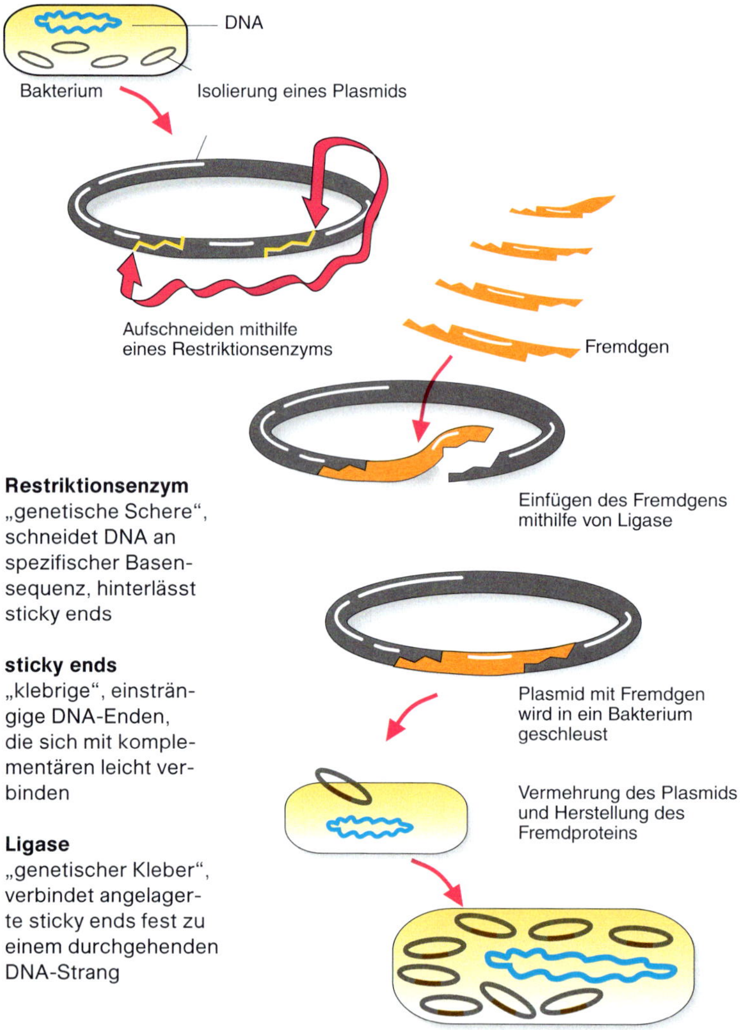

Restriktionsenzym
„genetische Schere", schneidet DNA an spezifischer Basensequenz, hinterlässt sticky ends

sticky ends
„klebrige", einsträngige DNA-Enden, die sich mit komplementären leicht verbinden

Ligase
„genetischer Kleber", verbindet angelagerte sticky ends fest zu einem durchgehenden DNA-Strang

1 Herstellung gentechnisch veränderter Bakterien

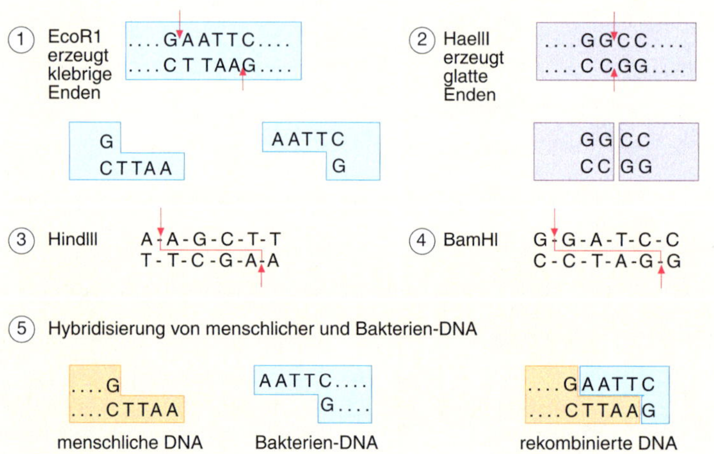

2 Wirkung verschiedener Restriktionsenzyme

Biotechnologie

Archäologen haben herausgefunden, dass in Großbritannien schon vor rund 4000 Jahren – also am Ende der Jungsteinzeit – Hefezellen zur Bierherstellung eingesetzt wurden. Die Nutzung von Mikroorganismen durch den Menschen ist also keine neue Errungenschaft moderner Biotechnologie. Wohl aber hat deren Nutzung im 20. Jahrhundert industrielle Maßstäbe angenommen. Anfangs konnte man lediglich Mikroorganismen zur Herstellung von Antibiotika (z.B. Penicillin) und anderen Wirkstoffen züchten, Verbindungen also, die natürlicherweise Bestandteil der Organismen sind. Arzneistoffe wie das Insulin werden aber nicht von Mikroorganismen, sondern nur von höheren Lebewesen produziert. Der rasante Aufschwung der Biotechnologie in den vergangenen Jahrzehnten geht auf die Möglichkeit zurück, ein Gen für ein wichtiges Protein isolieren zu können und es dann in einen anderen Organismus einzubauen. Die Organismen mit einem auf diese Weise veränderten Erbgut bezeichnet man als *transgene Lebewesen*.

Genetische Scheren und Kleber

Werner Arber isolierte 1972 aus Bakterien Enzyme, die DNA spezifisch schneiden können. Diese so genannten *Restriktionsenzyme* schneiden aber nicht an beliebigen Stellen der DNA, sondern nur innerhalb von bestimmten, meist 4 bis 5 Basen langen Sequenzen. Eine solche Folge kommt in der DNA etwa alle 1000 bis 10000 Nucleotide vor; entsprechend groß sind die Schnittstücke. Die meisten Restriktionsenzyme, von denen mittlerweile mehrere Hundert bekannt sind, hinterlassen keinen „glatten" Schnitt. Das Restriktionsenzym EcoR1 aus *Escherichia coli* beispielsweise schneidet an seiner Erkennungssequenz jeden DNA-Doppelstrang zwischen den Basen G und A. Da sie im Doppelstrang versetzt liegen, entstehen beim Schnitt überhängende Enden, deren Basenfolge zueinander komplementär ist. Sie ziehen einander an, daher werden sie als „klebrige Enden" *(sticky ends)* bezeichnet. Wird die DNA aus verschiedenen Arten mit demselben Restriktionsenzym geschnitten und zusammengebracht, können sich die Bruchstücke aufgrund ihrer komplementären klebrigen Enden miteinander verbinden. Die Verbindung wird stabil, sobald das DNA-Gerüst zu einem durchgehenden Strang verknüpft ist. Diese Aufgabe übernimmt das Enzym *Ligase*.

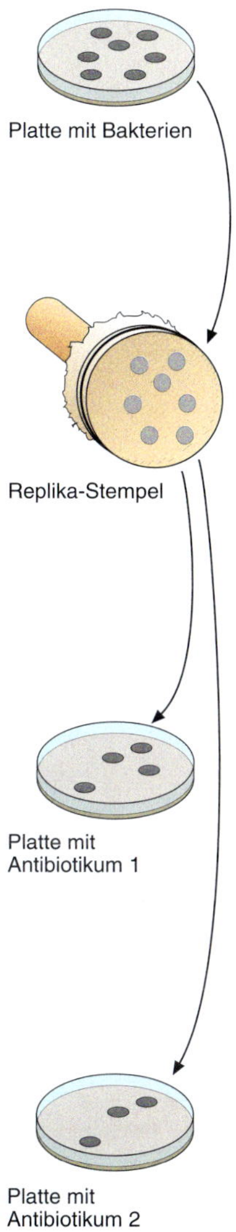

Übertragung eines Gens

Will man ein Gen, z. B. das Insulin-Gen des Menschen, in das Bakterium E. coli einschleusen und dort zur Funktion bringen, benötigt man eine Genfähre *(Vektor)*. Dazu werden häufig bakterielle *Plasmide* eingesetzt. Plasmide sind ringförmige DNA-Moleküle, die neben dem „Bakterien-Chromosom“ im Cytoplasma in großer Zahl zu finden sind. Plasmide besitzen die Fähigkeit zur Replikation (s. Seite 149); sie tragen oft Gene, die Bakterien eine Resistenz gegen bestimmte Antibiotika verleihen. Bakterien können Plasmide aus dem Kulturmedium aufnehmen, ein Vorgang, der *Transformation* genannt wird (s. Seite 110). Man schneidet also bakterielle Plasmide, die zwei Antibiotikaresistenz-Gene enthalten, und das Insulin-Gen mit einem Restriktionsenzym, bringt beide im Reagenzglas zusammen und verknüpft sie miteinander. Dann schleust man die Konstrukte in einen geeigneten E. coli-Stamm. Auf Nährböden mit dem Antibiotikum 1 wachsen nur solche Bakterien zu Kolonien heran, die ein Plasmid mit dem entsprechenden Resistenzgen aufgenommen haben. Zur Identifizierung derjenigen Bakterien, die ein Plasmid mit dem Insulin-Gen aufgenommen haben, benutzt man einen Trick: Die verwendeten Plasmide besitzen nämlich ein weiteres Resistenzgen gegen ein Antibiotikum 2. Mitten in dieses Resistenzgen wird das Insulin-Gen eingefügt. Dadurch geht die Resistenz gegen Antibiotikum 2 verloren. Nur diejenigen Bakterien, die zwar bei Anwesenheit von Antibiotikum 1, nicht aber von Antibiotikum 2 wachsen können, enthalten ein Plasmid mit dem Insulin-Gen.

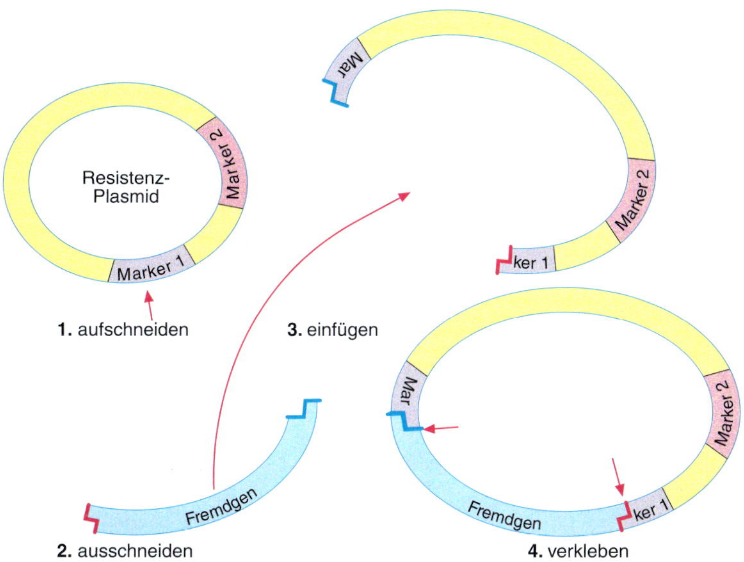

1 Konstruktion eines Expressionsvektors

Gewinnung des Genprodukts

Um das von dem Fremdgen codierte Protein zu erhalten, züchtet man die transgenen Bakterien unter geeigneten Bedingungen. Da nicht nur der für das Fremdprotein codierende DNA-Abschnitt, sondern auch der dazugehörige Promotor übertragen wurde, kann das Fremdgen transkribiert und translatiert werden. Das Fremdprotein wird aus den Bakterienkulturen isoliert.

Aufgaben

① Eukaryotische Gene sind meist gestückelt, d. h. sie besitzen codierende Bereiche *(Exons)* und nicht codierende *(Introns)*, prokaryotische hingegen nicht.
Mit welchen Schwierigkeiten ist bei der Übertragung eukaryotischer DNA auf Bakterien zu rechnen?

② Das Enzym Reverse Transkriptase besitzt die Fähigkeit, m-RNA in DNA „zurück zu übersetzen“. Stellen Sie sich vor, Sie bekämen aus menschlichen Bauchspeicheldrüsen reife Insulin-m-RNA und das Enzym Reverse Transkriptase zur Verfügung gestellt.
Wie würden Sie das in Aufgabe 1 diskutierte Problem experimentell lösen? Skizzieren Sie einen Versuchsplan.

③ Viele eukaryotische Proteine werden nach ihrer Translation an den Ribosomen in das Endoplasmatische Retikulum eingeschleust und dort modifiziert. Es werden z. B. oftmals Kohlenhydratreste hinzugefügt. Bei Bakterien gibt es derartige posttranslationale Modifikationen nicht. Es werden meist auch keine Disulfidbrücken zwischen den Resten der Aminosäure Cystein geknüpft wie beim Insulin. Welche Probleme resultieren daraus bei der Insulinproduktion durch Bakterien?

④ Mehrere Pflanzenarten, die landwirtschaftlich genutzt werden, sind im Labor bereits mit Fremdgenen versehen worden. Dabei ging es z. B. um die Resistenz gegen Viren, Herbizide oder Trockenheit. Die meisten Pflanzenvektoren tragen ein Gen, das gegen das Antibiotikum Kanamycin resistent macht. In Tierversuchen konnte die Befürchtung zerstreut werden, die Produkte der Resistenzgene könnten für den Menschen toxisch sein. Warum weisen Pflanzenvektoren Resistenzgene auf? Welche medizinischen oder ökologischen Probleme könnten Resistenzgene in Lebensmitteln verursachen?

Genetische Marker und Sonden

Schlagzeilen wie „Täter aufgrund einer Speichelprobe überführt!" sind keine Seltenheit mehr. In der Kriminalistik spielen Methoden der DNA-Analyse heute oft eine wichtige Rolle. Biologisches Material (Blutreste, Sperma, Haare oder Speichel an einer Zigarette) ist so verlässlich wie ein fälschungssicherer Personalausweis. Man spricht auch vom *genetischen Fingerabdruck*. Wenige Zellen reichen zur Analyse aus, da das Probenmaterial mithilfe der PCR vervielfältigt werden kann (s. Seite 174). Analysiert werden nicht die für Proteine codierenden Bereiche des menschlichen Genoms. Diese DNA-Abschnitte unterscheiden sich von Person zu Person meist nicht besonders. Die zwischen den Genen liegenden Bereiche hingegen, die rund 99,9 % des Genoms ausmachen, variieren beträchtlich. Mutationen dort sind nämlich meist selektionsneutral, da sie sich phänotypisch nicht auswirken. Sie haben sich im Laufe der Evolution angehäuft. In der Kriminalistik werden heute meist SNPs (s. Seite 169) und Mikrosatelliten (s. Kasten Seite 179) analysiert.

Fragmentierung von DNA

Bei der Analyse von RFLPs *(Restriktionsfragment-Längen-Polymorphismen)* wird die Proben-DNA mit einem passenden Restriktionsenzym zerschnitten und analysiert. Unterschiedlich große Restriktionsfragmente verschiedener Personen gehen auf Basensequenzunterschiede im Bereich der Schnittstellen zurück, wodurch das Enzym nicht mehr schneiden kann. Der Verlust der Schnittstelle zeigt sich nach elektrophoretischer Auftrennung daran, dass zwei Fragmente miteinander verbunden geblieben sind (Abb. 1).

Die Restriktionsansätze werden mithilfe der Gelelektrophorese aufgetrennt. Für das weitere Vorgehen benötigt man einzelsträngige DNA. Deshalb werden die Elektrophoresegele mit Alkalien behandelt, die DNA wird denaturiert. Die Restriktionsfragmente werden zur weiteren Analyse auf Nylonmembran übertragen (*Blotting*, s. Seite 111), auf der sie haften bleiben. Dazu gibt man radioaktiv markierte *Gensonden*. Das sind kurze künstlich hergestellte DNA-Einzelstränge, die basenkomplementär zu ausgewählten, nicht variablen Abschnitten der Restriktionsfragmente sind. Das setzt natürlich voraus, dass die entsprechenden Basensequenzinformationen bekannt sind. Die Sondenmoleküle

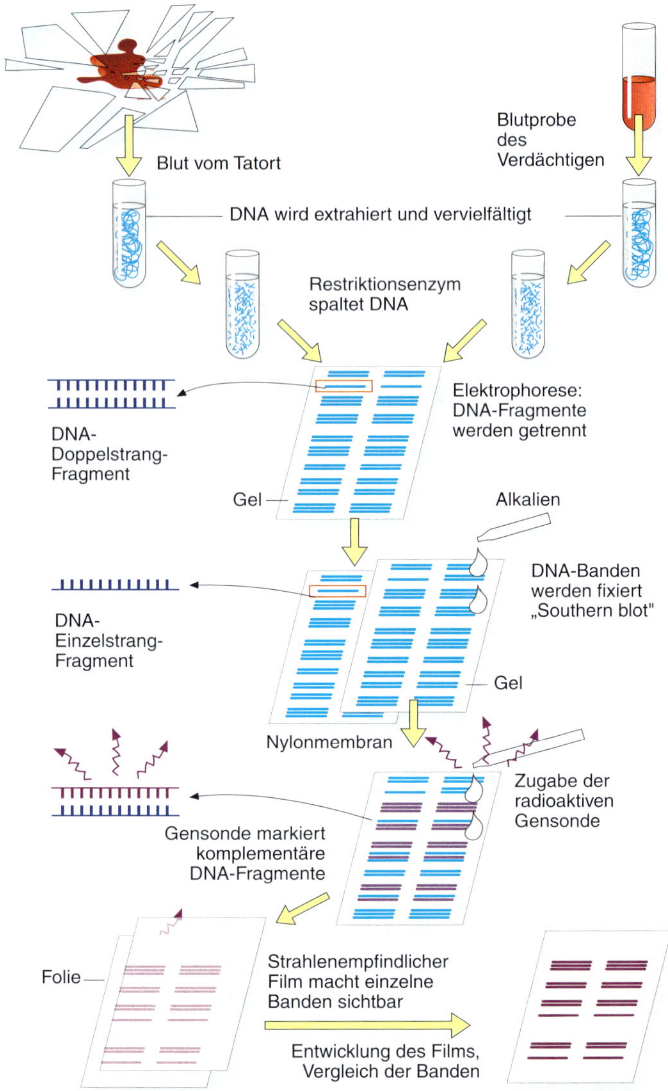

1 Herstellung eines genetischen Fingerabdrucks (RFLP-Analyse)

2 Genetische Fingerabdrücke zu einem Vaterschaftstest

binden *(hybridisieren)* an die basenkomplementären Restriktionsfragmente. Zu ihrer Sichtbarmachung werden die Nylonmembranen auf einen radioaktiv empfindlichen Film gelegt. Das Muster der Restriktionsfragmente (jedes Fragment einer bestimmten Länge erzeugt eine Bande) bildet sich als Schwärzung auf dem Film ab. Abbildung 178. 2 zeigt das Restriktionsfragmentmuster verschiedener Personen. Verwandte Personen weisen in Abhängigkeit ihres Verwandtschaftsgrades mehr oder weniger identische Muster auf. Die Restriktionsfragmente werden nach den mendelschen Regeln vererbt.

Das Verfahren wird heute hauptsächlich in der Humangenetik angewandt. Bei zweifelhafter Vaterschaft wird DNA von Mutter, Kind und dem in Frage kommenden Mann analysiert. Da das Kind die eine Hälfte seines genetischen Materials von der Mutter, die andere vom Vater erbt, lässt sich durch Vergleich der Restriktionsfragmentmuster sagen, ob der Mann tatsächlich der Vater ist. Treten beim Kind Banden auf, die weder bei der Mutter noch beim untersuchten Mann zu finden sind, scheidet er als leiblicher Vater aus.

Will man Gene auf Chromosomen (s. Kasten) oder m-RNA in Gewebeschnitten nachweisen, setzt man fluoreszenzmarkierte Gensonden ein (s. Foto im Kasten). Die markierten Sonden werden zu präparierten Chromosomen oder auf Gewebeschnitte gegeben. Sie lagern sich an basenkomplementäre DNA-Abschnitte bzw. m-RNA an. Unter dem Fluoreszenzmikroskop kann die Lage der Sonden anhand des Fluoreszenzsignals bestimmt werden.

Aufgaben

① In Abb. 178. 2 sind vergleichbare Ausschnitte aus dem genetischen Fingerabdruck einer Mutter (M), ihrer Tochter (T) und möglicher Väter (V) wiedergegeben. Welcher Mann kann der leibliche Vater sein? Begründen Sie.

② Bei Brustkrebs-Patientinnen werden regelmäßig in einem bestimmten Gen („Brustkrebsgen“) Mutationen gefunden. Ein ursächlicher Zusammenhang ist unsicher, denn es gibt Frauen, die diese Mutation ebenfalls aufweisen, aber nicht erkranken. Stellen Sie sich vor, eine Frau ließe ihre DNA testen, Ergebnis positiv. In welchen Konflikt könnte sie geraten? Bedenken Sie auch, dass es keine wirksame Therapie gibt.

Zettelkasten

Genkartierung

Da beim Menschen keine Kreuzungsexperimente durchgeführt werden können, bedient man sich zur Kartierung von Genen der Stammbaumanalyse. Um herauszufinden, ob das Risiko an Brustkrebs zu erkranken erblich bedingt ist, wurden DNA-Proben von 3 Generationen betroffener Familien gewonnen und einer Restriktions-Fragment-Längen-Analyse unterzogen.

Bei allen betroffenen Frauen trat ein bestimmtes DNA-Fragment auf. Dieses Fragment wurde sequenziert und mithilfe genetischer Sonden zeigte man, dass es auf Chromosom 17 liegt. Der für das mögliche Brustkrebsgen infrage kommende Bereich umfasste mit 20 Megabasen Größe allerdings rund 1000 Gene. Die Feinkartierung gelang anhand von kurzen Basenabschnitten (Mikrosatelliten), die aus sich unterschiedlich oft wiederholenden (repetitiven) Basensequenzen (z. B. CACACA) bestehen. *Mikrosatelliten* sind bis zu 200 Nucleotide lang und wiederholen sich bis zu 20-mal. Das menschliche Genom weist rund 650 000 solcher Mikrosatelliten auf, sie dienen als genetische Marker. Man fand bestimmte Mikrosatelliten, die in der Nähe des möglichen Brustkrebsgens liegen und mit diesem gekoppelt vererbt werden. Dadurch konnte der Bereich, in dem das Gen liegen musste, auf 600 Kilobasen eingeengt werden, Platz genug für rund 60 Gene.

Für die weitere Analyse nutzte man die Tatsache, dass Brustkrebs oft parallel zu Krebs im Bereich der Eierstöcke auftritt. Man präparierte die m-RNA-Moleküle von Patientinnen aus beiden Geweben und übersetzte sie mithilfe der reversen Transkriptase zurück in DNA. DNA-Fragmente aus beiden Geweben binden nur an dem 600 KB großen DNA-Stück aus dem Genom der Patientinnen. Die Basensequenz stimmt also überein. Man glaubt, damit das für Brustkrebs verantwortliche Gen identifiziert zu haben. Über dessen genaue Funktion ist aber noch nichts bekannt.

Fluoreszenzmarkierte DNA-Sonden binden an komplementäre Chromosomenabschnitte. Ist die Sequenz eines Chromosomenabschnittes bekannt, kann man die DNA-Sonden zur Anlagerung anbieten und durch Mikroskopieren mit Licht der passenden Wellenlänge die eingebauten Sonden zum Leuchten anregen (siehe Abb., gelbe Bereiche). Dieses Verfahren kann auch diagnostisch angewendet werden.

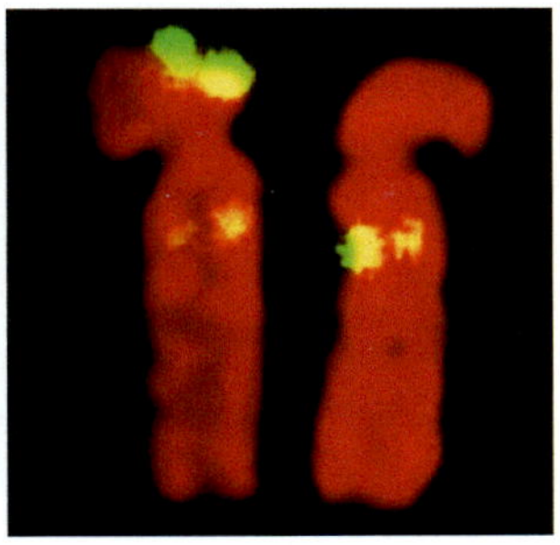

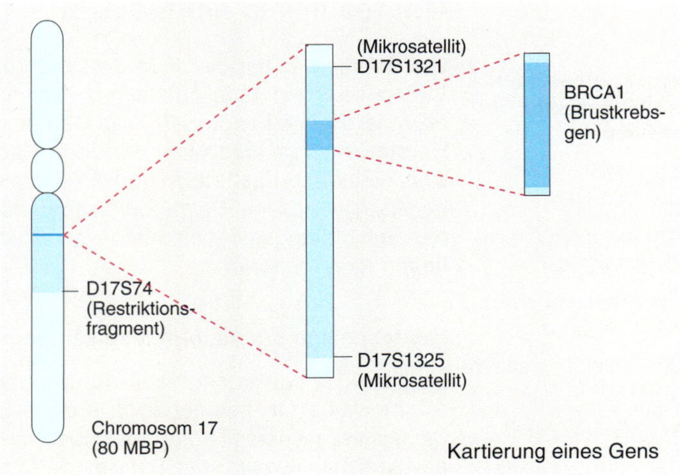

Kartierung eines Gens

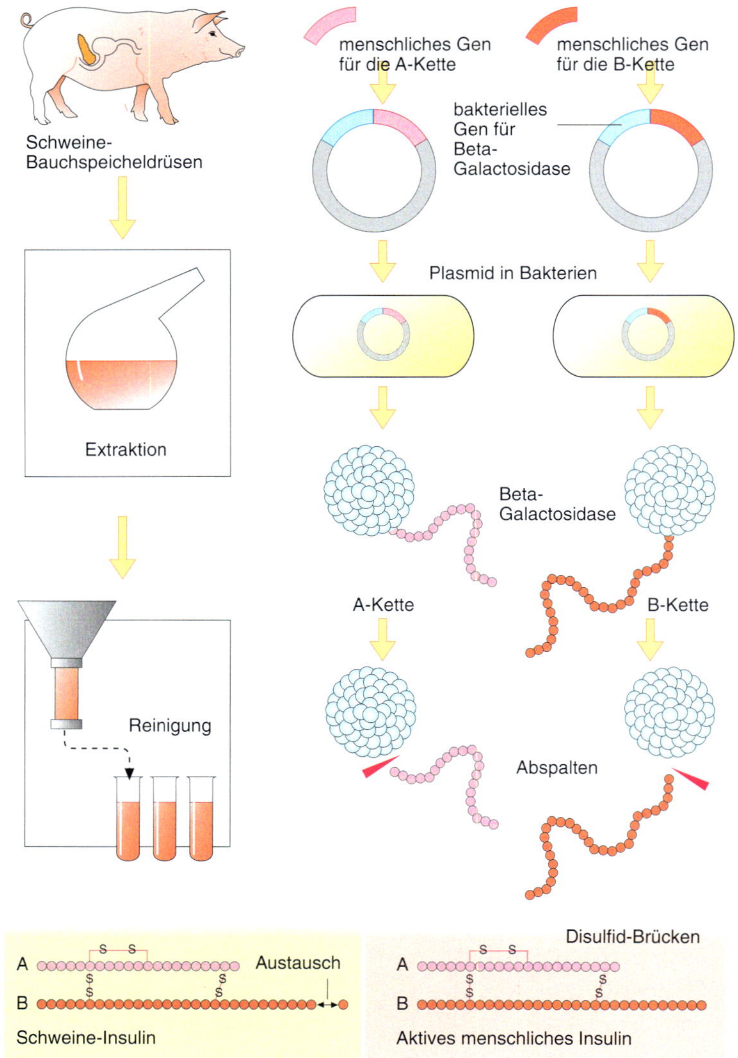

1 Klassische und gentechnische Insulin-Herstellung

Beispiele für gentechnisch hergestellte Arzneimittel

1982: Humaninsulin gegen Diabetes

1983: Faktor VIII gegen Bluterkrankheit

1985: Interferone gegen Leukämie

1986: Impfstoff gegen Hepatitis B

1987: Wachstumshormone

Gentechnik in der Medizin

Die Gentechnik hat die diagnostischen und therapeutischen Möglichkeiten in der Medizin tiefgreifend verändert. Das betrifft die Herstellung von Medikamenten, den Nachweis bestimmter genetisch bedingter Krankheiten *(genetische Diagnostik)*, aber auch die Behandlungsmöglichkeiten von Krankheiten *(Gentherapie)*.

Gentechnisch produzierte Medikamente

Bereits 1982 wurde ein Herstellungsverfahren für das erste gentechnisch produzierte Medikament *Humaninsulin* entwickelt. Zuvor gewann man Insulin aus Schweine-Bauchspeicheldrüsen, um damit die Zuckerkrankheit (*Diabetes mellitus)* zu behandeln. Insulin ist ein relativ kurzes Protein aus einer A-Kette mit 21 und einer B-Kette mit 30 Aminosäuren, die über zwei Disulfidbrücken miteinander verknüpft sind (Abb. 1). Durch kontrolliertes Zusammenfügen einzelner Nucleotide ließen sich die beiden zugehörigen DNA-Sequenzen künstlich aufbauen und jeweils mit einen Plasmid in Bakterienzellen einschleusen. Dort sind sie dem gleichen Promotor wie die Beta-Galactosidase unterstellt. In großen *Fermentern* werden die Bakterien optimal mit Nährstoffen und Sauerstoff versorgt. Umprogrammierte *(transgene)* Bakterienzellen produzieren nun die beiden Peptidketten des Humaninsulins gekoppelt an Beta-Galactosidase. Sobald genügend Protein gebildet wurde, bricht man die Zellen auf, trennt die Peptidketten von der Beta-Galactosidase und verknüpft sie über die beiden Disulfidbrücken zum Endprodukt. Die Insulin-Herstellung konnte weiter verbessert werden, als es gelang, für beide Insulinketten eine DNA-Sequenz zu synthetisieren. Das entstandene Prohormon bildet die Disulfidbrücken dann selbstständig aus. Inzwischen werden weitere Arzneimittel über transgene Bakterien- oder Hefekulturen gewonnen (s. Seite 185).

Genetische Diagnostik

Kennt man die Basensequenz von Genen, die erblich bedingten Krankheiten zugrunde liegen, kann man diese durch komplementäre Gensonden aufspüren. So lässt sich das Gen auch bei Personen erfassen, bei denen die Krankheit noch nicht ausgebrochen ist. Der Träger kann dann z. B. über Vorbeugungsmaßnahmen aufgeklärt werden, mit denen er das Erkrankungsrisiko möglicherweise vermindern kann. *Chorea Huntington* ist eine dominant vererbte Krankheit, die sich erst im 25. bis 55. Lebensjahr in Form von Gehirnschwund äußert. Das verursacht Lähmungen, Bewegungsstörungen und den allmählichen Verlust der Denkleistung. Die Krankheit ist auf die Vervielfachung eines DNA-Abschnittes zurückzuführen und bisher unheilbar. Ein negatives Testergebnis kann einem familiär Vorbelasteten schwere Sorgen nehmen. Wie aber geht er mit einem positiven Ergebnis und der Gewissheit zu erkranken um?

Anders liegt die Sache bei Brustkrebs: Hier bedeutet die Identifizierung des Brustkrebsgens nur ein erhöhtes Risiko für den Träger, an Brustkrebs zu erkranken, außerdem geht nur jede 20. Brustkrebserkrankung auf diesen Gendefekt zurück (s. Seite 179). Bei den meisten Krankheiten ermöglicht die genetische Diagnostik nur eine Risikoabschätzung. Daran wird auch die DNA-Chip-Technologie – so leistungsfähig sie auch sein mag – nichts ändern (s. Kasten).

Somatische Gentherapie

In der *somatischen Gentherapie* versucht man, die Körperzellen eines Patienten mit dem intakten Exemplar des krankheitsauslösenden Genes auszustatten. Zur Behandlung der *Mukoviszidose* (s. Seite 170) werden DNA-Abschnitte z. B. in Liposomen eingeschlossen und von den Patienten inhaliert. Sie können von Lungenepithelzellen aufgenommen werden, werden aber nur einige Wochen exprimiert. Bei Krebspatienten versucht man, aktive *Tumor-Suppressorgene* zu übertragen oder Krebsgene unwirksam zu machen. Oft werden dem Patienten Zellen entnommen, genetisch verändert und dann wieder zurück übertragen.

Keimbahntherapie

Bei der *Keimbahntherapie* bringt man ein intaktes Gen durch Mikroinjektion in die befruchtete Eizelle und pflanzt sie anschließend in die Gebärmutter ein. Das Gen ist dann später in allen Zellen des ausgewachsenen Individuums enthalten und wird dort auch exprimiert. Beim Menschen könnte man theoretisch auf diese Weise erblich bedingte Krankheiten beeinflussen. Unbeabsichtigt können aber auch andere erblich bedingte Merkmale verändert werden, die Risiken sind nicht kalkulierbar. Die Keimbahntherapie am Menschen ist in Deutschland und vielen anderen Ländern verboten: Es dürfen keine genetischen Veränderungen an Keimzellen und ihren Nachfolgern vorgenommen werden.

Gen-Pharming

Bei Tieren sind genetische Veränderungen an Zellen der Keimbahn nicht verboten. Beim so genannten *Pharming* (Wortspiel aus „Farming“ und „Pharma“) dienen solche transgenen Tiere der Herstellung von Medikamenten. Die für das gewünschte Produkt codierende DNA wird z. B. so in den Zellkern einer Säugetierzygote eingeschleust, dass sie nur im Euter exprimiert wird und man das Genprodukt aus der Milch des erwachsenen Tieres gewinnen kann. Auf diese Weise wird heute z. B. Faktor VIII zur Behandlung von Bluterkranken gewonnen (s. Seite 165).

Zettelkasten

DNA-Chips

Einsträngige DNA-Moleküle lassen sich zu Zehntausenden auf einem Chip aus Glas oder Silizium unterbringen. Mit den so entstandenen DNA-Chips hofft man in Zukunft sehr schnell und kostengünstig die DNA-Sequenzen von Genproben untersuchen zu können.

Alle Genchips funktionieren nach demselben Prinzip: Bei genspezifischen Chips ist die Oberfläche in ein Punktraster unterteilt, jeder Punkt enthält die definierte Variante eines einsträngigen DNA-Moleküls. Die zu untersuchende DNA-Probe wird in Einzelstränge geteilt, mit einem Fluoreszenz-Farbstoff markiert und auf den Chip aufgebracht. Die DNA der Probe paart sich nun genau mit der komplementären DNA-Sequenz auf dem Punktraster und hinterlässt ein Signal (s. Abb.). Mit der Kenntnis der DNA-Sequenz auf dem Punktraster kann man die Proben-DNA zuordnen. Liefert die Proben-DNA z. B. ein Signal in einem Abschnitt, der eine Mutante trägt, enthält die Probe genau diesen Defekt. Die Signale des Chips werden mittels eines Scanners am Computer ausgewertet.

Umgekehrt lässt sich auch DNA eines Patienten isolieren, per PCR vervielfältigen (s. Seite 178) und auf einen Träger aufbringen. Gibt man jetzt fluoreszenzmarkierte DNA-Moleküle mit bekannter Sequenz hinzu (z. B. das Gen für eine bestimmte Krankheit), so paart sich diese einsträngige *Gensonde* nur mit der passenden komplementären DNA. Ein Signal bedeutet, der Patient ist Träger des Gens.

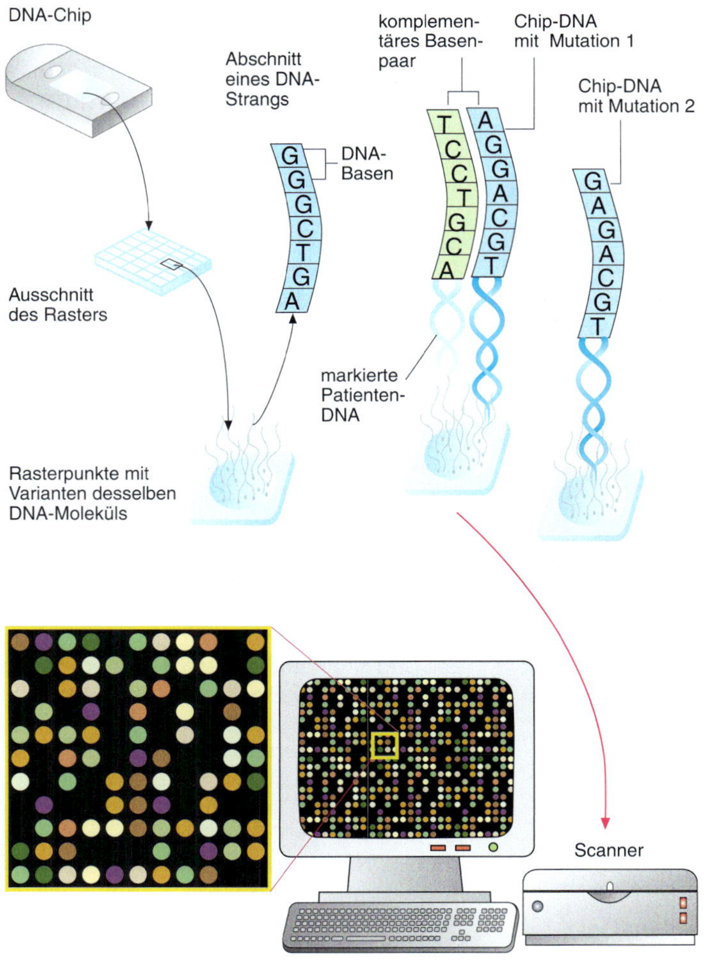

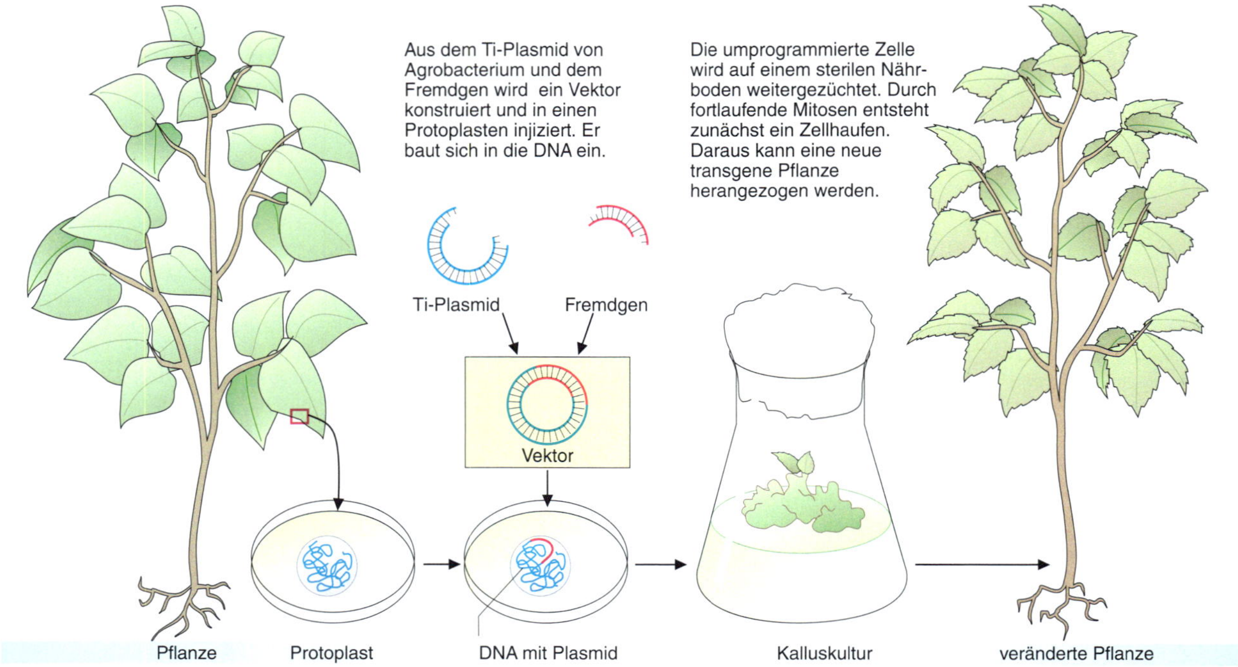

1 Übertragung von Fremdgenen auf eine Pflanze (Ti-Plasmid-Technik)

Gentechnik in der Landwirtschaft

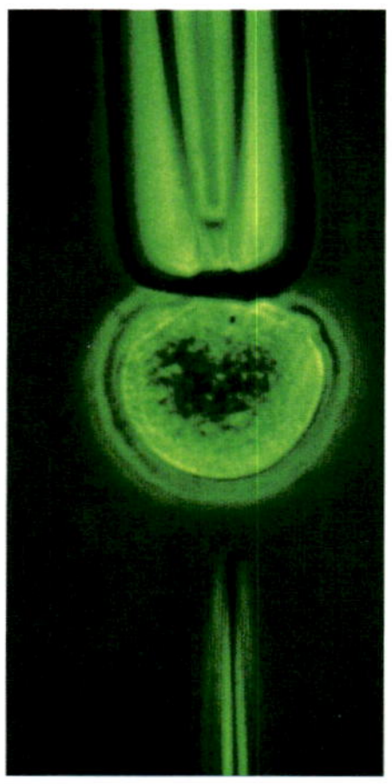

Gene werden „verpflanzt". In eine Pflanzenzelle wird mithilfe einer Mikropipette DNA injiziert.

Bei der Gentechnik in der Landwirtschaft sollen Gene für erwünschte Merkmale gezielt in Nutzpflanzen oder Nutztiere eingeschleust oder unerwünschte Merkmale ausgeschaltet werden. Anders als bei der herkömmlichen Züchtung spielen Artgrenzen dabei keine Rolle mehr: Es lassen sich Gene aus Bakterien, Pilzen, Tieren und Menschen übertragen. *Grüne Gentechnik* beschäftigt sich mit transgenen Pflanzen, *rote Gentechnik* mit transgenen Tieren (z. B. Gen-Pharming, Seite 181).

Zum Einschleusen von Genen hat sich das Bakterium *Agrobacterium tumefaciens* bewährt. Es handelt sich um den Erreger des Wurzelkropfs, eines Pflanzentumors. Durch Verletzungen kann es in die Pflanze gelangen und schleust dann ein tumorinduzierendes Plasmid *(Ti-Plasmid)* in einzelne Zellen ein. Das Plasmid wird in die pflanzliche DNA integriert und veranlasst die Pflanze zu unkontrolliertem Wachstum. Es entsteht ein Pflanzentumor, der Nährstoffe für das Bakterium absondert. Die Fähigkeit des Bakteriums, DNA zu übertragen, macht man sich in der Gentechnik zunutze: Entfernt man die tumorinduzierenden Basensequenzen und baut ein Fremdgen in das Plasmid ein, so lassen sich auf diesem Wege die gewünschten Gene in die Pflanzen-DNA integrieren. Durch gleichzeitige Übertragung eines Markers (z. B. ein Antibiotikumresistenz-Gen) wird der Erfolg der Genübertragung überprüfbar. Die Übertragung gelingt am leichtesten an jungen Pflanzenzellen, deren Zellwand enzymatisch entfernt wurde. Diese Protoplasten kann man unter geeigneten Wachstumsbedingungen zu Zellteilungen anregen und so ganze Pflanzen regenerieren. Bei dieser ungeschlechtlichen Vermehrung findet keine Rekombination der genetischen Information statt, das transgene Merkmal kann also nicht verloren gehen.

Im Jahr 2001 waren weltweit 54 *transgene Pflanzen* zugelassen. Die größte wirtschaftliche Bedeutung haben bisher Sojabohne, Baumwolle, Mais und Raps. Oft geht es darum, eine erhöhte Resistenz der Pflanze gegenüber Insekten, Pilzen, Bakterien und Viren zu erreichen. Am häufigsten (71 %) werden aber Herbizidresistenz-Gene übertragen. Sie verleihen der Pflanze Eigenschaften, die sie unempfindlich gegenüber bestimmten Unkrautvernichtungsmittel macht. Gentechnik-Gegner hinterfragen die Motive von Firmen, die sowohl die transgene Pflanze als auch das entsprechende Herbizid an die Landwirte verkaufen.

Tomaten und andere weiche Früchte müssen oft grün geerntet werden, damit sie nicht zerdrückt zu den Großmärkten gelangen. Leider fehlt solchen unreifen Früchten das volle Aroma. Die Expression mehrerer Gene ist für die Reifung einer Tomate verantwortlich, sie machen die Tomate rot, aromatisch, weich und schließlich matschig. Das „Matsch"-Gen trägt zum Abbau der Zellwände bei. Eine nicht matschende Tomate war die erste gentechnisch veränderte Pflanze, die für die Vermarktung zugelassen wurde. Bei ihr wurde das „Matsch"-Gen durch die genetische *Antisense-Technik* ausgeschaltet. Dazu wird das „Matsch"-Gen verkehrt herum hinter demselben Promotor eingebaut. Wird es transkribiert, entsteht eine zum Original komplementäre m-RNA. Normale *(sense)* und *Antisense-m-RNA* lagern sich zusammen, dadurch unterbleibt die Translation (Abb. 1). Das Zellwände abbauende Enzym wird nicht mehr gebildet. Die transgenen „Anti-Matsch-Tomaten" reifen langsamer und die roten Früchte bleiben 14 Tage länger fest. Sie können daher im reifen, aromatischen Zustand geerntet und versandt werden. Unsichtbar altert die Tomate trotzdem, ihr Vitamingehalt nimmt wie bei den herkömmlichen Tomaten ab. In den USA sind diese Tomaten seit 1994 zugelassen, seit 1996 darf Tomatenpüree aus solchen Tomaten auch auf dem EU-Markt verkauft werden (s. Kasten).

Im Jahre 1999 wurde von Schweizer Forschern „Vitamin A-Reis" vorgestellt. Seine gelbe Farbe *(„Golden Rice")* verdankt er dem Gehalt an Beta-Carotin, der Vorstufe von Vitamin A. Golden Rice entstand in zwei Schritten durch die Übertragung von sieben verschiedenen Genen auf das Reis-Genom. Er enthält neben dem Beta-Carotin auch Stoffe, welche die Verfügbarkeit von Eisen für den menschlichen Organismus verbessern. Dieser Reis soll dazu beitragen, die Ernährungsbedingungen in Entwicklungsländern zu verbessern. Allerdings hat sich herausgestellt, dass ein Mensch ca. 7 kg dieses Reises verzehren müsste, um den Tagesbedarf an Vitamin A bilden zu können.

Zettelkasten

Die Novel-Food-Verordnung der EU von 1997

Verordnung über neuartige Lebensmittel und neuartige Lebensmittelzutaten „Novel Food" nennt man gentechnisch modifizierte bzw. mithilfe gentechnisch modifizierter Organismen (GMO) hergestellte Lebensmittel:

Kategorie 1: GMO oder Lebensmittel, die GMO enthalten. Die gentechnische Veränderung kann nachgewiesen werden. Sie sind als *„gentechnisch modifiziert"* zu kennzeichnen (z. B. herbizidtolerante Sojapflanzen).

Kategorie 2: Folgeprodukte, die direkt aus den Lebensmitteln der Kategorie 1 entstehen und in denen die gentechnische Veränderung (DNA oder entsprechendes Eiweiß) nachweisbar ist, sind ebenfalls *kennzeichnungspflichtig* (z. B. Sojaeiweiß).

Kategorie 3: Nährstoffe, die von GMO oder Enzymen, die aus GMO stammen, hergestellt wurden und von herkömmlichen Lebensmitteln biologisch nicht zu unterscheiden sind (keine Kennzeichnungspflicht), z. B. Sojaöl.

Kategorie 4: Produkte, die gesundheits- oder umweltgefährdend sind, erhalten keine Marktzulassung (z. B. Allergie auslösende Nahrungsmittel).

Aufgabe

① Informieren Sie sich über die Argumente für und gegen die Gentechnik am Beispiel von Herbizidresistenz, Insektenresistenz und Gen-Tomate.

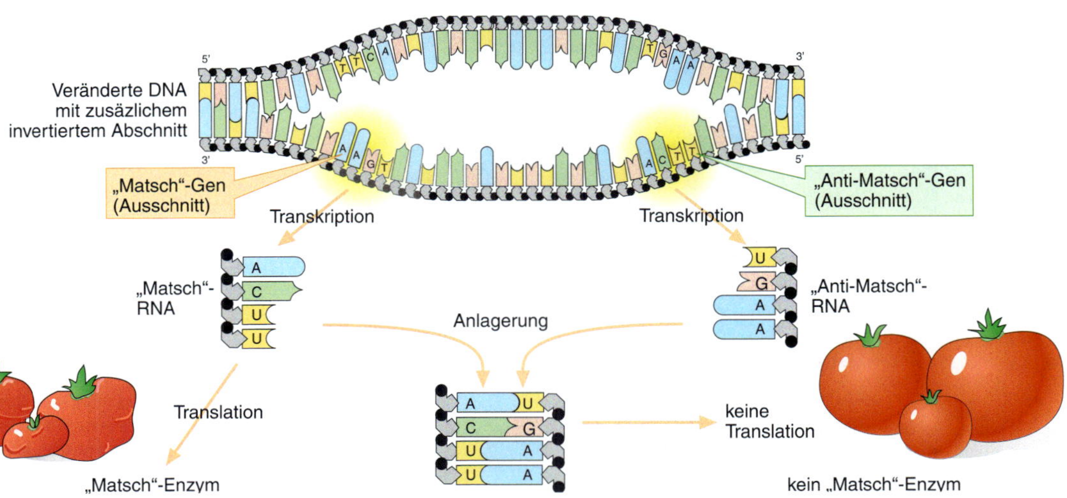

1 Anwendung der Antisense-Technik bei der „Anti-Matsch-Tomate"

Gen-Ethik

Was essen wir eigentlich?

Gen-Speisekarte

Tomaten, die auch nach Wochen noch knackig und rot aussehen

Kartoffeln, festkochend mit eingebautem Pestizid

Fleisch vom rosa Riesenschwein

Riesenkarpfen mit Forellen-Gen verfeinert

Hartkäse, in wenigen Tagen gereift durch „Maxiren"

Zarter Killerkäse, der den eigenen Schimmel abtötet

Bier, gentechnisch „light" durch Superhefen hergestellt

Süßstoff, hergestellt von frischen Darmbakterien

Guten Appetit

Informieren Sie sich, ob die Lebensmittel auf der Gen-Speisekarte nach geltendem Recht in Deutschland angeboten werden dürfen.

Auf die Frage „Würden Sie genhaltige Nahrungsmittel essen?" antworteten 70 % der Befragten mit „nein". Knapp die Hälfte der Deutschen glauben: „Normales Gemüse hat keine Gene."

Führen Sie eine Umfrage durch und stellen Sie das Ergebnis in einer Präsentation vor.

Informieren Sie sich über Chancen und Risiken gentechnisch veränderter Nahrung und bilden Sie Diskussionsgruppen pro und contra Genfood.

Nomen est Omen?

Risiken und Chancen der Gentechnik werden in Fachkreisen und in der Öffentlichkeit kontrovers diskutiert. Oft lässt sich schon an der Begriffswahl erkennen, welche Position die Gesprächsgruppen beziehen:

- genetisch verändert / optimiert / manipuliert
- genetische Sicherheits- / Risiko-Forschung
- Durchmischung / Beimengung / Verunreinigung / Kontamination von Saatgut mit gentechnisch veränderten Bestandteilen

Suchen Sie nach weiteren Begriffsgruppen und erläutern Sie ihre psychologische Wirkung.

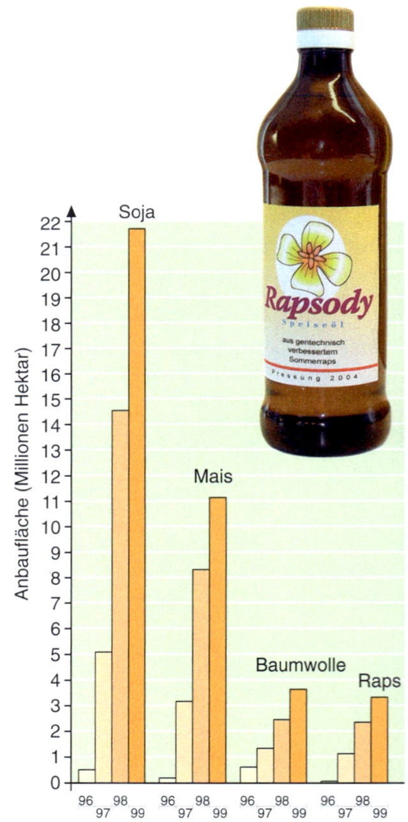

Bessere Pflanzen?

„Was werden wir tun, wenn die fortschreitende Klimaveränderung neue Pflanzen mit verbesserten Eigenschaften verlangt? Haben wir dann noch Zeit, ein paar hundert Jahre blindlings unsere Nutzpflanzen zu kreuzen, bis vielleicht neue, angepasste Pflanzen zur Verfügung stehen?" (GEN SUISSE: Stiftung für verantwortungsvolle Gentechnik)

„Die bisherigen Erfahrungen mit dem Anbau gentechnisch manipulierter Pflanzen in Europa und anderen Regionen zeigen, dass die Gen-Saaten bereits vielfach außer Kontrolle geraten sind. Kläglich versagen die Bemühungen, Gentechnik zu kontrollieren, wenn sie einmal freigesetzt wird. Angesichts dieser gefährlichen Mängel sind neue Zulassungen nicht zu verantworten." (Greenpeace, Deutschland)

Informieren Sie sich über den Anbau gentechnisch veränderter Pflanzen in Deutschland. Stellen Sie Chancen und Risiken beim Anbau transgener Pflanzen gegenüber.

Wer entscheidet?

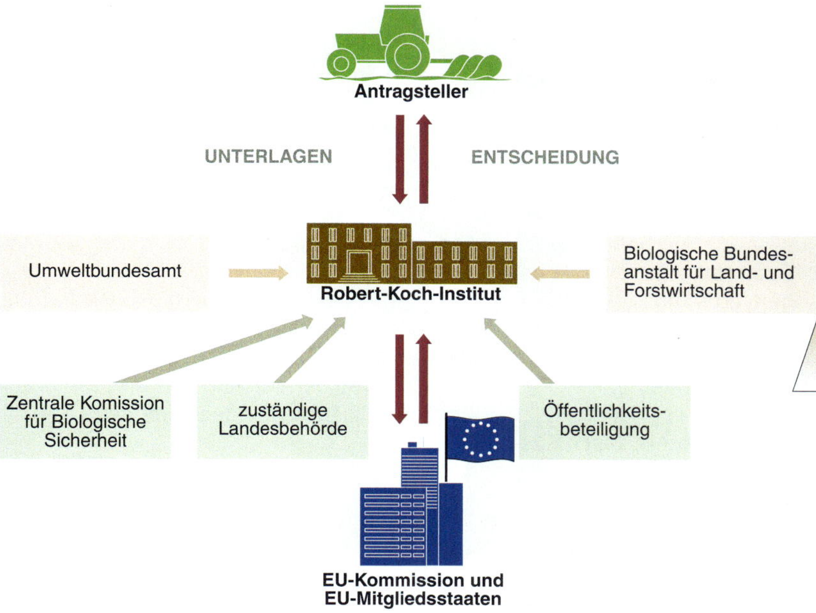

Wem gehören die Gene?

„Genetische Ressourcen sind das gemeinsame Erbe der Menschheit." (Bonner Leitlinien, 2002)

Ganze Industriezweige suchen nach verwertbaren genetischen Eigenschaften von Lebewesen. Man fand z. B. heraus, dass 86 % der Pflanzen, die von Heilern in Samoa benutzt werden, auch im Labortest eine biologische Aktivität aufweisen. Das Wissen der Heiler kann den Forschungsaufwand der Pharmafirmen deutlich verringern.

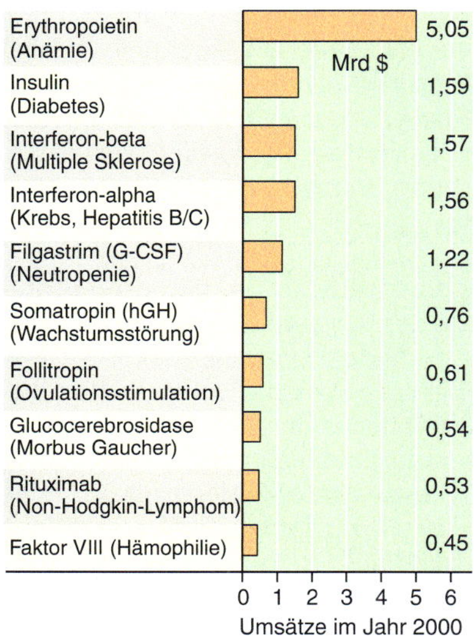

Biodiversitätskonvention (Nairobi, 2000): „Die gerechte Aufteilung der Vorteile aus der Anwendung traditioneller Kenntnisse, Innovationen und Gebräuche von vielen eingeborenen und ortsansässigen Gemeinschaften mit traditionellen Lebensformen ist wünschenswert."

Die Suche nach Genen, deren gentechnische Expression sich kommerziell nutzen lässt, wird von den Befürwortern als „Bioprospecting", von den Gegnern als „Biopiraterie" bezeichnet. Erläutern Sie.

Menschen nach Maß?

„Im Jahre 2003 wurde das erste Designer-Baby Europas in England geboren. Stammzellen aus der Nabelschnur des Säuglings sollen dem vierjährigen krebskranken Bruder helfen. Es kommen nur genetisch vollkommen identische Stammzellen in Betracht, daher ist der Embryo bei einer In-vitro-Fertilisation nach diesen Gesichtspunkten ausgewählt worden" (Agenturmeldung).

„This year's 50th anniversary of the discovery of the structure of DNA has kindled many debates about the implications of that knowledge for the human condition. Arguably the most emotionally charged is the debate over the prospect of human genetic enhancement or "designer babies". It's only a matter of time, many say, before parents will improve their children's intelligence and personality by having suitable genes inserted into them shortly after conception." (Guardian 2003)

Die Kombination von Gentechnik und Reproduktionstechnik birgt Möglichkeiten, die Hoffnung oder Angst machen. Sammeln Sie Argumente zur Versachlichung der Diskussion.

Datenschutz für Gene?

The HUGO Ethics Committee adopts the following principles as a basis for its recommendations:

1. Human genomic databases are global public goods.
2. Individuals, families, communities, commercial entities, institutions and governments should foster the public good.
3. The free flow of data and the fair and equitable distribution of benefits from research using databases should be encouraged.
4. The choices and privacy of individuals, families and communities with respect to the use of their data should be respected.
5. Individuals, families and communities should be protected from discrimination and stigmatization.
6. Researchers, institutions and commercial entities have a right to a fair return for intellectual and financial contributions to databases.

Informieren Sie sich, inwieweit ein genetischer Steckbrief von Einzelpersonen für Knochenmarkspende, Versicherungen, Verbrechensaufklärung, Arbeitsplatzbesetzung bzw. Einwanderung einsetzbar wäre bzw. in Europa bereits eingesetzt wird.

Entwickeln Sie Ideen für einen wirksamen Datenschutz der persönlichen genetischen Information.

Erkennen und Abwehren

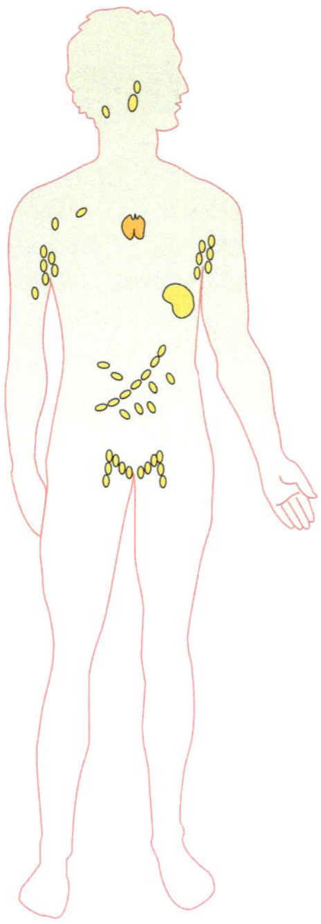
Lymphatische Organe

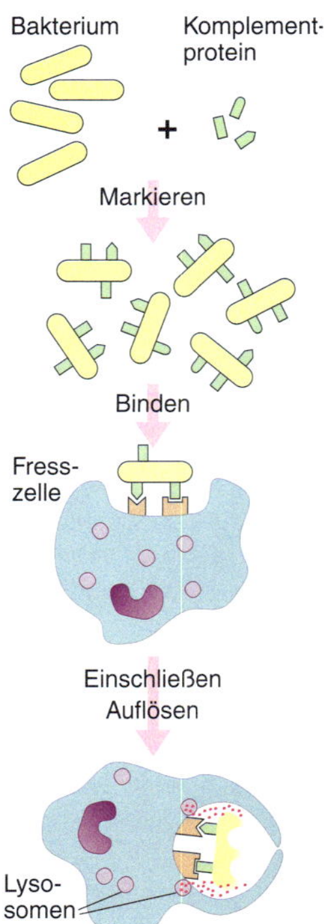

Wirkungsweise des Komplementsystems

In unserer Umwelt befinden sich unzählige Mikroorganismen (Bakterien, Pilze, tierische Einzeller) und Viren. Diese *infektiösen Erreger* werden durch Körperkontakt, Tröpfchen, Luft und Nahrung, aber auch durch Insektenstich übertragen. Im Körper können sie großen Schaden anrichten, wenn sie sich vermehren. Die meisten Infektionen sind bei gesunden Menschen aber nur von kurzer Dauer und verursachen keine schwerwiegenden Gesundheitsprobleme. Dafür sorgen körpereigene Abwehrsysteme.

Unser Körper ist durch mehrere Mechanismen vor Infektionen geschützt. Die *äußere Abwehr* verhindert sehr wirksam, dass Erreger überhaupt erst in den Körper eindringen. Die Haut beispielsweise ist leicht sauer *(Säureschutzmantel)*, viele Bakterienarten vermehren sich auf ihr nur sehr schlecht. Schleimhäute sondern Sekrete ab, in die Bakterien eingeschlossen werden. Im Bereich der Bronchien werden Fremdkörper durch Flimmerhärchen nach außen entsorgt. Die Tränenflüssigkeit enthält *Lysozym*, ein Enzym, das die Zellwand vieler Bakterienarten zerstört.

Überwinden Erreger die Barrieren der äußeren Abwehr, z.B nach Verbrennungen oder Hautverletzungen, wird das Immunsystem aktiviert. Es ist darauf spezialisiert, körperfremde Eindringlinge zu erkennen und zu zerstören. Die Fähigkeit, körperfremdes und körpereigenes Material zu unterscheiden, bildet die Grundlage eines jeden inneren Abwehrsystems.

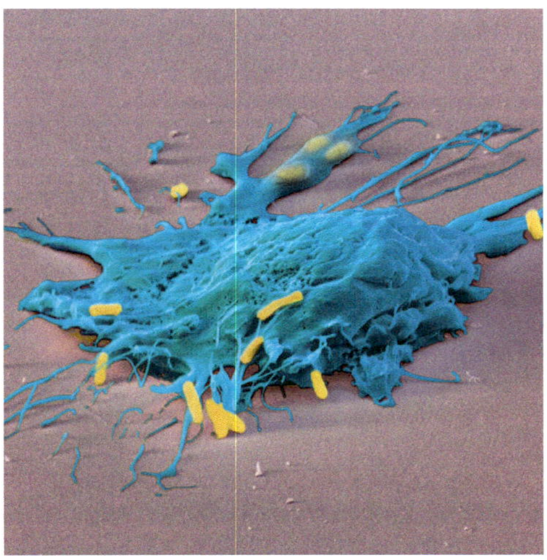
1 Ein Makrophage spürt Bakterien (gelb) auf

Unspezifische Immunität

Fresszellen *(Phagocyten)*, zu denen die insbesondere in der Haut vorkommenden *Makrophagen* gehören, lagern körperfremde Eindringlinge an ihrer Oberfläche an (Abb. 1). Das körperfremde Material wird dann von den Zellen einverleibt und dabei in membranumhüllte Bläschen eingeschlossen.

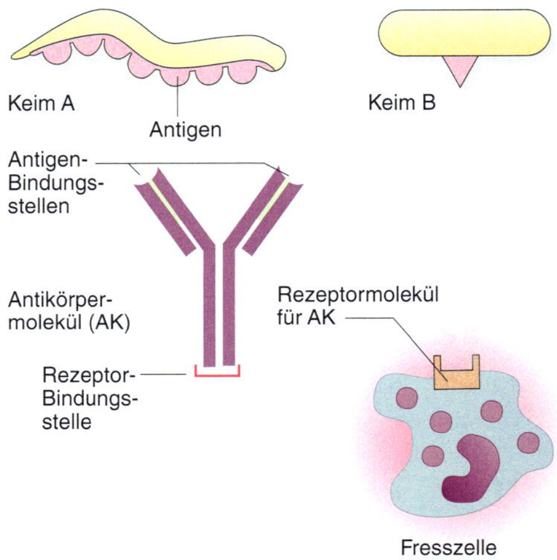

2 Antikörper-Brücken: Erreger — Fresszelle

Lysosomen (s. Seite 27) verschmelzen mit diesen Bläschen. Lysosomale Verdauungsenzyme bauen das körperfremde Material ab. Den gesamten Vorgang (Anlagerung, Einverleibung, Verdauung) nennt man *Phagocytose*.

Die Phagocytose wird von speziellen Proteinen, die in den Körperflüssigkeiten von Säugetieren zu finden sind, verstärkt. Die Gesamtheit dieser Proteine wird als *Komplementsystem* bezeichnet. Sie lagern sich an körperfremde Eindringlinge an und markieren sie. Fresszellen erkennen die Proteine mithilfe von Rezeptormolekülen, es bilden sich Brücken aus (s. Randspalte). Die Phagocytose wird dadurch erheblich gesteigert, die Vermehrung der Erreger verhindert.

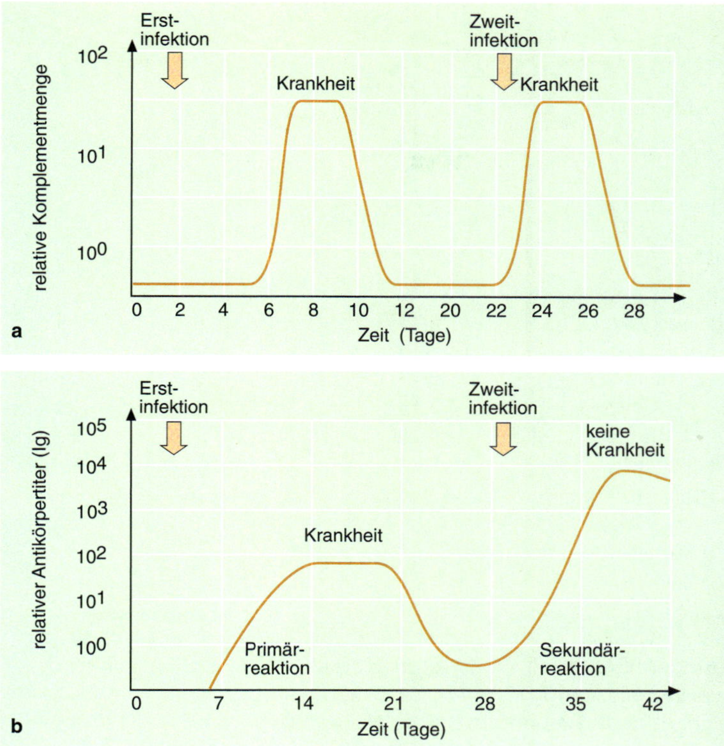

1 Unspezifische (a) und spezifische Immunität (b) im Vergleich

Passive Immunisierung
Verabreichung von erregerspezifischen Antikörpern

Aktive Immunisierung
Verabreichung von abgeschwächten Erregern oder Bruchstücken des Erregers, Bildung von Antikörpern durch körpereigene Weiße Blutzellen

Inkubationszeit
Zeitspanne vom Eindringen eines Erregers in den Körper bis zum Auftreten von Krankheitssymptomen

Spezifische Immunität

Nur ein Teil der Erreger, die in den Körper eindringen, werden von Proteinen des Komplementsystems markiert. Die übrigen entgehen dieser Kontrolle. Zu ihrer Bekämpfung werden spezifischere Brückenmoleküle benötigt. Diese sollten einerseits an die Oberflächenmoleküle aller nur erdenklichen Erreger binden und andererseits auch Bindungsstellen für Rezeptormoleküle auf Fresszellen besitzen. *Antikörper* besitzen diese Eigenschaften (s. Abb. 186. 2). Das spezifische Immunsystem der Säugetiere kann Antikörper gegen beinahe alle auf Erregern vorkommenden Oberflächenmoleküle bilden. Stoffe, die eine Antikörperproduktion auslösen, werden *Antigene* genannt. Antikörper werden von spezialisierten Weißen Blutzellen gebildet. Das spezifische Immunsystem kehrt nach erfolgreicher Infektions-Bekämpfung nicht in den Ausgangszustand zurück, es besitzt ein „Gedächtnis“. Gedächtniszellen bleiben zurück: Dringt der gleiche Erreger erneut in den Körper ein, vermehren sich diese Gedächtniszellen und produzieren in wesentlich kürzerer Zeit in höherer Konzentration Antikörpermoleküle als bei der Erstinfektion (*Sekundärreaktion)*. Die antikörpermarkierten Erreger haben keine Chance, sich zu vermehren und werden innerhalb kurzer Zeit zerstört. Der Körper ist immun gegen den Erreger.

Entzündungsreaktion

Dringen Erreger in unsere Haut ein und vermehren sich dort, entstehen oftmals mit bloßem Auge sichtbare gerötete und geschwollene Gewebebereiche. Der Organismus hat auf die Infektion mit einer stärkeren Blutversorgung und einer Erhöhung der Kapillardurchlässigkeit geantwortet. Immunzellen treten millionenfach aus den Blutgefäßen in das infizierte Gewebe über und wandern in den Infektionsherd ein (Abb. 2). Im Zusammenspiel mit den stark erhöhten Konzentrationen von Komplementproteinen und von Antikörpermolekülen kann die Infektion wirksam bekämpft werden. *Eiter* besteht zum größten Teil aus Immunzellen, die nach der Phagocytose abgestorben sind.

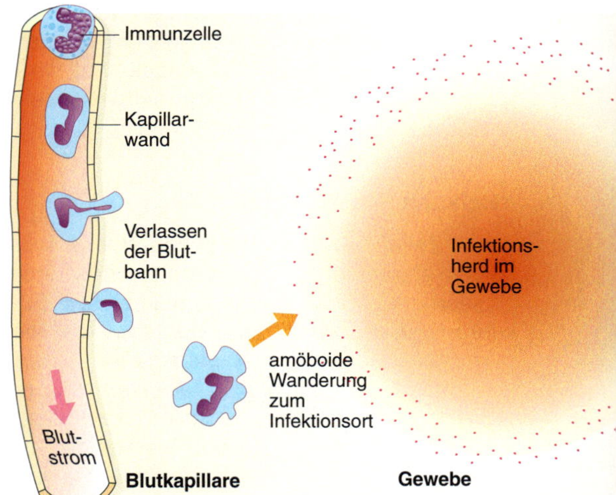

2 Immunzellen wandern zum Ort der Infektion

Aufgaben

① Zellen und Brückenmoleküle des Immunsystems ermöglichen zusammen erst die effektive Bekämpfung einer Infektion. Begründen Sie.

② Worin unterscheiden sich das unspezifische und das spezifische Immunsystem der Säugetiere voneinander? Beziehen Sie sich auch auf Abbildung 1.

③ Die Schutzimpfung (aktive Immunisierung) beruht auf dem immunologischen Gedächtnis. Erklären Sie dies unter Einbeziehung von Abbildung 1.

Die Immunantwort

Fresszellen repräsentieren ein stammesgeschichtlich altes Abwehrsystem, das heute in allen Tiergruppen angetroffen werden kann. Wirbeltiere haben im Laufe ihrer Evolution als Antwort auf immer neue infektiöse Erreger zusätzlich ein *Lymphsystem* erworben. Das Lymphsystem (s. Randspalte) besteht aus lymphatischen Organen (z. B. Thymus, Lymphknoten), Lymphgefäßen und verschiedenen Weißen Blutzellen. Die Gefäße des Lymphsystems nehmen die Gewebsflüssigkeit auf und führen sie über den *Milchbrustgang* wieder dem Blutgefäßsystem zu. Dabei durchströmt die Flüssigkeit die Lymphknoten, in denen sich Weiße Blutzellen in hoher Konzentration befinden. In der Gewebsflüssigkeit enthaltene Antigene werden von den Zellen erkannt, d. h. gebunden und dann eliminiert. Lymphknoten können als immunologische Filter bezeichnet werden. Im Falle einer Infektion schwellen sie meist an.

Herkunft der Weißen Blutzellen

Alle Zellen des menschlichen Immunsystems stammen von Stammzellen des Knochenmarks ab. Man unterscheidet zwei *Differenzierungslinien,* die *myeloische* und die *lymphoide* (s. Abb. 1). Myeloische Vorläuferzellen können sich zu *Phagocyten* (Monocyten, Makrophagen; Granulocyten) oder *Mastzellen* differenzieren, lymphoide zu *Lymphocyten* (B-Zellen, T-Zellen). Da alle genannten Zelltypen wanderungsfähig sind, können sie aktiv aus dem Knochenmark in das Blut übertreten, werden vom Blutstrom mitgerissen und können die Blutgefäße in praktisch allen Geweben auch wieder verlassen. Ein Teil der Monocyten wandelt sich im Gewebe zu Makrophagen um. Schätzungsweise hundert Milliarden dieser Fresszellen patrouillieren ständig durch unsere Gewebe, um körperfremde Eindringlinge aufzuspüren. B-Zellen besiedeln insbesondere die Lymphknoten. Kommen sie mit Antigen in Kontakt, produzieren sie Antikörper und werden dann *Plasmazellen* genannt. T-Zellen verlassen das Knochenmark unfertig. Sie wandern in den *Thymus*, ein drüsenartiges Gewebe hinter dem Brustbein, ein. Dort reifen die T-Zellen zu *T-Helferzellen* und *T-Killerzellen* aus. Ausgereifte T-Zellen besitzen antigenspezifische Bindemoleküle auf ihrer Oberfläche, die *T-Zell-Antigen-Rezeptormoleküle*. Nach der Ausreifung verlassen die T-Zellen den Thymus und besiedeln praktisch alle Gewebe des Körpers.

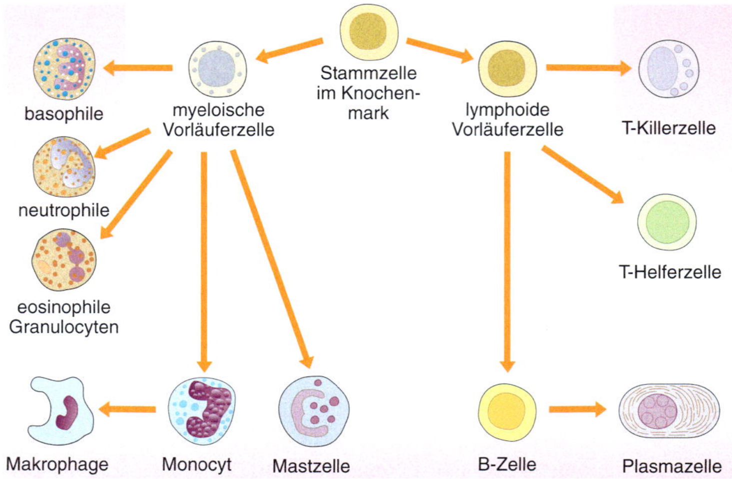

1 Differenzierung von Weißen Blutzellen

Antikörperproduktion

Dringen Bakterien in unseren Körper ein, werden sie von Makrophagen phagocytiert und verdaut. Bestimmte bakterielle Proteinbruchstücke werden an die Oberfläche der Fresszellen gebracht (s. Abb. 189.1). Die Bruchstücke werden so zum erkennbaren Antigen für T-Helferzellen (T_H). T_H-Zellen haben eine Schlüsselposition bei der Antikörperproduktion inne, denn sie leisten B-Zellen Hilfe, ohne die diese nicht zu Antikörper produzierenden Plasmazellen ausreifen können. T_H-Zellen erkennen die von Makrophagen präsentierten Bruchstücke mit ihrem T-Zellrezeptormolekül und werden daraufhin aktiviert. Trifft die aktivierte T_H-Zelle dann auf eine B-Zelle, die mit ihren membranständigen Antikörpern ein Bakterium aufgenommen hat und ähnlich wie ein Makrophage bakterielle Bruchstücke auf ihrer Oberfläche präsentiert, stimuliert sie die B-Zelle hormonell. Erst daraufhin teilt sich die B-Zelle, die Tochterzellen reifen zu Plasmazellen heran und produzieren die passenden Antikörpermoleküle, die sie in die Körperflüssigkeiten abgeben. Die Kooperation zwischen Makrophagen, T_H- und B-Zellen, stellt sicher, dass nur Antikörper erzeugt werden, die exakt zu einem in den Körper eingedrungenen Antigen passen. Die Antikörper binden an die Erreger, Fresszellen erkennen die markierten Eindringlinge und eliminieren sie durch Phagocytose. Die aktivierten T- und B-Zellen sterben nach erfolgreicher Bekämpfung der Infektion ab.

Lymphocyten
B-Zellen: Reifen bei Säugetieren im Knochenmark aus, bei Vögeln in der thymusähnlichen Bursa fabricii.
T-Zellen: Reifen in der Thymusdrüse aus.

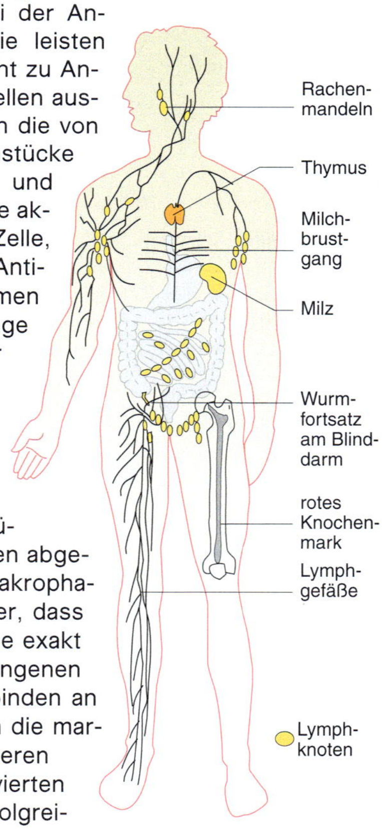

Lymphgefäßsystem

Eliminierung von virusinfizierten Zellen

So genannte *T-Killerzellen* (T_C) sind auf die Eliminierung von Zellen spezialisiert, die von Viren befallen sind. T_C-Zellen patrouillieren ständig durch unseren Körper. Treffen sie im Gewebe auf eine virusinfizierte Zelle, binden sie an diese und geben Moleküle ab, die die infizierte Zelle abtöten. T-Killerzellen erkennen infizierte Zellen an Bruchstücken viraler Proteine, die befallene Zellen auf ihrer Oberfläche präsentieren, mithilfe ihrer T-Zellrezeptormoleküle (Abb. 2).

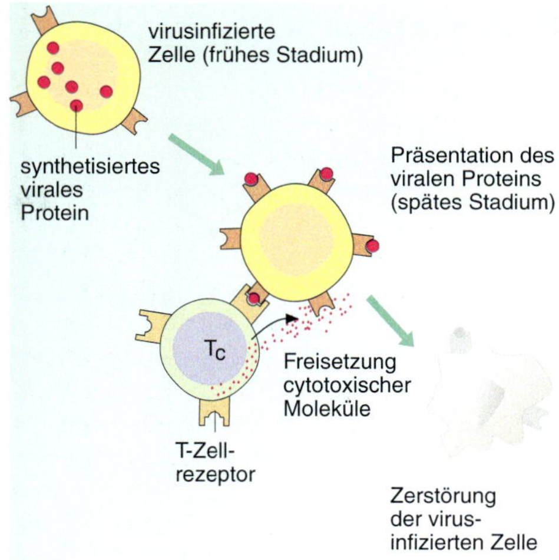

2 T-Killerzellen eliminieren virusbefallene Zellen

Das immunologische Gedächtnis

Dringt ein Erreger zum ersten Mal in die Körperflüssigkeiten ein, werden durch die oben beschriebenen Mechanismen T_H- und B-Zellen aktiviert. Die antigenspezifischen Zellen vermehren sich, ein Teil der T_H- und Plasmazellen differenziert sich zu abwehraktiven Zellen aus, ein anderer zu langlebigen *Gedächtniszellen*. Diese Gedächtniszellen sind immunologisch zunächst nicht aktiv. Dringt aber der Erreger erneut in den Körper ein, werden diese antigenspezifischen Gedächtniszellen in kürzester Zeit aktiviert. Sie teilen sich häufig und erzeugen in kurzer Zeit große Mengen Antikörper (immunologische Sekundärantwort). Die Erreger werden effizient bekämpft, sodass meist keine oder kaum Krankheitssymptome auftreten.

Aufgaben

① T-Zell-Antigen-Rezeptormoleküle spielen eine große Rolle bei der Antikörperproduktion und bei der Abtötung virusinfizierter Zellen. T-Zellrezeptormoleküle erkennen Bruchstücke körperfremder Eindringlinge auf Antigen präsentierenden Zellen nach dem *Schlüssel-Schloss-Prinzip.* Welche Zellen präsentieren Antigen auf ihrer Oberfläche?

② Eine einzelne B-Zelle stellt nur eine einzige Antikörperspezifität her, d.h. ihre Antikörper binden nur ein bestimmtes Antigen. Durch welchen Mechanismus wird sichergestellt, dass aktivierte T-Helferzellen nur solchen B-Zellen Hilfe leisten, die auch den passenden Antikörper herstellen können?

③ T-Helferzellen gelangen nach ihrer Aktivierung im Gewebe mit der Lymphflüssigkeit in die Lymphknoten. Dort befinden sich B-Zellen in hoher Konzentration. Dadurch wird sichergestellt, dass die T-Helferzellen mit großer Wahrscheinlichkeit in Kontakt mit B-Zellen kommen, die die passenden Bruchstücke präsentieren. B-Zellen können also in Lymphknoten verweilen und ihre Funktion als ausgereifte Plasmazellen dennoch ausführen, T-Killerzellen hingegen nicht. Begründen sie dies.

④ Wie unterscheiden T-Killerzellen virusinfizierte von nicht infizierten körpereigenen Zellen?

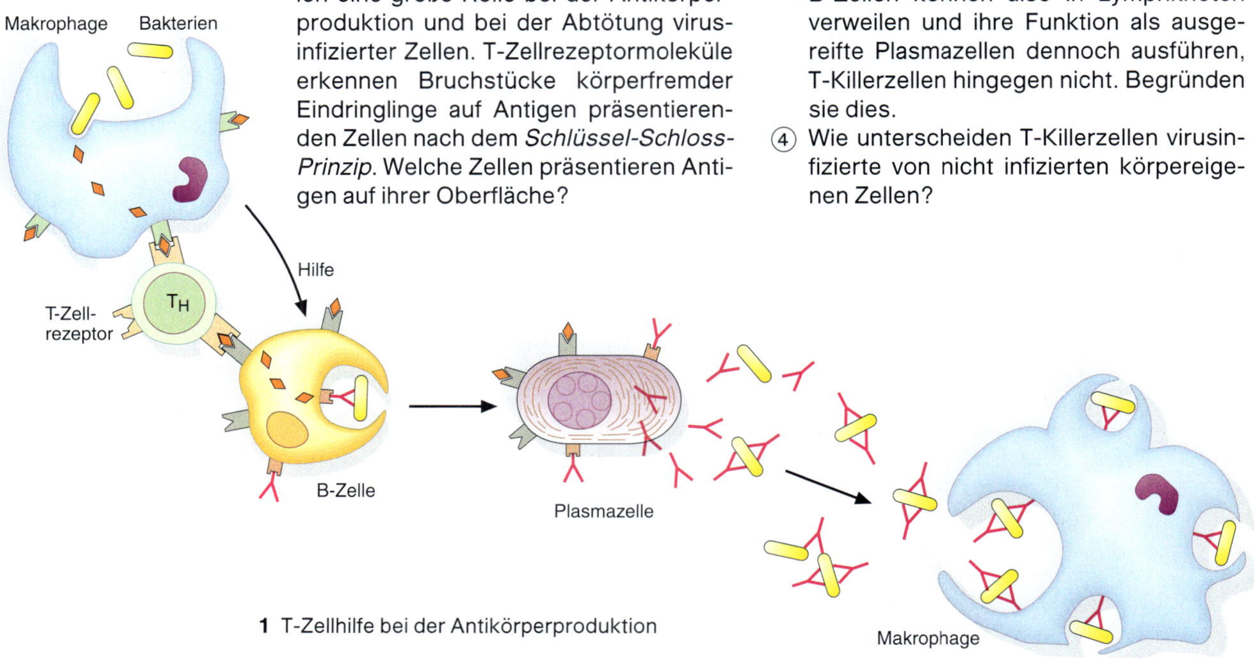

1 T-Zellhilfe bei der Antikörperproduktion

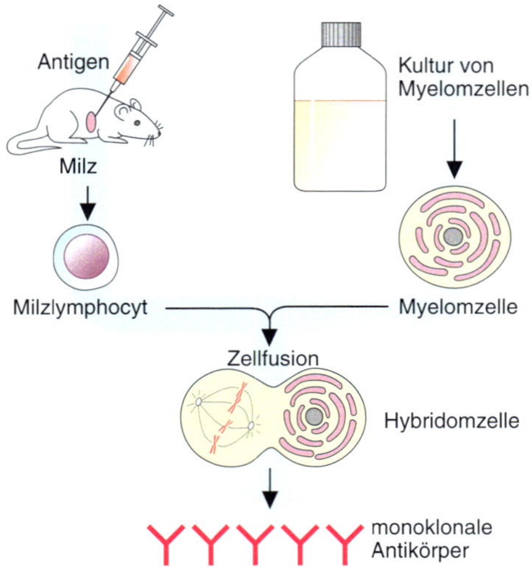

1 Gewinnung monoklonaler Antikörper (MAK)

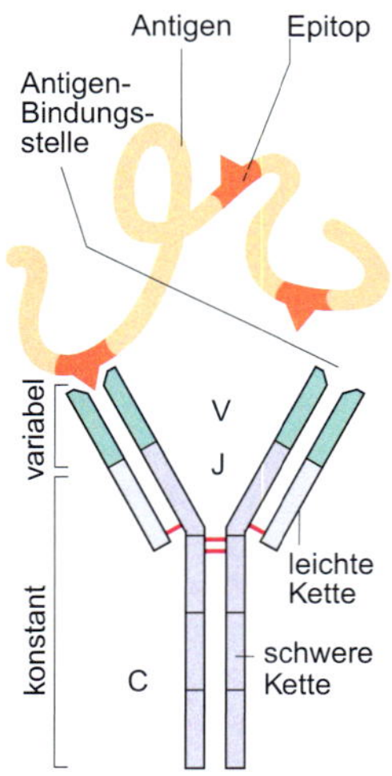

Antikörper bindet an Epitop

Antigen-Antikörper-Reaktion

Antikörper findet man im Blut und in der Gewebsflüssigkeit aller Wirbeltiere. Alle Antikörper haben einen identischen Grundaufbau. Es handelt sich um Y-förmige Moleküle, die aus zwei identischen schweren und zwei identischen leichten Aminosäureketten bestehen (s. Randspalte). Die Ketten werden durch Disulfidbrücken zusammengehalten. Man unterscheidet eine konstante Region, die innerhalb einer Antikörperklasse identisch ist (s. Seite 192) und eine variable Region, die für die Antigenbindung verantwortlich ist. Die Antigenbindungsstellen erkennen, d.h. binden nach dem Schlüssel-Schloss-Prinzip bestimmte Strukturen eines Antigens, die als *Epitope* bezeichnet werden (s. Randspalte). Da jedes Antikörpermolekül zwei identische Antigenbindungsstellen besitzt, können körperfremde Eindringlinge durch Brückenbildung verklumpt werden. Das verklumpte körperfremde Material wird durch Phagocytose eliminiert.

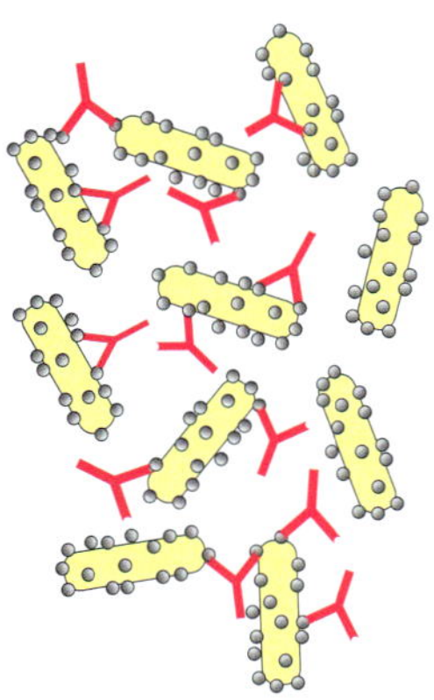

Verklumpung von Zellen durch Antikörper

Bei einer Blutgruppenbestimmung reicht es meist aus, Seren von verschiedenen Menschen zu gewinnen. Sie enthalten ein Gemisch der verschiedensten Antikörperspezifitäten, darunter auch solche, die spezifisch die Blutgruppensubstanzen des AB0-Systems erkennen und Rote Blutzellen mit passenden Antigenen verklumpen. Für die Identifizierung von Zellmarkern, z.B. zur Unterscheidung von T-Helfer- und T-Killerzellen, reichen diese Seren oftmals nicht aus. Die darin enthaltenen Antikörperspezifitäten binden an viele verschiedene Zelloberflächenmoleküle und differenzieren nicht ausreichend. Dazu werden Antikörper benötigt, die nur ein definiertes Epitop erkennen: *monoklonale Antikörper (MAK)*.

Monoklonale Antikörper

Die Eigenschaft von Antikörpern, an definierte Epitope binden zu können, wird vielfältig ausgenutzt, z.B. zur Identifizierung des *BSE*-Erregers oder von Tumorzellen. In der Forschung nutzt man dies zur Darstellung von Zellstrukturen oder zur Identifizierung von Zelltypen anhand von Oberflächenmolekülen, den *Zellmarkern* (→ 200/201).

Um monoklonale Antikörper zu erzeugen, werden Versuchstiere (z.B. eine Maus) mit aufgereinigtem Antigen einer anderen Art, z.B. des Menschen, immunisiert. Die Antikörper produzierenden Lymphocyten (genauer Plasmazellen) werden aus der Milz der Tiere gewonnen und dann im Reagenzglas mithilfe von Chemikalien mit Krebszellen verschmolzen. Das Verschmelzungsprodukt nennt man *Hybridomzellen*. Sie produzieren die spezifischen Antikörper der Plasmazelle

Zettelkasten

Der ELISA-Test

Für einen ELISA-Test (engl. für *Enzyme-Linked Immunosorbent Assay)* werden zunächst Probengefäße mit dem zur Immunisierung verwendeten, aufgereinigten Antigen beschichtet. Dann werden die zu testenden *monoklonalen Antikörper* in jeweils ein Testgefäß gegeben. Befindet sich darin der gesuchte Antikörpertyp, binden die Antikörper an die auf der Gefäßoberfläche festsitzenden Antigene. Die Gefäße werden gewaschen, um nicht gebundene Antikörper zu entfernen. Ein zweiter Antikörper wird hinzugegeben, der an den monoklonalen Antikörper bindet. Dieser ist mit einem Enzym verkoppelt, das ein farbloses Substrat in einen Farbstoff umwandelt. Hybridomklone, die den gewünschten monoklonalen Antikörper (MAK) enthalten, werden am gebildeten Farbstoff erkannt.

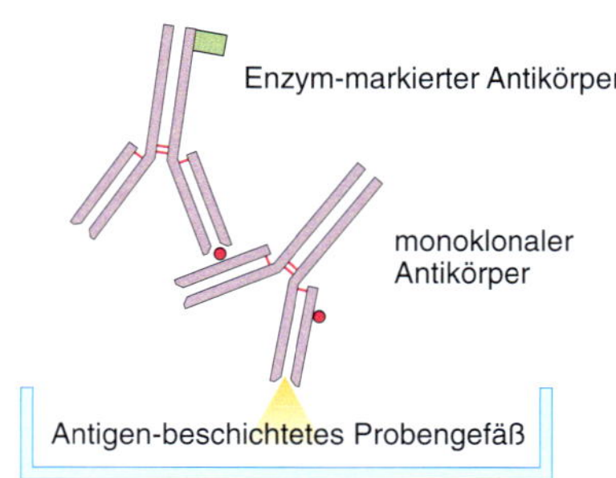

Klon
Gruppe genetisch identischer Zellen oder genetisch identischer Lebewesen

weiter und haben außerdem die unbegrenzte Teilungsfähigkeit der Krebszellen, sind also praktisch permanent in Kultur zu halten. Um nun denjenigen Hybridomklon zu identifizieren, der den gewünschten Antikörper herstellt, werden nach der Verschmelzung die entstandenen Hybridomzellen vereinzelt und dann in Kultur vermehrt. Die von den *Zellklonen* in den Kulturüberstand sezernierten Antikörper werden abgenommen und mit dem ELISA-Test auf ihre Spezifität hin untersucht (s. Kasten Seite 190).

Zelltypisierung mithilfe von MAK

Die verwickelten Verhältnisse beim Zusammenspiel der verschiedenen Zellen bei einer Immunreaktion (s. Seite 188) konnten nur aufgeklärt werden, nachdem man die daran beteiligten Zelltypen im Reagenzglas mithilfe von MAK unterscheiden konnte. T-Zellen des Menschen besitzen unterschiedliche Oberflächenmoleküle (Abb. 1). T-Helfer- und T-Killerzellen besitzen eine Reihe gemeinsamer Oberflächenmoleküle, die daher nicht zur Unterscheidung geeignet sind. Die Oberflächenmoleküle CD4 und CD8 ermöglichen aber eine Identifizierung, da sie nur auf einem der beiden Zelltypen vorkommen. Anti-CD4 und Anti-CD8-MAK werden dazu mit unterschiedlich farbigen Fluoreszenzfarbstoffen markiert. Die markierten MAK werden auf die zu testenden Zellen gegeben. Unter dem Fluoreszenzmikroskop leuchten die T-Killer- und T-Helferzellen verschiedenfarbig auf, wenn sie die MAK gebunden haben.

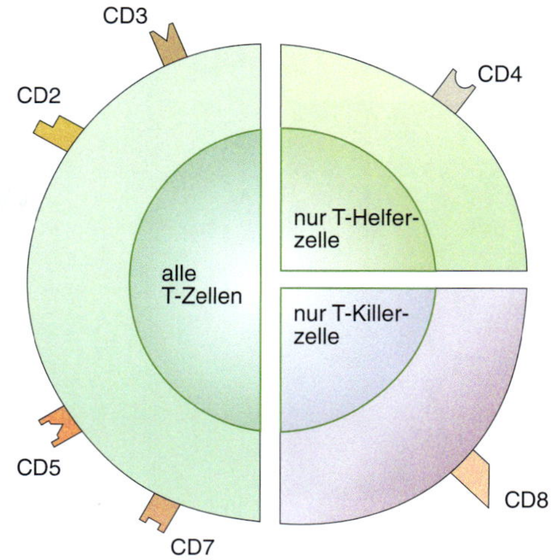

1 Oberflächenmoleküle von T-Zellen

Zettelkasten

Antikörper nach dem Baukastenprinzip

Das Immunsystem der Wirbeltiere ist in der Lage, viele Millionen verschiedener Antigenrezeptormoleküle (Antikörper, T-Zellrezeptoren) zu erzeugen. Entspräche z. B. jedem einzelnen Antikörper ein DNA-Abschnitt, würde das den größten Teil des Genoms beanspruchen. Die Vielfalt der Antigenrezeptormoleküle wird durch Umsortierung (Rearrangement) einer überschaubaren Anzahl von DNA-Abschnitten bei der Reifung von B-und T-Zellen nach dem Baukastenprinzip erzeugt.

Der DNA-Abschnitt, der die Information zur Produktion der leichten (L) Antikörperkette enthält, besteht aus zahlreichen Genabschnitten (V, J, C), die von nicht codierenden Abschnitten unterbrochen werden. V- und J-Segmente codieren für den Antigen bindenden variablen Abschnitt, das C-Segment für den konstanten Abschnitt. V-Segmente liegen in 200 verschiedenen Ausfertigungen vor. Bei der Reifung einer B-Zelle wird jeweils ein V-Segment mit den J-Segmenten durch Herausschneiden *(Deletion)* aller übrigen V-Segmente aus der DNA nach dem Zufallsprinzip zusammengebracht *(somatische Rekombination)*. Die Prä-m-RNA der reifen Plasmazelle stellt eine Abschrift dieses rearrangierten DNA-Abschnitts dar. Durch Spleißen (s. Seite 125) werden die Introns und auch alle J-Segmente bis auf eines entfernt. Die reife m-RNA wird an den Ribosomen in die L-Kette translatiert. Durch diesen Mechanismus können $200 \cdot 4 = 800$ verschiedene L-Ketten gebildet werden. H-Ketten entstehen nach demselben Prinzip, nur dass dabei zusätzlich nach dem V-Segment eines von 12 verschiedenen D-Segmenten eingebaut wird. Es sind also $200 \cdot 12 \cdot 4 = 9600$ verschiedene H-Ketten möglich. Weil sich H- und L-Ketten zum kompletten Antikörpermolekül zusammenlagern, gibt es $800 \cdot 9600 = 7{,}68$ Millionen Kombinationsmöglichkeiten.

SUSUMU TONEGAWA (Nobelpreis 1987) entdeckte die Ursachen für die enorme Vielfalt möglicher Antikörper trotz relativ geringer Anzahl entsprechender Gene.

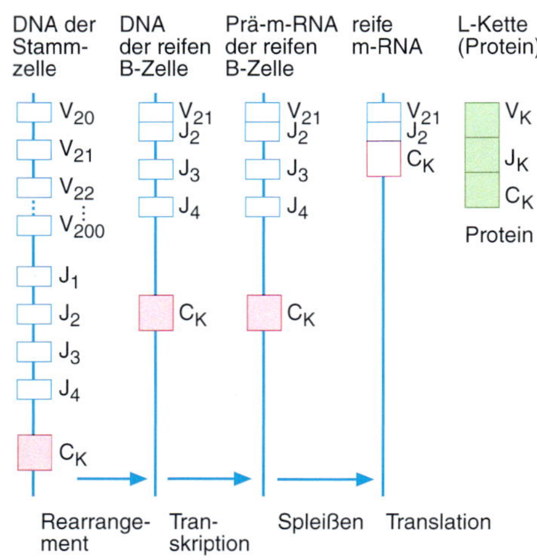

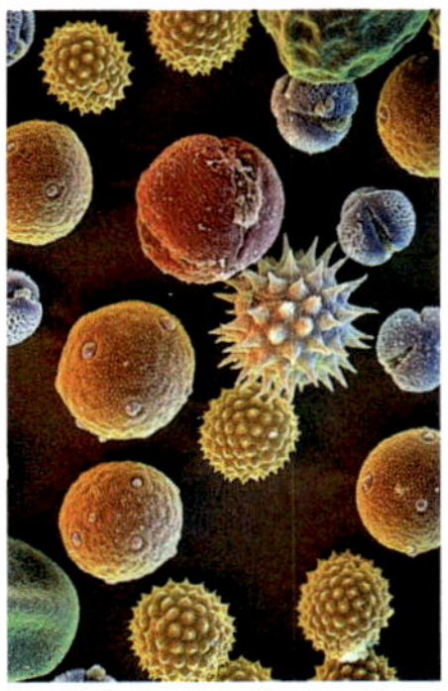

Pollen

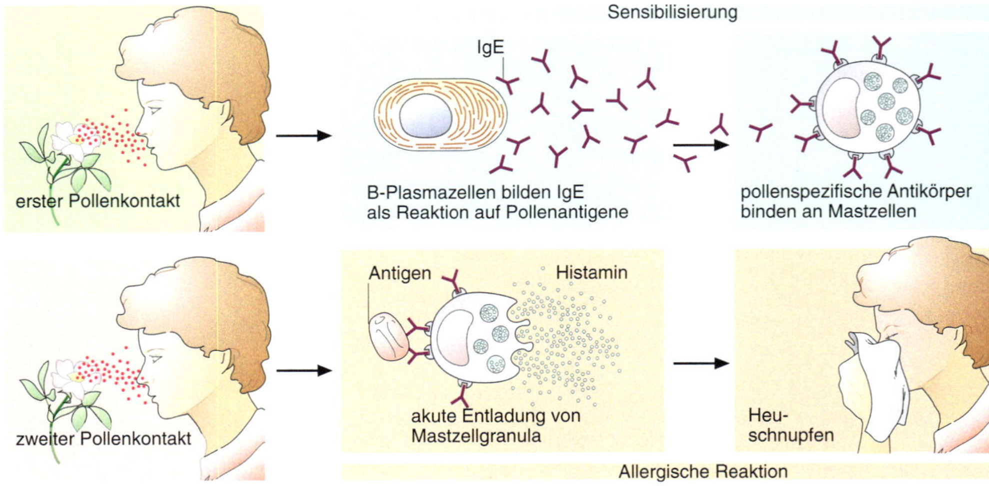

1 Abläufe bei der Allergie vom Soforttyp

Unerwünschte Immunreaktionen

Der Preis, den ein Organismus für die komplexe Immunabwehr zahlt, besteht im Risiko unerwünschter Über- oder Fehlreaktionen des Immunsystems. Während Antigen-Antikörper-Reaktionen in der Regel unbemerkt ablaufen und den Organismus schützen, können sie sich dann schädlich auswirken.

Allergien

Eine typische Überreaktion ist die *Allergie*. Sie äußert sich z.B. bei vielen Menschen als *Heuschnupfen*: Besonders im Frühjahr und Sommer, wenn die Luft von Pollen erfüllt ist, reagieren betroffene Personen mit Augenrötungen und Niesreiz. Allergie auslösende Antigene wie Pollen bezeichnet man als *Allergene*. Heuschnupfen und allergisches Bronchialasthma sind Allergien vom *Soforttyp*, d.h. nach einem ersten Kontakt der Schleimhäute mit dem Allergen *(Sensibilisierung)* löst das Allergen beim nächsten Mal sofort eine heftige Reaktion aus. Plasmazellen reagieren auf das Antigen, indem sie hauptsächlich Antikörper der Klasse IgE bilden. Die Y-förmigen Moleküle heften sich mit ihrem konstanten Ende an membranständige Rezeptormoleküle von Mastzellen. Diese IgE-beladenen Mastzellen werden aktiviert, sobald die Antikörper Allergen binden. Sie entladen dann *Histamin* und andere hochaktive Stoffe in den extrazellulären Raum. Das führt innerhalb weniger Minuten zu Gefäßerweiterungen, Ödemen und Nesselsucht (Abb. 1) Beim Heuschnupfen bleiben diese allergischen Reaktionen meist lokal begrenzt. Bei einem Insektenstich oder einer Medikamentenunverträglichkeit kann sich die Reaktion aber auf den ganzen Körper ausbreiten und zu einem lebensbedrohenden Blutdruckabfall und Bronchialkrämpfen führen *(allergischer Schock)*.

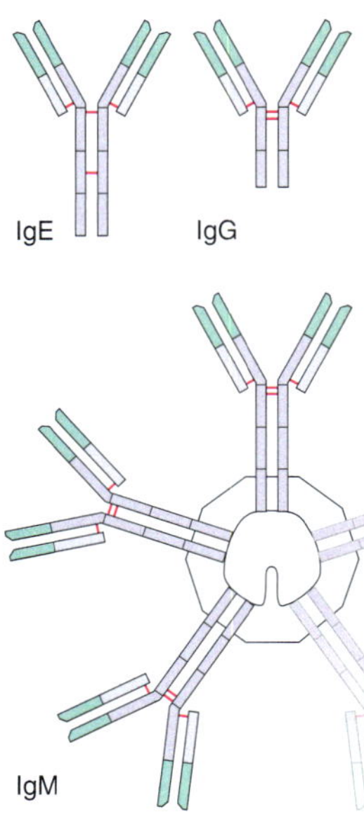

Antikörpertypen IgM, IgG und IgE

Zahlreiche Stoffe, wie Seifen, Kosmetika, Kunstfasern, Nickel oder Chrom können als *Kontaktallergene* wirken und auf der Haut Ekzeme hervorrufen. Kontaktallergien gehören zu den Allergien vom *Spättyp*, sie treten erst einen Tag oder mehrere Wochen nach dem Antigenkontakt auf und werden durch Zellen, vor allem T-Lymphocyten und Makrophagen, vermittelt.

Eine Behandlung allergischer Reaktionen ist wegen der verschiedenen Ursachen schwierig. Am besten ist es, den Allergenkontakt zu vermeiden. Wo dies nicht gelingt, hilft oftmals eine *Desensibilisierung*: Mit regelmäßigen, langsam steigenden Allergendosen löst man die zusätzliche Freisetzung von Antikörpern der Klasse IgG aus. Diese fangen die Allergene ab, bevor sie die Mastzellen aktivieren können. Bei akuten allergischen Reaktionen helfen kurzfristig Medikamente, die das Histamin binden.

Transplantation und Transfusion

Mit einer Allergie vergleichbare Immunreaktionen lassen sich bei Abstoßung körperfremden Gewebes nach einer Transplantation beobachten, denn auch hier wird die zelluläre Immunabwehr aktiviert. Vor allem *T-Killerzellen* und *Makrophagen* zerstören die fremden Zellen. Das Fremdgewebe wird umso intensiver und schneller abgestoßen, je stärker sich bestimmte Proteine auf den Spender- und Empfängerzellen unterscheiden *(Transplantationsantigene)*. Vor jeder Transplantation werden daher die Gewebe von Spender und Empfänger auf Verträglichkeit hin untersucht. Meistens stimmen die Transplantationsantigene nur unvollständig überein und die Immunreaktion des Empfängers muss medikamentös unterdrückt werden *(Immunsuppression)*. Das kann allerdings zu Komplikationen führen, denn der Patient wird dadurch sehr infektanfällig, in einigen Fällen greifen sogar die Immunzellen des Transplantats den immunschwachen Empfänger an *(Transplantat-gegen-Wirt-Reaktion)*. Heute können Nieren, Knochenmark, Hornhaut, Leber, Herz und Bauchspeicheldrüse transplantiert werden.

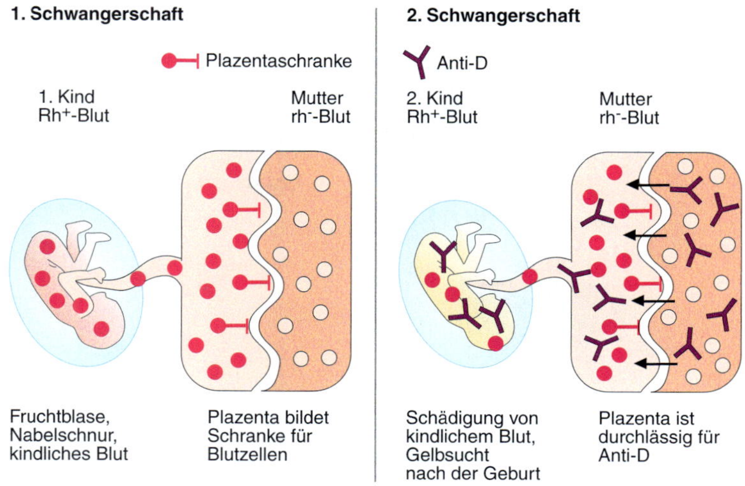

1 Rhesusunverträglichkeit

Im Vergleich zu Gewebstransplantationen sind die Erfolgsaussichten bei einer *Bluttransfusion* ungleich größer, denn Blutzellen tragen weniger Transplantationsantigene als andere Zellen. Von den mehr als 100 verschiedenen *Blutgruppensystemen* sind vor allem das *AB0-System* und das *Rhesussystem* von Bedeutung. Ohne vorherigen Kontakt zu fremden Blutzellen besitzt jeder Mensch im Blutserum IgM-Antikörper gegen diejenigen Antigene des AB0-Systems auf den Roten Blutzellen, die ihm selbst fehlen. Man nimmt an, dass sie gegen Antigene von Darmbakterien gebildet wurden, die den Blutgruppenantigenen ähnlich sind. Blut der Blutgruppe A enthält also Antikörper gegen das Antigen B (Anti-B), Blut der Blutgruppe 0 enthält Anti-A und Anti-B. Erhält z. B. ein Empfänger mit der Blutgruppe A fälschlicherweise Blut der Gruppe B, verklumpen die Blutzellen und verstopfen die Kapillaren. Diese Verklumpung ist eine Immunreaktion des Empfängers auf die Antigene der fremden Blutzellen und lässt sich auch im Reagenzglas beobachten (Blutgruppentest s. Randspalte).

Die *Rhesuseigenschaft* von Blutzellen wird durch mehrere Antigene bestimmt (C, D, E), dabei ist Antigen D am wirksamsten. Daher nennt man Personen, deren Blutzellen das Antigen D aufweisen, vereinfachend *Rh-positiv*, solche ohne D *rh-negativ (d)*. Im Gegensatz zum AB0-System entstehen D-Antikörper bei einer rh-negativen Person erst nach einem Kontakt mit Rh-positivem Blut. Diese Sensibilisierung kann bei einer unverträglichen Bluttransfusion erfolgen, aber auch bei einer Geburt oder Fehlgeburt, wenn kindliches Rh-positives Blut in den mütterlichen Kreislauf gelangt. Eine rh-negative Mutter bildet dann IgG-Antikörper gegen die Rh-positiven Blutzellen des Kindes. Bei einem Zweitkontakt, also einer weiteren Schwangerschaft, können diese Antikörper über die Plazenta in den kindlichen Kreislauf gelangen, die Blutzellen zerstören und dem Ungeborenen schaden. Hier hilft dann nur ein sofortiger Blutaustausch beim Neugeborenen. Vermeiden lässt sich die Erkrankung des Kindes, wenn bei der Mutter gleich nach einer Entbindung eine Anti-D-Prophylaxe durchgeführt wird. Die injizierten Antikörper „maskieren" die kindlichen D-Blutzellen und verhindern die Sensibilisierung.

Autoimmunkrankheiten

Normalerweise greift das Immunsystem nur körperfremde Zellen oder Stoffe an und verschont körpereigene. Ist diese Unterscheidung von „selbst" und „nicht selbst" gestört, können sich Antikörper jedoch auch gegen körpereigene Substanzen oder Gewebe richten und schwerwiegende *Autoimmunerkrankungen* hervorrufen. 90 % der Patienten mit *Diabetes mellitus* Typ I haben Antikörper im Blut, die gegen die eigenen Zellen der Langerhans'schen Inseln der Bauchspeicheldrüse gerichtet sind (s. Seite 264). Das stört letztlich die Insulinbildung. Auch der chronische entzündliche Gelenkrheumatismus ist eine Autoimmunerkrankung. Der Körper bildet Antikörper gegen körpereigene IgG-Moleküle, die entstehenden Immunkomplexe führen zu Gelenkentzündungen. Bei fast allen Betroffenen sind diese Autoantikörper *(Rheumafaktor)* nachweisbar.

	Antigene	Antikörper
A	A	Anti-B
B	B	Anti-A
AB	A B	keine
0	keine	Anti-B Anti-A

Blutgruppenmerkmale

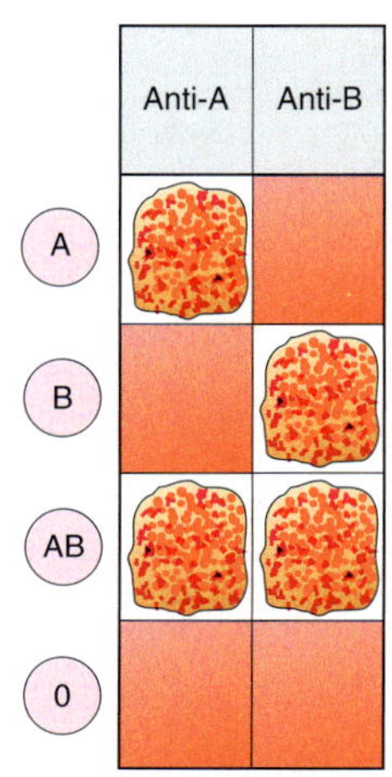

Blutgruppenbestimmung durch Agglutination

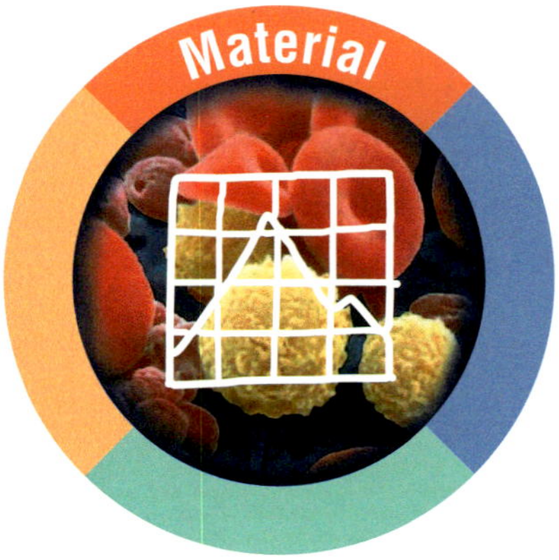

Immunologische Toleranz und Autoimmunität

Schon um das Jahr 1900 war der deutsche Mikrobiologe und Nobelpreisträger PAUL EHRLICH davon fasziniert, dass der menschliche Körper immunologisch Gesunder keine Immunität gegen körpereigene Gewebe produziert. Für diesen Sachverhalt prägte er den Begriff „Horror autotoxicus“, was soviel wie Furcht vor der Selbstzerstörung bedeutet. EHRLICH erkannte schon damals, dass die Durchbrechung dieses Prinzips schwerwiegende Folgen hat.

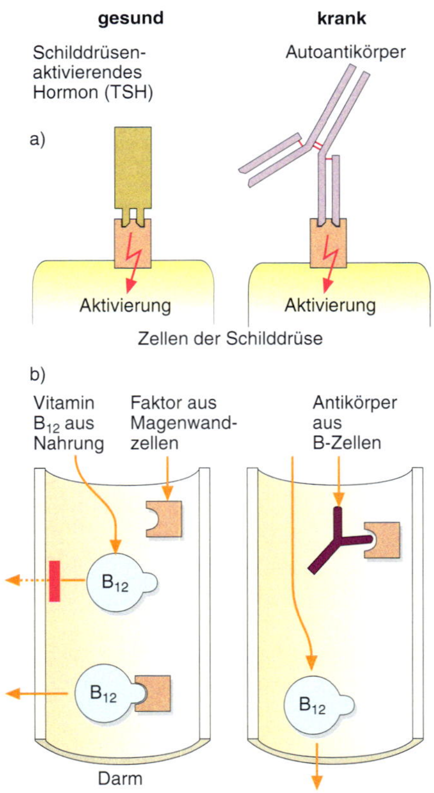

1 Schilddrüsenüberfunktion (a) und Perniziöse Anämie (b)

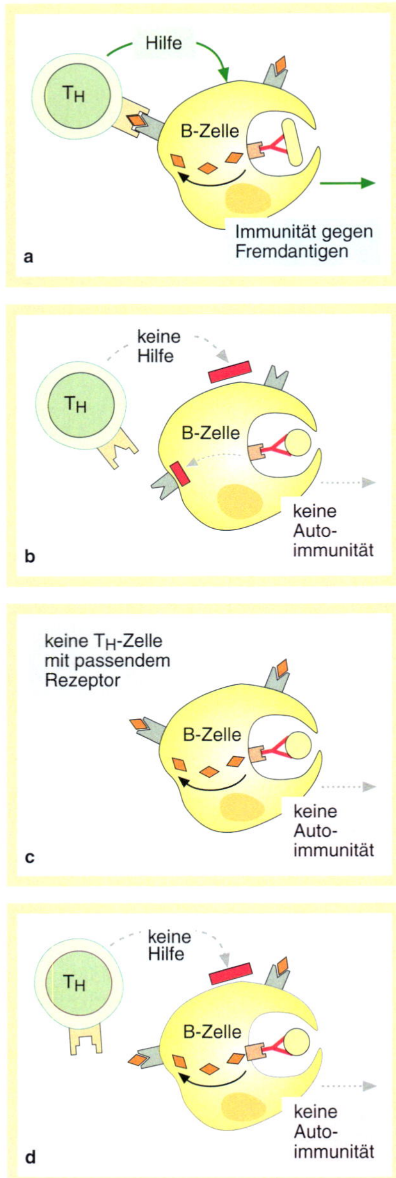

2 Immunologische Toleranz

Heute kennen wir die molekularen und zellulären Mechanismen der immunologischen Toleranz und ihrer Brechung. T- und B-Zellen sowie ihre Antigenrezeptormoleküle sind die Schlüsselelemente des Immunsystems (s. Seite 188). Richtet sich ihre Aktivität gegen körpereigene Gewebe, spricht man von *Autoimmunität*, die gegen körpereigene Antigene gerichteten Antikörper werden *Autoantikörper* genannt. Dabei können je nach Spezifität der gebildeten Antikörper einzelne Organe (z. B. Schilddrüse, Bauchspeicheldrüse) zerstört werden, aber auch ganze Organsysteme (Muskel- und Gelenksystem) betroffen sein (z. B. entzündliches Rheuma).

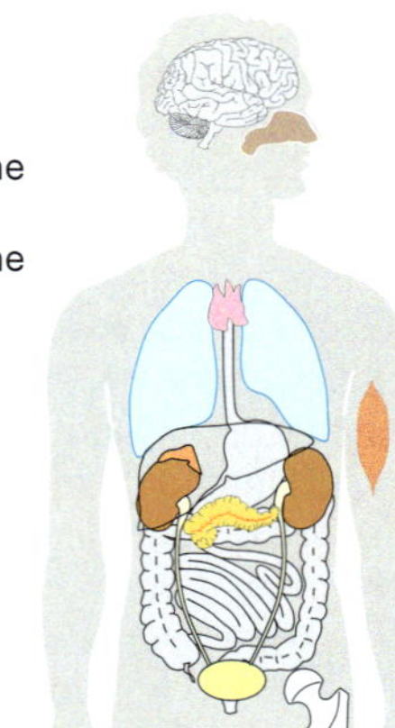

Aufgaben

① Beschreiben Sie die Wirkung von Autoantikörpern bei der Schilddrüsen-Überfunktion und der Perniziösen Anämie (Abb. 1).

② Die Aktivierung von B-Zellen führt zur Produktion von Antikörpern gegen Fremd-Antigen (T-Zell-B-Zell-Kooperation, s. Seite 188).
Warum werden in den in Abb. 2 b, c, d dargestellten Situationen keine Autoantikörper gegen körpereigene Antigene gebildet?

③ T-Helferzellen müssen das mit ihrem T-Zellrezeptor präsentierte Antigen nach dem Schlüssel-Schloss-Prinzip binden, um B-Zellen zur Antikörperproduktion anregen zu können (Abb. 3). Warum entwickelt sich bei immunologisch gesunden Menschen keine Autoimmunität? Welche Mechanismen könnten bei der Schilddrüsenüberfunktion und der Perniziösen Anämie zu Autoimmunreaktionen geführt haben?

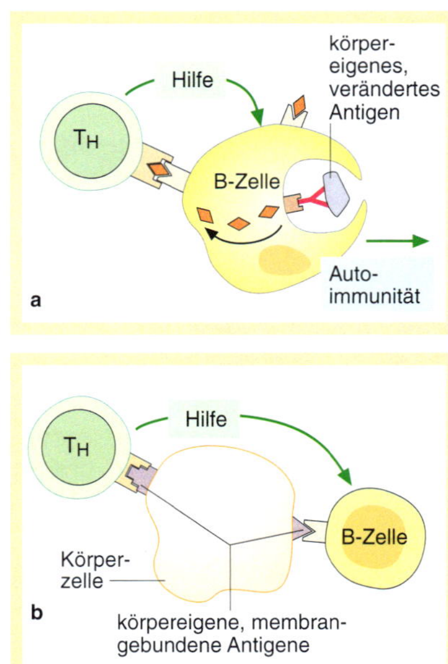

3 Durchbrechung der immunologischen Toleranz

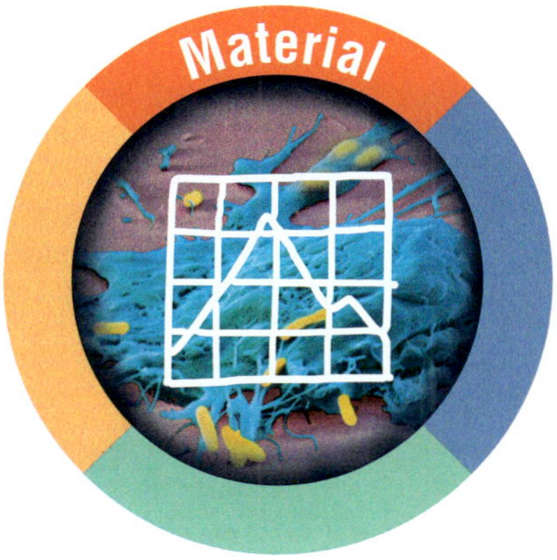

Theorien zur Immunität

Vorwissenschaftliche Theorien

Seit der Mensch in enger sozialer Ordnung lebt, ist er immer wieder von Epidemien heimgesucht worden. Epidemien sind schon von den alten ägyptischen Dynastien her überliefert. Man glaubte damals und in wissenschaftsfernen Kulturen auch heute noch, dass Natur und Mensch unter dem Einfluss der magischen Kräfte von Geistern, Dämonen und Gottheiten stünden. Krankheit wird demgemäß als Folge menschlicher Sünden gegen einen Gott oder als Strafe für einen Tabubruch interpretiert. Im Alten Testament tötet Gott wiederholt u. a. durch Pestilenz, diese Krankheit wurde als Gottesstrafe aufgefasst. Einer Person, die der Krankheit entgangen war, wurde nachgesagt, ein gottesfürchtiges Leben geführt zu haben.

Aufgabe

① In frühchristlicher Zeit änderten sich die Anschauungen: Zum Bestrafungsmotiv kam das der Reinigung. Gott wendet danach Krankheiten zur Reinigung von begangenen Sünden an. Von den Sünden befreit, würde eine Person bei erneutem Auftreten der Plage nicht noch einmal bestraft werden. Begründen Sie, warum der beschriebene Sachverhalt unserem heutigen Verständnis nach am ehesten der erworbenen Immunität nach einer überstandenen Infektionskrankheit oder einer Schutzimpfung nahe kommt.

Historische Berichte

„Ich sage, dass jeder Mensch von der Zeit seiner Geburt bis ins hohe Alter austrocknet. Aus diesem Grund ist das Blut von Kindern feuchter als das Blut junger Männer, und erst recht als das alter Männer. ... Pocken treten auf, wenn das Blut faulig wird und gärt, sodass überschüssige Flüssigkeit abgesondert wird und dabei wandelt sich das Blut der Kinder, welches wie Most ist, in das Blut junger Männer, welches wie Wein vollständig gereift ist. Das Blut alter Männer mag verglichen werden mit Wein, der seine Stärke verloren hat und schal und bitter zu werden beginnt. Die Pocken mögen mit der Gärung und dem zischenden Geräusch verglichen werden, das im Most zu hören ist. Und dies ist der Grund, warum Kinder, insbesondere männliche, selten dieser Krankheit entgehen, weil es unmöglich zu verhindern ist, dass das Blut von dem einen Zustand in den anderen überwechselt, so wie es unmöglich ist, Most am Wechsel zu hindern."
(Islamischer Arzt RHASES, 10. Jh. n. Chr.)

„Nun sprach Jahwe zu Mose: Gehe zu dem Pharao und sage zu ihm: So spricht Jahwe, der Gott der Hebräer: Gib mein Volk frei, damit es mir diene! Wenn du dich weigerst, es zu entlassen, und es noch weiter festhältst, dann kommt die Hand Jahwes über dein Vieh, das auf dem Felde ist, über die Pferde, die Esel, die Kamele, die Rinder und Schafe wie eine schlimme Seuche. Doch wird Jahwe einen Unterschied zwischen dem Vieh der Israeliten und dem Vieh der Ägypter machen. Es wird kein Stück, das den Israeliten gehört, verenden. ..."
Es kam wie es kommen musste, der Pharao blieb verstockt, das Vieh der Ägypter starb, das der Israeliten hingegen nicht.
(Bibel, Buch Exodus: Befreiung aus Ägypten, 3. Die Ägyptischen Plagen, 5. Plage: Viehseuche)

Aufgaben

② Der Mensch ist darauf angewiesen, Vorstellungen zu den ihn umgebenden Erscheinungen zu bilden, Begründungen zu finden und Vorhersagen zu treffen. Welche Ursachen werden den in den beiden Zitaten erwähnten Krankheiten zugeordnet?

③ Hatten die Menschen die Möglichkeit, ihre Erklärungen bezüglich der Krankheitsursachen zu testen? Begründen Sie ihre Meinung.

Wissenschaftliche Theorien

Zwischen 1930 und 1950 machten sich Chemiker verdient um die Aufklärung der Antikörperstruktur, die Charakterisierung von Antigenen und derjenigen Kräfte, welche die reversible Bindung von Antigen und Antikörper nach dem *Schlüssel-Schloss-Prinzip* ermöglichen (elektrostatische Anziehung, Wasserstoffbrückenbindungen, hydrophobe Bindungen, Van-der-Waals-Kräfte). Man koppelte im Reagenzglas synthetisierte niedermolekulare Moleküle *(Haptene)*, die in der Natur nicht vorkommen, an hochmolekulare Trägerproteine *(Carrier)*. In Säugetiere injiziert, wird von dem Carrier-Hapten-Komplex die Produktion von Antikörpern ausgelöst. Man isolierte diese und konnte zeigen, dass sie spezifisch die Haptene erkannten.

Aufgabe

④ Nach DARWIN werden im Laufe der Evolution die geeigneteren Phänotypen in der Selektion begünstigt und setzen sich gegenüber weniger geeigneten durch. Warum versagte dieses Konzept bei der Erklärung der Antikörpervielfalt nach damaligem Kenntnisstand?

Schablonentheorie

Der Biochemiker LINUS PAULING stellte 1940 die Theorie auf, wonach ein Antigen als Schablone zur Produktion von passgenauen Antikörpern diene. Diese sollten sich bei ihrer Synthese regelrecht an die Antigene schmiegen und einen negativen Abdruck bilden, der nach Abgabe der Antikörper an die Körperflüssigkeiten erhalten bleibt.

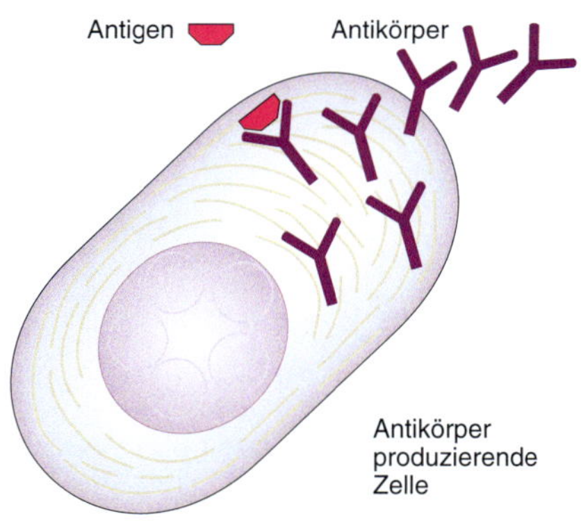

Aufgabe

⑤ Wissenschaftliche Theorien zeichnen sich gegenüber vorwissenschaftlichen Theorien dadurch aus, dass sie widerlegbar sind. Widerlegen Sie die Schablonentheorie der Antikörperproduktion aufgrund unseres heutigen Wissens zur Genetik der Antikörpervielfalt (s. Seite 191).

AIDS

AIDS
Acquired
Immune
Deficiency
Syndrome
erworbenes Immunschwäche-Syndrom

HIV
Human
Immunodeficiency
Virus
menschliches Immunschwäche-Virus

Durch den Erreger des Immunschwäche-Syndroms des Menschen *(HIV)* sind bis zum Jahr 2002 weltweit über 20 Millionen Menschen gestorben. Rund 42 Millionen Personen in der Welt sind infiziert, ihre Zahl steigt täglich um etwa 15 000. Jährlich sind 60 0000 Säuglinge bereits bei der Geburt infiziert. In einigen Entwicklungsländern sank die mittlere Lebenserwartung durch AIDS auf 36 Jahre. In Deutschland beläuft sich die Zahl der gemeldeten Neuinfizierten pro Jahr auf ca. 2000. Eine Bilanz des Schreckens.

Die ersten AIDS-Fälle wurden 1981 beschrieben: Mehrere junge Patienten wiesen Krankheitssymptome auf, die bisher nur von älteren Menschen bekannt waren. Sie litten an Hauttumoren und verschiedenen Infektionskrankheiten. Es konnte nachgewiesen werden, dass bei diesen Patienten das Immunsystem stark geschwächt war. Sie starben nach einigen Monaten oder Jahren.

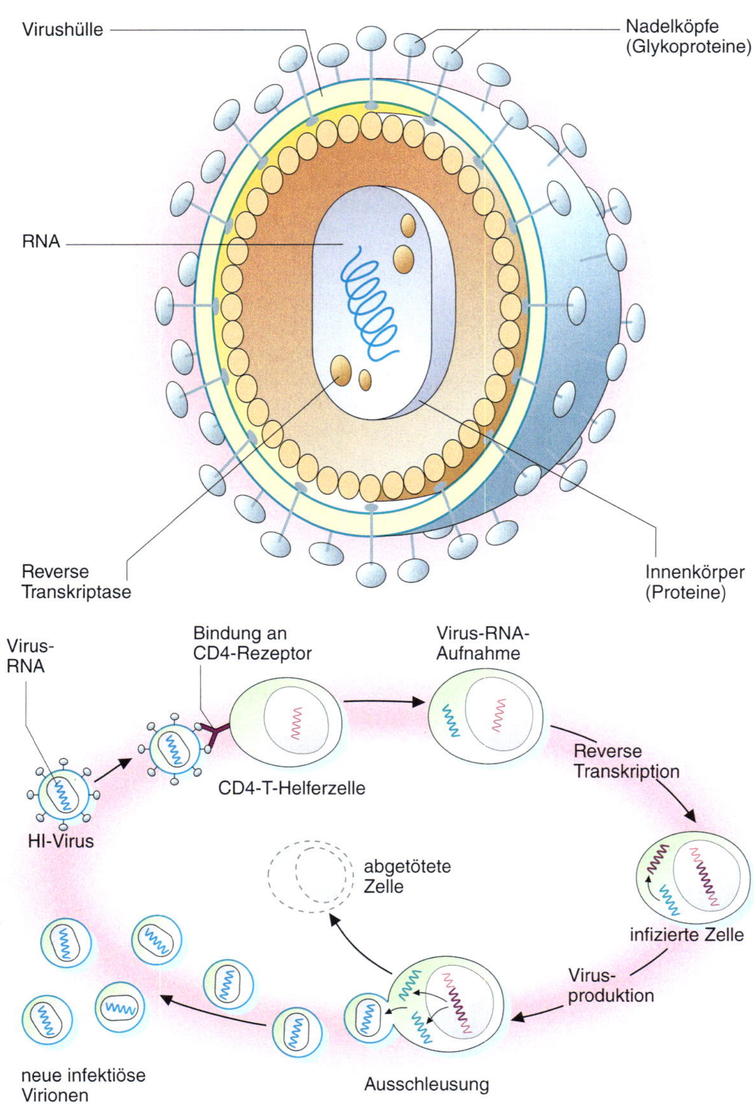

1 HI-Virus und Vermehrungszyklus

HIV: Der AIDS-Erreger

1983 wurde der Erreger der Immunschwächekrankheit AIDS identifiziert, das so genannte Immunschwäche-Virus *HIV (Human-Immunodeficiency-Virus)*. Die HI-Viren sind kugelförmig (Ø 0,1 µm), ihre äußere Hülle besteht aus einer Lipid-Doppelschicht, die von der äußeren Membran der Wirtszelle stammt. Sie ist wie ein Nadelkissen mit Glykoproteinen gespickt (Abb. 1). Das HI-Virus gehört zu den *Retroviren*, enthält also RNA als genetisches Material. Diese virale RNA befindet sich im proteinhaltigen Innenkörper zusammen mit mehreren Molekülen des Enzyms *Reverse Transkriptase*.

Gelangen HI-Viren in die Körperflüssigkeit eines Menschen, binden sie nach dem *Schlüssel-Schloss-Prinzip* vorrangig an Zellen mit dem Oberflächenmolekül CD4, also an *T-Helferzellen* (aber auch an Monocyten, Makrophagen und spezielle Nervenzellen). Die Virushülle verschmilzt mit der Wirtszellmembran und das virale Erbgut (RNA) gelangt in das Cytoplasma. Die Reverse Transkriptase schreibt die virale RNA in DNA um *(Reverse Transkription)*. Diese virale DNA gliedert sich im Wirts-Zellkern in die DNA ein. So kann HIV jahrelang als Provirus im Organismus verbleiben, ohne von der Immunabwehr erkannt zu werden. Wird die infizierte T-Helferzelle jedoch infolge einer anderen Infektion aktiviert, wird auch die DNA des Provirus abgelesen (Transkription und Translation) und die Wirtszelle bildet HIV-RNA und virale Proteine. Schließlich platzt die T-Helferzelle und entlässt Viruspartikel, die sich dabei mit einem Teil der Wirtsmembran umgeben. Die freigesetzten HI-Viren können nun weitere Immunzellen infizieren.

Der Krankheitsverlauf

Im Verlauf einer HIV-Infektion geht die Zahl der T-Helferzellen drastisch zurück. Dieser Zelltyp nimmt aber eine Schlüsselposition im spezifischen Immunsystem ein (s. Seite 188). Man unterscheidet verschiedene Stadien der HIV-Infektion: Das frühe Stadium in den ersten Wochen nach der Infektion zeich-

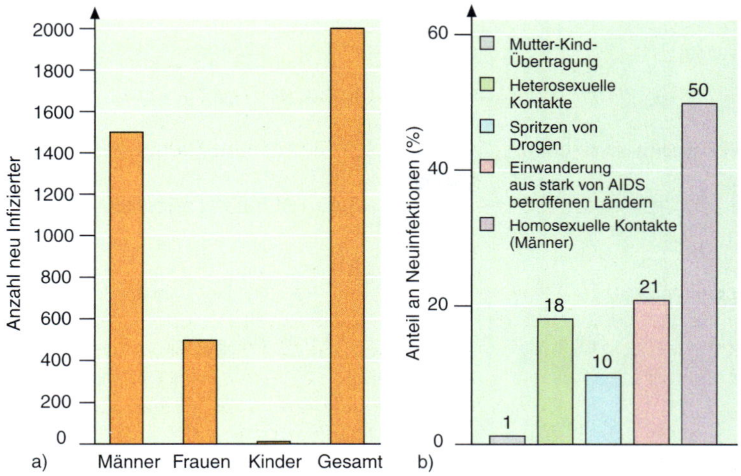

1 HIV: Neuinfektionen (a) und Infektionswege (b), Deutschland 2002

net sich durch hohes Fieber und geschwollene Lymphknoten aus. Der Körper bildet Antikörper, die sich im Blut zwar ebenso wie die HIV-RNA nachweisen lassen *(HIV-positiv)*, aber wenig wirksam sind. Die Beschwerden klingen wieder ab und der HIV-Positive kann über Jahre symptomfrei sein, jedoch andere Menschen infizieren. In der Folgezeit sinkt die Zahl der T-Helferzellen und das Immunsystem wird zunehmend geschwächt, bis im dritten Stadium bereits harmlose Infektionen zu Erkrankungen führen. Die Lymphknoten sind dauerhaft geschwollen. Erst das Endstadium einer HIV-Infektion wird als *AIDS* bezeichnet. Jetzt führen Infektionen (z. B. Lungenentzündung, Toxoplasmose) sowie typische Tumoren (Kaposi-Sarkom, Lymphome) oder bzw. und Gehirnveränderungen schließlich zum Tod des Patienten.

Behandlungsmöglichkeiten

Eine HIV-Infektion kann zur Zeit noch nicht geheilt werden. *Medikamente* können den Verlauf der Krankheit aber verlangsamen, indem sie die Vermehrung der Viren im Körper hemmen und zugleich die Zahl der T-Helferzellen stabilisieren. Ansatzpunkt ist dabei die *Reverse Transkriptase*. Sie lässt sich durch Basenanaloga wie AZT *(Azidothymin)* hemmen. AZT ähnelt der Base Thymin, stört aber die Reverse Transkription und damit die Bildung weiterer Viren. Dadurch sinkt die HIV-Konzentration im Blut und die Lymphocytenkonzentration steigt. Das Medikament muss lebenslang eingenommen werden. Bei schwangeren Frauen kann durch AZT die Infektion des ungeborenen Kindes verhindert werden.

Die Suche nach einem *HIV-Impfstoff* erweist sich aus verschiedenen Gründen als besonders schwierig: HI-Viren sind sehr variabel, weil die Reverse Transkriptase bei der Umschreibung von RNA in DNA viele Basenpaarungsfehler erzeugt. Dadurch entstehen neue Virusmutanten, bevor der Wirtsorganismus wirksame Antikörper bilden konnte. Außerdem macht die Virushülle Probleme, denn sie umgibt HIV wie ein Tarnmantel aus wirtseigenen Molekülen und wird vom Immunsystem nicht angegriffen. Zur Zeit wird nach Antikörpern gegen das Glykoprotein der Nadelköpfe gesucht, denn es ist relativ wenig veränderlich, da es sonst nicht an die Rezeptormoleküle der T-Helferzellen binden könnte (Abb. 196.1). Außerdem versucht man, Antikörper aus dem Blut von solchen HIV-positiven Personen zu isolieren und zu analysieren, die besonders lange AIDS-symptomfrei blieben.

Infektionsrisiko und Infektionsschutz

Solange eine wirksame Behandlung von AIDS nicht möglich ist, ist der beste Schutz die Vermeidung der Ansteckung. Dazu muss man die Infektionswege der HI-Viren kennen: Das Virus tritt in zellhaltigen Körperflüssigkeiten wie Blut, Lymphe, Muttermilch, Sperma oder Scheidensekret auf. Bei Blutkontakt ist das Infektionsrisiko am größten. Alle Blutkonserven werden daher heute auf HIV getestet. Den Kontakt mit Blut z. B. von Unfallopfern kann man durch die Verwendung von Handschuhen vermeiden. Drogenabhängige können bei gemeinsamem Gebrauch von Injektionsnadeln Blutspuren übertragen und sich so infizieren. Neuinfektionen erfolgen in unserer Gesellschaft am häufigsten durch ungeschützten Geschlechtsverkehr. Hier lässt sich das Infektionsrisiko durch die Verwendung von Kondomen deutlich verringern. Nur durch eigenverantwortliches Handeln kann sich der Einzelne schützen und die weitere Verbreitung des Erregers verhindern (Abb. 1). Auf Kondome sollte in einer Partnerschaft erst dann verzichtet werden, wenn sichergestellt ist, dass keiner der Partner Virusträger ist. Dies lässt sich mit einem *HIV-Test* feststellen, der z. B. bei einer Blutspende routinemäßig vorgenommen wird.

Bei alltäglichen Kontakten am Arbeitsplatz oder in Schulen besteht keine Ansteckungsgefahr. HIV-Infizierte dürfen nicht ausgegrenzt werden und können ohne Gefahr für andere am gesellschaftlichen Leben teilnehmen. Sie benötigen Verständnis für ihre schwierige Situation.

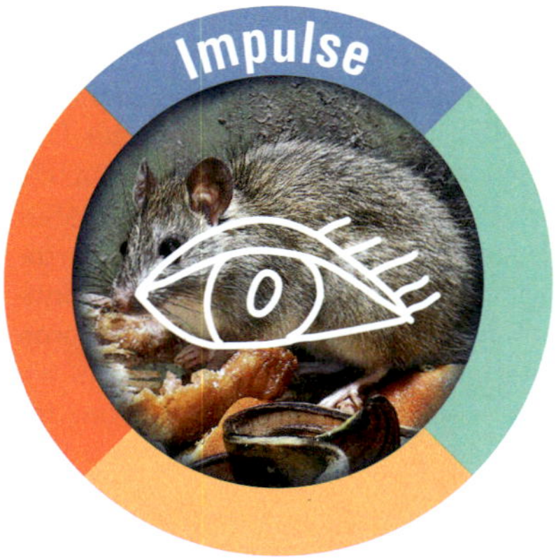

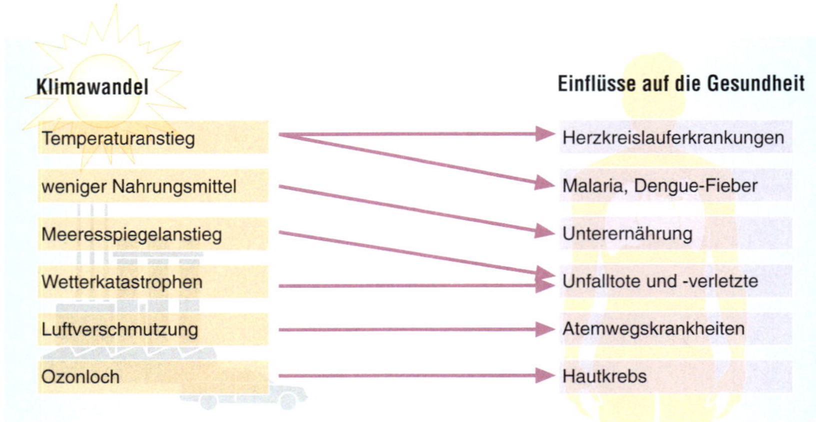

Weltgesundheit

Schon immer waren Menschen dem Einfluss von Krankheiten, Verletzungen und Unfällen ausgesetzt. Besonders verheerende Wirkungen hatten Infektionskrankheiten wie *Malaria*, *Pest* oder *Cholera*. So führte die große Pestepidemie in Europa 1348 zur Entvölkerung ganzer Landstriche. Heute stehen Infektionskrankheiten weltweit mit 17 Millionen Todesfällen pro Jahr an erster Stelle der Todesursachen, gefolgt von 15 Millionen Herz-Kreislauf-Toten und sieben Millionen Krebstoten. Nach Angaben der *Weltgesundheitsorganisation* (WHO) in Genf fordern AIDS, Tuberkulose und Malaria die meisten Opfer unter den Infektionskrankheiten, denn für sie gibt es noch keine wirksamen Impfstoffe. Außerdem entstehen immer wieder neue Krankheiten, wie BSE, SARS oder die Vogelgrippe. Auch Hungersnöte fordern weltweit viele Opfer: z. B. China (1958 bis 1960) 30 Millionen Tote. Für 2020 erwartet man, dass Erkrankungen in Folge von Tabakgenuss jede einzelne andere Krankheit übertreffen werden.

Weltgesundheitsorganisation

Die WHO *(World-Health-Organization)* ist eine Spezialorganisation der Vereinten Nationen.

Aus der Verfassung von 1946:

— Die Gesundheit ist ein Zustand des vollständigen körperlichen, geistigen und sozialen Wohlergehens und nicht nur das Fehlen von Krankheit oder Gebrechen.
— Der Besitz des bestmöglichen Gesundheitszustandes bildet eines der Grundrechte jedes menschlichen Wesens, ohne Unterschied der Rasse, der Religion, der politischen Anschauung und der wirtschaftlichen oder sozialen Stellung.
— Die Gesundheit aller Völker ist eine Grundbedingung für den Weltfrieden und die Sicherheit; sie hängt von der engsten Zusammenarbeit der Einzelnen und der Staaten ab.
— Die von jedem einzelnen Staate in der Verbesserung und dem Schutz der Gesundheit erzielten Ergebnisse sind wertvoll für alle.
— Ungleichheit zwischen den verschiedenen Ländern in der Verbesserung der Gesundheit und der Bekämpfung der Krankheiten, insbesondere der übertragbaren Krankheiten, bildet eine gemeinsame Gefahr für alle.
— Die Regierungen tragen die Verantwortung für die Gesundheit ihrer Völker; sie können diese nur auf sich nehmen, wenn sie die geeigneten hygienischen und sozialen Vorkehrungen treffen.

Beziehen Sie Stellung zu folgender Aussage: Es gibt keine gesunden Menschen, sondern nur schlecht untersuchte Patienten.

Inwieweit kann die WHO Einfluss auf die Gesundheitspolitik der Mitgliedsstaaten nehmen?

Anzahl HIV-Infizierter (2006); Quelle UNAIDS

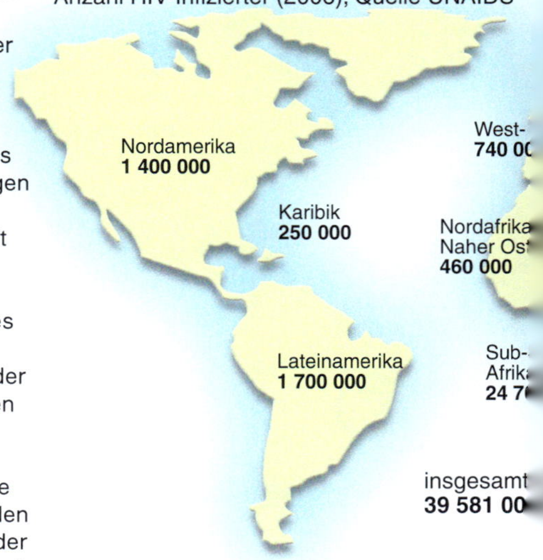

Vergleichen Sie die Verbreitung von AIDS, Malaria (s. Seite 404) und Tuberkulose. Nennen Sie biologische und gesellschaftliche Ursachen für die jeweilige Verbreitung.

Umweltpolitik und Gesundheit

Health Impact Assessment (HIA) = (Gesundheitsverträglichkeitsprüfung)

„HIA is a practical approach used to judge the potential health effects of a policy, program or project on a population, particularly on vulnerable or disadvantaged groups. Recommendations are produced for decision makers and stakeholders, with the aim of maximizing the proposals positive health effects and minimizing the negative health effects."

Umweltbelastungen wirken sich direkt und indirekt auf die Weltgesundheit aus. Entwickeln Sie ein Konzept für die Durchführung eines HIA von politischen Maßnahmen.

Gesundheitsvorbeugung

Der englische Arzt Edward Jenner (1749 – 1823) beobachtete, dass Menschen vor echten Pocken geschützt waren, wenn sie zuvor einmal an harmlosen Kuhpocken erkrankt waren. Zum Beweis infizierte er ein Kind mit Kuhpocken und sechs Wochen später mit echten Pocken – das Kind erkrankte nicht. Impfstoffe nennt man seitdem *Vakzine* (lat. *vacca* = Kuh), die Impfung *Vakzination*. Die Pockenimpfung setzte sich weltweit durch, der letzte Krankheitsfall wurde 1977 registriert.

Informieren Sie sich über die in Deutschland empfohlenen Impfungen und kontrollieren Sie Ihren persönlichen Impfschutz.
Welche Krankheiten sind in Deutschland meldepflichtig?

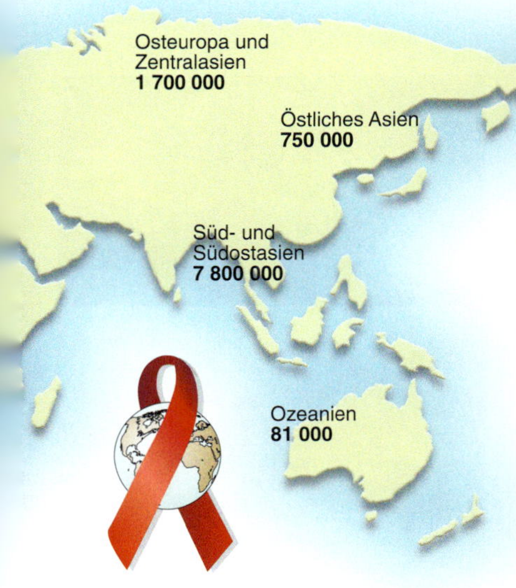

Globalisierungseffekte

In China kam es Anfang 2003 zu einer krisenhaften Ausbreitung einer atypischen Lungenentzündung mit hohem Fieber, schwerem Husten, Atemnot und Halsschmerzen. Zuvor waren solche SARS-Fälle *(Severe Acute Respiratory Syndrome*, schweres akutes respiratorisches Syndrom) nur gelegentlich aus Vietnam, Philippinen, Indonesien und Kanada gemeldet worden. Auslöser von SARS ist ein bisher für den Menschen ungefährliches Virus. Die Übertragung findet vor allem über den Atemtrakt *(Tröpfcheninfektion)* statt. Die SARS-Viren können vom Tier auf Menschen übergehen, wenn diese auf engstem Raum zusammenleben. Der Erreger wurde vermutlich von einem südchinesischen Arzt nach Hongkong eingeschleppt, von wo aus sich die Krankheit dann nahezu weltweit ausbreitete. Bis Juli 2003 waren weltweit 8445 Menschen erkrankt und 812 daran verstorben. Neben den rein medizinischen Auswirkungen der Epidemie waren starke wirtschaftliche Einbrüche, vor allem im Urlaubs- und Flugverkehr zu verzeichnen.

Vergleichen Sie eine neuzeitliche Krankheit wie SARS mit der einer mittelalterlichen, z. B. Pest in Bezug auf Ausbreitung, Diagnose, Therapie und Prophylaxe.

Krankheiten wie BSE oder SARS haben auch wirtschaftliche Konsequenzen für die betroffenen Länder. Erklären Sie.

Welche Bedeutung hat die nationale und internationale Zusammenarbeit bei der Bekämpfung von SARS?

Reisetipps für tropische Gebiete

- Essen Sie nur geschälte oder gekochte bzw. gebratene oder gegrillte Speisen. (Cook it, peel it or forget it!).
- Trinken Sie nur fertig abgefüllte Getränke (kein Leitungswasser, auch nicht zum Zähneputzen, keine Eiswürfel, kein Speiseeis).
- Tragen Sie abends langärmelige Kleidung und lange Hosen wegen der Gefahr von Insektenstichen.
- Vermeiden Sie das Schwimmen und Baden in Flüssen oder Seen in Afrika und Südamerika *(Bilharziose-Gefahr)*.
- Befestigen Sie Moskitonetze gut unter der Matratze.
- Lassen Sie nach einem Tropenaufenthalt von mehr als drei Monaten Blut, Urin und Stuhl untersuchen, auch wenn keine Beschwerden bestehen.
- ...

Entwickeln Sie unter gesundheitlichen Aspekten einen Reiseplan und Reisetipps für eine Tropenreise, z. B. nach Gambia oder Brasilien.

Tragen Sie in einer Weltkarte alle Länder ein, die von Ihren Mitschülern schon besucht wurden. Vergleichen Sie dieses Ergebnis mit den Reiseerfahrungen Ihrer (Großeltern und) Eltern im gleichen Alter. Nennen Sie Auswirkungen des Tourismus auf die Ausbreitung von Infektionskrankheiten.

Man muss davon ausgehen, dass bereits Entdecker wie Kolumbus oder Cook zur Ausbreitung von Krankheiten beigetragen haben. Was lässt sich darüber in Erfahrung bringen?

Armut und Gesundheit

„Ost- und Südostasien haben ihren Anteil an Unterernährung von 52 % im Jahr 1970 auf 32 % im Jahr 1992 reduziert, während der Anteil Südasiens im gleichen Zeitraum von 26 % auf 30 % anstieg und der Afrikas südlich der Sahara von 11 % auf 26 % in die Höhe schnellte.

Während des gleichen Zeitraums gab es in Ost- und Südostasien wirtschaftliche Wachstumsraten von 4 % bis 8 %, derweil in Südostasien das Wachstum kaum 3 % erreichte, und die meisten afrikanischen Länder südlich der Sahara einen Rückgang ihres Bruttoinlandsprodukts erlebten. ...

Ein Fünftel der Menschheit hat keinen Zugang zu modernen Gesundheitsdiensten und der Hälfte der Weltbevölkerung ist ein regelmäßiger Zugriff auf Grundmedikamente verwehrt. ... Wir wissen seit langer Zeit, dass Armut schlechte Gesundheit bedingt, ... schlechte Gesundheit verlängert die Armut. ...“
Dr. Gro Harlem Brundtland, 1999, Generaldirektorin der WHO

Viele Krankheiten, wie Malaria, AIDS, Tuberkulose oder die Schlafkrankheit, lassen sich medikamentös lindern oder heilen.
Warum profitieren Entwicklungsländer nur wenig davon?

Basis Konzepte

Struktur und Funktion

Lebewesen zeichnen sich unter anderem dadurch aus, dass die meisten Strukturen und Lebensprozesse eine funktionale Bedeutung haben. Sieht man eine Vogelfeder oder eine Blüte, ist die Frage nach der biologischen Funktion sinnvoll. Betrachtet man Salzkristalle oder Gesteinsformationen, ist dies nicht der Fall. Den Zusammenhang von Struktur und Funktion gibt es in der Natur nur bei den Lebewesen. Er lässt sich durch den Evolutionsprozess, dem die Organismen unterliegen, erklären und anhand verschiedener Prinzipien erkennen.

Bausteinprinzip

Makromoleküle sind meist aus identischen oder ähnlichen Grundeinheiten zusammengesetzt: Einfachzucker, Aminosäuren und Nucleotide legen die zum Teil hochspezifische Struktur der Polysaccharide, Proteine und Nucleinsäuren fest. Kleinste Veränderungen können dazu führen, dass bestimmte Funktionen nicht mehr möglich sind. Umgekehrt können aber auch Kombinationen von ähnlichen Grundbausteinen nach geringfügigen Abwandlungen völlig andersartige Funktionen wahrnehmen. Beispiele sind das Porphyrinsystem im Häm, Cytochrom und Chlorophyll oder ATP als Energieträger bzw. in der AMP-Form als Bestandteil der DNA oder RNA.

Schlüssel-Schloss-Prinzip

Jeder Organismus verfügt über eine Vielzahl von Molekülen, die eine spezifische Struktur besitzen. Sie treten mit räumlich passenden Molekülen in *Wechselwirkung*. Dieses *Schlüssel-Schloss-Prinzip* gilt beispielsweise für die Passung zwischen Enzym und Substrat sowie für die Bindung von Transmittern an ihre Rezeptormoleküle. Die Passgenauigkeit der betreffenden Molekülpartner lässt sich auf Aufbau, Form und die Verteilung der elektrischen Ladungen zurückführen. Sie bedingen die Spezifität der Wechselwirkungen.

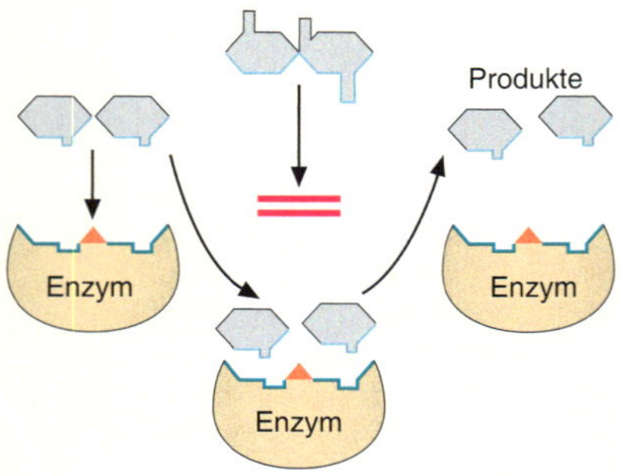

Schlüssel-Schloss-Prinzip

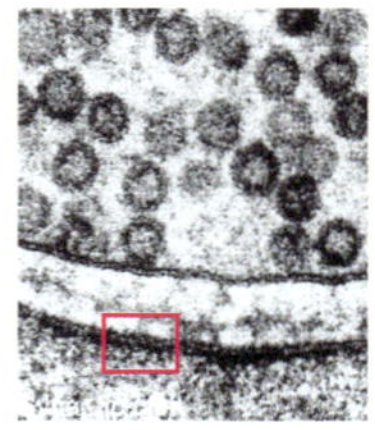

Präsynaptische Membran, synaptischer Spalt und postsynaptische Membran

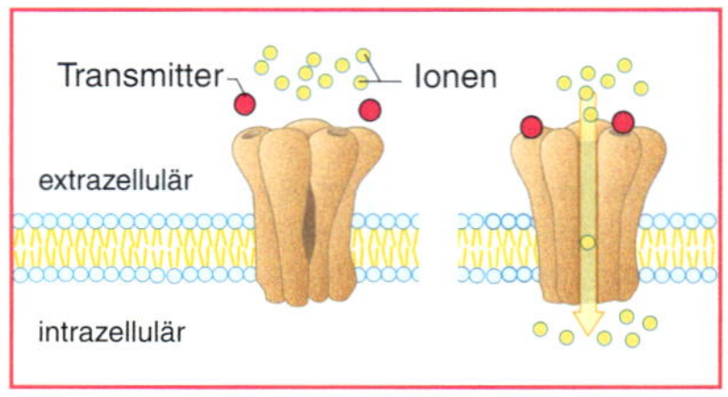

Bausteinprinzip

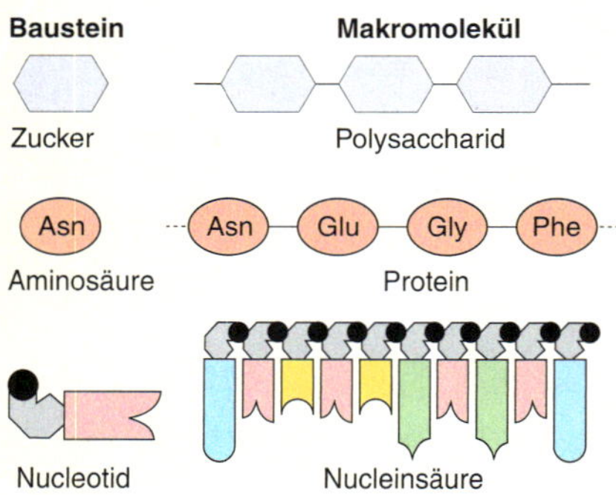

Porphyrinring

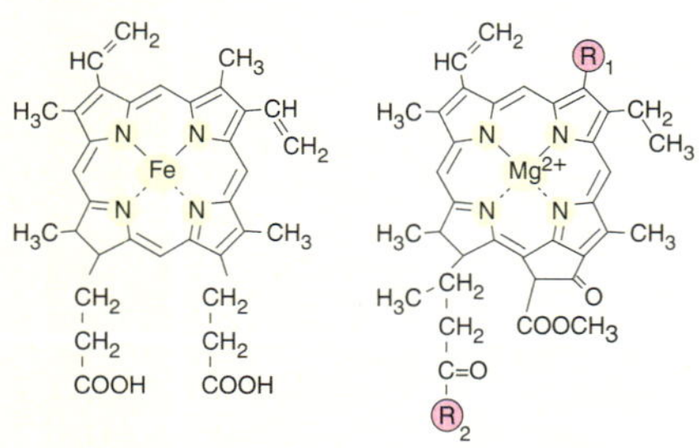

mit Eisen

mit Magnesium

Abwandlungsprinzip

Alle Organismen bestehen aus Zellen. Sie sind die kleinsten lebens- und vermehrungsfähigen Einheiten und zeigen ähnliche Grundbaupläne. Unterschiedliche Differenzierung führt zu vielfältigen Variationen. So verdeutlicht der Bau der Nervenzelle anschaulich ihre Funktion. Strukturen können aber auch so abgewandelt sein, dass sie trotz eines ursprünglich unterschiedlichen Aufbaus gleichartige Aufgaben wahrnehmen *(analoge Organe)*.

Abwandlungsprinzip

● Zusammenhänge denken ● Zusammenhänge erkennen ● Zusammenhänge erarbe

Prinzip des Gegenspielers

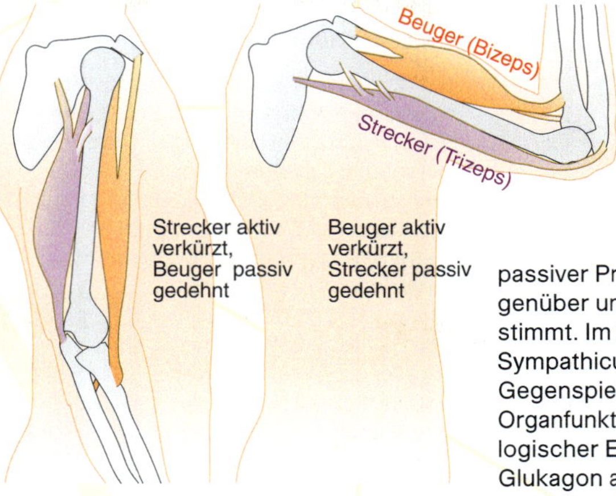

Prinzip des Gegenspielers

Beuge- und Streckmuskeln oder Muskel und dehnbare Sehne sind Antagonisten, durch deren Wechselwirkung Bewegungen möglich werden. Vergrößerung und Verkleinerung der Pupille durch die Irismuskulatur folgt ebenso dem antagonistischen Bewegungsprinzip. Kontraktion als aktiver Prozess und Dehnung als passiver Prozess stehen einander gegenüber und sind aufeinander abgestimmt. Im Nervensystem findet man Sympathicus und Parasympathicus als Gegenspieler bei der Steuerung von Organfunktionen, auf stoffwechselphysiologischer Ebene wirken z. B. Insulin und Glukagon antagonistisch.

Gegenstromprinzip

Dieses Prinzip dient der Rückführung oder Konzentrierung von Stoffen oder Wärme. Es arbeitet auf der Basis der Diffusion bzw. Wärmeleitung und wird durch einen möglichst steilen Gradienten zwischen den Transportmedien aufrechterhalten. Ein Beispiel: Aus peripheren Bezirken zurückfließendes, kaltes Blut umfließt in venösen Gefäßnetzen die zu diesen Bezirken führenden Arterien. Das arterielle Blut wird abgekühlt, das venöse angewärmt. So erreicht die Gans auf dem Eis in den Füßen fast den Gefrierpunkt und verliert dabei nur wenig Wärmeenergie.

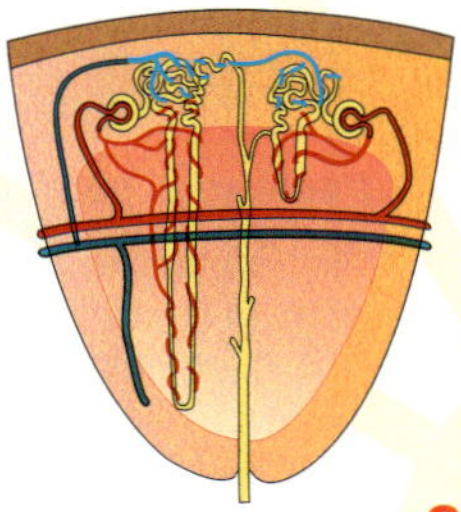

Gegenstromprinzip

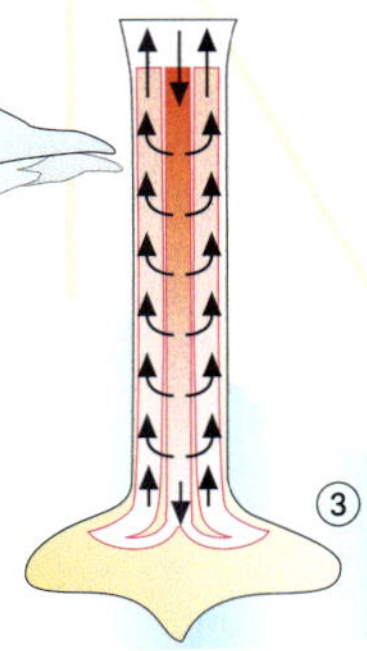

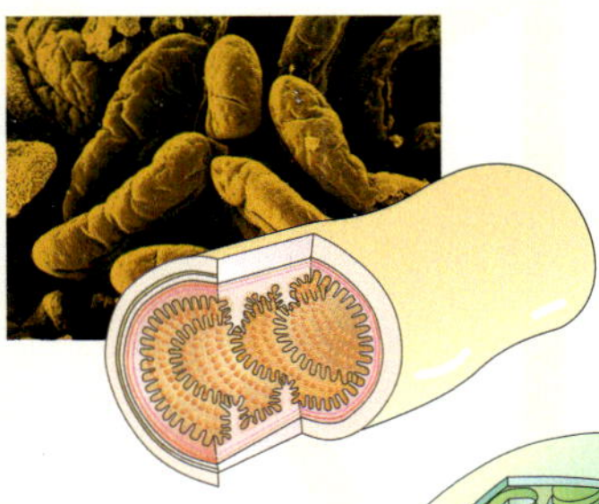

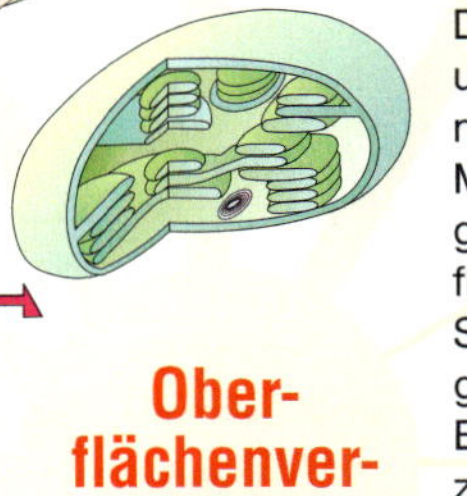

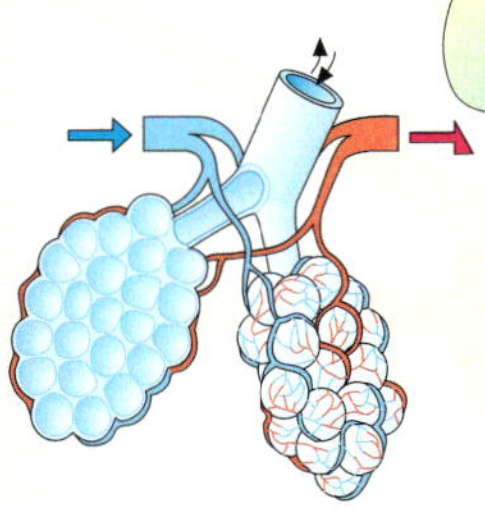

Oberflächenvergrößerung

Prinzip der Oberflächenvergrößerung

Die innere Membran von Mitochondrien und Chloroplasten enthält Enzyme in einer festen räumlichen Anordnung. Diese Membran ist bei beiden Organellen stark gefaltet. Dadurch wird die Membranfläche beträchtlich vergrößert und die Stoffwechselleistung gesteigert. Dies gilt auch für Organe: Die zahlreichen Bläschen der Lunge und die große Anzahl von Faltungen, Einstülpungen und Zotten im Darm erhöhen die Austauschfläche pro Volumeneinheit.

Aufgaben

① Zur Abwehr von Krankheitserregern produziert das Immunsystem der Wirbeltiere spezifische *Antikörper*, die zu molekularen Strukturen des Erregers, den sog. *Antigenen*, passen. Sie treten in einer unüberschaubaren Vielfalt auf.
Wie wird die Passgenauigkeit erreicht und welche Folgen hat die Wechselwirkung?

② Die organischen Basen Adenin und Thymin sowie Cytosin und Guanin liegen in der DNA gepaart vor. Über Wasserstoffbrücken stehen sie miteinander in Wechselwirkung.
Analysieren Sie die Unterschiede in Bezug auf Struktur und Funktion im Vergleich zu einem Enzym-Substrat-Komplex oder zu den molekularen Wechselwirkungen zwischen Transmitter und Rezeptor.

③ Gegeneinander gerichtete Effekte gibt es auch bei Stoffwechsel-, Wachstums- und Entwicklungsprozessen. Erläutern Sie Antagonismus im Gegensatz zu Synergismus (harmonisches Zusammenwirken) jeweils an einem Beispiel.

④ Bei Hunden, Schafen und anderen Säugetieren findet man ein so genanntes Wundernetz, das durch Aufspaltung der Kopfarterien in hunderte parallel verlaufender Gefäße entsteht. Es durchzieht eine blasenartig aufgetriebene Vene, die Blut aus der Nasen- und Mundschleimhaut führt.
Warum kann der Hund einen Hasen zu Tode hetzen?

Basis Konzepte

Reproduktion

Unter Reproduktion versteht man im Verlagswesen das Abbilden und Vervielfältigen von Büchern oder Bildern durch Drucktechniken, in der Kunst die Nachbildung eines Originals, in der politischen Ökonomie die Erneuerung im Produktionsprozess, im Unterricht die Wiedergabe von Gelerntem. In allen Fällen wird etwas „wieder hervorgebracht“ oder „wieder erzeugt“ und für die Reproduktion ist stets eine äußere Instanz nötig.

Im biologischen Bereich wird der Begriff „Reproduktion“ als Synonym für Fortpflanzung benutzt. Lebewesen haben im Gegensatz zur unbelebten Natur die Fähigkeit zur Selbstvervielfältigung: Leben erzeugt Leben. Durch die individuell begrenzte Lebenszeit resultiert daraus eine Abfolge von Generationen, die die Möglichkeit zur Veränderung und damit auch zur Evolution schafft. Dazu tragen verschiedene Mechanismen bei, in die der Mensch mehr und mehr durch Gentechnik und Reproduktionsmedizin eingreifen kann.

Rekombination und Vielfalt

Rekombination und Vielfalt

Im Verlauf der Meiose werden die elterlichen Erbanlagen durch die zufallsgemäße Verteilung der homologen Chromosomen neu kombiniert. Innerhalb der Chromosomen können die Gene infolge des Stückaustausches umgruppiert werden. Bakterien erreichen Ähnliches durch die so genannten parasexuellen Vorgänge der Transformation, Transduktion und Konjugation. In allen Fällen resultiert daraus eine größere Vielfalt an Genotypen, die durch Selektion zu einer besseren Angepasstheit der Organismen an ihre Umwelt führt.

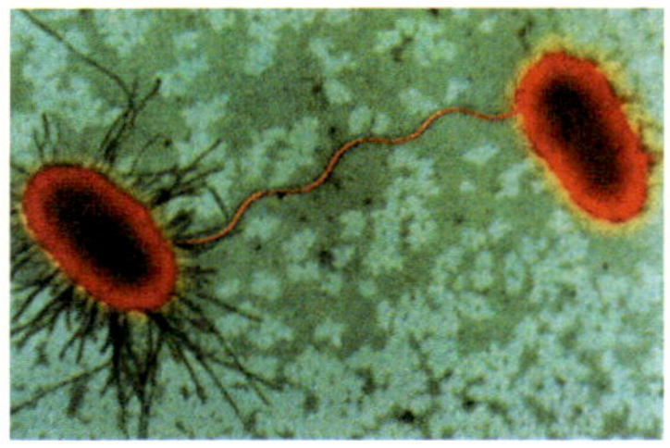

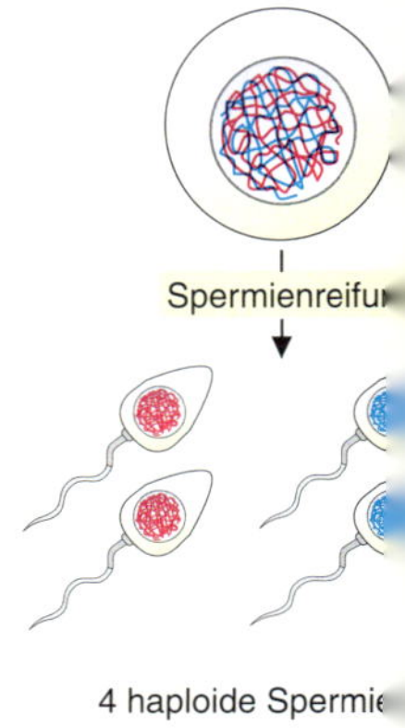

Replikation und Mutation

Replikation und Mutation

Die „identische Replikation“ der DNA ist nicht immer ein perfektes Kopieren: Geringfügige Fehler der Polymerase, die die Nucleotide komplementär zum Originalstrang anlagert, führen zu Punktmutationen, andere Fehler etwa zu Rasterverschiebungen, Abbrüchen oder Nonsens-Sequenzen. Trotz der weitgehenden Beibehaltung der genetischen Information können auf diese Weise Varianten erzeugt werden, die „Spielmaterial“ für die Evolution darstellen.

Aus dem Reproduktionslabor

Ungeschlechtliche Fortpflanzung

ungeschlechtliche Fortpflanzung

Einzeller teilen sich, Pflanzen bilden Ausläufer, Brutknospen oder Tochterzwiebeln. Eine derartige *asexuelle Fortpflanzung* ist bei höheren Tieren äußerst selten, jedoch können genetisch identische Organismen künstlich durch *Klonen* auch bei Säugetieren hergestellt werden. Ungeschlechtliche Fortpflanzung – in der keine Neukombination der Erbanlagen möglich ist – darf nicht verwechselt werden mit eingeschlechtlicher Fortpflanzung *(Parthenogenese)*, die z. B den Blattläusen eine Massenvermehrung ermöglicht.

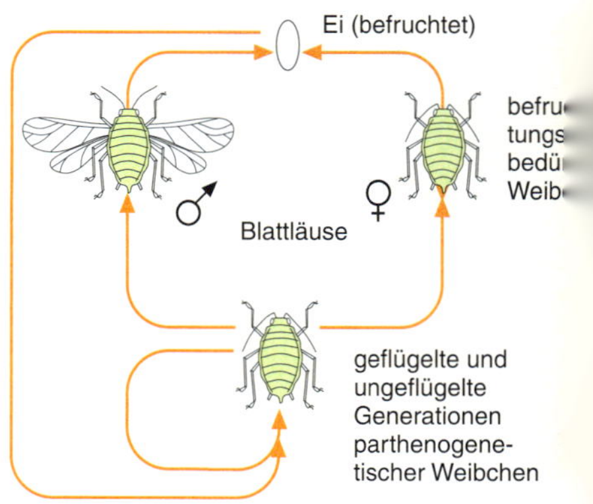

● Zusammenhänge denken ● Zusammenhänge erkennen ● Zusammenhänge erarbe

Sexualität

Sexualität

Bei der sexuellen Fortpflanzung wird eine große, stationäre, weibliche Keimzelle von einer kleinen, beweglichen männlichen Keimzelle befruchtet. Die Anzahl der lebensfähigen Fortpflanzungseinheiten (Spermien bzw. fertile Pollen, Eizellen bzw. keimfähige Samenanlagen) bestimmt die *reproduktive Effizienz* der Organismen. Die Selektion legt dagegen den *reproduktiven Erfolg* fest, also die Anzahl der überlebenden Nachkommen. Dadurch verändert sich die Häufigkeit der Allele verschiedener Gene *(reproduktive Fitness)*. Auch helfende Geschwister haben eine reproduktive Fitness.

Fortpflanzungsstrategien

Fortpflanzungsstrategien

Eltern investieren in ihren Nachwuchs. Das verursacht Kosten. Bestimmte Verhaltensstrategien gewährleisten einen möglichst effektiven Einsatz der begrenzten Kapazitäten. Dies kann sich z. B. darin äußern, dass sich eine Organismenart im Verlauf seines Lebens selten fortpflanzt, dabei aber z. B. durch Brutpflege viel investiert. Eine andere Organismenart kann mit weniger Aufwand häufiger viele Nachkommen haben. Durch die Selektion wird jeweils der bestmögliche Kompromiss begünstigt. Ausschlaggebend sind fast immer ökologische Faktoren.

Agaven kommen in trocken-heißen Lebensräumen vor und vermehren sich ungeschlechtlich. Blüten- bzw. Fruchtbildung erfolgt nur in außergewöhnlich niederschlagsreichen Jahren. Dies ermöglicht den Jungpflanzen eine erfolgreiche Keimung. Das Überangebot an Samen wird nicht komplett vertilgt.

Geschlechtsbestimmung

Geschlechtsbestimmung

Normalerweise wird das Geschlecht bei der Befruchtung der Eizelle irreversibel festgelegt *(genotypische Geschlechtsbestimmung)*. In seltenen Fällen können Außenfaktoren wie die Temperatur ausschlaggebend sein. Für den Igelwurm ist es der Kontakt des Larvenstadiums mit einem Weibchen, der die Entwicklung zum Männchen festlegt. Bei der Korallengrundel sind es ökologische Faktoren: Im Great Barrier Reef vor der australischen Küste findet dieser Fisch nur schwer geeignete Korallenstöcke, die das paarweise Brüten erlauben. Jungfische bleiben daher geschlechtsneutral. Frei werdende Brutplätze besetzen Fische sofort und der Partner nimmt dann jeweils das andere Geschlecht an.

Aufgaben

① Die so genannte *Big-Bang-Strategie* wird z. B. von einigen Bambusgewächsen verfolgt: Die Organismen durchlaufen über mehrere Jahre nur vegetative Wachstumsphasen, investieren dann ihre gesamte Energie in eine einzige sexuelle Reproduktionsphase und sterben danach ab. Nennen Sie die Vor- und Nachteile.

② Beim Pazifischen Lachs zehren die Männchen und Weibchen während der Wanderung zum Paarungsort von ihrem Körpervorrat und gehen nach dem Ablaichen zugrunde. Beschreiben Sie Kosten und Nutzen dieser Strategie.

③ Beurteilen Sie Revierverteidigung, Brutpflege oder Brutfürsorge oder den Bau spezifischer Nester zur Aufzucht der Nachkommen im Hinblick auf die reproduktive Fitness.

④ Reproduktion im Sinne von „Erzeugen von Nachkommen“ bedeutet nicht automatisch Vermehrung. Begründen Sie dies.

⑤ Die verschiedenen Formen der ungeschlechtlichen (vegetativen) Fortpflanzung gewährleisten, dass ein Individuum Kopien aller seiner Gene weitergibt. Stellen Sie die Vor- und Nachteile im Vergleich mit der geschlechtlichen Fortpflanzung dar.

⑥ Fitness im Sinne Darwins wird nicht an der Anzahl der Nachkommen gemessen, sondern daran, wie viele von ihnen überleben und selbst wieder Nachkommen haben. Daraus ergeben sich unterschiedliche Fortpflanzungsstrategien. Erläutern Sie die Zusammenhänge.

⑦ Buschblauhäher haben sog. „Helfer am Nest“, die sich selbst nicht fortpflanzen. Unter welchen Bedingungen kann dieses auf den ersten Blick uneigennützige (altruistische) Verhalten einen reproduktiven Fitnessgewinn darstellen?

Basis Konzepte

Kompartimentierung

Lebende Systeme bestehen aus abgegrenzten Reaktionsräumen. Diese *Kompartimente* (frz. *compartiment* = Abteil, Fach) sind innerhalb einer Zelle von Membranen umschlossen. Durch die Abgrenzung wird es möglich, dass auf- und abbauende Stoffwechselprozesse in derselben Zelle zur gleichen Zeit stattfinden können, Substanzen und Energie gespeichert werden und auch die Erbsubstanz unbeschadet bleibt.

Membranen sind aber nicht nur Grenzen: Für einige Substanzen stellen sie unüberwindliche Barrieren dar, andere lassen sie passiv durchtreten oder transportieren sie aktiv in eine bestimmte Richtung. Nervenzellen ermöglichen z. B. durch Aufrechterhaltung eines Konzentrationgradienten den Transport von Informationen.

Das Prinzip der Unterteilung eines Systems in Teilräume ist jedoch nicht auf Zellen beschränkt. Jedes Lebewesen ist gegen seine Umgebung durch Strukturen abgegrenzt, die den Stoffaustausch beeinflussen und Energieverluste minimieren. Ebenso gibt es in der unbelebten Umwelt „Kompartimente“: Mauern umgrenzen Wohnräume oder Straßen umgeben Wohngebiete.

Baukastenprinzip

Jede Zelle wird von einer Membran umschlossen, die den Ein- und Austritt von Stoffen kontrolliert. Bei Einzellern übernimmt eine einzige Zelle alle Lebensfunktionen, bei Vielzellern teilen die Zellen die Arbeit untereinander auf. Ähnlich spezialisierte Zellen sind wie die Teile eines Baukastens zu Zellverbänden *(Geweben)* und diese wiederum zu Organen zusammengeschlossen.

Auch der Körper vieler Tiere ist bausteinartig in Kompartimente untergliedert. Die Segmente des Regenwurms sind in Bau und Funktion mehr oder weniger ähnlich. Bei Gliederfüßern wie Insekten oder Spinnen sind die Segmente spezialisiert und zu Gruppen mit unterschiedlichen Funktionen vereinigt.

Baukastenprinzip

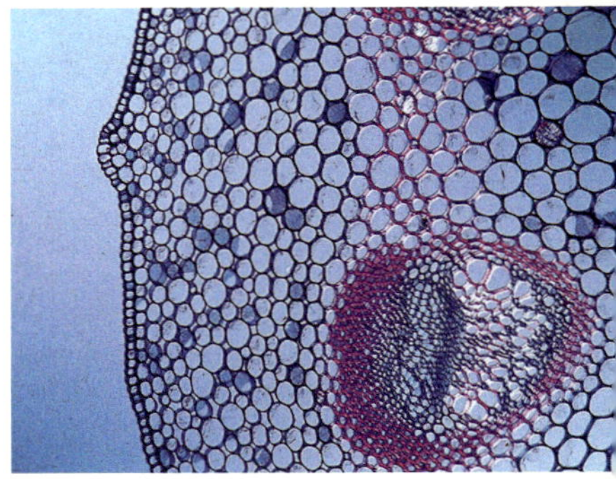

Schutz

Schutz

Abgrenzungen durch Membranen, Sekretionsprodukte oder spezifische Abschlussgewebe halten schädigende Einflüsse von den Organellen, Zellen oder Individuen fern. Beispiele sind unsere Haut, die Zellwand der Pflanzenzellen oder die Schleimkapseln von Bakterien.

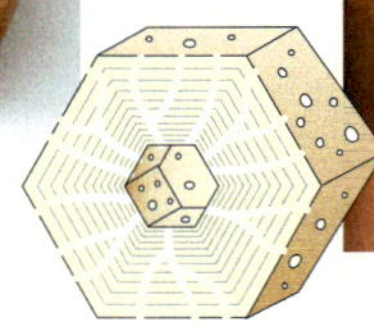

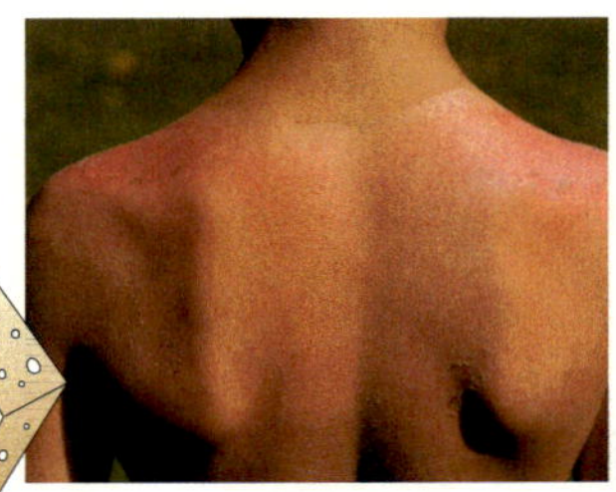

Spezialisierung

Jede Eukaryotenzelle ist durch Membranen in mehrere ineinander geschachtelte Reaktionsräume unterteilt. Jedes Kompartiment besitzt charakteristische Enzyme und nimmt besondere Aufgaben wahr. So sind z. B. Mitochondrien für die Energiegewinnung durch die Zellatmung zuständig und Chloroplasten für die Fotosynthese.

Die spezialisierten Kompartimente stehen aber untereinander in Kontakt: ER, Golgi-Apparat und die Plasmamembran sind z. B. durch Abschnürungs- und Fusionsprozesse verbunden. Man spricht von *Membranfluss*. Endo- und Exocytose zeigen beispielhaft, wie damit Substanzen transportiert werden.

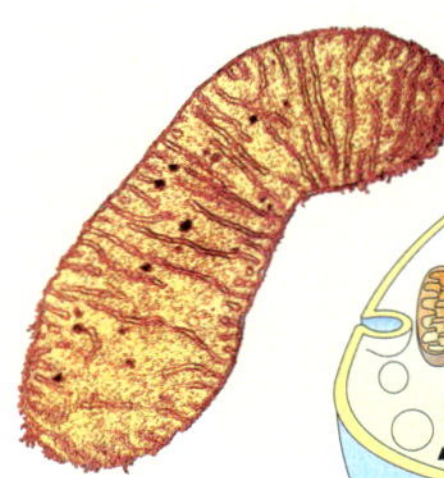

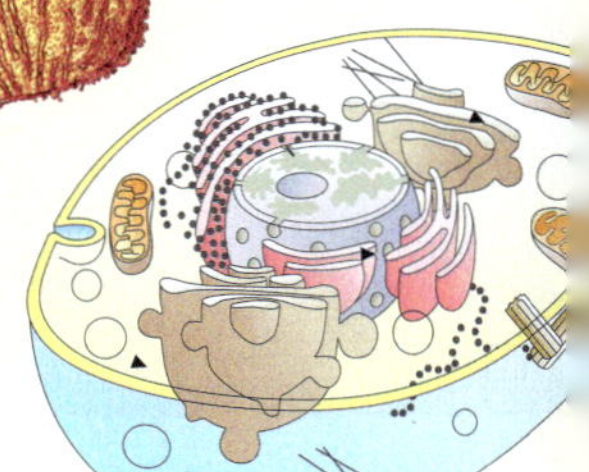

Spezialisierung

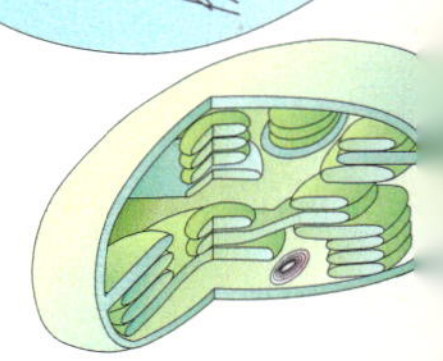

● Zusammenhänge denken ● Zusammenhänge erkennen ● Zusammenhänge erarbe

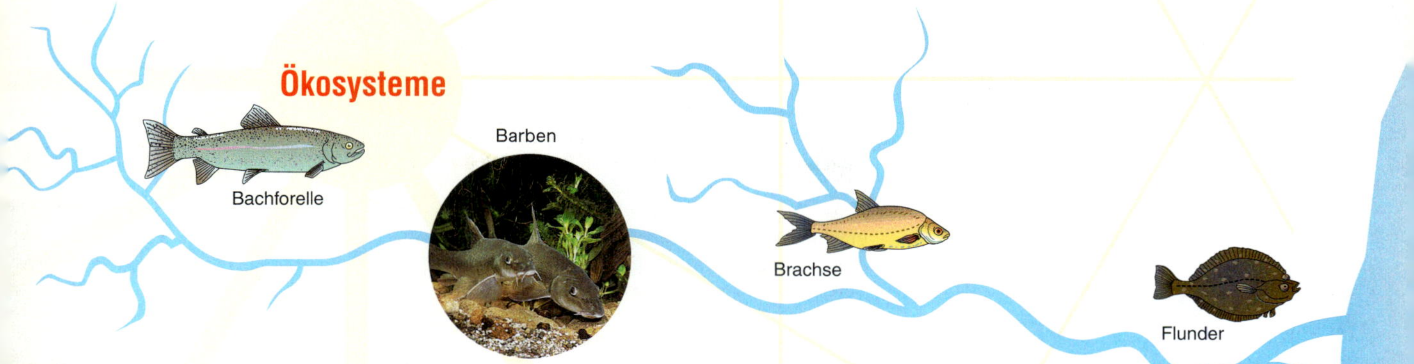

Ökosysteme

Die Biosphäre umfasst den gesamten von Lebewesen besiedelten Bereich der Erde. Eingebettet darin sind Ökosysteme, die durch Stoffkreisläufe und Energieflüsse verbunden sind. Die vielfältigen Strukturen in den Ökosystemen sind die Grundlage der Biodiversität: Die unterschiedliche Verteilung von Ressourcen oder Ausprägung von abiotischen Faktoren (z. B. Temperatur) erlauben Spezialisierungen auf unterschiedliche Bereiche des Lebensraums. Daraus resultiert eine Abgrenzung, welche die Konkurrenz vermindert und die Vielfalt erhöht.

In den verschiedenen Flussregionen entstehen z. B. durch die unterschiedlichen Eigenschaften des Gewässers die Lebensbedingungen für charakteristische Fischarten.

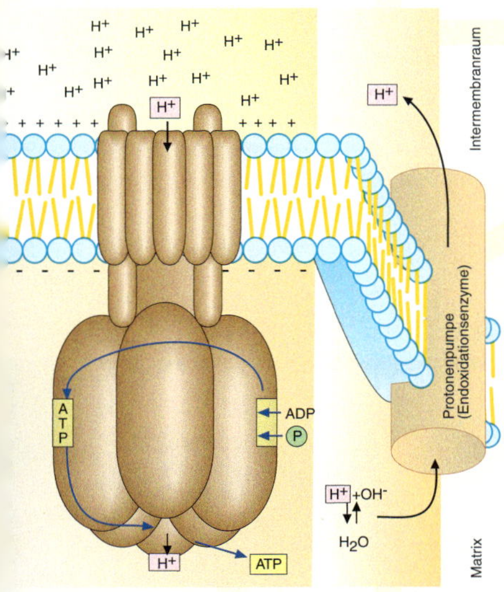

Energiespeicherung

Energiespeicherung

Molekulare Pumpen wie die Natrium-Kalium-Pumpe in der Membran der Nervenzellen helfen, Potentiale aufrecht zu erhalten. Sie gewährleisten dadurch nicht nur das Ruhepotential, sondern spielen z. B. auch bei der Wiederherstellung von Ionengradienten an der Membran der Nervenzellen oder bei der Energiespeicherung in Form von Protonenpumpen eine Rolle. Dabei werden in der Atmungskette Elektronen- und Protonen-Transportsysteme an spezifische Membranen gekoppelt.

Stoffanreicherung

Stoffanreicherung

Ein auffälliges Beispiel für eine Stoffanreicherung sind die Vakuolen der Pflanzenzellen: Zahlreiche Substanzen werden dem cytoplasmatischen Stoffwechsel entzogen und entweder als Vorrat zur weiteren Verwendung oder als Abfall gespeichert. Sie können aber auch, wie verschiedene Giftstoffe zeigen, zur Abwehr von Fressfeinden dienen. Die Stoffanreicherung kann durch spezifische Moleküle in der Membran oder ähnlich dem Ionenfallenprinzip erfolgen.

Aufgaben

① Welche Vorteile bietet die Kompartimentierung?

② „Die Identität eines Zellkompartiments beruht im Wesentlichen auf spezifischen Proteinbestandteilen seiner Membran." Begründen Sie diese Aussage.

③ Welchen Beitrag leistet die Endosymbiontentheorie, um die Entstehung der Zellkompartimentierung zu erklären?

④ Mitochondrien und Plastiden sind Organellen mit einer Doppelmembran. Welche Reaktionsräume werden jeweils gegeneinander abgegrenzt und welche Prozesse laufen dort ab?

⑤ Von E. SCHNEPF wurde 1965 die Regel formuliert, dass eine biologische Membran immer eine plasmatische Phase von einer nicht plasmatischen Phase trennt. Überprüfen Sie dies anhand der Kompartimente der Eucyten.

⑥ Vom Biotop zur Biosphäre lässt sich ebenso wie von der Zelle bis zum Organismus eine „Einschachtelung von Kompartimenten" verschiedener Organisationsstufen sehen. Erläutern Sie dies und nennen Sie Beispiele.

⑦ *Lysosomen* enthalten Verdauungsenzyme in einem stark sauren Milieu, das durch Energie verbrauchende Protonenpumpen aufrecht erhalten wird. Welche Bedeutung hat dabei die Kompartimentierung?

ammenhänge denken ● Zusammenhänge erkennen ● Zusammenhänge erarbeiten ●

Basis Konzepte

Steuerung und Regelung

Organismen und Lebensgemeinschaften halten viele Zustandsgrößen in engen Grenzen, auch wenn innere oder äußere Faktoren sich kurzfristig erheblich ändern. Durch Regelung wird erreicht, dass diese Zustandsgrößen in einem funktionsgerechten Rahmen bleiben. In Anlehnung an die technische Kybernetik wird der dabei angestrebte Wert als *Sollwert* bezeichnet. Für bestimmte Vorgänge ist es möglich, diesen Sollwert gegebenen Veränderungen anzupassen. Während durch die Regelung ein Zustand aufrecht erhalten wird, kann durch Steuerung die Intensität oder Richtung von Vorgängen geändert werden.

Typisch für die Regelung ist die negative Rückkopplung. Regelkreismodelle in Form von Blockdiagrammen verdeutlichen dies durch verschiedene Komponenten. Sie werden für physiologische Prozesse verwendet und sind meist komplex. Pfeildiagramme sind einfacher und werden häufig in der Populationsökologie eingesetzt.

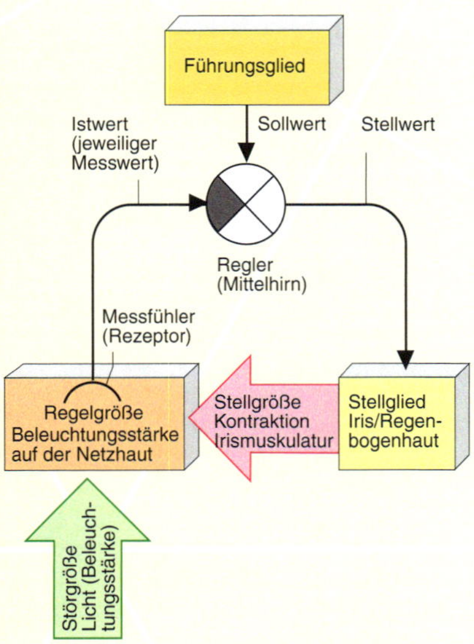

Pupillenreaktion

Pupillenreaktion

Der Pupillenreflex ist ein Beispiel einer Proportionalregelung: Bei verstärktem Lichteinfall verkleinert sich die Pupille, bei vermindertem Lichteinfall vergrößert sie sich jeweils entsprechend der augenblicklichen Regelabweichung.

Im Unterschied zur einfachsten Form des Regelkreises enthält dieses System bereits ein Führungsglied. Es ermöglicht eine Verstellung des Sollwerts. Vereinfachend lässt sich dies mit einer Wasserstandsregelung vergleichen.

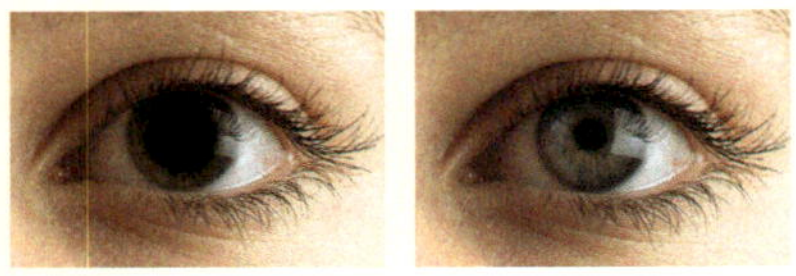

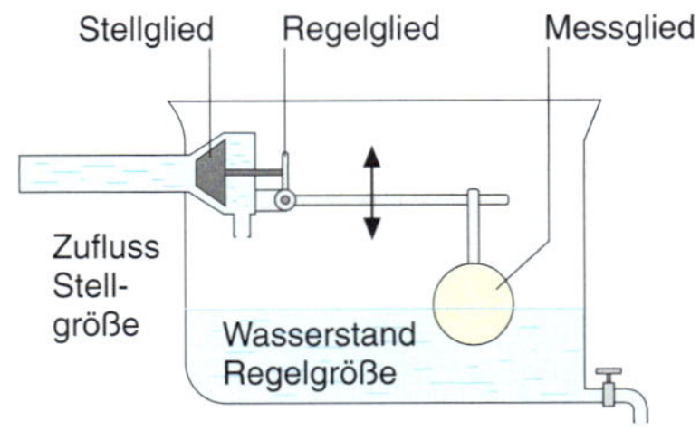

Automatische Wasserstandsregelung

Blutzuckerspiegel

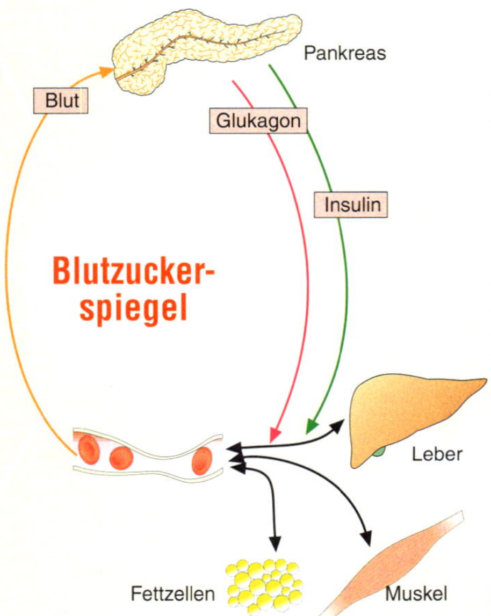

Blutzuckerspiegel

Zur Regelung des Blutzuckerspiegels greifen mehrere Regelkreise ineinander (vernetzte Systeme). Der Zuckergehalt des Blutes wird ständig gemessen und in einem Bereich von 60 – 120 mg Glucose pro 100 ml Blut gehalten. Daran sind zwei Hormone der Bauchspeicheldrüse (Insulin, Glukagon) beteiligt. Deren Aktivität wird wiederum von weiteren Organen, Nervensignalen und Hormonen beeinflusst. Faktoren wie Stress, Nahrungsaufnahme, Muskeltätigkeit oder Ruhe wirken als Störgrößen.

Körpertemperatur

Körpertemperatur

Vögel und Säugetiere sind in der Lage, ihre Körpertemperatur in engen Grenzen konstant zu halten. An dieser Regelung sind zwei ganz verschiedene Stellglieder beteiligt: Die Muskulatur zur aktiven Erwärmung und Schwitzen bzw. Hecheln zur aktiven Abkühlung.

Bei wechselwarmen Tieren übernehmen Verhaltensänderungen teilweise die Stellgliedfunktion: Reptilien im Hochgebirge oder in der Steppe regulieren ihre Körperwärme durch Sonnenbäder am Tag bzw. das Aufsuchen geschützter Höhlen in der Nacht.

• Zusammenhänge denken • Zusammenhänge erkennen • Zusammenhänge erarbe

Technische Beispiele

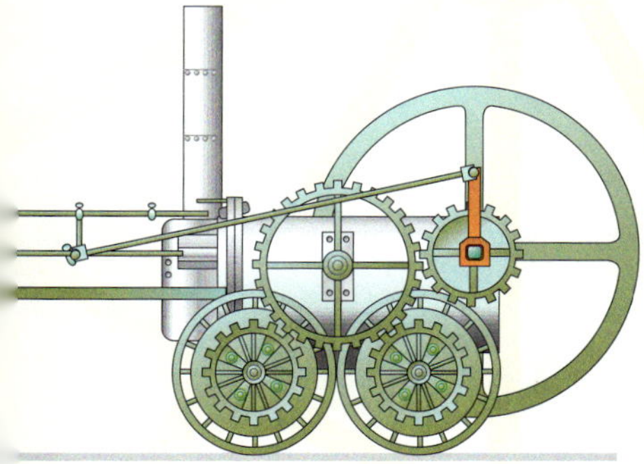

Technische Beispiele

Regelkreismodelle orientieren sich an der Technik: Heizkörper- bzw. Kühlschrankthermostate oder Regler am Bügeleisen halten voreingestellte Temperaturen konstant. In Industrie und Technik spielen aber auch andere Regelungsprinzipien seit dem Bau der ersten Dampfmaschine eine Rolle: Der 1788 von JAMES WATT (1736 – 1819) entwickelte Fliehkraftregler ermöglichte eine gleichmäßige Leistung der durch heißen Wasserdampf angetriebenen Maschinen. Kühlwasserregelsysteme in Kraftfahrzeugen sind z. B. mit Rohrsystemen gekoppelt, die eine möglichst große Austauschfläche besitzen.

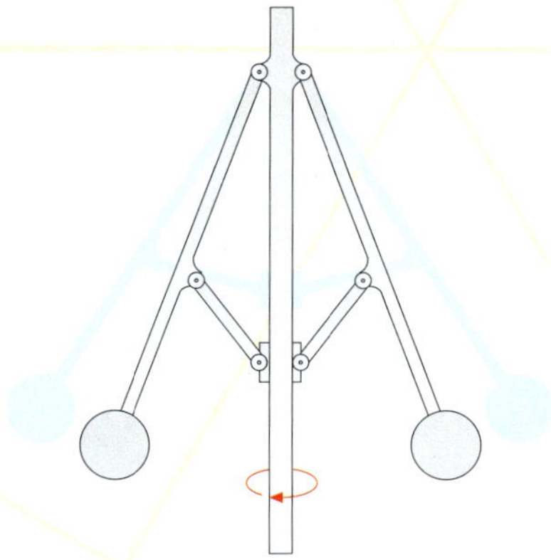

Populationsgröße

Die Populationsgrößen verschiedener Arten einer Lebensgemeinschaft stehen miteinander in Wechselbeziehungen. Durch Rückkopplungen werden nur vorübergehend stabile Verhältnisse erreicht, die sich aber schnell entsprechend neuer Umweltbedingungen ändern können. Einen festgelegten Sollwert gibt es nicht.

Eine Zunahme der Individuenzahl verstärkt z. B. die innerartliche Konkurrenz um Ressourcen, führt zu einem Überangebot für Räuber oder Parasiten und zu einer erhöhten Gefahr der Ausbreitung von Infektionskrankheiten.

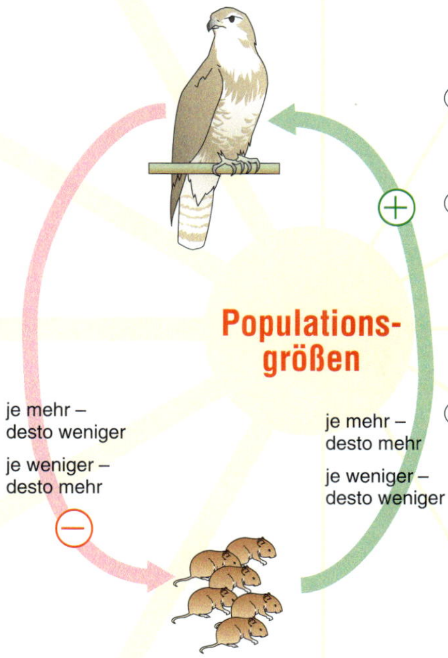

Gen- und Enzymaktivität

Endproduktrepression und Substratinduktion sind Beispiele für eine negative Genregulation, da sie durch Rückkopplung der Repressorproteine gesteuert werden. Positive Genregulation wird durch die Anlagerung von Aktivatorproteinen an eine Kontrollregion vermittelt. Bei beiden Vorgängen spielen allosterische Proteine eine Rolle. Diese können ihre räumliche Struktur durch Anlagerung von Effektoren ändern *(Konformationsänderung)*.

Gen- und Enzymaktivität

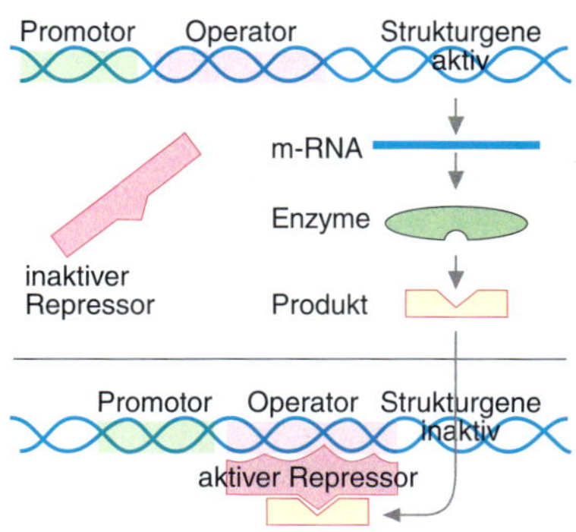

Aufgaben

① Verdeutlichen Sie die Unterschiede zwischen Steuerung und Regelung an einem Elektro-Spielzeugboot mit und ohne Fernbedienung.

② Die Regelung des Blutdrucks ist im Gegensatz zur Pupillenreaktion ein Beispiel für eine so genannte „zeitliche Integralregelung": Der Regelprozess erreicht trotz anhaltender Störgröße einen Sollwert und hält ihn ein. Erläutern Sie dies für Blutverluste infolge einer Verletzung.

③ Das Prinzip der negativen Rückkopplung beruht darauf, Abweichungen von einem Sollwert durch Gegenwirkungen zu verringern oder vollständig zu kompensieren. Andere Modelle sind mechanische Gleichgewichte, Überlaufsysteme, chemische Pufferung oder „feedforward-Systeme". Informieren Sie sich darüber und erläutern Sie die Unterschiede.

④ Erläutern Sie die dargestellten technischen Regelsysteme und vergleichen Sie ihren Aufbau und ihre Funktion mit ausgewählten biologischen Systemen.

⑤ Positive Rückkopplung verstärkt sich selbstständig. Suchen Sie nach je einem Beispiel in Biologie und Technik. Erläutern Sie jeweils die Zusammenhänge.

⑥ Muskeln erhalten den Befehl, sich zu verkürzen, sowohl über α-Motoneurone als auch über γ-Fasern, die zu den Muskelspindeln führen. Bereiten Sie ein Kurzreferat zur gegenseitigen Beeinflussung von Muskelspindel und Muskel bei Kontraktion und Dehnung vor.

Basis Konzepte

Stoff- und Energieumwandlung

Lebewesen können nur existieren, indem sie ihrer Umwelt ständig Stoffe und Energie entnehmen, diese umwandeln und in anderer Form wieder abgeben. Es sind offene Systeme in einem Fließgleichgewicht. Dabei sind die meisten natürlichen Prozesse darauf abgestimmt, keinen „Abfall" zu erzeugen und – angetrieben durch die Energie der Sonne – „rückstandsfrei" zu arbeiten. Viele Produktionsverfahren der Menschen bauen mit Energieaufwand Rohstofflager ab und setzen sie – wiederum unter großem Energieaufwand – in Konsumgüter um, die dann zumindest teilweise auf Müllhalden landen.

Nachhaltigkeit

Nachhaltigkeit

Das „Prinzip der Nachhaltigkeit" bezog sich im 19. Jahrhundert nur auf die Forstwirtschaft. Es bedeutete, dass nur soviel Holz geerntet werden sollte, wie in dem jeweiligen Anbaugebiet nachwächst. Der Begriff steht heute für die Nutzung eines Ökosystems, ohne dessen Ressourcen zu erschöpfen. Da der Mensch dieses Prinzip häufig in bedrohlicher Weise verletzt, wurde erstmals 1992 auf der Umweltkonferenz in Rio de Janeiro eine „nachhaltige Entwicklung" *(sustainable development)* eingefordert. Entsprechend der später formulierten Agenda 21 werden damit Produktionsmethoden bezeichnet, die neben sozialen und ökonomischen Aspekten auch an einem schonenden Umgang mit den Ressourcen der Erde orientiert sind, wozu auch die Vielfalt der Arten gehört.

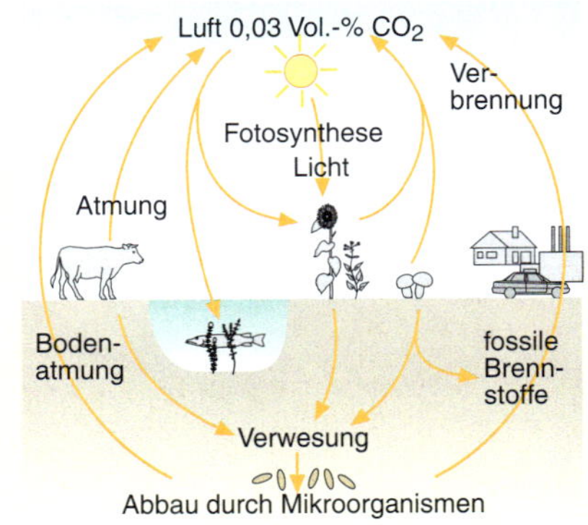

Fließgleichgewichte

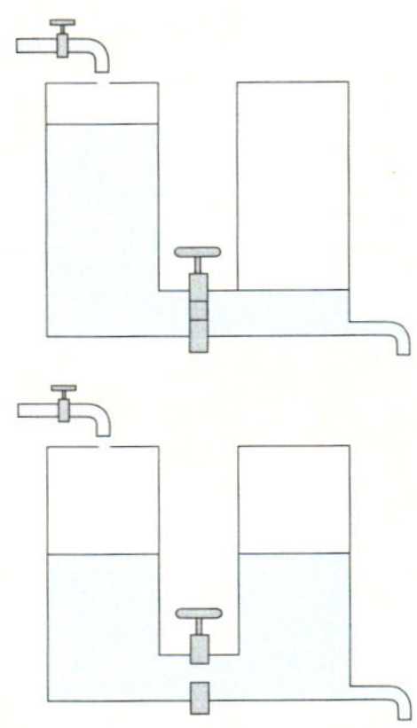

Fließgleichgewichte

Organismen zeigen Fließgleichgewichte in Bau- und Energiestoffwechsel. Auch ein ausgewachsener Mensch benötigt eine fortwährende Nährstoffzufuhr. Durch die Energieaufnahme stellen sich dann Fließgleichgewichte ein, denen Energie zur Verrichtung von Arbeit entnommen werden kann und die steuerbar sind. Seine Masse bleibt konstant. Fließgleichgewichte gibt es auf molekularer, zellulärer und organismischer Ebene und auf der Ebene von Ökosystemen.

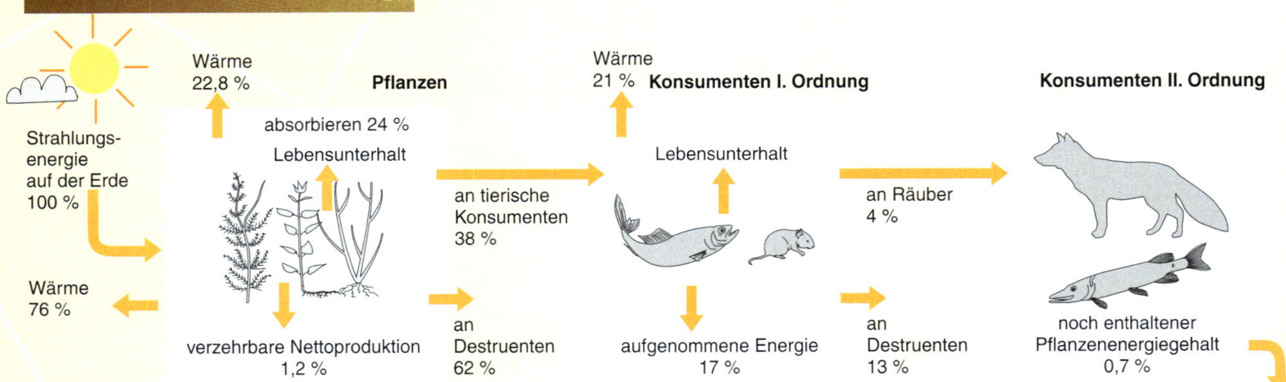

Energieentwertung

Energieentwertung

Der Energiegehalt von einem mol Glucose kann in der Zelle maximal zu 40 % genutzt werden. Ein Benzinmotor arbeitet mit einem Wirkungsgrad von 20 %. Nach den Hauptsätzen der Thermodynamik können Lebewesen Energie weder neu erschaffen noch vernichten. Sie setzen eine Energieform nur in eine andere um. Da stets Wärme an die Umgebung abgegeben wird, ist der Wirkungsgrad deutlich kleiner als 100 %.

● Zusammenhänge denken ● Zusammenhänge erkennen ● Zusammenhänge erarbe

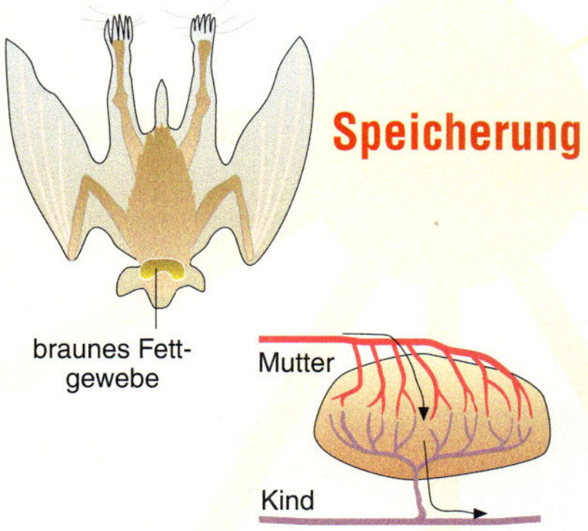

Speicherung

Wird mehr Energie bereitgestellt als verbraucht wird, kann der Organismus energiereiche Verbindungen als Vorrat für schlechte Zeiten anhäufen. ATP als die „universelle Energiewährung" im Zellstoffwechsel gewährleistet dabei die Übertragung zwischen Energie bereitstellenden und Energie benötigenden Reaktionen. Fette stellen häufig die Speicherform dar. Sie ermöglichen beispielsweise verschiedene Strategien zum Überleben kalter Jahreszeiten: Winterschläfer besitzen braunes Fettgewebe. Pflanzenkeimlinge nutzen Vorratsstoffe im Samen, Frühblüher die Vorräte in Wurzelstock und Zwiebel. Die Embryonalstadien von Tieren, die sich noch nicht selbstständig ernähren können, sind auf Reservestoffe der Eier oder die unmittelbare Versorgung über den Mutterkuchen angewiesen.

Assimilation und Dissimilation

Ohne die Fotosynthese gäbe es auf der Erde kein Leben in der uns bekannten Form. Der Aufbau energiereicher organischer Verbindungen aus energiearmen anorganischen Molekülen mithilfe des Sonnenlichts ist aber nur eine Form der Assimilation. Hierunter versteht man allgemein die Überführung körperfremder Ausgangsstoffe in körpereigene Substanzen. Alle Lebewesen beziehen die für die Lebensprozesse notwendige Energie aus der Dissimilation, die durch den schrittweisen Abbau der organischen Verbindungen mithilfe von Enzymen gekennzeichnet ist. „Baustoffwechsel" und „Betriebsstoffwechsel" sind durch gemeinsame Zwischenprodukte vernetzt.

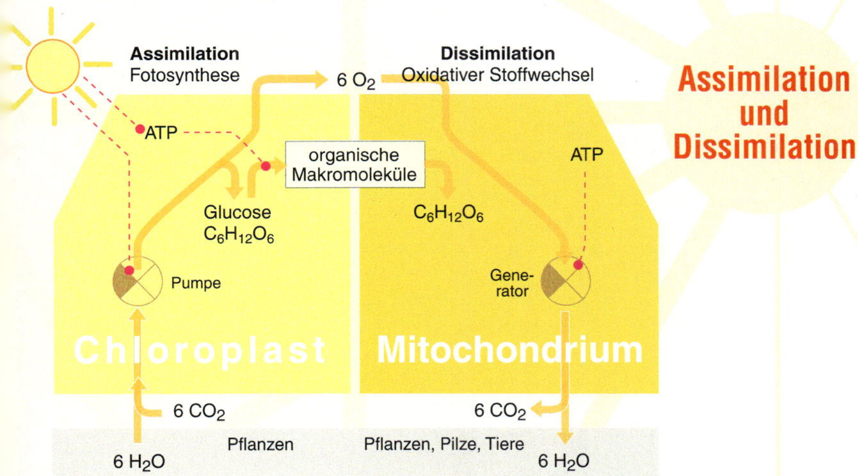

Aufgaben

1. Die Reaktionsgeschwindigkeit-Temperatur-Regel (RGT-Regel) besagt, dass durch eine Temperaturerhöhung um 10 °C die Reaktionsgeschwindigkeit um das 2- bis 4-fache steigt. Belegen Sie die Gültigkeit dieser Regel an Beispielen aus der Biologie.
2. Die Zellatmung hat für die Energiegewinnung aerober Organismen eine zentrale Bedeutung. Welche Stoffwechselwege münden in die Glykolyse, den Tricarbonsäurezyklus und die Atmungskette? Vergleichen Sie diese Vernetzungen mit einem geeigneten technischen Beispiel.
3. Auf den ersten Blick erscheint es energetisch günstiger, ein Konformer zu sein. Auch in die ungeschlechtliche Fortpflanzung scheinen Organismen weniger Energie investieren zu müssen. Trotzdem sind zahlreiche Tierarten Regulierer bzw. pflanzen sich erst nach aufwändiger Partnersuche fort. Beurteilen Sie dies.
4. Je höher die Körpertemperatur eines Tieres ist, desto schneller kann es sich bewegen. Analysieren Sie die begrenzenden Faktoren.
5. Manche Samen und Dauerstadien von Tieren können sehr lange Zeiträume überdauern. Wie gelingt das?

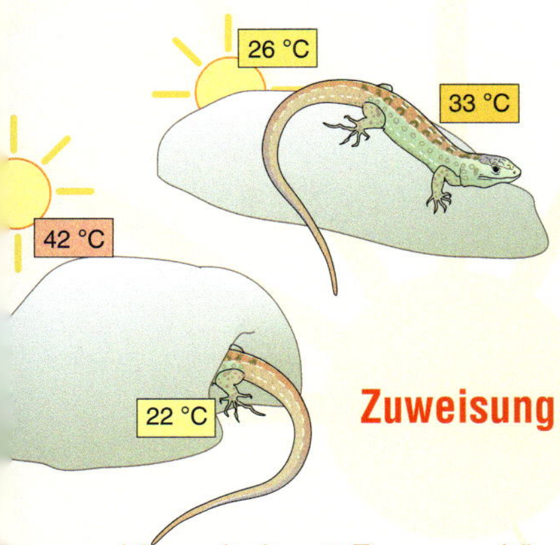

Prinzip der Zuweisung

Jedem Organismus steht nur eine beschränkte Energiemenge zur Verfügung, die er in verschiedene Prozesse oder Verhaltensweisen investieren kann. *Konformer* wie Heuschrecken, Krabben oder Amphibien können mehr Energie in Wachstum und Reproduktion investieren als *Regulierer*, die hohe Energieanteile zur Aufrechterhaltung der individuellen Anpassungsprozesse nutzen. Offensichtlich lohnt sich aber diese Investition und ermöglicht die Besiedlung klimatisch ungünstiger Bereiche.

Information und Kommunikation

Lebewesen nehmen Informationen auf, speichern und verarbeiten sie und kommunizieren miteinander. Voraussetzungen sind eine gemeinsame Sprache und geeignete Aufnahme-, Speicher- und Abgabemechanismen.

Das Wort „Information“ wird im Alltag unterschiedlich benutzt: Objekte wie z. B. eine CD *enthalten* Informationen und Organismen *erhalten* Informationen. In der Biologie kann man *Information* definieren als eine Mitteilung, die aus einer räumlichen oder zeitlichen Folge von Signalen besteht und beim Empfänger eine bestimmte Reaktion hervorruft. *Kommunikation* ist eine wechselseitige, aufeinander abgestimmte Informationsübertragung. Sie kann sowohl zwischen Organismen als auch innerhalb eines Organismus und in der Zelle stattfinden.

Sender und Empfänger

Sender und Empfänger

In einer Kommunikationskette geht vom Sender das verschlüsselte Signal aus, das beim Empfänger nicht nur ankommen, sondern auch entschlüsselt werden muss, d. h. Signale und Verarbeitungsmechanismen müssen aufeinander abgestimmt sein. Ein Beispiel dafür sind *Pheromone*. Diese Signalstoffe dienen der Kommunikation zwischen Individuen einer Art. *Bombykol* — der Sexuallockstoff des Seidenspinners — wird von den Weibchen produziert. Die entsprechenden chemischen Rezeptoren in den großen Antennen der männlichen Schmetterlinge reagieren noch auf äußerst geringe Konzentrationen der Substanz.

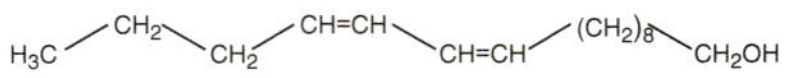

Strukturformel von Bombykol

Pheromonrezeptoren am Sinneshaar

Codierung – Decodierung

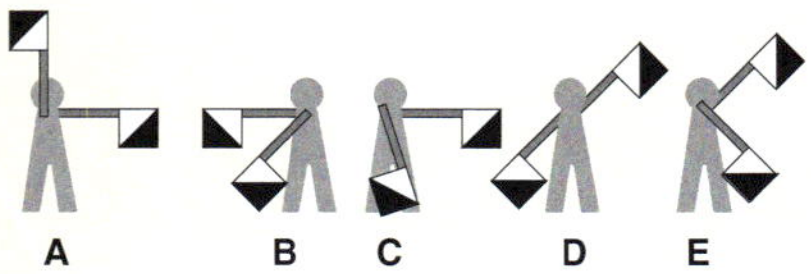

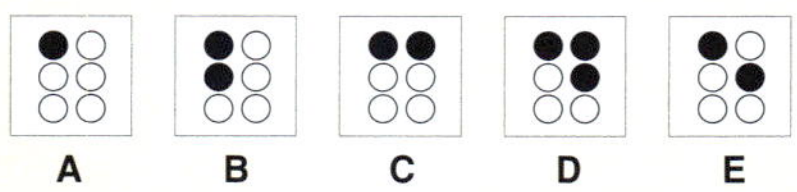

Codierung / Decodierung

Ein Code ist eine eindeutige Vorschrift zur Umwandlung von Information aus einer Sprache in eine andere. Morsealphabet, die Verschlüsselung von Texten in Bits und Bytes oder das Telefon illustrieren dies. Mit dem genetischen Code z. B. wird die Information aus der „Sprache der Nucleinsäuren“ in die „Sprache der Aminosäuren“ übersetzt.

Mit einer Codierung kann eine Informationsübertragung auch sicherer gemacht werden. Nervenzellen senden frequenzcodiert und rechnen amplitudenmoduliert.

Redundanz

Redundanz

Der aus der Informationstheorie stammende Begriff der *Redundanz* (von lat. *redundantia* = Überfülle) beschreibt die informative Überbestimmtheit einer Nachricht. In der Nachrichtentechnik bietet eine hohe Redundanz wirksamen Schutz vor Übertragungsstörungen.

In der Genetik und Evolution ist Redundanz das mehrfache Vorliegen gleichartiger Signalstrukturen. So wird Sicherheit und Stabilität erzeugt. Entsprechend dem Ökonomie-Prinzip wird dies mit einer minimalen Anzahl beteiligter Faktoren erreicht. Nur fünf Elemente bauen die DNA auf, vier Basen codieren die gesamte Artenfülle und etwa zwanzig Aminosäuren bauen alle Proteine auf.

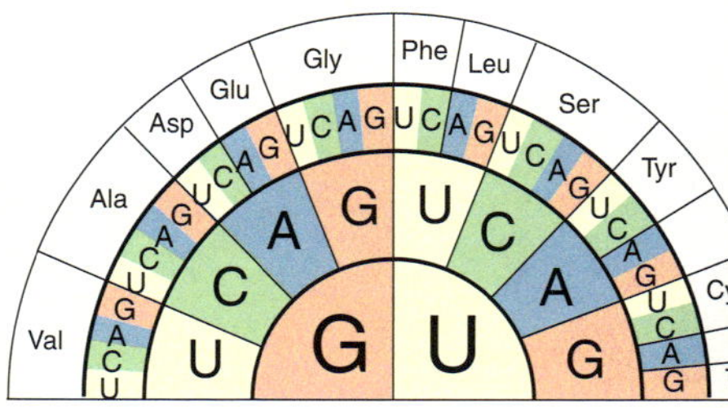

Zellulärer Informationsfluss

Zellulärer Informationsfluss

Innerhalb jeder Zelle erfolgt eine ständige Informationsübertragung von Organell zu Organell durch verschiedene chemische Substanzen. Aber auch benachbarte Zellen eines Gewebes können miteinander kommunizieren. Spezielle Zell-Zell-Kontakte ermöglichen den Austausch kleinerer Moleküle. Bei der Immunabwehr kommunizieren verschiedene Zellen entweder über Signalstoffe oder durch direkte Zellkontakte.

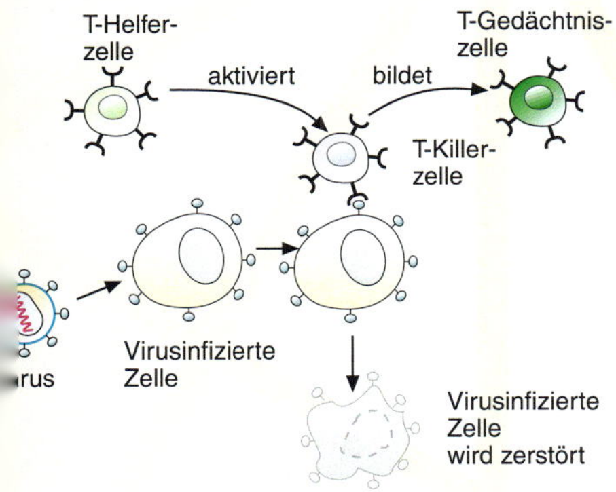

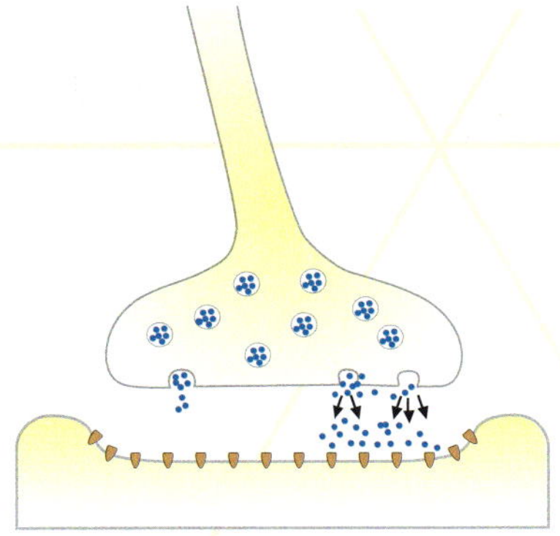

Nerven- und Hormonsystem

Das Nervensystem dient der schnellen und gezielten Kommunikation. Außer elektrischen Signalen werden an den Synapsen chemische Signale benutzt. Im Zusammenspiel afferenter und efferenter Bahnen gewährleisten Rückkopplungsmechanismen den Informationsfluss. Neben den schnell wirksamen Informationen des Nervensystems werden über die Blutbahn Hormone zur längerfristigen Kommunikation eingesetzt. Sie setzen an passenden Rezeptoren der Zielorgane an.

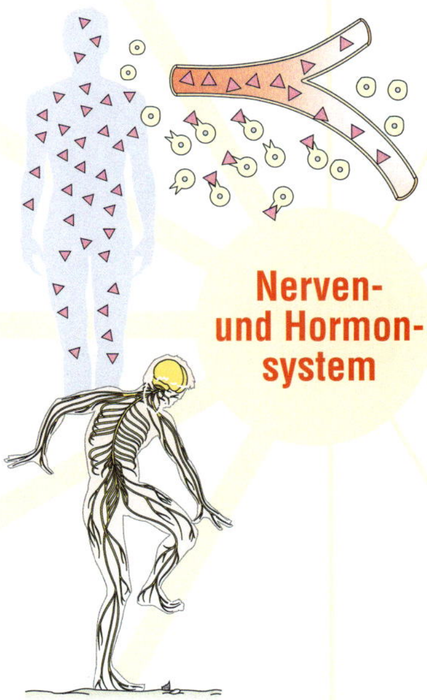

Nerven- und Hormonsystem

Verständigung

Verständigung

Der Begriff „Sprache" bezieht sich im engeren Sinn nur auf die verbale Kommunikation zwischen Menschen. Im weiteren Sinn versteht man darunter auch die Symbolsprache (Zeichensprache) oder die Sprache der Tiere (z. B. Bienentanz oder Ausdrucksverhalten). In Sozialverbänden sind optische und akustische Signale zur Verständigung wichtig für den Zusammenhalt oder für gemeinsame Aktivitäten. Auch Pflanzen kommunizieren untereinander oder mit Tieren, wenn z. B. Alarmsubstanzen bei Schädlingsbefall abgegeben werden.

Aufgaben

① Stellen Sie für je ein Beispiel aus der Verhaltensbiologie, Neurophysiologie, Stoffwechselbiologie und Genetik dar, wie Sender und Empfänger aufeinander abgestimmt sind.

② Im Rundfunk haben Kurz- und Mittelwellensender erheblich schlechtere Sendequalität als UKW-Stationen. Finden Sie eine Begründung.

③ Stellen Sie die verschiedenen Codierungsmechanismen bei der Informationsübermittlung in Nervensystemen dar.

④ Pflanzen speichern die Information über Belichtungsverhältnisse in Phytochrom-Molekülen. Stellen Sie die Arbeitsweise dieses Moleküls dar und erläutern Sie, wie dadurch Information verarbeitet wird.

⑤ Bücher, Filme, eine CD oder DVD sind Beispiele für technische Speichermedien. Vergleichen Sie diese Datenträger mit den biologischen Informationsträgern hinsichtlich der Art der Information, ihrer Speicherung und Weitergabe.

⑥ Begründen Sie die Aussage, dass Nucleinsäuren sowohl der Informationsspeicherung als auch der Informationsübertragung dienen.

⑦ Nennen Sie Gemeinsamkeiten und Unterschiede zwischen Nerven- und Hormonsystem. Vergleichen Sie diese Form der Informationsübertragung mit der zellulären Kommunikation bzw. der Kommunikation zwischen Individuen.

⑧ Warum kann man die Lautäußerungen „sprechender" Papageien nicht als Sprache bezeichnen?

⑨ Diskutieren Sie die Bedeutung der Signalfarben in den Balztrachten vieler Tiere. Vergleichen Sie dies mit der Funktion von Warnfarben.

Basis Konzepte

Variabilität und Angepasstheit

Betrachtet man die Gliedmaßen der Wirbeltiere und ihren Körperbau, so ergeben sich meist eindeutige Hinweise auf Lebensraum und Lebensweise. Eine derartige Beziehung zwischen Bau, Funktion und Umwelt gilt für alle Lebewesen. Als *Angepasstheit* wird sie dann bezeichnet, wenn eine Struktur und die damit verbundene Funktion das Überleben der Organismen fördert. Ein Beispiel ist der Hase, der sich eng an den Boden drückt und durch seine Fellfarbe gut getarnt ist. Dieser im Verlauf der Evolution erreichte Zustand wird häufig von dem Prozess der *Anpassung* unterschieden. Damit ist nicht eine schrittweise genetische Veränderung über mehrere Generationen gemeint, sondern die individuelle Anpassung, wie sie z. B. das Chamäleon demonstriert bzw. wie sie durch Modifikationen hervorgerufen wird.

Angepasstheit wird durch *Variabilität* ermöglicht und durch Selektion bewirkt. Variabilität bedeutet, dass sich Individuen, Zellen, Programme, Funktionen, Strukturen oder Strategien unterscheiden. Einige dieser Varianten erfüllen die Anforderungen der Lebensbedingungen besser als andere. Ist dies genetisch fixiert, unterliegen sie der Selektion und bleiben bevorzugt erhalten oder sterben aus. Dadurch entsteht – im Verlauf vieler Schritte bzw. Generationen – die *Angepasstheit* bezüglich der augenblicklichen Umwelt.

Plastizität

Der Fähigkeit von Lebewesen zur individuellen Anpassung liegen Genotypen zugrunde, die abhängig von der Umwelt unterschiedliche Phänotypen entstehen lassen (im Gegensatz zum genetisch fixierten Polymorphismus). Dadurch entstehen sichtbare *Modifikationen*. Auch das Nervensystem passt sich anatomisch an gemachte Erfahrungen an *(Neuroplastizität)*. Unter ökologischen Gesichtspunkten ist die Plastizität die Fähigkeit der Organismen, in bestimmten Bereichen eines oder mehrerer Umweltfaktoren über längere Zeit zu existieren *(Reaktionskurve)*.

Plastizität

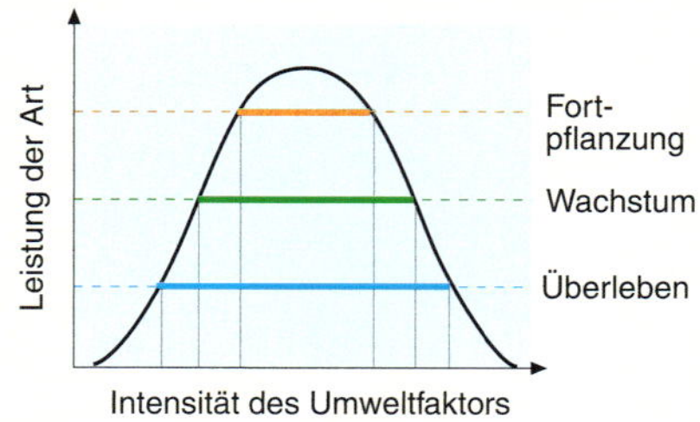

Gestalt und Umwelt

Gestalt und Umwelt

Durch eine ähnliche Lebensweise können unabhängig von der Verwandtschaft der Arten weitgehende Übereinstimmungen in der Form und Gestalt des Körpers oder einzelner Organe entstehen. Ein bekanntes Beispiel für diese *Konvergenz* ist die strömungsgünstige Körperform verschiedener Wirbeltierarten. Umgekehrt können sich aber auch – wie die Darwinfinken zeigen – Gründerpopulationen in zahlreiche neue Arten auffächern, wenn die Umwelt dies zulässt *(adaptive Radiation)*. Frösche oder Insekten verändern sich im Verlauf der Individualentwicklung *(Metamorphose)*.

Polymorphismus

Polymorphismus bedeutet, dass die Individuen in einer Population genetisch bedingt ein unterschiedliches Erscheinungsbild zeigen, aber keine Unterarten oder Rassen darstellen. Zwischen den verschiedenen Phänotypen muss es keine kontinuierlichen Übergänge geben wie z. B. der Saisondimorphismus des Landkärtchens zeigt. Einige Pflanzen des Weißklees setzen z. B. Blausäure als Reaktion auf Pflanzenfresser frei, schützen sich aber dort nicht, wo wenig Schnecken vorkommen. Blausäure freisetzende Pflanzen sind empfindlicher gegenüber Frost und Infektionen.

Polymorphismus

● Zusammenhänge denken ● Zusammenhänge erkennen ● Zusammenhänge erarbei

Biochemische Anpassung

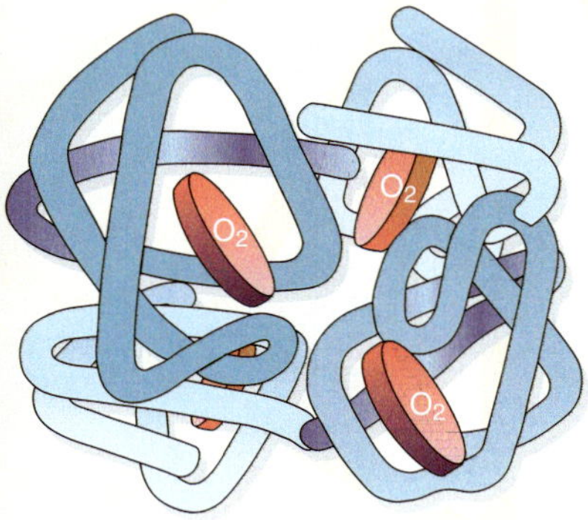

Biochemische Anpassung

Organismen können die meisten Stoffwechselprozesse veränderten Umweltbedingungen anpassen und dann auf dieser Basis durch Regulation wieder konstant halten. Menschen, die in großer Höhe leben, sind z. B. an ein vermindertes Sauerstoffangebot durch *erhöhte Hämoglobinkonzentrationen* angepasst. Insekten und Amphibien produzieren bei extrem niedrigen Temperaturen *Gefrierschutzproteine*, die Eisbildung in der Körperflüssigkeit verhindern. Im Gehirn der Regenbogenforelle variiert die Acetylcholinesterase in Abhängigkeit von der Temperatur. Auch die verstärkte Ausbildung von Muskeln bei häufigem Gebrauch kann auf biochemische Prozesse zurückgeführt werden.

Klonselektion im Immunsystem

Das Immunsystem stellt unermesslich viele B-Zellen her, von denen jede einen anderen Antikörper bilden kann. Nur die Zelle, die ein Antigen erkannt hat, vermehrt sich und stellt als Plasmazelle den passenden Antikörper in großen Mengen her. Dadurch findet eine selektive Produktion von jenen Antikörpern statt, die der Bekämpfung der Eindringlinge dienen.

Klonselektion im Immunsystem

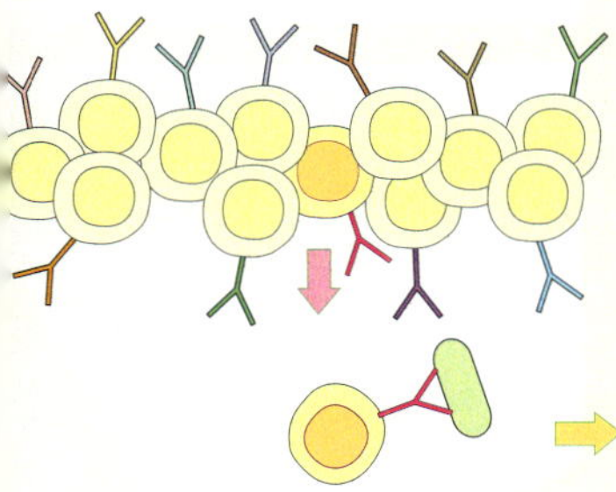

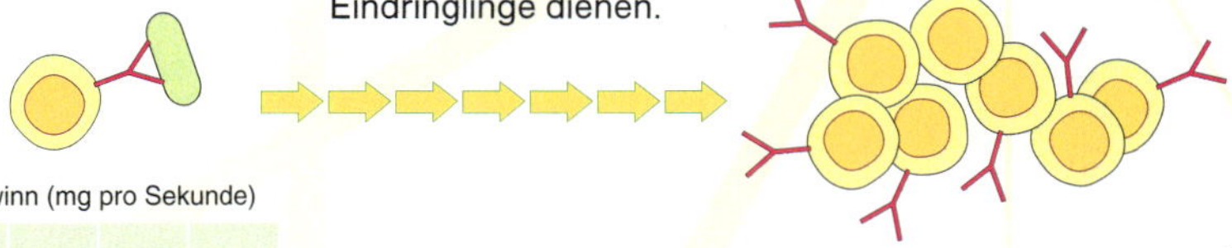

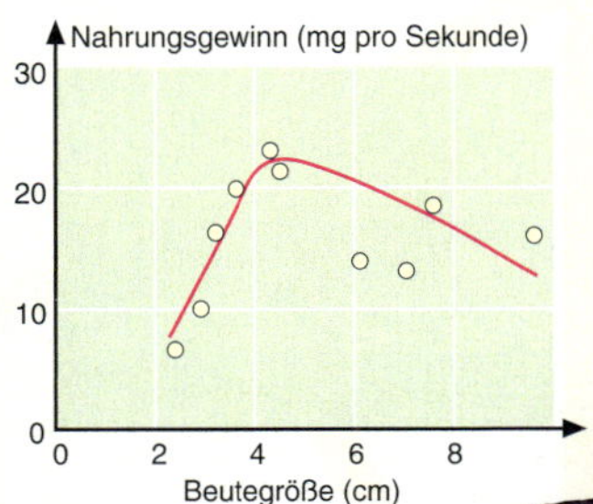

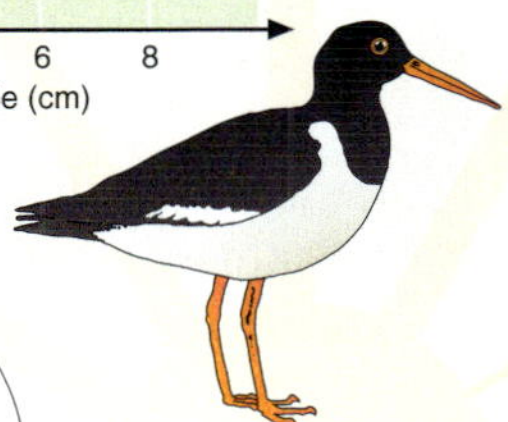

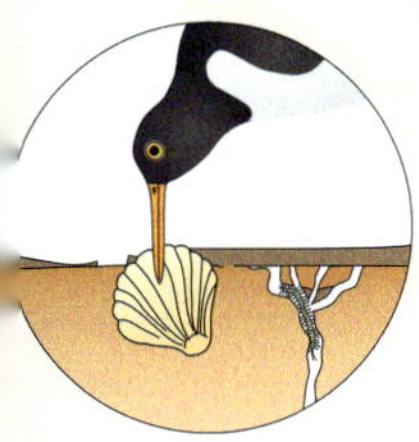

Optimierung

Optimierung

Ziel einer Optimierung kann es sein, mit einem Minimum an Aufwand äußerst komplexe Leistungen zu erreichen und unter dem Aspekt der Wirtschaftlichkeit die Ressourcen zu schonen. Biologen untersuchen ähnlich wie Wirtschaftswissenschaftler Gewinn und Verlust, in der Biologie aber bezogen auf Kosten und Nutzen der in der Evolution entstandenen Angepasstheiten. Als Kosten gelten die Energiemengen, die investiert werden; der Nutzen bezieht sich z. B. auf das Verhalten im Sinne von Fitnessmaximierung *(Adaptationswert)*.

Aufgaben

① Man sagt, die Selektion arbeitet nach dem Schrotschussprinzip. Erläutern Sie dies.

② Suchen Sie nach je einem Beispiel für genetisch fixierten Polymorphismus, balancierten Polymorphismus sowie Plastizität und vergleichen Sie die Beispiele.

③ Nach Hirnverletzungen können Betroffene unter entsprechender Therapie bestimmte Tätigkeiten wieder erlernen oder vollständig gesund werden. Worauf beruht das und wie lässt es sich erklären?

④ Biochemische Anpassungen können auf Veränderung der Genexpression oder der Enzymaktivität beruhen. Erläutern Sie dies.

⑤ Durch die Evolution lässt sich einerseits die hohe Diversität der Lebensformen erklären, andererseits aber auch die Tatsche, dass alle Organismen gemeinsame Kennzeichen des Lebendigen aufweisen. Begründen Sie dies.

⑥ Prüfen Sie die Eignung des Begriffs „Überleben des Stärkeren" zur Beschreibung der Selektion.

⑦ Viele Krankheitserreger lassen sich durch Antibiotika nicht mehr bekämpfen. Beschreiben Sie den Prozess der Resistenzbildung und ermitteln Sie den Bezug zu Variabilität und Angepasstheit.

⑧ In der medizinischen oder industriellen Forschung wird ein Ausgangsstoff in kleinen Schritten gezielt oder zufällig verändert und dann auf Wirksamkeit geprüft. Vergleichen Sie dies mit der biologischen Evolution.

⑨ Vergleichen Sie die Umfärbung der Scholle, eines Hermelins im Winter und die Tarnfarbe eines Feldhasen unter dem Aspekt von Anpassung und Angepasstheit.

Basis Konzepte

Geschichte und Verwandtschaft

"Nothing in biology makes sense except in the light of evolution." Dieser Satz von THEODOSIUS DOBZHANSKY (1900 – 1975) verdeutlicht, dass alle Beobachtungen in der Biologie letztlich durch die Evolutionsprozesse erklärt werden können. Alle heute existierenden Arten einschließlich des Menschen haben einen gemeinsamen Ursprung. Über die Zeit betrachtet ist nur die Dauer der gemeinsamen Entwicklung unterschiedlich. Das Maß für diese gemeinsame Geschichte ist der Verwandtschaftsgrad.

Die heute zu beobachtende Vielfalt der Lebewesen lässt sich aus der Geschichte und Verwandtschaft erklären, die wiederum in enger Verbindung zu den Konzepten von „Variabilität und Angepasstheit" und „Reproduktion" stehen.

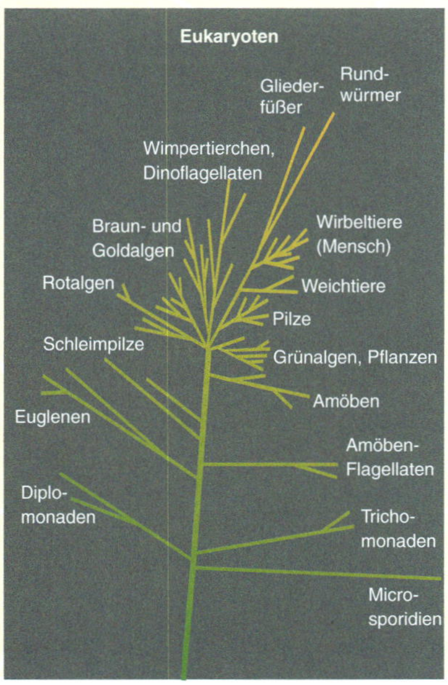

Kennzeichen des Lebendigen

Stoffwechsel, zelluläre Organisation, Wachstum, Fortpflanzung, Reizbarkeit, Regulationsfähigkeit, Bewegung und Angepasstheit sind Kennzeichen des Lebendigen. Diese wenigen Kriterien charakterisieren – wenn alle zusammen zutreffen – ein Lebewesen. Sie sind seit der Entstehung der Organismen stabil. Daraus hat sich eine hohe Diversität der Lebensformen auf allen Organisationsebenen entwickelt.

Kennzeichen des Lebendigen

Zufallsprinzip

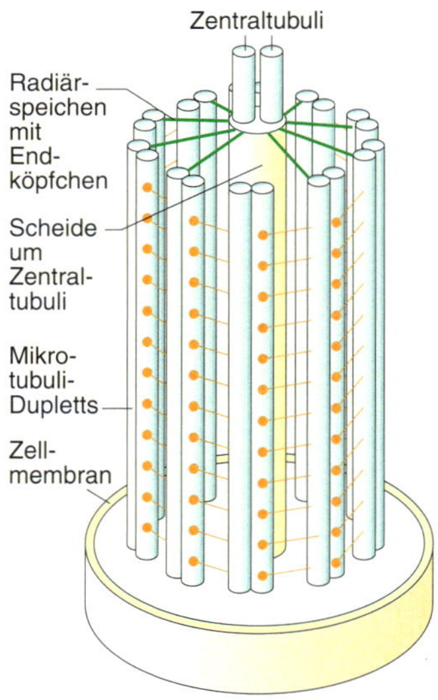

Zufallsprinzip

Mutationen sind ebenso zufällig wie die Tatsache, dass sich ausgerechnet fünf Finger oder sieben Halswirbel entwickelt haben. Trotzdem unterschieden sich diese „Zufälle": Für einige – die objektiv zufälligen Entwicklungen – lassen sich keine Ursachen und für andere – subjektiv zufälligen – keine Erklärungen in Form von Angepasstheiten finden. Die Zahl der Mikrotubuli bei Geißeln und Wimpern in einer 9 x 2 + 2-Anordnung an sich scheint zufällig, das Vorhandensein bei allen Eukaryoten wird aber durch Abstammung von einer gemeinsamen Urform erklärt.

Systematik

Verwandtschaften können z. B. in Form eines Stammbaums aufgezeigt werden. Bei jeder neuen Erkenntnis müssen diese Stammbäume angepasst werden. So rücken zur Zeit Archaebakterien aus heißen Quellen oder schwarzen Rauchern – das sind Minivulkane am Grund der Tiefsee – zunehmend ins Zentrum der Forschung. Diese Extremophilen bevorzugen hohe Temperaturen oder Schwefelkonzentrationen, Erdöl oder Salzseen. Der innere Aufbau der Archaebakterien stellt sie zwar in die Nähe der bisher bekannten Bakterien, ihre Biochemie weist aber so viele Besonderheiten auf, dass Systematiker ihnen eine Sonderstellung geben.

Systematik

● Zusammenhänge denken ● Zusammenhänge erkennen ● Zusammenhänge erarbe

Einmaligkeit

Einmaligkeit

Ein naturwissenschaftliches Experiment führt im Allgemeinen unter gleichen Voraussetzungen bei einer Wiederholung zum gleichen Ergebnis. Der Ablauf der Evolution des Lebens auf der Erde ist hingegen ein historisch einmaliger Prozess, der sich selbst bei gleichartigen Anfangsbedingungen nicht identisch wiederholen könnte. Da er nicht reproduzierbar ist und sich gängigen experimentellen Methoden verschließt, sind nur indirekte Schlüsse, etwa aus *Fossilien* möglich. Obwohl Arten und Individuen als solche einmalig sind, zeichnen sie sich durch gemeinsame Bau- und Funktionsprinzipien bei allen Lebewesen aus.

Funktionale Fragen

Die Angepasstheiten der Lebewesen an ihre Umwelt sehen so auffällig nach gezielter Gestaltung aus, dass sie bis zur Formulierung des Prinzips der natürlichen Selektion als Beweis für die Existenz Gottes galten. Während in anderen Naturwissenschaften die Fragen „Was?“, „Wie?“ und „Warum?“ bearbeitet werden, auf die es nur beschreibende und kausal begründende Antworten gibt, stellt die Biologie auch die funktionale Frage nach der biologischen Bedeutung: „Wozu?“. Ohne Antwort auf diese Frage sind die Eigenschaften der Lebewesen nicht zu verstehen. In allen anderen Naturwissenschaften ist diese Frage sinnlos.

Funktionale Fragen

Wechselseitige Beziehungen

Wechselseitige Beziehungen

Blüten und ihre Bestäuber zeigen, dass der Bau einer Blüte genau an die Tierart angepasst sein kann, welche die Pollen transportiert. Derartige wechselseitige Beziehungen zwischen verschiedenen Arten führen zu Spezialisierungen auf beiden Seiten. Diese *Koevolution* gilt für Symbiosen, Räuber-Beute-Systeme oder Parasit-Wirt-Beziehungen. Dringen Arten in fremde Ökosysteme vor, fehlt der wechselseitige Anpassungsprozess. Aussterben oder Massenvermehrung der Eindringlinge kann die Folge sein. Werden einzelne Gruppen wie z. B. Inselpopulationen vom Prozess abgeschnitten, können neue Arten entstehen.

Aufgaben

① „Der genetische Code ist universell und redundant.“ Erläutern Sie diese Behauptung und den Bezug zum vorliegenden Thema.

② Gilt das Zufallsprinzip auch für die Koevolution? Diskutieren Sie mögliche Zusammenhänge.

③ Suchen Sie nach je einem Beispiel für „Zweckmäßigkeit“ aus den Bereichen Biologie, Medizin und Technik. Welche Kriterien liegen der Auswahl zugrunde?

④ Lebewesen besitzen im Unterschied zu nicht lebenden Systemen ihr eigenes, über Millionen Jahre optimiertes, genetisches Programm. Betrachten Sie mögliche Auswirkungen der Gentechnik unter evolutionären Gesichtspunkten.

⑤ Analysieren Sie die besonderen Einflüsse, denen Inselpopulationen ausgesetzt sind, unter genetischen und evolutionsbiologischen Aspekten.

⑥ Das Aktualitätsprinzip wurde von C. Lyell (1797 – 1875) formuliert. Er versuchte, in der Vergangenheit abgelaufene Prozesse nur durch solche Kausalfaktoren zu erklären, die auch heute wirksam und daher analysierbar sind. Welche Evolutionsfaktoren könnten demgemäß zur biologischen Vielfalt geführt haben?

Neurobiologie

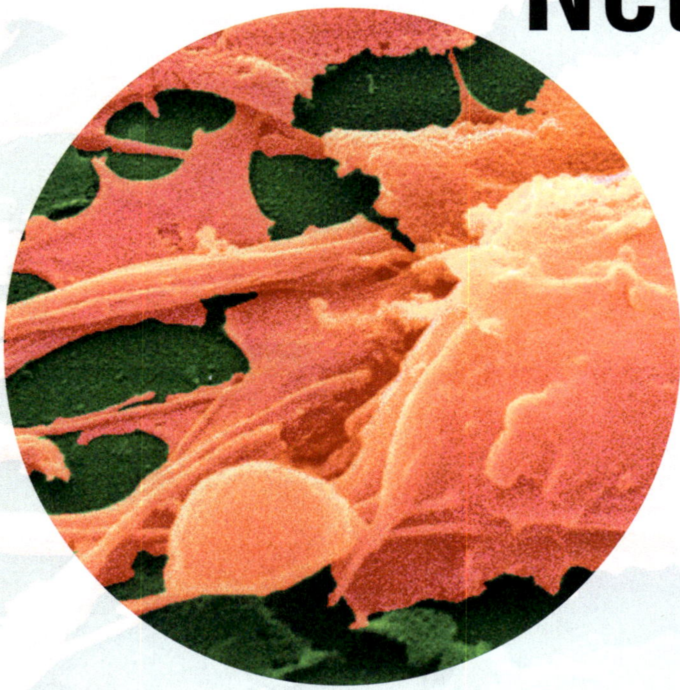

Die Reize lösen in den Sinnesorganen elektrische Erregungen aus. Die Sinneseindrücke, wie Geruch und Farbe des Lachses, entstehen durch die Erregungen von Nervenzellen in bestimmten Hirnzentren.

Ein Bär jagt Lachse. Der Geruch der Fische hat ihn angelockt. Er steht im seichten Wasser und wartet. Im richtigen Moment schlägt die Pranke des Bären zu. Er hat Erfolg, weil er bereits Erfahrungen im Lachsfang gesammelt hat. Die Vorgänge im Nervensystem während der Lachsjagd des Bären sind hier nur vereinfacht dargestellt worden. Mit der genauen Untersuchung dieser Vorgänge beschäftigt sich die *Neurobiologie*.

Der Bär kann nur existieren, wenn er Informationen aus seiner Umwelt aufnimmt, sie verarbeitet und darauf reagiert. Reize aus der Umgebung wirken auf spezialisierte Sinneszellen in den Sinnesorganen ein.

Das Gehirn verarbeitet die vielen Erregungen, speichert sie und vergleicht sie mit bereits gespeicherten Informationen.

Sinneszellen sind selektiv und reagieren nur auf adäquate Reize. Für die Sinneszellen in der Nase sind das bestimmte chemische Substanzen, für die Sinneszellen des Auges hingegen ist es das Licht. Diese Reize lösen Erregungen aus. Sie werden über fadenförmige Nerven zum Gehirn geleitet. Diese Nervenfasern bezeichnet man als *sensorisch* oder *afferent*, weil sie die Erregungen zum Gehirn hinleiten.

Gehirn und Rückenmark fasst man als *Zentralnervensystem* (ZNS) zusammen. Das ZNS nimmt nicht nur Erregungen auf und verarbeitet diese, sondern es löst auch das weitere Verhalten des Bären beim Fischfang aus. Dieses beobachtbare Verhalten setzt sich aus einer Vielzahl koordinierter Muskelbewegungen zusammen. Vom ZNS werden dazu Erregungen über die Nerven an die Muskeln der Bärenpranken weitergeleitet. Diese Nerven nennt man *efferent* oder *motorisch*, weil sie Erregungen vom ZNS zu den Muskeln leiten.

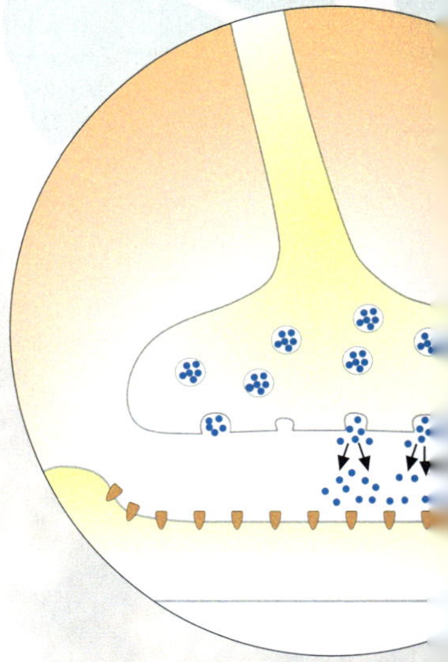

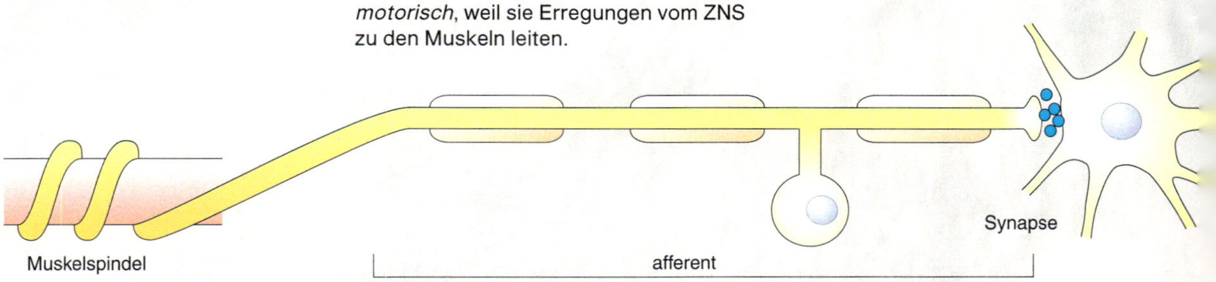

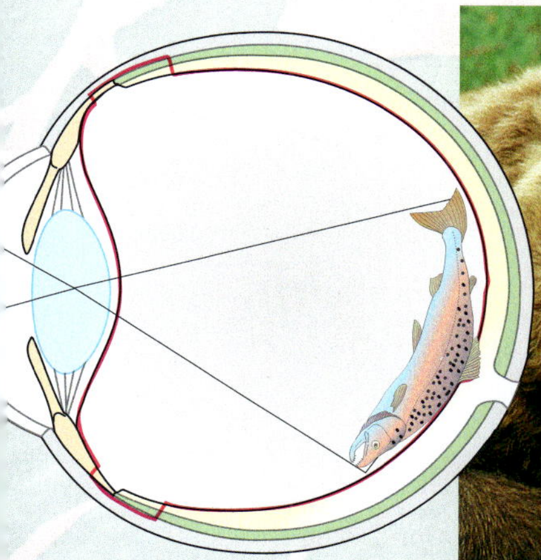

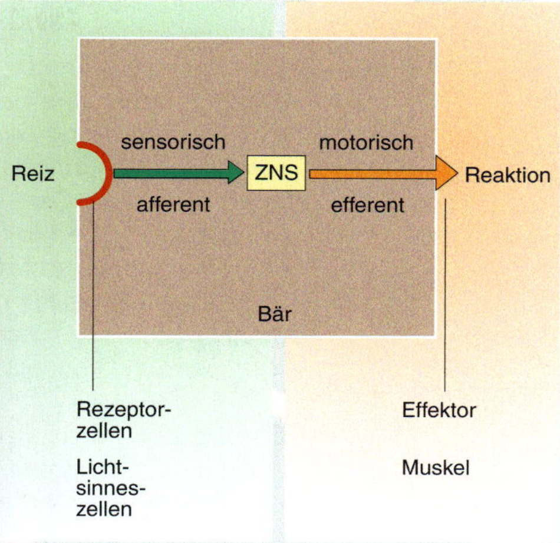

Nicht nur die Muskeln, sondern auch innere Organe und Drüsen, wie die Speicheldrüsen, werden über die motorischen Nerven erregt. Strukturen, auf die efferente Nerven einwirken und die daraufhin eine Reaktion zeigen, bezeichnet man als *Effektoren*.

Die Änderung der Gehirnaktivität lässt sich messen und bestimmten Hirnregionen zuordnen. Auch Zustandsänderungen im Körper, wie ein veränderter Glucosespiegel im Blut (ein Maß für Hunger) und gespeicherte Erfahrungen, werden im Gehirn mit ausgewertet. Ein hungriger Bär beginnt dort zu jagen, wo er bereits erfolgreich war.

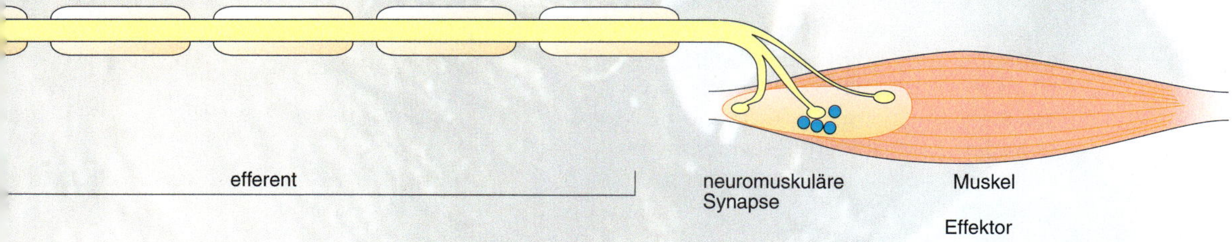

Das Neuron

Nerv
Bündel von Nervenfasern, umgeben von Bindegewebe

Nervenfaser
Axon mit umgebenden Hüllzellen

Neuron
meist verzweigte Zelle mit langen Fortsätzen, speziell für die Verarbeitung und Weiterleitung von Erregungen

Neuron im Kleinhirn

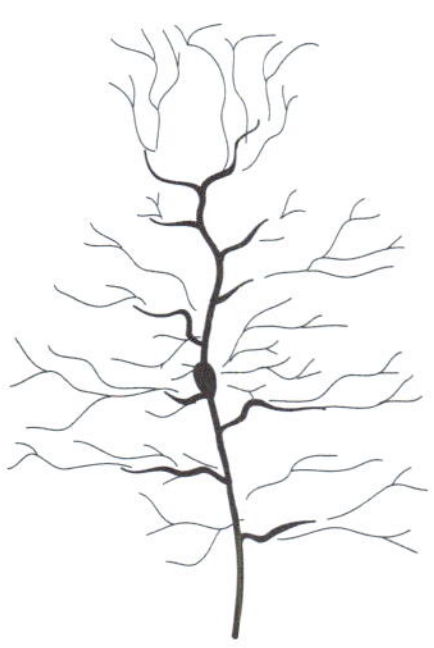
im Rückenmark

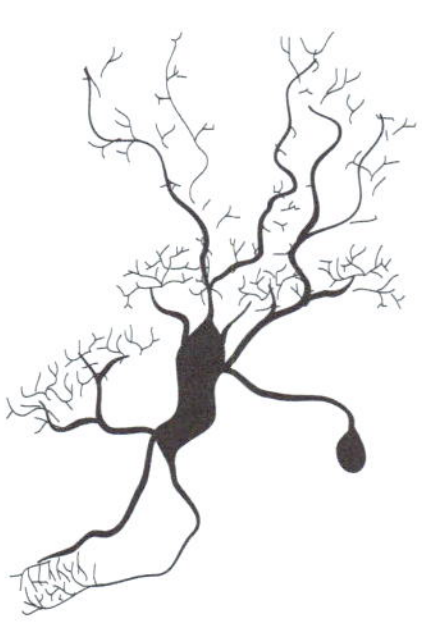
im autonomen Nervensystem

Die wichtigsten Bauelemente eines Nervensystems sind die Nervenzellen, die *Neurone*. Diese Zellen können elektrische Erregungen erzeugen, verarbeiten und weiterleiten. Die Spezialisierung der verschiedenen Neurone zeigt sich in ihrer Form, ihrer Verzweigung und dem Grad der Ausdehnung (s. Randspalte). Ihre Länge reicht von wenigen Mikrometern bis zu über einem Meter. Dennoch kann die Vielfalt der Neurone auf einen einheitlichen typischen Bauplan zurückgeführt werden (Abb. 1).

Das Neuron ist gegliedert in einen *Zellkörper* und Zellfortsätze. Der Zellkörper *(Soma)* enthält unter anderem den Zellkern. Bei den Zellfortsätzen werden *Dendrit* und *Axon* (auch *Neurit*) unterschieden. Dendriten bilden oft weit verzweigte Fortsätze („Bäumchen") von selten mehr als 2 mm Länge. Sie sind in der Nähe des Zellkörpers meistens dicker als das Axon, verjüngen sich aber mit jeder Gabelung. Das Axon ist oft wesentlich länger als die Dendriten. Ein Neuron besitzt meist nur ein einziges Axon mit einem kegelförmigen Ursprungsbereich, dem *Axonhügel.* Dendriten leiten Erregungen zum Zellkörper hin, Axone leiten Erregungen von ihm weg. Viele Axone verzweigen sich am Ende. An jedem Axonende befindet sich eine Verdickung. Diese *Endknöpfchen* stellen funktionelle Verbindungen *(Synapsen)* entweder zu Muskelfasern oder zu anderen Neuronen über deren Dendriten oder Zellkörper her.

Neurone sind von Hüllzellen umgeben, den *Gliazellen*. Es gibt schätzungsweise 10-mal so viele Gliazellen wie Neurone. Sie stützen und ernähren die Neurone und sorgen für die elektrische Isolation. Bei vielen Wirbeltieren sind die erregungsleitenden Axone der sensorischen und motorischen Nervenzellen durch Lagen von Zellmembranen spezialisierter Hüllzellen *(Myelin)* umwickelt. Sie bilden die so genannte *Markscheide*, indem sie bei der Entwicklung des Axons dieses mehrfach umschlingen (Abb. 2). Das Axon und die umgebenden Hüllzellen werden *Nervenfaser* genannt. Viele dieser Fasern bilden gebündelt und von Bindegewebe umgeben einen mehr oder weniger dicken *Nerv*. Dieser sieht im lichtmikroskopischen Bild wegen der lipidhaltigen Zellmembranen der Hüllzellen weiß aus. Nervenzellkörper sind meist grau gefärbt.

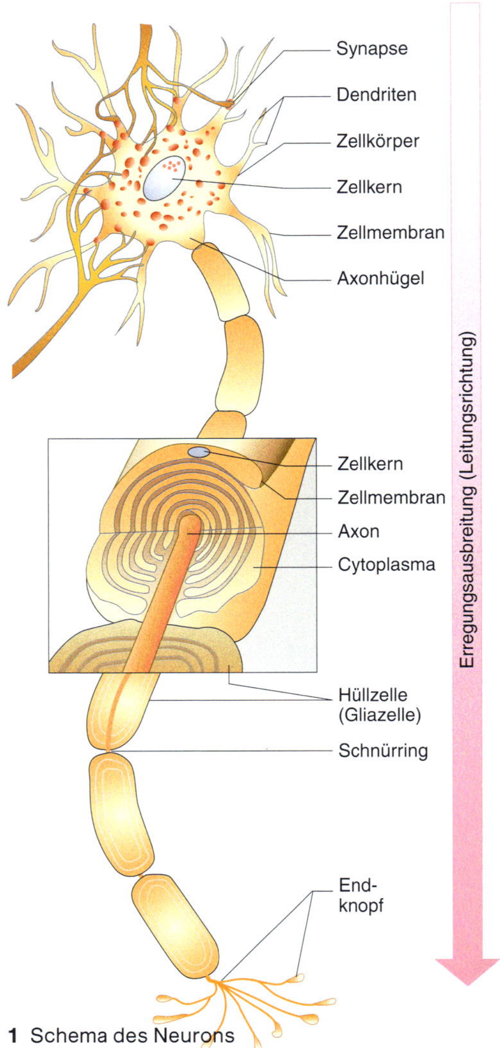

1 Schema des Neurons

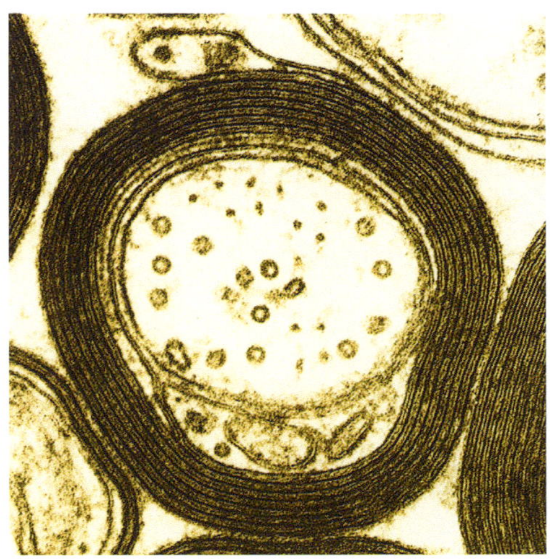
2 Axon mit Markscheide

Nervenzelle

Präparation von Nervenzellen

Material:
- Rückenmarksstrang von einem Schlachttier (z. B. Schwein); frisch, oberflächlich leicht angefroren
- scharfe Rasierklinge oder Skalpell
- spitze Schere oder spitze Pinzette
- 6 Objektträger
- 2 Petrischalen
- Mikroskop und Zubehör
- Giemsa-Lösung, Aqua dest.

Durchführung:

a) Der Rückenmarksstrang wird quer geschnitten und seine runde Form wieder hergestellt. Umgeben von einer Bindegewebshülle, ist eine äußere weißliche und eine innere schmetterlingsförmige, zartrosa Fläche zu sehen, die der weißen bzw. der grauen Substanz entsprechen.

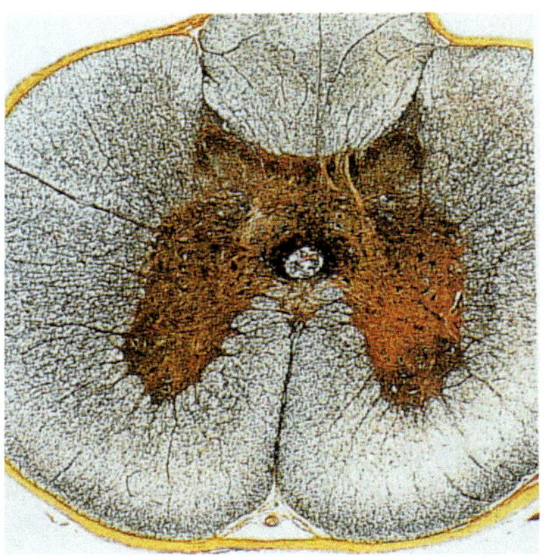

b) Aus dem Vorderhorn der grauen Substanz wird mithilfe der Schere oder der Pinzette etwas Material entnommen und auf einen Objektträger gebracht.

c) Versuch a) und b) werden wiederholt, bis 5 Proben auf Objektträgern vorliegen.

d) Mit einem weiteren Objektträger wird das Material gequetscht und verschiebend auseinander gezogen.

e) *Giemsa-Lösung* zum Färben dick auftropfen und 5 Minuten einwirken lassen (Petrischale).

f) Mit destilliertem Wasser wird anschließend überschüssige Giemsa-Lösung abgespült.

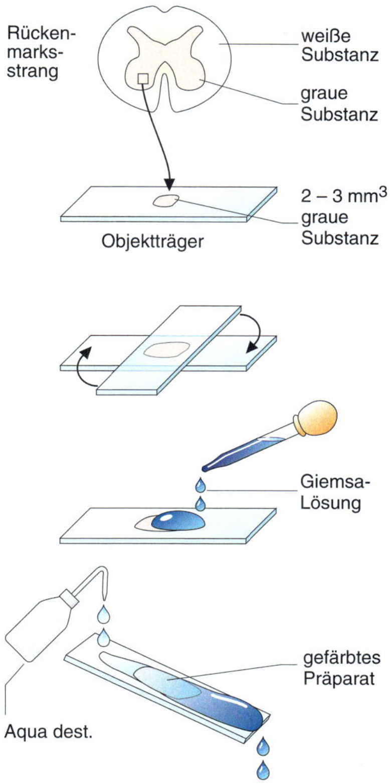

g) Untersuchen Sie die Präparate mikroskopisch: Zellkörper und Zellfortsätze sind violett gefärbt. Kerne mit dunkler kontrastiertem Kernkörperchen und das schollige Endoplasmatische Retikulum heben sich ab. Weiterhin sind Kerne von Hüllzellen zu sehen.

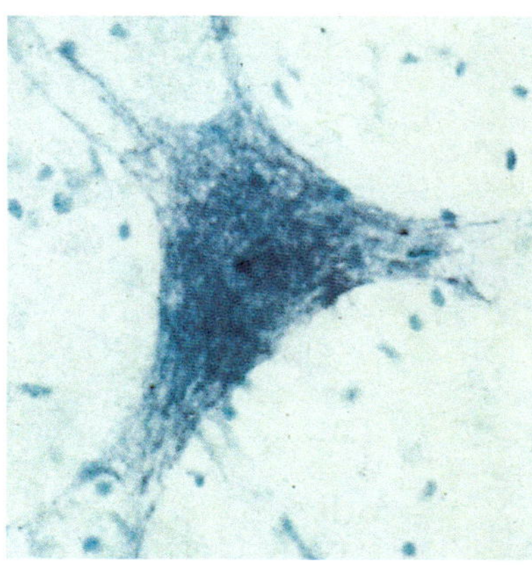

CAMILLO GOLGI entdeckte 1885, dass bei der Behandlung von Nervenzellen mit bestimmten Schwermetallsalzen nur einzelne Zellen eine Färbung annehmen. Dadurch werden auch im dichten Nervengewebe des Gehirns einzelne Zellen erkennbar. Der räumliche Verlauf der Dendriten und Axone wird durch diese Methode deutlich.

SANTIAGO RAMÓN Y CAJAL (1852 – 1934) untersuchte mithilfe der Golgi-Färbung die Nervensysteme des Menschen und vieler Wirbeltiere. Seine Zeichnungen gehören auch heute noch zu den Standardwerken der Neurobiologie.

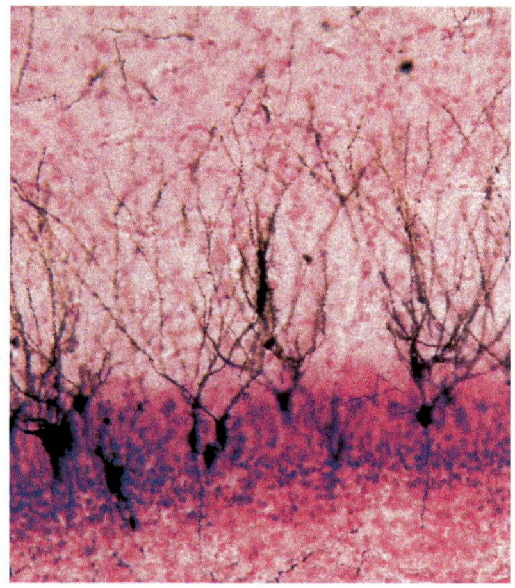

Großhirnrinde einer Katze (Mikrofoto; Golgi-Färbung)

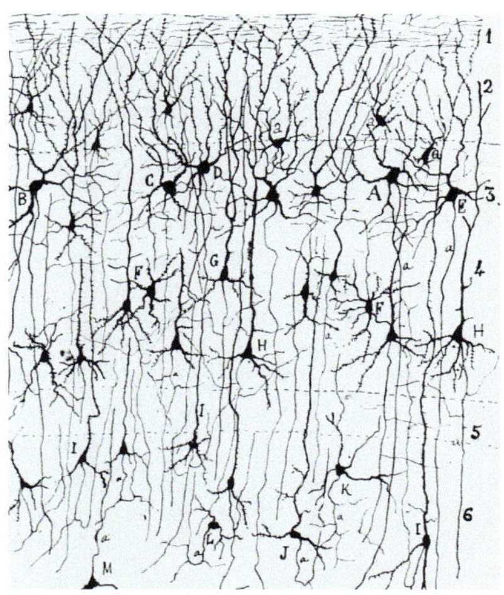

Großhirnrinde einer Ratte (Zeichnung von CAJAL 1888; Golgi-Färbung)

Aufgabe

① Vergleichen Sie die beiden Abbildungen in ihrer Aussagekraft. Weshalb erscheinen im Foto die Axone nicht in ihrer vollen Länge?

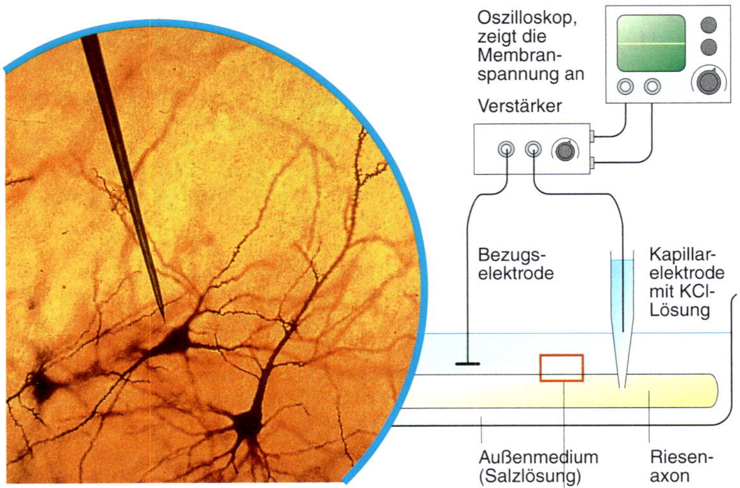

1 Messung des Ruhepotentials

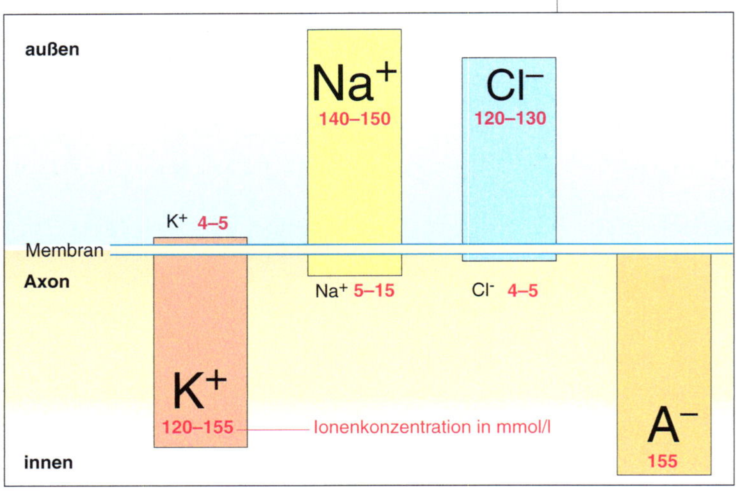

2 Axon mit Ionenverteilung (Ionenkonzentration in mmol/l)

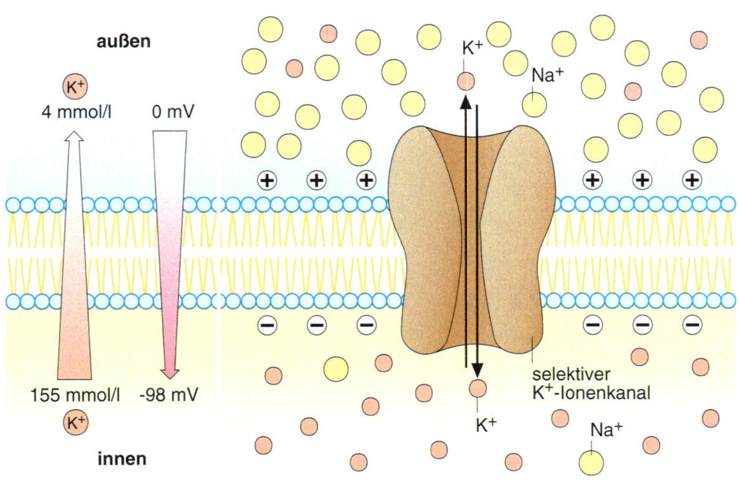

3 Kaliumionenverteilung und daraus resultierendes Membranpotential

Das Ruhepotential

Bereits im 18. Jahrhundert beobachtete der Forscher Luigi Galvani eine Kontraktion am Nerv-Muskel-Gewebe eines Froschbeins, während er dieses mit seinem Metallbesteck präparierte. Er führte diese Beobachtung auf „tierische Elektrizität" zurück. Genaue Deutungen sind jedoch erst seit 1936 durch die Entwicklung von Messgeräten möglich, mit denen sich sehr geringe Spannungen und Ströme nachweisen lassen.

Membranpotential

Um die elektrischen Vorgänge am Neuron zu studieren, untersucht man nicht einen ganzen Nerv, sondern am besten einzelne Axone. Die Messung erfolgt mithilfe von Elektroden, die über einen Messverstärker mit einem Oszilloskop verbunden sind. Um die Messungen im dünnen Axon durchführen zu können, wurde eine extrem feine, harte Glaskapillar-Mikroelektrode entwickelt, die mit einer leitenden Salzlösung gefüllt ist.

Misst man an einem nicht erregten Axon, bei dem beide Elektroden außerhalb der Membran in der umgebenden Körperflüssigkeit liegen *(extrazelluläre Ableitung),* tritt keine Spannung auf. Wird eine der beiden Mikroelektroden durch die Axonmembran eingestochen, so misst man zwischen den Elektroden eine Spannung, die auf dem Oszilloskop angezeigt wird (Abb. 1).

Eine Spannung ist eine elektrische Potentialdifferenz. Bei den Messungen am Axon liegt diese Spannung zwischen der Außenseite und der Innenseite der Axonmembran. Man nennt diese Spannung das *Membranpotential.* Das Potential der außen liegenden Bezugselektrode wird willkürlich als Null definiert. Für das Innere eines Axons ergibt sich dann ein Potential von z. B. -70 mV. Membranpotentiale treten nicht nur bei Neuronen, sondern bei allen pflanzlichen und tierischen Zellen (z. B. bei Muskelzellen) auf.

Eine Spannung bildet sich an der Zellmembran aus, weil positiv bzw. negativ geladene Ionen in unterschiedlichen Konzentrationen auf den Seiten der Membran vorliegen (Abb. 2) und sie nur kontrolliert passieren können. Das *Ruhepotential* basiert auf der Verteilung positiv geladener K^+- und Na^+-Ionen und negativ geladener Cl^--Ionen sowie organischer Ionen (A^-). Bei den organischen Anionen handelt es sich um Säurereste organischer Säuren oder um Proteine.

Ionendurchlässigkeit
(relative Werte)

K^+	1
Na^+	0,04
Cl^-	0,45
A^-	0

Ionendurchmesser mit Wasserhülle:

K^+	396 pm
Na^+	512 pm

1 pm = 10^{-12} m

Ruhepotential (mV)

Katze (Motoneuron)	-60 bis -80
Krabbe (Riesenaxon)	-71 bis -94
Tintenfisch (Faser ohne Markscheide)	-62

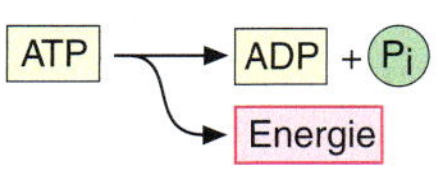

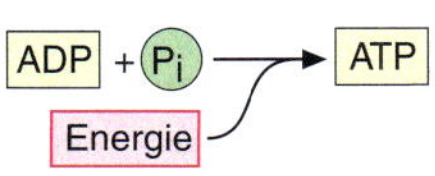

ATP
(Adenosintriphosphat) ein energiereicher Stoff

Entstehung des Ruhepotentials

Die Axonmembran besteht wie alle Membranen aus einer Doppelschicht von Lipiden. Sie trennt das Cytoplasma im Intrazellularraum von der Körperflüssigkeit *(Lymphe)* im Extrazellularraum. Die Membran ist selektiv permeabel. Wassermoleküle können passieren, gelöste Ionen nicht oder nur eingeschränkt.

Untersuchungen, bei denen radioaktiv markierte Ionen entweder extra- oder intrazellulär zugeführt wurden, zeigten jedoch, dass ein Teil dieser Ionen anschließend auf jeweils der anderen Seite der Axonmembran zu finden war. Die Permeabilität für die einzelnen Ionen ist verschieden (s. Randspalte). Für Na^+-Ionen beträgt sie nur 4 % der Permeabilität für K^+-Ionen. Die geladenen Eiweißmoleküle können die Membran überhaupt nicht durchqueren.

Diese selektive Permeabilität der Axonmembran lässt sich mit dem Vorkommen *selektiver Ionenkanäle* erklären. Es wurden verschiedene Kanalproteine nachgewiesen, die in der Lipidschicht der Zellmembran liegen und jeweils nur eine Ionenart, z. B. K^+-Ionen, hindurchlassen (Abb. 220.3).

In der Axonmembran sind im Ruhezustand hauptsächlich die K^+-Ionenkanäle geöffnet. Die Konzentration der K^+-Ionen ist auf der Innenseite der Axonmembran 40fach größer als auf der Außenseite. Die Wahrscheinlichkeit, dass ein K^+-Ion von innen nach außen den Kanal durchquert, ist daher 40-mal höher als umgekehrt. Jedes K^+-Ion, das sich über den Ionenkanal von innen nach außen bewegt, entfernt eine positive Ladung aus dem Axoninnenraum. Der Intrazellularraum wird relativ zum Extrazellularraum negativ geladen, da die Anzahl der positiv geladenen Ionen abnimmt. Die negativ geladenen Ionen bleiben zurück. Da sich unterschiedliche Ladungen anziehen, lagern sich an der Innenseite der Axonmembran negativ geladene Ionen an, an der Außenseite positiv geladene Ionen. Mit dieser Ladungstrennung entsteht ein elektrisches Feld an der Membran.

Durch den Überschuss positiver Ladungen auf der Außenseite werden nachfolgende K^+-Ionen immer stärker durch gleiche Ladungen abgestoßen. Es wirken also zwei Kräfte auf die K^+-Ionen ein (Abb. 220. 3):

- Das Konzentrationsgefälle *(Konzentrationsgradient)* zwischen innen und außen, das den Austritt von K^+-Ionen durch die Ionenkanäle begünstigt.

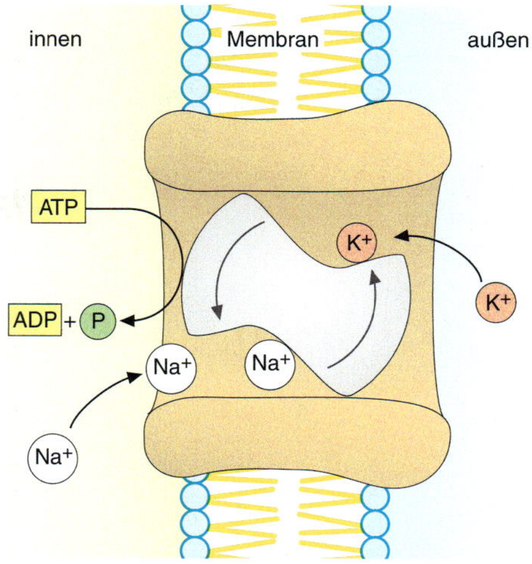

1 Na^+-K^+-Ionenpumpe

- Das durch die Ladungstrennung bedingte elektrische Feld, das den entgegengesetzten Einstrom begünstigt.

Dies führt letztlich zu einem Zustand, bei dem beide Vorgänge im Gleichgewicht stehen. Die hierbei durch die K^+-Ionen entstandene Spannung, das Kaliumgleichgewichtspotential, bildet die Grundlage für das Membranpotential, wie es am nicht erregten Neuron, also im Ruhezustand, vorliegt. Man nennt diese Spannung *Ruhepotential.* Ihre Höhe wird durch die Ionenströme der Na^+- und Cl^--Ionen in geringem Maße beeinflusst.

Natrium-Kalium-Pumpe

Das Ruhepotential müsste im Gleichgewichtszustand lange Zeit erhalten bleiben. Wird die Bildung des energiereichen Stoffes ATP durch Zellgifte behindert, zeigt sich jedoch, dass sich das Potential langsam abbaut. Aufgrund der Ionengradienten und des Membranpotentials diffundieren ständig kleine Mengen Na^+-Ionen nach innen und infolgedessen K^+-Ionen nach außen. Diese *Ionenleckströme* durch die Axonmembran werden ausgeglichen durch einen aktiven, Energie benötigenden Transportmechanismus, die Natrium-Kalium-Pumpe (Abb. 1). Ohne sie würden sich die Ionenkonzentrationen langsam ausgleichen und damit würde das Ruhepotential gegen Null gehen. Die Pumpe ist ein Membranprotein, das Na^+-Ionen aus der Zelle und K^+-Ionen in die Zelle transportiert. Die dazu notwendige Energie liefert ATP. Die Ionenpumpe tauscht in einem Pumpzyklus drei Na^+-Ionen gegen zwei K^+-Ionen aus *(elektrogene Pumpe).*

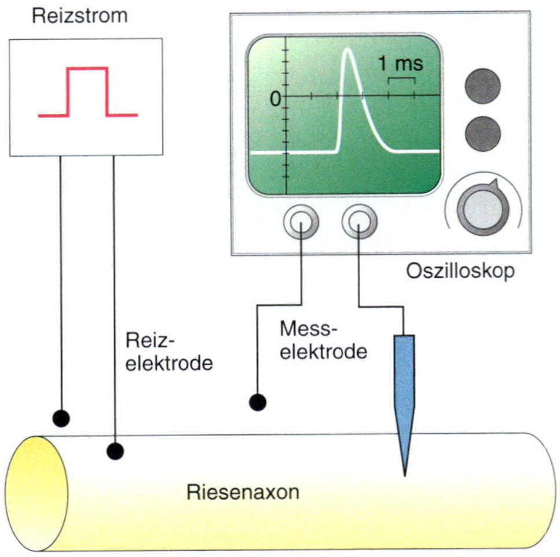

1 Messung des Aktionspotentials

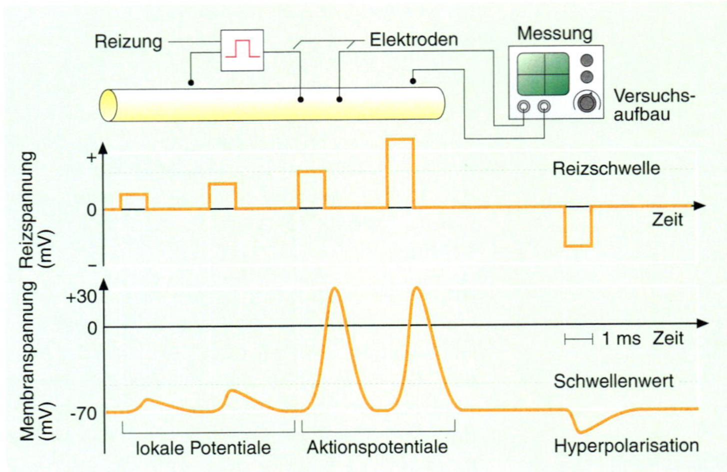

2 Reizstärke und Membranpotential

Das Aktionspotential

Reize rufen in Sinneszellen elektrische Erregungen hervor. Sensorische Nervenzellen leiten diese Erregungen zum Gehirn. Motorische Nervenzellen leiten Erregungen zu den Muskeln, wodurch deren Kontraktion ausgelöst wird. An der Axonmembran der beteiligten Nervenzellen misst man zu diesem Zeitpunkt kurzfristige Veränderungen des Membranpotentials.

Messung des Aktionspotentials

Wissenschaftlich untersucht wurden diese Zusammenhänge seit 1936 an den Axonen von *Loligo*, einem Tintenfisch. Diese Axone besitzen einen besonders großen Durchmesser (bis zu 1mm) und sind daher für Messungen gut geeignet.

Im Experiment wird das Axon an einer bestimmten Stelle mit unterschiedlichen Spannungen elektrisch gereizt. An einer etwas entfernt liegenden Stelle wird mithilfe einer Glaskapillarelektrode und des Oszilloskops die Reaktion des Axons gemessen.

Wird durch die Reizelektroden kurzzeitig eine stärker negative Spannung als das Ruhepotential angelegt, sinkt sie auch kurzzeitig an der Messstelle *(Hyperpolarisation)*. Umgekehrt hat eine Reizspannung mit umgekehrter Polung eine kurzfristige Erhöhung des Axonpotentials zur Folge *(Depolarisation)*. Je höher die Reizspannung ist, desto höher ist auch die Depolarisation an der Messstelle. Überschreitet die Depolarisation einen bestimmten Schwellenwert der Spannung, ändert sich das Axonpotential schlagartig innerhalb einer Millisekunde bis zu einem Spitzenwert von ca. +30 mV. Das Axon bildet aktiv ein *Aktionspotential*, das sich über das Axon fortpflanzt. Dabei misst man nach dem Überschreiten der Spannungsschwelle eine schnelle, starke Erhöhung des Potentials, den *Aufstrich* oder die *Depolarisationsphase*. Im *Überschuss* kann das Axonpotential positive Werte annehmen. Nach kurzer Zeit sinkt das Potential in der *Repolarisationsphase* aber schnell wieder auf das Ruhepotential ab.

Aktionspotentiale zeigen immer den gleichen Verlauf. Sowohl die zeitliche Dauer der einzelnen Phasen als auch ihr elektrisches Potential sind immer gleich; sie geschehen so oder gar nicht. Sie folgen also streng dem *Alles-oder-Nichts-Gesetz.*

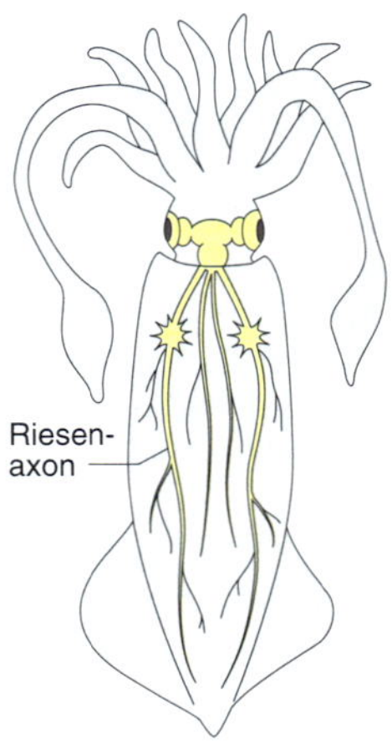

Hyperpolarisation
hyper, gr. = über;
Spannung ist negativer als das Ruhepotential

Depolarisation
de, lat. Vorsilbe = weg;
schnelle Änderung des Ruhepotentials in Richtung des positiven Spannungsbereiches

Repolarisation
re, lat. Vorsilbe = zurück;
Rückkehr zum Ruhepotential

Molekulare Vorgänge

Eine Änderung des Membranpotentials lässt sich durch eine Veränderung der Ionenkonzentrationen an der Innen- und Außenseite der Axonmembran erklären. Alan Hodgkin und Bernard Katz führten 1949 Experimente an Tintenfischaxonen durch, bei denen sie die außerhalb des Axons vorhandenen Na^+-Ionen durch positiv geladene, aber wesentlich größere Cholinionen ersetzten, für die die Axonmembran nicht permeabel ist. In dieser Versuchsanordnung konnten keine Aktionspotentiale ausgelöst werden. Die Forscher vermuteten, dass das Aktionspotential durch das Öffnen von Na^+-Ionenka-

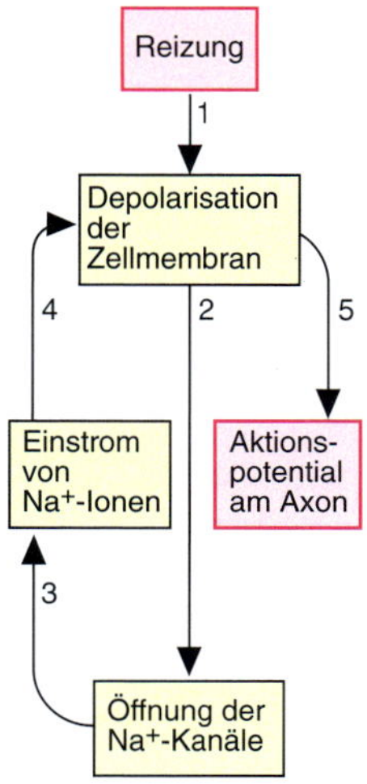

nälen und den schnellen Einstrom der Na^+-Ionen in das Axon entsteht *(Ionentheorie der Erregung)*. Die Messung der vorhandenen Ionenkonzentration ergab, dass die Außenkonzentration der Na^+-Ionen gegenüber der Innenkonzentration 10fach höher ist. Die Hypothese wurde durch direkte Messungen der Ionenströme an Ionenkanälen bestätigt: Während der Depolarisation sind die meisten Na^+-Ionenkanäle geöffnet, jedoch nur wenige für K^+.

Abbildung 1 veranschaulicht die Entstehung des Aktionspotentials. Durch einen elektrischen Reiz wird das Axon überschwellig depolarisiert. Dadurch wird die Wahrscheinlichkeit der Öffnung von benachbarten Na^+-Ionenkanälen erhöht (Abb. 1b). Man nennt diese Kanäle *spannungsabhängige Kanäle*. Na^+-Ionen strömen in großer Zahl in das Innere des Axons. Der Anteil der positiv geladenen Ionen wird dadurch außerhalb des Axons geringer, innerhalb dagegen größer. Diese Veränderung des Membranpotentials führt zur Öffnung weiterer spannungsabhängiger Na^+-Ionenkanäle und zur weiteren Depolarisation bis zum Höhepunkt des Aktionspotentials (Abb. 1c). Die einzelnen Na^+-Ionenkanäle schließen sich jedoch sehr schnell wieder und sind anschließend für eine kurze Zeit nicht mehr zu öffnen. Sie werden erst nach dem Eintreten des Ruhepotentials und einer anschließenden *Refraktärzeit* wieder aktiv.

Die Repolarisation der Axonmembran wird wesentlich durch den Ausstrom von K^+-Ionen bedingt (Abb. 1d). Dies ließ sich durch Experimente mit Giftstoffen nachweisen, die die spannungsabhängigen K^+-Ionenkanäle blockieren. Die Repolarisation ist bei solchen Experimenten sehr stark verlangsamt. Messungen an den spannungsabhängigen K^+-Ionenkanälen ergaben, dass ihre Öffnungswahrscheinlichkeit nach der Depolarisation verzögert steigt. Durch das verstärkte Ausströmen der K^+-Ionen aus dem Axon wird das Zellinnere wieder zunehmend negativ, bis das Ruhepotential erreicht ist. Erst beim Erreichen des Ruhepotentials schließen sich die K^+-Ionenkanäle wieder.

Ein einzelnes Aktionspotential verändert die Ionenkonzentrationen an der Membran nur geringfügig, sodass sich das Ruhepotential leicht wieder einstellt. Laufen tausende von Aktionspotentialen über die Axonmembran, so gewinnt die Natrium-Kalium-Pumpe an Bedeutung, die verhindert, dass sich die Ionenverteilung so sehr verändert, dass kein Ruhepotential mehr auftritt.

Aufgabe

① Erläutern Sie, weshalb man bei der Depolarisation, die zur Bildung des Aktionspotentials führt, von einem sich selbst verstärkenden Vorgang spricht (s. Randspalte).

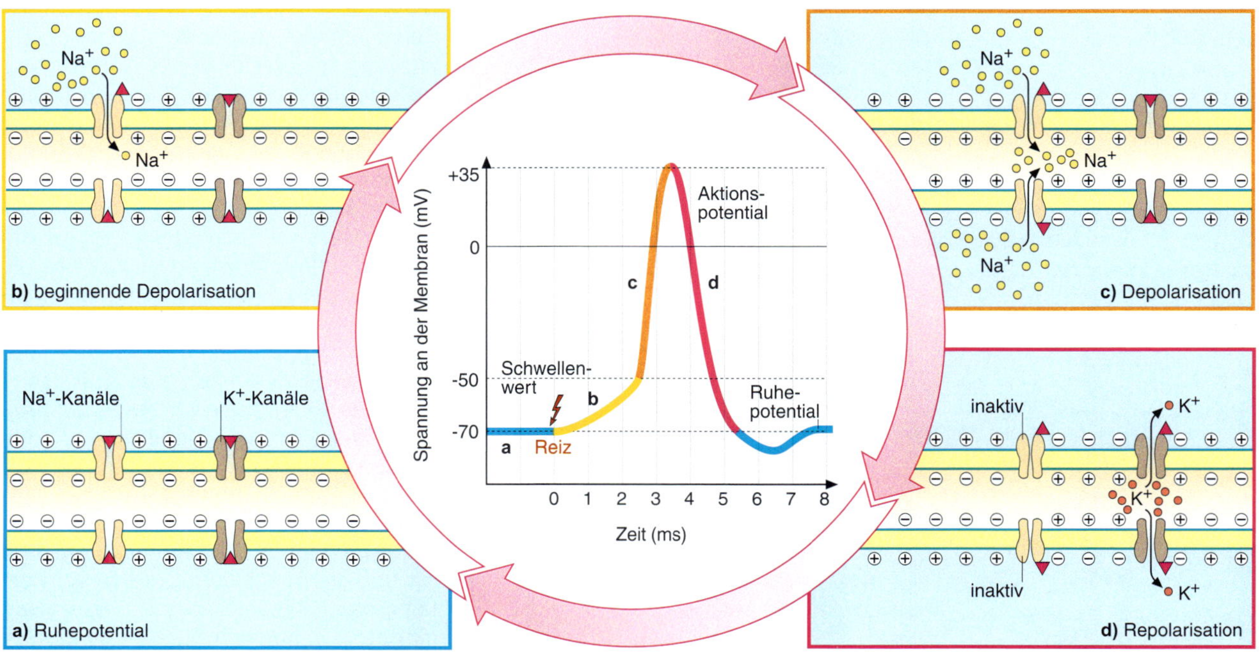

1 Molekulare Vorgänge beim Ablauf des Aktionspotentials

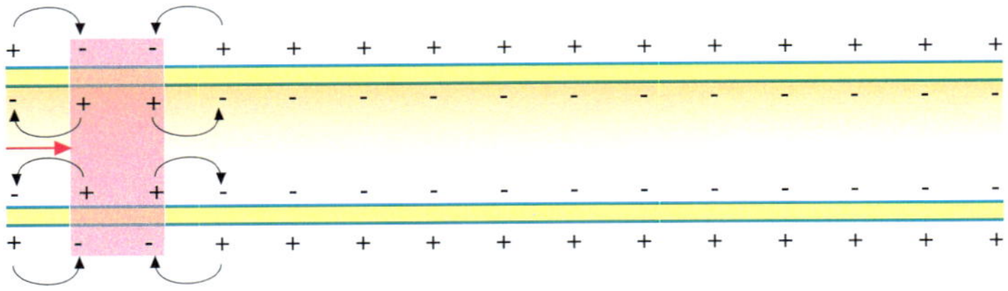

1 Kontinuierliche Erregungsleitung

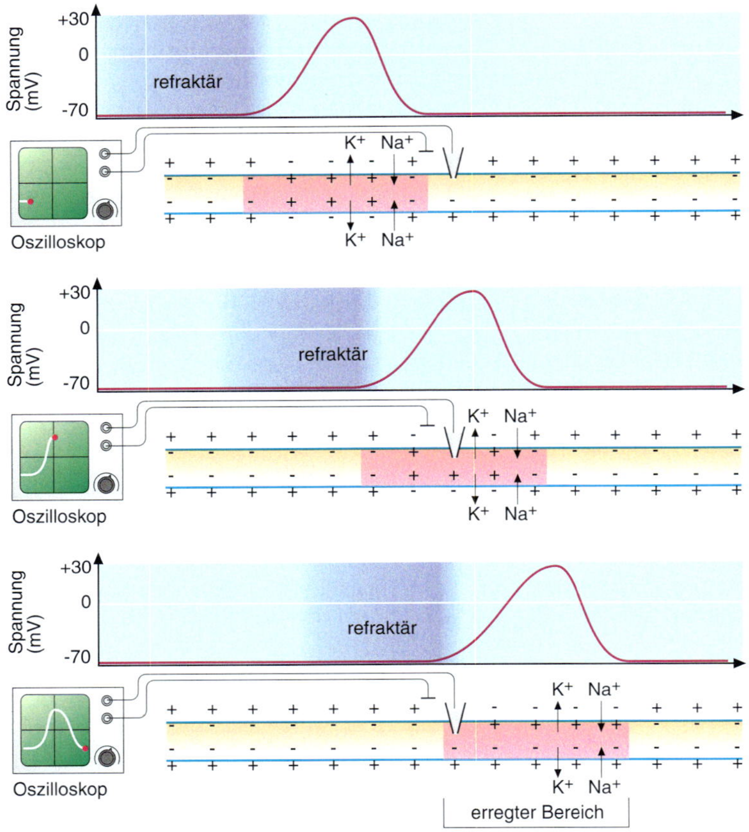

2 Momentbilder zur Ausbreitung des Aktionspotentials

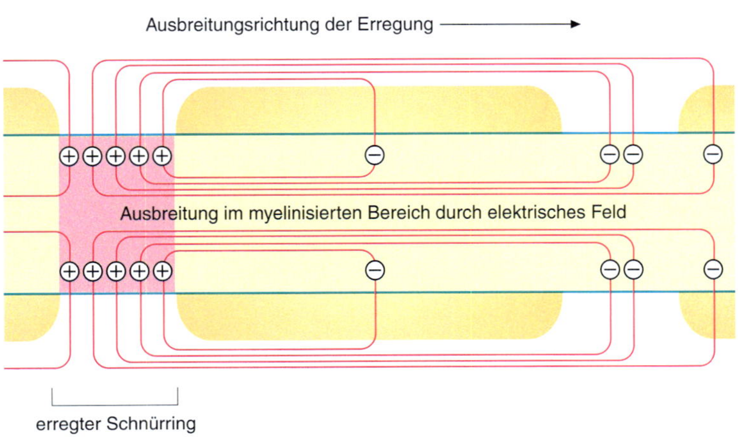

3 Saltatorische Erregungsleitung

Fortleitung des Aktionspotentials

Ein unterschwelliger elektrischer Reiz löst im Experiment am Axon an der gereizten Stelle eine lokale Depolarisation aus. An der Reizstelle liegt an der Innenmembran eine stärker positive Ladung vor als in der Umgebung. Es bildet sich ein elektrisches Feld in beide Richtungen entlang des Axons aus (Abb. 1). Die Feldstärke und damit die Depolarisation der Membran nimmt mit zunehmender Entfernung ab. Eine gute elektrische Leitfähigkeit entlang der Axonmembran führt zu einer weiteren Ausbreitung des elektrischen Feldes, ebenso eine möglichst kleine Leitfähigkeit durch die Membran, da sich das elektrische Feld dann nicht durch Ionenströme durch die Membran abschwächen kann. Je nach den Bedingungen breitet sich das elektrische Feld zwischen 0,1 und 1 mm weit aus. Eine solche passive Ausbreitung der Spannungsänderung entlang des Axons nennt man *elektrotonische Leitung*.

Kontinuierliche Erregungsleitung

Aktionspotentiale werden im Gegensatz zu den lokalen Potentialen entlang der Axone weiter geleitet, ohne dabei schwächer zu werden. Wird die Spannungsschwelle am Axon überschritten, bildet sich ein elektrisches Feld aus, das stark genug ist, um auch an benachbarten Axonstellen die Spannungsschwelle zu überschreiten und die spannungsgesteuerten Natriumkanäle zu öffnen. Die daraus resultierende Depolarisation löst dort wieder ein Aktionspotential aus, das seinerseits an den Nachbarstellen zu einer überschwelligen Depolarisation führt. Durch fortwährende Wiederholung dieser Vorgänge wird das Aktionspotential immer weiter geleitet (Abb. 2). Da es an jeder Stelle der Membran nach dem Alles-oder-Nichts-Prinzip neu gebildet wird, schwächt es sich mit der Entfernung auch nicht ab. Man spricht von *kontinuierlicher Erregungsleitung*.

Das elektrische Feld kann sich grundsätzlich in beide Richtungen am Axon ausbreiten. Trotzdem läuft normalerweise das Aktionspotential nur in eine Richtung. Dort, wo gerade ein Aktionspotential gebildet wurde, befindet sich die Axonmembran noch in der *Refraktärzeit*, die Natriumkanäle sind inaktiv und nicht zu öffnen. Nur die vor dem Aktionspotential liegenden aktivierbaren Natriumkanäle können sich öffnen und ein Aktionspotential hervorrufen. Im Organismus

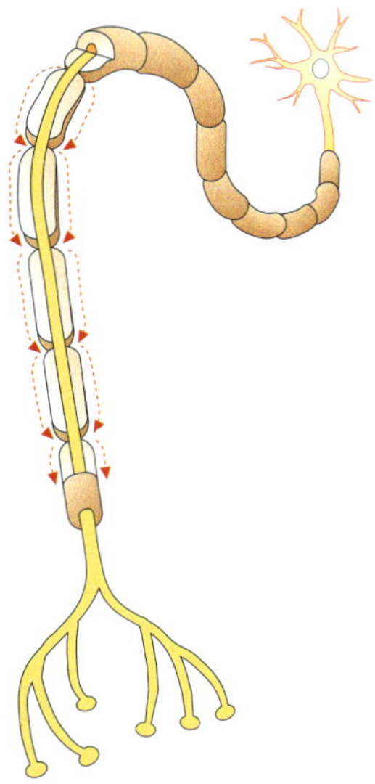

Saltatorische Erregungsleitung

läuft also ein Aktionspotential immer vom Axonhügel zu den Endknöpfchen. Axone sind „Einbahnstraßen".

Schnelle Reaktionen, z. B. bei der Jagd oder bei der Flucht, sichern das Überleben eines Tieres. In der Evolution haben sich zwei Mechanismen zur schnelleren Fortleitung der Aktionspotentiale entwickelt. Die Vergrößerung des Axondurchmessers vermindert den elektrischen Widerstand entlang der Axonmembran und bewirkt so bei der Depolarisation der Nachbarstellen durch ein elektrisches Feld ein schnelleres Erreichen des Schwellenwertes. Dadurch wird dort schneller ein Aktionspotential aufgebaut, die Fortleitungsgeschwindigkeit ist gegenüber dünneren Axonen erhöht.

Saltatorische Erregungsleitung

Sehr hohe Fortleitungsgeschwindigkeiten findet man bei *myelinisierten Axonen*. Nur an den nicht myelinisierten Schnürringen bilden sich Aktionspotentiale aus, da sich nur hier spannungsgesteuerte Natrium-Ionenkanäle befinden. Die myelinisierten Bereiche werden von den Aktionspotentialen scheinbar fast ohne zeitliche Verzögerung übersprungen. Man spricht daher von einer *saltatorischen Erregungsleitung* (Abb. 224.3).

saltatorisch
lat. *saltus* = der Sprung

Die Membranen der Gliazellen sind in vielen Schichten um das Axon gewickelt. Die Lipide der Membranen *(Myelinschicht)* isolieren elektrisch sehr gut und sorgen daher für eine extrem geringe Leitfähigkeit quer durch die Membran. Dadurch breitet sich das elektrische Feld bei einer Depolarisation sehr schnell und nur wenig abgeschwächt längs aus und depolarisiert die Membran am nächsten Schnürring sehr rasch. Da dort auch sehr viele Natriumkanäle liegen (bis 12000 pro μm^2 statt „nur" 500 im unmyelinisierten Neuron), erfolgt auch die Spannungsänderung bei der Entstehung des Aktionspotentials schnell. Da die Schnürringe etwa 2 mm Abstand haben und nur dort die zeitaufwändigere Verstärkung des Aktionspotentials auf den Ausgangswert erfolgt, beobachtet man bei Axonen des Menschen Fortleitungsgeschwindigkeiten bis zu 180 m/s.

Die saltatorische Erregungsleitung ist nicht nur in zeitlicher Hinsicht der kontinuierlichen überlegen. Da geringere Axondurchmesser ausreichen, wird Material eingespart. Nur dünne Axone ermöglichen die Entstehung komplexer Nervensysteme wie des Gehirns auf kleinem Raum. Auch der Energiebedarf ist geringer.

Aufgaben

① Erklären Sie, warum die saltatorische Erregungsleitung weniger Energie benötigt als die kontinuierliche.

② Im Experiment wird ein präpariertes Axon in der Mitte überschwellig gereizt. Wie unterscheidet sich die Erregungsleitung in diesem Versuch von der unter natürlichen Verhältnissen?

Zettelkasten

Ionenkanäle gesucht — die Patch-Clamp-Technik

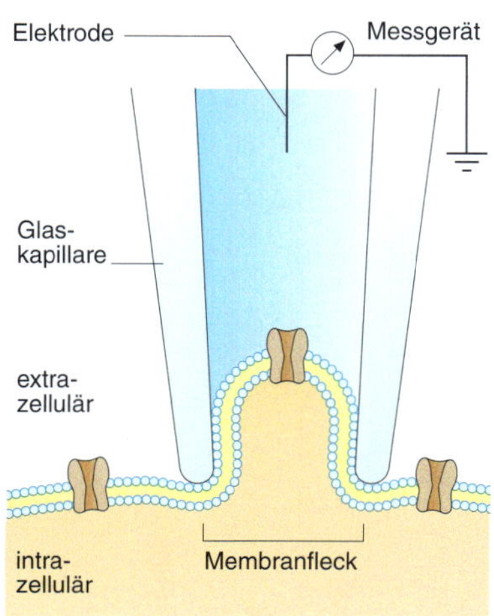

1991 erhielten die beiden deutschen Wissenschaftler E. NEHER und B. SAKMANN den Nobelpreis für die Entwicklung dieser Technik. Sie ist bei allen Zellarten anwendbar, bei Pflanzenzellen wird dafür allerdings zuerst die Zellwand entfernt. Die Zelle wird mit einer Haltepipette angesaugt. Mit einer Mikropipette kann man eine winzig kleine Membranfläche isolieren und die Ionenbewegung durch einen einzigen Ionenkanal oder eine Ionenpumpe analysieren. Eine künstliche Stromzufuhr gleicht die natürlichen Ionenströme aus und hält so das Potential der Zelle auf einem gewünschten Wert konstant. Der künstliche Strom wird gemessen, er ist dem natürlichen Strom durch die Membran entgegengesetzt gleich. So konnte man z. B. feststellen, dass beim Aktionspotential ein Natriumkanal ca. 0,7 ms lang offen ist und etwa 10000 Ionen passieren lässt.

Vom Reiz zum Aktionspotential

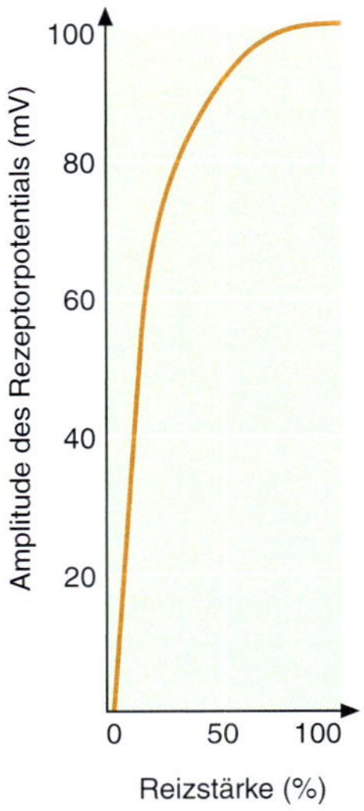

Reize aus der Umwelt und dem Körper müssen in die Sprache des Nervensystems übersetzt werden. Als *Rezeptorzellen* findet man bei Menschen und Tieren häufig spezialisierte Neurone, die *primären Sinneszellen*. Dazu gehören beispielsweise die *Muskelspindeln* in unseren Muskeln, die parallel zu den Muskelfasern liegen (Abb. 1). Diese reagieren auf die Kontraktion einzelner Muskelfasern. Das dient der Regulation der Muskelkontraktion bei der Bewegung.

Wird die Muskelfaser gedehnt, so werden die Muskelspindeln ebenfalls gedehnt. Im sensorischen Neuron werden daraufhin Na^+-Ionenkanäle geöffnet. Na^+-Ionen können in das Axon diffundieren, die Membran wird depolarisiert. Diese Depolarisation wird *Rezeptorpotential* genannt. In dieser spezialisierten Region liegen jedoch keine spannungsabhängigen Na^+-Ionenkanäle, die zur Auslösung eines Aktionspotentials führen könnten.

Spannungsabhängige Ionenkanäle findet man nur im Bereich des Axons. Das Rezeptorpotential ist daher ein lokales Potential, es wird elektrotonisch weitergeleitet. Das elektrische Feld breitet sich über die Membran aus. Erst wenn im Bereich der spannungsabhängigen Na^+-Ionenkanäle der Schwellenwert erreicht wird, wird dort ein Aktionspotential ausgelöst (Abb. 1), das weitergeleitet werden kann.

Bei einer hohen Reizstärke, einer starken Dehnung der Muskelfaser, ist die Amplitude des Rezeptorpotentials höher als bei einem schwachen Reiz, da durch mehr geöffnete Ionenkanäle mehr Na^+-Ionen diffundieren können. Die Amplitude des Rezeptorpotentials steigt im Anfangsbereich linear mit der Reizstärke (s. Randspalte). Amplitude und Dauer des Rezeptorpotentials bestimmen die Frequenz und den Zeitraum der ausgelösten Aktionspotentiale. Im einfachsten Fall führt ein stärkerer Reiz zu einer höheren Frequenz der Aktionspotentiale. Die Reizstärke wird also durch die Frequenz codiert (Abb. 1). Bei längerer Reizdauer sinkt die Amplitude des Rezeptorpotentials und damit auch die Aktionspotentialfrequenz.

Aufgaben

① Weshalb gilt das Alles-oder-Nichts-Gesetz nicht für das Rezeptorpotential?

② Erklären Sie anhand der Abbildungen den Zusammenhang zwischen Reizstärken und Rezeptor- bzw. Aktionspotentialen und beschreiben Sie den Einfluss der Reizdauer.

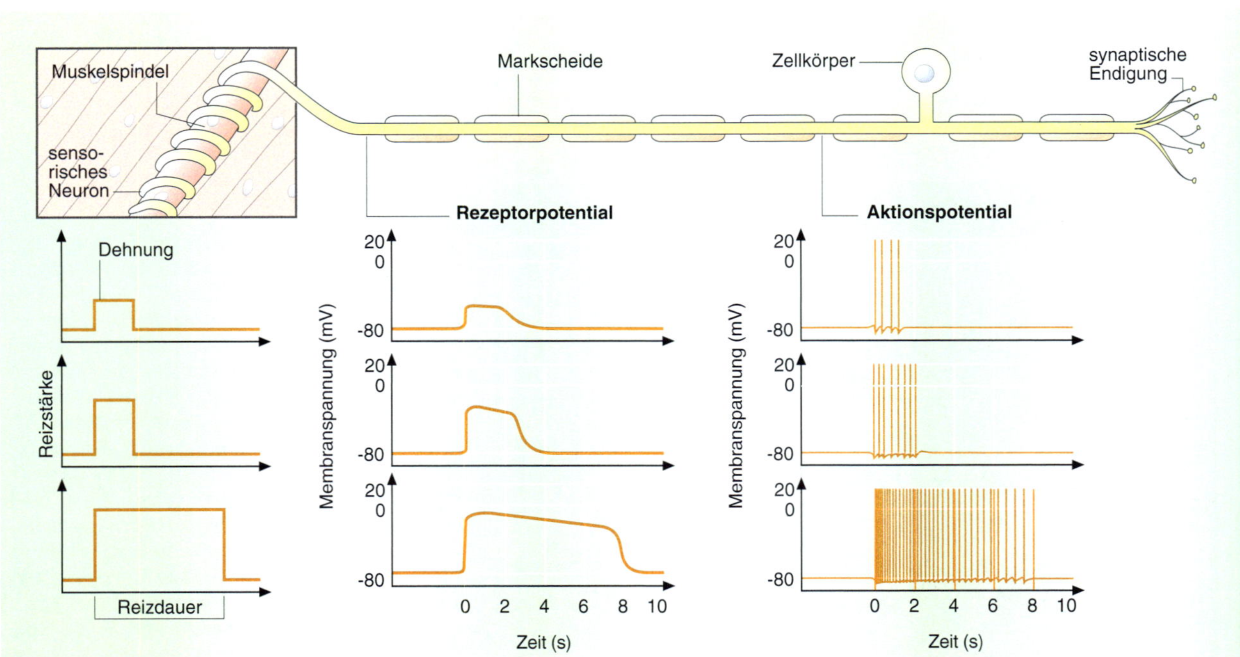

1 Codierung

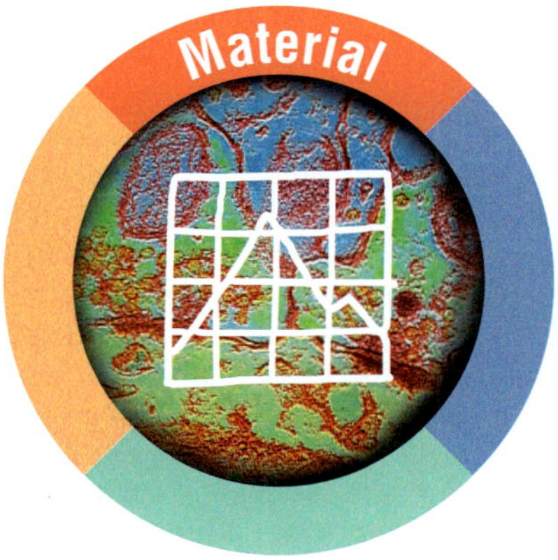

Neurone

K^+-Konzentration und Ruhepotential

Experimentell kann die K^+-Konzentration extrazellulär leicht verändert werden, indem das Axon in verschiedene Badelösungen getaucht wird. Es wird jeweils das Ruhepotential gemessen.

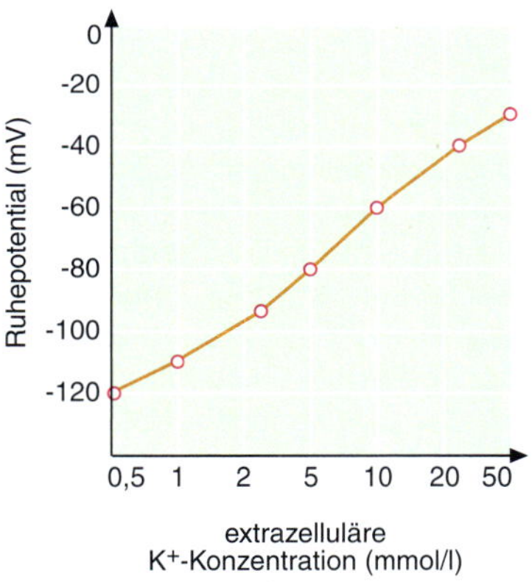

1 Einfluss der K^+-Konzentration

Aufgabe

① Beschreiben Sie die Ergebnisse (Abb. 1) und erklären Sie sie auf molekularer Ebene.

Einfluss der Na^+-Konzentration

An isolierten Axonen wird die Na^+-Konzentration der Badelösung schrittweise verringert. Dabei werden die Na^+-Ionen durch Glucosemoleküle ersetzt. Die Aktionspotentiale werden jeweils ausgelöst und registriert. In Abbildung 2 werden Veränderungen im Vergleich zur Amplitude eines Aktionspotentials unter normalen Bedingungen aufgetragen.

Aufgaben

② Zeichnen Sie ein typisches Aktionspotential und tragen Sie die Veränderungen durch die Verringerung der extrazellulären Na^+-Ionenkonzentration ein.

③ Erklären Sie die Beobachtungen mithilfe der Ionentheorie des Aktionspotentials.

④ Was würde passieren, wenn die Na^+-Ionen nicht durch Glucosemoleküle ersetzt würden?

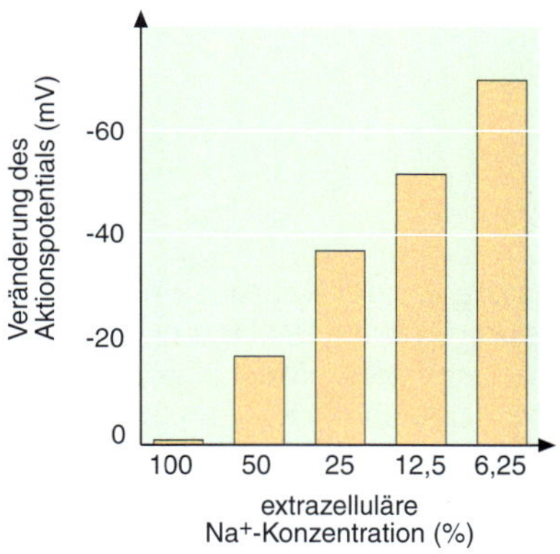

2 Einfluss der Na^+-Konzentration

Vergiftung von Neuronen

Cyanide sind stark giftig, weil sie u. a. die Atmungskette blockieren, sodass kein ATP zur Verfügung gestellt werden kann. Gibt man Cyanide auf Neurone, sind zunächst noch Aktionspotentiale auslösbar. Schließlich können sie aber nicht mehr ausgelöst werden. Zugleich wird das Ruhepotential kleiner.

Aufgabe

⑤ Begründen Sie die Wirkung von Cyaniden auf Neurone.

Leitungsgeschwindigkeit

Die Leitungsgeschwindigkeit eines Nervs am Unterarm wird bestimmt, indem nacheinander je ein kleiner Stromstoß im Ellenbogen und am Handgelenk gesetzt werden (Abb. 3). Die Stellen liegen 27 cm voneinander entfernt. Die Wirkung der ausgelösten Aktionspotentiale wird am Daumenmuskel extrazellulär als Muskelaktionspotential abgeleitet. Auch Muskelzellen zeigen ein Aktionspotential.

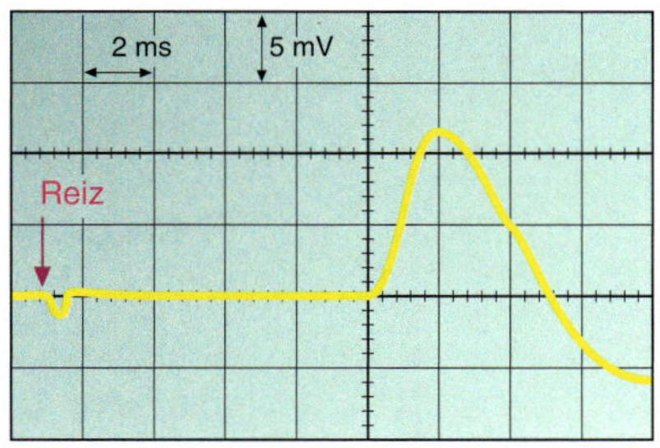

a) nach Reiz am Ellenbogen

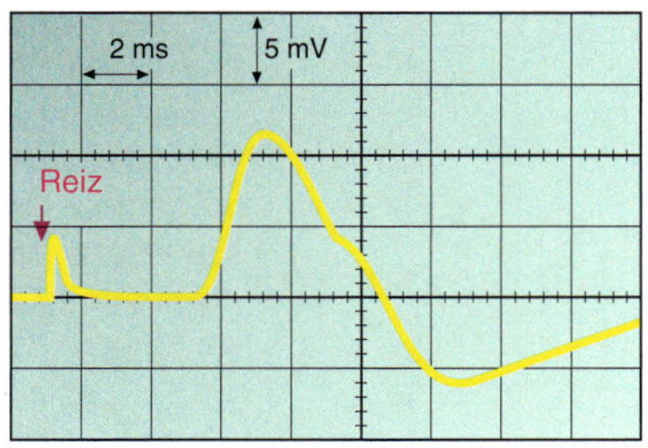

b) nach Reiz am Handgelenk

3 Leitungsgeschwindigkeit

Aufgaben

⑥ Berechnen Sie aus den dargestellten Messergebnissen die Leitungsgeschwindigkeit.

⑦ In der nebenstehenden Tabelle sind Beispiele für die mittlere Leitungsgeschwindigkeit unterschiedlicher Neurone angegeben. Leiten Sie aus den Daten die Faktoren ab, welche die Geschwindigkeit der Erregungsleitung beeinflussen und begründen Sie.

Nervenfasertyp	Faserdurchmesser (µm)	mittlere Leitungsgeschwindigkeit (m/s)	Beispiele
nicht myelinisiert	1	1	langsame Schmerzfaser (Säuger)
	700	25	Riesenfaser (Tintenfisch)
myelinisiert	3	15	sensorische Fasern von Mechanorezeptoren des Muskels (Säuger)
	9	60	Berührungsempfindungen der Haut
	13	80	sensorische Faser von den Muskelspindeln (Säuger)
	13	30	Faser im Rückenmark (Frosch)

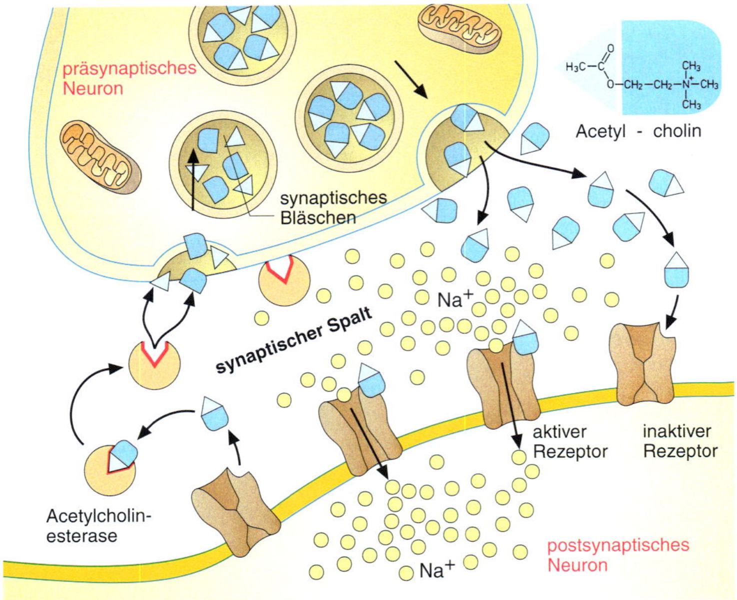

1 Funktionsschema einer Synapse

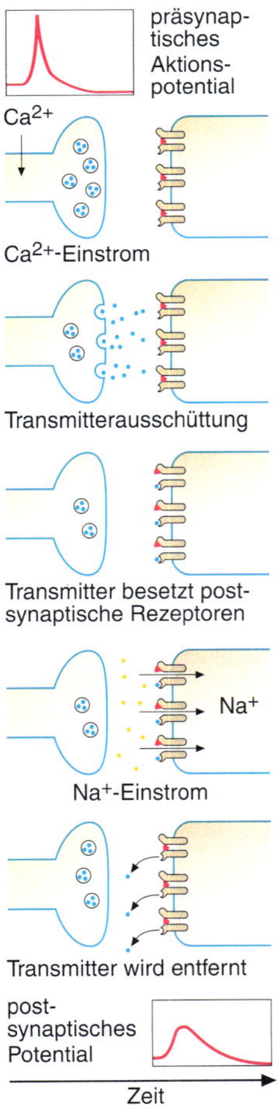

Synapsen

Die Verbindungsstelle eines Neurons mit einem anderen Neuron bzw. eines Neurons mit einer Drüsen- oder einer Muskelzelle wird *Synapse* genannt. An ihnen können Erregungen übertragen werden. Eine Synapse besteht aus dem *Endknöpfchen*, einem verdickten Axonende, und einem nur elektronenmikroskopisch sichtbaren Spalt, dem *synaptischen Spalt,* sowie dem gegenüber liegenden Membranbereich der folgenden Zelle. Die Zelle und deren Teile vor dem synaptischen Spalt werden *präsynaptisch* genannt, die dahinter *postsynaptisch*.

In den Endknöpfchen befinden sich membranumhüllte Bläschen, die *synaptischen Bläschen*. Sie enthalten winzige Mengen eines Überträgerstoffes *(Transmitter),* z.B. das *Acetylcholin*. Erreicht ein Aktionspotential das Endknöpfchen einer Nervenzelle, öffnen sich dort spannungsabhängige Calciumionenkanäle, sodass Calciumionen mit dem Konzentrationsgefälle einströmen. Dadurch wandern synaptische Bläschen zur präsynaptischen Membran und verschmelzen mit ihr. Die Transmittermoleküle werden in den synaptischen Spalt freigesetzt und verteilen sich durch Diffusion. Die Übertragung des Aktionspotentials erfolgt also nicht elektrisch, sondern chemisch.

In der postsynaptischen Membran befinden sich Rezeptorproteine, zu denen die Transmittermoleküle wie ein Schlüssel zum Schloss passen. Rezeptor und Transmitter gehen eine kurzfristige Bindung ein, die vorübergehend zu einer Formveränderung des Rezeptorproteins führt. Dadurch öffnet sich im Falle des Acetylcholins ein Natriumionenkanal, der mit dem Rezeptorprotein gekoppelt ist. Natriumionen strömen in die postsynaptische Zelle ein, wodurch diese depolarisiert wird. Je mehr Transmittermoleküle abgegeben werden, desto mehr Ionenkanäle werden geöffnet und desto stärker ist die Depolarisation. (→ 200/201)

Nach kurzer Zeit werden die Transmittermoleküle von einem Enzym gespalten und die unwirksamen Spaltprodukte in das Endknöpfchen zur erneuten Synthese aufgenommen. Würden die Transmitter nicht aus dem synaptischen Spalt entfernt, käme es zu einer Dauererregung der postsynaptischen Nervenzelle.

Im Bereich des Zellkörpers sind keine spannungsabhängigen Ionenkanäle vorhanden, sondern nur am Axonhügel sowie am Axon. Wenn die Depolarisation am Axonhügel eine bestimmte Schwelle überschreitet, kann sie dort ein Aktionspotential auslösen. Sie wird daher *erregendes postsynaptisches Potential (EPSP)* genannt.

Aufgaben

① Erklären Sie den Unterschied zwischen den Natriumionenkanälen in der Axonmembran und am synaptischen Spalt.

② Welche Bedeutung hat die hohe Geschwindigkeit, mit der im synaptischen Spalt Transmittermoleküle gespalten werden (50 Moleküle/ms)?

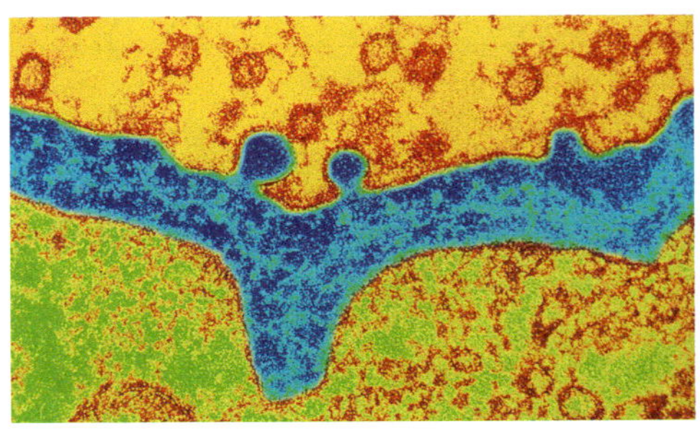

2 Colorierte EM-Aufnahme einer Synapse

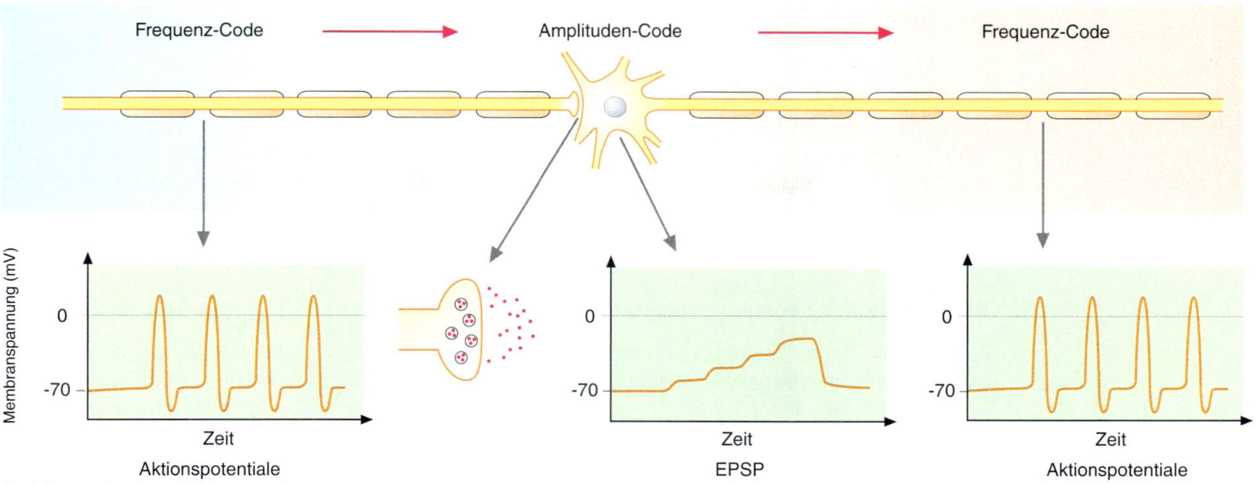

1 Informationscodierung

Codewechsel bei der Informationsleitung

Aufgabe

① Ordnen Sie dem Schema die Begriffe analoge und digitale Codierung zu.

Im Axon wird Information in Form von Aktionspotentialen weitergeleitet. Die Dauer und die Intensität des Reizes sind in der Anzahl der Aktionspotentiale pro Zeiteinheit (Frequenz) verschlüsselt. Es handelt sich um einen *Frequenz-Code*.

Erreicht ein Aktionspotential eine Synapse, werden Transmittermoleküle in den synaptischen Spalt abgegeben und die postsynaptische Zelle wird depolarisiert. Je schneller die Aktionspotentiale aufeinander folgen, desto mehr Transmittermoleküle werden freigesetzt und desto höher ist das EPSP. Die in der Aktionspotentialfrequenz verschlüsselte Information wird so in eine Transmitterausschüttung bzw. ein EPSP umcodiert. Da nun die Amplitude, d.h. die Transmittermenge bzw. die Potentialhöhe, variabel ist, spricht man von einem *Amplituden-Code*. Das EPSP führt am Axonhügel wiederum zur Entstehung fortgeleiteter Aktionspotentiale. Bei der Informationsübertragung von einem Neuron auf das nächste wird also mehrfach umcodiert.

Die Informationsweiterleitung in frequenzcodierter Form ist sicherer als bei Amplituden-Codierung, da die Potentialhöhe bei einer Weiterleitung über lange Strecken leicht abgeschwächt werden könnte und damit die Information verfälscht würde.

Zettelkasten

Neuromuskuläre Synapse — Motorische Endplatte

Über eine motorische Nervenzelle werden Aktionspotentiale zum Muskel geleitet. Der Muskel kontrahiert. Das Bindeglied zwischen Nervenzelle und Muskel ist eine spezifische Synapse, die *Motorische Endplatte*.

Motorische Endplatten sind größer als die Synapsen zwischen zwei Neuronen, ihr Aufbau ist jedoch prinzipiell gleich. Auch hier werden durch Aktionspotentiale Transmittermoleküle *(Acetylcholin)* freigesetzt, die an der postsynaptischen Membran — hier ist es die Muskelfasermembran — Natriumionenkanäle öffnen. Der Natriumionen-Einstrom führt zu einer Depolarisation der Muskelfasermembran. Diese löst ein Aktionspotential aus, das sich über die Fasermembran fortpflanzt.

Aktionspotentiale bewirken den Einstrom von Calciumionen in das Plasma der Muskelfaserzelle. Die freigesetzten Calciumionen ermöglichen die Bindung von *Aktin* und *Myosin*. Ein Ineinandergleiten dieser Filamente führt zur Kontraktion der Muskelfaser (s. Seite 80).

Synapsengifte

Für Pflanzen und Tiere ist es oft ein Vorteil, Gifte als Fraßschutz oder zum Beutefang herstellen zu können. Sehr gut untersucht sind inzwischen viele schnell wirkende Gifte, die auf die Motorische Endplatte, also die Erregungsübertragung zwischen Nerven- und Muskelzelle, einwirken.

Veränderte Acetylcholin-Freisetzung

Das Bakterium *Clostridium botulinum* lebt anaerob, z. B. in schlecht konservierten Nahrungsmitteln wie Fisch-, Fleisch- oder Bohnenkonserven. Befallene Dosen erkennt man an der Wölbung des Deckels durch die bei der Gärung entstehenden Gase. *Botulinumtoxin* ist eines der stärksten bekannten Gifte. 0,01 mg in der Nahrung, 0,003 mg in der Blutbahn wirken tödlich. Symptome wie Kopfschmerzen oder Muskelschwäche setzen nach 4 bis 24 Stunden ein. Der Tod erfolgt durch Atemlähmung oder Herzstillstand. Kochen macht das Gift unwirksam.

Botulinumtoxin zersetzt ein Protein in der Membran der synaptischen Bläschen, das ihnen die Verschmelzung mit der präsynaptischen Membran bei der Ausschüttung des Transmitters Acetylcholin in den synaptischen Spalt ermöglicht. Dadurch wird die Ausschüttung gehemmt. Aktionspotentiale können nicht mehr vom Nerv auf die Muskeln übertragen werden. Botulinumtoxin wird inzwischen auch medizinisch bei krankhaften Verkrampfungen oder in der kosmetischen Medizin sogar als Mittel gegen Faltenbildung angewendet.

Das Gift der *Schwarzen Witwe*, einer Spinne der Gattung *Latrodectes*, führt zu Schüttelfrost, Schmerzen und Atemnot. Manchmal tritt der Tod durch Atemlähmung ein. Das Gift bewirkt die gleichzeitige Entleerung aller synaptischen Bläschen der Motorischen Endplatten in den synaptischen Spalt.

Blockade des Acetylcholin-Rezeptors

Coniin, das Gift des *Gefleckten Schierlings (Conium maculatum)*, verursacht bei vollem Bewusstsein eine schlaffe Lähmung und schließlich den Tod durch Versagen der Atemmuskulatur. Platon beschrieb den Tod des Sokrates, der den *Schierlingsbecher* nehmen musste. Der Wirkstoff bindet reversibel an Rezeptormoleküle für Acetylcholin, ohne die Natriumionenkanäle zu öffnen.

Suxamethonium, eine dem Acetylcholin ähnliche Substanz, bewirkt eine Verkrampfung durch Dauerdepolarisation. Sie öffnet die Natriumionenkanäle, wird aber wesentlich langsamer durch die Acetylcholinesterase abgebaut als Acetylcholin.

Hemmung der Acetylcholinesterase

Alkylphosphate sind organische Phosphorsäureester und Bestandteil von Insektiziden, Weichmachern in Kunststoffen und von chemischen Kampfstoffen *(Tabun, Sarin)*. Einige hemmen die Acetylcholinesterase irreversibel. Es kommt zur Verkrampfung der Skelettmuskulatur durch Dauerdepolarisation und zum Tod durch Atemlähmung.

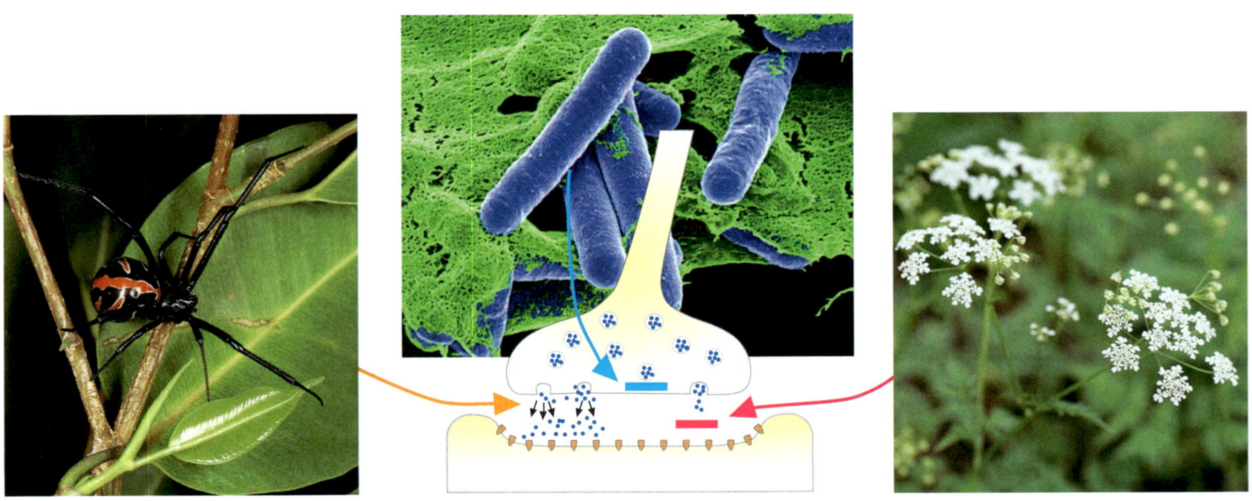

1 Clostridium botulinum, Schwarze Witwe und Schierling

Synapsengifte als Arzneimittel

Myasthenia gravis

Myasthenia gravis bedeutet schwere Muskelschwäche. Die Patienten leiden unter Ermüdungserscheinungen der Skelettmuskulatur, die sich im Laufe des Tages und vor allem unter körperlicher Belastung verstärken, sich aber bei Ruhe wieder bessern.

Den Patienten sinken die Augenlider herab oder ihre Mimik ist gestört, manche haben Probleme beim Sprechen. Bei schweren Formen weiten sich die Symptome auf Schultern, Arme und Beine aus. Selten auftretende myasthenische Krisen können durch Versagen der Schluck- und Atemmuskulatur tödlich enden.

Betroffen sind etwa 5 bis 7 von 100 000 Menschen. Bei ihnen ist die Erregungsübertragung zwischen Nervenzellen und Muskelzellen gestört. Ursache ist eine so genannte *Autoimmunerkrankung*: Das Immunsystem bildet Antikörper gegen Acetylcholinrezeptoren, sodass diese blockiert werden. Auf Grundlage dieser Kenntnisse wurden neue Therapieverfahren entwickelt. Die Behandlungsmöglichkeiten sind günstig, viele Patienten sind annähernd symptomfrei und können einen Beruf ausüben.

Aufgaben

① Erläutern Sie die Zusammenhänge zwischen der Bildung von Antikörpern, die sich gegen den Acetylcholinrezeptor richten, und dem Auftreten der oben beschriebenen Symptome.
② Schlagen Sie auf dieser Grundlage mögliche medikamentöse Behandlungsmethoden vor.
③ Informieren Sie sich z. B. im Internet über gängige Therapieverfahren und erläutern Sie diese.

Wirkort von Curare

Curare ist ein Gemisch verschiedener Pflanzengifte, mit dem Indianer Südamerikas die Spitzen ihrer Jagdpfeile bestreichen. Gelangt das Gift in den Blutstrom des Beutetieres, kommt es zu einer Lähmung der Skelettmuskulatur. Eine Vergiftung beim Verzehr des Fleisches wird durch dessen Erhitzung vermieden. Das Gift zerfällt dabei.

Die Frage nach dem Wirkort von Curare klärt das im Folgenden beschriebene historische Experiment, das 1857 von Claude Bernard durchgeführt wurde.

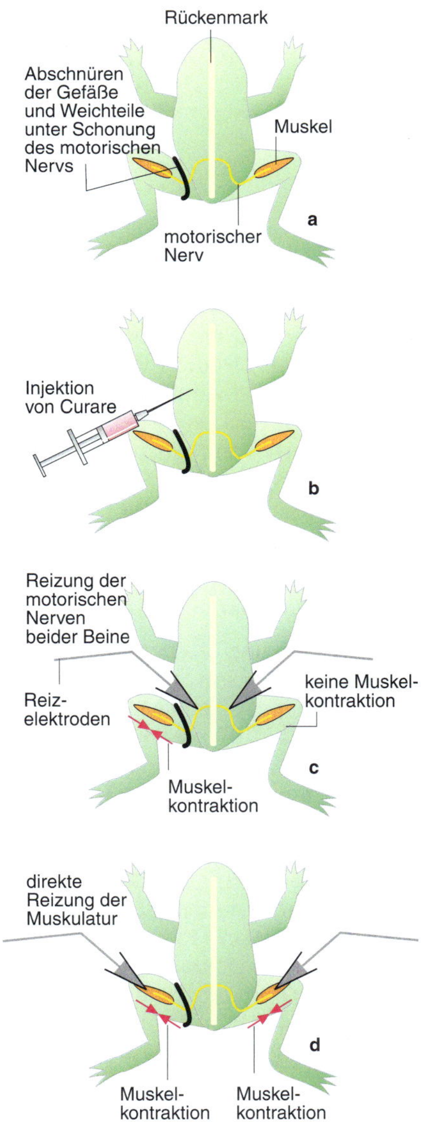

Aufgaben

④ Beschreiben Sie das Experiment und seine Ergebnisse.
⑤ Welche Aussage über Wirkort und Wirkungsweise von Curare können Sie machen? Begründen Sie.

„Synapsengifte" in der Medizin

Der isolierte Wirkstoff *Tubocurarin* wird bei chirurgischen Eingriffen zur Muskelerschlaffung eingesetzt. Er ermöglicht es beispielsweise, die Atembewegungen des Patienten bei Operationen am offenen Brustkorb auszuschalten.

Nach Beendigung der Operation kann diese muskelerschlaffende Wirkung durch Injektion der Substanz *Neostigmin* wieder aufgehoben werden. Neostigmin ist ein Alkylphosphat, das reversibel an die Acetylcholinesterase bindet und dessen Wirkung nur für kurze Zeit unterbricht.

Aufgaben

⑥ Welche Eigenschaften eines synaptischen Hemmstoffs sind eine wesentliche Voraussetzung für einen therapeutischen Einsatz?
⑦ Was spricht gegen die Verwendung beliebiger Alkylphosphate, um die Wirkung von Tubocurarin aufzuheben?
⑧ Was können Sie aufgrund der Wirkung von Neostigmin über den Wirkort von Curare bzw. Tubocurarin aussagen? Begründen Sie.

Atropin ist das Gift der Tollkirsche *(Atropa belladonna)* und anderer Nachtschattengewächse. Es besetzt und blockiert so die Natriumionenkanäle in den Synapsen des Herzens und weiterer innerer Organe, aber auch in der Irismuskulatur des Auges, die die Iris zusammenzieht und damit die Pupille verkleinert.

Aufgaben

⑨ Wieso wird Atropin häufig vor Augenuntersuchungen auf das Auge getropft?
⑩ Geweitete Pupillen signalisieren anderen Menschen Aufmerksamkeit und machen eine Person „sympathischer". Erklären Sie daraus die Bezeichnung „belladonna" für das Gift der Tollkirsche.
⑪ Atropin wird aber auch als Gegenmittel bei einer Vergiftung mit einem Acetylcholinesterase-Hemmstoff gegeben. Erläutern Sie.

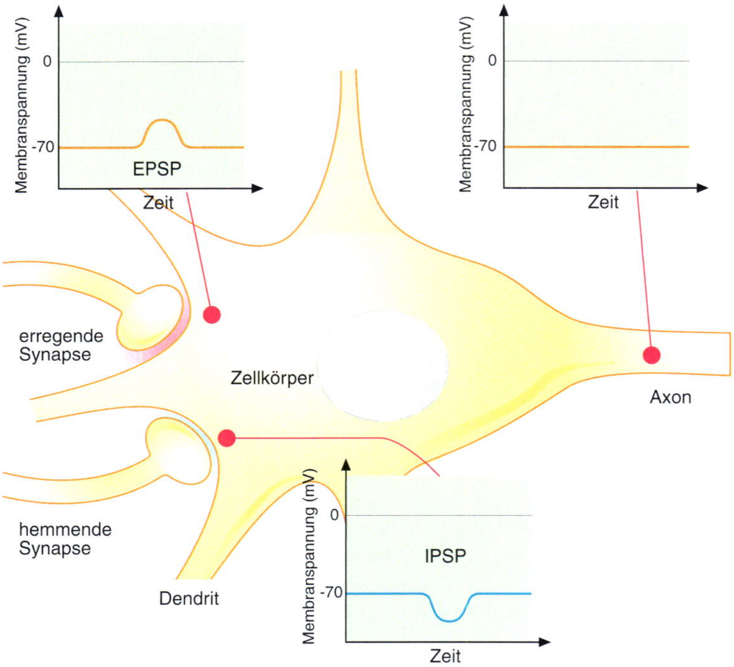

1 Erregende und hemmende Synapse

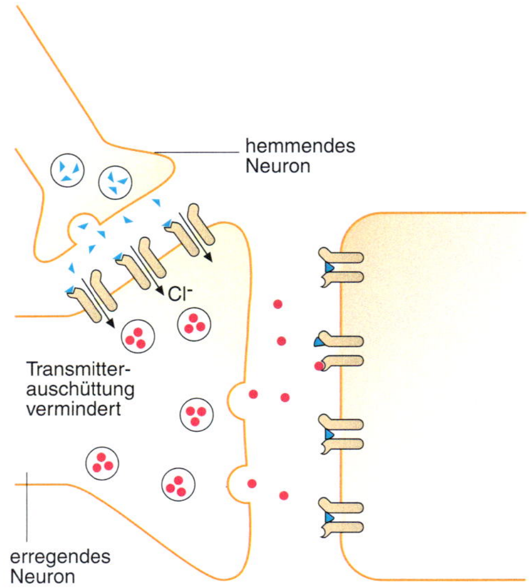

2 Präsynaptische Hemmung

Nervenschaltungen – Verrechnungsprozesse an Synapsen

Ein Neuron im Zentralnervensystem ist nicht wie eine Muskelfaserzelle mit nur einem vorgeschalteten anderen Neuron verbunden, sondern empfängt und verarbeitet Informationen von bis zu 10000 Synapsen. Es verrechnet so die eingehenden Signale. Je nachdem, wie stark es depolarisiert wird, sendet es Aktionspotentiale in verschiedener Frequenz weiter.

Erregende und hemmende Synapsen

Im Nervensystem von Tieren und Menschen findet man bei der Verschaltung von Nervenzellen zwei Typen von Synapsen, die äußerlich nicht zu unterscheiden sind: *erregende* und *hemmende Synapsen*. Neuromuskuläre Synapsen wirken immer erregend. Im Zentralnervensystem kommen erregende und hemmende Synapsen etwa gleich häufig vor. Während erregende Synapsen zu einer Depolarisation führen, bewirken hemmende Synapsen an der postsynaptischen Membran eine *Hyperpolarisation*. Bei der *postsynaptischen Hemmung* setzen die Endknöpfchen Transmitter frei, die die Chloridionenkanäle an der postsynaptischen Membran öffnen. Durch den Einstrom negativ geladener Chloridionen sinkt das Membranpotential unter den Ruhewert und entfernt sich von der Schwelle, ab der ein Aktionspotential ausgelöst werden könnte. Es entsteht ein so genanntes *inhibitorisches postsynaptisches Potential (IPSP)*.

Ein anderer wirkungsvoller Kontrollmechanismus bei der Weiterleitung von Erregungen ist die *präsynaptische Hemmung* (Abb. 2). Hier setzen die hemmenden Synapsen nicht am Zellkörper eines Neurons, sondern am Endknöpfchen einer erregenden Synapse an und bewirken dort eine verminderte Ausschüttung des erregenden Transmitters. Diese Hemmung ist bei der Regulation der Muskelbewegung wichtig. Sie wirkt gezielt auf einzelne Synapsen, z. B. auf die Motorischen Endplatten an den Muskelfasern von Insekten ein. Auch im Rückenmark von Wirbeltieren ist präsynaptische Hemmung von Bedeutung.

Durch einen Chloridioneneinstrom ins Endknöpfchen wird die Amplitude eines ankommenden Aktionspotentials verringert. Durch die geringere Depolarisation wird der Calciumioneneinstrom reduziert und somit die Transmitterfreisetzung vermindert. Das EPSP der weiterleitenden Nervenzelle bleibt

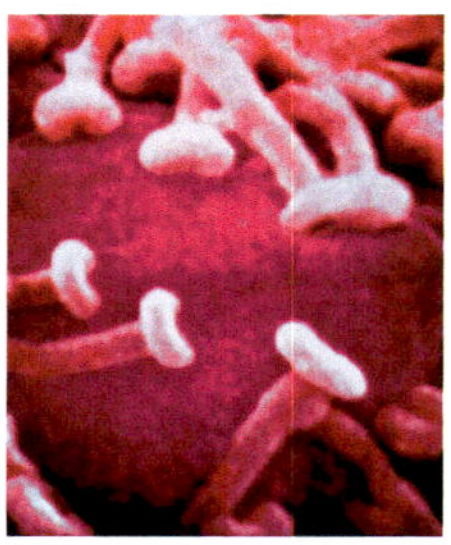

Endknöpfchen auf dem Zellkörper eines Neurons

EPSP
erregendes postsynaptisches Potential

IPSP
inhibitorisches postsynaptisches Potential

inhibitorisch
lat. *inhibere* = hindern, zurückhalten

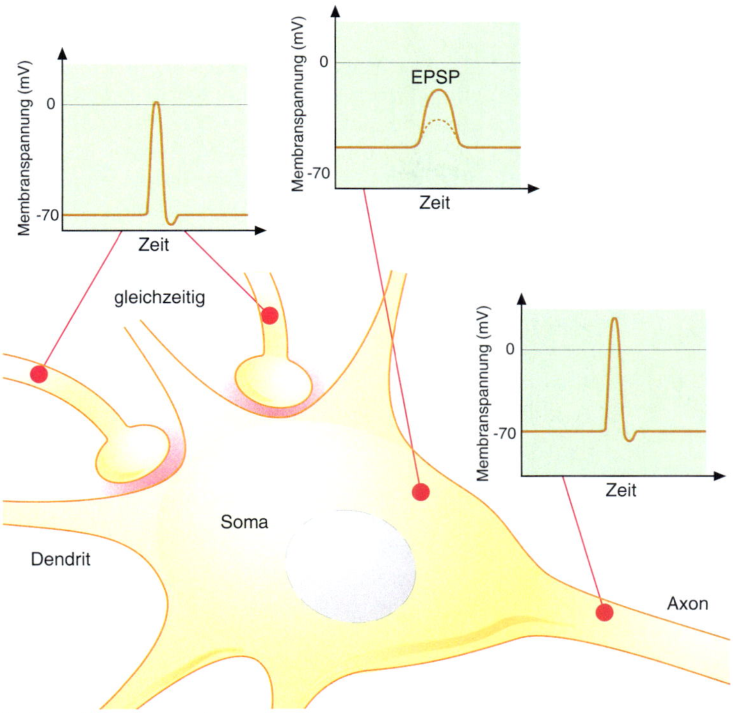

1 Räumliche Summation

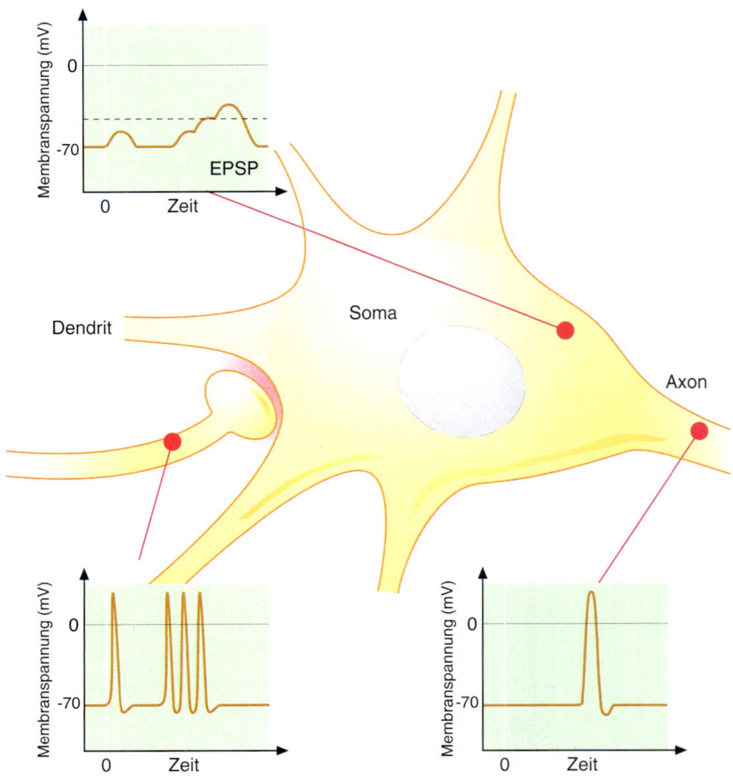

2 Zeitliche Summation

dadurch unter dem Schwellenwert, sodass dort kein Aktionspotential ausgelöst wird (Abb. 232. 2).

Räumliche Summation

Über die Synapsen, die am Zellkörper einer weiterleitenden Nervenzelle liegen, können zur gleichen Zeit viele Erregungen die postsynaptische Nervenzelle erreichen. Werden gleichzeitig mehrere räumlich getrennte erregende Synapsen aktiviert, so lässt sich dies in Form einer größeren Amplitude des EPSP am Zellkörper messen (Abb. 1). Man spricht von einer *räumlichen Summation*. Dies ist mit der größeren Anzahl gleichzeitig ausgeschütteter Transmittermoleküle erklärbar. Bereits ein einzelnes präsynaptisches Aktionspotential bewirkt über die Transmitter an der postsynaptischen Zelle ein EPSP. Häufig reicht das dadurch entstandene elektrische Feld jedoch nicht aus, um am Axonhügel ein Aktionspotential auszulösen. Einzelne Aktionspotentiale werden dann nicht weitergeleitet. Erst die Summation der über mehrere Synapsen ausgelösten Depolarisationen an der Membran des Zellkörpers führt zu einem überschwelligen EPSP am Axonhügel. Durch die Summation vieler eintreffender Aktionspotentiale entsteht am weiterleitenden Axon ein Aktionspotential.

Zeitliche Summation

Gelangen über eine präsynaptische Nervenzelle in einem Zeitraum von einigen Millisekunden nacheinander mehrere Aktionspotentiale an eine Synapse, so lässt sich die Auslösung von Aktionspotentialen am weiterleitenden Axon messen (Abb. 2). Das postsynaptische Potential baut sich nur allmählich ab. Erreicht eine Folge von Aktionspotentialen die Synapse, addiert sich das jeweils folgende Potential zu dem noch vorhandenen. Die Amplitude des entstehenden EPSP ist dadurch bei Übertragung einer schnellen Folge von Aktionspotentialen wesentlich größer als bei einzelnen Aktionspotentialen. Dadurch kann am Axonhügel das Aktionspotential ausgelöst werden. Zeitliche und räumliche Summation sind auf den gleichen Vorgang zurückzuführen. Die Anzahl der Transmittermoleküle ist größer als bei einzelnen Erregungen. Dies führt über die erhöhte Diffusion von Natriumionen zu einem stärkeren EPSP. Umgekehrt können aber auch IPSP das postsynaptische Gesamtpotential verringern und damit das Entstehen von Aktionspotentialen erschweren.

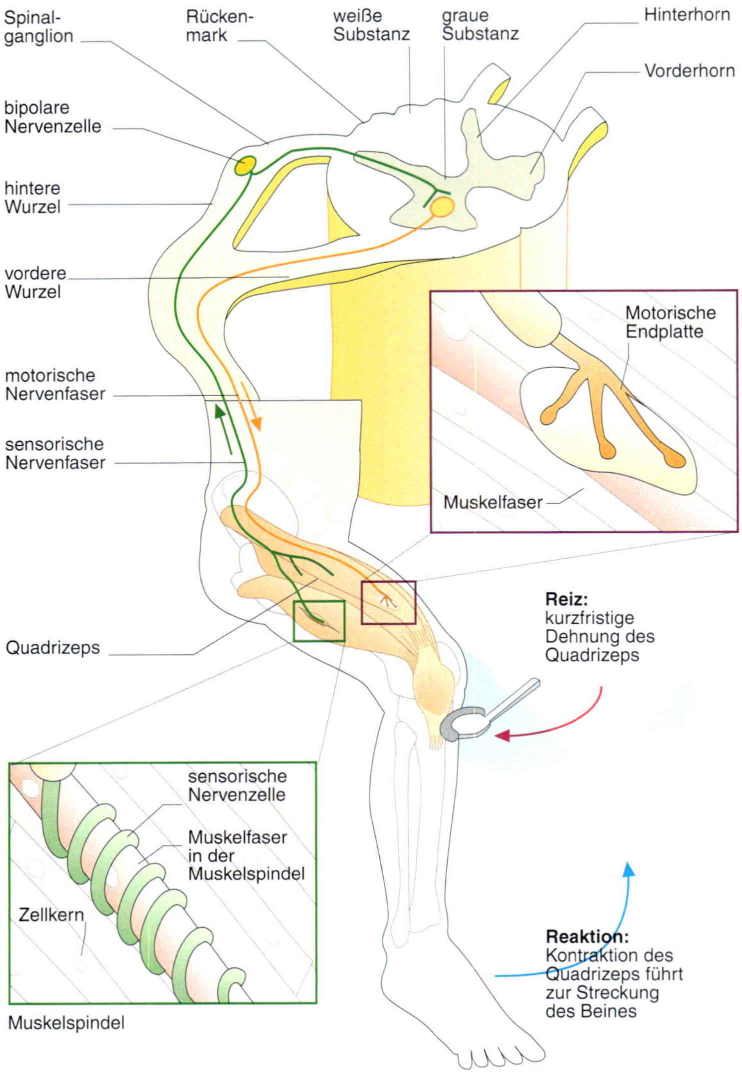

1 Reflexbogen beim Kniesehnenreflex

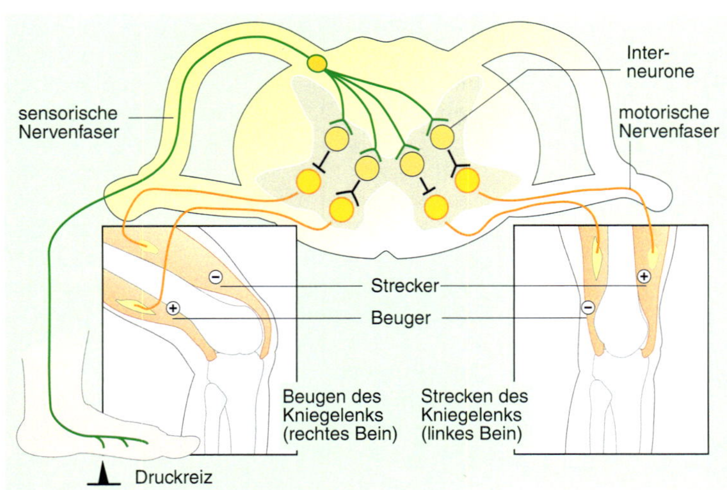

2 Gekreuzter Beuger-Strecker-Reflex

Reflexe

Es gibt eine Reihe einfacher genetisch bedinger Verhaltenselemente, die bei allen Tieren einer Art in gleicher Weise ablaufen. Dazu gehören z. B. Atmen, Husten und das Schließen des Auges bei Herannahen eines Gegenstandes. Diese Verhaltensweisen erfolgen auf einen Reiz hin, ohne dass eine bewusste Steuerung oder spezifische Bereitschaft notwendig ist. Sie heißen *Reflexe*. Ihre Grundlage ist eine einfache Nervenverschaltung, die eine kurze Reaktionszeit ermöglicht. Das ist besonders wichtig bei der Abwehr einer Gefahr, wie zum Beispiel beim Eindringen eines Fremdkörpers in die Luftröhre oder in das Auge.

Ein vorsichtiger Schlag auf ein entspanntes, abgewinkeltes Bein unmittelbar unter der Kniescheibe löst ein unwillkürliches Hochschnellen des Unterschenkels aus (*Kniesehnenreflex*, Abb. 1). In Skelettmuskeln des Menschen findet man Muskelspindeln. Diese Sinneszellen im Inneren des Muskels erzeugen bei Dehnung oder Stauchung des Muskels Rezeptorpotentiale. Über schnell leitende *sensorische Nerven* empfängt das *Rückenmark* die dadurch ausgelöste Erregung. Beim Kniesehnenreflex führt der Schlag über die Sehne zu einer Dehnung des Quadrizepsmuskels. Die sensorischen Neurone sind durch Synapsen direkt mit *motorischen Nerven* verbunden. Deren Aktionspotentiale werden über Motorische Endplatten auf den Quadrizepsmuskel übertragen und bewirken eine Kontraktion, die den Unterschenkel hochschnellen lässt. Da beim Kniesehnenreflex nur eine zentrale Synapse beteiligt ist, nennt man ihn *monosynaptisch*. Das Gehirn erhält nachträglich eine Information über die Reaktion.

Der Reflexbogen als Modell

Das Reflexen zugrunde liegende Prinzip lässt sich anschaulich als *Reflexbogen* darstellen (Abb. 235.1). Er beginnt mit einem Rezeptor, an dem ein Reiz eine Erregung auslöst. Diese wird über sensorische oder afferente Nervenbahnen, also zum Zentralnervensystem führende Neurone, zum Reflexzentrum geleitet. Dort erfolgt die Umschaltung auf motorische oder efferente Bahnen, die zum reagierenden Organ *(Effektor)* führen. Die Reaktionszeiten variieren, da die Elemente unterschiedlich komplex verschaltet sein können. Reflexzentren befinden sich beim Menschen im Rückenmark und im Gehirn, also im Zentralnervensystem. Von dort kann die Möglichkeit einer bewussten Beeinflussung gegeben sein. So kann man begrenzt das Husten unterdrücken, selbst wenn der entsprechende Reiz einwirkt.

Monosynaptische und polysynaptische Reflexe

Tritt man auf einen spitzen Gegenstand, so hebt man unwillkürlich den Fuß und streckt das andere Bein. Bei diesem gekreuzten *Beuger-Strecker-Reflex* (Abb. 234.2) sind Muskeln beider Beine beteiligt. Dazu ist eine Übertragung des sensorischen Signals auf mehrere Motoneurone notwendig; es handelt sich somit um einen *polysynaptischen Reflex*. Während bei monosynaptischen Reflexen eine weitgehend konstante Zeitspanne zwischen Reizung und Reaktion zu messen ist (Kniesehnenreflex ca. 30 ms), kann diese bei polysynaptischen Reflexen zwischen 60 und 200 ms variieren.

Man kann Reflexe auch danach einteilen, ob Reizaufnahme und Reaktion im selben Organ *(Eigenreflexe)* oder in verschiedenen Organen *(Fremdreflexe)* erfolgen. Während der Kniesehnenreflex ebenso wie beispielsweise der *Lidschlussreflex* zu den Eigenreflexen gehört, handelt es sich beim *Husten* um einen Fremdreflex, denn hier erfolgt die Reizaufnahme durch Sinneszellen in der Schleimhaut der Luftröhre, während als Reaktionen Kontraktionen von Zwerchfell und Zwischenrippenmuskulatur auftreten. Diese Muskelbewegungen führen zu einer plötzlichen Erhöhung des Druckes in der Lunge. Dadurch kann ein Fremdkörper aus der Luftröhre gepresst werden.

Reflex
Ein Reiz-Reaktions-Zusammenhang, bei dem ein bestimmter Reiz bei allen Individuen einer Art dieselbe stereotype, nervös ausgelöste unwillkürliche Reaktion hervorruft.

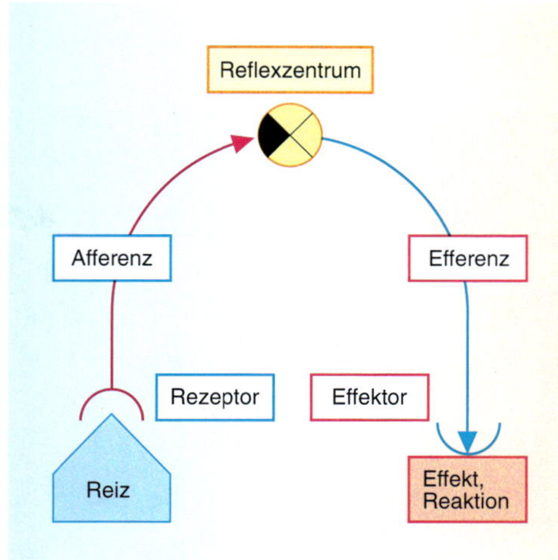

1 Reflexbogen

Aufgaben

① Lösen Sie den Kniesehnenreflex aus. Achten Sie auf die Reihenfolge von Reaktion und bewusster Wahrnehmung.

② Neugeborene zeigen einen Greifreflex, der sich durch Berühren der Handinnenflächen auslösen lässt.
Klassifizieren Sie den Reflex und geben Sie seine biologische Bedeutung an.

③ Der Herzschlag wird beim Menschen durch ständige, periodische Signale eines Muskelknotens *(Sinusknoten)* ausgelöst. Vergleichen Sie diesen Vorgang mit dem Ablauf eines Reflexes.

④ Beschreiben Sie anhand Abbildung 2 die Fortleitung der Erregung beim Reflexbogen.

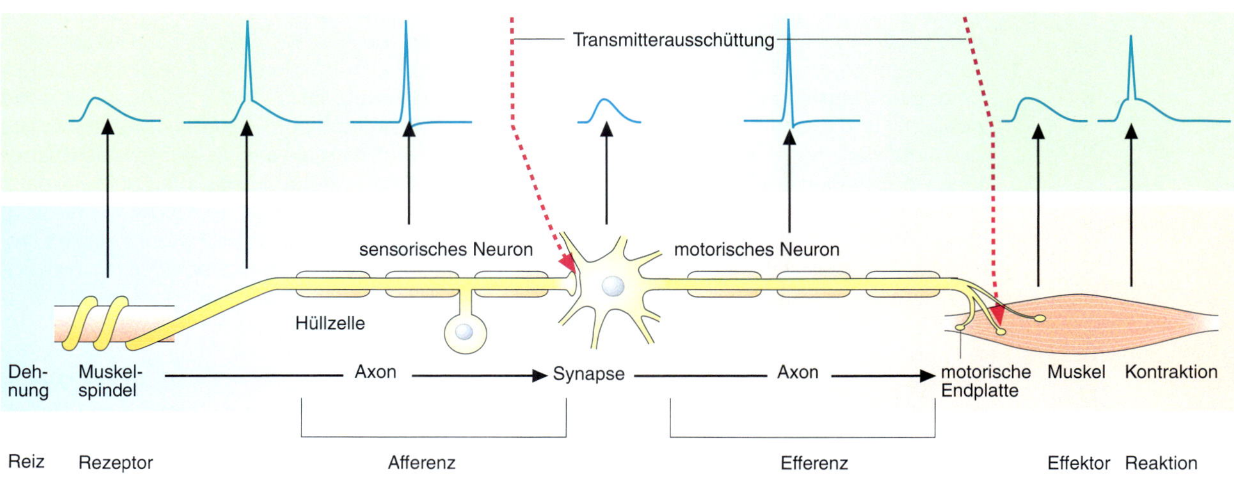

2 Vom Reiz zur Reaktion

1 Sinne des Menschen

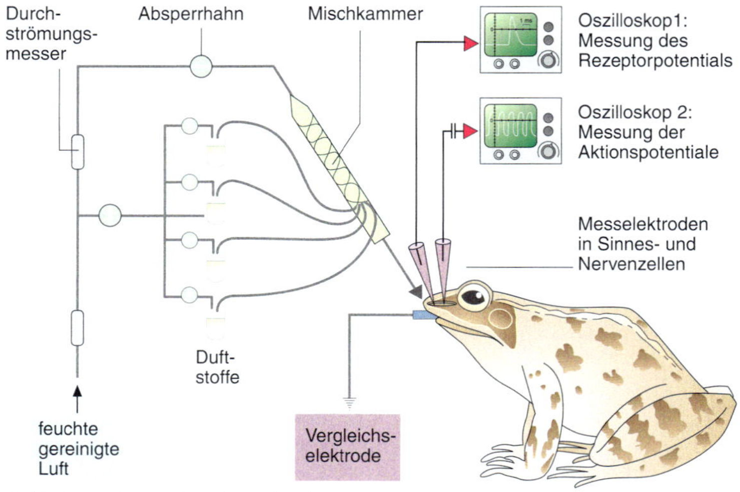

2 Untersuchung des Geruchssinns

Rezeptoren reagieren auf Reize

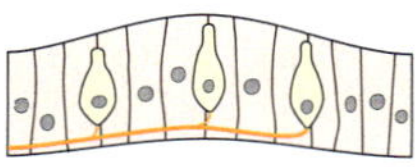

Flachauge

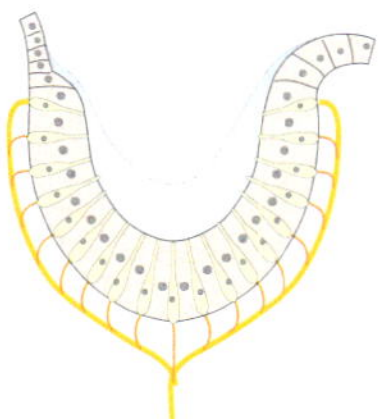

Grubenauge

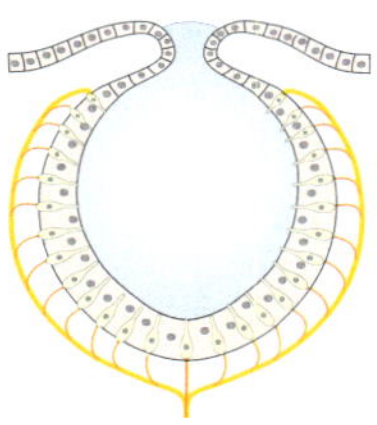

Blasenauge

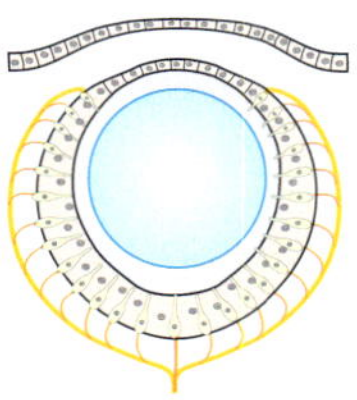

einfaches Linsenauge

Kann man mit den Augen fühlen? Es scheint möglich, wie ein Schlag beweisen könnte: Man sieht „Sternchen“. Dabei ist zweierlei bemerkenswert: Man hat dabei eine Lichtempfindung (Sternchen), aber man muss vergleichsweise hohe Energien aufwenden, um eine Reaktion zu erreichen.

Sinnesorgane übersetzen die Reize der Außenwelt in die „Sprache“ des Nervensystems. Neurone reagieren nur auf elektrische Erregungen. Alle Reizformen müssen zunächst in elektrische Potentiale übersetzt werden. Das ist die Aufgabe der *Rezeptorzellen* in den Sinnesorganen.

Je nach der aufgenommenen Energieform unterteilt man sie in *Chemo-, Mechano-, Foto-, Thermo-* und *Elektrorezeptoren.* Die traditionelle Unterteilung in die „fünf Sinne“ ist subjektiv und unvollständig. Sie berücksichtigt nicht die *enterorezeptiven Sinne* in den inneren Organen, wie z. B. die Muskelspindeln zur Messung der Muskellänge oder die CO_2-Fühler der Arterien. Ein Rezeptor kann zwar auf verschiedene Reize reagieren, aber nur eine bestimmte Reizart, der *adäquate Reiz,* ist in der Lage, schon bei geringsten Reizenergien eine Antwort hervorzurufen. Die Antwort des Rezeptors kann ungleich stärker sein als der Reiz (Signalverstärkung). Sie kann zum Beispiel bei Lichtsinneszellen das 20 000fache der aufgenommenen Lichtenergie erreichen.

Rezeptoren sind meist von Hilfseinrichtungen umgeben, die die Reize aufbereiten (s. Randspalte). Beide bilden ein *Sinnesorgan.* Es kann sehr einfach aufgebaut sein, wie das Grubenauge einer Schnecke, das nur die wichtigsten Grundfunktionen erfüllt, aber auch sehr kompliziert und leistungsfähig sein wie das Linsenauge des Menschen. Je nach der Art der Hilfseinrichtungen können nur Helligkeiten unterschieden, die Lichtrichtung registriert und einfache oder sehr genaue Bilder der Umgebung erkannt werden.

Jede Rezeptorzelle reagiert auf einen Reiz mit dem Öffnen oder Schließen bestimmter Ionenkanäle. Der Reiz löst ein elektrisches Signal aus *(Transduktion).* Das Rezeptorpotential wird umso stärker verändert, je stärker der Reiz ist. *Primäre Sinneszellen,* wie die Muskelspindeln, bilden daraufhin bereits Aktionspotentiale aus. Je größer das Rezeptorpotential, desto höher auch die Frequenz der Aktionspotentiale. *Sekundäre Sinneszellen,* wie die Lichtrezeptoren des Auges, erzeugen ein Rezeptorpotential. Erst in nachgeschalteten Neuronen entstehen Aktionspotentiale.

Über *sensorische Nerven* werden die Signale weiter zum Zentralnervensystem geleitet. Je nach dem Ort der Erregung im Gehirn erleben wir den Sinneseindruck Licht oder Bewegung.

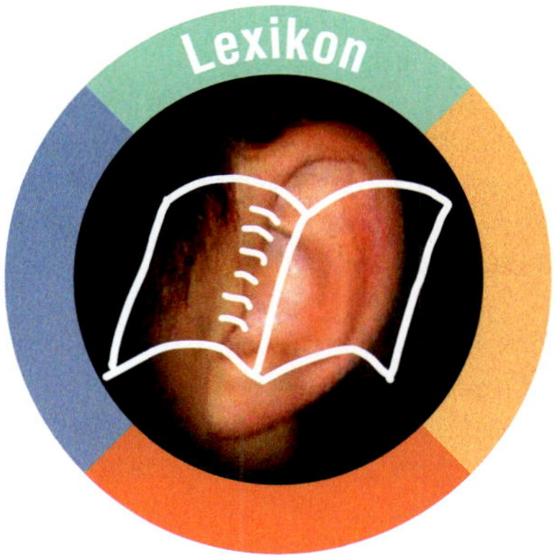

Sinne des Menschen

Mechanische Sinnesorgane

Die Haut verfügt über mehrere Typen von *Mechanorezeptoren*: Die *Merkel-Zellen (1)*, an denen die Verzweigungen markhaltiger Axone enden, sind Intensitätsdetektoren. Sie reagieren bereits, wenn die Haut an entsprechenden Stellen um 10 µm eingedrückt wird, und vermitteln Informationen über Eindrucktiefe und Dauer des Druckreizes. In der behaarten Haut treten sie in Gruppen als *Tastscheiben* auf. Die *Meissner-Körperchen (2)* geben Auskunft über die Geschwindigkeit, mit der der Reiz einwirkt. In der behaarten Haut dienen die *Haarfollikel-Rezeptoren (3)* als *Berührungsrezeptoren*, ihr Ende umwickelt die Haarbasis und reagiert auf Haarverbiegungen. Die *Pacini-Körperchen (4)* adaptieren sehr schnell und sind so zur Wahrnehmung von Vibrationen geeignet.

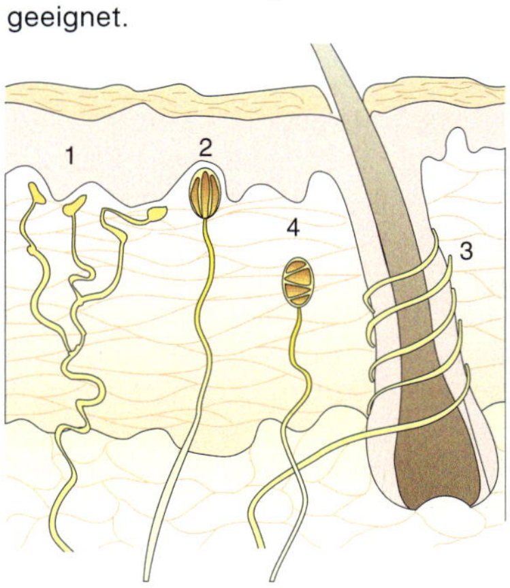

Sinnesorgane des Innenohrs

Die beiden Vorhofbläschen enthalten je ein *Lagesinnesorgan*. In eine Gallertkappe *(Cupula)* mit aufgelagerten Kalkkristallen *(Statolithen)* ragen die Cilien von sekundären Sinneszellen. Bewegt sich die Cupula bei Neigung des Kopfes durch die Schwerkraft zur Seite, werden die Cilien gebogen. Eine Ablenkung der Cilien führt durch Öffnung dehnungssensitiver Ionenkanäle zu einer Depolarisation. Die Sinneszelle schüttet vermehrt Transmitter aus und die Frequenz der abgeleiteten Aktionspotentiale nimmt zu. Umgekehrt führt eine Ablenkung in die andere Richtung zu einer verringerten Aktionspotentialfrequenz.

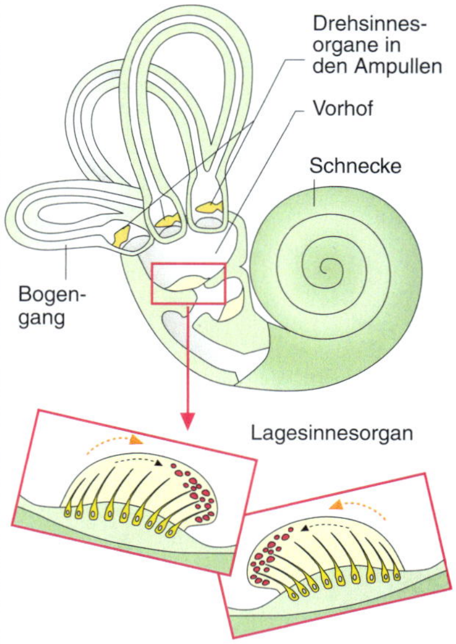

In Bau und Arbeitsweise vergleichbar ist das *Drehsinnesorgan*, das aus den drei Bogengängen des Labyrinths besteht. In jeder Ampulle befinden sich Sinneszellen, deren Cilien in eine Gallertkappe ragen.

Die Schnecke besteht aus drei parallel verlaufenden, flüssigkeitsgefüllten Kanälen. Zwischen Schnecken- und Paukengang liegt die *Basilarmembran*, die das *Cortische Organ* trägt. Schallwellen werden über Hilfsstrukturen des Außen- und Mittelohrs am Ovalen Fenster des Vorhofgangs auf die Flüssigkeit übertragen. Die Druckwellen wandern bis zur Schneckenspitze und im Paukengang bis zum Runden Fenster zurück. An einer für jede Schallfrequenz typischen Stelle erfolgt die größte Auslenkung der Basilarmembran (je tiefer der Ton, desto näher an der Schneckenspitze), was von den Hörsinneszellen registriert wird.

Die Haarsinneszellen im Innenohr sind ausgesprochen empfindlich. Auslenkungen von weniger als 1 Atomdurchmesser werden registriert.

Chemische Sinnesorgane

Die Zunge trägt auf ihrer Oberfläche die bereits mit bloßem Auge sichtbaren *Geschmackspapillen*. In deren Oberfläche liegen die *Geschmacksknospen*, die aus jeweils 50 bis 100 gebündelten sekundären Sinneszellen bestehen. Mikrovilli, fingerförmige Fortsätze der Sinneszellen, ragen in den flüssigkeitsgefüllten Geschmacksporus.

Ionen dringen durch die Membran der Mikrovilli in die Sinneszelle ein. Andere Stoffe binden an den Rezeptoren auf der Außenseite. In beiden Fällen wird die Sinneszelle depolarisiert und erregt nachgeschaltete Nervenzellen. Ist die Erregung überschwellig, senden sie Aktionspotentiale zum Gehirn.

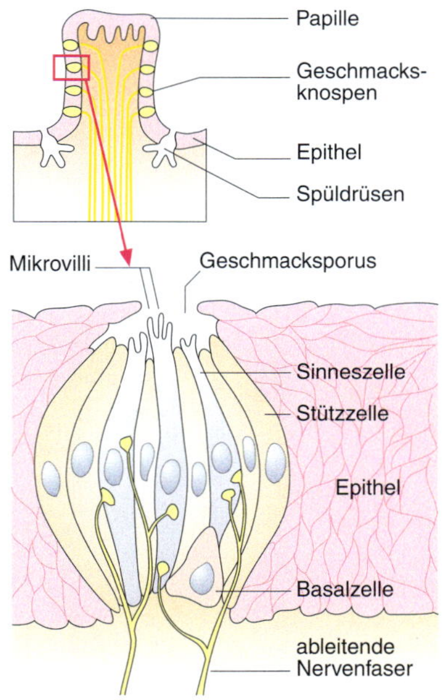

Ähnlich wirken *Geruchsstoffe*. Sie durchdringen die Schleimschicht der Nasenschleimhaut und lagern sich an Rezeptorzellen auf den Dendriten der *Riechsinneszellen* an. Jede Zelle trägt mehrere Duftrezeptormoleküle eines Typs und antwortet auf die Anlagerung eines passenden Stoffes mit einer charakteristischen Veränderung ihres Membranpotentials.

Beim Menschen gibt es mehrere tausend verschiedene Rezeptormoleküle. Der Bauplan für jedes einzelne ist in einem Gen festgelegt. 3 % unserer Gene codieren für diese Rezeptormoleküle. Riechsinneszellen sind primäre Rezeptoren, denn sie bilden selbst Aktionspotentiale und schicken sie über ihr Axon zum Gehirn.

Sinnesorgan Auge

Sinneszelle (Rezeptorzelle)
Zelle, in der durch Reize aus der Umwelt oder dem eigenen Körper Erregungen ausgelöst werden.

Bei einer äußeren Betrachtung des Auges fällt zunächst die farbige Regenbogenhaut *(Iris)* auf, die das schwarz erscheinende Sehloch *(Pupille)* freilässt. Daneben ist die von Blutgefäßen durchzogene *Bindehaut* zu sehen, die die weiße Lederhaut überzieht. Durchsichtig – und deshalb besser von der Seite sichtbar – ist die *Hornhaut*, hinter der sich die *vordere Augenkammer* befindet. Im Innern wird diese Kammer durch die Linse begrenzt (Abb. 1), dahinter be-

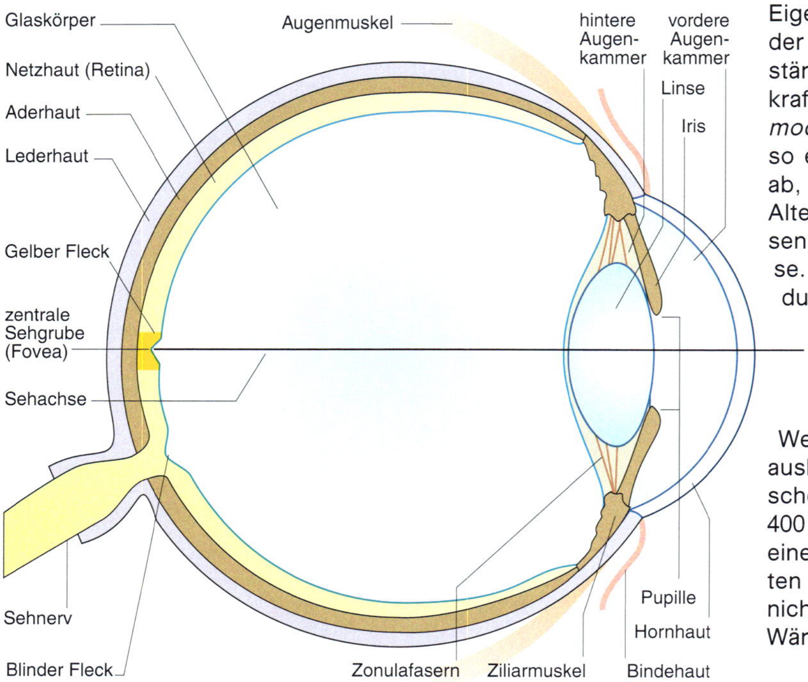

1 Horizontalschnitt durch das menschliche Auge

findet sich der gelartige *Glaskörper*, dem die Netzhaut *(Retina)* anliegt. Es folgen die *Pigmentschicht* (Pigmentepithel), die *Aderhaut* und die *Lederhaut*.

In der Netzhaut sind Millionen von Sinneszellen präzise angeordnet. Die übrigen Strukturen des komplex gebauten Auges sind Hilfsstrukturen, die unter anderem der Bilderzeugung dienen. Das Licht gelangt durch die Pupille in unser Auge. Einfallendes Licht wird beim Durchtritt durch Hornhaut und Linse gebrochen. Dadurch entsteht auf der Netzhaut ein scharfes Bild der Umgebung. Die elastische Linse ist ringsherum an Linsenfäden, den so genannten *Zonulafasern*, aufgehängt, die zugfest mit der Aderhaut und der Lederhaut verbunden sind. Der Augeninnendruck auf die Lederhaut spannt passiv die *Zonulafasern*, wodurch die Linse flachgezogen wird. Die Brechkraft ist damit klein, das Auge auf die Ferne eingestellt. Das Auge ist dann *fernakkommodiert*.

Beim Blick in die Nähe kontrahiert der ringförmige *Ziliarmuskel*. Er ist mit den Linsenfäden verbunden und wirkt durch seine Kontraktion der gespannten Lederhaut entgegen. Der Zug der Linsenfäden auf die Linse verringert sich, die Linse wird wegen ihrer Eigenelastizität dicker; sie nähert sich mehr der Kugelform an. Dadurch wird das Licht stärker gebrochen. Die Zunahme der Brechkraft beim Blick in die Nähe heißt *Nahakkommodation*. Im Alter ist die Linse nicht mehr so elastisch. Sie kugelt sich nicht so stark ab, ihre Brechkraft ist geringer. Bei dieser Altersweitsichtigkeit benötigt man zum Lesen deshalb eine Brille mit einer Sammellinse. Säugetiere und Vögel akkommodieren durch Veränderung der Brechkraft; Amphibien, Fische und Wirbellose dagegen verändern den Abstand zwischen Linse und Netzhaut.

Wenn wir Licht wahrnehmen, dann ist der auslösende, adäquate Reiz elektromagnetische Strahlung mit Wellenlängen zwischen 400 und 750 nm. Wir nehmen also lediglich einen schmalen Ausschnitt aus dem gesamten elektromagnetischen Spektrum wahr; nicht sichtbar sind z. B. Rundfunkwellen, Wärme-, Ultraviolett- und Röntgenstrahlen.

Die *Lichtsinneswelt* von Tieren kann sich von der des Menschen erheblich unterscheiden. Sie ist an die jeweiligen Lebensbedingungen angepasst. Die *Komplexaugen* der Insekten z. B. haben einen grundlegend anderen Aufbau und andere Leistungen. Die räumliche Auflösung ist geringer, ihre Rasterbilder bestehen nur aus 300 bis 30 000 Einzelpunkten. Die zeitliche Auflösung ist viel höher. Während beim Menschen bereits ein Film mit 25 Bildern pro Sekunde als kontinuierlicher Ablauf wahrgenommen wird, können Insekten noch über 300 Bilder pro Sekunde als Einzelbilder erkennen, ein Vorteil beim Erfassen von schnellen Bewegungen. Viele Insekten, wie z. B. Bienen, nehmen Rot nicht wahr, sehen aber ultraviolettes Licht. Darüber hinaus können sie auch die Schwingungsebene der Lichtwellen *(Polarisationsebene)* wahrnehmen. Dies ermöglicht es ihnen, sich auch bei bewölktem Himmel oder verdeckter Sonne am Sonnenstand zu orientieren.

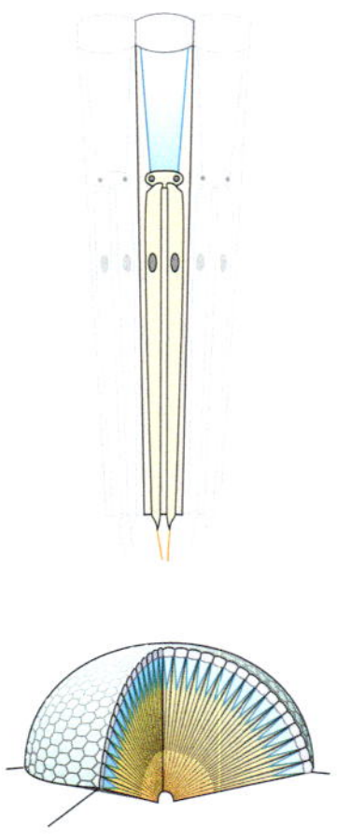

Komplexauge

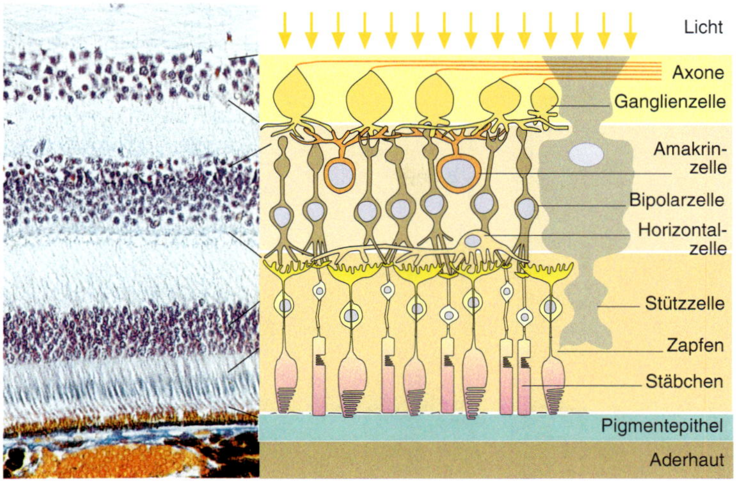

1 Netzhautquerschnitt

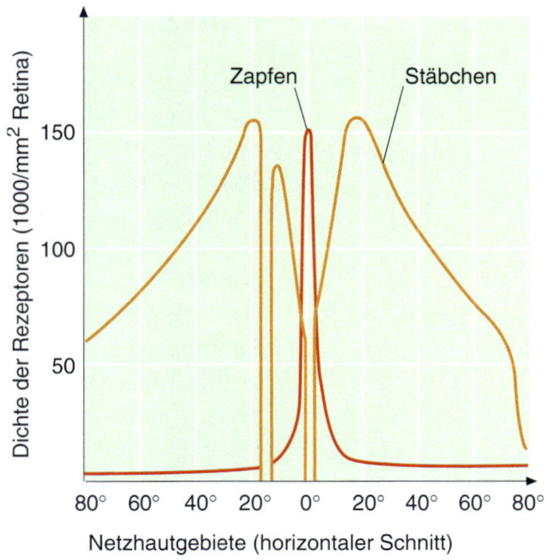

2 Verteilung der Rezeptoren auf der Netzhaut

Bau der Netzhaut

Die Sinneszellen der Netzhaut liegen auf der dem Licht abgewandten Seite. Man findet zwei mikroskopisch unterscheidbare Rezeptortypen: die schlanken *Stäbchen*, die dem Hell-Dunkel-Sehen, und die kegelförmigen *Zapfen*, die dem Farbensehen dienen. Die Sinneszellen haben synaptische Kontakte mit *Bipolarzellen* und diese mit den *Ganglienzellen*, deren Nervenfasern zum Sehnerv vereinigt werden. Quer dazu sind die *Horizontalzellen* und *Amakrinen* verschaltet. Dadurch kann die Erregung einer Sinneszelle mehr als eine Ganglienzelle beeinflussen. Andererseits gibt es wesentlich mehr Sinneszellen als Ganglienzellen. 120 Millionen Stäbchen und 6 Millionen Zapfen stehen gerade 1 Million Ganglienzellen gegenüber. Stäbchen und Zapfen sind unterschiedlich dicht auf der Netzhaut verteilt (Abb. 2). Im Zentrum, dort wo das Licht eines fixierten Punktes auf die Netzhaut fällt, gibt es nur Zapfen. Diese Stelle der Netzhaut heißt *zentrale Sehgrube (Fovea)* und ist leicht vertieft. Nur hier kommt auf jeden Zapfen eine Ganglienzelle. Deshalb müssen wir Gegenstände, die wir deutlich sehen wollen, so betrachten, dass sie auf diesem Bereich abgebildet werden. Generell sind die Rezeptoren im Zentrum dichter gepackt als an der Peripherie. Es gibt einen Bereich ganz ohne Rezeptoren, den *Blinden Fleck*. Dort tritt der Sehnerv durch die Netzhaut.

Zettelkasten

Gesichtsfeld

Unter dem Gesichtsfeld versteht man jenen Teil der Umwelt, der mit unbewegten Augen wahrgenommen wird. Hierbei unterscheidet man zwischen einäugigem *(monokularem)* und *binokularem Gesichtsfeld*. Die Grenzen und Ausfälle innerhalb des Gesichtsfeldes lassen sich ausmessen. Die Abbildung zeigt das monokulare Gesichtsfeld des rechten Auges.

Untersucht man ausschließlich Hell-Dunkel-Wahrnehmungen, so ist das Gesichtsfeld am größten. Für Farbwahrnehmungen ist das Gesichtsfeld dagegen eingeschränkt. Die Abbildung zeigt ferner einen Gesichtsfeldausfall, verursacht durch den Blinden Fleck, der im täglichen Leben jedoch nicht bemerkt wird.

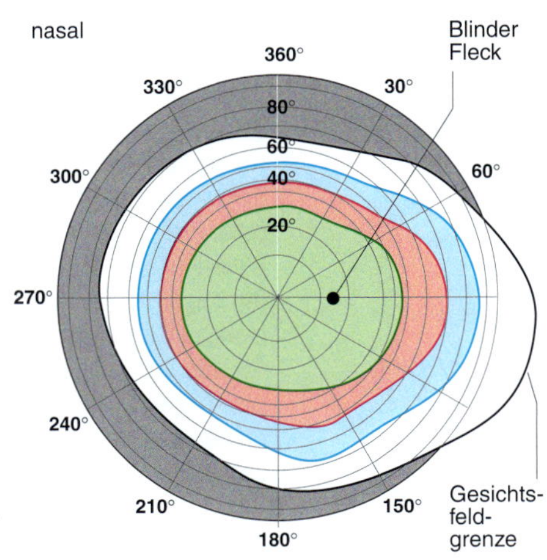

Funktion der Netzhaut

Die *Netzhaut* des menschlichen Auges enthält etwa 6 Millionen Zapfen zum Farbensehen und 120 Millionen Stäbchen zum Hell-Dunkel-Sehen (Abb. 1). Die elektromagnetische Strahlung im Wellenlängenbereich von 400 nm (violett) bis 700 nm (rot) führt in diesen Sinneszellen zu einer Erregung, die wir als Licht empfinden. Der Aufbau der beiden Zelltypen ist sehr ähnlich. Das Innensegment enthält den Zellkern, Mitochondrien und die synaptische Endigung. Das Außensegment der Stäbchen besteht aus vielen Scheibchen (ca. 1 000), die durch Einfaltungen und Abschnürungen der äußeren Zellmembran entstanden sind (Abb. 2). Dieser Stapel wird von der Oberflächenmembran der Lichtsinneszelle völlig umhüllt. In der Membran dieser Scheibchen liegen die Sehpurpurmoleküle, das *Rhodopsin*. Bereits im letzten Jahrhundert vermuteten Wissenschaftler, dass die purpurrote Farbe der Froschretina eine Bedeutung für den Sehvorgang hat, da die Farbe bei Belichtung verschwindet und sich bei Dunkelheit zurückbildet.

Die Rhodopsinmoleküle reichen durch die Membran hindurch (Abb. 2). Bestandteil des Rhodopsins ist neben dem *Opsin*, einem Protein, das *Retinal*, das aus dem Vitamin A aufgebaut wird, das wir mit der Nahrung aufnehmen. Ein Vitamin A-Mangel kann zur Beeinträchtigung der Sehfähigkeit, wie z. B. zur *Nachtblindheit*, führen. Das Molekül des Retinals kommt in zwei Formen vor, der *cis-* und der *trans-Form* (s. Randspalte). Bei Dunkelheit ist die Wahrscheinlichkeit 1 : 1 000, dass sich aus der *cis-* die *trans-Form* bildet. Durch Lichteinfall steigt die Wahrscheinlichkeit für die Bildung der *trans*-Form stark an, beide Formen stehen in einem lichtabhängigen Gleichgewicht.

Misst man an den Lichtsinneszellen das Rezeptorpotential, findet man gegenüber anderen Sinneszellen eine erstaunliche Veränderung des Membranpotentials (Abb. 241.2). Führt eine Reizeinwirkung bei den Riechsinneszellen in der Riechschleimhaut zu einer Depolarisation, misst man bei Lichteinstrahlung an den Lichtsinneszellen eine Hyperpolarisation von -30 mV auf -70 mV. Die Zellmembran ist also ohne den Reiz stärker depolarisiert. Dies lässt sich mit der Hypothese erklären, dass bei einer Erregung durch Licht die Natriumionenkanäle nicht geöffnet, sondern geschlossen werden. Bei Dunkelheit sind demnach mehr Natriumionenkanäle geöffnet als bei Lichteinwirkung.

1 REM-Bild von Zapfen (Pfeile) und Stäbchen

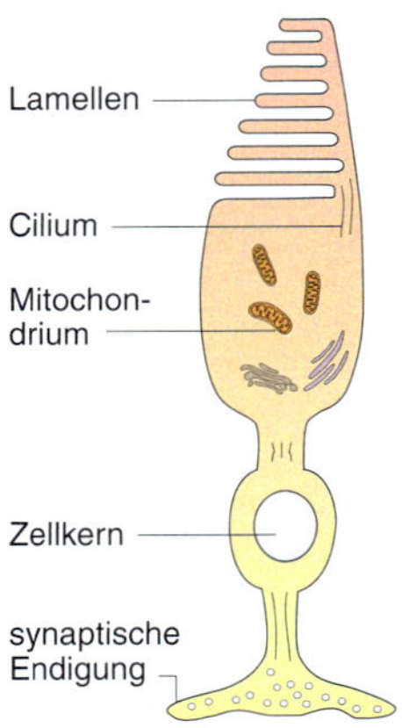

Zapfen

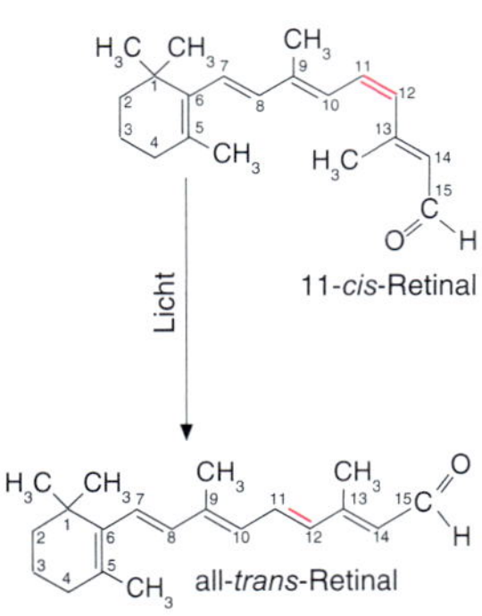

Lichtaktive Reaktion des Sehfarbstoffes

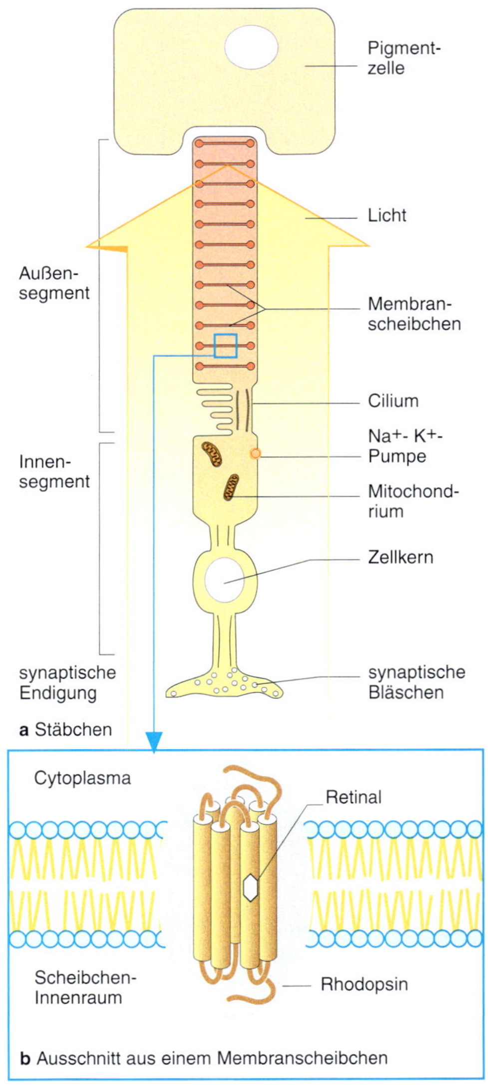

2 Aufbau eines Stäbchens

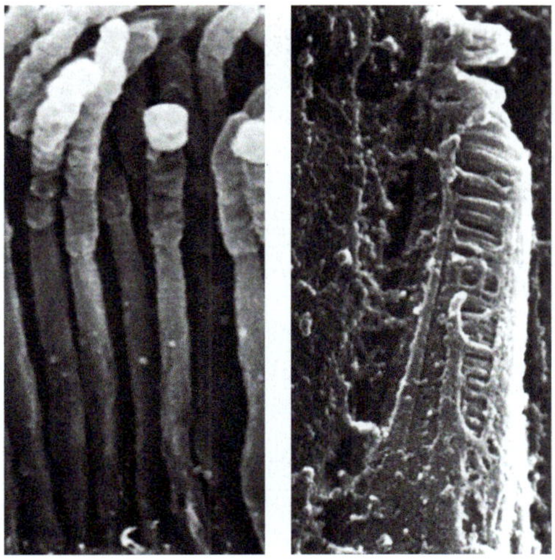

1 Stäbchen (links) und Zapfen (rechts)

Die lichtinduzierte Umlagerung des *11-cis-* in das *all-trans*-Retinal verformt das Opsin und setzt eine Signaltransduktionskaskade in Gang, die zum Schließen der Natriumionenkanäle führt.

Zunächst wird das Rhodopsin aktiviert, das mit *Transducin*, einem Protein in der Scheibchenmembran der Stäbchen, reagiert. Das aktivierte Transducin bewirkt den enzymatischen Abbau von *sekundären Botenstoffen*. Diese Kaskade hat Verstärkerfunktion, ein absorbiertes Lichtquant kann zur Spaltung von ca. 100 000 Molekülen des sekundären Botenstoffs führen. Im Dunkeln binden die Moleküle an die Stäbchenmembran und halten die Natriumionenkanäle geöffnet. Die Membran wird depolarisiert und in den Synapsen wird Transmitter ausgeschüttet. Da es sich dabei um hemmende Synapsen handelt, wird im Dunkeln die Aktivierung der weiterleitenden Neurone verhindert.

Die lichtinduzierte Spaltung der sekundären Botenstoffe führt zum Schließen der Natriumionenkanäle und somit zu einer Hyperpolarisation. Infolgedessen wird in den Synapsen weniger hemmender Transmitter freigesetzt. Der Wegfall der Hemmung führt zur Aktivierung des ableitenden Neurons. Retinal wird enzymatisch wieder in die *cis*-Form umgewandelt und der gebleichte Sehfarbstoff wird regeneriert.

Lichtsinneszellen sind *sekundäre Sinneszellen*. In ihnen entsteht kein Aktionspotential. Sie übertragen ihre Erregungen an die nachgeschalteten *Amakrinen* und *Bipolaren*. Diese Zellen verrechnen die Potentiale mehrerer Sehsinneszellen und führen bereits eine Vorauswertung durch. Bestimmte Zellen reagieren vor allem auf Kontraste und verstärken sie, andere auf bestimmte Formen oder auf Bewegungen. Die Bipolaren geben ihre Erregungen weiter an die Ganglienzellen. Nur die Erregungen der Zapfenzellen im Gelben Fleck werden direkt ohne Verrechnung weitergegeben. Erst die Ganglienzellen bilden Aktionspotentiale aus und leiten sie über die Fasern des Sehnervs zum Gehirn.

Aufgabe

① Vergleichen Sie die in Abb. 2 dargestellten Zustände der Lichtsinneszelle in einer Tabelle und nennen Sie die Unterschiede zu einer primären Sinneszelle.

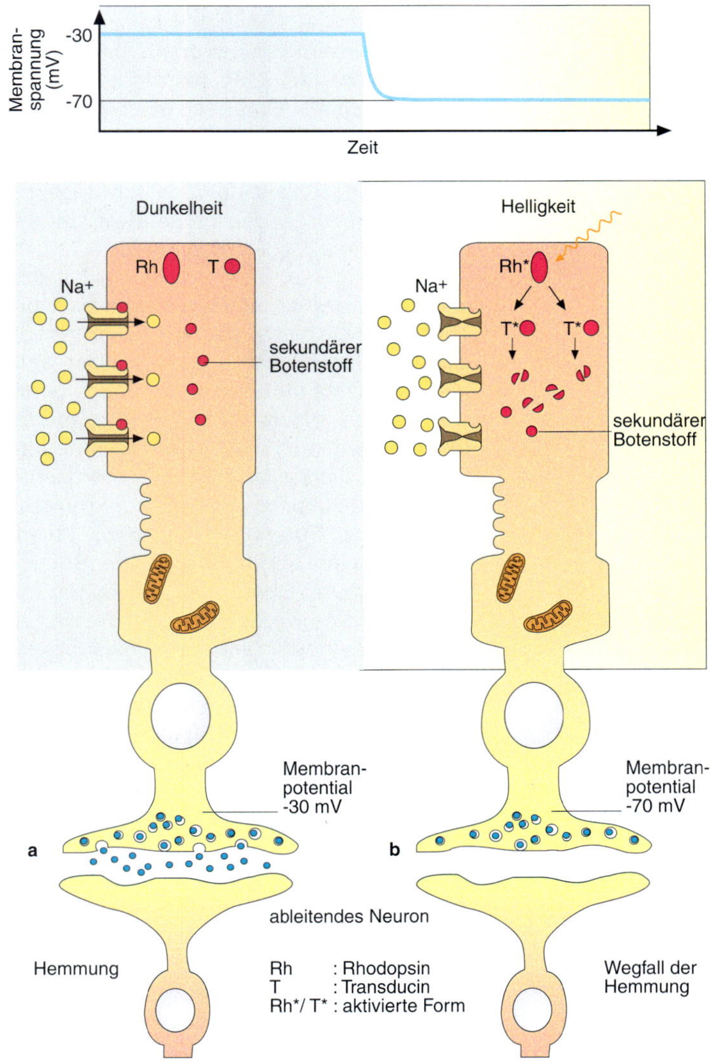

2 Funktion einer Lichtsinneszelle

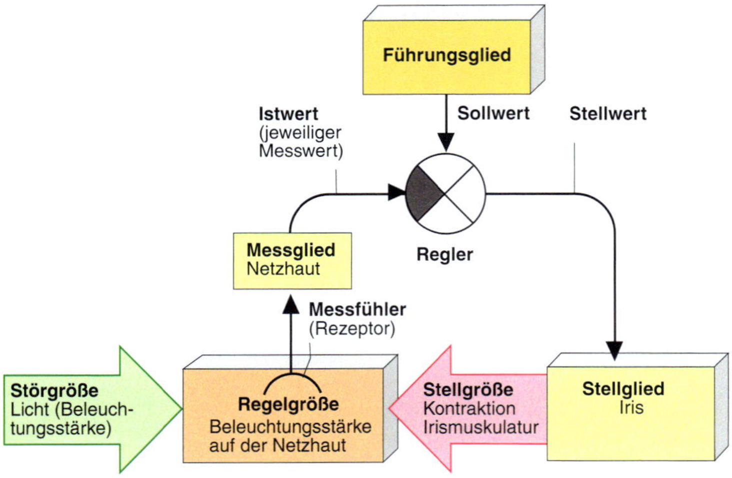

1 Pupillenreflex als Regelkreis

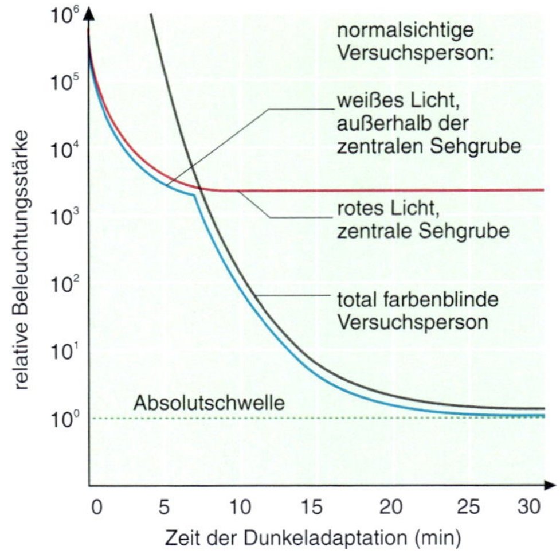

2 Dunkeladaptationskurven

Adaptation: Anpassung der Lichtempfindlichkeit

Geht man aus einem hell erleuchteten Raum in die Nacht, so kann man zunächst fast nichts erkennen. Erst nach einer Weile werden schwach beleuchtete Gegenstände sichtbar. Das Auge *adaptiert*, es passt seine Lichtempfindlichkeit der Beleuchtungsstärke an. Zwei Vorgänge sind dafür verantwortlich.

Bei Dunkelheit ist die Pupille weit geöffnet. Trifft mehr Licht auf das Auge, so verengt sie sich. Die Beleuchtungsstärke der Netzhaut soll damit im optimalen Bereich gehalten werden. Nach dem *Regelkreismodell* (Abb. 1) kann man die Vorgänge so deuten: Ein starker Lichtreiz ruft in den Fotorezeptoren der Netzhaut, die als *Messfühler* wirken, eine starke Potentialveränderung hervor. Ganglienzellen senden über den Sehnerv Erregungen ins Gehirn, das als *Regler* fungiert. Als Folge werden efferente Nerven erregt, die die Iris-Ringmuskulatur als *Effektoren* zur Kontraktion veranlassen. So wird die Pupille kleiner und die ins Auge einfallende Lichtmenge verringert. Der *Istwert* wird dem *Sollwert* angeglichen. Bei Dunkelheit laufen die umgekehrten Vorgänge ab. Durch den *Regelkreis* wird einer Veränderung der einfallenden Lichtmenge entgegen gewirkt *(negative Rückkopplung)*, die *Regelgröße* möglichst konstant gehalten. (→ 206/207)

Adaptationsleistung der Iris

Beleuchtungsstärken

Mondlicht: 0,01 lx
Sommertag: 100 000 lx
Leuchtdichtenverhältnis: 1 : 10 000 000

Größe der Pupille von 4 bis 64 mm²
Regelbereich der Pupille 1 : 16

Allerdings kann die Pupillenweite nur in engen Grenzen verändert werden (s. Randspalte), die die Adaptationsleistungen des Auges nicht erklären. Den größeren Beitrag dazu leisten Veränderungen der Netzhaut.

Bei geringer Beleuchtungsstärke wird nur wenig Rhodopsin verändert. Die Wahrscheinlichkeit, dass ein einfallendes Lichtquant auf ein intaktes Rhodopsin-Molekül trifft und sich deshalb das Potential der Sinneszelle verändert, ist hoch. Bereits wenige Lichtquanten können daher wahrgenommen werden. Beim Eintreten in einen dunklen Raum ist zunächst nur eine kleine Menge 11-cis-Retinal verfügbar, der größte Teil liegt als all-trans-Retinal vor. Nur langsam wird er zur vollen Menge der lichtempfindlichen Form regeneriert. Daher benötigt die Dunkeladaptation längere Zeit.

Umgekehrt laufen die Vorgänge schneller ab. Durch eine plötzlich einfallende hohe Lichtmenge ist man zwar zunächst geblendet, aber sie verändert auch schnell eine große Menge Sehfarbstoff. Damit wird die Wahrscheinlichkeit dafür, dass ein Lichtquant auf ein lichtempfindliches Rhodopsin-Molekül trifft und ein Potentialveränderung auslöst, schnell kleiner. Das Auge passt sich rasch an die große Helligkeit an.

Die Zapfen in der zentralen Sehgrube des Auges passen sich recht schnell an Dunkelheit an (Abb. 2), haben aber einen relativ hohen Schwellenwert. Die Stäbchen adaptieren langsamer, reagieren aber viel empfindlicher auf kleine Lichtintensitäten.

Außer der Menge des Sehfarbstoffs verändert sich auch die Zahl der Sehsinneszellen, auf die eine Ganglienzelle reagiert. Sie wird bei Dunkelheit größer, bei Helligkeit kleiner.

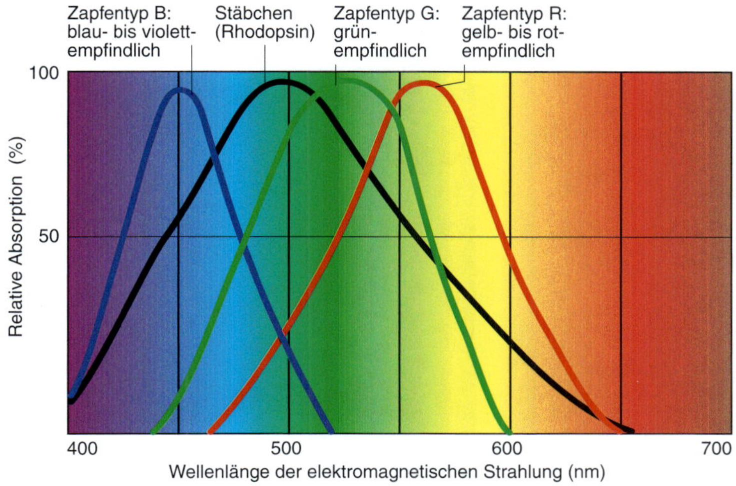

1 Absorptionsspektren der menschlichen Lichtsinneszellen

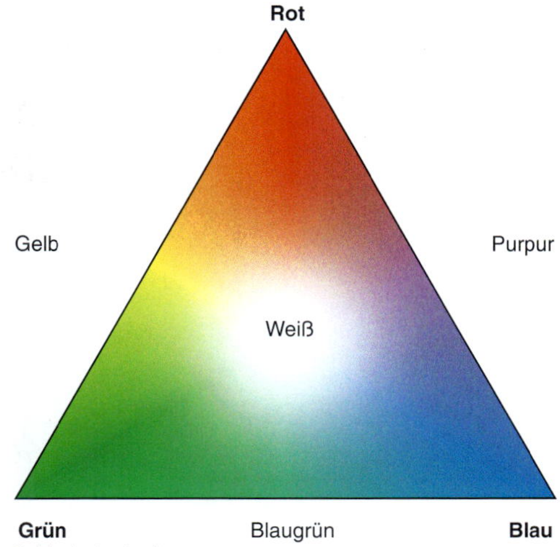

2 Farbdreieck

Reizverarbeitung in der Netzhaut

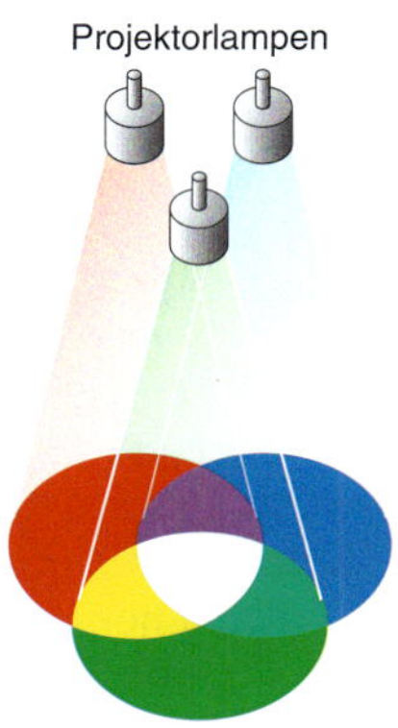

additive Farbmischung

subtraktive Farbmischung

Licht einer bestimmten Wellenlänge ruft bei uns einen bestimmten Farbeindruck hervor. Die Sinneszellen unserer Netzhaut sind empfindlich für Lichtwellen mit einer Wellenlänge zwischen 400 und 700 nm, dem Spektralbereich zwischen Violett und Rot. Ein Gemisch all dieser Wellenlängen nehmen wir als Weiß wahr. Diesen Eindruck erhält man auch durch die Mischung von spektralreinem Licht der Farben Rot, Grün und Blau. Diese *Grund-* oder *Primärfarben* mischen sich additiv. Die Mischung zweier Grundfarben ergibt die Gegenfarbe zur dritten Farbe, die Mischung aller drei Grundfarben ergibt Weiß. Je nach der Intensität der drei Grundfarben bei der Mischung lässt sich jeder beliebige Farbeindruck hervorrufen. Davon macht man z. B. beim Farbfernsehen Gebrauch.

Schon 1801 stellte THOMAS YOUNG aus diesen Befunden die Hypothese auf, dass wir alle Farbempfindungen aus drei Grundfarben zusammensetzen. 1852 folgerte HERMANN VON HELMHOLTZ, dass es entsprechend auch drei Sorten von Zapfenzellen in der Netzhaut geben müsse, von denen jede besonders empfindlich für Licht einer bestimmten Wellenlänge ist (Theorie des *trichromatischen Sehens).* Während das Rhodopsin der Stäbchen Licht des gesamten sichtbaren Spektrums (mit einem Maximum bei 500 nm, d. h. Gelbgrün) absorbiert, haben die Zapfenfarbstoffe (z. B. Iodopsin) ihre Absorptionsmaxima bei Blau (450 nm), Grün (530 nm) oder Gelb bis Rot (570 nm). Je nachdem, welches Licht aufs Auge trifft, werden die drei Zapfensorten unterschiedlich stark gereizt. Licht mit 470 nm erregt z. B. den Blau-Rezeptor und den Grün-Rezeptor. Wir nehmen die Farbe Blaugrün wahr. Gleiche Erregung aller drei Zapfensorten ruft den Eindruck „Weiß“ oder (bei geringer Lichtintensität) „Grau“ hervor. Wir können Wellenlängenunterschiede von 1 bis 2 nm erkennen und daher Tausende von Farbnuancen unterscheiden.

Allerdings können wir Farben nicht absolut unterscheiden. Auch in einem dichten Wald erscheint uns das Licht weiß. Ein Foto des Waldbodens gibt die Lichtverhältnisse objektiv wieder: Fast nur grünes Licht gelangt durch das Blätterdach auf den Boden. Die Gegenfarbentheorie von EWALD HERING (1874) führt daher die Farberkennung auf das Erregungsverhältnis der Gegenfarbensysteme Rot-Grün, Gelb-Blau und Schwarz-Weiß zurück. Nur wenn Licht verschiedener Farben auf unterschiedliche Stellen der Netzhaut trifft, wird ein Bild als farbig wahrgenommen. Unser optisches System reagiert nur gering auf einheitliche Farben, aber stark auf Farbkontraste.

Sind beide Theorien miteinander vereinbar? Die Erregungen der Zapfen werden durch *Horizontal-* und *Amakrinzellen* miteinander verrechnet und erst dann an Ganglienzellen weitergegeben. Dabei hemmen Erregungen gleicher Farbrezeptoren einander, Erregungen verschiedener Rezeptoren hingegen verstärken sich. Die Theorie HERINGS berücksichtigt diese Ebene, die Theorien von HELMHOLTZ und YOUNG das Geschehen auf „Zapfenebene“.

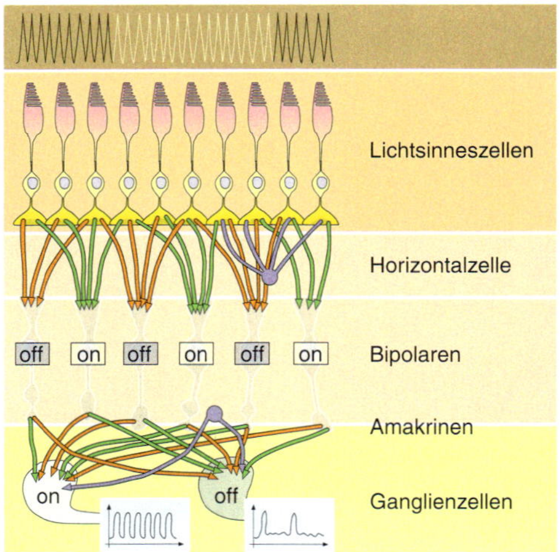

1 Verarbeitungsstufen in der Netzhaut

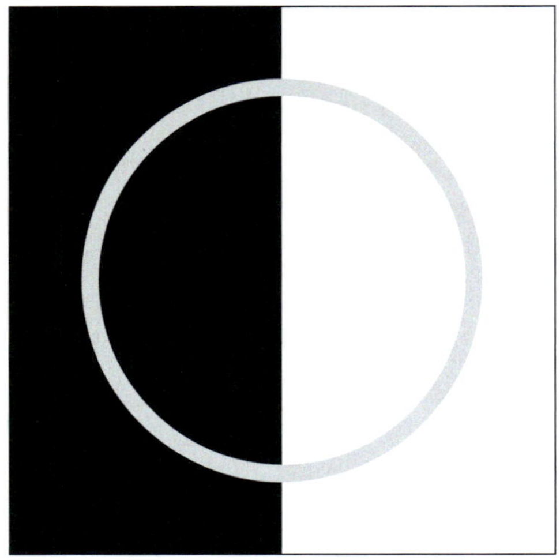

2 Graukontraste

Rezeptive Felder und Kontrast

Farbkontrast nach JOHANNES ITTEN (1888 – 1967). Die Farbwahrnehmung wird von der Umgebungsfarbe beeinflusst.

Die beiden Kreishälften in Abbildung 2 haben die gleiche Graustufe. Trotzdem erscheint der Kreisabschnitt auf dunklem Untergrund heller, der auf hellem Grund dunkler. Wir nehmen also keine absoluten Helligkeitswerte wahr. Bereits in der Netzhaut werden die Erregungen der Stäbchen verrechnet und dadurch Kontraste verstärkt. Die biologische Bedeutung liegt vermutlich darin, dass Feinde oder Nahrung gerade in der Dämmerung vor einem Hintergrund mit ähnlicher Lichtintensität besser wahrgenommen werden.

Benachbarte Sehsinneszellen sind durch *Horizontalzellen* vernetzt (Abb. 1). Sie setzen im Dunklen einen Transmitter frei, der für eine Erregung (hier Hyperpolarisation) der Sehsinneszellen sorgt. Lichteinfall erregt die beleuchteten Sehsinneszellen stärker, diese wiederum hemmen aber die Horizontalzellen. Dadurch senden diese weniger Transmitter aus und erregen die mit ihnen verbundenen Sehsinneszellen weniger. Diese erhalten ein höheres Potential und reagieren trotz Belichtung nicht mehr so stark. So können Kontraste verstärkt werden (Modell der *lateralen Inhibition,* s. Seite 245). Ähnlich sind auf der nächsten Verarbeitungsebene die Ganglienzellen eines rezeptiven Feldes untereinander durch Amakrinen vernetzt. Auch sie sind so geschaltet, dass sie bei Erregung einer Zelle ihre Nachbarzellen hemmen.

Das Gehirn empfängt nicht die Erregungen der Zapfen oder Stäbchen, sondern die Aktionspotentiale der Ganglienzellen. Nur im Zentrum der Netzhaut, der zentralen Sehgrube, ist je eine Sehsinneszelle auf eine Ganglienzelle geschaltet. In allen anderen Bereichen verarbeitet eine Ganglienzelle die Erregungen von vielen Bipolarzellen und damit die Erregungen von bis zu einigen tausend Sehsinneszellen. Sie bilden das *rezeptive Feld* dieser Ganglienzelle.

Bereits jede Bipolarzelle steht in Kontakt zu mehreren Lichtsinneszellen (Abb. 1). Sie können ihre Bipolarzelle bei Belichtung erregen (Bipolarzelle vom on-Typ) oder hemmen (off-Typ). Mehrere Bipolaren sind wiederum erregend oder hemmend auf eine Ganglienzelle geschaltet, die so die verarbeiteten Erregungen vieler Lichtsinneszellen empfängt. Dabei wirken die Erregungen aus dem Zentrum des rezeptiven Feldes und seiner Peripherie einander entgegen. Eine starke Belichtung im Zentrum und gleichzeitig schwache Belichtung der Peripherie kann die Ganglienzelle erregen und verstärkt zu Aktionspotentialen anregen *(ON-Ganglienzelle)* oder sie hemmen, sodass sie weniger Aktionspotentiale sendet *(OFF-Zelle).* Eine gleichmäßige Belichtung von Zentrum und Peripherie bewirkt gleich starke Erregung und Hemmung und damit keine Veränderung der Antwort der Ganglienzelle. Sie wird also von uns nicht wahrgenommen.

Die Erregungsverarbeitung im Auge ist also auf das Erkennen von Kontrasten und Veränderungen ausgerichtet. Das können Helligkeitsunterschiede, Farbkontraste und zeitliche Veränderungen des Musters, also Bewegungen sein.

Wahrnehmung

Wahrnehmungstäuschungen geben eine Vorstellung davon, wie das Gehirn optische Information auswertet.

Mehrdeutige Darstellungen

Durch Erfahrungen, Interessen, Erwartungen oder auch die momentane Stimmung ist man voreingenommen und nimmt Reize selektiv wahr. Was den Erwartungen entspricht wird bevorzugt wahrgenommen. Davon hängt es ab, was der Betrachter von mehrdeutigen Bildern als Erstes sieht.

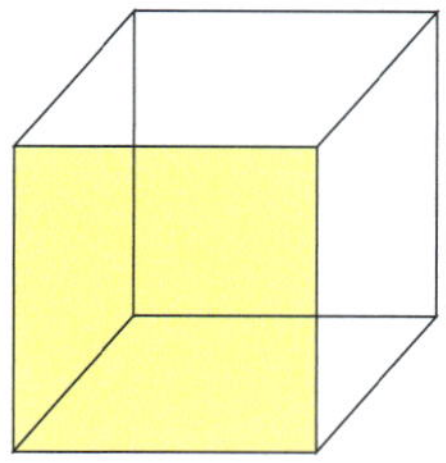

Mehrdeutig kann auch die räumliche Wahrnehmung eines Bildes sein. So kann die farbige Fläche als Vorder- oder Rückseite eines Würfels gesehen werden. Bei längerer Betrachtung „springt“ der Würfel.

Unmögliche Objekte

Das Gehirn versucht aufgrund der Erfahrungen mit einer dreidimensionalen Welt stets, in zweidimensionale Darstellungen Dreidimensionalität hineinzubringen. Beliebige Winkel werden, sofern möglich, als perspektivisch verzerrte rechte Winkel interpretiert. Dem kann man sich auch dann nicht widersetzen, wenn nach dieser Interpretation scheinbar dargestellte Körper real nicht existieren können. Die sonst hilfreiche natürliche Orientierungserleichterung versagt.

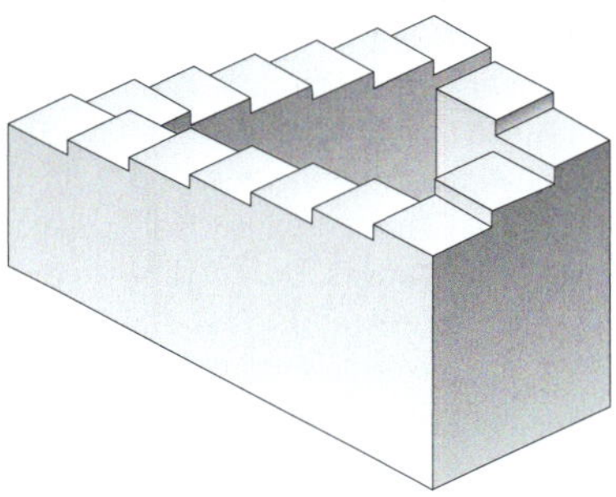

Geometrische Objekte

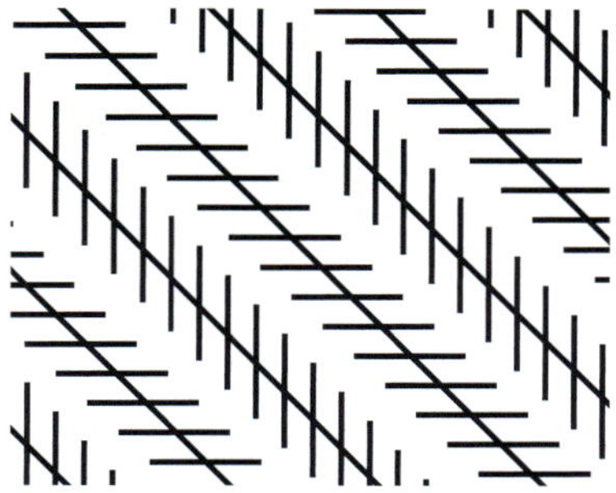

Bei Betrachtung der obigen Figur unterliegt man einer Winkeltäuschung: Parallele Geraden scheinen aufeinander zuzulaufen, da man die spitzen Winkel überschätzt, unter denen die Geraden von den Scharen kurzer Parallelen geschnitten werden. Die Täuschung verschwindet, wenn die Blickrichtung parallel zu den Geraden verläuft.

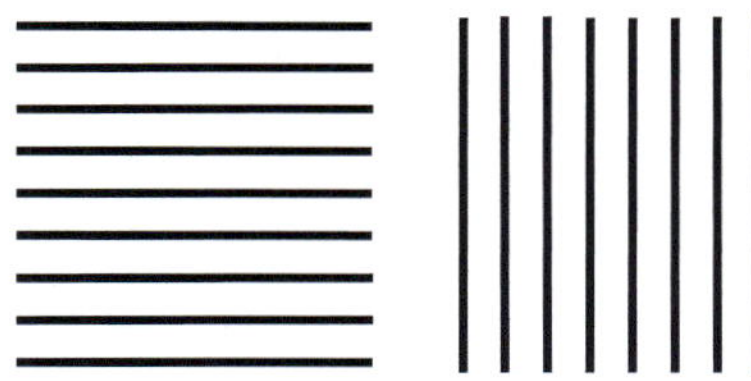

Vom Lesen ist man an eine Augenbewegung von links nach rechts (bzw. von rechts nach links bei arabisch) gewöhnt und führt diese daher schneller aus als eine Bewegung von oben nach unten. Daher neigt man dazu, vertikale Linien überzubewerten, sodass es zu einer Höhenüberschätzung kommt. Beim Tragen gestreifter Kleidung gibt es denselben Effekt.

Modell der lateralen Inhibition zur Kontrastverstärkung

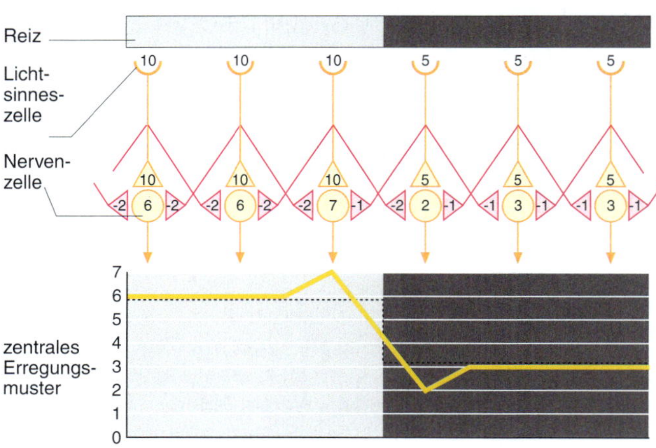

Ein vereinfachtes Modell erklärt, wie laterale Inhibition zu einer Kontrastverstärkung führt:
Im hellen Bereich wirkt eine doppelt so starke Lichtintensität (10) wie im weniger beleuchteten (5). Horizontalzellen hemmen die Erregungsgröße um $^1/_5$. Laut Modell wird im beleuchteten Bereich jede Sinneszelle durch 2 Horizontalzellen gehemmt, reagiert also mit einer Erregungsstärke von $10 - 2 - 2 = 6$.

Ähnlich wäre es im unbeleuchteten Gebiet:
$5 - 1 - 1 = 3$.
Anders an den Helligkeitsgrenzen. Dort wird jede Sinneszelle von einer stark und einer schwach reagierenden Horizontalzelle beeinflusst, ihre Erregung um 3 verringert. Sie gibt eine stärkere Erregung von 7 (beleuchtet) bzw. eine geringere von 2 (unbeleuchtet) weiter.

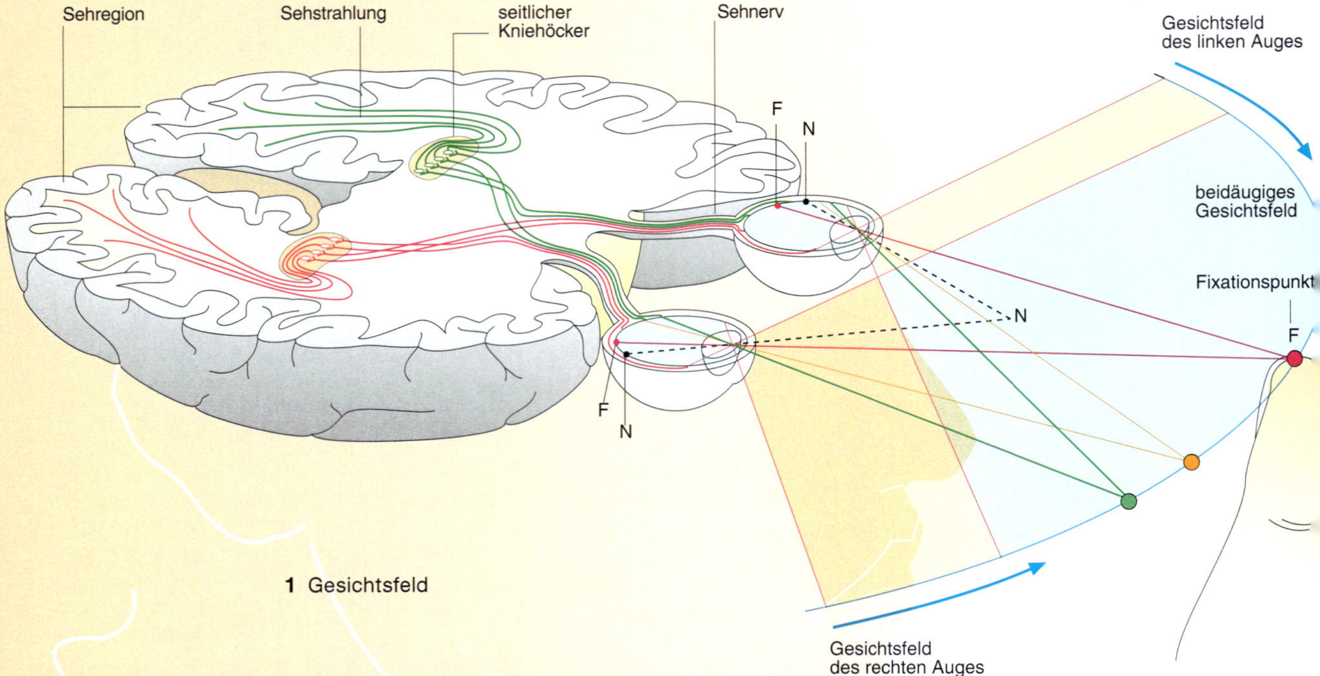

1 Gesichtsfeld

Vom Reiz zum Sinneseindruck

Gesichtsfeld
Ausschnitt der Umgebung, der mit unbewegten Augen wahrgenommen wird.

Ein rotes Auto fährt auf einer Straße, die wir überqueren wollen. Die verschiedenen optischen Reize bei einer solchen Situation lösen in den Lichtsinneszellen der Netzhaut elektrische Erregungen aus. Diese werden über verschaltete Neurone zum Gehirn geleitet. Etwa 1 Million Neurone bilden den Sehnerv, der vom Auge zum Gehirn führt. Die Sehnerven beider Augen treffen sich an der Sehnervenkreuzung. Dort kreuzen Teile der Nervenfasern zur gegenüberliegenden Seite des Gehirns. Die Verteilung ist so, dass alle Nervenfasern, deren Ursprung in den rechten Netzhauthälften beider Augen liegt, in der rechten Großhirnhälfte landen und umgekehrt. Dies bewirkt, dass die Bildinformationen aus jeder Hälfte des mit beiden Augen erfassten Gesichtsfeldes in nur eine Gehirnhälfte gelangen (Abb. 1).

Zettelkasten

Störungen der Bewegungswahrnehmung

Bereits gegen Ende des 19. Jahrhunderts beobachtete Sigmund Freud das Unvermögen einiger Patienten visuelle Merkmale zu erkennen. Er führte dies nicht auf Defekte im Auge, sondern im Gehirn zurück.

Eine Patientin verlor durch einen Schlaganfall die Bewegungswahrnehmung, konnte jedoch Farben und Formen erkennen. Die Patientin hatte Schwierigkeiten, Tee in eine Tasse zu gießen, da sie die Flüssigkeit nicht in Bewegung sah. Sie empfand sie als „gefrorene Flüssigkeit". Eine zusätzliche Schwierigkeit ergab sich dadurch, dass sie nicht erkennen konnte, wie die Flüssigkeit in der Tasse anstieg. Probleme traten auch auf der Straße auf. Sie konnte die Autos zwar wahrnehmen, nicht jedoch deren Geschwindigkeit, da die Autos plötzlich hier und dann auf einmal dort waren, ohne dass sie gesehen hatte, wie die Autos sich bewegten. Dies führte zu Schwierigkeiten, eine Straße zu überqueren. Sie musste lernen, andere Faktoren, wie lauter werdende Fahrzeuggeräusche, zur Orientierung mit einzubeziehen.

Signalverarbeitung

Die Nervenfasern der Sehnerven enden im Zwischenhirn. Hier werden die Signale verarbeitet und in die Sehregion der Großhirnrinde geleitet. Die Neurone der Großhirnrinde weisen eine unterschiedliche Selektivität für verschiedene visuelle Reizmerkmale im Gesichtsfeld auf und bilden drei Auswertungssysteme: für die *Wahrnehmung* von Bewegung, Form und Farbe.

Das erste System liefert verwaschene, kontrastarme Bilder ohne Farben. Besonders markant treten alle bewegten Teile hervor. Hier geht es um die Analyse der Position und Bewegung. Das zweite System liefert scharfe Formen von Teilen des Gesamtbildes. Hier wird ermittelt, um was für ein Objekt es sich handelt. Das dritte System liefert Bilder von geringer Schärfe, die im mittleren Bereich farbig sind.

Die *Tiefenwahrnehmung* (das räumliche Sehen) entsteht im ersten und zweiten System durch etwas verschiedene Netzhautbilder, die durch den Augenabstand zustande kommen. Beim Fixieren eines Gegenstandes werden die Augen so zueinander gedreht, dass der fixierte Gegenstand in beiden Augen in der zentralen Sehgrube abgebildet wird. Gegenstände, die vor oder hinter der fixierten Ebene liegen, werden seitlich von den beiden Netzhautstellen abgebildet. Gegenstände, die vor der fixierten Ebene liegen (N), werden weiter außen abgebildet, Gegenstände, die weiter entfernt sind, auf der zur Nase gerichteten Seite.

Sehen mit Augen und Gehirn?

Die Wahrnehmung der Umgebung erfolgt über die Ergebnisverarbeitung der drei verschiedenen Systeme. Die Information, die die größte Aufmerksamkeit erzeugt, bestimmt die Wahrnehmung, andere Objekte werden ignoriert. Dies ist vergleichbar mit dem Ausleuchten der Umgebung mit einem Scheinwerfer: Nur einige Teile der Umgebung werden beleuchtet, die anderen bleiben im Dunkeln. Beim Überqueren der Straße wird es die Bewegung des Autos sein, die unsere Aufmerksamkeit erregt. Sie wird in der Großhirnrinde ausgewertet und lässt uns am Straßenrand warten (Abb. 1).

Bei der visuellen Wahrnehmung unserer Umgebung stammen jedoch nur 20 % der Erregungen bei der Verarbeitung in der Großhirnrinde aus den Lichtsinneszellen der Netzhaut. Der größte Anteil stammt aus anderen Hirnregionen. Das Reizmuster aus der Umgebung wird zum Erregungsmuster im Gehirn. Mit den gespeicherten Erfahrungen führt das Erregungsmuster zum Erkennen der Umgebung, zur *Kognition*.

1 Blaue Flecken oder ein Bild?

Deutlich wird dies in Abbildung 1. Betrachtet man diese Abbildung, so erkennt man nur wahllos angeordnete blaue Flecken. Betrachtet man die Abbildung ein zweites Mal mit der Information, dass hier ein Pferd mit Reiter dargestellt ist, so lässt sich das Gesamte auf dem Bild erkennen. Durch die Zusatzinformation wird die Auswertung der Sinnesdaten aus den Augen im Gehirn verändert und eine neue Wahrnehmung gelangt in unser Bewusstsein.

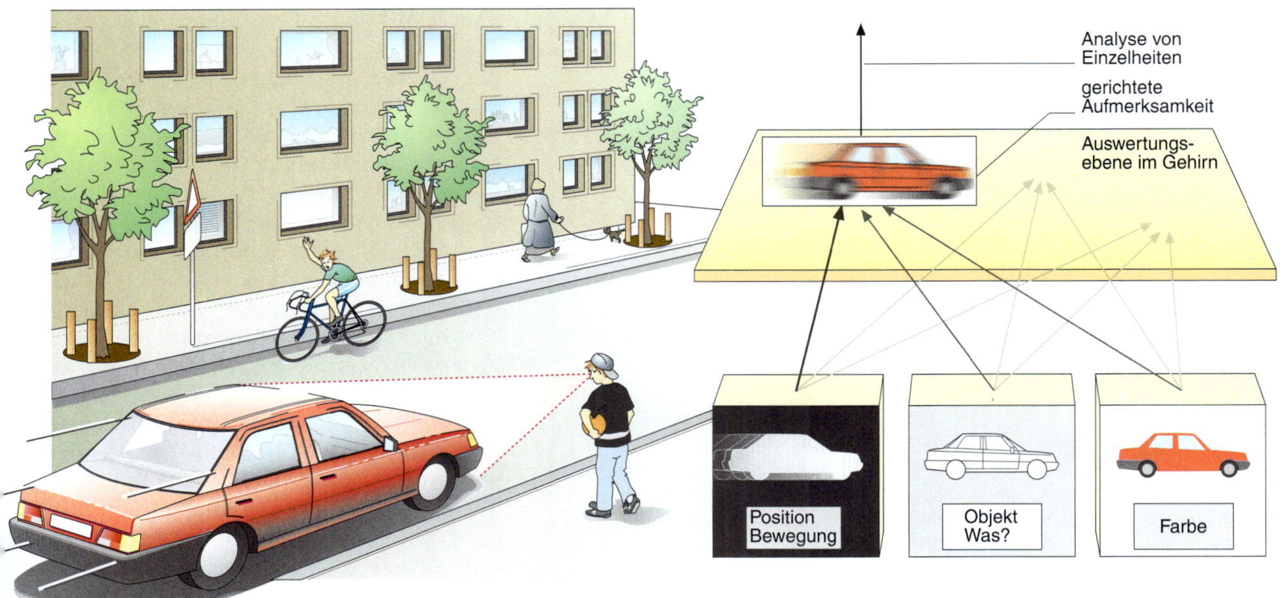

2 Drei Auswertkanäle bei der Wahrnehmung von Gegenständen

Nervensystem des Menschen

Das Nervensystem des Menschen ist das leistungsfähigste unter denen der Wirbeltiere. Die Anzahl der Neurone, die an seinem Aufbau beteiligt sind, wird auf 10^{11} geschätzt. Gehirn und Rückenmark zusammen bilden das *Zentralnervensystem* (ZNS).

Das *Rückenmark* erfüllt zwei Funktionen: Es ist zentrales Verbindungselement zwischen dem Gehirn und dem den Körper durchziehenden *peripheren Nervensystem* (Abb. 1) sowie selbstständige Umschaltstelle sensorischer auf motorische Neurone (s. *Reflexbogen*). Häufig sind *Interneurone* zwischengeschaltet. Diese beiden Funktionen lassen sich anatomisch unterschiedlichen Bereichen des Rückenmarks zuordnen. Die Leitungsbahnen liegen in der äußeren weißen Substanz, die Verschaltungen befinden sich in der inneren grauen Substanz. Zwischen je zwei Wirbeln entspringt rechts und links ein Rückenmarksnerv (Spinalnerv) mit einer vorderen und einer hinteren Wurzel. Durch die hinteren Wurzeln leiten sensorische Neurone Erregungen, die von den Sinneszellen kommen, dem Rückenmark zu (in die *Hinterhörner*). Die Zellkörper dieser Neurone befinden sich außerhalb des Rückenmarks in den *Spinalganglien*. Die vorderen Wurzeln (aus den *Vorderhörnern*) senden motorische Nervenfasern zu den Muskeln des Rumpfes. Die motorischen Neurone haben ihre Zellkörper in der grauen Substanz des Rückenmarks. Darüber hinaus besteht die graue Substanz aus einem Geflecht von Dendriten und meist marklosen kurzen Axonen. Kurz hinter dem Spinalganglion vereinigen sich beide Wurzeln zu einem gemischten Nerv. Der Mensch hat insgesamt 31 Paare von Rückenmarksnerven.

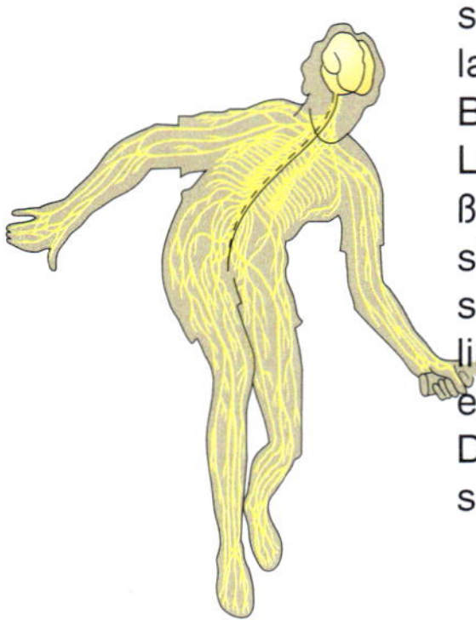

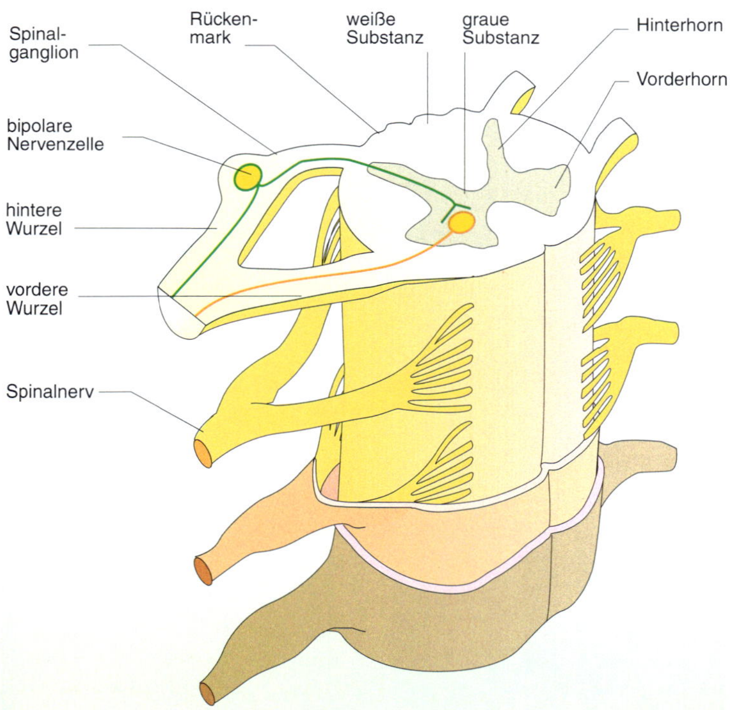

1 Rückenmark

Das autonome Nervensystem

Die Rückenmarksnerven innervieren auch die inneren Organe. Die Wirkungen dieses Teils des Nervensystems sind der willkürlichen Kontrolle weitgehend entzogen. Deshalb wird es auch als *autonom* oder *vegetativ* bezeichnet. Seine Aufgaben bestehen in der Kontrolle des inneren Milieus. Das autonome Nervensystem lässt sich in zwei funktionelle Untersysteme unterteilen, den *Parasympathicus* und den *Sympathicus*. Je nach Anforderungen werden unterschiedliche Organe aktiviert oder gehemmt. Dabei arbeitet das autonome Nervensystem eng mit dem somatischen Teil des Nervensystems zusammen, der die Skelettmuskeln mit dem Rückenmark verbindet.

Bei plötzlich herannahender Gefahr gelangt der Mensch beispielsweise rasch in einen Zustand höchster Leistungsfähigkeit. Alle Maßnahmen im Körper, die diesen Zustand fördern, werden durch den Sympathicus eingeleitet und koordiniert (Abb. 249.1). Die Durchblutung wird gefördert. So werden z. B. die Muskeln optimal mit Sauerstoff und Nährstoffen versorgt. Alle zur Bewältigung der Gefahr unnötigen Prozesse, wie z. B. die Verdauung, werden gedrosselt.

Der Parasympathicus wirkt sehr häufig als Gegenspieler des Sympathicus. Beide innervieren oft dieselben Organe und regeln die lebenswichtigen Funktionen des Kreislaufs, der Verdauung, der Entleerung, des Stoffwechsels, der Sekretion, der Körpertemperatur und der Fortpflanzung. Die Vorgänge bei der Verdauung laufen vor allem bei körperlicher Ruhe ab. Sie werden durch Signale des Parasympathicus ausgelöst bzw. gefördert. Darüber hinaus beeinflussen der *Sympathicus* und der *Parasympathicus* in Zusammenarbeit mit dem Gehirn nachhaltig unsere emotionale Stimmung. Alarmiert durch eine bedrohliche Situation, veranlasst z. B. das *Limbische System* des Gehirns (s. Seite 250) die Nebennieren, die Hormone *Adrenalin* und *Noradrenalin* in höherer Konzentration in den Blutstrom freizusetzen. Gefühle, wie Angst und Zorn, aber auch Glück werden von typischen Körperreaktionen begleitet, die vom autonomen Nervensystem angeregt werden. In welchem Ausmaß diese Gefühle vom Menschen Besitz ergreifen, hängt von übergeordneten Gehirnteilen ab.

Noradrenalin wird auch in den Endknöpfchen von Neuronen des Sympathicus als Transmitter produziert. Dort scheint es unabhängig von Gefühlsschwankungen zu wirken. Der Transmitter der parasympathischen Nervenzellen ist *Acetylcholin*.

Aufgabe

① In Stresssituationen wird durch den Sympathicus die Leistungsfähigkeit gefördert. Zivilisationskrankheiten, wie z. B. erhöhtes Infarktrisiko, Vergrößerung der Nebennieren, Störung des Sexualverhaltens u. a., werden auch auf Dauerstress zurückgeführt. Zeigen Sie die Zusammenhänge auf (Abb. 1).

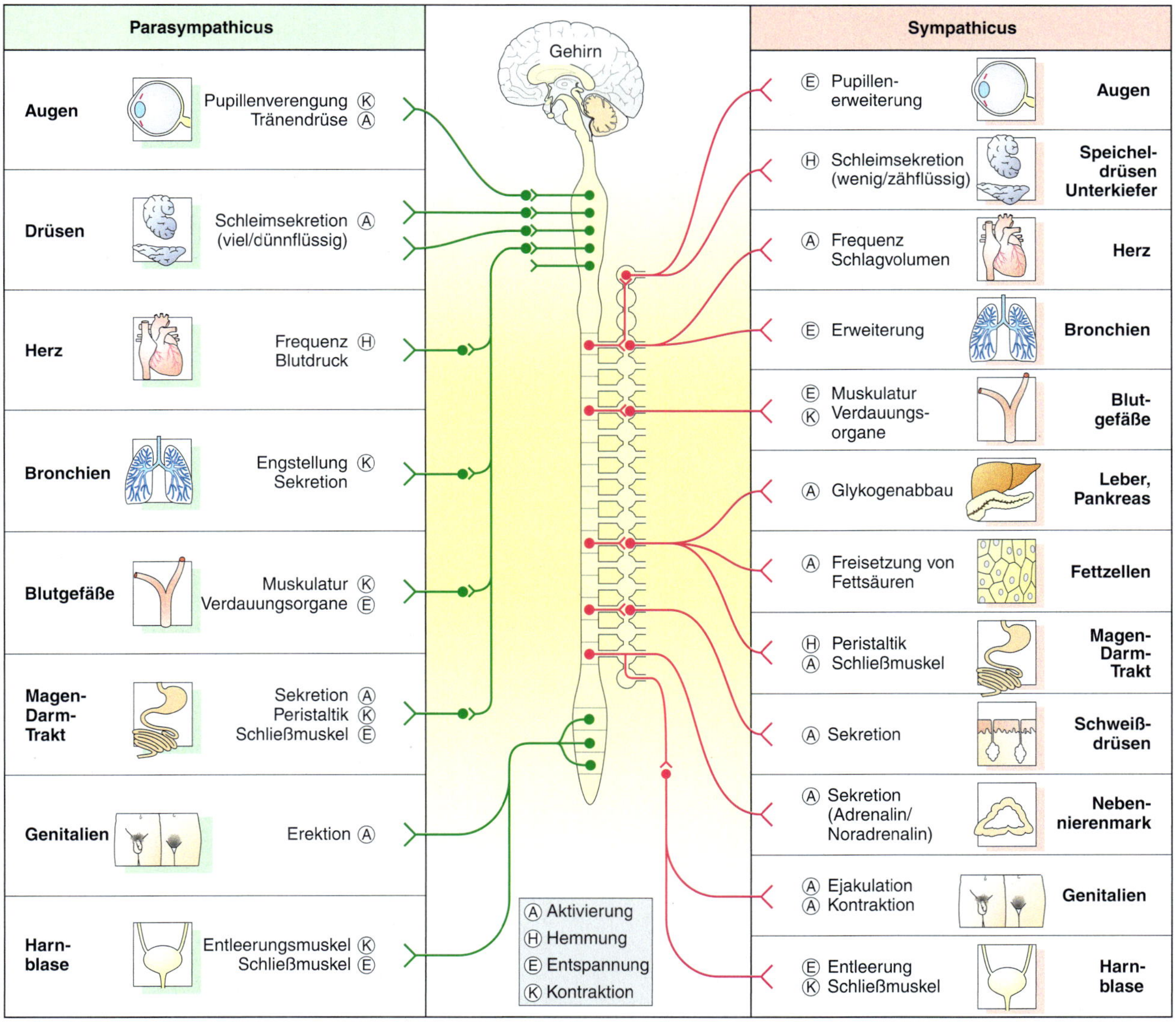

1 Vegetatives Nervensystem mit Sympathicus- und Parasympathicusaktivierung

Bau und Funktion des menschlichen Gehirns

1 Das End- oder Großhirn

z.B. motorische Steuerung der Körpermuskeln

Das *Großhirn* des Menschen nimmt ca. 80 % des Hirnvolumens ein. Es besteht aus der Hirnrinde *(Cortex)*, die beim Menschen eine enorme Oberflächenvergrößerung durch Furchung erfahren hat und aus Milliarden von Neuronen besteht. Darunter liegt die weiße Masse. Diese ist ein Neuronengeflecht, das die Kommunikation der einzelnen Hirnareale der Hirnrinde untereinander ermöglicht. Die Hirnrinde besteht aus zwei Hälften, den *Hemisphären*. Diese sind beim Menschen von der Funktion her nicht gleichwertig. Bei den meisten Menschen ist die rechte Hirnhälfte mehr für den nichtsprachlichen, ganzheitlich integrativen Informationsinhalt verantwortlich, die linke für den sprachgebundenen und für Detailanalysen.

Die *Hirnrinde* lässt sich funktionell in verschiedene Areale aufteilen. In ihnen werden von den Sinnesorganen einlaufende Informationen kombiniert und mit gespeicherten Informationen (Erfahrungen) verglichen. Im Stirnbereich liegen Bereiche für die Eigeninitiative, Handlungsplanung, Sozialverhalten und die Verarbeitung von Inhalten des Kurzzeitgedächtnisses. Hier liegen auch die Sprachregion und die Steuerung der Mundmuskulatur. Die Inhalte des episodischen Gedächtnisses und des Wissensgedächtnisses werden hier ebenfalls gespeichert. Im seitlichen Bereich werden Sprache und Töne wahrgenommen und verarbeitet. Dieser Bereich spielt eine entscheidende Rolle beim Speichern und Festigen von Informationen. Im hinteren Schädelbereich liegt die Verarbeitung der visuellen Reize.

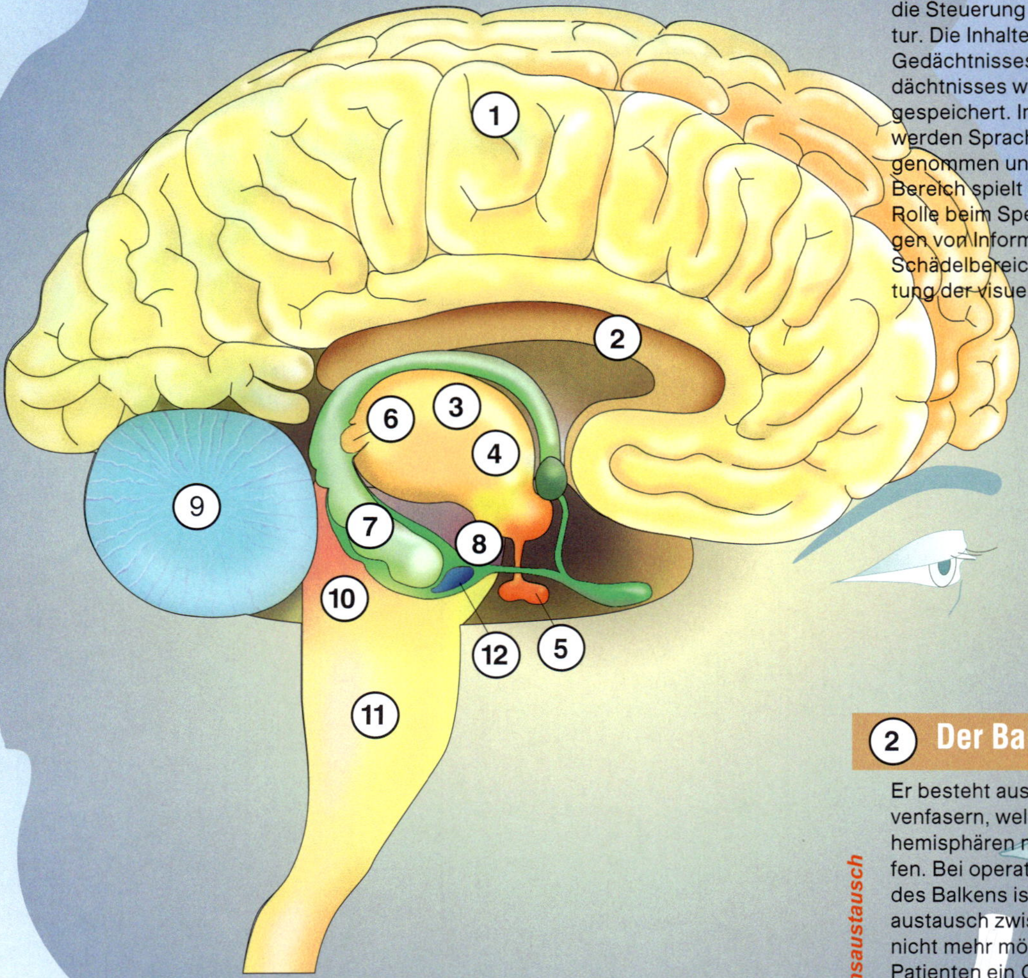

2 Der Balken

z.B. Informationsaustausch

Er besteht ausschließlich aus Nervenfasern, welche die beiden Hirnhemisphären miteinander verknüpfen. Bei operativer Durchtrennung des Balkens ist ein Informationsaustausch zwischen den Hirnhälften nicht mehr möglich. Wird solchen Patienten ein Gegenstand so in das linke Gesichtsfeld gebracht, dass die Informationen von der Netzhaut nur in die rechte Hirnhemisphäre gelangen, kann der Patient den Gegenstand nicht benennen, da das Sprachzentrum in der linken Hirnhälfte liegt.

3 – 6 Das Zwischenhirn

Es besteht aus dem *Thalamus* mit der *Epiphyse* (Zirbeldrüse) als Anhängsel und dem darunter liegenden *Hypothalamus* mit der *Hypophyse*.

Im oben gelegenen **Thalamus (3)** befindet sich eine wichtige Umschaltstelle für alle afferenten Bahnen der Sinnesorgane (außer dem Geruchssinn) zum Großhirn. Hier erfolgt eine Verschaltung der Erregungen, bevor sie dem Großhirn zugeleitet und damit bewusst werden. Man nennt den Thalamus daher auch das Tor zur Hirnrinde.

z.B. Verschaltung der Erregungen

4 Der Hypothalamus

Der darunter gelegene **Hypothalamus (4)** ist die Steuerzentrale für das autonome Nervensystem und das Hormonsystem. Seine zentrale Aufgabe ist die Regelung der Biorhythmik des Körpers (s. Seite 280). So gibt der Hypothalamus Freisetzungshormone *(Releasing-Hormone)* an die untergeordnete Hypophyse ab. Auch motivationale und emotionale Verhaltensweisen werden hier geregelt.

z.B. Hormonsystem

5 Die Hypophyse

Die kirschkerngroße **Hypophyse (5)** setzt unter der Kontrolle des Hypothalamus Hormone frei, die man als *stimulierende Hormone* bezeichnet. Sie ist mitverantwortlich für Körperfunktionen wie Wärmehaushalt oder Sexualität. Die Hormone steuern auch Eireifung, Schwangerschaft, Wachstum, Wasserhaushalt und Grundumsatz. Im Falle der Eireifung nennt man das spezifische Hypophysenhormon beispielsweise *Follikel stimulierendes Hormon* (FSH).

z.B. Steuerungshormone

6 Die Epiphyse

Die **Epiphyse (6)**, auch *Zirbeldrüse* genannt, ist bei einigen Wirbeltierklassen ein lichtempfindliches Organ, dessen Hormone am Farbwechsel der Haut beteiligt sind. Bei Säugern gibt sie das Hormon Melatonin ab. Melatonin steuert Funktionen, die mit dem Licht und dem jahreszeitlichen Wechsel zusammenhängen, z. B. auch den Schlafrhythmus.

z.B. Tag-Nachtrhythmus

11 Das Nachhirn

Das Nachhirn *(Verlängertes Mark)* ist ein sehr ursprünglicher Gehirnteil. Es ist die Zentrale für lebenswichtige Reflexe, wie Speichelfluss, Schlucken, Erbrechen, Husten und Niesen sowie Automatiezentrum für Atmung, Herzschlag und Blutdruck. Werden diese lebenswichtigen Funktionen zum Beispiel bei einem Genickbruch gestört, tritt unmittelbar der Tod ein. Das Nachhirn wird zusammen mit der Brücke und dem Mittelhirn auch als *Stammhirn* bezeichnet.

z.B. Herzschlag und Blutdruck

7 Der Hippocampus

Er liegt als Teil der Hirnrinde am inneren Rand des Schläfenlappens und hat eine große Funktionsvielfalt, wie Aufmerksamkeit, Neuigkeit der Information, Kurzzeitgedächtnis, Sozialverhalten, Furchtverarbeitung oder Verarbeitung räumlicher Zusammenhänge. Er spielt jedoch auch eine Rolle in der Wahrnehmung unseres Gefühls für Körperlichkeit. Sein Name ist auf die seepferdchenartige Gestalt zurückzuführen.

z.B. Lernprozesse

9 Das Kleinhirn

Es steuert Motorik- und Gleichgewichtsfunktionen. Über das Kleinhirn laufen die Erregungen von und zu den motorischen Zentren der Großhirnrinde, die für Körperhaltung oder Gleichgewicht notwendig sind. Das Kleinhirn gibt seine Erregungen entweder direkt an die motorischen Zentren der Großhirnrinde oder über Bahnen der weißen Substanz des Rückenmarks weiter. Hier sind auch erlernte Handlungsabläufe und Koordinationen, wie Autofahren und Fahrradfahren gespeichert. Ein Funktionsausfall des Kleinhirns führt nicht zum Ausfall konkreter Bewegungsabläufe, sondern zum Verlust der Bewegungskoordination.

z.B. Informationen zum Raumgefühl

12 Das Limbische System

Es ist eine Sammelbezeichnung für Teile des Großhirns sowie für Teile des Zwischenhirns. Zum Limbischen System gehören z. B. der *Hippocampus* (**7**) und der *Mandelkern* (**12**). Es spielt die entscheidende Rolle bei der Übertragung von Informationen ins Langzeitgedächtnis. Es liefert die emotionale Bewertung der aufgenommenen Informationen und bewertet diese für die Übertragung ins Langzeitgedächtnis. Durch seine emotionale Bewertung spielt es eine entscheidende Rolle bei Lernvorgängen und beim Abrufen dieser Informationen aus der Hirnrinde.

z.B. Gedächtnis und Sprache

8 Das Mittelhirn

Es leitet Impulse aus Auge, Ohr und Oberflächenrezeptoren an andere Hirnzentren weiter. Es ist zuständig für eine schnelle Orientierung im optischen Bereich. Hier geht es um das Bewegungssehen, das „Wo"-Sehen. Was man sieht, wird erst in der Großhirnrinde verarbeitet. Auch die auditive Wahrnehmung und Schmerzwahrnehmung werden hier verschaltet.

z.B. Impulse aus dem Auge

10 Die Brücke

Die Brücke *(Pons)* verbindet die Kleinhirnhemisphären und leitet Erregungen von den Großhirnhälften zum Kleinhirn. Sie ist mitverantwortlich für Schlaf und Aufwachen sowie Motorikfunktionen. Während des Träumens ist sie aktiv.

z.B. Erregungsleitung

Methoden der Hirnforschung

Bereits in der griechischen Kultur des Altertums lagen anatomische Beschreibungen des menschlichen Gehirns vor. Geistige Kräfte, wie Verstand oder Gedächtnis, wurden in den flüssigkeitsgefüllten Hohlräumen des Gehirns, den *Ventrikeln*, vermutet. Erst seit dem 19. Jahrhundert gelang es Wissenschaftlern, einzelnen Gehirnregionen des Menschen bestimmte Funktionen zuzuordnen.

Erste Methoden bestanden darin, Ausfallserscheinungen nach Gehirnverletzungen exakt zu beobachten und die verletzten Stellen im Gehirn zu lokalisieren. Dazu wurden die Gehirne nach dem Tod der Patienten seziert und die anatomischen Veränderungen untersucht.

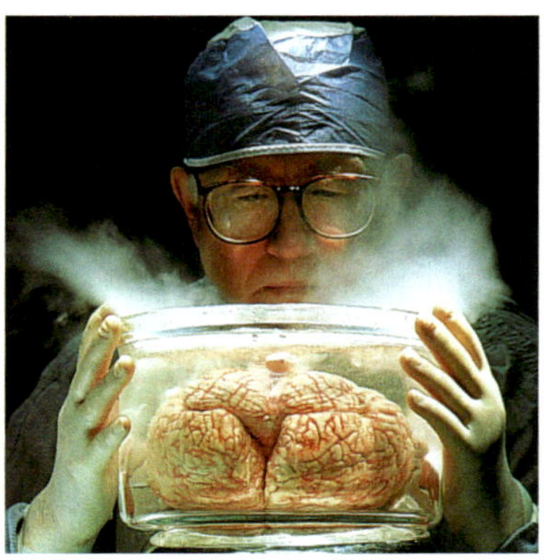

Der Wissenschaftler Harvey Cushing führte 1909 eine Methode ein, die es ermöglichte, am lebenden Gehirn von Menschen bestimmte Regionen der Großhirnrinde zu reizen. Die Großhirnrinde hat keine Schmerzrezeptoren, die Operation und die Reizung können daher bei vollem Bewusstsein der Patienten durchgeführt werden. Verschiedene Regionen der Großhirnrinde wurden mit schwachen elektrischen Strömen gereizt. Die Patienten verspürten daraufhin ein leichtes Kribbeln an bestimmten Stellen der Körperoberfläche oder konnten Angaben zu nicht vorhandenen, aber empfundenen Sinnesreizungen machen.

Moderne Methoden machen Untersuchungen am Gehirn möglich, ohne die Schädeldecke zu öffnen. Zwei Verfahren sind die *Elektroenzephalographie* (EEG) und die Messung der Hirndurchblutung *(„Cerebral-Blood-Flow“)*. Mit ihnen ist es möglich, einzelnen Gehirnbereichen bestimmte Aktivitäten oder Funktionen zuzuordnen. Bilder vom Gehirn können durch die geschlossene Schädeldecke mithilfe der Tomographie hergestellt werden. Durch den Einsatz von Computern ist es möglich geworden, große Mengen an Messdaten zu speichern und auszuwerten.

Elektroenzephalographie

Das Wort stammt aus der altgriechischen Sprache: *enkephalos* = Gehirn, *graphein* = schreiben. Diese Methode beruht auf der Beobachtung, dass elektrische Potentiale nicht nur auf der Gehirnoberfläche, sondern auch auf der nicht geöffneten Schädeldecke gemessen werden können. Die Potentiale treten in charakteristischen Wellenformen auf (s. Abb.). Man legt zur Messung der Potentiale knopfförmige Elektroden auf die Kopfhaut. Räumlich getrennt von dieser Elektrode, z. B. am Ohrläppchen, wird eine zweite Elektrode angebracht, sodass man zwischen diesen beiden Elektroden Spannungsschwankungen messen kann. Die Potentialschwankungen sind sehr gering. Sie liegen im Mikrovoltbereich und müssen daher verstärkt werden. Die verstärkten Messwerte werden kontinuierlich aufgezeichnet und anschließend ausgewertet.

Experimente an Tieren zeigten, dass es sich bei diesen Potentialänderungen um *erregende postsynaptische Potentiale* (EPSP) handelt. An den auf der Kopfhaut aufgelegten Elektroden werden jedoch nicht einzelne Synapsenvorgänge gemessen, sondern die EPSP von ca. 1 Million Neurone.

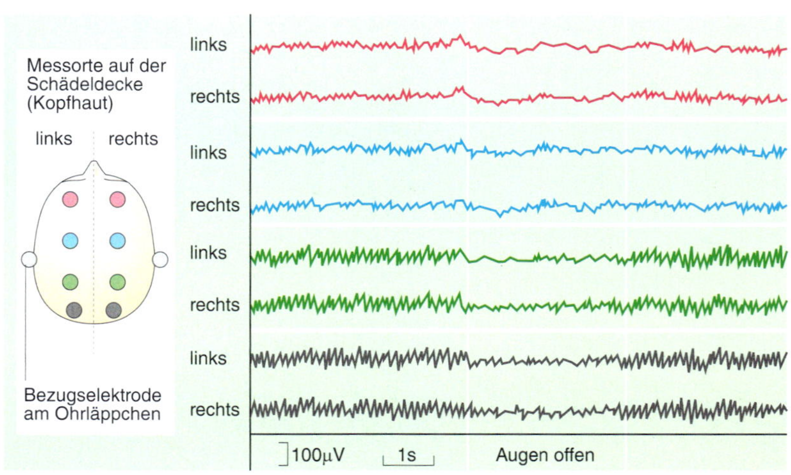

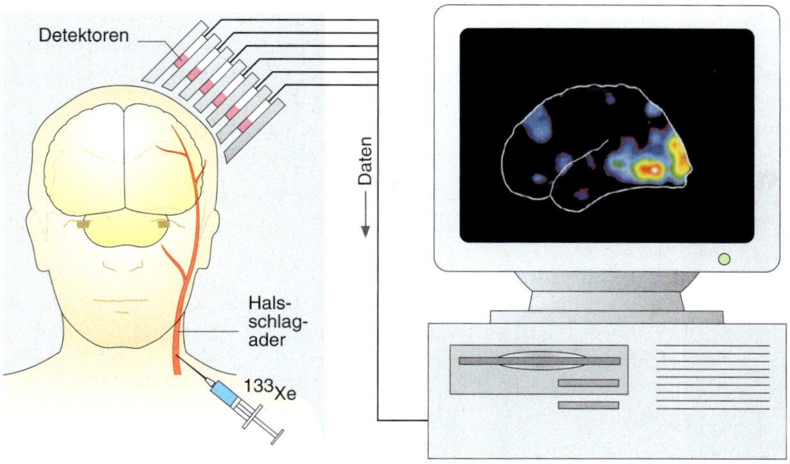

Wichtige Anwendungsgebiete sind die Diagnose von Anfallsleiden, wie z. B. *Epilepsie*, die sichere Bestimmung des *Hirntodes* oder die Ermittlung der Narkosetiefe. Anhand der Frequenz und der Amplitude lassen sich Aussagen zu der untersuchten Person machen. Bei einem epileptischen Anfall wird die Amplitude der Wellen größer und die Frequenz nimmt stark zu. Beim Hirntod erlischt jede elektrische Aktivität.

Eine wichtige Rolle spielt diese Messung bei der *Schlafforschung*, da durch die unterschiedlichen charakteristischen Wellen Aussagen über die Schlaftiefe während der verschiedenen Schlafphasen gemacht werden können. Manche Schlafstörungen lassen sich so bestimmten Typen zuordnen.

Messung der Hirndurchblutung

Der Energiestoffwechsel des Gehirns ist sehr intensiv, 20 % des eingeatmeten Sauerstoffs werden im Gehirn benötigt, obwohl die Masse des Gehirns nur 2 % der Körpermasse beträgt. Das riesige Neuronennetzwerk kann nur betriebsbereit sein, wenn es ununterbrochen mit Sauerstoff und Glucose über die Blutbahn versorgt wird.

Aktivitäten im Gehirn führen zu einer Steigerung des Energiestoffwechsels und damit der Sauerstoffaufnahme innerhalb von Sekunden. Diese Veränderung des Energiestoffwechsels in den neuronalen Zellen nutzt man durch Messungen mit kleineren, unbedenklichen Mengen eines radioaktiven Edelgases. Radioaktives Xenongas wird hierzu in die Halsschlagader injiziert oder eingeatmet (s. Abb. links). Aufgrund der intensiven Durchblutung verteilt es sich sehr rasch im Gehirngewebe. Es wird schnell wieder vom Blut aus dem Gewebe herausgespült und dann ausgeatmet. Je nach der Durchblutungsstärke erfolgt die Ausspülung aus dem Gehirngewebe unterschiedlich schnell. Die unterschiedliche Radioaktivität wird mit seitlich um den Kopf angebrachten Detektoren gemessen und in einem Computer verrechnet. Die einzelnen Intensitäten der Radioaktivität werden mithilfe verschiedener Farben auf dem Monitor dargestellt und ausgewertet.

Bei der PET *(Positronen-Emissions-Tomographie)* wird anstelle des radioaktiven Edelgases Glucose verwendet, die im Positronenstrahler markiert wird. Die Positronen verbinden sich mit Elektronen und geben eine Strahlung ab, die gemessen wird.

Tomographie

Mit der *Tomographie* kann das Gehirn eines Patienten bildlich in verschiedenen Untersuchungsebenen dargestellt werden. Die Schichtdicke der einzelnen Ebenen beträgt 5 bis 10 mm. Wichtig sind solche Darstellungen in der Medizin, besonders bei der Untersuchung von Patienten auf Gehirntumore. Ultraschalluntersuchungen, wie sonst häufig angewandt, sind im Schädelbereich wegen der großen Knochenmassen schlecht einzusetzen. Die *Magnetresonanztomographie (MRT)* macht im Zusammenhang mit der Datenspeicherung im Computer eine Bildauswertung im Schädelbereich möglich.

Zur Messung nutzt man physikalische Eigenschaften der Wasserstoffatome. Sie sind im Gewebewasser und in allen Molekülen im Gehirn vorhanden. Die Atomkerne des Wasserstoffes erzeugen ein Magnetfeld. Zur Messung wird ein Magnetfeld erzeugt, das den Schädel durchsetzt. Die Wasserstoffkerne richten sich wie die Kompassnadeln im angelegten Magnetfeld aus. Beim Abschalten des äußeren Magnetfeldes schwingen die Wasserstoffatome in ihre Ausgangslage zurück und senden hierbei eine elektromagnetische Strahlung im Bereich der Radiowellen aus. Diese wird von Antennen außerhalb des Körpers aufgefangen, im Computer gespeichert und verrechnet. Innerhalb des entstehenden Bildes sind noch Details bis zu 1 mm auswertbar.

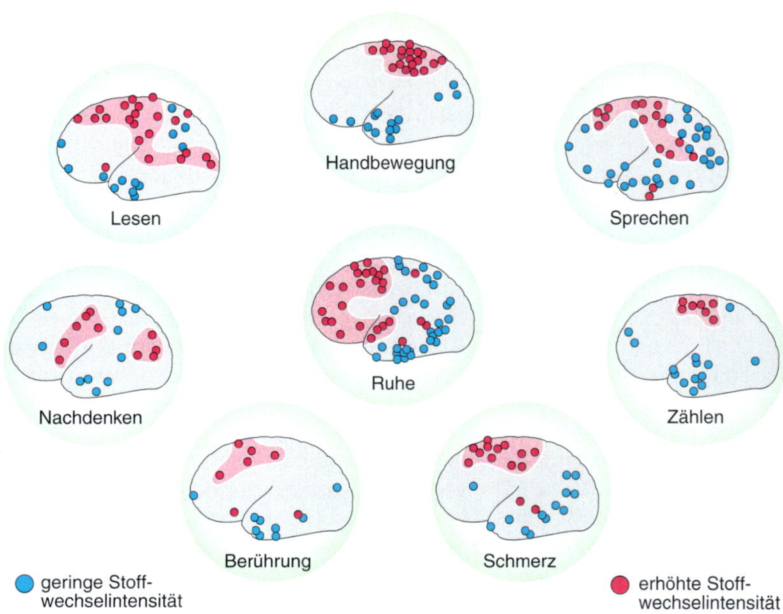

Lernen: speichern – abrufen

Beim Lernen denkt man meist an Unterricht und Schule. Lernvorgänge laufen jedoch ununterbrochen in unserem Gehirn ab. Wir merken uns Wege, den Geschmack von Nahrungsmitteln oder das Gesicht von Menschen.

Reize aus der Umwelt werden in den Sinnesorganen ständig in Erregungen umgewandelt und über Neurone zum Gehirn geleitet. Die eintreffende Informationsmenge ist von der Art des Reizes abhängig: Olfaktorische Reize (Geschmack) können etwa 20 Bit pro Sekunde enthalten, visuelle hingegen ca. 10 Millionen Bit. Diese Informationsflut könnte das Gehirn auf Dauer blockieren. Die Datenfülle, die schließlich das Langzeitgedächtnis erreicht und hier gespeichert wird, verringert sich in den vorgeschalteten Gedächtnissystemen.

Sensorisches Gedächtnis

Das *sensorische Gedächtnis* speichert die aufgenommenen Informationen nur innerhalb der Sinnesorgane. Aufgenommene Reize werden in Erregungen umgewandelt und eine halbe bis mehrere Sekunden zur weiteren Verarbeitung bereitgestellt.

Arbeitsgedächtnis

Im *Arbeitsgedächtnis*, das aus zeitlicher Sicht als *Kurzzeitgedächtnis* bezeichnet wird, bleiben die Informationen ca. 10 Sekunden bis Minuten. Die Kapazität des Kurzzeitgedächtnisses bleibt jedoch nur auf wenige Informationseinheiten beschränkt. Hier können sie mit bereits gespeicherten Informationen verknüpft werden. Je nach Interessenlage und Stimmung werden die Informationen bewertet und erhalten mit bereits gespeicherten Informationen eine Bedeutung. Diese neuen Informationen werden besonders dann weitergeleitet, wenn Assoziationen dazu vorhanden sind. Werden diese Informationen im Arbeitsgedächtnis nicht mit Inhalten aus dem Langzeitgedächtnis verknüpft (assoziiert), sind sie für immer verloren. Das Arbeitsgedächtnis befindet sich in der Hirnrinde des Großhirns. Bei Übereinstimmungen mit bereits vorhandenen Informationen werden sie in der Hirnrinde abgespeichert. Hierbei ist die linke Hirnhälfte für Informationen zu neutralem Wissen zuständig, die rechte Hirnhälfte für Erlebnisse und affektbesetzte Informationen. Damit eine im Arbeitsgedächtnis abgespeicherte Information ins Langzeitgedächtnis vordringen kann, muss sie also gefestigt werden, d. h. mit Assoziationen verknüpft oder solange wiederholt werden, bis eine kritische Schwelle zum Langzeitgedächtnis überschritten ist.

Langzeitgedächtnis

Die neue Information wird im *Langzeitgedächtnis* dauerhaft verankert. Erinnern wir uns nicht mehr an hier gespeicherte Informationen, kann dies daran liegen, dass sie von anderen Informationen überlagert werden oder der Vorgang des Abrufens gehemmt wird. Eine wichtige Rolle beim Einspeichern ins Gedächtnis spielt das *Limbische System* mit dem Mandelkern *(Amygdala)*. Dort werden die Erregungen auf biologische und soziale Bedeutsamkeit geprüft und mit bereits vorhandenen Informationen verglichen. Gleichzeitig werden sie mit Emotionen verbunden. Der Lernprozess und auch das Abrufen der gespeicherten Informationen ist an Emotionen gebunden. Personen mit einer nicht funktionierenden Amygdala können weder Emotionen erkennen (am Gesichtsausdruck Freude oder Trauer) noch Fakten richtig einordnen. Emotionen spielen eine wichtige Rolle bei der Einschätzung der aufgenommenen Reize.

Gedächtnissysteme

Das *Langzeitgedächtnis* wird ausgehend von den Erkenntnissen der Hirnforschung unterteilt in einen unbewussten Informationsspeicher mit dem *prozeduralen Gedächtnis* und Priming, sowie einen bewussten Informationsspeicher mit dem Wissensgedächtnis, *episodischen Gedächtnis* und *perzeptuellen Gedächtnis* (Abb. 255.1). Wissen wird im Gehirn nicht als Ganzes, also nicht in fest umrissenen Schubladen abgelegt. Wissen wird verstreut im Gehirn gespeichert. Bevorzugt werden individuell besonders beeindruckende Eckwerte des Wissens gespeichert und zwar je nach Qualität an verschiedenen Orten des Gehirns. Farbeindrücke an anderen Stellen als Eindrücke über Form und Materialbeschaffenheit oder als Gerüche oder Töne. Beim Erinnern setzt das Gehirn das Gelernte aus den abgelegten Eckwerten wieder neu zusammen. Alles was wir reproduzieren, wird auf der Basis unserer persönlichen Lernbiografie neu zusammengesetzt, also interpretiert. Somit sind Erinnerungen nicht identisch mit ursprünglichen Lerngegenständen.

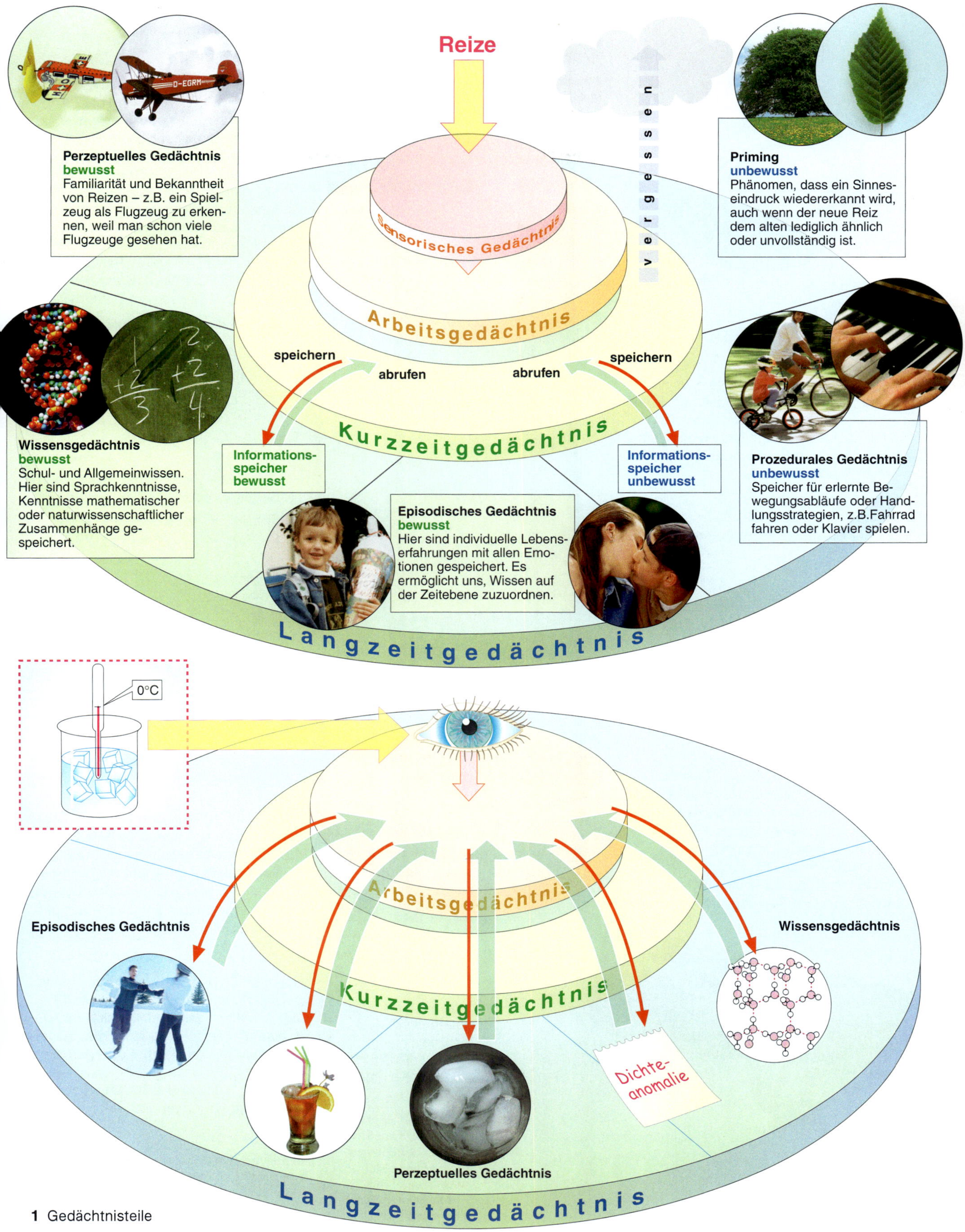

1 Gedächtnisteile

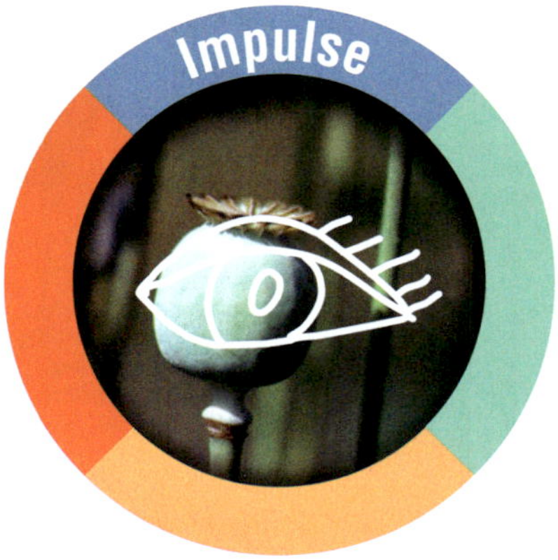

Psychoaktive Stoffe

„Himmelhoch jauchzend, zu Tode betrübt". Im Alltag liegt unsere Stimmung meist irgendwo dazwischen. Wenn wir uns nicht gerade damit beschäftigen oder jemand uns fragt, ist uns gar nicht bewusst, in welcher Stimmung wir gerade sind.

Unsere *Stimmung* ist das Ergebnis der Verarbeitung von Sinneseindrücken, der Signale des Nervensystems und von Hormonen.

Psychoaktive Stoffe im Körper

Marathon laufen, Fallschirmspringen und *Freeclimbing* haben eines gemeinsam: Es können überwältigende Glücksgefühle auftreten, obwohl die Situationen für die meisten Menschen extrem anstrengend bzw. Angst auslösend sind.

Ursache dafür sind „körpereigene Drogen", also das Bewusstsein beeinflussende Stoffe. Diese *Endorphine* bewirken auch, dass Schmerzen und Erschöpfung weniger wahrgenommen werden. Sie lösen Glücksgefühle aus. Ihre Entdeckung verdanken wir der Erforschung der Wirkung von Opiaten.

Die Entdeckung der Opiatrezeptoren

Opiatrezeptormoleküle im Rückenmark, mit radioaktiven Opiatmolekülen sichtbar gemacht

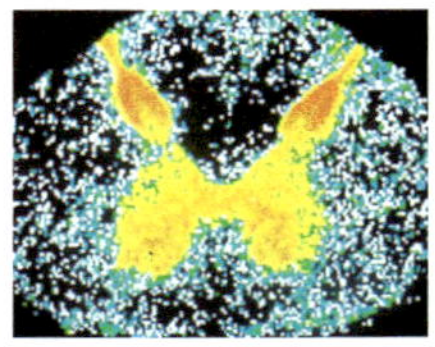

Die größte Rezeptordichte zeigt sich dort, wo die sensorischen Fasern vom Rückenmark an die graue Substanz herantreten (orange). Die sog. *Schmerzfasern* haben hier synaptische Kontakte zu Neuronen, deren Axone bis ins Gehirn reichen. Opiatrezeptormoleküle wurden hier auf Schmerzfaser-Synapsen gefunden. Die Opiate senken die Transmitterausschüttung an den synaptischen Endknöpfchen dieser Schmerzfasern. Die Schmerzschwelle wird erhöht.
Die Schmerz lindernde Wirkung von *Opium*, einem Extrakt aus dem Saft des Schlafmohns, ist seit langem bekannt. Wie ein daraus hergestelltes synthetisch verändertes Produkt, das Heroin, löst es außerdem euphorische Zustände aus. Es beeinflusst die Signalübertragung an bestimmten Synapsen des Gehirns.

Erklären Sie die Zusammenhänge.

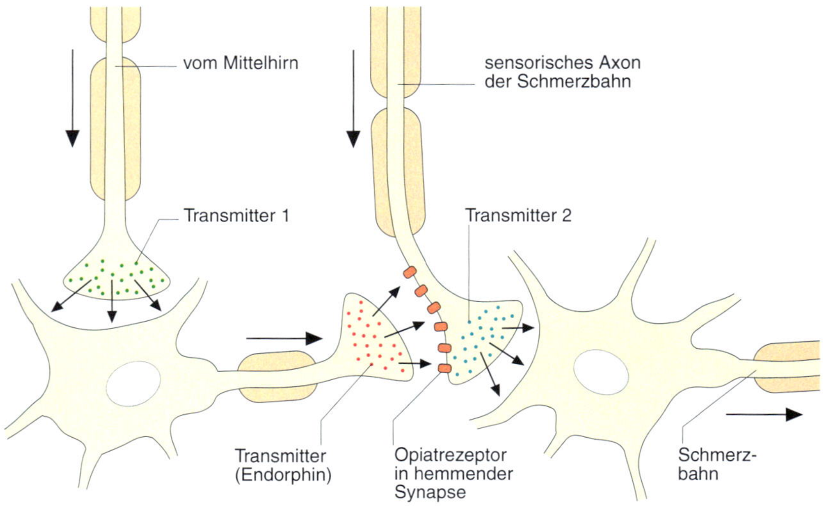

Drogen – ein Begriff mit zwei Bedeutungen

Psychopharmaka
Arzneimittel *(Pharmaka)*, die psychische Leiden lindern oder heilen können.

Warum gibt es keine Drogen in der Drogerie? Ursprünglich bezeichnete man durch Trocknen haltbar gemachte Pflanzenteile, die als Arzneimittel Verwendung fanden, als Drogen. Sie wurden als Tee, angefeuchteter Brei zum Auftragen auf eine Wunde oder zum Einnehmen bei Krankheiten verwendet.

Heute versteht man unter Drogen meist *psychoaktive Stoffe*, die entweder legal – wenn auch manche mit Alterseinschränkungen – verkauft werden dürfen (z. B. Alkohol und Nikotin) oder verboten sind, wie z. B. Haschisch, Kokain, Heroin oder LSD. Körperliche Schäden und Abhängigkeit sind mögliche Folgen der Einnahme dieser Stoffe.

In den meisten Kulturen war die Einnahme von Drogen an religiöse Vorstellungen gebunden. Recherchieren Sie Beispiele und erklären Sie die Zusammenhänge.

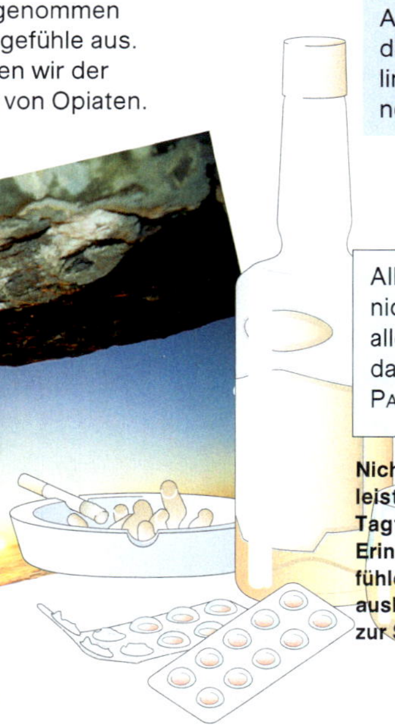

Alle Dinge sind Gift – nichts ist ohne Gift – allein die Dosis macht, dass ein Ding ein Gift ist.
PARACELSUS (1493 – 1541)

Nicht nur sportliche Höchstleistungen, sondern auch Tagträume oder angenehme Erinnerungen können Sichwohlfühlen und Glücksgefühle auslösen. Warum kann Sport zur Sucht werden?

Wohlgefühl aus zweiter Hand

Nicht umsonst führt das Original der braunen Erfrischungsgetränke Coca im Namen. Es enthielt ursprünglich Kokain als Aufputschmittel (Stimulans), heute nur noch Koffein aus dem Samen des Colabaumes. Hustensaft enthielt Kokain zur Dämpfung des Hustenreizes.

Kokain verhindert die Wiederaufnahme des Transmitters Dopamin in das synaptische Endknöpfchen. Die Dopaminkonzentration im synaptischen Spalt ist dadurch erhöht.

Veränderte Wahrnehmung, veränderte Gefühle. Wie lassen sich diese Wirkungen von Kokain erklären?

Gefahren der Kokain-Sucht

Kokain-Konsumenten können auf Dauer ohne die Verstärker-Droge kein normales Glücksempfinden mehr entwickeln.

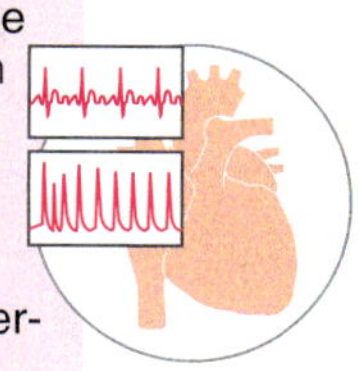

Folge: schwere Depressionen, psychische Abhängigkeit

Die Beeinflussung des Verstärkersystems führt zu Überforderung des Gehirns.

Folge: Wahnvorstellungen

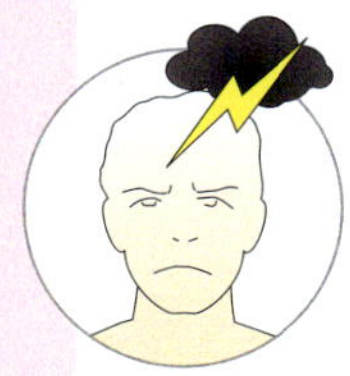

Mögliche Auswirkungen der Droge auf den Organismus:
Herzrhythmusstörungen, Herzinfarkt, Schlaganfall, epileptische Anfälle

„Tierisch gut drauf"

Das Vorkommen von Endorphinen gibt einen Hinweis auf die biologische Bedeutung des Sichwohlfühlens. Auf einen einfachen Nenner gebracht: Lust und die Vermeidung von Frustration sind die wesentlichen Triebfedern nicht nur menschlichen Verhaltens.

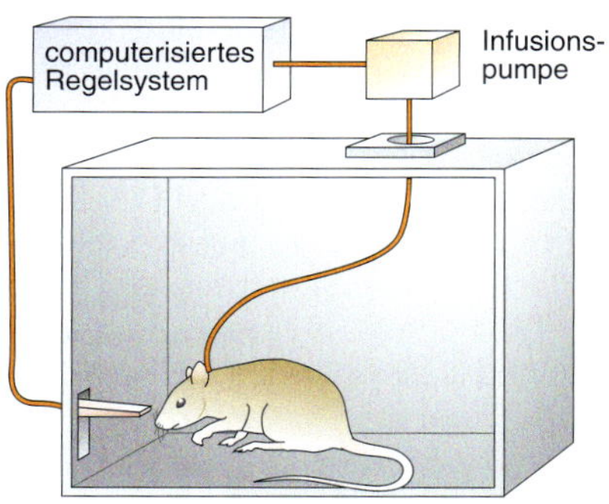

Ermöglicht man Mäusen, Ratten oder Affen den Zugang zu Kokain, so versorgen sie sich im Versuch kontinuierlich mit der Droge. Andere positiv besetzte Aktivitäten, wie Fressen, Trinken und Paarung, vernachlässigen sie.

Aus einer Befragung von Drogenabhängigen

Ich nehme Drogen ....

weil Rauschmittel die Stimmung heben können ______ 6,9%

weil sich dabei Glücksgefühle einstellen ______ 5,5%

weil man damit eigene Hemmungen überwindet ______ 4,9%

Was halten Sie von diesen Motiven? Welche Risiken nimmt man in Kauf? Sind sie das Risiko wert?

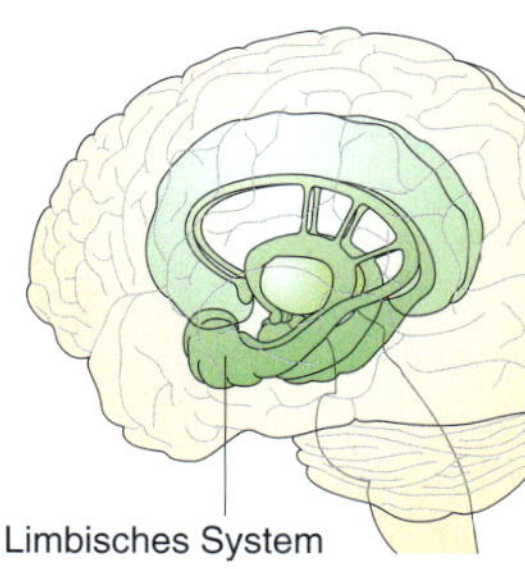

Ecstasy – ein Partyspaß?

Ein 1913 als Schlankheitsmittel entwickelter, aber in Deutschland nie zugelassener Stoff mit dem Kürzel *MDMA* ist unter der Bezeichnung *Ecstasy* zur Modedroge geworden. Illegal zu Pillen gepresst – mit unterschiedlicher Dosis und verschiedensten Beimengungen – wird er vielerorts relativ billig angeboten. Neben den Rauschzuständen ist auch hier das Ignorieren von Körpersignalen, wie Erschöpfung und Durst, durch die Konsumenten zu beobachten.

Gefahren durch den Konsum? Einstiegsdroge? Langzeitschäden? Wichtige Fragen, auf die man eine Antwort suchen sollte.

Sucht

Süchtiges Verhalten gehört als Teil unseres Gefühlslebens zu unserer Persönlichkeit, z. B. als Sehnsucht, Eifersucht, Spielsucht und Habsucht. Letztlich kann jedes menschliche Interesse süchtig machen, wie Fernseh- und Arbeitssucht oder Putz- und Sammelzwang zeigen. Bei jeder Drogensucht (Abhängigkeit von psychisch wirksamen Substanzen) treten folgende Phänomene auf:

– Toleranzentwicklung
– physische Abhängigkeit
– psychische Abhängigkeit

Was versteht man unter diesen Schlagworten?
Wie gerät man in die Sucht?
Wie kann man wieder herauskommen?
Wie sollte man sich verhalten, wenn Freunde süchtig werden oder sind?

Angst lösende Medikamente

Manche Menschen leiden unter Angst, ohne dass ein adäquater Grund vorliegt. Eine solche Erkrankung lässt sich psychotherapeutisch oder, in schweren Fällen, medikamentös behandeln. *Barbiturate* wirken beruhigend (sedierend) und werden auch als Schlafmittel eingesetzt. Wer müde ist, hat meist weniger Angst. Manche wirken Angst lösend und in höheren Dosen einschläfernd. Allerdings besteht auch hier Suchtgefahr. Die Wirkung beruht auf der Besetzung von Rezeptoren im Limbischen System und der Großhirnrinde anstelle von Transmittern.

Krankhafte Angst ist selten. Was macht uns Angst? Was kann man tun, ohne gleich zur Tablette zu greifen?

Die Hierarchie der Botenstoffe

Hormone
Sie sind chemische Signalstoffe, die in spezifischen Zellen (häufig Drüsen) gebildet und in geringen Stoffmengen über das Blut zu den Wirkzellen transportiert werden.

to release: freisetzen

Frisch geschlüpfte Kaulquappen haben einen Ruderschwanz und Kiemen, jedoch keine Beine und keine Lunge. Nach einigen Wochen erkennt man erste Anzeichen einer komplexen Gestaltumwandlung, der *Metamorphose* zum Frosch.

1912 verfütterte der Wissenschaftler JOHN F. GUDERNATSCH Schilddrüsengewebe an Kaulquappen, die Metamorphose lief beschleunigt ab. Operierte man dagegen den Kaulquappen ihre Schilddrüse heraus, wuchsen sie zwar zu Riesenkaulquappen heran, aber die Metamorphose blieb aus. Aufgrund dieser Experimente untersuchten Wissenschaftler das Organ genauer und isolierten eine Substanz, das *Thyroxin*, von dem bereits die Zugabe von $^{1}/_{100}$ mg pro Liter Wasser genügt, um die Metamorphose bei den jungen Kaulquappen auszulösen. Weitere Versuche zeigten, dass Thyroxin nicht in allen Altersstufen wirksam ist. Erst wenn die Tiere eine Größe von 40 mm überschritten haben, kann eine Metamorphose durch Thyroxin künstlich induziert werden. Diese Beobachtung deckt sich mit Messungen, dass frühestens ab diesem Entwicklungsstadium die Größe der Schilddrüse und gleichzeitig ihre Thyroxinbildung zunimmt. Aus diesen Befunden schlossen die Forscher, dass der Schilddrüse eine zweite Steuerungsebene vorgeschaltet ist.

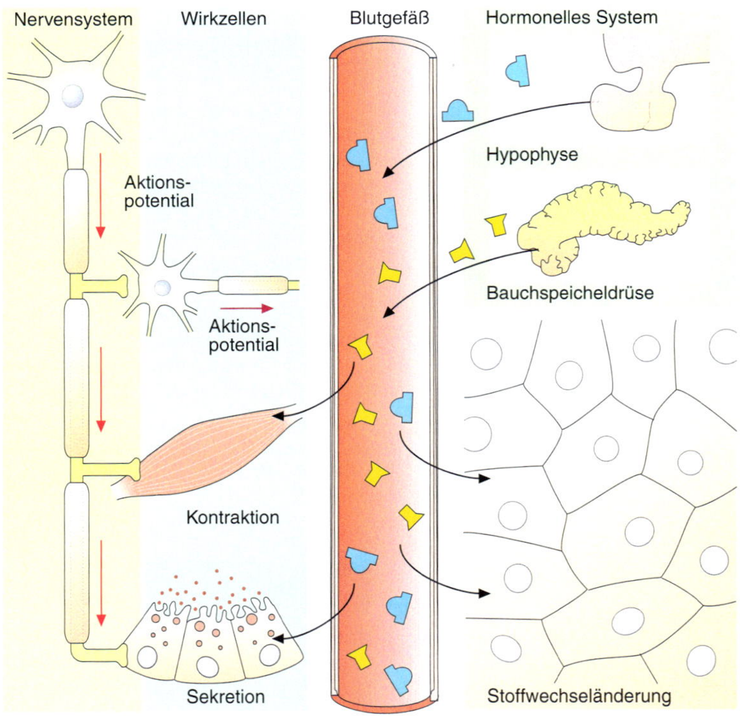

1 Neuronale und endokrine Signalübertragung

	Hypophyse	Schilddrüse	Hormonzusatz	Metamorphose
Versuch 1	vorhanden	vorhanden	keine	ja
Versuch 2	entfernt	vorhanden	keine	nein
Versuch 3	vorhanden	entfernt	keine	nein
Versuch 4	enfernt	entfernt	Thyroxin	ja
Versuch 5	entfernt	entfernt	TSH	nein
Versuch 6	entfernt	vorhanden	TSH	ja

2 Auslösung und Steuerung der Froschmetamorphose durch Hormone

Amerikanische Wissenschaftler machten die Entdeckung, dass Kaulquappen, denen man eine kleine Drüse auf der Unterseite des Zwischenhirns, die *Hypophyse*, entfernte, sich ebenfalls nicht verwandelten. Man konnte nachweisen, dass von der Hypophyse eine Substanz in das Blut abgegeben wird, die die Bildung des Thyroxins stimuliert. Sie wird *Thyroxin stimulierendes Hormon* (TSH) genannt. Trotz dieser Erfolge war die eigentliche Auslösung der Steuerungsprozesse ungeklärt. Erst durch weitere Experimente ließ sich zeigen, dass auch das Zwischenhirn an der Steuerung der Metamorphose beteiligt ist. Spezialisierte Nervenzellen bilden geringste Mengen eines Tripeptides und geben es ins Blut ab *(Neurosekretion)*. Es gelangt über das Hypophysen-Pfortadersystem in den Hypophysenvorderlappen und fördert dort die Freisetzung von TSH. Es wird *Thyrotropin-Releasing-Faktor* (TRF) genannt. Erst wenn der Hypothalamus eine bestimmte Größe erreicht hat, reagiert er empfindlich auf das Thyroxin, sodass dieses Hormon die Freisetzung von TRF stimuliert. In einem zunächst langsamen, später sich selbst verstärkenden Prozess kommt es am Ende der Metamorphose zu einem rapiden Anstieg der Thyroxinproduktion (Abb. 259.1).

Aus derartigen Experimenten kann man gemeinsame Prinzipien der hormonellen Regulation ableiten: Hormone werden in Zellen, Geweben oder Organen gebildet und in geringen Mengen über das Blut im Körper verteilt. Hormone wirken auf spezifische Zielzellen. Im Falle des TRF und TSH sind diese jeweils in einem Organ lokalisiert, die Zielzellen für das Thyroxin liegen sie beim Menschen im gesamten Körper verteilt. Damit besitzt der Organismus neben dem Nervensystem ein zweites Informations- und Koordinationssystem, dessen Informationsfluss zwar langsamer, dafür aber auch länger anhaltend ist (Abb. 2).

Auch bei Menschen wird Thyroxin in der seitlich an der Luft- und Speiseröhre vor dem Schildknorpel des Kehlkopfes liegenden *Schilddrüse* gebildet. Es bewirkt eine Steigerung des Grundumsatzes, besonders in den Leber- und Muskelzellen. Thyroxin löst in den Mitochondrien dieser Zellen eine erhöhte Enzymaktivität aus, wodurch der Energieumsatz steigt. An den Nervenzellen aktiviert es die Na^+-K^+-Pumpen. Übersteigt der Thyroxinspiegel im Blut einen bestimmten Wert, kommt es zu einer Verminderung der Schilddrüsenausschüttung. Thyroxin hemmt beim Menschen im Sinne einer negativen Rückkopplung die TRF- und TSH-Bildung. Auch äußere Faktoren beeinflussen dieses Regulationssystem. So führt beispielsweise das Sinken der Umgebungstemperatur zu einer Erhöhung der Thyroxinproduktion und damit des Grundumsatzes.

Bei krankhafter Überfunktion der Schilddrüse kommt es zu einer übermäßigen Beschleunigung des Stoffwechsels, wodurch die Körpertemperatur steigt. Trotz Appetitsteigerung und erhöhter Nahrungsaufnahme magern die Betroffenen ab. Die Herztätigkeit ist beschleunigt, Nervosität sowie Schlaflosigkeit treten auf. Zur Therapie wird zeitlich begrenzt Thyroxin verabreicht, um durch negative Rückkopplung die Schilddrüsenfunktion zu senken. Da zur Synthese des Thyroxins Iodsalze notwendig sind, kommt es bei Iodmangel zu einer krankhaften Unterfunktion der Schilddrüse. Grundumsatz und Körpertemperatur liegen unter den Normalwerten, starke Müdigkeit tritt auf. Die Patienten leiden trotz geringer Nahrungsaufnahme an starkem Fettansatz.

Aufgabe

① Bei Winterschläfern wie der Fledermaus fand man im Herbst eine Rückbildung der Schilddrüse. Erst gegen Ende der Winterperiode erreichte sie wieder Normalgröße. Erläutern Sie die Zusammenhänge unter Berücksichtigung der biologischen Bedeutung des Winterschlafes.

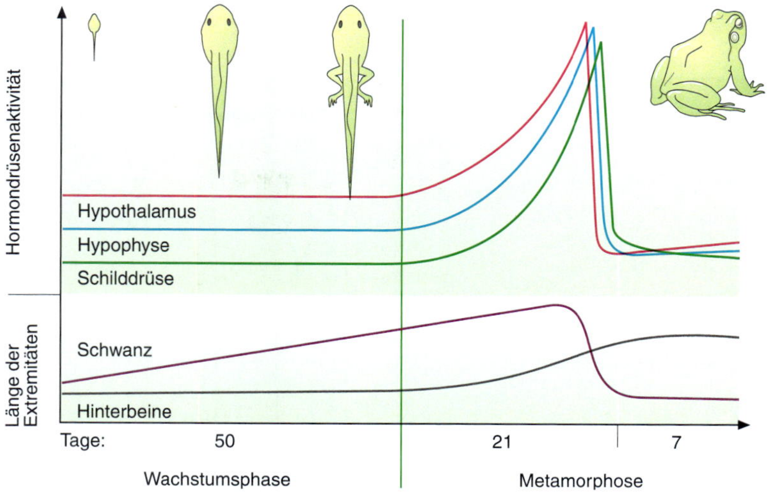

1 Hormonelle Vorgänge bei der Metamorphose des Frosches

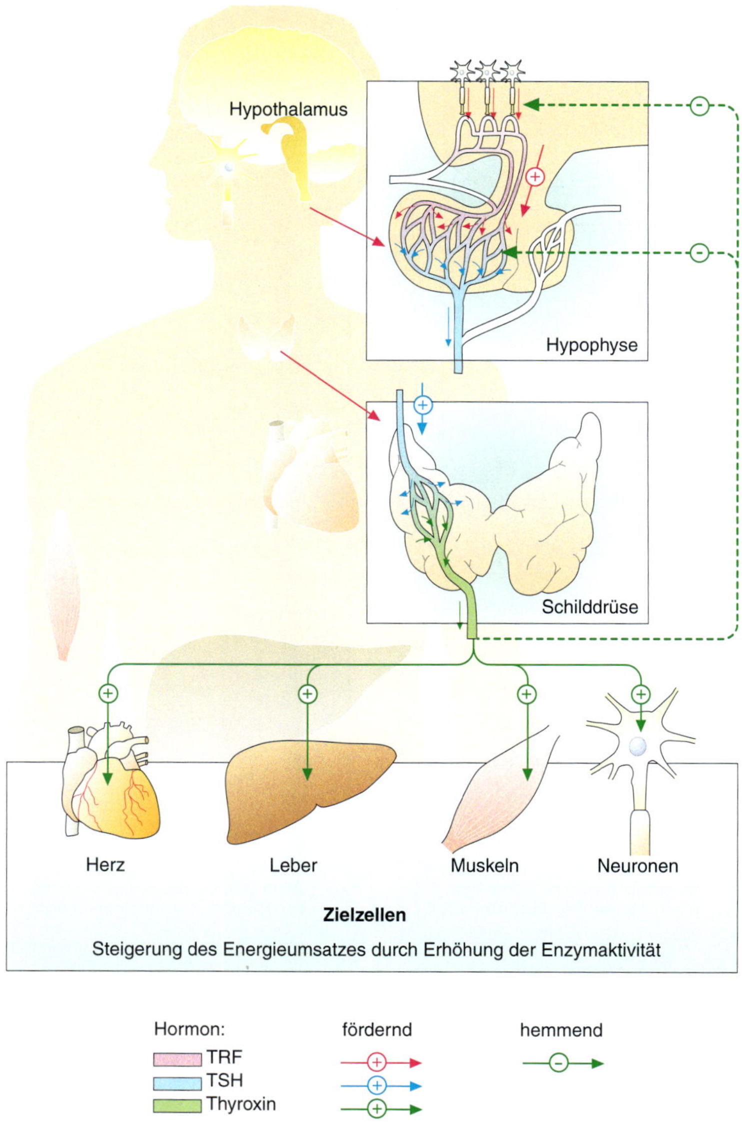

2 Regulation der Thyroxinkonzentration

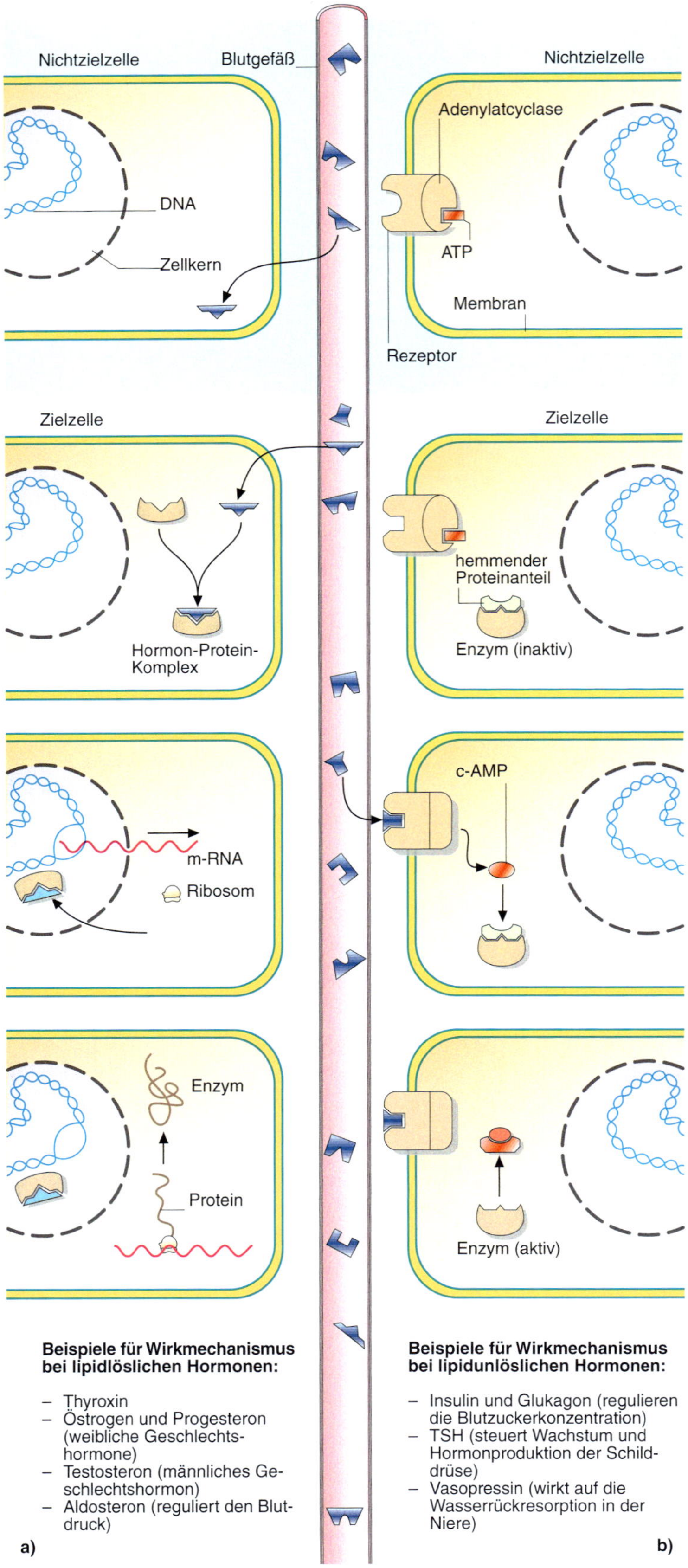

1 Mechanismen der Hormonwirkung

Hormonwirkung

Hormone unterscheiden sich sowohl in ihrer stofflichen Natur als auch in der Art, wie sie ihre Wirkung entfalten.

Wirkungsmechanismen

Wenn sich aus Kaulquappen Frösche entwickeln, bedeutet dieses eine genetisch regulierte totale körperliche Umgestaltung *(Metamorphose)*, die durch das Hormon Thyroxin geregelt wird. In diesem Stadium enthalten die Schwanzzellen viele membranumhüllte Bläschen *(Lysosomen)*. Diese speichern proteinspaltende Enzyme *(Proteasen)*, deren Konzentration bis zu 30-mal höher ist als im restlichen Gewebe. Die Proteasen bauen Proteine des Kaulquappenschwanzes ab. Fügt man zu Zellsuspensionen verschiedener Gewebe der Kaulquappen radioaktiv markiertes Thyroxin, lässt sich die Radioaktivität kurz darauf im Zellkern der Schwanzzellen, bei den übrigen Körperzellen aber nur im Cytoplasma nachweisen. Das Thyroxin ist in den Schwanzzellen fast ausschließlich an ein spezifisches Protein gebunden. Es bildet einen Hormon-Proteinkomplex. Analysiert man die Proben einige Zeit später, so häuft sich die Radioaktivität in den Zellkernen der Schwanzzellen an.

Daraus kann man schließen, dass nur dieser Hormon-Proteinkomplex die Kernhülle passieren kann und im Zellkern spezifische Gene aktiviert. Die entsprechende m-RNA wird gebildet. An den Ribosomen im Cytoplasma werden die zugehörigen Enzyme synthetisiert, z. B. die Protein abbauenden Enzyme der Lysosomen (Abb. 1a), die Auflösung der Schwanzzellen wird eingeleitet. Dieser Wirkmechanismus ist typisch für lipidlösliche Nichtprotein-Hormone, die Biomembranen passieren können.

Für eine zweite Gruppe von Hormonen – in der Regel sind es lipidunlösliche Proteine – trifft ein anderer Wirkungsmechanismus zu. Diese Substanzen können die Zellmembran nicht passieren. Die einzelnen Hormonmoleküle bilden mit speziellen Rezeptormolekülen in der Zellmembran einen Hormon-Rezeptorkomplex. Damit ist die Wirkung des Hormonmoleküls beendet. Ein einziges Hormonmolekül, wie z. B. das Glukagonmolekül, kann innerhalb einer Zielzelle in Millisekunden eine deutliche Veränderung des Glucosestoffwechsels bewirken. Die Reaktion einer Zelle auf ein Hormon nennt man *Zellantwort* (Abb. 1b).

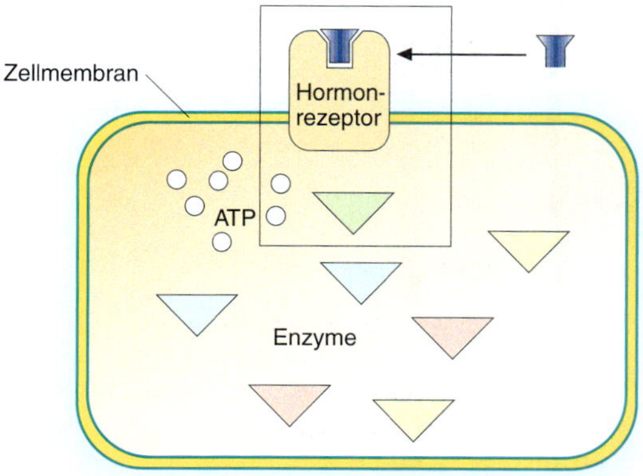

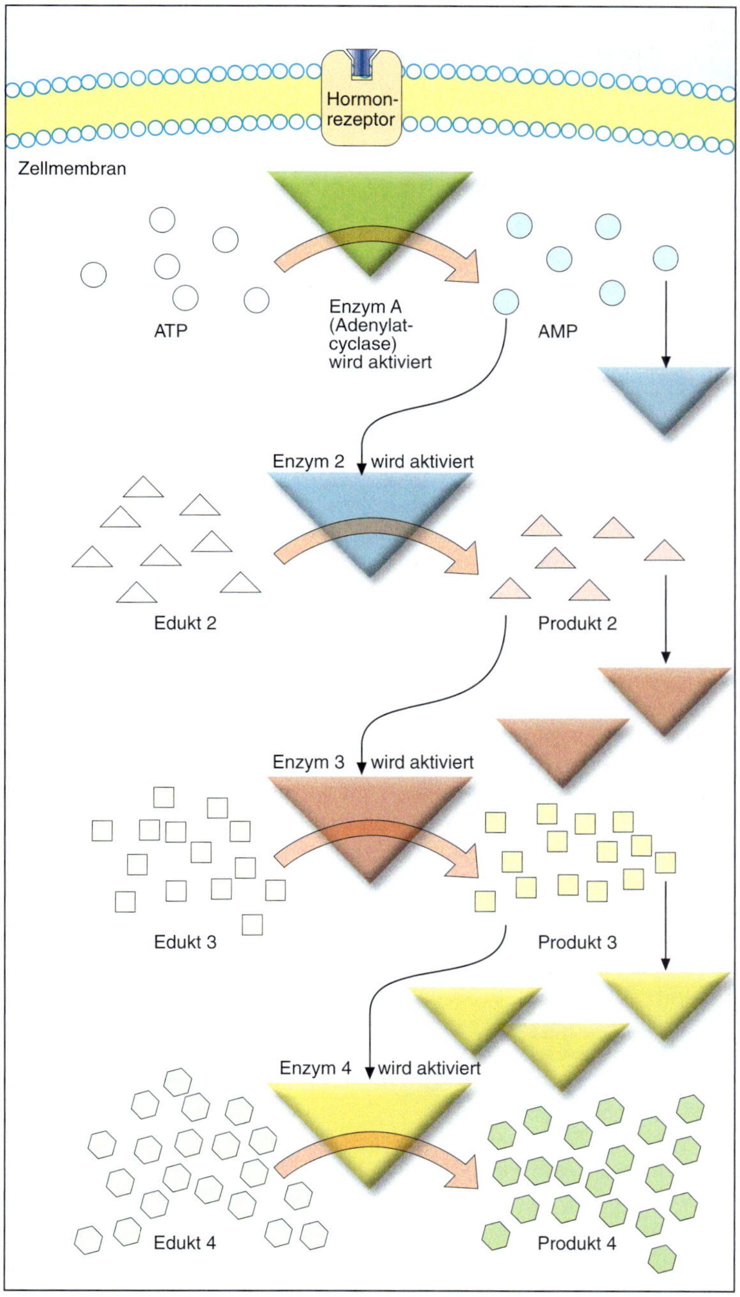

1 Hormonwirkung durch Signalverstärkung bei einer Enzymreaktion

Signalverstärkung

Die extrem hohe Wirksamkeit einzelner Hormone des zweiten Typs lässt sich mit einem Verstärkungsmechanismus erklären. Durch die Veränderung des Rezeptormoleküls werden innerhalb der Zielzelle Substanzen freigesetzt, die man als *sekundäre Botenstoffe* bezeichnet. Ein Rezeptormolekül kann die Bildung einiger hundert Moleküle des sekundären Botenstoffes auslösen. Diese sind wiederum in der Lage, durch die Aktivierung von Enzymen viele Reaktionen auszulösen. Dieser Vorgang läuft nicht in einem Schritt ab, sondern in vier Teilschritten. Bei jedem Teilschritt aktiviert jedes aktivierte Enzymmolekül wiederum ca. 100 neue Enzymmoleküle. Eine solche Enzymkaskade führt zu einer 10^8fachen Verstärkung (Abb. 1). Die Interaktion eines einzigen Glukagonmoleküls mit dem Rezeptormolekül führt in der Zielzelle letztendlich zur Bildung von 100 000 000 Glucosemolekülen aus Glykogen. Diese kaskadenartigen Reaktionen bezeichnet man als *biochemische Signalverstärkung.* (→ 210/211)

Das Prinzip der Signalverstärkung über sekundäre Botenstoffe findet man nicht nur bei Hormonen, sondern auch bei Sinneszellen und Neuronen. In Synapsen lösen wenige Transmittermoleküle bereits ein Signal am weiterleitenden Neuron aus. Wenige Duftstoffmoleküle ermöglichen bereits die Wahrnehmung eines Geruches durch Auslösen einer Kaskade in den Riechsinneszellen.

Die Anzahl der verschiedenen Hormone in einem Organismus ist groß, im Gegensatz dazu sind nur wenige verschiedene sekundäre Botenstoffe in der Zelle beteiligt. Sekundäre Botenstoffe sind z. B. das c-AMP *(zyklisches Adenosinmonophosphat)* oder Calciumionen. Welche Reaktionen in den Zielzellen ausgelöst werden, hängt davon ab, welche spezifischen Enzyme in der jeweiligen Zielzelle aktiviert werden. So kann c-AMP in einer Muskelzelle die Umwandlung von Glykogen in Glucose auslösen, in Fettzellen den Abbau von Fetten oder in Nierenzellen die Resorption von Wasser. Hormone reagieren nicht direkt mit der Adenylatcyclase, sondern über ein vorgeschaltetes Rezeptormolekül. Man fand zwei Typen von Rezeptormolekülen in der Zellmembran. Je nach Zielzelle können die einen die Adenylatcyclase stimulieren, die anderen hemmen sie. Die Hormone können dadurch indirekt die Enzyme in der Zielzelle aktivieren oder deaktivieren. Dies führt zu unterschiedlichen Wirkungen an verschiedenen Zielzellen.

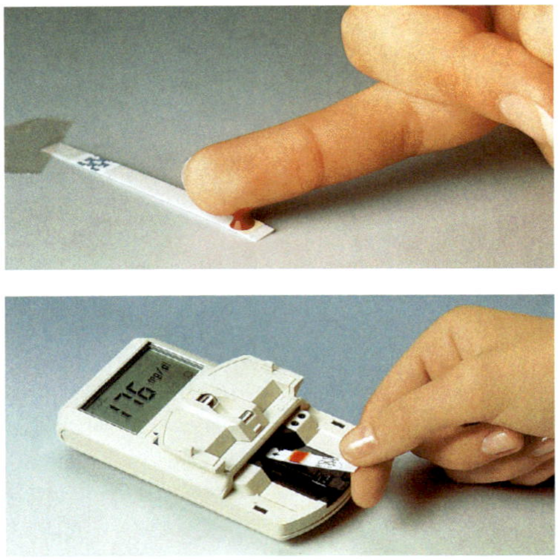

1 Blutzuckertest

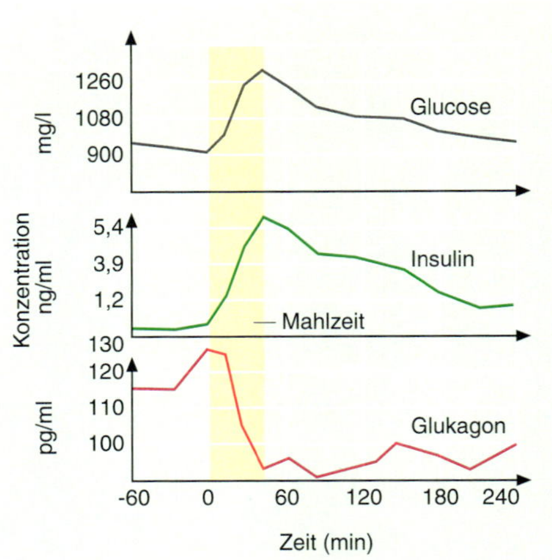

2 Konzentrationsverläufe nach einer Mahlzeit

Regulation des Blutzuckerspiegels

Blutzuckergehalt
Ein Blutzuckerwert von 90 entspricht 90 mg/dl = 900 mg/l Blut.

Überschlagsrechnung:
In rund 6 Litern Blut eines Erwachsenen sind 6 · 900 mg = 5,4 g Glucose enthalten.
180 g Glucose = 1 mol ≙ 2836 kJ
5,4 g Glucose = 85 kJ

Energiebedarf beim Radfahren: 40 kJ/min. Der Energiegehalt des Blutzuckers reicht für ca. 2 min.

Nervenzellen decken ihren Energiebedarf fast ausschließlich durch Glucose. Eine Unterversorgung kann eine Verminderung der Konzentrationsfähigkeit, in extremen Fällen einen Verlust des Bewusstseins zur Folge haben. Nervenzellen können selbst nur wenig Glucose speichern. Das Blut liefert ständig Glucose nach. Die Zuckermenge im Blut eines Erwachsenen beträgt ca. 5,4 g. Eine Überschlagsrechnung zeigt, dass diese Menge reicht, um 12 min ruhig zu sitzen oder 2 min Fahrrad zu fahren. Danach müsste erneut Nahrung aufgenommen werden.

Trotz periodischer Nahrungsaufnahme und unterschiedlichem Energiebedarf, je nach körperlicher Belastung, schwankt im Blut eines gesunden Menschen die Glucosekonzentration nur minimal. Daraus muss man folgern: Im menschlichen Körper gibt es ein Regulationssystem, das die Blutzuckerkonzentration konstant hält. Ein so genannter *Blutzuckerbelastungstest*, bei dem man einer gesunden Person 75 g in Wasser gelöste Glucose verabreicht und in bestimmten Abständen die Zuckerkonzentration im Blut misst, bestätigt dies. Der Blutzuckerspiegel steigt kurzfristig auf maximal 2 000 mg pro Liter Blut, sinkt dann innerhalb von 2 Stunden wieder und pendelt sich auf die Ursprungskonzentration ein (Abb. 2). 75 000 mg Glucose hätten in ca. 6 Litern Blut Blutzuckerwerte von 12 500 mg pro Liter erwarten lassen.

Mit der Nahrungsaufnahme und damit parallel zum Ansteigen der Blutzuckerkonzentration wird ein Hormon in die Blutbahn freigesetzt, das ein Absinken des Zuckergehaltes bewirkt (Abb. 2). Dabei handelt es sich um *Insulin*. Da es in inselartigen Zellgruppen der Bauchspeicheldrüse, die sich deutlich vom übrigen Gewebe abheben, gebildet wird, bekam es diesen Namen. Die Zellgruppen werden nach ihrem Entdecker als *Langerhans'sche Inseln* bezeichnet. Jede Erhöhung des Glucosespiegels über den Sollwert (ca. 900 mg/l Blut) wird in speziellen Zellen der Bauchspeicheldrüse, den β-Zellen, registriert. Sie geben dann Insulin ins Blut ab.

Die Wirkungsweise des Insulins ist vielfältig. Es fördert die Glucoseaufnahme durch Zellen, insbesondere in die Muskel- und Fettzellen. In den Leber- und Muskelzellen stimuliert es die Glykogensynthese und die Energieumwandlung durch den Glucoseabbau. Gleichzeitig hemmt es den Abbau von Glykogen. Die Synthese von Fetten und Eiweißen aus Glucose wird angeregt. Insulin senkt damit den Blutzuckerspiegel auf zweierlei Weise: Einerseits bewirkt es die Speicherung *(Speicherhormon)* von Glucose, andererseits fördert es deren Verbrauch (Transport durch die Zellmembran und Steigerung des Glucosestoffwechsels).

Der Energiebedarf bei körperlichen Leistungen, selbst der Grundumsatz, wird vom Organismus überwiegend durch die beim Glucoseabbau freiwerdende Energie gedeckt. In den Zellen tritt ein Glucosemangel auf, der über das Blut sofort ausgeglichen wird. Als Folge sinkt der Glucosespiegel im Blut.

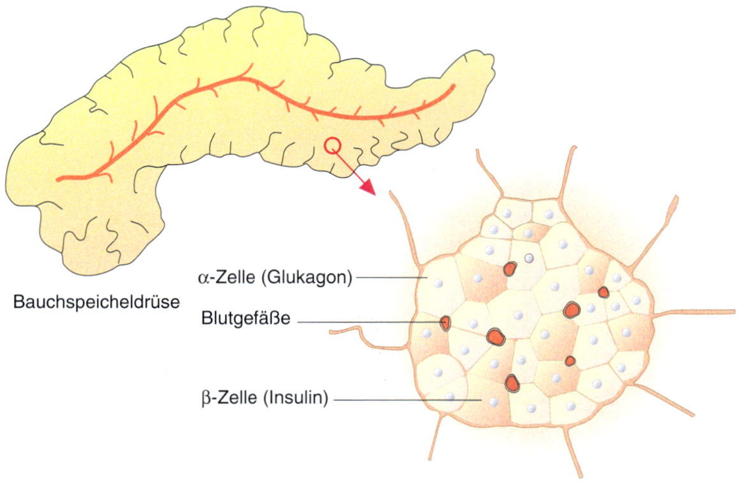

1 Bauchspeicheldrüse und Langerhans'sche Inseln

Die Insulinabgabe aus den β-Zellen wird reduziert und, da Insulin in kurzer Zeit im Körper abgebaut wird, sinkt die Insulinkonzentration. Dadurch verringert sich auch seine Hemmwirkung auf die Freisetzung eines zweiten Hormons, des *Glukagons*, das in den α-Zellen der Langerhans'schen Inseln gebildet wird (Abb. 1). Glukagon fördert in der Leber den Glykogenabbau und damit die Glucosebildung. Auch Proteine und Fette werden für die Glucosesynthese abgebaut. Diese Prozesse führen zu einem Ansteigen der Glucosekonzentration im Blut. Häufig werden Insulin und Glukagon als Gegenspieler bezeichnet, weil sie ihre Freisetzung wechselseitig hemmen und entgegengesetzte Prozesse stimulieren. Bei genauerer Betrachtung fällt jedoch auf, dass sie sich ergänzen: Glukagon sorgt nämlich für die Freisetzung der gespeicherten Glucose aus der Leber und Insulin für die Verringerung der Glucosekonzentration im Blut.

Werden Größen in einem System so eingestellt, dass sie ungefähr auf dem gleichen Wert bleiben, spricht man von einer *Regelung* (Abb. 2). Die geregelte Größe ist die *Regelgröße*, in diesem Fall die Blutzuckerkonzentration. Die Änderung des Blutzuckergehaltes durch körperliche Tätigkeit oder Nahrungsaufnahme ist die *Störgröße*. In den β-Zellen befinden sich Messstellen, die so genannten *Fühler*, die eine exakte Messung der Glucosekonzentration im Blut ermöglichen. Die aktuelle Messgröße bezeichnet man als *Istwert*. Im Regler, hier dem Zwischenhirn sowie den α- oder β-Zellen, werden Sollwert und Istwert verglichen. Bei einer Differenz der beiden Werte wird der Blutzuckergehalt über die *Stellglieder* reguliert. Diese Stellglieder sind die Muskel- oder Leberzellen, die Glucose aufnehmen oder abgeben. Diese Abgabe oder Aufnahme wird im Regelkreisschema als *Stellgröße* bezeichnet. (→ 206/207)

In außergewöhnlichen Belastungssituationen, wie Kampf, Flucht, aber auch in Stresssituationen, greift ein drittes Hormon, das im Nebennierenmark gebildete *Adrenalin* ein. Es fördert über das sympathische Nervensystem im Gegensatz zum Glukagon den Glykogenabbau in der Leber und in den Muskeln. Es bewirkt auf diese Weise eine rasche Energiebereitstellung aus den Depots des Körpers.

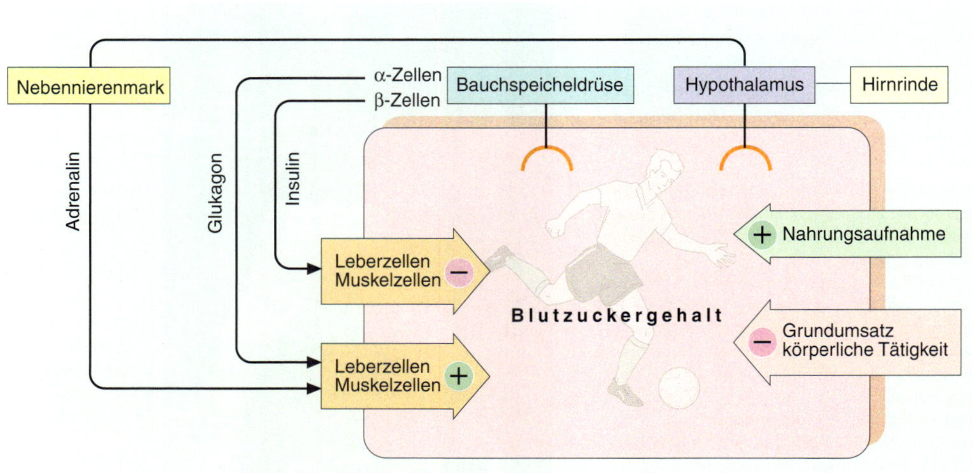

2 Vereinfachtes Regelkreisschema

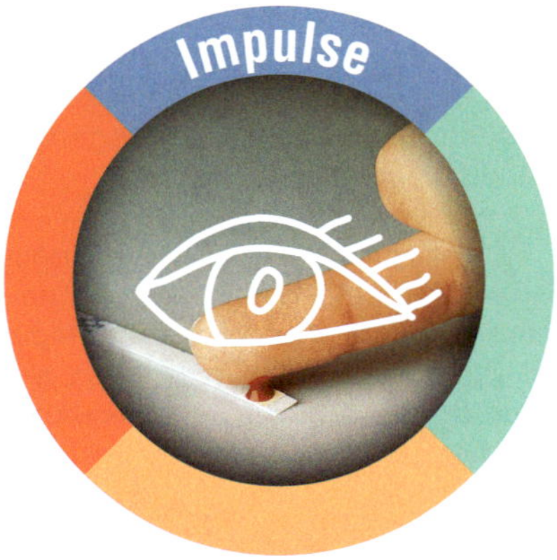

Diabetes mellitus

Der englische Arzt THOMAS WILLIS (1621 – 1675) berichtete als Erster über den honigartigen Geschmack des Urins von Diabetikern. Daher stammt auch der Name: *Diabetes* bedeutet „hindurchlaufen“, *mellitus* „honigsüß“. 1835 isolierte der italienische Arzt AMBROSIANI sowohl aus dem Urin als auch dem Blut von Diabetikern Zuckerkristalle. Zu jener Zeit kannte man allerdings die chemische Struktur von Glucose nicht. Zucker waren „süß schmeckende Stoffe.“

Pioniere in der Erforschung der Blutzuckerregulierung waren J. MERING, O. MINKOWSKI, F. GRANT BANTING und CH. BEST, die Versuche an der Bauchspeicheldrüse von Hunden durchführten. Sie wiesen nach, dass dieses Organ entscheidend an der Regulierung des Blutzuckerspiegels beteiligt ist.

Suchen Sie in der Literatur die Ergebnisse dieser Forscher. Eine Zeitleiste als Poster macht die Entwicklung deutlich.

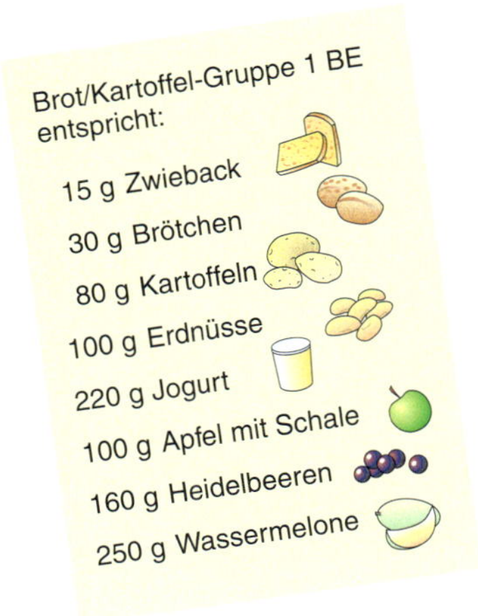

Erklären Sie den Begriff Broteinheit (BE) und dessen Bedeutung für Diabetiker. BE-Listen gibt es in Apotheken, beim Arzt oder im Internet. Rechnen Sie für einen Tag die aufgenommenen BE-Einheiten aus.

Süße Proteine

Thaumatococcus spec. ist eine Pflanze im tropischen Regenwald Westafrikas. Ihre Früchte werden zum Süßen von Brot, Tee und Palmwein genutzt. Der süße Geschmack geht jedoch nicht auf Zucker, sondern auf ein Protein, das *Thaumatin*, zurück.
Es gelang nun mithilfe von Bakterien, das Gen für die Thaumatinsynthese in Kartoffeln zu übertragen, um es großtechnisch besser nutzen zu können. Man versucht dieses Gen auch in Früchte tragende Pflanzen, wie Erdbeeren, Melonen oder Äpfel, zu übertragen.

Auch die Zähne profitieren davon! Erläutern Sie die Vorteile dieses Süßstoffes im Gegensatz zu den herkömmlichen Produkten.

Im Internet findet man zu den Begriffen Thaumatin und Thaumatococcus weitere Informationen. Stellen Sie die wichtigsten Faktoren zusammen.

Karlsbad galt im 19. Jahrhundert als ein bedeutendes Heilbad für Diabetiker

Der Glucosewert

Der Glucosewert im Blut muss stimmen. Daher ist es für den Diabetiker sehr wichtig, schnell und unkompliziert die Blutwerte messen zu können. Modernere Messgeräte haben einen Einsatz aus Mikrokanülen, die sich mit Blut füllen. Hierzu sind nur noch 3 µl Blut notwendig.

Stellen Sie Fakten über die heutigen Messmethoden zusammen. Unterlagen zu diesem Thema erhalten Sie bei Ärzten, Apotheken oder im Internet.
Die kontinuierliche Glucosemessung ist das zukünftige Ziel der Diabetes-Forschung. Es soll möglich werden, normale Blutzuckerwerte durch eine Kopplung des Glucosesensors mit einer Insulinpumpe automatisch zu regulieren.
Stellen Sie die Vorteile zusammen und erklären Sie diese mithilfe des Regelkreisschemas (s. Seite 263)

Der Blutzuckerspiegel

Sport, Nahrung, Arbeit und Insulin wirken auf die Blutzuckerkonzentration, jedoch auch Stress und andere Emotionen. Diabetiker leiden sehr häufig darunter, dass sie abhängig sind vom Insulin und ständig ihre Energiewerte berechnen müssen. Der Körper reguliert nicht mehr automatisch die Werte, sondern der Diabetiker muss sie eigenständig je nach Bedarf einstellen. Er muss lernen, zuverlässige und unzuverlässige Symptome zu unterscheiden, um rechtzeitig die richtige Insulinmenge spritzen zu können. Beachtet ein Diabetiker die Symptome nicht oder misst er ungenau, kann es zu einer Hypoglykämie oder Hyperglykämie kommen.

Erarbeiten Sie die biologischen Zusammenhänge. Ein Bericht über einen Betroffenen kann hierbei hilfreich sein.

Die Bewohner der Südseeinsel Nauru haben sich Jahrhunderte lang durch Fischen und einfachen Ackerbau nur mühselig ernähren können. Seit jedoch auf der Insel riesige Phosphatmengen entdeckt worden waren, brach für die Inselbewohner der Wohlstand aus. Doch der Sprung vom Sammler- und Jägerdasein in die moderne Zivilisation hatte seinen Preis. Mangelnde Bewegung und reichlich Nahrung führten zu Fettleibigkeit bei dem größten Teil der Bevölkerung. Die Zahl der Zuckerkranken schnellte nach oben. Jeder dritte Inselbewohner hat heute Diabetes.

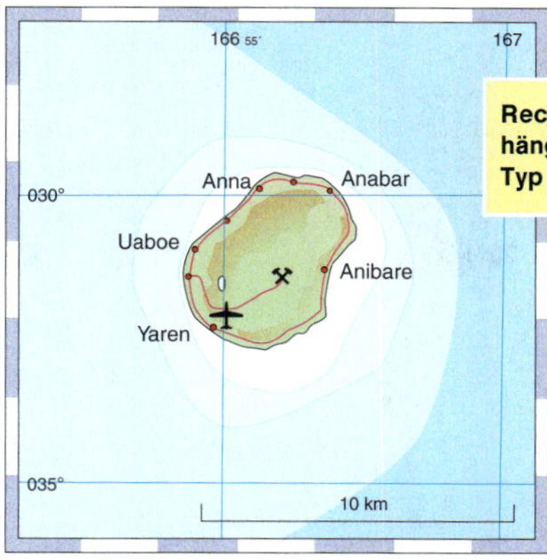

Recherchieren Sie die Zusammenhänge zwischen Umwelt und Diabetes Typ I und II.

Ist Diabetes erblich bedingt oder führt eine ungesunde Lebensweise zu der Krankheit?

Stellen Sie Ihre Ergebnisse als wissenschaftlichen Bericht dar.

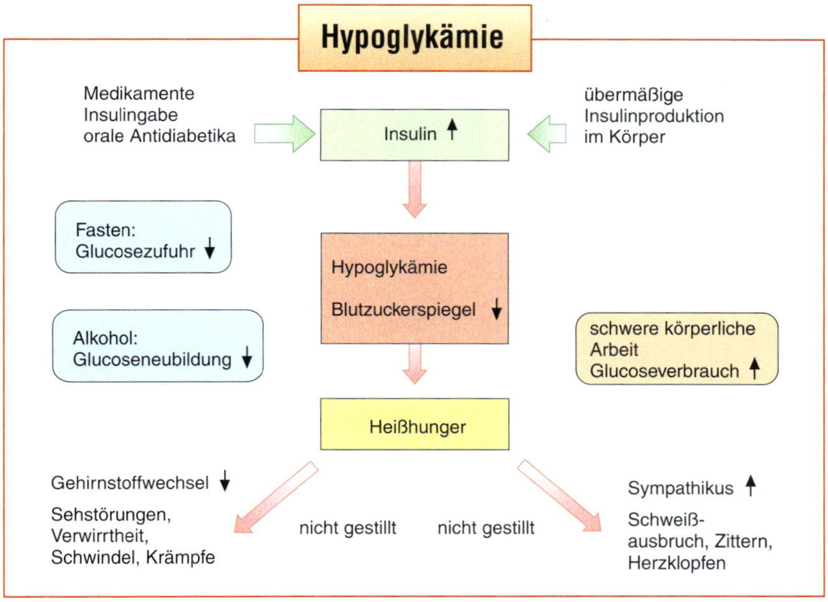

Der Blutzuckerspiegel

Sinkt der Blutzuckerspiegel unter 0,45 g/l *(Hypoglykämie)* führt dies zu Funktionsstörungen des Gehirns, zur Hilflosigkeit und schließlich zur Bewusstlosigkeit und Krampfanfällen. Folgeschäden entstehen häufig durch Stürze oder im Straßenverkehr. Wichtig für Diabetiker des **Typ I** ist es daher, die Unterzuckerung rechtzeitig zu erkennen.

Stellen Sie die Unterschiede zwischen der Hypoglykämie und der Hyperglykämie heraus.

Wodurch kommt es zu den Folgeerkrankungen?

Erläutern Sie die unterschiedlichen Krankheitssymptome und wie sich Diabetiker davor schützen können.

Gute Stimmung auf der Geburtagsparty. Es wird getanzt, auch alkoholische Getränke sind genügend vorhanden. Plötzlich fühlt sich Martina sehr schwach. Die Freunde sind ratlos. Soviel hatte sie nicht getrunken. Da fällt ihnen ein, dass Martina Diabetikerin ist. Wie soll man helfen? Eine Hyperglykämie ist schwer von der Hypoglykämie zu unterscheiden.

Informieren Sie sich über Merkmale für Hyper- und Hypoglykämie.

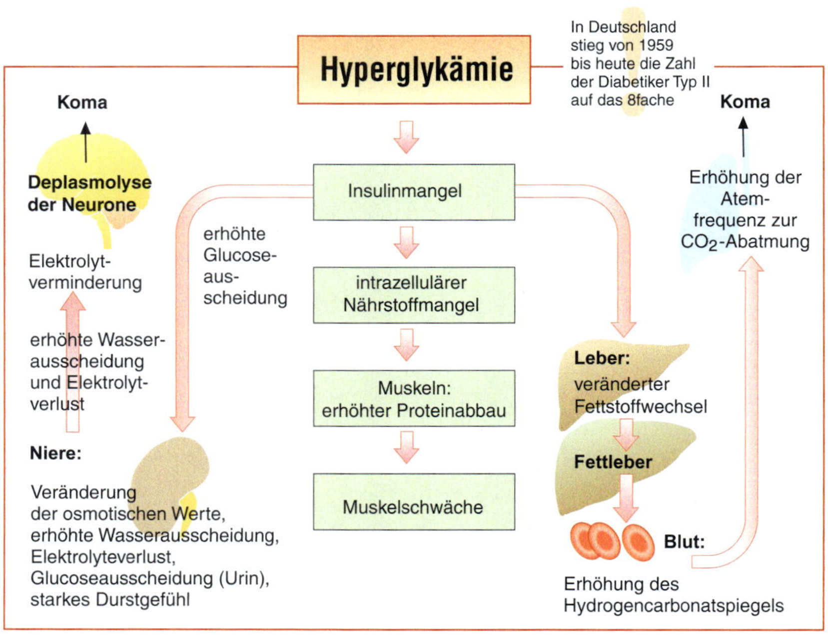

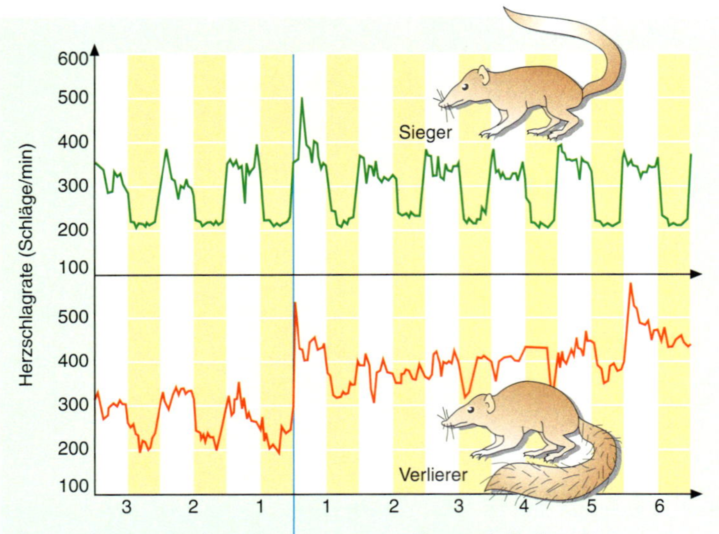

1

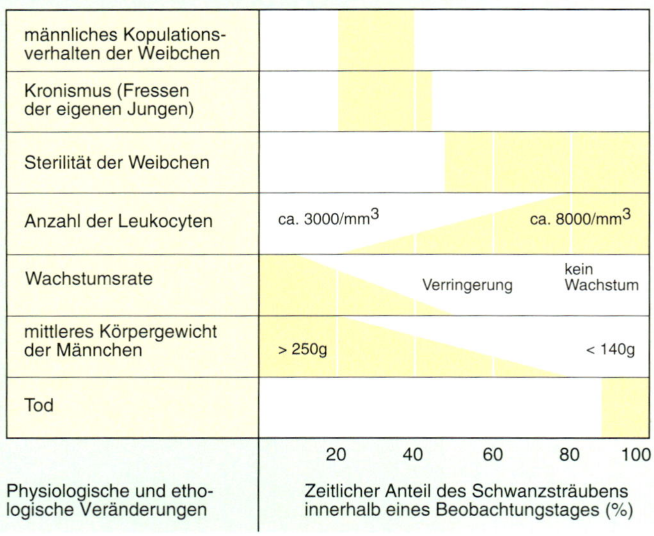

2

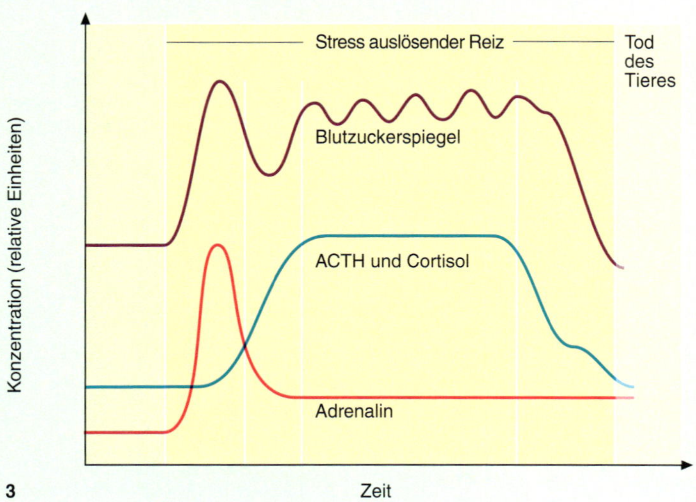

3

Stress

Tupajas (Spitzhörnchen) sind kleine, tagaktive Säugetiere der südostasiatischen Regenwälder. Dort leben sie einzeln oder paarweise in Revieren, die sie gegen Eindringlinge heftig verteidigen. Das Sekret einer Drüse *(Sternaldrüse)* dient bei geschlechtsreifen Männchen zur Reviermarkierung, bei Weibchen zum Beduften der Jungen.

Normalerweise sind die Schwanzhaare der Tupajas glatt angelegt. Begegnen sich jedoch zwei geschlechtsreife Männchen, werden die Haare fast senkrecht abgespreizt, es kommt zum Kampf. Trennt man die Tiere nach einem Kampf durch eine Holzwand voneinander, erholt sich der Verlierer ebenso schnell wie der Sieger. DIETRICH VON HOLST trennte zwei Kämpfer nur durch einen Maschendraht. Über implantierte Minisender zeichnete er die Herzfrequenzen der beiden Tiere auf. Parallel bestimmte er den prozentualen Zeitanteil, in dem die Schwanzhaare gesträubt waren. Beim Sieger sanken kurz nach dem Kampf beide Messgrößen auf ihre Normalwerte. Beim unterlegenen Tier führte der Anblick und vermutlich der Geruch des siegreichen Rivalen zu einer konstant erhöhten Herzfrequenz und zu fast ständig abgespreizten Haaren. Die Dauer der abgespreizten Haare ist ein sichtbares Maß für die innere Erregung des Tieres (Abb. 1).

Spitzhörnchen reagieren nicht nur auf fremde Männchen im gleichen Käfig mit Schwanzsträuben, sondern auch auf eine erhöhte Populationsdichte *(sozialer Stress)*, auf plötzlich einsetzende Geräusche oder den Anblick eines fremden Individuums, also immer dann, wenn etwas Unbekanntes, Bedrohliches auf das Tier zukommt. Man sagt, es befindet sich in einer *Stresssituation*. DIETRICH VON HOLST beobachtete, dass derartige Situationen über einen längeren Zeitraum zu physiologischen, körperlichen und ethologischen Veränderungen führen (Abb. 2). Gelingt es nicht, den Stress auslösenden Faktoren auszuweichen, sind Gewichtsabnahme und Tod die Folge.

Injiziert man den Tupajas Adrenalin, sträuben sich die Schwanzhaare. Durch diese und ähnliche Versuche konnten die physiologischen Vorgänge im Tier geklärt werden. Optische, akustische sowie Geruchs- und Geschmacksreize werden aufgenommen und im Großhirn verarbeitet (Abb. 267.1). Von der Großhirnrinde gelangen nervöse Impulse zum *Hypothalamus*. Dieser erregt den

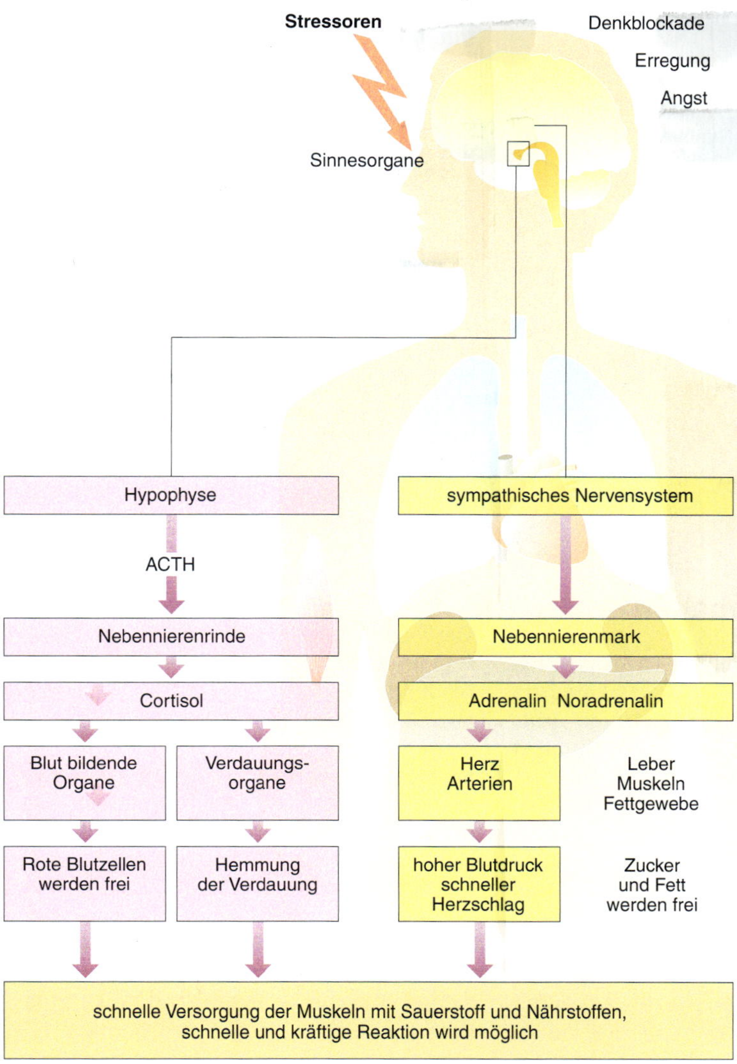

1 Zusammenarbeit von Nerven- und Hormonsystem bei Eustress

Glukokortikoide
Hormone aus der Gruppe der lipidlöslichen Nichtproteine, z. B. Cortisol

sympathischen Teil des vegetativen Nervensystems. Im *Sympathicus* laufen daraufhin Impulse zum Herzen, zu den Blutgefäßen und zum Nebennierenmark. Die Herzschlagfrequenz steigt, der Blutdruck erhöht sich. Im Nebennierenmark wird verstärkt das Hormon *Adrenalin* freigesetzt. Zu seinen vielfältigen Wirkungen gehört die Verengung der Blutgefäße, außer in der Skelettmuskulatur. Dies wirkt blutdrucksteigernd. Die Mobilisierung von Zucker durch Glykogenabbau in Leber und Muskeln erhöht den Blutzuckerspiegel. Die biologische Bedeutung dieser Reaktionen besteht in der schnellen Aktivierung von Energiereserven bei Angriff oder Flucht, sodass Höchstleistungen möglich sind. Diese Anpassungen des Körpers bezeichnet man als *Fight-or-Flight-Syndrom.*

Auf schädliche Einflüsse, wie Hitze, Kälte, Hunger, Durst, Infektionen, Verletzungen oder psychische Belastungen kann sich der Körper einstellen und wird in den Stresszustand versetzt. Dies ist die ursprüngliche Bedeutung von *Stress*, d. h. Stress ist Anpassung und damit eine lebenserhaltende Reaktion des Organismus auf die äußeren Belastungsfaktoren, die *Stressoren.*

Stressoren wirken über den Hypothalamus, der vermehrt Releasingfaktoren ausschüttet. Sie stimulieren die Hypophyse zur vermehrten Abgabe von ACTH *(adrenocorticotropes Hormon)*, das seinerseits auf die Nebennierenrinde einwirkt. An Tieren im Stresszustand wurde festgestellt, dass die Nebennierenrinde vergrößert ist und vermehrt Hormone abgibt, darunter *Glukokortikoide* wie das Cortisol. Diese erhöhen die Widerstandskraft des Körpers, indem sie u. a. die Proteinbiosynthese hemmen und den Proteinabbau in Muskeln, Knochen und lymphatischen Geweben fördern. Dadurch gelangen vermehrt freie Aminosäuren ins Blut, die in der Leber zur Neubildung von Glucose eingesetzt werden, was zum Ansteigen des Blutzuckerspiegels führt. Durch die Hemmung der Proteinbiosynthese in den lymphatischen Organen wirken Glukokortikoide entzündungshemmend, da durch eine verringerte Antikörperproduktion die Abwehrreaktionen bei Infektionen verlangsamt sind. Alle diese Veränderungen, die sich erst nach längerer Zeit einstellen, bezeichnet man als *allgemeines Anpassungssyndrom* (AAS).

Gelegentlicher Stress mit entsprechenden Erholungsphasen kann die Widerstandskraft des Körpers steigern und wird als *Eustress* bezeichnet (Abb. 1). Fehlen Erholungsphasen, wird der sich einstellende Dauerstress, auch *Distress* genannt, zur Gefahr für den Organismus. Auch ständig erhöhter Adrenalinspiegel bei häufig auftretendem Fight-or-Flight-Syndrom bewirkt eine erhöhte ACTH-Ausschüttung und damit Stress. Deshalb bezeichnet man heute bereits einmalige Aufregung als Stress. Diese Dauerbelastung des Gesamtorganismus führt über Jahre hinweg zu Herz- und Kreislauferkrankungen. Der Herzinfarkt ist heute eine der häufigsten Todesursachen.

Aufgabe

① Nennen Sie Unterschiede und Gemeinsamkeiten von Fight-or-Flight-Syndrom und Stress.

1 Brutverhalten und Hormone beim Weißkehlammerfink

Hormone und Verhalten

Beim Weißkehlammerfink, der in Alaska brütet und in Kalifornien überwintert, wurde nachgewiesen, dass Wandertrieb und Brutpflegeverhalten durch Hormone beeinflusst werden (Abb. 1). Im Gegensatz zur kurzfristigen, lokalen Wirkungsweise des Nervensystems werden Hormone im gesamten Organismus verteilt, d. h. sie wirken *systemisch* und deshalb auch länger anhaltend. Dabei gilt grundsätzlich: Ein veränderter Hormonspiegel hat lediglich Auswirkungen auf die Handlungsbereitschaft. Nicht die Form oder der Ablauf einer Verhaltensweise wird durch Hormone gesteuert, sondern nur die Häufigkeit und Intensität ihres Auftretens in einer bestimmten Reizsituation.

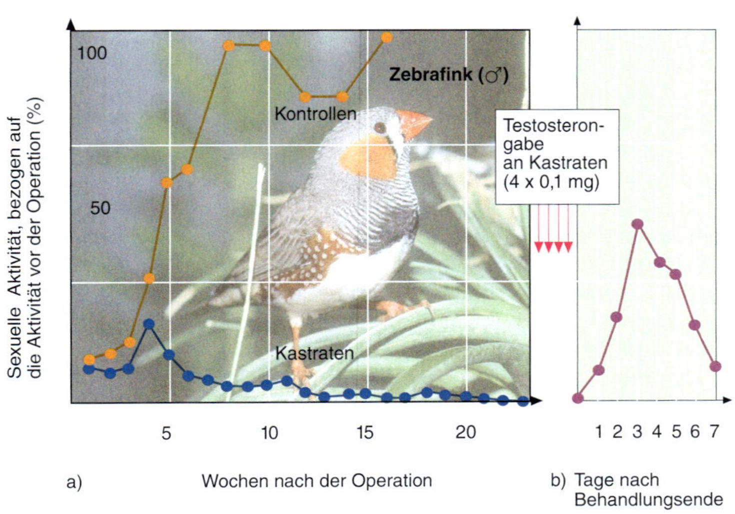

2 Kastrationsexperiment bei Zebrafinken

Dass die Häufigkeit, mit der ein Verhalten auftritt, tatsächlich von einem bestimmten Hormon abhängt, lässt sich z. B. durch Messung des Hormonspiegels im Blut experimentell untersuchen. Eine Hormondrüse kann auch operativ entfernt werden, um die Auswirkungen auf das Verhalten zu erforschen (Abb. 2). Durch anschließende Hormongabe lässt sich nachweisen, dass das Verhalten unter Hormoneinfluss noch ausgeführt werden kann.

Hormone haben häufig eine Reihe unterschiedlicher Wirkungen. Das bei allen Säugetieren vorkommende Hormon *Oxytocin* wird bei Schafen während der Geburt ausgeschüttet. Neben einer Wehen auslösenden Wirkung fördert es die Bindung des Mutterschafes an das Neugeborene. Trennt man das Lamm sofort von der Mutter, wird es bei späterem Kontakt von ihr in der Regel abgelehnt. Nach künstlicher Verabreichung von Oxytocin setzt die Fürsorge wieder ein. Bei Präriemaus-Weibchen fördert es die Paarbindung und senkt die Häufigkeit von aggressiven Verhaltensweisen.

In unterschiedlichen Regionen der Säugetiergehirne wurden Rezeptoren gefunden, die bei Auftreten von Oxytocin bei manchen Neuronen zu einer Erhöhung der Erregbarkeit führen, während sie sie bei anderen vermindern. In den Gehirnen von Tieren derselben Art treten die Oxytocinrezeptoren in unterschiedlicher Dichte auf. In Experimenten zeigen sie eine entsprechend unterschiedliche Empfindlichkeit auf das Hormon. Hormone haben großen Einfluss auf das Verhalten. Sie wirken aber nicht unabhängig von anderen Faktoren. So tritt die fördernde Wirkung des Oxytocins auf das Brutpflegeverhalten nur in der Paarungszeit auf.

Aufgabe

(1) Während der Balz trägt das Zebrafinkenmännchen ständig einen kurzen Balzgesang vor. Dessen Häufigkeit ist ein gutes Maß für die Handlungsbereitschaft zur Balz. Einer Gruppe von Tieren werden die Hoden entfernt. Bei einer Kontrollgruppe führt man nur eine Scheinoperation durch. Anschließend vergleicht man die Balzaktivität beider Gruppen.
   a) Beschreiben und deuten Sie den in Abbildung 2a dargestellten Befund.
   b) Die kastrierten Tiere erhalten viermal in kurzer Folge Testosteron. Wie ist das Ergebnis (Abbildung 2b) zu interpretieren?

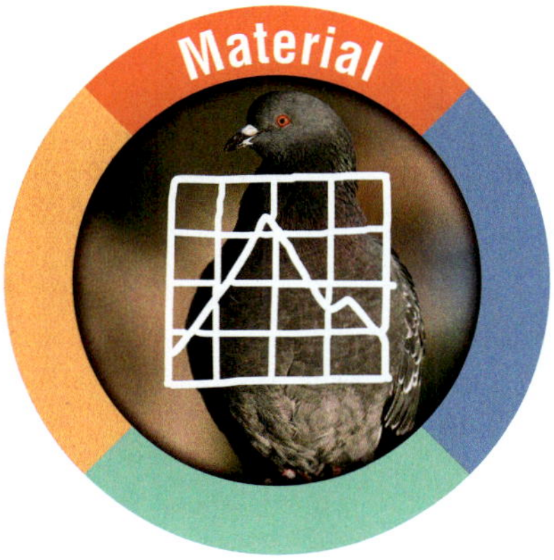

Brutverhalten bei Lachtauben

Der amerikanische Verhaltensforscher DANIEL S. LEHRMANN untersuchte das Brutverhalten von Lachtauben, auch unter dem Einfluss von Hormonen.

Versuchsreihe 1

1. LEHRMANN setzte einzeln gehaltene Lachtaubenmännchen bzw. -weibchen in einen Käfig und bot ihnen 7 Tage später Nistmaterial und ein fertiges Nest mit zwei Eiern an. Keines der Tiere betrieb Nestbau oder brütete.
2. Jeweils ein Männchen und ein Weibchen, die vorher einzeln gehalten wurden, wurden mit einem fertigen Nest mit zwei Eiern in einen Käfig gesetzt (Abb. 1a).
3. Um herauszufinden, ob die Tiere sich erst an den Käfig gewöhnen müssen, setzte er die Tiere 7 Tage vorher paarweise in den Käfig und trennte sie durch eine Milchglasscheibe, die er am 7. Tag entfernte (Abb. 1b).
4. In einem weiteren Versuch setzte LEHRMANN Taubenpaare in einen leeren Käfig und gab ihnen 7 Tage später ein Nest mit zwei Eiern (Abb. 1c).

Aufgabe

① Schließen Sie aus den Versuchsergebnissen, welche Reize bei den Lachtauben Nestbau bzw. Brüten auslösen können und begründen Sie Ihre Aussagen.

Versuchsreihe 2

Der zeitliche Abstand zwischen dem Bieten der Reize und dem Auftreten der Handlungen führte zu der Hypothese, dass die Reize nicht direkt die Handlungen auslösen, sondern Hormondrüsen anregen.

Zur Überprüfung der Hypothese verabreichte LEHRMANN den Taubenweibchen das Hormon Progesteron oder Östrogen. Die Versuchsbedingungen und Ergebnisse sind in Abbildung 1d und e wiedergegeben.

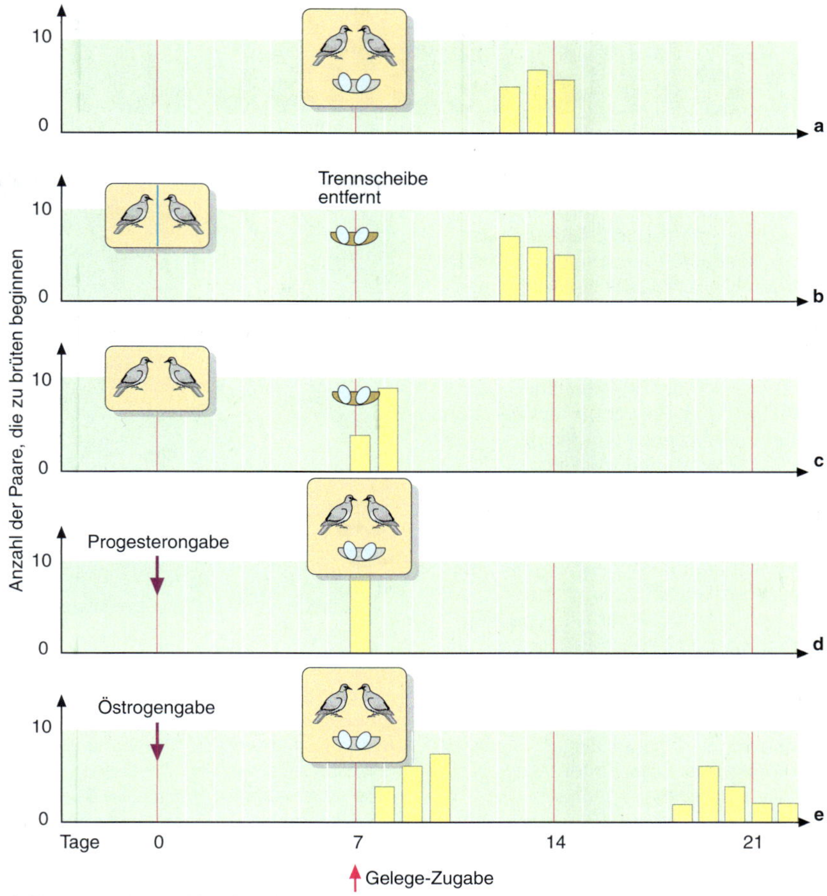

1 Brutverhalten bei Lachtauben

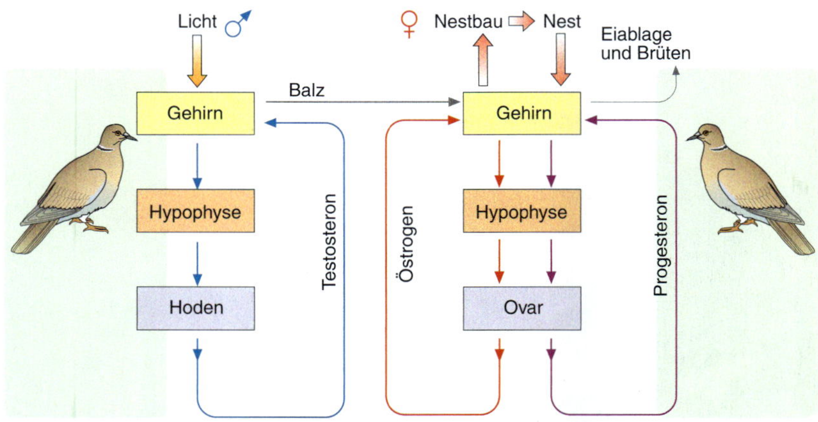

2 Zusammenwirken von Reizen und Hormonen beim Brutverhalten

Aufgaben

② Interpretieren Sie die Versuchsergebnisse (Abb. 1d und e).

③ Nehmen Sie Stellung zu der von LEHRMANN aufgestellten Hypothese zur Hormonwirkung auf das Verhalten.

④ Erklären Sie alle Versuchsergebnisse mithilfe von Abbildung 2.

Verhaltensbiologie

Gegenstand der Verhaltensbiologie sind Verhaltensweisen von Tieren und Menschen, die mit den Methoden der Biologie naturwissenschaftlich erforscht werden können. Dabei bezeichnet man als „Verhalten“ alle beobachtbaren Bewegungsabläufe, Körperstellungen und Lautäußerungen eines Lebewesens einschließlich der Ruhezustände. Dabei kann zwischen Reaktionen auf Reize und spontanen Aktionen unterschieden werden und nicht selten stellt sich die Frage, ob und inwieweit das Verhalten durch Erfahrung verändert wird.

Die Frage, warum sich ein Organismus in einer spezifischen Situation nach einem bestimmten Muster verhält, lässt sich verschiedenen Bereichen zuordnen. In den Anfängen der Verhaltensforschung unterschied man zwischen angeboren oder erlernt. Man trennte strikt zwischen tierischem und menschlichem Verhalten und betrachtete alles unter dem Prinzip der Arterhaltung.

Heute kann man die Fragestellungen zwei großen Komplexen zuordnen: Einerseits gibt es die Suche nach den unmittelbaren Zusammenhängen *(proximate Ursachen)*. Physiologische Mechanismen, die von inneren Bedingungen und auslösenden Reizen abhängig sind, werden ebenso wie entwicklungsbedingte Abläufe untersucht. Eine mögliche Fragestellung wäre: Wie können bestimmte Nervenschaltungen oder Hormonwirkungen ein Verhalten begründen?

Auskunft darüber geben Freilandbeobachtungen und Laborexperimente.

Zuerst stellt sich die Frage: Welches Verhalten gibt es?

Andererseits gibt es die Suche nach den grundlegenden Zusammenhängen *(ultimate Ursachen)*. Hier stehen stammesgeschichtliche Entwicklungen und ökologische oder innerartliche Anpassungsvorgänge im Vordergrund, meist unter dem Aspekt einer Kosten-Nutzen-Betrachtung. Warum haben sich besondere Nervenverschaltungen und Hormonwirkungen in der Evolution durchgesetzt? Welchen Vorteil bieten sie dem Individuum?

Wie funktioniert Verhalten zu einem bestimmten Zeitpunkt und was löst es aus?

Derartige Phänomene untersucht die *Soziobiologie*. Durch diesen Zweig der Verhaltensforschung wurde u. a. deutlich, dass das Sozialverhalten weitgehend von den ökologischen Rahmenbedingungen abhängt, unter denen es in der Evolution entstand. Neue Fragestellungen zur reproduktiven Fitness eines Individuums oder zur Bedeutung des Altruismus (scheinbar selbstloses Handeln) lassen auch das Verhalten des Menschen in neuem Licht erscheinen.

Warum gibt es das Verhalten; „so und nicht anders" und wozu dient es?

1 Fragestellungen in der Verhaltensforschung

Monarchfalter

Raupe

Kausale und funktionale Fragen

Das Verhalten der Tiere wird im Einzelfall aus verschiedenartigen Beweggründen untersucht, etwa weil eine vom Aussterben bedrohte Art gerettet werden soll oder um eine optimale Haltung für ein Nutztier zu finden. Im Allgemeinen sind Verhaltensforscher aber daran interessiert, Grundprinzipien zu finden, die auf die Verhaltensweisen vieler Tiere und auch der Menschen zutreffen. Solche Forschungen gehen von verschiedenartigen Ansatzpunkten aus.

Das Beispiel Monarchfalter

Die fast 10 cm großen Schmetterlinge haben sich in enger Beziehung zu giftigen Pflanzen *(Schwalbenwurzgewächse)* entwickelt, die es von den Tropen bis hinauf nach Kanada gibt. Nach der Paarung legen die Weibchen mehrere hundert Eier auf den Futterpflanzen ab. Die auffallend gefärbten Raupen häuten sich innerhalb von 14 Tagen fünfmal. Giftstoffe, die in den Blättern der Schwalbenwurzgewächse enthalten sind, schaden den Raupen nicht, sondern werden über einen komplizierten Stoffwechselweg in den Körperzellen gespeichert. Die Tiere erwerben auf diese Art eine Giftigkeit, die auch die adulten Schmetterlinge vor Fressfeinden schützt. Frisch geschlüpfte Falter sind sofort wieder fortpflanzungsfähig, sodass innerhalb eines Monats eine zweite und dritte Sommergeneration entstehen kann. Die letzte Generation schlüpft unter dem Einfluss kürzer werdender Tage und kühlerer Nächte. Sie wird nicht sofort geschlechtsreif, besitzt kräftige Flugmuskeln und beginnt schon bald ihre Wanderung zu den Winterquartieren.

Dabei unterscheiden sich in Nordamerika drei größere Populationen (Abb. 273.1): Die *Westküstenschmetterlinge* aus den Bergen von Kalifornien, Oregon und Washington ziehen an die kühle und feuchte Küste Kaliforniens. Sie überwintern in einem starreähnlichen Zustand in den wenigen Eukalyptus- und Nadelwäldern. Im Frühling erwachen die Tiere, zeigen ein genetisch fixiertes Hochzeitsritual und verteilen sich dann nordostwärts in Richtung der Berge.

Die zweite *Population aus dem Inneren von Nordamerika* wandert im Spätsommer in Schwärmen von mehreren Billionen Tieren nach Zentralmexiko. In der Sierra Madre werden die bis zu 3000 m hoch gelegenen Täler mit hoher Luftfeuchtigkeit und geringen Temperaturen aufgesucht. Dort überwintern die Tiere an etwa dreißig Stellen von wenigen Hektar Größe an mexikanischen Tannen. Die Bäume sind dann im mittleren Bereich fast vollständig von übereinander hängenden Tieren bedeckt. Sie verbringen bis zu fünf Monate in diesen „Schlafgesellschaften". Mitte März kommen die dann fortpflanzungsfähigen Falter in langsam fliegenden riesigen Strömen in die Täler, saugen Nektar an Frühlingsblumen und nehmen das dringend benötigte Wasser auf, bevor sie zurück in die zentralen Teile Nordamerikas fliegen. Paarungen finden im Überwinterungsquartier und auf dem Rückflug statt. Die Eiablage kann schon unterwegs erfolgen, sodass die nordwärts gerichtete Wanderung auch von den schlüpfenden Nachkommen aufgenommen wird.

Von der *Ostküstenpopulation* wandert ein großer Prozentsatz von Neu-England und den nordatlantischen Staaten in das südliche Georgia und nach Florida. Im Gegensatz zu den beiden anderen Populationen verharren diese Schmetterlinge in einem Zustand potenzieller Fortpflanzungsfähigkeit und bilden keine Schlafgesellschaften. Sie und ihre Nachkommen vermehren sich während der ganzen Zeit in den Gebieten. Im Frühling wandern einige nordwärts entlang der Küste. Sie sind die ersten Tiere, die den nord-

1 Monarchfalter

östlichen Bereich bevölkern. Später stoßen dann zu ihnen auch verdriftete Exemplare aus dem Mittelwesten.

Die drei Monarch-Populationen können sich untereinander fruchtbar fortpflanzen, gehören also nach der genetischen Artdefinition zu einer gemeinsamen Spezies.

Proximate und ultimate Begründungen

Das Verhalten der Schmetterlinge kann aus der Sicht verschiedener biologischer Disziplinen erforscht werden. Ein Ausgangspunkt für verhaltensbiologische Forschungen kann z. B. die Tatsache sein, dass die Schmetterlinge lange Wanderungen durchführen und über eine Distanz von mehr als 5000 km zielgenau die Überwinterungsplätze in Mexiko finden.

Neurophysiologen und Verhaltensforscher untersuchen, wie die Tiere diese Leistung vollbringen können und welche Reize oder genetische Faktoren dieses Verhalten auslösen bzw. beeinflussen. Entsprechend ihrer inneren Uhr folgen die Falter offenbar ähnlich den Bienen einem Sonnenkompass. Diese Erkenntnisse der *kausalen Zusammenhänge*, die in einem Tier zur Auslösung und Kontrolle eines bestimmten Verhaltens führen, fasst man als *proximate Ursachen* zusammen. Damit befasst sich die *Ethologie*.

Andere Verhaltensforscher und Ökologen fragen danach, welche Vorteile ein Wanderverhalten gegenüber dem Verbleiben an einem Ort hat. Viele nicht wandernde Schmetterlingsarten überwintern als Larve oder Puppe an geschützten Orten und überstehen so ungünstige klimatische Bedingungen und Ernährungssituationen, ohne die Gefahren und den Energieaufwand eines langen Zuges. Welche Angepasstheit sich hinter dem Wanderverhalten verbirgt, versucht die *Verhaltensökologie* zu klären.

Das Paarungsverhalten und die soziale Organisation der Sommergeneration unterscheiden sich von dem der wandernden Schmetterlinge. Im Sommer sind die einzeln lebenden Tiere gleich nach dem Verlassen der Puppenhülle paarungsbereit. Weibliche Tiere bekommen von den Männchen sofort nach dem Schlüpfen eine große Spermatophore, die sowohl Spermien wie auch Nährstoffe für das Weibchen enthält. Dies dauert fast sechs Stunden und ist sehr komplex. Ein Weibchen, das sich drei- oder viermal paart, erhält so einen erheblichen Prozentsatz der Nährstoffe, die für die Eiablage und das Überleben notwendig sind. Unabhängig vom auslösenden Mechanismus für dieses Verhalten, kann man danach fragen, welchen Vorteil es gegenüber anderen Verhaltensalternativen hat. Wenn man unterstellt, dass im Verlauf der Evolution immer diejenigen Lebewesen mehr Nachkommen hatten, deren Verhalten besser angepasst war, kann man fragen: Welche Funktion hat das Verhalten und welchen Vorteil bringt es für den Fortpflanzungserfolg der jeweiligen Tiere? Diese *ultimaten Ursachen* des Verhaltens untersucht die *Soziobiologie*.

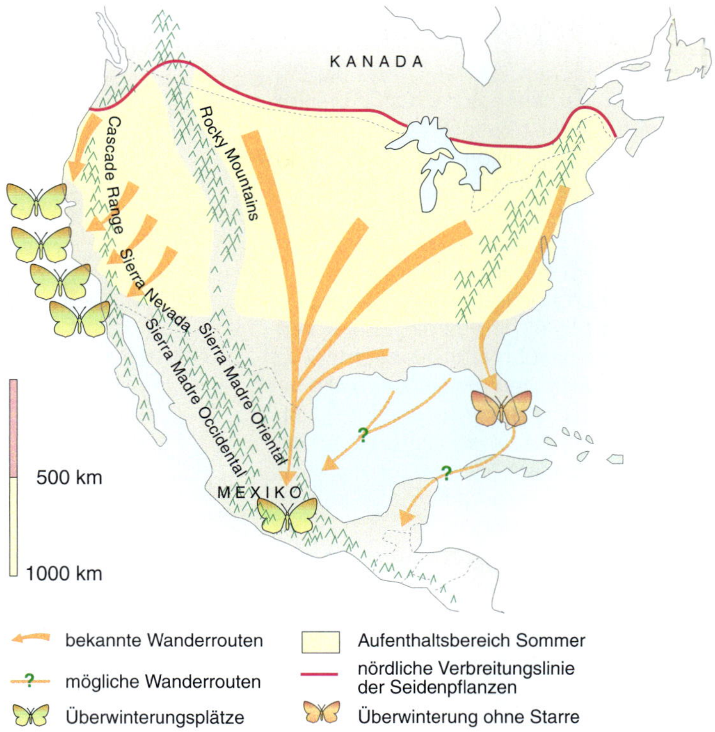

1 Wanderwege der Monarchfalter

Aufgaben

① Erläutern Sie allgemein die Begriffe proximate und ultimate Ursachen von Verhaltensweisen.

② Analysieren Sie das Beispiel des Monarchfalters und listen Sie mögliche proximate und ultimate Ursachen einzelner Verhaltensweisen auf.

③ Verschiedene einheimische Tierarten wie Igel oder Eichhörnchen zeigen ebenfalls jahreszeitabhängige Änderungen ihres Verhaltens. Formulieren Sie für Untersuchungen dazu vergleichbare proximate und ultimate Fragestellungen.

Zur Geschichte der Verhaltensforschung

Drei große Epochen kennzeichnen die Geschichte der Verhaltensforschung: Die *frühen Vorfahren* der heutigen Menschen beobachteten das Verhalten der Tiere, orientierten ihre Jagdmethoden an überlieferten Kenntnissen und zähmten Tiere als Gefährten oder Helfer. In der folgenden *vorwissenschaftlichen Phase* mischten sich oft reine Beobachtungen und religionsbezogene Interpretationen. Auch in Fabeln taucht tierisches Verhalten auf. Naturbeobachter, die präzise das Verhalten einzelner Tiere beschrieben, hinterfragten aber erst im 18. und 19. Jahrhundert das beobachtete Verhalten. Daraus entwickelte sich die Epoche der *wissenschaftlichen Verhaltensanalysen* mit mehreren Hauptrichtungen.

Klassische Ethologie

Im europäischen Raum entstand aus der Tierpsychologie die *klassische Ethologie*, die im Wesentlichen durch Oskar Heinroth und Konrad Lorenz begründet wurde. Letztlich basierend auf dem Evolutionskonzept von Charles Darwin entwickelte sich daraus die *Theorie des Instinktverhaltens*. Ihre Anhänger vertraten die Ansicht, dass zahlreiche Verhaltensweisen angeboren sind und bei allen Vertretern einer Art formkonstant ablaufen. Diese Erbkoordinationen galten als Teil der Instinkthandlungen, die eine vergleichende Verhaltensforschung erlaubten. Tiere mit von der Norm abweichendem Verhalten wurden von Lorenz als nicht relevant betrachtet *(Typusdenken)*. Das Instinktverhalten wird nach diesem Denkansatz von handlungsbereiten Tieren ausgeführt und von bestimmten Schlüsselreizen ausgelöst. Voraussetzung zum Ausfiltern dieser Erregungsmuster soll ein *angeborener auslösender Mechanismus (AAM)* sein. Beispiele sind das Beutefangverhalten der Erdkröte oder die Eirollbewegung der Graugans.

Beutefangverhalten der Erdkröte

1951 verfasste Nikolaas Tinbergen das Lehrbuch *„Instinktlehre“*. Unter anderem wurde am Fortpflanzungsverhalten des Dreistacheligen Stichlings eine Hierarchie angeborener Auslösemechanismen und motorischer Zentren gefordert, die Verhaltensbeobachtungen und die Ergebnisse neurophysiologischer Untersuchungen zusammenbringen sollten. Einen anderen Ansatz wählte der österreichische Zoologe Karl von Frisch. Mithilfe von Dressurversuchen konnte er den Farbensinn der Bienen und ihre Fähigkeit, ultraviolettes Licht zu sehen, nachweisen. Außerdem zeigte die Entschlüsselung der Bienensprache, wie komplex ein erblich bedingtes soziales Kommunikationssystem sein kann. 1973 erhielt Konrad Lorenz zusammen mit Karl von Frisch und Nikolaas Tinbergen den Nobelpreis.

Behaviorismus

1912 begründeten die amerikanischen Biologen J. B. Watson und E. L. Thorndike eine Verhaltensforschung, die alle subjektiven Begriffe vermied und keine Aussagen über die inneren Bedingungen der Tiere machte. Dieser sog. *Behaviorismus* lieferte wesentliche Beiträge zur Lerntheorie (s. Seite 286).

1 Konrad Lorenz und seine Gänse

2 Graugans

Instinktlehre – In die Kritik geraten

Konrad Lorenz und die Instinktlehre regen seit mehr als 50 Jahren die Verhaltensbiologen zu ausgedehntem Widerspruch und einer Fülle von Untersuchungen an.

Der Instinktbegriff

Der Begriff „Instinkt" ist emotional besetzt und wird in vielfältiger und unpräziser Weise benutzt. Das „instinktiv richtige Reagieren" des Autofahrers in einer Gefahrensituation entbehrt ebenso jeder Grundlage wie die Behauptung, dass Tiere aufgrund ihrer Instinkte „automatisch richtig" reagieren. Schon früh wurde daher auch in der Ethologie nicht von dem *Instinkt*, sondern von dem *Instinktverhalten* gesprochen. Es beschrieb einen genetisch bedingten Verhaltensablauf, der aus einer Orientierungs- und einer Bewegungskomponente besteht. Die Orientierungskomponente *(Taxis)* ist im Beutefangverhalten das gezielte Annähern an die Beute und die Bewegungskomponente *(Erbkoordination, Endhandlung)* das Fixieren und Zuschnappen. Dem kann ein ungerichtetes Suchen *(Appetenzverhalten)* vorangestellt sein. Bei der Nahrungssuche wird damit die Wahrscheinlichkeit größer, auf Beute zu treffen.

Da nur wenige Verhaltensmuster diesem starren Schema folgen, wurde zunächst noch eine *Instinkt-Dressur-Verschränkung* z. B. für die obligaten Lernvorgänge angenommen (Beispiel: Eichhörnchen, das zunächst wahllos nagt und dann mit verfeinerter Technik schneller an das Nussinnere gelangt). Heute verzichtet man weitgehend auf den Begriff „Instinkt", da angeboren und erlernt nicht notwendigerweise einen Widerspruch darstellen.

Die Handlungsbereitschaft

Der von Lorenz für die Motivation eingeführte Begriff der *aktionsspezifischen Energie* forderte insbesondere im Zusammenhang mit dem psychohydraulischen Modell die Kritiker heraus. Eine Erregung sollte durch innere oder äußere Faktoren solange anwachsen, bis schließlich die Schwelle des zugehörigen angeborenen Auslösemechanismus überschritten wird oder ein Schlüsselreiz einwirkt, der die Endhandlung auslöst. Die Qualität des auslösenden Reizes und die inneren Zustände sollten die Handlungsintensität bestimmen *(Gesetz der doppelten Quantifizierung)*.

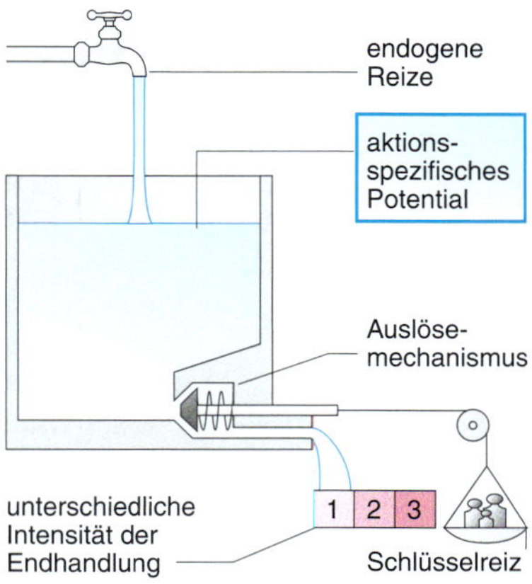

Zahlreiche verhaltensbiologische und neurophysiologische Versuche konnten ein entsprechendes Instinktzentrum im Gehirn jedoch nicht nachweisen. Die Wahrscheinlichkeit, dass ein bestimmtes Verhalten ausgeführt wird, ist u. a. von der Tages- oder Jahreszeit, der endogenen Rhythmik, der Hormonsituation, dem Versorgungs- und Gesundheitszustand, dem Alter des Tieres, ökologischen Bedingungen und vor allem von den bereits gemachten Erfahrungen abhängig.

Der Schlüsselreiz

Der Begriff leitet sich von dem Konzept ab, dass ein *angeborener auslösender Mechanismus (AAM)* die eingehenden Reize filtert und das Muster, das die genaue Passform hat, erkennt. Soziale Schlüsselreize, die einer unmissverständlichen Kommunikation dienen, wurden als Auslöser bezeichnet und bevorzugt mit Attrappenversuchen analysiert (z. B. der rote Bauch des Stichlings). Mit zunehmend genaueren Untersuchungsmethoden konnte einerseits gezeigt werden, dass nicht ein einzelner Reiz, sondern komplexe Reizmuster und Reizkonstellationen Handlungen auslösen. Andererseits sind die neuronalen Mechanismen der Informationsverarbeitung zwar noch nicht vollständig aufgeklärt, sicherlich aber flexibler als eine einfache Schlüssel-Schloss-Beziehung.

Die Leerlaufhandlung

Führt ein Tier eine Handlung lange nicht aus, soll durch Anstauen von Handlungsbereitschaft ein zunehmend schwächerer Reiz zu ihrer Auslösung notwendig werden, bis schließlich auch ohne Einwirken eines Reizes die sog. *Leerlaufhandlung* auftritt. An einem Star, den Lorenz im Haus aufzog, beobachtete er, dass „der Vogel gespannt nach der weißen Decke des Zimmers blickte, als ob dort Insekten flögen, dann abflog, in der Luft zuschnappte, auf seine Warte zurückkehrte, die Bewegung des Totschüttelns von Beute vollführte, schluckte und danach in Ruhe verfiel". Die Übertragung dieser Vorstellung auf andere Verhaltensweisen, insbesondere auf die *Triebtheorie der Aggression,* hielt jedoch wissenschaftlichen Nachprüfungen nicht stand. Man kennt haltungsbedingte Bewegungsstereotypien z. B. bei Zootieren, die Bewegungen unter gleichbleibenden Bedingungen immer wieder ausführen, sodass sich ein starres und für den Beobachter sinnloses Bewegungsmuster einschleift.

Die Übersprungbewegung

In manchen Konfliktsituationen treten Verhaltensweisen auf, die einem Beobachter unpassend oder deplatziert erscheinen: Hähne aller Haushuhnrassen unterbrechen gelegentlich ihren Kampf und zeigen Pickbewegungen, obwohl keine Nahrung vorhanden ist. Austernfischer stecken beim Anblick ihres Spiegelbildes ihren Schnabel ins Gefieder und beginnen zu „schlafen". Derartige scheinbar unsinnige Handlungen wurden als *Übersprungbewegungen* interpretiert, d. h. durch die gegenseitige Hemmung gleichstarker Antriebe für zwei Verhaltensweisen sollte eine dritte möglich werden. Neuere Modelle gehen davon aus, dass das gezeigte Verhalten für das Tier durchaus eine Bedeutung haben kann, wenn damit etwa sein Kampf- oder Reproduktionserfolg erhöht wird *(Fitnesssteigerung)*.

Methoden in der Verhaltensforschung

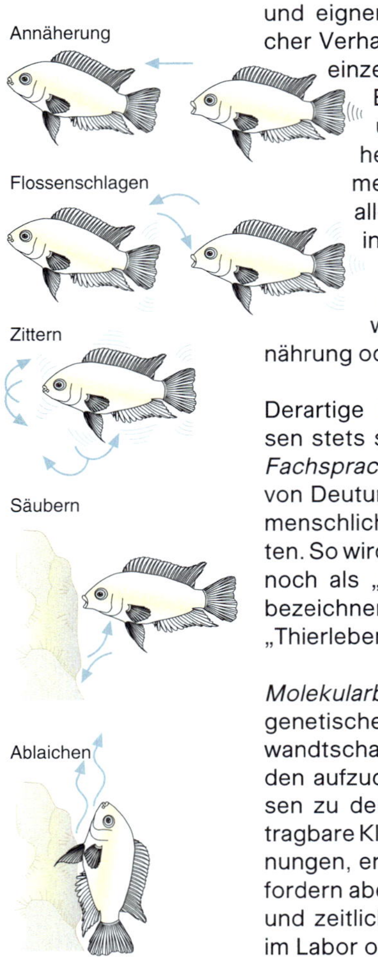

Verhaltensweisen eines Buntbarschs

Buntbarsche sind beliebte Aquarienfische und eignen sich zur Beobachtung zahlreicher Verhaltensweisen. Untersuchungen an einzelnen Individuen und die objektive Erfassung der wiedererkennbaren und typisierbaren Verhaltenseinheiten können den Ausgangspunkt methodischer Arbeit bilden. Werden alle beobachteten Verhaltensweisen in ihrer Reihenfolge und Häufigkeit protokolliert, erhält man Aussagen über bestimmte Teilbereiche wie z. B. zur Balz, Brutpflege, Ernährung oder zum Revierverhalten.

Derartige *Verhaltensbeschreibungen* müssen stets sachlich sein, sich einer genauen *Fachsprache* bedienen und Beobachtung von Deutung trennen. Sie dürfen keine Vermenschlichungen oder Wertungen enthalten. So wird man heute den Fuchs wohl kaum noch als „Schlaukopf" oder „Strauchdieb" bezeichnen wie es ALFRED BREHM in seinem „Thierleben" 1864 tat.

Molekularbiologische Methoden wie die des genetischen Fingerabdrucks helfen, Verwandtschaftsbeziehungen in Sozialverbänden aufzudecken und damit Verhaltensweisen zu deuten. *Technische Hilfsmittel*, wie tragbare Kleinsender, Film oder Tonaufzeichnungen, erleichtern die Beobachtungen, erfordern aber meist einen großen apparativen und zeitlichen Aufwand. Gezielte Versuche im Labor oder unter den besonderen Bedingungen im Zoo können erste Aussagen liefern und das Untersuchungsfeld einschränken. Umgekehrt werden aber auch manche *Laborexperimente* erst im Zusammenhang mit *Freilandbeobachtungen* verständlich. Beispielsweise trat beim Versuch, Bartmeisen in Gefangenschaft zu züchten, die zunächst unverständliche Verhaltensweise auf, dass die Vögel ihre Jungen nach dem erfolgreichen Brutgeschäft regelmäßig aus dem Nest warfen. Da es stets reichlich Nahrung gab, lagen die Jungen satt und regungslos im Nest und zeigten nicht mehr das übliche Sperrverhalten. Genau dies ist im Freiland ein Zeichen dafür, dass Junge krank oder tot sind. Erst als man den Altvögeln weniger Futter anbot, gelang die Jungenaufzucht problemlos.

Mit *Attrappenversuchen* sollte ermittelt werden, welche Einzelreize für die Auslösung eines Verhaltens von Bedeutung sind. Die künstlichen Reizmuster wurden vorwiegend zur Untersuchung genetisch bedingter Verhaltensweisen eingesetzt. Problematisch ist, dass man in diesen Experimenten Lernvorgänge nicht ausschließen kann und die unnatürlichen Bedingungen irreführende Ergebnisse liefern können. In so genannten *Kaspar-Hauser-Experimenten* wurden solche Tiere beobachtet, die das untersuchte Verhalten nicht von ihren Artgenossen lernen konnten, weil sie isoliert gehalten wurden. Unter solchen Bedingungen traten bei den Tieren häufig Verhaltensstörungen auf. Da Tiere nicht immer gleich reagieren, sind heute in allen Experimenten *statistische Verfahren* selbstverständlich, ehe ein Zusammenhang zwischen einem Reiz und einer Reaktion als gesichert gelten kann.

Neuere Untersuchungen bedienen sich meist gleichzeitig verschiedener Methoden, die – abhängig von einer kausalen oder funktionalen Fragestellung – stärker an physiologischen, ökologischen oder evolutionsbiologischen Mechanismen orientiert sind. Ein besonderes Problem stellt dabei das menschliche Verhalten dar. Humanethologen, die nach genetisch bedingten Verhaltensmustern suchen, müssen beispielsweise alle kulturellen und gesellschaftlichen Einflüsse ausschließen können. Soziobiologen oder Verhaltensökologen benötigen zur Untersuchung von Fitnesskonsequenzen menschlichen Verhaltens riesige Datenmengen. Ähnliches gilt für die Evolutionspsychologie, die versucht, heute zu beobachtende Verhaltensweisen mit Anpassungsprozessen aus der Vergangenheit zu erklären.

Zettelkasten

Wahlversuche

In der Versuchsanordnung kann überprüft werden, nach welchen Kriterien Buntbarsche den Fortpflanzungspartner auswählen. Die Weibchen laichten in 16 von 20 Versuchen in Nest B ab. Die Weibchen beobachteten die Balzdarstellungen beider Männchen und laichten.

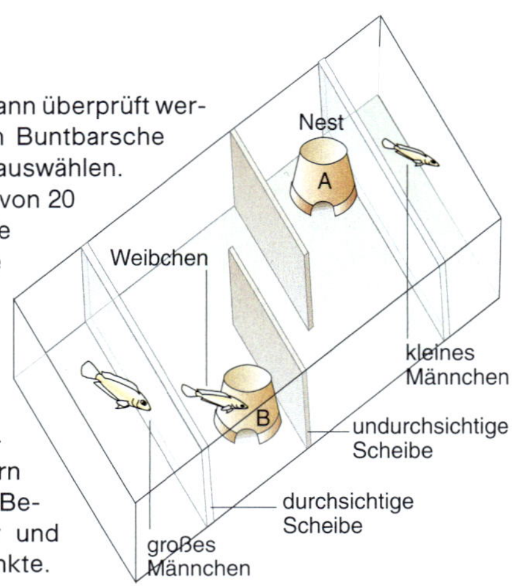

Aufgabe

① Analysieren Sie den Versuchsaufbau und erläutern Sie das Ergebnis unter Berücksichtigung kausaler und funktionaler Gesichtspunkte.

Wandkontakt bei Mäusen

Beobachtet man Mäuse in der Natur, so scheinen sie die Durchquerung freier Flächen zu vermeiden. Diese Hypothese lässt sich experimentell überprüfen.

Versuch 1

Material: Kunststofffolie, langes Lineal, Folienstift, Pappe, 1 Stoppuhr, pro Gruppe eine Labormaus, Protokollbogen mit 8 · 8 Kästchen

Vorbereitung:
Auf die Folie wird ein Gitternetz aus 8 · 8 Quadraten mit der Kantenlänge 10 cm gezeichnet. Die Folie kommt mit der Zeichnung nach unten auf den Tisch, damit die Tiere nicht vom Geruch des Stiftes abgelenkt werden. Entlang der äußeren Linien werden 20 cm hohe und mit Folie bezogene Streifen aus fester Pappe aufgestellt und außen mit Klebeband verbunden.

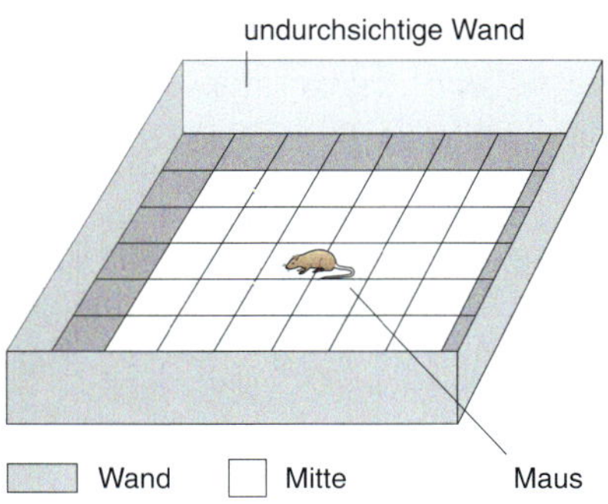

Durchführung:
Die Maus wird eingesetzt. Nach drei Minuten Eingewöhnungszeit gibt ein Gruppenmitglied alle drei Sekunden ein Zeichen. Der Protokollant notiert in diesen Zeitintervallen 5 Minuten lang in dem Protokollbogen jeweils den Aufenthaltsort der Maus. Für die Zuordnung ist stets die Nasenspitze des Tieres entscheidend. Um Duftmarken zu entfernen, sollte nach jeder Versuchsdurchführung die Folie abgewischt werden.

Aufgaben

① Ermitteln Sie die Anzahl der Fälle, in denen sich die Maus in Quadraten mit bzw. ohne Wandkontakt aufhält (Messwert f_M).

② Der Erwartungswert f_E (siehe statistische Auswertung) ergibt sich aus der Anzahl der Rasterquadrate für die beiden Bereiche (zu beachten: 5 · 20 Messwerte).

③ Werten Sie die Versuche mit dem χ^2-Test aus (siehe Kasten).

Versuch 2

Möglicherweise wird ein relativ häufiger Aufenthalt der Mäuse im Wandbereich festgestellt. Dies kann unterschiedliche Gründe haben, die durch Variation der Versuchsbedingungen weiter untersucht werden.

- Dazu wird die Folie auf eine Platte (80 · 80 cm) gelegt, die so aufgestellt wird, dass sich die Ränder mindestens 70 cm über dem Boden befinden. Eine äußere Begrenzung wird nicht angebracht. Eine weitere Veränderung der Versuchsanordnung kann ein Kasten sein, der vier mittlere Felder bedeckt. Die Auswertung der beiden Versuchsvariationen erfolgt wie in Versuch 1.
- Ein weitere Variante des Versuchsaufbaus liefert folgende Ergebnisse:

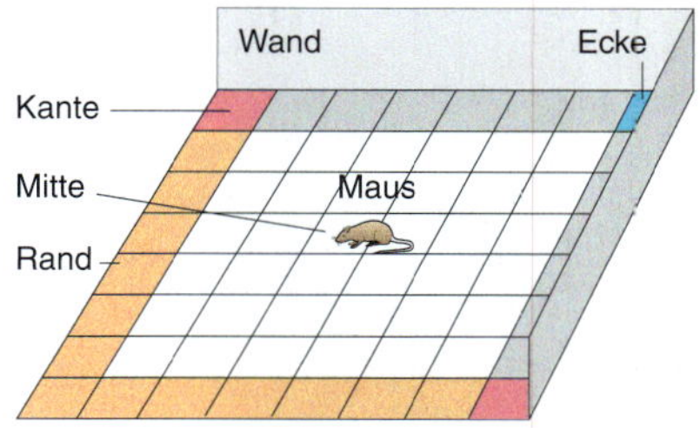

M	W	R	K	E
38	27	26	5	4

Aufgaben

④ Überprüfen Sie mit dem χ^2-Test, ob die Abweichung von der Erwartung in diesem Versuch signifikant ist.

⑤ Welche biologische Bedeutung hat das Verhalten der Mäuse in beiden Versuchsanordnungen? Beschreiben Sie jeweils proximate und ultimate Ursachen.

Statistische Auswertung

Der χ^2-Test ist ein statistisches Verfahren, mit dem sich feststellen lässt, ob eine Hypothese mit einer bestimmten Wahrscheinlichkeit zutrifft bzw. falsch ist. Zur Ermittlung der Wahrscheinlichkeit (P) legt man zunächst eine Tabelle entsprechend dem nebenstehenden Muster an und berechnet aus dem Erwartungswert f_E und dem Messwert f_M den χ^2-Wert. Die Zahl der Freiheitsgrade (F) ergibt sich aus der Anzahl der Variablen minus 1.

	f_E	f_M	$\frac{(f_M - f_E)^2}{f_E}$
Wand			
Mitte			
χ^2-Wert			$\Sigma =$

Beispiel: In Versuch 1 ist der Freiheitsgrad F = 1, da die Variablen Wand oder Mitte vorhanden sind.

Freiheitsgrade (F)	**P**							
	0,5	**0,3**	**0,1**	**0,05**	**0,025**	**0,01**	**0,005**	**0,001**
1	0,455	1,07	2,71	3,84	5,02	6,64	7,88	10,8
2	1,39	2,41	4,61	5,99	7,38	9,21	10,6	13,8
3	2,37	3,67	6,25	7,82	9,35	11,3	12,8	16,3
4	3,36	4,88	7,78	9,49	11,1	13,3	14,9	18,5
5	4,35	6,06	9,24	11,1	12,8	15,1	16,8	20,5

In der entsprechenden Zeile für F sucht man den Wert auf, der dem errechneten entspricht oder ihn gerade unterschreitet. Oben in der Spalte findet man die Wahrscheinlichkeit dafür, dass die Abweichung von der Erwartung nur zufällig ist. Für $P \leq 0{,}05$ gilt die Abweichung als signifikant.

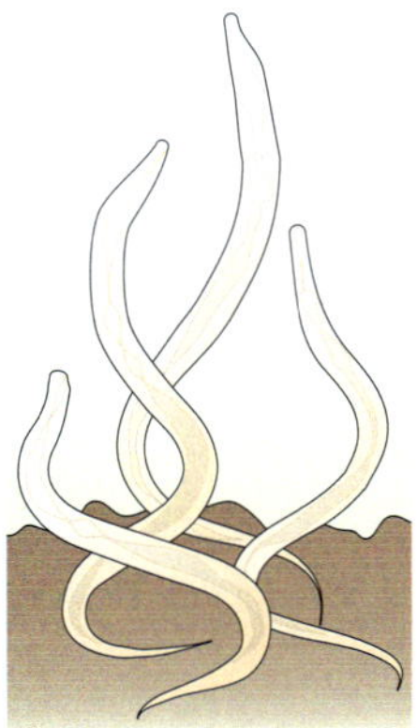

Winkende Fadenwürmer

Genetisch bedingte Verhaltenselemente

Dass bestimmte Verhaltenselemente genetisch bedingt sind, ist immer dann zu vermuten, wenn alle Individuen einer Art bzw. Unterart vergleichbares Verhalten zeigen, aber auch, wenn die Verhaltenselemente schon von Geburt an fehlerfrei ablaufen und stereotyp sind, also in immer gleicher Weise wiederkehren.

Mendelnde Merkmale

Der Fadenwurm *(Rhabditis inermis)* ist ein Fäulnis- und Kotbewohner. Er ist nicht in der Lage, selbst einen neuen Dunghaufen aufzusuchen, sondern wird durch Käfer verbreitet. Seine Larven heften sich unter den Flügeldecken von Käfern fest und lassen sich so transportieren. Diese Wurmart tritt in zwei Unterarten auf, die sich im Verhalten ihrer Larven unterscheiden. Die einen warten mehr oder weniger still auf den zufälligen Kontakt mit einem Käfer, die anderen führen auf der Oberfläche des Dunghaufens pendelnde Bewegungen mit dem Vorderkörper aus und erhöhen so die Wahrscheinlichkeit des Zusammentreffens mit einem Insekt. Kreuzt man diese „winkenden" Fadenwürmer mit den „nicht winkenden", erhält man in der F_1-Generation ausschließlich winkende Nachkommen. Kreuzt man diese Nachkommen untereinander, so treten in der F_2-Generation „winkende" und „nicht winkende" Würmer im Verhältnis 3 : 1 auf.

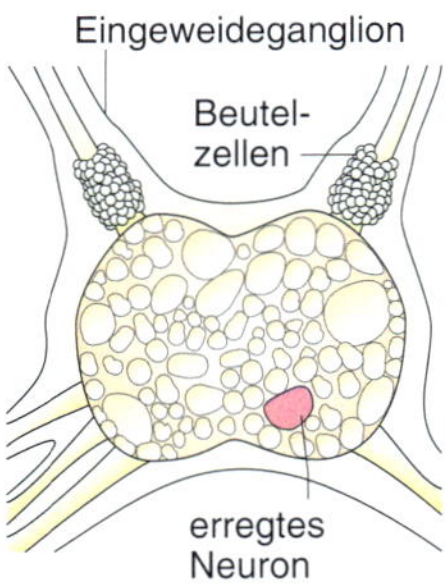

Eiablage-Gene

Bei dem Seehasen *(Aplysia)*, einer zwittrigen, gehäuselosen Meeresschnecke, ist ein noch weitergehender Nachweis genetischer Grundlagen von Verhalten gelungen. Ihr Fortpflanzungsverhalten besteht aus einer festen Abfolge stereotyper Verhaltensmuster, von denen das Eiablageverhalten besonders gut untersucht ist. Nach der Befruchtung legt Aplysia ihre Eier in langen Laichschnüren ab, die bis zu einer Million Eier enthalten können. Sobald sich die Muskeln des Genitaltraktes zusammenziehen und die Laichschnur an der Geschlechtsöffnung austritt, hört das Tier auf zu kriechen und zu fressen. Herzschlag und Atemfrequenz erhöhen sich. Die Schnecke erfasst den Anfang der Laichschnur mit dem Mund, zieht mit charakteristischen schwenkenden Bewegungen daran und unterstützt so das Ausstoßen der Eier. (Die Geschlechtsöffnung liegt im vorderen rechten Körperbereich.) Dabei wird der Laich aufgeknäuelt und mit einem klebrigen Sekret überzogen, das aus einer kleinen Schleimdrüse des Mundes stammt. Schließlich heftet das Tier die verklebte Laichmasse mit einer kräftigen Kopfbewegung an eine feste Unterlage.

Das Nervensystem von Aplysia ist relativ einfach aufgebaut. Bei der Suche nach den Steuermechanismen für das beschriebene Verhalten fand man zwei traubig angeordnete Neuronengruppen *(Beutelzellen)* oberhalb des Eingeweideganglions. Ein Extrakt aus diesen Zellen löst nach Injektion in eine lebende Schnecke das gesamte Eiablageverhalten aus, und zwar selbst dann, wenn keine Begattung vorausgegangen ist. Aus dem Extrakt ließ sich ein Peptid *(Eiablagehormon, ELH)* isolieren. Über das Blut wirkt es wie ein Hormon und aktiviert Atmung, Herzschlag und die Muskulatur zum Austreiben der Laichschnur. Als Neurotransmitter erregt es ein bestimmtes Neuron des Eingeweideganglions, das an der Verhaltenssteuerung beteiligt ist. Die stoffliche Grundlage des Verhaltens konnte somit bis zur DNA-Sequenz zurückverfolgt werden. Gentechnische Untersuchungen haben inzwischen Gene zu weiteren Peptiden identifiziert, die Verhaltenselemente aus dem Paarungsverhalten von Aplysia stimulieren.

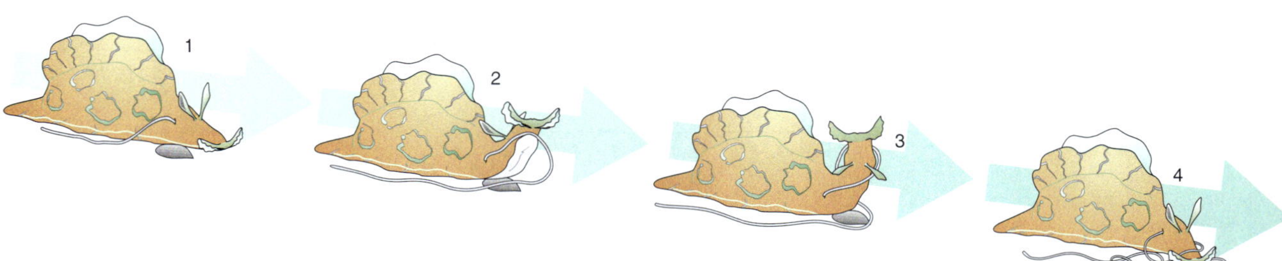

1 Verhalten zur Eiablage bei Aplysia

Gene und Umwelt

Genetisch bedingtes Verhalten der Tiere kann nur im Verlauf sehr vieler Generationen optimiert und an die Umwelt angepasst werden. Damit wird aber lediglich die Reaktionsnorm festgelegt. In diesem Spektrum der Möglichkeiten muss jedes Individuum so flexibel auf aktuelle Probleme reagieren können, dass sein Fortpflanzungserfolg auch die Weitergabe der Gene garantiert, d.h. meistens wird das genetisch bedingte Verhalten durch Erfahrung modifiziert und an die Umwelt angepasst.

Ein Beispiel dafür sind einige Arten afrikanischer Kleinpapageien, die als die *Unzertrennlichen* bekannt sind. Zu ihnen gehören die *Rosenköpfchen*, die ihr Nistmaterial in die Bruthöhle eintragen, indem sie die Halme oder abgeschnittene Pflanzenteile zwischen das Rückengefieder stecken. Die kurzen Teile werden dort von den Häkchen der Federn festgehalten. Eine nahe verwandte Art *(Erdbeerköpfchen)* benutzt längere Halme und trägt sie im Schnabel zur Bruthöhle. Die beiden Arten können experimentell gekreuzt werden und die Nachkommen zeigen ein intermediäres Nestbauverhalten. Die Weibchen schneiden Stücke mittlerer Länge und transportieren das Material recht unterschiedlich: Manche stecken es in das Gefieder, lassen die Stücke aber nicht los; andere stecken sie nicht richtig fest oder lassen sie einfach fallen. Schließlich lernen die Vögel, die Halme im Schnabel zu tragen, machen vorher aber stets noch einen angedeuteten Einsteckversuch.

Auch besondere Faktoren aus der Umwelt können das Verhalten über mehrere Generationen hinweg verändern. Mäuse verwenden Nestbaumaterial in unterschiedlichen Mengen (Abb. 2). In Laborexperimenten wurden über zahlreiche Generationen hinweg stets nur solche Tiere verpaart, die viel (Reihe 1) bzw. wenig (Reihe 3) Material benutzten. Zur Kontrolle untersuchte man zufällige Paarungen der Ausgangspopulation (Reihe 2).

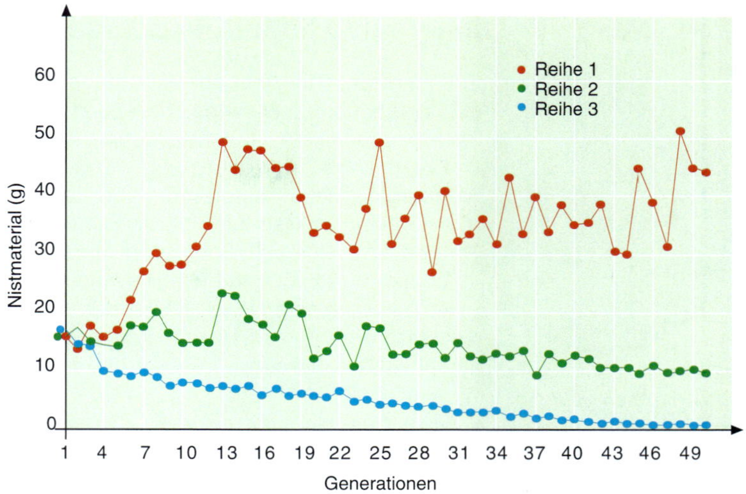

2 Nestbauverhalten von Mäusen

Bereits nach 15 Generationen stellte sich ein messbarer Unterschied zwischen den Versuchsgruppen und der Kontrollreihe ein. Während in diesen Versuchen der Mensch als Auslesefaktor wirkt, sind in freier Natur ökologische oder physiologische Faktoren ausschlaggebend für den Fortpflanzungserfolg der untersuchten Tierart und damit für die Weitergabe des Verhaltens an die nächste Generation.

Rosenköpfchen mit Nistmaterial

Aufgaben

① Welche Schlussfolgerungen ergeben sich aus den Kreuzungsversuchen mit Fadenwürmern?

② Wodurch unterscheiden sich die Ergebnisse der Kreuzungen bei den Fadenwürmern, in den Mäuseversuchen und bei den Unzertrennlichen?

③ Fassen Sie die hier vorgestellten Methoden zusammen, mit denen genetisch bedingte Verhaltenselemente nachgewiesen werden können.

④ Früher wurden überwiegend genetisch bedingte Verhaltensweisen als angeboren bezeichnet. Vergleichen Sie die Bedeutung der beiden Begriffe.

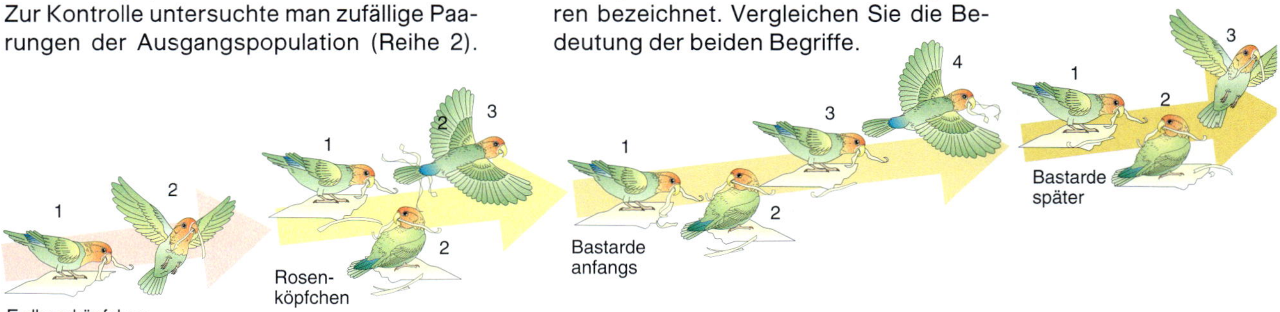

1 Verhalten des Rosenköpfchens

Innere und äußere Impulsgeber

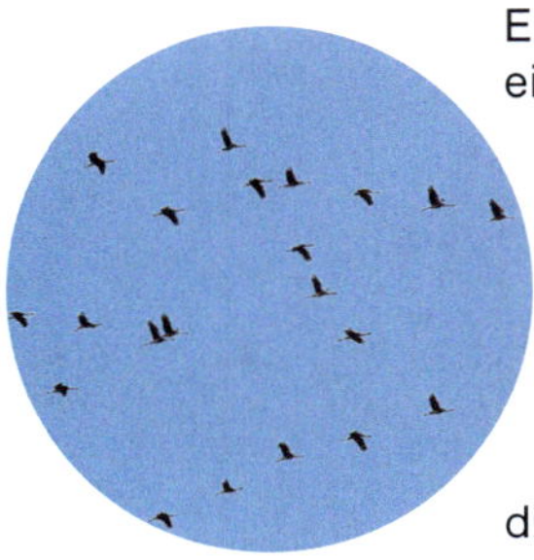

V-förmige Flugformation von Kranichen während des Vogelzugs

Ein hungriges Tier geht auf Nahrungssuche, ein fortpflanzungsbereites Tier balzt oder wählt sich einen Geschlechtspartner. Im Ernährungs-, Fortpflanzungs- und Brutpflegeverhalten sind eindeutige Zusammenhänge zwischen inneren Bedingungen und äußerlich sichtbarem Verhalten bekannt und können beispielsweise über den Glucosespiegel im Blut oder durch die Bestimmung von Hormonkonzentrationen analysiert werden.

Welche Auslöser gibt es aber für den Gesang der Amseln früh um fünf Uhr, für den Zug der Kraniche in einem eng begrenzten Zeitraum des Jahres oder für die großen Wanderungen der Huftierherden? Untersuchungen zu diesen Fragen aus der *Chronobiologie* betreffen auch den Menschen. Ein Höhlenforscher, der sich für drei Monate ohne Uhr oder andere Zeitgeber von der Außenwelt isolierte, war nicht in der Lage, das richtige Datum oder die Tageszeit zu nennen, als er wieder zur Erdoberfläche zurückkehrte. Fliegt der Mensch über mehrere Zeitzonen hinweg, stellen sich Tagesmüdigkeit und schlaflose Nächte, Appetitlosigkeit oder Verdauungsprobleme ein *(Jetlag)*. In beiden Fällen dauert es mehrere Tage, bis sich der „innere Zeitmesser“ wieder den neuen örtlichen Verhältnissen angepasst hat.

Chronobiologie
Sie erforscht Ursache und Funktion der zeitlichen Organisation von Lebewesen.

Der Mensch besitzt wie alle höheren Lebewesen eine biologische Uhr, die dafür sorgt, dass zahlreiche physiologische Vorgänge in einem Rhythmus von ungefähr 24 Stunden ablaufen *(circadianer = Tagesrhythmus)*.

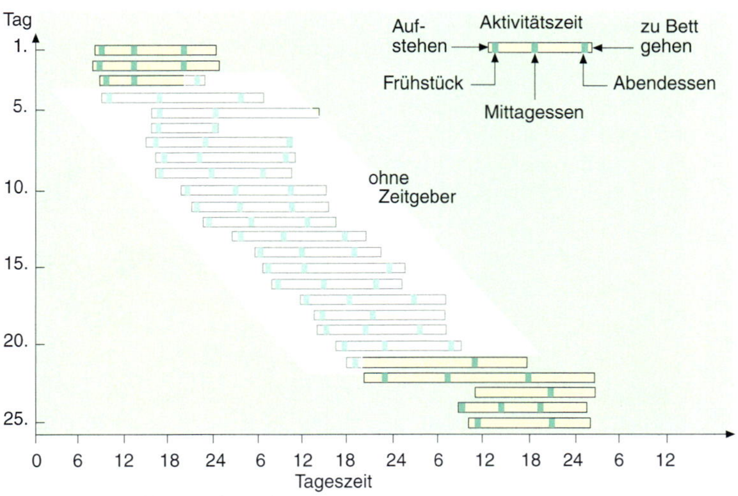

1 Tagesperiodik des Menschen

Die stoffliche Grundlage sind Wechselwirkungen zwischen bestimmten Genen (z. B. *clock, period, frequency, timeless*), ihrer m-RNA und einigen Proteinen. Durch Rückkopplungsschleifen werden geregelte Mengen so genannter *Zeitgeberproteine* für bestimmte Stoffwechselvorgänge gebildet. Der Aktivitätsrhythmus des Organismus wird dann durch *Lichteinfluss* und andere Umweltkontakte an den natürlichen Tag-Nacht-Zyklus angekoppelt. Er kann durch spezifische Neurone des Serotonin-Systems moduliert werden. Die neuronalen Zentren, die für die Kontrolle der endogenen Tagesrhythmik verantwortlich sind, liegen beim Menschen in einem bestimmten Bereich zwischen Hypothalamus und Hypophyse (s. Seite 251), der mit dem Sehsystem einerseits und dem Stammhirn andererseits verbunden ist. Die erzeugten zyklischen Zustandsänderungen der Körper- und Gehirnfunktionen steuern bei Tier und Mensch nicht nur Schlaf und Aktivität an einem Tag, sondern auch das Verhalten im Verlauf des Jahres. Auf diese Weise wird der Gesang der Amseln, der Zug der Kraniche oder die Wanderung der Huftiere dann ausgelöst, wenn bestimmte innere Bedingungen und die entsprechenden äußeren Zeitgeber zusammentreffen.

Die durch den Tagesrhythmus ermöglichte Zeitmessung *(Chronometrie)* ist die Grundlage für solche Orientierungsmechanismen, die Magnetfeld, Sonne, Mond oder Sterne benutzen. Für ein bestimmtes Verhalten sind dann nicht nur die inneren Bedingungen und die Wahrnehmung des aktuellen Sonnenstandes notwendig. Die Tiere müssen auch die sich ständig verändernde Sonnenposition mittels einer inneren Uhr berücksichtigen und zusätzlich deren Abhängigkeit von der geographischen Breite und der Jahreszeit kennen. Damit wird dann auch der jährliche Zug der Kraniche verständlich.

Aufgaben

① Leben Menschen für mehrere Wochen in einem gegen die Außenwelt abgeschirmten Raum, ergibt sich die in Abbildung 1 dargestellte Tagesperiodik. Erläutern Sie die Darstellung.

② Viele Personen klagen nach einem Transatlantikflug über Schlafstörungen und fühlen sich tagelang matt *(Jetlag)*. Erklären Sie.

③ Wodurch unterscheiden sich im Jahresrhythmus gleich lange Tage?

Bewegungssteuernde Außenreize

Biologische Langzeituhren steuern beispielsweise bei Vögeln das periodische Auftreten der Zugaktivität und den Zyklus des Körpergewichts einschließlich dem rechtzeitigen Anlegen eines Fettvorrats. Sie sind ebenso wie die Grundlagen des Orientierungsverhaltens durch genetische Faktoren festgelegt. Diese inneren Bedingungen wirken mit verschiedenen Außenreizen so zusammen, dass derart erstaunliche Leistungen wie das Wanderungsverhalten des Monarchfalters oder die mehrere tausend Kilometer langen Flugrouten der Zugvögel möglich werden.

Orientierungsbewegungen

Die ungerichteten Bewegungen eines Tieres werden durch Umweltfaktoren wie Licht, Wärme oder Feuchtigkeit verändert *(Kinese)*. In anderen Fällen *(Taxis)* können diese Faktoren auch richtende Funktion haben. Beides erfolgt mehr oder weniger automatisch. Wandernde Tiere orientieren sich im einfachsten Fall an vertrauten Landmarken (z. B. Meeresküsten, Gebirge, Flussläufe), um ein Ziel über größere Entfernung hinweg anzusteuern *(Pilotieren)*.

Aufgaben

① Stellen Sie in einer kurzen Übersicht die wesentlichen Unterschiede der drei genannten Orientierungsbewegungen zusammen.

② Ordnen Sie die folgenden Verhaltensweisen zu und erklären Sie ihre biologische Bedeutung:
- Die Aktivität von Asseln nimmt in trockener Umgebung zu, in feuchter ab.
- Verändert man im Experiment die Anordnung von Kübelpflanzen in der Nähe eines Bienenstocks, wird das Heimfindevermögen der Sammlerinnen beeinträchtigt.
- Fliegenlarven bewegen sich nach dem Fressen vom Licht weg.

Orientierung und Navigation

Sind Tiere soweit von ihrem Zielort entfernt, dass sie ihn nicht direkt wahrnehmen können, müssen sie ihn zunächst den eigenen Standort bestimmen und dann die festgelegte Fortbewegung in Zielrichtung ständig überprüfen *(Kompassorientierung und Navigation)*. Dafür kann z. B. das Magnetfeld benutzt werden, dessen Feldlinien an jedem Punkt der Erde eine definierte Richtung und Stärke haben. Zusätzlich können weitere genetisch bedingte oder erlernte Bezugssysteme (Sonne, Mond, Sterne) verwendet werden. Der Kompass kann dann für unterschiedliche Zwecke eingesetzt werden:

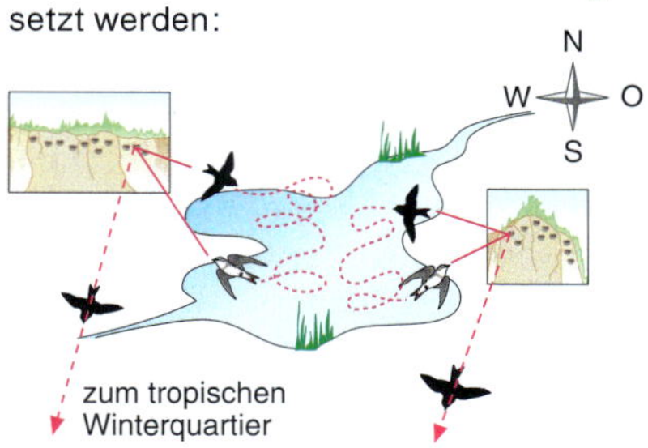

Suchen die Uferschwalben der beiden Kolonien z. B. nach Nahrung, werden gelernte Navigationsvorgänge zum Tragen kommen. Ziehen sie im Herbst in ihre Winterquartiere, benutzen sie eine genetisch bedingte Richtungsinformation, die den Kurs zum Ziel definiert.

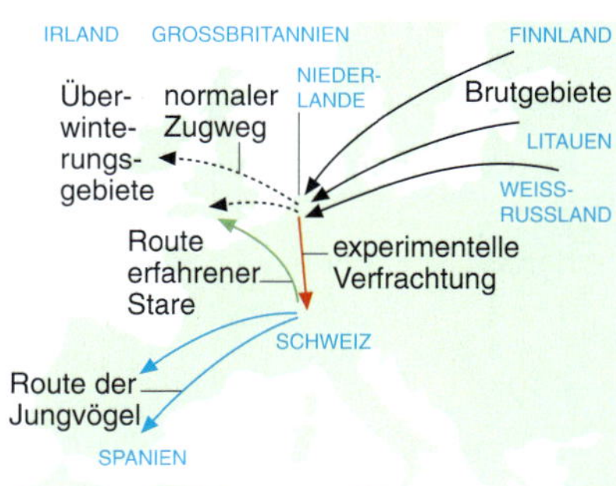

Zur Klärung der Orientierungsmechanismen wurden 11 000 Stare untersucht, die sich auf dem Zug aus den Brut- zu den Überwinterungsgebieten befanden (s. Abb.). Die Vögel wurden von den Niederlanden in die Schweiz transportiert und dort freigelassen.

Aufgaben

③ Interpretieren Sie die beiden Abbildungen (s. Mittelspalte).

④ Definieren Sie die Begriffe „Kompassorientierung" und „Navigation". Ermitteln Sie, welche Tiere navigieren.

Kompass im Auge

Rotkehlchen orientieren sich bei Ortsveränderungen nur mithilfe des rechten Auges am Magnetfeld der Erde. Dessen Richtung wird über Fotopigmente wahrgenommen, die durch Lichtabsorption in einen angeregten Zustand gelangen, von dem aus sie in einen weiteren angeregten Zustand übergehen können. Dieser Übergang hängt von der Ausrichtung der Moleküle relativ zur Richtung des Magnetfeldes ab und kann daher zur Orientierung benutzt werden. Zu diesen Untersuchungen wurde die folgende Versuchsanordnung von Wolfgang Wiltschko eingesetzt. Der Aluminiumtrichter ist mit beschichtetem Papier ausgelegt, auf dem der Vogel Kratzer hinterlässt. Damit wird die bevorzugte Aktivitätsrichtung errechnet. Derartige Orientierungskäfige können mit Licht unterschiedlicher spektraler Zusammensetzung ausgeleuchtet oder in einem Freilandaufbau in ein Spulensystem gestellt werden, mit dessen Hilfe das Magnetfeld verändert wird.

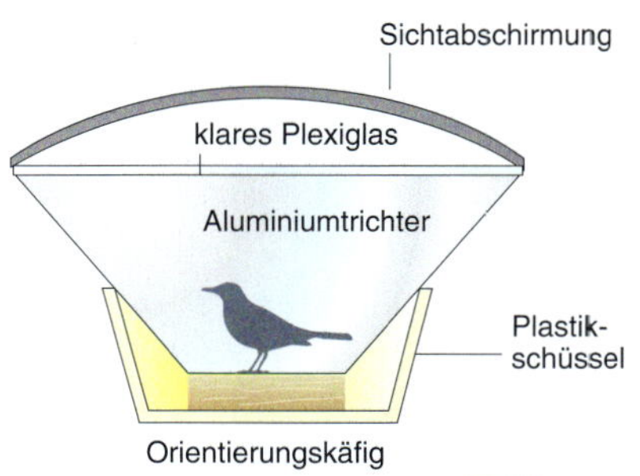

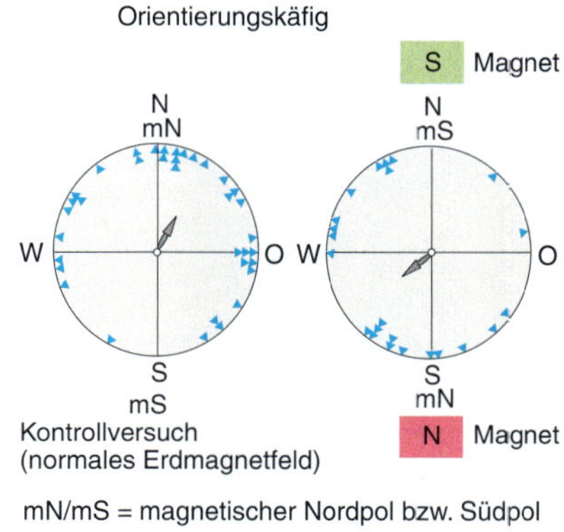

Aufgabe

⑤ Erläutern Sie den Versuchsablauf und die Versuchsergebnisse.

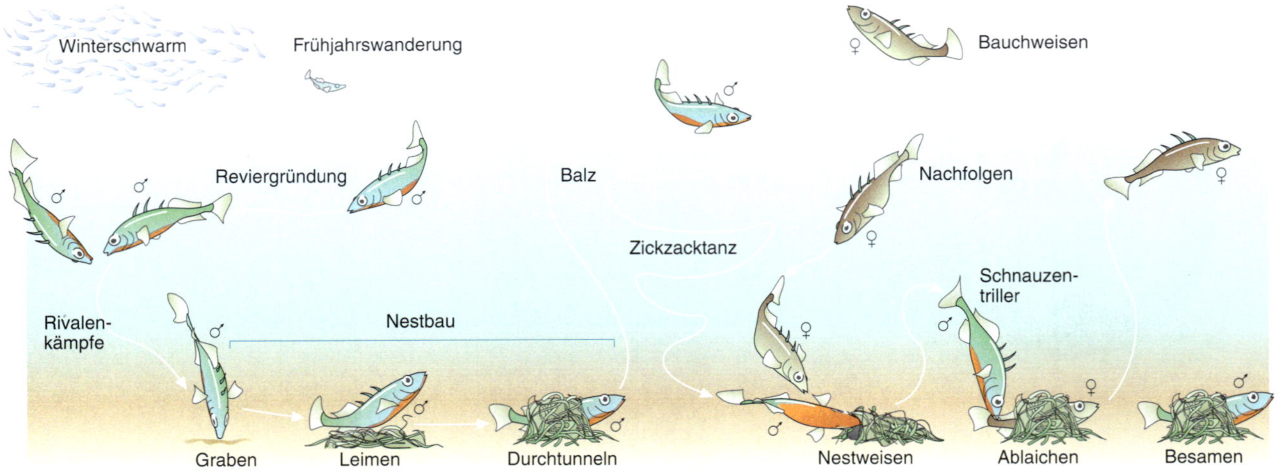

1 Fortpflanzungsverhalten des Stichlings

Verhaltensabfolgen

Das Beutefangverhalten der Erdkröte (s. Seite 274) ist das klassische Beispiel für ein *genetisch bedingtes Verhalten*, das aus einem Appetenzverhalten, der Taxis und der Endhandlung besteht. Die meisten Verhaltensweisen sind jedoch aus mehreren Einheiten aufgebaut, die scheinbar wie die Glieder einer Kette ineinander greifen.

Der *Rückenschwimmer*, eine Wasserwanze, lokalisiert seine Beute, indem er Wellen auf der Wasseroberfläche wahrnimmt. Er kann dabei tote und lebende Objekte durch die Meldungen, die von vibrationsempfindlichen Rezeptoren kommen, unterscheiden.

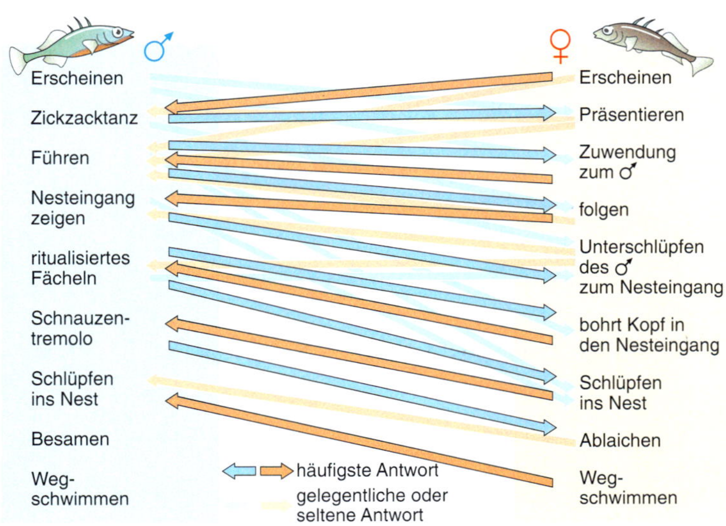

2 Handlungsabfolgen im Paarungsverhalten des Stichlings

Zappelt ein Insekt auf der Wasserfläche, so schwimmt ihm der Rückenschwimmer quer zu den Wellen entgegen. Sobald er die Beute sieht, ergreift er sie und hält sie fest. Eine Metallfliege z. B. würde er sofort wieder loslassen. Der Anstich der Beute und das Aussaugen erfolgt nach einer Prüfung durch die chemischen Sinnesorgane. Die Handlungsfolge wird also durch die Merkmale des Beuteobjekts bestimmt, Taxis und Endhandlung bedingen sich gegenseitig.

Das Fortpflanzungsverhalten des *Stichlings* (Abb. 1) ist das klassische Beispiel für eine *Handlungsfolge*, in der sich zwei Individuen einer Art wechselweise Signale senden. Ausgelöst wird dieses Verhalten durch äußere Faktoren wie ansteigende Temperaturen und zunehmende Tageslänge. Auch innere Ursachen wie ansteigender Testosterongehalt im Blut spielen in diesem Zusammenhang eine Rolle. An die Reviergründung mit Rivalenkämpfen schließen sich Nestbau, Balz und Brutpflege an.

Entgegen früherer Hypothesen zeigte sich in Freilandbeobachtungen, dass es sich insgesamt nicht um eine starre Kette handelt, die beim Ausbleiben eines Signals abbricht. Wo immer die Verhaltensabfolge von auslösenden Reizen bestimmt wird, können Glieder der Kette übersprungen oder in bestimmten Fällen auch wiederholt werden (Abb. 2). Die meisten Reaktionen werden durch mehrere Aktionen des Partners ausgelöst. Die einzelnen Handlungen sind stets den Reaktionen des Partners angepasst.

Das Verhalten der Sandwespe

Brutpflegeverhalten

Die zu den Grabwespen gehörende *Dreiphasen-Sandwespe* überwintert als Dauerlarve in einem Kokon. Mitte Mai schlüpfen die Tiere. Die Weibchen zeigen nach der Begattung ein interessantes Brutpflegeverhalten. Dabei lassen sich drei Phasen deutlich unterscheiden:

1. Phase: Die Sandwespe gräbt ein Erdnest, das sie nach Fertigstellung mit Sandklümpchen und Holzstückchen vorläufig verschließt. Danach geht sie auf die Jagd nach einer Raupe. Diese wird durch einen Stich betäubt und ins Nest transportiert. Dort legt die Sandwespe ein Ei auf die Raupe, verlässt das Nest und verschließt es wieder. Die gelähmte Raupe dient der geschlüpften Larve als Nahrung.

2. Phase: In der Folgezeit besucht die Sandwespe das Nest mehrfach. Das geschieht entweder ohne Raupe („Inspektionsbesuch"), oder sie versorgt die geschlüpfte Larve mit ein bis drei weiteren Raupen („Proviantierbesuch"). Zwischendurch wird das Nest immer wieder verschlossen.

3. Phase: In diesem letzten Abschnitt wird die Larve kurz vor ihrer Verpuppung noch einmal mit bis zu zehn Raupen verproviantiert („Vielraupentag"). Danach wird das Nest endgültig verschlossen. Ein Sandwespenweibchen kann mehrere Nester im gleichen Zeitraum betreuen.

Das Verhalten von Grabwespen wurde vor allem von GERARAD P. BAERENDS 1940 eingehend untersucht. Die untere Abbildung zeigt ein Protokoll der Beobachtungen zur Brutpflege einer Sandwespe an fünf Nestern.

Aufgaben

① Beschreiben Sie für jedes Nest, welche Phasen erkennbar sind.

② In welchem Zustand waren die Nester am Abend des 9. August?

③ Nennen Sie Gründe für die Annahme, dass das Brutpflegeverhalten genetisch festgelegt ist.

Die Raupe als Reiz

„Wenn eine Sandwespe jagt, wird eine Raupe gefangen und gestochen. Liegt die Raupe in der Nähe des Nesteingangs, unmittelbar nachdem die Wespe das Nest geöffnet hat, wird sie hineingezogen. Ist die Wespe dagegen dabei, das Nest zu verschließen, so kann es passieren, dass sie die Raupe als Füllmaterial verwendet. Wenn man schließlich die Raupe während des Nestbaus in den Eingang legt, behandelt sie die Raupe wie jedes andere Hindernis, z. B. wie ein Wurzelstück, und schafft sie beiseite." (zitiert nach BAERENDS).

Aufgabe

④ Erklären Sie die Unterschiede im Verhalten der Sandwespe beim Umgang mit der Raupe.

Einbringen der Raupe ins Nest

Das Eintragen einer Raupe geschieht stets in der gleichen Weise. Zunächst wird die Beute kurz vor dem Nest abgelegt. Dann öffnet das Tier den Nesteingang. Ist das Graben beendet, schlüpft die Sandwespe in den Stollen und dreht sich um, ohne den Eingang mit dem Hinterleib vollkommen zu verlassen. Anschließend ergreift sie die Raupe und zieht sie rückwärts ins Nest.
Während des „Umdrehens" wird die Raupe durch den Versuchsleiter so weit vom Nesteingang entfernt, dass die Sandwespe wieder ganz heraus muss, um die Beute zu ergreifen. Auch in diesem Fall legt sie die Raupe wieder kurz vor dem Nest ab und zieht sie rückwärts hinein. BAERENDS hat die Raupe bis zu 20-mal während des Umdrehens wegziehen können, bevor die Sandwespe wegflog.

Aufgabe

⑤ Vergleichen Sie das geschilderte Verhalten der Sandwespe mit der Handlungsabfolge des Stichlings.

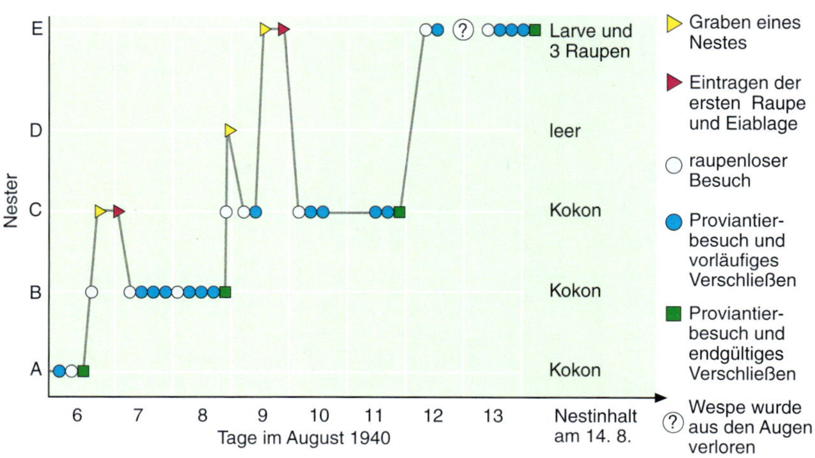

Störversuche

Ersetzt man in einem Nest eine junge Larve vor dem Inspektionsbesuch durch eine alte Larve, die sich gerade verpuppt, so verschließt die Sandwespe das Nest endgültig. Ersetzt man sie nach dem Inspizieren, so wird die Puppe entsprechend dem Entwicklungsgrad der weggenommenen Larve versorgt. Es werden also weitere Raupen eingetragen.

Aufgabe

⑥ Erläutern Sie anhand der Störversuche die Bedeutung des Inspektionsbesuches.

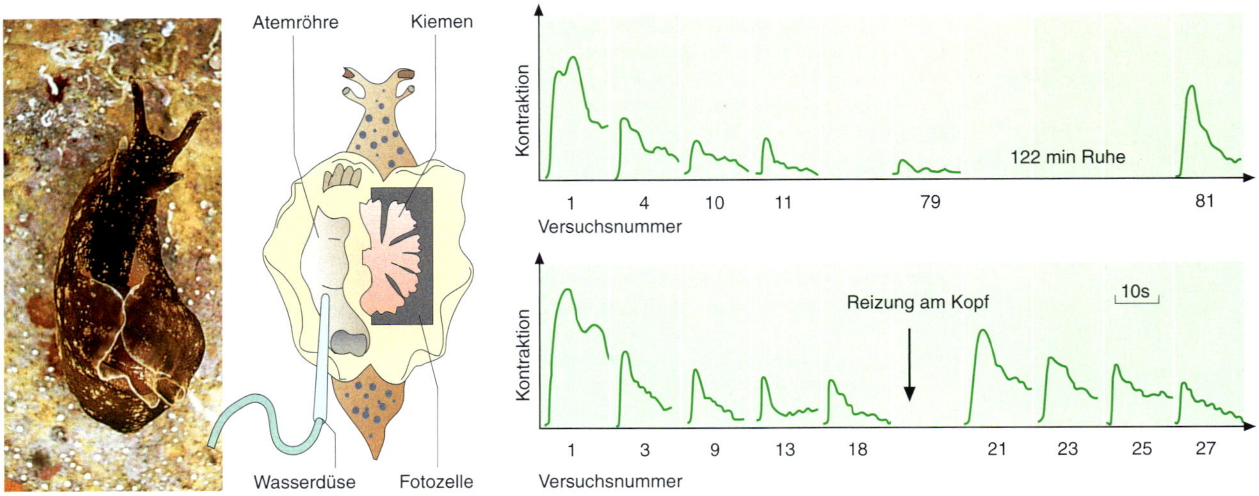

1 Der Kiemenrückziehreflex bei Aplysia

Habituation
Unbedingte Reflexe werden durch reizspezifische Gewöhnung schwächer.

Dishabituation
vollständige Auslösung einer vorher durch Habituation verminderten Verhaltensreaktion

Reflexe sind beeinflussbar

Reflexe stellen eine direkte Verknüpfung von Reiz und Reaktion dar, sind genetisch bedingt und laufen meistens in gleicher Weise ab. Dies wird durch den *Reflexbogen* gewährleistet, der im einfachsten Fall aus zwei Nervenzellen besteht (s. Seite 234). Sie vermitteln zwischen der Reizaufnahme und der Reaktion eines Muskels oder einer Drüse.

An dem einfachen Nervensystem der Meeresschnecke *Aplysia* kann die Steuerung von Reflexen auf zellulärer Ebene gut untersucht werden. Streicht man der Schnecke über den Rücken, so reagiert sie darauf, indem sie ihre Kiemen schnell zurückzieht. An diesem Rückziehreflex sind Sinneszellen und sensorische sowie motorische Neurone beteiligt (Abb. 2).

Mit einer Lichtquelle und einer Fotozelle, die beim Zurückziehen der Kiemen intensiver belichtet wird, kann die Stärke der Kontraktion gemessen werden (Abb. 1). Die Messergebnisse zeigen, dass die Reaktionsstärke bei wiederholter Reizung am Rücken immer schwächer wird. Diese Erscheinung wird als *Habituation* bezeichnet. Berührt man die Schnecke nach Eintreten einer solchen Gewöhnung an anderer Stelle, reagiert das Tier sofort in alter Stärke *(Dishabituation)*. Eine Ermüdung der zugrunde liegenden Organe ist daher als Ursache für die Habituation ausgeschlossen.

Mit extrem feinen Elektroden gelang es, die Erregungen der beteiligten Neurone abzuleiten. Dabei zeigte sich, dass bei gleich bleibender Reizstärke die motorischen Neurone nach mehrfach wiederholter Reizung (Gewöhnungsphase) weniger erregbar werden, obwohl die von den Sinneszellen weitergeleitete Erregung nicht abnimmt (Abb. 2). Neurophysiologische Untersuchungen belegen, dass die Veränderung der Reaktionsstärke bei diesem Reflex durch zusätzliche Nervenzellen *(Interneurone)* ermöglicht wird. Sie sind parallel zum Reflexbogen geschaltet und haben eine hemmende oder fördernde Wirkung auf das Reflexzentrum. Bei der Habituation des Kiemenrückziehreflexes kommt es zur Verringerung der Erregung zwischen Sensorneuron und Motoneuron sowie Interneuron und Motoneuron.

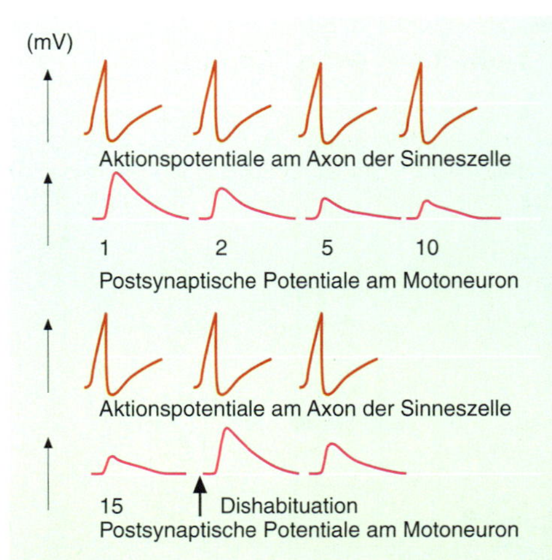

2 Erregungen in Sinneszellen und Motoneuronen

Stabheuschrecke

Eine genaue Muskelkoordination ist auch bei anderen genetisch bedingten Verhaltensweisen notwendig, die komplexer als die Reflexe sind und deren Auftreten und Intensität zusätzlich von inneren Bedingungen des Tieres beeinflusst wird. Stabheuschrecken reagieren auf leichtes Anpusten mit langsamen, schwankenden Bewegungen wie ein Zweig im Wind. Stärkere Reize wie kräftiges Schütteln führen zur so genannten *Katalepsie*, einer Form der Starre. In dieser starren Haltung können sie bis zu 15 Minuten verharren. Hebt man in dieser Zeit eines ihrer Beine vorsichtig an, so wird es wie in Zeitlupe in einer extrem langsamen Bewegung in die Ausgangslage zurückgeführt.

Beide Verhaltensweisen erfüllen die Funktion, die Tarnung des Tieres nicht zu durchbrechen. Stabheuschrecken sind durch die zweigähnliche Körperform, ihre Haltung und Färbung so gut an die Umgebung angepasst, dass schnelle Bewegungen ihren Feinden die Anwesenheit verrieten.

Das Tier reagiert nur dann mit dem langsamen Rückstellreflex, wenn die Außenreize in der übergeordneten Schaltstelle des Nervensystems eine entsprechende Gefahr signalisiert haben. Durch die Verschaltung über spezifische Interneurone werden die fördernden oder hemmenden Signale vom Insektengehirn auf die Motoneurone der Beinmuskulatur übertragen (Abb. 1). Die schnelle Reaktion des Beugers wird gehemmt. Anhauchen oder sanftes Berühren kann in jeder Phase die Bereitschaft zum Ausführen der Katalepsie herabsetzen. Das Tier bewegt sich dann sofort wieder normal.

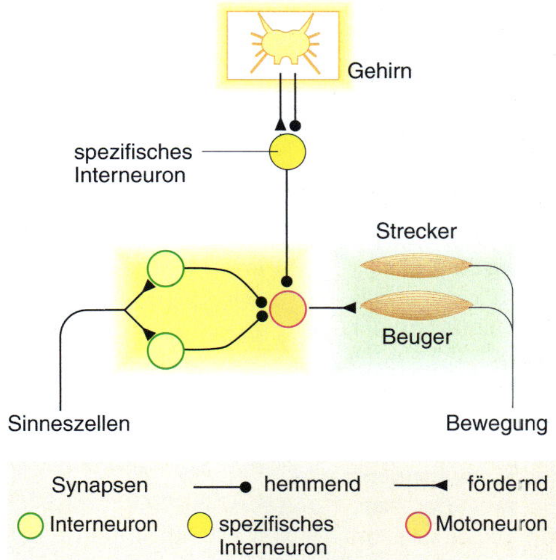

1 Neuronale Verschaltung in der Heuschrecke

Aufgaben

① Erläutern Sie die Messergebnisse der wiederholten Reizung von Aplysia (Abbildung 284.1).

② Vergleichen Sie Abbildung 1 mit der Reflexbogendarstellung (Abbildung 235.1).

③ Bewegt man den Kopf, nimmt man die Umwelt dennoch als feststehend wahr. Verschiebt man den Augapfel durch leichten Druck mit dem Finger, scheint sich die Umwelt zu bewegen. Vergleichen Sie die beiden Vorgänge und erläutern Sie die Unterschiede.

④ Geht man mit einem Einkaufskorb im Arm über den Markt, wird jede Gewichtsveränderung „automatisch" ausgeglichen. Erklären Sie.

Zettelkasten

Laufen mit sechs Beinen

Stabheuschrecken besitzen insgesamt nur ein paar tausend Nervenzellen. Trotzdem gelingt ihnen die Koordination der 6 Beine und 18 Gelenke sowohl aufrecht laufend wie auch in jeder Körperhaltung an Zweigen hängend.

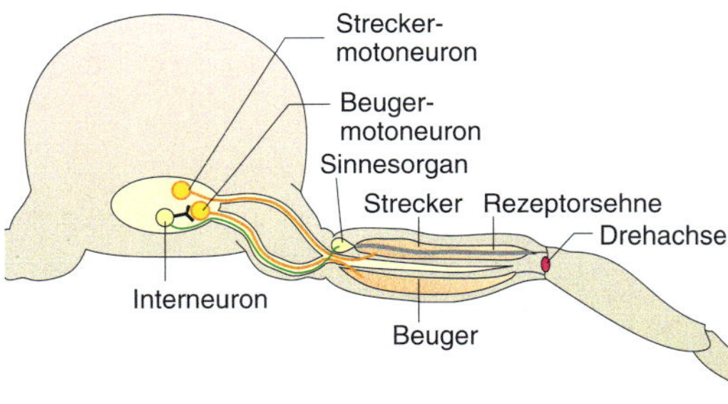

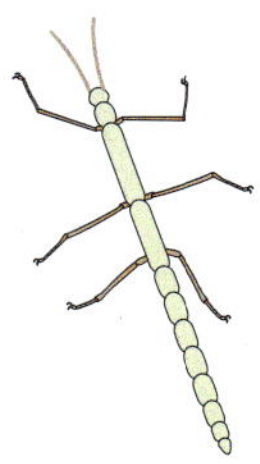

Im einfachsten Fall laufen sie wie alle Insekten: Drei Beine befinden sich in der Luft und schwingen nach vorn, während die drei anderen fest auf dem Untergrund stehen, den Körper tragen und nach vorne stemmen. Jeder Schrittzyklus erfordert die Kontrolle mehrerer antagonistischer Muskeln, die über Strecker- und Beuger-Neurone angesteuert werden.

Beim stehenden Tier bleibt die Körperhaltung auch beim Antippen am Bein durch den Widerstandsreflex unverändert: In den Beingliedern gelegene Sinneszellen werden durch Dehnung erregt. Daraufhin feuern die Motoneurone des Streckers und wirken einer Beugung entgegen.

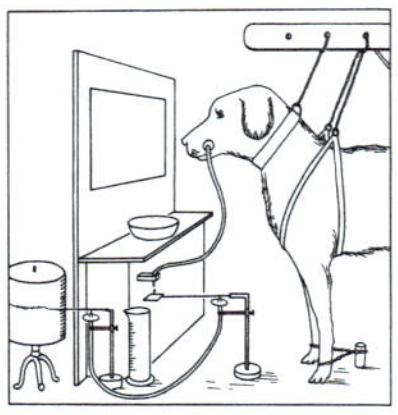

bedingter Reflex
Er wird durch einen Reiz ausgelöst, der erst durch Erfahrung mit der Reflexhandlung verknüpft wurde.

bedingte Appetenz
Ein bedingter Reiz wird mit einer bestehenden Handlung verknüpft.

bedingte Aversion
Durch schlechte Erfahrung (Bestrafung) wird ein neutraler oder vorher positiv wirkender Reiz mit Abwehr und Flucht verbunden.

bedingte Aktion
durch Lernen gebildete Assoziation zwischen einem Verhaltenselement und einem aktivierten Antrieb

bedingte Hemmung
durch negative Erfahrung bei der Ausführung eines Verhaltens entstandene Hemmung eben dieses Verhaltens

Konditionierung — das Tier als Automat?

Klassische Konditionierung

Das Absondern von Speichel beim Anblick von Futter (der *unbedingte Reflex*) ist beim Hund eine genetisch festgelegte Reaktion. Nach einem definierten Reiz erfolgt sie in immer gleicher Weise. Tritt ein zuvor neutraler Reiz (Glockenton) hinreichend oft zusammen mit dem Futter auf, wird der Ton zum bedingten Reiz, der schließlich allein den Speichelfluss auslöst. Dieser *bedingte Reflex* kann wieder gelöscht werden, wenn man dem Hund mehrfach hintereinander den Glockenton bietet, ohne Futter zu zeigen. Man spricht von *Extinktion* (Auslöschung) im Unterschied zum passiven Vergessen.

Ausgehend von diesen Versuchen des russischen Physiologen IWAN PETROWITSCH PAWLOW (1849 — 1936) entwickelte sich um 1900 das Konzept der *klassischen Konditionierung*, wonach alle Verhaltensweisen das Ergebnis bedingter Reflexe sein sollten.

In den Versuchen wurde die Speichelsekretion eines festgegurteten Hundes gemessen. Ein frei beweglicher Hund würde zur Glocke laufen, das angebotene Futter fressen und dabei Ton, Belohnung und seine Handlung assoziieren. Ähnlich lernen andere Tierarten bei der Futtersuche Blütenmerkmale und Düfte. Heute bezeichnet man daher den Lernprozess als *bedingte Appetenz*, da sich die Verhaltensänderung infolge positiver Erfahrung während einer ablaufenden Handlung entwickelt. Folgt auf eine zuvor neutrale Situation eine schlechte Erfahrung (z. B. Bestrafung), wird diese Situation anschließend gemieden.

Operante Konditionierung

Im Gegensatz zu den europäischen Verhaltensforschern betrachteten die amerikanischen Behavioristen das Tier als Black-Box. Sie behaupteten, man könne nur Reize und Reaktionen messen und Verhalten baue sich fast ausschließlich auf erlernten Reaktionen auf. Zu den Behavioristen gehören EDWARD L. THORNDIKE (1874 — 1949) und BURRHUS F. SKINNER (1904 — 1990). Beide untersuchten Lernverhalten mit standardisierten Versuchsanordnungen, in denen Tiere beim Ausführen „richtiger" Handlungen Belohnungen in Form von Futter erhielten: In THORNDIKES Problem-Box musste eine Katze ein Hebelsystem bedienen, damit sich die Tür des Käfigs öffnete und das Tier eine außerhalb liegende Belohnung erreichen konnte. In der Skinner-Box lernten Ratten und Tauben, einen Hebel zu bedienen bzw. gegen eine Scheibe zu picken, um Futter zu erhalten.

Heute bezeichnet man dieses Verhalten als *bedingte Aktion*. Das hungrige Tier zeigt ein Erkundungsverhalten, betätigt zufällig den Futterspender und erfährt somit eine positive Rückmeldung. Es führt die Handlung immer wieder und immer besser aus, falls es hungrig ist. Wird auf vergleichbare Weise durch Bestrafung das Unterlassen einer Handlung gelernt, spricht man von *bedingter Hemmung*.

Aufgabe

① Erläutern Sie die Unterschiede zwischen bedingtem Reflex und operanter Konditionierung.

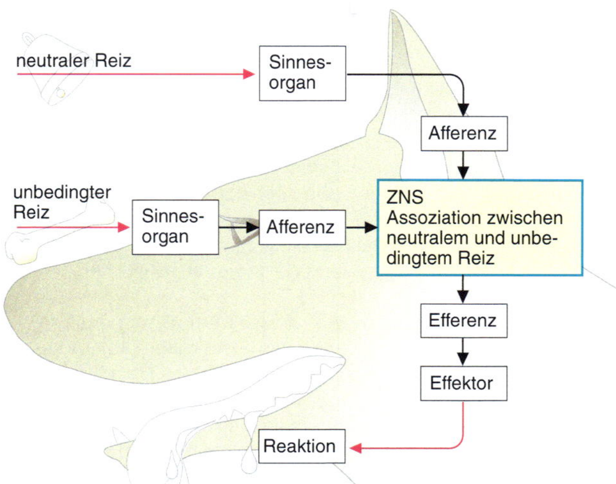

1 Funktionsdiagramm zur klassischen Konditionierung

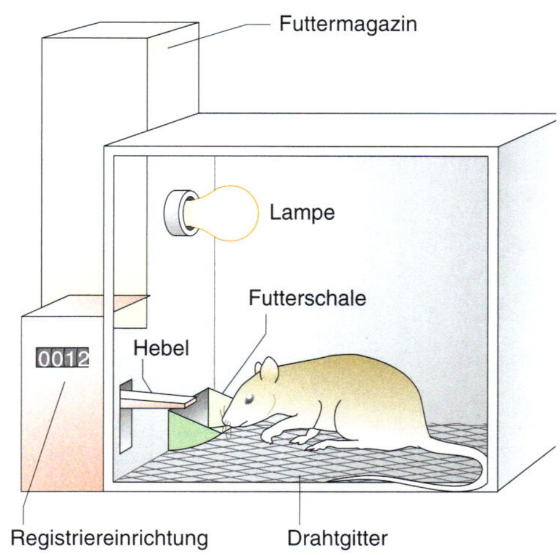

2 Ratte in Skinnerbox

Modelle und Modellkritik

Modelle sind dem wissenschaftlichen Verständnis dienende, meist vereinfachende Darstellungen von Strukturen, Prozessen oder Mechanismen, die sie veranschaulichen und vergleichbar machen. Solche Verständnishilfen entwickeln sich meist aus Analogien, d. h. man zieht Schlüsse aus einander entsprechenden Fällen.

Funktionsschaltbilder

Bernhard Hassenstein wandte in den 70er-Jahren die Symbole der Regeltechnik auf Beispiele aus der Verhaltensbiologie an. Für das Instinktverhalten und verschiedene Lernformen entwickelte er so genannte *Funktionsschaltbilder,* welche die vermutlich beteiligten Instanzen in Beziehung setzen und die Situation während des Lernens darstellen sollten.

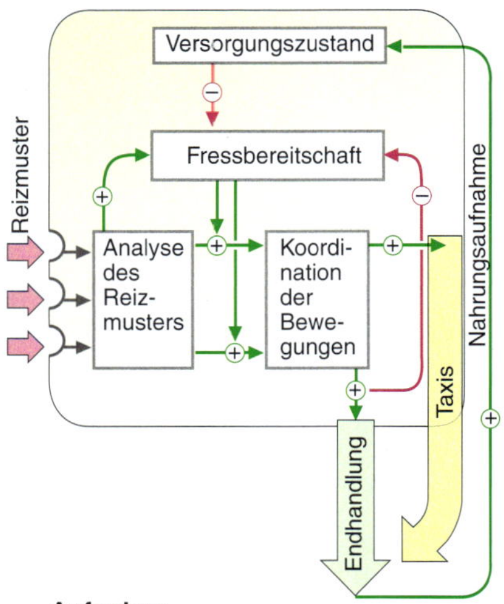

Aufgaben

① Beschreiben Sie das Modell zur Nahrungsaufnahme und wenden Sie es auf das Beutefangverhalten der Erdkröte an (s. Seite 274).

② Begründen Sie, warum das Modell das Beutefangverhalten nur unvollständig beschreiben kann.

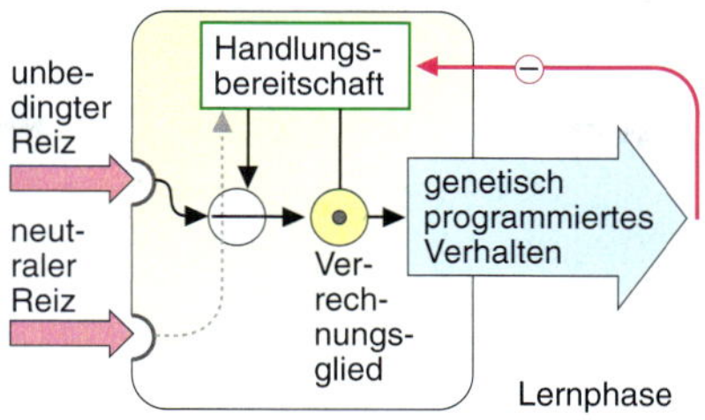

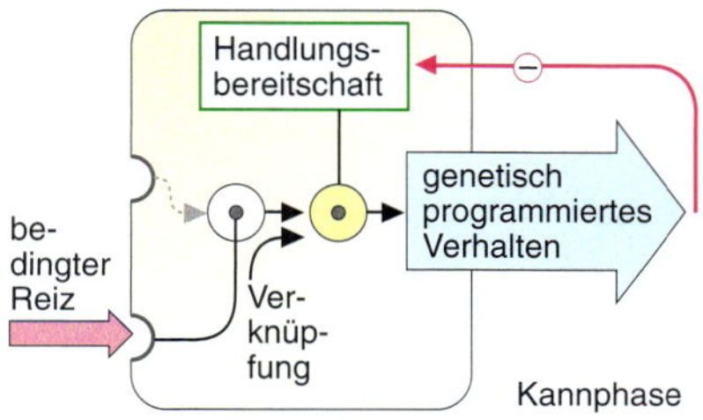

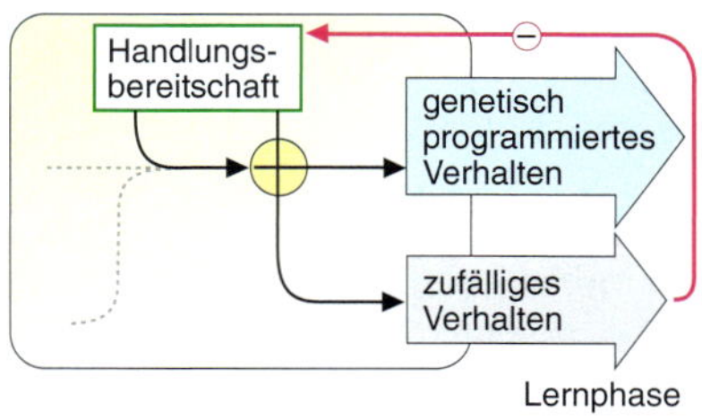

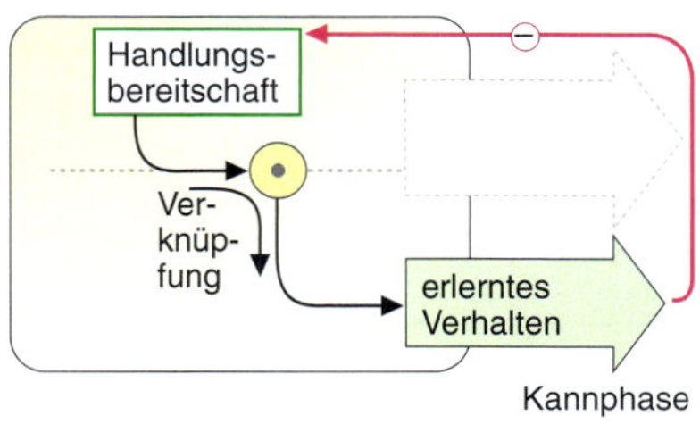

Aufgaben

③ Erläutern Sie die Funktionsschaltbilder zum Lernen.

④ Wie unterscheiden sich die beiden Lernvorgänge, auf die sich die Funktionsschaltbilder beziehen?

⑤ Finden Sie Beispiele, in denen sich diese einfachen Lernvorgänge einzeln oder kombiniert wieder finden.

⑥ Beurteilen Sie die Übertragbarkeit der vorliegenden Modelle auf beobachtbares Verhalten.

⑦ Kraken *(Octopus)* können darauf dressiert werden, aus ihrer Höhle heraus eine weiße Scheibe anzuschwimmen oder sie zu meiden. Ersteres tritt dann auf, wenn die Tiere in der Lernphase danach gefüttert wurden, letzteres wenn sie danach eine leichte Strafe erhielten. Analysieren Sie dies mithilfe der Modelle.

Elektronisches Reflexmodell

Im Organismus sind Reflexe elementare motorische Aktionseinheiten und bestehen im einfachsten Fall aus einer direkten Verbindung zwischen einem präsynaptischen sensorischen Neuron und einem postsynaptischen motorischen Neuron. Insbesondere bei den Wirbeltieren ist diese Verknüpfung in komplexe Verschaltungen von Nervenzellen eingefügt, deren Zusammenarbeit bei Lernvorgängen auch mit elektrophysiologischen Methoden im Organismus schwer zu durchschauen ist. Ein frühes Modell zur vereinfachten Darstellung des bedingten Reflexes kann mit den Bauelementen eines Elektronik-Baukastens aufgebaut werden:

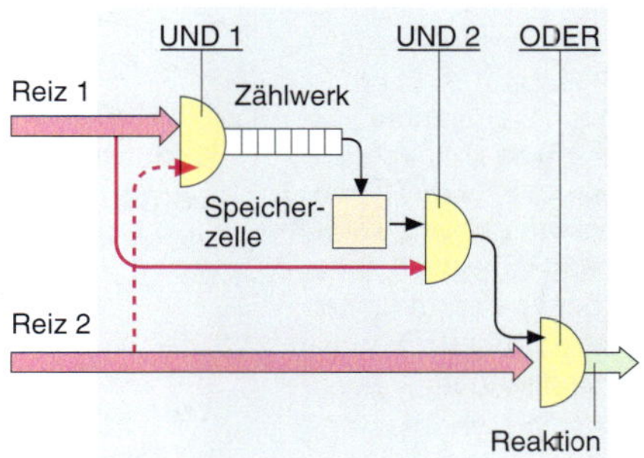

Erläuterungen zu den Bauelementen:
- *Zählwerk:* Wird durch jeden ankommenden Impuls weiter aufgefüllt und schließt nach einer bestimmten Anzahl den Kontakt.
- *Speicherzelle:* Wenn sie aktiviert ist, gibt sie einen Dauerimpuls ab.
- *Und-Schaltung:* Schaltet nur dann weiter, wenn beide Eingänge besetzt sind.
- *Oder-Schaltung:* Schaltet dann weiter, wenn der eine oder der andere Eingang (oder beide) besetzt ist.

Aufgaben

⑧ Welche Wege werden in dem Modell vor dem Lernen, in der Lernphase und danach beschritten?

⑨ Wozu kann ein solches Modell dienen und welche natürlichen Zusammenhänge verdeutlicht es nicht?

⑩ Kritiker der klassischen Konditionierung gehen davon aus, dass die Tiere in solchen Versuchssituationen nicht automatenhaft reagieren, sondern etwas über die Beziehungen von Ereignissen lernen und angemessen darauf reagieren.
Wird dieser Ansatz im Modell berücksichtigt? Begründen Sie Ihre Meinung auch unter Bezug auf die Pawlow-Versuche.

Lernen und Reifung

Blaumeise

Lernen
Lernen ist das Speichern der aus der Umwelt individuell erworbenen Informationen in abrufbarer Form im Gedächtnis.

Viele genetisch bedingte Verhaltenselemente werden im Verlauf der Individualentwicklung vielfältig verändert und ergänzt. Dieses Zusammenwirken von genetischem und erfahrungsbedingtem Verhalten bezeichnete KONRAD LORENZ als *Instinkt-Dressur-Verschränkung*. Der Begriff wird wegen seiner Unschärfe heute kaum mehr verwendet.

Lernen

Vogelkundler in England beobachteten 1921 erstmals Blaumeisen, wie sie die Verschlüsse von Milchflaschen aufpickten und von der Rahmschicht nippten. Offensichtlich hatte eine Meise zufällig einen Verschluss geöffnet — auf eine Weise wie Blaumeisen auch bei der Beutesuche Rinde anheben. Da sie Nahrung fand, wiederholte sie dieses Aufpicken an den glänzenden Folien. Durch das Lernen wird eine sinnvolle Anpassung des individuellen Verhaltens an die speziellen Umweltgegebenheiten ermöglicht.

Lernvorgänge verlaufen in zwei Phasen: Ein Lebewesen nimmt in einer Reizsituation Informationen auf und speichert sie im Gedächtnis *(Lernphase)*. In ähnlichen Situationen wird die gespeicherte Information abgerufen und bewirkt — bedingt durch die Erfahrung — ein geändertes Verhalten *(Kannphase)*. Die Rahmschicht aus einer Milchflasche zu holen, ist für die einzelne Meise vorteilhaft, jedoch nicht lebensnotwendig. Es handelt sich um *fakultatives Lernen.*

Jedes Eichhörnchen muss die geeignete Sprengtechnik für Nüsse notwendigerweise erlernen (s. Kasten). Nur so können sie im Winter von dem zuvor versteckten Futter leben. In diesem Fall ist Lernen lebensnotwendig. Man nennt es *obligatorisches Lernen.*

Nicht alle Tiere einer Art lernen gleich gut. Bei Honigbienen konnte man feststellen, dass die Arbeiterinnen der Krainer Rasse optische Markierungen an Futterplätzen leichter lernen als die Bienen der italienischen Rasse. Hier liegen unterschiedliche *Lerndispositionen*, d. h. genetisch determinierte Lernfähigkeiten, zugrunde. Die Bienen der Krainer Rasse leben in einem Gebiet mit unbeständiger Witterung und benötigen daher häufig Geländemerkmale als zusätzliche Orientierungshilfe neben der Orientierung mithilfe des Sonnenkompasses. Die Bienen der italienischen Rasse fliegen nur unter günstigen Witterungsbedingungen aus, sodass die Orientierung nach dem Sonnenstand ausreicht. Im Unterschied zur individuellen Anpassung des Verhaltens durch Lernen ist die unterschiedliche Lerndisposition der Arten über viele Generationen in der Evolution entstanden.

Zettelkasten

Abwandlung genetisch bedingter Reaktionen durch Lernen

Gibt man einem zwei Monate alten unerfahrenen Eichhörnchen *(Kaspar-Hauser-Tier)* zum ersten Mal eine Haselnuss, so benagt es diese sofort nach allen Richtungen. Erst später versucht es, die Nuss mit den Nagezähnen aufzuhebeln. Nussgroße Ton- und Holzkügelchen werden ebenfalls von allen Seiten benagt. Die Abbildung zeigt eine so benagte Nuss von der Basis (a) bzw. von der Spitze (b) her gesehen.

Für das Aufbrechen der ersten Nüsse benötigt ein Eichhörnchen viel Zeit. Die Nagespuren, die zu Beginn wahllos über die gesamte Nuss verteilt sind, werden erst allmählich, etwa nach der 12. Nuss (c), parallel zur Faserung der Nuss ausgerichtet, wodurch sich auch die Zeit bis zur Nahrungsaufnahme verkürzt. Erfahrene Eichhörnchen nagen sofort ein bis zwei Längsfurchen oder ein Loch an der Spitze oder der Basis der Nuss auf, ehe sie die Nuss mit ihren Nagezähnen aufhebeln oder aufbrechen. Je nach der Art der angewendeten Bewegungen lassen sich bei erfahrenen Eichhörnchen drei Techniken unterscheiden: Die Spreng-, die Lochnage- und die Lochsprengtechnik (d, e, f).

Jedes Eichhörnchen verfügt also über die genetisch bedingte Fähigkeit, nussgroße Gegenstände zu benagen und erlernt ergänzend seine eigene Öffnungstechnik.

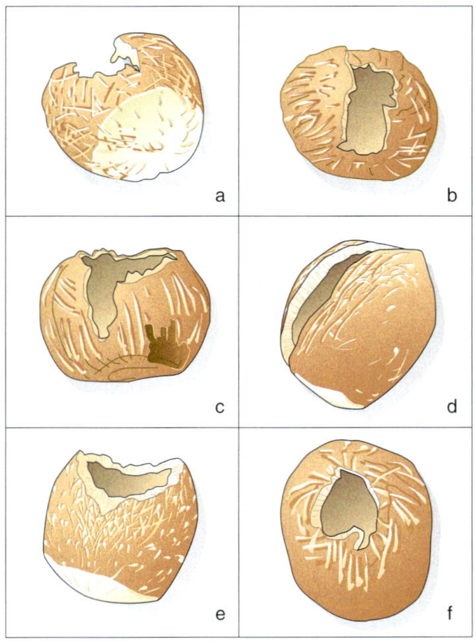

Vogelscheuche

Reifung
Entstehen einer Verhaltensweise auf genetischer Grundlage ohne die Notwendigkeit individueller Erfahrungen (Entwicklungsprozess)

Gewöhnung
im Gegensatz zur Habituation (s. Seite 284) nicht nur auf unbedingte Reflexe bezogene, einfachste Form des Lernens

Sensitivierung
einfache Form des Lernens, bei der nach intensiver Reizung die Antwort auf nachfolgende, auch unterschwellige Reize verstärkt wird

Reifung

Die Vervollkommnung von Verhaltensweisen ist nicht immer nur auf Lernen zurückzuführen. Ein Beispiel liefert das Flugvermögen junger Tauben: Frisch geschlüpfte Tiere wurden in zwei Gruppen unterteilt. In der Versuchsgruppe waren die Flügel am Körper fixiert und konnten nicht bewegt werden, in der Kontrollgruppe entwickelten sich die Tauben normal. Waren die Kontrolltiere flügge, überprüfte man auch das Flugvermögen der Versuchstiere. Sie konnten ebenfalls fliegen. Eine solche Entwicklung von Verhaltensweisen bezeichnet man als *Reifung*. Ein Verhalten wird dabei als Resultat von Entwicklungsprozessen im Zentralnervensystem und im Bewegungsapparat zur vollen Funktionstüchtigkeit ausgebildet.

Gewöhnung

Bei Vögeln lässt sich beobachten, dass eine neu aufgestellte Vogelscheuche zunächst Fluchtverhalten auslöst. Bald jedoch nimmt die Reaktion auf den immer gleich bleibenden Reiz ab und bleibt schließlich völlig aus. Ein anderer Reiz, z. B. ein lauter Knall, vermag dann aber wieder das Fluchtverhalten mit der ursprünglichen Intensität auszulösen. Die beobachtete Abnahme der Reaktionsintensität lässt sich also nicht mit einer Ermüdung der zur Reaktion benötigten Muskeln erklären. Auch eine zu geringe Handlungsbereitschaft für Fluchtverhalten ist ausgeschlossen. Da die Vogelscheuche keine positiven oder negativen Folgen hat, lernt das Tier, sein Antwortverhalten im Verlauf häufiger Begegnungen anzupassen.

Eine derartige Abnahme der Reaktionsintensität auf einen immer wiederkehrenden Reiz hin nennt man *Gewöhnung*. Sie ist reizspezifisch. Durch Versuche lässt sich eine Adaptation der Sinnesorgane ausschließen. Durch die Gewöhnung, die einige Zeit nach der letzten Einwirkung eines Reizes wieder verschwindet, werden unnötige Reaktionen auf dauernd vorhandene Reize verhindert.

Sensitivierung

Als *Sensitivierung* bezeichnet man eine allgemeine Erhöhung der Reaktionsbereitschaft. Werden z. B. die Zuckerrezeptoren an den Beinen einer Fliege mit hochkonzentrierter Zuckerlösung als chemischem Signal gereizt, so erhöht sich für einige Minuten die Bereitschaft, den Rüssel auszustrecken. Als auslösende Reize reichen dann verdünnte Zucker- oder Salzlösungen. Generell erhöhen starke Reize, wie mechanische Stöße, Vibrationen, Lichtblitze oder chemische Signale die Bereitschaft, auch auf eine Vielzahl anderer Reize verstärkt und länger andauernd zu reagieren.

Spielverhalten

In Anlehnung an das Verhalten von Kindern wird als Spielen bei Tieren ein Verhalten bezeichnet, das keinen erkennbaren äußeren Zweck hat, aber viele Bewegungen beinhaltet, die zielgerichtet erscheinen. Junge Katzen schleichen sich in typischer Körperhaltung an Artgenossen an und packen sie mit Bewegungen, die dem Fangen und Töten der Beute ähneln. Sie fügen ihren Artgenossen dabei zwar keine schmerzhaften Verletzungen zu, das Spiel ist aber trotzdem mit Risiken und Kosten (erhöhtem Energieaufwand) verbunden. Zwei Erklärungshypothesen orientieren sich an ultimaten Begründungen: Entsprechend der Übungshypothese ist Spielen eine besondere Art von Lernen. Das junge Tier kann so Verhaltensweisen „für später“ einüben und perfektionieren. Nach der Trainingshypothese spielen Tiere, wenn sie geschützt und versorgt sind, um Muskulatur und Herz-Kreislauf-System in Form zu halten.

Erkunden

Beim Erkunden werden an verschiedenen Objekten oder in unbekannten Lebensräumen Verhaltensmuster durchprobiert. Dabei lernen die Tiere ihre Umwelt kennen, ohne belohnt oder bestraft zu werden. Motivation und Belohnung liegen in der Durchführung des Verhaltens selbst. Dieses Neugierverhalten scheint nur dann aufzutreten, wenn die sozialen Beziehungen intakt und elementare Bedürfnisse erfüllt sind.

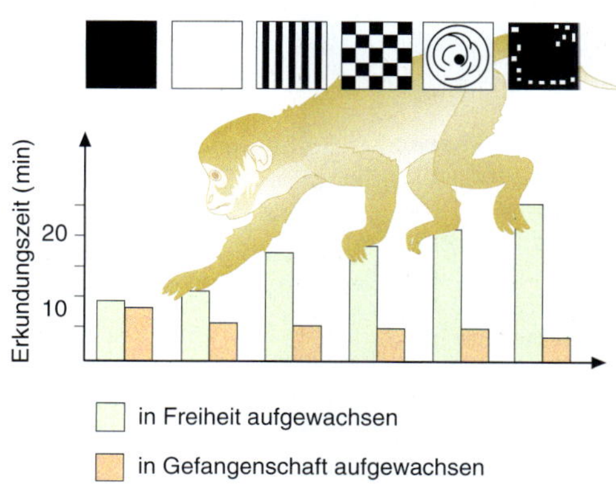

1 Erkundungszeit bei Rhesusaffen

Prägung

Isoliert aufgezogene Gänseküken, die nur Kontakt zu Menschen haben, verhalten sich sehr auffällig, wenn sie mit Gänsen zusammengebracht werden. Obwohl die Alttiere auf sie zugehen, laufen die Küken vor ihnen weg und zeigen durch Pfeiflaute an, dass sie sich verlassen fühlen. Die Küken folgen aber jedem Menschen, der sich in ihrer Nähe aufhält. Hühner, Enten und einige weitere Vögel sowie wenige Fisch- und Säugetierarten verhalten sich ähnlich.

Prägungskarussell

Diese *Nachfolgereaktion* wurde bereits 1875 von Douglas Spalding als Prägung bezeichnet und später von Oskar Heinroth, Eckhard H. Hess und insbesondere Konrad Lorenz näher untersucht. Im Brutschrank aufgezogene Tiere kamen in eine Laufbahn, in der eine mit einem Lautsprecher bestückte Attrappe im Kreis bewegt wurde. Diese glich einer Gans oder Ente, konnte aber auch ein Fußball sein. Bereits am zweiten Lebenstag folgte jedes Küken der Attrappe, die es am ersten Tag gesehen hatte. Die Küken lernten das individuelle Muster jedoch nur in einer bestimmten Zeit nach der Geburt und bevorzugten ihr Prägungsobjekt im Wahlversuch.

Die Kennzeichen der Nachfolgeprägung sind demnach: Der Lernvorgang findet sehr rasch und nur in einer *sensiblen Phase* statt, ist weitgehend *irreversibel* und sehr effektiv. Die Verhaltensweise ist genetisch programmiert und gehört zum *obligatorischen Lernen.* In der Natur ist die sichere Kenntnis der Mutter die Voraussetzung, um ihr auf einem Gewässer mit vielen anderen Artgenossen nachfolgen zu können. Dies ist für die Küken lebenswichtig, da die Nestflüchter von der Mutter zum Futter geführt und gegen Feinde verteidigt werden. Evolutionsbiologisch gilt die Prägung auch als Mittel zur Identifizierung verwandter Artgenossen. Jedes Individuum kann dadurch sein Verhalten gegenüber anderen entsprechend dem Verwandtschaftsgrad anpassen.

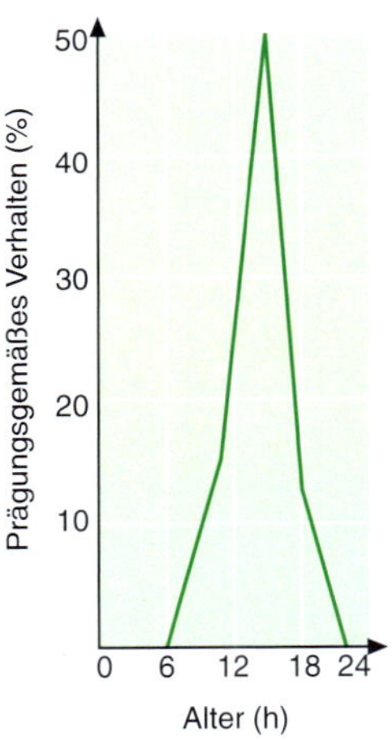

Sensible Phase

Sensible Phase
Zeit, in der ein Tier für bestimmte Erfahrungen besonders empfindlich ist bzw. bestimmte Erfahrungen machen muss

Untersuchungen an den beteiligten Gehirnstrukturen belegen, dass Prägung meist eine spezifische neuronale Grundlage hat. Bei Hühnerküken geht sie mit mikroskopisch und stoffwechselphysiologisch nachweisbaren Veränderungen von Synapsen in einer bestimmten Region einher.

Bei der geschilderten *Objektprägung* wird ein auslösendes Reizmuster gelernt, in der *Gesangsprägung* bei Vögeln jedoch nicht. Buchfinkenmännchen wurden isoliert und akustisch abgeschirmt aufgezogen. Spielt man ihnen Gesänge verschiedener Arten vor, bevor sie ihren eigenen Gesang voll entwickelt haben, so wird später ihr Gesang durch diese Erfahrung bestimmt.

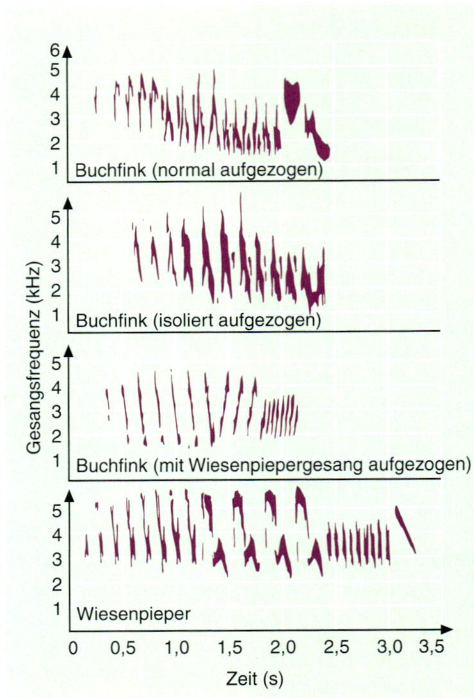

1 Gesangsprägung

Lässt man Zebrafinken (Nestlinge) durch Mövchen aufziehen, so balzt ein erwachsenes Finkenmännchen im Wahlversuch stets Weibchen der Pflegeeltern an. Die *sexuelle Prägung* erfolgt zu einer Zeit, in der die Finken noch nicht fortpflanzungsfähig sind. Dies macht deutlich, dass der Lernprozess und die darauf bezogene Handlung bei der Prägung zeitlich weit auseinander liegen können.

Ähnliches gilt für weitere Prägungsarten wie die *Ortsprägung* (z. B. bei Lachsen), die *Biotopprägung* einiger Singvögel, die *Nahrungsprägung* oder die *Prägung bei Brutparasiten* (z. B. Kuckuck).

Aufgabe

① Analysieren Sie die Experimente zur Gesangsprägung und vergleichen Sie diese mit anderen Prägungsarten.

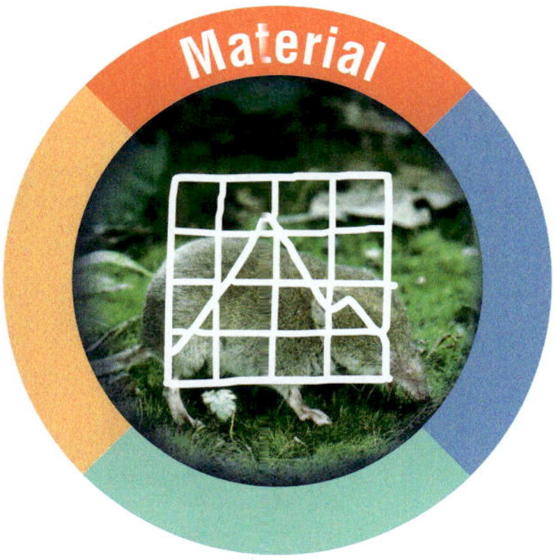

Karawanenbildung bei Spitzmäusen

Hanna Maria Zippelius beschreibt, dass junge Haus- und Feldspitzmäuse, wenn sie aus dem Nest geraten sind oder der Unterschlupf gewechselt werden muss, durch die Mutter zur Karawanenbildung angeregt werden. Die Mutter fordert ihre wimmernden Jungen, je nach Situation mit abgestufter Intensität, zur Karawanenbildung auf. Dazu beißt sie ein Junges in das Nackenfell und hebt es kurzzeitig an (s. Abb.).

Die Jungen beißen sich entweder am Fell der Mutter in der Nähe der Schwanzwurzel oder an dem des letzten Karawanenmitglieds, also eines Geschwisters, fest. Mit der Karawane von Jungen, die ihr folgen, macht sich die Mutter dann auf den Weg (s. Abb. rechts).

Attrappen- und Austauschversuche

Dass der Bildung einer solchen Karawane eine Verständigung der beteiligten Tiere zugrunde liegt, setzte man voraus. Wissen wollte man aber, ob das zur Karawanenbildung erforderliche Verhalten der Jungen genetisch festgelegt oder erfahrungsbedingt ist. Die folgenden Beobachtungen geben näheren Aufschluss:

- Lässt man eine junge Spitzmaus isoliert von den Artgenossen durch eine artfremde Amme, die die Karawanenbildung nicht initiiert, aufziehen, beißt sie sich ab dem 6. Lebenstag im Fell der Amme oder eines Nestgeschwisters fest.
- Fordert man sie in diesem Alter zum Zubeißen und Mitlaufen auf, so folgt sie auch einer Attrappe (z. B. Bälge von Waldspitz- oder Hausmäusen, von Gartenschläfern oder Wildlederlappen (s. Abb. unten), aber auch gerade getötete Haus- oder Spitzmäuse).
- Lässt man eine 8 – 14 Tage alte Hausspitzmaus, die auf nicht artgemäße Attrappen auch nach der stärksten Aufforderung nicht mehr reagiert, kurz an einer lebenden Hausspitzmaus riechen, so zeigt sie das bekannte Wimmern und beißt anschließend bei jeder ihr gebotenen Attrappe zu.
- Bietet man in dieser Zeit eine durch ätherische Öle geruchlich veränderte Hausspitzmaus, wird diese nicht als solche erkannt und ist als Objekt für das Zubeißen unwirksam.
- Zwischen dem 8. und 14. Lebenstag wendet sich die Hausspitzmaus spontan von jeder nicht artgemäßen Attrappe ab, akzeptiert diese jedoch nach vorheriger Darbietung des arteigenen Geruches.
- Vom 15. Lebenstag an beißt eine Spitzmaus nur noch bei der Mutter oder bei Geschwistern zu, fremde Attrappen werden angedroht.
- Gibt man ein Tier von 4 – 5 Tagen zu einer Amme, z. B. zu einer Hausmaus, zeigt die junge Spitzmaus vom 6. Tag an die Verhaltensweise des Verbeißens nach Aufforderung, auch bei verschiedenen Attrappen. Vom 10. Tag an erfolgt diese Reaktion zwar gegenüber einer getöteten Hausmaus, jedoch nicht gegenüber der Spitzmausmutter.
- Ab dem 15. Tag beißt die Jungspitzmaus nur noch bei der Amme oder den Stiefgeschwistern zu, weder bei anderen Hausmäusen noch bei der Mutter oder den Geschwistern.
- Setzt man eine junge Spitzmaus, die von einer Hausmaus-Amme aufgezogen wurde, am 15. Lebenstag zur Mutter zurück, wird sie wieder gesäugt. Das Jungtier reagiert aber auf deren Aufforderungen nicht mehr, verbeißt sich jedoch sofort in das Fell der Amme, wenn sie in deren Nest zurückkommt. Bis zum 21. Tag, mit dem das Verbeißen und Mitlaufen auch normalerweise erlischt, ändert sich daran nichts mehr.

Aufgaben

① Beschreiben Sie, wie sich die Reaktion herangewachsener Spitzmäuse bei Aufforderungen zur Karawanenbildung entwickelt.

② Leiten Sie aus den Versuchen ab, inwieweit man bei der Karawanenbildung der Spitzmäuse von Lernen durch Prägung sprechen kann.

③ Erläutern Sie die biologische Bedeutung der dargestellten Verhaltensweise.

1 Orang-Utan im Kastenexperiment

2 Waschender Rotgesichtsmakake

Komplexes Lernen

Früher nahm man an, dass komplexere Lernleistungen dem Menschen vorbehalten sind. Inzwischen kennt man aber eine Reihe von Beispielen für solche Leistungen bei Tieren.

Werkzeuggebrauch

Schimpanse stochert nach Termiten

Schimpansen wurden in der Natur dabei beobachtet, wie sie Termitenhügel mit den Fingern aufkratzen und dann einen festen Halm oder Stock, den sie in der Umgebung suchen und mit den Zähnen für den Gebrauch herrichten, so lange in das Loch halten, bis sich Termiten daran festgebissen haben. Sie ziehen dann das Werkzeug heraus und fressen die Termiten. Andere tauchen durchgekautes Laub wie einen Schwamm in wassergefüllte Astlöcher und trinken dann, indem sie die Flüssigkeit heraussaugen. Auffällig ist, dass die Tiere diese Techniken nur zeigen, wenn sich ihnen ein entsprechendes Problem stellt. Davon zu unterscheiden sind Fälle von Werkzeuggebrauch, bei denen eine genetisch bedingte Disposition besteht. So verwenden Spechtfinken Halme, um Insektenlarven unter der Baumrinde zu erreichen. Jungtiere nehmen solche Gegenstände selbst dann auf, wenn die Larven frei zugänglich sind.

Lernen durch Einsicht

Wolfgang Köhler beschrieb 1917 ein Experiment mit Schimpansen, die sich in einem Raum befanden, an dessen Decke für sie unerreichbar eine Banane hing. Im Raum stand eine seitlich offene Holzkiste. Zuerst versuchten die Tiere, das Ziel im Sprung vom Boden aus zu erreichen. Ein Schimpanse gab das bald auf, ging unruhig umher, blieb plötzlich vor der Kiste stehen, ergriff sie, kantete sie hastig in gerader Linie auf das Ziel zu, stieg hinauf, als sie noch etwa $^1/_2$ m entfernt war, und riss im Sprung die Banane herunter. Der Vorgang dauerte nur wenige Sekunden. Das Tier hatte die neue Aufgabe bewältigt. Es schien dazu in Gedanken die Lösung des Problems durchgespielt zu haben, ehe es den Lösungsweg auf einmal ausführte. Dies wird als Lernen durch *Einsicht* oder als *neukombiniertes Verhalten* bezeichnet (Abb. 1). Wesentliches Kriterium ist dabei nicht die Komplexität des Problems, sondern dass die Lösung ohne entsprechende Vorerfahrungen und nicht durch Versuch und Irrtum gefunden wird. Als äußere Anzeichen gelten, dass Planungs- und Handlungsphase deutlich voneinander abgegrenzt und häufig durch eine Pause getrennt sind. Die Handlung erfolgt dann rasch und zielstrebig.

Nachahmung und Tradition

Rotgesichtsmakaken wurden auf einer japanischen Insel über längere Zeit beobachtet. 1953 sah man erstmals, wie ein Jungtier Bataten (Süßkartoffeln) in einem Fluss wusch und sie so von Sand befreite. Zuerst ahmten Gleichaltrige das Verhalten nach, später wuschen nahezu alle Tiere der Gruppe die Bataten vor dem Fressen. Auch Tiere der nachfolgenden Generationen zeigten dieses Verhalten (Abb. 2). Das *Lernen durch Nachahmung* führt zum Entstehen einer *Tradition*.

Weitere Lernformen

Handeln nach Plan

Um zu prüfen, ob Menschenaffen längere Handlungsketten mit Werkzeuggebrauch bewältigen können, wurde eine Abfolge von Kästen mit unterschiedlichen Schließmechanismen konstruiert, die jeweils den Öffner für den nachfolgenden Kasten enthielten. Welchen Öffner die Kästen enthielten und wo die Belohnung lag, konnte Julia, ein Orang-Weibchen, durch die Glasdeckel der Kisten erkennen. Die Handhabung der einzelnen Öffner wurde mit ihr trainiert. In einigen Fällen fand es sie durch Versuch und Irrtum selbst heraus. Bei den Versuchen wechselte die Stellung von Kästen, Öffnern und Belohnung. Julia musterte zunächst den Inhalt der Kisten eine Weile, ehe sie ohne Probieren die Kästen nacheinander öffnete und die Belohnung erreichte. Sie erkannte offenbar die kausalen Zusammenhänge zwischen Ursache und Wirkung. Dies ist ein Beispiel für *Handeln nach Plan*.

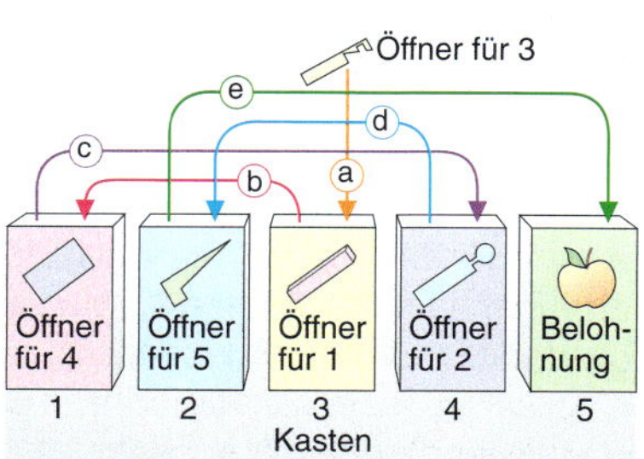

Abstraktion und Generalisieren

Um das Unterscheidungsvermögen von Ratten zu überprüfen, bot man ihnen in einem Experiment jeweils drei Klappen mit unterschiedlichen Streifenmustern an. Zwei Muster stimmten überein, das dritte wich ab. Hob die Ratte die Klappe mit dem abweichenden Muster an, wurde sie belohnt. Wiederholte man den Versuch mit anderen Mustern, aber entsprechender Wahlsituation, so entschied sich die Ratte überwiegend für das abweichende Muster, da dies verstärkt wurde.

Man deutet das Verhalten der Ratte so, dass sie nicht auf ein konkretes Reizmuster konditioniert ist, sondern auf das Merkmal „abweichend von den mehrfach vorhandenen Mustern“ *(Abstraktion)*. Sie wendet dieses Prinzip beim Wahlverhalten in weiteren Versuchen ebenfalls an *(Generalisation)*. Das gemeinsame Merkmal „abweichendes Muster“ wird in Form eines Bildes oder Schemas zu einem Begriff *(averbale Begriffsbildung)*.

Averbale und verbale Begriffe

OTTO KOEHLER bot einer Dohle mehrere Futterschüsselchen, die mit Deckeln verschlossen waren, und von denen jede eine unterschiedliche Anzahl von Punkten aufwies. Die Dohle lernte, den Deckel desjenigen Schälchens abzuheben, bei dem die Anzahl mit der Vorgabe der Anweisertafel übereinstimmte. Nur in diesem Schälchen wurde sie mit Futterkörnern belohnt. Die Dohle konnte bei bis zu 8 Punkten die Anzahl bildlich erfassen *(averbale Zahlbegriffe)*. Die verbale Begriffsbildung bleibt Menschen vorbehalten; sie können Begriffe in einem Denkvorgang bilden und in Worten (z. B. Zahlen) ausdrücken.

Abstrakte Wertbegriffe

Schimpansen und Rhesusaffen erhielten in Versuchen unterschiedlich gefärbte Spielmarken, wenn sie Aufgaben erfüllten. Diese konnten sie später eintauschen: Für blaue Marken erhielten sie Rosinen aus einem Futterautomaten, mit einem anderen Markentyp konnten sie die Gehegetür öffnen oder für einen dritten Markentyp mit dem Pfleger spielen. Die Tiere erfüllten Aufgaben und horteten Marken. Eine Schimpansin nutzte die Marke zum Türöffnen, beispielsweise um damit vor einem Kameramann zu flüchten. Dieses Beispiel zeigt, dass Primaten in der Lage sind, *abstrakte Wertbegriffe* zu bilden und situationsgerecht anzuwenden.

Selbsterkenntnis

Gibt man Schimpansen die Möglichkeit, sich in einem Spiegel zu sehen, so manipulieren sie an sich und entfernen Farbflecken, die man im Schlaf aufgetragen hatte. Die Schimpansen erkennen also das Spiegelbild als ihr Abbild. Das Verhalten zeigt, dass Menschenaffen über einen *averbalen Ich-Begriff* verfügen. Dies wirft die Frage auf, ob sie ein Bewusstsein im menschlichen Sinne haben.

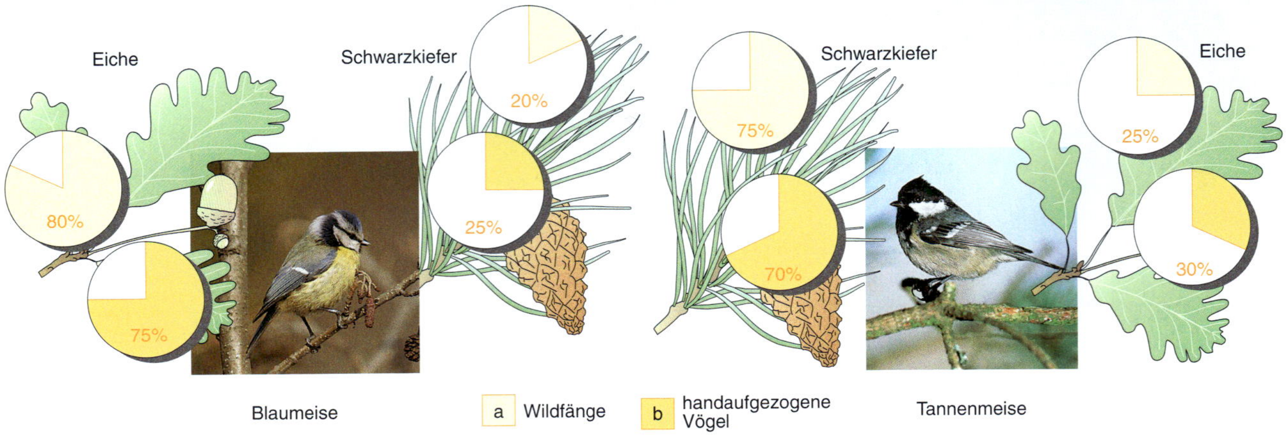

1 Versuche mit Blau- und Tannenmeisen

Habitatwahl und Reviere

Schaut man in Vogel-Bestimmungsbücher, findet man zu den einzelnen Vogelarten nicht nur Abbildungen, sondern verschiedene weitere Angaben. Dazu gehören auch solche zum Verbreitungsgebiet und dem typischen Lebensraum. So erhält man z. B. die Information, dass Blaumeisen vorwiegend in Mischwäldern vorkommen, während man Tannenmeisen hauptsächlich in Nadelwäldern findet.

Einige Wissenschaftler stellten sich die Frage, wie die Tiere entscheiden, in welchem Lebensraum sie sich aufhalten sollen *(Habitatwahl)*. Mögliche Hypothesen wären:

- Tiere könnten durch verschiedene Lebensräume ziehen und in dem bleiben, in dem sie am effektivsten Nahrung finden.
- Sie könnten später denjenigen Lebensraum bevorzugen, in dem sie groß geworden sind.
- Sie könnten genetisch bedingt den richtigen Lebensraum an bestimmten Merkmalen erkennen und bevorzugen.

Zur Klärung dieser Zusammenhänge bot eine Forscherin in großen Flugkäfigen Blau- bzw. Tannenmeisen eine gleichmäßige Mischung aus belaubten und benadelten Zweigen an (Wahlversuch) und maß mit einer Stoppuhr, wie lange sich die Tiere auf den unterschiedlichen Zweigtypen aufhielten. Sie führte den Versuch sowohl mit eingefangenen Wildtieren als auch mit handaufgezogenen Tieren durch. Es zeigte sich, dass beide Testgruppen der Blaumeisen belaubte Zweige bevor-

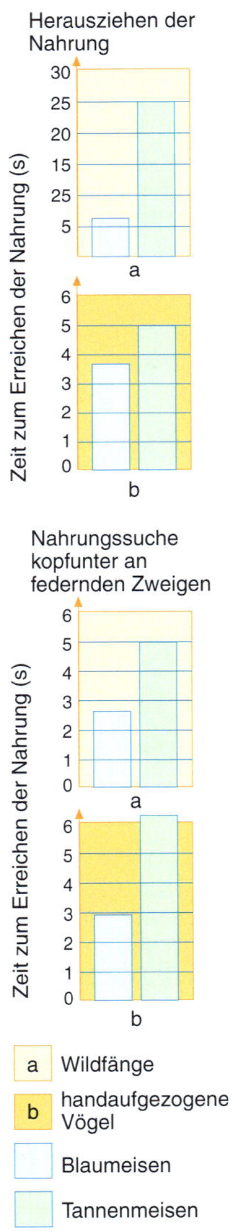

zugten, diejenigen der Tannenmeise jedoch Zweige von Nadelbäumen. Untersuchungen mit anderen Arten zeigten, dass diese Vorliebe durch frühe Erfahrung mit dem bevorzugten Material noch verstärkt werden kann.

Blaumeisen sieht man bei der Nahrungssuche oft von Blättern herunterhängen, an Blätterbüscheln zerren und reißen oder auch durch Blätter hindurchpicken. Derartige Techniken beobachtet man bei Tannenmeisen, die ihre Nahrung auf Nadeln und der Baumrinde suchen, selten. Wissenschaftler boten im Experiment Wildfängen und handaufgezogenen Blaumeisen und Tannenmeisen Futter zwischen Blättern versteckt an und maßen jeweils die Zeit, bis die Tiere es erbeutet hatten. In allen Fällen brauchten die Tannenmeisen mehr Zeit, um Beute zwischen Blättern zu finden und zu fangen (s. Abb. Mittelspalte). Dies zeigt, dass die Blaumeisen dasjenige Habitat bevorzugen, an das sie besser angepasst sind als die Tannenmeisen, diesen also hier überlegen sind. (→ 204/205)

Ob Tiere jedoch den von ihnen bevorzugten Lebensraum wirklich besiedeln können, hängt von verschiedenen Faktoren ab, wie z. B. vom Vorhandensein von Raubtieren und den schon vorhandenen Artgenossen.

Im zeitigen Frühjahr sieht man häufig Amseln, die wie von imaginären Kräften geleitet, mit gesträubten Federn und gesenktem Schwanz nebeneinander hüpfen, bis sie plötzlich flügelschlagend voreinander hochfliegen und sich gegenseitig angreifen. Trägt man die Orte dieser Kämpfe auf einer Karte ein, stellt man fest, dass jedes Tier einen bestimmten Raum verteidigt. Ähnliche Beobachtungen machten Vogelkundler schon vor vielen Jahren. Sie nannten diesen verteidigten Raum *Revier*. Da Revierverhalten bei zahlreichen Vogelarten beobachtet wurde, hielt man es für ein allgemeines biologisches Phänomen. Bei Säugetieren nennt man den verteidigten Raum *Territorium.*

Einige Tierarten sind zu manchen Zeiten überhaupt nicht bereit, ein Gebiet zu verteidigen. Sie nutzen dann große Gebiete friedlich gemeinsam und vertreiben Artgenossen nur aus bestimmten kleinen Kernräumen. Diese enthalten aber nicht alle lebensnotwendigen Ressourcen. Es gibt also neben den Territorien sich *überlappende Aktionsräume*, in denen Artgenossen friedlich koexistieren. Die Verteidigung von Landflächen wird von den Tieren oft nur zu bestimmten Zeiten durchgeführt. Man schließt daraus, dass der Grund für Territorialität nicht allgemeine Ressourcensicherung ist.

Heute weiß man, dass die Grundlage der Weibchenterritorialität hauptsächlich Nahrungskonkurrenz ist. Weibchen brauchen für die Jungenaufzucht, d. h. ihren Lebensfortpflanzungserfolg *(Fitness)*, optimale Futterbedingungen. Männchen dagegen können ihre Fitness durch Zugang zu mehreren Weibchen erhöhen. Ist die Konkurrenz um diese größer als um Futter, zeigen die Männchen ein besonders ausgeprägtes Territorialverhalten. Weibchen haben daher je nach den ökologischen Bedingungen größere oder kleinere Territorien als Männchen oder sind gar nicht territorial. Männchen verteidigen je nach der Verteilung der Weibchen meist größere Flächen. Aus der räumlichen und zeitlichen Überlagerung dieser Reviere ergeben sich komplizierte Muster (s. Mittelspalte).

Ob ein Individuum sich zu einem bestimmten Zeitpunkt territorial verhält oder nicht, hängt von mehreren Faktoren ab. Die Verteidigung der Territorien folgt gleichsam einer Kosten-Nutzen-Berechnung. Abbildung 2 zeigt die Berechnung der optimalen Reviergröße.

Bei einigen Tierarten kommen so genannte Floater vor, die sich im Revier von Artgenossen unauffällig verhalten und Auseinandersetzungen mit dem Revierbesitzer vermeiden. Meist sind dies Männchen, die dann das Territorium vom Vorgänger übernehmen, wenn dieser aus irgendeinem Grunde verschwindet. Bei Kohlmeisen entdeckte man sogar männliche und weibliche Floater, die sich zu Paaren zusammenfanden und versuchten, heimlich im Randgebiet eines fremden Reviers zu brüten, dies jedoch mit geringerem Bruterfolg.

Revierlose Tiere werden in der Regel in Gebiete mit noch schlechteren Ernährungsbedingungen und größerem Räuberdruck abgedrängt, wodurch sie häufiger Opfer von Räubern werden.

Paarreviere

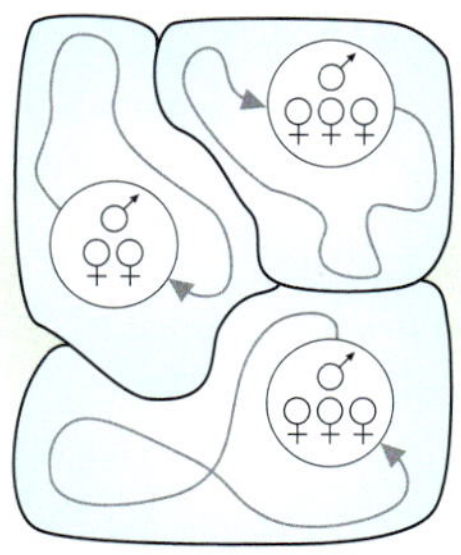
Haremterritorien

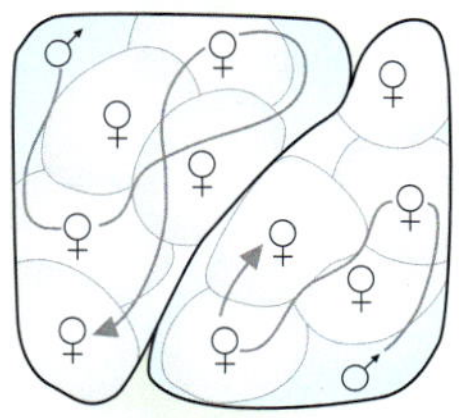
Unterterritorien

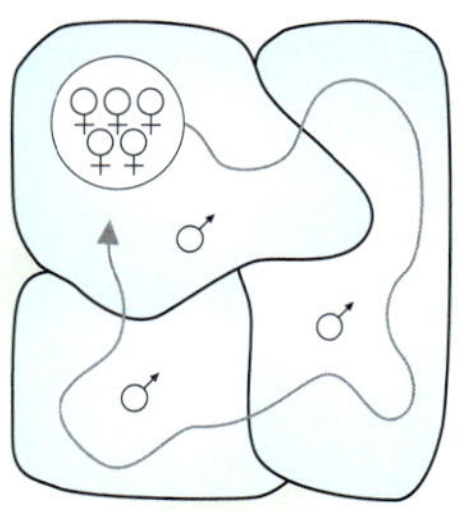
territoriale Felder der Männchen

1 Amselrevier

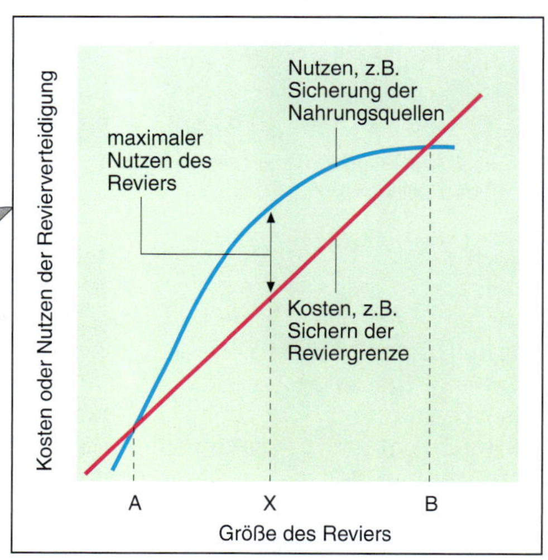

2 Bedingungen der Reviergröße

Optimale Ernährungsstrategien

Tiere verbrauchen für den Erhalt ihrer Körperfunktionen permanent Energie, die sie durch Nahrungsaufnahme nachliefern müssen. Diese setzt sich aus Nahrung Suchen, Zerlegen, Schlucken und Verdauen zusammen, was wiederum Energie und Zeit verbraucht. Nach der Theorie der optimalen Ernährungsstrategie sind Tiere so evolviert, dass sie unbewusste Kosten-Nutzen-Berechnungen anstellen, um den Energieertrag bei der Nahrungsaufnahme zu maximieren.

Als erstes stellt sich die Frage, welche Nahrung Tiere auswählen sollten. Die Biologen PETER JARMAN und DOROTHY BELL untersuchten die Nahrungsspektren von Paarhufern in der Serengeti und fanden einen Zusammenhang zwischen Körpergröße und Nahrungsqualität (Abb. 1).

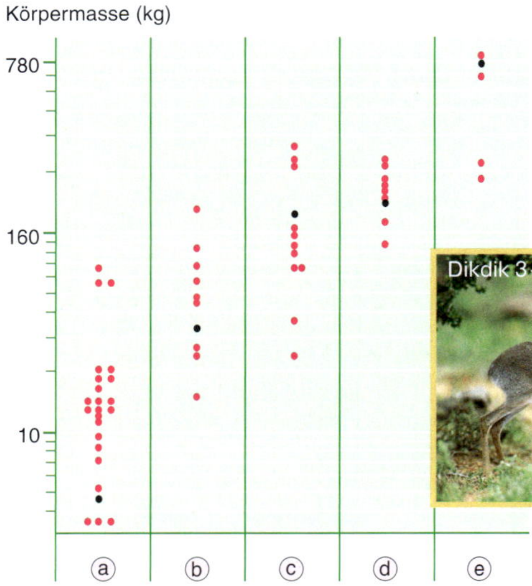

ⓐ Blüten, Zweigspitzen, Früchte, Samen, gelegentlich Fleisch

ⓑ einige Blätter und Grasarten, die sehr selektiv gefressen werden

ⓒ mehrere Strauch- und Grasarten, weniger selektiv

ⓓ viele Blatt- und Grasarten in bestimmten, jüngeren Entwicklungsstadien

ⓔ viele Blatt- und Grasarten, auch von schlechtem Ernährungswert

1 Nahrung afrikanischer Huftiere in Abhängigkeit von der Körpermasse

Kleinere, gleichwarme Tiere besitzen im Vergleich zum Körpervolumen eine relativ große Oberfläche, über die sie Energie in Form von Wärme abgeben. Größere Exemplare verlieren aufgrund der relativ kleinen Oberfläche entsprechend weniger Energie pro Gramm ihres Körpergewichtes und Zeit. Kleinere Individuen setzen demzufolge pro Zeiteinheit relativ mehr Energie frei als große Tiere. Abgegebene Energie muss über die aufgenommene Nahrung nachgeliefert werden. Das bedeutet, dass kleine Tiere mit einem kleinen Magen-Darm-Trakt relativ gesehen mehr Energie umsetzen müssen als die Großen; die Nahrung muss also schneller den Darm durchlaufen können und schnell verdaulich sein. Der Zusammenhang ist im Jarman-Bell-Prinzip zusammengefasst: Kleinere Tiere brauchen energiereiche, leicht verdaubare Nahrung.

Für Vögel und Säugetiere ist die Zerlegung von Zellulose, dem Hauptbestandteil pflanzlicher Zellwände, das größte Problem, da sie dafür keine abbauenden Enzyme besitzen. Die Zellwände liefern die nur durch symbiontische Einzeller langsam zerlegbaren Ballaststoffe. Zellen in Knospen oder jungen Blättern besitzen noch dünne Zellwände, sind also leichter zu verdauen, da sie relativ weniger Ballaststoffe enthalten. Das Gleiche gilt für Blüten, Früchte und erst recht für tierische Nahrung, da bei dieser die Zellwände fehlen. Verwertbarkeit und Qualität der Nahrung nehmen von alten Zellen über junge Zellen, Blattknospen, Blüten und Früchten bis hin zu tierischer Nahrung zu.

Größere Tiere können sich also von häufigen, schwer verdaubaren Pflanzenteilen ernähren, während kleinere Arten selektieren und bestimmte höherwertige Pflanzenteile heraussortieren. Dies ist neben den Huftieren auch für unterschiedliche Primatenarten belegt.

Aufgabe

① Fassen Sie den in der Abbildung dargestellten Sachverhalt zusammen und leiten Sie daraus ab, wie sich die Nahrung der einheimischen Rehe und Hirsche unterscheiden könnte.

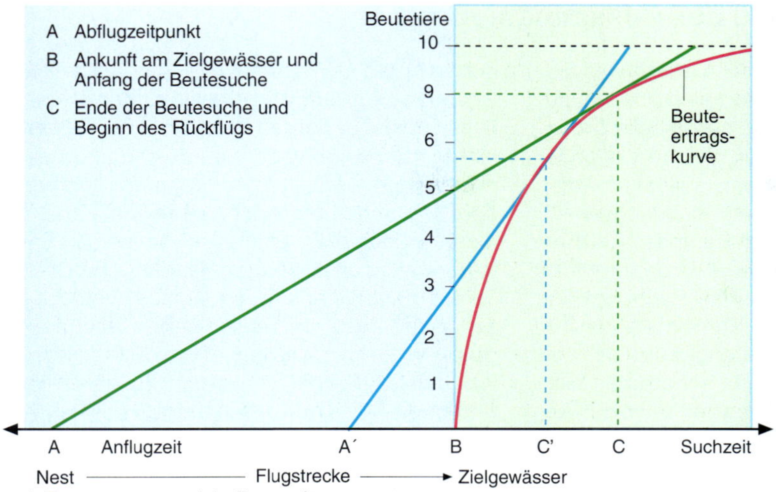

1 Beuteertrag und Anflugszeit

2 Papageitaucher mit Beute

Nahrungserwerb

Seevögel, wie die Papageitaucher, fangen ihre Nahrung — kleine Sandaale — in küstennahen Gewässern. Sie können bei einem Tauchgang mehrere Fische erbeuten, die sie mit der Zunge im Schnabel festhalten. Je mehr Fische sie schon haben, desto schwerer wird der Fang weiterer Beutetiere Dies verdeutlicht die Beuteertragskurve, die bei B beginnt, zunächst steil ansteigt und dann abflacht. Die Obergrenze liegt bei zehn Tieren. Wenn Papageitaucher Junge füttern, müssen sie zwischen Jungtieren und Nahrungsquellen hin- und herfliegen. Nestlinge verbrauchen am Tag ungefähr soviel Futter wie sie selber wiegen, d. h. die Belastung der Eltern wird immer größer. Ein einzelner Rundflug setzt sich aus Anflugzeit, Suchzeit und Rückflugzeit zusammen. In Abb. 1 ist der Beuteeintrag über der Suchzeit und die Anflugzeit zur Nahrung dargestellt. Bei A beginnt die Anflugzeit, bei B erreicht das Tier die Futtergründe und beginnt mit der Futtersuche. Ein Vogel trägt dann pro Zeiteinheit die maximale Futtermenge ein, wenn der Y-Wert (Beuteertrag) möglichst hoch und gleichzeitig der X-Wert (Zeitbedarf) möglichst klein ist. Dann ist die Gerade zwischen Zeitpunkt des Abfluges und der optimalen Nahrungsmenge besonders steil.

Bei gegebenem Startpunkt lässt sich dieser Punkt ermitteln, indem man vom Startpunkt eine Tangente an die Beuteertragskurve legt. Daraus folgt: Papageitaucher sollten von weiter entfernten Nahrungsgründen mehr Beutetiere mitbringen. Die Beobachtung bestätigt diese Prognose.

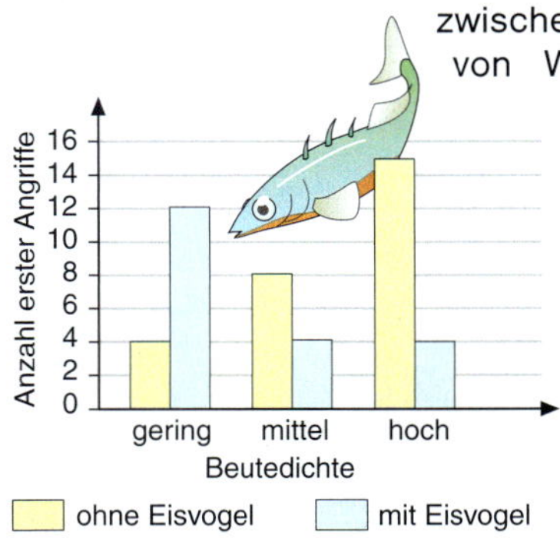

Nahrungssuche und Räuberdruck

Fressende Tiere, wie z. B. Rehe, unterbrechen ihre Nahrungsaufnahme immer wieder und schauen sich im Gelände um, sie sichern. Die Häufigkeit, mit der ein Tier sichert, nimmt ab, wenn es sich in einer Gruppe von Artgenossen befindet. MILINSKI und HELLER untersuchten Stichlinge, denen sie die Wahl zwischen verschieden dichten Schwärmen von Wasserflöhen anboten: Hungrige Stichlinge bevorzugten eindeutig die dichteren Schwärme, da sie hier in kürzester Zeit viele Beutetiere fressen konnten. Waren die Tiere etwas gesättigt, wählten sie weniger dichte Schwärme. In einem weiteren Versuch bewegten die Forscher über dem Testaquarium die Attrappe eines Eisvogels. Die Stichlinge änderten ihr Verhalten und suchten weitgehend in Bereichen geringerer Beutekonzentrationen nach Nahrung (s. Abb. Mittelspalte). MILINSKI und HELLER konnten zeigen, dass der Fang von Wasserflöhen aus dichten Schwärmen so viel Konzentration erfordert, dass der Fisch schlechter gleichzeitig auf den Feind achten kann. Das gezeigte Verhalten stellt einen Kompromiss dar.

Aufgabe

① Begründen Sie mithilfe der Textaussagen, warum es vorteilhaft für die Papageitaucher ist, möglichst nahe an der Küste zu brüten.

Vor- und Nachteile des Zusammenlebens

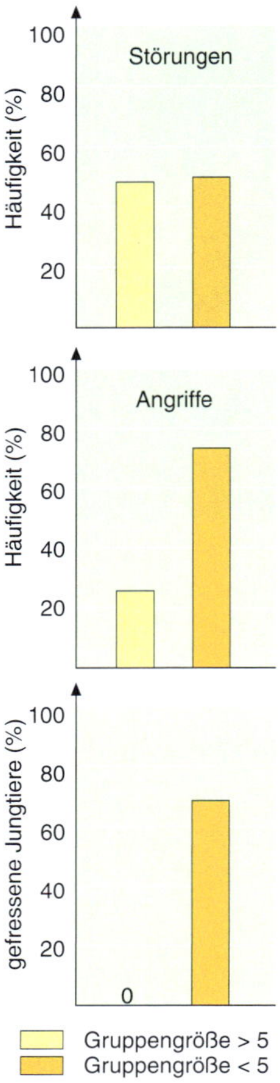

Während Individuen einiger Tierarten als Einzelgänger leben, schließen sich andere, zumindest zeitweise, zu kleineren oder größeren Gruppen zusammen. Welche Vor- oder Nachteile bringt es einem Individuum, sich mit Artgenossen zusammenzuschließen? Eine Antwort geben die Befunde von Forschern, die in Ostafrika *Zwergmangusten* beobachteten. Diese kleinen Raubtiere aus der Verwandtschaft der Schleichkatzen haben viele Feinde, von denen sie aus der Luft oder auch vom Boden aus angegriffen werden können. Größere Tierarten besitzen wesentlich weniger Feinde. Nach der Regel „je kleiner, desto mehr Feinde" müssen Zwergmangusten täglich genug Tiere erbeuten, ohne selbst Beute zu werden. Die meisten Angriffe erfolgen von Greifvögeln. Vor einem angreifenden Vogel können die Mangusten sich in ihren Bau flüchten.

Mangusten suchen ihre Beute in relativ hohem Gras, so dass es schwer für sie ist, zu sichern. Zusätzlich verbraucht das Sichern wichtige Zeit, in der keine Nahrung gesucht werden kann. In den meisten Gruppen gibt es daher einen Wächter, der aufpasst, während die anderen fressen. Nach einer bestimmten Zeit wird er abgelöst. Gruppen von über bzw. unter fünf Tieren werden gleich häufig von Greifvögeln gestört. Kleine Gruppen werden aber fast dreimal so häufig angegriffen und verlieren dabei annähernd $^2/_3$ aller Jungtiere innerhalb der ersten vier Lebensmonate (s. Randspalte). Alle kleineren Gruppen (fünf oder weniger) wurden innerhalb von zwei Jahren ausgelöscht, da sie nicht in der Lage waren, ausreichend zu sichern. Normalerweise übernehmen rangniedere Männchen die Wächterposition. Fehlen diese in kleineren Gruppen, nimmt die Erfolgsrate der angreifenden Raubtiere zu. Größere Gruppen sind darüber hinaus auch besser in der Lage, ihr Revier gegen Nachbargruppen zu verteidigen und Bodenfeinde, wie beispielsweise Schlangen zu bekämpfen. In diesen dichteren Gruppen mit häufigen sozialen Kontakten können sich aber Parasiten und Krankheitskeime besonders gut ausbreiten.

Wenn eine Gruppe flüchtender Tiere durcheinander rennt, schließen sich die Tiere enger zusammen. Dies hat für das Individuum Vorteile. So kann sich der Angreifer nicht auf ein Einzeltier konzentrieren *(Verwirrungseffekt)* und die Wahrscheinlichkeit sinkt, dass dieses selber zur Beute wird.

Der wichtigste Vorteil des Zusammenlebens in Gruppen ist die Sicherheit vor Feinden, der wahrscheinlich größte Nachteil die Konkurrenz um Ressourcen. Die Höhe des Konkurrenzdruckes hängt von einem komplizierten Zusammenspiel von Körpergröße, Nahrungsqualität und Nahrungsangebot ab. Dabei spielt auch die räumliche und zeitliche Verteilung der Nahrung eine Rolle.

Zwergmangusten am Bau

1 Zebra- und Gnuherde gemeinsam am Wasserloch

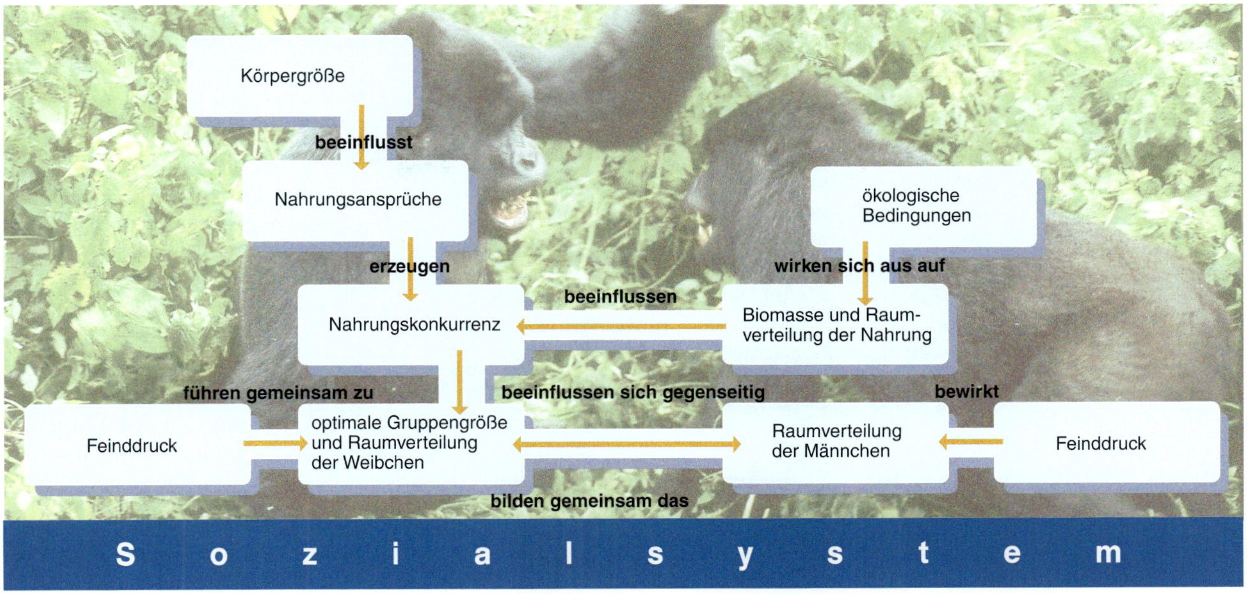

1 Ökofaktoren bedingen die Sozialsysteme

Sozialsysteme

Manche Tiere leben in Gruppen zusammen, andere kommen an einem Ort zusammen, ohne einander zu suchen. So trifft sich am Elefantenkot in der afrikanischen Savanne eine Fülle verschiedener Käfer, die um Kotkugeln als Nahrung kämpfen. An Wasserstellen finden sich Zebras, Gnus, Nashörner usw. ein. Solche Ansammlungen nennt der Verhaltensforscher *Aggregationen*. Sie sind dadurch gekennzeichnet, dass die Einzeltiere den Ort und nicht den Artgenossen suchen. Fischschwärme dagegen kommen dadurch zustande, dass Fische einer Art die Nähe von Artgenossen suchen. Da der Einzelfisch beliebig in den Schwarm hinein und wieder heraus kann und die Fische sich gegenseitig nicht kennen, spricht man von *offenen anonymen Verbänden*. Alle Angehörigen eines Bienenvolkes erkennen sich gegenseitig am Stockduft, sie erkennen sich jedoch nicht individuell. Eindringlinge werden abgewehrt. Diesen Sozialverband nennt man *geschlossene anonyme Gesellschaft*. Bei *geschlossenen individualisierten Gesellschaften*, die häufig bei Vögeln und Säugetieren vorkommen, kennen sich alle Gruppenmitglieder individuell.

Die Population einer Tierart setzt sich oft aus ganz verschiedenen Gruppen zusammen, wie z. B. einzelgängerische Männchen, Junggesellenverbände, Haremgruppen, Familienverbände usw. Die Kombination, in der Männchen und Weibchen in Gruppen zusammenleben, nennt man das Sozialsystem. Es gibt vier Kombinationsmöglichkeiten: *Monogamie, Polygynie, Polyandrie* und *Polygynandrie* (s. Mittelspalte). Dabei ist das Sozialsystem nicht artspezifisch festgelegt. So können Ringeltauben in der Fortpflanzungszeit monogam zusammenleben, im Winter aber in polygynandrischen Gruppen umherziehen. Bei manchen Affenarten können auch in verschiedenen Ökosystemen unterschiedliche Sozialsysteme vorteilhaft sein. Lange Zeit hat man das Zustandekommen dieser Systeme nicht verstanden. Offensichtlich liegen dem Sozialsystem verschiedene Verteilungsmuster der Männchen und Weibchen zugrunde. Dies hat nach neueren Erkenntnissen folgende Ursachen: Für die optimale Gruppengröße der Weibchen ist die Konkurrenz um Nahrung und der Räuberdruck entscheidend, während für die Männchen die Konkurrenz um Weibchen wichtiger ist als die um Nahrung.

Abhängig von der Körpergröße variieren die Nahrungsansprüche der Weibchen *(Jarman-Bell-Prinzip*, Seite 296). Aus dem Angebot und der Verteilung dieser Nahrung wiederum resultiert die Nahrungskonkurrenz der Weibchen und mit der Verrechnung des Räuberdrucks ihre Gruppengröße. Aus der Raumverteilung der Weibchen und der Männchen ergibt sich so das Sozialsystem, das sich bei Veränderungen der ökologischen Randbedingungen auch ändert.

Sozialsysteme

Monogamie
Paarbindung zwischen einem Männchen und einem Weibchen über eine Fortpflanzungssaison oder bis zum Tod eines Partners.

Polygamie
Ein Individuum eines Geschlechts lebt mit mehr als einem Partner des anderen Geschlechts zusammen. Man unterscheidet 3 Formen:

Polygynie
Ein Männchen lebt mit mehreren Weibchen zusammen.

Polyandrie
Ein Weibchen lebt mit mehreren Männchen zusammen.

Polygynandrie
Mehrere Männchen und Weibchen bilden eine Gruppe.

Fortpflanzungserfolg

Ginge es – wie man lange Zeit glaubte – bei der Fortpflanzung um die Erhaltung der Art, so würde es ausreichen, wenn alle Mitglieder einer Art sich gleich stark vermehren würden. Spätestens seit der Entdeckung der Evolution wissen wir aber, dass diejenigen das „Evolutionsspiel" gewinnen, die sich erfolgreicher fortpflanzen als andere. Ein Vergleich wird möglich, wenn man beim Tode verschiedener Individuen die Gesamtzahl aller ihrer überlebenden Nachkommen, d. h. ihren jeweiligen Lebensfortpflanzungserfolg (ihre so genannte *Fitness*) kennt. Der Zusammenhang von Sozialverhalten und Fitness ist an einigen Arten besonders gut untersucht worden. (→ 202/203)

1 Seeelefanten

Soziobiologie
Die Soziobiologie ist die Wissenschaft von der biologischen Angepasstheit des Sozialverhaltens. Sie misst den Anpassungsgrad bestimmter Verhaltensweisen am Lebensfortpflanzungserfolg der jeweiligen Individuen.

Fallbeispiel Seeelefanten

Seeelefanten sind hervorragend an das Leben im Wasser angepasst. Als Brutstrände bieten sich den Weibchen nur wenige raubtierfreie Küstenbereiche, meist auf Inseln an. Sie gebären ihre Jungen innerhalb der ersten sechs Tage nach der Ankunft am Brutstrand. Danach stillen sie ihren Nachwuchs 28 Tage mit sehr fettreicher Milch. In den letzten vier Tagen am Strand sind die Weibchen wieder paarungsbereit.

Fortpflanzungsverhalten

Vor den Weibchen kommen die annähernd dreimal so schweren Bullen an die Wurfplätze und kämpfen eine *Rangordnung* aus. Einen Erfolg bei diesen Kämpfen setzt Körpergröße und Kampfkraft voraus, welche die Tiere erst spät erlangen. Männchen sind mit 8 Jahren geschlechtsreif, aber erst mit 10 bis 11 Jahren wirklich erfolgreich. Mit 13 gewinnen sie kaum noch einen Kampf. Die maximale Lebenserwartung liegt bei 14 Jahren.

Jüngere geschlechtsreife Männchen gehen gefährlichen Kämpfen aus dem Weg. Die erfolgreiche Taktik für junge Männchen heißt also abwarten. Ein Männchen von 10 bis 11 Jahren dagegen hat vielleicht die letzte Chance zur Fortpflanzung. Ältere Männchen setzen alles auf eine Karte. Derartige Gegner richten sich voreinander auf, schlagen den Konkurrenten mit Brust und Kopf und fügen sich gegenseitig stark blutende Wunden mit den Eckzähnen zu *(Beschädigungskampf)*.

Auch die Weibchen werden maximal 14 Jahre alt. Sie können mit drei Jahren ihr erstes Junges gebären, tun dies aber oft erst mit 4 oder 5 Jahren. Danach bekommen sie jedes Jahr ein Junges, wenn sie alt genug werden, maximal 10. Alle Weibchen, die die Geschlechtsreife erlangen, bekommen Junge, während viele Männchen sich nicht fortpflanzen können, da die ranghohen Männchen sie daran hindern.

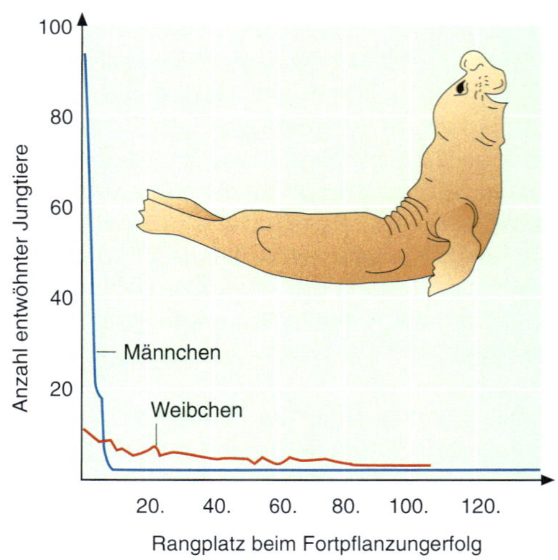

2 Fortpflanzungserfolg bei Seeelefanten

1 Blaumeise

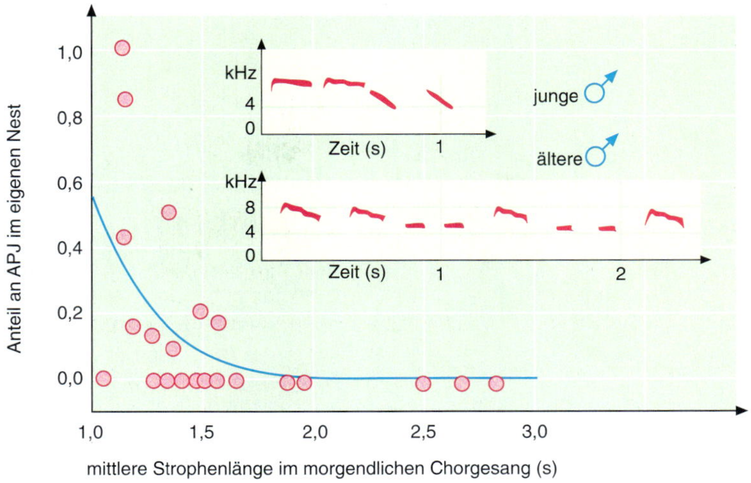

2 Außer-Paar-Junge (APJ) und Gesangslänge

Partnerwahl und Geschlechterkonflikte

Schon Jahrzehnte vor den Untersuchungen an Seeelefanten hatte der englische Forscher ANGUS JOHN BATEMAN ähnliche Zusammenhänge entdeckt. Die Bedeutung seiner Ergebnisse wurde vielen Wissenschaftlern aber erst Jahrzehnte später wirklich klar. BATEMAN stellte durch Versuche mit Drosophila schon 1948 fest, dass zwischen den Geschlechtern eine Asymmetrie existiert. Männchen können durch Kopulationen mit mehreren Weibchen ihre Fitness direkt erhöhen, Weibchen jedoch nicht (s. Randspalte). BATEMAN folgerte aus evolutionsbiologischer Sicht daraus u.a., dass Männchen, wenn möglich, Zugang zu vielen Weibchen suchen werden. Da die Fitness der Weibchen dagegen hauptsächlich vom Fortpflanzungserfolg und dem Überleben ihrer Jungtiere abhängt, sagte er voraus, dass die Weibchen besonderen Wert auf die „Qualität" ihrer Paarungspartner, d.h. auf „gute Gene" legen werden. Zeichen für gute Überlebensfähigkeit der Männchen könnten u.a. hohes Lebensalter und Gesundheit sein.

Bei vielen Tierarten, wie z.B. bei den monogamen Singvögeln, kommt es zwischen Partnern häufig zu Konflikten. Ein Konflikt entsteht dann, wenn das Verhalten eines Partners seine eigene Fitness steigert, die des anderen jedoch senkt. Dies ist z.B. bei Blaumeisen der Fall, die in monogamen Paaren brüten, wobei beide Partner die Jungen füttern. Mithilfe des Männchens bekommt das Weibchen durchschnittlich 7,5 Jungtiere groß, hilft kein Männchen mit, sind es nur 5,4. Weibchen sind also auf männliche Unterstützung angewiesen. Haben sie jedoch im Frühjahr bei der Partnerverteilung ein weniger attraktives Männchen abbekommen, besitzen andere Männchen in der Nachbarschaft „bessere Gene". Weibchen können dann den Überlebenserfolg des eigenen Nachwuchses erhöhen, wenn sie Gene vom attraktiveren Nachbarn bekommen. Dies würde die eigene Fitness steigern, die des Partners jedoch senken. Blaumeisenmännchen – besonders die weniger attraktiven – bewachen daher ihre Partnerin in der fruchtbaren Zeit kurz vor der Eiablage intensiv.

Wie DNA-Untersuchungen (genetische Fingerabdrücke) belegten, stammen bei manchen Blaumeisenweibchen trotzdem rund 10 bis 15 % der Nachkommen nicht vom eigenen Partner, sondern von Männchen aus Nachbarrevieren. Dabei bevorzugen benachbarte untreue Weibchen fast alle dasselbe Männchen, das anscheinend besonders attraktiv ist. Dessen Weibchen macht jedoch normalerweise keine Seitensprünge.

Die Gesangslänge von Blaumeisenmännchen nimmt mit dem Alter und der Erfahrung zu (Abb. 2). Je „schlechter" das eigene Männchen singt, desto wahrscheinlicher begeht das Weibchen Seitensprünge mit Nachbarmännchen, die durch längeren Gesang belegen, dass sie gut überlebensfähig sind.

Aufgabe

① Begründen Sie die Entscheidungen der Blaumeisenweibchen aus der Sicht der Soziobiologie.

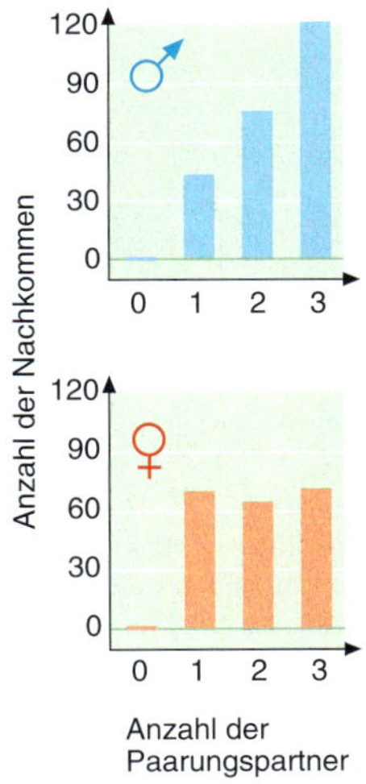

Nachkommenzahlen bei Drosophila

Bateman-Prinzip
Mit jedem zusätzlichen Paarungspartner steigt der Fortpflanzungserfolg der Männchen, aber nicht derjenige der Weibchen.

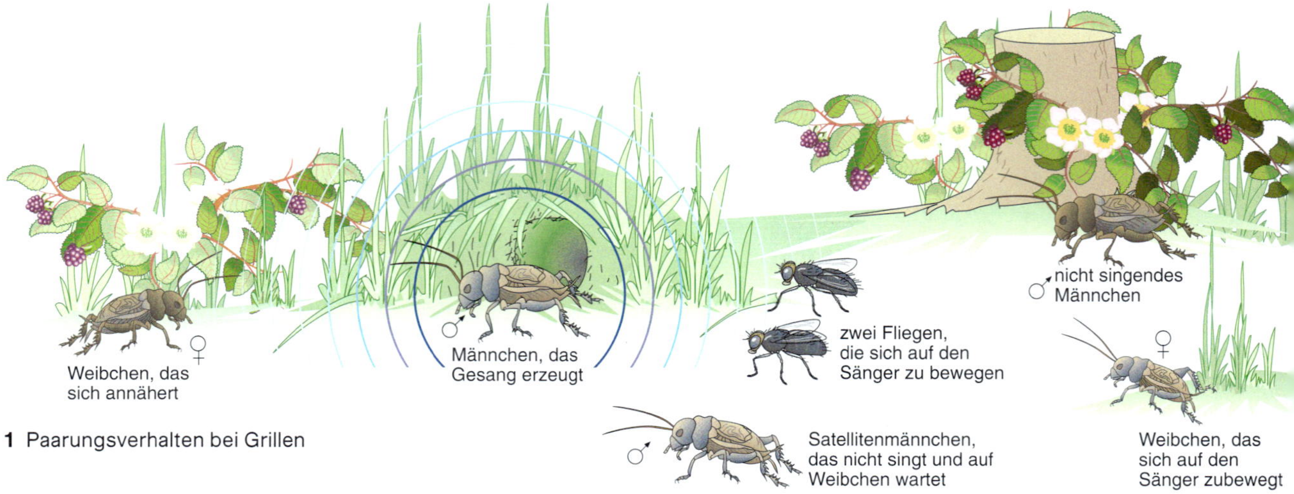

1 Paarungsverhalten bei Grillen

Sexualstrategien

Satellitenmännchen
ein Männchen, das in der Nähe eines balzenden Männchens wartet und versucht, paarungsbereite Weibchen abzufangen, die von balzenden Männchen angelockt werden

Strategie
genetisch bedingte Verhaltensregel eines Individuums

Taktik
alternative Verhaltensmöglichkeit innerhalb einer Strategie

Verhaltenspolymorphismus
liegt vor, wenn auf einen bestimmten Reiz verschiedene Reaktionen gleicher Funktion folgen können.

Untersuchungen zum Balzverhalten von Grillen ergaben, dass durch einen Lautsprecher ausgesandter Gesang männlicher Grillen mit zunehmender Lautstärke nicht nur immer mehr Weibchen anlockte, sondern auch nicht singende Männchen, so genannte *Satellitenmännchen*, sowie parasitische Fliegen. Die Satellitenmännchen warten in der Nähe der singenden Männchen und versuchen, paarungsbereite Weibchen abzufangen. Die Fliegen legen normalerweise ihre Larven auf rufende Grillenmännchen ab, die von den eindringenden Larven langsam von innen aufgefressen werden. Satellitenmännchen werden seltener befallen.

Wie Züchtungsexperimente zeigten, ist weitgehend genetisch festgelegt, wie viele Stunden ein Männchen pro Nacht ruft. Ein Teil der Männchen ruft mehrere Stunden pro Nacht und wechselt sehr selten zum Satellitenverhalten. Andere Männchen rufen selbst dann, wenn sie isoliert gehalten werden, nur wenig oder gar nicht. Viele Männchen können also beide Verhaltensweisen ausführen, schalten aber aufgrund ihrer genetischen Disposition unterschiedlich häufig von einem Verhalten auf das andere um, sie verfolgen verschiedene *Strategien.* Die Verhaltensalternativen Rufen bzw. Schweigen innerhalb der Strategie nennt man *Taktiken.*

Rufer haben mehr Fortpflanzungserfolg in kurzer Zeit, leben aber nicht so lange. Der geringe jährliche Fortpflanzungserfolg wird bei Satellitenmännchen durch eine höhere Lebenserwartung ausgeglichen. Der Lebensfortpflanzungserfolg ist für die Vertreter verschiedener Strategien annähernd gleich. Strategien, die im Laufe der Evolution nicht durch andere, erfolgreichere ersetzt werden, nennt man *evolutionsstabil.* Nimmt die Zahl der parasitischen Fliegen zu, geht die Zahl der Rufer zurück, da sie von den Fliegen geortet und befallen werden. Nicht so lange rufende Männchen sind seltener parasitiert, leben länger und vermehren sich daher besser. Nimmt die Anzahl der Fliegen ab, haben die Rufer wieder einen Vorteil.

Bei anderen Arten scheint hinter dem Verhaltenspolymorphismus nur eine genetisch bedingte Strategie zu stecken, die mehrere Taktiken umfasst. Wenn alle Individuen die gleichen genetischen Grundlagen besitzen, entscheidet die jeweilige Situation darüber, welche Verhaltensalternative das Einzeltier ausführt. Da äußere und innere Bedingungen entscheiden, wie das Tier reagiert, spricht man von einer *konditionalen Strategie.*

Große Krötenmännchen locken im Frühjahr Weibchen mit lauten Rufen an. Häufig sitzen dabei mehrere kleinere Männchen still in ihrer Umgebung.

Entscheidungsregeln für Kröten scheinen zu lauten:
- Sind keine anderen Männchen da, rufe!
- Bist Du das größte Männchen, rufe!
- Vertreibt Dich ein größeres Männchen, rufe woanders.
- Ist dies nicht möglich, werde Satellit.

Da alle Männchen im Laufe ihres Lebens alle Taktiken nach den gleichen Regeln anwenden, handelt es sich um eine *konditionale Strategie.*

Eltern investieren in ihre Nachkommen

Jeglicher Aufwand eines Elternteils in einen Nachkommen, der dessen Überlebenswahrscheinlichkeit erhöht, das Elterntier aber daran hindert, weitere Nachkommen groß zu ziehen, definierte der Soziobiologe ROBERT L. TRIVERS als *Elterninvestment*. Man kann mütterliches und väterliches Investment unterscheiden. Säugetiermütter investieren mit Schwangerschaft und Stillen intensiv, können in dieser Zeit aber kein neues Jungtier austragen. Je besser Jungtiere mit zunehmendem Alter alleine überleben können, desto weniger investiert die Mutter in den Nachwuchs. Stattdessen strebt sie weitere Junge an. So kommt es zu Entwöhnungskonflikten (Abb. Kasten).

Während mütterliches Investment bei den meisten Säugetieren weitgehend übereinstimmt, zeigen Väter verschiedener Arten grundlegende Unterschiede. Ihr Verhalten ist, besonders im Bereich der Primatenforschung, erst in jüngster Zeit in das Interesse der Wissenschaftler gerückt. Die Abbildung in der Randspalte zeigt die durchschnittlichen im Zoo gemessenen Häufigkeiten von Kontakten zwischen Vätern und Jungtieren bei Schimpanse, Gorilla und Siamang pro Stunde und schlüsselt die Kontakte qualitativ auf. Väter können sich in der Nähe eines Jungtieres aufhalten *(Kontaktabstand)*, es putzen, mit ihm spielen, es tragen oder mit ihm Futter teilen. Ein Vergleich zeigt, dass Schimpansenmännchen sich am wenigsten um Jungtiere kümmern, während Gorillaväter aktivere und Siamangmännchen die aktivsten Väter sind. (→ 202/203)

Man nimmt an, dass nur Männchen, die mit hoher Wahrscheinlichkeit Vater des Nachwuchses sind, sich auch um diesen kümmern. Bei hoher Vaterschaftsunsicherheit würde intensives Investment in Jungtiere nur Kosten verursachen.

Die Evolution fürsorglicher Väter ist unter den Bedingungen der Monogamie am besten zu verstehen. Durch Übernahme eines Großteils der Brutpflege kann das Männchen sein Weibchen entlasten, sodass dieses sich schneller von der letzten Schwangerschafts-, Geburts- und Brutpflegephase erholt. Durch die Mithilfe des Männchens verkürzt sich der Geburtenabstand, sodass die Fitness von Männchen und Weibchen (beide Werte sind bei Monogamie identisch) gesteigert wird.

Weibchen können durch Kopulationen mit mehreren Männchen die Vaterschaftssicherheit senken. Als Reaktion auf diesen Selektionsdruck ist bei vielen Arten eine Verhaltensweise bei Männchen entstanden, die „Seitensprünge" verhindert, die *Partnerbewachung*. Partner bewachende Männchen verfolgen, insbesondere in der fruchtbaren Zeit, ihre Weibchen auf Schritt und Tritt. Männchen können jedoch nicht immer verhindern, dass Weibchen sich mit weiteren Männchen paaren. In den Geschlechtsorganen der Weibchen kommt es dann zur „Konkurrenz" der Spermien um die Eizelle. Diese so genannte *Spermienkonkurrenz* führte in der Evolution zur Ausbildung besonders großer Hoden.

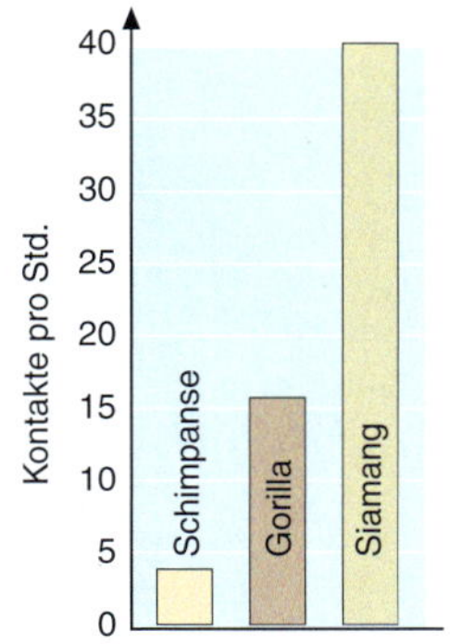

Väterliches Investment bei verschiedenen Menschenaffen.

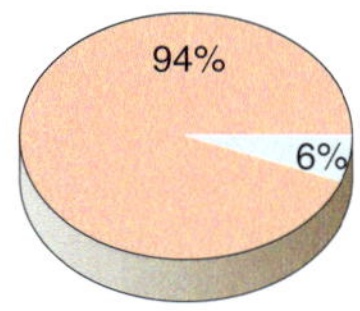

Schimpanse

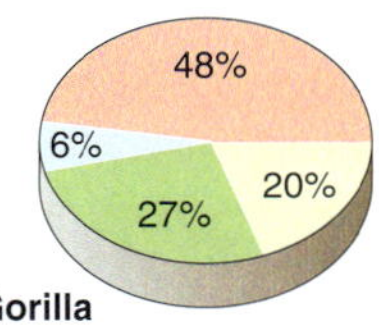

Gorilla

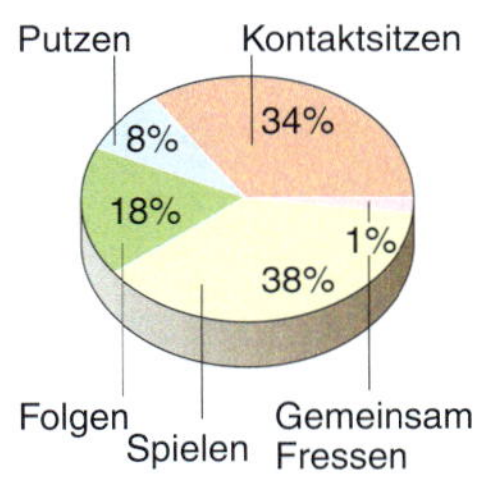

Siamang

Zettelkasten

Konflikte

Konflikte können innerhalb eines Individuums auftreten, wenn zwei sich widersprechende Verhaltensweisen, wie z. B. Angreifen und Fliehen, gleich stark ausgelöst werden. Konflikte zwischen verschiedenen Individuen müssen zwangsläufig auftreten, wenn das Verhalten eines Partners seine eigene reproduktive Fitness steigert, aber die des anderen senkt. Wie im rechten Bild gezeigt, kommt es regelmäßig zu Entwöhnungskonflikten zwischen Mutter und Nachwuchs. Genauso häufig finden sich Konflikte zwischen Paarungspartnern und zwischen Geschwistern, die bei vielen Tierarten wie z. B. bei einigen Adlerarten, sogar bis zum regelmäßigen Töten der Geschwister führt.

Entwöhnungskonflikt bei Berberaffen

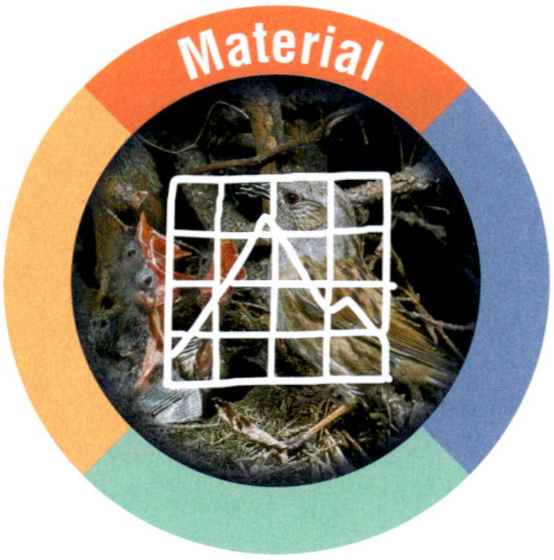

Fortpflanzungstaktiken der Heckenbraunelle

Heckenbraunellen (kleine Singvögel) leben im dichten Unterwuchs von Wäldern, Gärten und Parkanlagen. Die Weibchen bauen napfförmige Nester in Hecken oder immergrünen Sträuchern.

Geschlechterverhalten und Paarung

1 Brütende Heckenbraunelle

Die Weibchen besetzen im Frühjahr Reviere, deren Größe vom Nahrungsangebot abhängt. Legt man eine Futterstelle an, so wird ein kleineres Revier verteidigt. Den Weibchenrevieren sind diejenigen der Männchen überlagert. Männchen erkämpfen sich Reviere, die sie bis zu einer Größe von 3 000 m² verteidigen können. Die Größe ist bei ihnen nicht vom Nahrungsangebot abhängig.

Stirbt bei einem monogamen Paar das Weibchen, wandert das Männchen meist aus. Stirbt das Männchen, bleibt das Weibchen in der Regel im Revier. Benachbarte Männchen, deren Reviere in ein Weibchenrevier hineinreichen, versuchen ihren Bereich auf das gesamte Weibchenrevier auszudehnen. Können sie ihren Bereich bei zunehmender Größe nicht mehr verteidigen, nutzen die Männchen den gleichen Raum und bilden eine Rangordnung aus. Das ranghöchste ist das α-Männchen.

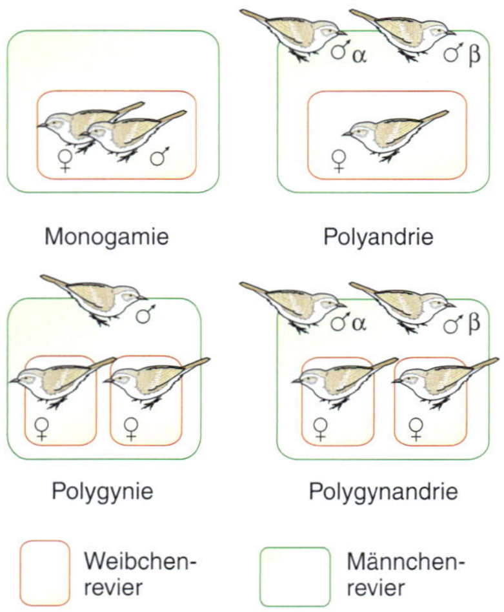

2 Mögliche Sozialsysteme

Aus den unterschiedlichen Überlappungen von Männchen- und Weibchenrevieren ergeben sich vier verschiedene Kombinationen: *Monogamie, Polygynie, Polyandrie* und *Polygynandrie*. Bei Polygynandrie überlappen die Reviere von zwei zusammenlebenden Männchen mehrere Weibchenreviere.

Aufgabe

① Fassen Sie anhand der Informationen aus Text und Grafiken (Abbildung 2 und 3) zusammen, unter welchen Bedingungen die verschiedenen Paarungssysteme entstehen.

Abbildung 4 zeigt die Abhängigkeit der Sterblichkeit von der Anzahl der Schneetage im Winter.

Abbildung 5 stellt den Zusammenhang zwischen der Anzahl der Männchen und der polyandren Weibchen dar.

Aufgabe

② Beschreiben Sie anhand der Informationen, wie die Häufigkeit der Paarungssysteme von Jahr zu Jahr wechseln kann.

Konkurrenz zwischen Männchen

Männchen versuchen durch Revierbesitz oder eine Rangordnung alleinigen Zugang zu Weibchen zu erreichen.

Monogame Männchen führen pro Stunde durchschnittlich 0,47 Paarungen aus, Männchen in polyandren Systemen mit alleinigem Zugang zum Weibchen 0,87. In Systemen, in denen beide Männchen mit dem Weibchen kopulieren, erreichen beide Männchen ungefähr 2,4 Paarungen pro Stunde. Die Hoden von Heckenbraunellen sind ungefähr 64 % größer als man es von weitgehend monogamen Vögeln gleicher Größe kennt.

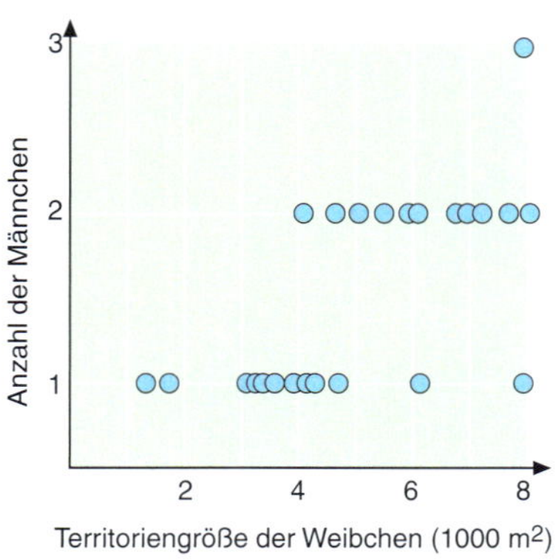

3 Territoriengröße

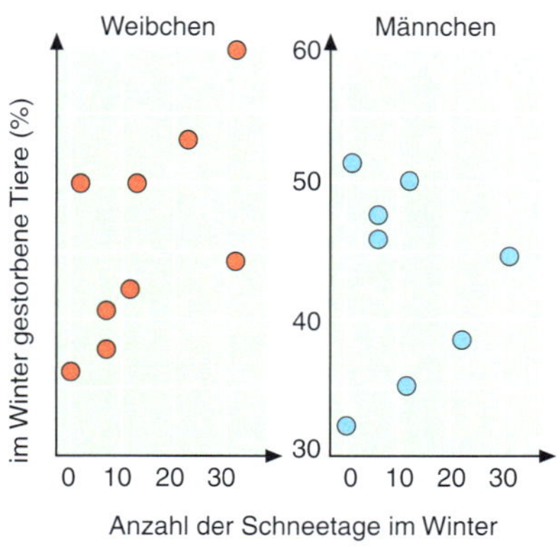

4 Wintersterblichkeit

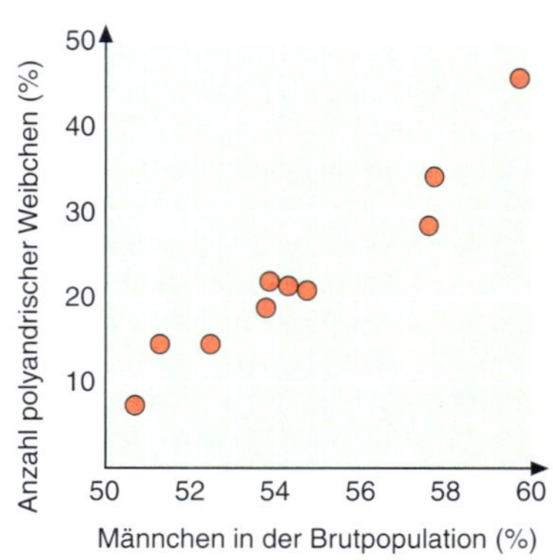

5 Brutdichte

Bei Vögeln mündet der Eileiter in den Enddarm, sodass die *Kloake* auch den Transportweg für die Geschlechtszellen darstellt. Schon 1902 hat der Ornithologe SCHONS ein seltsames Verhalten der Heckenbraunelle beschrieben: „Während das Weibchen flügelzitternd mit angehobenem Schwanz dasteht und die Kloake präsentiert, pickt das Männchen mehrfach dagegen. Das Weibchen vollführt daraufhin pumpende Bewegungen mit der Kloake und gibt einen Tropfen ab" (Abb. 1). Kurz danach findet die Kopulation statt. Mikroskopische Analysen zeigten, dass dieser Tropfen Spermien einer vorherigen Kopulation enthält.

1 Kloakenpicken

Nur in polyandren und polygynandren Systemen, in denen die β-Männchen (s. Seite 313) nicht kopulieren konnten, passierte es mehrfach, dass frisch geschlüpfte Junge verschwanden oder Eier so angepickt wurden, dass keine Jungen mehr schlüpfen konnten.

Es wird vermutet, dass hierfür die β-Männchen verantwortlich waren. Diese versuchten auch wiederholt, das brütende Weibchen vom Nest zu vertreiben, wenn sie sich nicht mit ihm paaren durften. In den meisten Fällen wurden sie jedoch erfolgreich vom ranghöheren α-Tier daran gehindert.

Interessanterweise traten derartige Fälle nur zum Beginn der Brutsaison auf, wenn das Weibchen noch weitere Bruten durchführen konnte und nicht, wenn Folgebruten unsicher waren. Bei einem Verlust des Geleges fangen die Weibchen nach spätestens 1 bis 2 Wochen an, neue Eier zu legen. Ziehen sie eine Brut groß, folgt das nächste Gelege erst nach rund 6 Wochen.

Aufgabe

③ Arbeiten Sie aus den geschilderten Sachverhalten die verschiedenen Mechanismen heraus, die
a) vor der Kopulation
b) nach der Kopulation, bzw.
c) nach der Eiablage
wirken und dadurch dem einzelnen Männchen Fortpflanzungsvorteile sichern.

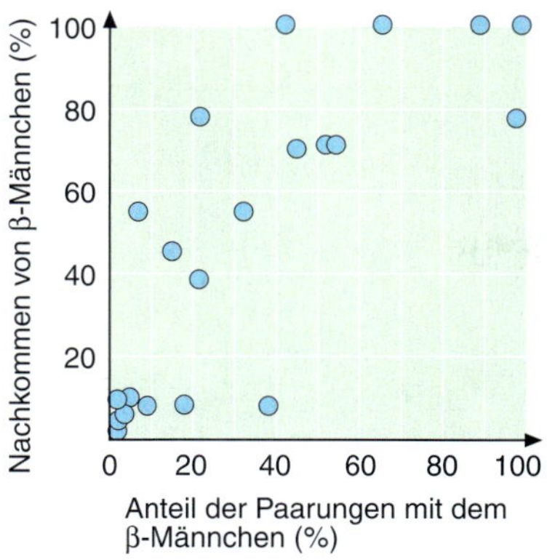

2 Bruterfolg von β-Männchen

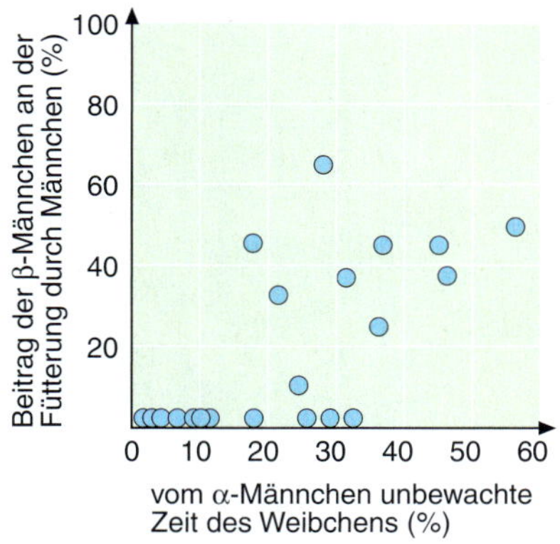

3 Brutpflegebeitrag von β-Männchen

Väterliches Investment

Männchen der Heckenbraunelle können ihren Weibchen entweder dadurch helfen, dass sie es übernehmen, die Eier zu bebrüten oder dass sie für die Aufzucht der Nestlinge Futter herbeischaffen. Dabei zeigte sich, dass sich durch Hilfe beim Brüten die Anzahl der aus den Eiern geschlüpften Jungen nicht änderte, durch Hilfe bei der Fütterung die Anzahl der das Nest erfolgreich verlassenden Jungen jedoch signifikant anstieg. Dieser Effekt war eine Folge davon, dass weniger Nestlinge im Nest verhungerten. Die Mithilfe von Männchen wurde umso wirksamer, je größer die Anzahl der Jungen war.

Während der Paarungszeit bewachen die Männchen ihre Weibchen. Bei monogamen Paaren (*Bewachungsmonogamie)* beschränkt sich das Männchen darauf, Eindringlinge, die eine zusätzliche Paarungsmöglichkeit suchen, zu vertreiben. Am intensivsten ist die Bewachung in polyandren Systemen. In diesen folgt das α-Männchen dem Weibchen auf Schritt und Tritt. Es verliert sein Weibchen aber häufig aus den Augen, während es das β-Männchen vertreibt. Dann versteckt sich das Weibchen sofort in dichter Vegetation, frisst hier in aller Ruhe und paart sich wiederholt mit dem β-Männchen, wenn es von diesem zuerst gefunden wird. Ist es vom α-Männchen entdeckt, kann das ganze Spiel von vorn beginnen.

Für soziobiologische Überlegungen war es wichtig zu wissen, wie erfolgreich die Paarungen des β-Männchens sind. Um dies zu erfassen, stellte man von allen beteiligten Partnern und den Jungtieren im Nest einen „genetischen Fingerabdruck" her und konnte so die Jungtiere den Vätern zuordnen. Das Ergebnis zeigt Abbildung 2. In Abbildung 3 ist der Zusammenhang zwischen der Fähigkeit des Weibchens, sich dem α-Männchen zu entziehen, und dem Beitrag des β-Männchens an der Brutpflege dargestellt.

Aufgaben

④ Stellen Sie einen Sachzusammenhang zwischen den Aussagen beider Abbildungen (Abb. 2, 3) her.

⑤ Erläutern Sie, wodurch es zwischen verschiedenen Partnern zu Konflikten kommen muss, indem Sie aufzeigen, wie Fitnessgewinn beim einen zu Fitnessverlust beim anderen führt. Werten Sie in diesem Zusammenhang die Daten der Tabelle mit aus.

Paarungssystem	**Jungenanzahl pro Jahr**	
	pro Weibchen	pro Männchen
Polygynie	4,4	8,8
Monogamie	5,9	5,9
Polyandrie (nur α-Männchen paart sich)	4,9	α: 4,9
Polyandrie (α- und β-Männchen paaren sich und füttern beide)	8,9	α: 4,9; β: 4,0
Polygynandrie	4,0	α: 5,6, β: 2,4

1 Infantizid

Resident
Haremshalter

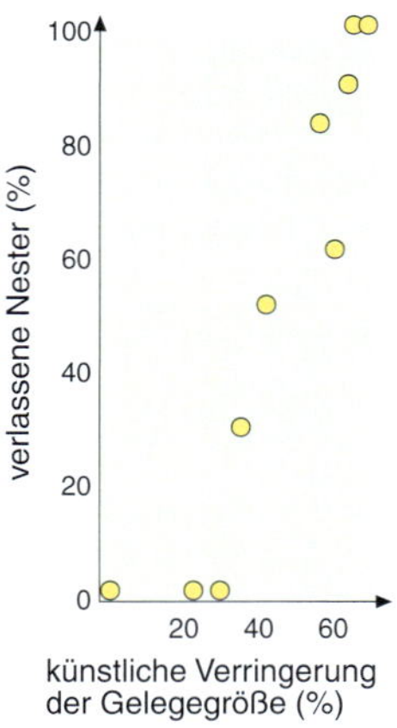

Manipulation an Entengelegen

Infantizid und Fortpflanzungserfolg

„Elf greift das Jungtier Vierfünf mehrfach an und stellt auch seiner Mutter nach. ... Diese flieht im höchsten Tempo, während sich die ältere Tochter dem Verfolger in den Weg stellt. Elf holt das Weibchen jedoch ein und reißt es zu Boden. Augenblicke später stürzen sich sechs Weibchen auf das Männchen. Die Mutter entreißt dem *Residenten* ihr Baby und setzt die Flucht fort. Die Eckzähne des Männchens haben den linken Oberschenkel des Jungen aufgerissen, die Sitzhöcker gespalten und die Schwanzunterseite bis nahe zur Wurzel aufgeschnitten. Völlig entkräftet stirbt das Junge am Abend des nächsten Tages." Beschreibungen wie diese über das Aggressionsverhalten indischer Affen, den *Hanuman-Languren*, interpretierte man lange als krankhafte Abweichungen vom Normalverhalten. Heute sehen Soziobiologen darin eine Angepasstheit im Sinne des genetischen Egoismus, denn der Tötende erhöht die eigene Fitness.

Hanuman-Languren leben in Gruppen von durchschnittlich 14 erwachsenen Weibchen und einem Männchen. Die restlichen Männchen leben in Junggesellenverbänden. Der Haremshalter wird immer wieder von diesen nachwachsenden Männchen herausgefordert. Die permanenten Verteidigungsanstrengungen zehren an den Kräften, sodass er nach ungefähr 26 Monaten von einem stärkeren Nachfolger abgelöst wird, dem wiederum annähernd die gleiche Zeit zur Verfügung steht, sich fortzupflanzen. Zum Zeitpunkt der Übernahme der Gruppe sind aber einige Weibchen noch trächtig, andere stillen noch und bekommen während der Stillperiode keinen Eisprung. Verlieren sie ihr Junges, kommt der nächste Eisprung früher. In diesem Zusammenhang wird das Verhalten der Haremshalter gesehen, gegen den Widerstand der Mütter deren Junge zu töten *(Infantizid)*. Dadurch können sie sich früher erfolgreich mit dem Weibchen paaren. Inzwischen liegt eine Fülle von Daten vor, die diese Hypothese belegen. So töten neue Haremshalter fast immer Jungtiere, die nicht von ihnen gezeugt wurden. Die Mütter paaren sich kurz danach mit ihm. Der Abstand zwischen Haremsübernahme und eigenen Nachkommen wird so deutlich verkürzt.

Beobachtungen lassen vermuten, dass die schwangeren Weibchen vom neuen Männchen solange bedrängt werden, bis sie ihr ungeborenes Junges verlieren *(Fetizid)*.

Die Interpretation des Infantizids und Fetizids als angepasstes Verhalten lässt sich im Versuch überprüfen. So entnahm man in einem Experiment Entennestern unterschiedlich viele Eier und beobachtete, ob die Tiere auf dem restlichen Gelege weiter brüteten. In Kontrollversuchen legte man die Eier wieder zurück. Für den Fall, dass die Tiere das Nest verlassen und nicht weiter brüten, hatte man zwei Erklärungshypothesen. Einerseits könnte die Veränderung am Nest und Eiverluste bedeuten, dass der Neststandort und damit das brütende Tier gefährdet sind. Andererseits könnte der Verlust an Eiern so groß sein, dass Tiere, die weiterhin Zeit und Energie in die verminderte Brut stecken, weniger Nachkommen großziehen als Tiere, die das Nest verlassen und eine neue Brut mit mehr Eiern beginnen. Der Zeitgewinn durch den Abbruch würde so zu einem Fitnessgewinn und nicht zu einem Fitnessverlust führen. Von den Kontrollnestern ohne Eiverlust wurde keines verlassen. Die Ergebnisse der Versuchsreihe sind in der Randspalte dargestellt.

Aufgaben

① Diskutieren Sie, welche Hypothese durch die Ergebnisse der Versuche an den Entennestern gestützt wird (siehe Randspalte).

② Beschreiben Sie mithilfe des Fitnessbegriffs den Konflikt zwischen Langurenmännchen und ihren Weibchen.

③ Begründen Sie aus der Sicht der Soziobiologie, warum die Weibchen sich mit den neuen Männchen paaren.

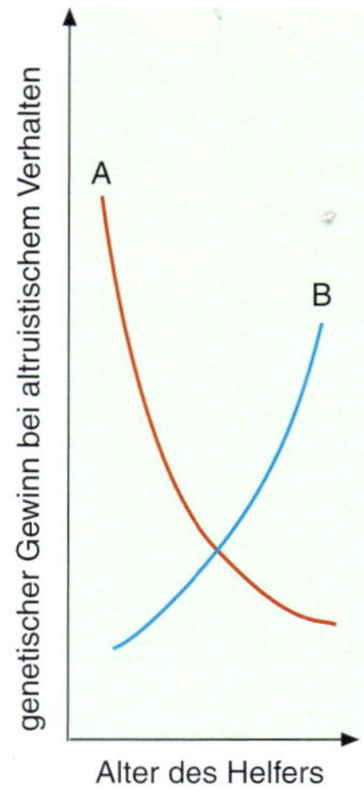

1 Buschblauhäher

Altruismus
uneigennütziges Verhalten, Gegensatz zu Egoismus

Hamilton-Ungleichung
Uneigennütziges Verhalten ist besonders dann zu erwarten, wenn die *Kosten* (K) für den Altruisten kleiner sind als der *Nutzen* (N) für den Empfänger und wenn der Empfänger möglichst nahe mit dem Altruisten verwandt ist. Dies wird in der so genannten *Hamilton-Ungleichung* ($K < r \cdot N$) zusammengefasst.

Verwandtschaftskoeffizient (r)

Eltern — Kinder	0,50
Vollgeschwister	0,50
Halbgeschwister	0,25
Großeltern — Enkel	0,25

Uneigennütziges Verhalten

Schon CHARLES DARWIN hatte im letzten Jahrhundert Mühe, uneigennützige Verhaltensweisen *(Altruismus)* als Ergebnis der Evolution zu erklären. Sein Problem steckte vereinfacht in der Frage: Wie können sich Erbanlagen, die permanent oder zeitweilig zu einem Verzicht auf eigene Fortpflanzung führen, in einer Population ausbreiten?

Bei *Buschblauhähern*, die in Florida im Gestrüpp von Eichen brüten, unterstützen als Bruthelfer — meist Jungtiere vorangegangener Bruten — Eltern bei der Aufzucht der Geschwister. Dadurch überleben sowohl ihre Eltern, da sie entlastet werden, als auch ihre jüngeren Geschwister besser, da sie vor Feinden geschützt werden.

Warum zeigen Helfer dieses altruistische Verhalten? Aus der Beobachtung, dass Helfer ein frei werdendes Revier sofort besetzen und das Helferverhalten aufgeben, ist ersichtlich, dass viele Männchen durch Reviermangel an der Fortpflanzung gehindert werden. Wenn sie sich jedoch nicht fortpflanzen können, ist die Unterstützung der Eltern bei der Brutpflege die sinnvollere Alternative zum Nichtstun. Genetisch gesehen können die Männchen ihre Fitness auch erhöhen, wenn sie durch altruistisches Verhalten den Fortpflanzungserfolg von nahen Verwandten, in denen Kopien eigener Gene stecken, steigern. Helfer erhöhen die Wahrscheinlichkeit, dass jüngere Geschwister am Leben bleiben. Erbanlagen, die Helferverhalten bedingen, werden also indirekt stärker in der Folgegeneration vertreten sein.

Wenn es mit zunehmendem Alter der Helfer immer unwahrscheinlicher wird, dass sie den eigenen Eltern helfen (A), es aber immer wahrscheinlicher wird, erfolgreich ein Revier zu erkämpfen (B), wechselt ein Helfer, falls möglich, zum Selberbrüten (s. Randspalte). Zur Fitness eines Individuums trägt also außer der Anzahl der eigenen Nachkommen *(direkte Fitness)* auch die Anzahl derjenigen Nachkommen von Verwandten bei, die durch Hilfe zusätzlich überleben *(indirekte Fitness)*. Die Summe aus beiden Werten ergibt die *Gesamtfitness*.

Je näher der Helfer mit den Jungtieren verwandt ist, desto höher ist der Beitrag zur eigenen Fitness. Man drückt den Verwandtschaftsgrad mit dem *Verwandtschaftskoeffizienten* (r) aus. Er gibt an, mit welcher Wahrscheinlichkeit man ein bestimmtes Allel eines Individuums in einem Verwandten wiederfinden kann. Da jedes diploide Lebewesen normalerweise aus der Verschmelzung zweier haploider Gameten hervorgeht, hat es je 50% ($r = 0{,}5$) seiner Allele mit jedem seiner Eltern gemeinsam. Die Wahrscheinlichkeit, dass ein gesuchtes Allel bei der Meiose weitergegeben wird, ist 0,5. Ist L die Anzahl von Generationen in direkter Linie, berechnet sich für den Verwandtschaftsgrad zweier Individuen der Verwandtschaftskoeffizient als $r = 0{,}5^L$ (s. Randspalte).

Tiere, die ihre Verwandten unterstützen, müssen in der Lage sein, Verwandte von Nichtverwandten zu unterscheiden. Dabei müssen sie nicht bewusst über Verwandtschaftsgrade nachdenken, sie sollten jedoch über Mechanismen verfügen, die ihr Verhalten so steuern, als ob sie den Verwandtschaftsgrad kennen würden. Tiere können den Verwandtschaftsgrad u. a. am Aussehen oder am Duft bzw. an Duftkomponenten erkennen.

Verwandtenhilfe heißt also, Gene durch die Unterstützung von Verwandten in die nächste Generation zu bringen, ohne sich selber fortzupflanzen. Deshalb sollte sie nicht als uneigennützig bezeichnet werden.

Aufgabe

① Angenommen, ein Tier hat die Alternative, eigene Nachkommen zu zeugen oder seiner Schwester bei der Aufzucht ihrer Jungen zu helfen. Wie viele Junge müsste die Schwester durch die Bruthilfe zusätzlich aufziehen, um den Verzicht des Helfers auf zwei eigene Junge genetisch zu kompensieren?

Lebenslaufstrategien

Organismen sind darauf selektiert, sich in ihrem Leben möglichst erfolgreich fortzupflanzen, d. h. möglichst viele überlebende Nachkommen zu produzieren. Um dies zu erreichen, müssen Individuen ein Leben lang „Entscheidungen treffen". Da die durch Nahrungsaufnahme gewonnene Energie bzw. Materie beschränkt ist, müssen Lebewesen „entscheiden", wann und wofür investiert werden soll.

Wachstum oder Fortpflanzung

1 Einsiedlerkrebs

Einsiedlerkrebse verbergen ihren empfindlichen Hinterleib in einem Schneckenhaus. Wird der Krebs größer, muss er eine neue Behausung finden, die etwas größer, aber nicht zu groß ist. Passende Schneckenhäuser sind selten. Ohne passendes Haus könnten sie nicht mehr weiter wachsen. Forscher hielten Einsiedlerkrebse mit einem begrenzten Angebot an Schneckenhäusern und in einem 2. Versuch mit einem unbegrenzten Angebot. Sie untersuchten die Größe der Krebse bei der Fortpflanzung und die entsprechende Gelegegröße. Sie stellten u. a. fest, dass Krebse mit unbegrenztem Angebot sich erst in höherem Alter fortpflanzten (Abb. 2).

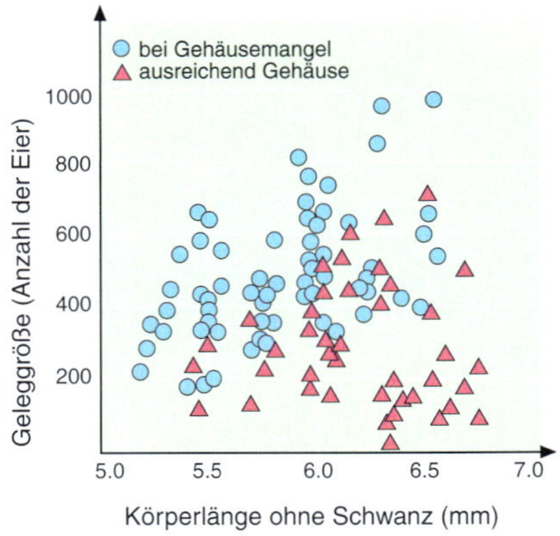

2 Fortpflanzung bei Einsiedlerkrebsen

Aufgabe

① Werten Sie den Text und die Abbildung 2 aus und deuten Sie das Ergebnis im Sinne einer Lebenslaufstrategie.

Fortpflanzung und Räuberdruck

3 Guppys

Guppys, kleine Süßwasserfische, bewohnen in ihrem Verbreitungsgebiet ganz unterschiedliche Gewässer, in denen sie von ganz verschiedenen Raubfischen verfolgt werden. Bei einer Untersuchung fand man, dass sie in einem Gewässer (A) von einem Räuber verfolgt wurden, der besonders erfolgreich Jagd auf ausgewachsene große Guppys machte, in einem anderen Gewässer (B) erbeutete eine zweite Raubfischart besonders häufig die jüngeren, kleineren Guppys. In beiden Gewässern maß man die in den folgenden Grafiken dargestellten Zusammenhänge. Dabei ist der Reproduktionsaufwand der Anteil der Biomasse, den Weibchen in die Fortpflanzung stecken. Weibchen in Gewässer (A) wurden früher geschlechtsreif. Zuchtversuche in Aquarien ohne Raubfische zeigten, dass die verschiedenen Fortpflanzungsstrategien erblich bedingt sind.

Aufgabe

② Fassen Sie die Aussagen der Abbildung 4 zusammen und stellen Sie einen Zusammenhang zu den jeweiligen Räuberstrategien dar.

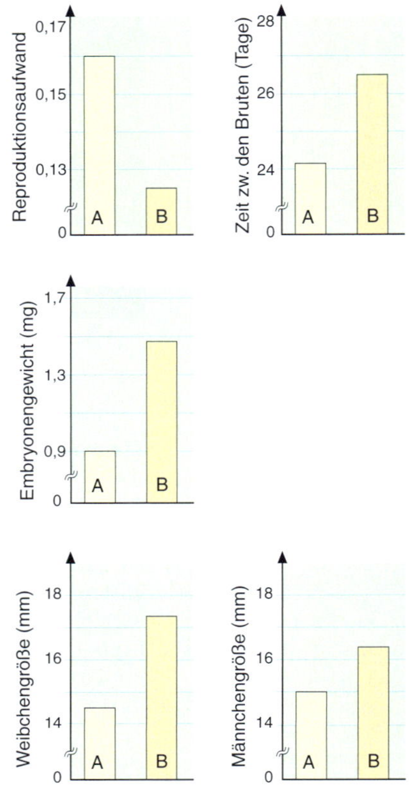

4 Fortpflanzungsstrategien

Fortpflanzung und Überlebensrate

5 Kohlmeise mit Jungen

Forscher untersuchten bei Kohlmeisen verschiedene Zusammenhänge, die in Abbildung 309.1 dargestellt sind (a, b). In Experimenten hat man Kohlmeisen zusätzliche Eier untergeschoben und so die durchschnittliche Gelegegröße von 8 auf 12 Eier erhöht. Später fing man die aus dem Nest ausgeflogenen Jungtiere wieder ein (c).

Abb. d zeigt den Zusammenhang zwischen der Anzahl aufgezogener Jungtiere und Überlebensrate der Eltern.

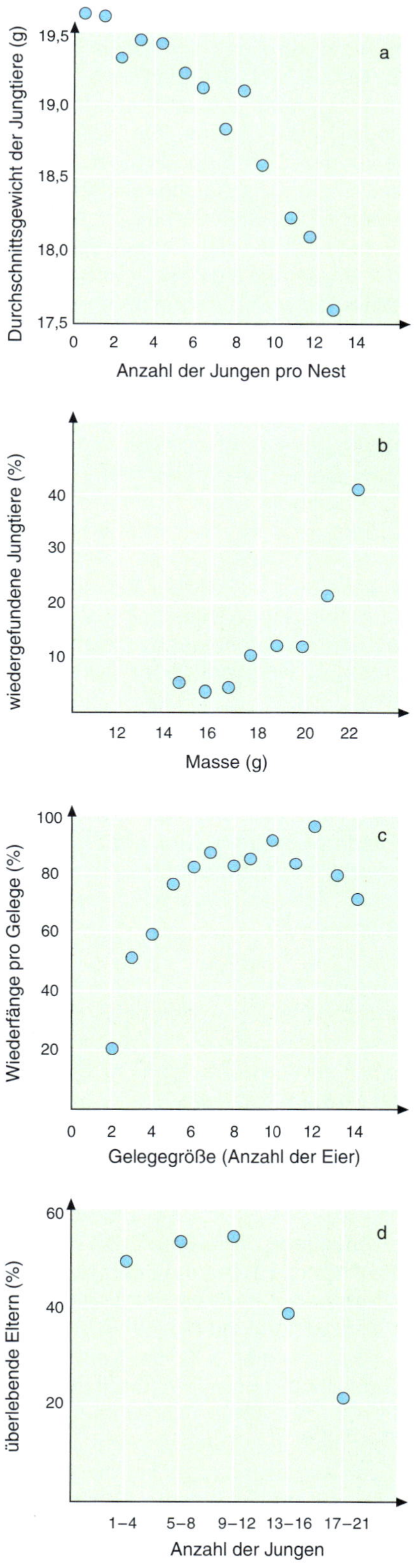

1 Fortpflanzung bei der Kohlmeise

Aufgaben

③ Fassen Sie die Ergebnisse der Abbildungen zusammen und stellen Sie Zusammenhänge zwischen den Einzelergebnissen her.

④ Erläutern Sie, welche Faktoren die optimale Gelegegröße bestimmen.

⑤ Erörtern Sie, welchen Einfluss ein gutes Futterangebot auf die Fortpflanzungsrate haben könnte.

Elterninvestment

2 Silbermöwe mit Jungen

Junge Tiere haben statistisch gesehen noch ein ganzes Leben mit der Möglichkeit der Fortpflanzung vor sich. Für sie lässt sich die Anzahl der potenziellen Nachkommen berechnen. Bei älteren Tieren ist ein Teil der Fortpflanzungszeit verstrichen. Die Anzahl an Jungen, die ein solches Tier noch erwarten kann, bezeichnet man als *Restreproduktionswert*. Erhöht sich die Sterblichkeit der Eltern, so sinkt der Restreproduktionswert. Dann muss ein Tier „entscheiden", ob momentane intensive Fortpflanzung auf Kosten späterer Möglichkeiten sich fortzupflanzen von Vorteil ist. Je älter ein Tier wird, desto weniger Restreproduktionspotential hat es zu verlieren.

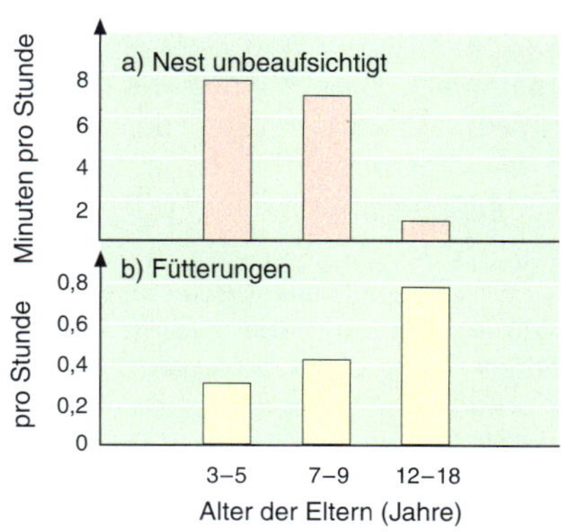

3 Elternaufwand bei der Silbermöwe

Abbildung 3 zeigt den Elternaufwand kalifornischer Möwen. Dabei zeigt Teil a die Zeit, während der die Eltern das Nest unbeaufsichtigt lassen und Teil b die Häufigkeit von Fütterungen pro Stunde.

Aufgabe

⑥ Fassen Sie die Aussagen des Textes zusammen und stellen Sie einen Bezug zu den Abbildungen her.

Lebenslaufstrategie und Geschlecht

4 Pantoffelschnecken-Pyramide

Die an Meeresküsten vorkommende **Pantoffelschnecke** bildet kleine Pyramiden aus mehreren unterschiedlich großen Tieren aus, die übereinander sitzen. Die unteren, größeren Tiere sind immer weiblich, die aufsitzenden kleineren männlich. Heranwachsende wechseln das Geschlecht. Derartige Geschlechterwechsel kommen auch bei verschiedenen Fischarten vor, wobei bei manchen die größeren Tiere zu Weibchen, bei anderen zu Männchen werden.

Man begründet diesen Wechsel folgendermaßen: Wenn der Fortpflanzungserfolg eines Geschlechtes mit Zunahme von Alter oder Körpergröße den Fortpflanzungserfolg eines gleich großen bzw. gleich alten Tieres des anderen Geschlechtes übersteigt, sollte ein Tier das erfolgreichere Geschlecht annehmen. So kann ein kleines Tier viele Spermien ausbilden und damit mehr Eizellen befruchten als es selbst bilden könnte. Mit Zunahme der Körpergröße und hoher Spermienkonkurrenz der Männchen untereinander könnte die Anzahl der Eizellen, die ein großer Fisch als Weibchen bilden kann, größer sein als die Anzahl an erfolgreichen Spermien, die der gleiche Fisch als Männchen hätte, d. h. dass für ein Männchen die „Entscheidung", zu einem Weibchen zu werden, außerdem davon abhängt, wie viele männliche Konkurrenten es schon gibt.

Aufgaben

⑦ Stellen Sie Bedingungen zusammen, unter denen erwachsene große Pantoffelschnecken zu Weibchen bzw. zu Männchen werden.

⑧ Je mehr Pantoffelschnecken eine Pyramide bilden, desto früher werden die weiter unten sitzenden zu Weibchen. Begründen Sie.

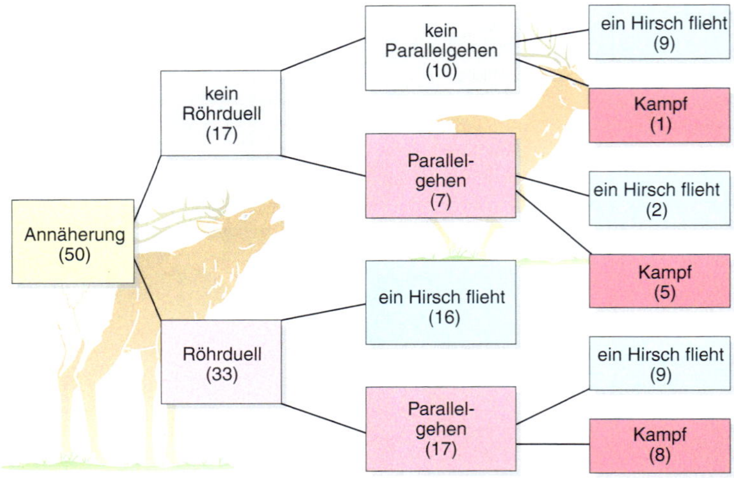

1 Beobachteter Verlauf von 50 Auseinandersetzungen

Kampfstrategien der Rothirsche

Wie bei vielen Tieren anderer Arten gibt es auch bei den Rothirschen zwei verschiedene Kampfsituationen: Einmal zur Verteidigung gegen Räuber und zum anderen im innerartlichen Konkurrenzkampf um Ressourcen oder Partner. Gegen Räuber wie Wölfe fliehen Hirsche oder verteidigen sich mit ihren Hufen. Beim innerartlichen Kampf verwenden sie ebenfalls ihre Hufe, solange das Geweih noch nicht verwendbar ist. Dies ist erst im Herbst zur Brunft der Fall.

Während der meisten Zeit des Jahres streifen männliche und weibliche Tiere in getrennten Rudeln durch ihr Revier. Erst zur Brunft versammeln sie sich an traditionellen Brunftplätzen. Männliche Hirsche versuchen eine Gruppe weiblicher Tiere, einen *Harem*, um sich zu versammeln. Dies können bis zu 20 Weibchen sein. Mit diesen zeugt der Haremsbesitzer, der *Platzhirsch*, Nachkommen, sobald sie Empfängnisbereitschaft signalisieren.

Nur wenige Männchen können einen Harem gründen und halten, denn die Konkurrenz ist groß. Immer wieder versuchen Rivalen, einige oder sogar alle Hirschkühe in den eigenen Harem wegzulocken und diesen zu vergrößern. Auseinandersetzungen zwischen Rivalen sind daher stets möglich und entsprechend häufig zu beobachten. Die Hirsche zeigen dabei eine abgestufte Vorgehensweise, eine *Strategie*, die eine Steigerung der Auseinandersetzung ermöglicht *(Eskalationsstrategie)*.

Allgemein lassen Hirsche während der Brunft ein tiefes Brüllen, das so genannte *Röhren* hören. Tonhöhe und Intensität hängen dabei von der Körpergröße und der Kondition des Tieres ab. Anfangs ist das Röhren allgemein und nicht auf einen speziellen Rivalen gerichtet. Nähert sich allerdings ein Rivale, so beginnt meistens ein sich steigerndes Wechselspiel des Röhrens, ein *Röhrduell*. Offenbar können sich die Individuen schon auf dieser Stufe gegenseitig einschätzen, sodass einige Auseinandersetzungen bereits hier beendet werden. Andernfalls beginnen die Rivalen im Abstand von 5 bis 10 Metern nebeneinander zu stolzieren, wobei der Gegner wiederum eingeschätzt werden kann. Auch auf dieser Stufe ist dann ein Abbruch der Auseinandersetzung möglich. Geschieht dies jedoch nicht, dann senken die Gegner ihre Geweihe und prallen krachend aneinander. Beide versuchen den Gegner wegzuschieben oder sogar zu verletzen. Die meisten Tiere sind anscheinend geschickt genug, eigene Verletzungen zu vermeiden, dennoch erleiden etwa 20 % bis 30 % aller Hirsche dadurch im Laufe ihres Lebens dauerhafte Schäden. Ein Kampf ist beendet, wenn ein Gegner stark verletzt ist oder flieht.

Die Kämpfe der Hirsche beinhalten zwei prinzipielle Teilstrategien. Zum einen wird imponiert, geschoben und Kraft gemessen, ohne dass es zu Verletzungen kommt. Dies wird *Kommentkampf* genannt. Zum anderen sind aber schwere Verletzungen möglich, auch mit tödlichem Ausgang. Man spricht von *Beschädigungskampf*.

Die bei den Hirschen beobachtbare Abstufung, nämlich mit Kommentkampf zu beginnen und erst bei Bedarf zum Beschädigungskampf zu wechseln, scheint generell vorteilhaft zu sein. Auf diese Weise wird nur der geringste notwendige Einsatz geleistet. Doch findet man diese Gesamtstrategie nicht bei allen Tierarten. Bei einigen ist nur Kommentkampf zu beobachten, bei anderen vorwiegend Beschädigungskampf. Die Frage, welche Bedingungen die eine oder die andere Verhaltensweise begünstigen, untersucht man mit *konzeptionellen Modellen* (s. Seite 311). So versucht man z. B. die Kampfstrategien und ihren Erfolg mit mathematischen Modellen zu beschreiben. Die Bedingungen, unter denen sich im Modell Kommentkampf oder Beschädigungskampf als vorteilhaft erweist, liefern dann mögliche Erklärungen von in der Natur real zu beobachtenden Verhältnissen bzw. geben Anlass zu weiteren Untersuchungen.

Computersimulation der Kampfstrategien

Modell mit zwei Strategien

Tiere kämpfen mit Artgenossen um eine Ressource, im vorliegenden Fall ist dies ein Geschlechtspartner, mit dem Nachkommen gezeugt werden. Bei der Simulation geht es um die Frage, unter welchen Bedingungen sich eine der Kampfstrategien *Kommentkampf* (K-Kampf) oder *Beschädigungskampf* (B-Kampf) hierfür als erfolgreicher erweist.

Das Modell ist wie folgt konstruiert: In einer Population gibt es Individuen, die K-Kampf oder B-Kampf führen.

Kommentkämpfer (K): Nur K-Kampf, flieht aber bei B-Kampf des Gegners unverletzt.
Beschädigungskämpfer (B): Nur B-Kampf.

Im Modell sei anfangs eine Population aus K-Kämpfern gegeben, (z. B. 99 %), in der durch Mutation B-Kämpfer neu hinzukommen. Nun werden sämtliche möglichen Kampfpaarungen simuliert und deren Ausgänge festgehalten. Dies kann Niederlage, Sieg sowie zusätzlich Verletzungen bei Niederlage in einem durchgeführten B-Kampf sein, die folgendermaßen gewertet werden:

Niederlage: stets 0 Punkte,
Sieg: +50 Punkte,
Verletzungen: −100 Punkte

	bewerteter Kämpfer	
	K	B
K	25	50
B	0	–25

Bei gleicher Wahrscheinlichkeit für zwei Ergebnisse gilt der Mittelwert, z. B. bei B-Kämpfer gegen B-Kämpfer:
$(50 + (-100)) : 2 = -25$

Die exakten Punktwerte sind hier willkürlich vorgegeben. Dies ist jedoch von geringerer Bedeutung, denn wichtig sind später vorwiegend die Unterschiede zwischen den Ergebnissen bei verschiedener Bewertung mit Punkten.

Bei der Berechnung der neuen Generation wird aus sämtlichen Kämpferkombinationen für jeden Kämpfertyp die erreichte Punktzahl ermittelt. Die neue Generation enthält dann beide Kämpfertypen entsprechend dem Verhältnis der erreichten Punktzahl. Im Verlauf der Generationen zeigt sich ein Evolutionsprozess, in dem sich die Häufigkeiten der Strategien verändern.

Der Vergleich verschiedener Simulationen zeigt Folgendes: Eine Erhöhung der Siegpunkte oder eine Verminderung der Verletzungspunkte begünstigen den B-Kampf. Dies zeigt eine relative Gewichtung beider Faktoren: Je größer der potenzielle Gewinn ist (Siegpunkte), desto eher lohnt sich ein hohes Risiko (Verletzungspunkte). Oft bleiben bestimmte Anteile beider Strategien bestehen, die Kämpfertypen kommen dann dem Gleichgewichtsverhältnis entsprechend häufig vor. Dies kann aber ebenso bedeuten, dass alle Individuen beide Strategien in entsprechender Mischung verwenden. Hier erweist sich das Modell mit zwei Strategien als zu einfach konstruiert, es bedarf einer Erweiterung, die Kombinationen der Strategien als Taktiken enthält.

Modell mit fünf Strategien

Das Modell mit fünf Strategien enthält zusätzlich zu den beiden bekannten folgende drei Strategien, die auch einen Wechsel der Taktiken enthalten:

Sondierer (S): Beginnt mit K-Kampf, wechselt bei K-Kampf des Gegners zum B-Kampf, flieht aber bei B-Kampf.
Vergelter (V): Beginnt mit K-Kampf, wechselt bei B-Kampf des Gegners ebenfalls zum B-Kampf.
Einschüchterer (E): Beginnt mit B-Kampf, flieht bei B-Kampf des Gegners.

In diesem Modell setzt sich stets die Vergelterstrategie durch. Zum Teil können wenige reine Kommentkämpfer mit vorkommen. Diese ist jedoch letztendlich nicht mehr zu differenzieren, denn zwischen Vergeltern und Kommentkämpfern wird es nur K-Kämpfe geben; alle Individuen erscheinen dann als Kommentkämpfer. Auch dieses Modell hat damit seine Grenze, denn eine Steigerung des Einsatzes ist nicht mehr vorgesehen, selbst wenn der zu erringende Gewinn dies lohnend erscheinen lässt.

Aufgaben

① Erstellen Sie eine Tabelle mit den Kämpferpaarungen und tragen Sie die Kampfergebnisse ein.
② Untersuchen Sie, wieweit die Modelle der Kampfstrategien Erklärungen für das Verhalten der Rothirsche liefern.

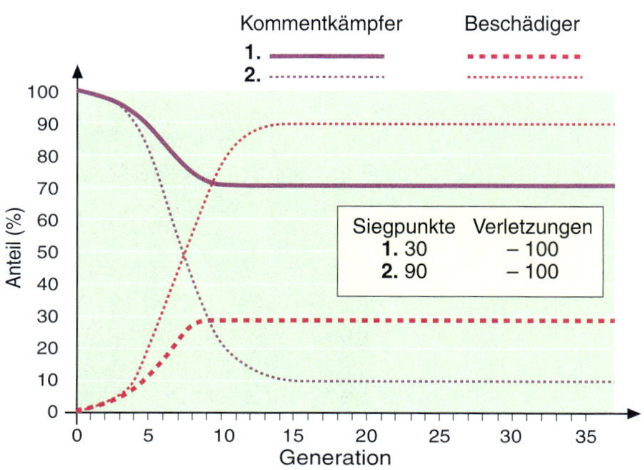

Simulationsergebnis mit zwei Strategien

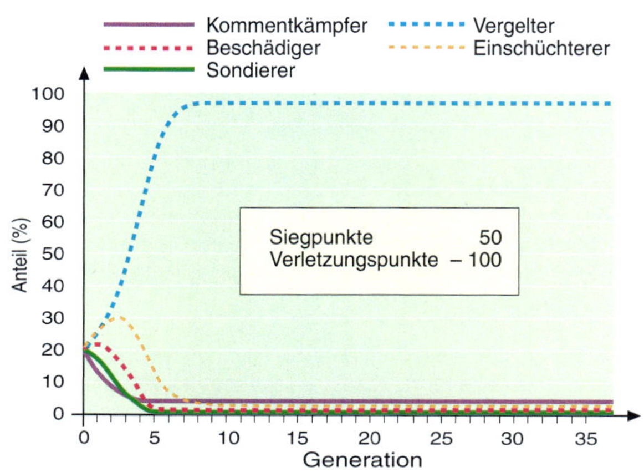

Simulationsergebnis mit fünf Strategien

Zettelkasten

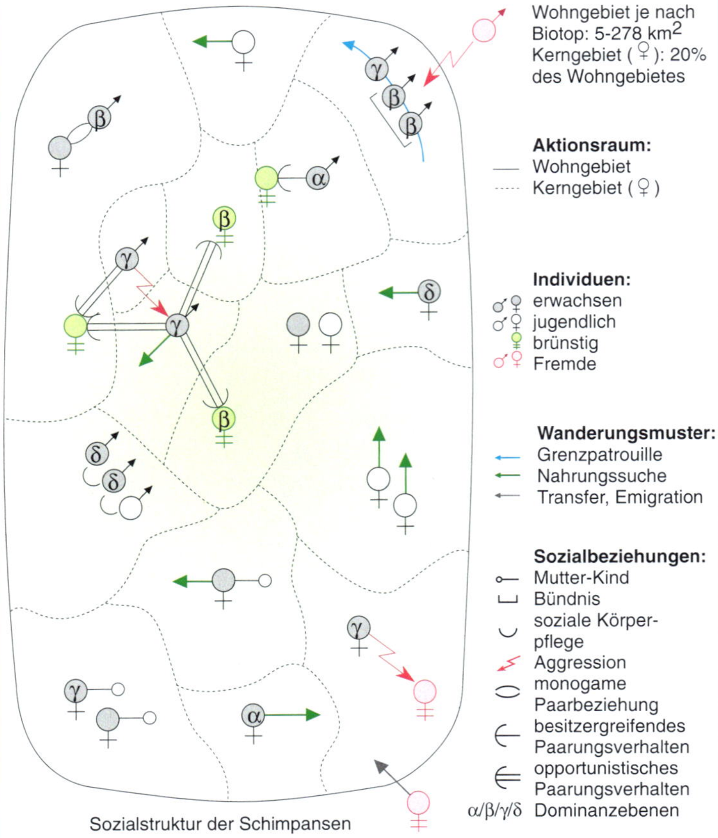

Sozialstruktur der Schimpansen

Die Gemeinschaft der Schimpansen

Schimpansen leben in Gruppen mit bis zu 50 Tieren zusammen und fressen bevorzugt Früchte. Je nach Lebensraum wechselt die Dichte der reifen Fruchtbäume stark. So zerfällt die Schimpansengemeinschaft je nach Nahrungsangebot und der Häufigkeit brünstiger Weibchen in Männertrupps, Mutter-Kinder-Trupps und gemischtgeschlechtliche Trupps. Versammlungen und Zerfall in Untergruppen kennzeichnet die *Sammlungs-Trennungs-Gesellschaft*. Ein Vorteil des Zusammenschlusses besteht in der Möglichkeit, kooperativ zu jagen, womit die Wahrscheinlichkeit zunimmt, Beutetiere, wie kleinere Affen, Buschschweine oder junge Antilopen zu fangen. Die Jagd wird weitgehend von den Männchen durchgeführt, die ihre Beute mit den Weibchen teilen.

Männchen verteidigen das Gruppenterritorium gemeinsam. Einzeln können sie ihr Ziel, Zugang zu möglichst vielen Weibchen zu haben, nicht schaffen. Die Männchengruppe sichert damit gemeinsam ihre wichtigste Ressource (paarungsbereite Weibchen), da Weibchen auf der Nahrungssuche ein großes Wohngebiet durchstreifen können. Fremde Weibchen werden in den Sozialverband aufgenommen, Männchen jedoch nicht. In der Gruppe geborene Weibchen verlassen die Gruppe vor der Geschlechtsreife, die Männchen bleiben in der Gruppe. Sie sind miteinander verwandt und kennen sich sehr gut. Männliche Schimpansen bilden Bündnisse.

Die Schimpansenweibchen kopulieren mit möglichst allen Männchen der Gruppe, was dazu führt, dass alle Männchen Vater sein könnten. Dies ist ein möglicher Grund dafür, dass sich keines aggressiv gegen ein Neugeborenes verhält. In Westafrika wechseln die Weibchen in ihrer fruchtbaren Phase häufig heimlich die Gruppe, so dass rund 50 % der Jungtiere von Männchen aus Nachbargruppen gezeugt wurden.

Aggression und Rangordnung

Ursprünglich galten Schimpansen als außergewöhnlich friedlich, durch die Forschung der letzten Jahrzehnte hat sich das genaue Gegenteil herausgestellt. Schimpansen sind außergewöhnlich aggressiv und können für Artgenossen eine tödliche Gefahr darstellen. Dabei lassen sich schon vom Ausmaß der Aggressivität zwei Formen unterscheiden: Kämpfe gegen Gruppenfremde und solche gegen Gruppenmitglieder. Kämpfe gegen Angehörige von Nachbargruppen finden fast ausschließlich unter Männchen statt, dauern länger als Innergruppenauseinandersetzungen und sind besonders brutal. 30 % der Schimpansenmännchen sterben in derartigen Zwischengruppenkonflikten. Bei Kämpfen gegen Nachbarmännchen verhalten Schimpansenmännchen sich eher wie bei ihren Jagden auf Beutetiere. Die Schimpansenforscherin Jane Goodall schreibt dazu: „Ich vermute, wenn man ihnen Feuerwaffen gegeben und erklärt hätte, wie sie funktionieren, dass sie sie verwendet hätten, um ihre Nachbarn zu erschießen."

Aber auch 30 % der Kämpfe innerhalb der Gruppe führen zu Verletzungen. Während Weibchen besonders häufig um Zugang zu Futter kämpfen oder um ihre Jungen zu verteidigen, kämpfen die Männchen besonders häufig um Zugang zu paarungsbereiten Weibchen und um ihre Rangordnungsstellung. Wenn ranghohe Weibchen ihren Jungtieren bei Kämpfen helfen, überträgt sich ihr Rang auf den Nachwuchs. Danach bekommen sie besonders erfolgreiche Söhne, die viele Enkel zeugen.

1 Imponiergehabe des Schimpansen

Da nach BATEMAN die Fitnessunterschiede für Männchen viel größer sein können als für Weibchen, steht bei Auseinandersetzungen unter Männchen viel mehr auf dem Spiel. Daher kämpfen diese viel intensiver als Weibchen.

Rangordnungen gibt es in vielen geschlossenen individualisierten Gesellschaften. Sie sind manchmal linear, wobei die ranghöheren jeweils über die rangniederen Tiere dominieren. Nach dem griechischen Alphabet wird das ranghöchste als α-*Tier* bezeichnet, dann folgt das β-Tier, danach das γ-Tier und am Ende der Rangordnung das Ω-Tier. Bei den anderen Rangordnungstypen treten Gruppen gleichrangiger Tiere oder auch Dreiecksbeziehungen mit teilweise umgekehrter Rangposition zwischen einzelnen Tieren auf.

Rangordnungen führen zu Vorrechten im Zugang zu Ressourcen und dadurch zu unterschiedlich guten Erfolgen in der Zeugung bzw. in der Aufzucht von Jungen, d. h. zu Fitness-Unterschieden. Je nachdem, wie groß Gewinne und Verluste bei Auseinandersetzungen sind, treten Rangordnungskämpfe auf oder auch nicht. Wenn sich ein Kampf lohnen soll, muss der Nutzen der Ressourcen (N_R) multipliziert mit der Wahrscheinlichkeit den Kampf zu gewinnen (P_G) größer sein, als die zu erwartenden Kosten des Kampfes (K_K), d. h. $N_R \cdot P_G > K_K$.

Während unter Männchen meist eine klar ausgeprägte Hierarchie besteht, fehlt diese bei Weibchen oft. Ranghohe Männchen haben Paarungsvorteile bei fortpflanzungsbereiten Weibchen, ranghohe Weibchen besseren Zugang zum Futter. Paarungsbereite Weibchen kopulieren mit vielen Männchen nacheinander, wobei die ranghöchsten Männchen zum Zeitpunkt des Eisprunges am häufigsten zum Zug kommen und so ihre Spermien mit größerer Wahrscheinlichkeit die Eizelle befruchten. Spermien verschiedener Männchen konkurrieren um die Eizelle, was evolutiv zur Ausbildung besonders großer Hoden führte. Schwächere Männchen sichern sich Nachwuchs, indem sie mit einem Weibchen die Gruppe verlassen, bevor dessen Paarungsbereitschaft sichtbar wird.

Innerhalb von Rangordnungen haben Verlierer Nachteile. Diese werden aber meist durch die Vorteile des Lebens in der Gruppe aufgewogen. Einerseits nutzen Rangniedere den Schutz, den die Gruppe vor Feinden bietet, andererseits gehen Verlierer weniger Kosten und Risiken zu Zeiten ein, in denen ein Kampferfolg unwahrscheinlich ist. Sie warten ab, sodass sie später vielleicht einmal die Führungsrolle übernehmen können oder sie wechseln die Gruppe.

Aufgabe

① Begründen Sie auf der Grundlage einer Risikoabwägung, warum die Männchen häufiger Rangordnungen ausbilden als die Weibchen.

Zettelkasten

Versöhnung

Bei Schimpansen hat der Affenforscher FRANS DE WAAL beobachtet, dass nach aggressiven Begegnungen in 40 % der Fälle die Gegner innerhalb von einer halben Stunde Kontakt zur Versöhnung aufnehmen.

Im einfachsten Falle wurde dem Gegner die ausgestreckte, nach oben offene Hand entgegengehalten. Gelingt es Männchen nach einem Kampf nicht, die Kommunikation wieder aufzunehmen, kann ein Weibchen zwischen beiden vermitteln. Es nähert sich einem Männchen, betreibt soziale Fellpflege *(grooming)* mit ihm und fordert gleichzeitig den Kontrahenten durch einen Augenkontakt auf, zu folgen. Wenn auch das zweite Männchen neben dem Weibchen sitzt, wird es von beiden am Fell gepflegt. Zieht sich das Weibchen zurück, pflegen sich die beiden bald gegenseitig.

Während das Versöhnungsverhalten bei Schimpansen meist von den unterlegenen Tieren ausgeht, übernehmen bei ehemaligen Gegnern unter Zwergschimpansen meist die ranghohen Tiere die Initiative. Diese Schimpansenart baut soziale Spannungen besonders häufig über Sexualkontakte ab. Diese Beispiele machen deutlich, dass im sozialen Verhalten unserer nahen Verwandten Versöhnung und Konfliktvermeidung angelegt sind.

Signale und Kommunikation

absolute Wahrheit
Die Interessen von Sender und Empfänger stimmen völlig überein.

Beispiel: Tanz der Honigbienen, warnfarbige Insekten.

eingeschränkte Wahrheit
Der hohe Anteil gemeinsamer Interessen schränkt Betrug ein. Kern der Wahrheit ist groß.
Beispiel: Ehepartner, Eltern und Kinder, Geschwister.

Jedes Tier sendet durch seine bloße Existenz Signale in die Umwelt aus. Es reflektiert Licht, sodass möglicherweise Farbe und Bewegung erkennbar sind und es gibt Duftstoffe oder Geräusche ab.

Wenn ein Tier *(der Sender)* ein Signal abgibt, das von einem anderen Tier *(dem Empfänger)* aufgenommen, verarbeitet und für eine eigene Reaktion verwendet wird, liegt normalerweise *Kommunikation* vor (Abb. 1). Derartige Kommunikationssysteme können zwischenartlich sein, wie z. B. zwischen Räuber und Beute oder auch innerartlich.

Für jedes Signal kann man die Fitnessvor- oder -nachteile für den Sender und den Empfänger abschätzen und danach u. a. die drei Kombinationen der Abbildung 315. 1 unterscheiden:

1 Sender-Empfänger-Modell

1. Wenn ein giftiges Insekt Warnfarben trägt und daher nicht gefressen wird oder wenn Bienen sich den Ort einer Nahrungsquelle mitteilen, handelt es sich um *kooperatives Signalisieren.*
2. *Versehentliches Signalisieren* liegt vor, wenn ein Vogel durch Gesang ein Weibchen sucht, aber dabei gleichzeitig einem Raubvogel seinen Standort verrät.
3. *Betrügerisches Signalisieren* geht von einem harmlosen Insekt aus, das ein giftiges Vorbild nachahmt.

2 Rotgesichtsuakari

Sehr früh hat man entdeckt, dass in der zwischenartlichen Kommunikation getäuscht und betrogen wird – dies natürlich unbewusst, aber meist sehr effektiv. Da man in der klassischen Ethologie davon ausging, dass Tiere alles für die Arterhaltung tun, hat man innerartlich weitgehend kooperatives Signalisieren erwartet und mit dem Betrug an Artgenossen nicht gerechnet. Erst die Vorstellung, dass Individuen egoistisch handeln, machte verständlich, dass häufig auch innerartliches Täuschen vorkommt. Überrascht war man z. B., als man mittels genetischem Fingerabdruck entdeckte, dass in manchen Vogelnestern Eier lagen, die von anderen Weibchen stammten *(innerartlicher Brutparasitismus)*. Je nach Situation und Voraussetzungen für Sender und Empfänger, liegt der Wahrheitsgehalt der Signale irgendwo zwischen den Extremen der völligen Wahrheit und des totalen Betrugs. (→ 210/211)

Betrügerisches Signalisieren ist umso wahrscheinlicher,
je leichter ein Signal zu fälschen ist,
je weniger gemeinsame Interessen Sender und Empfänger haben,
je weniger Sender und Empfänger miteinander verwandt sind,
je seltener zwei Partner sich treffen, da dann gegenseitige Vorteilsgewährung unwahrscheinlicher wird.

eingeschränkter Betrug
Betrug wird nur durch Misstrauen der Artgenossen eingeschränkt. Der Wahrheitskern ist gering.
Beispiel: Signale zwischen Rivalen, besonders, wenn sie nicht verwandt sind.

totaler Betrug
Keine gemeinsamen Intressen von Sender und Empfänger.
Beispiel: Räuber und Beute.

	Fitness-Effekt für	
	Sender	Empfänger
kooperatives Signalisieren	⊕	⊕
versehentliches Signalisieren	⊖	⊕
betrügerisches Signalisieren	⊕	⊖

1 Kommunikation und Fitness-Effekt

Betrugsvermeidung

Betrug kann auf Empfängerseite auf zwei Weisen vermieden werden: Zum einen dadurch, dass der Empfänger nur auf schwer oder nicht fälschbare Signale achtet. Viele Weibchen im Tierreich (s. Kasten) bewerten die Überlebensfähigkeit der Männchen als potenzielle Paarungspartner an Merkmalen, die von jüngeren oder weniger gesunden Konkurrenten nicht gefälscht werden können, wie z. B. der Besitz von Schmuckfedern, die beim Flug behindern *(Handicap-Prinzip)*. Die Gesänge von Blaumeisenmännchen werden über Lernvorgänge mit zunehmendem Lebensalter immer komplizierter und sind ein unfälschbares Zeichen für Überlebensfähigkeit. Die Gesichtsfarbe der südamerikanischen Rotgesichtsuakaris ist nur bei Männchen mit intaktem Immunsystem kräftig rot gefärbt (Abb. 314. 2). Erkrankte Männchen sind blasser. Ähnliches gilt für den roten Bauch männlicher Stichlinge. Weibchen können so an der Farbe zuverlässig einen gesunden Partner auswählen.

Zum anderen kann der Empfänger Betrug vermeiden, indem er Misstrauen entwickelt. Die Evolution der Sprachfähigkeit des Menschen hatte sicherlich große Selektionsvorteile, brachte aber das Problem mit sich, dass sprachliche Informationen sehr leicht zu fälschen sind. Dies führte wahrscheinlich dazu, dass man hauptsächlich denjenigen Individuen traut, die am wahrscheinlichsten ehrlich sind, d. h. Verwandten und guten Bekannten, die man täglich sieht. Viele Forscher glauben, dass mit der Entwicklung der menschlichen Sprache gleichzeitig Eigenschaften herausgearbeitet wurden, an denen Mitglieder der eigenen Gruppe erkennbar sind, wie Dialekte und Stammesabzeichen.

Aufgabe

① Beschreiben Sie, auf welche Weise Kosmetik, Mode und Schönheitschirurgie im Dienste der Signalfälschung stehen könnten.

Zettelkasten

Ritualisierung

Der *Jagdfasan* scharrt während der Balz, tritt zurück und pickt mit Futterlocken gegen den Boden. Die Henne läuft herbei. Der *Glanzfasan* entwickelt zur Balzzeit einen fächerartigen Schwanz. Er verbeugt sich mit leicht gefächertem Schwanz vor der Henne und hackt mit Schnabelschlägen in den Boden. Die Henne läuft herbei und sucht vergeblich nach Futter. Er spreizt jetzt seine Schwanzfedern und Schwingen maximal. Sein Schwanzgefieder bewegt sich langsam rhythmisch vor und zurück. Der *Pfaufasan* kratzt am Boden, verbeugt sich unter Flügelanheben und Schwanzfächern. Kommt ein Weibchen, bietet der ihm Futter an. Die Verhaltensweisen der Balz sind aus dem Futterlocken hervorgegangen. Hennen holen die Küken zum Futter, indem sie scharren, picken und Lockrufe ertönen lassen. Der Vergleich der nahe verwandten Fasanenarten zeigt, dass die Verhaltensweisen aus dem Zusammenhang des ursprünglichen Funktionskreises gelöst und in den des Fortpflanzungsverhaltens eingeordnet wurden. Dabei sind Ausdrucksbewegungen entstanden, die stark verlangsamt ausgeführt, durch auffällige Farben und häufige rhythmische Wiederholungen unterstrichen werden. Im Laufe der Evolution hat das Futterlocken eine neue Bedeutung bekommen. Es erhielt Signalfunktionen *(Ritualisierungen)* und dient der innerartlichen Kommunikation.

Jagdfasan

Glanzfasan

Pfaufasan

Kulturenvielfalt und menschliche Universalismen

Kulturelle Vielfalt

Die Fähigkeit zu Lernen ermöglicht es nicht nur den Menschen, ihr Verhalten an kurzfristige Veränderungen oder lokale Besonderheiten der Umwelt anzupassen und dieses Verhalten durch Nachahmung von der vorherigen Generation zu übernehmen. Lebensräume, wie Kältesteppen, Regenwälder oder Savannen erfordern unterschiedliche Werkzeuge und Ernährungsstrategien, ermöglichen oder erfordern aber auch verschiedene Sozialformen und moralische sowie religiöse Vorstellungen.

Traditionelle Vorstellungen

Die traditionelle Vorstellung der Anthropologie sah im menschlichen Gehirn einen bei der Geburt leeren und später von außen programmierten Allzweck-Computer. Nach dieser Vorstellung war menschliches Verhalten ein ausschließlich soziales Produkt. Der Anthropologe BROWN fasst die herkömmliche Theorie so zusammen: „Kultur verläuft willkürlich und kann innerhalb einer Gesellschaft unzählige Formvariationen annehmen. Menschliches Verhalten wird grundsätzlich durch Kultur und nicht etwa durch Biologie oder Genetik bestimmt.“ Vom Ende des 19. Jahrhunderts zum Teil bis heute vertreten Anthropologen diese Idee. Gemeinsame biologisch determinierte Verhaltensweisen waren danach weder nötig noch möglich.

Der neue Erklärungsansatz

Neuere Untersuchungen zeigen, dass diese Vorstellungen vom leeren Allzweck-Computer-Gehirn, das von außen programmiert wird, falsch sind. TOOBY und COSMIDES belegen, dass das menschliche Gehirn viele „Module“ enthält, die für verschiedene Problemlösungsfelder zuständig sind und Verhaltensprogramme steuern. Diese müssen für alle gleich sein *(Universalismen)*, da sie in den rund zwei Millionen Jahren evolvierten, in denen unsere Vorfahren in Sammlerinnen- und Jägerkulturen lebten. Die wenigen Jahrtausende, die moderne Kulturen, wie z. B. Ackerbauern, existieren, konnten keine evolutiven Veränderungen am Gehirn bewirken.

Daraus folgt zwangsläufig, dass alle Menschen weltweit ein gemeinsames „Grunddesign“ besitzen müssen.

Kulturerwerb

Bis vor kurzer Zeit glaubte man, dass die von Erwachsenen vorgelebte Kultur von den Kindern passiv übernommen würde *(Tradition)*. Inzwischen hat man erkannt, dass diese Übernahme durch Kinder ein sehr aktiver, aber auch selektiver Vorgang ist. Kinder suchen aus dem, was sie umgibt, „kulturelle Einheiten“ heraus. Daher spricht man heute lieber von „rekonstruierter“ oder „adoptierter“ Kultur. Jedes Kind wird in eine Gruppe mit Verhaltensregeln und Moralvorstellungen hineingeboren, beobachtet das Verhalten der Gruppenmitglieder und

erschließt die in den Köpfen der anderen vorherrschenden Regeln und Überzeugungen, um Vorhersagen über mögliche Reaktionen und Verhaltensweisen machen zu können. Nur so ist Kommunikation möglich. Dabei wird besonders gut von Verwandten, Freunden und erfolgreichen Personen gelernt. Je weniger die Vorstellungen der Kommunikationspartner übereinstimmen, desto schwieriger wird die Kommunikation. Dadurch entsteht beim Besuch fremder Länder der so genannte Kulturschock. Die Übernahme von Wertvorstellungen scheint prägungsähnlichen Charakter zu haben, sodass einmal erlernte Werte später schwer oder gar nicht verändert werden können.

Universalismen

Merkmale, die alle Menschen gemeinsam haben, nennt man *Universalismen*. Zu ihnen gehören u. a.

a) die Sicht der Welt, d. h. Menschen erleben sich als das Zentrum ihrer Welt, vermenschlichen Tiere und Objekte, denken in Kausalketten und nicht vernetzt und können sich transzendente Wesen vorstellen.

b) das Leben in Gruppen, d. h. Menschen leben in geschlossenen, strukturierten Gruppen, haben große Teile der Mimik und deren Verstehens gemeinsam, bevorzugen Verwandte, erkennen soziale Betrüger, bilden Dialekte, Stammes- und Statusabzeichen aus, erleben sich als die „wahren Menschen" und misstrauen Fremden *(Ethnozentrismus)*, entwickeln gemeinsame Normvorstellungen und lieben Klatsch.

c) die Sexualität, d. h. Menschen entwickeln ein Inzesttabu, besitzen übereinstimmende Partnerwahlkriterien und zeigen geschlechtsspezifisch unterschiedlich starke Eifersuchtsreaktionen.

Überlegen Sie, welche Bedeutung die Pubertät für die Kulturenübernahme haben könnte.

Für die Inuit, die sich fast ausschließlich von Meerestieren ernähren, wohnt ihre wichtige Göttin Sedna, die über die Tiere der See herrscht, bezeichnenderweise auf dem Boden des Meeres.

Informieren Sie sich, inwieweit sich die verschiedenen Religionen unterscheiden und welche Übereinstimmungen es gibt.

Überlegen Sie, warum es für Werkzeuge gleicher Funktion größere Übereinstimmungen geben muss als bei den Vorstellungen über die Götter.

Partnersuche

Untersuchungen in verschiedenen Kulturen weltweit haben aufgedeckt, dass Männer und Frauen sich in den Kriterien der Partnerwahl unterscheiden, dass die Vorstellungen der Männer und Frauen untereinander jedoch weitgehend übereinstimmen.

Netter aufgeschl. Er, stud., sportl., schlank., 48 J., 177 cm, naturverb., einfühlsam möchte schl. jüngere, gutauss. Frau mit Bildung und Niveau für einen späteren gemeinsamen Weg kennenlernen. Chiffre ✉ 684150667A

Akademikerin, 52 J., 162 cm, jugendlicher Typ, blond, 50 kg, Normalfigur, wünscht für eine dauerhafte Beziehung den warmherzigen aufgeschlossenenen Partner. Bild wäre schön. Chiffre ✉ 157468066A

Analysieren Sie in Heiratsanzeigen, welche Eigenschaften Männer und Frauen von sich selber anpreisen und welche sie vom potenziellen Partner erwarten (z. B. Lebensalter, Einkommen usw.). Dies ist über das Internet auch in fremden Ländern möglich.

Werkzeuge und Götter

Vor rund 20 000 Jahren waren die Kulturen weltweit annähernd gleich, die Menschen benutzten Steinwerkzeuge, die sich weltweit nur in Feinheiten unterschieden. Alle Unterschiede, die wir heutzutage sehen, sind in der Zeit danach vom Menschen in lokalen Populationen entwickelt worden. Dabei sind ihre Werkzeuge — je nach Funktion — oft sehr ähnlich, deren Verzierung, der Körperschmuck der Menschen und ihre Vorstellung von Göttern unterscheidet sich jedoch stark. Aber dennoch findet man oft Übereinstimmungen. So lokalisieren Jägerkulturen, die sich auf Wanderungen an Gestirnen orientieren, ihre Götter meist im Himmel, die Götter der Ackerbauern sind oft weiblich und in der Erde.

Habitatwahl

Ein für unsere Vorfahren geeigneter Lebensraum musste verschiedene Erwartungen erfüllen: Er musste Wasser und Nahrung liefern, überschaubar sein und Schutz bieten. Für diesen Schutz spielten mit Sicherheit Bäume eine wichtige Rolle, aber nur, wenn sie gut zu erklettern waren und Sichtschutz boten. Da die Savanne die längste Zeit der Lebensraum unserer Vorfahren war, ist zu erwarten, dass deren Landschaftsmerkmale auch heute noch von Menschen bevorzugt werden.

Stellen Sie Bilder verschiedener Landschaftstypen (Wüste, Steppe, Savanne — mit bzw. ohne Gewässer — oder tropischer Regenwald) zusammen und testen Sie im Rahmen einer Befragung, welchen Lebensraum Mitschüler bevorzugen.

Testen Sie mit verschiedenen Abbildungen, welche Merkmale ein Baum haben muss, in dessen Nähe man gerne Picknick machen würde.

Ökologie

Die hohe Komplexität des Lebens auf der Erde erfordert verschiedene Perspektiven, aus deren Warte biologische Phänomene betrachtet werden. Cytologie, Physiologie und Molekularbiologie beschäftigen sich mit der Struktur und Funktionsweise eines Individuums sowie seiner Organe.

Alle Individuen stehen jedoch auch in enger Beziehung zu ihrer Umwelt — das ist alles, was außerhalb des einzelnen Individuums existiert. Diese Beziehungen sind Thema der *Ökologie*. Auch hier sind unterschiedliche Sichtweisen und Perspektiven möglich.

Die Beziehungen des einzelnen Individuums zu seiner Umwelt sind das zentrale Thema der *Autökologie*. Autökologische Untersuchungen brauchen die enge Verknüpfung vor allem zur Physiologie.

Zur Umwelt eines Individuums gehören natürlich auch Artgenossen und Individuen anderer Arten. Die *Populationsökologie* stellt diese Perspektive in den Mittelpunkt.

Die zwischenartlichen Beziehungen der Lebewesen können sehr unterschiedlich sein: So können Individuen anderer Arten die eigene Vitalität fördern, aber auch hemmen. Diese Wechselbeziehungen der verschiedenen Arten untereinander ist das Thema der *Synökologie*. Sie steht in enger Beziehung zur *Populationsökologie*.

Autökologie

Populationsökologie

Synökologie

Die Populationen verschiedener Arten wiederum stehen in enger Beziehung zu ihrem spezifischen Lebensraum. Sie formen ihn und werden durch ihn geformt. Dadurch kommt es zu komplexen Wechselbeziehungen zwischen den Lebensgemeinschaften, den *Biozönosen*, und ihrem durch physikalische und chemische Faktoren bestimmten Lebensraum, dem *Biotop*. Mit diesem komplexen Zusammenspiel beschäftigt sich die *Ökosystemforschung*.

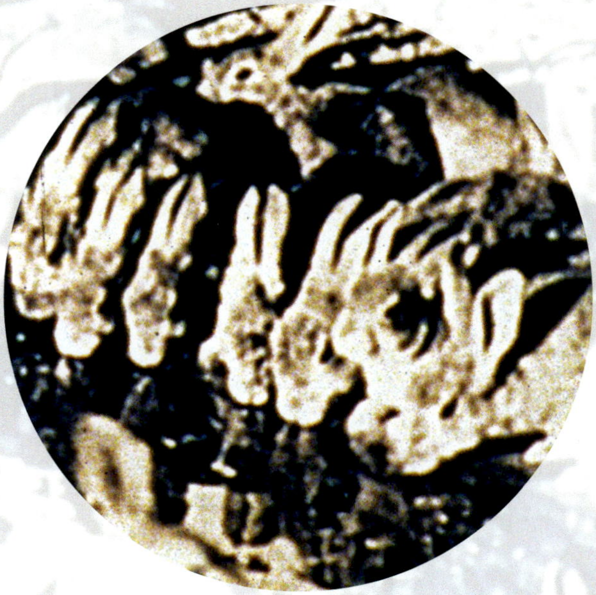

Syn- und Populationsökologie zeigen auch enge Verknüpfungen zu anderen Disziplinen der Biologie. Vor allem verhaltensbiologische Aspekte verzahnen eng mit den ökologischen Fragestellungen *(Ökoethologie)*. Alle Teilbereiche wiederum sind letztendlich nur aus der Evolutionsgeschichte der Populationen verständlich. So zeigt sich, dass die verschiedenen Perspektiven zwar zum einen sinnvoll sind, um die Übersicht zu behalten, zum anderen aber erst die Vernetzung aller Teilbereiche zu einem Gesamtverständnis ökologischer Phänomene beiträgt. Deshalb werden die gleichen Phänomene aus unterschiedlichen Blickwinkeln betrachtet.

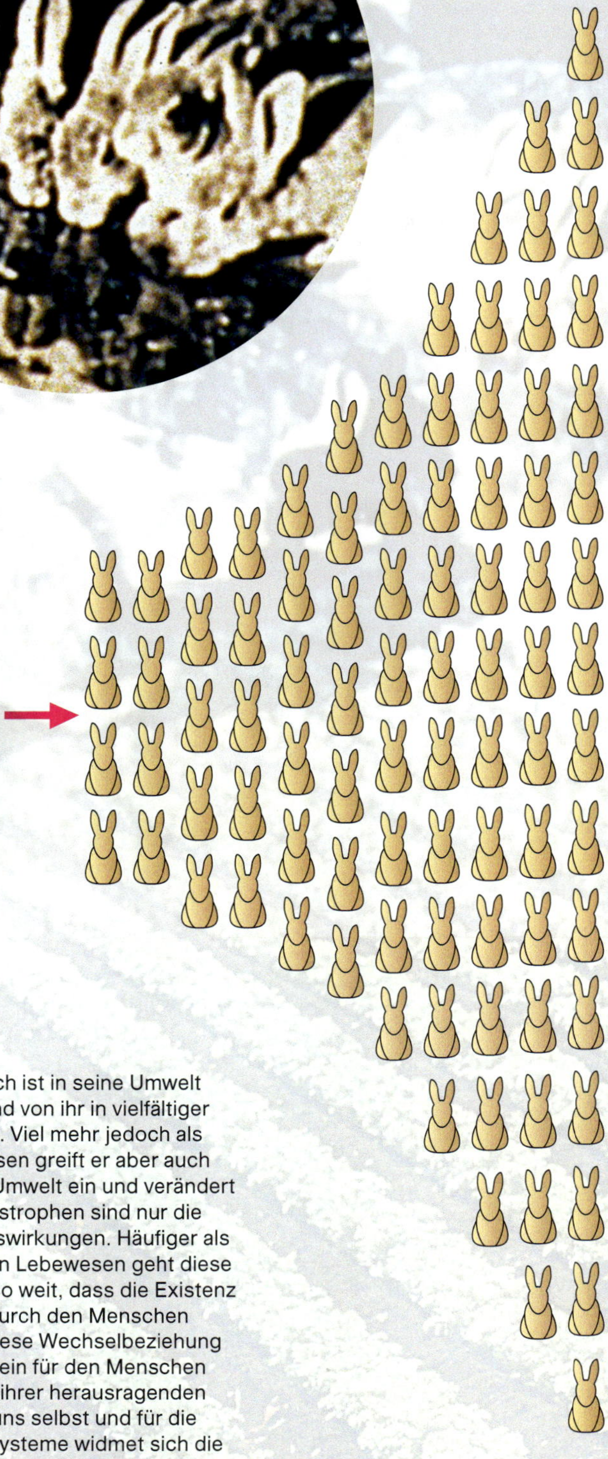

Auch der Mensch ist in seine Umwelt eingebunden und von ihr in vielfältiger Weise abhängig. Viel mehr jedoch als andere Lebewesen greift er aber auch selbst in diese Umwelt ein und verändert sie. Umweltkatastrophen sind nur die auffälligsten Auswirkungen. Häufiger als bei allen anderen Lebewesen geht diese Beeinflussung so weit, dass die Existenz anderer Arten durch den Menschen gefährdet ist. Diese Wechselbeziehung ist zwar nicht allein für den Menschen typisch. Wegen ihrer herausragenden Bedeutung für uns selbst und für die gesamten Ökosysteme widmet sich die *Humanökologie* den speziellen Bedingungen dieser Beziehungen.

Der Einfluss der Temperatur auf Lebewesen

Biozönose
Lebensgemeinschaft aller Lebewesen in einem Biotop

Biotop
Lebensraum, Gesamtheit aller abiotischen Umweltfaktoren

Habitat
von einer einzelnen Art bevorzugter spezifischer Lebensraum

Eine zentrale Aufgabe der Ökologie ist es, die Wechselbeziehungen zwischen einem Lebewesen und seiner Umwelt zu verstehen. Auf diese Weise wird nachvollziehbar, weshalb zum Beispiel der Quellbereich eines Baches eine ganz andere *Biozönose* beherbergt als ein Tümpel. Maßgeblich sind sowohl abiotische als auch biotische Einflüsse. Physikalisch-chemische Faktoren, wie Temperatur, pH-Wert, Wasser oder Salzgehalt, wirken als *abiotische Einflüsse*, Organismen im gleichen Lebensraum *(Biotop)*, wie Beute oder Räuber, spielen als biotische Einflüsse eine ebenso wichtige Rolle.

1 Kaiserpinguine in der Antarktis

Lebewesen sind an ihren artspezifischen Lebensraum, das *Habitat*, angepasst, d.h. sie zeigen Merkmale, die ein Überleben unter den dort herrschenden Umweltbedingungen ermöglichen. Einen wichtigen Einfluss stellt die *Temperatur* dar. Auf der Erde gibt es Lebensräume mit höchst unterschiedlichen Temperaturen – und alle werden von Lebewesen besiedelt. So können Pinguine in der Antarktis -60 °C ertragen, während bestimmte Mikroorganismen heiße vulkanische Quellen bis zu 90 °C (Abb. 2), in der Tiefsee sogar bis 120 °C besiedeln. Extreme Temperaturen bringen Probleme mit sich, weil praktisch alle physiologischen Prozesse an enzymatische Reaktionen geknüpft sind. Vor allem die RGT-Regel (s. Seite 51) und die Hitzedenaturierung der Proteine setzen physiologische Grenzen.

Prinzipiell lassen sich bezüglich des Faktors Temperatur zwei grundlegende Typen von *Angepasstheit* finden: *Homoiotherme* (gleichwarme) Organismen, wie Vögel und Säugetiere (s. Seite 58), halten als *Regulierer* ihre Körpertemperatur weitgehend unabhängig von den Außenbedingungen immer innerhalb enger Grenzen im physiologisch optimalen Bereich von ca. 36 bis 40 °C. Mit Isolationsstrukturen wie Federn, Fell oder Unterhautfett wird der Wärmeverlust verringert. Mithilfe von Regelmechanismen kontrollieren Homoiotherme die Körperkerntemperatur. Dazu dienen Veränderungen der Stoffwechselrate und Umverteilung der Blutzirkulation. Eine spezifische Anordnung der Blutgefäße ermöglicht es Pinguinen und anderen Bewohnern der Polarbereiche, die Wärmeabgabe gering zu halten und ohne zu erfrieren auf dem Eis zu stehen. (→ 200/201)

Poikilotherme (wechselwarme) Lebewesen halten ihre Körpertemperatur nicht konstant. Wärmeisolationsstrukturen sind selten zu finden. Ihre Körpertemperatur entspricht weitgehend der Umgebungstemperatur. Diese *Konformer* zeigen physiologische Angepasstheiten wie hitzestabile Proteine oder Enzyme, die schon bei niedrigen Temperaturen ihr Optimum erreichen. Poikilotherme Tiere suchen nach Möglichkeit aktiv Bereiche mit lebensfreundlicheren Temperaturen auf, sei es in der Hitzewüste unter der Erde oder in kalten Regionen in der Sonne.

2 Bakterien in heißen Quellen

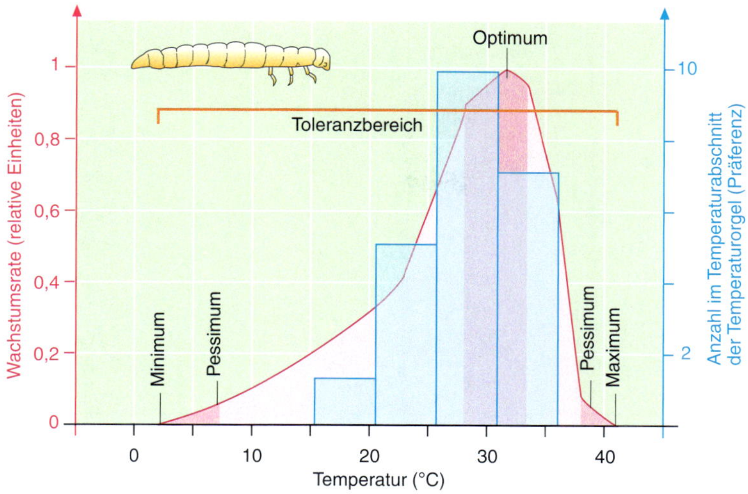

1 Toleranz und Präferenz beim Mehlwurm bezüglich der Temperatur

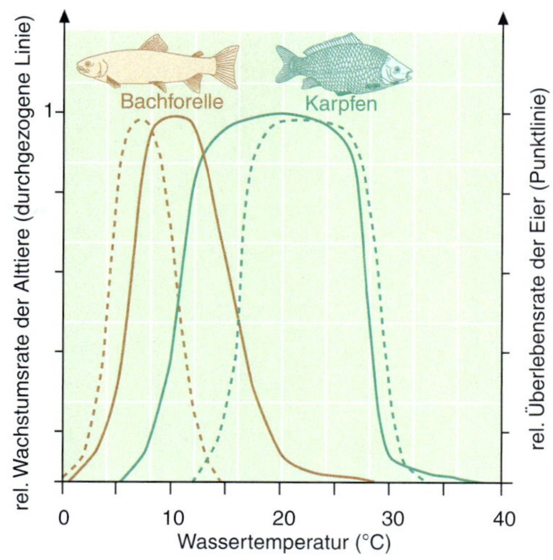

2 Ökologische Potenzen

Ökologische Potenz
Reaktionsbreite einer Art gegenüber einem Umweltfaktor (Eigenschaft des Lebewesens)

Toleranzbereich
Umweltbereich, in dem ein Lebewesen existieren kann

Stenopotenz
(gr. *sten* = schmal, lat. *potentia* = Vermögen) geringe Toleranz bezüglich eines Umweltfaktors

Eurypotenz
(gr. *eurus* = breit) hohe Toleranz

Ökologische Potenz

Ökologische Potenzen erlauben eine quantitative Beschreibung der Ansprüche einer Art. Sie lassen sich für jeden *abiotischen Umwelteinfluss* beschreiben. Das zeigt das Beispiel der Temperaturabhängigkeit.

Bachforellen besiedeln den Oberlauf kalter Gebirgsbäche. Sie laichen im November und Dezember. *Karpfen* dagegen bevorzugen warme stehende oder nur träge fließende Gewässer. Laichzeit ist Mai bis Juni. Derartige artspezifische Ansprüche lassen sich auch experimentell überprüfen: In *Präferenzversuchen* bietet man Individuen einer Art in einer *Temperaturorgel* (s. Seite 331) ein Temperaturgefälle, in dem die Individuen aktiv ihren bevorzugten Platz aufsuchen können (Abb. 1). Bei größeren Tieren wie Fischen ist das in der Praxis allerdings schwierig. Hier arbeitet man eher mit *Toleranzversuchen* (Abb. 2). Sie sind auch bei Pflanzen möglich: Die Lebewesen werden über längere Zeit einer bestimmten Temperatur ausgesetzt und ihre Lebensfähigkeit *(Vitalität)* bestimmt. Als Maß können Wachstumsraten oder Sterbe- bzw. Überlebensraten dienen. Die meisten Toleranzkurven sind Glockenkurven mit den Kardinalpunkten Minimum, Maximum und Optimum (Abb. 1). Die Spanne zwischen Minimum und Maximum wird *Toleranzbereich* genannt. Sie ist wichtig, da die Umweltbedingungen (zum Beispiel die Temperatur) in einem Gebiet stark schwanken können. In den Grenzbereichen am Minimum oder Maximum ist in der Regel keine Fortpflanzung mehr möglich *(Pessimumbereich)*. Unter solchen Bedingungen kann eine Population deshalb langfristig nicht überleben. Der *Präferenzbereich* ist zumeist kleiner als der Toleranzbereich. Toleranzkurven werden entweder für einzelne Individuen oder für eine Population bestimmt.

Aufgrund genetischer Unterschiede können die ökologischen Potenzen einzelner Individuen in einer Population variieren. Daher ist der Toleranzbereich einer ganzen Population größer als der eines einzelnen Individuums. Gerade diese Populationstoleranz ist für die Anpassungsfähigkeit einer Population unter wechselnden Umweltbedingungen von entscheidender Bedeutung.

Die ökologische Potenz der Bachforelle bezüglich der Temperatur (Überlebensrate der Eier und Wachstum der Alttiere) ist schmaler als die des Karpfens; man spricht von geringer Toleranz oder von *Stenopotenz*. Der Karpfen dagegen zeigt eine vergleichsweise hohe Toleranz; er ist bezüglich der Temperatur *eurypotent*.

Aufgaben

1. Vergleichen Sie das Vorkommen und die Laichzeiten von Bachforelle und Karpfen mit den Laborergebnissen (Abb. 1).
2. Vergleichen Sie die Toleranzkurve des Mehlwurms (Abb. 1) mit der Temperaturabhängigkeit der Enzymaktivität (Abb. 50. 2).

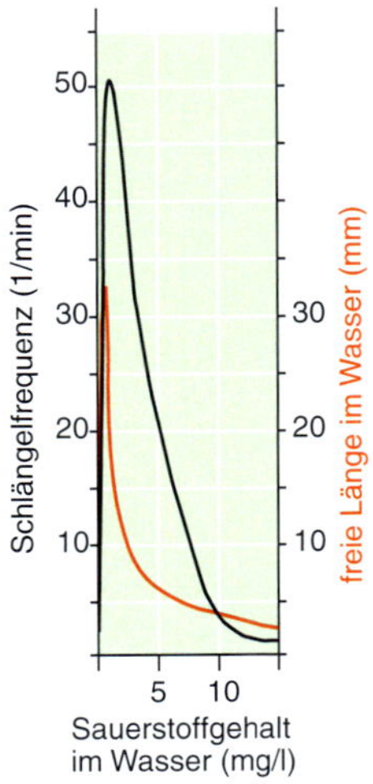

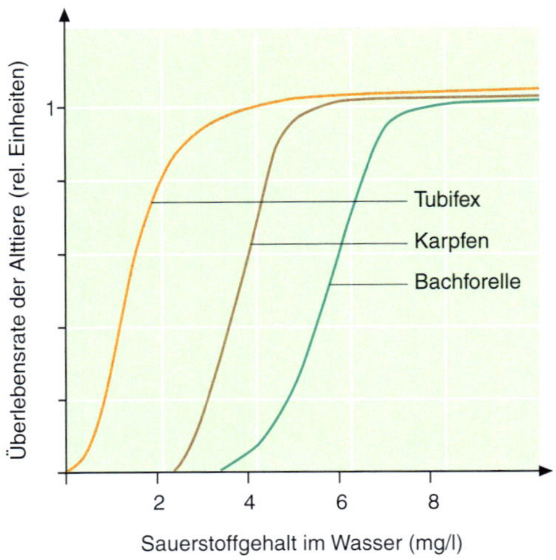

1 Sauerstoffbedarf

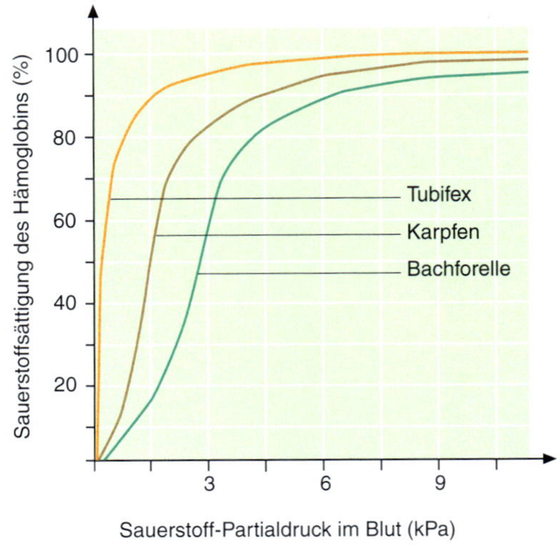

2 Sauerstoffsättigung des Hämoglobins

Der Einfluss von Sauerstoff auf Tiere

Sauerstoffgehalt pro Liter bei 20 °C:

Luft (Meereshöhe)
273 mg/l

Luft (5000 m Höhe)
145 mg/l

Süßwasser
0 – 9 mg/l

Meereswasser
0 – 5 mg/l

Die meisten Lebewesen benötigen Sauerstoff zur Energiebereitstellung. Während der Gehalt in der Luft außer in großen Höhen überall annähernd gleich ist, kann er dagegen in Gewässern sehr unterschiedlich sein. Deshalb spielt dieser Faktor gerade dort eine wichtige, da begrenzende Rolle. Im Gegensatz zur Temperatur schadet Lebewesen mit Ausnahme anaerober Mikroorganismen ein zu geringes Angebot an Sauerstoff, nicht aber ein hohes (Abb. 1).

Der Sauerstoffgehalt eines Gewässers ist zudem vom Umweltfaktor Temperatur abhängig. Da der Sauerstoffbedarf bei wechselwarmen Tieren mit steigender Temperatur zunimmt *(RGT-Regel)*, wirkt die Temperatur in diesem Fall doppelt begrenzend: Bei hohen Temperaturen sinkt das Sauerstoffangebot, gleichzeitig steigt der Bedarf.

In stehenden Gewässern kann sich der Sauerstoffgehalt des Wassers innerhalb kurzer Distanzen deutlich unterscheiden. So findet sich am Boden stark verschmutzter Gewässer kaum Sauerstoff, da die dort massenhaft lebenden Bakterien den Sauerstoff verbrauchen. Hier können nur Spezialisten wie zum Beispiel der Schlammröhrenwurm *Tubifex* existieren. Dieser Regenwurmverwandte ernährt sich dort von den reichlich vorkommenden organischen Stoffen und Bakterien. Wie bei manchen anderen wirbellosen Schmutzwasserbewohnern enthält sein Blut *Hämoglobin* in gelöster Form. Dieser *Hautatmer* zeigt ein auffälliges Verhalten: Je niedriger der Sauerstoffgehalt ist, desto weiter kriecht er aus dem Untergrund und desto mehr schlängelt er (Randspalte). Auf diese Weise wird frisches Wasser an die Haut geführt. Bei sehr niedrigem Sauerstoffgehalt schlängelt Tubifex nicht mehr, der Energiebedarf wird nun durch Gärung gedeckt. Damit ist Tubifex an sehr unterschiedliche Sauerstoffgehalte angepasst; er ist *eurypotent*.

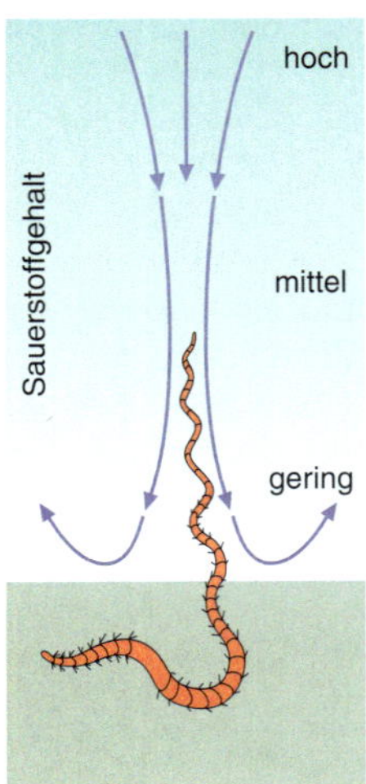

Tubifex

Auch bei landlebenden homoiothermen Tieren gibt es entsprechende Angepasstheiten. So findet man im Blut von im Hochland der Anden lebenden *Lamas* einen höheren Hämoglobingehalt als bei verwandten Arten, die in geringerer Höhe leben. Die Sauerstoffaffinität ist ebenfalls erhöht. Vögel, die während des Fliegens sehr viel Energie benötigen, verfügen über ein sehr leistungsfähiges Organsystem zur Atmung. Luftsäcke, die mit der Lunge verbunden sind, ermöglichen eine höhere Sauerstoffaufnahme.

Aufgaben

① Stellen Sie in einer Tabelle die Anpassungsmechanismen von Tubifex an unterschiedliche Sauerstoffgehalte des Wassers zusammen.

② Begründen Sie die hohe Überlebensrate von Tubifex bei geringem Sauerstoffgehalt des Wassers (Abb. 1) mithilfe von Daten aus Abb. 2.

③ Der Raubfisch Forelle hat einen größeren Sauerstoffbedarf als der Friedfisch Karpfen (0,39 bzw. 0,12 mg O_2/kg Körpermasse). Stellen Sie einen Bezug zu den Werten in Abb. 1 und 2 her.

Leben mit wenig Wasser – die Kängururatte

Wasser ist für alle Organismen lebensnotwendig. Alle physiologischen Prozesse wie Stofftransport und biochemische Reaktionen finden in wässriger Lösung statt. Deshalb erfordert gerade das Leben in Regionen mit niedrigem Wasserangebot besondere Angepasstheiten. Die *Kängururatte Dipodomys merriami* aus Arizona (USA) ist ein Beispiel dafür.

Lebensraum und Verhalten

Dieses 24 cm lange Tier ernährt sich von trockenen, aber fettreichen Samen. Wie viele *Wüstenbewohner* bewegt es sich springend vorwärts. Diese Fortbewegungsweise ist eine Angepasstheit an offene Lebensräume. Bei vergleichsweise niedrigem Energieaufwand kann es sich sehr schnell fortbewegen und große Strecken zurücklegen. Das ist auch vorteilhaft, da die Nahrung weit verstreut ist. In dichter Bodenvegetation wäre Springen ungünstig.

Die durchschnittliche Feuchtigkeit der Luft im Verbreitungsgebiet der Kängururatte schwankt zwischen 3 % und 50 %

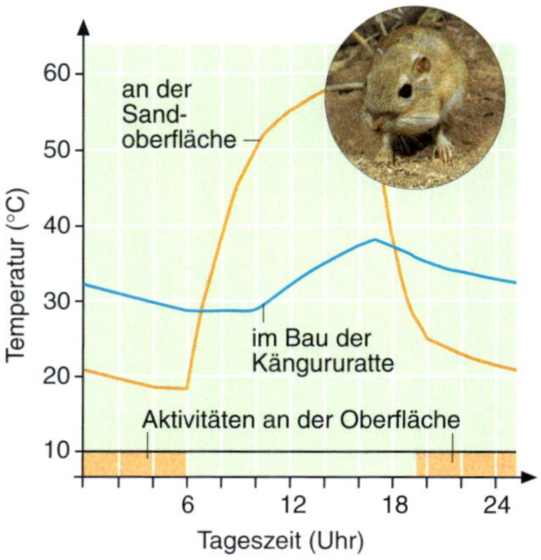

(Durchschnitt: 25 %). Niederschläge sind selten, sodass den größten Teil des Jahres kein Wasser zum Trinken zur Verfügung steht. Tagsüber hält sich die Kängururatte in bis 1 m tiefen Erdhöhlen auf.

Aufgabe

① Interpretieren Sie die Abbildung unter Verwendung des Textes.

Struktur der Nase

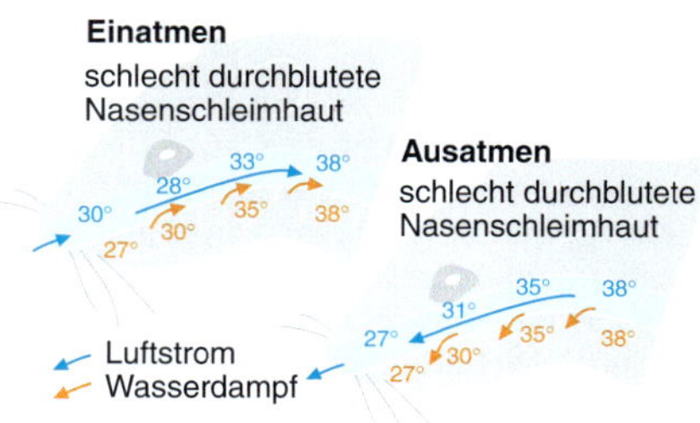

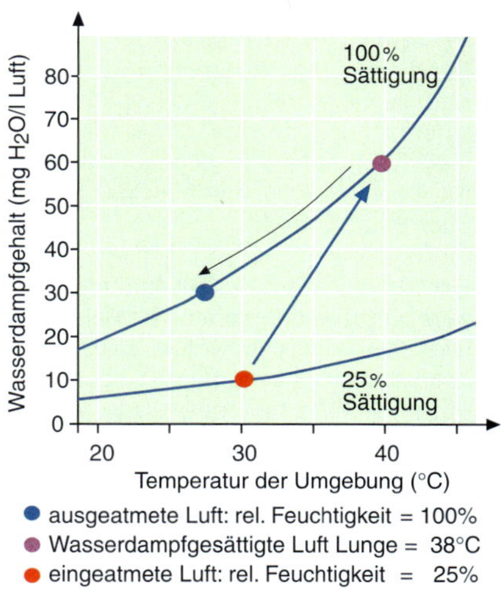

Im Vergleich zu anderen etwa gleich großen Säugetierarten ist die Temperatur in den Nasengängen der Kängururatte auffallend niedrig. Der Atemweg, vor allem die Nasenwand, ist sehr schlecht durchblutet. Die Schleimhaut kann im Gegensatz zu der anderer Tierarten sehr große Mengen Wasser aufnehmen; im trockenen Zustand ist sie *hygroskopisch* (Wasser anziehend).

Aufgaben

② Beschreiben und erklären Sie die Veränderung der Luft beim Ein- und Ausatmen der Kängururatte. Bedenken Sie dabei, dass Wasserverdunstung mit Abkühlung verbunden ist.

③ Die Nasenschleimhaut der Wanderratte ist besser durchblutet. Ihre Abkühlung durch die eingeatmete Luft wird rasch durch Wärme aus dem Blut ausgeglichen.
Stellen Sie eine Hypothese über die Auswirkung dieser Unterschiede zur Kängururatte auf.

④ Welche Konsequenzen hat dieser Unterschied für den Wasserverlust beim Ausatmen?

Stoffwechsel und Exkretion

Den größten Teil des Jahres stehen der Kängururatte nur Samen als Nahrung zur Verfügung. Diese sind sehr fettreich, aber wasserarm. Allerdings liefert auch die Zellatmung Wasser (s. Seite 65).

Wassergewinn durch Zellatmung aus 100 g Nährstoff:
Kohlenhydrate: 60 g
Fett: 109 g
Protein: 44 g

Aufgaben

⑤ Vergleichen Sie die Wasserbilanz von Känguru- und Wanderratte und erklären Sie die Unterschiede mithilfe aller Materialien.

⑥ Listen Sie alle aus den Materialien ersichtlichen Eigenschaften auf, durch die die Kängururatte an das Leben in der Trockenwüste angepasst ist.

		Kängururatte		**Wanderratte**	
Zusammensetzung der Nahrung		Protein	12 %	Protein	22 %
		verwertbare Kohlenhydrate	8 %	verwertbare Kohlenhydrate	50 %
		Fett	40 %	Fett	4 %
Wasserbilanz je 100 g Nahrung	Aufnahme	Nahrung	6 g	Trinken	25 g
		Oxidationswasser	54 g	Nahrung	12 g
				Oxidationswasser	46 g
			60 g		**83 g**
	Abgabe	Atmung und Verdunstung	44 g	Atmung und Verdunstung	50 g
		Harn	13,5 g	Harn	25 g
		Kot	2,5 g	Kot	8 g
			60 g		**83 g**

Weitere abiotische Faktoren

Licht

1. Licht als Energiequelle

Durch typische Strukturen sind Blätter häufig als *Schattenblätter* oder *Sonnenblätter* an unterschiedliche Beleuchtungsstärken angepasst (s. Seite 95). Auch Tiere können Licht als Energiequelle nutzen: Insbesondere dunkle Körperfärbung absorbiert Licht und wandelt es auf der Hautoberfläche in Wärme um.

2. Licht als Signalgeber

Die Belichtungsdauer kann für Tiere und Pflanzen ein Signal zur Synchronisation von Entwicklungs- und Aktivitätsprozessen mit Tages- bzw. Jahreszeiten sein.

Beispiel Samenkeimung: Bei so genannten *Lichtkeimern* (z. B. Mohn, Weidenröschen) genügt häufig ein kurzer Lichtreiz von wenigen Minuten, um die *Keimung* auszulösen. Auf *Dunkelkeimer* wie den Kürbis wirkt Licht dagegen keimungshemmend. Auf diese Weise wird gewährleistet, dass die Samen nur unter solchen Lichtbedingungen auskeimen, an die sie angepasst sind.

Tiere sind häufig optisch orientiert und brauchen Licht zur visuellen Erfassung der Umwelt. In vielen Fällen bestimmen aber potenzielle Fressfeinde das Verhalten; so meiden dämmerungs- und nachtaktive Tiere das Tageslicht und vermindern auf diese Weise das Risiko, von Fressfeinden entdeckt zu werden. Die *Jahresperiodik* des Lichtes steuert vor allem das Fortpflanzungs- und Wanderverhalten. Ein bekanntes Beispiel ist der *Vogelzug*.

Salzgehalt

Der Salzgehalt der Meere wird hauptsächlich durch den Gehalt an Na^+- und Cl^--Ionen bestimmt. Die Salzkonzentration wirkt sich osmotisch auf lebende Zellen aus (s. Seite 38).

Homoiosmotische Organismen sind *Regulierer*, bei ihnen bleibt die Ionenkonzentration im Inneren nahezu gleich (Abb. 1; die Gefrierpunktserniedrigung (ΔT) dient als Maß für die Konzentration an gelösten Stoffen): Meeresbewohnende Knochenfische regulieren die Ionenkonzentration ihres Blutes auf einem im Vergleich zum Meerwasser konstant hypotonischen Wert. Daher wird ihrem Körper ständig Wasser entzogen. Überschüssige Ionen werden über die Kiemen aktiv abgegeben. Bei Knochenfischen des Süßwassers dagegen spielt die Niere eine wichtigere Rolle: Da ihre Kiemen Ionen aktiv aufnehmen, haben diese Tiere ein hypertonisches Innenmilieu. Deshalb strömt ständig Wasser ein. Die Niere gibt große Mengen von hypotonischem Harn ab und hält so die innere Ionenkonzentration konstant. Viele Küstenpflanzen, aber auch Meeresvögel, geben überschüssiges Salz über *Salzdrüsen* ab.

Geraten Seesterne in Flussmündungen, so schwellen sie an: Wie viele wirbellose Meeresbewohner haben auch sie keine ausgeprägte Regulationsmöglichkeit für Ionen. Die Ionenkonzentration im Körperinneren folgt der Konzentration des umgebenden Wassers. Diese *Konformer* sind *poikilosmotisch* und meist auf eine annähernd gleich bleibende Umgebungskonzentration angewiesen (Abb. 2).

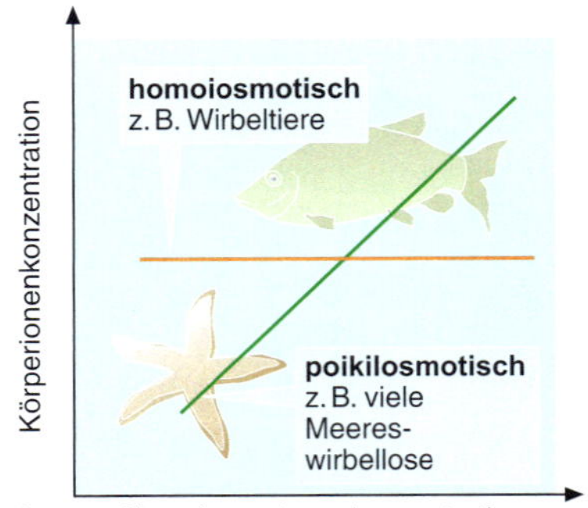

2

Mineralstoffgehalt und pH-Wert

Die für Pflanzen bedeutsamen *Mineralstoffe* sind teilweise an Bodenbestandteile gebunden. Sie stehen im Gleichgewicht zu den im Wasser gelösten Ionen, sodass deren Konzentration über längere Zeiträume annähernd konstant bleibt. Die Verfügbarkeit der Mineralstoffe ist stark pH-Wert-abhängig. Fehlt die Bindefähigkeit für viele wichtige Ionen, sind die Böden mineralstoffarm. Bei niedrigen pH-Werten können giftige Ionen wie Al^{3+} in die lösliche Form übergehen und empfindliche Pflanzen vergiften. Das ist eine der Ursachen für die Schädigung vieler Waldbäume durch Bodenversauerung.

Es gibt Pflanzen, die einen niedrigen pH-Wert bevorzugen (z. B. Torfmoos pH 3 – 4), andere findet man mehr auf basischen Böden (z. B. Huflattich bei pH 8). Oft kann man schon vom Vorkommen bestimmter stenopotenter Pflanzen auf die Beschaffenheit des Bodens schließen. Solche Pflanzen bezeichnet man als *Zeigerarten* oder *Indikatorpflanzen*.

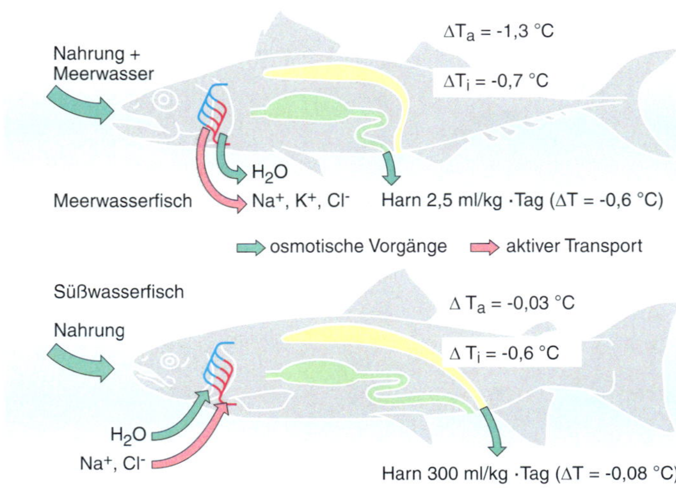

1 Osmoregulation bei Meer- und Süßwasserfischen

Unterart	Körpermasse in kg *	Körperlänge in cm*
Sibirischer Tiger	250 kg	300 cm
Bengal-Tiger	235 kg	290 cm
Südchines. Tiger	150 kg	250 cm
Indochines. Tiger	170 kg	270 cm
Sumatra-Tiger	120 kg	230 cm
Bali-Tiger (†)	95 kg	225 cm

* (ausgewachsenes männliches Tier)

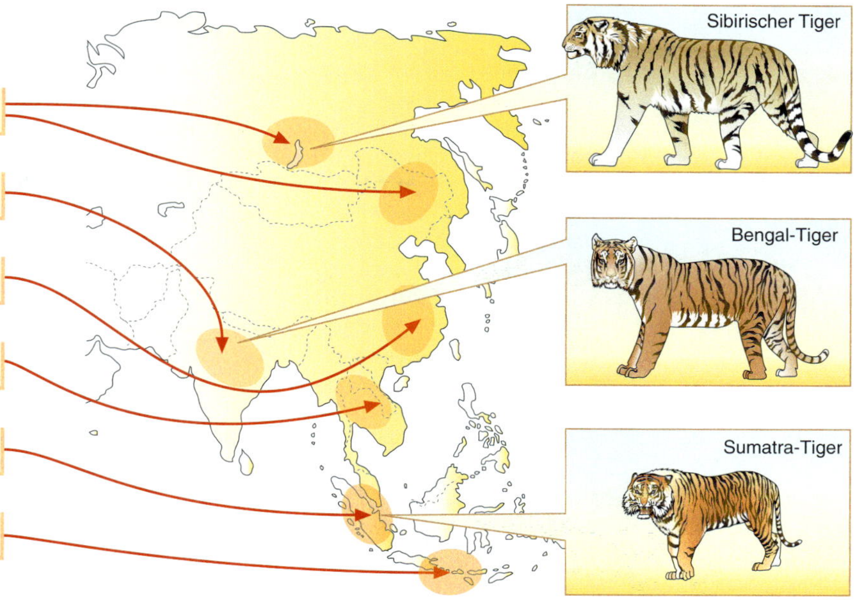

1 Verbreitung und Merkmale verschiedener geografischer Varianten (Unterarten) des Tigers

Eselhase

Feldhase

Schneehase

Fennek

Tiergeografische Regeln

„Jack rabbit" nennen die Amerikaner den *Eselhasen*, der wegen seiner selbst für Hasen großen Ohren auffällt. Eselhasen besiedeln die großen Ebenen und Wüsten im Südwesten der USA und in Mexiko. Der amerikanische Biologe J. A. Allen (1838–1921) konnte nachweisen, dass ihre langen, gut durchbluteten Ohren zur Wärmeregulation beitragen: Sobald die Umgebungstemperatur nur wenig geringer als die Körpertemperatur ist, stellen die Hasen ihre Ohren auf und können über erweiterte Blutgefäße in der Haut Wärme abgeben.

Umgekehrt haben nahe verwandte Arten in kalten Klimaten wie der Schneehase vergleichsweise kleine Ohren und kürzere Beine. Durch die entsprechend geringe relative Oberfläche werden Wärmeverluste minimiert. Diese tiergeografische Beobachtung wurde zur *Allen-Regel* erweitert: Abstehende Körperteile wie Ohren und Schwänze verwandter gleichwarmer Tiere sind bei den in kalten Gebieten lebenden Formen meist kleiner als in wärmeren Klimazonen.

Allerdings muss man sich vor zu vereinfachenden Erklärungsmustern hüten, denn große Ohren haben bei dämmerungsaktiven Wüstenbewohnern wie dem *Fennek* (Wüstenfuchs) auch den Vorteil, dass Feinde bzw. Beutetiere gut geortet werden können.

Tagsüber leben viele Wüstenbewohner wie der Fennek in unterirdischen Bauten, sodass die Wärmeregulation häufig wohl nur eine untergeordnete Rolle spielt.

Neben den Körperanhängen bestimmt auch die Körpergröße die relative Oberfläche. Kleine gleichwarme Tiere haben im Vergleich zu großen Vertretern mit gleichem Körperbau eine größere relative Oberfläche als diese und kühlen daher schneller aus (s. Seite 58). Sie sind in kalten Regionen benachteiligt. Diese Beobachtung findet eine Verallgemeinerung in der *Bergmann-Regel*: Bei gleichwarmen Tieren nimmt die Größe nahe verwandter Arten oder Unterarten von den warmen Zonen zu den Polen zu. Ein Beispiel dafür sind die Unterarten des Tigers, die von der nordasiatischen Kältesteppe bis in den tropischen Dschungel Südasiens völlig unterschiedliche Klimazonen und Lebensräume besiedeln.

Doch auch hier bestimmen neben dem *Wärmehaushalt* weitere Faktoren die Körpergröße. Kleine Tiere können sich in den dichten Urwäldern des Südens besser fortbewegen als große. In den relativ nahrungsarmen Gebieten Nordasiens mit langen schneereichen Wintern können große Tiere andererseits wegen ihrer größeren Fettreserven längere Zeit ohne Nahrung überdauern.

Das Konzept der ökologischen Nische

Kieselalgen

ökologische Nische
Gesamtheit der Ansprüche einer Art an ihre biotische und abiotische Umwelt

Die ungefähr 1 cm große *Flussschwimmschnecke* war früher in den Fließgewässern Mitteleuropas weit verbreitet. Sie stellt eigentlich recht geringe Ansprüche an ihre Umwelt. Temperatur und pH-Wert können stark variieren, auch bezüglich des Salzgehaltes ist sie eurypotent, sodass sie sogar im Brackwasserbereich der großen Flüsse vorkam. Sie ernährt sich von Kieselalgen, die mit der rauen Zunge, der *Radula*, vom Untergrund abgeschabt werden. Viele Arten dieser Algengruppe mit ihrer harten Schale sind weit verbreitet, d. h. die Schnecken sollten eigentlich keinen Nahrungsmangel erleiden. So war lange unverständlich, weshalb sie dennoch aus immer mehr Gewässern verschwanden. Auch im Rhein wurden sie nach 1994 nicht mehr nachgewiesen.

Der Biologe Dietrich Neumann ging dieser Frage nach. Dazu setzte er Flussschwimmschnecken in ein nur mit Wasser gefülltes Aquarium, in dem er Kieselalgen als Nahrung anbot. Die Algen besiedelten das freie Wasser und die Glaswände. Die Schnecken magerten innerhalb kurzer Zeit ab, obwohl sich in ihren Mägen Kieselalgen befanden, die jedoch unzerbrochen waren und so nicht verdaut werden konnten. Erst als Neumann raue Steine in das Aquarium gab, zerbrachen die Kieselalgenschalen beim Abschaben. Im Freiland hat in den letzten Jahrzehnten durch menschliche Einflüsse der Bewuchs mit Grünalgen auf den Steinen in den Flüssen zugenommen. Auf diesem glatten Untergrund sind Kieselalgen für die Schnecken als Nahrung wertlos.

Die Gesamtheit der Ansprüche der Schnecke an ihre Umwelt bezeichnet man als ihre *ökologische Nische*. Dieser Begriff stellt nicht nur einen Raum dar; der spezifische Lebensraum der Schnecke – Gewässer mit Steingrund – ist ihr *Habitat*. Natürlich gehört das Habitat auch zur ökologischen Nische, zusätzlich umfasst diese aber auch die Ansprüche bezüglich Sauerstoffgehalt, Temperatur, pH-Wert usw.

Die ökologische Nische lässt sich in verschiedene Teilbereiche aufgliedern. So benötigt die Schnecke für die Ernährung Kieselalgen und auch einen rauen Untergrund *(Nahrungsnische)*. Andere Teilbereiche der Nische können z. B. Ansprüche bezüglich spezieller Brutplätze in einem Revier *(Brutnische)* oder Versteckmöglichkeiten *(Schutznische)* sein.

Das Beispiel der Flussschwimmschnecke zeigt, dass die Umwelteinflüsse für ein Lebewesen unterschiedlich bedeutsam sind. So ist die *Strömungsgeschwindigkeit* für diese Art weniger bedeutend, da sie fest auf Steinen haften kann und wenig Strömungswiderstand bietet. Bezüglich dieses Faktors ist die Schnecke also eurypotent (s. Seite 321). Ein einziger Anspruch dagegen, im Beispiel die rauen Steine, kann für das Vorkommen einer Art entscheidend sein. Das *Wirkungsgesetz der Umweltfaktoren* beschreibt diesen Zusammenhang. Für das Überleben und die Häufigkeit einer Art ist der Umweltfaktor maßgeblich, der am weitesten vom Optimum entfernt ist und deshalb begrenzend wirkt. In

1 Flussschwimmschnecke

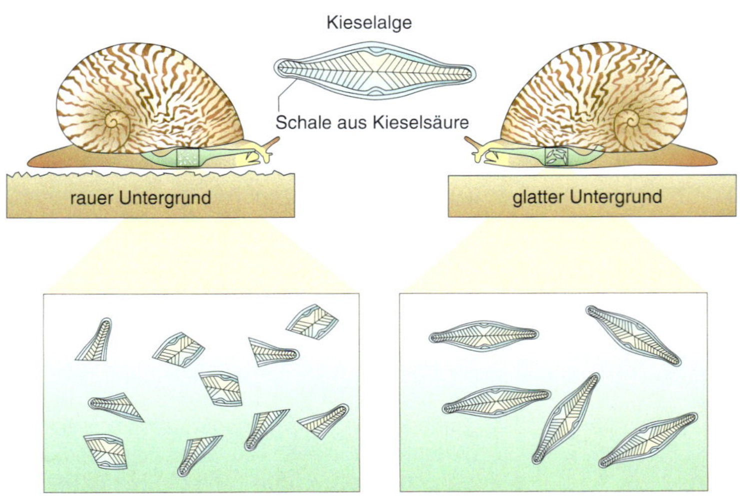

2 Kieselalgen als Nahrung der Flussschwimmschnecke

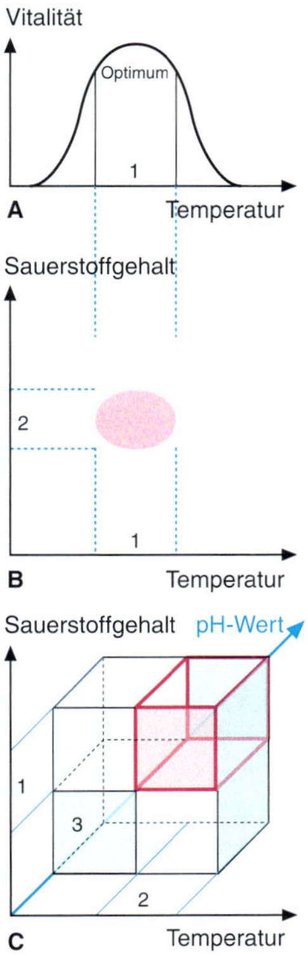

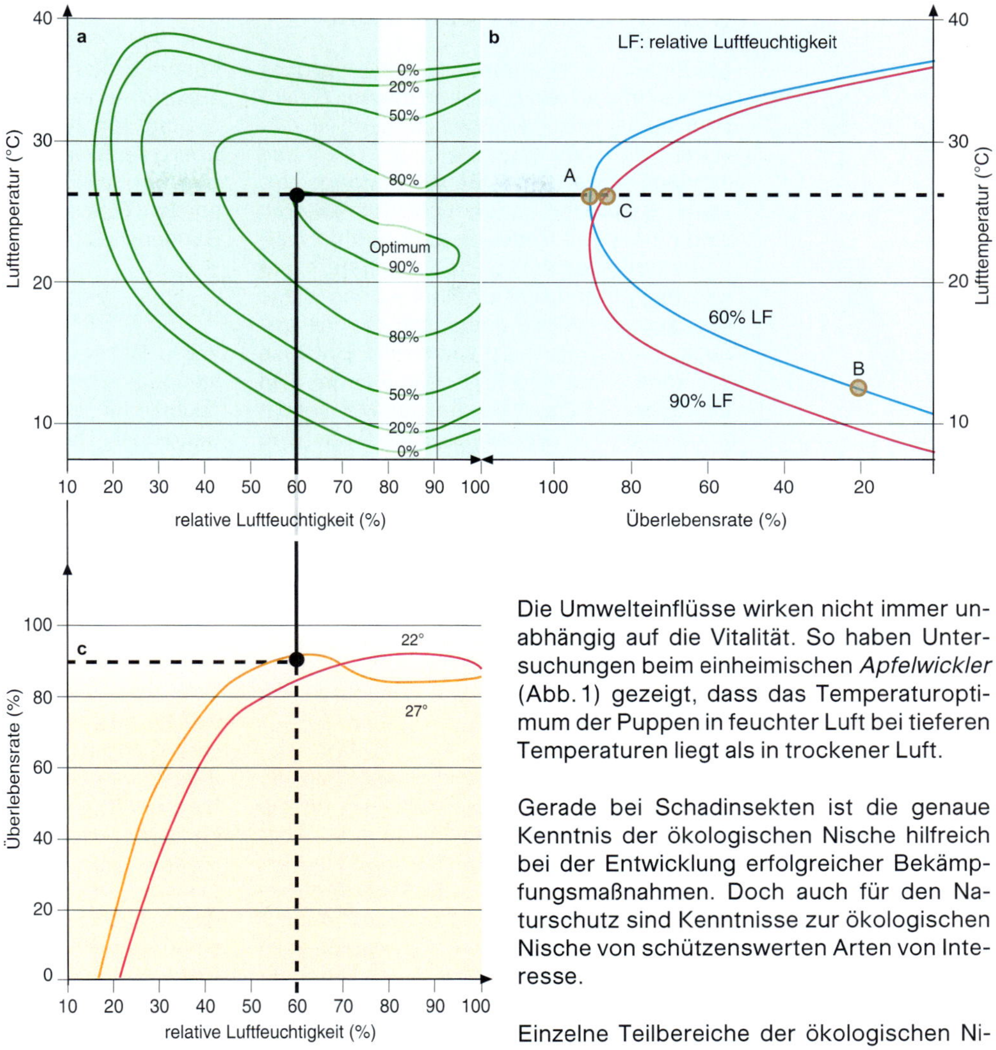

1 Kombination zweier Faktoren beim Apfelwickler

der Landwirtschaft ist dies als *Liebig'sches Minimumgesetz* bekannt. Fehlt bei der Düngung nur ein einziger wichtiger Mineralstoff, dann können die Pflanzen nicht optimal gedeihen. Allein die Ergänzung dieses einen Stoffes erhöht maßgeblich den Ernteerfolg.

Manche Ansprüche lassen sich nur qualitativ beschreiben. Viele andere Elemente wie Temperatur-, pH-Wert- und Feuchtigkeitsansprüche sind aber auch quantitativ als ökologische Potenzen zu erfassen. Bis zu drei Potenzen lassen sich in einer Grafik darstellen (s. Randspalte). Die gemeinsame Schnittmenge beschreibt die Ansprüche einer Art bezüglich dieser drei Faktoren. Die Gesamtheit aller ökologischen Potenzen beschreibt die ökologische Nische quantitativ, sie ist grafisch aber nicht darstellbar.

Maulwurf
(Überfamilie Spitzmausartige)

Goldmull
(Überfamilie Goldmullartige)

Beutelmull
(Unterklasse Beuteltiere)

Die Umwelteinflüsse wirken nicht immer unabhängig auf die Vitalität. So haben Untersuchungen beim einheimischen *Apfelwickler* (Abb. 1) gezeigt, dass das Temperaturoptimum der Puppen in feuchter Luft bei tieferen Temperaturen liegt als in trockener Luft.

Gerade bei Schadinsekten ist die genaue Kenntnis der ökologischen Nische hilfreich bei der Entwicklung erfolgreicher Bekämpfungsmaßnahmen. Doch auch für den Naturschutz sind Kenntnisse zur ökologischen Nische von schützenswerten Arten von Interesse.

Einzelne Teilbereiche der ökologischen Nische, insbesondere die ökologische Nahrungsnische, können in unterschiedlichen Regionen der Erde sehr ähnlich sein. In diesen Fällen spricht man von einer ähnlichen *ökologischen Planstelle (Stellenäquivalenz)*. So gibt es z. B. auf allen Kontinenten kleine Säugetiere, die wie die einheimischen Maulwürfe weitgehend unterirdisch leben und dort auch ihre Nahrung finden. Angepasstheiten an sehr ähnliche Lebensräume zeigen sich in großer Ähnlichkeit nicht verwandter Arten, wie dem Sternmull (Nordamerika), dem Beutelmull (Australien) und dem Goldmull (Südafrika).

Aufgaben

① Leiten Sie die Punkte A, B und C in Abbildung 1b aus der Abbildung 1a ab.

② Vergleichen Sie die unterschiedlichen Temperaturoptima des Apfelwicklers bei verschiedener Luftfeuchte mit den Lebensbedingungen der Puppe (Internet).

Konkurrenz um Ressourcen

Mäusebussarde haben vielfältige Ansprüche an ihre Umwelt. Sie brauchen offenes Gelände mit einer hohen Mäusedichte und Ansitzwarten, von denen aus sie ihren kreisenden Jagdflug starten. Hohe Bäume benötigen sie als Horststandort. Aber auch Klimafaktoren sind für sie von Bedeutung: Im Frühjahr erhöht nasskaltes Wetter die Jungensterblichkeit, im Winter macht eine hohe Schneelage die Jagd auf Mäuse unmöglich. Solche einseitig auf den Bussard wirkenden Einflüsse wie Temperatur und Schneelage nennt man *Ökofaktoren*. Die Nahrung der Mäuse dagegen steht in wechselseitiger Beziehung zum Bussard. Indem er sie fängt, dezimiert er ihre Zahl. Der Bussard beeinflusst also diesen Faktor, er verbraucht ihn. Solche Elemente der ökologischen Nische nennt man *Ressourcen*. Manche Einflüsse können eine Doppelfunktion haben. So ist für Wasserorganismen Wasser als Medium, in dem sie leben, ein Ökofaktor, andererseits ist es, wenn es aufgenommen wird, eine Ressource, die sie verbrauchen.

Für Fleischfresser wie den Bussard ist die Nahrung eine besonders wichtige, da die Population begrenzende Ressource. Steht Nahrung dagegen in großer Menge zur Verfügung, können andere Ressourcen begrenzend wirken, etwa die Schutzräume zur Aufzucht der Jungen. Ein bekanntes Beispiel dafür sind die *Meeresvögel*, die an den Steilküsten brüten. Das Meer stellt in der Regel ausreichende Nahrungsressourcen zur Verfügung, zumal die Vögel mit relativ geringem Energieaufwand weit fliegen können. Dagegen ist die Zahl der möglichen Brutplätze an den Felsvorsprüngen sehr begrenzt (s. Randspalte).

Innerartliche Konkurrenz

Wenn Ressourcen knapp sind, stehen die sie nutzenden Organismen in Konkurrenz zueinander. Das gilt insbesondere für Artgenossen. Diese *innerartliche Konkurrenz* führt bei Tieren häufig zur *Revierbildung*. Dann verteidigen Artgenossen gegeneinander ein bestimmtes Areal, das ihnen den benötigten Anteil der begrenzenden Ressourcen sichert. Da Revierverteidigung hohe Energiekosten bereitet, weisen Reviere nur die Größe auf, die den Ressourcenbedarf gerade sichert. So ist die Reviergröße von Bussarden bei hoher Beutetierdichte deutlich kleiner als bei geringerer Beutedichte. Häufig werden sie auch nur eine begrenzte Zeit im Jahr verteidigt. Da die Nahrung für Meeresvögel keine begrenzende Ressource darstellt, wäre eine Revierbildung auf dem Meer – abgesehen vom Problem der Grenzfixierung – biologisch nicht sinnvoll. Diese Arten verteidigen aber mit großem Einsatz einen kleinen Felsabschnitt, der ihre knappe Ressource Brutplatz sichert.

Wirkungspfeile

gleichsinnige Beeinflussung

A –⊕→ B

je mehr A, desto mehr B

je weniger A, desto weniger B

gegensinnige Beeinflussung

A –⊖→ B

je mehr A, desto weniger B

je weniger A, desto mehr B

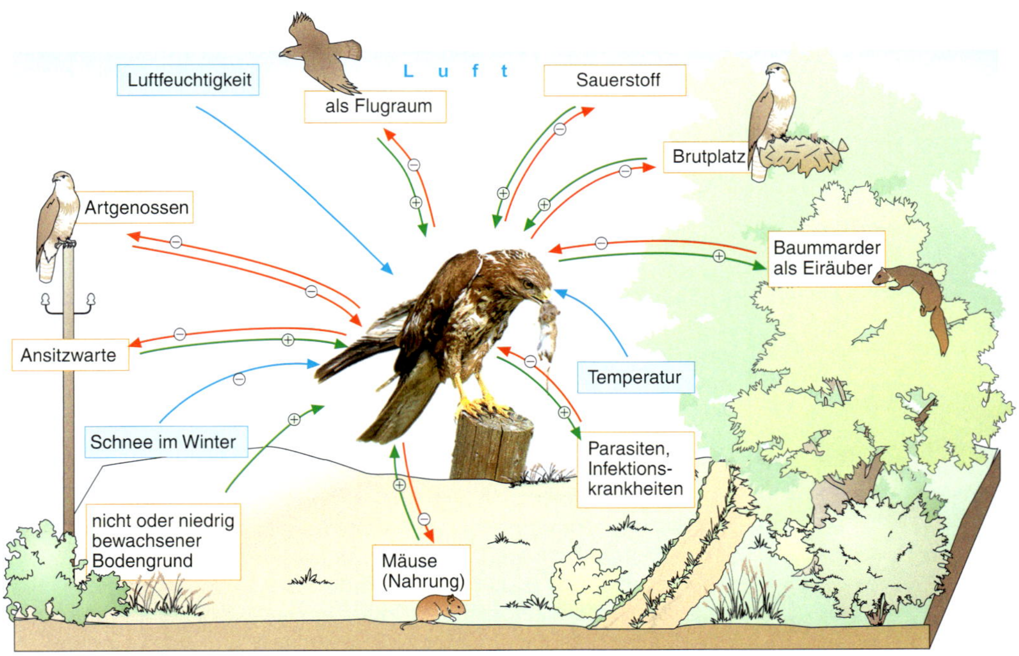

1 Ökofaktoren und Ressourcen des Mäusebussards

1 Drüsiges Springkraut

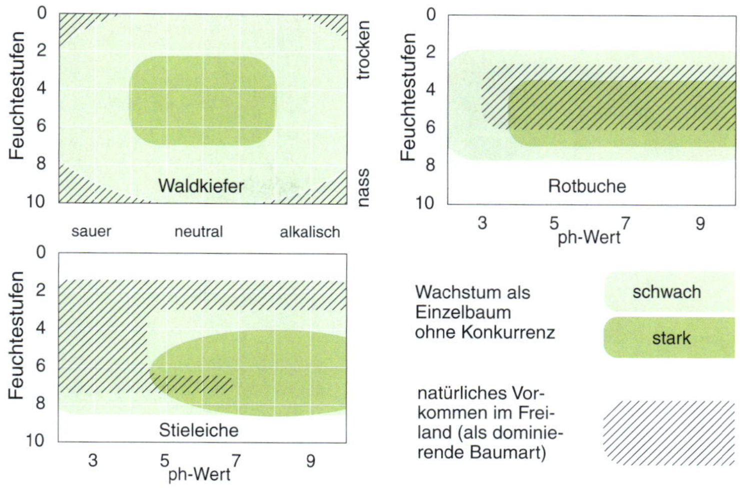

2 Waldbäume: Fundamental- und Realnische

Zwischenartliche Konkurrenz

Im 19. Jahrhundert war es eine attraktive Gartenpflanze, heute ist das *Drüsige Springkraut* vielerorts eine Plage: Vor allem an Gewässerufern hat sich dieses ca. 2 m hohe Gewächs aus dem Himalaya stark ausgebreitet und verdrängt dort einheimische Pflanzen. Das ist möglich, da das Drüsige Springkraut sehr konkurrenzstark ist. Es ist sehr schnellwüchsig und überwuchert andere Pflanzen. Neben der optimalen Nutzung der Ressourcen Licht und Wurzelraum ist es vor allem die starke Produktion von hochwertigem Nektar, die die *Konkurrenzstärke* dieser Pflanze ausmacht. Bienen und Hummeln lernen schnell, dass Springkrautblüten mehr Nektar bergen als die Blüten einheimischer Pflanzen. Die Bevorzugung bei der Bestäubung begünstigt eine schnelle Ausbreitung der Pflanzen. Für die Gewässerufer stellt das Springkraut eine besondere Gefährdung dar: Die Pflanzen sterben im Herbst vollständig ab, das fehlende Wurzelwerk fördert die Erosion im Winterhalbjahr.

Konkurrenzstarke Einwanderer wie das Springkraut belegen eine wichtige ökologische Regel, das *Konkurrenzausschlussprinzip*. Verschiedene Arten eines Lebensraums können auf Dauer nicht nebeneinander koexistieren, wenn sich ihre ökologischen Nischen bezüglich der knappen Ressourcen gleichen. Die positive Umkehrung der Regel *(Konkurrenzvermeidung)* zeigt das Beispiel der *Meeresvögel* (s. Randspalte Seite 328). Die verschiedenen Arten unterscheiden sich gerade bezüglich der begrenzenden Ressource *Brutnische*. Die *Gryllteiste* brütet am Fuß der Felsen nahe der Wasserkante, die *Trottellumme* legt ihre Eier auf Felsvorsprünge, die *Krähenscharbe* nutzt größere Felsplateaus. Die unterschiedliche Ressourcennutzung erlaubt also *Koexistenz*.

Fundamental- und Realnische

Auch bei *Waldbäumen* ist die Bedeutung der Konkurrenzstärke zu erkennen. Die *Rotbuche* zeigt die beste Nutzung der Ressource Licht und bildet sehr lichtdichte Kronen. Konkurrenten anderer Arten können dort nicht leben, wohl aber die eigenen jungen Artgenossen. Die tolerantere, aber konkurrenzschwache Waldkiefer dagegen existiert im Freiland nur in nichtoptimalen Bereichen bezüglich pH-Wert und Feuchte, die von anderen Baumarten nicht besiedelt werden können. Das Vorkommen im Freiland beschreibt die ökologische *Realnische*. Sie ist bei konkurrenzschwachen Arten deutlich eingeschränkter als die *Fundamentalnische*, die die Ansprüche einer Art unter Laborbedingungen ohne Einfluss von biotischen Faktoren wie Konkurrenz oder Räuber beschreibt. Sie wird von physiologischen Faktoren bestimmt, die Realnische dagegen auch von Wechselbeziehungen zu anderen Arten.

Aufgaben

① Untersuchen Sie mithilfe der Abbildung 328.1, inwieweit alle Faktoren mit wechselseitiger Beeinflussung als Ressourcen bezeichnet werden können.

② Vergleichen Sie die Fundamental- und die Realnische der Waldbäume (Abb. 2 und Randspalte) und erklären Sie die Unterschiede.

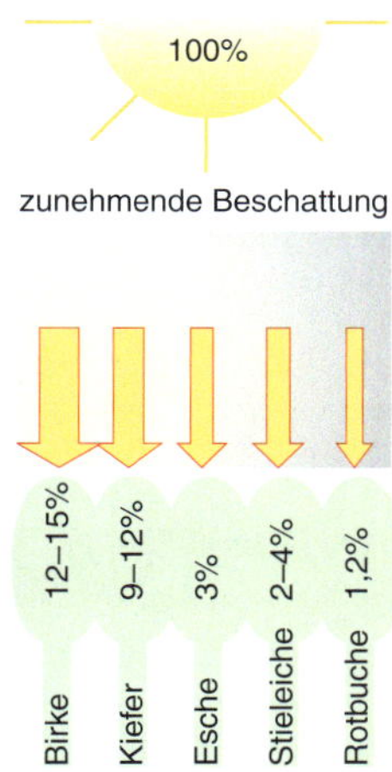

minimaler Lichtbedarf von Jungbäumchen

Lichteinfall am Boden (Juli) im dichten
Rotbuchenwald: **ca. 1,6%**
Eichenwald: **ca. 4,0%**

Konkurrenzausschlussprinzip
Verschiedene Arten eines Lebensraumes können nicht auf Dauer nebeneinander koexistieren, wenn sich ihre ökologischen Nischen bezüglich der knappen Ressourcen zu ähnlich sind.

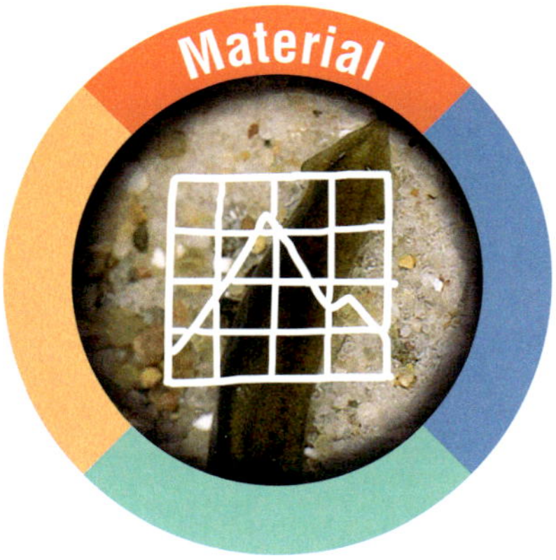

Die ökologische Nische von Strudelwürmern

Bei Strudelwürmern lässt sich ein Zusammenhang zwischen Umweltansprüchen und Verbreitung erkennen. Die hier betrachteten Arten sind bis 2 cm lang und bewohnen vor allem Fließgewässer, über deren steinigen Untergrund sie sich kriechend fortbewegen. Sie sind lichtscheu und können sehr gut riechen. Ihre Nahrung sind Aas und kleine Wirbellose, über die sie ihren Körper stülpen, sodass die Beute unter das Mundfeld am Bauch des Strudelwurms gelangt. Der Fangerfolg hängt wesentlich von der Beweglichkeit des Strudelwurms ab. Die Tiere haben keinen Blutkreislauf. Die abgeplattete Form hält die Gasdiffusionswege im Körper kurz.

Bachsystem A

In einem Bachsystem eines deutschen Mittelgebirges fanden Biologen drei Arten von Strudelwürmern. Die Kartierung (Abb. 1) ergab, dass die drei Arten unterschiedliche Abschnitte des Bachsystems besiedelten.

In Laborexperimenten wurde der Sauerstoffverbrauch der Tiere in Ruhe (Abb. 2) sowie die maximale Kriechgeschwindigkeit bestimmt (Abb. 3).

Aufgaben

① Stellen Sie fest, in welchen Temperaturgrenzen die drei Arten jeweils im deutschen Bachsystem vorkommen.

② Stellen Sie den Zusammenhang zwischen Sauerstoffverbrauch (Abb. 2), Kriechgeschwindigkeit (Abb. 3) und Temperatur in einem Pfeildiagramm dar (Symbolik wie Seite 328).

③ Welche Konsequenzen sind bezüglich der Temperaturtoleranz der drei Arten zu erwarten?

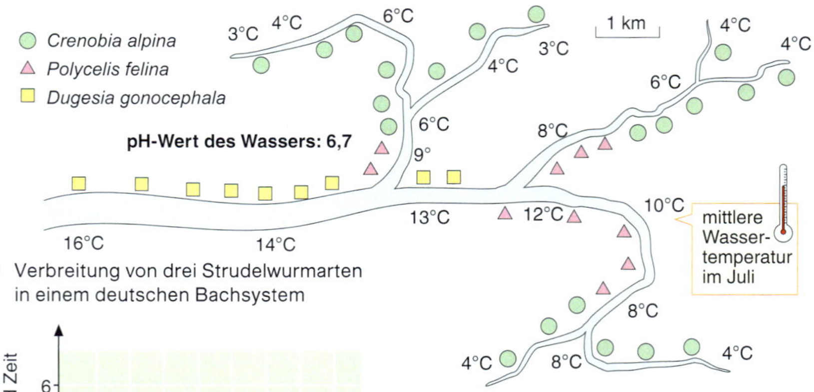

1 Verbreitung von drei Strudelwurmarten in einem deutschen Bachsystem

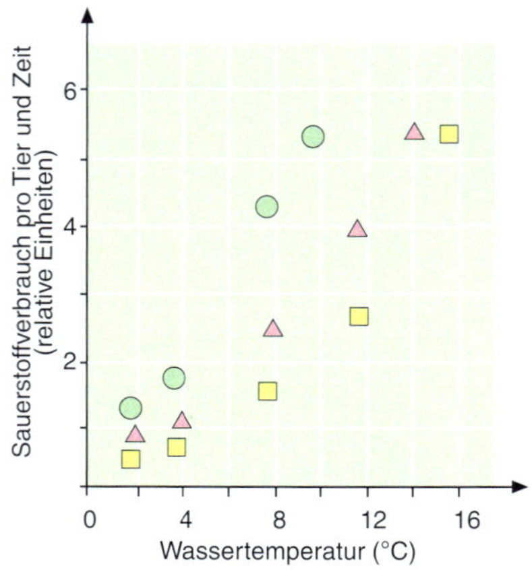

2 Sauerstoffverbrauch

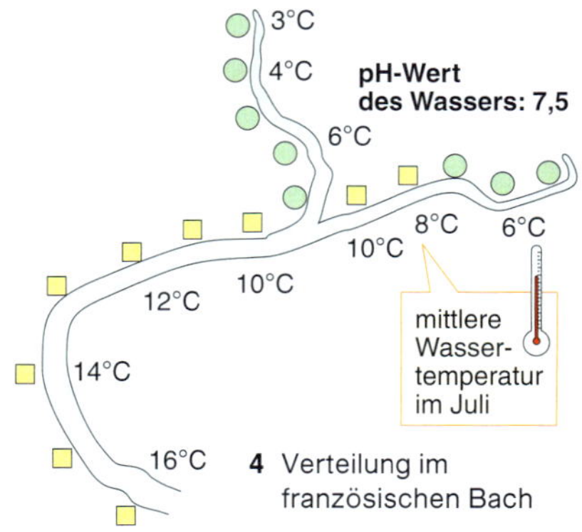

4 Verteilung im französischen Bach

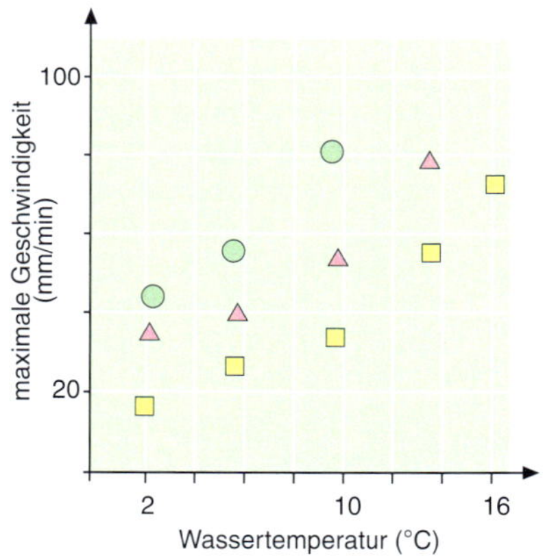

3 Maximale Kriechgeschwindigkeit

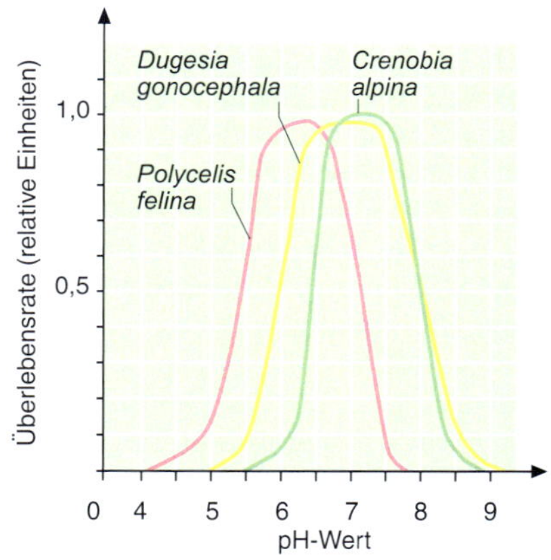

5 pH-Toleranz der drei Arten

④ Stellen Sie eine begründete Hypothese zur Verbreitung der drei Arten im deutschen Bachsystem auf.

Bachsystem B

Untersuchungen in einem strukturell ähnlichen Bachsystem in Frankreich brachten eine Überraschung: In diesem Gebiet fehlt *Polycelis felina* und doch ist der gesamte Bachverlauf von Strudelwürmern besiedelt. Ein Vergleich mit dem deutschen Gewässer zeigte einen Unterschied im pH-Wert (Abb. 4).

Aufgaben

⑤ Nennen Sie mögliche Gründe für das Fehlen von *Polycelis felina* in Frankreich.

⑥ Vergleichen Sie die Verbreitung der Arten in den beiden Bachsystemen und nennen Sie eine mögliche Erklärung für die Unterschiede.

⑦ Entwickeln Sie Überprüfungsexperimente für Ihre Hypothesen (Aufg. 6).

⑧ „Bei konkurrenzstarken Arten gleicht die Fundamentalnische weitgehend der Realnische.“ Überprüfen Sie, inwieweit diese Regel im vorliegenden Fall zutrifft.

Untersuchungen zur ökologischen Nische

Licht- und Temperaturansprüche von Wirbellosen lassen sich im Freiland und im Labor untersuchen. Da nur vergleichende Untersuchungen aussagekräftig sind, sollten mindestens zwei verwandte Arten untersucht werden. Besonders geeignet sind *Schnecken*. Sinnvoll ist ein Vergleich der Ansprüche von *Nacktschnecken* und Gehäuseschnecken.

Gartenbänderschnecke

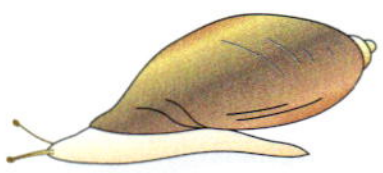

Bernsteinschnecke

Hainbänderschnecke

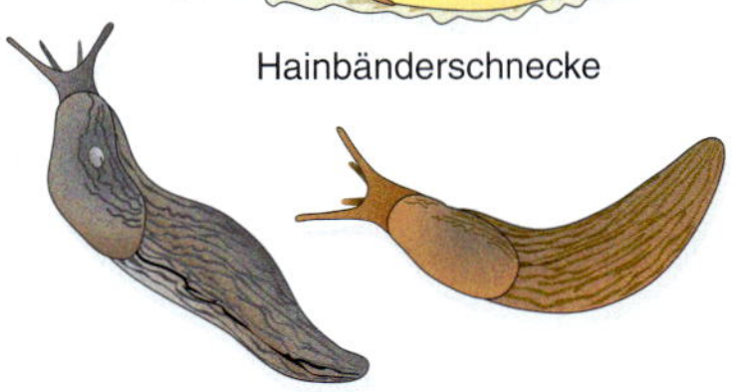

Schwarze und Rote Wegschnecke

Freilanduntersuchung

Untersuchungsobjekte

Wählen Sie zwei Arten aus, die im Untersuchungsgebiet häufig sind. (Sie brauchen mindestens 10, besser 20 Individuen pro Art.)

Untersuchungsort

Zwei nahe gelegene offene Standorte, die sich bezüglich der Temperatur unterscheiden, etwa
- Hecke: Süd- und Nordseite mit Wildkrautbesatz oder
- Waldrand besonnt – unbesonnt.

Die Größe des Gebietes ist so zu wählen, dass dort genügend Individuen jeder Art zu finden sind.

Material

- Thermometer (möglichst digital)
- Luxmeter
- mindestens 30 kleine Sammelgefäße für Tiere (durchnummeriert, mit Schriftfeld)

Durchführung

a) Stellen Sie von beiden Untersuchungsgebieten eine maßstabsgetreue Skizze her. Zeichnen Sie herausgehobene Punkte wie Bäume und Büsche ein.
b) Suchen Sie in beiden Untersuchungsgebieten Individuen der gewählten Arten. Bestimmen Sie an jedem Standort
   - die Temperatur
   - die Beleuchtungsstärke.
c) Geben Sie die Tiere in das Sammelgefäß und beschriften Sie das Schriftfeld mit den Messdaten. Tragen Sie die Nummer des Sammelgefäßes in die Kartenskizze ein.

Aufgaben

① Erstellen Sie jeweils für jedes Untersuchungsgebiet und für jede Art folgendes Raster bzw. Diagramm:
   - senkrecht Beleuchtungsstärke, waagerecht Temperatur (Punkt pro Fund)
   - Häufigkeitsverteilung der Arten in Abhängigkeit von der Beleuchtungsstärke.

② Vergleichen Sie die Umweltansprüche beider Arten.

Laboruntersuchung

Die *Temperaturorgel* wird mindestens eine Stunde, besser drei Stunden vor Versuchsbeginn angesetzt (Kochsalz/Eis-Kältemischung, kochendes Wasser) und die Temperatur an mindestens 4 Punkten bestimmt. Optimal ist ein linearer Gradient zwischen 5 °C und 45 °C. Die Temperaturorgel wird mit einer Glasscheibe abgedeckt.

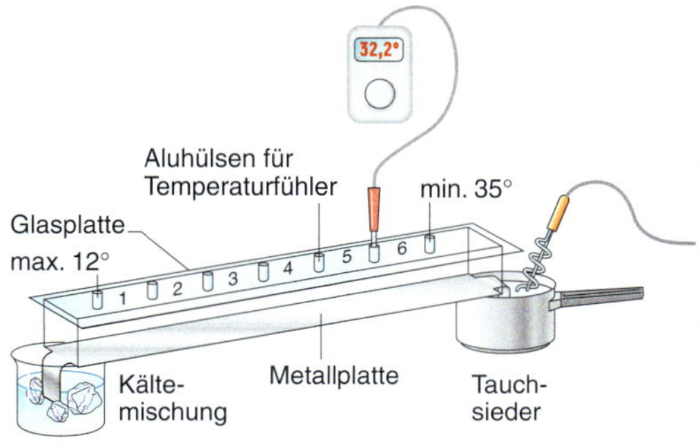

Tiere beider Arten werden bei im Temperaturbereich von 20 bis 30 °C auf die Rinne gesetzt. Inaktive Tiere tauchen Sie ca. 30 s in lauwarmes Wasser.

Aufgaben

③ Bestimmen Sie alle 15 Minuten die Verteilung der Individuen auf der Temperaturorgel. Verändert sich die Verteilung nicht mehr wesentlich, tragen Sie diese Ergebnisse als Häufigkeitsverteilung grafisch auf.

④ Berechnen Sie die Temperaturmittelwerte für beide Arten.

⑤ Vergleichen Sie diese Ergebnisse mit Ihren Freilandergebnissen.

⑥ Bevorzugen die Arten eher Licht oder Schatten? Entwickeln Sie dazu ein einfaches Experiment und führen Sie es durch.

Untersuchungen mit Asseln

Auch andere Wirbellose wie Asseln lassen sich vergleichend untersuchen.

Aufgabe

⑦ Wandeln Sie die oben beschriebenen Untersuchungen so ab, dass Sie die ökologischen Ansprüche und Präferenzen verschiedener Asselarten bezüglich Temperatur und Luftfeuchtigkeit untersuchen können.

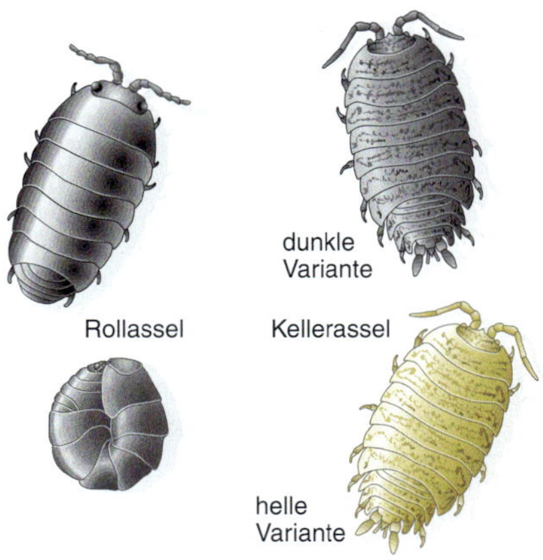

Land	1998		1999		2000
Brasilien					
Einwohnerzahl (Millionen)	164,47		167,27		170,12
absolute Zunahme pro Jahr (Millionen)		2,80		2,85	
Wachstumsrate pro Jahr		0,017 (1,7 %)		0,017 (1,7 %)	
Kongo					
Einwohnerzahl (Millionen)	48,26		49,80		51,39
absolute Zunahme pro Jahr (Millionen)		1,54		1,59	
Wachstumsrate pro Jahr		0,032 (3,2 %)		0,032 (3,2 %)	

1 Bevölkerungsentwicklung zweier Länder

Zettelkasten

Modell zum exponentiellen Wachstum

Die mathematische Beschreibung des Wachstums von Populationen arbeitet mit folgenden Definitionen:

N_t = Populationsgröße (Individuenanzahl) nach t Zeitschritten
r = Wachstumsrate, anteiliger Zuwachs der Population pro Zeitschritt
Die Wachstumsrate ist die Differenz zwischen der Geburtenrate (b, „birth") und der Sterberate (d, „death"): $r = b - d$

Die neue Populationsgröße (N_1) ergibt sich aus alter Größe (N_0) und Zuwachs (bzw. Veränderung): $N_1 = N_0 + \text{Zuwachs}_0$

Der Zuwachs ist relativ zur bestehenden Anzahl: $\text{Zuwachs}_0 = N_0 \cdot r$

Aus beiden Gleichungen folgt damit: $N_1 = N_0 + N_0 \cdot r = N_0 \cdot (1 + r)$

Für die nächsten Zeitpunkte bedeutet dies:
$N_2 = N_1 \cdot (1+r) = N \cdot (1+r) \cdot (1+r) = N_0 \cdot (1+r)^2$
$N_3 = N_2 \cdot (1+r) = N_0 \cdot (1+r)^2 \cdot (1+r) = N_0 \cdot (1+r)^3$

Allgemein gilt dann: $N_t = N_0 \cdot (1+r)^t$

Dies ist eine Gleichung für das exponentielle Wachstum.

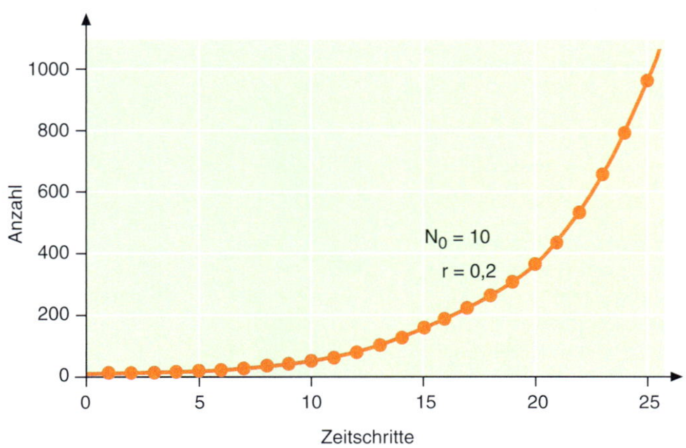

Wachsende Populationen

In jeder Population verändern sich die Individuenzahlen ständig durch Geburten und Sterbefälle sowie durch zuwandernde und abwandernde Individuen. Die Populationen wachsen dadurch oder werden kleiner. Ein unbegrenztes Wachstum ist aufgrund endlicher Ressourcen offensichtlich unmöglich. Dies gilt auch für Menschen. Für alle Länder ist es aber wichtig, die Bevölkerungsentwicklung einschätzen zu können, um Maßnahmen für die zukünftige Versorgung ihrer Einwohner treffen zu können.

Vergleicht man die Veränderungen zweier Populationen im Laufe mehrerer Jahre, so zeigt sich ein unterschiedlicher Zuwachs. Die absoluten Veränderungen sind jedoch wenig aussagekräftig, denn sie beziehen sich auf verschiedene Ausgangswerte. Besser geeignet sind daher Werte der relativen Veränderungen. Sie werden *Wachstumsraten* genannt (Abb. 1). In vielen Ländern besitzt die menschliche Bevölkerung Wachstumsraten zwischen 0,01 (1 %) und 0,03 (3 %), in manchen Ländern, wie z. B. in Deutschland, ist die Wachstumsrate negativ, die Bevölkerung nimmt ab.

Exponentielles Wachstum

Um sich die zukünftige Bevölkerungsentwicklung berechenbar zu machen, konstruiert man aus derartigen Daten ein mathematisches Modell, das die dahinter stehenden Gesetzmäßigkeiten erfasst. Eine erste Näherung stellt das Modell des *exponentiellen Wachstums* dar. Zuwanderung und Abwanderung werden aus Gründen der Vereinfachung im Modell nicht berücksichtigt. Es nimmt weiterhin unbegrenztes Wachstum an und verwendet konstante Geburten- und Sterberaten und damit eine unveränderliche Wachstumsrate. Das exponentielle Wachstum stellt das einfachste Modell für Populationsentwicklungen dar.

Bei Mehlkäfern kann man beobachten, dass unter Laborbedingungen das Populationswachstum mit der Verknappung der Ressourcen zum Stillstand kommt, die Anzahl bzw. die *Dichte* (Anzahl Individuen pro Fläche) nimmt nicht weiter zu (Abb. 333.1). Dies entspricht nicht dem exponentiellen Wachstum, das sehr vereinfachend unbegrenztes Wachstum annimmt. Das Modell des expo-

1 Wachstum einer Mehlkäferpopulation im Labor

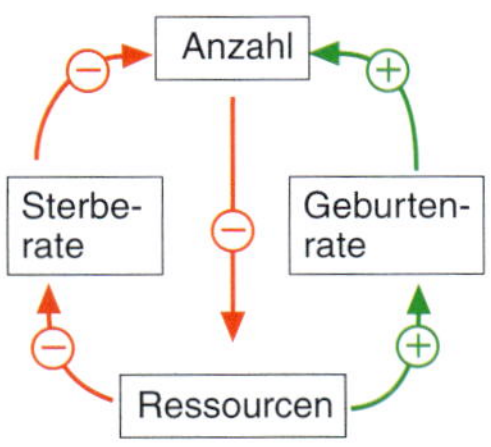

nentiellen Wachstums wird daher durch ein entsprechend weiter entwickeltes Modell ersetzt.

Logistisches Wachstum

Die Wachstumsrate wird beim exponentiellen Wachstum als konstant angesehen. Sie muss aber veränderlich sein und mit zunehmender Populationsgröße abnehmen, wie der Mehlkäfer-Versuch verdeutlicht. Beobachtungen an realen Populationen zeigen, dass die Wachstumsrate im Wesentlichen von der Versorgung mit Ressourcen abhängt. Allgemein gilt, dass mit zunehmender Populationsgröße die Ressourcenmenge für jedes einzelne Individuum abnimmt. Dann lässt sich eine geringere Fruchtbarkeit feststellen. Dadurch nimmt die Geburtenrate ab, während gleichzeitig die Sterberate zunimmt. Eine Population wächst, solange die Geburtenrate größer ist als die Sterberate. Bei einer bestimmten Individuenanzahl jedoch werden beide gleich groß: Das Populationswachstum kommt zum Stillstand. Diese Anzahl wird *Kapazität* genannt; sie gibt an, wie viele Individuen in einem Lebensraum maximal leben können. Ist die Geburtenrate kleiner als die Sterberate, nimmt die Population ab. Das Modell, das diese Annahmen enthält, stellt das *logistische Wachstum* dar.

Aufgabe

① Berechnen Sie die Bevölkerungen der beiden Länder (Abb. 332.1) für die Jahre 2015 und 2020. Gehen Sie vom aktuellen Jahr aus und nehmen Sie vereinfachend exponentielles Wachstum an.

Zettelkasten

Modell des logistischen Wachstums

Die Annahme einer konstanten Wachstumsrate wie beim exponentiellen Wachstum erweist sich als unrealistisch, denn Geburtenrate und Sterberate und damit die Wachstumsrate sind von der Anzahl (N) abhängig. Im Modell müssen sie entsprechend beschrieben werden:

Je größer die Populationsgröße (N) ist, desto kleiner ist die Geburtenrate (b) und desto größer ist die Sterberate (d). Dieses lässt sich vereinfachend mithilfe von Geradengleichungen erfassen:
$b = b_0 + m_b \cdot N$ sowie $d = d_0 + m_d \cdot N$

(1) Nun kann man den Schnittpunkt der Geraden berechnen (bei b = d). Die Anzahl am Schnittpunkt stellt die Kapazität (K) des Lebensraums dar:
$b_0 + m_b \cdot N = d_0 + m_d \cdot N$
Umformen (mit $r_0 = b_0 - d_0$) führt zu
$K = r_0 : (m_d - m_b)$ bzw. $m_d - m_b = r_0 : K$

(2) Die aktuelle Wachstumsrate (r_t) ist abhängig von der aktuellen Anzahl (N_t):
$r_t = b - d = (b_0 + m_b \cdot N_t) - (d_0 + m_d \cdot N_t)$
Umgeformt: $r_t = b_0 - d_0 - (m_d - m_b) \cdot N_t$
Nach (1) lässt sich $(b_0 - d_0)$ durch r_0 sowie $(m_d - m_b)$ durch $r_0 : K$ ersetzen; Umformen führt dann zu
$r_t = r_0 \cdot (1 - N_t : K)$

(3) Ersetzt man nun r in der Gleichung des exponentiellen Wachstums durch den Ausdruck für r_t, erhält man die Gleichung für das *logistische Wachstum*.

$$N_{t+1} = N_t + N_t \cdot r_0 \cdot (1 - N_t : K)$$

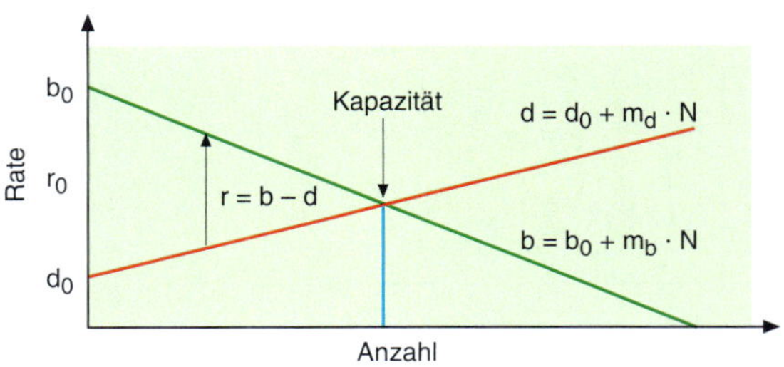

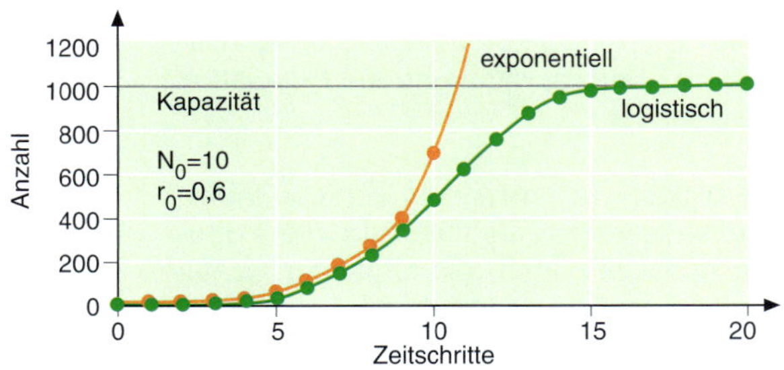

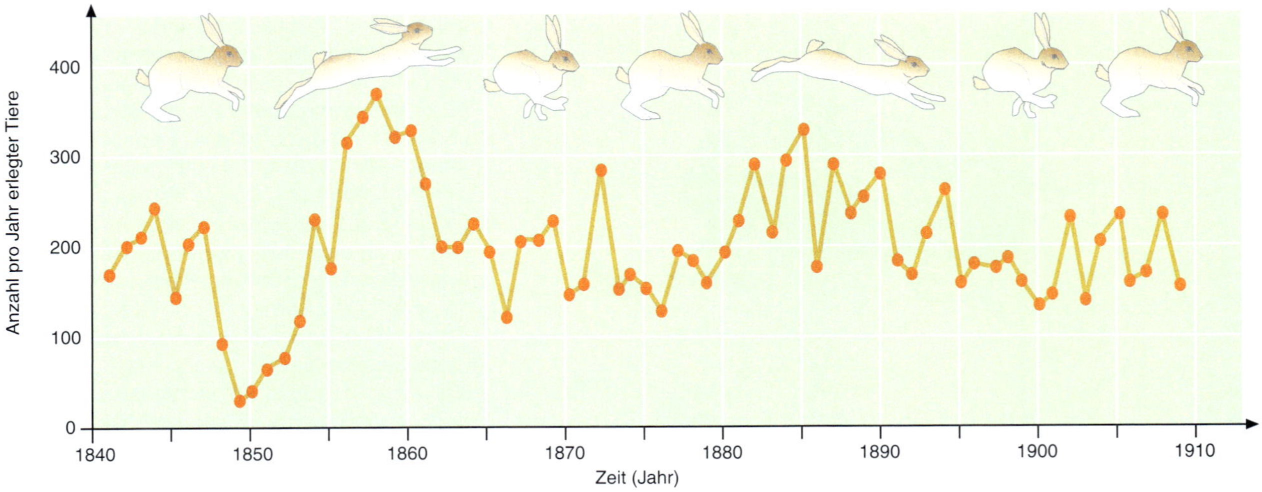

1 Hasenpopulation in Liechtenstein, gemessen als jährliche Jagdstrecke

Populationsgrößen verändern sich

Verfolgt man die Individuenzahlen in einer Population, wie z. B. bei Hasen (s. Abb. 1), über mehrere Jahre, so kann man deutliche Schwankungen feststellen. Populationsgrößen sind allgemein nicht konstant. Die ursächlichen Faktoren für diese Schwankungen lassen sich im Wesentlichen in zwei Gruppen einteilen, in *dichteunabhängige* und *dichteabhängige Faktoren.*

Dichteunabhängige Faktoren

Zum einen kann es sich dabei um Katastrophen oder ungünstige Bedingungen handeln, die viele Individuen nicht überleben. Kühle und feuchte Witterungsbedingungen im Frühjahr lassen zum Beispiel viele Jungtiere der Hasen erfrieren und bedingen zusätzlich ein schlechtes Wachstum ihrer Nahrungsressourcen, sodass die Versorgung aller Individuen abnimmt. Unter solchen Bedingungen wächst die Population nicht oder nimmt sogar ab. Andererseits können in feuchten und warmen Sommern besonders gute Bedingungen vorhanden sein, sodass viele Ressourcen vorhanden sind und eine gute Versorgung gegeben ist. Ein größerer Anteil der Nachkommen und erwachsenen Tiere überlebt dann und die Population nimmt stark zu.

In derartigen Fällen hat die aktuelle Individuendichte keinen Einfluss auf die Populationsschwankungen, die Ursachen liegen außerhalb der Population. Diese dichteunabhängigen Schwankungen der Populationsgröße werden *Fluktuationen* genannt.

Dichteabhängige Faktoren

Bei anderen regelmäßigen Schwankungen besteht ein Zusammenhang mit der Größe der eigenen oder anderer Populationen (Abb. 2). Solche regelmäßigen Schwankungen werden *Oszillationen* genannt. Verschiedene Ursachen können ihnen zugrunde liegen.

Die Individuen einer Population können beispielsweise ihre Ressourcen aufbrauchen. In der Zeit, die zu deren Regeneration erforderlich ist, bricht die Population zusammen. Nach Erneuerung der Ressourcen kann die nun kleine Population erneut anwachsen und der Ablauf wiederholt sich regelmäßig.

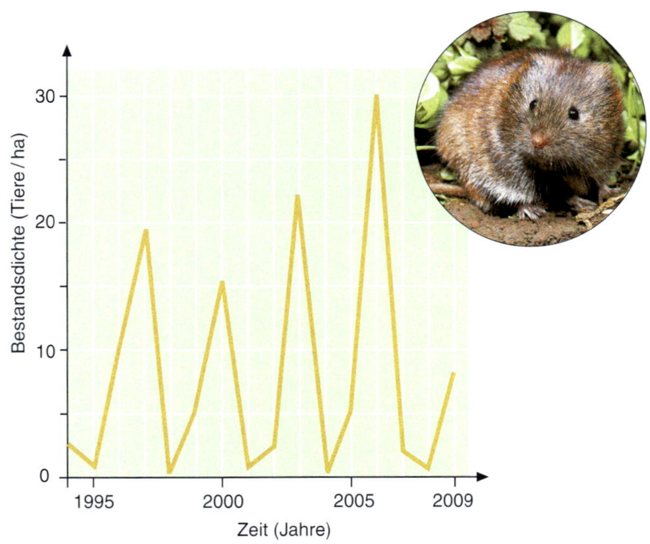

2 Oszillierende Wühlmauspopulation

Die Regenerationsgeschwindigkeit der Ressource sowie die Fähigkeit der Population, Zeiten der Knappheit zu überstehen, bestimmen dabei die Zykluslängen. Ressource kann Nahrung sein, Frischwasser ist ebenfalls Ressource für viele Organismen. Belastungen durch Verschmutzungen wie durch Kot oder Urin können Vergiftungen bedeuten, Sauerstoff kann zehrend sein und somit diese Ressource aufbrauchen.

Auch durch Infektionskrankheiten können Schwankungen verursacht werden. Mit zunehmender Populationsgröße nimmt die Ansteckungswahrscheinlichkeit zu, Infektions- und Sterberate erhöhen sich und die Population bricht daraufhin zusammen. Weiterhin verursachen die bei hoher Dichte auftretenden Knappheiten Stress, der zu erhöhter Aggression und zu Unfruchtbarkeit führen kann.

Analysiert man die Schwankungen natürlicher Populationen, so zeigt sich, dass in allen Fällen dichteunabhängige und dichteabhängige Faktoren gleichzeitig und in unterschiedlicher Stärke wirksam sind.

Dichteeinflüsse mit Zeitverzögerung

Bei manchen Arten können die Individuen Ressourcen speichern. Nachkommen werden auch dann noch geboren, wenn in der aktuellen Situation eigentlich nicht genügend Ressourcen vorhanden sind. Die Population reagiert quasi auf Bedingungen zu dem Zeitpunkt, an dem die Reserven gespeichert wurden, also mit einer Zeitverzögerung. Sie wächst über ihre Kapazität hinaus und bricht anschließend zusammen. Dies kann sich zyklisch wiederholen. Auch die Oszillationen der Wühlmauspopulation könnten so erklärt werden.

Zettelkasten

Experimente mit dem Großen Wasserfloh zu Ursachen von Oszillationen

Populationen des *Großen Wasserflohs (Daphnia magna)* wurden in 50 ml Wasser gehalten und regelmäßig mit gleicher Futtermenge versorgt. Die täglichen Geburten und Sterbefälle wurden ausgewertet und jeweils die aktuelle Populationsgröße ermittelt. Zwei Populationen wurden im Experiment bei verschiedenen Temperaturen gehalten (18 °C und 25 °C). Im Ergebnis zeigten sich deutliche Unterschiede zwischen den Versuchsansätzen.

Die bei niedrigen Temperaturen gehaltene Population erreichte nach einer Wachstumsphase eine etwa gleich bleibende Populationsgröße (ca. 120 Individuen). Der Wachstumsverlauf entsprach annähernd logistischem Wachstum. Bei höheren Temperaturen zeigten sich unter ansonsten gleichen Bedingungen deutliche Schwankungen. Aus den ebenfalls ausgezählten Geburtenzahlen und Sterbefällen ergeben sich mögliche Erklärungen für die beobachteten Unterschiede.

Im kühleren Gefäß verlaufen Stoffwechselprozesse langsamer (RGT-Regel, s. Seite 50). Verbrauch und Verwertung der Ressourcen erstrecken sich über einen längeren Zeitraum und so verlaufen Geburten und Sterbefälle weitgehend gleichmäßig und parallel; die Population bleibt annähernd konstant.

Im wärmeren Gefäß verlaufen dagegen alle Prozesse schneller. Rasche Ressourcenaufnahme steigert kurzzeitig die Geburtenrate und senkt die Sterberate, die beide damit nicht mehr gleich verlaufen. Es kommt zu einer Wachstumsphase, die zu höherem Verbrauch führt und letztlich in einer Knappheit endet. Die Geburten nehmen daraufhin ab, die Sterbefälle nehmen zu und die Population wird wieder kleiner. Im Experiment scheint sich eine dritte Phase anzuschließen, in der möglicherweise der bakterielle Abbau der toten Daphnien und damit eine Selbstreinigung erfolgt, bis ein erneutes Wachstum einsetzen kann.

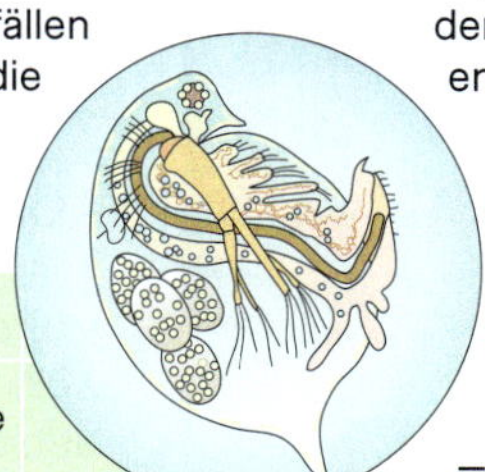

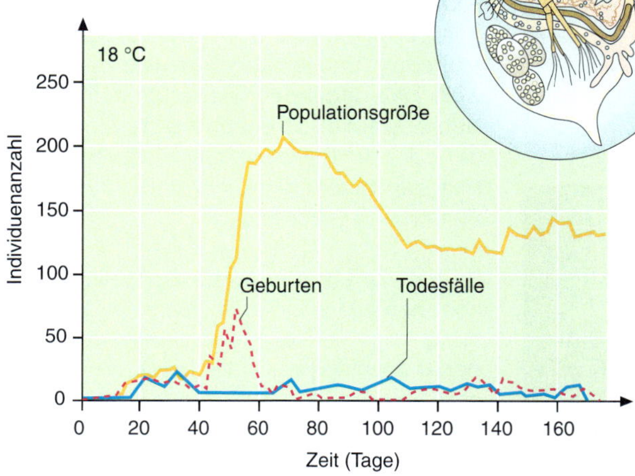

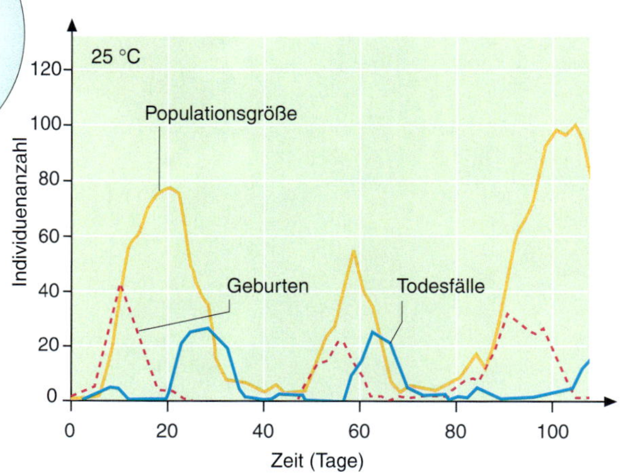

1 Bussard erbeutetet Maus

2 Räuberstrategien und Abwehr durch Beute

Räuber und Beute

In ländlichen Gebieten kann man Bussarde am Himmel sehen, wie sie ihre Kreise ziehen. Plötzlich stürzen sie auf den Boden herab und fassen eine Maus mit ihren Greiffüßen. Die Maus ist für den Bussard eine Beute, der Bussard für die Maus ein Fressfeind oder Räuber. Bussard und Maus sind ein Beispiel für eine *Räuber-Beute-Beziehung*.

Für einen Räuber ist die Beute eine notwendige Nahrungsressource. Er greift sie an, tötet oder schädigt sie zumindest und frisst sie anschließend ganz oder teilweise auf. Für eine Beute stellt der Räuber eine Bedrohung dar, die sein Leben beeinträchtigt oder gefährdet.

Die Populationen von Räuber und Beute beeinflussen sich daher gegenseitig. Viele Gesetzmäßigkeiten von Räuber-Beute-Beziehung treffen nicht nur auf bekannte Beispiele wie Bussard und Maus zu, sondern lassen sich auch bei Pflanzenfressern und ihren Nahrungspflanzen *(Pflanzen-Weidegänger-Beziehung)* wiederfinden. Entsprechendes gilt sogar für Parasiten und ihre Wirte *(Wirt-Parasit-Beziehung)*. Deshalb werden sie im weiteren Sinn ebenfalls zu den Räuber-Beute-Beziehungen gerechnet.

Die gegenseitige Angepasstheit

Räuber haben verschiedene Vorgehensweisen beim Beuteerwerb, Beuteorganismen besitzen dagegen Mechanismen, genau dieses zu verhindern. Unter den Räubern gibt es z. B. Jäger, die einer Beute aktiv nachstellen. Hierzu gehören Marder, Greifvögel, Haie, Libellen und viele andere. Andere Räuber stellen ihrer Beute Fallen wie die Spinnen. Viele im Wasser lebende Räuber sind Filtrierer. Hierzu gehören die kleinen Tiere des Zooplanktons wie Daphnien, aber auch Muscheln und große Tiere wie die Bartenwale. Weidegänger wiederum suchen ihre Nahrung auf und fressen sie ab, wie z. B. Rinder oder die Raupen vieler Insekten. Andere Pflanzenfresser wie Eichhörnchen sammeln Samen und Früchte.

Beutetiere können durch Schnelligkeit entkommen wie z. B. Antilopen bzw. durch Tarnung oder versteckte Lebensweise unentdeckt bleiben wie viele Insekten. Pflanzen enthalten vielfach Bitterstoffe oder Gifte, die sie vor Fraß schützen. Harte Schalen oder Stacheln, die sie schlecht angreifbar machen, kommen bei Tieren und Pflanzen vor.

1 Heuschreckenplage in Afrika

Nachtbaumnatter, *Boiga irregularis*

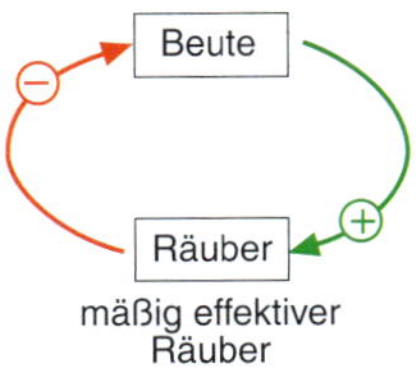

Wechselwirkung der Populationen

Die gegenseitige Beziehung von Räuber und Beute verändert die beteiligten Populationen. Wenn viel Beute als Nahrungsressource vorhanden ist, können die Individuen der Räuberpopulation besser überleben, kräftiger wachsen und dann mehr Nachkommen zeugen sowie großziehen. Ist nur wenig Beute vorhanden, bewirkt das eine erhöhte Sterblichkeit und weniger bzw. keine Nachkommen. Die vorhandene Beutemenge bestimmt demnach, ob die Räuberpopulation wachsen kann oder abnimmt.

Räuber entfernen Individuen aus der Beutepopulation. Diese wird dadurch vermindert, und zwar umso stärker, je mehr Räuber vorhanden sind. Das Ausmaß des Einflusses hängt von der Effektivität der Räuber ab. Versteckmöglichkeiten der Beute oder Abwehrmechanismen vermindern seine Effektivität. Eine höhere Effektivität begünstigt den Räuber, verbesserte Abwehr oder schlechtere Erreichbarkeit dagegen die Beute. Die Effektivität wird deswegen stark von den Gegebenheiten des jeweiligen Lebensraumes mitbestimmt. Die Wechselwirkung von Räuber und Beute hat je nach Effektivität des Räubers verschiedene Konsequenzen.

Wenig effektive Räuber beeinflussen die Beutepopulation kaum. Beispielsweise leben Mäuse weitgehend versteckt unter der Erde. An der Erdoberfläche halten sie sich tagsüber nur kurz auf und können schnell wieder in der Erde verschwinden. Das führt dazu, dass ein Bussard in nur 5 % aller Fangversuche erfolgreich ist. Er ist darum ein ineffektiver Räuber und frisst nur wenige der in seinem Revier lebenden Mäuse. Auch hat er nur eine Vermehrungsphase im Frühjahr, sodass eine Bussardpopulation langsam wächst, während Mäuse mehrere Generationen pro Jahr großziehen können. Der Einfluss ist daher einseitig fördernd von der Beute auf den Räuber.

Mäßig effektive Räuber führen zu einer Situation mit wechselseitigem Einfluss beider Populationen, die einem Regelkreis ähnelt.
- Mehr Beute führt zu einer verbesserten Versorgung und zu stärkerer Vermehrung der Räuber.
- Die Räuber fressen nun vermehrt Beute und reduzieren deren Population.
- Weniger Beute lässt viele Räuber verhungern, ihre Population nimmt ab.
- Wenige Räuber ermöglichen nun wieder eine Zunahme der Beutepopulation.

Dieser Regelkreis kann bei beiden Populationen Schwankungen verursachen. Die Schwankungen können aber auch abklingen und in eine Situation münden, die etwa gleichbleibende Größen bei beiden Populationen ausweist und dann einem Gleichgewichtszustand ähnelt.

Sehr effektive Räuber können ihre Beutepopulation stark reduzieren. Dies gilt z.B. für einige Pflanzenfresser, deren Beute die Nahrungspflanzen sind. Weidende Herden oder wandernde Insektenschwärme können ganze Regionen kahlfressen (Abb. 1). In Seen können Planktonkrebse wie Daphnia regelmäßig die vorhandene Algenmenge aufzehren (Klarwasserstadium, s. Seite 363). Für Beutepopulationen bedeutet dies immer einen dramatischen Zusammenbruch und Räuberpopulationen erzeugen so selbst eine nachfolgende Nahrungsknappheit. Sie weichen dann durch Wanderungen aus, wechseln auf andere Beutearten oder bilden besondere Stadien aus wie die Dauereier von Daphnien.

Wenn Räuber in entfernte Gegenden verschleppt werden, erweisen sie sich oft als sehr effektiv und können einheimische Arten völlig ausrotten. Beispielsweise wurde nach 1945 die Nachtbaumnatter auf die pazifische Insel Guam verschleppt und hat sich stark vermehrt. Sie ernährt sich von kleinen Säugetieren und Vögeln und hat inzwischen einige heimische Arten vernichtet. Ähnliches geschah auf vielen Inseln, auf die Seefahrer Ratten oder Haustiere wie Schweine und Katzen mitbrachten.

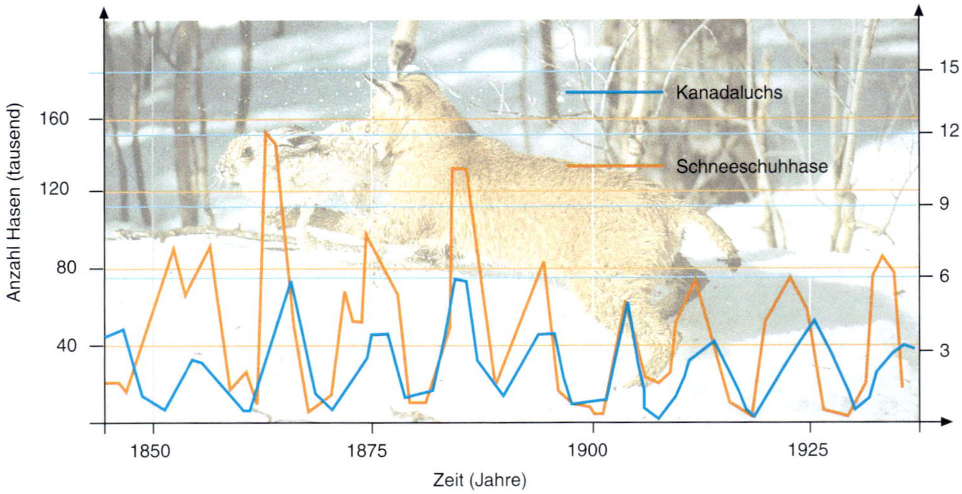

1 Populationen von Luchs und Schneeschuhhase in Kanada, gemessen als Fellzählungen

Modelle zur Räuber-Beute-Beziehung

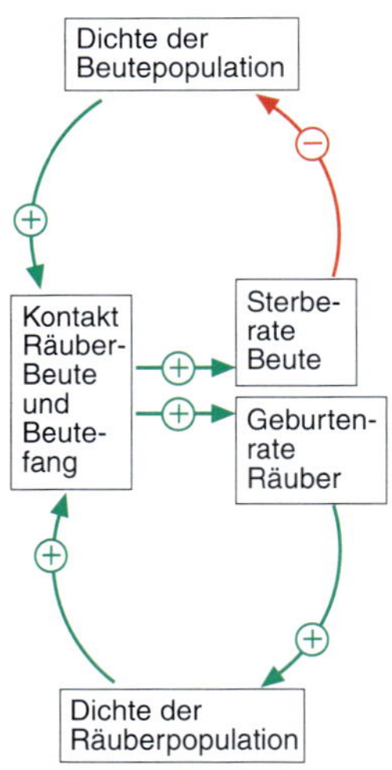

Viele Populationen von Räubern und ihrer Beute wachsen und nehmen wieder ab und es ist vielfach naheliegend, eine einfache Wechselbeziehung anzunehmen. Die Fellzählungen von Luchsen und Schneeschuhhasen der kanadischen Hudsonbay-Company repräsentieren wahrscheinlich die Veränderungen der Populationen und könnten einen solchen Fall darstellen (Abb. 1). Der wechselseitige Einfluss ist aber als Ursache der Populationsänderungen selten klar nachzuweisen und gilt dann nur für den jeweiligen Einzelfall. Genauere Überprüfungen haben zudem gezeigt, dass meist mehrere Populationen beteiligt sind und die Beschränkung auf die Beziehung zweier Populationen stark vereinfachend ist.

Es gibt dennoch viele Versuche, die dahinter stehenden allgemeinen Gesetzmäßigkeiten zu erfassen und verstehbar zu machen, auch wenn man dazu die natürlichen Verhältnisse erst einmal vereinfachen muss. Ein wichtiger Weg ist immer die Erstellung eines mathematischen Modells, das mithilfe der vermuteten Beziehungen konstruiert wird. Im Verhalten dieses Modells hofft man dann Erklärungen für Beobachtungen in der Natur zu finden.

Zur Räuber-Beute-Beziehung wurden viele Modelle entwickelt. Für jede der beiden beteiligten Populationen werden dazu in allen Modellen eigene Wachstumsgleichungen aufgestellt, die wechselseitig den Einfluss der jeweils anderen Population mit berücksichtigen.

Das bekannteste stammt von den Mathematikern ALFRED LOTKA und VITO VOLTERRA aus den Jahren nach 1920. Sie suchten nach allgemeinen Erklärungen für Populationsschwankungen, die sie bei Fischen in der Adria oder bei Parasiten beobachtet hatten. Ihr Modell wird häufig verwendet, um auch das System aus Luchs und Schneeschuhhase zu verstehen.

LOTKA und VOLTERRA gingen vom exponentiellen Wachstum aus und variierten die Wachstumsrate (r), die sich aus der Differenz zwischen Geburtenrate (b) und Sterberate (d) ergibt (s. Seite 332).

$$N_{t+1} = N_t + r \cdot N_t = N_t + (b - d) \cdot N_t$$

Für die Räuberpopulation gilt im Modell, dass die Geburtenrate nur von der Beutemenge abhängt. Je mehr Beute es gibt, desto höher ist die Geburtenrate der Räuber. Die Sterberate wird als konstant angesehen. Entsprechend gilt für die Beutepopulation, dass die Sterberate (nur) von der Räuberpopulation abhängt. Je mehr Räuber es gibt, desto höher ist die Sterberate der Beutepopulation. Die Geburtenrate wird als konstant angesehen.

Die Untersuchung des Modellverhaltens zeigt tatsächlich ständige Schwankungen beider Modellpopulationen um jeweils einen eigenen Mittelwert, wie sie auch beim System aus Luchs und Schneeschuhhasen zu beobachten sind. Soweit scheint das Modell von LOTKA und VOLTERRA als Erklärung der

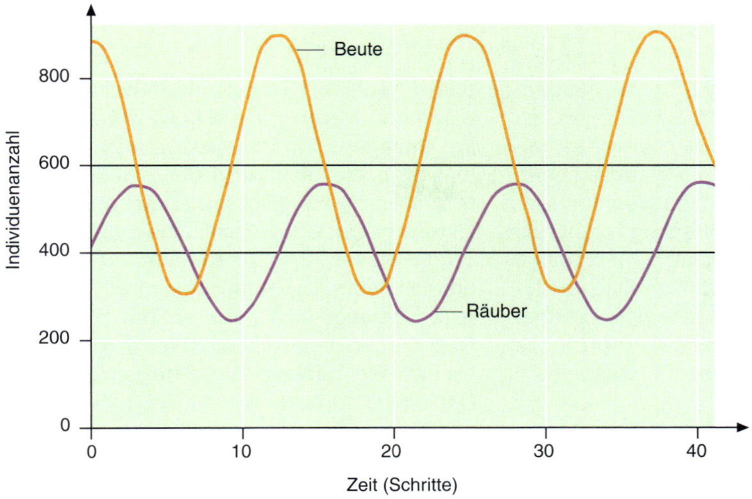

1 Populationsverläufe im Lotka-Volterra-Modell

Populationsverläufe geeignet zu sein. Aus dem Modellverhalten ergeben sich wesentliche Aussagen, die nach ihren Erstellern *Lotka-Volterra-Regeln* genannt werden:

- Die beiden Populationsgrößen schwanken periodisch. Die Maxima und Minima der Räuberpopulation folgen dabei denen der Beutepopulation *(Lotka-Volterra-Regel 1)*.
- Die beiden Populationsgrößen schwanken jeweils um einen Mittelwert, der bei unveränderten Bedingungen langfristig konstant bleibt *(Lotka-Volterra-Regel 2)*.
- Nach starker Dezimierung beider Populationen erholt sich zuerst die Beutepopulation. Die Erholung der Räuberpopulation folgt nach *(Lotka-Volterra-Regel 3)*.

Das Modell (Abb. 1) zeigt die zyklischen Eigenschaften, die man bei manchen natürlichen Räuber-Beute-Systemen beobachten kann. Dennoch ist es unzureichend. Es basiert beispielsweise auf exponentiellem Wachstum. Ohne Räuber würde die Beutepopulation unbegrenzt wachsen, da ihr eine obere Begrenzung fehlt. Weiterhin ist die Sterblichkeit der Beute allein durch Räuber bedingt. Ohne sie besitzt die Beute daher keine Sterblichkeit. Darüber hinaus bedingt die Konstruktion dieses Modells, dass in ihm zwangsläufig zyklische Schwankungen auftreten, es gibt praktisch keine Modellsituation ohne sie. Dies legt die falsche Vorstellung nahe, Schwankungen wie bei Luchs und Schneeschuhhase seien eine notwendige oder charakteristische Eigenschaft von Räuber-Beute-Systemen. In der Realität sind solche Schwankungen aber nur in seltenen Fällen zu beobachten.

Daher wurden viele andere Modelle entworfen, die auf dem logistischen Wachstum aufbauen. Als Grundüberlegung dient u. a. die Erkenntnis, dass die mögliche Anzahl Räuber von der vorhandenen Beutemenge abhängt. Damit ist z. B. die Kapazität der Räuberpopulation von der Beutemenge abhängig und kann entsprechend in das Modell eingebaut werden. Bei der Beutepopulation lässt sich z. B. die vom Räuber gefressene Beutemenge einfach als zusätzlicher Verlust verstehen und in die logistische Gleichung der Beutepopulation einfügen. Derartige Modelle zeigen ebenfalls die Eigenschaften, die in den Lotka-Volterra-Regeln formuliert wurden. Darüber hinaus besitzen sie aber nicht mehr die geschilderten Nachteile.

Zettelkasten

Deskriptive und konzeptionelle Modelle

Deskriptive Modelle

Viele Erscheinungen in der Natur sind für uns schwer vorstellbar, vor allem, wenn sie außerhalb der alltäglichen Erfahrung liegen. Mithilfe von Modellen versucht man dann eine bessere Einsicht zu erreichen. Zellmodelle veranschaulichen z. B. in diesem Sinn den inneren Bau und die Beziehungen der Organellen. Bei Funktionsmodellen werden beteiligte Strukturen auf Wesentliches reduziert und ihre Funktionsweise einsichtig gemacht. Beispiele sind der Ablauf der Flügelbewegung beim Insektenflug oder die Funktion des Zwerchfells bei der Lungenatmung.

Der Weg führt in diesen Fällen von der Natur zum Modell und es wird jeweils eine Beschreibung bekannter Sachverhalte angestrebt. Deswegen nennt man diese Modelle *deskriptive Modelle.*

Konzeptionelle Modelle

Auf der anderen Seite findet man in der Biologie immer wieder Situationen, in denen man hinter einer Vielfalt von scheinbar unterschiedlichen Einzelfällen nach einem gemeinsamen Prinzip, nach einer Gesetzmäßigkeit sucht. Dann ist es hilfreich, Szenarien zu konstruieren und in einem oft mathematischen Modell zu erfassen. Natürlich sind diese abgeleitet von Ideen und Vermutungen, die aus biologischen Beobachtungen folgen, aber sie sollen keinen bekannten Sachverhalt beschreiben, sondern machen ungeklärte Fragestellungen einer Bearbeitung zugänglich. Die Analyse des Modellverhaltens gibt dann Hinweise auf mögliche Zusammenhänge in der Natur. Der Weg führt also vom Modell zurück zur Natur. Solche Modelle werden *konzeptionelle Modelle* genannt. Die meisten Populationsmodelle sind konzeptionell angelegt, auch das Modell von LOTKA und VOLTERRA.

K- und r-Strategie

Strategie
Struktur oder Verhaltensweisen, die das Überleben einer Population ermöglichen

Will ein Naturliebhaber eine bunte *Blumenwiese* auf seinem Grundstück anlegen, so greift er vielleicht zu einer Blumenwiesenmischung, wie sie im Handel angeboten wird. Tatsächlich kann er sich nach wenigen Monaten über eine farbenprächtig blühende Wiese freuen. In den Folgejahren allerdings ist die Enttäuschung häufig groß: Die Blütenpracht nimmt deutlich ab, den größten Teil des Jahres ist die Wiese eher grün, die Blüten prägen nicht mehr so das Gesamtbild wie im ersten Jahr.

Blütenmischungen enthalten überwiegend *einjährige* Pflanzen. Diese sind dadurch gekennzeichnet, dass sie fast ihre gesamte Biomasse in Fortpflanzungsorgane wie Blüten und später Samen investieren. Langjährig werden sie allerdings von *mehrjährigen Stauden* wie etwa bestimmten Gräsern oder Wiesenkerbel verdrängt. Diese Pflanzen sind konkurrenzstärker, denn sie investieren statt in Blüten eher in *Speicherorgane*. Dadurch können sie den Winter überdauern und im Frühjahr kräftiger austreiben als Einjährige, denen nur wenige Speicherstoffe im Samen zur Verfügung stehen.

Organismenarten, die ihre Biomasse überwiegend in Fortpflanzungsprodukte investieren, die deshalb viele Nachkommen haben, dafür aber weniger Energie in Dauerhaftigkeit investieren, bezeichnet man als **r-Strategen**. Sie sind durch Kurzlebigkeit gekennzeichnet. Die Sterblichkeit ist in jeder Altersphase hoch. Ihre Populationen weisen hohe Wachstumsraten auf und sie oszillieren häufig. Dagegen sind Lebewesen, die ihre Biomasse in die Sicherung der eigenen Existenz investieren (Nährstoffspeicherung, Resistenz gegen Umwelteinflüsse und Räuber), durch dieses *Investment* konkurrenzstark und langlebig. Die Populationsgröße solcher Arten bewegt sich nahe an der durch die Ressourcen begrenzten Kapazitätsgrenze K; sie werden deshalb **K-Strategen** genannt. Die einem Lebewesen zur Verfügung stehende Energie ist begrenzt. Die Investition in Strukturen, die die Konkurrenzstärke erhöhen, haben zur Folge, dass weniger Energie in die Fortpflanzungsorgane und die Zahl der Nachkommen investiert wird.

1 Blumenwiese mit überwiegend Einjährigen

2 mehrjährige Wiese

Die optimale Strategie zum Überleben von Populationen hängt wesentlich von der *Konstanz* der Lebensbedingungen ab. So beherbergt ein See mit seinen gleich bleibenden Lebensbedingungen überwiegend K-Strategen wie Fische. Eine *Pfütze* dagegen existiert nur kurze Zeit; sie wird von r-Strategen wie Einzellern und Wasserflöhen besiedelt. Auch menschlicher Einfluss kann für die optimale Strategie bestimmend sein. So erlaubt die hohe Samenproduktion einjähriger Pflanzen die schnelle Besiedlung eines *Kahlschlages*; dieser Lebensraum ist durch den störenden anthropogenen Einfluss konkurrenzfrei. Bleibt die Fläche ungestört, werden sich auf ihr langfristig Bäume durchsetzen, die besonders ausgeprägte K-Strategen sind: Ein Wald entsteht (s. Seite 354).

1 Koala-Bär

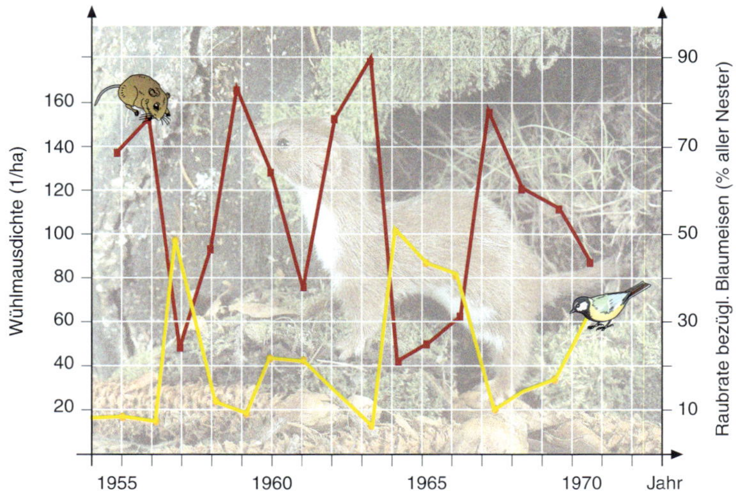

2 Mauswiesel – Beutewechsel

Ernährungsstrategien: Spezialisten und Generalisten

In nicht zu trockenen Gebieten Australiens findet man große *Eukalyptuswälder*. Durch giftige Cyane und andere Verbindungen sind diese Pflanzen gut vor Fressfeinden geschützt. Und doch gibt es ein Beuteltier, das sich ausschließlich von Eukalyptusblättern ernährt: den *Koala*. Durch eine Reihe von Angepasstheiten ist er als einziges Säugetier in der Lage, diese Nahrungsressource zu nutzen: Die Eukalyptusblätter werden im 2 Meter langen Blinddarm (Abb. Randspalte) von speziellen Darmbakterien zersetzt. Diese Mikroorganismen sind auch in der Lage, die enthaltenen Gifte in unschädliche Stoffe abzubauen. Junge Koalas nehmen diese Bakterien mit einem speziellen Kot ihrer Mutter auf. Koalas fressen ein Fünftel der Tageszeit, fast den gesamten Rest verschlafen sie. Ihre Bewegungen sind sehr langsam. Alle diese energiesparenden Verhaltensweisen sind Angepasstheiten an den geringen Energiegehalt von Eukalyptusblättern.

Der Koala ist ein **Spezialist**, d. h. er kann eine bestimmte Ressource sehr gut nutzen, ist andererseits aber auch auf diese angewiesen, denn Eukalyptus ist als Nahrung für ihn nicht ersetzbar. Die Spezialisierung ist nur möglich, weil die Nahrung für ihn ganzjährig in großer Menge zur Verfügung steht. Auch in unserer heimischen Tierwelt finden sich ähnliche Beispiele. Besonders häufig sind Spezialisten bei Pflanzen fressenden Schmetterlingsraupen zu finden. Spezialisierte Arten können auch für andere Tierarten giftige Pflanzen durch physiologische Angepasstheiten nutzen.

Das *Mauswiesel* dagegen ist in Mitteleuropa ein **Generalist**: Sein breites Beutespektrum umfasst vor allem Wühlmäuse, aber auch andere Mäuse, Vögel und Vogeleier (vor allem der Blaumeise). Generalisten verhalten sich *opportunistisch*, d. h. sie wählen jeweils die Beute, die für sie mit geringstem *Kostenaufwand* erreichbar ist und gleichzeitig einen hohen *Energienutzen* erzielt; das ist meist die häufigste Beuteart. (→ 212/213) Nimmt die Wühlmausdichte ab, bevorzugt das Mauswiesel andere Beutearten (Abb. 2). Der *Beutewechsel* hat Konsequenzen: Die Populationen von Räuber und Beute beeinflussen sich weniger als bei spezialisierten Räubern. Wenn nicht andere Faktoren wie das Klima begrenzend wirksam werden, sind konstantere Populationsgrößen zu erwarten. In Nordfinnland stehen dem Mauswiesel fast nur Wühlmäuse als Nahrung zur Verfügung. Allerdings ist es auch besonders gut an diese Beute angepasst: Wegen seines schlanken Körperbaus kann es die Mäuse in ihren Gängen im Boden oder unter dem Schnee verfolgen: Es ist dort ein *Nahrungsspezialist* und deshalb in hohem Maße von der Beutedichte abhängig.

Aufgaben

① Interpretieren Sie die Angaben zur Beutewahl des Mauswiesels (Abb. 2).

② Beziehen Sie die Begriffe stenopotent / eurypotent auf Generalisten und Spezialisten.

③ Spezialisten rotten ihre Beute praktisch nie völlig aus. Erklären Sie.

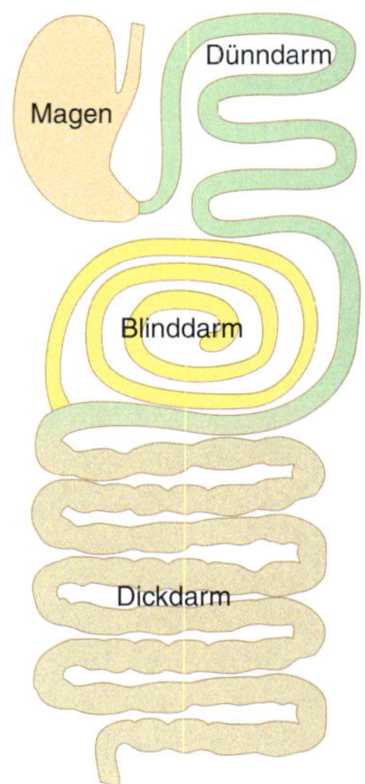

Verdauungstrakt des Koala

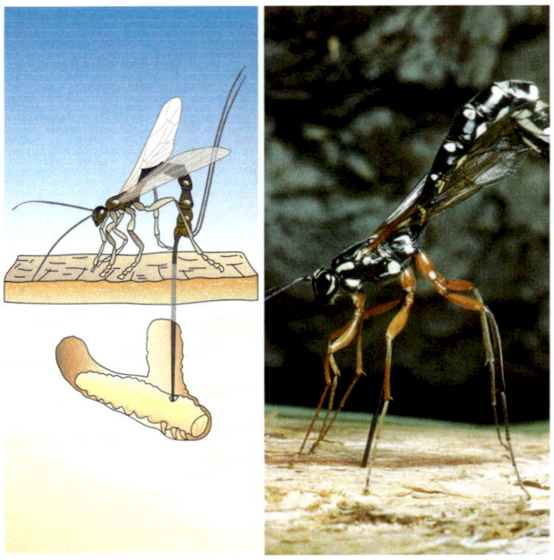

1 Schlupfwespe

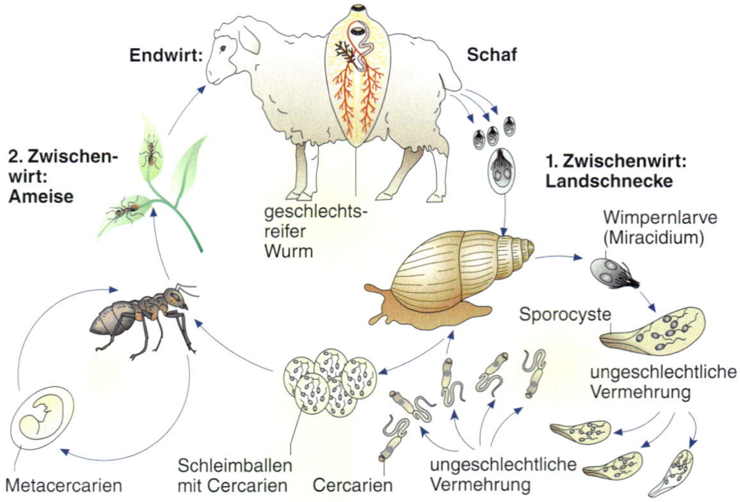

2 Entwicklung des Kleinen Leberegels

Parasitismus

Räuber töten ihre Beute, bevor sie sie verzehren. *Parasiten* dagegen ernähren sich von anderen Lebewesen *(Wirten)*, ohne sie vorher zu töten. Das schädigt den Wirt durch verminderte Lebensdauer, verringertes Wachstum oder eine geringere Fortpflanzungsrate, muss aber nicht unbedingt seinen Tod zur Folge haben.

Im Gegensatz zu den meisten Räubern sind Parasiten deutlich kleiner als ihre Wirte. Deshalb ist die Wachstumsrate r einer Parasitenpopulation deutlich größer als die seiner Wirtspopulation. Parasiten beeinflussen diese deshalb häufig stärker als Räuber ihre Beutepopulation.

Parasitismus tritt in zahlreichen ökologischen Varianten auf. So können Parasiten auf der Außenfläche ihres Wirts leben *(Ektoparasiten wie Floh, Zecke und Kopflaus)*. Typisch für diesen Parasitentyp sind spezielle Haftorgane und ein flacher Körperbau (s. Mittelspalte). Es gibt auch Übergänge zwischen Parasiten und Räubern *(Parasitoide)*. So besiedeln die Larven von Schlupfwespen als Spezialisten meist Schmetterlingsraupen (Abb. 1). Am Ende der Larvenentwicklung ist der Wirt tot, das Imago verlässt den Wirt.

Die geringe Größe der Parasiten erlaubt auch ein Leben im Inneren ihres Wirts *(Endoparasiten)*. Abwehrstrategien des befallenen Organismus erfordern gerade von Endoparasiten eine extreme Angepasstheit an ihren Wirt. Deshalb sind diese Parasitenformen zumeist hoch spezialisiert.

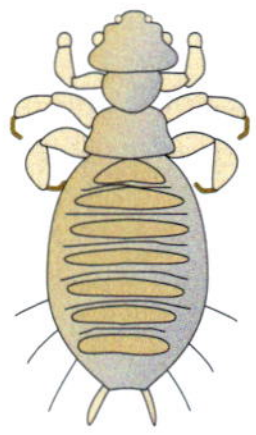

Haarling

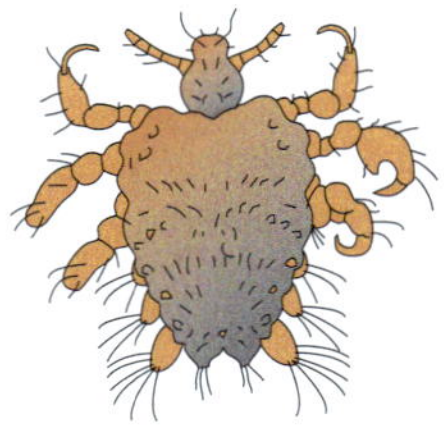

Filzlaus

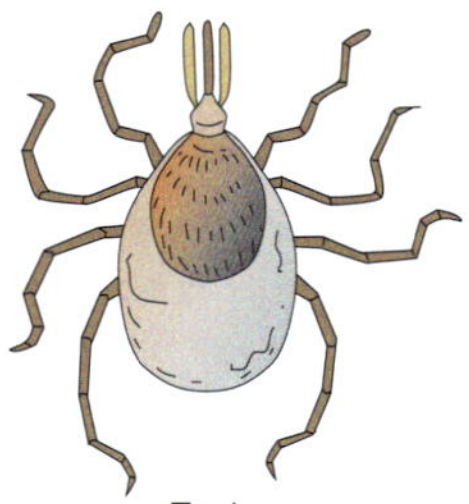

Zecke

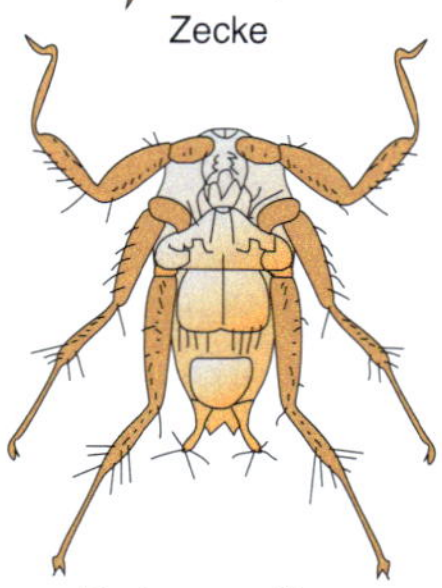

Fledermausfliege

Die Wahrscheinlichkeit für eine direkte Neubesiedlung eines Wirtes ist sehr klein. Das Beispiel des *Kleinen Leberegels* (Abb. 2) zeigt überlebenssichernde Angepasstheiten: Dieser Parasit ist ein Zwitter und lebt in der Leber von Schafen. Da diese wie viele Säugetiere den eigenen Kot meiden, wäre eine direkte Übertragung unwahrscheinlich. Bestimmte Schnecken dagegen ernähren sich von Säugerkot. Die Wahrscheinlichkeit, dass Parasiteneier in diesen *Zwischenwirt* gelangen, ist deshalb relativ hoch. Die von der Schnecke ausgestoßenen Schleimballen mit dem nächsten Parasitenstadium enthalten energiereiche Kohlenhydrate. Sie werden deshalb gern von Ameisen als Nahrung aufgenommen. Bemerkenswert ist nun das Verhalten betroffener Ameisen: Sie klettern an die Spitze von Grashalmen, beißen sich dort fest und verharren so tagelang. Damit wird die Wahrscheinlichkeit gesteigert, dass wieder ein Schaf als *Endwirt* die Ameisen mit ihren Parasiten aufnimmt: Der Zyklus ist geschlossen. Der *Wirtswechsel* ist folglich eine Strategie des Parasiten zur Besiedlung neuer Endwirte. Mehrere *ungeschlechtliche Vermehrungszyklen* in den Zwischenwirten erhöhen die Wahrscheinlichkeit, dass zumindest einige Parasiten wieder in einen neuen Endwirt gelangen.

Aufgabe

① Informieren Sie sich über Krankheitserreger wie Pestbakterium und Salmonellen. Zeigen sie typische Parasitenmerkmale?

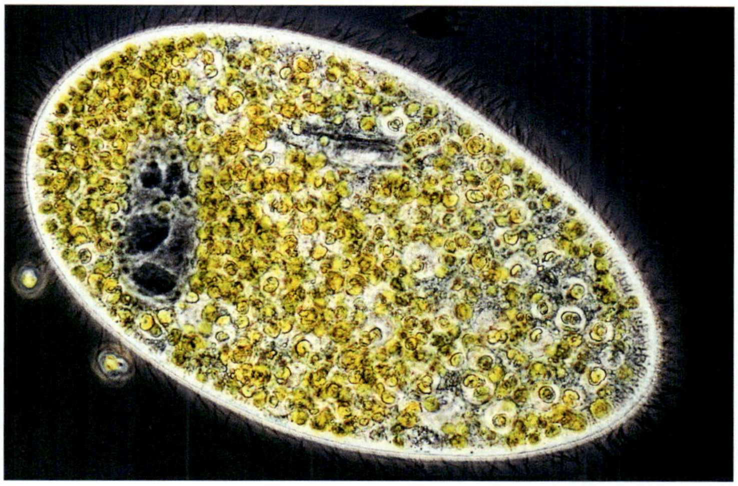

1 Paramecium bursaria mit Chlorella

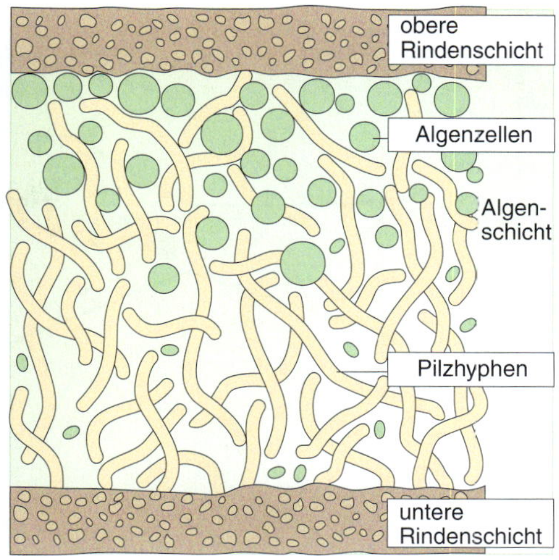

2 Flechte

Symbiose

In Vesikeln des Einzellers *Paramecium bursaria* leben zahlreiche Grünalgen der Gattung *Chlorella*. Die Algen vermehren sich innerhalb des Einzellers, der ihnen einen gewissen Schutz, etwas Mobilität, vor allem aber eine hohe Mineralstoff- und Kohlenstoffdioxidkonzentration bietet. Aber auch die Einzeller profitieren von den Algen: Ist organische Nahrung *(Detritus)* für sie knapp, beziehen sie Vitamine und Proteine aus den Algen. Eine solche zwischenartliche Beziehung mit gegenseitigem Nutzen wird *Symbiose* genannt.

Alle Arten der Gattung Paramecium strudeln kleine Nahrungspartikel über ihr Mundfeld ein. Dort werden sie in Nahrungsvakuolen übernommen und verdaut. Ähnlich kann auch heute noch *P. bursaria* Chlorella-Algen aufnehmen – nur werden sie nicht automatisch verdaut. Wenn allerdings die Nahrungsbedingungen für P. bursaria schlecht werden, verhält sich der Einzeller wie seine Verwandten auch: Er verdaut diese Algen und ernährt sich von ihnen. Offensichtlich hat also dieser Einzeller im Verlauf der Evolution die Fähigkeit erworben, die Abgabe von Verdauungsenzymen zu steuern. Das Beispiel zeigt, dass Symbiose keineswegs immer ein friedliches Miteinander darstellt, sondern oft eher als *Kampfgleichgewicht* betrachtet werden kann. So leben nur bestimmte Chlorella-Arten in P. bursaria, andere werden als Nahrung verdaut. Das deutet darauf hin, dass diese Algenart eine gewisse Resistenz gegen die Verdauung durch P. bursaria erworben hat.

	Wirkung von A auf B	Wirkung von B auf A
Parasitismus	⊕	⊖
Räuber/Beute	⊕	⊖
Symbiose	⊕	⊕
Parabiose	⊕	0

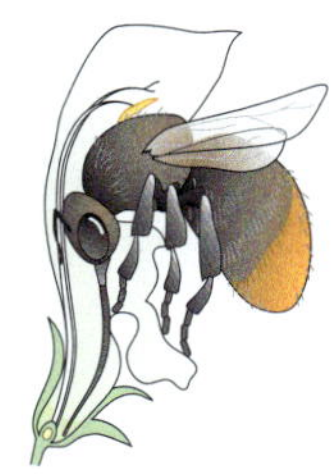

Hummelblüte

Kolibriblüte

Symbiosen sind in der Natur sehr verbreitet. Ein zweites Beispiel sind *Flechten*. Hier ist die Beziehung zwischen Algen oder *Cyanobakterien* und dem sie umgebenden Pilz so eng, dass Flechten als eigenständige systematische Gruppe betrachtet werden. Flechten leben unter völlig anderen ökologischen Bedingungen als die einzelnen Symbiosepartner. So besiedeln Flechten häufig extrem nahrungsarme Untergründe wie Felsen oder Betonflächen, aber auch Extremlebensräume in Trockenheit und Kälte, in denen weder Pilze noch Algen allein existieren könnten: Das Pilzgerüst schützt die Algen vor Austrocknung und liefert den Pflanzen Kohlenstoffdioxid. Durch Säurenabgabe kann es für die Alge wichtige Mineralstoffe aus dem steinigen Untergrund lösen. Andererseits ist der Pilz als heterotropher Organismus auf die organischen Fotosyntheseprodukte der Alge angewiesen. Das Zusammenleben zweier Arten erlaubt zwar die Besiedlung unwirtlicher Lebensräume, bringt es allerdings mit sich, dass gerade Symbionten häufig stenopotent bezüglich bestimmter Ökofaktoren sind, denn es müssen die Ansprüche beider Arten erfüllt sein. Viele Flechtenarten reagieren zum Beispiel sehr empfindlich auf *Luft-* und *Bodenverschmutzung* (SO_2, Pestizide) und können deshalb als *Indikatororganismen* eingesetzt werden.

Symbiontische Beziehungen können auch zwischen Arten existieren, die räumlich viel unabhängiger voneinander sind. Ein Beispiel sind Blütenpflanzen und sie bestäubende Insekten- oder Vogelarten.

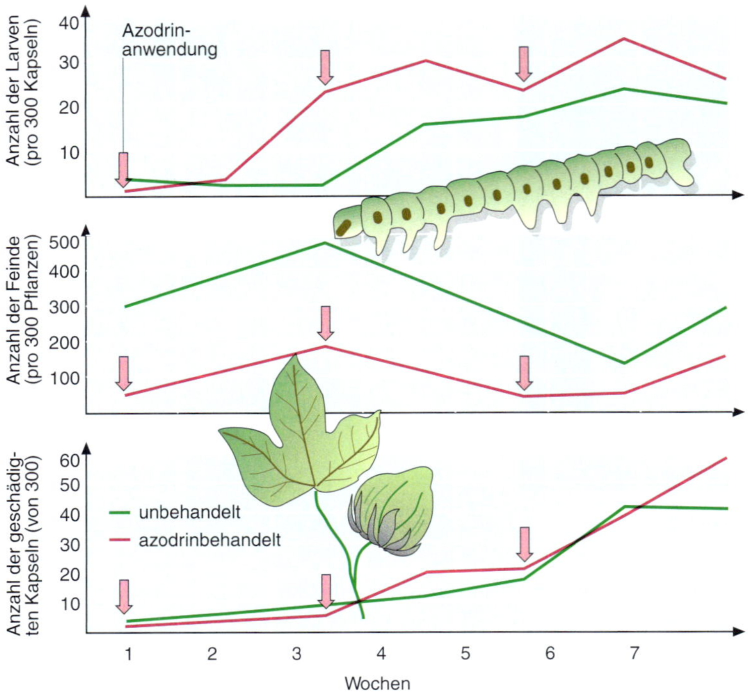

1 Raupe des Eulenfalters auf Baumwollpflanzen

Populationsökologie und Pflanzenschutz

Die Populationen von Pflanzen wie Getreide und Gemüse, die für die Nahrungsmittelproduktion wichtig sind, werden durch Pflanzenfresser („Schädlinge“) und konkurrierende Pflanzenarten („Unkräuter“) stark begrenzt.

Insektizide gegen Pflanzenschädlinge

Monokulturen bieten den Pflanzenfressern mit hohen Vermehrungsraten ideale Lebensbedingungen. Insektenpopulationen wachsen schneller und sind häufig mobiler als etwa Mäusepopulationen; ihr Einfluss ist deshalb besonders gravierend. Der Einsatz von *Insektiziden* (chemischen Pflanzenschutzmitteln) ist wegen der möglichen Giftigkeit des Mittels oder seiner Abbauprodukte unter Umständen kritisch (s. Seite 375). Er zeigt zudem nicht immer den gewünschten Effekt des Pflanzenschutzes, denn diese Gifte greifen vielfältig in das Nahrungsnetz ein.

Minierer
Pflanzenfresser, die im Inneren von Pflanzen leben und Gänge („Minen“) in diese fressen.

Da die meisten Hauptfeinde von Schadinsekten auch zu den Gliederfüßern gehören (Raubinsekten, Spinnen), werden ihre Populationen bei mangelnder *Spezifität* des Insektizids durch Gifteinsatz ebenso reduziert. Die geringere Wachstumsrate der Räuberpopulationen führt dazu, dass sie sich nach dem Insektizideinsatz langsamer erholen als die Schadinsektenpopulation (s. Lotka-Volterra-Regel 3, Seite 339).

Manche Schädlinge sind durch Insektizide kaum erreichbar. So leben die Larven des *Eulenfalters* („Baumwollwurm“) in den Stängeln und Kapseln der Baumwollpflanzen als *Minierer* und führen zu deutlicher Ernteminderung. Eine Bekämpfung ist mit äußerlich aufgesprühten Insektiziden schwierig, da diese kaum zu den Schädlingen gelangen. Raubinsekten und Spinnen halten sich dagegen an der Oberfläche der Pflanzen auf und sind dadurch direkt dem Gift ausgesetzt (Abb. 1).

Gentechnische Verfahren können Pflanzen erzeugen, die Insektizide selbst produzieren. Ein Beispiel ist *Bt-Mais*, der Gene des Bakteriums *Bacillus thuringiensis* enthält. Diese Gene ermöglichen den Pflanzen die Bildung von Toxinen, die für Wirbeltiere, Raubinsekten und Spinnen harmlos, für Pflanzen fressende Insekten aber tödlich sind. Der Einsatz gentechnisch veränderter Pflanzen ist allerdings umstritten (s. Seite 182/183).

Häufiger Einsatz gleicher Wirkstoffe kann dazu führen, dass Individuen, die zufällig *resistent* gegen das Gift sind, überleben und sich ungehindert vermehren: Das Insektizid wird wirkungslos. Dies gilt in besonderem Maße für gentechnisch veränderte Pflanzen, die das Insektizid permanent produzieren.

Auch parasitisch lebende Pilze können die Nutzpflanzenpopulationen erheblich beeinträchtigen. Gegen sie werden *Fungizide* eingesetzt.

Herbizide gegen Konkurrenten

Ackerflächen bieten nicht nur den Nutzpflanzen günstige Lebensbedingungen. Schnellwüchsige Konkurrenten wie Hohlzahn, Knöterich und andere „Unkräuter“ nutzen dieselben begrenzten Ressourcen Platz, Licht und Mineralstoffe. Zur Vermeidung von Ertragseinbußen werden gegen sie *Herbizide* eingesetzt. Mit den konkurrierenden Pflanzen verschwinden aber auch Lebensmöglichkeiten von nützlichen Raubinsekten, deren Larven häufig auf diese unerwünschten Pflanzenarten als Nahrungsquelle angewiesen sind.

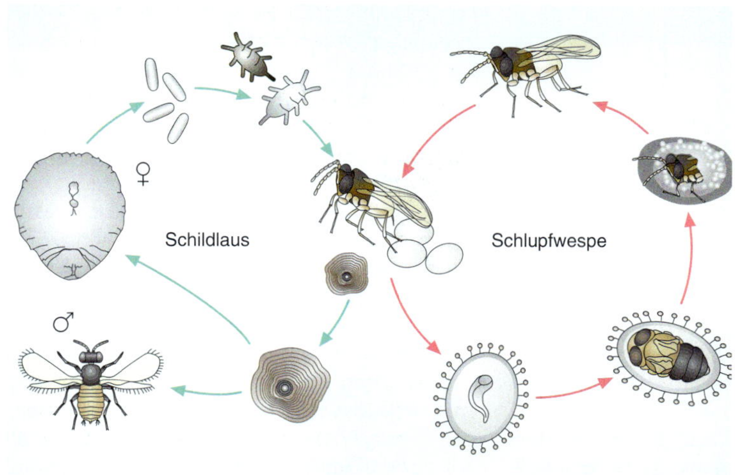

1 Schlupfwespen im Pflanzenschutz

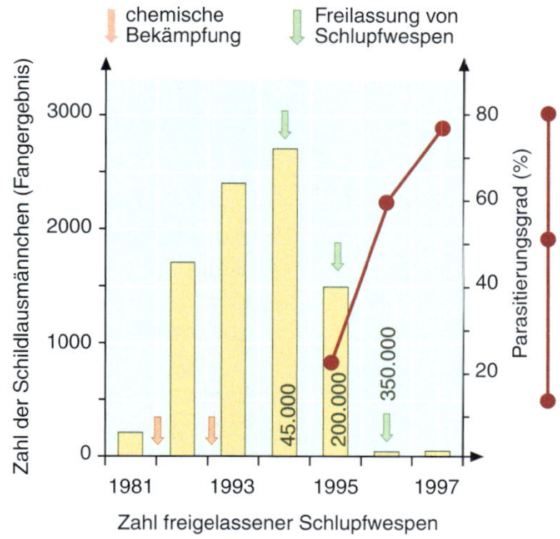

2 Chemische und biologische Bekämpfung

Schwammspinner-raupe

Parasiten und Pflanzenschutz

Erst seit ca. 60 Jahren ist eine spezifische *chemische Schädlingsbekämpfung* möglich. Davor versuchten die Menschen, Ernteschädlinge mit einfachen Mitteln zu bekämpfen. Neben dem Absammeln spielte die Förderung der Räuberpopulationen dabei eine wesentliche Rolle. So boten *Hecken* neben Windschutz auch vielen Insekten fressenden Vögeln Nistmöglichkeiten. *Brachland* spielte eine wichtige Rolle als Rückzugs- und Entwicklungsraum für Raubinsekten und am Boden brütende Vögel. Solche ökologischen Pflanzenschutzmaßnahmen sind heute vor allem im *ökologischen Landbau* wieder von großer Bedeutung.

Auch das Aussetzen von Räubern gegen Schädlinge hat eine lange Tradition. Es stellte sich allerdings schnell heraus, dass künstlich eingeführte Arten eine Reihe von Eigenschaften aufweisen müssen, damit sie wirkungsvoll sind und keine negativen Auswirkungen auf das Ökosystem haben. Neben einer hohen Wachstumsrate ist vor allem eine hohe *Fressrate* wichtig. Besonders bedeutsam ist ihre *Beutespezifität*: Generalisten entwickelten häufig eine verheerende Wirkung auf das Ökosystem. So verwilderten auf tropischen Inseln Katzen, die zur Bekämpfung von Mäusen gehalten wurden, und rotteten zahlreiche einheimische Tierarten aus.

Parasiten erfüllen die genannten Kriterien am besten. Vor allem ihre hohen Wachstumsraten und ihre *Wirtsspezifität* erweisen sich als günstig. Beispiele sind der Einsatz von Schlupfwespen gegen Schildläuse im Obstbau (Abb. 1, 2). Da Räuber und Parasiten ihre Beute bzw. Wirte nicht ausrotten, sondern deren Population lediglich begrenzen, ist mit gewissen Ernteeinbußen weiterhin zu rechnen. Häufig müssen die Parasiten zudem in regelmäßigen Abständen neu ausgesetzt werden, da ihre Populationen bei geringer Wirtsdichte nicht beständig sind. Das ist recht teuer.

Die Einschleusung von Bakterien und Viren hat sich zum Beispiel bei der Bekämpfung von Forstschädlingen bewährt. Allerdings ist auch bei diesen Organismen mit Resistenzbildungen zu rechnen. So wurde 1950 zur Bekämpfung der *Kaninchenplage* in Australien das *Myxomatosevirus* eingeführt. Daran starben in den folgenden Jahrzehnten ca. 95 % der Kaninchen. Inzwischen sind aber die Hälfte der Kaninchen gegen das Virus resistent und der Bestand nimmt wieder zu.

Der *integrierte Pflanzenschutz* ist eine genau abgestimmte Kombination verschiedener biologischer und chemischer Methoden. Pestizide (Insektizide, Fungizide, Herbizide) werden erst eingesetzt, wenn trotz biologischer Maßnahmen bestimmte Schadensschwellen überschritten werden.

Aufgaben

① Analysieren Sie die Folgen des Azodrineinsatzes gegen den „Baumwollwurm" (Abb. 344. 1).

② Vergleichen Sie den Effekt chemischer und biologischer Bekämpfung bei der Schildlausbekämpfung in einem schweizer Obstanbaugebiet (Abb. 2).

Gestufte Systeme

Biozönose
Lebensgemeinschaft aller Organismen in einem Biotop

Biotop
Lebensraum, Gesamtheit aller abiotischen Umweltfaktoren

Ökosystem
Vernetzung von Biozönose und Biotop

Biomasse
gesamte lebende Masse aller Individuen

Produktion
in einer bestimmten Zeit neu gebildete Biomasse

In einem Ökosystem leben viele Pflanzen- und Tierarten zusammen. Sie stellen eine Lebensgemeinschaft dar, die *Biozönose,* und diese lebt in einer gemeinsamen Umwelt, dem *Biotop.* Biozönose und Biotop bilden zusammen ein Ökosystem.

Zwischen den Populationen eines Ökosystems gibt es viele Wechselwirkungen, die zusammen seine Gesetzmäßigkeiten bestimmen. Einige lassen sich aus der Beziehung zweier Populationen erhalten. Man kann sich das gesamte System aus einzelnen Zwei-Arten-Systemen zusammengesetzt vorstellen. Die Beziehungen zwischen den Arten sind jedoch sehr vielfältig und müssen eher als stark verflochtenes Netz aufgefasst werden. Die Analyse von Biozönosen erfordert deswegen eine Herangehensweise, die der Komplexität angemessen ist.

Trophiestufen

Viele Populationen nutzen ähnliche Ressourcen. Man fasst sie daher zu *Trophiestufen* zusammen. Mit ihrer Hilfe lassen sich einfache Gesetzmäßigkeiten ermitteln. Die unterste Stufe bilden autotrophe Organismen wie die Pflanzen. Sie sind in der Lage, aus anorganischen Stoffen energiereiche organische Stoffe herzustellen *(Primärproduktion).* Dies ist die Trophiestufe der *Produzenten.* Die weiteren Trophiestufen bilden *Konsumenten.* Das sind heterotrophe Organismen, die eigene Biomasse aus der Nahrung, d.h. aus der Biomasse anderer Organismen, produzieren *(Sekundärproduktion).* Die zweite Stufe bilden Pflanzenfresser. Sie sind *Konsumenten 1. Ordnung.* Fleischfresser bilden als *Konsumenten 2. Ordnung* die dritte Stufe. Weitere Konsumentenstufen können folgen. Mit jeder höheren Stufe wird aber die Nahrung seltener und ihre Schwankungen wirken sich gravierender aus. Die meisten Ökosysteme haben daher nicht mehr als 4 Trophiestufen.

Trophiestufen besitzen die kennzeichnenden Größen *Individuenzahl* bzw. *-dichte, Biomasse* und *Produktion.* Die Individuenanzahl ist wegen der riesigen individuellen Unterschiede in Größe oder Masse jedoch wenig aussagekräftig, wie z.B. der Vergleich von Bäumen und Kräutern offensichtlich macht. Die Biomasse erfasst die gesamte Masse der Individuen. Die Produktion beschreibt, wieviel neue Biomasse in einer bestimmten Zeit gebildet wird. Die kennzeichnenden Größen können zu eigenen *ökologischen Pyramiden* wie z.B. zur Biomassenpyramide zusammengefasst werden (Abb. 1). Auch der Flächenbedarf der Individuen bildet eine Pyramide. Bei ihr sind die Größenverhältnisse allerdings umgekehrt, denn eine Maus hat z.B. ein kleineres Revier als eine Eule auf höherer Stufe. Der Flächenbedarf nimmt allgemein mit jeder höheren Trophiestufe deutlich zu.

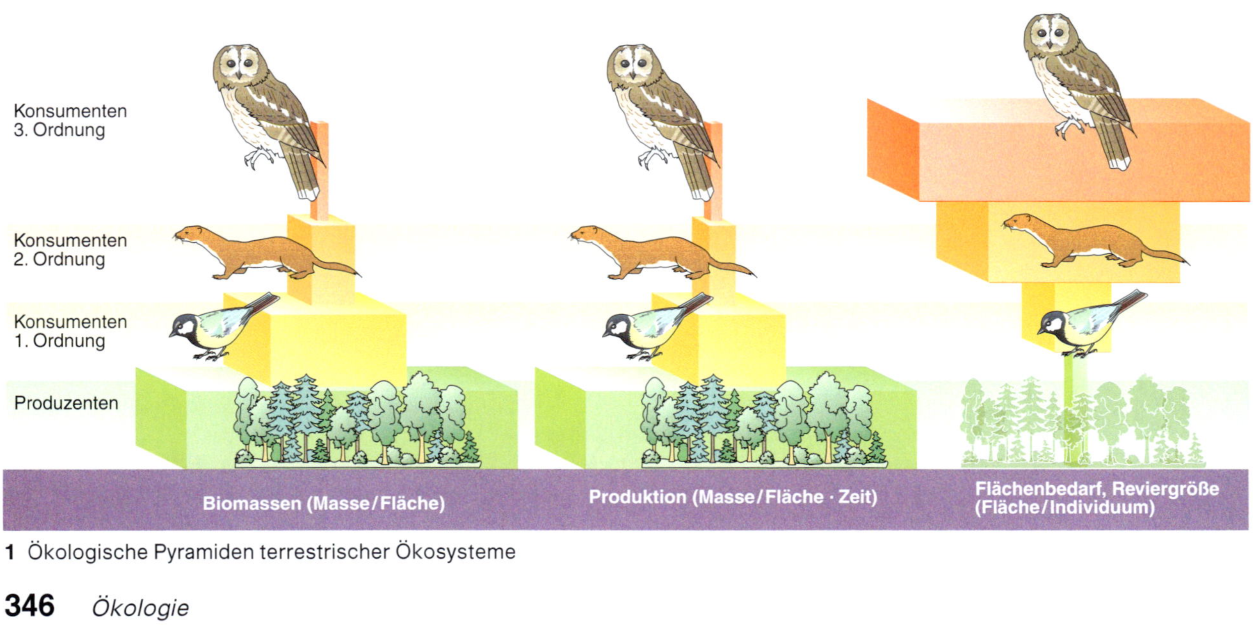

1 Ökologische Pyramiden terrestrischer Ökosysteme

Art	Masse (kg)	Dichte (N/km^2)	Masse / Fläche (kg/km^2)	Ernährung
Feldmaus	0,02	3300	66	P
Erdmaus	0,032	2500	80	P
Wisent	900	0,1	90	P
Wildschwein	80	0,3	24	G
Dachs	12	1,2	14,4	G
Mauswiesel	0,12	10	1,2	F
Luchs	25	0,03	0,75	F
Wolf	40	0,02	0,8	F
P = Pflanzenfresser, F = Fleischfresser, G = Gemischtfresser				

1 Ökologische Daten verschiedener Säugetiere

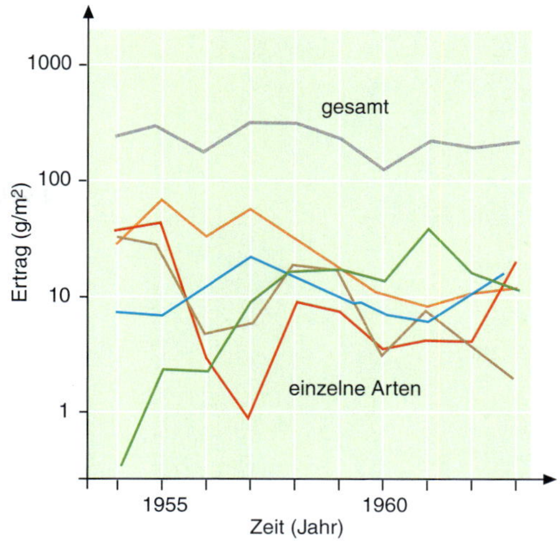

2 Produktion bei Pflanzenarten auf einer Wiese

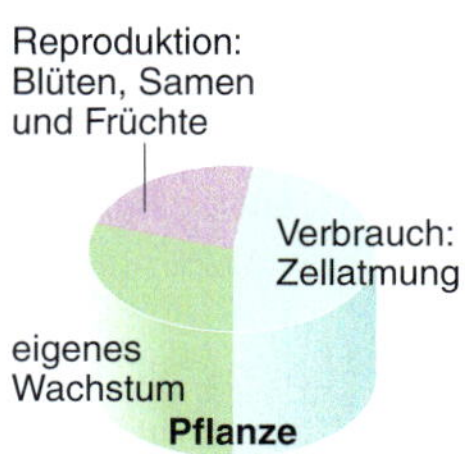

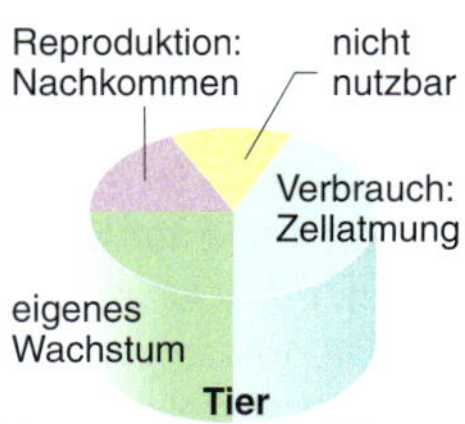

Verwendung von Biomasse

Die Größe einzelner Populationen bleibt nicht konstant sondern schwankt ständig. In stabilen Lebensräumen scheinen aber über einen längeren Zeitraum gesehen die Biomassen der Trophiestufen etwa gleich groß zu sein (Abb. 2). In diesem Fall verliert eine Trophiestufe so viel Biomasse durch Absterben oder an höhere Konsumenten, wie sie im gleichen Zeitraum produziert hat.

Produktivitätsverhältnisse

Meistens ist die Produktion geringer als der aktuelle Bestand. Dann besitzen tiefere Trophiestufen einen größeren Bestand als höhere. Pflanzenfresser erreichen daher auf gleicher Fläche höhere Biomassen als Fleischfresser (Abb. 1). Die von Konsumenten als Nahrung aufgenommene Biomasse kann nicht vollständig verwertet werden. Der nutzbare Anteil wird zum großen Teil für die aktuelle Energieversorgung (Zellatmung) verbraucht und dient zum anderen dem Wachstum der Individuen und der Produktion von Nachkommen *(Reproduktion)*, die zusammen die Produktion einer Trophiestufe ausmachen.

Insgesamt ist damit die Produktion einer höheren Trophiestufe niedriger als die Menge der aufgenommenen Biomasse. Höhere Trophiestufen haben darum stets eine deutlich niedrigere Produktion als darunter liegende und von einer Stufe zur folgenden nimmt die Produktion deutlich ab. Untersuchungen haben gezeigt, dass die Produktion einer Trophiestufe nur etwa $^1/_{10}$ der darunter liegenden Stufe beträgt. Das Verhältnis der Produktion aufeinander folgender Trophiestufen liegt damit bei annähernd 10 : 1, man sagt auch, dass die *Produktivitätseffizienz* 10 % beträgt.

In großen Gewässern findet man oft eine scheinbar gegenteilige Situation, denn die Biomassen bilden eine umgekehrte Pyramide (Abb. 3). Die hier lebenden kleinen Algen können sich jedoch bei guter Versorgung mit Ressourcen täglich mehrfach teilen und ihre Biomasse vervielfachen, sie besitzen darum eine sehr hohe Produktion. In einem Ökosystem sind daher weniger die aktuellen Biomassen von Bedeutung, entscheidend ist vielmehr die Produktion, die in unteren Trophiestufen ausnahmslos höher ist. Nur die Produktionspyramide hat darum immer die erwartete typische Form.

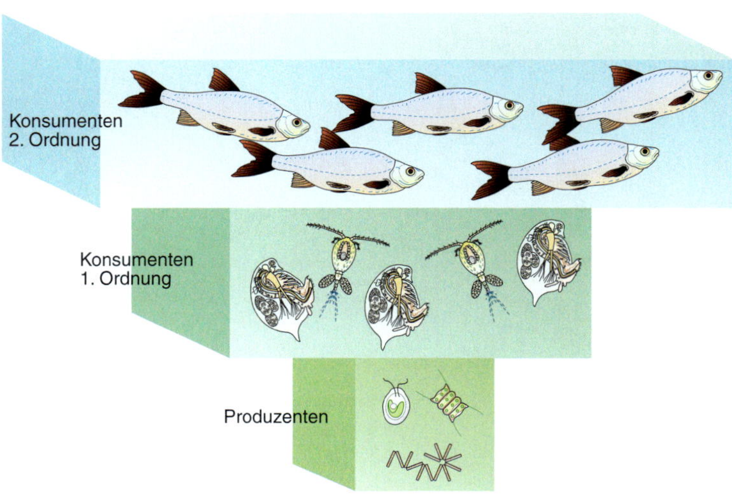

3 Biomassenpyramide eines großen Gewässers

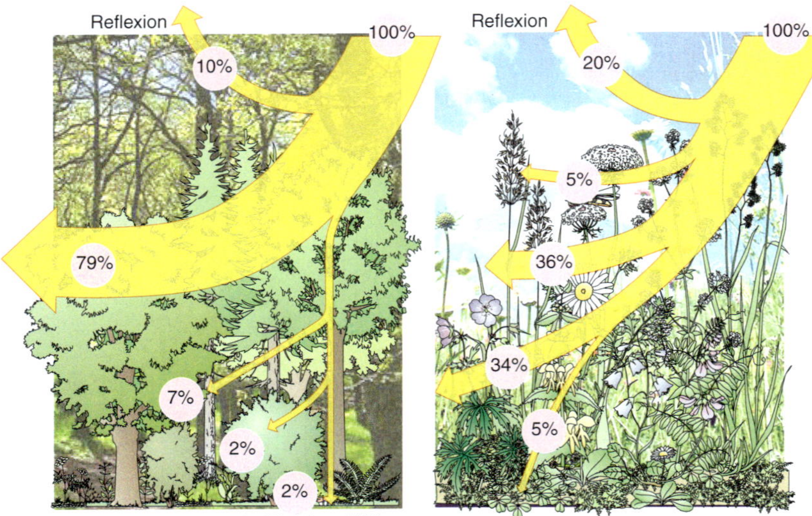

1 Lichtausnutzung in Wald und Wiese

Grüne Pflanzenteile absorbieren Licht für die Fotosynthese (s. Seite 96). Die Absorption erfolgt jedoch nicht vollständig, sodass Restlicht für weitere Blattschichten übrig bleibt. Untersuchungen haben gezeigt, dass in einem Pflanzenbestand so viele Blattschichten vorkommen, dass das Licht praktisch vollständig genutzt wird (Abb. 1).

Wird die Produktion nur durch die verfügbare Lichtmenge begrenzt, führt dies zu einer ähnlichen Fotosyntheseleistung und damit zu einer ähnlichen Nettoprimärproduktion in unterschiedlichen Ökosystemen. Dies zeigt sich in Mitteleuropa z. B. bei Laubwäldern, Nadelwäldern und Wiesen (s. Randspalte).

Die Primärproduktion wird weiterhin durch die Verfügbarkeit von Wasser und Mineralstoffen bestimmt sowie durch die Temperatur. Der am wenigsten verfügbare Faktor begrenzt die insgesamt erzielbare Produktion (*Liebig'sches Minimumgesetz*, s. Seite 326). Dies führt zu sehr unterschiedlicher Primärproduktion in verschiedenen Lebensräumen der Erde (Abb. 2).

Primärproduktion

Nettoprimärproduktion pro Jahr

Laubwald
1,45 kg / m²·a

Nadelwald
1,58 kg / m²·a

Grasland
1,42 kg / m²·a

Acker
ca. 1,1 kg / m²·a

Am Anfang vieler Nahrungsketten stehen die Pflanzen. Sie stellen mithilfe der Fotosynthese energiereiche Biomasse her. Die gesamte pflanzliche Produktion wird *Bruttoprimärproduktion* genannt. Ein großer Teil wird in der pflanzlichen Zellatmung verbraucht, den dann verbleibenden Teil bezeichnet man als *Nettoprimärproduktion*. Pflanzen versorgen sich somit selbst, sie sind *autotroph*. Von der von ihnen gebildeten Biomasse zehren direkt oder indirekt alle anderen heterotrophen Organismen. Das Ausmaß der Primärproduktion bestimmt letztlich die verfügbare Ressourcenmenge in einem Ökosystem und damit auch, wie viele Konsumenten dort existieren können.

Aufgaben

① In den Ozeanen gibt es küstennahe Zonen, in denen mineralreiches Tiefenwasser aufsteigt. Begründen Sie, warum in derartigen Auftriebszonen die Primärproduktion besonders hoch ist.

② Die Primärproduktion ist in verschiedenen Ökosystemen der Erde sehr unterschiedlich (Abb. 2). Erklären Sie, welcher Faktor im Einzelfall wahrscheinlich begrenzend wirkt.

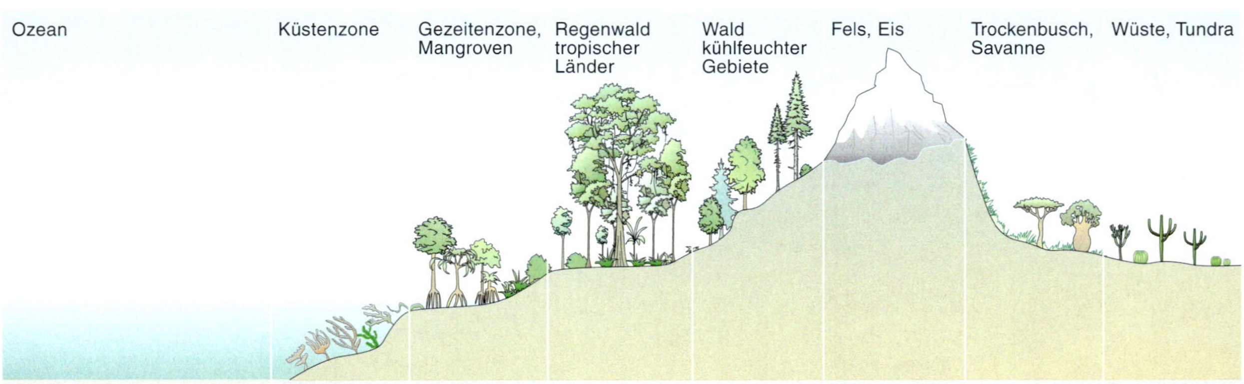

	Ozean	Küstenzone	Gezeitenzone, Mangroven	Regenwald tropischer Länder	Wald kühlfeuchter Gebiete	Fels, Eis	Trockenbusch, Savanne	Wüste, Tundra
Nettoprimärproduktion ($kg/m^2 \cdot a$)	< 0,4	0,2–0,6	1–6	1–3,5	0,5–2,5	< 0,001	0,2–2,5	< 0,04
Biomasse (kg/m^2)	< 0,01	0,01–0,1	10–50	40–80	10–50	< 0,3	2–15	0–2

2 Biomassen und Nettoprimärproduktion

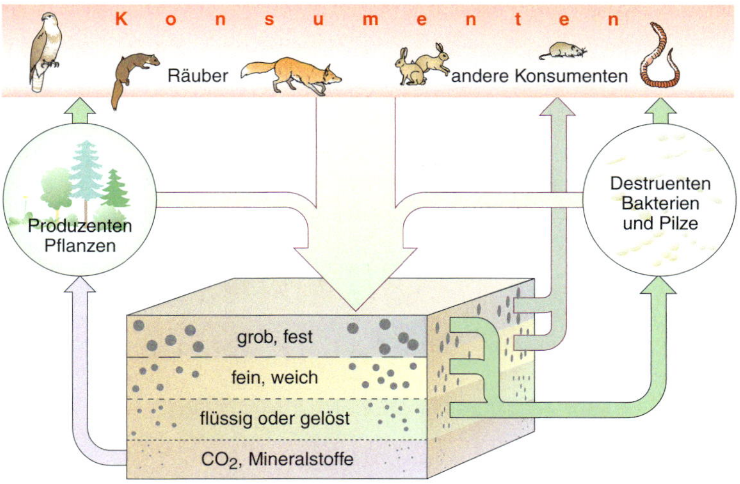

1 Abbau von totem organischen Material

Stoffabbau durch Destruenten

Blattzersetzung

In Ökosystemen fällt viel totes organisches Material an. Dies sind z. B. Kot und tote Organismen, aber auch abgeworfene Teile, wie Blätter und Blüten bei Pflanzen oder Federn, Haare und Hautschuppen bei Tieren. Dieses organische Material ist energiereich und so gibt es viele Organismen, die es als Ressource nutzen. Solche Organismen werden *Destruenten* genannt. Im Gegensatz zu Räubern, die ihre Beute töten und deren Wachstum und Vermehrung beeinträchtigen, sind Destruenten auf Ressourcen angewiesen, die sie als bereits totes organisches Material vorfinden.

Am Abbau sind viele Organismen beteiligt. Dazu gehören Bakterien und Pilze. Totes organisches Material in Gewässern *(Detritus)* nutzen u. a. Filtrierer. Im Wald werden gröbere Partikel von Milben, Kleinstinsekten, Asseln, Würmern, Schnecken und anderen Tieren gefressen.

Die Verwertbarkeit hängt u. a. von der Partikelgröße ab. Große Stücke wie Aas werden gefressen und verdaut. Dabei werden die Stücke im Körper enzymatisch zu flüssigen oder wasserlöslichen Stoffen abgebaut, die dann resorbiert werden können. Reste, die nicht in dieser Weise verwertbar sind, werden als Kot wieder ausgeschieden. Viele Destruenten hinterlassen daher selbst wieder totes organisches Material, das anderen Destruenten zur Verfügung steht. Mit jeder erneuten Nutzung des Materials verringern sich seine Menge, die Partikelgröße und der verbleibende Energiegehalt.

Auch die chemische Zusammensetzung bestimmt die Nutzbarkeit toter organischer Substanz. Flüssige und gelöste Bestandteile werden direkt genutzt, der Abbau von Stoffen wie Kohlenhydraten (außer Zellulose) oder Proteinen erfolgt daher schnell. Mit jeder erneuten Nutzung besteht der Rest jedoch aus schwerer abbaubaren Stoffen wie Chitin, Zellulose oder Lignin (Holzstoff). Diese können nur langsam durch Spezialisten wie einige Bakterien und Pilzarten verwertet werden (Abb. 2).

Der Abbau ist auf Wasser angewiesen. Fehlt dieses, so trocknen z. B. Kadaver aus und mumifizieren. Hohe Temperaturen und ein neutraler pH-Wert begünstigen den Abbau. In Mitteleuropa kann z. B. Laubstreu auf saurem Waldboden mehrere Jahre bis zur endgültigen Mineralisierung benötigen, bei günstigeren Verhältnissen dagegen nur ein Jahr.

Totes organisches Material wird so lange erneut genutzt, bis es keine verwertbare Energie mehr enthält. Dies ist der Fall, wenn nur noch Kohlenstoffdioxid und Mineralstoffe übrig sind. Diese anorganischen Stoffe wurden ehemals von den Primärproduzenten in Biomasse fixiert. Sie werden durch den Abbauvorgang freigesetzt und stehen den Produzenten wieder zur Verfügung. Kohlenstoffdioxid und Mineralstoffe werden also nicht verbraucht, sondern durchlaufen einen Kreislauf mit Fixierung und Freisetzung. Durch Destruenten wird die restliche Biomasse remineralisiert und der Kreislauf geschlossen. Hierin liegt ihre große Bedeutung für das Ökosystem.

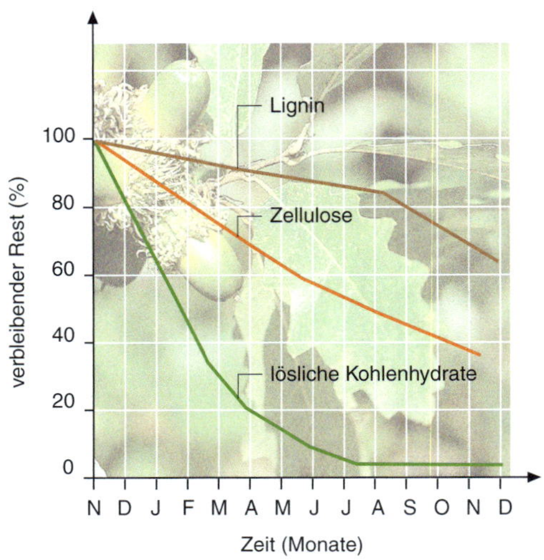

2 Abbau von Eichenlaub

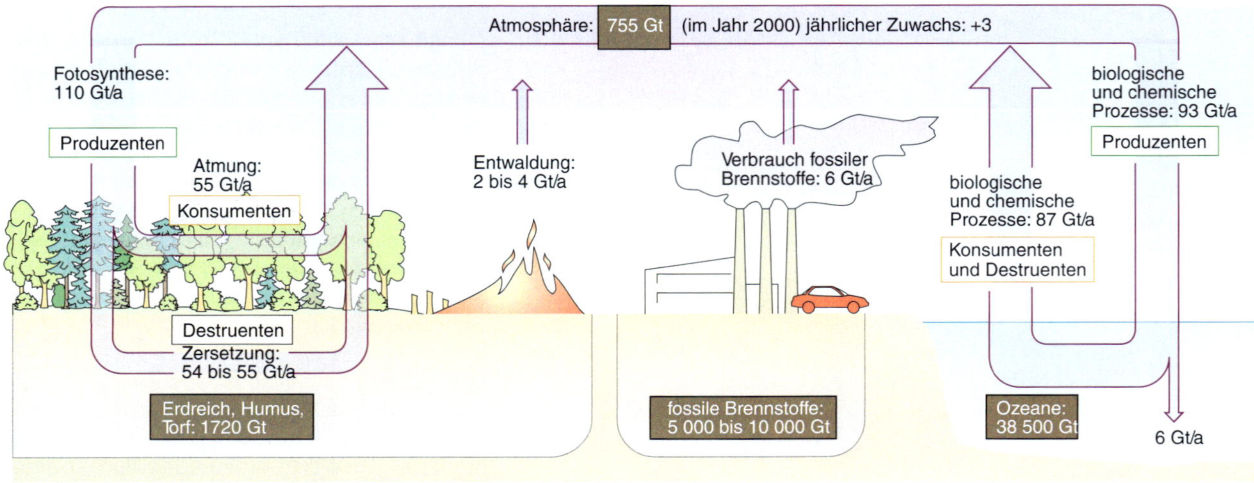

1 Globaler Kreislauf des Kohlenstoffs (Angaben in Gigatonnen pro Jahr)

Stoffkreislauf und Energiefluss

Durch Primärproduzenten werden anorganische Stoffe in Biomasse gebunden, durch Konsumenten und Destruenten werden sie wieder freigesetzt. Damit durchlaufen chemische Elemente wie Kohlenstoff und Stickstoff einen Kreislauf.

Kreislauf des Kohlenstoffs

Das wichtigste chemische Element in der Biomasse ist *Kohlenstoff*. Alle Biomasse besteht aus Kohlenstoffverbindungen, die von Produzenten aus Kohlenstoffdioxid (CO_2) hergestellt werden. Sie erfüllen bei allen Organismen die Doppelfunktion als Gerüststoff und Energieträger. Durch Fraß und Abbau werden sie an Konsumenten bzw. Destruenten weitergereicht, die daraus eigene Biomasse aufbauen oder sie für den Energiebedarf verbrauchen und dabei das anorganische CO_2 zurückbilden. Dies geschieht so lange, bis sämtlicher Kohlenstoff, der ursprünglich in Biomasse fixiert wurde, wieder als CO_2 frei geworden ist. Damit schließt sich der Kohlenstoffkreislauf.

Die Pflanzen auf dem Land und in den Ozeanen fixieren durch Fotosynthese einen Teil des in der Atmosphäre vorhandenen Kohlenstoffs. Einen weiteren Anteil binden chemische Prozesse, die CO_2 zu Carbonat (v. a. Calciumcarbonat, „Kalk“) umsetzen. Früher oder später gelangt sämtlicher Kohlenstoff als CO_2 wieder in die Atmosphäre, sodass statistisch das gesamte CO_2 alle drei bis vier Jahre einmal im Austausch mit der Biosphäre umgesetzt wird.

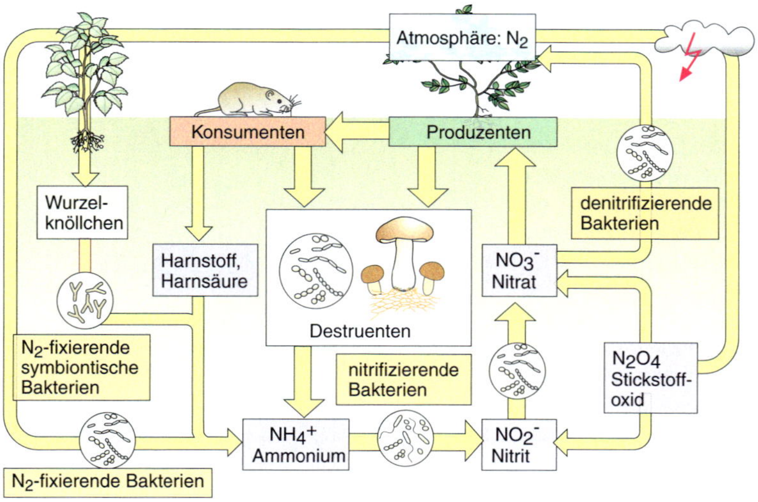

2 Kreislauf des Stickstoffs

Kreislauf des Stickstoffs

Stickstoff ist ein wesentliches Bauelement biologischer Moleküle, z. B. von Aminosäuren und Nucleotiden. Pflanzen bauen in Biomoleküle Stickstoffatome ein, die sie mit Nitrat (NO_3^-) oder Ammonium (NH_4^+) aus dem Boden aufgenommen haben. Jährlich werden dadurch ca. 175 Millionen Tonnen Stickstoff gebunden. Einige Bakterien können auch den chemisch stabilen atmosphärischen Stickstoff (N_2) nutzen. Manche dieser Bakterien leben symbiontisch in den Wurzelknöllchen einiger Pflanzen. Konsumenten und Destruenten verwerten die Stickstoffverbindungen für den Eigenbedarf. Überschüssiger Stickstoff wird entweder in Form von Ammoniak oder als Harnstoff bzw. Harnsäure abgegeben. Letztere werden in Boden oder Wasser ebenfalls zu Ammonium umgesetzt. Nitrifizierende Bakterien wandeln dieses über Nitrit (NO_2^-) in Nitrat um, das damit den Pflanzen wieder verfügbar wird. Weiterhin bilden denitrifizierende Bakterien aus Nitraten wieder N_2 zurück und schließen auf diese Weise den Kreislauf auch mit der Atmosphäre.

tosynthetisch verwendet. Eine Hälfte wird für die Zellatmung verbraucht, die andere dauerhaft in pflanzlicher Biomasse fixiert.

Alle Organismen nutzen einen Teil der aufgenommenen Energie für ihren Betriebsstoffwechsel, wobei die Energie schließlich als Wärme frei wird. Letztendlich wird damit sämtliche Sonnenenergie zu Wärme. Der Energiefluss durch die Biomasse der Organismen stellt also nur eine Verzögerung dar, die Leben auf der Erde ermöglicht.

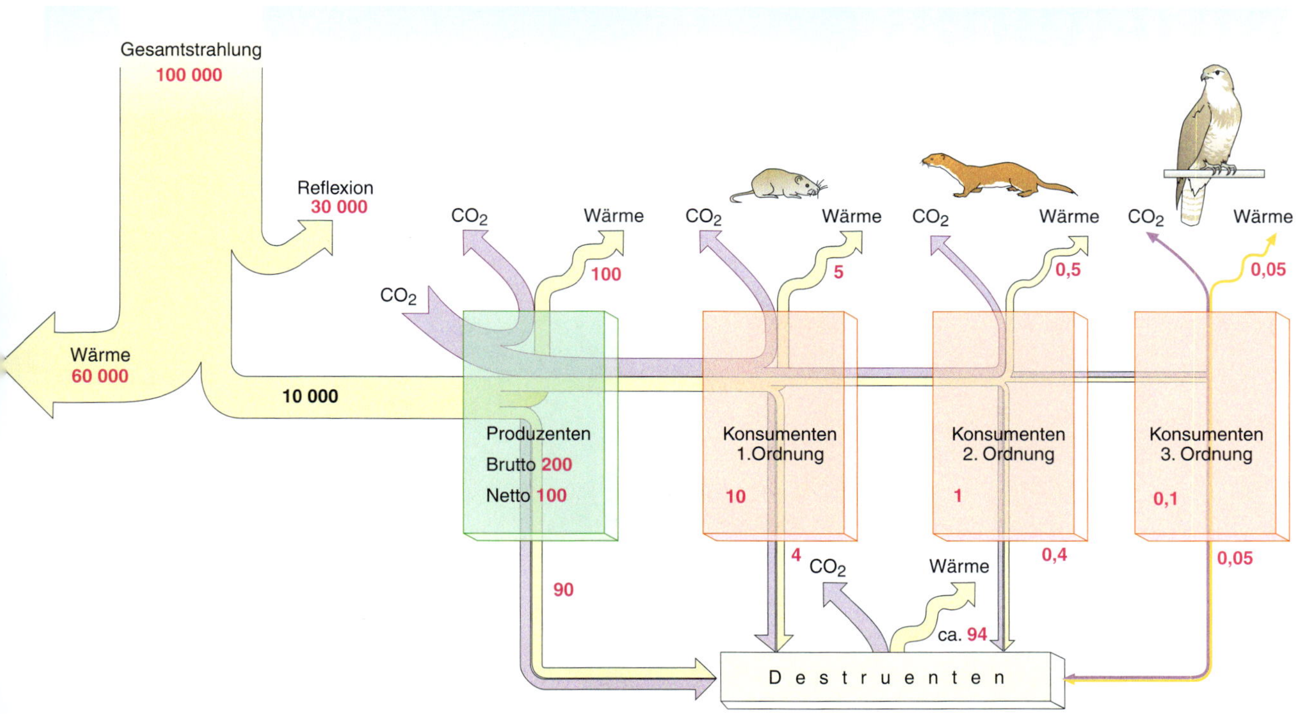

1 Täglicher Energiefluss im Wald (kJ/m² · Tag)

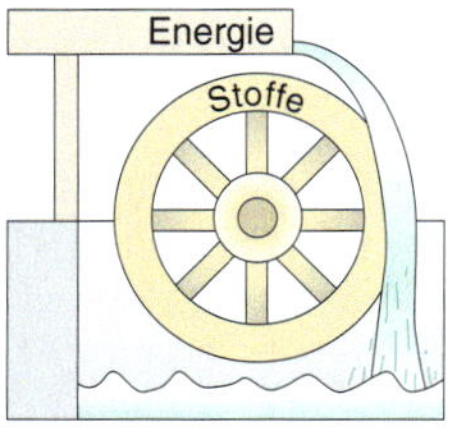

Energiefluss

Die Kreisläufe von Kohlenstoff, Stickstoff und anderen Elementen werden durch die Strahlungsenergie der Sonne angetrieben. Die Energie wird als chemische Energie von den Produzenten in organischen Verbindungen gespeichert. Diese gelangen als Nahrung zu den Konsumenten und Destruenten. Es besteht damit eine enge Kopplung zwischen der Übertragung von Energie und Biomasse. Von der täglich auf die Erdatmosphäre auftreffenden Sonnenenergie dringen lediglich 10 000 kJ/m² auf die Erdoberfläche durch. Davon werden nur etwa 2 % fo-

Aufgaben

① Stellen Sie anhand der Abbildung 350.1 Bildungsprozesse (Quellen) und fixierende Prozesse (Senken) für Kohlenstoffdioxid gegenüber.

② Berechnen Sie von der Strahlungsenergie, die täglich auf die Atmosphäre trifft, den bis zur Erdoberfläche gelangenden Anteil (in %).

③ Eine Wassermühle soll als Modellvorstellung für die enge Verbindung zwischen Stoffkreislauf und Energiefluss dienen. Erläutern Sie die Vorzüge und Grenzen der Modellvorstellung.

Strukturen
von Ökosystemen

Ökosysteme sind in sich nicht homogen, sondern strukturiert. Sie besitzen räumliche Strukturen, die selbst wieder strukturiert sind.

Weiterhin bleiben sie nicht gleich, sondern verändern und entwickeln sich. Sie besitzen also auch zeitliche Strukturen.

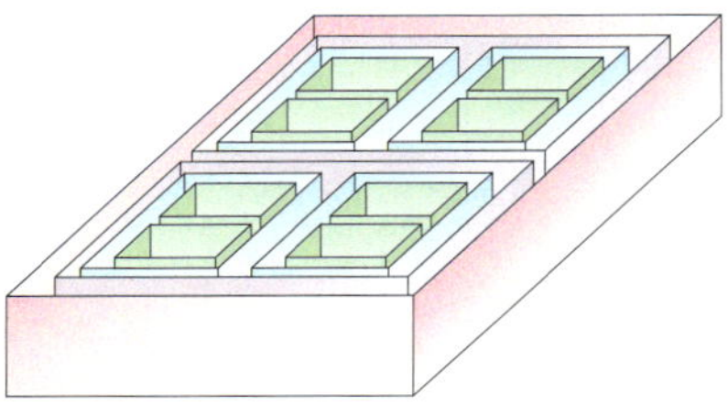

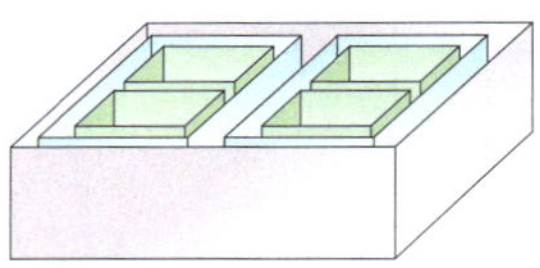

Räumliche Strukturen

Ökosysteme sind Schachteln

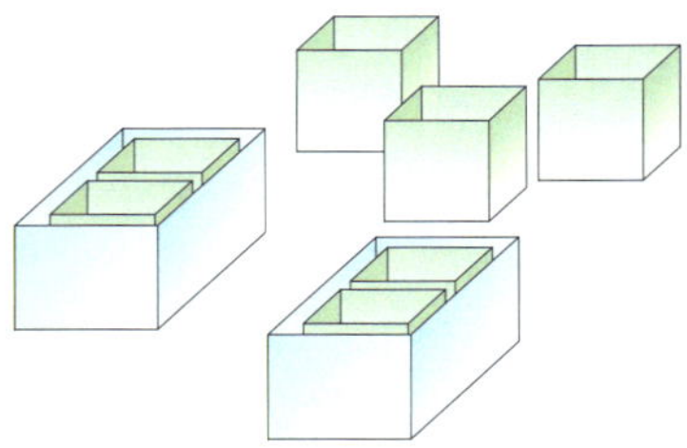

Ökosysteme sind Inseln

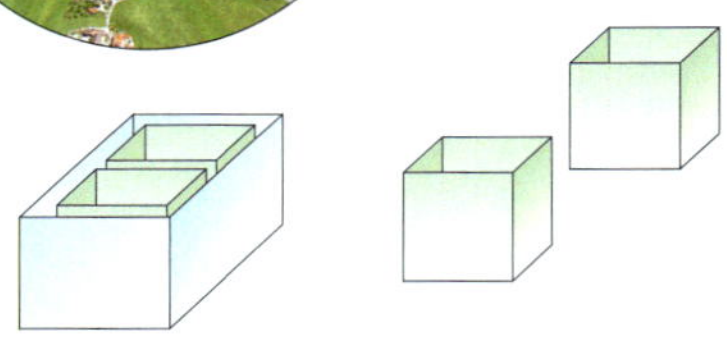

Erklären Sie, warum Schachtel und Insel zwei Aspekte desselben Ökosystems sind. Zeigen Sie an einem Beispiel die Schachtel- und Inselcharakteristika auf.

Bleiben oder wegziehen?

„Ausbreitung ist eine der Grundeigentümlichkeiten der organischen Natur. Eine Ausbreitungsphase enthält der Lebenszyklus jeder Art. Die Funktion der Ausbreitung ist, den Arten zu ermöglichen, vorher unbesetzte Gebiete und ungenügend ausgefüllte Nischen zu besetzen."
(E. Mayr)

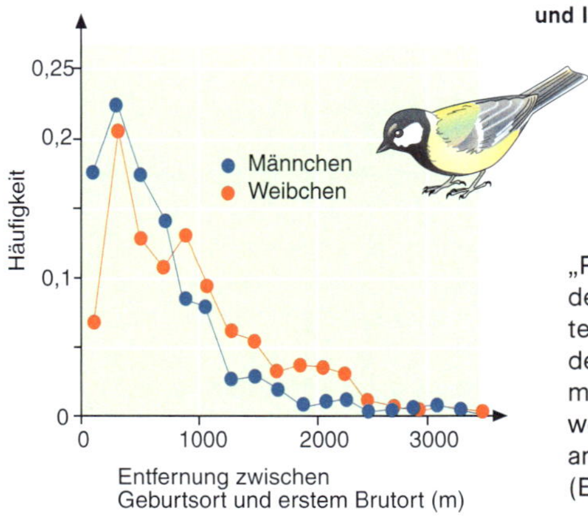

„Phasen von Ausbreitung und Wanderung sind in der Lebensgeschichte von Organismen von entscheidender Bedeutung. Jeder Organismus ist zum Aussterben verurteilt, wenn er oder seine Nachkommen am gleichen Ort bleiben."
(Begon, Harper & Townsend)

Zeitliche Strukturen

Organismen sind allgemein an ihren Lebensraum angepasst.

Erklären Sie anhand eines gewählten Organismus, wie er auf die Veränderlichkeit seines Lebensraumes reagieren kann.

Zyklus einer Muschelbank

Vergleichen Sie die zeitlichen Charakteristika eines Ökosystems mit seinen räumlichen. Sind die einzelnen Phasen eines Systems mit „zeitlichen Inseln“ vergleichbar?

Informieren Sie sich über den Lebenszyklus eines Organismus und zeigen Sie, wann eine Ausbreitung erfolgen kann. Wie können z. B. Organismen eines Sees neue Seen besiedeln?

Ökosysteme vergehen

Für die borealen Wälder in Alaska wird ein natürlicher Feuerzyklus angenommen, der zwischen 50 und 200 Jahren liegt und je nach vorherrschender Baumart und Region variiert. Die ökologische Wirkung des Feuers liegt in der Beseitigung der über lange Zeiträume aufgebauten Streu- und Rohhumusdecke, die eine natürliche Verjüngung der Baumbestände behindern kann. Außerdem werden die in der Auflage enthaltenen Nährstoffe schlagartig mineralisiert und freigesetzt, also zum Teil den Pflanzen wieder zugänglich gemacht. Ohne Feuer würde sich langfristig für die Bäume ein Nährstoffmangel einstellen.

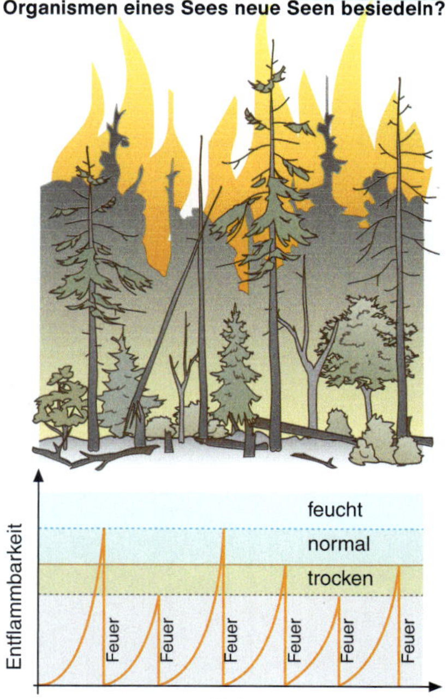

Pflanze auf Lavagestein

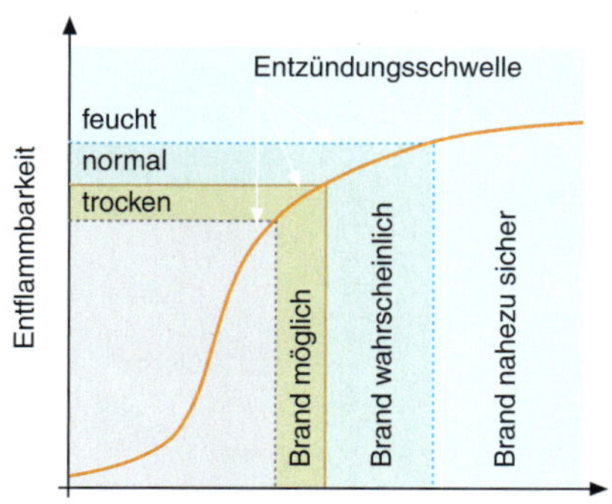

Sukzessionen

An manchen Orten, wie neuen Vulkaninseln oder Brachflächen, entstehen neue, noch unbesiedelte Lebensräume. Solche Lebensräume werden von einwandernden Organismen rasch besiedelt. Verschiedene Organismen erscheinen dabei in oft typischer Abfolge nacheinander und bilden Lebensgemeinschaften. Eine solche Abfolge bezeichnet man als *Sukzession*.

Sukzessionsphasen im Wald

Auf einer Kahlschlagfläche kann man beispielsweise eine charakteristische Abfolge von Pflanzengemeinschaften beobachten. Sie wird im Wesentlichen durch die Konkurrenz der Pflanzenarten um Licht und damit durch deren Fotosyntheseleistung verursacht *(autotrophe Sukzession)*.

Dabei lassen sich drei Phasen abgrenzen: In der *Initialphase* treffen Pionierarten ein, oft nur wenige Arten, und besiedeln das neue Gebiet in großer Dichte. Es handelt sich um einjährige Pflanzen wie Gräser, die als typische r-Strategen (s. Seite 340) klein und wenig konkurrenzstark sind. Sie werden von mehrjährigen, höherwüchsigen und damit schon konkurrenzstärkeren Arten wie kleineren Sträuchern verdrängt. In der *Folgephase* werden diese wiederum von größeren Arten verdrängt, die die kleineren Arten beschatten und daher konkurrenzüberlegen sind. In dieser Phase wird sehr viel pflanzliche Biomasse aufgebaut. Nach Jahren setzen sich Baumarten durch, die als größte Arten am konkurrenzstärksten sind.

Initial- und Folgephase sind besonders produktive Sukzessionsphasen (Abb. 2). In der letzten Phase, der *Klimax*, herrscht ein Fließgleichgewicht zwischen Bildung und Verbrauch von Biomasse. Sie weist oft weniger, aber sehr langlebige Arten auf.

Auch bei Tieren beobachtet man eine Abfolge während einer Sukzession. Sie siedeln sich jeweils entsprechend den verfügbaren, für sie passenden Ressourcen an.

Für die Ausprägung des Klimaxstadiums sind lange Zeitspannen von vielen Jahrzehnten nötig. Die Struktur einer Klimaxgesellschaft hängt vor allem von den großklimati-

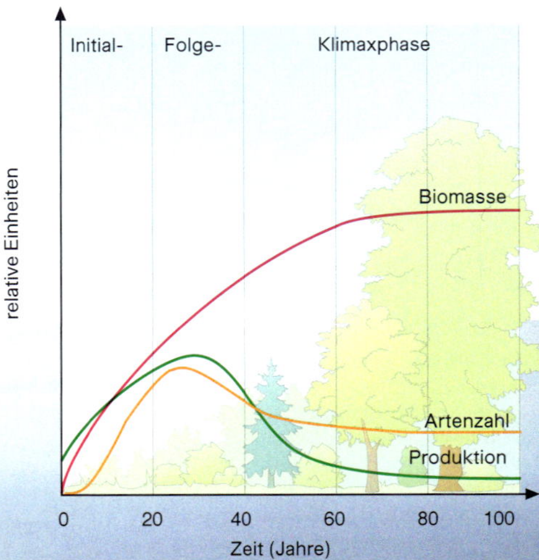

2 Phasen der Sukzession im Wald

1 Vulkaninsel Surtsey (entstanden 1963)

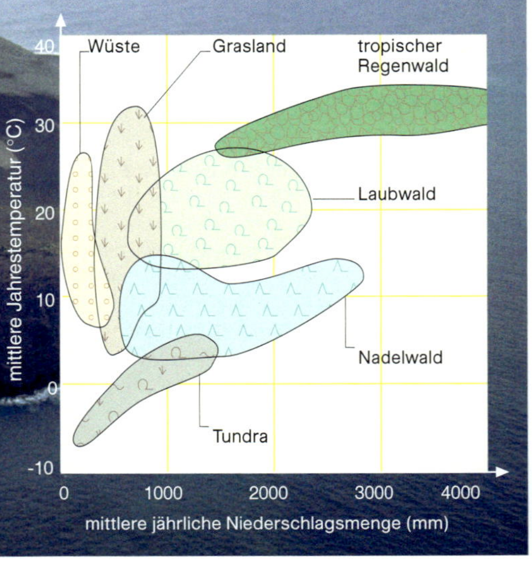

3 Klimaxgesellschaften der Erde

schen Bedingungen ab, sodass sie sich in verschiedenen Regionen der Erde stark unterscheiden können (Abb. 354.3).

Mosaikzyklen

Der beschriebene Sukzessionsablauf geht von homogen strukturierten Phasen aus. Dies hilft bei der Analyse von Gesetzmäßigkeiten, ist aber im Detail zu stark vereinfacht. Störungen im Klimaxwald, wie z. B. Windbruch oder das Umfallen alter abgestorbener Bäume, schaffen kleine Lichtungen. Tierische Organismen bilden oft Ansammlungen, sodass eine gleichmäßige Verteilung nicht vorliegt. Sie verursachen z. B. Fraß- oder Trittschäden. Solche lokalen Störungen werfen diese Orte auf frühere Stadien zurück und eine neue lokale Sukzession beginnt. Auf lange Sicht entstehen viele solcher Neusukzessionen nebeneinander, die sich alle in verschiedenen Stadien befinden. Großräumig zeigt sich dann ein Mosaik aus kleineren Sukzessionsinseln (Abb. 1), deren Stadien sich zyklisch wiederholen können.

Ständig gestörte Lebensräume

Einige Lebensräume können als ständig gestört angesehen werden. Dazu gehören z. B. Kiesbänke in Flüssen, die von jedem Hochwasser umstrukturiert werden, oder auch Äcker, die immer wieder umgepflügt werden. Ähnliches gilt auch für Bereiche in Wattengebieten, die durch Strömungen und Sturmfluten ständig umgelagert werden. Solche Lebensräume werden von typischen r-Strategen besiedelt. Sie bleiben auf den Anfangsstadien einer Sukzession stehen.

1 Wald-Mosaik

Zettelkasten

Sukzession im Einmachglas: Der Heuaufguss

Auch in einem Heuaufguss lässt sich eine Abfolge von Organismen beobachten. Es handelt sich um Einzeller wie diverse Paramecien-Arten. Ihre Abfolge ist in diesem Fall durch den Fortschritt beim Abbau toter organischer Substanz bedingt. Daran sind Bakteriengesellschaften beteiligt, die je nach Grad des Abbaus und Zustands der Mikroumwelt im Glas variieren. Von ihnen ernähren sich die Einzeller. Die Sukzession ist beendet, wenn die organische Substanz aufgebraucht und remineralisiert ist. Damit ist die Entwicklung im Heuaufguss eine *heterotrophe Sukzession*. Die Abfolge variiert je nach den speziellen Bedingungen des Ansatzes.

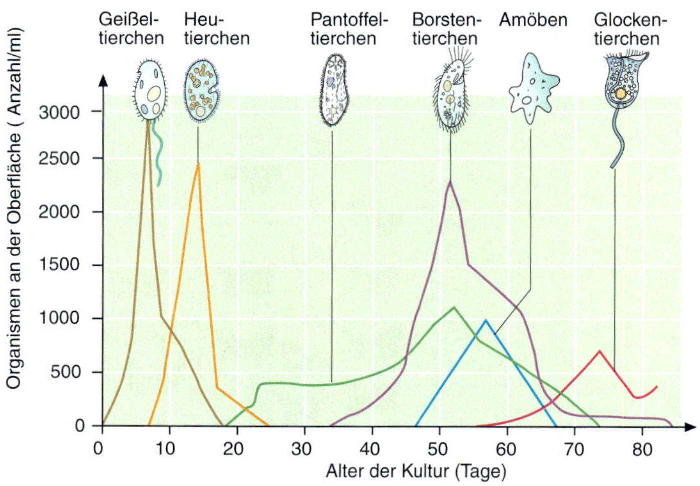

1 Artenreicher und artenarmer Wald

Diversität und Stabilität

Biodiversität
(Mannigfaltigkeit)
- Artenmannigfaltigkeit
- genetische Vielfalt
- Mannigfaltigkeit der Lebensräume

In Ökosystemen gibt es eine große Vielfalt verschiedener Organismen. Eine solche *Biodiversität* ist ein Kennzeichen der Lebensgemeinschaft. Ihre Bestimmung dient dazu, Ökosysteme vergleichbar und Entwicklungen in ihnen messbar zu machen. Ein umfassendes Verständnis von Diversität bezieht die Artenanzahl vorkommender Arten ein und ebenso deren genetische Vielfalt sowie die Mannigfaltigkeit der Ökosysteme innerhalb einer Landschaft. Vereinfachend wird hier nur die Artenvielfalt betrachtet.

Als Messgröße dient ein *Diversitätsindex* (s. Seite 360), mit dessen Hilfe man Diversitäten von Ökosystemen vergleichen kann. Eine große Anzahl vorkommender Arten führt zu einer hohen Diversität, wenige Arten zu einer geringen. Zum anderen berücksichtigt Diversität auch, ob bestimmte Arten im Ökosystem dominieren. Kommt eine Art besonders häufig vor und andere selten, dann liegt eine geringere Diversität vor als bei relativ gleichmäßigem Vorkommen (Abb. 2).

Die Diversität steigt mit der Anzahl der Arten und ihrer Gleichverteilung.

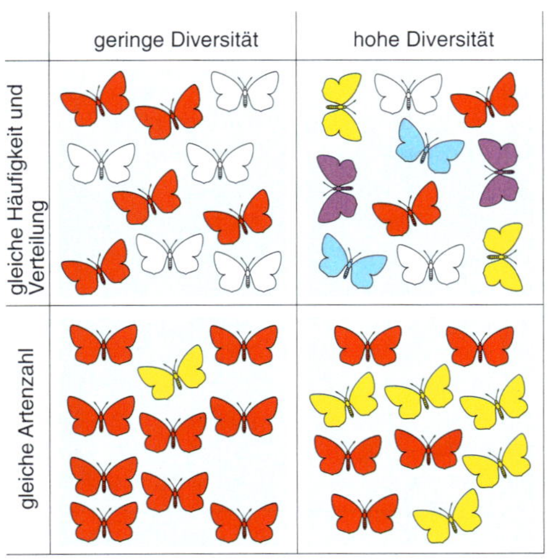

2 Aspekte des Artenreichtums

Für die meisten Lebensräume ist die tatsächlich enthaltene Artenanzahl unbekannt. Dies gilt umso mehr, je kleiner die Arten sind. Auch die Häufigkeiten der Arten schwanken oft in weitem Umfang. Berechnungen von Diversitäten werden daher meist für eine bestimmte überschaubare Organismengruppe wie z. B. Pflanzen oder Insekten durchgeführt. Weiterhin sind Lebensräume nicht abgeschlossen, sondern in einen größeren Zusammenhang eingebettet (s. Seite 352). Für Untersuchungen der Diversität muss man daher im Lebensraum Grenzen eines Ausschnitts festlegen. Die Interpretation der erhaltenen Werte bezieht sich damit lediglich auf die ausgewählte Gruppe innerhalb des ausgewählten Ausschnitts. Berechnungen der Diversität bzw. des Diversitätsindex einzelner Ökosysteme sind für sich allein wenig aussagekräftig, nur zum Vergleich mehrerer Ökosysteme sind solche Werte sinnvoll.

Die Faktoren, die eine hohe oder geringe Diversität bedingen, sind nur schwer zu erforschen. Es gibt jedoch eine Reihe plausibler Vermutungen. Diversität hängt demnach unter anderem von den verfügbaren Ressourcen ab. Je höher das Angebot in

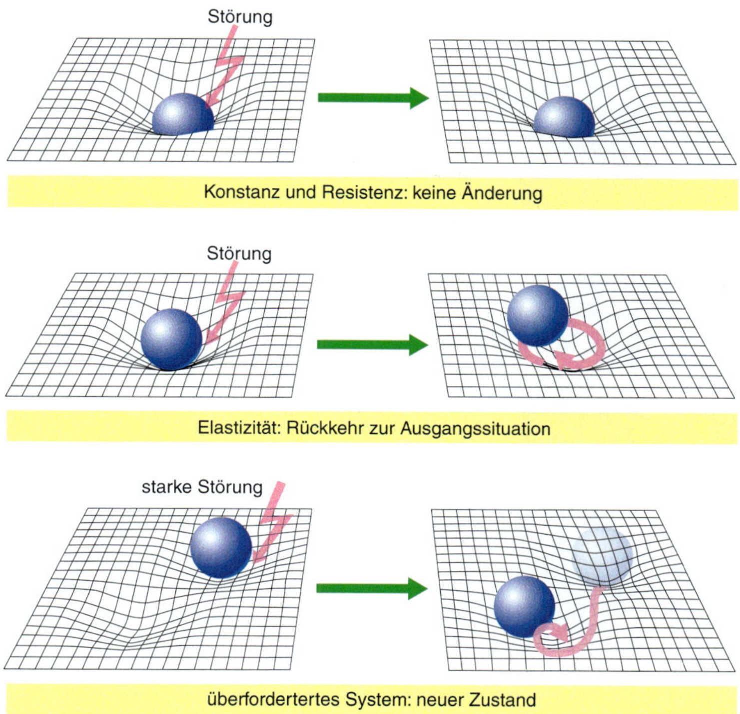

1 Modell der Stabilitätsunterschiede

einem Ökosystem ist, desto höher ist auch seine Produktivität. Damit hängen wiederum die Anzahl möglicher Trophiestufen sowie die Nischenanzahl zusammen. Daher findet man bei größerem Ressourcenangebot meist auch eine größere Diversität. Auch bei größerer Vielfalt von Teilstrukturen in einem Ökosystem findet man größere Diversität, denn Strukturvielfalt ermöglicht größere Nischenvielfalt und damit eine größere Artenvielfalt. Weiterhin nimmt der Artenreichtum auf der Erde von den Tropen zu den Polen ab. Wahrscheinliche Ursache ist die unterschiedliche klimatische Stabilität der verschiedenen geografischen Regionen. Das gleichmäßige Tropenklima ermöglicht z. B. mehr Spezialisierungen auf engere ökologische Nischen. Damit können mehr Arten existieren als in den gemäßigten Zonen, die unter dem Einfluss der Jahreszeiten stehen. Dies gilt entsprechend für alle relativ konstanten Ökosysteme, die keinen oder sehr geringen Schwankungen ausgesetzt sind.

Die Diversität eines Ökosystems wird oft in einen Zusammenhang mit seiner Stabilität gestellt *(Diversitäts-Stabilitäts-Hypothese)*. Unter Stabilität wird dabei meist verstanden, dass sich Artenzahlen und Biomassen in einem Ökosystem nicht wesentlich ändern, das Ökosystem also *Konstanz* zeigt. Ebenso betrachtet man ein Ökosystem als stabil, wenn es sich gegenüber Störungen als unempfindlich erweist und sich nicht verändert *(Resistenz*, Abb. 1). Für den vermuteten Zusammenhang zwischen Diversität und Stabilität gibt es plausible Hypothesen. Man geht davon aus, dass mit zunehmender Diversität das Ausmaß möglicher Vernetzungen zwischen den Arten wächst und dadurch ein Ökosystem besser gegen verändernde Einflüsse geschützt ist. Größere Diversität bedingt dann höhere Stabilität.

In mitteleuropäischen Wäldern findet man jedoch die größte Artenvielfalt dort, wo durch die Bewirtschaftung ständig kleinräumige Störungen wie Abholzung und Wegebau gegeben sind und somit eine höhere Strukturvielfalt vorliegt. Nimmt man diese Wälder aus der Nutzung heraus, entstehen naturnähere Wälder, die zunehmend von der konkurrenzstarken Rotbuche dominiert werden. Da Rotbuchen das Licht stark ausnutzen, verarmt auch die Bodenflora. Es läuft eine Sukzession ab (s. Seite 354) bis zum Klimaxstadium, das artenärmer, aber stabiler als der Wirtschaftswald ist. Der vermutete Zusammenhang zwischen Diversität und Stabilität ist offenbar in dieser einfachen Weise nicht gegeben.

Auch Generalisten scheinen ein Ökosystem zu stabilisieren. Sie nutzen ein breites Ressourcenspektrum und tragen daher mehr zur Vernetzung der Nahrungsketten im Ökosystem bei als Spezialisten. Störungen, die ihre Ressourcen reduzieren, vertragen sie ebenfalls besser als Spezialisten (s. Seite 341). Generalisten stärken jedoch nicht die Konstanz oder Resistenz eines Ökosystems, sondern bieten stattdessen mehr *Elastizität*. Dies meint die Fähigkeit, nach Störungen, die im Ökosystem Veränderungen bewirken, wieder zum ursprünglichen Zustand zurückkehren zu können (zu regenerieren). In Lebensräumen mit häufigen Störungen sind die vorkommenden Arten an diesen Zustand angepasst und Störungen bewirken keine dauerhaften Veränderungen.

Wenn eine Störung allerdings mindestens eine bestimmte Stärke aufweist, lange andauert und ständig in dieselbe Richtung weist, dann kann die Elastizität überfordert sein und das gesamte System wird auf Dauer verändert. Dies gilt beispielsweise für einen See, der ständigem Mineralstoffeintrag ausgesetzt ist und dadurch eutrophiert wird (s. Seite 364).

1 Nadel- und Laubwälder prägen die mitteleuropäische Landschaft

Ökosystem Wald

Über 90 % Mitteleuropas waren früher mit Wald bedeckt. Auch wenn diese Fläche seither erheblich geschrumpft ist, so hat der Wald heute immer noch wichtige Funktionen für uns: Holz ist ein nachwachsender Rohstoff. *Erholungssuchende* lieben die angenehme Kühle im Sommer, im Winter dagegen ist die Kälte im Vergleich zur offenen Landschaft abgemildert (Abb. 2). Das gilt im Jahres- wie im Tagesverlauf. Auch andere abiotische Faktoren wie Windgeschwindigkeit und Luftfeuchtigkeit schwanken weniger (Abb. 2). Die Pufferwirkung schafft für Tier- und Pflanzenarten günstige Lebensbedingungen, denn extreme Klimaeinflüsse sind für die meisten Arten schädlich.

Bäume sind typische *K-Strategen* (s. Seite 340). Sie kennzeichnen den Wald damit als stabiles Ökosystem. Die große Konkurrenzstärke und Langlebigkeit von Bäumen macht auch verständlich, weshalb dieser Lebensraum in allen Regionen der Erde mit genügend Feuchtigkeit und nicht allzu extremen Temperaturen dominiert.

Die meisten Wälder Mitteleuropas sind *Kulturwälder (Forste)*: Je nach Wirtschaftlichkeit und Bodenbeschaffenheit wurden bevorzugt bestimmte Baumarten angepflanzt, die im naturnahen Wald des entsprechenden Standortes nicht unbedingt dominieren würden. Ein naturnaher Wald in Mitteleuropa wäre ein von Laubbäumen geprägter *sommergrüner, winterkahler Wald.* Ohne Eingriff des Menschen wären *Nadelwälder* bei uns nur im Hochgebirge anzutreffen. In Nordost- und Nordeuropa dominieren dagegen natürlicherweise auch im Flachland die kälteresistenteren und an Dunkelperioden angepassten Nadelwälder. Der höheren Produktivität der Laubbäume im Sommer steht die Fähigkeit der Nadelbäume gegenüber, ganzjährig Fotosynthese betreiben zu können.

Naturnahe Laubwälder zeigen eine räumliche und zeitliche Gliederung (siehe Seite 352 / 353): Ein *Stockwerkbau* mit Kraut-, Strauch- und Baumschicht gliedert den Wald

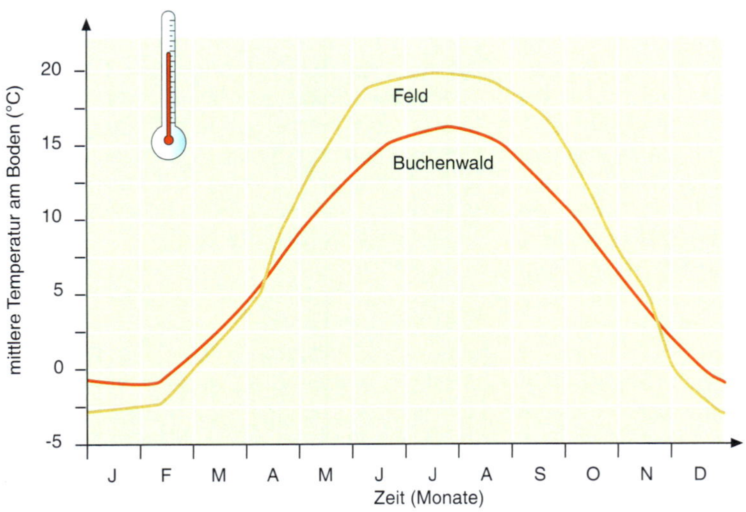

2 Temperaturen im Jahresverlauf

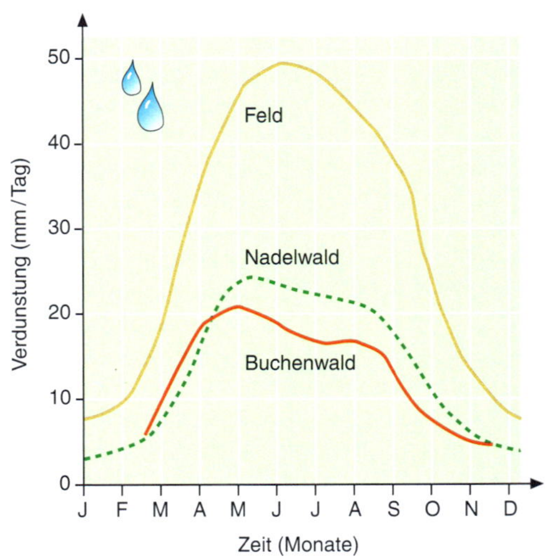

3 Verdunstung im Jahresverlauf

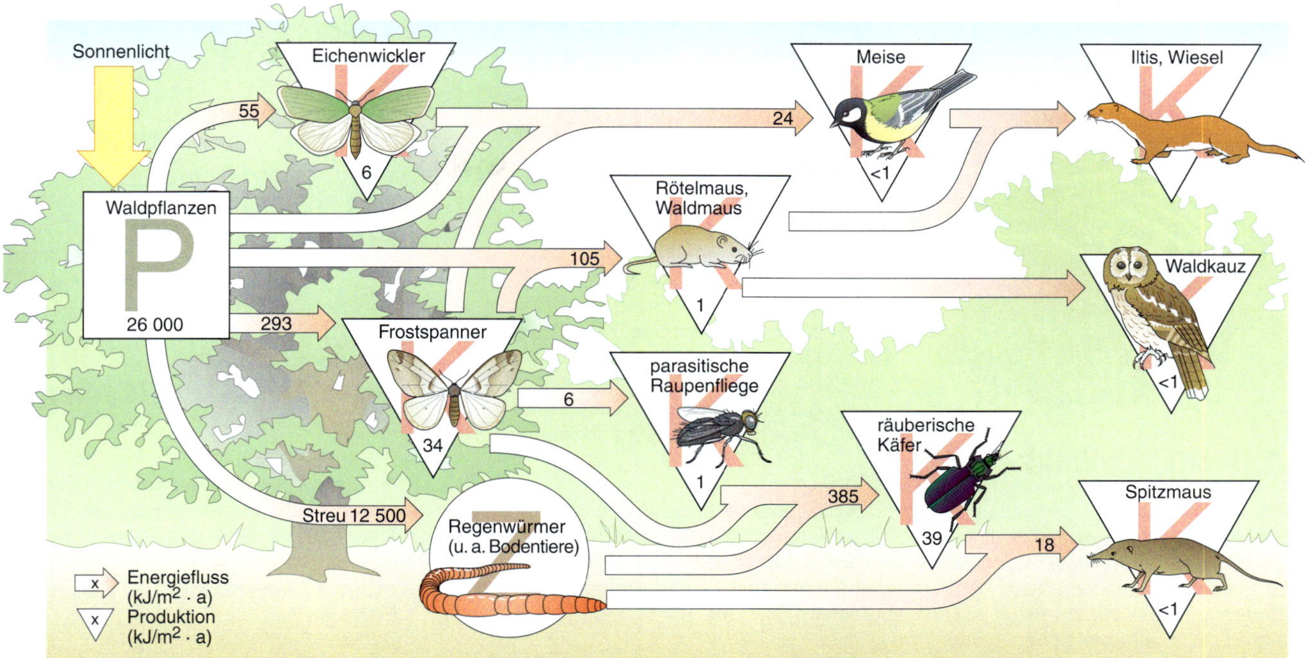

1 Energiefluss im vereinfachten Nahrungsnetz eines Eichenwaldes (P = Produzenten, K = Konsumenten, Z = Zersetzer)

vertikal (Abb. 358.1). Die unteren Schichten, vor allem die *Krautschicht*, enthalten Pflanzen, die entweder nur im Frühjahr fotosynthetisch aktiv sind und blühen *(Frühblüher)* oder an sehr geringe Lichtverhältnisse angepasst sind. Später im Jahr ergrünt die Strauch-, noch später die Baumschicht. Diese *jahreszeitliche Gliederung* vermindert die Konkurrenz um die knappe Ressource Licht. Ein früher Austrieb der Blätter erhöht allerdings das Schadensrisiko bei Spätfrösten.

Windbruch, Feuer und lokaler Massenbefall mit Insekten verursachen eine mosaikartige Verteilung von Baumgruppen unterschiedlichen Alters (s. Seite 355) und damit für eine horizontale räumliche Gliederung. Die *Altersstruktur* wiederum als weitere zeitliche Gliederungskomponente bestimmt die dominierenden Begleitpflanzen und die Fauna. Eine wichtige Rolle spielt das *Totholz*. Zersetzende Pilze schaffen die Voraussetzungen für zahlreiche wirbellose Tierarten auf diesem Substrat. Die *Misch-Mosaikstruktur* führt besonders in naturnahen Laubwäldern zu einer auffällig großen *Artenfülle*: In einem Buchenwald kommen allein etwa 7000 Tierarten vor. Entsprechend hoch ist die *Diversität*. Letztendlich tragen damit auch *Naturkatastrophen* zur Artenvielfalt der Wälder bei. Manche Arten wie der nordamerikanische *Mammutbaum Sequoia* sind an Waldbrände sogar besonders angepasst: Unter Feuereinwirkung trocknen die Zapfen, erst dann werden die Samen freigesetzt. Durch die Vernichtung der konkurrierenden Pflanzenarten haben Sequoia-Jungbäume dann besonders gute Überlebenschancen.

Aufgabe

① Der Massenbefall durch Laub fressende Schadinsekten stellt nur sehr selten eine wirkliche Bedrohung der Wälder dar. Begründen Sie diese Aussage.

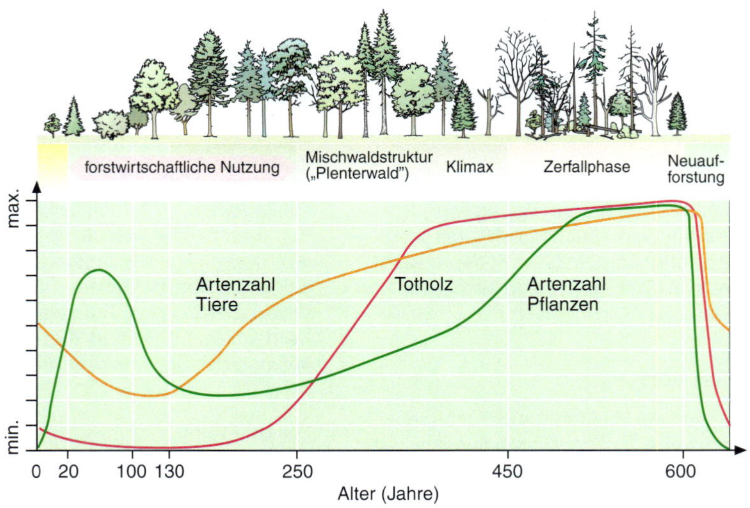

2 Artenvielfalt und Altersstruktur des Waldes

Diversität im Wald

Diversitätsbestimmungen gelten als Möglichkeit, die Artenvielfalt von Ökosystemen zumindest im Ansatz vergleichbar zu machen (Seite 356 f). Untersuchungen zur Diversität lassen sich in verschiedenen Lebensräumen durchführen. Die für das Beispiel Wald dargestellte Vorgehensweise können Sie in abgewandelter Form auch auf andere Ökosysteme übertragen. Sinnvoll ist ein Vergleich von mindestens zwei Flächen, die sich in einem wichtigen Faktor unterscheiden, zum Beispiel:

a) Laubwald – Nadelwald
b) naturnaher Wald – Forst mit weitgehender Baum-Monokultur
c) trockener und feuchter Standort im Wald
d) Rasen – Wiese – Weide – Brachland

Die Untersuchungsflächen sollten einen Minimalabstand von 50 m haben (Abb. rechts oben). Als zusätzliche Untersuchung bietet sich die Erfassung abiotischer Faktoren wie Beleuchtungsstärke (gleiche Tageszeiten), pH-Wert, Humusgehalt und Feuchtegrad des Bodens an.

Mikroorganismen im Boden

Material:
Plastikbeutel, kleine Schaufel, Hohlschliff-Objektträger, Deckgläser, Nährmedium (Saccharose-Agar oder Zuckerlösung), Plastilin (oder Knetmasse), Wärmeschrank, Mikroskop und Stereolupe.

Durchführung

Geben Sie in jedem Untersuchungsgebiet ca. $^1/_2$ Liter Boden aus den obersten Schichten mithilfe einer Schaufel in einen Plastikbeutel. Durchmischen Sie jede Bodenprobe.

Stellen Sie für jede Bodenprobe einen doppelten Ansatz nach der folgenden Vorschrift her:

– Legen Sie um die Vertiefung des Objektträgers einen sehr dünnen geschlossenen Ring von Plastilin.
– Geben Sie einen Tropfen Nährmedium in die Vertiefung; dazu kommt ein kleiner Krümel Bodenprobe aus den obersten Schichten.
– Legen Sie ein Deckgläschen auf und drücken Sie es vorsichtig mit einem zweiten Objektträger so auf das Plastilin, dass ein abgeschlossener Raum entsteht.
– Bebrüten Sie jeweils eine Probe jedes Bodens bei Zimmertemperatur und bei 30 °C.

Beachten Sie: In der Probe können sich gesundheitsschädliche Keime vermehren. Lassen Sie deshalb die Mikro-Feuchtekammer unbedingt geschlossen!

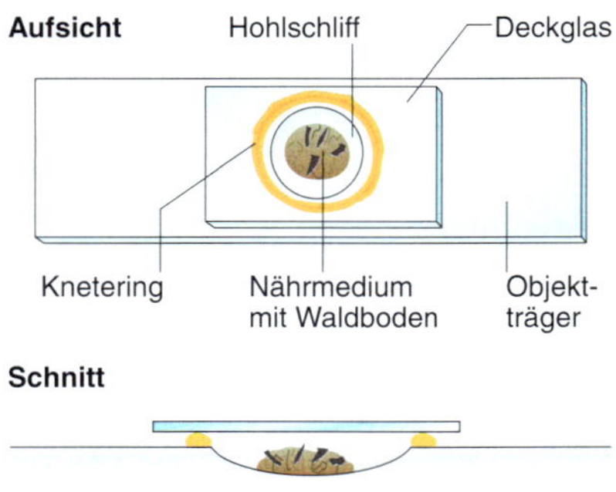

Aufgabe

① Mikroskopieren Sie die Probe in Tagesabständen (Mikroskop, Stereolupe) und protokollieren Sie die Veränderungen. Vergleichen Sie die Beobachtungen in den verschiedenen Bodenproben.

Art-Areal-Kurve

Material:
Geländekarte (1 : 5000), 2 m lange Schnur mit 0,5 m-Markierungen, 4 ca. 30 cm lange Markierungsstäbe, gekennzeichnete Sammelbehälter (Plastikbeutel mit Kennzeichnung, Fotofilmdosen), Petrischalen, Pinzetten, Lupen, Protokollmaterial, Bestimmungsliteratur

Durchführung

Führen Sie die folgenden Untersuchungen jeweils in jedem Ihrer Untersuchungsgebiete durch:

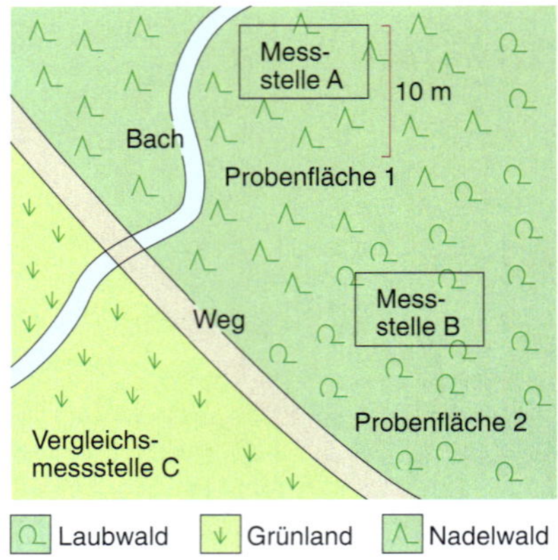

– Werfen Sie einen Stock hinter sich. Er trifft auf den Ausgangspunkt Ihrer ersten Probefläche (Probefläche 1). Tragen Sie die Lage des Areals in Ihre Karte ein.
– Stecken Sie ein Areal von 0,5 · 0,5 Meter ab.
– Dokumentieren Sie die Geländestruktur (Foto, Skizze, Beschreibung).
– Bestimmen Sie die vorherrschenden Pflanzen- und Pilzarten im Areal.
– Erfassen Sie nun die Artenzahl an Wirbellosen im Areal. Sammeln Sie dazu Vertreter aller Ihnen unbekannten Tierarten ein. Die bekannten Arten werden protokolliert. Bestimmen Sie wenn möglich die unbekannten Arten; unbestimmbare Arten bekommen einen Arbeitstitel („Art A, Art B, ...") und werden mit wenigen charakteristischen Stichworten beschrieben.
– Suchen Sie durch Stockwurf eine Probefläche (Probefläche 2) und bestimmen Sie wieder die Artenzahl.
– Wiederholen Sie dieses Verfahren mindestens 10-mal.

Ergänzende Tiererfassungen

a) Erfassung mit dem Berlese-Apparat

– Entnehmen Sie an jedem Standort je ca. 0,5 Liter Oberflächenboden und geben Sie ihn jeweils in einen Plastikbeutel.

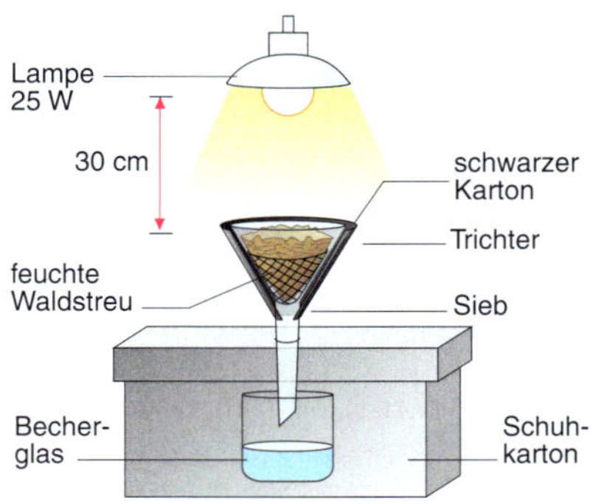

- Geben Sie die Proben in kleineren Portionen in einen Berlese-Apparat (Abb. Seite 360 unten) und bestrahlen Sie sie dort jeweils ca. 30 min.
- Bestimmen Sie wie oben Arten und Individuenzahlen.

b) Erfassung mit Barberfallen

Eine einfache Methode, bewegungsaktive Wirbellose zu erfassen, ist die Verwendung von Barberfallen. Das sind in den Boden eingelassene Becher.

- Graben Sie pro Untersuchungsfläche an den diagonal gegenüber liegenden Eckpunkten zwei Jogurtbecher so in den Boden, dass sich die Öffnung etwas unter dem Bodenniveau befindet.
- Vollständigere Fangergebnisse erhalten Sie, wenn Sie den Becher ca. 2 cm hoch mit Wasser füllen, dem Sie etwas Spülmittel oder Brennspiritus zugesetzt haben.
- Sollte es stark regnen, ist es vorteilhaft, die Falle mit einem kleinen Plastikdach abzudecken, ohne allerdings dadurch den Zugang zu blockieren.
- Markieren Sie den Standort Ihrer Fallen exakt in der Geländekarte.
- Kontrollieren Sie am nächsten Tag alle Fallen und bestimmen Sie die Arten- und Individuenzahl der in den Bechern befindlichen Tiere.
- Wiederholen Sie die Kontrolle drei Tage lang.

Erweiterung: Pflanzenerfassung

Analog kann eine *Art-Areal-Kurve* der Krautschicht erstellt werden. Sinnvoll sind ca. 10 Probeflächen von 5 · 5 m.

Aufgaben

② Summieren Sie die Artenzahlen Ihrer Probeflächen sukzessive auf, d. h. bestimmen Sie die Artenzahl für Probefl. 1 + 2, Probefl. 1 + 2 + 3 usw.

③ Tragen Sie in Diagrammen die Artenzahl gegen die Gesamtgröße der Probefläche (m²) auf.

④ Vergleichen Sie die Art-Areal-Beziehungen der verschiedenen Waldtypen miteinander. Welche Schlüsse lassen sich daraus ziehen?

⑤ Wie groß sollte eine Probefläche für eine aussagekräftige Untersuchung sein?

⑥ Vergleichen Sie die Artenzusammensetzungen und -zahlen in Abhängigkeit von der Erfassungsmethode (Absuchen, Berlese-Apparat, Barberfallen). Wie lassen sich die Unterschiede erklären? Welche Konsequenzen ergeben sich für die Interpretation der Daten?

Diversität der Wirbellosenfauna

Sie können diese Untersuchung mit der Bestimmung der Art-Arealkurve (s. o.) in einem Arbeitsgang kombinieren. Verwenden Sie in diesem Fall die dort beschriebene Erfassungsmethode.

Material:
wie für die Art-Arealkurve

Durchführung

- Sammeln Sie auf einer Probefläche von 3 · 3 m möglichst alle Organismen. Bei sehr häufigen oder schwer zu sammelnden Arten (etwa Ameisen, Spinnen) entnehmen Sie nur wenige Vertreter und notieren Sie einen Häufigkeitsschätzwert.
- Bestimmen Sie, soweit das möglich ist, die dominierenden Arten. Die übrigen werden mit Arbeitstiteln („Art A") gekennzeichnet und mit einigen Stichworten zur eindeutigen Unterscheidbarkeit charakterisiert.
- Erfassen Sie die Individuenzahlen der einzelnen Arten (Auszählen der gesammelten Funde bzw. im Notfall Schätzung der Zahlen im Gelände).

a) Rang-Häufigkeitskurve

Beispiel für eine Rangliste:

Art	Rang	Anzahl	rel. Häufigkeit
C	1	87	0,73
A	2	12	0,10
B	3	8	0,07
D	4	5	0,04
E	5	3	0,03
N	6	2	0,02
G	7	1	0,01
F	8	1	0,01
Summe		119	1,01

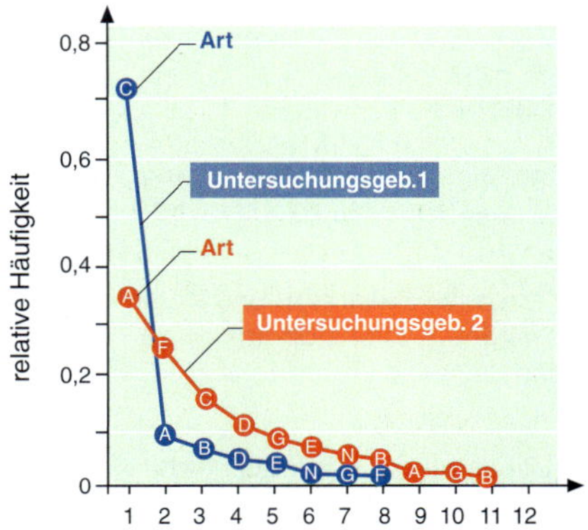

1

Aufgaben

⑦ Bestimmen Sie die relative Häufigkeit der verschiedenen Arten und ordnen Sie die Ergebnisse tabellarisch nach dem Rang ihrer Häufigkeit p. Legen Sie zwei Leerspalten an (für Aufgabe 10). Tragen Sie nun die Häufigkeit (y-Achse) gegen den Rang auf (s. Abb. 1 und 2).

⑧ Vergleichen Sie die Rang-Häufigkeitsverteilungen an den verschiedenen Standorten. Welche Schlüsse lassen sich daraus ziehen?

b) Diversitätsindex nach Shannon

Die Diversität einer Lebensgemeinschaft oder bestimmter Teilgruppen kann quantitativ durch den *Diversitätsindex nach Shannon* (H_S) bestimmt werden. Dabei gilt: $H_S = -\sum (p_i \cdot \log p_i)$
H_S = Diversitätsindex
S = Artenanzahl
p_i = rel. Häufigkeit von Art i

Die Formel berücksichtigt die Artenzahl und ihre Häufigkeit: Sehr seltene wie auch extrem häufige Arten werden schwächer gewichtet als solche mittlerer Häufigkeit. Diese Gewichtung ermöglicht der Term p · log p.

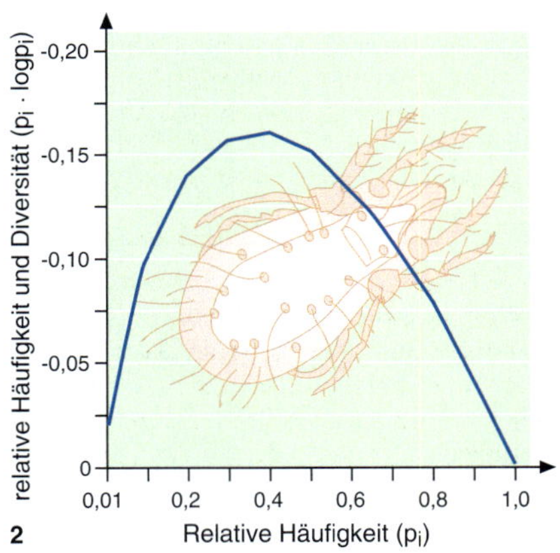

2

⑨ Eine Regel besagt, dass die Diversität in strukturreichen Lebensräumen mit vielen ökologischen Planstellen (s. Seite 327) besonders hoch ist. Treffen Sie eine Voraussage, welches Ihrer Untersuchungsgebiete vermutlich die höchste Diversität aufweist.

⑩ Tragen Sie in die Tabelle zur Ranghäufigkeit die Werte für log p und für p · log p ein. Summieren Sie diese letzten Werte: Sie erhalten H_S. Vergleichen Sie diese Ergebnisse mit Ihrer Schätzung (Aufgabe 9).

⑪ Gibt es einen Zusammenhang zwischen den H_S-Werten und den Rang-Häufigkeitsverteilungen?

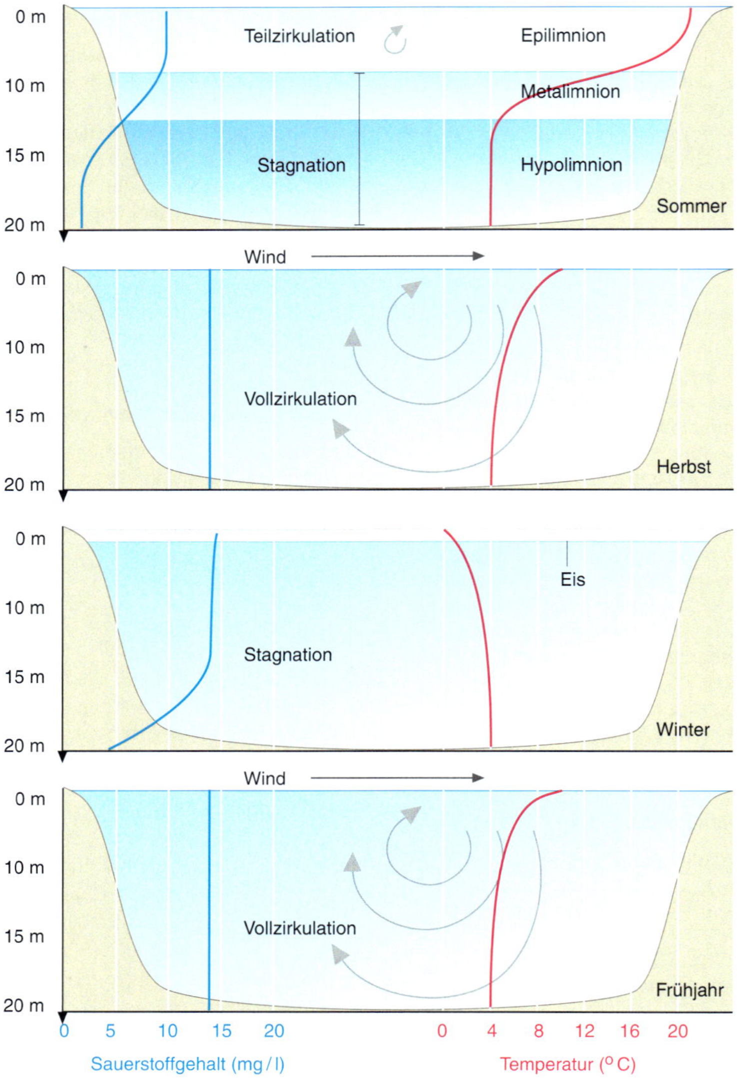

1 Stagnation und Zirkulation im Jahresverlauf

Ökosystem See

Die physikalischen und chemischen Eigenschaften von Wasser bestimmen wesentlich die Lebensmöglichkeiten von Organismen im See. Neben dem stark temperaturabhängigen Sauerstoffgehalt ist die Dichte des Wassers entscheidend (siehe Kasten). Diese verursacht im Jahresverlauf Temperaturschichtungen und deren Auflösung. In Mitteleuropa besitzt das Wasser im Frühjahr und im Herbst eine nahezu einheitliche Temperatur, es kann durch Winde zu einer vollständigen Zirkulation gebracht werden *(Frühjahrszirkulation* und *Herbstzirkulation*, Abb. 1). Die Zirkulation durchmischt den gesamten Wasserkörper, sodass in allen Tiefen gleiche Sauerstoff- und Mineralstoffkonzentrationen vorliegen. Im Sommer bildet sich an der Oberfläche eine warme Wasserschicht mit geringerer Dichte *(Epilimnion)* und damit eine Schichtung im See. Das Epilimnion lässt zwar feste Partikel in das kalte und dichtere Tiefenwasser *(Hypolimnion)* absinken, aber die Durchmischung der beiden Wasserkörper unterbleibt *(Sommerstagnation)* und damit auch der Ausgleich der Stoffkonzentrationen; das Tiefenwasser besitzt damit quasi einen Deckel. Auch im Winter kann es durch Eisbildung eine Stagnationsphase geben *(Winterstagnation)*.

Bei südlicher gelegenen Seen und auch in milden Wintern unterbleibt die Winterstagnation jedoch und der See zirkuliert von Herbst bis Frühjahr. Kalte wie z. B. hoch gelegene alpine Seen dagegen bleiben auch im Sommer kalt und zirkulieren den ganzen Sommer lang.

Zettelkasten

Physikalische und chemische Eigenschaften des Wassers

Reines Wasser besitzt (anders als die meisten Stoffe) seine höchste Dichte nicht am Schmelzpunkt (0 °C) sondern bei + 4 °C. Diese *Dichteanomalie* genannte Eigenschaft lässt Seen in der Tiefe nicht kälter als + 4 °C werden, während noch kälteres Wasser an der Oberfläche schwimmt.

Eis besitzt ebenfalls eine geringere Dichte als flüssiges Wasser, es schwimmt daher auf und sinkt nicht (wie feste Zustände bei anderen Stoffen) auf den Boden.

Wasser kann viele Gase physikalisch lösen, so auch Sauerstoff und Kohlenstoffdioxid. Wasser reagiert mit einem Teil des Kohlenstoffdioxids zu Kohlensäure bzw. Hydrogencarbonat. Es kann deswegen erhebliche Mengen davon enthalten.

Die Löslichkeit von Gasen in Wasser nimmt generell mit steigender Temperatur ab.

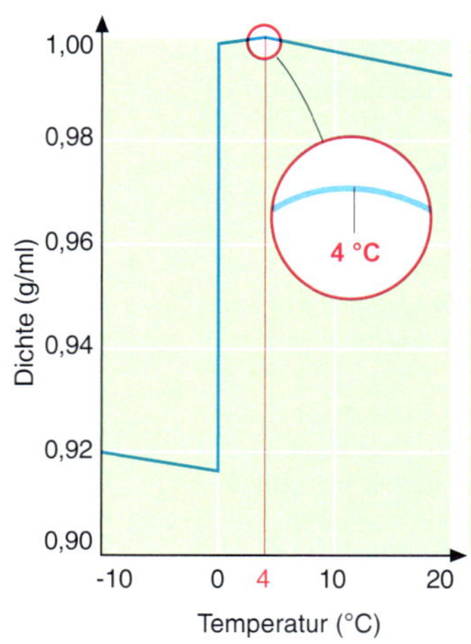

°C	mg O_2/l
0	14,2
5	12,4
10	10,9
15	9,8
20	8,8
25	8,1
30	7,5
35	7,0
40	6,6

Sauerstoffsättigung

Einfallendes Sonnenlicht wird von Wasser absorbiert, mit zunehmender Tiefe wird die Lichtintensität daher geringer. Bis zu einer bestimmten Tiefe ist darum die Produktion durch Fotosynthese der Pflanzen größer als die Zellatmung, darunter ist keine Nettoproduktion mehr möglich *(Kompensationstiefe*, Abb. 1). Die Kompensationstiefe trennt damit einen oberen hellen Bereich *(Nährschicht, trophogene Zone)* und einen unteren Bereich *(Zehrschicht, tropholytische Zone)*, in dem ausschließlich verbrauchende Prozesse ablaufen können. Die Lage der Kompensationstiefe hängt von der aktuellen Lichteinstrahlung ab sowie von der Menge vorhandener Pflanzen *(Eigenbeschattung)*. Nährschicht und Zehrschicht sind lichtabhängig, Oberwasser und Tiefenwasser dagegen temperaturabhängig.

Das Nahrungsnetz in einem See besteht aus den trophischen Stufen der pflanzlichen Algen *(Phytoplankton)*, darüber kommen filtrierende Kleinkrebse *(Zooplankton)* und als dritte Stufe Plankton fressende Fische (s. Mittelspalte). Wenn die Produktivität eines Sees hoch genug ist, können weitere Trophiestufen aus räuberischen Fischen existieren. Am Bodengrund *(Benthal)* leben Schnecken, Muscheln und Würmer. Daneben leben viele Insekten als Larve oder als Imago im Wasser.

Im Jahresverlauf eines Sees beginnt das intensivere Leben im Frühjahr. Mit zunehmender Lichtintensität und Wärme wachsen die Populationen des Phytoplanktons. Als Folge nehmen auch die Populationen des Zooplanktons zu und zehren als effektive Räuber

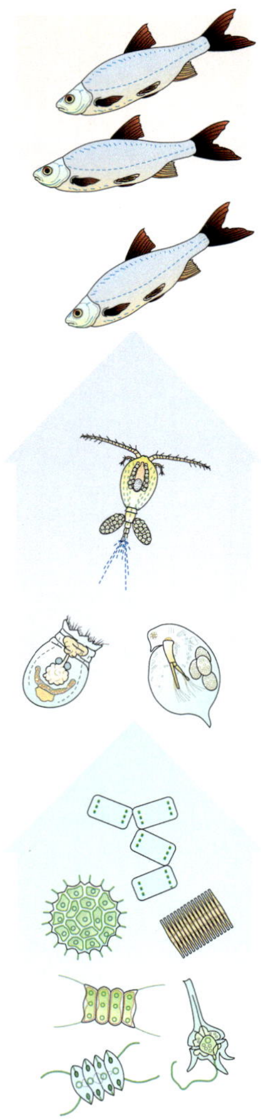

typische Nahrungskette

(s. Seite 337) bis zum späten Frühjahr das Phytoplankton weitgehend auf. Das kann zu einem *Klarwasserstadium* führen. Der weitere Verlauf ist von der verbliebenen Mineralstoffkonzentration im Epilimnion abhängig.

Detritus und Leichen werden durch bakterielle Destruenten unter Sauerstoffverbrauch remineralisiert. Dies geschieht zum großen Teil bereits im Oberwasser. Dennoch sinkt ein merklicher Anteil als totes organisches Material ins Tiefenwasser ab und nimmt die in ihm gebundenen *Mineralstoffe* mit. Das Oberwasser verarmt daher an Mineralstoffen. Sind dort aber hohe Konzentrationen verblieben, kann eine neue sommerliche Algenblüte folgen (Abb. 2). In anderen Fällen ist dies erst im Herbst wieder möglich, wenn die Mineralstoffkonzentration durch die Zirkulation erneut ansteigt.

Das ins Tiefenwasser und zum Bodengrund abgesunkene tote organische Material wird ebenfalls remineralisiert. Als Folge steigt die Mineralstoffkonzentration dort an. In den oberen Wasserschichten kann der bei diesem Vorgang verbrauchte Sauerstoff durch Diffusion aus der Luft und durch die Fotosynthese stets ergänzt werden. Im Tiefenwasser und am Bodengrund ist dies jedoch wegen der sommerlichen Schichtung nicht möglich. Sauerstoff wird hier ausschließlich verbraucht und sein Gehalt sinkt deswegen. Bei hohem Verbrauch durch große Detritusmengen kann er gänzlich aufgebraucht werden (s. Seite 364). Erst mit der nächsten Zirkulation gelangen neuer Sauerstoff in die Tiefe und die Mineralstoffe aus der Tiefe in die oberen Wasserschichten des Sees.

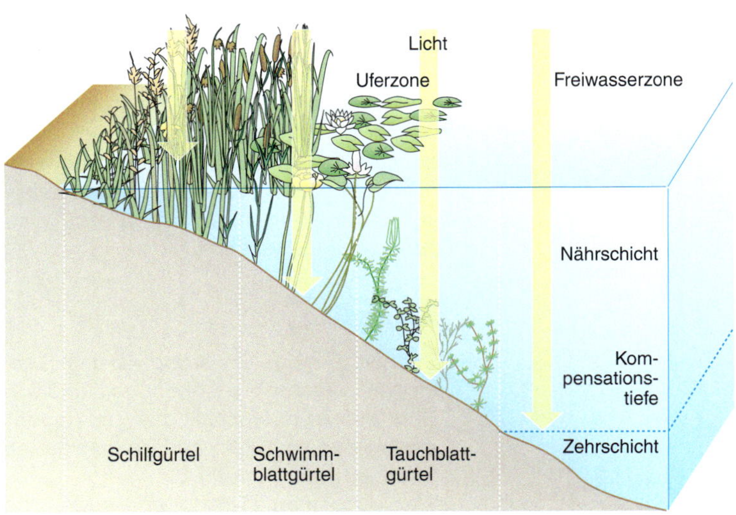

1 Lichtbedingte Schichtung im See

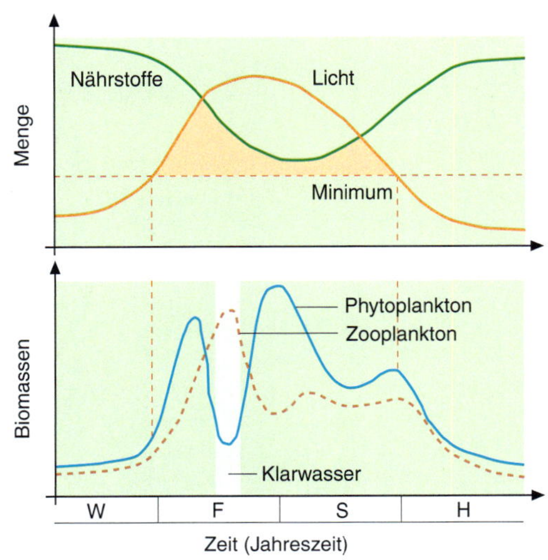

2 Mineralstoffreicher See im Jahresverlauf

1 Eutropher See

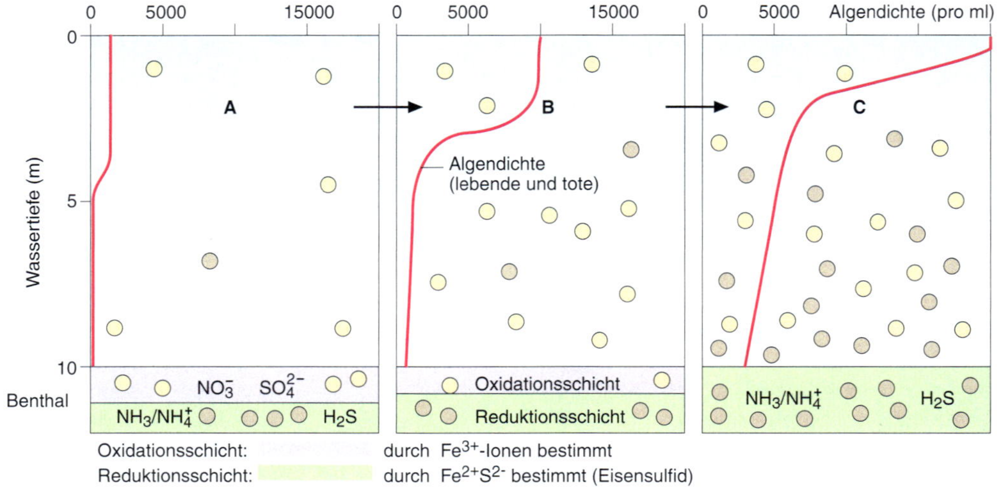

2 Vorgänge beim „Umkippen“

Eutrophierung

Die meisten tieferen Gewässer wären ohne menschlichen Einfluss *oligotroph* (mineralstoffarm): Der Gehalt an freiem *Phosphat* und *Nitrat* ist sehr niedrig, denn die meisten dieser Ionen sind in der Biomasse der Lebewesen gebunden.

Durch menschliche (anthropogene) Einflüsse können große Mengen an Stickstoffverbindungen und Phosphaten in die Gewässer gelangen. Quellen sind heute vor allem die Landwirtschaft, deren Gülle und *Dünger* über das Oberflächenwasser in die Gewässer gelangen können. Die Folge der Mineralstoffzufuhr ist eine *Eutrophierung* der Gewässer. Die Verfügbarkeit der vormals begrenzenden Faktoren Nitrat und vor allem Phosphat steigert die Produktivität und damit die Biomasse des Sees erheblich. Auffällig ist das starke Algenwachstum während des Sommers *(„Algenblüte“)*.

Eutrophierung
Anreicherung eines Gewässers mit Mineralstoffen

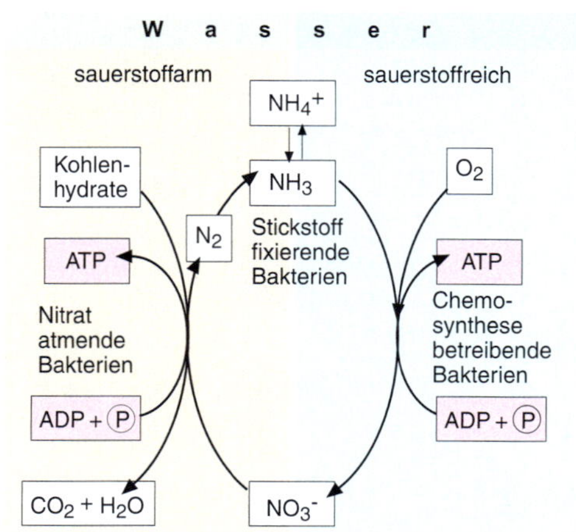

3 Stickstoffreaktionen durch Mikroorganismen

Deutliche Auswirkungen hat die Eutrophierung auf den *Sauerstoffhaushalt* des Gewässers. Der Abbau der Biomasse durch Mikroorganismen zehrt große Sauerstoffmengen. Bei Sauerstoffmangel können bestimmte Mikroorganismen durch die *Reduktion* von Nitrat organisches Material oxidativ abbauen und dabei ATP bilden *(Nitratatmung)*. Durch chemische Reaktionen entstehen giftige Stoffe wie Ammoniak (NH_3) und *Schwefelwasserstoff* (H_2S) (Abb. 3). Sie sind vor allem für Wirbeltiere hoch giftig. Das führt zum Tode bei empfindlichen Organismen. Dadurch fällt noch mehr abbaubare Biomasse an, die Sauerstoffzehrung nimmt weiter zu. Bei übermäßiger Zufuhr von Mineralstoffen oder von organischem Material können sich diese Prozesse aufschaukeln und innerhalb weniger Stunden zum Tode aller höheren Lebewesen führen. Man spricht dann vom *„Umkippen“* eines Gewässers.

Aufgaben

① Suchen Sie eine Erklärung für das „Umkippen“. Nutzen Sie Abbildung 2 und 3.

② Begründen Sie, weshalb das „Umkippen“ eines Sees vor allem im Sommer gegen Ende der Nacht erfolgt.

③ Wie kann man „Umkippen“ kurz- und langfristig verhindern?

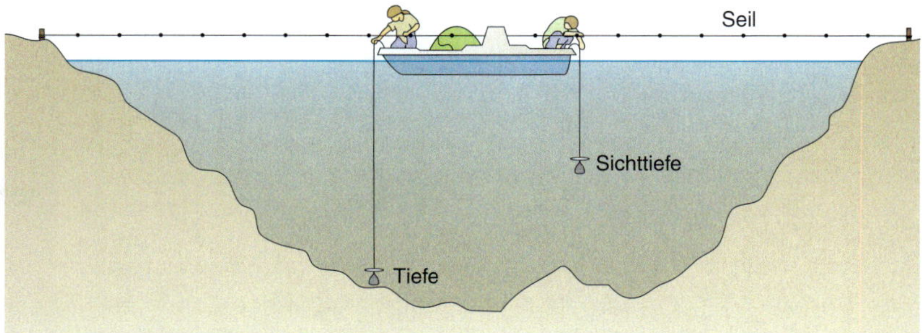

Ermittlung der Gewässerbreite und -tiefe

Freilandökologie am stehenden Gewässer

Wählen Sie möglichst ein Gewässer, das über einen Steg oder ein Boot auch Zugangsmöglichkeiten zu tieferen Wasserzonen erlaubt.

Linien-Vegetationsaufnahme

Fertigen Sie mithilfe einer Landkarte eine *Skizze des Gewässers* an, in die Sie wichtige Merkmale (Bäume etc.) zur Orientierung eintragen.

Erstellen Sie ein Höhen- und Tiefenprofil entlang einer geeigneten Linie. Beginnen Sie einige Meter vom Ufer entfernt im Trockenen.

Kartieren Sie entlang dieser Linie die *Vegetation*. Lässt sich eine höhenabhängige Zonierung erkennen?

Physikalische, chemische Werte

Bestimmen Sie entlang dieser Linie die Sichttiefe im Gewässer.

Holen Sie mit der Probenflasche aus unterschiedlichen Tiefen Wasserproben und untersuchen Sie es bezüglich der folgenden Parameter:
- Temperatur
- Sauerstoffgehalt
- pH-Wert
- Ammonium-, Nitrit- und Nitratgehalt
- Phosphatgehalt

BSB$_2$-Untersuchung

Der BSB$_2$-Wert steht für den biochemischen Sauerstoffbedarf der Organismen im Dunkeln. Bezugsgröße ist der Sauerstoffverbrauch in zwei Tagen.

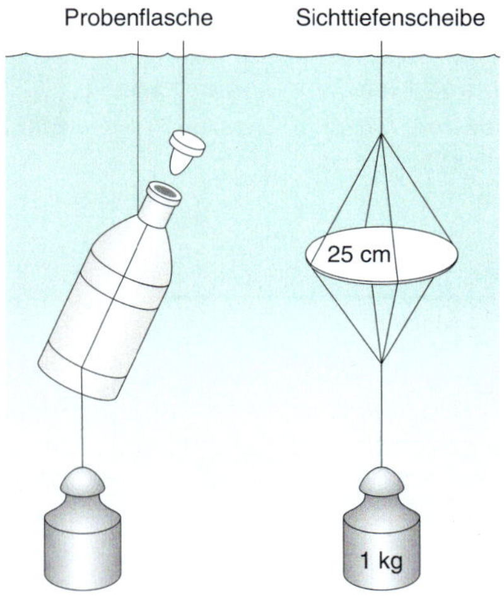

Füllen Sie eine Wasserflasche voll mit Probenwasser. Bestimmen Sie den aktuellen Sauerstoffgehalt und verschließen Sie die Flasche luftblasenfrei. Bringen Sie die Flaschen mit Ihren Proben an einen dunklen Ort bei Zimmertemperatur.

Kochen Sie eine weitere Probe ca. 10 Minuten, kühlen Sie sie auf Zimmertemperatur ab und reichern Sie sie dann mithilfe einer Aquarienpumpe mit Sauerstoff an. Bestimmen Sie nun den Sauerstoffgehalt der Probe. Behandeln Sie sie dann wie die übrigen Proben.

Öffnen Sie nach zwei Tagen die Flaschen und bestimmen Sie sofort den Sauerstoffgehalt.

Wie hat sich der Sauerstoffgehalt der Proben verändert?

Wie hat sich der Sauerstoffgehalt der aufgekochten Wasserprobe im Vergleich dazu verändert?

Stellen Sie eine Hypothese zur Klärung der Differenzunterschiede der verschiedenen Proben auf.

Planen Sie ein Experiment im Labor, mit dem Sie Ihre Hypothese überprüfen können.

Untersuchungen im Tagesverlauf

Bestimmen Sie an besonders vegetationsreichen und -armen Standorten (Wassertiefe ca. 20 cm) im Tagesverlauf alle drei bis vier Stunden den pH-Wert und den Sauerstoffgehalt. Tragen Sie die Werte grafisch auf und vergleichen Sie. Wie lassen sich die Veränderungen im Tagesverlauf und die Unterschiede zwischen den verschiedenen Standorten erklären?

Aufwuchsorganismen

Um an die am Untergrund aufsitzenden Kleinorganismen zu gelangen, hängen Sie in unterschiedlichen Wassertiefen jeweils zwei gegeneinander liegende Objektträger für mindestens zwei Wochen ins Gewässer (s. Skizze). Wenn möglich, vergleichen Sie verschiedene Gewässerabschnitte mit unterschiedlichen Lichtverhältnissen. Günstig ist es, wenn sie am Beginn zwei oder mehr Ansätze pro Untersuchungsstelle in das Gewässer bringen und diese im Zweiwochenrhythmus weiter untersuchen.

Mikroskopieren Sie dann die Organismen, die sich auf den Objektträgern angesiedelt haben. Vergleichen Sie die Besiedlung in Abhängigkeit von der Wassertiefe und evtl. der Beleuchtungsstärke am Untersuchungsort.

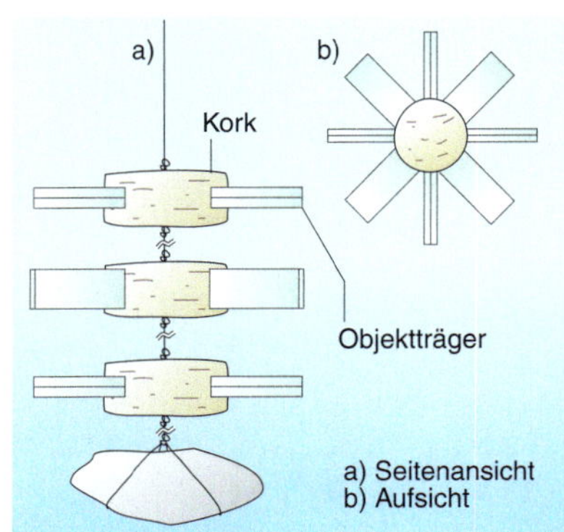

Fließgewässer

Fließgewässer sind durch strömungsbedingte Verwirbelungen des Wassers gekennzeichnet. Diese verhindern eine Schichtung des Wassers, sodass der Sauerstoffaustausch groß ist.

Besonders der Oberlauf von Fließgewässern führt häufig durch gebirgige Zonen mit starkem Gefälle. Die *Fließgeschwindigkeit* nimmt deshalb in der Regel von der Quelle bis zur Mündung ab. Als Folge finden sich im Unterlauf viele Organismen wie Wasserflöhe und Algen, die auch in Seen leben können. Der Oberlauf dagegen wird vorwiegend von Organismen besiedelt, die an stärkere Strömung angepasst sind.

3 Naturbelassenes Fließgewässer

Güteklasse	Grad der organischen Belastung (Saprobienindex)	Chemische Parameter BSB$_5$ (mg/l)	NH$_4^+$ (mg/l)	O$_2$-Minima (mg/l)	wichtige Indikatororganismen
I	unbelastet bis sehr gering belastet (1,0-1,5)	1	höchstens Spuren	> 8	Steinfliegerlarven, Flussperlmuschel
I - II	gering belastet (1,5-1,8)	1-2	um 0,1	> 8	Köcherfliegenlarven, Steinfliegerlarven, Bachflohkrebse, Flussnapfschnecken, Eintagsfliegenlarven
II	mäßig belastet (1,8-2,3)	2-6	< 0,3	> 6	
II - III	kritisch belastet (2,3-2,7)	5-10	< 1	> 4	Egel, Schnecken, Wasserasseln, Taumelkäfer
III	stark verschmutzt (2,7-3,2)	7-13	0,5 bis mehrere mg/l	> 2	
III - IV	sehr stark verschmutzt (3,2-3,5)	10-20	mehrere mg/l	< 2	Zuckmückenlarven, Schlammröhrenwürmer, Schmutzpantoffeltierchen
IV	übermäßig verschmutzt (3,5-4)	> 20	mehrere mg/l	< 2	

1 Saprobiensystem

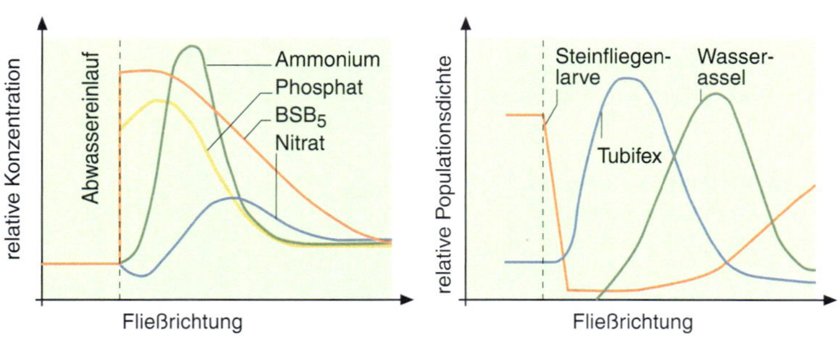

2 Selbstreinigungsvorgänge in einem Fließgewässer

Eine wesentliche Rolle für die Artenvielfalt eines Fließgewässers spielt die Gewässerstruktur: Begradigte Abschnitte mit einheitlichen Strömungsverhältnissen sind artenarm, während mäandrierende Abschnitte mit dem typischen Wechsel von Prall- und Gleithang auf engstem Raum völlig unterschiedliche Strömungsverhältnisse und starke Unterschiede im Sediment des Untergrunds aufweisen können. Diese Strukturvielfalt fördert die Artenvielfalt nicht begradigter Fließgewässer (s. Seite 357).

Selbstreinigung und Saprobiensystem

Die größte Gefährdung von Fließgewässern geht auf zugeführte organische Substanzen zurück, etwa *Gülle* aus der Landwirtschaft. Der mikrobielle Abbau dieser Substanzen führt zu einer starken Sauerstoffzehrung. Unter ungünstigen Bedingungen kann das wie in einem stehenden Gewässer zum „Umkippen“ führen (s. Seite 364). Unter starkem Sauerstoffverbrauch werden diese Stoffe wieder mithilfe anderer Mikroorganismen zu ungiftigeren Salzen wie Nitrat und Sulfat oxidiert. Diese *Selbstreinigung* der Fließgewässer kann durch eine Optimierung der Sauerstoffzufuhr, etwa mithilfe von Wehren, verbessert werden. Problematisch für die Selbstreinigungsfähigkeit eines Fließgewässers sind dagegen Faktoren wie *Wärmebelastung* (Kraftwerke) und *Schwermetallbelastung* (industrielle Abwässer).

Da das Wasser sich während des Selbstreinigungsprozesses fortbewegt, spiegelt die *räumliche Zonierung* eines Fließgewässers den zeitlichen Verlauf der Abbauprozesse

Eutrophierung
Mineralstoffanreicherung

sapros
(gr.) = faul, verdorben

bios
(gr.) = Leben

Saprobien
Fäulnis- und Schmutzwasserorganismen

wider (s. Abb. 366. 2). Auch anorganische Salze wie Phosphat und Nitrat aus Landwirtschaft (Dünger), Industrie und Haushalt tragen wesentlich zur Verschmutzung bei *(Eutrophierung*, siehe Seite 364). Verschmutzte Gewässer sind aufgrund der guten Nahrungsbasis zwar individuenreich, andererseits aber artenarm, da nur wenige Organismenarten einen geringen Sauerstoff- bzw. einen hohen Ammoniumgehalt tolerieren können.

Kontrollen der Gewässerbelastung sind von sehr großer Bedeutung. Ein wichtiges Maß stellt dabei der *BSB_5-Wert* dar: Er bezeichnet den Sauerstoffverbrauch einer künstlich bis zur Sauerstoffsättigung angereicherten Wasserprobe durch mikrobielle Atmungsprozesse innerhalb von 5 Tagen bei 20 °C in Dunkelheit (vergl. BSB_2-Wert Seite 365).

Zur biologischen Wasserbeurteilung dient seit über 100 Jahren ein *Saprobiensystem*. Es charakterisiert den *Verschmutzungsgrad* mithilfe ausgewählter Indikatororganismen. Der Verschmutzungsgrad der Gewässer bestimmt die *Gewässergüteklasse* eines Fließgewässerabschnitts (Abb. 366.1).

Aufgaben

① Stellen Sie die Parameter BSB_5, Ammonium / Ammoniak- und Sauerstoffgehalt (Abb. 366.2) in eine kausale Beziehung.
② Welche Folgen erwarten Sie bei einer starken Erwärmung eines Fließgewässers, etwa durch Einleitung des Kühlwassers von Kraftwerken?
③ Vergleichen Sie die natürliche Selbstreinigung und die Abwasserklärung (s. Kasten).

Zettelkasten

Schema der Abwasserklärung in einer Kläranlage

Die Klärung häuslicher Abwässer aus der Kanalisation erfolgt in mehreren Stufen: In der *mechanischen Reinigungsstufe* werden gröbere Stoffe aus dem Abwasser entfernt. Feine Schwebstoffe werden dem *Faulturm* zugeleitet. Die darauf folgenden *biologischen Reinigungsstufen* mineralisieren organische Stoffe aus dem Abwasser und vermindern den Gehalt an Stickstoffverbindungen und Phosphat. In einem *Denitrifikationsbecken* herrscht Sauerstoffarmut. Dadurch können spezifische Bakterien über *Nitratatmung* (s. Abb. 268. 3) Nitrat zu N_2 reduzieren. Die übrigen Stickstoffverbindungen werden im Belebungsverfahren mit künstlicher Belüftung durch Chemosynthesebakterien zu Nitrat aufoxidiert und über ein Rückführungsverfahren in das Denitrifikationsbecken geleitet, sodass letztendlich der größte Teil der Stickstoffverbindungen als N_2-Gas entweichen kann.

Phosphat wird im Denitrifikationsbecken in eine lösliche Form überführt. So kann es von Bakterien aufgenommen und gebunden werden. Diese Mikroorganismen und Einzeller, die sich ebenfalls von der organischen Substanz ernähren, flocken aus und setzen sich im Nachklärbecken ab. Ein Teil der Flocken wird zur erneuten Impfung mit Mikroorganismen in das *Belüftungsbecken* zurückgeleitet. Der Hauptteil gelangt in den Faulturm. Hier wird der Schlamm von anaeroben Bakterien abgebaut; dabei entsteht *Methangas*. Der ausgefaulte Schlamm wird als Dünger verwendet oder bei zu hohem Schadstoffgehalt auf Deponien gelagert. Die früher verwendete *chemische Reinigungsstufe*, in der die Phosphate als Eisen- oder Aluminiumsalz ausgefällt wurden, ist nach dem hier beschriebenen Reinigungsverfahren überflüssig. Das geklärte Abwasser gelangt in den *Vorfluter*.

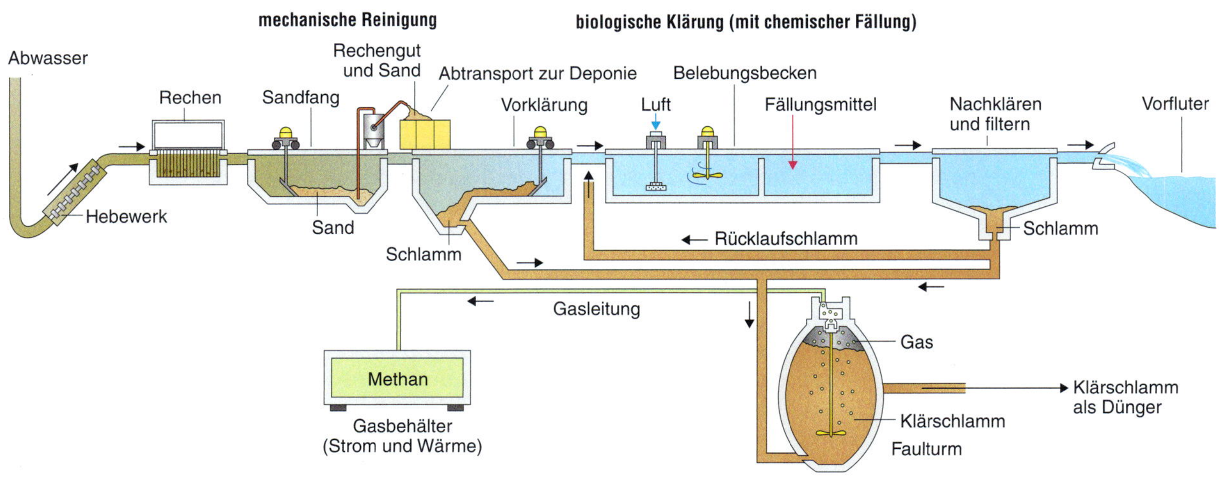

Weltbevölkerung

Betrachtet man die Erde aus dem Weltall, wird sofort deutlich, dass der Lebensraum auf der Erde begrenzt ist. Die Anzahl der Menschen, die auf diesem Planeten leben, nimmt jedoch ständig zu (Abb. 1). Jeden Tag benötigen ca. 250 000 zusätzliche Menschen Platz für sich, ihre Wohnungen und für eine landwirtschaftliche Nutzfläche, welche die Ernährung aller Menschen sichert. Bei diesen Wachstumsraten wird die Ernährung der Menschen langfristig kaum noch möglich sein; viele Ökosysteme werden auf Dauer zerstört. Dies führt für große Teile der Weltbevölkerung zu einer sinkenden Lebensqualität. Neben der Nahrungsknappheit führen zunehmende Luft- und Wasserverschmutzung bei immer mehr Menschen zu gesundheitlicher Beeinträchtigung.

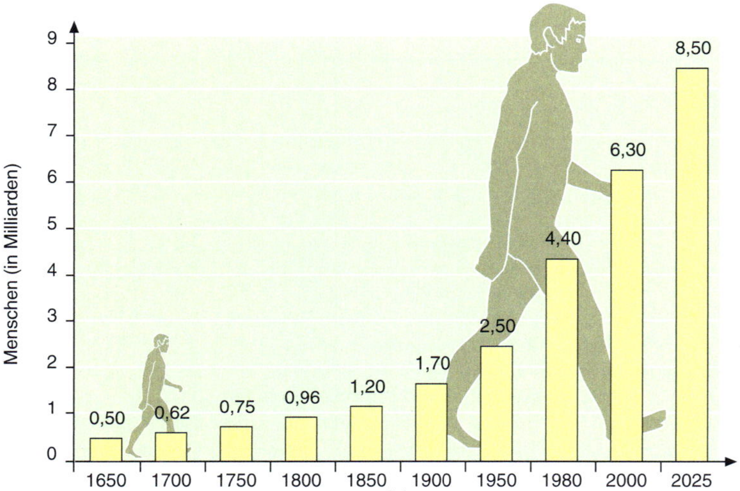

1 Veränderung der Weltbevölkerung

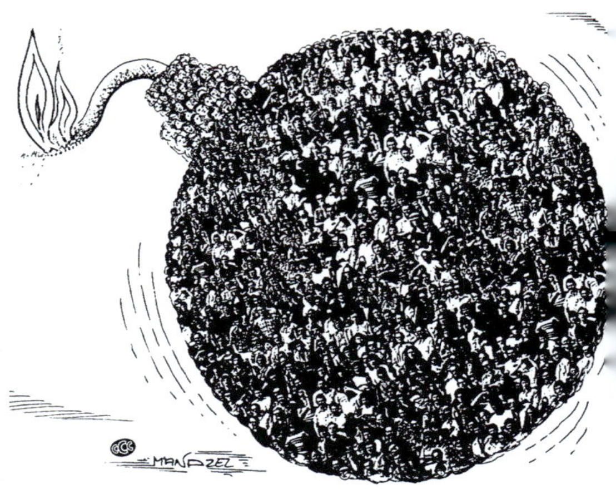

2 Problem oder Cartoon?

Auch die Betrachtung der Bevölkerungsgeschichte des Menschen zeigt, dass eine beliebige Zunahme der Besiedlungsdichte nicht möglich ist. In der Zeit der Sammler und Jäger waren die Menschen in das vorhandene Ökosystem als Konsumenten eingegliedert. Nur 3 bis 5 Menschen konnten pro Quadratkilometer leben und genügend Nahrung zum Überleben finden. Auf der Fläche von Deutschland hätten unter diesen Bedingungen schätzungsweise 30 000 bis 50 000 Menschen leben können. Die Prähistoriker schätzen die Weltbevölkerung zu diesem Zeitpunkt auf 1 bis 10 Millionen. Für mehr Menschen hätten zu dieser Zeit vermutlich die vorhandenen Ressourcen (Nahrung und geeignete Siedlungsplätze) nicht ausgereicht.

Mit der Einführung von Ackerbau und Viehzucht gab der Mensch die Rolle des Sammlers und Jägers auf, die Bevölkerungsdichte stieg an. Die Weiterentwicklung in der Pflanzen- und Tierzucht, die Verwendung von Düngemitteln und eine effektive Bewässerung waren weitere Voraussetzungen, durch die der Ertrag um das 1000fache gesteigert werden konnte. Diese ökonomische Umgestaltung der Landschaft durch die beginnende Landwirtschaft schuf neue Lebensbedingungen und ist eine der Voraussetzungen für die heutige Bevölkerungszahl. Der Mensch bildete reine Konsumentenräume, die Städte, die aus dem Raum der agrarisch-forstlichen Produktion herausgelöst sind. Diese Trennung führte zu einem mittlerweile weltweiten Handel und zu einem immer höheren Energieaufwand für den Transport der erzeugten Nahrungsgüter. Die Grenzen der Bevölkerungsdichte werden festgelegt durch Konsum, Umwelt schonende Techniken und Energieverbrauch. Die Fläche von ökologisch produktivem Land beträgt nach Schätzungen weltweit ca. 9 Mrd. ha. Demnach steht bei einer Weltbevölkerung von

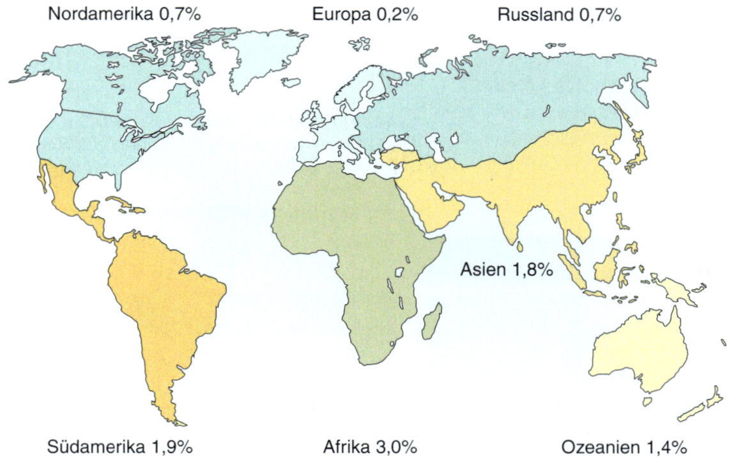

1 Wachstumsrate der Bevölkerung

6 Mrd. pro Mensch 1,5 ha zur Verfügung. Die Verteilung ist jedoch sehr ungleich, bei einem Lebensstandard wie in Indien beträgt die notwendige Fläche 0,4 ha, in Europa 3 bis 4 ha und in den USA 5,1 ha. Geht man von einem an die Umwelt angemessenen bescheidenen Lebensstil von etwa 2 bis 3 ha pro Mensch aus, hätten auf der Erde 3 bis maximal 4,5 Mrd. Menschen Platz.

Betrachtet man die Wachstumsrate der Bevölkerung von 1990 bis 1995 in den einzelnen Regionen, so stellt man fest, dass große Unterschiede vorliegen (Abb. 1). In Europa nimmt die Bevölkerung nur um 0,2% zu, im asiatischen Raum dagegen um 1,8%. Geht man hierbei von den vorhandenen Einwohnern der einzelnen Regionen aus, bedeuten diese Wachstumsraten, dass im asiatischen Raum über 60% des absoluten Neuzuwachses zu erwarten sind. Diese unterschiedliche Entwicklung hat mehrere Gründe. Die Entwicklung in den Industrienationen wird geprägt von einem relativ hohen Einkommen, besseren sozialen Leistungen, einem höheren Bildungsniveau, der Verfügbarkeit empfängnisverhütender Mittel und einer effektiven medizinischen Versorgung. Die Sterberate sank insbesondere durch Fortschritte in der Medizin. Antibiotika und andere Medikamente haben tödliche Infektionskrankheiten und Epidemien verdrängt. Das bessere Einkommen und soziale Leistungen, wie zum Beispiel die Renten, gewährleisten für die meisten Menschen eine sichere Altersversorgung. Die Geburtenraten sanken, da die Menschen nicht mehr darauf angewiesen waren, von ihren Kindern versorgt zu werden. Bessere Schulbildung und verbesserte Ausbildungschancen, zusammen mit technischen Veränderungen im Haushalt, brachten für viele Frauen die Möglichkeit, berufstätig zu sein und wirtschaftlich unabhängiger zu werden. Dies führte im Zusammenhang mit der Geburtenkontrolle zu einer geringeren Geburtenrate.

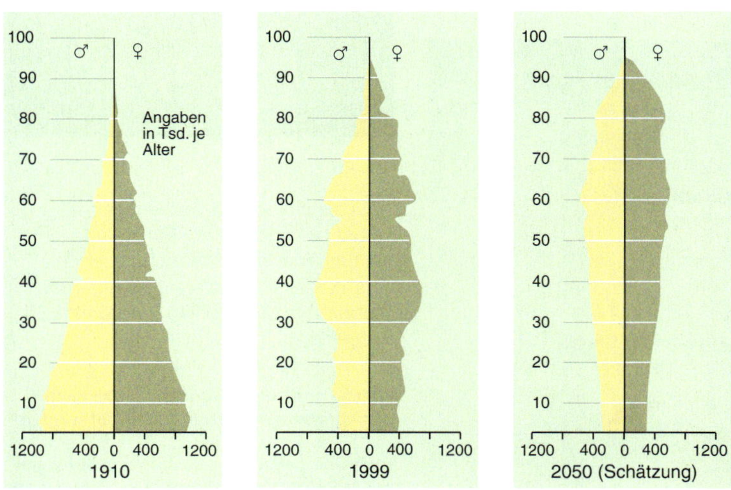

2 Bevölkerungspyramiden (Deutschland)

In den Entwicklungsländern sieht die Situation jedoch anders aus. Der größte Teil der Menschen ist arm, eine Altersversorgung ist nicht vorhanden. Ein weiterer Faktor ist die frühe Eheschließung bereits bei Jugendlichen. Der Zeitraum, in dem die Frauen Kinder gebären können, wird dadurch deutlich verlängert. Die Werbung für eine gezielte Familienplanung und Empfängnisverhütung bleibt daher gerade in den Teilen der Erde erfolglos, in denen die Kindersterblichkeit hoch und keine soziale Versorgung vorhanden ist. Die Bevölkerung ist im Durchschnitt sehr jung, die unter 15-Jährigen machen ein Drittel aus. Wird die Geburtenrate in den kommenden Jahren effektiv gesenkt, wird die Bevölkerung weltweit trotzdem noch für einige Jahrzehnte weiter ansteigen, weil viele junge Menschen ins zeugungsfähige Alter aufrücken.

Es lässt sich nachweisen, dass bei steigender Qualität der Bildung und Ausbildung der Frauen in den Entwicklungsländern, diese aufgeschlossener gegenüber einer bewussten Familienplanung werden. Parallel zu einer Aufklärung zur Empfängnisverhütung müssen Wege zu kinderunabhängiger Absicherung gefunden werden, um Erfolge in der Reduktion des Bevölkerungszuwachses zu erzielen.

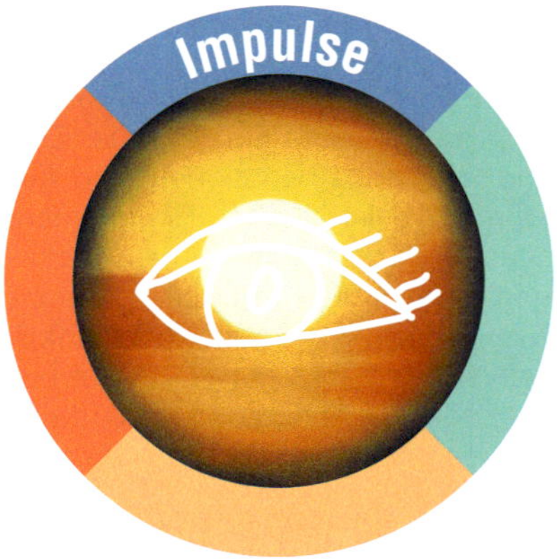

Schutzschild der Erde

Unsere Erde hat einen Schutzschild, die *Atmosphäre*. Sie umgibt die Erde wie eine Hülle und ist 100 km mächtig. In der erdnächsten Schicht der Atmosphäre, der 10 km messenden Troposhäre, sind die Wolken. Sie prägt das Klima der Erdoberfläche. Eine wesentliche Bedeutung der Atmosphäre für Pflanzen und Tiere ist der Schutz vor der kosmischen Strahlung. Hier hat das Ozon eine besondere Bedeutung, da es die UV-Strahlung absorbiert. Außerdem wird die von der Erdoberfläche abgestrahlte Wärmestrahlung teilweise zurückgehalten. Durch Freisetzung verschiedener Gase wie Kohlenstoffdioxid verändert sich die Zusammensetzung der Atmosphäre. Dabei spielen auch Gase, die in technischen Vorgängen entstehen, eine Rolle.

Ozon in der Stratosphäre

„Between eleven and three, slip under a tree".

Die Ozonschicht in der Stratosphäre wirkt wie ein Filter und schirmt die Erdoberfläche vom kurzwelligen Spektralbereich der Sonnenstrahlung, z. B. dem UV-Licht, ab. Eine verstärkte UV-Strahlung auf der Erde kann zur Schädigung von DNA und Proteinen bei allen Lebewesen führen.

Die stärkste Verringerung der Ozonkonzentration findet man über der Antarktis. Dieses „Ozonloch" erstreckt sich bis Australien. Die Hautkrebshäufigkeit bei den Einwohnern Australiens und Neuseelands ist parallel dazu gestiegen.

Fassen Sie die chemischen Verbindungen, die beim Ozonabbau eine Rolle spielen, zusammen. Informieren Sie sich, wo diese in der Technik oder Natur gebildet werden und welche Rolle sie beim Abbau des Ozons spielen.

Sind wir in Europa auch gefährdet? Gibt es über der Arktis auch ein Ozonloch?

Sammeln Sie zu diesen Fragen Informationen und schreiben Sie einen Zeitungsartikel, in dem Sie anhand der Daten Stellung nehmen.

Neue Ozondaten können z. B. aus dem Global Ozone Monitoring Experiment (GOME) über die Universität in Bremen abgerufen werden:
www.iup.physik.uni-bremen.de

Ozon in Bodennähe

Ein herrlicher Sommertag, trotzdem ist über der Stadt kein blauer Himmel zu sehen. Eine Dunstglocke aus Stickoxiden und Ozon liegt über der Stadt, Smog.

Den Ausstoß von Schadstoffen in die Atmosphäre bezeichnet man als *Emission*. Der Anteil der Emissionen, der auf Lebewesen oder Bauwerke einwirkt, wird als *Immission* bezeichnet.

Die höchstzulässige Schadstoffkonzentration MIK *(Maximale Immissionskonzentration)* beträgt in bodennahen Schichten für Ozon 120 µg pro m^3 Luft.

Unterhalb dieses Grenzwertes soll es selbst bei langfristiger Einwirkung auch bei empfindlichen Menschen keine Gesundheitsbeeinträchtigung geben. Smogalarm wird bei 240 µg pro m^3 Luft ausgelöst.

Welche konkreten gesundheitlichen Schäden können durch Ozon verursacht werden?

Inwieweit haben technische Veränderungen in der Autotechnik zu einer Verringerung der Smoggefahr geführt?

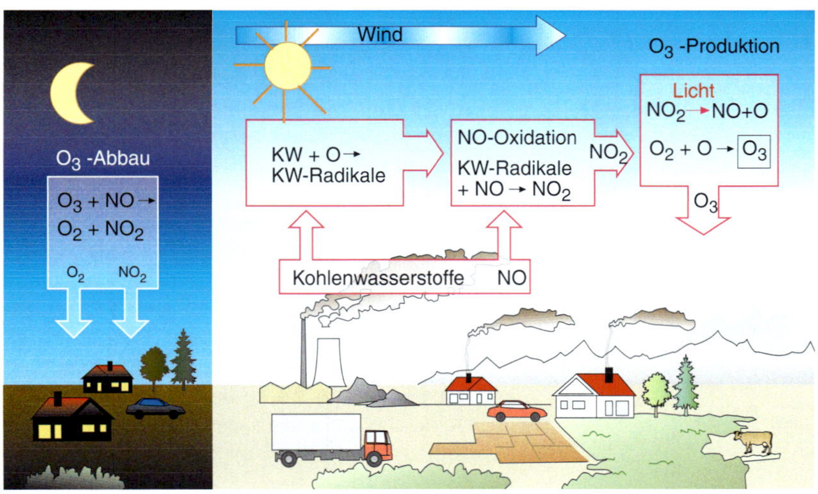

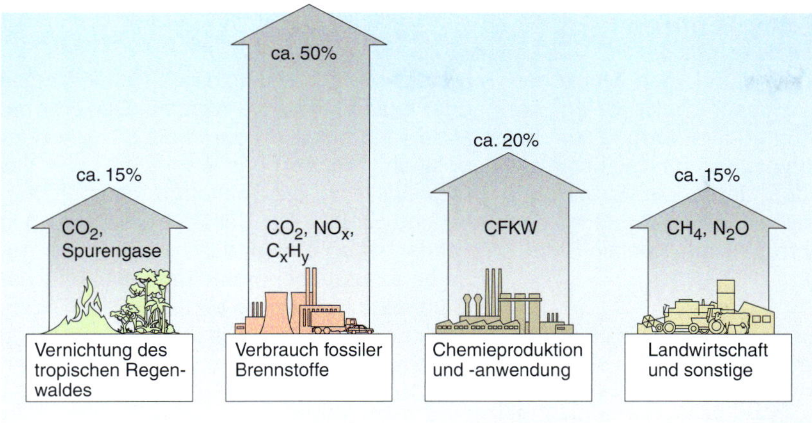

Der Treibhauseffekt

Jeder kennt den Hitzestau im geschlossenen Auto, wenn die Sonne durch die Scheiben ins Wageninnere scheint. Dieser Effekt zeigt sich auch in Treibhäusern, daher der Name *Treibhauseffekt*. Es wird mehr Energie eingestrahlt als abgegeben. Erst wenn die eingestrahlte Energie gleich der abgegebenen ist, bleibt die Temperatur konstant.

Globale Methanemission in Mio. Tonnen pro Jahr	
Sümpfe	121 – 205
Reisfelder	70 – 170
Viehhaltung	80 – 100
Termiten	25 – 150
Industrie	5 – 25

Die Erdatmosphäre entspricht den Glasscheiben. Die Absorption erfolgt hauptsächlich über den Wasserdampf, Kohlenstoffdioxid sowie Methan. Der natürliche *Treibhauseffekt* hält die mittlere Atmosphärentemperatur der Erde auf derzeit + 15 °C. Ohne Treibhauseffekt läge die Temperatur bei -18 °C.

Anthropogene Einflüsse verändern die Zusammensetzung der Erdatmosphäre. Die Konzentration von Kohlenstoffdioxid hat in den letzten 200 Jahren um ca. 25 % zugenommen. Durch die Erwärmung der Erde tauen die Permafrostböden, die gefrorenen Sumpfböden in Sibirien und darin enthaltenes Methangas entweicht.

Die Auswirkungen auf das Erdklima sind nicht genau voraussagbar. Anhand von Modellrechnungen und Simulationen versucht man Vorhersagen zu treffen: Stärkere Stürme, Anstieg der Meeresspiegel, Verlagerungen der Wüstengebiete und Verschiebungen der Klimazonen werden prognostiziert.

Der Treibhauseffekt wird von den Wissenschaftlern unterschiedlich eingeschätzt. Sammeln Sie zu den verschiedenen Aspekten Informationen und stellen Sie diese gewichtet einander gegenüber.

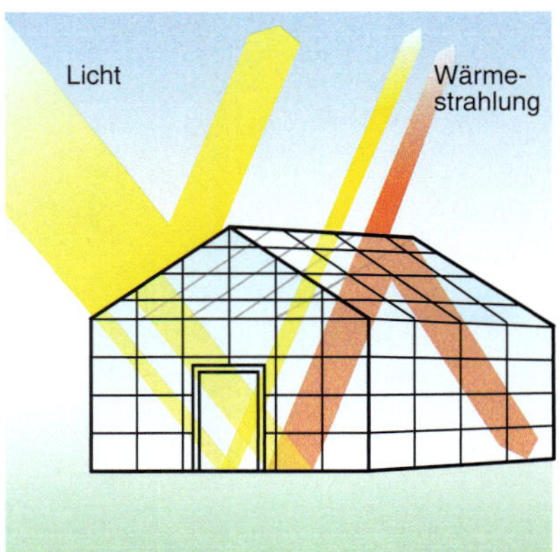

Nachwachsende Rohstoffe

Biodiesel ist eine direkte Verwendungsmöglichkeit eines von Pflanzen produzierten Rohstoffes, des Rapsöls, für die Verbrennung in Dieselmotoren. Dazu wird es in Glycerin und Fettsäuren getrennt. Die Fettsäuren werden mit Methanol zu Methylester umgewandelt. Das Produkt hat ähnliche Eigenschaften wie herkömmlicher Diesel aus Erdöl und lässt sich in Dieselmotoren verbrennen.

Im Biodiesel ist etwa dreimal so viel Energie enthalten wie für dessen Produktion aufgewendet werden muss. Um den CO_2-Ausstoß in Deutschland um 1,4 % zu senken, müsste auf 10 000 km^2 Fläche Raps angebaut werden.

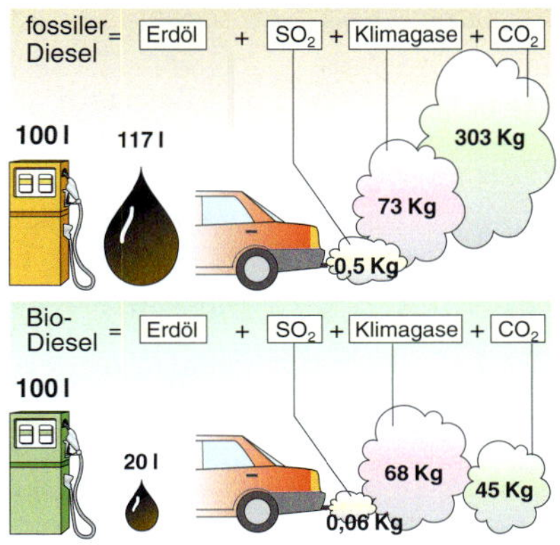

Das in der Raffinerie anfallende Glycerin ist ein begehrter Rohstoff für die chemische Industrie, z. B. zur Herstellung von Kosmetika.

Beim Herauspressen des Öls bleibt der sog. Rapskuchen zurück. Er enthält neben Zellulose ca. 9 % Restfett und 34 % Protein. Er stellt ein hochwertiges Futtermittel für die Tiermästung dar.

Suchen Sie nach zusätzlichen Informationen und schreiben Sie ein Gutachten für oder gegen den Einsatz von Biodiesel.

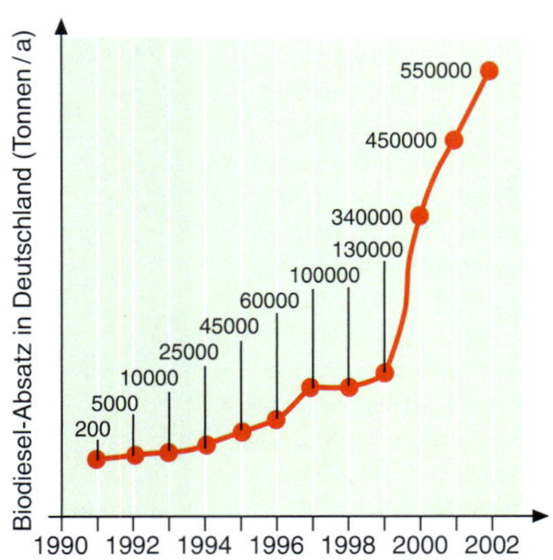

Gefährdung des Waldes

Die Waldzerstörung durch den Menschen ist seit der Antike geschichtlich belegt. Im Mittelmeerraum führte der Raubbau zur Verkarstung und Verwüstung ganzer Landstriche. Baumschäden durch die Einwirkung von schwefeldioxidhaltigem Rauch kennt man seit über 100 Jahren an industriellen Standorten.

In den 70er-Jahren des 20. Jahrhunderts fielen erstmals an Tannen höherer Mittelgebirge gelb verfärbte Nadeln und kahle Zweige auf. Später registrierte man Schäden an Fichten und Kiefern im Tal. Seit 1980 sind Buchen und andere Laubbäume geschädigt. *Waldsterben* heißt das Schlagwort, die Symptome sind immer ähnlich: Zunächst verfärben sich die Blätter, dann verkahlen die älteren Zweige, danach lichtet sich die Krone, bis der Baum schließlich abstirbt (s. S. 373).

Die neuartigen Waldschäden beobachtet man seit 1982. Eine Einteilung der Schäden erfolgt stufenweise durch den Vergleich der Blatt- oder Nadelverluste gegenüber einem gesunden Baum (Abb. S. 373). Abgase von Kraftfahrzeugen belasten die Luft mit Kohlenstoffmonooxid, Stickoxiden und Rußpartikeln *(Emission)*. Diese Schadstoffgemische wirken als Gas oder schlagen sich als feste Schadstoffteilchen auf den Boden und die Pflanzen nieder *(Immission)*. Einige Stoffe aus den Abgasen können durch chemische Reaktionen in andere Schadstoffe umgewandelt werden und beispielsweise als Salpeter- oder Schwefelsäure im Regen oder im Schnee wieder auf die Erdoberfläche zurückkehren. Sie wirken direkt auf die Nadeln oder indirekt über die Wurzeln. Das erhöhte Mineralstoffangebot durch die Stickstoffdeposition verändert das Wachstum oder das Ozon wirkt auf die Spaltöffnungen der Blätter und Nadeln. Die Schäden treten auch in Landschaften ohne Industrie auf. Höher gebaute Industrieschornsteine entlasten zwar die direkte Umgebung der Industrieanlagen, jedoch werden Rußpartikel, Schwefeldioxid und Stickstoffoxide durch die Luft über weitere Strecken transportiert *(Transmission)*.

Messungen im Wald ergaben, dass im Waldboden gebundene Aluminiumionen in hohen Konzentrationen freigesetzt werden. Vermutet wurde, dass dadurch die Aufnahme der Magnesiumionen aus dem Boden in die Pflanze gehemmt wird. Magnesium ist ein wichtiger Bestandteil im Molekül des Chlorophylls, ein Mangel führt zu einer verminderten Fotosynthese. Messungen in Untersuchungskammern bestätigen eine spezifische Hemmung der Magnesiumaufnahme, während andere Ionen, wie Kaliumionen, nicht beeinflusst werden. Solche Mangelerscheinungen führen zu einer Schwächung der Bäume, die zu den natürlichen Stressfaktoren, wie Trockenheit, Frost oder Schädlingen hinzukommt.

Die wichtigste Schutzmaßnahme, um die Versauerung von Böden zumindest zeitweise zu stoppen bzw. zu verlangsamen ist die Bodenschutz- bzw. Waldkalkung. Hierzu werden Wälder großflächig mit Calcium-Magnesiumcarbonat behandelt. Meistens sind

Thermofotografie eines Baumes
Die in der Nacht gemachte Thermoaufnahme zeigt, dass Teile des Stammes und der Äste verschieden warm sind. Dies liegt an unterschiedlichen Wassermengen, die durch die Leitbündel transportiert werden. Sind die Leitbündel gesund, wird viel Wasser transportiert, das Gewebe ist wärmer als vergleichbare Gewebe mit geringerem Wassertransport.

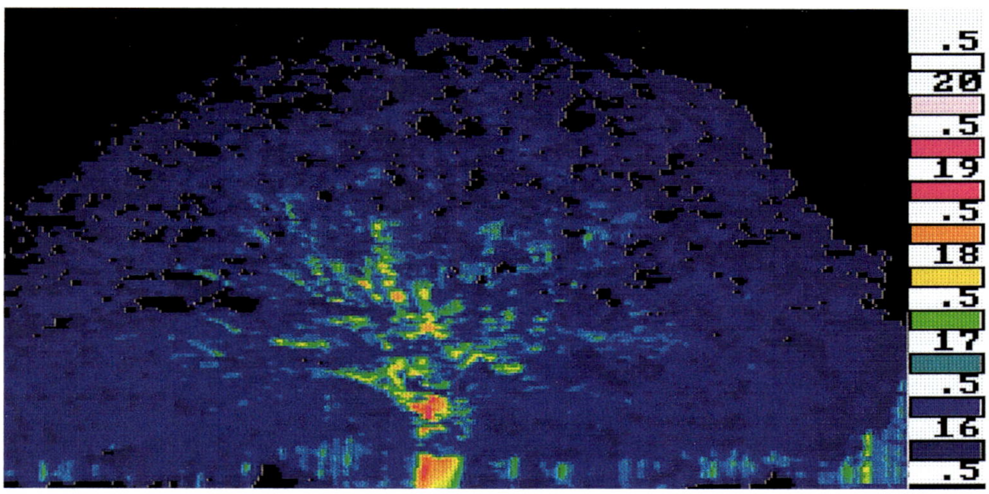

1 Thermofotografie eines Baumes

K-Mangel (Buche)

K-Mangel (Eiche)

Kutikula ungeschädigt

Kutikula geschädigt

gesunde Wurzeln

kranke Wurzeln

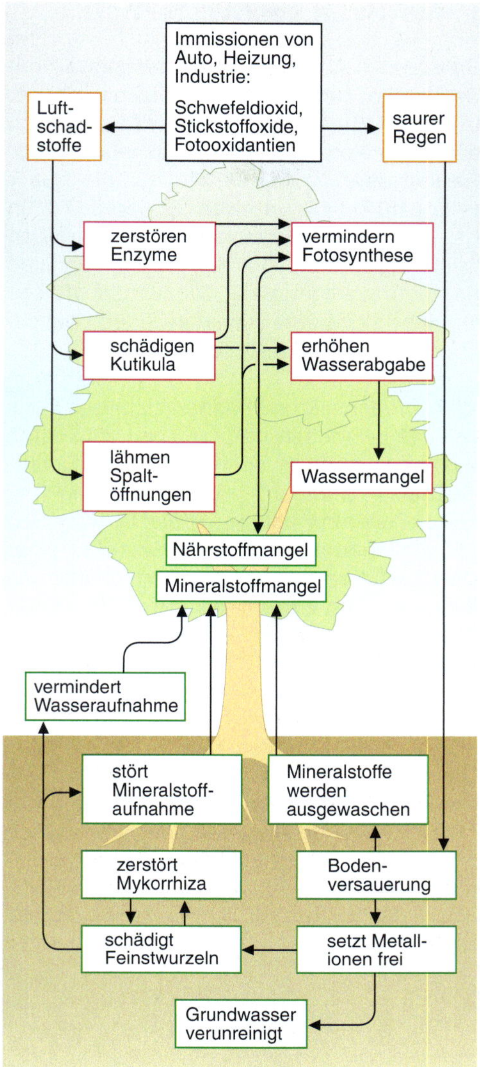

Tanne Schadstufe 0

Schadstufe 2

Schadstufe 3

es Hubschrauber, die immer wieder das Calcium-Magnesiumcarbonat aus der Luft über dem Wald abwerfen. Dadurch werden die im Boden deponierten Säuren neutralisiert, der Magnesiumanteil für die Nadeln und Blätter erhöht und dem Wald entzogene basische Mineralstoffe wieder zurückgegeben.

In begrenztem Umfang werden einige nicht heimische Baumarten zur Wiederaufforstung geschädigter Wälder eingesetzt. Eine typische Baumart ist die aus Nordamerika stammende *Douglasie*. Sie ist robuster und dadurch nicht so anfällig gegenüber schädlichen Umwelteinflüssen. Diese und andere nicht heimische Baumarten sollen jedoch nur verwendet werden, wenn sie keine nachteiligen Auswirkungen auf die gesamte Lebensgemeinschaft im Wald haben und in Bestände heimischer Baumarten integriert werden können.

Will man die Stabilität der Waldökosysteme langfristig erhöhen, sollte man sowohl naturnahe Mischwälder als auch artenreiche Waldränder schaffen. Nur in den ursprünglich evolutiv gewachsenen Lebensräumen sind Arten dauerhaft geschützt. Dadurch wird auch die genetische Vielfalt für ein stabiles Ökosystem erhalten.

Aufgabe

① Erklären Sie die Wirkung des ausgebrachten Calcium-Magnesiumcarbonats auf die Bäume.

Industrielle Landwirtschaft

Klatschmohn und Kornblumen

So weit das Auge reicht, ein riesiges Getreidefeld. Ein Mähdrescher zieht seine Bahnen. In regelmäßigen Abständen wird das Korn auf einen Anhänger befördert. Eine einzige Person bewältigt die Arbeit, für die früher viele Landarbeiter notwendig waren. Waren es 1930 in landwirtschaftlichen Betrieben noch 149 Arbeitsstunden pro Hektar, sind es heute weniger als 2. Landwirtschaftliche Betriebe sind heute auf einem industrieähnlichen Stand der Produktionstechnik.

Verschiedene Gründe haben zu dieser Form der Landwirtschaft geführt. Die Lohnkosten stiegen wesentlich schneller als die Erzeugerpreise. Nur durch Rationalisierung und Mechanisierung konnte dieser Unterschied ausgeglichen werden. Dies führte zu einer Umstrukturierung der landwirtschaftlichen Betriebe. Die Anzahl der landwirtschaftlichen Betriebe ist den letzten Jahren gesunken, die Größe der Höfe hat sich in den Jahren von 1950 bis heute mehr als verdoppelt. Eine Leistungssteigerung war nur durch den stärkeren Einsatz von Maschinen möglich. Der zunehmende Einsatz von Maschinen war jedoch nur bei einer Vergrößerung der Nutzfläche oder Viehbestände ökonomisch sinnvoll. Die Leistungssteigerung dieser Betriebe zeigt sich in einem Produktionsvergleich der letzten Jahrzehnte. 1950 ernährte ein Landwirt durchschnittlich 10 Menschen, 1990 bereits 89. Die jährliche Nahrungsmittelmenge pro Kopf der Bevölkerung nahm im gleichen Zeitraum von 800 kg auf 1300 kg zu. Die Erzeugerpreise sanken gleichzeitig innerhalb der letzten Jahre drastisch (siehe Randspalte Seite 375). Solche Erzeugerpreise sind nur mit einem hohen maschinellen Aufwand realisierbar.

Ein ökologisch wichtiger Aspekt ist der Anstieg des Fleischkonsums in den Industriestaaten (Abb. 375.2). Diese „Nahrungsmittelveredelung" führt dazu, dass im Vergleich mehr pflanzliche Futtermittel angebaut werden müssen, als bei vorwiegend pflanzlicher Ernährung nötig wäre. Dieser Zusammenhang lässt sich über die verschiedenen Trophiestufen erklären. Bei dem Schritt von den Produzenten über die Konsumenten 1. Ordnung, die Herbivoren (Schweine, Rinder), zu den Konsumenten 2. Ordnung (Mensch) kommt nur noch ein geringer Prozentsatz der aufgenommenen Sonnenenergie bei den Menschen an (s. Seite 346).

Flurbereinigungen gingen einher mit der Bildung von Großbetrieben, was zwar zu einer ökonomisch verbesserten, aber ökologisch verarmten Landschaft führte. Aus den kleinflächig parzellierten Fluren wurden durch Zu-

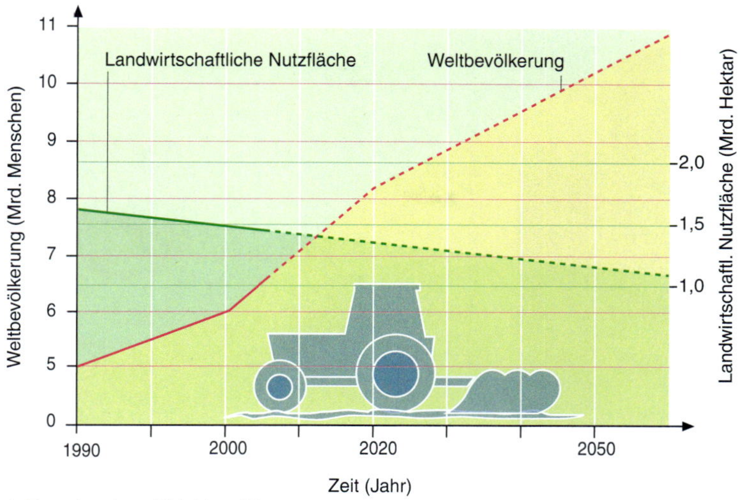

1 Farmland und Weltbevölkerung

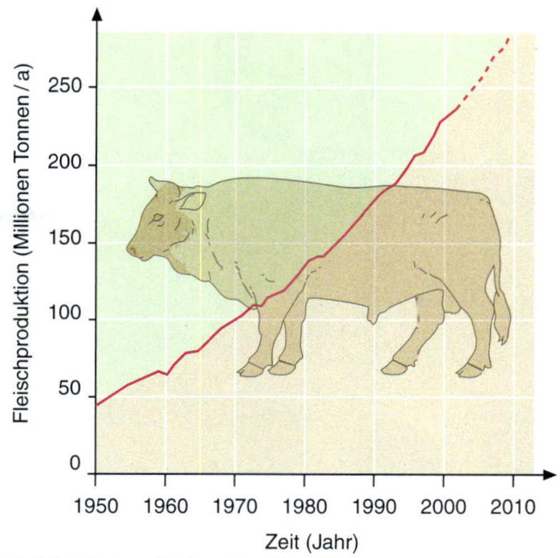

2 Fleischproduktion (weltweit)

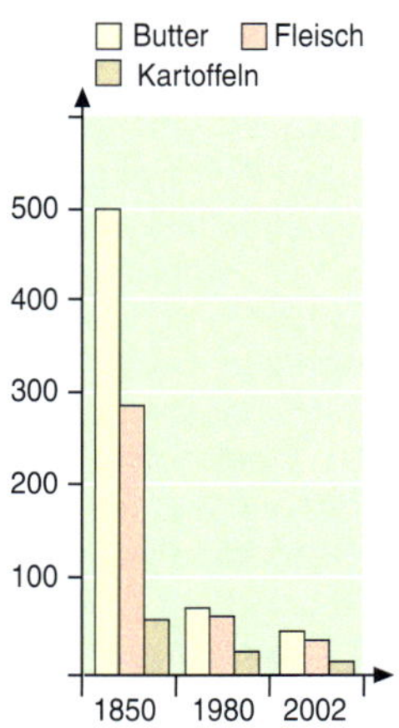

Arbeitszeit für 1 kg Nahrungsmittel in Minuten

sammenlegung von Grundstücken maschinengerechte Anbauflächen. Hecken, kleine Feldgehölze oder Feuchtgebiete mussten weichen. Die Anzahl der in den bereinigten Landschaften lebenden Tier- und Pflanzenarten ging zurück. Vögeln, Marienkäfern oder Florfliegen z. B. diente die Hecke als Lebensraum. Diese verminderten die Massenvermehrung der Schadinsekten.

Die riesigen Pflanzenbestände einer Art in einem zusammenhängenden Lebensraum begünstigen die Verbreitung von Schadorganismen. Die Vernichtung von Schadinsekten, Pilzen oder den ursprünglichen Pflanzen *(Wildkräutern)* wird nicht mehr nur mechanisch oder durch Fruchtwechsel, sondern mit hochwirksamen Giften durchgeführt.

Zettelkasten

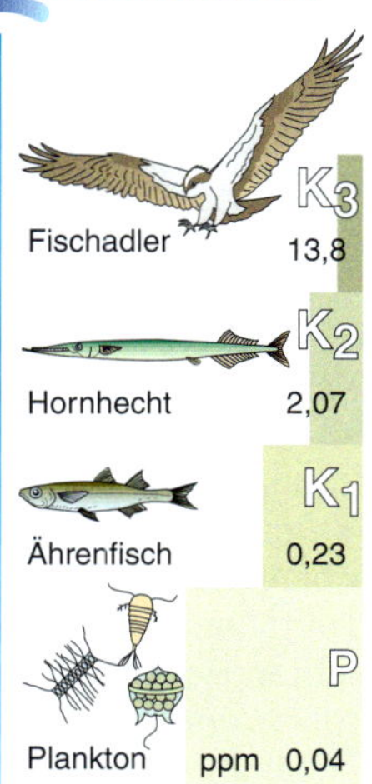

DDT — (k)eine Wunderwaffe

Das Insektizid DDT war das erste effektive Fraß- und Kontaktgift, das im Industriemaßstab hergestellt wurde. Ein Vorteil ist die gute Verträglichkeit bei Pflanzen. Nachteil des DDT ist jedoch die hohe Stabilität des Wirkstoffes. Dadurch reichert er sich in der Natur über die Nahrungskette an. Die Toxizität ist für Wirbeltiere nur sehr gering, jedoch reichert sich die langlebige Substanz im Fettgewebe an. Bei Greifvögeln sank der Bruterfolg durch die DDT-bedingte dünnere Schale der Eier. Beim Menschen sind Erkrankungen nicht nachweisbar. Anwendung und Produktion von DDT ist in vielen Ländern verboten. Da DDT sehr preiswert ist, wird es in den armen Ländern weiterhin im Kampf gegen die Malaria (Anophelesmücke) eingesetzt.

Dadurch werden die Produktionskosten gesenkt. *Pestizide* sind hochwirksame Substanzen, die auf den Acker ausgebracht werden. Bei der Anwendung muss auf die richtigen Schadstoffmengen und auf geeignete Schutzmaßnahmen (Atemschutz, Schutzkleidung) geachtet werden, um gesundheitliche Schäden auszuschließen. Eine weitere Gefahr ist die Anreicherung *(Akkumulation)* der Giftstoffe über die Nahrungsketten im Fettgewebe der Tiere und Pflanzen. Die Substanzen müssen daher schnell abbaubar sein. Eine gezielte Anwendung der jeweiligen Pestizide wird durch die exakte Beobachtung des Schädlingsbefalls ermöglicht. Eine weitere Entwicklung sind die gentechnisch gezielt veränderten Pflanzen, die gegen Pilzbefall oder andere Schädlinge resistent sind (s. Seite 182). Durch die Konzentration auf wenige Sorten wird die genetische Vielfalt der Pflanzen stark eingeschränkt und der Landwirt kann nur noch ein bestimmtes Saatgut und gezielte Folgeprodukte, wie Pestizide eines Herstellers, nutzen.

Bei der Mastviehhaltung in Europa ist durch die große Anzahl der Tiere und den hohen Fleischbedarf eine Tierhaltung auf Weiden nicht möglich. Die erforderliche preiswerte Fleischmenge ist nur in Ställen mit berechneter Nahrungszufuhr und wenig Arbeitskräften zu produzieren. Viele Ställe werden geheizt, um die in der Nahrung aufgenommene Energie nicht zu stark in Wärme, sondern in Fleisch und Fett umzuwandeln. Bei diesen „Monokulturen" ist die Verbreitung von Seuchen leicht möglich. Durch hohe hygienische Bedingungen und Medikamente ist dies zu verhindern.

1 Moor und Moorbewohner

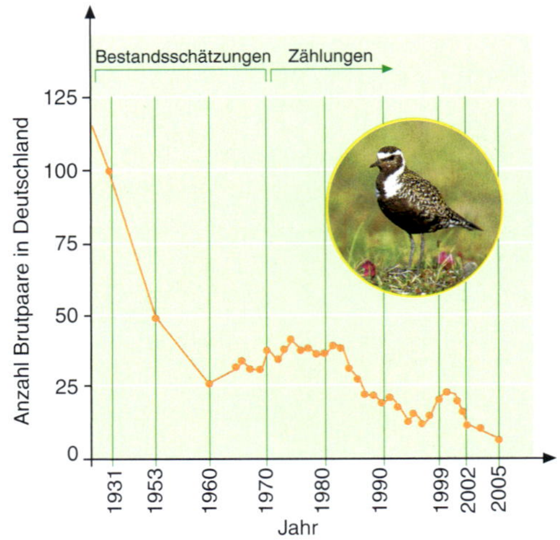

2 Goldregenpfeifer-Bestand

Naturschutz

Rundblättriger Sonnentau

Schmalblättriges Wollgras

Gemeines Fettkraut

Zu allen Zeiten sind Arten auf dieser Erde ausgestorben, doch wohl nie verursachte eine Art diesen Prozess so schnell wie heute der Mensch. In den Tropen sterben vermutlich jeden Tag Arten aus, bevor sie überhaupt entdeckt worden sind. In früheren Jahrhunderten war zumeist die Jagd Ursache der *Ausrottung*. Heute sind die meisten Tier- und Pflanzenarten durch die Zerstörung ihrer Lebensräume bedroht. Der Schutz von Ökosystemen und ihrer Artenvielfalt steht deshalb im Zentrum der Naturschutzbemühungen. *Naturschutzgesetze* regeln den Lebensraumschutz durch *Betretungsverbote* und Einschränkungen der landwirtschaftlichen sowie der *Freizeitnutzung*.

Unter-Schutz-Stellen allein reicht sehr häufig aber nicht, wie das Beispiel der mitteleuropäischen *Moore* zeigt. Diese Lebensräume zeichnen sich durch das Fehlen von Bäumen, hohe Feuchtigkeit, niedrigen pH-Wert und Mineralstoffarmut aus. Um das Umland landwirtschaftlich nutzen zu können, sind dort Entwässerungsmaßnahmen üblich. Damit sinkt aber auch der Grundwasserspiegel im Moor. Als Folge können sich erste Birken und Weiden ansiedeln. Empfindliche Arten wie *Birkhuhn* oder *Goldregenpfeifer* meiden solche Flächen, da sie nun Deckung für Räuber bieten. Die großen Verdunstungsflächen der erstbesiedelnden Bäume führen zu weiterem Wasserverlust, sodass der Wasserspiegel weiter sinkt und noch mehr Bäume wachsen können. Der entstehende Wald ist für die typischen Moorbewohner als Habitat ungeeignet, sie sterben aus.

Eine besondere Gefährdung mineralstoffarmer Standorte geht von der *Eutrophierung* (Mineralstoffanreicherung) aus der Luft und über das Grundwasser aus: Konkurrenzstärkere Pflanzen wie Gräser und Löwenzahn verdrängen schwachwüchsige, aber an Mineralstoffmangel angepasste Arten, wie den *Sonnentau* oder *Lungenenzian*. Als Folge können auch Insekten wie der auf den Lungenenzian als Futterpflanze angewiesene *Kleine Moorbläuling* nicht mehr existieren. Der biologisch unerfahrene Spaziergänger nimmt diese Veränderungen zumeist gar nicht wahr, dazu sind die Arten zu unauffällig und versteckt. Nur die Aufklärung über die ökologischen Zusammenhänge und die verborgene Artenvielfalt gefährdeter Ökosysteme können auch in der Öffentlichkeit und bei Politikern Verständnis für Naturschutzprobleme wecken.

Viele der Habitate und Lebensräume, die wir heute schützen wollen, sind allerdings erst durch Inkulturnahme entstanden. So konnte die *Feldlerche* erst aus Asien einwandern, als für den Ackerbau große Flächen gerodet wurden. Kiesgruben und Steinbrüche beherbergen als *sekundäre Lebensräume* eine Vielzahl bedrohter Arten. Viele dieser Ökosysteme sind instabil und nur durch intensive *Pflegemaßnahmen* zu bewahren. Ein Beispiel dafür sind *Orchideenwiesen,* die nur durch extensive landwirtschaftliche Nutzung vor dem unerwünschten Bewuchs mit Sträuchern bewahrt werden können. So ist der Naturschutz auf die Zusammenarbeit mit der Landwirtschaft angewiesen.

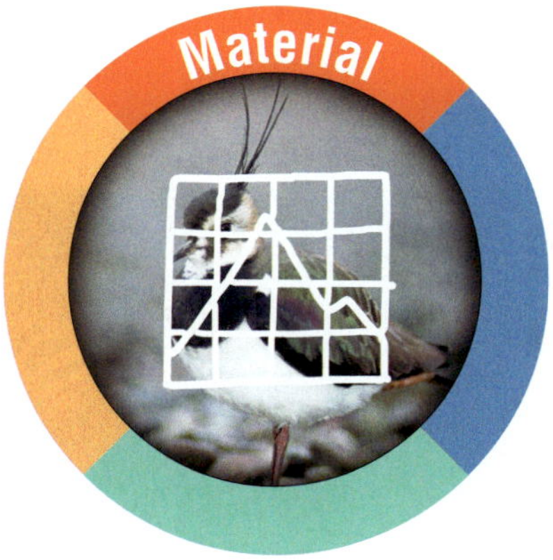

Schutz von Watvögeln

Watvögel sind Arten der offenen Landschaft. Während der *Rotschenkel* überwiegend die Salzwiesen der Nordseeküste besiedelt, die fast nur von Schafen beweidet werden, bevorzugen die übrigen Arten feuchte und nasse Wiesen im Binnenland. Alle hier genannten Watvögel sind in ihrem Bestand in Mitteleuropa hochgradig bedroht. Die Bestände sind in den letzten 50 Jahren dramatisch zurückgegangen. Das gilt insbesondere für die *Uferschnepfe* und den *Kampfläufer*. Untersuchungen zum *Artenschwund* zeigten vor allem Zusammenhänge zur Landwirtschaft auf.

Ansprüche der Watvögel

1. Die Vegetation darf nicht zu hoch sein, da sie wie die meisten Wiesenvögel Übersicht über potenzielle Räuber (Fuchs, Habicht) brauchen. Das gilt besonders für den kurzbeinigen Kiebitz.
2. Die Vegetation darf nicht zu dicht sein, da sonst die Jungtiere im dichten Gras nicht vorwärts kommen. Die Nahrungssuche wird dann unmöglich.
3. Der Boden darf nicht zu hart sein, da sonst ihre Nahrung (kleine im Boden lebende Wirbellose wie Insektenlarven und Würmer) nicht mehr zugänglich ist.

1 Feuchtwiese

Aufgaben

① Intensive Düngung der Wiesen, gleich ob mit Mineraldünger oder mit Gülle, führt zum Abwandern der Watvögel. Das gilt auch für lehmhaltige Böden, die im Winter und Vorfrühling überflutet sind, im Frühling aber durch künstliche Entwässerung *(Drainage)* trocken fallen. Erklären Sie diese Abwanderung.

② Kiebitze brüten zunehmend auf Äckern, doch ist der Bruterfolg dort extrem gering. Ökologen sprechen von der „Ackerfalle“. Erklären Sie.

Bruterfolg und Rinderdichte

Der Bruterfolg von Vögeln kann definiert werden als Anteil der Gelege, aus denen Jungtiere hervorgehen. Für einige auf Feuchtwiesen brütende Arten wurde er in Abhängigkeit von der *Rinderdichte* auf der Wiese und dem Termin des Auftriebs der Rinder ermittelt (Abb. 3).

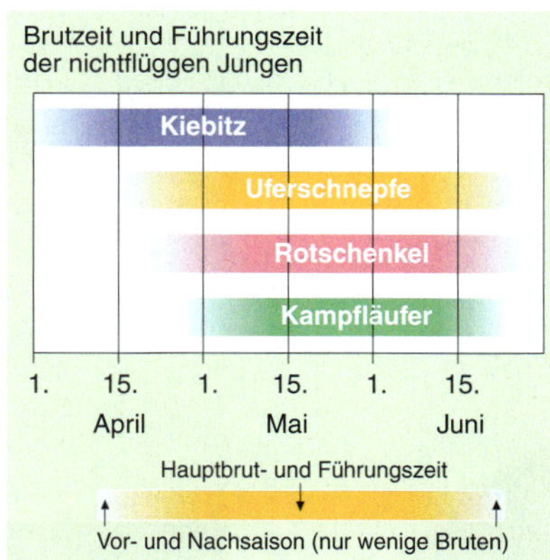

2 Brutzeiten einiger Watvögel

Aufgaben

③ Analysieren Sie vergleichend die Abhängigkeit des Bruterfolges der einzelnen Watvogelarten von der Rinderdichte und vom Auftriebtermin.

④ Begründen Sie, weshalb gerade die Uferschnepfe und der Kampfläufer hochgradig gefährdet sind.

⑤ Zeigen Sie am Beispiel der genannten Arten den Konflikt auf, der zwischen Landwirtschaft und Naturschutz besteht . Skizzieren Sie Lösungsmöglichkeiten.

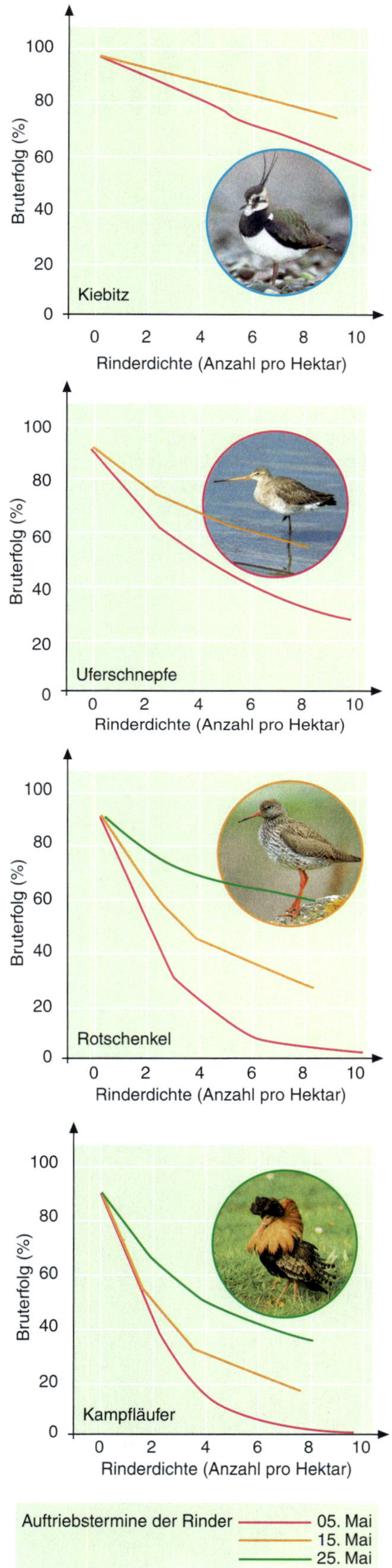

3 Bruterfolg der Watvögel

Evolution

Seit über dreieinhalb Milliarden Jahren gibt es Leben auf der Erde. Erdgeschichtliche Untersuchungen dokumentieren, dass sich aus ersten einfachen Lebewesen bis heute eine erstaunliche Vielfalt entwickelte. Alle Veränderungen, durch die das Leben auf der Erde von seinen ersten Anfängen bis zu seiner heutigen Vielfalt gelangt ist, bezeichnet man als *Evolution.* Dabei geht es nicht nur um die Vielfalt der Arten, sondern auch um die Vielfalt innerhalb einer Art. Diese Variabilität ist letztlich auch das Ausgangsmaterial der Evolution. Auch der Mensch macht sich Sorten und Rassen für die Züchtung von Nutztieren und Kulturpflanzen zunutze. Die Erhaltung der Vielfalt der Lebewesen gilt als wichtigstes Ziel in der globalen Entwicklung, aber erhalten kann man nur, wenn man auch versteht, wie diese Vielfalt entstanden ist, wodurch sie beeinflusst oder möglicherweise bedroht wird.

Wohl keine Teildisziplin in der Biologie ist so eng mit einer bestimmten Person verbunden wie die Evolutionslehre mit Charles Darwin. Er formulierte aufgrund detaillierter Naturbeobachtungen die Selektionstheorie, in der er Variabilität, Selektion und Isolation als wichtigste Faktoren der Evolution klar erfasste. Darwin erkannte die Bedeutung der Variabilität, ohne etwas über ihre Ursachen zu wissen. Erst die Erkenntnisse aus der molekularen Genetik und der Populationsgenetik ließen eine Vertiefung von Darwins Idee zur Synthetischen Evolutionstheorie zu. Mutation und Rekombination des genetischen Materials führen zu den beobachteten abgestuften Ähnlichkeiten unter den Individuen. Neue Arten bilden sich durch Aufspaltung vorhandener Arten. Auf der Grundlage der Verwandtschaft der Arten lässt sich ein Stammbaum der Lebewesen konstruieren.

Im Gegensatz zu vielen anderen wissenschaftlichen Theorien, die nur im engen Kreis der Fachleute diskutiert werden, bewegte die Theorie DARWINS die Öffentlichkeit zu leidenschaftlichen Stellungnahmen. Stein des Anstoßes war eine besondere Konsequenz aus der Selektionstheorie: Auch der Mensch lässt sich in den Stammbaum einbeziehen, er gehört in die Verwandtschaft der Affen. Der Stammbaum der Menschen und damit unsere eigene Geschichte wurde inzwischen durch unzählige Fossilfunde weiter aufgeklärt, wird aber nach wie vor kontrovers diskutiert.

Das Denken und Forschen in Evolutions-Fragestellungen ist heute zum Leitmotiv der meisten biologischen Arbeiten geworden.

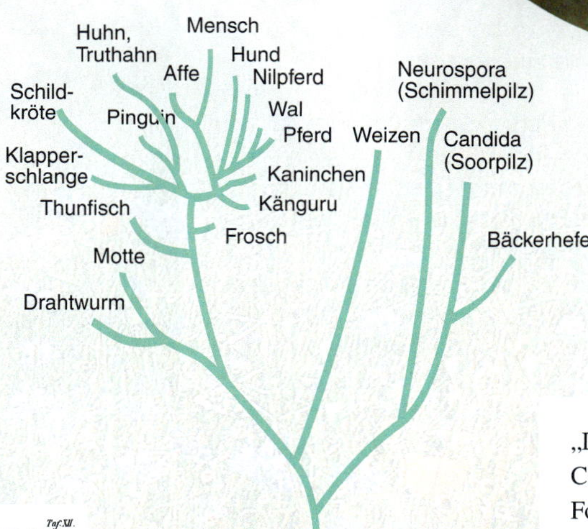

„Die Verwandtschaft aller Wesen einer Classe zu einander sind manchmal in Form eines grossen Baumes dargestellt worden. Ich glaube, dieses Bild entspricht sehr der Wahrheit. Die grünen und knospenden Zweige stellen die jetzigen Arten, und die in jedem vorangegangenen Jahre entstandenen die lange Reihe erloschener Arten vor. In jeder Wachstumsperiode haben alle wachsenden Zweige nach allen Seiten hinaus zu treiben und die umgebenden Zweige und Äste zu überwachsen und zu unterdrücken gestrebt, ganz so wie Arten und Artengruppen andere Arten im großen Kampf um's Dasein überwältigt haben."

CHARLES DARWIN (1859)

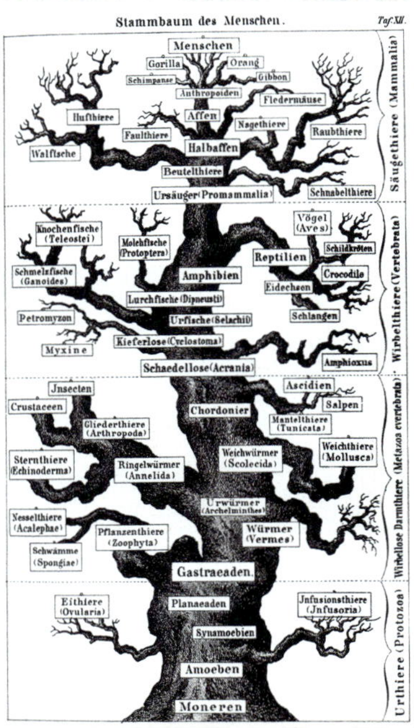

ERNST HAECKEL (1874)

Artenvielfalt und Variabilität

In einer Schafherde sehen für ungeübte Personen alle erwachsenen Schafe gleich aus (Abb. 2). Der Schäfer kann die Tiere in seiner Herde auseinander halten, er hat durch Erfahrung einen Blick für die individuellen Unterschiede. Entsprechendes findet man bei Individuen aller Arten auf der Erde. Individuen unterscheiden sich in vielen Eigenschaften, wie z. B. Form und Größe, Färbung, Stimme, Schnelligkeit, Stoffwechselfähigkeiten, Blatt- und Blütenanzahlen und vieles andere mehr. Alle Individuen sind verschieden.

Unterschiede findet man nicht nur innerhalb einer Art. Ein Blick auf eine Wiese oder in den Wald zeigt auch eine immense Vielfalt an unterschiedlichen Lebewesen. Allein in Mitteleuropa leben sehr viele verschiedene Arten. Einige davon fallen kaum auf, da sie zu klein sind oder verborgen leben. Die Vielfalt wird besonders deutlich, wenn man einmal in ferne Länder reist und dort unbekannten Pflanzen und Tieren begegnet. Vielfalt existiert demnach in zweierlei Hinsicht. Zum einen gibt es die Artenvielfalt, zum anderen aber auch eine Vielfalt innerhalb jeder Art.

Europäische Kohlmeise

Japanische Kohlmeise

Die Evolutionsforschung beschäftigt sich mit der Untersuchung dieser Vielfalt. Dabei stehen zwei Fragestellungen im Vordergrund. Zum einen geht es darum, gegenwärtig wirkende *Mechanismen* zu finden, die Arten verändern oder neu entstehen lassen. Die Mechanismen müssen dabei überprüfbar sein. Auch aus plausiblen Annahmen entwickelte Modellvorstellungen dienen der Klärung dieser Fragestellung.

Zum anderen enthält Evolutionsforschung eine historische Sicht, indem sie den tatsächlichen *Ablauf der Evolution* aufzudecken versucht. Dieser ist einmalig und vergangen, kann also nicht direkt beobachtet werden. Man versucht daher, ihn mithilfe bekannter Mechanismen zu rekonstruieren. Dabei werden auch naturwissenschaftliche Gesetzmäßigkeiten aus Physik, Chemie und Geologie berücksichtigt.

Was ist eine Art?

Jeder aufgeschlossene Beobachter kann in seiner heimatlichen Umgebung Pflanzen- und Tierarten eindeutig identifizieren. Man orientiert sich dabei am Aussehen, wie z. B. an Gestalt und Färbung, an Stimme, Aktivitätszeiten und anderen Merkmalen. Auch unter Berücksichtigung der Unterschiede zwischen den Geschlechtern oder zwischen Jung- und Alttieren bleiben die Unterschiede zwischen den Arten deutlich. Auf diese Kriterien stützt sich der *morphologische Artbegriff:*

2 Schafherde

1 Artenvielfalt

Eine Art ist eine Gruppe von Lebewesen, die in allen wesentlichen Merkmalen untereinander und mit ihren Nachkommen übereinstimmen.

Für die Bestimmung von Organismen im Gelände ist dieser morphologische Artbegriff unverzichtbar. Viele Arten kommen jedoch in weiten Teilen ganzer Kontinente sowie darüber hinaus vor und in entfernter gelegenen Regionen findet man dann auch Individuen, deren Merkmale dem gewohnten Bild nicht mehr ganz entsprechen (s. Randspalte Seite 380). Dann muss die Frage nach der Artzugehörigkeit anders beantwortet werden.

Hierzu kann man sich vorstellen, dass es zwischen allen Individuen einer Art auch indirekte genetische Verbindungen gibt. Anlagen für ein Merkmal können im Laufe vieler Generationen durch Genaustausch überall hin verbreitet werden, wo Individuen dieser Art leben. Die Urahnen mancher Individuen können dann auch weit voneinander entfernt gelebt haben. Alle Individuen einer Art gehören damit derselben *Fortpflanzungsgemeinschaft* an. Darauf gründet der *genetische Artbegriff:*

Alle Individuen aus Populationen, die sich unter natürlichen Bedingungen potenziell untereinander kreuzen können, gehören derselben Fortpflanzungsgemeinschaft und damit derselben Art an; ihre Gene bilden einen gemeinsamen Genpool, der von den Genpools anderer Arten isoliert ist.

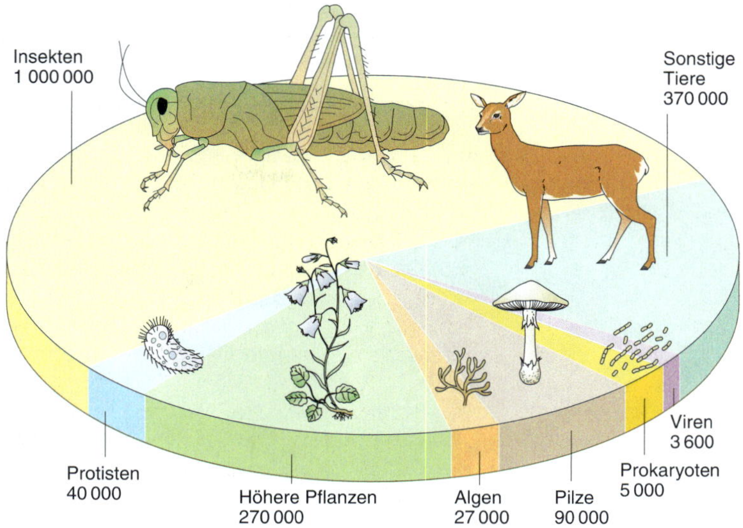

1 Anzahlen bekannter Arten

Wie viele Arten gibt es?

Bisher kennt man etwa 300 000 Pflanzen- und 1,5 Millionen Tierarten. Die genauen Artenanzahlen sind aber unbekannt. Dies gilt vor allem für Arten, die an schwer zugänglichen Orten wie z. B. den Tiefen der Ozeane oder den Wipfeln tropischer Baumriesen vorkommen. Weiterhin sind Arten mit großen Individuen leichter zu entdecken als Arten mit kleinen Individuen. Auch hat die Wissenschaft den Arten in gemäßigten Zonen die meiste Aufmerksamkeit geschenkt. Für globale Angaben ist man darum auf Schätzungen angewiesen, die die vermutete Anzahl unbekannter Arten einbeziehen.

Eine mögliche Schätzmethode geht von den bekannten Artenanzahlen aus. In den gemäßigten Breiten wurden Arten eher und intensiver untersucht als in anderen Regionen der Erde. Hier kommen etwa $^2/_3$ der 1,5 Millionen bekannten Tierarten vor, d. h. 1 Million, und die meisten davon sind Insekten. Von großen, leichter erfassbaren Tierarten weiß man, dass in den Tropen etwa doppelt so viele Arten leben wie in gemäßigten Breiten. Unter der Annahme, dass dies für alle Tierarten gilt, müssten in den Tropen doppelt so viele Tierarten leben wie in den gemäßigten Zonen, also etwa 2 Millionen. Nach dieser Rechnung kann man einen Wert für die globale Artenanzahl ermitteln: Es leben insgesamt etwa 3 Millionen Tierarten auf der Erde. Andere Schätzverfahren kommen teils zu ähnlichen und teils zu stark abweichenden Werten, die im Bereich von 3 bis ca. 100 Millionen Arten liegen.

Genpool
Gesamtheit aller Allele in einer Population

Population
Gruppe von Individuen einer Art in einem bestimmten Gebiet

morphologische Art
Gruppe von Lebewesen, die in wesentlichen Merkmalen untereinander und mit ihren Nachkommen übereinstimmen

genetische Art
Gruppe von Individuen, die eine Fortpflanzungsgemeinschaft bilden und von anderen Gruppen genetisch isoliert sind

1 Zwei Kartoffelsorten, Pflanzen und Knollen

Die Ursachen der Variabilität

Diskontinuierliches Merkmal beim Hohlen Lärchensporn

Die Individuen einer Art lassen sich unterscheiden, denn sie besitzen unterschiedliche Kombinationen verschiedener Merkmale. Die Merkmale können diskontinuierlich sein wie rote und weiße Blüten einer Pflanzenart, zwischen denen es keine Übergänge gibt. Bei der überwiegenden Zahl an Merkmalen gibt es aber gleitende Übergänge wie z. B. bei der Körpergröße. Die Häufigkeitsverteilung ergibt in diesen Fällen meistens eine typische Glockenkurve (Abb. 2). Sie erfasst die Häufigkeit unterschiedlicher Varianten eines Merkmals und wird *Variabilitätskurve* oder *Variationskurve* genannt.

Die Variabilität besitzt genetische und modifikatorische Ursachen. Dies lässt sich beispielsweise an Kartoffeln deutlich machen (Abb. 1). Von Kartoffeln hat man verschiedene Sorten gezüchtet, deren Knollen sich in Geschmack und Kocheigenschaften unterscheiden. Die Pflanzen einer Sorte werden vegetativ aus Knollen gezogen. Sie sind deswegen genetisch identisch und stellen einen Klon dar. Dennoch sehen Pflanzen und Knollen einer Sorte nicht gleich aus. Man findet Unterschiede in Größe, Form, Färbung und anderen Merkmalen. Durch Unterschiede der Umweltfaktoren, wie Bodenfeuchte und Licht während des Wachsens, variieren die Merkmale. Es handelt sich also um *Modifikationen*. Die darauf beruhende Variabilität nennt man *modifikatorische Variabilität*.

Innerhalb einer anderen Kartoffelsorte findet man entsprechende Verhältnisse. Im Vergleich beider Sorten fallen aber weitere Unterschiede auf. Die beiden Sorten sind unterschiedliche Züchtungen und sind genetisch nicht gleich, auch wenn sie derselben Art „Kartoffel“ angehören. Die Unterschiede zwischen den Sorten sind daher genetisch bedingt und die dadurch bedingte Variabilität wird *genetische Variabilität* genannt.

In natürlichen Populationen höherer Organismen kommen Klone jedoch selten vor. Bei der Variabilität natürlicher Populationen lassen sich deswegen modifikatorische und genetische Ursachen nur selten voneinander trennen, sie treten immer kombiniert auf. Jede Merkmalsverteilung enthält damit genetische und modifikatorische Anteile.

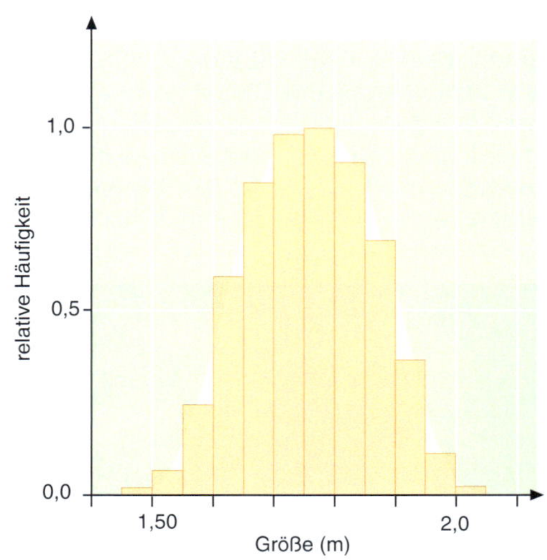

2 Körpergrößen-Häufigkeit beim Menschen

Mutationen erweitern den Genpool

Die genetische Variabilität einer Population wird durch die Gesamtheit aller Gene, den *Genpool*, bestimmt. Neue Allele entstehen ausschließlich durch Mutationen. Die meisten Mutationen treten in Körperzellen auf und gehen damit nach dem Tod des Individuums wieder verloren, nur Mutationen in den Keimzellen werden an die Folgegeneration weitergereicht. Die Wahrscheinlichkeit einer Mutation an einem Genort pro Generationszyklus *(Mutationsrate)* liegt bei 10^{-6}. Da ein Mensch etwa 30000 Genorte hat, ist etwa jede 33. Keimzelle betroffen. Das bedeutet, dass etwa jeder 16. Mensch ein mutiertes Allel von einem Elternteil erhalten hat.

Eine Mutation ist also ein seltenes Ereignis. Zudem wirken sich die meisten dieser neuen Allele nicht aus, weil sie beispielsweise rezessiv sind. Andererseits können Mutanten in Populationen, die eine kurze Generationszeit haben, sehr schnell die genetische Variationsbreite erheblich verändern. Auf diese Weise entstandene neue Resistenzen von Bakterien gegen viele Antibiotika bereiten den Medizinern zunehmend Sorgen (s. Seite 388).

Auch Rekombination erhöht Variabilität

Eine weitere Ursache der genetischen Variabilität einer Population liegt bei diploiden Organismen in der Neukombination aller existierenden Allele. Die Anzahl der möglichen Keimzellen steigt exponentiell mit der Anzahl der Chromosomenpaare. Der Mensch z. B. kann mit seinen 23 Chromosomenpaaren 2^{23} unterschiedliche Keimzellen bilden, das sind mehr als 8 Millionen (Abb. 1). Bei der Bildung einer Zygote sind dann 2^{46} Kombinationen möglich, das sind über 70 Billionen. Weiterhin können durch Crossingover einzelne Genabschnitte homologer Chromosomen ausgetauscht und dann nach dem Zufallsprinzip auf die vier Keimzellen verteilt werden. Damit liegt die Anzahl möglicher Keimzellen noch weit höher. Dementsprechend erhält jede aus einer Ei- und Spermienzelle hervorgehende Zygote eine einzigartige Ausstattung. Alle Menschen sind Individuen einer Population mit großer Variationsbreite.

Modifikationen, Mutationen und Rekombination beeinflussen die aktuelle Variabilität einer Population. Modifikationen gehen aber stets mit dem Tod des Individuums verloren. Darum können nur Mutationen und Rekombination die Variabilität einer Population dauerhaft verändern.

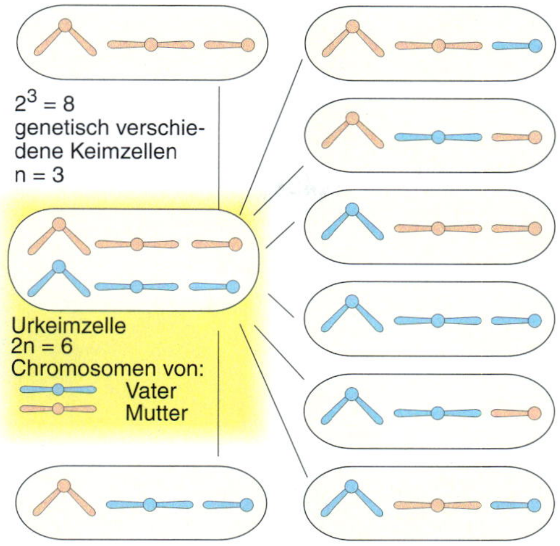

1 Genetische Vielfalt bei der Keimzellenbildung

Typusdenken und Populationsdenken

Menschen neigen dazu, vielfältige Erscheinungen zu vereinfachen, indem sie Dinge zusammenfassen und Kategorien bilden. Es erleichtert einfach den Alltag, wenn man vorwiegend das Typische wahrnimmt, das stellvertretend für alle Dinge stehen kann. Das Denken in Typen *(Typusdenken)* ist aber gegenüber realen Populationen wenig hilfreich, denn man verliert schnell die Variabilität aus dem Blick. So liegen z. B. die Körpergrößen der meisten Individuen einer Population über oder unter der mittleren (typischen) Größe. „Typische" Individuen kommen daher also eher selten vor (Abb. 2). Angemessener ist darum, die Variabilität innerhalb von Populationen im Blick zu behalten *(Populationsdenken)*.

2 Typus und natürliche, variable Population

1 Helle und dunkle Birkenspanner auf flechtenlosen und flechtenbewachsenen Eichenrinden

Selektion verändert Populationen

Birkenspanner bei der Paarung

Birkenspanner sind nachtaktive Schmetterlinge. Tagsüber sitzen sie meist bewegungslos auf der Borke von Bäumen, insbesondere von Birken und Eichen (Abb. 1). Bis zur Mitte des 19. Jahrhunderts gab es in England, abgesehen von seltenen Einzelfunden, ausschließlich die helle Form dieser Schmetterlingsart. Im Jahr 1848 wurden erstmals einige wenige dunkle Exemplare entdeckt. Bestandsaufnahmen aus den 60er-Jahren des 20. Jahrhunderts belegen, dass sich die Zusammensetzung der Birkenspannerpopulation gravierend verändert hatte. In manchen Teilen Großbritanniens herrschte die dunkle Form vor, in anderen war nach wie vor die helle Form häufiger zu finden (Abb. 385.1).

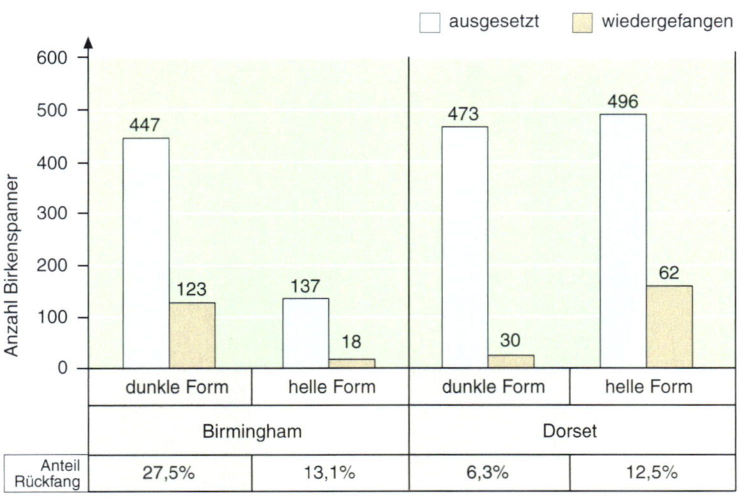

2 Rückfangexperiment

H. D. B. KETTLEWELL untersuchte die Veränderung der Birkenspannerpopulation und entwickelte folgende Erklärung: Die dunkle Flügelfarbe ist auf eine Mutation zurückzuführen, die eine verstärkte Produktion des Farbstoffs Melanin bewirkt. Dabei ist das Allel für Melanismus dominant. In den industriefernen Gebieten waren die Stämme der Birken und Eichen mit hellen Flechten bewachsen. Mit zunehmender Industrialisierung starben diese empfindlichen Organismen in den Wäldern nahe der Industriezentren ab, da der Gehalt an Schwefeldioxid in der Luft stieg. Zusätzlich schwärzten Staub und Ruß die Borken. Die hellen Birkenspanner, die auf den hellen flechtenbewachsenen Baumstämmen tagsüber kaum zu entdecken waren, fielen auf den rußverschmierten braun-schwarzen Rinden bereits von weitem auf. Dagegen waren die dunklen Falter auf dem veränderten Untergrund hervorragend getarnt (Abb. 1). Sie konnten Nachkommen hervorbringen, während die hellen Formen meist von den Vögeln erkannt und gefressen wurden, bevor sie geschlechtsreif waren.

KETTLEWELL belegte seine Hypothese in mehreren Freilandexperimenten. Dazu markierte er Birkenspanner durch kleine Farbtupfer auf der Flügelunterseite und setzte sie in Wäldern in der Nähe von Birmingham aus. In den nachfolgenden Nächten wurden die ausgesetzten Falter durch Lichtfallen wieder angelockt. Es zeigte sich, dass mehr als doppelt soviel dunkle wie helle Formen zurückkehrten, also überlebt hatten. In einem Parallelexperiment ließ er Birkenspanner in einem Wald Cornwalls, also einem ländlichen, industriefreien Gebiet, frei. Hier fing er mehr als zweimal soviel helle wie dunkle Falter (siehe Abb. 384.1). Ferner konnte KETTLEWELL anhand von Filmaufnahmen belegen, dass die natürlichen Fressfeinde Blaumeisen, Singdrosseln, Rotkehlchen und Gartenrotschwänze nur wenige Tage brauchen, bis sie die bis dahin „unbekannten“, nicht getarnten Schmetterlinge erkennen und blitzschnell fangen können (Abb. 2).

Anhand der Körperfarbe der Birkenspanner wird das Wirken der *natürlichen Auslese (Selektion)* deutlich. Die dunklen Falter waren in den Industriegebieten besser getarnt als die hellen. Damit waren sie an die veränderten Umweltbedingungen besser angepasst und bekamen im Vergleich zu den hellen Spannern mehr Nachkommen. Folglich gelangten auch ihre Allele vermehrt in den Genpool der Folgegeneration. Dunkle Birkenspanner besaßen so in den Industriegebieten eine höhere *reproduktive Fitness* als helle. Im Laufe der Generationen nahm ihr Anteil an der Gesamtpopulation zu, der der weniger gut Angepassten sank. Dementsprechend definieren Biologen Evolution als eine Veränderung der Genotypen- und Allelhäufigkeiten von Generation zu Generation. Evolution ist also ein Prozess, der durch Selektion hervorgerufen wird und auf der Ebene von Populationen abläuft. Individuen können nicht evolvieren.

1898 hatten 99 % der Birkenspanner in den Industriegebieten dunkle Flügel. Die Evolution der Schmetterlinge war so rasch verlaufen, weil sich die Umweltbedingungen so schnell verändert hatten und Schmetterlinge eine Generationsdauer von nur einem Jahr haben. Auf viele andere Populationen treffen diese Voraussetzungen oft nicht zu. Deshalb verlaufen evolutive Prozesse in der Regel wesentlich langsamer. In der Evolution muss man in für uns Menschen ungewohnt langen zeitlichen Größenordnungen denken.

Aufgaben

① In den vergangenen 30 Jahren hat man in den Industriegebieten Englands den Umweltschutz vorangetrieben. Beobachtungen belegen, dass die Häufigkeit der hellen Birkenspanner zugenommen hat. Erläutern Sie den Zusammenhang.

② Begründen Sie, warum die geschlechtliche Fortpflanzung gegenüber der ungeschlechtlichen bei sich ändernden Umweltbedingungen Vorteile hat.

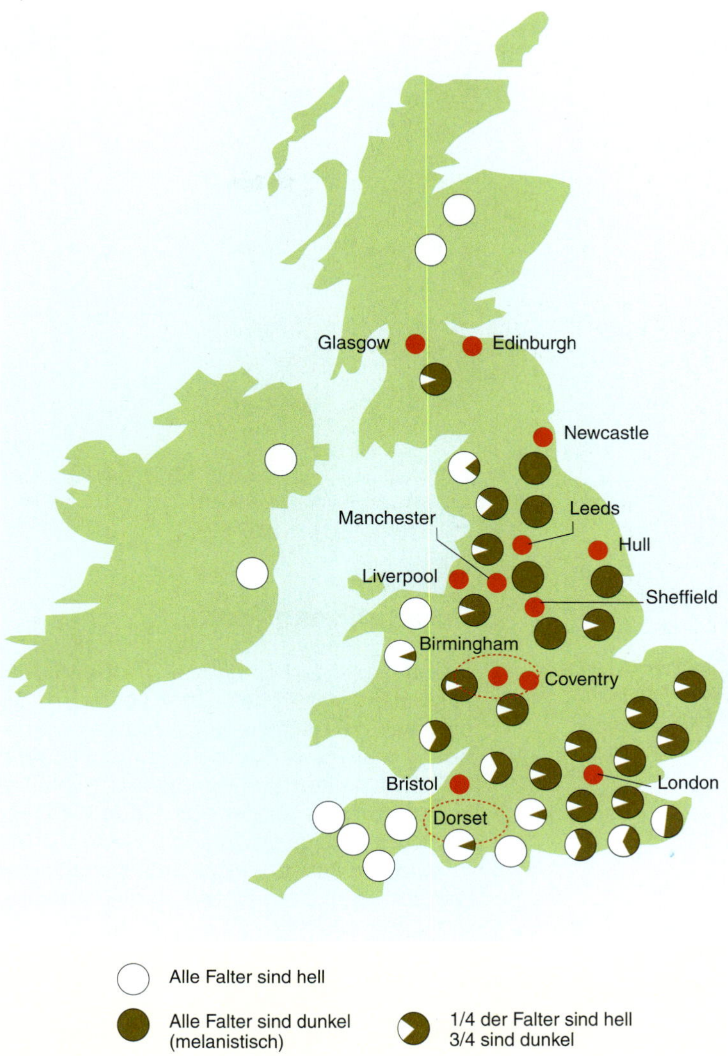

1 Häufigkeit von Birkenspannern in Großbritannien (1958)

Selektion
natürliche Auslese durch Umweltbedingungen

reproduktive Fitness
Die Fähigkeit eines Organismus im Vergleich zu anderen, seine Erbanlagen in den Genpool der nächsten Generation einzubringen.

Evolution
Veränderung der Genotypen- und Allelhäufigkeiten im Laufe von Generationen

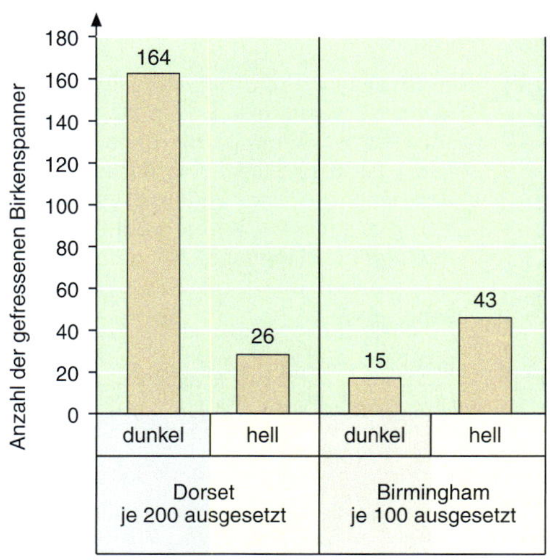

2 Fangerfolg von Vögeln

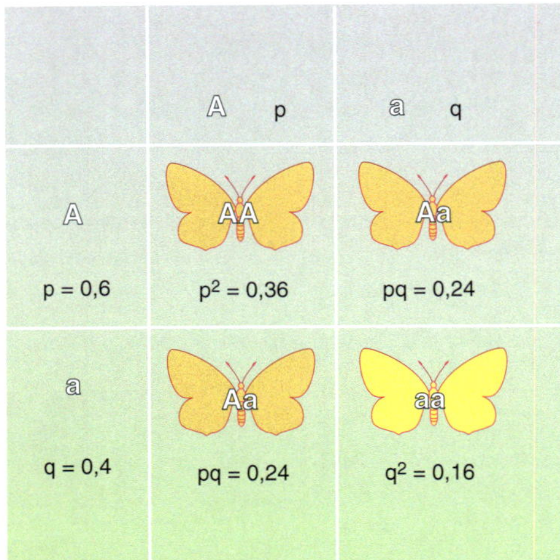

1 Genotypen-Häufigkeiten

Populationsgenetik

Evolution
jede Veränderung der Allelhäufigkeiten im Genpool

Das Beispiel Birkenspanner (s. Seite 384) zeigt, dass sich Populationen verändern, indem sich die Häufigkeiten der Allele im Genpool ändern und damit zusammenhängend die Häufigkeiten der Genotypen. Evolution lässt sich daher verstehen als *jede Veränderung der Allelhäufigkeiten im Genpool*. Die Populationsgenetik beschäftigt sich mit den Gesetzmäßigkeiten solcher Veränderungen.

Zettelkasten

Spielmaterial

- 200 Spielsteine aus zwei verschiedenen Farben, z. B. 100 grüne („Allel A") und 100 rote („Allel a") Spielsteine,
- ein Aufbewahrungsgefäß als Urne („Genpool"), aus dem Spielsteine gezogen werden können.

Aufgaben

① Stellen Sie eine Population aus 60 grünen und 40 roten Spielsteinen in der Urne zusammen. Bestimmen Sie die „Allelhäufigkeiten" p und q. Entnehmen Sie der Urne ohne hinzusehen 2 Spielsteine („zwei Allele ≙ Genotyp eines Individuums"). Notieren Sie die gezogene Kombination und legen Sie die Spielsteine zurück. Führen Sie die Ziehung mindestens 40-mal durch. Werten Sie die gesammelten Ziehungsergebnisse entsprechend der Tabelle aus.

Genotypen	AA	Aa	aa
gezogene Anzahl			
Häufigkeit			
theoretischer Wert			

② Führen Sie die Ziehungen auch mit anderen Anteilen roter und grüner Spielsteine durch.

Bei der Evolution der Birkenspanner scheint auf den ersten Blick plausibel zu sein, dass sich die Allele für dunkle Färbung in der Population durchsetzen müssten, weil sie dominant sind. Mithilfe der Populationsgenetik kann man diese Hypothese überprüfen. Die Genetiker HARDY und WEINBERG entwickelten 1908 ein mathematisches Modell, das entsprechende Berechnungen ermöglicht. Zum einen kann man damit zeigen, wie die Allelhäufigkeiten im Genpool die Häufigkeiten der Genotypen bestimmen. Zum anderen lässt sich damit verdeutlichen, dass sich die Häufigkeiten im Verlauf mehrerer Generationen nicht verändern, wenn die Bedingungen einer *idealen Population* (s. Seite 387) gegeben sind.

Häufigkeiten der Genotypen

Als Beispiel soll eine Birkenspannerpopulation von 100 Tieren dienen, in deren Genpool also 200 Allele vorkommen. Darunter sollen sich 120 Allele A (für dunkel) und 80 Allele a (für hell) befinden.

Die *Häufigkeit des Allels A* im Genpool wird **p** genannt und beträgt in diesem Fall 120 : 200 = 0,6 oder 60 %. Die *Häufigkeit des Allels a*, **q** genannt, beträgt 80 : 200 = 0,4 oder 40 %. Da dies alle im Beispiel vorkommenden Allele sind, ergibt die Summe natürlich 1,0 oder 100 %: $\mathbf{p + q = 1}$

Die Häufigkeiten der Genotypen ergeben sich dann aus den Wahrscheinlichkeiten der möglichen Kombinationen, wie man sie aus Kreuzungsquadraten kennt (Abb. 1):
- Die Häufigkeit von AA beträgt p^2, im Beispiel 0,36 oder 36 %.
- Die Häufigkeit von Aa bzw. aA beträgt 2 pq, im Beispiel 0,48 oder 48 %.
- Die Häufigkeit von aa beträgt q^2, im Beispiel 0,16 oder 16 %.

Da dies alle im Beispiel vorkommenden Genotypen sind, ergibt die Summe wieder 1,0 oder 100 %: $\mathbf{p^2 + 2pq + q^2 = 1}$
Mit den im Beispiel gewählten Allelhäufigkeiten gibt es also nur 16 % helle Falter neben 84 % dunklen Faltern.

Allelhäufigkeiten in der Folgegeneration

Elterntiere geben entsprechend ihrem Genotyp mit den Keimzellen entweder A oder a an ihre Nachkommen weiter. Die Allelhäufigkeiten in der Folgegeneration lassen sich am einfachsten berechnen, wenn man vorerst nur einen Nachkommen annimmt. Für weitere Nachkommen gilt dieselbe Rechnung. p_E und q_E bezeichnen die Allelhäufigkeiten in der Elterngeneration sowie p_N und q_N die in der Nachkommengeneration.

- Jedes Elternteil mit dem Genotyp AA gibt ein Allel A in den Genpool der Nachkommen. Diese Eltern kommen mit der Häufigkeit p_E^2 vor, ihr Häufigkeitsanteil für das Allel A wird p_E^2 sein. Das sind mit den Beispielwerten 36 %.
- Eltern mit dem Genotyp Aa geben ein Allel A oder a mit gleicher Wahrscheinlichkeit in den Genpool der Nachkommen. Diese Eltern kommen mit der Häufigkeit $2p_Eq_E$ (48 %) vor. Der Häufigkeitsanteil für die Allele A und a wird dann jeweils p_Eq_E (24 %) sein.
- Eltern mit dem Genotyp aa geben entsprechend ein Allel a mit der Häufigkeit q_E^2 (16 %) in den Genpool der Nachkommen.

Summiert man die Anteile für das Allel A auf, ergibt sich die Häufigkeit von A in der Nachkommengeneration $p_N = p_E^2 + p_Eq_E$, d. h. 36 % + 24 % = 60 %.

Es gilt aber $p_E + q_E = 1$ und damit $q_E = 1 - p_E$. Setzt man dieses ein, so ergibt sich $p_N = p_E^2 + p_E(1 - p_E) = p_E^2 + p_E - p_E^2 = p_E$. Die Häufigkeiten des Allels A sind demnach in beiden Generationen stets gleich!

Die Berechnung für die Häufigkeit von a führt auf das entsprechende Ergebnis: $q_N = q_E$. Dies bedeutet, dass sich durch reine Rekombination im Verlauf der Generationen keine Veränderung des Genpools ergeben kann. Da sich aus den Allelhäufigkeiten auch die Häufigkeiten der Genotypen ergeben, werden auch diese gleich bleiben.

Ideale Population

Dies gilt nur unter folgenden Bedingungen:
- keine Selektionsnachteile bestimmter Genotypen
- es kommen keine Mutationen vor
- keine Bevorzugung bestimmter Genotypen bei der Zeugung der Nachkommen
- vollständige genetische Mischung in der Population *(Panmixie)*
- keine Zufallseffekte; die Population muss so groß sein, dass die Häufigkeiten den Wahrscheinlichkeiten entsprechen
- keine Zu- oder Abwanderung.

Wenn diese Bedingungen erfüllt sind, spricht man von einer *idealen Population*. In der Realität sind sie jedoch nicht gegeben. Das bedeutet, dass sich die Häufigkeiten in realen Populationen verändern. Eine Population entwickelt sich daher ständig weiter, Evolution findet statt. Im Umkehrschluss lassen sich damit alle Faktoren, die die Allelhäufigkeiten verändern, als *Evolutionsfaktoren* identifizieren.

Aufgabe

① Die Unverträglichkeit von Milchzucker *(Lactose-Intoleranz)* ist genetisch bedingt und wird rezessiv vererbt. In Norddeutschland sind etwa 9 % aller Personen betroffen.
Berechnen Sie die Häufigkeiten der Allele und Genotypen für diese Region.

Zettelkasten

Selektion mit dem Hardy-Weinberg-Gesetz

Kennt man in einer Population den Genotyp, der durch Selektion benachteiligt ist, so kann man die Gleichungen um den Selektionseinfluss erweitern. Man erhält so eine Möglichkeit, Selektionsstärken im Modell zu variieren und Einflüsse nachvollziehbar zu machen. Dazu wird ein Selektionsfaktor s eingeführt, der das Ausmaß der Fitness-Beeinträchtigung beschreibt. Eine Benachteiligung um 20 % bedeutet s = 0,2.

vor Selektion: $p^2 + 2pq + q^2 = 1$

nach Selektion: Bei Benachteiligung von z. B aa wird ein entsprechender Anteil abgezogen: $p^2 + 2pq + q^2 - sq^2 = 1 - sq^2$

Da dies alle verbliebenen Genotypen sind, erfolgt eine Umrechnung auf 100 % bzw. 1: $(p^2 + 2pq + q^2 - sq^2) / (1 - sq^2) = 1$
bzw.: $p^2 / (1 - sq^2) + 2pq / (1 - sq^2) + (q^2 - sq^2) / (1 - sq^2) = 1$

Die drei Summanden stellen die Genotypen-Häufigkeiten nach Selektion dar. Daraus lassen sich anschließend die Allelhäufigkeiten zurückrechnen. Das Verhalten dieses Systems über mehrere Generationen lässt sich am besten in einer Computersimulation untersuchen:

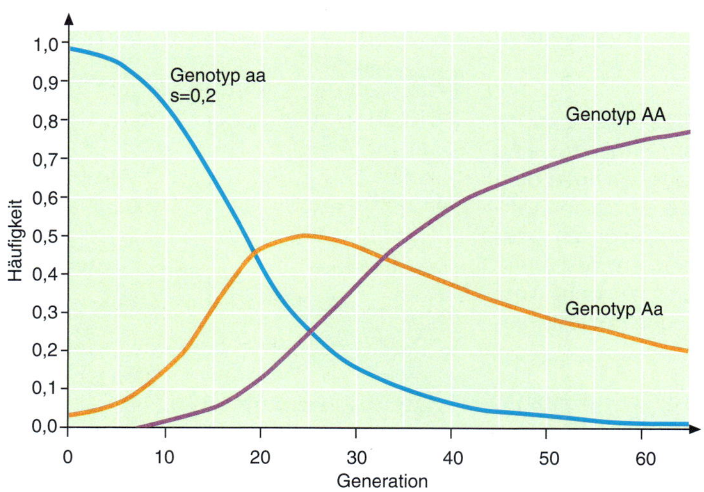

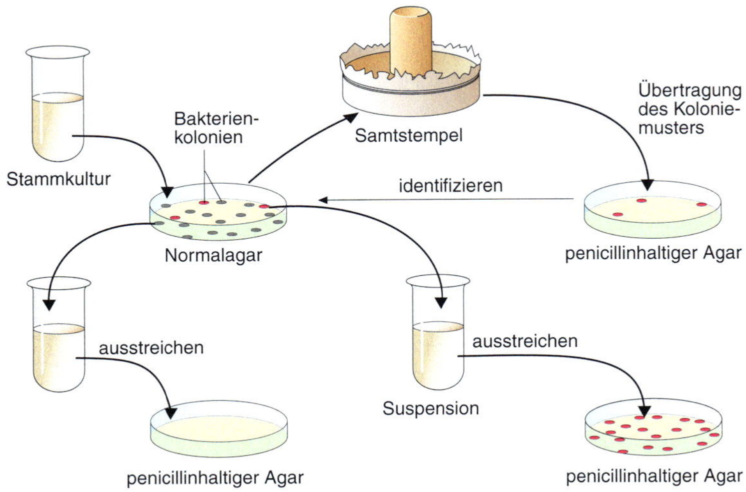

1 Stempelversuch

Prädisposition

In kaum einem Lebensraum sind die Umweltbedingungen über längere Zeit konstant. Eiszeiten, Vulkanausbrüche, aber auch der mit den Jahreszeiten verbundene Klimawechsel verändern die Lebensbedingungen. Paläontologische Befunde zeigen, dass manche Populationen sich den veränderten Bedingungen anpassen konnten, andere dagegen ausgestorben sind. Experimentell kann man den Prozess der Anpassung nur an Populationen untersuchen, deren Individuen eine kurze Generationsdauer haben.

Unter optimalen Bedingungen teilen sich manche Bakterien alle 20 Minuten. Streicht man sie auf einem Nähragar aus, der ein Antibiotikum wie Penicillin enthält, wachsen im Regelfall keine Kolonien heran, da das Penicillin sie abtötet. In wenigen Fällen erhält man dennoch Kolonien, bei denen das Antibiotikum offenbar unwirksam ist. Diese Bakterien sind gegen Penicillin *resistent*.

Für die Entstehung der Resistenz gibt es zwei mögliche Erklärungen. Entweder sind einige der ausplattierten Bakterien unter dem Einfluss des Penicillins, also durch den Umweltfaktor selbst, resistent geworden oder die resistenten Kolonien sind aus Mutanten hervorgegangen, die bereits vor dem Ausplattieren existierten und gegen Penicillin unempfindlich waren.

Ein Stempelversuch gibt über die Entstehung der Resistenz Aufschluss (Abb. 1): Auf Normalagar werden Bakterien ausplattiert und bebrütet, bis einzelne Kolonien entstehen. Überträgt man mit einem samtüberzogenen Stempel Bakterien dieser Kolonien auf eine penicillinhaltige Agarplatte, so entwickeln sich nach Bebrütung wenige Kolonien resistenter Bakterien. Vom Normalagar werden nun Bakterien aus einem Bereich abgenommen, in dem auf dem Penicillinagar resistente Organismen wachsen. Plattiert man diese Bakterien vom Normalagar auf einem neuen Penicillinagar aus, so wachsen sie weiter. Sie sind resistent. Verwendet man dagegen Bakterien aus anderen Bereichen, geschieht dies nicht. Die Resistenz war also bereits vor dem Einwirken des Penicillins vorhanden. Penicillin erzeugt also keine resistenten Individuen, sondern selektiert die aus, die bereits vorher resistent waren. Diese Bakterien besitzen ein Merkmal, das unter den veränderten, nicht vorhersehbaren Umweltbedingungen einen Selektionsvorteil erbracht hat, sie waren *prädisponiert*.

Auch in der Evolution höherer Organismen gibt es Beispiele für Prädispositionen. *Quastenflosser* waren, so schließt man aus Fossilfunden, bodenlebende Süßwasserfische im Devon. Ihre Flossen wurden so durch Teile des Skeletts gestützt (Abb. 2), dass sie sich auf dem „Grund laufend" fortbewegen konnten. In regenarmen Zeiten, wenn z. B. die eigene Wasserstelle austrocknete, konnten diese Fische sich zum nächsten Tümpel schleppen. Vermutlich sind aus einer Gruppe der Quastenflosser die ersten Vierfüßler hervorgegangen. Prädispositionen beschreiben also Eigenschaften und Strukturen, die im Rahmen der Variabilität einer Population vorkommen und unter veränderten Bedingungen vorteilhaft werden.

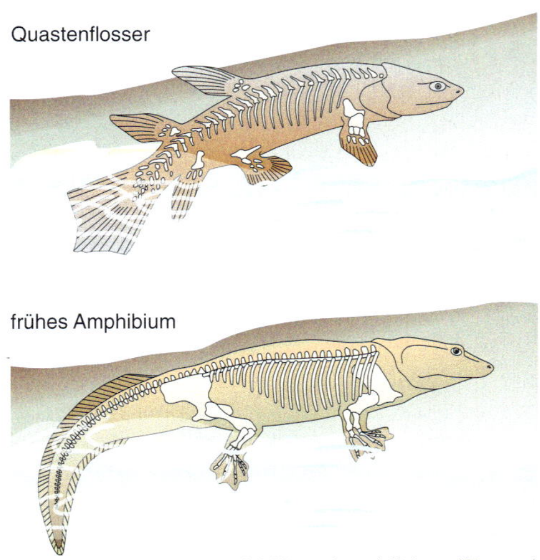

2 Quastenflosser und frühes Amphibium (Devon)

Selektionstypen

Birkenspanner sind entweder hell oder dunkel gefärbt. Ihre Körperfarbe ist ein Merkmal mit zwei alternativen Ausprägungen. Die meisten Merkmale haben ein kontinuierliches Ausprägungsmuster. Dies deutet auf einen polygenen Erbgang hin. Das Beispiel der Körpergröße der Maulwürfe zeigt, wie sich die Änderung von Umweltbedingungen auf derartige Merkmale auswirkt (Abb. 1).

Während die Winter 1938 – 1941 in Deutschland normal kalt waren, war der von 1946/47 einer der härtesten und längsten seit Jahrzehnten. Der Boden war über 100 Tage tief gefroren. Die Maulwürfe waren nur schwer in der Lage, zu ihren Hauptnahrungsquellen, den Regenwürmern und Insektenlarven, vorzudringen. Da größere Tiere absolut gesehen mehr Nahrung brauchen als kleinere, verhungerten hauptsächlich die großen Maulwürfe. Dementsprechend setzten sich die Populationen der Jahre 1949/50 vermehrt aus kleineren Individuen zusammen. Aufgrund der Nahrungsknappheit war ein Selektionsdruck zugunsten der „Verminderung der Körpergröße" entstanden. Eine solche Verschiebung der Häufigkeitskurve bezüglich eines Merkmals ist Folge einer *gerichteten Selektion* (Abb. 2a).

Allzu kleine Maulwürfe hatten jedoch ebenfalls einen Selektionsnachteil. Aufgrund ihrer größeren relativen Oberfläche verloren sie pro Flächeneinheit mehr Wärme an die Umgebung als größere Individuen. Es bestand also ein Selektionsdruck, der dem durch die Nahrungsknappheit erzeugten entgegenwirkte und verhinderte, dass die Körpergröße der Maulwürfe eine untere Grenze unterschritt. Sind die einander entgegenwirkenden Selektionsdrücke in ihrer Wirkung gleich stark, verschiebt sich die Häufigkeitskurve nicht. Die Selektion wirkt gegen die extremen Varianten und begünstigt alle dazwischenliegenden. Man spricht von *stabilisierender Selektion* (Abb. 2b).

In einer Population afrikanischer Finken treten Individuen mit zwei unterschiedlichen Schnabelgrößen auf. Die kleinschnäbligen Formen fressen bevorzugt weiche Samen, die großschnäbligen harte. Finken mit mittelgroßem Schnabel gibt es kaum, ihr Schnabel ist bei beiden Nahrungstypen weniger effizient. Bei diesem Selektionstyp werden die extremen Varianten gegenüber den mittleren begünstigt. Man spricht von *aufspaltender (disruptiver) Selektion* (Abb. 2c).

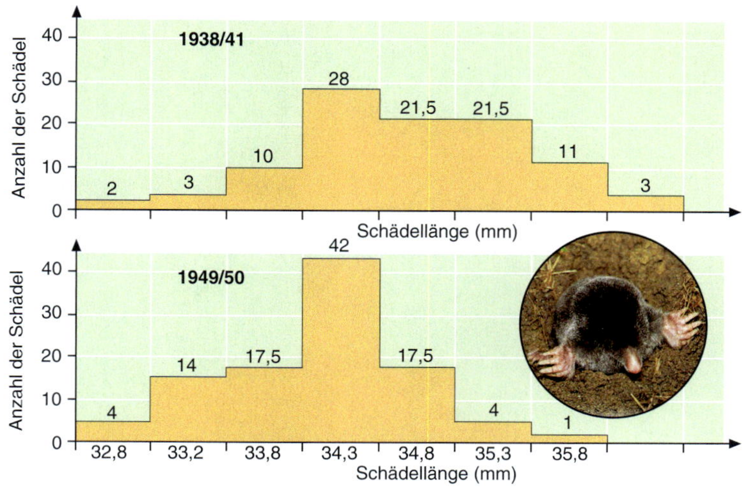

1 Variabilität der Maulwürfe

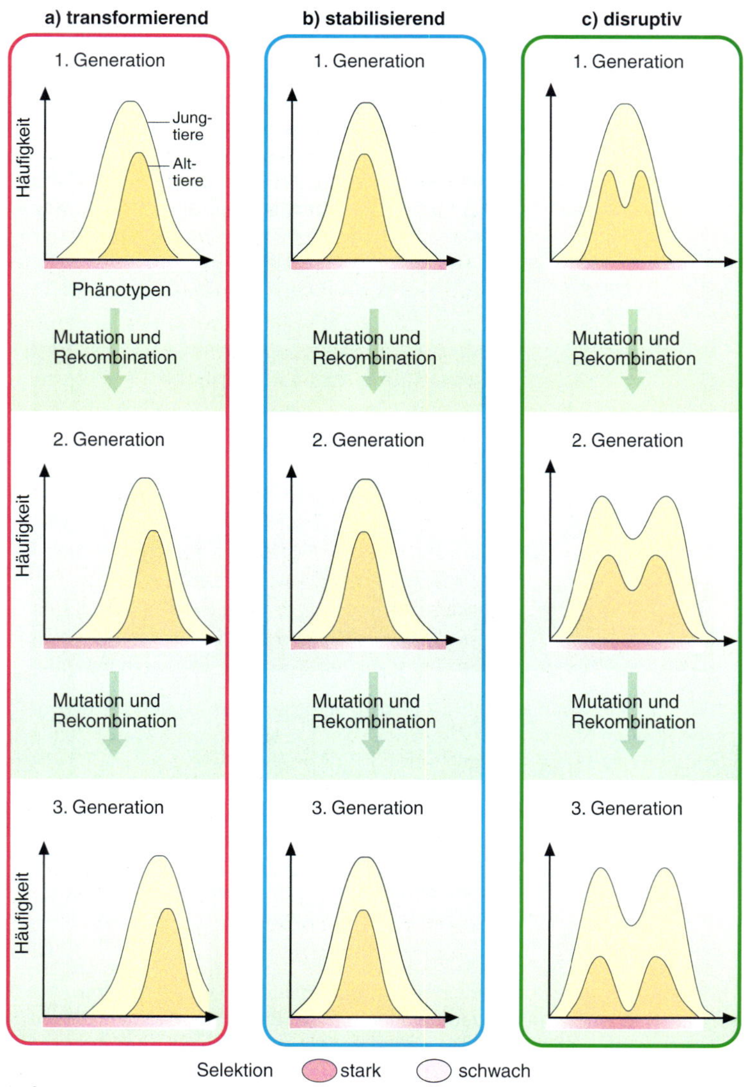

2 Selektionstypen

1 Fliegen auf den Kerguelen

Zettelkasten

Sexuelle Selektion

Kampfläuferweibchen sind in ihrem gesamten Erscheinungsbild unauffällig. Die Männchen tragen dagegen in der Balzzeit eine imposante, aufrichtbare Halskrause und lange Ohrbüschel. Auch sind sie wesentlich größer als die Weibchen. In zahlreichen Tierarten unterscheiden sich die Geschlechter in Größe, Gestalt, Farbigkeit und Körperschmuck, also den so genannten *sekundären Geschlechtsmerkmalen*, die mit der Fortpflanzung nicht direkt im Zusammenhang stehen. Dieses unterschiedliche Erscheinungsbild von Männchen und Weibchen bezeichnet man als *Sexual-* oder *Geschlechtsdimorphismus*.

Für die Männchen birgt ihre Auffälligkeit erhebliche Risiken. Je größer und farbenfroher sie sind, desto eher werden sie von ihren Fressfeinden entdeckt. Diesem Nachteil steht der Vorteil gegenüber, dass auffällige Männchen häufiger von den Weibchen ausgewählt werden. Die sekundären Geschlechtsmerkmale helfen dem imposanten Männchen, seine Gene weiterzugeben, sie steigern seinen Fortpflanzungserfolg.

Auch für die Weibchen ist es vorteilhaft, ein besonders imposantes Männchen auszuwählen. Wahrscheinlich spiegelt ein prächtiges äußeres Erscheinungsbild einen hervorragenden Gesundheits- und Ernährungszustand wider. Solche attraktiven Männchen zeugen vermutlich gesunde Nachkommen, die zudem selbst attraktiv sind. Die sekundären Geschlechtsmerkmale werden damit immer größer und auffälliger. Diesen Prozess bezeichnet man als *geschlechtliche Zuchtwahl* oder *sexuelle Selektion*.

Selektionsfaktoren

Die Umwelt von Organismen wird durch eine Vielzahl verschiedener Faktoren bestimmt, die häufig miteinander in Wechselwirkung stehen und in ihrer Intensität selten über längere Zeit konstant bleiben. Die Angepasstheit an einen derart komplexen Lebensraum ist das Resultat evolutiver Prozesse, bei denen die Umweltfaktoren als Selektionsfaktoren wirken.

Abiotische Selektionsfaktoren

Einwirkungen der unbelebten Umwelt, z. B. Hitze, Kälte, Licht, Dunkelheit, Trockenheit, Feuchtigkeit, Sturm, Salzgehalt des Wassers, Gifte usw. bestimmen ganz wesentlich die Lebensbedingungen einer Population. Sie selektieren die besser angepassten Individuen heraus und begünstigen deren Vermehrung. Man bezeichnet sie als *abiotische Selektionsfaktoren*.

Biotische Selektionsfaktoren

Räuber und Parasiten können die Genotyphäufigkeiten ihrer Beute- bzw. Wirtspopulation verändern, indem sie Individuen mit bestimmten Merkmalen bevorzugt töten. Sie wirken als *biotische Selektionsfaktoren*.

Aufgrund der Vielzahl von Selektionsfaktoren, die auf die Individuen einer Population einwirken, kann deren Angepasstheit an ihre Umwelt nur ein Kompromiss sein. Eine Robbe z. B. verbringt einen Teil ihres Lebens auf Eisschollen. Ihre kurzen, flossenartigen Schwimmwerkzeuge liegen bis über Ellenbogen und Knie in der Körperhaut. Wahrscheinlich könnte sie wesentlich besser auf der Eisscholle laufen, wenn dies nicht so wäre. Vermutlich könnte sie aber längst nicht so gut schwimmen. Die Selektion begünstigt zwar die am besten angepassten Individuen, dies bedeutet aber nicht, dass die einzelnen Merkmale für alle Erfordernisse ideal ausgebildet sind.

Aufgaben

① Auf den Kerguelen, einer Inselgruppe im Indischen Ozean, leben Fliegenarten mit verkümmerten Flügeln (s. Abb. 1). Erläutern Sie dieses Phänomen.

② Rauchschwalbenmännchen mit langem Schweif haben weniger Parasiten. Sie ziehen mehr Weibchen an als solche mit kurzem Schweif. Stellen Sie eine Hypothese zur Erklärung auf.

1 Hunderassen und ihre Ursprungsart

2 Zuchtformen des Wildkohls

Künstliche Selektion: Tier- und Pflanzenzucht

Der Hund ist das älteste Haustier des Menschen. Über 400 Rassen gibt es heute. Sie unterscheiden sich in Körpergröße, Gestalt, Form der Ohren und zahlreichen anderen Merkmalen (Abb. 1). Viele Kulturpflanzenarten weisen eine ähnliche Vielfalt auf. Beim Kohl sind die Zuchterfolge besonders beeindruckend (Abb. 2). Diese Mannigfaltigkeit hat bereits DARWIN erstaunt und veranlasst, die *Domestikation*, also den Prozess der Haustierwerdung und der Entwicklung der Kulturpflanzen, als „ein Experiment in riesigem Ausmaße" aufzufassen.

Domestikation

Jeder Domestikationsprozess begann damit, dass Einzelindividuen oder kleine Populationen isoliert wurden. Vermutlich haben unsere Vorfahren bei den Wildtieren besonders zahme Individuen ausgewählt. Sie repräsentierten nur einen Teil der genetischen Vielfalt der Wildpopulation. Einerseits engte der Mensch den Freiraum dieser Tiere ein und verhinderte somit den Genaustausch mit frei lebenden Populationen, andererseits schützte er sie vor Feinden, sorgte regelmäßig für Nahrung und förderte ihre Fortpflanzung. Die Beziehung Mensch – Haustier war von beiderseitigem Nutzen.

Die Domestikation von Wildpflanzen begann vermutlich damit, dass pflanzliche Zusatznahrung auf den Rastplätzen zubereitet wurde. Hierzu gehörten auch Gräser, die Vorformen unserer Getreidearten. Da die Ähren aller Wildformen äußerst brüchig sind, fielen Körner gerade dort auf den Boden. Kam eine Gruppe im Jahr darauf wieder an diesen Ort, fand sie viele erntereife Gräser. Für solche Pflanzen legten sie kleine geschützte Flächen an, die ersten Äcker.

Künstliche Selektion

In der oben beschriebenen Weise hat der Mensch zielgerichtet in das Evolutionsgeschehen eingegriffen. Nur solche Individuen kamen zur Fortpflanzung, die seinen Zuchtzielen entsprachen. Merkmale wie mehr Eiweiß, angenehmer Geschmack, hoher Ertrag (s. Randspalte) und ästhetische Gesichtspunkte bestimmten, welche Individuen er auswählte. Die natürlichen Selektionsfaktoren verloren an Bedeutung. Die *künstliche Selektion (künstliche Zuchtwahl)* ersetzte die natürliche Selektion. Neben der Auslese beschleunigte die Weiterkreuzung durch Inzucht die Rassenbildung und führte zu einer Mannigfaltigkeit, die die jeweilige Ursprungspopulation weit übertrifft. Durch künstliche Selektion hat der Mensch Rassen erzeugt, die in den meisten Fällen unter natürlichen Bedingungen nicht existieren könnten.

Aufgaben

① Stellen Sie die Zuchtziele des Menschen für je zwei Beispiele aus der Tier- und Pflanzenzucht zusammen.

② Erläutern Sie den Einfluss der vegetativen Vermehrung bzw. den mutagener Substanzen auf die Evolutionsgeschwindigkeit in der Pflanzenzucht.

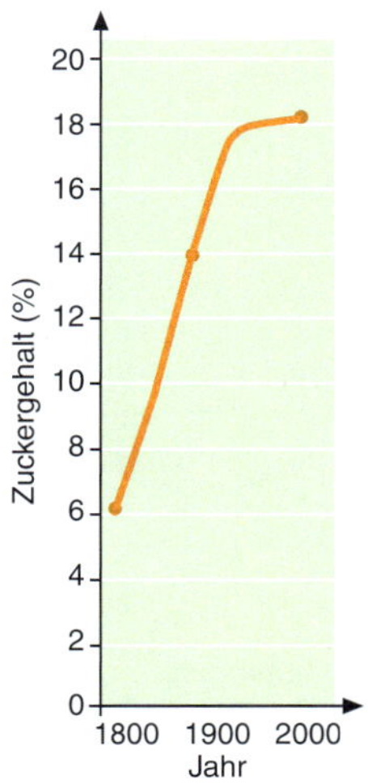

Zuckergehalt der Zuckerrübe

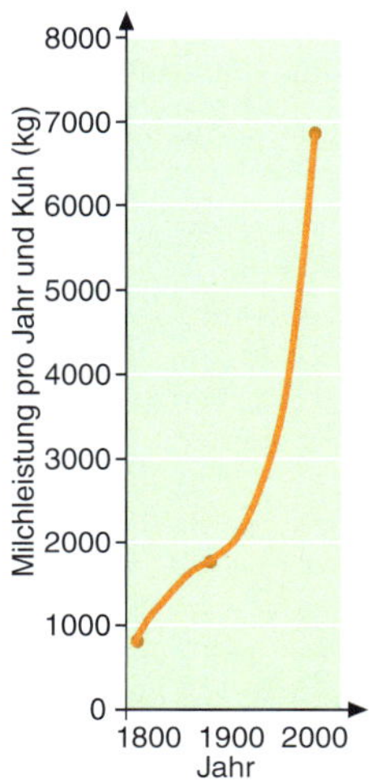

Milchleistung bei Kühen

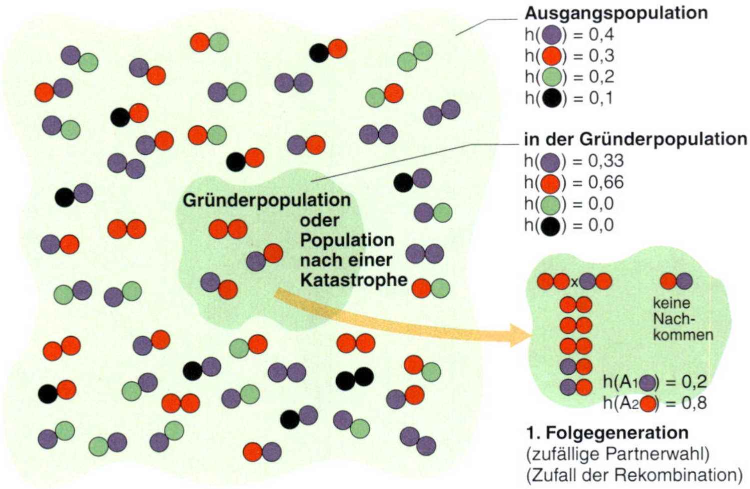

1 Analogie zum Flaschenhalseffekt

2 Seitenfleckenleguane

Der Zufall verändert Populationen

Urnenexperiment

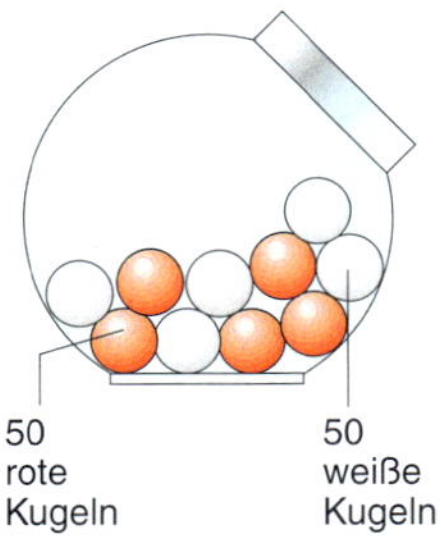

Durchführung:
Nach jeder Ziehung wird die Kugel wieder zurückgelegt und die Urne geschüttelt.

Versuch A:
1000 Ziehungen
Versuch B:
10 Ziehungen

mögliche Ergebnisse:

Vers.	A	B
A	502	498
B	7	3

Seitenfleckenleguane sind Reptilien, die vorwiegend im Westen Nordamerikas vorkommen. Auf einigen Inseln im Golf von Kalifornien leben kleine Populationen, die im Gegensatz zu den bräunlichen Individuen auf dem Festland dunkelgrün gefärbt sind. Deutlich heben sie sich vom hellen Untergrund ab. Da diese Tiere für Fressfeinde gut genießbar sind und die Färbung bei der Balz keine Bedeutung zu haben scheint, ist Selektion als Erklärung für ihr auffälliges Erscheinungsbild auszuschließen. Biologen gehen davon aus, dass es unter den getarnten Festlandsindividuen immer wieder einzelne grünliche Leguane gegeben hat, die allerdings aufgrund ihrer Auffälligkeit eine vergleichsweise geringe reproduktive Fitness besaßen. Sind kleine Gruppen dieser grünlichen Individuen zufällig auf Inseln gelangt, wo sie keine Feinde hatten, konnten sie sich vermehren. Tiere mit diesem Erbgut sind also in den Inselpopulationen viel häufiger vertreten als in denen auf dem Festland. Derartige Veränderungen des Genpools durch Zufallsereignisse bezeichnet man als *Gendrift.*

Modellhaft kann man die Auswirkungen des Zufalls in der Natur durch ein Urnenexperiment veranschaulichen (siehe Randspalte). Zieht man 1000-mal eine Kugel aus der Urne, würde ein Ergebnis von 700-mal rot zu 300-mal weiß erstaunen. Zieht man dagegen nur 10-mal, ist ein Ergebnis von 7 : 3 aufgrund der wenigen Versuche durchaus denkbar. Je kleiner die Anzahl der Ziehungen, desto stärker kann sich der Zufall auf das Versuchsergebnis auswirken.

Gründereffekt

Bei den Seitenfleckenleguanen unterscheiden sich die Genpools der Insel- und Festlandpopulationen, weil kleine, nicht repräsentative Teilpopulationen ausgewandert sind und neue Lebensräume besiedelt haben. Diese Form der Gendrift nennt man *Gründereffekt* (Abb. 1).

Flaschenhalseffekt

Kleine Populationen kommen nicht nur auf Inseln, in Bergtälern und Oasen vor, sie entstehen auch nach Katastrophen, Seuchen, Waldbränden oder der Zunahme der Feinde. Bei einer drastischen Reduktion der Populationsgröße kann sich die Zusammensetzung des Genpools durch Zufall verändern. Manche Allele nehmen in ihrer Häufigkeit zu, andere ab, dritte gehen ganz verloren. Diese Form der Gendrift bezeichnet man als *Flaschenhalseffekt* (Abb. 1).

Die Verringerung einer Populationsgröße führt in der Regel zu einer Abnahme der Variabilität, da einzelne Allele nicht mehr vertreten sind. Diese genetische Verarmung wird häufig durch Inzucht und den Zufall bei der Rekombination weiter verstärkt (Abb. 1). Periodische Dürren während der letzten Eiszeit, Krankheiten, aber auch die Bejagung durch den Menschen haben den Geparden fast ausgerottet. Die Populationen sind extrem gefährdet, da ihre genetische Variabilität der von Labormaus-Stämmen ähnelt. An Veränderungen der Umwelt werden sie sich kaum noch anpassen können.

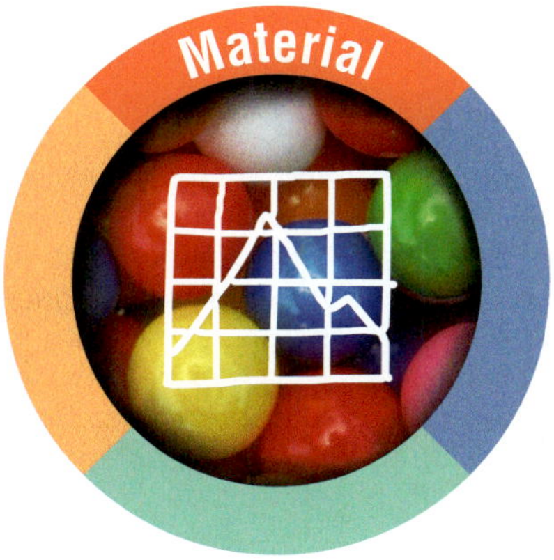

Simulationen zur Gendrift

Evolution der Dunker

Im Jahre 1708 gründete sich im Rheinland eine kleine Baptistensekte, die Dunker. Zwischen 1709 und 1729 wanderten etwa 50 Familien dieser Gruppe nach Amerika aus. Sie ließen sich in Pennsylvania nieder. Abgesehen von ihrer etwas altmodischen Kleidung entspricht ihre Lebensweise der der übrigen Amerikaner: Ihre Kinder gehen auf normale Schulen, die medizinische Versorgung ist gut und sie essen typisch amerikanische Speisen. Trotzdem ist es zu keiner echten Integration der Dunker gekommen, da es zu ihren religiösen Vorschriften gehört, ihre Ehepartner ausschließlich aus ihrer Religionsgemeinschaft auszuwählen.

Anfang der 50er-Jahre untersuchte H. B. GLASS die Häufigkeit der Blutgruppenallele des MN-Systems. Dieses Blutgruppenmerkmal ist vergleichbar mit dem AB0-System, seine Vererbung ist kodominant. Die Untersuchungen von GLASS basierten auf so großen Stichproben, dass kleine Unterschiede in den Allelhäufigkeiten von Bedeutung sind.

	Allelhäufigkeiten	
	h(M)	h(N)
Dunker	0,66	0,34
Rheinländer	0,55	0,45
Amerikaner	0,54	0,46

Aufgaben

① Ein Ehepaar besitzt die Genotypen MM bzw. MN. Bestimmen Sie die Wahrscheinlichkeit, dass
a) ihr erstes Kind den Genotyp MM hat.
b) vier Kinder alle den Genotyp MM haben.

② Vergleichen Sie die in der Tabelle angegebenen Häufigkeiten der Allele des MN-Systems und deuten Sie das Ergebnis.

Simulation zur Dunker-Evolution

Experimentell lassen sich Zufallsprozesse in Populationen nicht überprüfen. Die Simulationen solcher Vorgänge sind demzufolge eine wichtige wissenschaftliche Methode, um die möglichen Abläufe genauer zu analysieren.

Material:
100 Spielmarken: Sie symbolisieren die Genotypen der einzelnen Individuen in den verschiedenen Populationen.

Urnen, Würfel und folgende Spielmarken

Farbe	Genotyp	Anzahl der Steine
weiß	MM	25
grau	MN	50
schwarz	NN	25

Durchführung der Simulation

1. Spielabschnitt
Bildung der Gründerpopulation in der Gesamtgruppe:
Legen Sie die 100 Spielmarken in die Urne (Ausgangspopulation). Ziehen Sie mit geschlossenen Augen 16 Spielmarken (Gründerpopulation).

2. Spielabschnitt
Bildung der Folgegenerationen:
Legen Sie 16 Marken entsprechend der oben gebildeten Gründerpopulation in die Urne. Ziehen Sie 4-mal 2 Marken (4 Elternpaare); geben Sie die restlichen 8 Marken zum Vorrat. Ermitteln Sie für jedes „Elternpaar" nach folgender Regel 4 Nachkommen:
- MM x MM → 4-mal MM
- NN x NN → 4-mal NN
- MM x MN und NN x MN → Die Genotypen der Nachkommen sind wegen des 2. Elternteils nicht bestimmbar, das zweite Allel (M oder N) muss für alle 4 Nachkommen ausgewürfelt werden (Vorschlag: ungerade Augenzahl des Würfels: M; gerade Augenzahl des Würfels: N).
- MN x MN → Für alle vier Nachkommen muss ausgewürfelt werden, welches Allel er vom „Vater" und welches er von der „Mutter" bekommt.

Alle Nachkommen werden in die Urne gelegt, sie bilden die Folgegeneration.

Aufgaben

③ Bestimmen Sie die Allelhäufigkeiten der Ausgangs-, Gründer- und der 1. Folgegeneration.
④ Wiederholen Sie den 2. Spielabschnitt 7-mal und bestimmen Sie die Allelhäufigkeiten aller Folgegenerationen. Stellen Sie Ihr Ergebnis grafisch dar.
⑤ Vergleichen Sie Ihr Ergebnis mit den Ergebnissen der anderen Gruppen. Deuten Sie die Kurvenverläufe.
⑥ Vergleichen Sie Ihre Simulation mit den in der Population der Dunker vermutlich abgelaufenen Prozesse.

Mehlkäferexperiment

Amerikanische Wissenschaftler experimentierten mit Mehlkäfern, deren Körperfarbe durch die Allele A und B eines Gens bestimmt wird. Für den Versuch verwendeten sie heterozygote Individuen. Die Ausgangspopulationen unterschieden sich lediglich in der Anzahl der Individuen (10, 20, 100). Alle Populationen wurden unter gleichen Bedingungen gehalten. Da der Erbgang intermediär ist, konnten die Allelhäufigkeiten direkt bestimmt werden.

Aus jeder neu gezeugten Generation wurden zufällig Larven ausgewählt, die die Elterntiere der Folgegeneration darstellten. Die Anzahl der ausgewählten Larven war so bemessen, dass die Populationsgrößen während der 20 Generationen unverändert blieben.

Aufgabe

⑦ Vergleichen Sie die drei Grafiken. Deuten bzw. erklären Sie die Unterschiede und Gemeinsamkeiten.

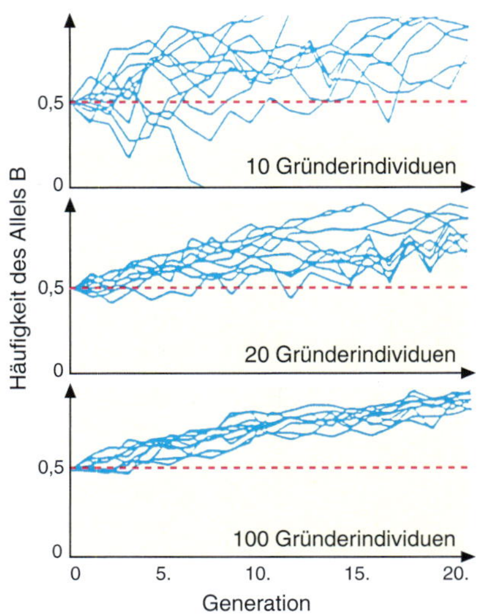

1 Grünspecht und Grauspecht

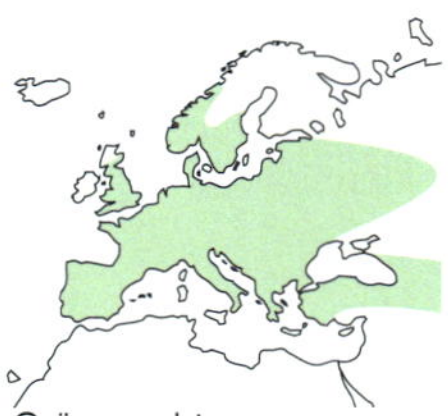

Vorkommen in Europa

Buntspecht

Isolation und Artbildung

Grünspechte und *Grauspechte* leben in ähnlichen Habitaten. Während Grünspechte sich fast ausschließlich am Boden aufhalten und Ameisen fressen, ernähren sich Grauspechte von Insekten und deren Larven aus morschen Bäumen. Zwischen beiden Spechtformen sind Paarungen sehr selten, die Genpools sind getrennt. Grünspecht und Grauspecht stellen deswegen zwei verschiedene Arten dar.

Dennoch findet man viele Ähnlichkeiten in Körperbau, Färbung und Verhaltensweisen. Die Unterschiede sind im Vergleich zu anderen Spechtarten sehr gering. Die Ähnlichkeiten führt man auf ähnliche Erbanlagen zurück, und diese wiederum darauf, dass beide Spechtarten von gemeinsamen Vorfahren abstammen. Ein solches Verhältnis wird (in Anlehnung an individuelle Beziehungen) *Verwandtschaft* genannt. Grünspecht und Grauspecht sind nach diesem Verständnis sehr nah verwandte Arten.

Die Entwicklung der Spechtarten

Für die Entstehung beider Arten nimmt man folgenden Ablauf an: Zuerst existierte eine Urart, die in den Wäldern Mitteleuropas verbreitet war. Mit Beginn der Eiszeit vor ca. 100 000 Jahren breiteten sich Eismassen über Mitteleuropa aus (Abb. 2). Damit verschwanden die Wälder, und die Spechte wichen in die verbliebenen Waldbestände im Südwesten und Südosten Europas aus.

Während die Spechte ursprünglich ein zusammenhängendes Verbreitungsgebiet besaßen, existierten nun zwei getrennte Vorkommen. Die beiden Teilpopulationen hatten jedoch keinen Kontakt mehr, sie waren geografisch voneinander isoliert. Diese *geografische Isolation* hatte für die weitere Entwicklung entscheidende Folgen, denn der Genpool der ursprünglichen Spechtart wurde dadurch in zwei Teile getrennt.

Allgemein können sich vorteilhafte Mutationen durch Rekombination im Verlauf vieler Generationen in einer Population ausbreiten. Dies geht aber nur soweit, wie der sexuelle Kontakt der Individuen reicht. Mutationen bleiben darum innerhalb eines Genpools und können nicht auf andere überspringen. Dies war bei den Spechten der Fall. Änderungen im Genpool einer Teilpopulation konnten die anderen nicht erreichen. Außerdem herrschten in den Verbreitungsgebieten der getrennten Populationen unterschiedliche Bedingungen, sodass durch Selektion unterschiedliche Erbanlagen aus den jeweiligen Genpools verschwanden. In der Summe bedeutet dies, dass sich die Genpools beider Teilpopulationen stetig auseinander entwickelten und mit zunehmender Dauer der Trennung wurden sie immer unähnlicher. Mit dem Rückzug der Gletscher am Ende der Eiszeit breiteten sich die Wälder in Mitteleuropa wieder aus und mit ihnen die Spechte beider Teilpopulationen. Die erneute Begegnung beider Teilpopulationen kann unterschiedliche Folgen haben.

2 Eiszeit in Europa vor 65 000 Jahren

Zum einen kann die Trennung der Populationen erhalten bleiben. Dann gibt es zwei endgültig getrennte Genpools. Die Erhaltung der Trennung kann z. B. daran liegen, dass Balzgesang oder Balzfärbung nicht mehr verstanden werden und sich keine Paare über die Artgrenzen zusammenfinden. Weiterhin ist es möglich, dass solche Paare bei der Aufzucht von Nachkommen erfolglos sind oder dass die Nachkommen solcher Paarungen benachteiligt sind, denn sie stehen z. B. mit beiden Elternarten in Konkurrenz. Derartige Mechanismen haben zur Entstehung der Arten Grünspecht und Grauspecht geführt. Einzelne Eigenschaften, wie z. B. das heutige Vorkommen in Europa, lassen noch die Herkunft aus dem Südwesten bzw. Südosten erkennen.

Zum anderen können Paarungen zwischen Individuen der ehemals getrennten Populationen wieder zu fruchtbaren Nachkommen führen. Dann verschmelzen beide Teilpopulationen wieder und bilden erneut eine einzige Art. Diese besitzt eine große Vielfalt, denn sie vereinigt die genetischen Variabilitäten zweier Populationen. Ein Beispiel hierfür sind die *Blaukehlchen (Luscinia suvecica*, s. Abb. Randspalte), die in Europa und im nördlichen Asien vorkommen. Sie haben auf ihrer blauen Brust einen weißen Fleck (Weißsterniges Blaukehlchen, L. s. cyanecula) oder einen roten Fleck (Rotsterniges Blaukehlchen, L. s. suvecica). Das Rotsternige Blaukehlchen lebt vorwiegend in Tundragebieten und alpinen Hochlagen, das Weißsternige Blaukehlchen ist mehr eine Tieflandform. Man nimmt an, dass die beiden Formen zwei verschiedenen eiszeitlichen Teilpopulationen entstammen.

Allopatrische Artbildung

Die für die Artbildung von Grünspecht und Grauspecht beschriebene Vorstellung enthält ein Ablaufschema, das vielfach als allgemeingültig für alle Artbildungen angesehen wird (Abb. 1). Die *geografische Isolation* ist hierbei ein wesentlicher Schritt im Ablauf, der darum *allopatrische Artbildung* genannt wird. Die räumliche Trennung unterbindet dabei den genetischen Kontakt der Teilpopulationen für längere Zeit, sodass sich die Genpools auseinander entwickeln können. Ohne räumliche Trennung treffen mögliche Paarungspartner aus den neu getrennten Teilpopulationen weiterhin aufeinander. Sie können dann problemlos Nachkommen zeugen, denn die Genpools besitzen dann noch große Übereinstimmungen. Damit besteht weiterhin Genfluss und die Rekombination der Erbanlagen ebnet eventuelle Unterschiede ein. Eine Auseinanderentwicklung ist dann nicht möglich.

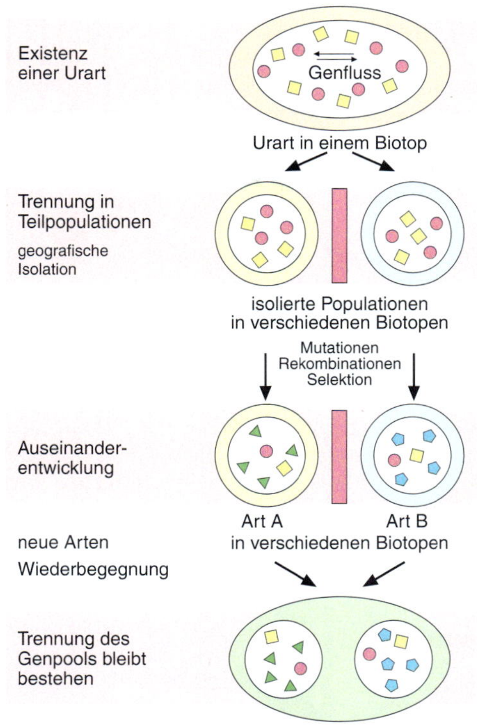

1 Schema der allopatrischen Artbildung

Man nimmt darum vielfach an, dass bei der Entstehung von Arten eine geografische Isolation beteiligt gewesen sein muss, dass also Artbildung vorwiegend oder (bei Tieren) sogar ausschließlich allopatrisch geschieht.

Der Ablauf der allopatrischen Artbildung wird aus diesen Gründen als der entscheidende Elementarschritt für die Entstehung der Artenvielfalt angesehen. Das Ausmaß der Ähnlichkeit von Arten bildet dabei ein Maß der verwandtschaftlichen Nähe und beschreibt indirekt auch den Zeitpunkt der Auseinanderentwicklung: Je weiter dieser zurückliegt, desto weniger verwandt und desto unähnlicher sind die betrachteten Arten. Beispielsweise besitzen Grün- und Grauspecht auch Ähnlichkeiten mit dem Buntspecht (s. Randspalte Seite 394). Die Unterschiede zum Buntspecht sind jedoch deutlich größer als zwischen den beiden Arten. Sie sind daher untereinander näher verwandt als mit dem Buntspecht, und der gemeinsame Ursprung aller drei Arten liegt weiter in der Vergangenheit.

allopatrisch
gr. *allos* = anders
lat. *patria* = Heimat

nicht im selben Gebiet vorkommend

Blaukehlchen

Isolationsmechanismen

Grünspecht und Grauspecht sind verschiedene Arten, denn sie paaren sich nicht miteinander. Ihre Genpools sind voneinander isoliert. Artdefinition und Isolation stehen in engem Zusammenhang.

Jeder Mechanismus, der die Geburt fruchtbarer Nachkommen über die Artgrenzen hinweg verhindert und die Genpooltrennung aufrecht erhält, stellt einen *Isolationsmechanismus* dar. Es gibt verschiedene Isolationsmechanismen, die an jedem Schritt der Nachkommenzeugung wirksam sein können (Abb. 1). Man unterscheidet prinzipiell die Isolation, die vor einer potenziellen Befruchtung einer Eizelle bzw. Zygotenbildung wirksam wird *(präzygote Isolation)* sowie die Isolation, die erst danach wirkt *(postzygote Isolation)*.

1 Isolationsmechanismen

Zu den präzygoten Isolationsmechanismen gehört z. B. die *geografische Isolation*. Sie verhindert die Begegnung potenzieller Partner. Eine *ökologische Isolation* liegt bei spezieller Einnischung vor, die tageszeitlich bzw. jahreszeitlich gegeben sein kann oder räumlich, wenn besondere Ansprüche nicht überall gegeben sind. Verhaltenselemente, v. a. zur Balz, enthalten besondere Signale, wie Lautäußerungen und Färbungen, auf die nur Artgenossen reagieren *(ethologische Isolation)*. Bei Insekten gibt es oft artspezifische Begattungsorgane. Die Übertragung des Spermas auf ein artfremdes Weibchen ist dann nicht möglich *(mechanische Isolation)*. Kommt es zu einer Paarung, so kann die Zygotenbildung wegen Unverträglichkeit der Gameten unterbleiben *(gametische Isolation)*. Bei Pflanzen gibt es z. B. chemische Unverträglichkeiten, die das Austreten des Pollenschlauches auf der Narbe einer artfremden Blüte verhindern.

Bei Pflanzen, die von Insekten bestäubt werden, gibt es weitere Isolationsformen. Viele Insekten zeigen Blütentreue, sie fliegen zu einer Zeit nur Blüten derselben Art und sogar derselben Farbe an. Pflanzen werden dann innerhalb derselben Variante bestäubt. Speziell geformte Blütenblätter bewirken, dass die Bestäubung nur von einer oder wenigen Tierarten vorgenommen werden kann. Beispielsweise besitzen Akelei-Arten verschiedene, mit Nektar gefüllte Blütensporne (Abb. Randspalte). Nur Falter mit passender Rüssellänge gelangen an den Nektar und bestäuben die Blüten. Unter Laborbedingungen kann man zum Teil fertile Nachkommen ziehen, die Bestäuber halten jedoch durch ihren gezielten Blütenbesuch die Isolation der Akelei-Arten aufrecht.

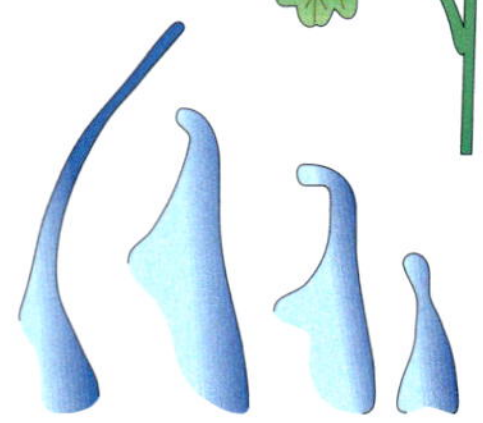

Akeleiformen

Postzygote Isolationsmechanismen wirken nach erfolgter Zygotenbildung. Je verschiedener die Genome der Elternindividuen sind, desto wirksamer ist diese Form genetischer Isolation. So kann sich z. B. der Embryo nicht entwickeln und stirbt ab. In anderen Fällen werden zwar gesunde Nachkommen geboren, diese sind aber vielfach steril oder benachteiligt. Das bekannteste Beispiel sind Maultier und Maulesel (Abb. 2), die aus Kreuzungen von Pferd und Esel hervorgehen, aber steril sind.

2 Maultier (Pferdestute und Eselhengst)

Maulesel (Eselstute und Pferdehengst)

Evolution der Baumläufer

Baumläufer gehören zur Gattung *Certhia*. In Europa kommen die beiden Arten *Gartenbaumläufer (C. brachydactyla)* und *Waldbaumläufer (C. familiaris)* vor. Sie gleichen sich in vielen Merkmalen. Sie leben in Gebieten mit größerem Baumbestand. Ihre Nahrung besteht aus kleinen Samen und Spinnen, die in den Ritzen der Borke leben. Ihr Nistplatz ist eine Halbhöhle, meist in durch Zweigen geschützten Astgabeln oder Baumvertiefungen. Daneben gibt es auch einige Unterschiede (s. Abbildung). Wegen der großen Ähnlichkeiten bezeichnet man solche Arten als *Zwillingsarten*. Man nimmt bei den Baumläufern eine gemeinsame Abstammung aus einer Urart an, die vor der Eiszeit in Mitteleuropa existierte.

Aufgabe

① Stellen Sie eine begründete Hypothese über die Artbildung von Gartenbaumläufer und Waldbaumläufer auf. Erklären Sie in diesem Zusammenhang auch die heutigen Unterschiede im Vorkommen.

Die Gesänge beider Baumläuferarten sind sehr verschieden, sie sind also eindeutig identifizierbar. Geht man von der Hypothese einer gemeinsamen Urart aus, sollte man, wie bei vielen anderen Merkmalen auch, eine größere Ähnlichkeit erwarten. Das Ausmaß der Verschiedenheit ist daher bemerkenswert. Auch die Schnabellängen und -breiten der Baumläufer zeigen Unterschiede sowohl zwischen beiden Arten als auch innerhalb jeder Art.

Aufgaben

② Stellen Sie eine begründete Hypothese auf, wie die ökologischen Unterschiede innerhalb jeder Art entstanden sein könnten. Vergleichen Sie dabei die Regionen des gemeinsamen Vorkommens beider Arten mit Regionen, in denen nur eine Art vorkommt.

③ Erklären Sie die Bedeutung des Gesangs bei Singvögeln einerseits für die Auseinandersetzung zwischen männlichen Tieren und andererseits für die Partnerwahl.

Gartenbaumläufer

Habitat in Mitteleuropa: Laubmischwälder, Gärten, Parks, seltener Kiefernwälder, insgesamt häufiger im Flachland als im Gebirge

Habitat in Spanien auch Nadelwald, in Nordafrika häufig auch immergrüne Wälder

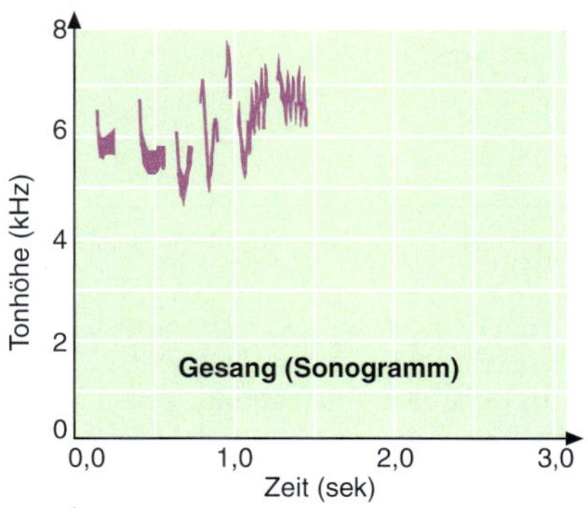

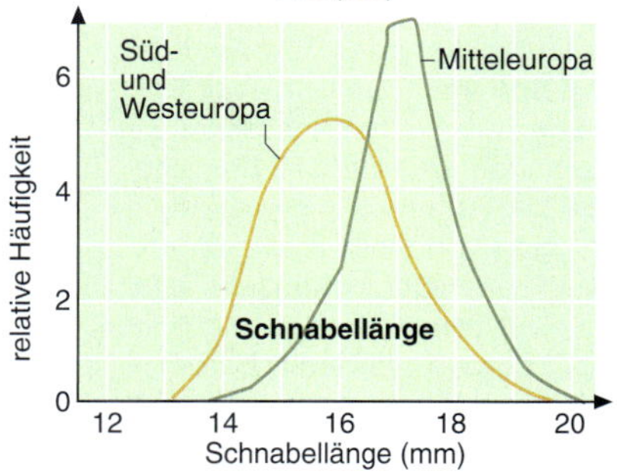

Waldbaumläufer

Habitat in Mitteleuropa: dunkler Nadelwald (meist Fichten oder Tannen) im Flachland und im subalpinen Gebirge

Habitat in Asien Birkenmischwälder, auf den britischen Inseln auch Laubwald und sogar Parks und Gärten

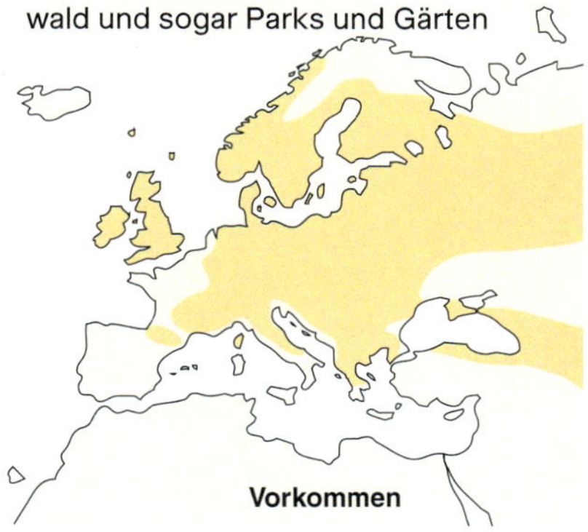

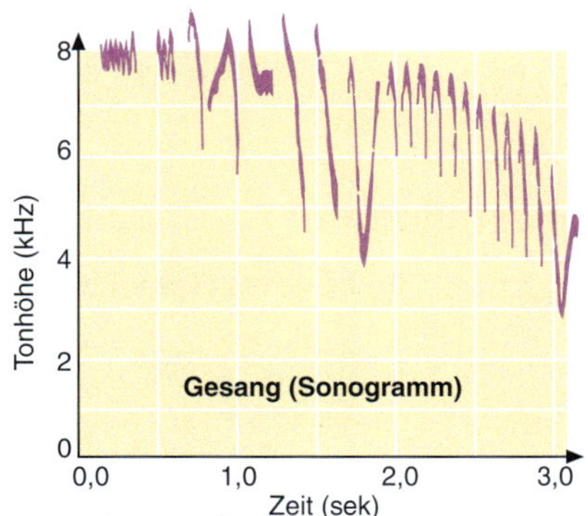

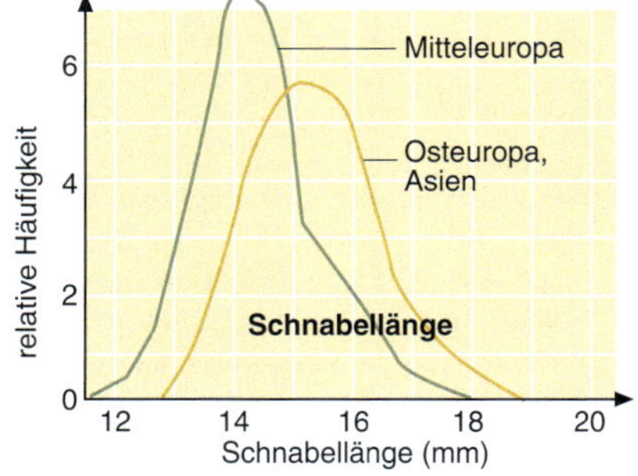

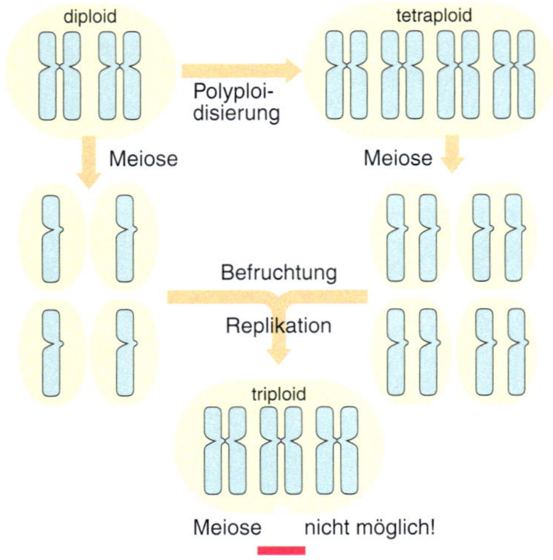

1 Artbildung durch Polyploidisierung

Artbildung ohne geografische Isolation

sympatrisch
sym (gr.) = zusammen
patria (lat.) = Heimat

zusammen vorkommend, im selben Gebiet lebend

Allopatrische Artbildung ist allgemein anerkannt, denn die Trennung des ursprünglichen Genpools ist dabei leicht zu verstehen. Es stellt sich aber die Frage, ob Artbildungen im selben Lebensraum, d. h. auch ohne geografische Isolation stattfinden können.

Bei der Erforschung von afrikanischen Fischschwärmen hat man Hinweise gefunden, die für eine derartige *sympatrische Artbildung* sprechen. So ist zum Beispiel in einem Kratersee keine räumliche Trennung möglich. Die Fischarten im See sind aufgrund genetischer Analysen untereinander näher verwandt als mit denen aus den angrenzenden Flüssen, von denen sie wahrscheinlich abstammen (siehe Kasten). Sympatrische Artbildung kommt demnach tatsächlich vor.

Bei jeder Bildung von Arten aus einer Ursprungsart muss es einen Mechanismus geben, der eine Fortpflanzungsgemeinschaft teilt und die Teilpopulationen voneinander isoliert. Kurz nach der Trennung wäre die Zeugung fruchtbarer Nachkommen problemlos möglich, da die Individuen der Teilpopulationen genetisch noch sehr ähnlich sind (s. Seite 395). Wenn sie aber sympatrisch leben und sich täglich begegnen, ist eine Fortpflanzungsbarriere zwischen ihnen nur schwer vorstellbar.

Einen möglichen Mechanismus kennt man aus dem Pflanzenreich, die *Polyploidisierung* (s. Abb. 1). Wenn während der Meiose die Trennung der Chromatiden unterbleibt, entstehen diploide Keimzellen. Die Befruchtung eines diploiden Gameten mit einem haploiden Gameten der Ausgangspflanzen führt zu triploiden Zygoten. Diese sind eventuell nicht existenzfähig, oder sie sind steril, denn sie können selbst keine Gameten bilden, da die Meiose mit einem ungeraden Chromosomensatz nicht möglich ist. Pflanzen mit verdoppeltem Chromosomensatz können sich daher nur untereinander befruchten. Sie sind dadurch von anderen Pflanzen isoliert und bilden spontan eine neue Art.

Für die sympatrische Artbildung bei Tieren sind bisher keine genaueren Mechanismen bekannt. Man ist dafür auf konzeptionelle Modelle angewiesen, die plausible Mechanismen vorschlagen. Aufgrund der geneti-

Zettelkasten

Artenschwarm im Barombi Mbo

Der Vulkan Barombi Mbo liegt in Kamerun, Westafrika. Er ist schon längere Zeit nicht mehr aktiv. In seinem glatten schüsselförmigen Krater befindet sich ein See von 4,2 km² Größe und bis 110 m Tiefe, der einen sehr kurzen Zufluss und einen Abfluss besitzt. Sauerstoff kommt nur bis 40 m Tiefe vor. Im Kratersee des Barombi Mbo leben 11 verschiedene endemische Buntbarsch-Arten, deren verwandtschaftliche Beziehungen zueinander und zu Arten im angrenzenden Flusssystem untersucht wurden. Dazu wurde ein Stück mitochondrialer DNA (340 Basenpaare lang) des Gens von Cytochrom c sequenziert und verglichen. Aus den ermittelten Ähnlichkeiten wurde der wahrscheinlichste Stammbaum ermittelt: Die Arten im See sind untereinander deutlich näher verwandt als mit den Arten aus angrenzenden Flüssen. Die vorher favorisierte Hypothese ging von einer mehrfach erfolgten Besiedlung aus den Flüssen aus; dann hätte aber mindestens eine Seeart, nämlich die zuletzt eingewanderte, eine engere Verwandtschaft mit einer Flussart aufweisen müssen. Dies ist aber bei den 11 Arten in Barombi Mbo nicht der Fall.

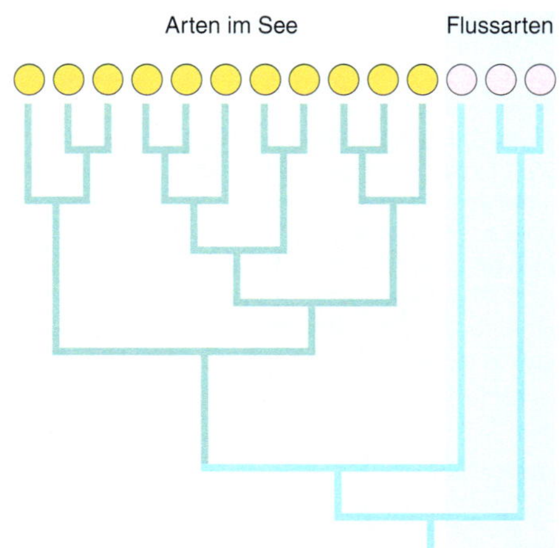

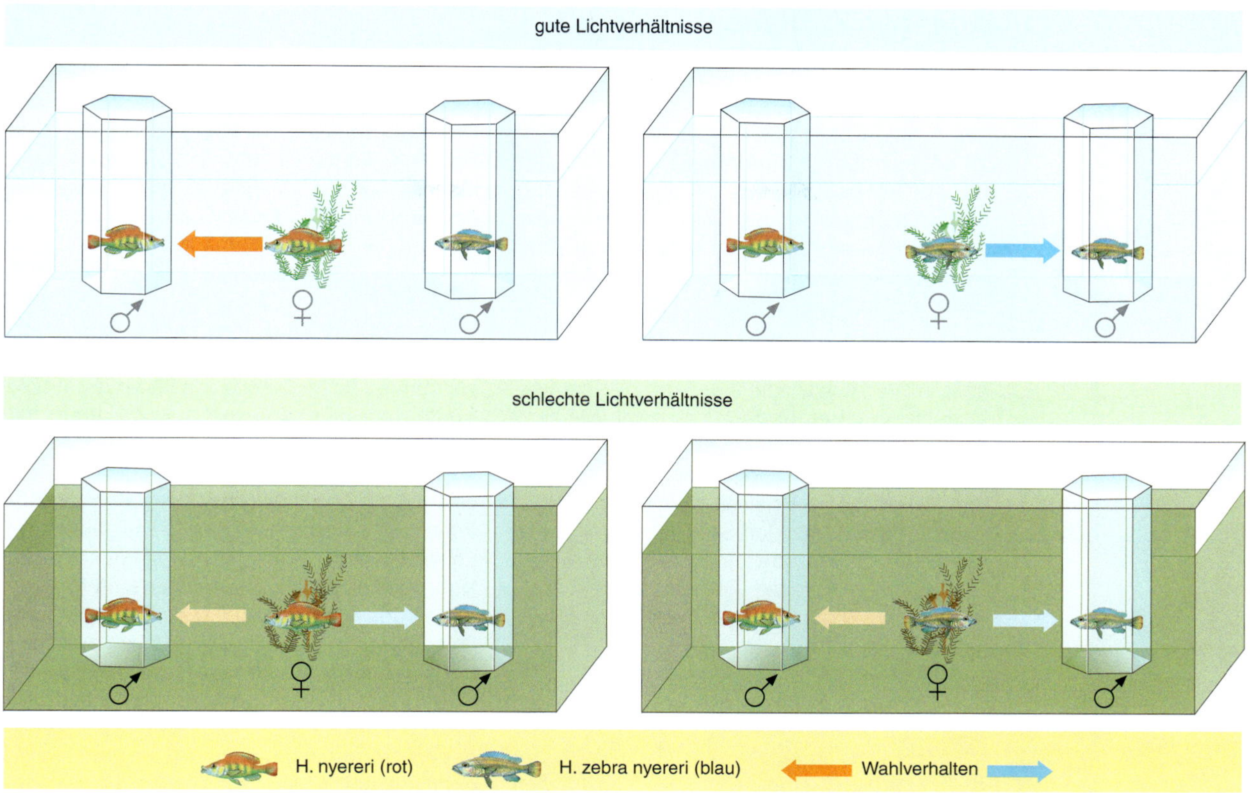

1 Experiment zur Partnerwahl mit Buntbarschen (Haplochromis)

schen Nähe von Teilpopulationen kurz nach der Teilung sind nur präzygotische Isolationsmechanismen denkbar, vor allem aus dem Bereich des Verhaltens. Die meisten Modelle basieren auf der Partnerwahl und deren Präferenzen. Weibchen suchen aus dem Kreis der Kandidaten nur Partner mit Merkmalen aus, die ihrer Präferenz am nächsten kommen. Bei einer veränderten Präferenz kann sich auf diese Weise innerhalb der bestehenden Population eine Teilpopulation bilden, die nur untereinander Nachkommen zeugt. Es würde ein Teilgenpool entstehen, der durch die gezielte Partnerwahl vom Rest isoliert ist. Experimentelle Hinweise darauf, dass dieser Mechanismus möglich ist, kann man aus Wahlversuchen erhalten (Abb. 1). Die Buntbarschweibchen bevorzugen Männchen bestimmter Färbung, wenn die Sichtverhältnisse eine klare Unterscheidung ermöglichen.

Einige Beobachtungen lassen sich mit diesem Mechanismus besser erklären als mit der allopatrischen Artbildung. So entstanden in den ostafrikanischen Seen Fisch-Artenschwärme von mehreren hundert nah verwandten Arten in nur wenigen Jahrtausenden. Ihre hohe Bildungsgeschwindigkeit kann durch sympatrische Artbildung erklärt werden. Ebenso wird verständlich, dass heute durch zunehmende Trübung, z. B. im Victoriasee, die Farbmerkmale nicht mehr deutlich erkennbar sind und dadurch vorher bestehende Artgrenzen zusammenbrechen. Einige Arten verschmelzen wieder zu Arten mit indifferenter Färbung. Wegen der immer noch sehr geringen genetischen Distanz zwischen den Ausgangsarten ist dies offenbar problemlos möglich.

Eine weitere Möglichkeit stellt die Partnerwahl an besonderen Orten dar, wie z. B. bestimmte Nahrungspflanzen. Wenn beispielsweise Insekten Pflanzen einer Blütenfarbe bevorzugen und dort auch ihre Partner suchen, kann die Bildung eines Teilgenpools aufgrund ökologischer Präferenzen erfolgen. Auch dieser Ablauf beschreibt eine sympatrische Artbildung.

Aufgabe

① Vergleichen Sie präzygote und postzygote Isolationsmechanismen bezüglich der Stabilität von Artgrenzen.

Adaptive Radiation

Auf seiner Forschungsreise erreichte CHARLES DARWIN 1835 die Galapagos-Inseln. Dieses Archipel liegt 1000 km westlich des südamerikanischen Kontinents im Pazifischen Ozean. Es besteht aus 14 unterschiedlich großen Inseln. Vor 1 bis 5 Mio. Jahren ist die gesamte Inselgruppe durch unterseeische Vulkanausbrüche entstanden. Landkontakt zum Festland bestand nie.

Endemiten
Pflanzen- und Tierarten, die nur in einem eng begrenzten Gebiet vorkommen

DARWIN erkannte sehr bald, dass auf den Inseln im Vergleich zum Festland nur wenige Vogelarten leben und Gruppen wie Meisen, Baumläufer, Spechte sowie Fliegenschnäpper völlig fehlen, dagegen aber finkenähnliche Kleinvögel in einer erstaunlichen Vielfalt vorkommen. Trotz der Größenunterschiede ähneln sich diese Vögel in Bezug auf Körper- und Flügelform sowie Gefieder sehr. Auffallend sind die Unterschiede in Form und Größe ihrer Schnäbel. Sie sind so unterschiedlich wie die von Kernbeißer, Specht und Sperling. Heute kennt man 13 verschiedene Finkenarten auf Galapagos. Sie kommen nur dort vor, sind also *Endemiten*.

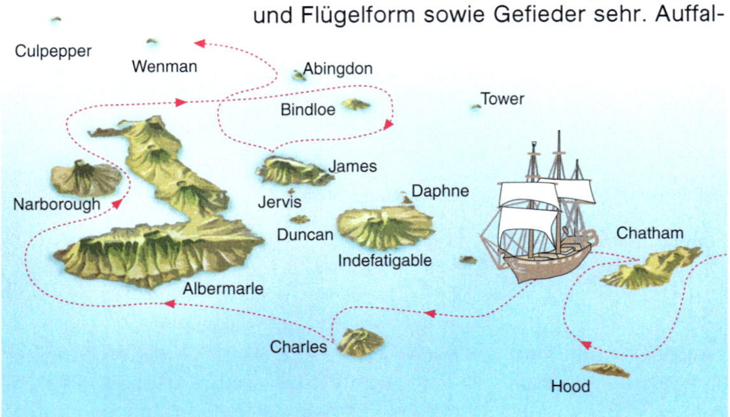

1 Galapagos-Inseln mit DARWINS Route 1835

Einnischung

Unter dem Einfluss des kalten Humboldtstromes ist das Klima kühler und trockener, als man es für tropische Inseln erwartet. Die Küstenregionen sind meist wüstenhaft, mit zunehmender Höhe fällt mehr Regen, die Vegetation wird reichhaltiger, in den Mittellagen der großen Inseln mit ihren Regenwaldzonen ist sie sogar üppig. Diese Vielfalt an Lebensräumen bietet ein breit gefächertes Nahrungsangebot. So ernähren sich *Kaktusfinken* überwiegend vom Nektar und Fruchtfleisch der Kakteen. *Sängerfinken* picken mit ihrem spitzen Schnabel Insekten von der Borke der Bäume. *Spitzschnabel-Grundfinken* – oft als *Vampirfinken* bezeichnet – haben ein ungewöhnliches Verhalten entwickelt. Sie setzen sich auf die Rücken von Tölpeln, hacken auf deren Gefieder ein, bis Blut fließt, und trinken davon. *Spechtfinken* besitzen im Gegensatz zu unseren Spechten keine lange Zunge und keinen meißelförmigen Schnabel. Mithilfe eines Kaktusstachels gelingt es ihnen aber, Insektenlarven aus kleinen Bohrlöchern im Holz der Bäume herauszuholen. Jede der Finkenarten hat ihre eigene

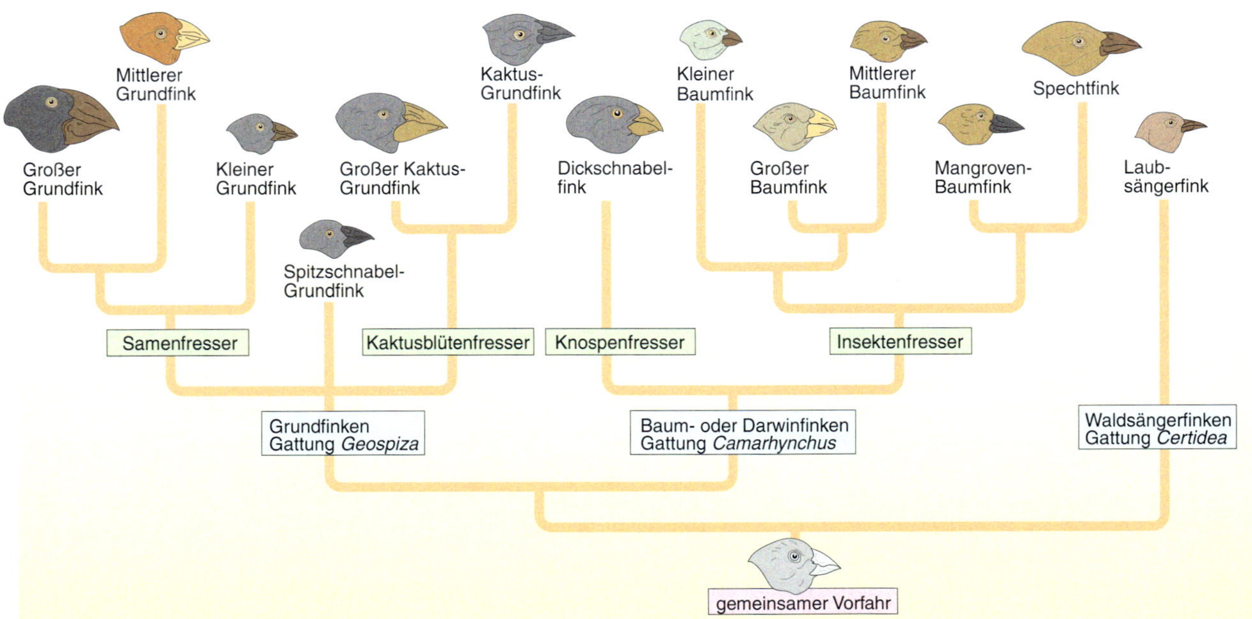

2 Stammbaum der Finken

Art	Regenwald	Kakteen	offenes Gelände und lichter Wald	
	pflanzliche und tierische Nahrung		derbe Samen	Beeren, Sämereien
1 Großer Grundfink			A, T, W	
Mittlerer Grundfink 2			A, H	
3 Kleiner Grundfink				A, H
Spitzschnabel-Grundfink 4	A	W, C		T, C, W
5 Gr. Kaktus-Grundfink		T, H	C	
Kaktus-Grundfink 6		A		

A = Albermarle T = Tower W = Wenman C = Culpepper H = Hood

1 Vorkommen und Nahrung einiger Grundfinken

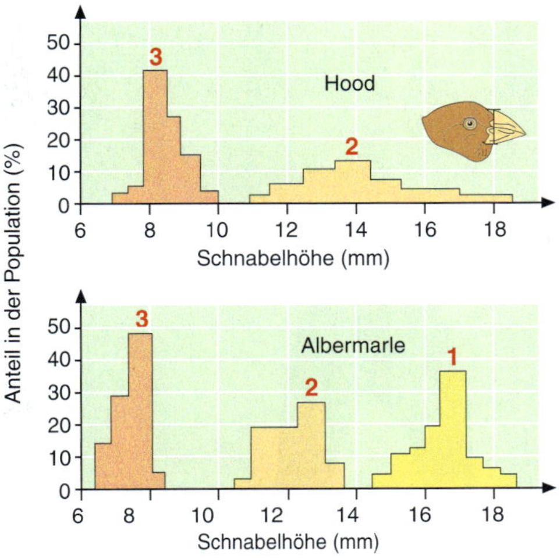

2 Variation der Schnabelhöhe von 3 Finkenarten

ökologische Nische (Abb. 1). Sie kann auf den verschiedenen Inseln unterschiedlich sein (Abb. 2). Leben zwei Arten sympatrisch und konkurrieren um ähnliche Nahrungsquellen, kommt es zu einer verstärkten Spezialisierung *(Kontrastbetonung)* und damit zu Konkurrenzvermeidung (Abb. 1, 2).

Der Radiationsvorgang

Bereits DARWIN war davon überzeugt, dass alle 13 Finkenarten aus einer Ursprungsart hervorgegangen sind (Abb. 400.2). Die Analyse der mitochondrialen DNA bestätigt diese Vorstellung. Man geht heute davon aus, dass vor mehr als 1 Mio. Jahren eine kleine Gruppe von Finken, vielleicht auf einem Floß von Baumstämmen, auf eine der Inseln verschlagen worden ist. Bei ihrer Ankunft waren viele ökologische Planstellen frei. Die Gründerpopulation konnte sich rasch vermehren. Aufgrund von Mutation, Rekombination und Selektion kam es zur Bildung verschiedener Rassen.

Neue Arten sind jedoch ausschließlich als Folge geografischer Isolation entstanden: Gelangte eine kleine Gruppe von Finken auf eine der Nachbarinseln, wiederholten sich im Prinzip die Evolutionsprozesse, die bei der Erstbesiedlung der Ausgangsinsel abgelaufen waren. Allerdings waren die ökologischen Bedingungen auf den einzelnen Inseln unterschiedlich. Dementsprechend zogen derartige Unterschiede auch divergente Selektions- und Einnischungsprozesse nach sich. Kamen Populationen, die lange Zeit isoliert waren, wieder in Kontakt miteinander, waren sie möglicherweise so verschieden, dass sich ihre Genpools nicht mehr vermischten. Neue Arten waren entstanden, die nun nebeneinander koexistieren konnten, ohne direkte Konkurrenten zu sein.

Kleiner Baumfink

Vampirfink

Spechtfink

Kleiner Grundfink

Diese Vorgänge der Neubesiedlungen, der Einnischung und der Rückwanderung haben sich vermutlich vielfach wiederholt und dazu geführt, dass sich aus einer Gründerart 13 Finkenarten entwickelt haben. Eine solche Aufspaltung einer Stammart in zahlreiche neue Arten unter Anpassung an verschiedene ökologische Bedingungen bezeichnet man als *adaptive Radiation.*

Adaptive Radiationen stehen oft mit der Erschließung neuer Lebensräume im Zusammenhang. Ein besonders eindrucksvolles Beispiel ist die Radiation der Beuteltiere. Sie sind die vorherrschende Säugetiergruppe Australiens und haben dort die gleichen ökologischen Nischen eingenommen, die in anderen Teilen der Welt von den Plazentatieren ausgefüllt sind. Die Beuteltiere haben sich in Südamerika entwickelt. Von dort konnten sie nach Australien wandern, da beide Kontinente lange Zeit über eine Landbrücke verbunden waren. Bis auf die Opossums wurden die Beuteltiere in Südamerika später von den Plazentatieren verdrängt. In Australien blieben sie konkurrenzlos.

Aufgabe

① 1000 km nordöstlich der Galapagos-Inseln liegt die Kocos-Insel. Sie bietet viele verschiedene Lebensräume. Erläutern Sie, warum es auf dieser Insel nur eine Finkenart gibt.

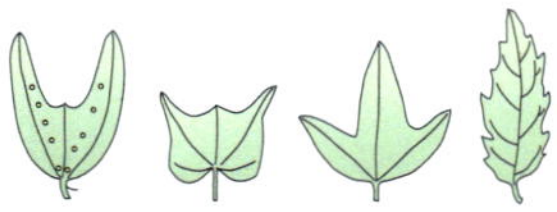

Manche Blätter tragen Flecken aus umgewandelten Nektardrüsen, die Heliconius-Eiern täuschend ähnlich sehen.

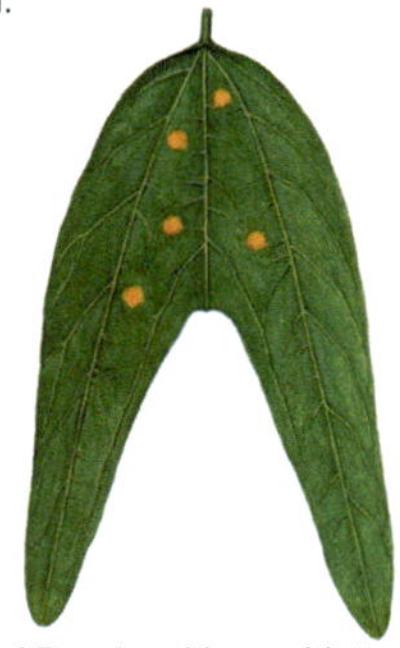

Eier auf Passionsblumenblatt

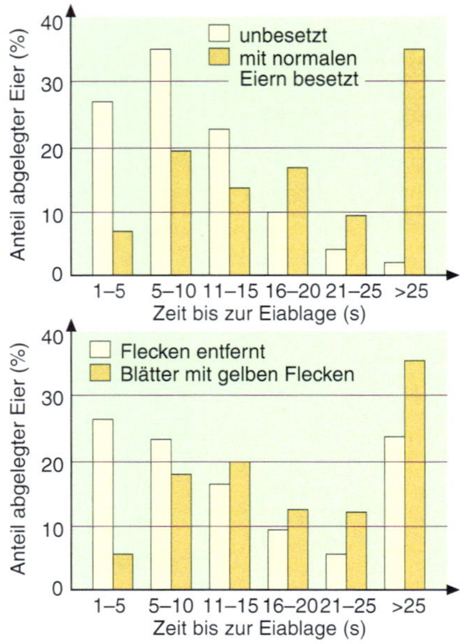

In Experimenten wurde beobachtet, wie lange es dauert, bis Weibchen auf bestimmten Blättern Eier ablegen, bei einer Art ohne Flecken.

Heliconius-Raupe

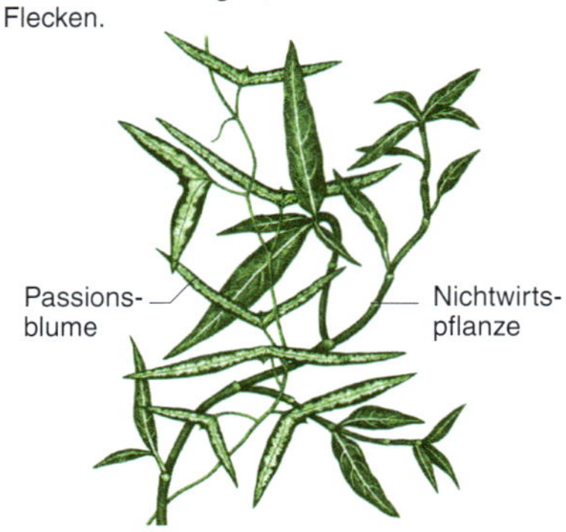

Die Blätter mancher Passionsblumenarten sehen in der Nähe vorkommenden anderen Arten sehr ähnlich. Ein Zufall?

Heliconius-Falter

1 Passionsblumen sind die Nahrung für Heliconius-Raupen

Koevolution

Schwertschnabel

Der Schwertschnabel führt seinen Namen zu Recht. Der spitze Schnabel dieser Kolibriart ist fast so lang wie sein Körper (siehe Randspalte). So können diese Vögel an den tief im Inneren der Röhrenblüten gebildeten Nektar verschiedener Nachtschattengewächse und Passionsblumen gelangen. Dabei streifen sie Pollen ab und nehmen ihn zur nächsten Blüte mit. Röhrenblüten und Kolibrischnabel sind in hohem Maße aufeinander abgestimmt. Ganz offensichtlich hat sich diese wechselseitige Angepasstheit im Laufe der Evolution gebildet. Am Beispiel von Heliconius-Schmetterlingen und Passionsblumen lässt sich dieser Prozess besonders gut nachvollziehen (Abb. 1).

Anpassung und Gegenanpassung

Über 500 Passionsblumen-Arten gibt es in den tropischen und subtropischen Wäldern Südamerikas. Viele von ihnen produzieren giftige Substanzen. So sind sie vor den zahlreichen Pflanzen fressenden Insekten geschützt. Schmetterlinge der Gattung Heliconius (Abb. 1) haben diesen Abwehrmechanismus überwunden. Die weiblichen Falter legen ihre Eier auf die Blätter der Passionsblumen. Die Raupen, die kurz darauf schlüpfen, besitzen ein Enzym, das das Gift abbaut. Sie können sich deshalb konkurrenzlos von den Blättern ernähren. Da eine einzelne Raupe ganze Teile einer Pflanze kahl fressen kann, fügt Heliconius den Passionsblumen großen Schaden zu.

Im Laufe der Evolution haben sich mehrere Abwehrstrategien entwickelt. Passionspflanzen bilden Blätter unterschiedlichster Form: spitze, zarte in Bodennähe und breite, festere im Kronenbereich, den Nicht-Wirtspflanzen der jeweiligen Umgebung täuschend ähnlich (Abb. 1). So ist es für die Falterweibchen, die sich auf Eiplatzsuche befinden, häufig schwer, die richtigen Blätter zu entdecken. Ferner bilden viele Passionsblumenarten Nektarien, die den Eiern von Heliconius zum Verwechseln ähnlich sehen (s. Abb. 1). Durch diese Nachahmung werden die Falterweibchen getäuscht und davon abgehalten, auf bereits „besetzten" Blättern eigene Eier abzulegen (s. Seite 314). Darüber hinaus sondern die Nektarien ein süßes Sekret ab, das Ameisen und Wespen anlockt. Diese fressen Heliconius-Eier.

Die Abfolge von Anpassung und Gegenanpassung zwischen Passionsblumen und Heliconius-Faltern erscheint wie ein evolutiver Wettlauf, bei dem mal die eine Seite, mal die andere Seite im Vorteil war. Durch genetisch bedingte Veränderungen der einen Art wurde ein Selektionsdruck auf die andere Art ausgeübt. Deren Gegenanpassung förderte die Abwandlung der ersten Art. Eine solche wechselseitige Beeinflussung in der Evolution zweier Arten bezeichnet man als *Koevolution*.

Das Anlocken der Ameisen und Wespen durch die Nektarien deutet an, dass sich Koevolution nur selten auf zwei Arten innerhalb einer Lebensgemeinschaft beschränkt. Aufgrund der zahlreichen Wechselwirkungen zwischen den Organismen in einer Biozönose ist Evolution stets Koevolution der miteinander in Beziehung stehenden Populationen.

Lexikon

Tarnung und Warnung

Zu fressen, ohne selbst gefressen zu werden, ist eine Voraussetzung für den eigenen Fortpflanzungserfolg. Merkmale, die vor Fressfeinden schützen, verschaffen demnach einen Selektionsvorteil. In der Natur lassen sich viele Tarn- und Warnmechanismen entdecken.

Tarnung durch Schutzfärbung

Zahlreiche Tierarten haben eine Körperfärbung, durch die sie gut getarnt sind. So haben die Schneehasen im Winter ein weißes Fell, während das Fell von Wüstentieren, wie Wüstenmaus oder Kojote, ganzjährig gelbbraun gefärbt ist.

Der **Gemeine Tintenfisch** hat in seiner Haut Pigmentzellen, die verschiedene Farbstoffe enthalten. Durch Ausdehnen und Zusammenziehen dieser Zellen passt er seine Körperfärbung der jeweiligen Umgebung an.

Es gibt auch Tarnmechanismen, die wir Menschen als solche nicht erkennen. Das Streifenmuster der **Zebras** fällt uns bereits von weitem auf. Vor dem Komplexauge der Tsetse-Fliegen verschwimmt es jedoch. Diese tropische Fliegengattung überträgt neben dem Erreger der Schlafkrankheit (s. u.) auch den Erreger der Nagana-Seuche, eine Krankheit, die bei afrikanischen Wildtieren meist tödlich ist. Der Tarneffekt ist so wirksam, dass Erreger der Nagana-Seuche im Blut der Zebras wesentlich seltener vorkommen als in dem anderer Wildtiere.

Molekulare Tarnmechanismen

Tarnung findet man bereits bei Einzellern, z. B. in der Gattung **Trypanosoma**. Diese Parasiten werden von der *Tsetse-Fliege* übertragen. Beim Menschen verursachen sie die Schlafkrankheit. Ihre Erreger entwickeln sich im Blut des Menschen. Sein Immunsystem bildet spezifisch wirkende Antikörper, die mit den körperfremden Oberflächenproteinen *(Antigenen)* der Krankheitserreger reagieren. Gegenüber Trypanosomen versagt die Abwehr aber, denn diese werfen nach kurzer Zeit ihre Oberflächenantigene ab und bilden neue. Noch bevor die Erreger mit den ursprünglichen Antigenen vernichtet worden sind, existieren neue Varianten mit einem neuen Antigenmuster, das von den Antikörpern nicht erkannt wird. Durch diese molekulare Tarnung sind die Trypanosomen dem Immunsystem des Menschen immer einen Schritt voraus.

Mimese

Ein indischer Blattschmetterling der Gattung **Callima** gleicht einem dürren Blatt, wenn er die Flügel über dem Hinterleib zusammenschlägt. Der Flügelumriss entspricht der Blattform. Schmale Ausläufer sehen aus wie ein Blattstiel. Die Flügelunterseiten tragen Zeichnungen, die Blattrippen und faulende Blattstellen vortäuschen. Eine Tarnung, bei der eine Tierart nicht nur in der Farbe, sondern auch in der Form einem Objekt seiner Umgebung, das für seine Fressfeinde ohne Bedeutung ist, ähnelt, bezeichnet man als *Mimese*.

Warntrachten

Wehrhafte, ungenießbare oder giftige Tiere sind häufig auffällig gefärbt. Damit signalisieren sie der Umgebung ihre Gefährlichkeit. Bei Gefahr kann der **Feuersalamander** aus Drüsen auf seinem Rücken ein Nervengift spritzen. Fressfeinde, die bereits schlechte Erfahrungen gemacht haben, erkennen vermutlich andere Vertreter an der Warntracht und meiden sie. Für auffällige wehrhafte Arten ist dies ein Selektionsvorteil.

Mimikry

Der **Hornissenschwärmer** ist ein harmloser Schmetterling, der auf den ersten Blick mit einer Hornisse verwechselt werden kann. Er zeigt die gleiche schwarzgelbe Färbung. Die Gemeinsamkeit geht so weit, dass der Schwärmer wie sein Vorbild durch-

sichtige Flügel ohne Schuppen besitzt und diese neben dem Hinterleib, statt über ihm, zusammenfaltet.
Die Nachahmung von Warnsignalen, die von wehrhaften Arten ausgehen und vor Fressfeinden schützen, bezeichnet man als *Scheinwarntracht (Mimikry)*. Allerdings hängt der Schutz der Nachahmer davon ab, dass das wehrhafte Vorbild in der Überzahl ist.

Malaria und Sichelzellanämie

Malaria tropicana

Jährlich sterben etwa zwei Millionen Menschen an Malaria. Es ist die am meisten verbreitete Krankheit in den Tropen. Verursacht wird sie von Einzellern der Gattung *Plasmodium*. Durch den Stich infizierter *Anopheles-Mücken* werden die Erreger auf den Menschen übertragen. Dabei gelangen mehrere hundert Krankheitskeime *(Sporozoiten)* in den menschlichen Blutkreislauf. Zunächst befallen sie Leberzellen und vermehren sich dort asexuell. Es entstehen amöboid bewegliche Zellen (*Merozoiten*). Zerfallen die Leberzellen, gelangen die Merozoiten ins Blut, dringen in Rote Blutzellen ein, wachsen dort und teilen sich erneut. Alle infizierten Erythrocyten

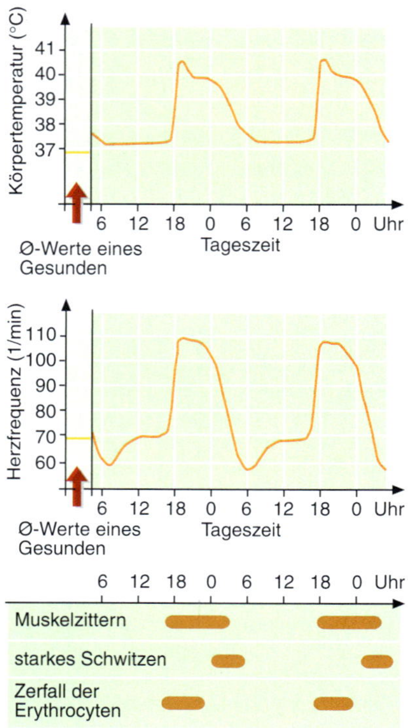

2 Krankheitsverlauf

zerfallen etwa zur gleichen Zeit und geben die Parasiten sowie ihre giftigen Abfallstoffe frei. Dieser Vermehrungszyklus im Blut wiederholt sich mehrfach in bestimmten Zeitabständen.

In einigen Blutzellen des infizierten Menschen wachsen Merozoiten zu geschlechtlichen Formen heran. Werden sie von Stechmücken beim Saugen aufgenommen, können sie im Insekt zur Zygote verschmelzen. Diese geschlechtliche Vermehrung in der Mücke ist temperaturabhängig. Sie dauert umso länger, je niedriger die Außentemperatur ist.

Aufgaben

① Erläutern Sie, warum Malaria in Deutschland kaum auftritt.

② Erklären Sie die biologische Bedeutung der Fieberschübe.

Sichelzellanämie

Die Sichelzellanämie tritt vor allem bei Menschen afrikanischer Abstammung auf. Sie ist erblich bedingt. Ihr Name leitet sich von der sichelartigen Form ab, die die Erythrocyten unter Sauerstoffmangel annehmen können (Abb. 405.1). Das abnorme Hämoglobin löst bei Sichlern eine Vielzahl von Symptomen aus: Blutarmut, Thrombosen, Nierenversagen und Komazustände. Ohne Behandlung sterben sie häufig vor Erreichen der Geschlechtsreife. Heterozygote Träger des Sichelzellallels (Überträger) zeigen nur unter starkem Sauerstoffmangel Symptome der Krankheit, normalerweise sind sie gesund.

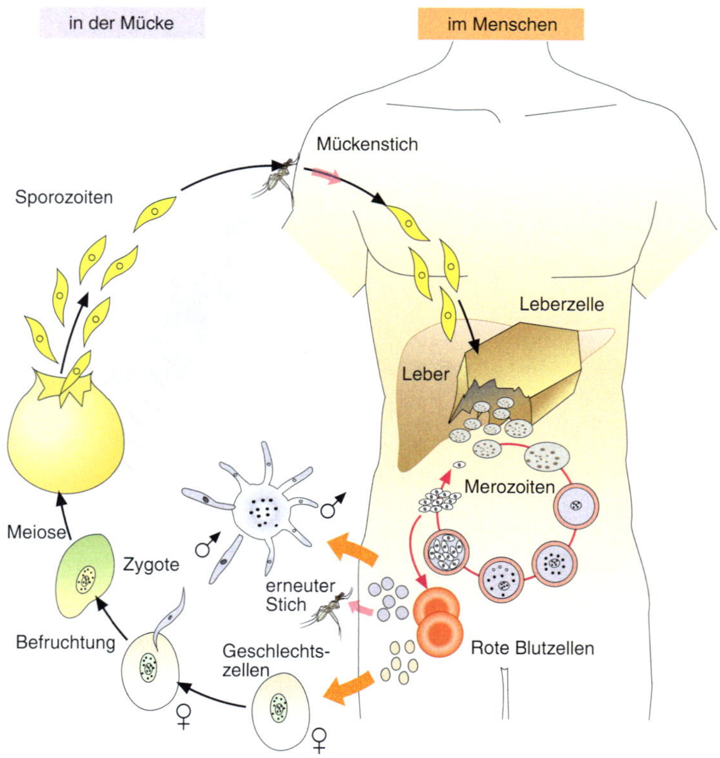

1 Entwicklungszyklus des Malariaerregers Plasmodium

Vorkommen der Krankheit

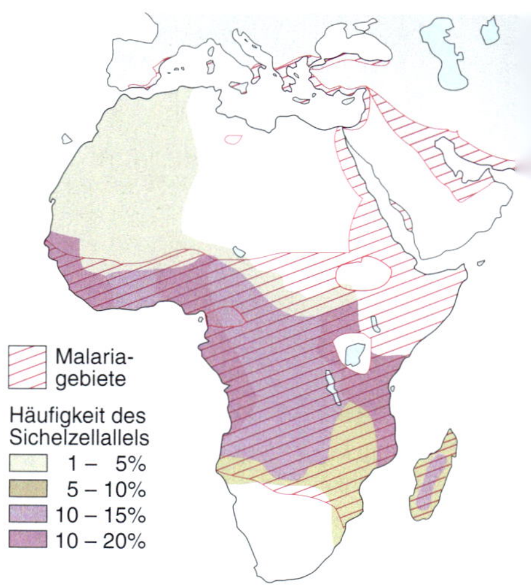

3 Verbreitung der Malaria und des Sichelzella

Medizinische Befunde

Nachdem LINUS PAULING 1940 in den Roten Blutzellen von Sichelzellanämie-Patienten verändertes Hämoglobin nachweisen konnte, begann die intensive Erforschung der Krankheit.

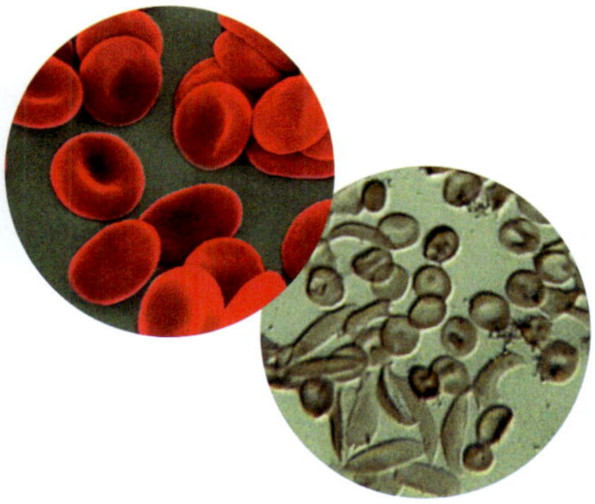

1 Rote Blutzellen unter Sauerstoffmangel

	Gesamtzahl	mit Plasmodien im Blut	ohne Plasmodien im Blut
Sichler	43	27,9 %	72,1 %
keine S.	248	45,7 %	54,3 %

2 Blutuntersuchungen

	Gesamtzahl	Erkrankende	nicht Erkrankende
Sichler	15	2	13
keine S.	15	14	1

3 Impfen von Freiwilligen mit Plasmodien

Aufgaben

③ Beschreiben Sie das Vorkommen der beiden genannten Krankheiten und fassen Sie die medizinischen Befunde zusammen.

④ Formulieren Sie eine Hypothese, die die auffälligen Häufigkeiten des Sichelzellallels in den Tropen erklärt.

Genetische Befunde

Die β-Ketten des Hämoglobins A bestehen aus 146 Aminosäuren (Ausschnitt aus der DNA, Hb S = Sichelzellallel):

Triplett Nr.	5	6	7	8
Hb A	GGA	CTC	CTC	TTT
HB S	GGA	CAC	CTC	TTT

Elektrophoretische Trennung der Hämoglobine eines Sichlers, eines Überträgers und eines Gesunden (s. Elektrophorese, Seite 23).

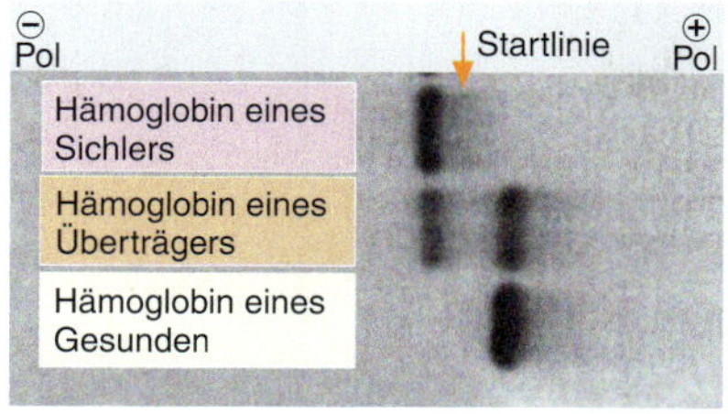

4 Elektrophoreseergebnis

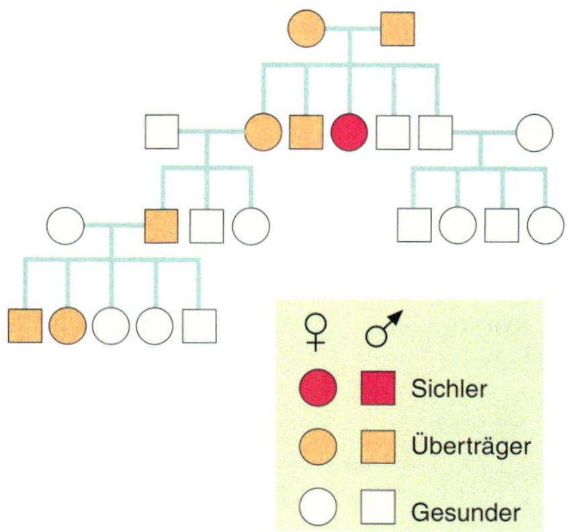

5 Stammbaum

Aufgaben

⑤ Klären Sie die genetischen Ursachen der Sichelzellanämie und analysieren Sie den Erbgang mithilfe von Abbildung 5.

⑥ Entwickeln Sie eine Hypothese, die die verminderte O_2-Bindungsfähigkeit des Sichler-Hämoglobins erklärt.

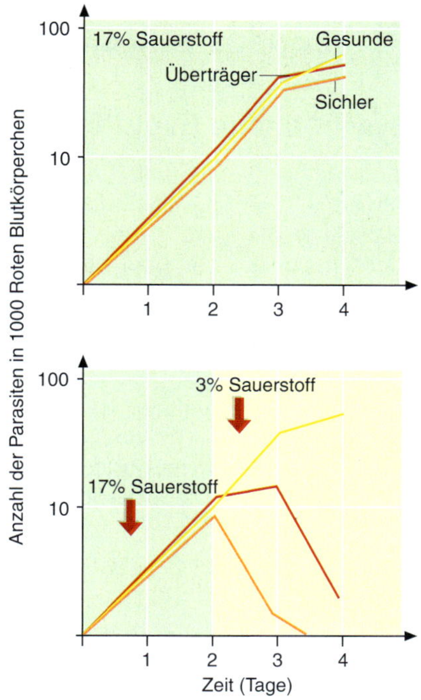

7 Vermehrung von Plasmodien im Blut

Aufgaben

⑦ Erläutern Sie den Zusammenhang zwischen dem Sauerstoffgehalt im Blut und der Vermehrung der Plasmodien (Abb. 6, 7).

⑧ Überprüfen Sie Ihre Hypothese (Aufg. 4) anhand der neuen Befunde.

⑨ Im 19. Jahrhundert war die Sichelzellanämie in Süditalien ziemlich weit verbreitet. Seitdem aber alle größeren Sümpfe trocken gelegt worden sind, kommt sie kaum noch vor. Erklären Sie dies.

Physiologische Befunde

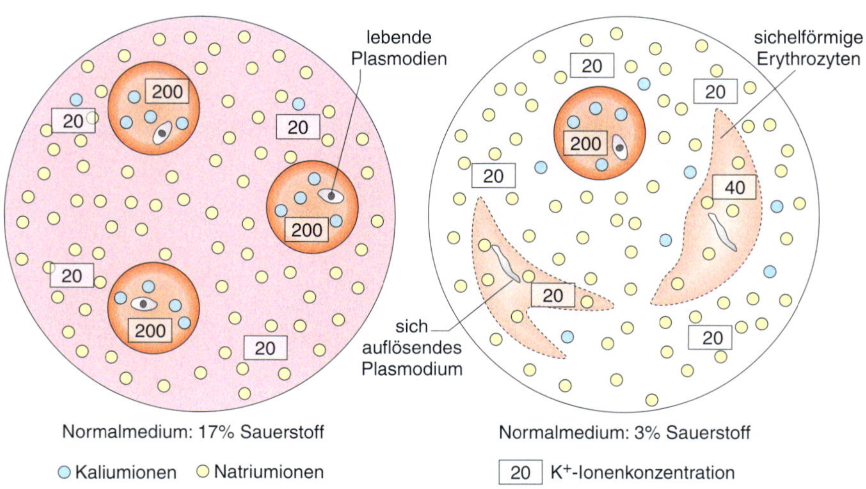

6 Rote Blutzellen bei unterschiedlichem Sauerstoffgehalt

Synthetische Evolutionstheorie

Die heutige Evolutionstheorie ist eine synthetische Theorie, weil sie Ideen aus vielen Disziplinen vereinigt (Abb. 1). Im Zentrum steht dabei der Genpool einer Population und dessen Veränderungen.

Denken in Populationen

Gegenstand der Evolution ist die Population, also die an einem Ort lebenden Individuen einer Art. Evolution ist nur durch Denken in Populationen mit individueller Vielfalt zu verstehen.

Variation

Oft erscheinen uns die Individuen einer Art weitgehend ähnlich oder nahezu gleich. Aber bei näherer Betrachtung gibt es keine zwei Individuen, die sich völlig gleichen. Selbst bei eineiigen Zwillingen oder Klonen lassen sich Unterschiede finden. Diese Unterschiedlichkeit zwischen Angehörigen einer Population oder einer Art wird *Variation* genannt. Arten bestehen also aus Biopopulationen, die sich aus einzigartigen Individuen zusammensetzen.

Selbst hinter scheinbar gleichen Phänotypen verbirgt sich auf genetischer Ebene oft eine beträchtliche Vielfalt. Vorstellbar wird die genetische Vielfalt als Genpool einer Population, der die Allele sämtlicher Genorte aller Individuen umfasst.

Ursachen der Variation

Die genetische Variation einer Population schöpft aus den Quellen der Mutation und der Rekombination. Dabei verändern Mutationen die Gene und erzeugen neue Allele. Rekombination dagegen greift auf die im Genpool vorhandene Vielfalt der Allele zurück. Wenn zwei Individuen einer sich sexuell fortpflanzenden Population Nachkommen zeugen, so tragen diese Nachkommen *(Phänotypen)* neue Kombinationen von Allelen *(Genotypen)*.

Natürliche Selektion

Populationen sind so fruchtbar, dass sie bei erfolgreichem Überleben aller Individuen exponentiell wüchsen. Dem steht allerdings die allgemeine Beobachtung entgegen, dass die

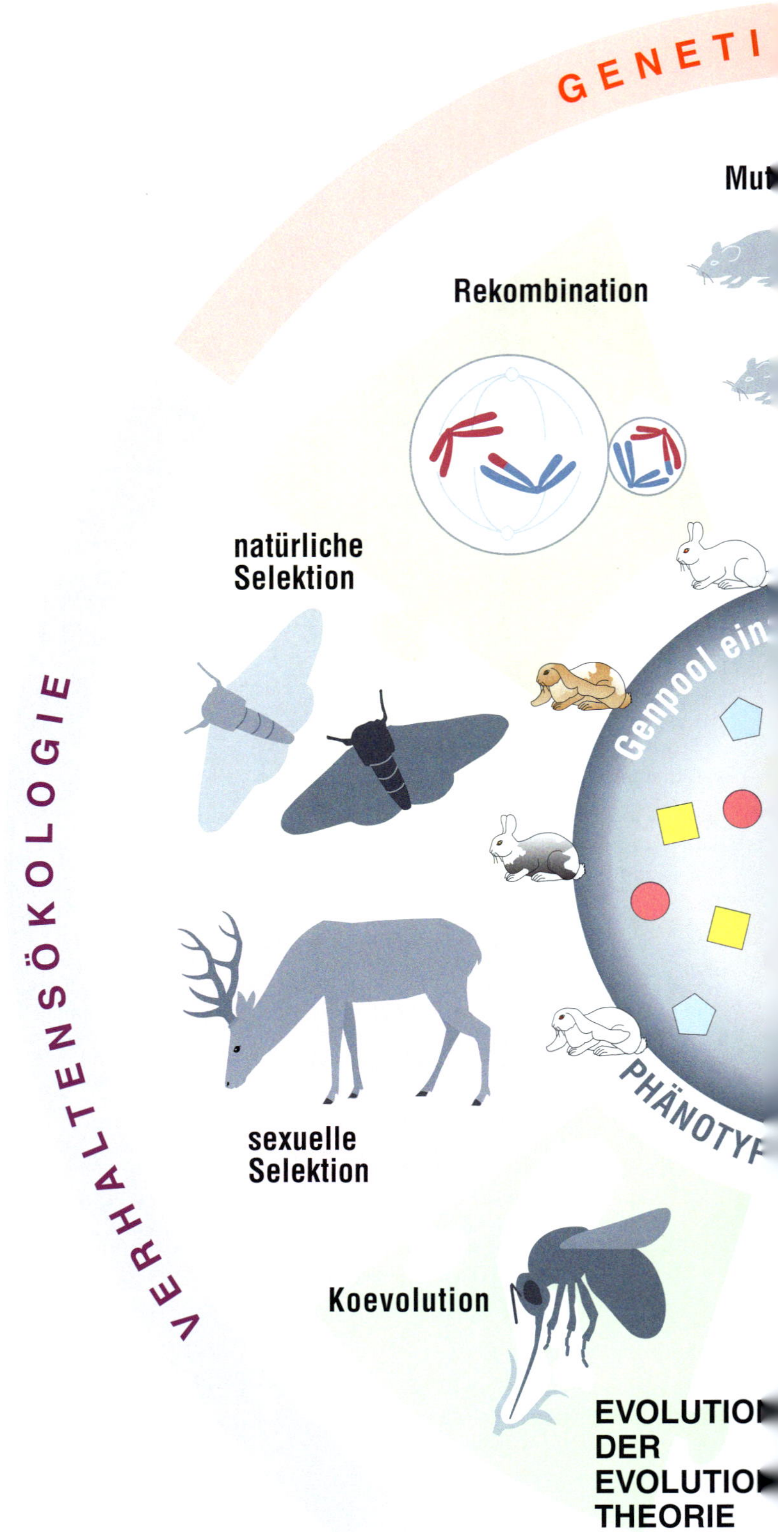

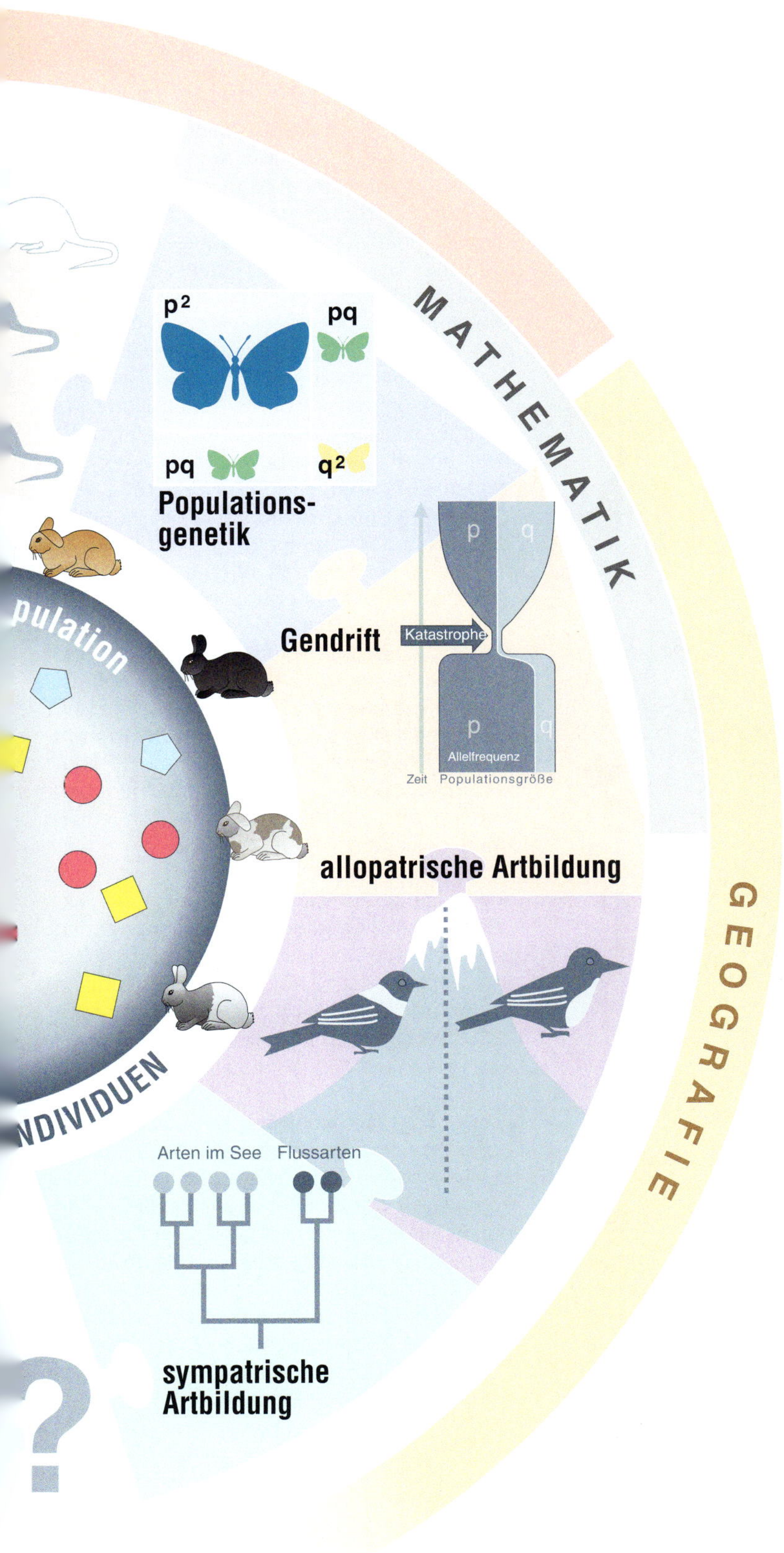

Populationsgröße meist über längere Zeit gleich bleibt. Ressourcen stehen nicht unbegrenzt zur Verfügung, sondern sind knapp. Daraus lässt sich schließen, dass die Individuen einer Population um die knappen Güter konkurrieren.

Die Individuen einer Art zeigen nun aber Variation und ein Teil der Variationen ist erblich bedingt. Das Überleben ist deshalb nicht allein zufällig, vielmehr hängt das Überleben und die Fähigkeit, sich fortzupflanzen, von vorteilhaften Merkmalen ab. Vorteilhaft sind jene Merkmale, die zu den jeweiligen Umweltbedingungen besser passen als die anderen. Es überleben bevorzugt die Geeigneteren *(survival of the fittest)*. Dieser Prozess der Selektion führt zu Organismen, deren Merkmale zu bestimmten Umweltverhältnissen passen *(Angepasstheit)*.

Isolation

Wenn es in einer Art zur geografischen oder ethologischen Isolierung kommt, findet kein genetischer Austausch mehr statt. Die Genpools der getrennten Populationen können sich nach einiger Zeit unterscheiden. Auf diese Weise können sich Arten aufspalten. Wenn Populationen sehr klein sind, können zufallsbedingte Änderungen des Genpools auftreten *(Gendrift)*.

Evolution

Die unterschiedlichen Überlebens- und Fortpflanzungschancen von verschiedenen Artgenossen können zu einer Änderung in der Häufigkeit von Allelen im Genpool führen. In einem solchen Fall liegt Evolution vor: Populationen und Arten verändern sich.

Gradualismus

Über längere Zeiträume können durch das Anhäufen vieler kleiner Veränderungen allmählich *(graduell)* große Unterschiede entstehen.

Gemeinsame Abstammung

Alle heutigen Lebewesen stammen von gemeinsamen Vorfahren ab. Neue Arten entstehen durch Verzweigungs- und Umwandlungsprozesse.

Aufgabe

① Erläutern Sie, welches die Objekte der Evolution und der Selektion sind.

1 Charles Darwin (1809 – 1882)

Evolution durch natürliche Selektion

CHARLES DARWIN gilt als Vater der Evolutionstheorie. Dabei kann man ihm weder wissenschaftliche Priorität zusprechen, noch sind alle Ideen von ihm. ALFRED RUSSEL WALLACE (1823 – 1913), ein Zeitgenosse DARWINS, hat eine ähnliche Theorie erdacht und sie zusammen mit DARWIN veröffentlicht. Etwas einseitig sprechen wir heute allein von der *Darwin'schen Evolutionstheorie.*

DARWIN fügte mehrere Ideen, von denen die meisten zuvor schon bekannt waren, zu einem Theoriegebäude zusammen. 1859 veröffentlichte er sein bahnbrechendes Werk „On the Origin of Species by Means of Natural Selection or the Preservation of Favoured Races in the Struggle for Life". Das hat vor anderthalb Jahrhunderten eine intellektuelle Revolution ausgelöst, die unser Weltbild von Grund auf verändert hat und deren Nachwirkungen noch heute zu spüren sind.

Ausgangspunkt war die Evolutionstheorie im engeren Sinne: Populationen und Arten sind veränderlich. DARWIN konnte vor allem auf sein Belegmaterial zurückgreifen, das er auf seiner Forschungsreise rund um die Erde gesammelt hatte. Er erkannte, dass typologisches Denken seinen Erfahrungen beim Sortieren dieser Sammlungen widersprach. Die einzelnen Exemplare waren niemals genau identisch. Populationen zeigen also Variation. Dies bestätigten ihm auch Tier- und Pflanzenzüchter, für deren Arbeit sich DARWIN interessierte. Weiterhin postulierte er die Abstammung aller Lebewesen von gemeinsamen Vorfahren. Durch fortdauernde Verzweigungen im Evolutionsprozess hat sich die Anzahl der Arten vermehrt und dabei ist die biologische Vielfalt entstanden. Glanzstück seines Theoriegebäudes ist die *Selektionstheorie*. Damit wurde die Frage nach den Ursachen der Evolution beantwortet und ein naturwissenschaftlicher Mechanismus für die Entstehung von Arten beschrieben. Es handelt sich dabei um einen Zweischritt aus der Entstehung von Variationen in Populationen und dem nicht zufälligen Überleben und Fortpflanzen der unterschiedlich tauglichen Individuen.

Am Beispiel der Giraffen erläutert DARWIN: „So werden (...), als die Giraffe entstanden war, diejenigen Individuen, die die am höchsten wachsenden Zweige abweiden und in Zeiten der Dürre auch nur einen oder zwei Zoll höher reichen konnten als die anderen, häufig erhalten geblieben sein."

DARWIN kannte noch keine Theorie der Vererbung, obwohl er die erbliche Bedingtheit von Merkmalen voraussetzen musste. Auch die von MENDEL gefundenen Gesetzmäßigkeiten der Erbgänge hätten ihm nicht viel weitergeholfen. Erst die Chromosomentheorie der Vererbung und die Kenntnis der Mutations- und Rekombinationsprozesse ergänzten viel später das Theoriegebäude. Es ist deshalb nur verständlich, dass DARWIN auch eine Vererbung erworbener Eigenschaften für möglich hielt.

Zettelkasten

Intentionales Denken

Wenn wir etwas Kompliziertes, wie z. B. eine Uhr, ein Computer oder ein Auto vor uns haben, sind wir davon überzeugt, dass solche Dinge nicht zufällig entstanden sein können, sondern Ergebnis einer Tätigkeit sind, die planvoll und absichtlich *(intentional)* durchgeführt wurde. Mit Blick auf so komplizierte Dinge wie Lebewesen liegt daher der Gedanke nahe, dass ein höheres Wesen (Gott) die Organismen erschaffen hat. Aus naturwissenschaftlicher Sicht ist diese Erklärung unbefriedigend, weil Kräfte und Mechanismen herangezogen werden, die naturwissenschaftlich nicht prüf- und widerlegbar sind. DARWIN hingegen hat eine Erklärung gegeben, die ohne die Intention eines höheren Wesens auskommt.

Selbst die Intentionen der Individuen sind für seine Evolutionstheorie entbehrlich. Evolution ereignet sich nicht deshalb, weil die Individuen Veränderungen anstreben. Vielmehr hat DARWIN einen nichtintentionalen Mechanismus beschrieben, der zur Evolution führt.

Aufgabe

① Erläutern Sie die Abbildung in der Mitte kritisch im Sinne der Selektionstheorie.

1 Jean Baptiste de Lamarck (1744 – 1829)

Lamarcks Vorstellungen

JEAN BAPTISTE DE LAMARCK hatte schon ein halbes Jahrhundert vor DARWIN eine Evolutionstheorie aufgestellt, die aber zu seiner Zeit wenig beachtet wurde. Seine „Philosophie Zoologique“ veröffentlichte er im Jahre 1809. Es handelt sich dabei um die erste konsequente Darstellung eines Theoriegebäudes zur Evolution.

Als „Professor für wirbellose Tiere“ hatte LAMARCK Muschel- und Schneckengehäuse untersucht. Er war beeindruckt von deren Unterschiedlichkeit wie auch deren abgestufter Ähnlichkeit mit allerlei Übergängen, die eine klare Abgrenzung zwischen nahe stehenden Arten schwierig machen. LAMARCK war überzeugt von der Veränderlichkeit der Arten. Er war auch der Erste, der einen Stammbaum aufgestellt hat.

LAMARCK nahm an, dass alle Lebewesen auf natürliche Weise auf dieser Erde hervorgebracht wurden. Durch Urzeugung seien an günstigen Orten und unter günstigen Umständen einige wenige pflanzliche und tierische Urwesen entstanden. Im Verlauf genügend langer Zeiträume sollte nach LAMARCK die ganze Vielfalt der heutigen Lebewesen entstanden sein.

Den dabei wirkenden Mechanismus erläuterte LAMARCK an den Tieren. Beträchtliche und anhaltende Veränderungen in den Umweltverhältnissen von Tieren bewirkten eine Veränderung der Bedürfnisse. Dies machte neue Tätigkeiten notwendig, um die neuen Bedürfnisse zu befriedigen und führte zu neuen Gewohnheiten. Damit werde entweder der häufigere und stärkere Gebrauch eines Organs notwendig, das sich entsprechend entwickele und vergrößere. Oder es werde der Gebrauch neuer Organe notwendig, die durch Anstrengung des inneren Gefühls entstünden. Anders verhalte es sich bei Nichtgebrauch eines Organs – dieses werde unmerklich schwächer und verschwinde schließlich ganz.

Um die Wirkungen der Gewohnheiten zu belegen, führte LAMARCK die Giraffe an, die „in Gegenden lebt, wo der beinahe trockene und kräuterlose Boden sie zwingt, das Laub der Bäume abzufressen und sich beständig anzustrengen, dasselbe zu erreichen. Infolge dieser seit langer Zeit angenommenen Gewohnheit sind bei den Individuen ihrer Rasse die Vorderbeine länger als die Hinterbeine geworden, und ihr Hals hat sich (...) verlängert.“

Bei den Pflanzen gibt es keine Tätigkeiten und damit auch keine Gewohnheiten. Dennoch führten Veränderungen der Umweltverhältnisse zu Veränderungen in der Entwicklung der Teile. LAMARCK erwartete, dass bei Pflanzen bei veränderten Umweltverhältnissen Abänderungen eintreten könnten.

Alle durch vorherrschenden Gebrauch oder konstanten Nichtgebrauch erworbenen Abänderungen sollten dann an die Nachkommen vererbt werden. LAMARCK behauptete damit die Vererbung erworbener Eigenschaften.

Zettelkasten

Finales Denken

„Die Grabbeine des Maulwurfs haben sich entwickelt, damit er besser graben kann.“ Solche oder ähnliche Aussagen erscheinen zunächst plausibel. Allerdings wird hier ein zukünftiges Ereignis (besser graben) als Ursache für ein bereits vorhandenes Objekt (Grabbeine) benannt. Dies ist wissenschaftlich nicht haltbar, denn Ursachen müssen den Wirkungen vorangehen.

Aufgaben

① Erläutern Sie die Abbildung in der Mitte im Sinne der Lamarck'schen Evolutionstheorie.
② Vergleichen Sie tabellarisch die Theorien von LAMARCK und DARWIN am Beispiel der Entstehung des Giraffenhalses.
③ Inwieweit kann man die Theorie LAMARCKS als intentional kennzeichnen?

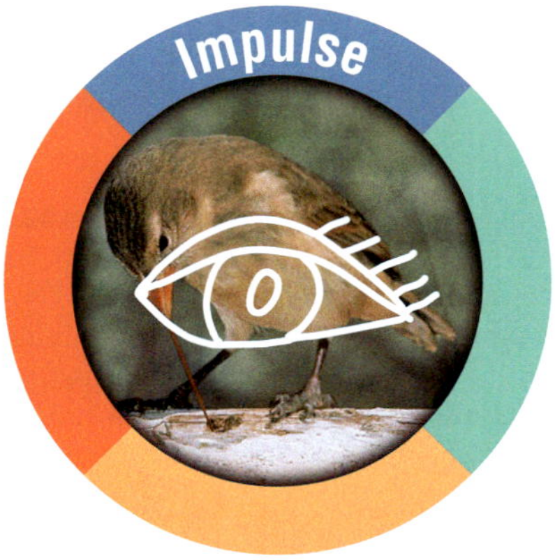

Evolution: Tatsachen, Theorien und Geschichte

Die Evolutionstheorie, wie wir sie heute kennen, verdankt ihr Entstehen der wissenschaftlichen Arbeit vieler Naturforscher: Das Verständnis der Mannigfaltigkeit und der Entstehung neuer Arten wandelte sich im Verlauf der Zeit, wurde erweitert und immer wieder verfeinert.

Georges Cuvier (1769 – 1832) erforschte die geologischen Schichten im Pariser Becken. Er fand zahlreiche Fossilien, die er als Reste von Lebewesen erkannte. Er stellte fest, dass verschiedene geologische Schichten unterschiedliche Fossilien aufwiesen. Als Erklärung diente ihm seine *Katastrophentheorie*: Naturkatastrophen vernichteten in größeren Zeitabständen die Tiere und Pflanzen in einem bestimmten Gebiet. Aus benachbarten Gebieten wanderten die Lebewesen in das zerstörte Gebiet wieder ein. Cuvier war ein Anhänger der Artkonstanz.

Evolution der Evolutionstheorie

Neben Lamarck und Darwin waren und sind an der Entwicklung der Evolutionstheorie noch viele Forscher beteiligt. Solche, die aus heutiger Sicht einen wichtigen Beitrag geleistet haben, werden auf einer Zeitleiste mit ihren wesentlichen Beiträgen eingeordnet.

Astronomen betrachten es als eine Tatsache, dass die Erde um die Sonne kreist. Biologen betrachten in ähnlicher Weise die natürliche Entstehung und Veränderung der Arten als Tatsache.

Nennen Sie mögliche Methoden, wie sich ein langsam ablaufender Vorgang beobachten lässt und schätzen Sie deren Verlässlichkeit kritisch ein.

Jean Baptiste de Lamarck
(1744 – 1829)

Charles Darwin
(1809 – 1882)

Alles nur Theorie?

Unter Evolution kann man sowohl die historische Tatsache der Artentstehung und des Artenwandels verstehen als auch einen ursächlichen Mechanismus. Im letzeren Falle handelt es sich um eine Theorie. Manche Menschen sagen dann abwertend, dass es sich ja „nur um eine Theorie" handele. „Theorie" wird dann umgangssprachlich im Sinne von etwas schnell Ausgedachtem, einer bloßen Idee oder einer Vorstellung gebraucht.

In den Naturwissenschaften spricht man zunächst von einer wissenschaftlichen *Hypothese*, wenn begründet ein Zusammenhang zwischen Tatsachen hergestellt wird. Bestätigt sich diese Hypothese wiederholt und in verschiedenen Zusammenhängen, dann sprechen immer mehr Wissenschaftler von einer *Theorie*. Theorien haben erklärenden Charakter.

Nennen Sie Theorien aus der Biologie. Überprüfen Sie, ob die Evolutionstheorie den Anforderungen an eine Theorie entspricht (s. Seite 77).

Alfred Russel Wallace (1823 – 1913) erforschte die geografische Verbreitung von Lebewesen. Im Juni 1858 erhielt Darwin ein Manuskript von Wallace: „On the tendency of varieties to depart indefinitely from the original type." Darin beschrieb er bereits das Prinzip der natürlichen Selektion.

Darwin erkannte die Bedeutung dieser Arbeiten und am 1. Juli 1858 veröffentlichte er den Artikel von Wallace und einen eigenen Aufsatz von 1844. Wallace kann also als Mitbegründer der *Selektionstheorie* gelten.

1800 — 1850

Evolution und Gesellschaft

Der Philosoph HERBERT SPENCER (1820 – 1903) wandte evolutionäre Vorstellungen auf die Gesellschaft an. Er lehnte jede Form gesellschaftlicher Sozialfürsorge ab und hielt den Kampf ums Dasein und die natürliche Auslese für die grundlegenden gesellschaftlichen Kräfte. DARWIN übernahm die Begriffe „struggle for life" und „survival of the fittest" von SPENCER.

In der Biologie erwiesen sich diese Begriffe als Erkenntnis fördernd – wohl auch, weil DARWIN immer wieder deren metaphorischen Charakter betonte. Gerade wegen ihrer Nützlichkeit in der Biologie erlangten diese Begriffe für gesellschaftliche und wirtschaftliche Entscheidungen Bedeutung. Mit dem „Kampf ums Dasein" und dem „Überleben des Stärkeren" wurden Kriege, soziale Ungerechtigkeiten und Rassismus gerechtfertigt. Ein solcher Schluss vom Sein in der Natur auf das Sollen in der Gesellschaft wird als *naturalistischer Fehlschluss* bezeichnet.

Welche Bedeutung haben die angeführten Begriffe in der Biologie?
Nennen Sie Beispiele für den naturalistischen Fehlschluss.

ERNST HAECKEL (1834 – 1919) gilt als der entschiedenste Vertreter der *Evolutionstheorie* in Deutschland. Er formulierte 1866 die *„Biogenetische Grundregel"*. Bereits vor DARWIN unternahm er den für die damalige Zeit wagemutigen Versuch, die Evolutionstheorie auch auf den Menschen zu übertragen. DARWIN selbst veröffentlichte sein zweites Hauptwerk „Die Abstammung des Menschen und die genetische Zuchtwahl" dann erst im Jahre 1871.

Silber und Silbermöwen

Reines Silber ist überall auf der Welt dasselbe Material. Wir erkennen Silber an seinen (unveränderlichen) Eigenschaften. Auf den ersten Blick scheint dies auch für Silbermöwen zuzutreffen.

Erörtern Sie, ob z. B. bei Silbermöwen eine Aufzählung der Eigenschaften genügt, um diese als eine biologische Art zu kennzeichnen. Erläutern Sie den Unterschied, der zwischen der Zuordnung zu einer Klasse physikalischer oder chemischer Objekte besteht.

THEODOSIUS DOBZHANSKY (1900 – 1975) hat als Zoologe und Genetiker in Leningrad, Pasadena und New York gearbeitet und an der Taufliege Drosophila experimentelle Genetik betrieben. Er leistete Beiträge zur Populationsgenetik und war zusammen mit ERNST MAYR und anderen einer der Architekten der Synthetischen Evolutionstheorie. Ihm gelang die Vereinigung der Mendelgenetik mit der Darwin'schen Selektionstheorie. Bekannt wurde er vor allem mit dem Satz: „Nothing makes sense in biology, except in the light of evolution.".

Übersetzen Sie die Aussage von DOBZHANSKY in einen treffenden deutschen Satz. Erläutern Sie den Satz an verschiedenen Beispielen.

Begründen Sie, ob die weitere Evolution vorhersagbar ist.

Ist die Evolutionstheorie unveränderlich oder entwickelt sie sich auch weiterhin?

Entwerfen Sie fiktive Streitgespräche zwischen den verschiedenen Wissenschaftlern, die Beiträge zur Evolutionstheorie geleistet haben.

Diskutieren Sie, ob solche Streitgespräche im wissenschaftshistorischen Sinne den Leistungen der Wissenschaftler gerecht werden.

Entwerfen Sie ein Fabelwesen, das auf einem anderen Planeten entstanden sein könnte aber keinem Lebewesen auf der Erde ähnlich ist und begründen Sie Ihren Entwurf aufgrund der angenommenen Umweltbedingungen.

ERNST MAYR (1904 – 2005) arbeitete als Ornithologe am Zoologischen Museum in Berlin, am American Museum in New York und an der Harvard-Universität. Er hat 26 neue Vogelarten beschrieben.

MAYR zeigte, wie neue Arten durch geografische Trennung von Populationen entstehen können. Zusammen mit seinem Kollegen THEODOSIUS DOBZHANSKY hat ERNST MAYR das Konzept der genetischen Art entwickelt. Dieser genetische Artbegriff ist ein wichtiger Beitrag zur Synthetischen Evolutionstheorie, an deren Aufstellung und Darstellung er maßgeblich beteiligt war.

1950 2000

Die christlichen Kirchen

„Naturwissenschaftler analysieren Wirkweisen, Religionen suchen nach Sinn und Zweck des Lebens ... Die jüdisch-christliche Tradition befasst sich mit Lebensfragen. Sie überliefert Antworten früherer Generationen. Deren Schöpfungsgeschichten sagen, die Welt sei aus der Liebe Gottes hervorgegangen. Alles, was geschieht, habe eine hintergründige Bedeutung, also einen Sinn. Die Fragen von Glaube und Naturwissenschaft sind so unterschiedlich, dass sich ihre Antworten nicht wirklich widersprechen können." (BURKHARD WEITZ, Redakteur bei Chrismon, dem evangelischen Online-Magazin, 2002))

„... Die überragende Stellung des Menschen über der ganzen Kreatur beruht also gerade nicht auf seiner höheren Geburt, sondern einzig und allein auf dem einzigartigen Verhältnis, in das Gott zu ihm tritt."
(K. HEIM, Theologe)

„Durch die Seele unterscheidet sich der Mensch durch eine Welt vom Tier. Sie ist nicht eine Art Aura des Hirns, die mit diesem steht und fällt, sondern umgekehrt, sie ist eine geistige Realität, in deren Dienst das Gehirn in einer undurchdringlich-geheimnisvollen Einheit steht. Sie ist durch keine Entwicklung von unten' erklärbar. Wer behauptet, der Mensch sei nur ein „Tier unter Tieren" und prinzipiell nicht mehr als wohlorganisierte Materie, der tritt mit dem Glauben in einen unversöhnlichen, häretischen Gegensatz." (ANDREAS LAUN, Weihbischof von Salzburg, 1996)

„Auch die Evolution können wir nur deshalb entziffern, weil sie in den vernünftigen Buchstaben der Schrift Gottes geschrieben ist. Zweifellos gibt es Evolution, zweifellos gibt es in der Natur die Mechanismen der Evolution, sie machen Sinn, sie sind sinnvoll, wir können sie in ihrem Sinn entdecken, weil sie vom Schöpfer in der Schöpfung eingeschrieben sind. Ich würde es deshalb so sagen: Gott bedient sich auch der Evolution, um das Werk der Schöpfung zu bilden. Aber ich würde hinzufügen: Gott bedient sich nicht nur der Evolution, sie ist ein Element in seinem großen Werk. In dieser Sicht braucht sich der Glaube nicht gegen die Naturwissenschaft abzuschotten." (CHRISTOPH SCHÖNBORN, Kardinal, Wien, 2000)

Kreationisten

„Die wörtliche, vollständige Inspiration der Bibel stellt in den Augen mancher vielleicht die radikalste Sicht dar und doch ist sie die einzige, die sich biblisch einwandfrei begründen lässt. Wenn wir fair und ohne Vorurteile an die Bibel herangehen und sie selbst zu Wort kommen lassen, gibt es keine andere Möglichkeit, als sie als die vollständig und wörtlich inspirierte schriftliche Offenbarung Gottes an uns Menschen anzuerkennen."
(TILL BISKUP, Botaniker, 2002)

„Es gibt keinen Sinn im Leben, wenn wir als Tiere im Kampf ums Dasein dargestellt werden. So etwas schafft Hoffnungslosigkeit und Selbstzweifel und führt zu Leid, Mord und Freitod."
(MARC LOOY, Gruppe „Answers in Genesis", Kansas, 1999)

„What Darwin's theory really is: Darwin's theory of evolution represents an unscientific, unproven, anti-Christian, atheistic, naturalistic, hoax, adult fairytale, pseudo-religious theory that should be banned in public education under the classification of „science". Instead, let it be taught in a comparative religions or philosophy class where it rightfully belongs."
(WILLIAM D. MAYERCHECK, Creationist / Engineer, Pennsylvania, 2000)

„[Die Evolutionstheorie] ... ist beispielsweise nicht imstande, experimentell vorzuführen, wie Leben aus unbelebter Materie entstanden sein soll." (HANSRUEDI STUTZ, Mitarbeiter bei Pro Genesis, 1999)

Kritische Positionen

Die *Evolutionstheorie* versucht, die Entwicklung der Lebewesen allein durch natürliche Vorgänge zu erklären. Dieser *Naturalismus*, der u.a. mithilfe von zufälligen Mutationen und Selektionsvorgängen die Entwicklung beschreibt, ist auf gegenwärtige und vergangene Ursachen bezogen und verzichtet auf ein zukünftiges Entwicklungsziel. Dies schließt menschliche Evolution mit ein und gesteht ihm keine Sonderrolle zu. Dies wird vielfach als Verletzung menschlicher Würde gesehen und widerspricht dem gewohnten Selbstverständnis, denn in einer Entwicklung auf ein Ziel hin wird vielfach ein Sinn gesehen und der Weg dorthin kann dann nicht auf Zufall gegründet sein. Die Evolutionstheorie gerät damit leicht in Konflikt mit der Religion.

Die großen christlichen Kirchen sehen sich auf einer anderen Ebene als die Naturwissenschaften, nämlich einer geistigen. Insofern besteht heutzutage kein Widerspruch zur Evolutionslehre, solange die Wissenschaft ihre materielle Domäne und die Theologie ihre geistige nicht verlassen.

Zu den Anhängern des *Kreationismus* bzw. einer *„Schöpfungswissenschaft"* genannten Richtung gehören am einen Ende Vertreter, die an einer wörtlichen Bibelauslegung festhalten und in der Evolutionslehre eine Bedrohung sehen. Am anderen Ende sind die Vertreter des *Intelligenten Designs,* die die Evolution zum Teil akzeptieren, aber dennoch in Teilbereichen übernatürliche Ursachen annehmen. Viele Vertreter versuchen, Ergebnisse der Evolutionsforschung zu widerlegen oder zumindest abzuschwächen.

Ein häufiger Vorwurf lautet, dass die Evolution nicht sicher bewiesen sei. Dies zielt eigentlich auf den Hypothesencharakter aller naturwissenschaftlichen Theorien. *Theorien* sind prinzipiell nicht positiv beweisbar, nicht verifizierbar. Die Forderung nach völliger Sicherheit ignoriert also den Hypothesencharakter und kann generell nicht eingelöst werden. Theorien sollten aber widerspruchsfrei *(interne Konsistenz)* und überprüfbar sein, und die Prüfung sollte auch negativ ausfallen können. Ein positives Ergebnis ist aber kein Beweis, sondern „nur" eine bestandene Bewährungsprobe. Die Evolutionstheorie hat sich schon in vielen voneinander unabhängigen Prüfungen bewährt. Die „Schöpfungslehre" dagegen ist prinzipiell nicht überprüfbar.

Wahrscheinlichkeitsargumente

„Das Hämoglobinmolekül besteht aus vier Proteinen, 2 α-Globinen und 2 β-Globinen. Das β-Globin besteht aus 146 Aminosäuren. Die Anzahl möglicher Anordnungen von 20 Aminosäuren in einer Kette mit 146 Gliedern ist unvorstellbar groß, nämlich 20^{146} bzw. 10^{190}! Das Alter des Weltalls wird auf 13,7 Mrd. Jahre geschätzt, das sind etwa $4 \cdot 10^{18}$ Sekunden. Selbst wenn pro Sekunde 1 Milliarde Möglichkeiten ausprobiert worden wären, hätte die gesamte Zeit der Welt nicht ausgereicht, durch Zufall β-Globin entstehen zu lassen. Die Wahrscheinlichkeit dazu ist praktisch gleich null.“ (Argumentationsbeispiel wie viele ähnliche)

Theorie des Intelligenten Designs

„Der Evolutionstheoretiker glaubt, dass die Entstehung und Entfaltung des Lebens durch natürliche Prozesse erklärbar ist, und darauf aufbauend versucht er Wissenschaft zu betreiben. Schöpfungstheoretiker bauen ihre Rekonstruktion der Geschichte des Lebens auf dem geoffenbarten Wort Gottes.“ (REINHARD JUNKER, Studiengemeinschaft Wort + Wissen, Mitautor eines kreationistischen Biologie-Schulbuches, 1998)

„Biochemische Vorgänge, die Basis-Funktionen von Lebewesen aufrechterhalten, sind zum Teil so komplex in sich verknüpft, dass die Abwesenheit nur eines Elementes zum Totalzusammenbruch führt. Solche Strukturen können nicht schrittweise entstanden sein und die Anzahl der bekannten Systeme und ihre Komplexität schließen jeden Zufall aus.“ (REINHARD JUNKER)

Naturwissenschaftler

„Ich finde Gott in meinen Forschungen, aber nur, weil er mich zuvor schon gefunden hat. Er schenkte mir, dass ich an ihn glaube, und dieser Glaube bestimmt mein ganzes Leben und besonders meine Forschung. Ich habe nie versucht, ihn durch Forschen zu finden.“
(Pater G. V. COYNE, Direktor der Sternwarte des Vatikan)

„Was bei unseren Forschungen herauskam, war, verkürzt gesagt, die Erkenntnis, dass in der Natur alles optimal geregelt ist. Man kann das natürlich auch theologisch erklären und sagen „Das ist eben Schöpfung“. Naturwissenschaftler sind ja nicht unbedingt gottlos. Aber wir sagen, wenn Gott das Leben geschaffen hat, dann hat er es nach den Regeln der Naturgesetze getan. Er wird keine Naturgesetze hervorbringen, um sie dann wieder zu umgehen. Also muss sich die Entstehung des Lebens irgendwie erklären lassen. Wir stellen also nicht die Frage, ob Gott es war oder ob es Gott gibt, sondern wir schauen uns an, wie die Lebensprozesse ablaufen.“ (MANFRED EIGEN, Nobelpreisträger)

Weiterhin ist Naturwissenschaft und damit auch die Evolutionsforschung eine menschliche Tätigkeit. Als solche enthält sie menschliche Schwächen wie z. B. die Möglichkeit des Irrtums, auch ist sie unfertig, nicht abgeschlossen. In dieser Situation führen aber neue Erkenntnisse und kritische Prüfung zu ständiger Verbesserung. Die Forderung nach völliger Sicherheit und Abgeschlossenheit übersteigt menschliche Fähigkeiten und ist insofern unredlich. Dies gilt auch für die häufig als Widerlegung angeführten Lücken z. B. in Fossilreihen. Andere Kritiker akzeptieren allgemein die Naturwissenschaften, nehmen aber die Evolutionstheorie davon aus. Dies widerspricht der Tatsache, dass die Evolutionstheorie als biologische Theorie in den Zusammenhang anderer Naturwissenschaften eingebettet ist und mit ihnen nicht im Widerspruch steht *(externe Konsistenz)*. Wenn man z. B. die ermittelten Zeiträume der Erdgeschichte nicht akzeptiert, lehnt man mit der Methode der Zeitmessung auch die physikalischen Grundlagen über den Atombau und den radioaktiven Zerfall ab.

Ein häufiges Argument gegen die Evolutionstheorie stammt aus Wahrscheinlichkeitsberechnungen zum Beispiel mit den Aminosäureabfolgen in Proteinen. Die Theoretiker des *Intelligenten Designs* gehen von ähnlichen Überlegungen aus und sehen z. B. hinter einer komplizierten Struktur eines Organismus den Plan eines Designers.

Diese Überlegungen ignorieren jedoch, dass die Entstehung z. B. eines solchen Proteins nicht in einem Schritt geschehen sein muss. Selektionsvorteile sind immer relativ und ein Organismus, der z. B. ein Sauerstoff bindendes Protein besitzt, ist im Vorteil gegenüber anderen, die dieses nicht besitzen. Der Besitz wird sich also durchsetzten ebenso wie jedes verbesserte Protein später. Diese Entwicklung beruht auf schrittweiser Verbesserung und relativem Vorteil und nicht auf der zufälligen Entstehung in einem einzigen Schritt. In wieweit eine Struktur bereits von Anfang an fertig sein muss, lässt sich kaum klären, eine Veränderung eines heutigen hochentwickelten Proteins bringt logischerweise nur Beeinträchtigungen und erklärt daher nichts.

Diese angesprochenen Diskussionspunkte stellen für viele Naturwissenschaftler gar keine Probleme dar, sie sehen ähnlich wie die großen christlichen Kirchen keinen Widerspruch. Die Faszination der Natur einschließlich der Evolution kann daher für sich allein beeindruckend sein oder als großartiger Plan eines Schöpfers angesehen werden. Dies schließt sich nicht aus.

Aufgabe

① Zeigen Sie, an welchen Stellen der Texte auf verschiedenen Ebenen argumentiert wird und wo Überschreitungen der Domänengrenzen erfolgen.

Divergenz und Konvergenz

Die gegenwärtige Wirkung der Evolutionsfaktoren lässt sich an vielen Beispielen zeigen, und die Bildung neuer Arten kann man mit ihrer Hilfe gut verstehen. Es gibt also Wege und Prinzipien, die die Entstehung der heutigen Organismenvielfalt erklärbar machen. Dies beantwortet die Frage nach den Mechanismen der Evolution. Es bleibt die zweite Frage zu beantworten, wie die Entwicklung historisch tatsächlich abgelaufen ist, ob sich also die Verwandtschaft von Organismen und damit ihre gemeinsame Abstammung einsichtig machen lässt. Dies erfordert weitere Methoden, die der historischen Sicht gerecht werden.

Vergleicht man zwei Organismen, so stellt man anfangs lediglich mehr oder weniger große Ähnlichkeiten fest. Das heißt, dass es z. B. Merkmale gibt, die bei beiden Organismen übereinstimmen, und andere, in denen sie sich unterscheiden. Diese Ähnlichkeit lässt sich auf zwei gegensätzliche Weisen interpretieren (Abb. 1).

Die beiden Arten können einerseits einen gemeinsamen Ursprung haben und verwandt sein, wie dies im Beispiel der Spechte der Fall ist (s. Seite 394). Dann sind die Übereinstimmungen älter und beruhen auf ähnlicher genetischer Information, die von der gemeinsamen Abstammung herrührt, während die Unterschiede im Laufe der Evolution neu entstanden sind.

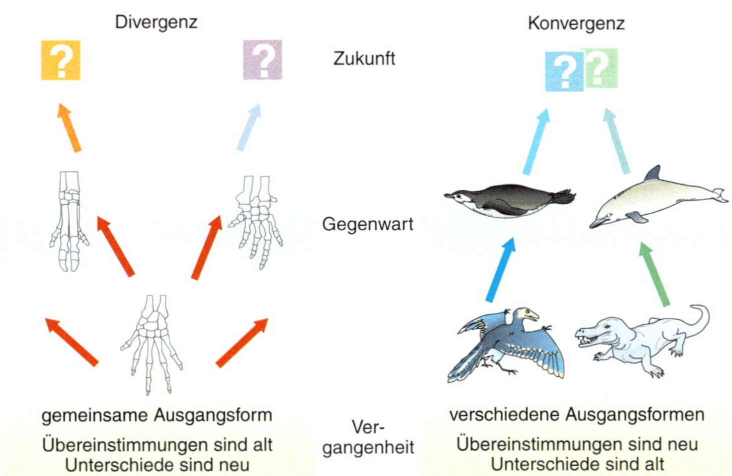

1 Divergente und konvergente Entwicklung

Ältere Merkmale nennt man auch *ursprünglich*, die neueren *abgeleitet*. Die Entwicklung läuft auseinander zu größeren Unterschieden hin bzw. zu geringerer Ähnlichkeit. Eine solche Entwicklung ist *divergent* und Merkmale, deren Ähnlichkeit auf Herkunftsgleichheit beruht, nennt man *homolog* bzw. bezeichnet sie als *Homologien*.

Andererseits kann eine bestimmte Form in einer speziellen Umwelt oder für eine Funktion besonders gut geeignet sein. Dies gilt z. B. für die Stromlinienform, die in Luft und Wasser vorteilhaft ist. Im Verlauf der Entwicklung haben sich dann jeweils die Individuen besser behauptet, die dieser Form ähnlicher waren. Die Unterschiede sind bei dieser Interpretation alt und auf die verschiedenen Ausgangsformen zurückzuführen, während die Übereinstimmungen neu sind. Die Entwicklung läuft aufeinander zu *(konvergent)* in Richtung besserer Übereinstimmung mit der gut geeigneten Form und damit zu größerer Ähnlichkeit (Abb. 1). Die Übereinstimmungen bezeichnet man in solchen Fällen als *analog* bzw. als *Analogien*. Analoge Ähnlichkeiten sind nicht auf einen gemeinsamen Ursprung zurückzuführen.

Für die Entscheidung, wie Ähnlichkeiten zu beurteilen sind, braucht man damit eine geeignete Methode, mit der man Verwandtschaft belegen und zwischen Homologie und Analogie unterscheiden kann.

Homologien

Bei homologen Strukturen wird vorausgesetzt, dass ihre Ähnlichkeit durch einen gemeinsamen Ursprung bedingt ist, dass also die entsprechenden Organismen verwandt sind. Zur Entscheidung, ob Verwandtschaft bzw. Homologie vorliegt, werden drei *Homologiekriterien* herangezogen:

Findet man einzelne Strukturen stets in gleicher Lage im komplexen Gefüge aller anderen Strukturen, so geht man von deren gemeinsamer Abstammung aus. Dies ist das *Kriterium der Lage*. Mithilfe dieses Kriteriums lassen sich die Knochen der Vorderextremitäten von Wirbeltieren als homolog kennzeichnen. Dies gilt auch dann, wenn ihre Funktionen sehr unterschiedlich sind, wie z. B. bei Vorderbeinen und Flügeln.

In machen Fällen ist die Lage von Strukturen schwer zu beurteilen, wenn im Evolutionsverlauf starke Veränderungen entstanden sind oder Teile fehlen. Vielfach lassen sich dann Zwischenformen finden, mit deren Hilfe ein stetiger Übergang erkennbar ist. Die Zwischenformen können sich bei anderen Organismen finden, bei Fossilien, bei Embryonalstadien u. a. Dies ist das *Kriterium der Stetigkeit*. Damit lässt sich z. B. der Pferdefuß als Mittelfinger auffassen (s. Seite 426).

In anderen Fällen findet man bei scheinbar wenig ähnlichen Strukturen einzigartige Merkmale. Das kann z. B. eine besondere chemische Zusammensetzung sein. Dies ist das *Kriterium der spezifischen Qualität*. Die Hautschuppen eines Hais und Zähne zeigen in diesem Sinn einen gleichartigen Bau aus spezifischen Substanzen.

Analogien

Vergleicht man beispielsweise die Schwanzflossen von Walen *(Fluke* genannt) und Fischen, so fällt die ähnliche Form auf. Wale und Fische stammen jedoch nicht direkt von einem gemeinsamen Vorfahren mit derartiger Flosse ab, denn durch Anwendung der Homologiekriterien lässt sich keine Verwandtschaft bzw. Herkunftsgleichheit nachweisen. Die ähnliche Form ist jedoch aus physikalischen Gründen im Wasser als Antriebsorgan besonders gut geeignet und entsprechend gebaute Tiere besaßen Selektionsvorteile gegenüber anderen. Die beiden Flossenformen sind unabhängig voneinander durch konvergente Entwicklung entstanden. Solche Ähnlichkeiten, die nicht als Zeichen von Verwandtschaft gedeutet werden dürfen, werden *Analogien* genannt.

Homologie
Ähnlichkeit infolge gemeinsamer Abstammung

Analogie
Ähnlichkeit infolge gleicher Funktion ohne gemeinsame Abstammung

Zettelkasten

Biogenetische Grundregel

Bereits Karl Ernst von Baer beobachtete, dass sich die Embryonen der Wirbeltiere in den anfänglichen Entwicklungsstadien sehr ähneln. Einige ihrer Strukturen erinnerten an Merkmale, die man bei stammesgeschichtlichen Vorfahren vermutete. Ernst Haeckel formulierte daraus im Jahre 1866 die *biogenetische Grundregel*:

„Die Keimesentwicklung *(Ontogenese)* ist eine kurze, unvollständige und schnelle Rekapitulation der Stammesentwicklung *(Phylogenese)*."

Diese Regel trifft nur auf bestimmte Organanlagen zu, wie z. B. die Anlage von Kiemenspalten und -bögen, nicht jedoch auf den ganzen Organismus.

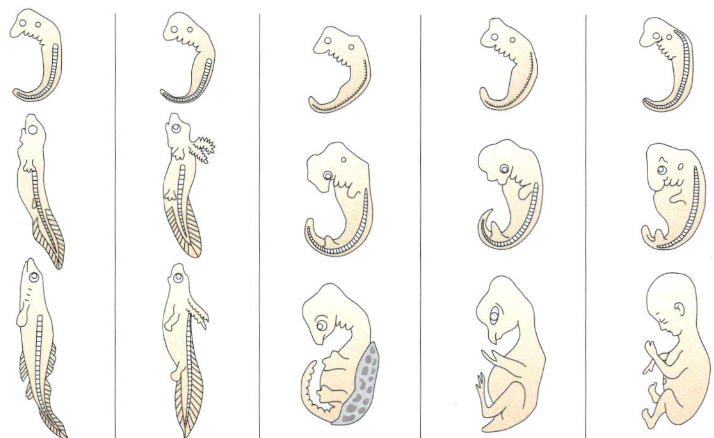

erwachsene Seepocken

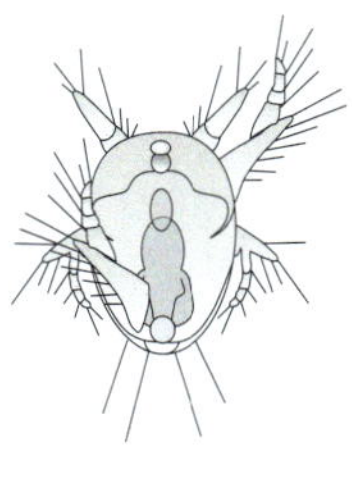
Naupliuslarve

Der Vergleich von Entwicklungsstadien ermöglicht auch die Aufklärung schwer erkennbarer Verwandtschaftsverhältnisse. Beispielsweise machen Seepocken einen Teil ihrer Entwicklung als frei schwimmende Naupliuslarve durch. Darin gleichen sie anderen Krebsarten, Seepocken sind also Krebse.

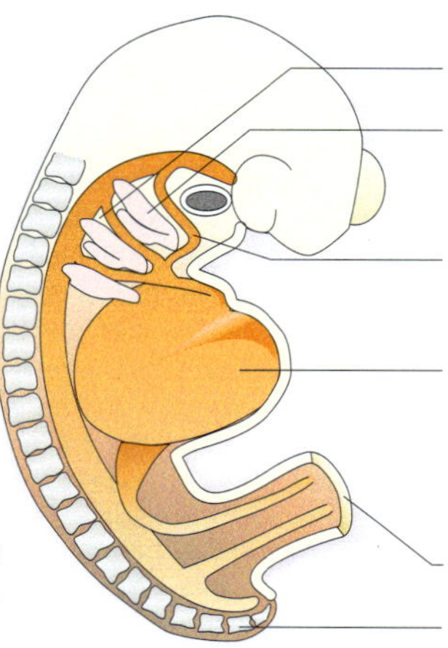

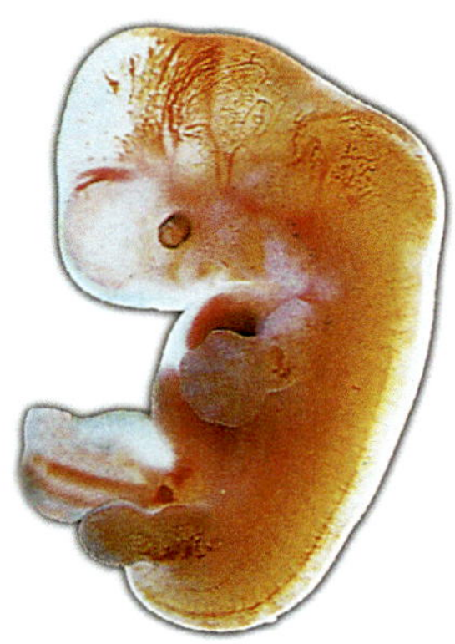

Homologien, Analogien

Vergleicht man Formen und Strukturen von ähnlichen Organismen, kann man viele offensichtliche Homologien finden. Daneben gibt es aber auch Homologien, die schwerer zu identifizieren sind.

Ähnlichkeiten zwischen Formen und Strukturen werden als *Analogien* angesehen, wenn der Versuch scheitert, sie mithilfe der Homologiekriterien als *Homologie* zu identifizieren.

Zähne und Hautschuppen

Zähne bestehen aus einer Zahnhöhle, die von Dentin umgeben ist, und einer Spitze aus hartem Schmelz. Diesen Aufbau weisen alle Wirbeltierzähne auf. Beim Hai zeigt der Bau der Hautschuppen *(Placoidschuppen)* eine Reihe von Übereinstimmungen mit dem Bau der Zähne. Hautschuppen und Zähne des Hais sind demnach zueinander homolog. Letztlich gilt dies auch für die Hautschuppen des Hais und die menschlichen Zähne.

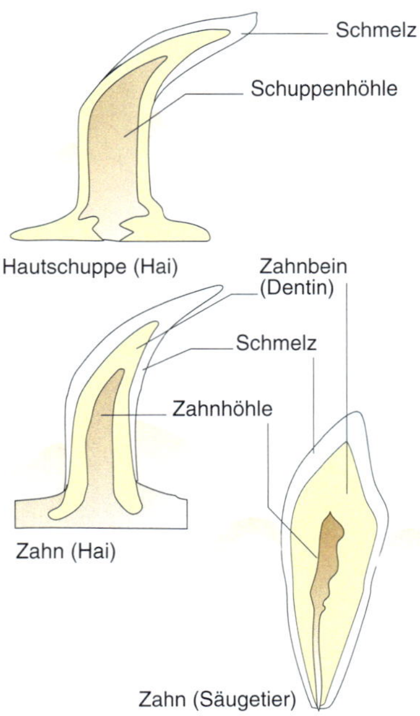

Kiefergelenk und Gehörknochen

An einem Schädel kann man einzelne Knochenbauteile aufgrund ihrer Lage zueinander als homolog identifizieren. Vergleiche zwischen den Schädeln von Reptilien und Säugern zeigen,

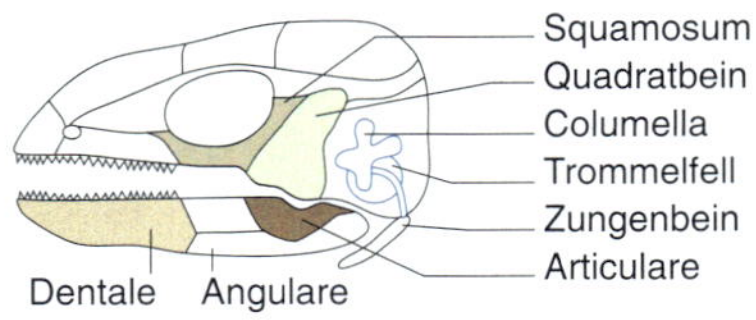

heutiges Reptil

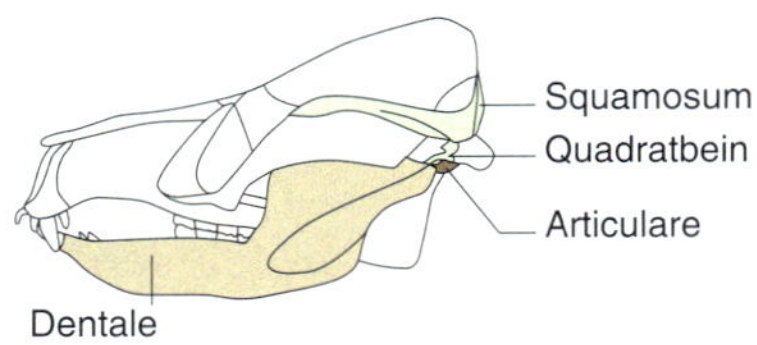

fossiles säugerartiges Reptil

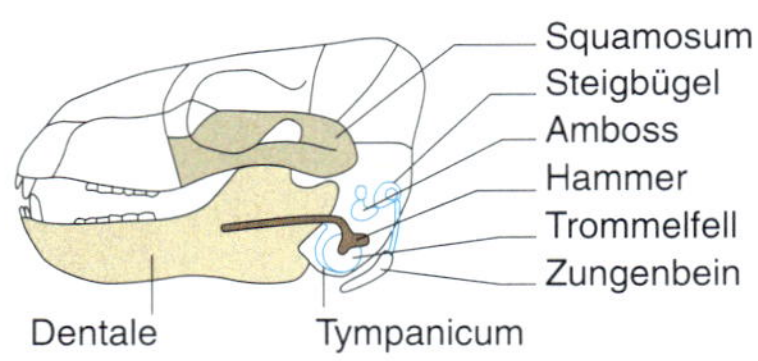

heutiger Säuger

dass ihre Kiefergelenke aus verschiedenen Knochen gebildet werden. Bei Reptilien befindet sich die Gelenkfläche zwischen Quadratum und Artikulare (primäres Kiefergelenk), bei Säugern zwischen Dentale und Squamosum.

Von Fossilien weiß man, dass im Laufe der Entwicklung landlebender Tiere zu den Säugern in zunehmendem Maße das Dentale die Gelenkfunktion übernommen hat und damit ein neues Gelenk entstanden ist *(sekundäres Kiefergelenk)*. Die Knochen des primären Kiefergelenks sind dabei immer kleiner geworden und befinden sich weiter im Schädel. Sie stellen bei Säugern die Gehörknochen Hammer, Amboss und Steigbügel dar. Kieferknochen der Reptilien und Gehörknochen der Säugetiere lassen sich also mithilfe des Kriteriums der Stetigkeit als homolog interpretieren.

Verhaltenshomologien

Einige Verhaltensweisen sind angeboren, sie besitzen zum Teil eine genetische Grundlage. Solche Verhaltensweisen stellen erbliche Merkmale dar, die ebenso wie andere der Evolution unterliegen. Vergleicht man das Verhalten verschiedener Entenarten, so stellt man erstaunliche Übereinstimmungen fest, selbst bei Arten, die sich in ihrem Vorkommen und in ihrer Lebensweise stark unterscheiden: Branderpel, Knäckerpel, Mandarinerpel und Stockerpel putzen bei der Einleitung der Balz scheinbar ihr Gefieder (s. Abb.). Stockerpel und Knäkerpel, nicht aber Branderpel und Mandarinerpel, zeigen bei der Balz ein als „Hochkurzwerden“ bekanntes Verhalten. Diese und zahlreiche weitere Beispiele zeigen, dass im Bereich des tierischen Verhaltens viele Ähnlichkeiten vorkommen. Wie morphologische Merkmale lassen sich auch Körperhaltungen und Bewegungsabläufe als homolog nachweisen. Durch Auswertung zahlreicher ethologischer Merkmale konnten Verwandtschaftsbeziehungen zwischen verschiedenen Arten erforscht werden. Bei den besonders gut untersuchten Entenvögeln war es sogar möglich, auf der Basis abgestufter Ähnlichkeit im Verhalten einen Stammbaum der Arten zu erstellen.

Branderpel

Knäckerpel

Mandarinerpel

Stockerpel

Flügelformen

Einige Saurier der Kreidezeit hatten vordere Gliedmaßen, die einen Flügel darstellten, ähnlich wie bei heutigen Fledermäusen. Die Flügelhaut eines Flugsauriers wurde jedoch von nur einem Finger aufgespannt, während dazu bei Fledermäusen vier Finger dienen. Die einzelnen Knochen der Flügelkonstruktion liegen deswegen anders zueinander und sind nicht homolog. Die Flügel sind daher bei Flugsauriern und Fledermäusen unabhängig entstanden und haben aufgrund der physikalischen Bedingungen des Fliegens konvergent Ähnlichkeiten entwickelt. Sie sind also analog.

Pflanzliche Ranken

Kletternde Pflanzen besitzen zum Teil Ranken, mit denen sie sich festhalten. Vergleicht man die Ranken verschiedener Pflanzen, so kann man unterschiedliche Grundorgane nachweisen, aus denen die Ranken abgeleitet sind. Beim Kürbis findet man z. B. an derselben Pflanze Übergangsformen, die die Ranken als Abwandlungen von Blättern erkennen lassen *(Blattranken)*. Bei der Passionsblume dagegen entspringt die Ranke aus einer Knospe in einer Blattachsel, wie es für Seitensprosse typisch ist *(Sprossranke)*. Blattranken und Sprossranken sind demnach analoge Bildungen, deren Ähnlichkeit durch die gleiche Funktion bedingt ist.

Blattranke – Kürbis

Sprossranke – Passionsblume

Rudimentäre Organe

Pferde haben eine stark ausgebildete Mittelzehe. Dem dritten Mittelfußknochen liegen links und rechts dünne, schwache Knochen an *(Griffelbeine)*, die für die Fortbewegung offensichtlich keine Bedeutung mehr haben. Sie sind den zweiten und vierten Mittelfußknochen anderer Wirbeltiere homolog.

Derartige Organe bezeichnet man allgemein als *Rudimente* oder *rudimentäre Organe*. Rudimente haben manchmal keine erkennbare Funktion. Dazu gehören beispielsweise die Reste eines Schultergürtels bei unserer einheimischen Blindschleiche oder die Flügelreste bei flugunfähigen Vögeln. Rudimente haben häufig einen neuen Funktionsschwerpunkt, der vom ursprünglichen Hauptschwerpunkt verschieden ist. Viele Organe erfüllen mehrere Aufgaben, wie z. B. die Bauchspeicheldrüse, die der Verdauung dient, aber auch den Blutzucker reguliert. Die Bildung von Rudimenten erklärt man als Funktionsverlust oder Funktionsänderung von Organen, die in Verbindung mit Änderungen der Lebensweise entstanden. Der Wurmfortsatz des Menschen hat heute für die Verdauung keinerlei Bedeutung mehr, sondern dient stattdessen als lymphatisches Organ.

Atavismen

In seltenen Ausnahmefällen werden Pferde geboren, die eine zweite oder sogar eine dritte Zehe mit einem Huf aufweisen. Diese mehrzehigen Pferde weisen also ein Merkmal auf, das auf eine mehrstrahlige Wirbeltierextremität hinweist. Derartige urtümliche Merkmale, die bei heute lebenden Lebewesen nur ausnahmsweise auftreten, für deren Vorfahren aber typisch waren, nennt man *Atavismen* (lat. *atavus* = Großvater). Atavismen findet man bei zahlreichen Lebewesen: Rosen und Tulpen weisen gelegentlich grüne, blattförmig ausgebildete Staubblätter auf. Bei der Taufliege gibt es eine atavistische Form mit vier Flügeln.

Auch beim Menschen sind Atavismen immer wieder zu beobachten: z. B. starke Körperbehaarung, Ausbildung einer Schwanzwirbelsäule oder überzählige Brustwarzen.

Drosophila, vierflügelig

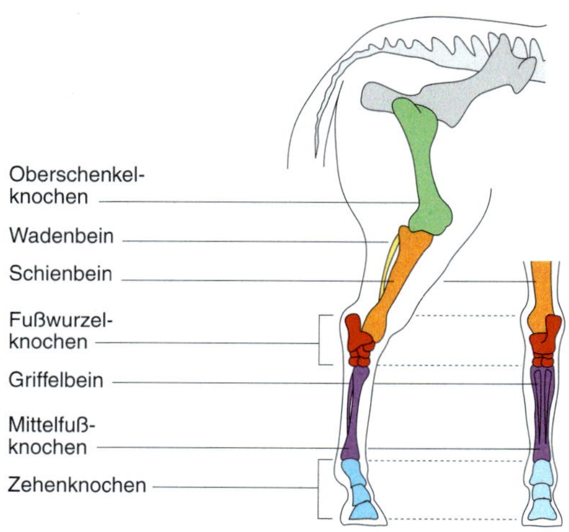

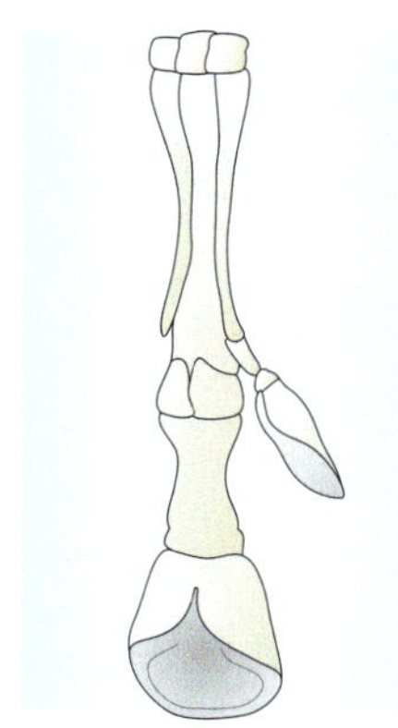

mehrzehiger Pferdefuß

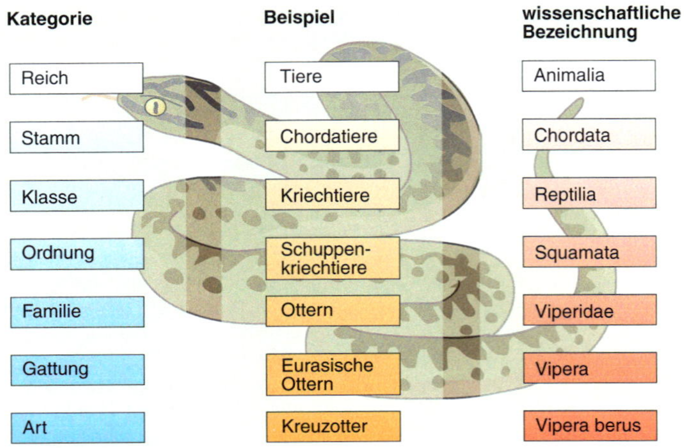

1 Taxonomie am Beispiel der Kreuzotter

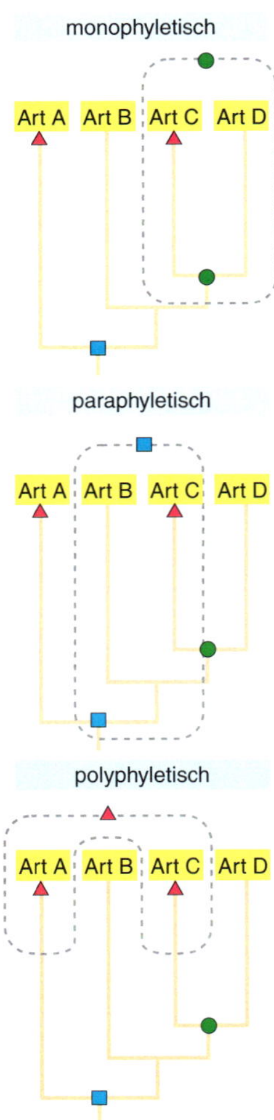

Taxonomische Gruppen

Ordnung in der Vielfalt

Für das Überleben des Menschen war es zu allen Zeiten wichtig, die Organismen in seiner Umwelt erkennen und benennen zu können. Auf diese Weise konnte er heilkräftige von giftigen und jagdbare von bedrohlichen Lebewesen unterscheiden, Nützlichkeit oder Schädlichkeit standen als Unterscheidungskriterien im Vordergrund. Das erste wissenschaftliche Ordnungssystem geht auf ARISTOTELES (384 — 322 v. Chr.) zurück. Er unterteilte die ihm bekannten Tiere in „Bluttiere" (Fische, Amphibien, Vögel und Säuger) und „Blutlose" (Schalen-, Krusten- und Weichtiere) und unterteilte sie weiter nach Lebensraum (Wasser oder Land) und Atmungsorgan (Lungen oder Kiemen). Diese *typologische Systematik* beruhte damit also erstmals auf Merkmalen und nicht auf der Bedeutung für den Menschen.

CARL VON LINNÉ (1707 — 1778) ging ebenfalls nach typologischen Kriterien vor. Er unterteilte z. B. die Blütenpflanzen nach der Anzahl der Staubblätter. Für Tiere mit Milchdrüsen stellte er die systematische Gruppe der Säugetiere auf und ordnete ihr auch die Wale und den Menschen zu. Er begründete außerdem die *binäre Nomenklatur*, nach der bis heute jede Art durch einen zweiteiligen wissenschaftlichen Namen benannt wird. So heißt die Kreuzotter *Vipera berus*, der erste Name bezeichnet die Gattung, der zweite unterscheidet die Art von anderen innerhalb der gleichen Gattung (Abb. 1). Gattungen werden weiter gruppiert, es entsteht eine begriffliche Hierarchie von Familien, Ordnungen, Klassen, Stämmen (bei Pflanzen Abteilungen) und Reichen der Lebewesen. Inzwischen sind als oberste Hierarchie die *Domänen* eingeführt worden (s. Seite 446). Eine einzelne systematische Gruppierung bezeichnet man als *Taxon* (Plural: *Taxa*), die systematische Einordnung von Lebewesen als *Taxonomie*.

Das Ordnungssystem von LINNÉ hat sich über die Jahrhunderte in vielen Bereichen bewährt. Es stellt aber ein *künstliches System* dar, denn die taxonomischen Merkmale wurden willkürlich gewählt. Viele Bestimmungsbücher, z. B. für Blütenpflanzen, gehen noch heute nach rein praktischen Gesichtspunkten wie Blütenfarbe, Blütenform, Wuchsform und Lebensraum vor. Das lässt eine schnelle Zuordnung und Benennung von Pflanzen zu, sagt aber noch nichts über die verwandtschaftliche Beziehung der Arten untereinander aus — es gibt keine Verwandtschaftsgruppe der „blau blühenden Pflanzen", der Bäume oder der Wiesenblumen.

Die Verwandtschaft der Arten lässt sich in einem Stammbaum darstellen, dessen Verzweigungen auch die stammesgeschichtliche Entwicklung der Arten widerspiegeln. Die heute lebenden Arten sind die Endpunkte der Zweige, die Verzweigungsstellen markieren eine gemeinsame Stammart. Diejenigen Zweige, die sich auf einen gemeinsamen Ast zurückverfolgen lassen, bilden einen Verwandtschaftskreis, bestehend aus der Stammart und sämtlichen Nachkommen. Man bezeichnet sie als *monophyletische Gruppe* (s. Randspalte). Mit den Verzweigungen verschiedenen Grades erhält man wieder ein hierarchisches Ordnungssystem, bei dem die Verwandtschaftskreise einander konzentrisch umfassen. Diesmal beruht es aber auf der Verwandtschaft der Arten, es handelt sich um ein *natürliches System* der Lebewesen.

Einige Taxa, die auf typologischen Merkmalen beruhen, lassen sich nicht im natürlichen System wiederfinden: *Polyphyletische Gruppen* fassen Arten von Zweigen zusammen, die keine gemeinsame Stammart haben. Die „Würmer" bilden z. B. eine polyphyletische Gruppe, denn Regenwürmer, Fadenwümer und Bandwürmer gehören nicht in eine Verwandtschaftsgruppe. *Paraphyletische Gruppen* fassen Arten zusammen, die zwar eine gemeinsame Stammart haben, aber nicht alle Verzweigungen enthalten (z. B. Reptilien, s. Seite 420). Poly- und paraphyletische Taxa werden bei besserer Kenntnis der Verwandtschaft aufgelöst.

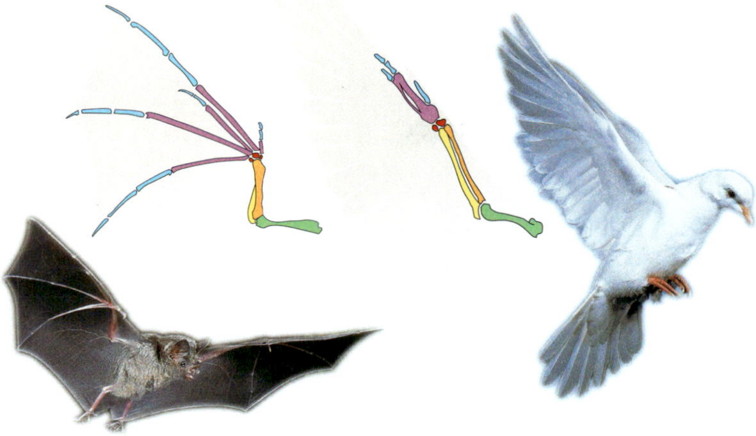

1 Fledermaus und Taube und Schema der Vorderextremität

Schritte der Merkmalsprüfung

1. Homologie-Vermutung
2. Außengruppen-vergleich: Abgrenzung gemeinsamer abgeleiteter Merkmale
3. Prinzip der einfachsten Erklärung

Dogge und Dackel

Geeignete Merkmale

Schon ein Kleinkind erkennt auf Anhieb, dass Dogge und Dackel Hunde sind und nennt sie „Wauwau". Kinder orientieren sich vor allem am Gebell von Hunden, aber auch am Schwanzwedeln oder Hecheln. Diese Verhaltensmerkmale haben alle Hunde gemeinsam und sie fehlen bei anderen Säugetieren. Kein geeignetes Merkmal ist dagegen die Größe des Hundes, denn sie ist viel zu variabel. Auch Fell oder Vierbeinigkeit eignen sich nicht, denn darin unterscheidet sich der Hund nicht deutlich von der Katze, vier Beine hat er sogar mit Krokodilen gemeinsam.

Nicht immer gelingt die richtige Zuordnung mit dem ausgewählten Merkmal. Das zeigt z. B. die umgangssprachliche Benennung des Wales als „Walfisch", wegen der Stromlinienform und seiner flossenartigen Fortbewegungsorgane, die er mit Fischen gemeinsam hat. Die Schwanzflosse des Fisches enthält jedoch Skelettelemente, die Fluke des Wales besteht aus Bindegewebe. Schwanzflosse und Fluke üben lediglich die gleiche Funktion aus. Es handelt sich also um analoge Merkmale, die über die verwandtschaftliche Beziehung nichts aussagen.

Auch Wissenschaftler untersuchen anhand von Merkmalen die Verwandtschaftsbeziehungen von Arten und auch sie müssen geeignete von ungeeigneten Merkmalen unterscheiden. In der langen Liste morphologischer, ethologischer, embryologischer, biochemischer oder genetischer Merkmale suchen sie im ersten Schritt nach gemeinsamen Merkmalen, also nach Ähnlichkeiten. Analoge Ähnlichkeiten täuschen eine Verwandtschaft allerdings nur vor, sie gehören nicht in diese Liste. Für die Überprüfung der *Homologie-Vermutung* stehen die Homologiekriterien zur Verfügung (s. Seite 415).

Aber nicht alle homologen Ähnlichkeiten eignen sich für die Unterteilung von Verwandtschaftsgruppen. Die Haare von Dackel und Hauskatze sind zwar ein gemeinsames homologes Merkmal, trotzdem ist ein Dackel keine Katze. Auch Feldmäuse und Fledermäuse haben Haare, es handelt sich um ein *ursprüngliches Merkmal*, das Dackel, Hauskatze, Maus und Fledermaus von einem gemeinsamen Vorfahren übernommen haben. Solche gemeinsamen, ursprünglichen, homologen Merkmale sind zwar zur Charakterisierung höherer Taxa (Klasse Säugetiere) geeignet, nicht aber für eine feinere Unterteilung innerhalb dieser Gruppe. Dafür braucht man vielmehr *abgeleitete Merkmale,* die von der gemeinsamen Stammart der betrachteten Untergruppe „erfunden" wurden. Solche „evolutiven Neuheiten" fehlen außerhalb des betrachteten Taxons. Ein gemeinsames abgeleitetes homologes Merkmal der Nagetiere sind die Nagezähne, bei den Fledermäusen die Flügel. Um zu erkennen, ob ein gemeinsames Merkmal abgeleitet ist, kontrolliert man, ob es auch außerhalb der betrachteten Gruppe vorkommt *(Außengruppenvergleich).*

Flügel findet man z. B. nicht nur bei Fledermäusen, sondern auch bei der Taube. Gibt es also eine gemeinsame Stammart, das „Flügelwirbeltier", von dem sich Fledermaus und Taube ableiten lassen, und die dieses Taxon von der Außengruppe „Flügellose" trennt? Die Flügel von Fledermaus und Taube sind aus den gleichen Knochenelementen konstruiert, als Vorderextremität sind die Flügel deshalb als homolog anzusehen (Abb. 1). Vergleicht man die Fledermäuse jedoch anhand weiterer Merkmale mit Arten aus der Außengruppe (also der „Flügellosen"), stellt man fest, dass man Milchdrüsen oder Gebiss nicht nur bei Fledermäusen, sondern auch bei „Flügellosen" findet. Bei einer Einteilung in „Flügeltiere" und „Flügellose" müssten Milchdrüsen und Gebiss mehrfach konvergent entstanden sein. Es ist die einfachste Erklärung, wenn man den Flügel als Merkmal einstuft, das sich bei Vogel und Fledermaus unabhängig voneinander, wenn auch aus einem homologen Merkmal entwickelt hat. Es gibt keinen Verwandtschaftskreis der Flügeltiere, eine Unterteilung in die Taxa Säugetier und Vogel wird bevorzugt.

	Taxon, Merkmal	Amphibien	Schildkröten	Eidechsen und Schlangen	Krokodile	Vögel	Säugetiere
1	vier Extremitäten	+	+	+	+	+	+
2	Eihülle (Amnion)	–	+	+	+	+	+
3	Schläfenfenster	–	–	+	+	+	+
4	vier Fußzehen	–	–	–	+	+	–
5	Mahlmagen	–	–	–	+	+	–
6	Homoiothermie	–	–	–	–	+	+
7	nackte Haut	+	–	–	–	–	–
8	Panzer	–	+	–	–	–	–
9	Häutung	–	–	+	–	–	–
10	3faches Augenlid	–	–	–	+	–	–
11	Federn	–	–	–	–	+	–
12	Milchdrüsen	–	–	–	–	–	+

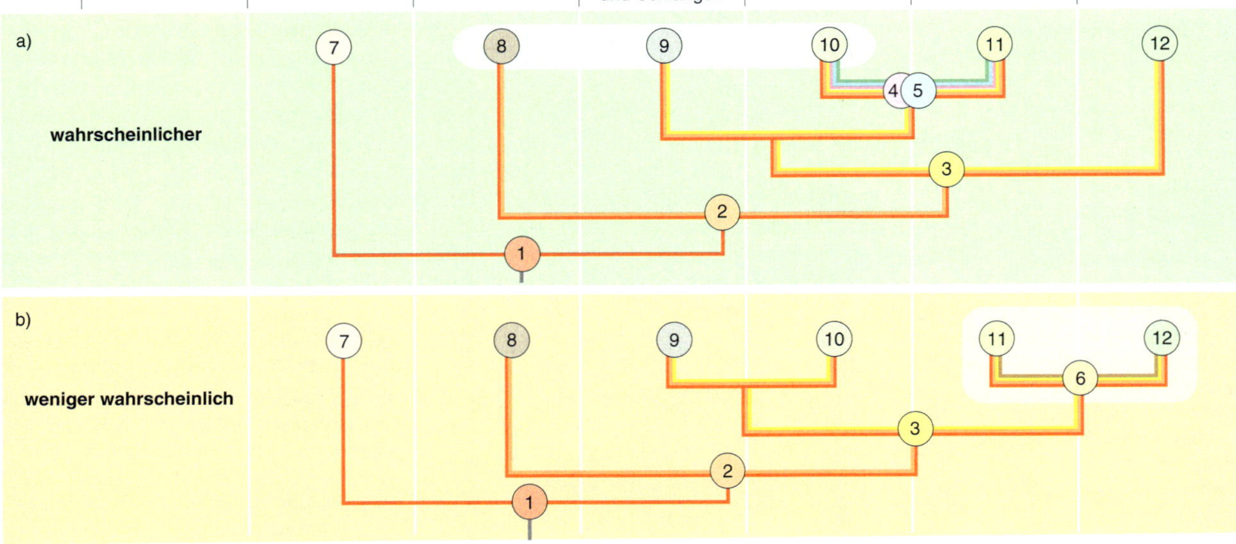

1 Auswahl abgeleiteter Merkmale und Stammbaum der vierfüßigen Wirbeltiere (Tetrapoda)

Phylogenetische Systematik: Stammbäume ermitteln

Die *phylogenetische Systematik* strebt an, ein natürliches System so aufzustellen, dass jedes Taxon einen Verwandtschaftskreis darstellt, also eine monophyletische Gruppe bildet. Ausgangspunkt ist eine Merkmalstabelle. Merkmale, die bei vielen Taxa auftauchen, stehen weiter oben, Arten mit vielen abgeleiteten Merkmalen weiter rechts (Abb. 1). Im Stammbaum markiert jeder farbige Knotenpunkt das erste Erscheinen des neuen Merkmals, die farbigen Zweige seine Weitergabe. Um einen Stammbaum zu konstruieren, beginnt man an den Zweigenden und verknüpft dann die Taxa, die Merkmale gemeinsam haben. Häufig gibt es dafür mehrere Möglichkeiten: So könnten Vögel und Säugetiere eine monophyletische Gruppe der „Gleichwarmen" bilden, die Regulation der Körpertemperatur *(Homoiothermie)* also von einer gemeinsamen Stammart übernommen haben. Dann müssten aber Mahlmagen und Vierzehigkeit der Krokodile und Vögel konvergent entstanden sein *(Außengruppenvergleich)*. Es führt zu weniger Widersprüchen *(Prinzip der einfachsten Erklärung)*, Krokodile und Vögel als monophyletische Gruppe anzusehen und die Homoiothermie als konvergentes Merkmal zu betrachten (Abb. 1a). Der Stammbaum zeigt, dass die gemeinsame Stammart von Schildkröten, Eidechsen, Schlangen und Krokodilen auch der Vorfahr von Vögeln und Säugetieren ist. Das typologische Taxon „Reptilien" bildet also keine monophyletische, sondern eine paraphyletische Gruppe, sie enthält nicht alle Abkömmlinge der Stammart. (→ 214/215)

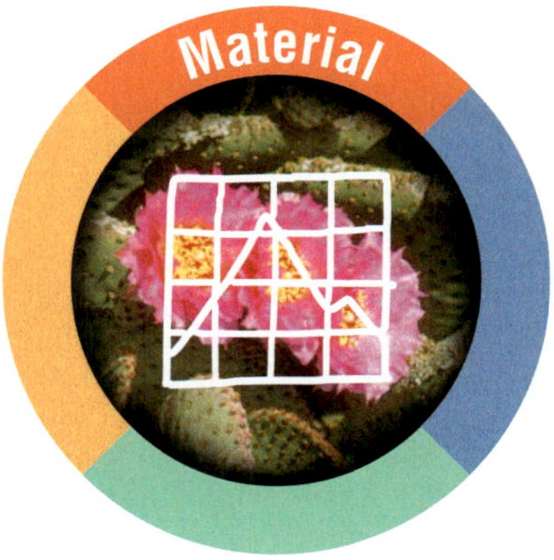

Stammbäume

Die Konstruktion von Stammbäumen aus einer Merkmalstabelle verläuft in drei Schritten: Homologie-Vermutung, Außengruppenvergleich und Prinzip der einfachsten Erklärung. Aus mehreren denkbaren Stammbäumen wird der Stammbaum gewählt, bei dem man am wenigsten Konvergenzen voraussetzen muss. Ein Stammbaum ist gut abgesichert, wenn er durch viele Merkmale gestützt wird, das bedeutet aber einen großen Rechenaufwand, der von Computerprogrammen übernommen wird. Das Verfahren ist gleich, unabhängig davon, ob genetische, morphologische oder verhaltensbiologische Merkmale verwendet wurden. Allerdings ist es üblich, die Merkmale in einer Tabelle nicht zu mischen, sondern getrennte Stammbäume zu konstruieren. Gerade molekularbiologische Merkmale werden sonst wegen ihrer großen Anzahl gegenüber morphologischen Merkmalen leicht überbewertet. Widersprüche zwischen den genetischen und morphologischen Stammbäumen lenken das Augenmerk auf bisher nicht erkannte Konvergenzen. Abschließend versucht man, einen übereinstimmenden Stammbaum zu entwickeln.

Geeignete Merkmale

Nur abgeleitete homologe gemeinsame Merkmale kennzeichnen eine neue Abzweigung im Stammbaum, denn sie geben an, dass eine evolutive Neuheit an die nachfolgenden Taxa vererbt wurde.

Aufgaben

① Nicht nur der Außengruppenvergleich sondern auch fossile Befunde helfen, abgeleitete von ursprünglichen Merkmalen zu unterscheiden. Begründen Sie.

② Auch der Ausfall eines Merkmals kann eine evolutive Neuheit, also ein abgeleitetes Merkmal sein. Man spricht dann von einem Negativmerkmal. Begründen Sie dies am Beispiel der Zähne, indem sie eine Merkmalstabelle der Wirbeltiere für Amphibien, Schildkröten, Eidechsen und Schlangen, Vögel und Säugetiere aufstellen.

Stammbäume konstruieren

Aufgaben

③ Wie viele Stammbäume lassen sich ohne Merkmalstabelle theoretisch bei drei Taxa A, B, C konstruieren?

④ Konstruieren Sie einen Stammbaum aus folgender Merkmalstabelle:

	A	B	C	D
1	+	+	+	+
2	+	+	–	–
3	–	–	+	+

⑤ Benennen Sie die monophyletischen Gruppen in der Abb. und entscheiden sie, welche der Stammbäume in der oberen Reihe inhaltsgleich sind.

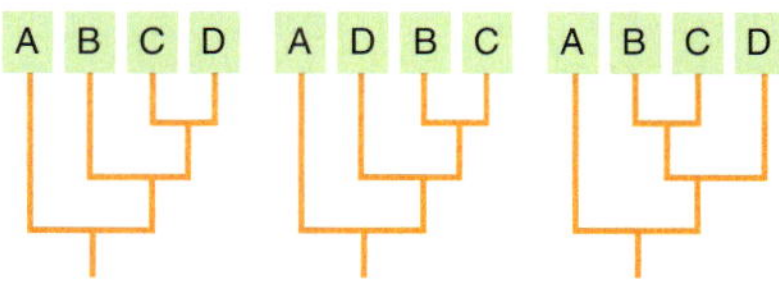

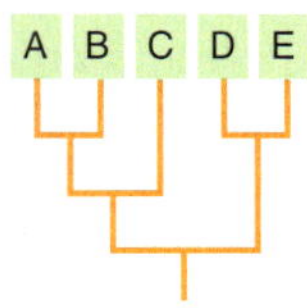

⑥ Benennen Sie alle monophyletischen Gruppen im unteren Stammbaum der Arten A, B, C, D, E.

⑦ Entscheiden Sie, ob die Gruppen (A–B–D), (A–B–C), (A–B–C–D) mono-, para- oder polyphyletisch sind.

Phylogenetik

Als *Sukkulenten* bezeichnet man Pflanzen, die in spezialisierten Geweben Wasser speichern können und daher dickfleischig erscheinen. Sie wachsen in Trockenregionen. Kakteen sind stammsukkulent, haben eine Blütenhülle aus vielen schraubig angeordneten Kelch- und Kronblättern, viele Staub- und Fruchtblätter und bilden Beeren. Auch einige Wolfsmilchgewächse sind stammsukkulent, alle haben eingeschlechtliche Blüten in komplizierten Blütenständen und bilden Kapselfrüchte.

Kaktus

Wolfsmilch

Aufgabe

⑧ Gibt es eine Verwandtschaftsgruppe „Sukkulente“? Argumentieren Sie mit dem Außengruppenvergleich und dem Prinzip der einfachsten Erklärung.

Stammbaum der Primaten

Zu den Primaten zählen neben den Halbaffen die Neuweltaffen (z. B. Kapuzinerartige), Altweltaffen (Meerkatzen, Gibbon, Orang-Utan, Gorilla, Schimpanse) und der Mensch. Halbaffen, Neuweltaffen und Meerkatzen haben einen Schwanz, die anderen Primaten sind schwanzlos. Gorilla, Schimpanse und Mensch haben eine Stirnhöhle, Meerkatzen und Gibbons haben Sitzschwielen.

Aufgaben

⑨ Stellen Sie eine Merkmalstabelle mit den drei oben angegebenen Merkmalen und folgenden Taxa auf: Meerkatze, Gibbon, Orang-Utan, Gorilla, Schimpanse und Mensch.

⑩ Konstruieren Sie einen Stammbaum der Primaten. Gibt es mehrere mögliche Stammbäume?

⑪ Molekularbiologische Daten zeigen, dass der Mensch näher mit dem Schimpansen als mit dem Gorilla verwandt ist. Stützen die morphologischen Befunde diese Aussage oder widersprechen sie ihr?

⑫ Im Gegensatz zur typologischen Systematik ist die phylogenetische Systematik häufigen Umstrukturierungen unterworfen. Erklären Sie, woran das liegt und welche Probleme das in der Praxis aufwirft.

Mensch CACGCCUUUGGCACA AUG AAG UGG GUA ACC UUU AUU UCC CUU CUU UUU CUC UUU AGC UCG GCU UAU UCC AGG GGU GUG UUU CGU CGA GAU
Met Lys Trp Val Thr Phe Ile Ser Leu Leu Phe Leu Phe Ser Ser Ala Tyr Ser Arg Gly Val Phe Arg Arg Asp
Schaf CAAACCUUUGGCACA AUG AAG UGG GUG ACU UUU AUU UCC CUU CUC CUU CUC UUC AGC UCU GCU UAU UCC AGG GGU GUG UUU CGU CGA GAU
Met Lys Trp Val Thr Phe Ile Ser Leu Leu Leu Leu Phe Ser Ser Ala Tyr Ser Arg Gly Val Phe Arg Arg Asp

Ala His Lys Ser Glu Val Ala His Arg Phe Lys Asp Leu Gly Glu Glu Asn Phe Lys Ala Leu Val
GCA CAC AAG AGU GAG GUU GCU CAU CGG UUU AAA GAU UUG GGA GAA GAA AAU UUC AAA GCC UUG GUG
ACA CAC AAG AGU GAG AUU GCU CAU CGG UUU AAU GAU UUG GGA GAA GAA AAU UUU CAA GGC CUG GUG
Thr His Lys Ser Glu Ile Ala His Arg Phe Asn Asp Leu Gly Glu Glu Asn Phe Gln Gly Leu Val

Molekulare Verwandtschaft

Zum Nachweis der Verwandtschaft dienten ursprünglich makroskopisch und mikroskopisch erfassbare Merkmale. Heute werden auch biochemische und genetische Merkmale herangezogen. Sie sind oft genauer und damit aussagekräftiger.

Protein-Vergleiche

Ein bekanntes Beispiel ist die Untersuchung der Ähnlichkeit von Serumproteinen mithilfe der Antikörper-Reaktion (Abb. 1). Dazu injiziert man einem Testtier (z. B. einem Kaninchen) menschliches Serum. Es bildet daraufhin Antikörper gegen die menschlichen Serumproteine. Diese Antikörper reagieren nun mit Serumproteinen verschiedener Wirbeltiere mit einer unterschiedlich heftigen Ausfällung. Dieses Verfahren nennt man *Präzipitintest*. Das Ausmaß der Ausfällung mit menschlichem Serum, gegen das die Antikörper gebildet werden, setzt man auf 100%. Das unterschiedliche Ausmaß der Ausfällungen verdeutlicht hier die Passung der Oberflächen von Serumproteinen und Antikörpern. (→ 200/201)

Der Grad der Ausfällung ist ein Maß für die Übereinstimmung der getesteten Serumproteine mit menschlichen Serumproteinen. Man interpretiert dies als Hinweis auf eine entsprechende Ähnlichkeit der dahinter stehenden Gene und damit als verwandtschaftliche Nähe der getesteten Organismen, also auf deren gemeinsamen Ursprung. Diese Proteine sind damit Homologien auf biochemischer Ebene.

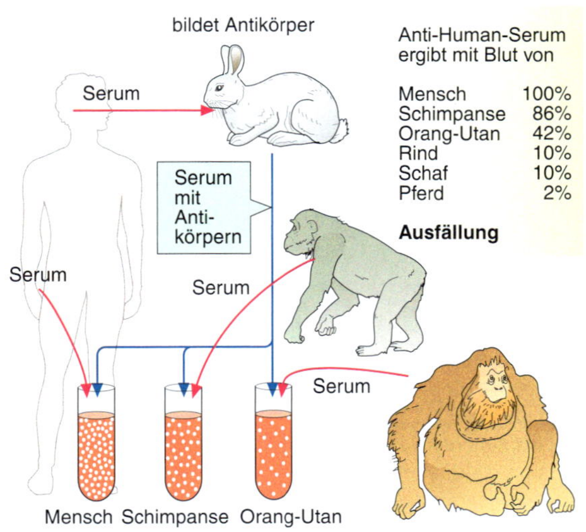

1 Präzipitintest

Allerdings besitzen Proteine keine zufällige Struktur, sondern erfüllen im Körper eine bestimmte Funktion, die durch eine bestimmte Form ermöglicht wird. Die Aminosäuresequenzen sind dafür optimiert und könnten durch eine konvergente Entwicklung ähnlich geworden sein. Die Proteine wären dann lediglich als Analogien anzusehen und nicht als Nachweis für die Verwandtschaft der Organismen geeignet.

DNA-Vergleiche

Erst der Vergleich der hinter den Proteinen stehenden Gene führt hier weiter. Viele Aminosäuren können von mehr als einem Triplett codiert sein (s. Seite 120). Nur das Protein (und damit die Aminosäuresequenz) stellt das phänotypische Merkmal dar, das mit seinem Träger der Selektion unterliegt. Welche Basensequenz bzw. Triplettsequenz dafür codiert, sollte dabei unwichtig sein. Für eine bestimmte Aminosäuresequenz gibt es daher eine Vielzahl möglicher Triplettsequenzen. Gene, die bei verschiedenen Organismen für das gleiche Protein codieren, sind jedoch sehr ähnlich, was auf einen gemeinsamen Ursprung hinweist.

Die Daten der Serumalbumine von Mensch und Schaf (s. Randspalte) sollen das verdeutlichen: Sie bestehen aus etwas mehr als 600 Aminosäuren. Gleiche Aminosäuren an gleicher Stelle werden vielfach auch durch dasselbe Triplett codiert (s. Seite 122). Die Auszählung für die ersten 100 Aminosäuren ergibt 84 gleiche Aminosäuren. Von diesen werden 64 von übereinstimmenden Tripletts codiert, d. h. 76%. Für eine zufällige oder auch konvergent entstandene Übereinstimmung sind wegen der möglichen Mehrfachcodierung jedoch nur annähernd 33% zu erwarten, d. h. etwa 30. Die Gene belegen daher die Verwandtschaft und erweisen sich nach dem Kriterium der spezifischen Qualität als Homologien auf genetischer Ebene.

50 55 60 65 70
Ile Ala Phe Ala Gln Tyr Leu Gln Gln Cys Pro Phe Glu Asp His Val Lys Leu Val Asn Glu Val
AUU GCC UUU GCU CAG UAU CUU CAG CAG UGU CCA UUU GAA GAU CAU GUA AAA UUA GUG AAU GAA GUA
AUU GCC UUU UCU CAG UAU CUC CAG CAG UGU CCA UUU GAC GAA CAU GUA AAA UUA GUG AAG GAG CUA
Ile Ala Phe Ser Gln Tyr Leu Gln Gln Cys Pro Phe Asp Glu His Val Lys Leu Val Lys Glu Leu

Thr Glu Phe Ala Lys Thr Cys Val Ala Asp Glu Ser Ala Glu Asn Cys Asp Lys Ser Leu His Thr Leu Phe Gly Asp Lys Leu Cys Thr
ACU GAA UUU GCA AAA ACA UGU GUA GCU GAU GAG UCA GCU GAA AAU UGU GAC AAA UCA CUU CAU ACC CUU UUU GGA GAC AAA UUA UGC ACA
ACU GAG UUU GCA AAA ACA UGU GUU GCU GAU GAG UCA CAU GCC GGU UGU GAU AAG UCA CUU CAC ACU CUC UUU GGA GAU GAA UUG UGU AAA
Thr Glu Phe Ala Lys Thr Cys Val Ala Asp Glu Ser His Ala Gly Cys Asp Lys Ser Leu His Thr Leu Phe Gly Asp Glu Leu Cys Lys
75 80 85 90 95 100

Vergleiche auf der Ebene der DNA werden heute weniger mit Genen durchgeführt, da sie bzw. die zugehörigen Proteine der Selektion unterliegen. Besser eignen sich DNA-Bereiche, die nicht für Proteine oder RNA codieren und darum selektionsneutral sind. Bei ihnen können sich Mutationen ansammeln und zu größeren Unterschieden führen. Das Ausmaß der Unterschiedlichkeit zweier Organismen ist gleichzeitig ein Hinweis darauf, wie weit der Zeitpunkt ihrer Arttrennung zurückliegt.

Auch beschränkt man die Vergleiche nicht mehr auf DNA aus dem Zellkern. Besonders interessant ist die DNA aus Mitochondrien, denn sie wird fast ausschließlich mütterlich vererbt und durchläuft auch keine Meiose oder Rekombination. Der Weg ihrer Vererbung ist daher leichter rekonstruierbar, und Verwandtschaftsbeziehungen können leichter aufgedeckt werden.

Eine weitere Methode stellt die *DNA-Hybridisierung* dar (s. Seite 429). Dabei werden entsprechende DNA-Abschnitte zweier Organismen zusammen erwärmt, sodass sich die Doppelstränge auftrennen. Beim Abkühlen lagern sich dann komplementäre DNA-Stränge verschiedener Organismen zusammen, allerdings weniger gut. Das Ausmaß der Hybridisierung sagt dann etwas über die Ähnlichkeit der DNA aus.

Aufgabe

① Vergleichen Sie den Stammbaum aus dem Cytochrom c-Vergleich (Abb. 1) mit der Systematik des Tierreiches (s. Seite 447).

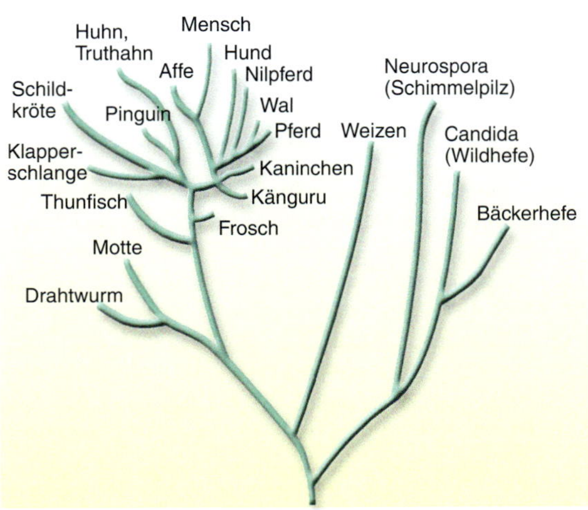

1 Stammbaum (Cytochrom c-Vergleich)

Zettelkasten

Dendrogramme als Abbild der Ähnlichkeit

Der Vergleich mehrerer Basen- oder Aminosäuresequenzen führt zu einer großen Datenmenge, in der Ähnlichkeiten nur schwer zu entdecken sind. Dendrogramme sind eine verbreitete Darstellungsform, die das Maß der Ähnlichkeit bildlich wiedergeben kann. Grundlage ist eine Clusteranalyse von gegebenen Daten, wie im folgenden Beispiel gezeigt wird.

Der Vergleich eines kurzen DNA-Stücks der vier Organismen α, β, γ und δ könnte folgende Tabelle der Basenunterschiede ergeben haben:

	α	β	γ	δ
α	–	2	3	1
β	2	–	5	2
γ	3	5	–	3
δ	1	2	3	–

Im nächsten Schritt werden die Unterschiede für jede Sequenz zu einem Distanzwert D aufsummiert:
D (α) = 6, D (β) = 9, D (γ) = 11, D (δ) = 6

Die Sequenzen werden nun nach ihrem Distanzwert sortiert und wie folgt weiter behandelt:

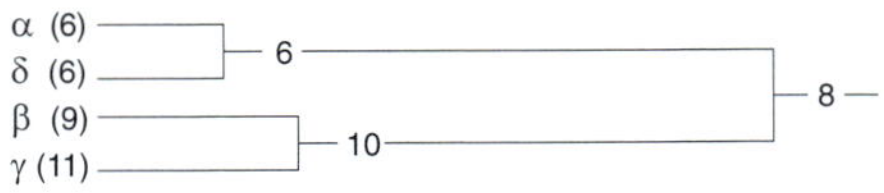

Die Sequenzen α und δ haben denselben Distanzwert (6). Sie werden als sehr ähnlich angesehen und zu einem gemeinsamen Cluster mit dem Wert 6 zusammen gezogen. Zwischen den Sequenzen β und γ besteht nun die geringste Differenz. Sie werden zu einem Cluster mit dem Mittelwert 10 zusammengefasst. Die nun verbliebenen Cluster (αδ) und (βγ) fasst man abschließend zum Gesamtcluster mit dem Wert 8 zusammen. Die baumartige Darstellung der einzelnen Schritte ergibt das *Dendrogramm*.

1 Fossilien im Gelände, Rekonstruktion

Methoden der Paläontologie

Wenn man den historischen Ablauf der Evolution untersuchen will, sind Dokumente aus früheren Zeiten sehr hilfreich. Die Dokumente der Evolutionsgeschichte bestehen aus Resten und Spuren von Lebewesen in den Gesteinen früherer Perioden der Erdgeschichte. Diese Reste und Spuren werden *Fossilien* genannt. Die Wissenschaft, die sich damit beschäftigt, ist die *Paläontologie*. Sie befasst sich mit der Rekonstruktion ausgestorbener Lebewesen und ihrer damaligen Umwelt sowie mit der Frage nach dem Alter der Fossilien.

Fossilien

Nachdem ein Lebewesen gestorben ist, wird sein Körper im Regelfall rasch von Aasfressern zerlegt und von Destruenten abgebaut. Bei einem Fossil wurde der Körper schnell eingebettet, meist in Sand oder Schlamm, was den Abbau verhinderte. Auch Sauerstoffmangel in Tiefenschichten oder Mumifizierung in extrem trockenen Gebieten können dies verhindern. Insgesamt sind die Bedingungen für die Entstehung eines Fossils eher selten. Fossilien können nach ihrer Entstehung durch geologische Prozesse umgeformt oder durch Erosion wieder zerstört werden.

Die Gesteinsformationen, in denen Fossilien vorkommen, sind zwar bekannt, die Freilegung eines Fossils bleibt dennoch von Zufällen abhängig. Paläontologen interessieren sich darum immer für neue Aufschlüsse, wo weitere Funde zu erwarten sind. Die Teile von Fossilien liegen selten so, wie sie im ehemaligen Lebewesen zusammengehörten. Paläontologen rekonstruieren daher die Lebewesen durch anatomische Vergleiche mit bekannten Fossilien oder heute lebenden Organismen (Abb. 1). Ein neues Fossil kann dann in die bekannte Systematik eingeordnet oder an neuer Stelle angegliedert werden. Für Fragen der Evolutionsgeschichte ist aber ebenso wichtig, wann das ehemalige Lebewesen gelebt hat.

Altersbestimmung

Neue Sedimente lagern sich oben auf alten ab. Daraus ergibt sich die *relative Datierung*: Höher gelegene Gesteinsschichten und die in ihnen enthaltenen Fossilien sind jünger als die darunter liegenden. Außerdem waren in allen Perioden der Erdgeschichte bestimmte Lebewesen sehr weit verbreitet. Solche *Leitfossilien* ermöglichen es dann, Gesteine auch in weit auseinanderliegenden Regionen derselben Zeit zuzuordnen, und ihr Erscheinen und Verschwinden setzt Zeitmarken zur Datierung einzelner Perioden. Mithilfe relativer Datierungsmethoden wurde schon vor langer Zeit die Abfolge der erdgeschichtlichen Phasen erkannt (s. Seite 444).

Die relative Datierung kann jedoch keine genaue Altersbestimmung leisten, hierfür benötigt man die *absolute Datierung*. Sie beruht auf der Messung des Vorkommens radioaktiver Elemente und ihrer Zerfallsprodukte (Abb. 2). Bei vielen Elementen kommen mehrere Sorten von Atomkernen vor, die zwar alle dieselbe Anzahl Protonen besitzen, sich aber in der Zahl der Neutronen un-

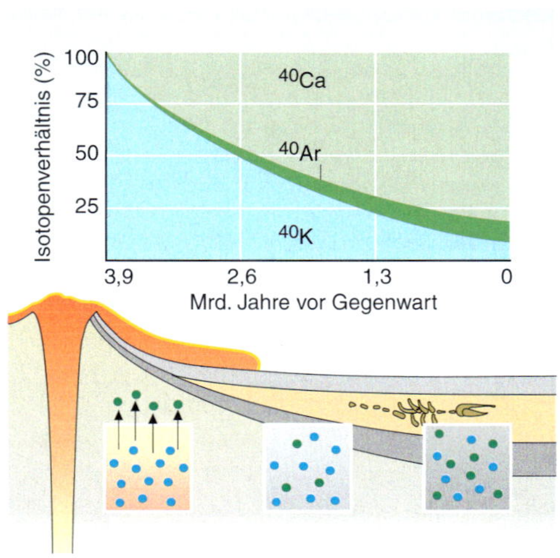

2 Methode der absoluten Datierung

terscheiden *(Isotope)*. Die Kerne einiger Isotope sind instabil und zerfallen in Kerne anderer Elemente. Die Zerfallsgeschwindigkeit ist spezifisch, man kennt für jedes Isotop die Zeit, in der die Hälfte eines vorhandenen Isotops zerfällt *(Halbwertzeit)*. Aus dem Mengenverhältnis des Isotops zu seinen Zerfallsprodukten lässt sich die Zeit berechnen, die seit der Entstehung eines Gesteins verging.

Häufig angewendet wird die *Kalium-Argon-Methode*. Sie beruht auf dem Zerfall von ^{40}Kalium unter Bildung von ^{40}Calcium sowie ^{40}Argon und ist für vulkanische Gesteine geeignet. Aus heißer Lava entweicht sämtliches Argon, in erstarrender Lava ist daher keines enthalten. Die Kalium-Atome werden dagegen im Gestein gebunden. Dies setzt den Startpunkt. Durch späteres Aufschmelzen können das nach dem Zerfall übrig gebliebene ^{40}Kalium und das inzwischen gebildete und im Gestein eingeschlossene Argon gemessen werden (Abb. 424.2). ^{40}Kalium hat eine Halbwertzeit von 1,3 Mrd. Jahren. Für Sedimentgesteine, die zwischen zwei vulkanischen Ablagerungen liegen, kann man so ein maximales und ein minimales Alter angeben. Eine weitere Methode basiert auf dem Zerfall von ^{14}Kohlenstoff. Seine Halbwertzeit beträgt 5600 Jahre, daher eignet es sich nur für kürzere Zeiträume (s. Randspalte). Da Lebewesen Kohlenstoff enthalten, wird bei dieser Methode das Alter des Fossils selbst bestimmt.

Mikrofossilien

Viele Fossilien wurden als Einzelexemplare gefunden, selten entdeckt man mehrere Individuen der gleichen Art. Zwar lassen sich damit Entwicklungslinien aufzeigen, aber der Einfluss der Selektion auf die Variabilität einer Population bleibt im Dunkeln. Bei *Mikrofossilien* ist dies aber anders. Mikrofossilien stammen meist aus Meeressedimenten und sind überwiegend Gehäuse von Einzellern, wie z.B. Foraminiferen (z.B. Lagena, siehe Abb. 1). Diese findet man in großer Zahl in Steinbrüchen und bei Bohrkernen erhält man sie sogar aus sonst unzugänglichen Tiefen. Die daraus erhaltenen *fossilen Populationen* enthalten Gehäuse aus mehreren Jahrzehnten. An ihnen lassen sich Selektionsvorgänge und Artbildungsprozesse zeigen. Abbildung 1 zeigt einen Ausschnitt aus der Evolution der Foraminiferengattung *Lagena*. Die Fossilien stammen aus mehreren Bohrkernen, die man bei der Suche nach Erdöl aus Gesteinen der Kreidezeit in Niedersachsen erhielt.

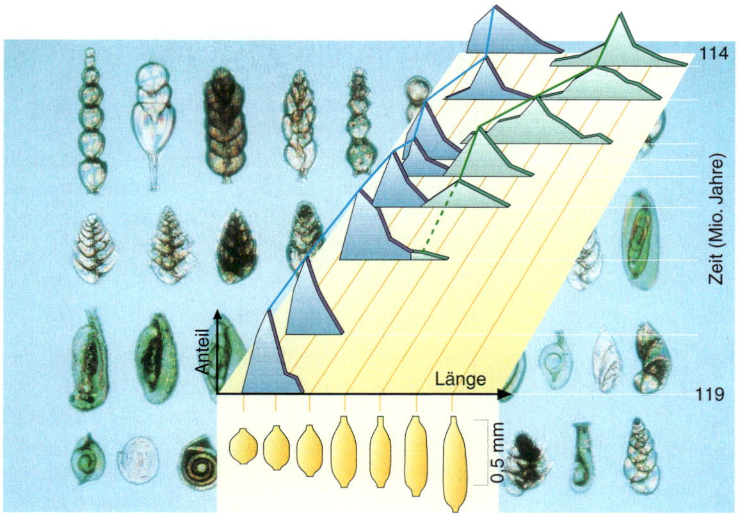

1 Evolution von Lagena (Oberkreide)

Besondere Fossilien

Einige heute lebende Organismen gleichen sehr stark Fossilien. Sie scheinen Millionen Jahre relativ unverändert überdauert zu haben. Solche Organismen bezeichnet man als *lebende Fossilien*. Ein Beispiel ist der *Quastenflosser*, der bereits im Devon lebte. Er galt als ausgestorben, bis man 1938 im Indischen Ozean gefangene Fische als heutige Vertreter identifizierte. Die Lebensweise von *Nautilus* half zu verstehen, wie seine ausgestorbenen Verwandten, die Goniatiten, Ceratiten und Ammoniten, wahrscheinlich lebten. Zu den ersten echten Bäumen gehörte der *Ginkgo*, der heute in Asien vorkommt.

Im Altmühltal wurde 1861 ein ca. 150 Mio. Jahre altes Fossil geborgen, das Merkmale von Reptilien und Vögeln in sich vereinigt. Dieses *Archaeopteryx* genannte Fossil wird als möglicher Urvogel angesehen, aus dem sich die Vögel entwickelten. Solche Organismen, die Zwischenstufen verdeutlichen, werden *Brückentiere* genannt.

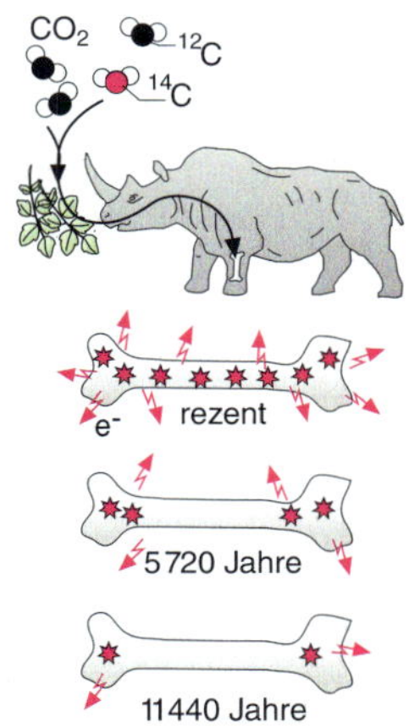

Datierung mithilfe der Radiokarbonmethode

2 Quastenflosser-Fossil und Latimeria

Rekonstruktionen der Stammesgeschichte

Fossilien sind ganz wesentliche Dokumente, um den Ablauf der Stammesgeschichte zu rekonstruieren. Manchmal entsteht dabei allerdings der Eindruck, die Evolution bestimmter Tier- und Pflanzengruppen sei zielgerichtet und in Sprüngen verlaufen.

Die Evolution der Pferde

Zur Evolution der Pferde gibt es umfangreiches Fossilmaterial. *Hyracotherium*, ein kleines Lebewesen von nur etwa 30 cm Schulterhöhe, gilt als ältester Vorläufer der heutigen Pferde. Vor 58 bis 36 Mio. Jahren lebten diese Tiere in den tropischen Wäldern Nordamerikas und Europas. Ihre Gebisse zeigen, dass sie sich ausschließlich von Beeren und weichen Blättern ernährt haben. Sehr frühzeitig fand man in Europa Fossilien von zwei weiteren Mitgliedern der Pferdefamilie: *Anchitherium* und *Hipparion*. Der Vergleich dieser Arten ließ die Wissenschaftler zunächst vermuten, dass es eine lineare, wenn auch sprunghafte Entwicklung von Hyracotherium zum modernen Pferd gegeben habe, bei der die Körpergröße stetig zugenommen, sich die Anzahl der Zehen fortschreitend zurückgebildet und das Gebiss kontinuierlich vom Laubfresser- zum Grasfressertypus gewandelt habe.

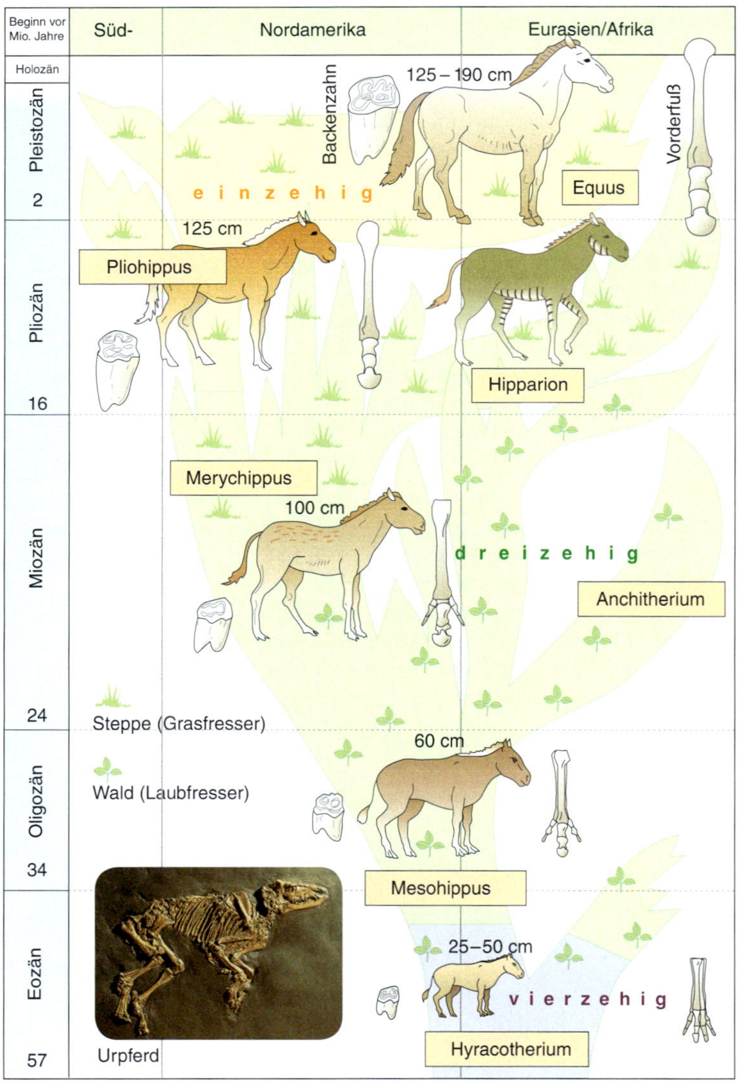

1 Stammbaum der Pferde

Die heute bekannten fossilen Funde belegen, dass die entscheidenden Phasen der Pferdeevolution nicht in Europa sondern in Nordamerika stattgefunden haben. Man hat dort Fossilien von sehr vielen Pferdearten mit unterschiedlichen Eigenschaften und Merkmalen gefunden. Offensichtlich haben mehrere Radiationsprozesse stattgefunden, die vermutlich Folge erheblicher klimatischer und geografischer Veränderungen waren. Während des Eo- und Oligozäns (jüngeres und mittleres Tertiär) bedeckten tropische Regenwälder weite Teile Nordamerikas und Europas. Nach dieser feucht-warmen Epoche sanken die mittleren Jahrestemperaturen von 20 °C auf 12 °C. Die Regenwälder gingen zurück, riesige Grassteppen mit trockenem Untergrund entstanden. Mit der Veränderung der Umweltbedingungen ergaben sich völlig neue Lebensbedingungen, an die die Pferdearten angepasst wurden. Dementsprechend verlief die Evolution der Pferde nicht geradlinig. Die einzelnen Merkmale haben sich mit unterschiedlicher Geschwindigkeit und in verschiedene Richtung entwickelt. So erfolgte z. B. die Größenzunahme zunächst langsam, dann schneller. Es gab auch Gegenentwicklungen. Unsere heute lebenden Pferde sind quasi der einzig überlebende Ast eines Stammbaumes, der in Wirklichkeit so reich verzweigt ist, dass er eher einem Busch ähnelt. Bedenkt man die langen Zeiträume, dann lässt sich die Evolution der Pferde durch eine große Zahl von Artbildungsprozessen erklären.

Der Eindruck eines zielgerichteten Trends, also einer scheinbaren Entwicklungsreihe, wird häufig dadurch erweckt, dass die Evolution aus der Rückschau betrachtet wird und zu wenig fossile Funde vorliegen, um den tatsächlichen Verlauf der Evolution rekonstruieren zu können.

Vor Mio. Jahren

Merkmale

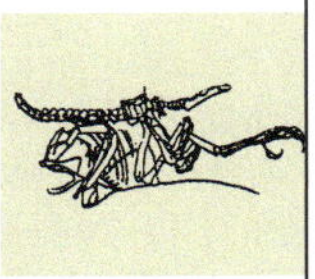

125

Iberomesornis romeralis

- Federn
- Brustbein mit Kiel
- kurzer Schwanz mit Pygostyl (verwachsene Schwanzwirbel)
- zahnlos
- saurierartiges Becken

130

Untere Kreide

135

Sinornis santensis

140

- Federn
- Brustbein mit Kiel
- kurzer Schwanz mit Pygostyl
- vogelartiger Klammerfuß
- Zähne
- Mittelhandknochen getrennt
- Krallen an zwei Fingern
- saurierartiges Becken

145

150

Oberer Jura

Archaeopteryx lithographica•

155

- Federn
- dünnwandige Knochen
- Brustbein ohne Kiel
- Zähne
- Mittelhandknochen getrennt
- Krallen an drei Fingern
- langer Wirbelschwanz
- saurierartiges Becken

Entwicklung der Vögel

1 Archaeopteryx lithographica (Berliner Exemplar)

2 Spitzhörnchen

Brückentiere

Vögel und Reptilien sind zwei Wirbeltierklassen, die aufgrund ihrer charakteristischen Merkmale leicht erkennbar und gegeneinander abgrenzbar sind. Reptilien sind wechselwarm und besitzen eine Haut aus übereinanderliegenden Schuppen. Sie haben gleichartig gestaltete Zähne. Die Herzkammern sind, außer bei Krokodilen, nicht vollständig getrennt. Sie laufen auf vier Beinen. Die Vögel haben einen neuen Lebensraum erobert. Mit diesem Entwicklungsschritt gingen zahlreiche Fluganpassungen einher. So verfügen sie über ein effektives Kreislaufsystem, ihre Herzkammern sind vollständig getrennt; Federn schützen sie vor Wärmeverlust. Sie sind gleichwarm und besitzen einen Hornschnabel, kein Gebiss. Ihre Knochen sind hohl und leicht. Ihre typische Fortbewegungsweise ist der Flug bzw. das zweibeinige Gehen.

Anatomische, morphologische und embryonale Befunde ließen eine relativ enge Verwandtschaft zwischen Vögeln und Reptilien vermuten. Derartige Hinweise reichen jedoch nicht als Beleg für eine stammesgeschichtliche Verwandtschaft. Sie kann erst als gesichert gelten, wenn genau bestimmbare und datierbare Fossilien heute getrennte Gruppen miteinander verbinden. Derartige Fossilien nennt man *Brückentiere*.

Das weltweit bekannteste Beispiel eines Brückentieres ist der Urvogel *Archaeopteryx lithographica* (Abb. 1). Alle sieben bisher entdeckten Funde zeigen neben mehreren Reptilienmerkmalen detailgetreu die Abdrücke von Flugfedern. Trotzdem war Archaeopteryx vermutlich ein schlechter Flieger, eher ein Gleiter, der sich in einer Kombination aus Gleitflug und Luftsprüngen fortbewegte. Vor etwa 135 Mio. Jahren lebte *Sinornis santensis*, ein sperlingsgroßer Vogel, dessen Flugleistungen man als recht gut einstuft. Die Fossilien des *Iberomesornis romeralis* sind noch jünger, modernen Vögeln ähnelt er schon sehr stark (s. Randspalte).

Neben ausgestorbenen Brückentieren gibt es auch heute noch lebende (rezente) *Brückentiere*. Die Familie der *Spitzhörnchen* (Abb. 2) ist hierfür ein Beispiel: Ihre Zehen und Finger weisen Krallen auf, ihr Daumen ist nicht opponierbar, in ihrem Gebiss tragen sie 38 Zähne. Diese Merkmale legen eine enge Beziehung zu den Insektenfressern nahe. Einige andere Merkmale, zum Beispiel ein Knochenring um die Augen, lassen auf eine Verwandtschaft mit Halbaffen schließen. Spitzhörnchen zeigen modellartig einen Übergang zwischen der noch sehr urtümlichen Ordnung der *Insektenfresser* und den bereits zur Ordnung der *Primaten* gehörenden Halbaffen. Da auch der Mensch zu den Primaten gehört, geben uns die Spitzhörnchen Hinweise darauf, wie die frühesten Vorfahren der Primaten und damit des Menschen ausgesehen haben könnten.

Aufgaben

① Stellen Sie die Entwicklung der drei Pferdemerkmale Körpergröße, Fuß und Zähne einander tabellarisch gegenüber.

② Fassen Sie die evolutiven Trends zusammen, die beim Vergleich von Sinornis und Archaeopteryx erkennbar sind (s. Randspalte).

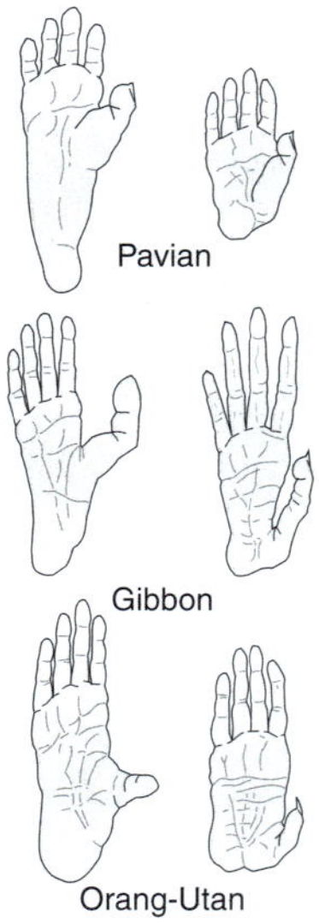

Der Mensch ist ein Primat

Jahrhundertelang galt der Mensch im europäischen Kulturkreis als Krone der Schöpfung. Die Aussage der Evolutionstheorie, dass der Mensch von tierischen Vorfahren abstamme, war daher lange umstritten. Trotz zahlreicher neuer Erkenntnisse ist die Evolution des Menschen auch heute noch längst nicht bis in alle Details geklärt. Unstrittig ist, dass aufgrund seiner vielen Säugetiermerkmale der Mensch dieser Klasse der Wirbeltiere zuzuordnen ist. Als vor 65 Millionen Jahren die Saurier ausstarben, breiteten sich die Säugetiere aus. Deren erste Vertreter waren aus einer frühen Reptiliengruppe hervorgegangen. In einer erdgeschichtlich kurzen Zeitspanne entstanden die Vorfahren aller heute noch lebenden Säugetierordnungen und besiedelten die frei gewordenen Lebensräume. Vor 40 Millionen Jahren tauchten die ersten Primaten auf. Sie sind also ein Teil der adaptiven Radiation der Säugetiere.

Vorkommen und Merkmale der Primaten

Primaten besiedeln heute Südamerika, Afrika und Asien. Ihre kleinsten Vertreter, wie der Mausmaki auf Madagaskar, wiegen knapp 50 g, männliche Gorillas haben dagegen eine Körpermasse von 250 kg.

Man unterscheidet bei den Primaten die *Halbaffen* von den *Affen*. Die bekannteste Gruppe der Halbaffen sind die *Lemuren*, die auf Madagaskar isoliert vom afrikanischen Kontinent eine unabhängige Entwicklung durchliefen. Die echten Affen unterteilt man in *Alt-* und *Neuweltaffen*. Die Altweltaffen besiedeln Afrika und Asien. Zu ihnen gehören die Meerkatzen, die Menschenaffen sowie der Mensch. Ihre kennzeichnenden Merkmale sind die kommaförmigen Nasenlöcher und die schmale Nasenscheidewand. Die in Südamerika lebenden Neuweltaffen (z. B. Kapuzineraffen) besitzen dagegen runde Nasenöffnungen und eine breite Nasenscheidewand.

Primaten sind anhand von morphologischen Merkmalen schwer eindeutig zu definieren: Die meisten besitzen an das Greifen angepasste Hände und Füße und ein im Verhältnis zu anderen Säugern großes Gehirn. Verbunden ist damit eine relativ gut ausgebildete Intelligenz und eine entsprechende Flexibilität im Verhalten. Die Lebenserwartung ist hoch, die Fortpflanzungsrate gering und die Brutpflege intensiv. Statt Krallen wie die anderen Säuger besitzen Primaten Plattnägel. Hautleisten auf der Handinnenseite und den Fußsohlen erhöhen die Tastempfindlichkeit. Durch die nach vorn stehenden Augen überdecken sich die Gesichtsfelder, so ist ein perfektes räumliches Sehen möglich.

Für die Menschenaffen und insbesondere für den Menschen treffen die oben dargestellten Merkmale zu. Der Mensch ist also ebenfalls ein Primat.

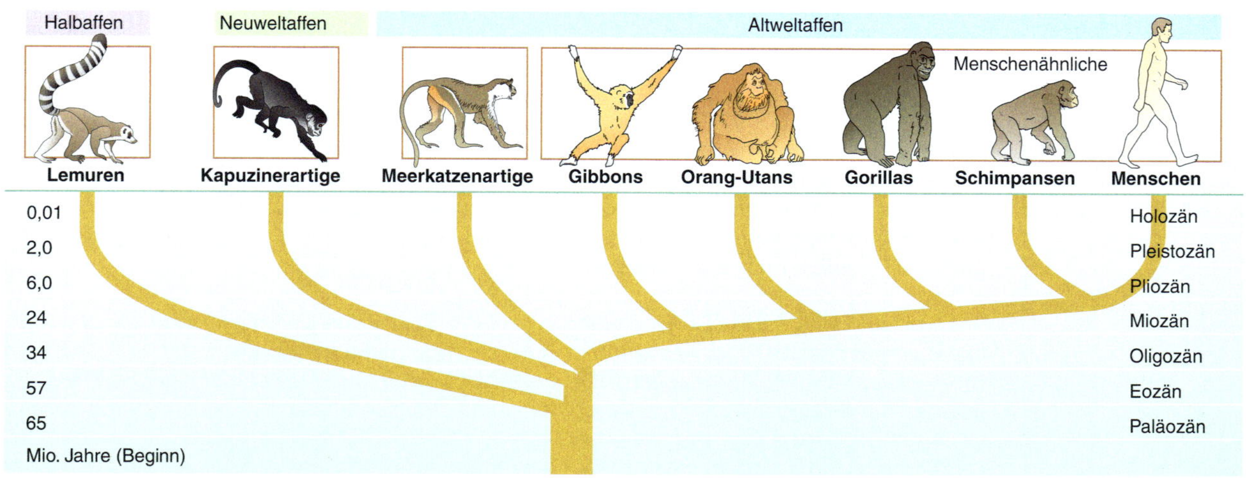

1 Stammbaum der Primaten

Unsere nächsten Verwandten

Bis vor wenigen Jahrzehnten hat man den Menschen aufgrund morphologischer und anatomischer Merkmale in eine eigene Familie eingeordnet und sie den großen Menschenaffen gegenübergestellt. Ein solcher Stammbaum passte zu der Überzeugung, dass der Mensch die „Krone der Schöpfung“ sei. Neuere Forschungsergebnisse korrigieren dieses Bild. Allein der Befund, dass die DNA des Schimpansen sich nur in ca. 1,5 % seiner Basen von der des Menschen unterscheidet, lässt eine besonders enge Verwandtschaft vermuten.

Die DNA-Hybridisierung nach SIBLEY und AHLQUIST hat die verwandtschaftlichen Zusammenhänge weiter aufgeklärt. Bei dieser Methode werden die DNA-Doppelstränge zweier zu vergleichender Arten erhitzt. Die Wasserstoffbrücken zwischen den komplementären Basen brechen auf, die Doppelstränge „schmelzen“ zu Halbsträngen. Kühlt man diese Gemische wieder ab, paaren sich komplementäre Fragmente. Je näher zwei zu vergleichende Arten verwandt sind, desto ähnlicher ist ihre DNA, d.h. umso mehr komplementäre Bereiche gibt es. Der ΔT_{50}H-Wert, also die Differenz der Schmelzpunkte artreiner und Hybrid-DNA, ist ein Maß für verwandtschaftliche Nähe. Je kleiner dieser Wert ist, desto ähnlicher ist die DNA der beiden Arten.

Auf der Basis der ΔT_{50}H-Werte kann man Stammbäume *(Dendrogramme)* entwickeln, die die verwandtschaftlichen Beziehungen veranschaulichen. Zur Erstellung derartiger Schemata setzt man voraus, dass aus einem gemeinsamen Vorfahren durch Artaufspaltung zwei neue Arten entstanden sind, die sich ihrerseits später in neue Arten trennen. Je geringer der ΔT_{50}H-Wert, desto kürzer ist der bis heute verstrichene Zeitraum seit der Artaufspaltung. Dabei entspricht ein ΔT_{50}H-Wert von 1 einem Zeitraum von 4 bis 4,5 Mio. Jahren. Die DNA-Hybridisierung belegt, dass der Schimpanse mit dem Menschen näher verwandt ist als mit Gorilla und Orang-Utan.

Aufgaben

① Begründen Sie, warum bei der DNA-Hybridisierung die nicht markierte DNA der Art B im Überschuss zugesetzt wird.

② Entwickeln Sie ein Dendrogamm für Menschenaffen und Menschen auf der Basis der ΔT_{50}H-Werte.

Zettelkasten

DNA-Hybridisierung nach Sibley und Ahlquist

Die DNA der zwei zu vergleichenden Arten wird isoliert und durch Enzyme in Fragmente von 500 Basenpaaren zerlegt. Die DNA der Art A wird radioaktiv markiert, die der anderen bleibt unmarkiert, wird aber in 1000fachem Überschuss zu der DNA von A zugegeben. Das Gemisch wird auf 95 °C erhitzt. Danach kühlt man es auf 60 °C ab und bewahrt es mehrere Stunden bei dieser Temperatur auf.

Das Gemisch gibt man auf eine Trennsäule, die Doppelstränge bindet und Einzelstränge passieren lässt. In Schritten von 2,5 °C erhöht man die Temperatur der Säule und „wäscht“ die jeweils neu entstandenen Einzelstränge aus. Die Temperatur, bei der sich 50 % der Hybrid-DNA wieder getrennt hat, bezeichnet man als *Schmelzpunkt*.

In einem Parallelversuch wird ausschließlich die DNA von A verwandt. Die Differenz der beiden Schmelzpunkte bezeichnet man als ΔT_{50}H-Wert.

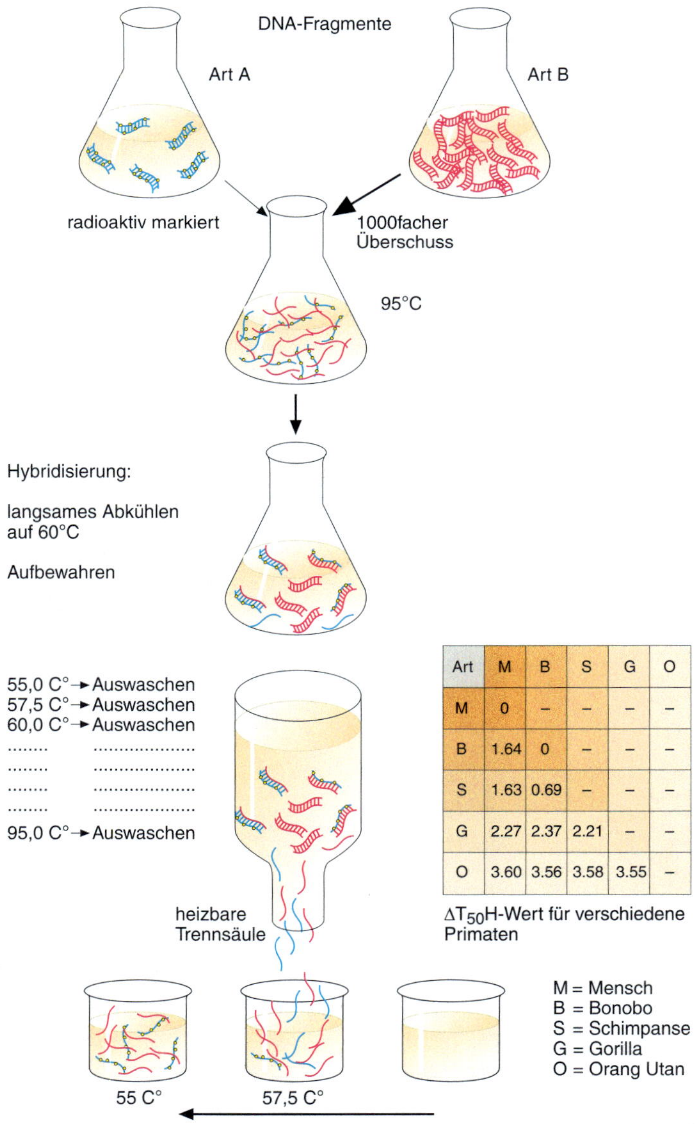

Art	M	B	S	G	O
M	0	–	–	–	–
B	1.64	0	–	–	–
S	1.63	0.69	–	–	–
G	2.27	2.37	2.21	–	–
O	3.60	3.56	3.58	3.55	–

ΔT_{50}H-Wert für verschiedene Primaten

DNA-Hybridisierung bei Primaten

Mensch und Schimpanse – ein Vergleich

Mit den Erkenntnissen aus der modernen Evolutionstheorie wandelte sich das Bild vom Menschen grundlegend. Vergleichende Untersuchungen zeigten, dass Schimpansen näher mit dem Menschen verwandt sind als mit dem Gorilla. DNA-Sequenzierungen ergaben, dass sich die Gene des Menschen nur um ca. 1,5 % von denen des Schimpansen unterscheiden. Allerdings sind die Gene des Menschen besonders im Gehirn wesentlich aktiver als beim Schimpansen.

Die nahe Verwandtschaft zeigt sich bereits beim Vergleich der Karyogramme: Die Chromosomen von Mensch und Schimpanse gleichen sich in Form, Größe und Bandenmuster. Im Unterschied zum Schimpansen ($2n = 48$) besitzt der Mensch nur $2n = 46$ Chromosomen. Die verringerte Chromosomenanzahl ist auf eine Fusion von Chromosom 2 und 3 zurückzuführen. In der Reihung entspricht Chromosom 21 des Menschen daher Chromosom 22 des Schimpansen. Aus der nahen genetischen Verwandtschaft von Schimpanse und Mensch kann man schließen, dass beide gemeinsame Vorfahren haben. Der Vergleich kann verstehen helfen, wie die Entwicklung zum heutigen Menschen vom gemeinsamen Vorfahren aus abgelaufen sein könnte.

Fortbewegung und Skelettbau

Das Skelett des Menschen mit seinen im Vergleich zu den Armen längeren Beinen ist an den aufrechten, zweibeinigen Gang angepasst. Der Fuß ist gewölbeförmig, was stabilisierend bei Druckbelastung wirkt. Die Kniegelenke sind so gebaut, dass sie hohe Belastungen durch den ständigen aufrechten Gang abfedern. Das Becken des Menschen ist schüsselförmig, kurz und breit. Es trägt den größten Teil der Last des Rumpfes mit den inneren Organen. Die Wirbelsäule ist doppelt-S-förmig gekrümmt und kann Druck- und Scherbelastungen relativ gut aufnehmen. Der Brustkorb ist breit, hat dafür eine geringe Tiefe. Dadurch liegt sein Schwerpunkt auf der Körperachse. Das Hinterhauptsloch liegt in der Mitte der Schädelunterseite, sodass sich der Schädel bei aufrechter Körperhaltung in einer günstigen Schwerpunktlage befindet.

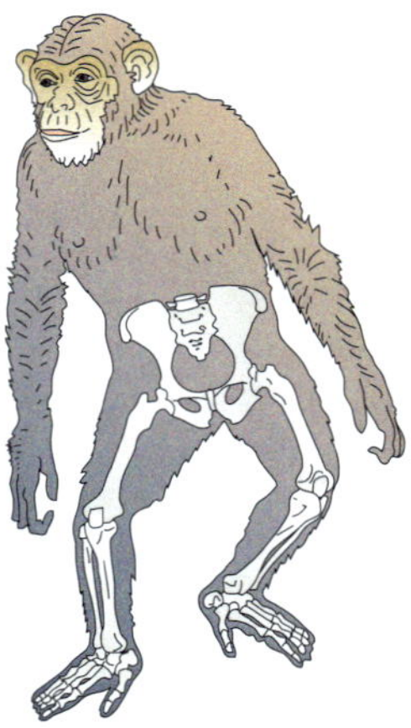

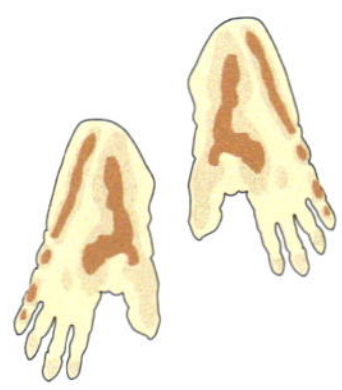

Schimpansen leben als Waldbewohner im tropischen Afrika. Beim Klettern stellen sie nicht nur den Daumen den anderen Fingern, sondern auch die große Zehe den anderen Zehen gegenüber. So können sie mit Händen und Füßen Äste umgreifen (*Greifhand* und *Greiffuß*). Dadurch sind Schimpansen an das Leben auf Bäumen, in denen sie Nahrung (Früchte, Blätter) suchen und Schutz finden, angepasst. Am Boden gehen sie meist auf allen Vieren, wobei sie die längeren Arme mit den Fingerknöcheln abstützen (*Knöchelgang*). Dabei wird der Kopf an der schräg gerichteten Wirbelsäule von der kräftigen Nackenmuskulatur gehalten. Die Wirbelsäule geht geradlinig in das längliche Becken über. Der Brustkorb ist tief und die Schulterblätter sind weit nach hinten verla-

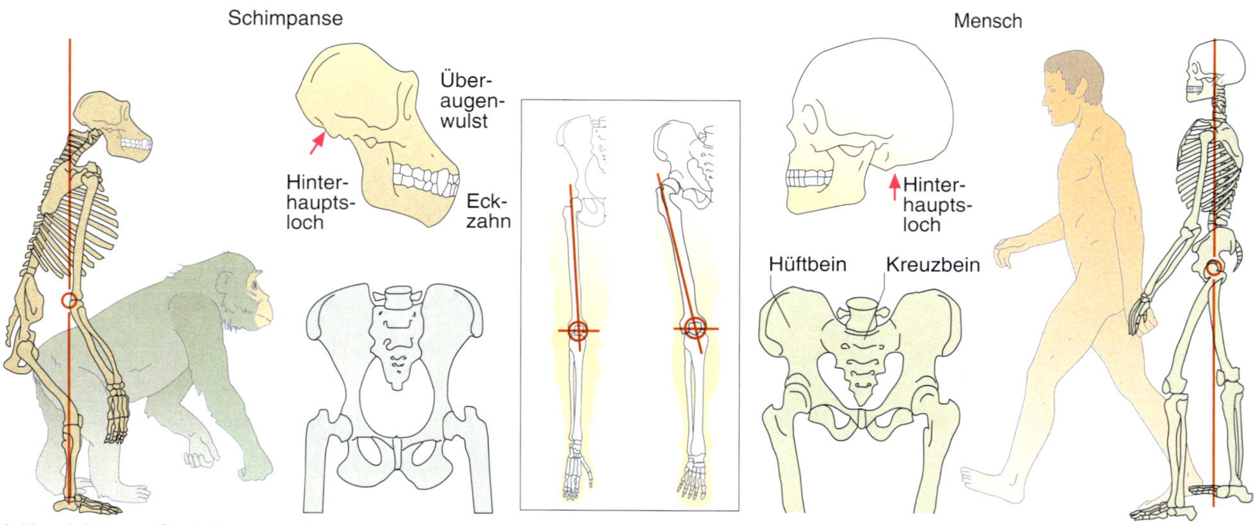

1 Vergleich von Skelettmerkmalen

gert. Dadurch können die Arme im Schultergelenk in alle Richtungen bewegt werden. Relativ selten erheben Schimpansen sich zum aufrechten, zweibeinigen Gehen *(Bipedie)*, wenn sie beispielsweise Früchte mit den Händen an einen anderen Ort bringen. Beim Laufen auf zwei Beinen bleibt der Körper gebeugt. Knie- und Hüftgelenk sind dabei abgeknickt. Nur so bleiben die Füße unterhalb des Körperschwerpunktes.

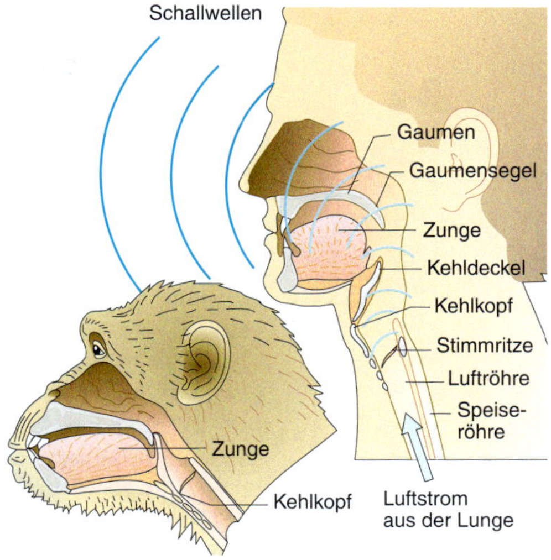

1 Lage des Kehlkopfes im Vergleich

Gebrauch der Hand

Beim Menschen sind Arme und Hände universell einsetzbare Greifwerkzeuge, die einen vielseitigen Werkzeuggebrauch ermöglichen. Der Unterarm ist um seine Längsachse drehbar. Der Daumen kann jedem Finger der Hand gegenübergestellt werden. Auf diese Weise ist ein *Präzisionsgriff* möglich. Das Hautleistenmuster mit den darunter liegenden Sinneszellen ermöglicht eine sehr feine Dosierung der Kraft, mit der zum Beispiel ein Gegenstand oder Werkzeug gehalten wird. Kleinere Gegenstände werden von Schimpansen, wie von Menschen, zwischen Daumen und Zeige- und Mittelfinger gefasst. Im Unterschied zum Menschen halten Schimpansen den Gegenstand dabei nur seitlich am Daumen, nicht mit der Daumenkuppe. Die Hände eignen sich auch zum einfachen *Werkzeuggebrauch*. So angeln wild lebende Schimpansen mittels eines passenden Halmes Termiten aus deren Bau und bereichern so ihren Speisezettel.

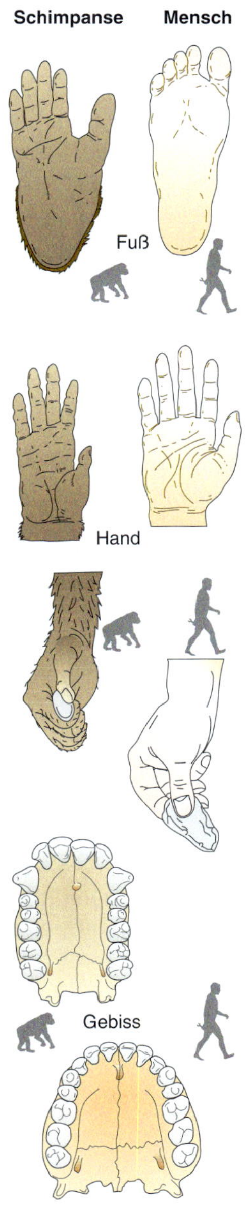

Schädel und Gebiss

Schimpansenschädel besitzen eine deutlich ausgebildete Schnauze. Der Gehirnschädel hat ein Volumen von ca. 350 cm^3. Die Stirn ist fliehend, die Augen sind durch Überaugenwülste vor Verletzungen geschützt. Beim heutigen Menschen dagegen ist keine ausgeprägte Schnauze erkennbar. Der Gesichtsschädel liegt weitgehend unter dem großen Gehirnschädel, dessen Volumen etwa 1450 cm^3 groß ist. Die Stirn ragt fast senkrecht nach oben. Die Augen liegen geschützt in tiefen Augenhöhlen, Überaugenwülste fehlen. An der Unterseite des Gehirnschädels befindet sich ein fast kreisrundes Hinterhauptsloch, durch welches das Rückenmark in den Schädel eintritt. Bei Schimpansen liegt es sehr weit hinten, beim Menschen in der Mitte der Schädels.

Die Kiefer von Schimpansen sind in der Aufsicht U-förmig, die des Menschen parabelförmig. Den stark entwickelten Eckzähnen der Schimpansen steht jeweils eine Lücke gegenüber. Beim Menschen sind die Eckzähne nicht größer als die übrigen Zähne, die gegenüber liegenden Zahnlücken fehlen.

Intelligenz, Sozialverhalten und Sprache

Der Mensch besitzt im Verhältnis zu seiner Körpermasse das größte Gehirn unter den Primaten. Es stellt die Voraussetzung dar für die typisch menschlichen Fähigkeiten, zum Beispiel die ausgeprägte Lernfähigkeit, das komplexe Sozialverhalten und die Kommunikation durch Sprache und die sich daraus ergebende enorme Flexibilität und Anpassungsfähigkeit. Auch Schimpansen zeigen herausragende Fähigkeiten: Sie kommunizieren intensiv über Mimik, Gestik und Laute. Sie besitzen zwar ein einfaches Sprachverstehen, für eine artikulierte Sprache fehlen ihnen durch die hohe Lage des Kehlkopfes jedoch die anatomischen Voraussetzungen. Schimpansenkinder haben eine lange Lernphase und erlernen z. B. den Gebrauch von teilweise selbst angefertigten Werkzeugen und die Rangordnungsbeziehungen innerhalb der Gruppe.

Aufgabe

① Vergleichen Sie Mensch und Schimpanse hinsichtlich Lebensraum, Fortbewegung, Nahrung sowie Verhalten und stellen Sie eine Beziehung zur Anatomie her. Inwieweit lassen solche Vergleiche auch Rückschlüsse auf das Verhalten ausgestorbener Hominiden zu?

Die frühen Hominiden

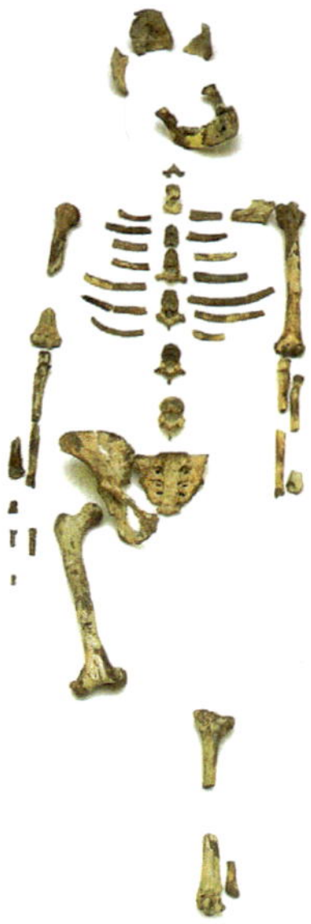

Einen der bedeutendsten Funde menschlicher Vorfahren machte der Amerikaner DONALD JOHANSON. Er entdeckte 1974 im Wüstengebiet des Afar-Dreiecks im südlichen Äthiopien einen Schädel und in nächster Nähe weitere Knochen, die alle von demselben weiblichen Skelett stammen. Die Forscher nannten den Fund Lucy (nach einem Beatles-Song). Dieser Fund wurde auf etwa 3,3 Mio. Jahre datiert und wird heute der Art *Australopithecus afarensis* zugeordnet. Vermutlich ist diese Art bereits vor ca. 4 Mio. Jahren entstanden und der Vorfahre aller nachfolgenden Hominiden. Als *Hominiden* werden alle Arten zusammengefasst, die zu der zum Menschen führenden Entwicklungslinie gehören.

Lucy gilt als Vertreter einer Art, die den ersten Schritt zur Menschwerdung vollzogen hatte: Der Körper der Australopithecinen war schon an den aufrechten Gang angepasst, aber ihre Schädel zeigten noch eine Reihe ursprünglicher Merkmale. Wahrscheinlich gab es ausgeprägte Geschlechtsunterschiede. Die weiblichen Individuen waren nur wenig über einen Meter groß und nur ca. 30 kg schwer. Die Männchen waren deutlich größer und schwerer. Der vorspringende Gesichtsschädel lag vor dem Gehirnschädel. Eine Stirn fehlte. Das Gehirnvolumen lag bei ca. 400 – 550 cm^3. Eine kräftige Nackenmuskulatur hielt den Kopf im Gleichgewicht, das Hinterhauptsloch lag zentral. Der Bau der Kniegelenke und des Beckens war bereits an den aufrechten Gang angepasst. Die auf 3,6 – 3,7 Mio. Jahre datierten fossilen *Fußspuren von Laetoli* bestätigen das (s. Randspalte). Neuere Untersuchungen der Extremitätenknochen zeigen aber auch, dass Australopithecinen noch gut klettern und sich auf allen vier Gliedmaßen auf dem Boden fortbewegen konnten.

Fußspuren von Laetoli

Neben Lucy wurden vor 1974 und auch danach viele weitere Fossilien gefunden, die unseren Vorfahren zugeordnet werden können. Der älteste Fund wird auf 4,4 Mio. Jahre datiert, es handelt sich um *Ardipithecus ramidus*. Er besitzt Hominidenmerkmale und steht zeitlich der gemeinsamen Wurzel von Mensch und Schimpanse bereits relativ nahe. Ob mit ihm das *„missing link"*, das Zwischenglied in der evolutionären Entwicklung, gefunden ist, ist weiterhin unklar.

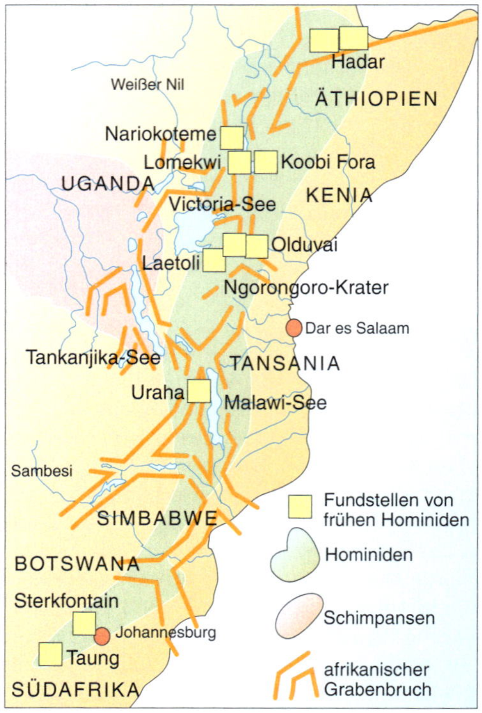

1 Der ostafrikanische Graben

Etwas jünger ist *Australopithecus anamensis*, dessen Merkmale zum Teil an die von Menschenaffen erinnern, andererseits ging er anscheinend schon aufrecht. Wegen der Unvollständigkeit dieser beiden ersten Hominidenfunde ist die systematische Einordnung unsicher. Zurzeit geht man davon aus, dass A. anamensis zu den möglichen Vorfahren von A. afarensis gehört, von dem es neben Lucy eine Reihe weiterer Fossilfunde gibt.

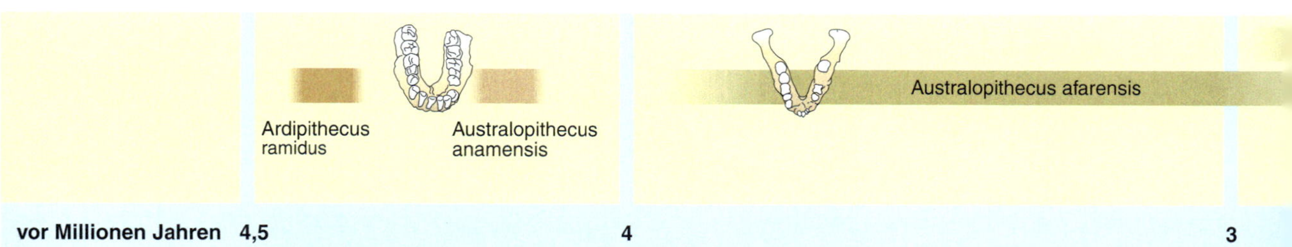

A. afarensis verschwand vor 3 – 2,5 Mio. Jahren. Zur gleichen Zeit entstand ein anderer Hominide mit etwa gleichem Hirnvolumen, *A. africanus*. Er war wie sein Vorgänger von grazilem Körperbau. Die Abnutzungsspuren auf den Zahnoberflächen beider Arten deuten auf vorzugsweise pflanzliche Kost hin. Aus A. africanus ging wahrscheinlich eine weitere Gruppe von Hominiden mit robustem Körperbau hervor, die von den meisten Wissenschaftlern inzwischen einer neuen Gattung zugeordnet werden: *Paranthropus aethiopicus, P. boisei* und *P. robustus*. Ihr außerordentlich kräftiges Gebiss und die Abnutzungsmerkmale deuten auf harte pflanzliche Kost hin. Charakteristisch sind die ausgeprägten Scheitelkämme des Hirnschädels. Ihr Hirnvolumen lag zwischen 410 und etwas über 500 cm^3.

Zu Beginn der Entwicklung der Menschenartigen gab es also verschiedene Arten der Gattung Australopithecus. Sie entstanden in Afrika und verbreiteten sich nicht darüber hinaus. Die Herstellung von Werkzeugen konnte für sie bisher nicht nachgewiesen werden. Alle Vertreter der Australopithecinen und der Gattung Paranthropus starben später wieder aus.

Auslöser für die *Entstehung der Hominiden* waren wahrscheinlich geologische Ereignisse, die klimatische und ökologische Veränderungen in Ostafrika zur Folge hatten. Vor etwa 20 Mio. Jahren begann sich das mehr als 6000 km lange *ostafrikanische Grabensystem* zu bilden. Entlang dieser geologisch aktiven Zone kam es besonders in Ostafrika zu Vulkanismus und Gebirgsauffaltungen. Dadurch geriet Ostafrika allmählich in den Regenschatten von Gebirgen, die Regenwälder verschwanden und es bildeten sich vielgestaltige Savannenlandschaften. Es entstanden also zwei Regionen mit völlig andersartigen ökologischen Bedingungen, in denen unterschiedliche Evolutionsfaktoren wirkten. In der westlich des Grabenbruchs liegenden feuchten und mit Regenwald bestandenen Region entwickelten sich aus einem gemeinsamen Vorfahren die Menschenaffen, in Ostafrika mit seinen trockeneren Savannen die Vorfahren der Menschen.

Im freien Gelände der Savannen ermöglichte die aufgerichtete Körperhaltung eine weitaus bessere Übersicht. Zweibeiner konnten dadurch Raubtiere, Beute oder Nahrungspflanzen viel früher entdecken und besaßen somit gegenüber vierbeinigen Lebewesen entscheidende Selektionsvorteile. Die Hände wurden frei für die Benutzung von Werkzeugen. Mögliche Nahrungsquellen unserer Vorfahren waren in der Savanne über weite Gebiete verstreut. Die Überwindung großer Distanzen war zur Nahrungsbeschaffung notwendig, die zweibeinige Fortbewegungsweise erweist sich bei geringem Tempo als energetisch sehr günstig. Die Hände konnten außerdem zum Transport von gesammelten Nahrungsmitteln über größere Entfernungen eingesetzt werden. Der aufrechte Gang mindert auch die Wärmestrahlung auf den Körper. Die Bedeutung der einzelnen Faktoren für die Entstehung des aufrechten Ganges wird unterschiedlich bewertet.

A. afarensis

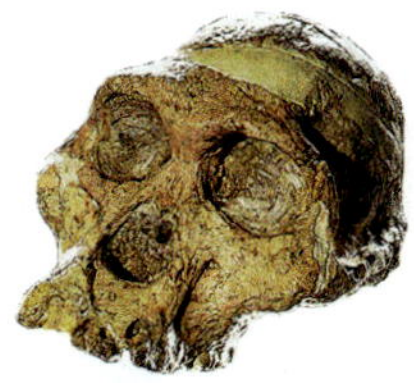
A. africanus

P. boisei

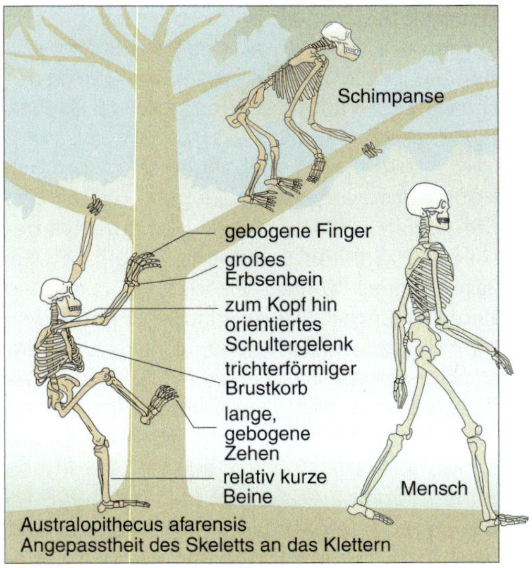

1 Skelettvergleich

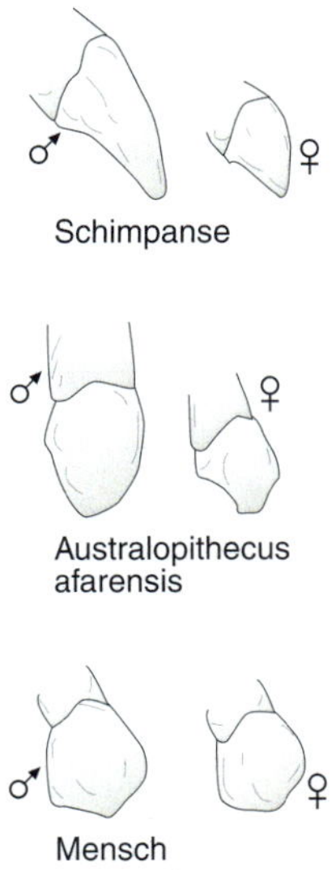

Eckzähne im Vergleich

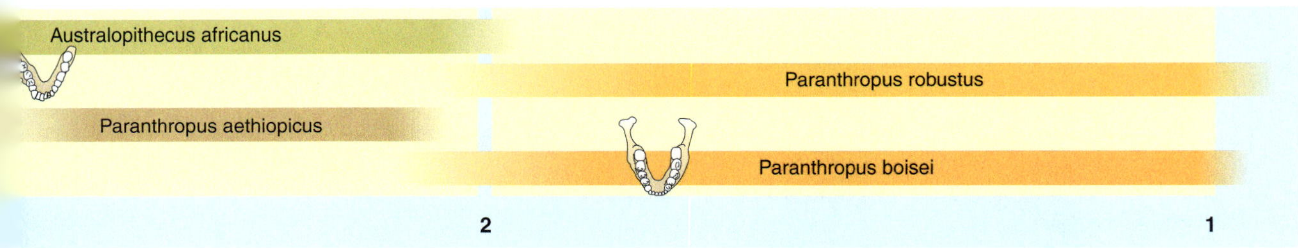

Homo – eine Gattung erobert die Erde

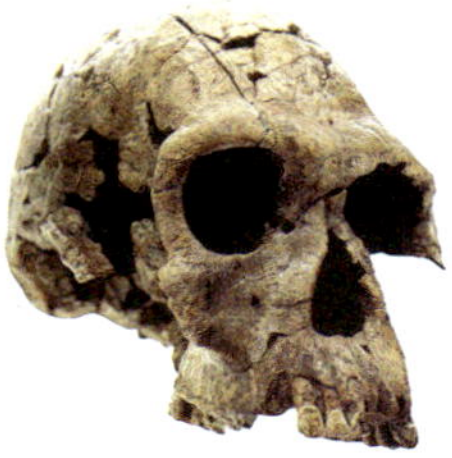

Homo habilis

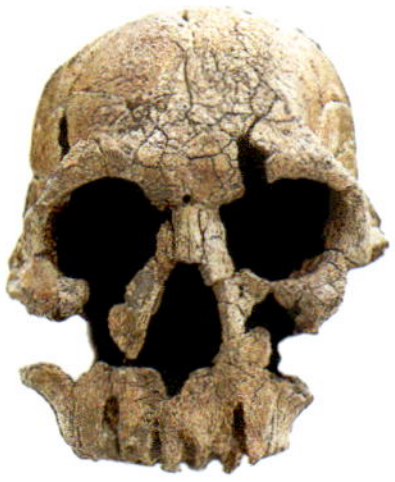

Homo rudolfensis

Homo ergaster

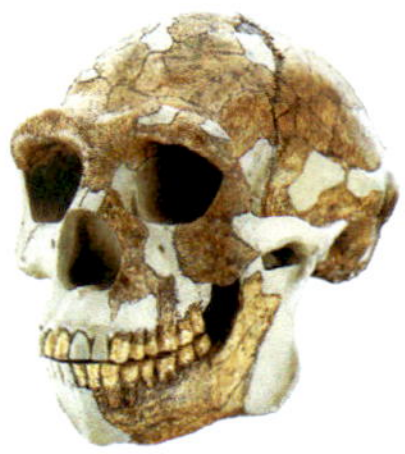

Homo erectus

Einer der ersten Vertreter der Gattung Homo, zu der auch wir heutigen Menschen gehören, ist *Homo habilis*. Ihm werden die ältesten bekannten, aus vor 2,5 bis 1,2 Millionen Jahren alten Geröllen hergestellten *Steinwerkzeuge* (Olduvan-Industrie) zugeschrieben. Sie bestehen aus einfachen Abschlägen und Steinkernen. Die Herstellung dieser frühesten Geräte erfordert bereits eine hervorragende räumliche Vorstellung und gute motorische Fertigkeiten. Die ältesten Reste des Homo habilis werden auf ca. 2,5 Mio. Jahre datiert. Sein Gehirnvolumen – ein wichtiges Kriterium für die Zuordnung zur Gattung Homo – war mit 600 bis 800 cm^3 bereits deutlich größer als das von Australopithecus africanus, seinem möglichen Vorfahren (Abb. 435.2).

Im gleichen Zeitraum lebten in Afrika weitere Hominiden mit größerem Gehirn, der etwas ältere *Homo rudolfensis* (Hirnvolumen ca. 750 cm^3) und der etwas jüngere *Homo ergaster* mit deutlich moderneren Merkmalen. Ob Letzterer aus Homo habilis oder Homo rudolfensis hervorging, ist nicht geklärt. Homo ergaster nutzte kontrolliert das Feuer. Dies ermöglichte ihm nicht nur die Abwehr von Tieren, er konnte so erstmals kalte Klimazonen besiedeln. Zudem stellte Homo ergaster höher entwickelte Steingeräte her, z. B. symmetrische Faustkeile.

Fossilfunde aus Asien zeigen, dass frühe Menschen Afrika verließen. Ein auf Java gefundener Schädel wurde auf 1,6 bis 1,8 Mio. Jahre datiert. Weitere Funde aus Asien sind deutlich jünger. Die asiatischen Funde werden heute oft als *Homo erectus* von der schlankeren afrikanischen Art *Homo ergaster* unterschieden. Das Gehirnvolumen von der Homo ergaster / Homo erectus-Gruppe schwankte zwischen ca. 800 cm^3 bei frühen Funden und ca. 1 200 cm^3 bei späteren Funden. Die frühen Menschen, die vor weniger als 1 Mio. Jahren Europa von Afrika aus besiedelten, wurden zunächst ebenfalls dem Homo erectus zugeordnet. Inzwischen werden sie von vielen Wissenschaftlern in Anlehnung an den etwa 600 000 Jahre alten Unterkieferfund in der Nähe von Heidelberg als *Homo heidelbergensis* innerhalb der Homo ergaster-/ Homo erectus-Gruppe und damit als eigene Art klassifiziert. Diese Menschenart war auch im westlichen Asien und im nördlichen Afrika verbreitet. Auf der Basis dieser Klassifizierung geht man heute davon aus, dass Homo heidelbergensis der Vorfahre des Neandertalers *(Homo neanderthalensis)* ist. Dieser entstand vor etwa 200 000 Jahren irgendwo in seinem Verbreitungsgebiet in Europa oder im Nahen Osten.

Der heute lebende *Homo sapiens* entstand vor 150 000 bis 200 000 Jahren aus afrikanischen Populationen der Homo ergaster/ Homo erectus-Gruppe und verließ vor ca. 100 000 Jahren ebenfalls Afrika. Europa wurde nach dieser Theorie in zwei aufeinanderfolgenden Wellen von Homo besiedelt *(„Out of Africa"-Modell)*. Das würde bedeuten, dass Neandertaler und moderner Mensch zeitweise nebeneinander in Europa lebten.

Die Evolution des Homo sapiens geht mit einer Weiterentwicklung in der Werkzeugherstellung einher. Er stellte Klingen und Spezialwerkzeuge, wie zum Beispiel Stichel, Kratzer und Spitzen, und auch sägeähnliche Geräte her.

In morphologischer Hinsicht fällt besonders die Zunahme des Gehirnvolumens beim modernen Menschen auf (Abb. 435. 2). Dabei spielten verschiedene Faktoren eine Rolle. Der aufrechte Gang ermöglichte den Gebrauch der Hände. Das förderte einerseits die Entwicklung des Werkzeuggebrauchs, andererseits auch die Höherentwicklung des Sozialverhaltens. Komplexeres Sozialverhalten und differenzierter Werkzeuggebrauch förderten die Selektion in Richtung größerer Gehirne. Diese waren leistungsfähiger, was nun umgekehrt positive Auswirkungen auf

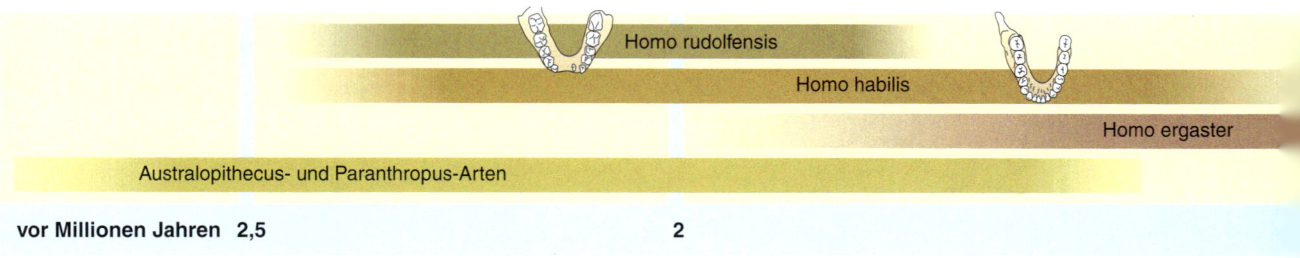

den Werkzeuggebrauch und das Sozialverhalten hatte, usw. Die Zunahme des Gehirnvolumens begünstigte die Entstehung menschlicher Gesellschaften mit komplizierten Sozialstrukturen, in denen Arbeitsteilung praktiziert wurde (z. B. Jagen und Sammeln). Die Weiterentwicklung von Kooperation und Arbeitsteilung sowie die Entwicklung einer abstrakten Wortsprache förderte die Fähigkeit unserer Vorfahren, Großtiere zu jagen und war außerdem Voraussetzung dafür, dass sich die menschliche Kultur entwickeln konnte (Abb. 1).

Außerdem könnten die Großtierherden Ostafrikas ideale Lebensbedingungen für unsere Vorfahren geboten haben, da immer ausreichend tote Tiere als Nahrungsgrundlage vorhanden waren (Abb. 3). Gebrauchsspurenanalysen weisen auf das Schneiden von Fleisch und Pflanzen sowie Holzbearbeitung hin. Diejenigen Vorfahren, die zum ersten Mal mithilfe von primitiven Steinwerkzeugen in der Lage waren, die Haut eines Tieres zu öffnen und es zu zerlegen, erwarben weitere Überlebensvorteile. Sie konnten mithilfe von Werkzeugen auch Großtiere als Nahrungsgrundlage verwerten, da sie nun zerlegt und abtransportiert werden konnten. Unsere Vorfahren verzehrten nicht nur das Fleisch, sondern gelangten durch den Werkzeuggebrauch auch an das phosphatreiche Knochenmark der Beute. Eiweiß und Phosphat sind wichtige Stoffe für die Gehirnentwicklung.

Aufgaben

① Tragen Sie entlang einer Zeitachse entsprechend der Abbildung unten die vermutlichen Vorfahren des heutigen Menschen ein und ergänzen Sie jeweils die wichtigsten Neuerungen, z. B. aufrechter Gang, Werkzeuggebrauch, Feuer usw.

② Die Artnamen in der Evolution des Menschen wurden historisch immer wieder geändert. Warum ist die Artbenennung bei Fossilfunden besonders schwierig?

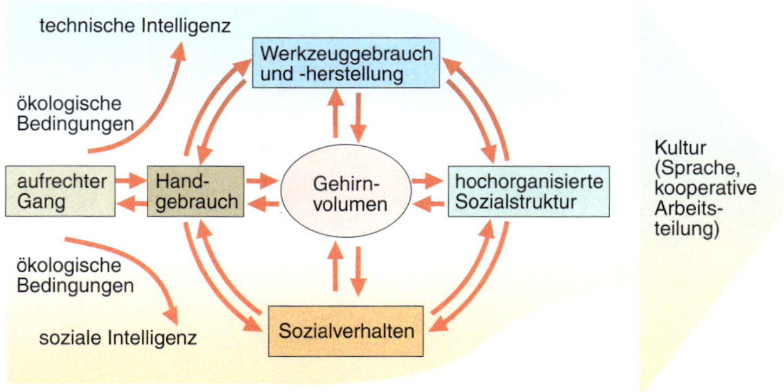

1 Modell für die Zunahme des Gehirnvolumens

	Australopithecus- und Paranthropus-Arten	Homo habilis	Homo ergaster Homo erectus	Homo neanderthalensis	Homo sapiens
	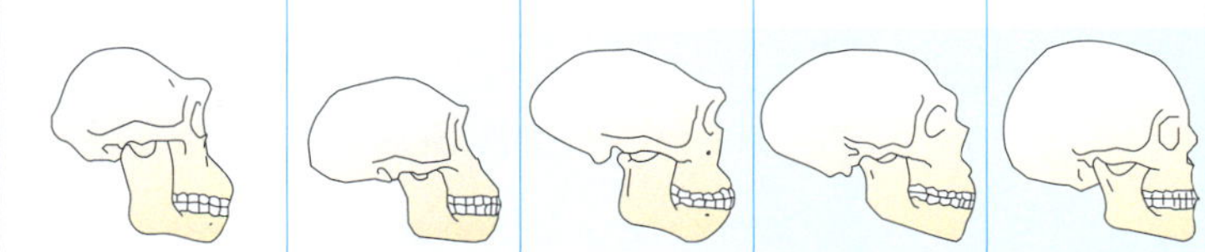				
Gehirnvolumen	400 – 600 cm^3	600 – 800 cm^3	800 – 1200 cm^3	1500 – 1700 cm^3	1200 – 1450 cm^3
Vorkommen (Jahre)	3,5 Mio. bis ca. 1,5 Mio.	ca. 2,5 Mio. bis ca. 1,2 Mio.	2 Mio. bis ca. 150 000	ca. 200 000 bis ca. 30 000	ca. 150 000 bis heute

2 Zunahme des Gehirnvolumens im Verlauf der menschlichen Evolution

3 Frühe Vertreter der Gattung Homo in der afrikanischen Savanne

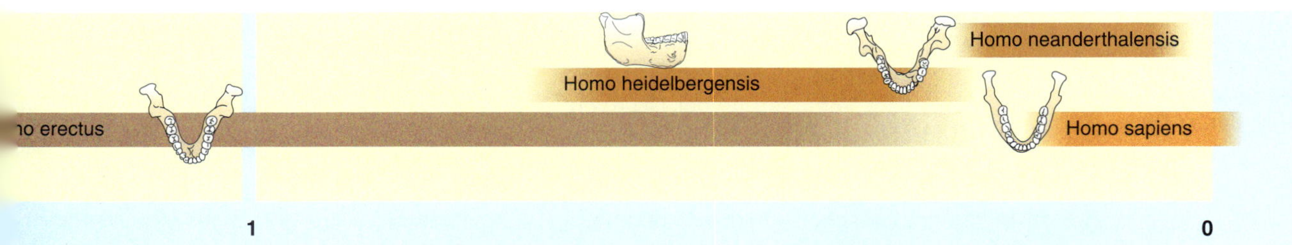

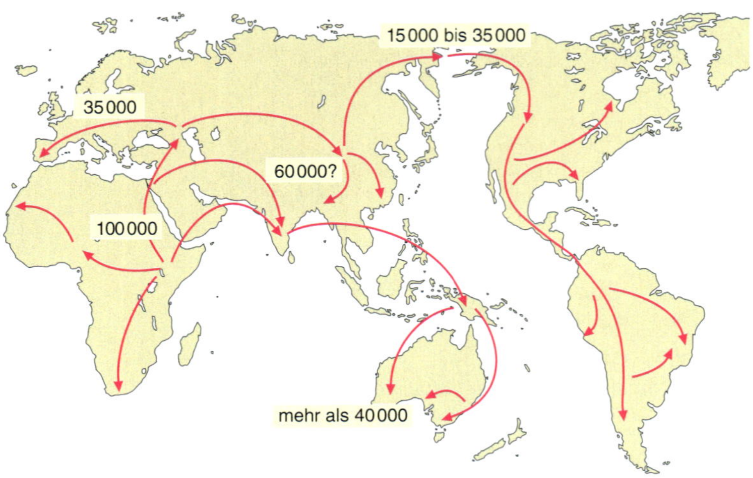

1 Ausbreitung des Homo sapiens nach dem „Out of Africa“-Modell

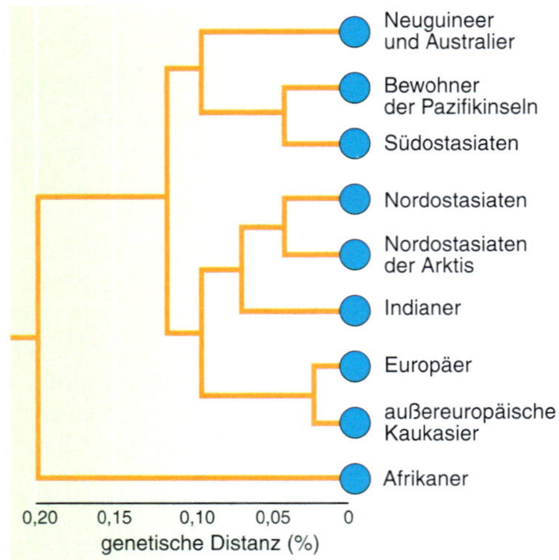

2 Unterschiede in der mt-DNA (vereinfacht)

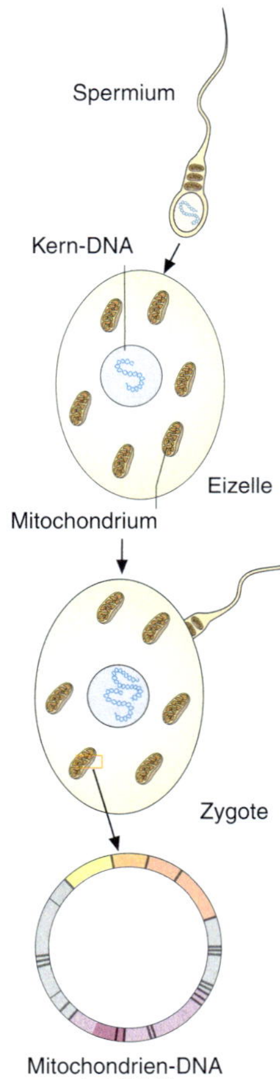

Mütterliche Vererbung der mt-DNA

Die Herkunft des heutigen Menschen

Woher wir kommen und wie wir wurden, was wir sind, ist nicht nur eine philosophische Frage. Viele Forscher vertreten auf der Basis der räumlichen und zeitlichen Verteilung von Fossilfunden das *„Out of Africa“*-Modell. Danach entstand der moderne *Homo sapiens* vor weniger als 200000 Jahren in Afrika, von wo er sich etwa 100000 Jahre später über die ganze Erde ausbreitete und dabei die bereits ansässigen Hominiden *(Neandertaler)* verdrängte.

Das „Out of Africa“-Modell wird durch molekulargenetische Befunde gestützt: Man verglich die DNA der Mitochondrien (mt-DNA) von 147 Menschen in Europa, Afrika, Asien, Australien und Neuguinea. Weil Mitochondrien hauptsächlich von der Mutter vererbt werden, entfällt die genetische Rekombination weitgehend. Nachweisbare mt-DNA-Unterschiede in verschiedenen Populationen lassen sich somit fast ausschließlich auf Mutationen zurückführen. Man nimmt an, dass die genetische Distanz, ausgedrückt in Basenpaarunterschieden, proportional zur Zeit seit der Trennung der Populationen ist. Die Eichung dieser *molekulargenetischen Uhr* erfolgte anhand von anthropologischen Zeugnissen aus Papua-Neuguinea und Australien, die man relativ genau datieren kann. Danach entspricht einem Zeitraum von 100000 Jahren eine mittlere Veränderung der DNA von 0,2 bis 0,4 %. Mithilfe der Ergebnisse konnte man ein Dendrogramm erstellen und die Ausbreitungswege rekonstruieren. Die genetische Distanz zwischen Afrikanern und allen übrigen Menschen ist am größten.

Kritiker wenden ein, das die Schlussfolgerungen aus der Untersuchung der mt-DNA auf zum Teil ungesicherten Annahmen beruhen. Sie meinen, die Mutationsrate muss nicht für den gesamten erfassten Zeitraum gleich groß gewesen sein und eine spätere Vermischung der aufgespaltenen Linien sei möglich.

Neben dem „Out of Africa“-Modell ist daher das *multiregionale Modell* der Menschwerdung in der wissenschaftlichen Diskussion. Es geht davon aus, dass in mehreren Gebieten Afrikas, Europas und Asiens unabhängig voneinander aus Homo erectus bzw. Homo ergaster der moderne Homo sapiens entstanden sein soll. Intensiver Genfluss zwischen den Populationen soll dann dafür gesorgt haben, dass Homo sapiens heute eine einzige Art bildet. Dieses Modell ist jedoch sehr umstritten.

Aufgaben

① Erklären Sie, warum sich mt-DNA besonders gut für Stammbaumanalysen eignet (s. Seiten 147, 423 und Randspalte).

② Vergleichen Sie das Dendrogramm (s. Abb. 2) mit dem in Abb. 1 dargestellten Ausbreitungsweg.

③ Stellen Sie die wichtigsten Aspekte des „Out of Africa“-Modells und der Hypothese von der multiregionalen Entwicklung gegenüber.
Nach welcher der Theorien liegt die gemeinsame Wurzel aller Menschen weiter zurück?

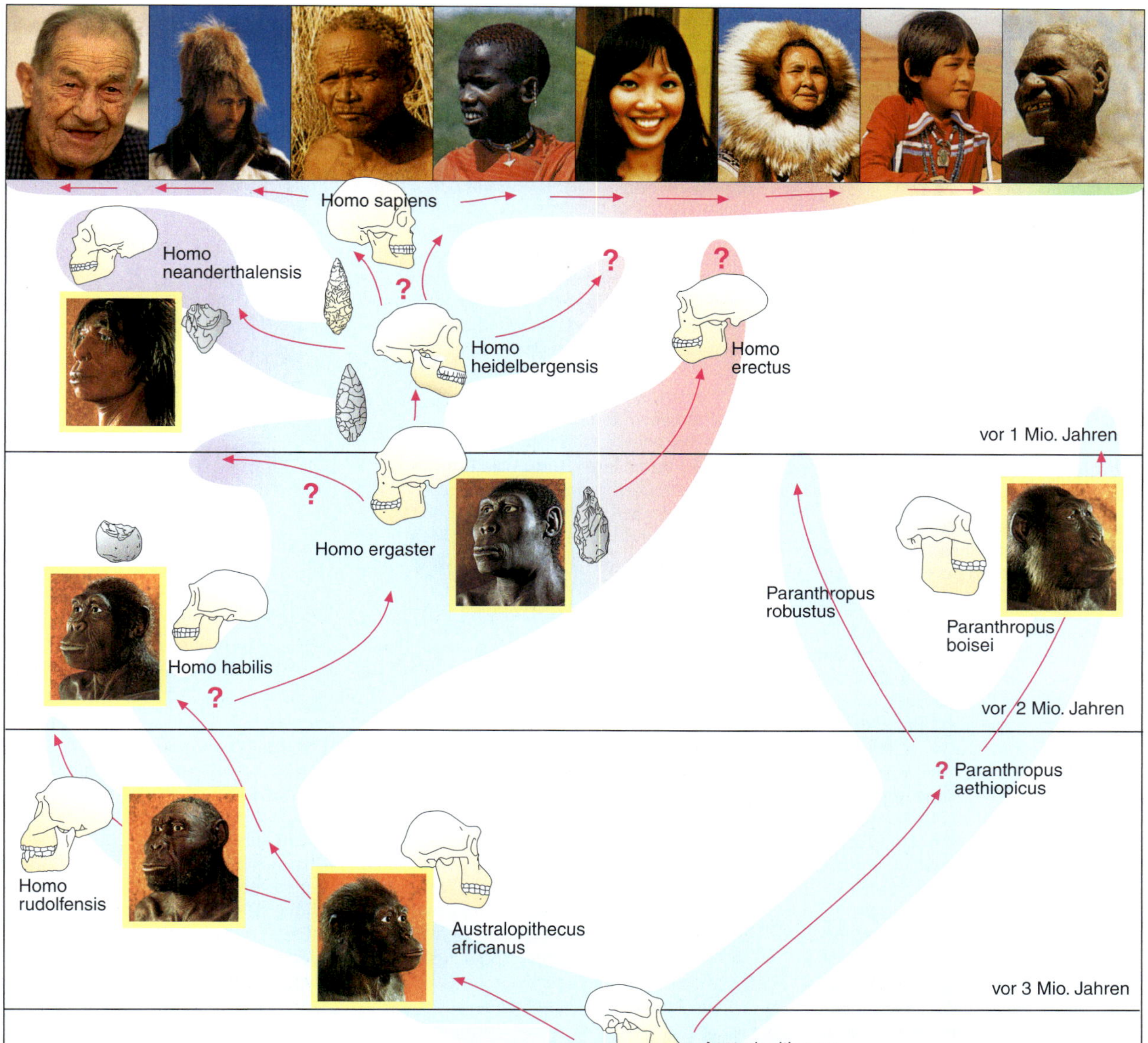

„Out of Africa":

Ein möglicher Stammbaum des Menschen

Stammbäume zur Evolution des Menschen spiegeln den augenblicklichen Kenntnisstand wider und haben wegen der relativ geringen Anzahl an Funden und sonstiger Daten einen stark hypothetischen Charakter. Jeder neue Fund bzw. jede neue Erkenntnis kann einen Stammbaum wieder in Frage stellen.

Verbreitung in
- Afrika
- Europa und im Nahen Osten
- Asien
- Amerika
- Australien

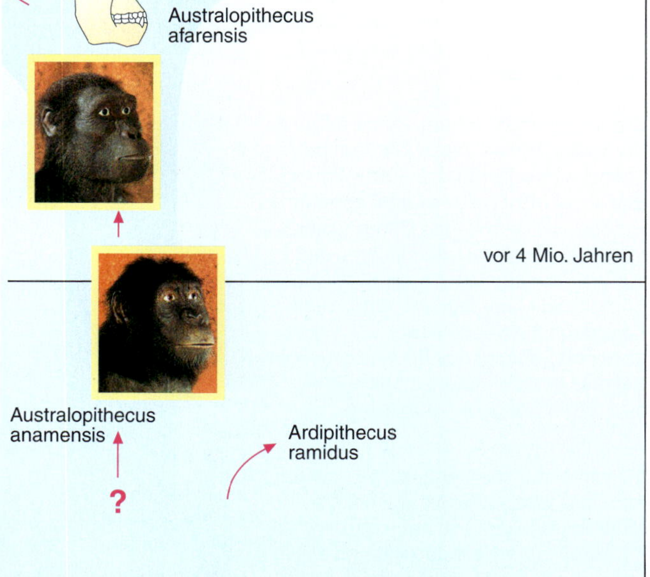

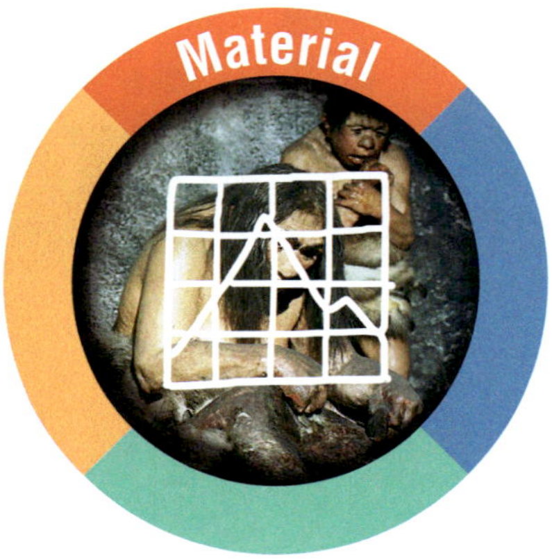

Vielfalt der Menschen

Neandertaler: Art oder Unterart?

Der Neandertaler ist der erste fossile Mensch, von dem Skeletteile gefunden wurden. Sie wurden bereits 1856 im Neandertal bei Düsseldorf entdeckt.

Der Neandertaler und der heutige Mensch zeigen charakteristische Unterschiede in ihrem Körperbau. Den heutigen Menschen bezeichnet man in der Evolutionsbiologie auch als „anatomisch modernen Menschen".

Neandertaler hatten einen gedrungenen Körperbau und waren durchschnittlich 1,60 m groß. Ihre Extremitäten waren relativ kurz. Die großen Muskelansatzstellen an ihren kräftigen Knochen weisen auf eine stark entwickelte Muskulatur hin. Ihr durchschnittliches Gehirnvolumen (1 200 bis 1 700 cm^3) war mindestens ebenso groß wie das des heutigen Menschen. Die zu ihrer Zeit lebenden Vertreter des anatomisch modernen Menschen dagegen maßen etwa 1,75 m und besaßen ein deutlich grazileres Skelett.

Die Neandertaler lebten vor ca. 200 000 bis 30 000 Jahren. Diese Zeit war gekennzeichnet durch das Auftreten von Eiszeiten. In ihrem Verbreitungsgebiet in Europa und dem Nahen Osten lebten sie in kleinen Gruppen und machten Jagd, v. a. auf Rentiere, aber auch auf Wollnashörner und Mammuts. Als Werkzeuge benutzten die Neandertaler u. a. Faustkeile und Schaber aus Feuerstein. Neandertaler fertigten offensichtlich aber auch Schmuckgegenstände an.

In Höhlen des Karmel-Gebirges (Israel) fand man eindeutige fossile Belege dafür, dass in diesem Gebiet bereits vor 100 000 Jahren Neandertaler und anatomisch moderne Menschen nebeneinander lebten. Sie benutzten offenbar die gleichen Werkzeuge. Man fand bei den Grabungen das Zungenbein eines Neandertalers, das von dem des heutigen Menschen praktisch nicht zu unterscheiden ist. Das Zungenbein ist ein Bestandteil des stimmbildenden Apparates. Neandertaler begruben ihre Toten. Das zeigt die Lage und Körperhaltung einiger der gefundenen Skelette. Ein Neandertalergrab im heutigen Irak enthielt zudem Blütenpollen, ein Indiz für mögliche Grabbeigaben. Vermutlich vor etwa 45 000 Jahren verschwand der Neandertaler im Nahen Osten.

1997 gelang es, aus dem Oberarmknochen des Fundes im Neandertal kurze Fragmente mitochondrialer DNA (379 BP) zu isolieren, durch die Polymerase-Kettenreaktion zu vervielfältigen und mit dem entsprechenden Abschnitt der mitochondrialen DNA heutiger Menschen verschiedener Erdteile und der von Schimpansen zu vergleichen (Abb. 2). Die Untersuchung eines zweiten Fundes aus dem Kaukasus erbrachte ein entsprechendes Ergebnis.

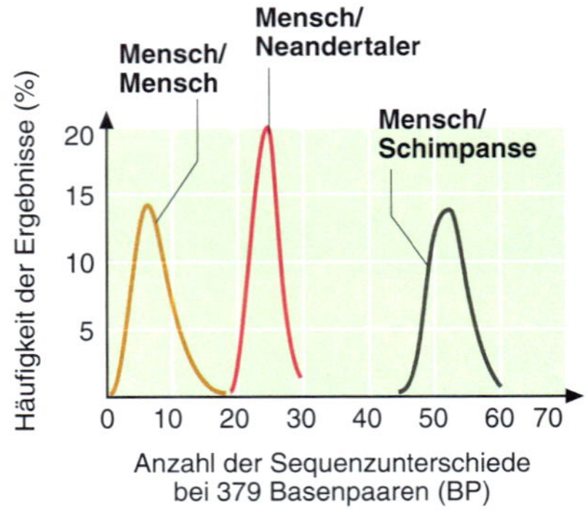

A	B	C
Neandertaler	1	0
Europäer	510	28,2
Afrikaner	478	27,1
Asiaten	498	27,7
Indianer	167	27,4
Australier, Ozeanier	20	28,3

A: Population
B: Anzahl der getesteten Personen
C: durchschnittliche Abweichungen von der Neandertalersequenz (BP)

2 Ergebnisse des mt-DNA-Vergleichs

Aufgaben

① Stellen Sie die wesentlichen Merkmale im Schädel- und Skelettbau von Neandertaler und modernem Menschen gegenüber (Abb. 1).

② Stellen Sie begründet einen Zusammenhang zwischen dem Körperbau des Neandertalers, seiner Verbreitung und dem damaligen Klima her.

③ Stellen Sie die Befunde aus Molekularbiologie und Paläontologie zusammen, die für die Vermischung bzw. ein Aussterben des Neandertalers sprechen.

Begründen Sie, warum viele Wissenschaftler heute eher von der Art Homo neanderthalensis als von der Unterart Homo sapiens neanderthalensis sprechen.

④ Erläutern Sie, weshalb der Befunde der vergleichenden DNA-Untersuchung das „Out of Africa"-Modell stützen (s. Seite 436 und Abb. 2). Welches Ergebnis wäre nach der Hypothese der multiregionalen Entstehung des heutigen Menschen zu erwarten?

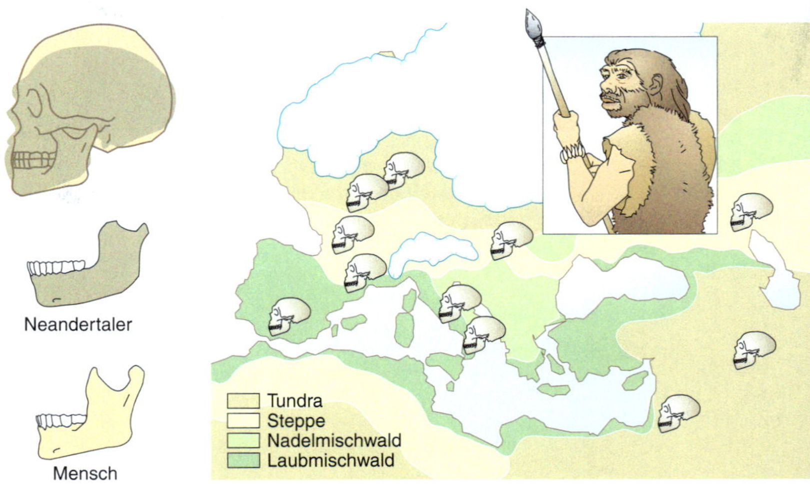

1 Verbreitung des Neandertalers nach Fossilfunden

Verwandtschaft heutiger Menschen

In der Einkaufsstraße einer Großstadt treffen wir auf Menschen mit Unterschieden in der Sprache, in der Kleidung, im Aussehen und Verhalten – wir leben in einer multikulturellen Gesellschaft. Viele der beobachteten Unterschiede lassen sich durch äußere Einflüsse, also durch Mode, Frisur oder Make-up erklären (Abb. 3). Außerdem tragen Tradition, Erziehung, Lebensweise und Ernährung zum vielfältigen Erscheinungsbild der Menschen bei. Inwieweit Variabilität und Ähnlichkeitsgruppen von Menschen erbliche Ursachen haben, lässt sich heute populationsgenetisch untersuchen und älteren Typisierungen gegenüberstellen.

Im 18. Jahrhundert teilte LINNÉ die Art Homo sapiens in die vier Rassen „Weiße“, „Gelbe“, „Rotbraune“ und „Schwarze“. Er orientierte sich dabei an dem äußeren Merkmal der Hautfarbe (Abb. 1).

Im späten 20. Jahrhundert erstellten Molekularbiologen ein Dendrogramm der heutigen Menschen. Sie verglichen Gen-Häufigkeiten in 42 Populationen aus 5 Kontinenten (Abb. 2). Zur Ermittlung genetischer Distanzen dienten Gene bzw. Proteine, die in menschlichen Populationen in verschiedenen Ausführungen *(Allelen)* vorkommen, also variabel sind. Menschen stimmen zu 99,9 % in ihrer DNA-Sequenz überein, nur 0,1 % sind variabel. Das gilt z. B. für die Allele A, B und 0 der Blutgruppen. Nur ein Bruchteil der variablen Gene beeinflusst äußerlich auffällige Merkmale wie die Hautfarbe des Menschen. Genetische Unterschiede betreffen lediglich die Häufigkeitsverteilung der variablen Gene. Dabei ist die genetische Variabilität innerhalb einer Menschenpopulation oft größer als zwischen Populationen verschiedener geografischer Regionen. Man geht davon aus, dass ein Allel in einer Population besonders häufig ist, wenn seine Entstehung weit zurückliegt und nicht der Selektion unterlag.

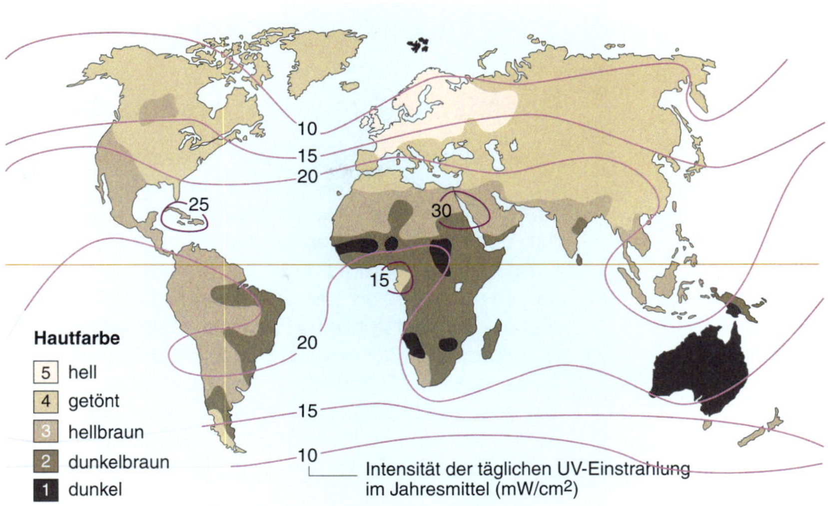

1 Geografische Verteilung der Hautfarbe des Menschen

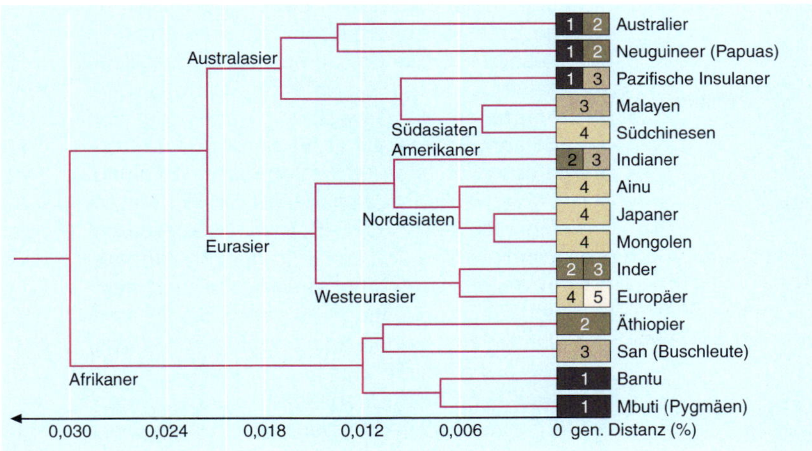

2 Dendrogramm mit genetischer Distanz (120 Allele) und Hautfarbe

Aufgaben

① Erläutern Sie, wie Personen durch ihr Äußeres die Zugehörigkeit zu einer bestimmten Gruppe unterstreichen und inwieweit das etwas über ihre verwandtschaftliche Beziehung untereinander aussagt.

② Beschreiben Sie die Verteilung der Hautfarben auf der Erde und formulieren Sie eine evolutionsbiologischen Erklärung (Abb. 1).

③ Überprüfen Sie anhand des Dendrogramms und der Verteilung der Hautfarben (Abb. 2), ob LINNÉS Menschenrassen tatsächlich Verwandtschaftsgruppen darstellen.

④ Der Begriff „Rasse“ wird heute nur noch in der Tierzucht verwendet (entsprechend dem Begriff Sorte bei Pflanzen). Rassen zeichnen sich durch die konstante Vererbung spezifischer Merkmale aus und entstehen durch von Züchterverbänden kontrollierte Inzucht. Erklären Sie, warum die Übertragung des Rassenbegriffs auf den Menschen biologisch nicht haltbar ist.

⑤ Die Einteilung der Menschen in Rassen war und ist z. T. Vorwand für Diskriminierung und Verfolgung. „Der Rassismus ist besiegt, wenn wir eingesehen haben, dass wir unter der Haut alle Afrikaner sind.“ Nehmen Sie Stellung zu dieser Behauptung.

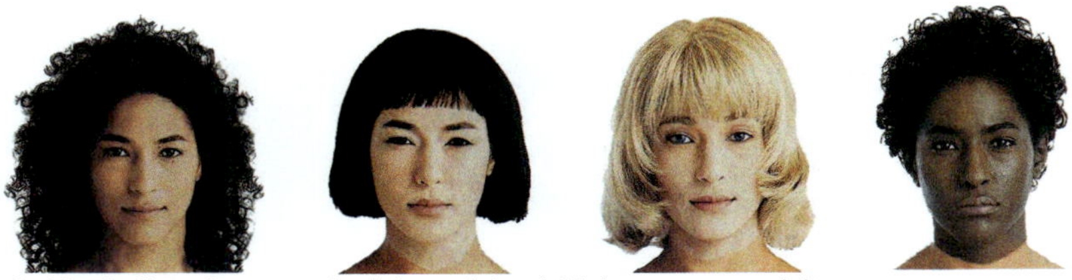

3 Afro-Indianerin ungeschminkt und durch Make-up verwandelt

Chemische Evolution: organische Makromoleküle entstehen

Absolute Temperaturskala (Kelvin-Skala)
0 K = −273,15 °C
100 °C = 373,15 K

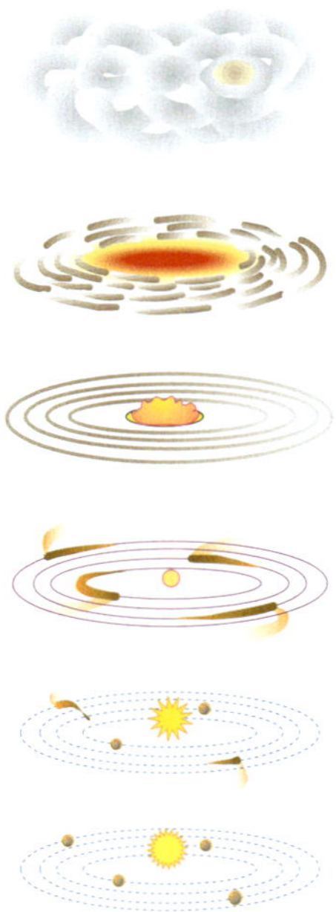

Am Anfang war ein Knall. Das besagt die *Urknalltheorie*, wonach sich vor 10 bis 20 Mrd. Jahren Raum und Materie gleichzeitig ausdehnten und mit einem Urknall die Entstehung des Universums einleiteten. Nach dieser Theorie betrug die Temperatur 10^{11} K, Materie existierte nur in Form von Elementarteilchen. Mit der Ausdehnung des Universums sanken Temperatur und Strahlungsenergie, bei 3000 K bildeten sich als erste Atome Helium und Wasserstoff. Zusammenballungen von Partikeln ließen die Planeten entstehen.

Vor etwa 4 bis 5 Mrd. Jahren war unsere Erde ein glutflüssiger Planet ohne Atmosphäre, der langsam abkühlte. Dabei bildete sich eine feste, Wärme isolierende Kruste. Aus dem flüssigen Erdinneren emporsteigende Gase ließen eine sauerstofffreie *Uratmosphäre* entstehen, die Umwelt war beherrscht von Blitzen, Radioaktivität, Vulkanismus, Meteoriteneinschlägen und starker UV-Strahlung. Vor etwa 4 Mrd. Jahren unterschritt die Atmosphäre die 100 °C-Grenze, Wasserdampf kondensierte und es bildeten sich *Urmeere*. In diesen Urmeeren entwickelte sich nach heutiger Auffassung vor etwa 4 bis 3,5 Mrd. Jahren das Leben aus unbelebter Materie. Die frühe Phase dieser *chemischen Evolution* kann man modellhaft rekonstruieren. Eine vermutlich reduzierende Uratmosphäre war der Ausgangspunkt für *Modellversuche* von HAROLD UREY und STANLEY MILLER (1953): Sie simulierten die Umweltbedingungen auf der frühen Erde in einem dicht verschlossenen Versuchsgefäß mit einem Gemisch aus Methan, Kohlenstoffdioxid, Stickstoff, Ammoniak, Wasserdampf und Wasserstoff (Abb. 1). Elektrische Entladungen simulierten Blitze, Erhitzen und Abkühlen die Temperaturschwankungen. Nach einigen Tagen ließen sich Aminosäuren und andere organische Moleküle nachweisen. Durch gezielte Variation der Versuchsbedingungen gelang auch die Synthese der in Nucleinsäuren vorkommenden Basen, von ATP und Kohlenhydraten. Grundbausteine des Lebens können also unter abiotischen Bedingungen entstehen — vermutlich auch in den Urmeeren.

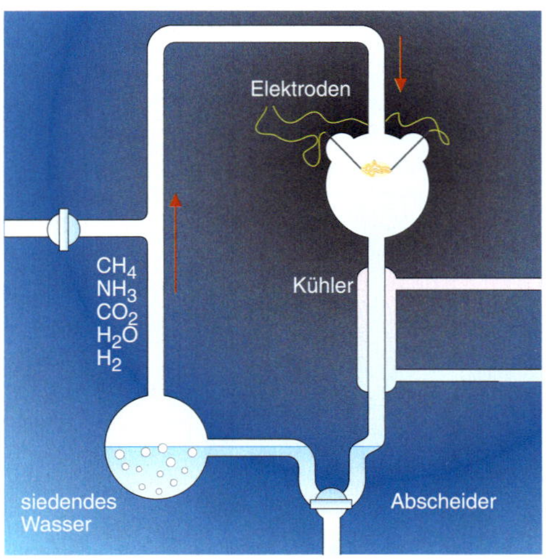

1 Urey-Miller-Versuch

Organische Moleküle werden in sauerstofffreier Umgebung nicht oxidiert, sie sammelten sich allmählich in einer *„Ursuppe"* an. Man vermutet, dass sich auf Ton, Gestein oder Lava organische Filme bildeten. Der enge Kontakt, das Verdampfen von Wasser und der katalysierende Untergrund begünstigen die Bildung von polymeren Makromolekülen. Im Versuch ließen sich auf diese Weise Polypeptide *(Proteinoide)* herstellen. Organisieren sich diese abiotisch entstandenen organischen Makromoleküle nun zu größeren Verbänden, können Vorläufer von lebenden Zellen, so genannte *Protobionten*, entstehen. Laborexperimente zeigen, dass Proteinoide sich in kaltem Wasser von selbst zu winzigen Hohlkugeln zusammenlagern, diese Tröpfchen werden als *Mikrosphären* bezeichnet. Membranumschlossene Tröpfchen bezeichnet man als *Liposomen*, solche mit Polypeptiden, Nucleinsäuren und Polysacchariden als *Koazervate*. Koazervate können Substrate aus der Umgebung absorbieren und in veränderter Form wieder abgeben, sie weisen also bereits einen einfachen Stoffwechsel auf. In der Ursuppe entstand vermutlich ein Gemisch aus verschiedenen Protobionten, von denen einige schnell zerfielen, andere sich vergrößerten, indem sie weitere Stoffe absorbierten. Sie bildeten Ableger oder Tochterbläschen — sie wuchsen und vermehrten sich. Ihre chemische Identität konnten sie allerdings nur wahren, wenn sie Moleküle enthielten, die diese Informationen speichern und weitergeben konnten. Erst diese Fortpflanzungsfähigkeit machte aus den Protobionten Lebewesen und leitete die biologische Evolution ein.

Stromatolithen

Teppichsteine
gr. *stroma* = Lager
gr. *lithos* = Gestein

Frühe biologische Evolution: erste lebende Zellen

Schon die Protobionten in der Ursuppe besaßen biologische Eigenschaften. Sie wuchsen und vermehrten sich umso mehr, je besser sie sich für die Ur-Umwelt eigneten. Allerdings konnten die Protobionten-Ableger die günstigen Eigenschaften ihrer Erzeuger nur übernehmen, wenn eine Erbsubstanz diese Information speichern, verdoppeln und weitergeben konnte. Diese Aufgabe wird bei allen uns heute bekannten Lebewesen von Nucleinsäuren übernommen: DNA wird in RNA transkribiert und in Proteine translatiert, die letztlich wieder die DNA-Synthese *(Replikation)* katalysieren. Diese komplexe DNA-RNA-Proteinwelt muss sich aus einfacheren Vorläufern entwickelt haben.

Molekularbiologen vermuten, dass bei der Entstehung des Lebens RNA als erster Informationsträger auftrat, sie sprechen von einer „Welt der RNA". Für RNA als Ur-Erbinformationsträger sprechen verschiedene Befunde: Kurze Polymere aus Ribonucleotiden lassen sich unter Urweltbedingungen im Labor abiotisch herstellen. Die Ribonucleotidsequenz enthält die genetische Information und bestimmt den „Genotyp" der RNA. RNA stabilisiert sich selbst in einer dreidimensionalen Anordnung, wie man sie von der kleeblattförmigen t-RNA kennt. Damit ist eine charakteristische Gestalt, ein „Phänotyp", durch die Basensequenz vorgegeben. Außerdem gibt es RNA mit katalytischen Fähigkeiten, diese Moleküle wirken wie Enzyme. Solche *Ribozyme* entdeckte man 1982, sie entfernen zum Beispiel katalytisch die Introns aus der m-RNA oder synthetisieren RNA. RNA wirkt also autokatalytisch, sie kann sich selbst produzieren – dies nennt man einen *Hyperzyklus*. Kopierfehler bei der Autokatalyse bringen verschiedene RNA-Varianten hervor, die in einer RNA-Welt um Bausteine konkurrieren. Im Reagenzglas lässt sich eine Selektion von RNA-Molekülen tatsächlich beobachten. RNA kann später als einfache Matrize für Aminosäuren gedient haben und die Zusammenarbeit von Proteinen und Nucleinsäuren wurde schließlich in membranumhüllten Bläschen verbessert. So könnte es gewesen sein – letztlich bleibt die Entstehung des Lebens aber im Bereich wissenschaftlicher Spekulation.

In der Ursuppe ernährten sich die ersten Urzellen anaerob von dort vorhandenen organischen Molekülen, vielleicht auch von weniger erfolgreichen Urzellen, es waren also *heterotrophe Protocyten*. Zwangsläufig verknappten die organischen Rohstoffe und begünstigten Zellen, die ihren Energiebedarf aus anorganischen Stoffen oder mit dem Licht der Sonne decken konnten.

Die „Erfindung" der Fotosynthese brachte die entscheidende Wende in der Geschichte des frühen Lebens. *Autotrophe Zellen*, die den noch heute existierenden Cyanobakterien ähnelten, sind die ältesten nachgewiesenen *fossilen Zellen*. Sie stammen aus 3,5 Mrd. alten Sedimentgesteinen, den so genannten Teppichsteinen *(Stromatolithen)*. Diese bestehen aus teppichartigen Kolonien von Cyanobakterien und anderen Bakterien, zwischen denen sich Sedimente verfingen. Durch die Fotosynthese der Cyanobakterien entstand Sauerstoff als Abfallprodukt. Das war für viele anaerobe Urzellen eine Umweltkatastrophe, denn der oxidativen Wirkung hielten ihre organischen Bestandteile nicht stand. Allmählich entstand aus der anaeroben Uratmosphäre die Luft in ihrer heutigen Zusammensetzung (Abb. 1). Es entwickelten sich andere heterotrophe Prokaryoten, die den Sauerstoff für aerobe Stoffwechselwege mit hoher Energieausbeute nutzten.

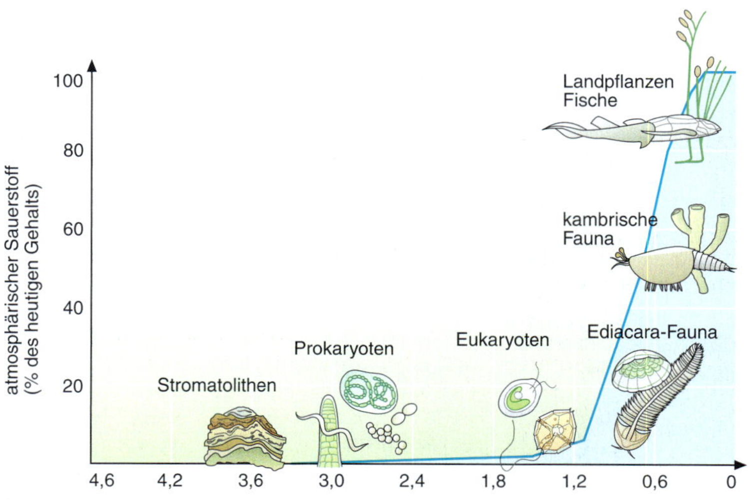

1 Zunahme des atmosphärischen Sauerstoffs

Aufgaben

① Beschreiben Sie den Urey-Miller-Versuch (Abb. 440.1) und seinen Modellcharakter für die Entstehung organischer Verbindungen in der Uratmosphäre.

② Anaerobe Bakterien findet man heute beispielsweise im Faulschlamm. Begründen Sie das Vorkommen.

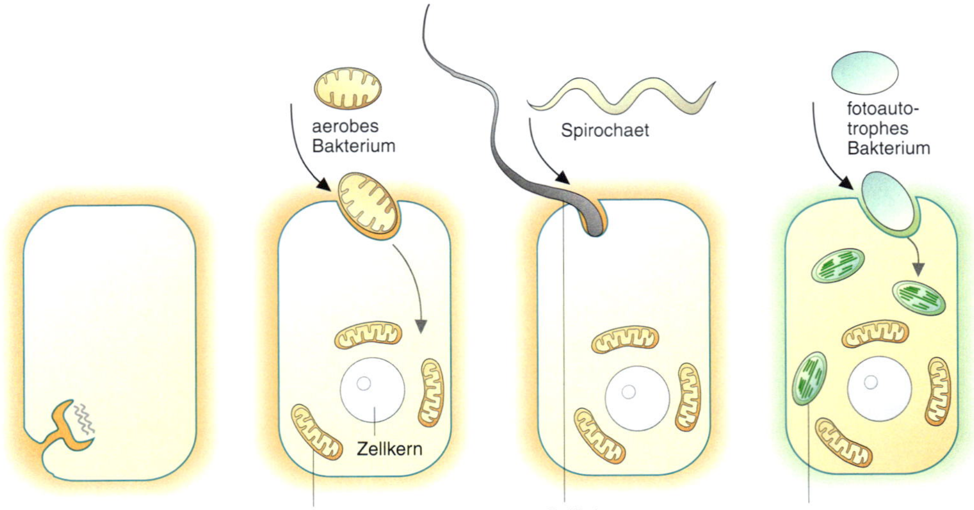

1 Endosymbionten-Hypothese

Endosymbionten-Hypothese: Eukaryoten entstehen

Endosymbiose
gr. *endo* = innen
gr. *symbiosis* = Zusammenleben

Form der Symbiose, bei der der Symbiont innerhalb des Wirtsorganismus lebt

Das Leben auf dem Planeten Erde war allein von Prokaryoten beherrscht, bis vor rund 2 Mrd. Jahren die ersten Eukaryoten auftraten. Wie der neue Zelltyp der Eucyte mit Zellkern, Plastiden und Mitochondrien aus dem ursprünglichen Zelltyp Protocyte entstand, ist weder fossil noch durch Übergangsformen belegt.

Daher ist man auf Hypothesen angewiesen, die sich auf cytologische Besonderheiten der Plastiden und Mitochondrien gründen:

- Plastiden und Mitochondrien haben zwei Biomembranen, dabei ähnelt die innere Membran der Protocyten-Membran, die äußere ist eine typische Eucyten-Membran.
- Sie verfügen über eigene Ribosomen, die sich deutlich von denen des Zellplasmas unterscheiden, aber mit denen von Prokaryoten übereinstimmen.
- Sie können sich selbstständig durch Teilung vermehren, denn sie besitzen eine eigene DNA, die wie die der Prokaryoten histonfrei, ringförmig geschlossen und haploid ist.
- Ihre Proteinbiosynthese wird durch dieselben Antibiotika gehemmt wie bei Prokaryoten.
- In Chloroplasten findet man das gleiche Chlorophyll wie in Cyanobakterien.

Die Vermutung liegt nahe, dass die Gemeinsamkeiten zwischen den Eukaryoten-Organellen und den Prokaryoten auf eine phylogenetische Verwandtschaft zurückzuführen sind. (→ 204/205)

Die *Endosymbionten-Hypothese* besagt: Vorläufer der Eukaryoten umschlossen Prokaryoten wie bei der Phagocytose mit einem Membranbläschen und nahmen sie in ihre Zelle auf. Aufgenommene Bakterien wurden nicht verdaut, sondern blieben intakt und entwickelten sich zu Mitochondrien, aufgenommene Cyanobakterien zu Plastiden. Die Eukaryoten profitieren von den Stoffwechselprodukten ihrer Endosymbionten, diese von der konkurrenzarmen, ressourcenreichen neuen Umwelt. Tatsächlich kennt man heute noch lebende Einzeller mit endosymbiontischen Cyanobakterien. Unklar bleibt die Entstehung des diploiden Zellkerns. Man vermutet, dass die ersten Eukaryoten doppelkernig waren und das genetische Material mit ER-Membranen umgaben. Noch heute gibt es einfache doppelkernige Einzeller (s. Randspalte).

Die Eucyte ist also eigentlich ein Mosaik von Zellen mit unterschiedlicher taxonomischer Herkunft. Neue Arten entstehen also nicht nur durch die Aufspaltung von Arten, sondern auch durch deren Kombination – die Zweige eines Stammbaumes können unter bestimmten Bedingungen zusammenwachsen. Symbiosen können ein Motor der Evolution sein, denn sie vergrößern wie Mutation und Rekombination die Vielfalt.

Aufgabe

① Nennen Sie weitere Beispiele für die Entstehung neuer taxonomischer Gruppen durch die Kombination von Arten.

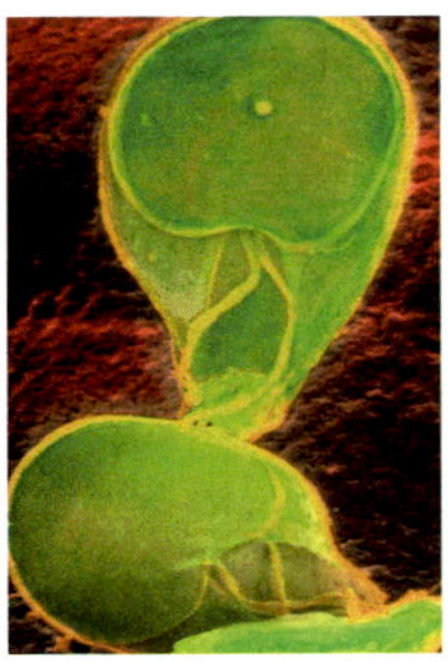
Diplomonaden

Mehrzeller entstanden mehrmals in der Evolution

Die Evolution der Lebewesen liest sich wie eine Liste von Erfindungen eines Patentamtes. Nach der Entwicklung der Fotosynthese durch die Prokaryoten und der Bildung der Eucyte als zusammengesetzter Superzelle wird sie durch weitere *Kompartimentierung* komplexer und leistungsfähiger: Das Zellvolumen einer Eucyte ist etwa 40-mal so groß wie das einer Protocyte, die Zelloberfläche ist dagegen relativ klein. Der Stoffaustausch über die Zellmembran reicht nicht mehr aus, um das Cytoplasma zu versorgen. Innerhalb der Zelle werden die Transportwege für Diffusion zu lang. Eucyten vergrößern die innere Oberfläche auf das Fünfzigfache, indem sie aus Membranen Einstülpungen, Falten und Röhren bilden, die als neue Verteiler dienen. Außerdem wird der große Zellkörper durch ein Cytoskelett aus Proteinfilamenten gestützt. (→200/201)

Die eukaryotischen Einzeller *(Protista)* ernährten sich sehr unterschiedlich. Manche konnten die Ernährungsweise offenbar auch je nach Umweltbedingungen wechseln. In nährstoffreicher Umgebung gaben einige Zellen Enzyme ab und nahmen dann die gelösten Stoffe wieder auf, sie waren die Vorfahren der heutigen *Pilze*. Dies war aber nicht die einzige Form heterotropher Ernährung. Die Aufnahme fester Nahrungsbestandteile und Beweglichkeit führte zur Evolution der *Tiere*. Verschiedene autotrophe Formen entstanden möglicherweise allein schon durch die Aufnahme von verschiedenen autotrophen Zellen als Endosymbionten. Das könnte die vielfältigen Plastidentypen der heutigen Rotalgen, Braunalgen und Grünalgen erklären. Aus Grünalgen entwickelten sich letztlich die *Pflanzen*.

In allen Fällen sind der Größe von Einzellern Grenzen gesetzt, denn eine bestimmte Kern-Plasma-Relation (siehe Seite 30) darf nicht unterschritten werden, damit der Zellkern den Zellstoffwechsel steuern kann. Die Entwicklung der *Mehrzelligkeit* erfolgte offenbar mehrmals konvergent bei Tieren, Pilzen, Algen und Pflanzen. Mehrzelligkeit entstand erst gegen Ende des Präkambriums, vor etwa 700 Mio. Jahren. Um diese Zeit gingen die Stromatolithen stark zurück und wurden von Mehrzellern am Meeresboden verdrängt *(Ediacara-Fauna*, Abb. 1).

Es gibt prinzipiell zwei Möglichkeiten für die Entstehung von Mehrzellern: Einzelne Zellen einer Art können gezielt zusammenkommen und nachträglich mit einer Matrix verkleben, es entstehen *Aggregationskolonien*. Schon Cyanobakterien, also prokaryotische Lebewesen, bilden so lange Fadenkolonien. Unter den Eukaryoten erreichen die Schleimpilze so Mehrzelligkeit. Die andere Möglichkeit besteht darin, dass Tochterzellen nach der Zellteilung zusammenbleiben und so genannte *Zellteilungskolonien* bilden, wie sie von der kugelförmigen Grünalge Volvox bekannt sind (s. Seite 19). Diese zweite Variante erlaubt, dass eine Zellverbindung zwischen den Tochterzellen erhalten bleiben kann und sich übergeordnete Steuersysteme entwickeln können. Die Zellen übernehmen unterschiedliche Aufgaben, es ist also eine *Differenzierung* innerhalb des Mehrzellers möglich.

Eine für die Evolution besonders bedeutsame Entwicklung war die Entstehung der *sexuellen Fortpflanzung,* also die Differenzierung von Keimzellen und Körperzellen. Die Rekombination des genetischen Materials durch Meiose und Befruchtung ermöglichte in den folgenden Erdzeitaltern eine enorme Artenvielfalt (s. Seite 138).

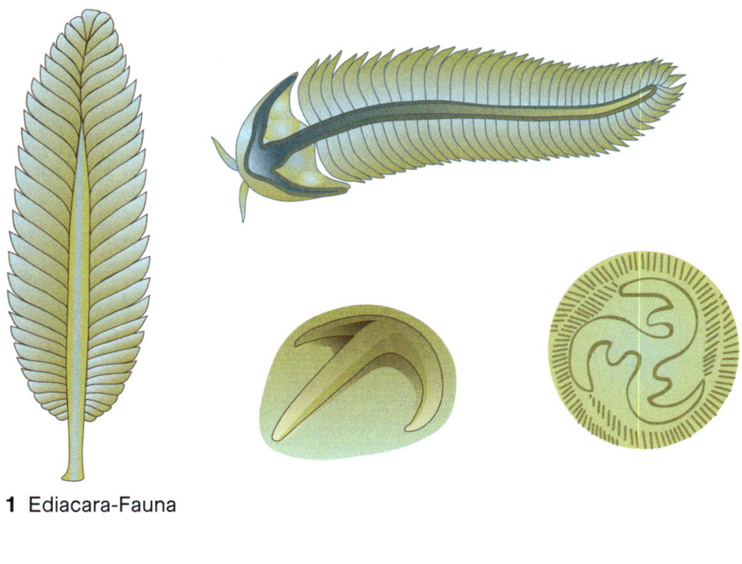

1 Ediacara-Fauna

Aufgaben

① Die Grünalge Volvox gilt als besonders einfacher Mehrzeller (s. Seite 19). Beschreiben Sie Bau und Organisation dieser kugelförmigen Alge.

② Gibt es nach phylogenetischen Gesichtspunkten eine systematische Gruppe der „Mehrzeller“? Begründen Sie.

Erdurzeit (Präkambrium)	Erdaltertum (Paläozoikum)				
3500 Millionen Jahre	570	510	435	410	35

Präkambrium

Im **Präkambrium** vor 3,5 Milliarden Jahren bilden Cyanobakterien *Stromatolithen*. 1,5 Milliarden Jahre später treten erste eukaryotische *Einzeller* auf; es handelt sich um Planktonalgen mit komplizierten Zellwänden. Fremd und skurril erscheinen uns die ersten *Vielzeller (Ediacara-Fauna)*. Manche sind offensichtlich Vorläufer der Tiere, andere scheinen weder Tier noch Pflanze zu sein, sondern erloschenen Gruppen anzugehören. Weder Maul noch After sind zu finden. Sie leben im Wasser schwebend oder als Matten auf dem Sediment, genährt durch symbiontische Mikroben oder durch im Wasser gelöste Nährstoffe.

Kambrium

Im **Kambrium** ist das Leben im Meer reich entwickelt, das Festland dagegen weitgehend unbesiedelt. Fossil überliefert sind *Wirbellose*, z. B. Trilobiten, Stachelhäuter, Weichtiere und Chordatiere, die vielleicht als Schutz vor räuberischen Arten Schalen und Skelette ausgebildet haben. Von ihnen wird viel Karbonat gebildet und abgelagert. Das Kambrium ist eine Phase besonders starker Artaufspaltung, viele der neuen Arten sterben noch im Kambrium wieder aus. Auf der Südhalbkugel liegt der Großkontinent *Gondwana*, im Norden kleinere Kontinente.

Ordovicium

Im **Ordovicium** sind alle noch heute bekannten Stämme der Meerestiere vorhanden. Besonders die *Weichtiere* (Schnecken, Muscheln und Tintenfische) entfalten sich arten- und individuenreich. Unter den Tintenfischen hat sich bis heute *Nautilus* als lebendes Fossil gehalten. Es bilden sich erste Korallenriffe an der Küste. Kalk bildende *Grünalgen* dringen bis in das Brackwasser vor. Das Ordovicium endet mit einem ersten Massenaussterben.

Silur

Im **Silur** besiedeln erste Pflanzen das Festland. Es sind einfach gebaute Nacktfarne *(Psilophyten)* mit einem Verdunstungsschutz gegen Austrocknung, Leitgeweben zum Wassertransport und Festigungsgeweben für eine aufrechte Gestalt. *Tausendfüßer* und *Skorpione* folgen den Pflanzen an Land. In den Meeren entfalten sich die Wirbeltiere in Form verschiedener Fischklassen.

Devon

Im **Devon** treten *Insekten* auf und die *Wirbeltiere* erobern Landlebensräume (mit Bärlappen und Farnen). Die Dachschädler *(Ichthyostega)* gelten als *Brückentier* zwischen Fischen und Amphibien. Sie bewegen sich auf vier Beinen, besitzen einen Verdunstungsschutz aus Knochenplatten und atmen mit Kiemen und Lungen.

Karbon

Im **Karbon** entstehen Sumpfwälder aus baumhohen *Farnen, Schachtelhalmen* und *Bärlappen*, deren Reste wir heute als *Steinkohle* kennen. *Rieseninsekten* erobern den Luftraum. Kollisionen der Großkontinente führen zur Gebirgsbildung, Gondwana vereist.

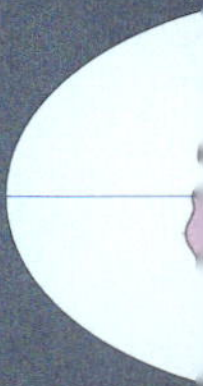

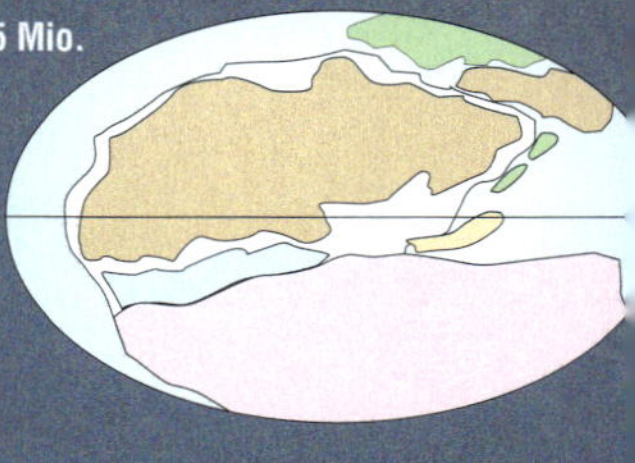

vor 335 Mio. Jahren

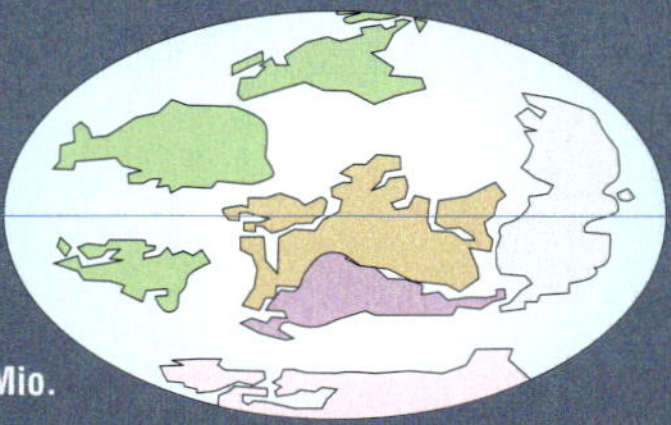

vor 550 Mio. Jahren

Erdmittelalter (Mesozoikum)				Erdneuzeit (Neozoikum)	
290	250	205	135	65	1,6

Perm

Im **Perm** entfalten sich *Reptilien*; sie sind landlebenden Amphibien durch innere Besamung und beschalte Eier überlegen. *Samenpflanzen* verdrängen *Sporenpflanzen*, es gibt Käfer und Schmetterlinge. Der Superkontinent *Pangaea* entsteht. Das Perm endet mit einem Massenaussterben.

Trias

Im **Trias** beherrschen Reptilien Meer, Land und Lüfte, darunter sind sehr große Arten wie die *Dinosaurier*. Aus einer alten Reptiliengruppe entwickeln sich die ersten *Säugetiere*. Bei den Landpflanzen dominieren *Farne, Ginkgos* und *Nadelbäume*. Auch das Trias endet mit einem Massenaussterben.

Jura

Im **Jura** erscheinen die Vorfahren der Vögel *(Archaeopteryx)*, weiterhin sind *Reptilien* die vorherrschende Tiergruppe. Neben den Nadelbäumen gibt es erste *Laubbäume*. Im Meer entfalten sich Gehäuse-Tintenfische *(Ammoniten* und *Belemniten)*, außerdem leben dort *Knochenfische* und *Meeresreptilien*. Die Ozeane dehnen sich aus und überfluten große Teile des heutigen Eurasiens.

Kreide

In der **Kreide** leben viele kalkhaltige, riffbildende Meerestiere, die fossil als Schreibkreide erhalten bleiben. Vermutlich löst der Einschlag eines Meteoriten eine weltweite Umweltkatastrophe aus: Staub verdunkelt den Himmel und lässt die Erdtemperatur sinken. Ammoniten, Belemniten, Dinosaurier und viele Reptiliengruppen sterben aus. Das Tethys-Meer teilt *Pangaea* in den Südkontinent *Gondwana* und den Nordkontinent *Laurasia*.

Tertiär

Im **Tertiär** entwickeln sich bei warmem bis tropischem Klima vielfältige *Säugetier-* und *Vogelarten*. Die *Radiation der Säugetiere* führt relativ schnell zur Bildung neuer Ordnungen, wie Nagetiere, Primaten, Fledermäuse, Wale oder Robben. Pflanzliche Ablagerungen vertorfen und bilden *Braunkohle*. Blütenpflanzen entfalten sich in einer Koevolution mit den Insekten. Die Lage der Kontinente nähert sich der heutigen Verteilung, Meeresströmungen ändern sich und der Meeresspiegel schwankt stark. Es entstehen die heutigen Flusssysteme und Gebirge.

Quartär

Im **Quartär** breitet sich die Gattung *Homo* auf allen Kontinenten aus. Das Klima im Quartär ist geprägt durch den Wechsel von *Eis-* und *Warmzeiten*. Im Eiszeitalter verdrängen Inlandvereisungen besonders auf der Nordhalbkugel die subtropische Lebewelt. An Kälte angepasste Tiere wie das *Mammut* tauchen auf. In der Nacheiszeit kehren die durch die Kälte vertriebenen Arten teilweise in die eisfreien Gebiete zurück. Es entwickeln sich allmählich die heutigen Vegetationsverhältnisse. Durch wachsende Bevölkerungszahlen und technische Entwicklung greift der Mensch nachhaltig in die Biosphäre ein.

Perm vor 290 Mio. Jahren

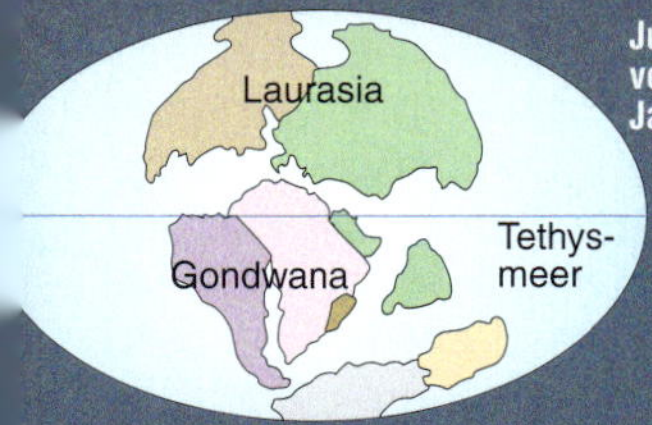

Jura vor 205 Mio. Jahren

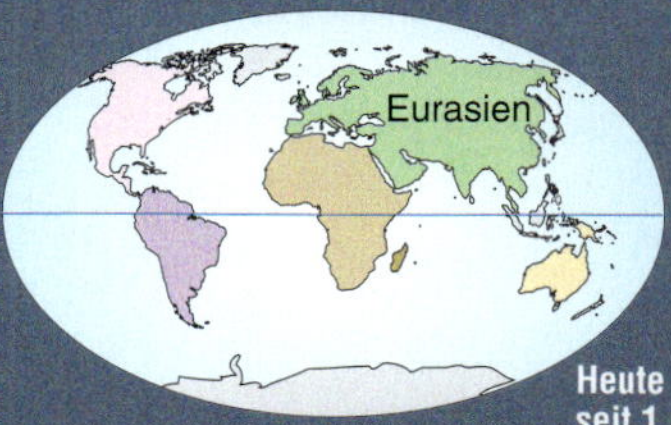

Heute seit 1,6 Mio. Jahren

Systematische Reiche der Lebewesen

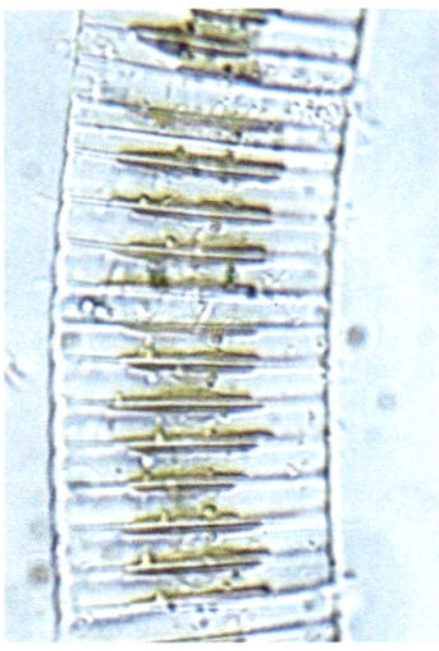

Kieselalge

Braunalge

Rotalge

LINNÉ unterteilte die zu seiner Zeit bekannten Lebewesen in zwei typologische Reiche: Die beweglichen Tiere und die unbeweglichen Pflanzen, letzteren ordnete er auch die Pilze zu. In unserer alltäglichen Umwelt ist diese Einteilung durchaus hilfreich, aber schon ein Blick ins Mikroskop wirft die Frage auf, wie man die Bakterien und die vielfältigen Einzeller einordnen soll. Über Jahrzehnte wurde dieses Problem nur unbefriedigend gelöst, vielfach wurden die Bakterien als Pflanzen eingestuft und die eukaryotischen Einzeller mit Chloroplasten den Pflanzen, die chloroplastenfreien Einzeller den Tieren zugeordnet.

Erst im Jahre 1969 entwickelte ROBERT H. WHITTAKER ein gut akzeptiertes typologisches System, das die einzelligen Gruppen einschloss. Er unterschied fünf *Reiche*: Prokaryotische Einzeller *(Monera)*, eukaryotische Einzeller und einfache Mehrzeller *(Protista)*, Pilze, Pflanzen und Tiere. Zu den prokaryotischen Einzellern zählen alle Bakterien einschließlich der Cyanobakterien, die früher als Blaualgen bezeichnet wurden. Pflanzen, Pilze und Tiere sind mehrzellig, unterscheiden sich aber in der Ernährung: Pflanzen sind autotroph, Tiere und Pilze heterotroph. Tiere nehmen Nahrung auf und verdauen sie in speziellen Organen, Pilze geben Verdauungsenzyme an die Umgebung ab und nehmen dann die organischen Moleküle auf. Zu den Protista zählen neben den einzelligen *Amöben, Sonnentierchen, Geißeltierchen, Foraminiferen, Wimpertierchen, Kieselalgen* usw. auch relativ einfach gebaute Mehrzeller wie *Schleimpilze, Algenpilze, Braunalgen, Rotalgen* und *Grünalgen*. Solche Algen hatte man zuvor den Pflanzen zugeordnet.

Ein natürliches System der Arten versucht, die Verwandtschaft der Lebewesen wiederzugeben. Es sollte möglichst aus monophyletischen Taxa aufgebaut sein, also nur Gruppen enthalten, die sich auf eine gemeinsame Stammart zurückführen lassen. Alle Lebewesen weisen so viele gemeinsame makromolekulare Besonderheiten auf, dass man davon ausgeht, dass das Leben nur einmal entstanden ist, die gesamte Lebewelt also eine monophyletische Gruppe bildet.

Für die weitere Unterteilung aller Lebewesen braucht man Merkmale, die man bei allen Lebewesen vom Colibakterium bis zum Blauwal vergleichen kann. Morphologische Merkmale sind dafür naturgemäß weniger geeignet als genetische, z. B. die Nucleotidsequenzen bestimmter Markergene. Diese Sequenzen werden in aufwändigen statistischen Verfahren verglichen und in Stammbäume umgewandelt. Aus Übersichtsgründen kann bei umfangreichen Stammbäumen darauf verzichtet werden, alle gleichzeitig lebenden Taxa auf einer Ebene darzustellen (s. Seite 447). Die Reiche der Tiere, Pflanzen und Pilze sind nach dieser Analyse vermutlich monophyletische Gruppen, die Protisten bilden dagegen eine Sammelgruppe für Eukaryoten, die sich nicht klar den Reichen Pilz, Tier oder Pflanze zuordnen lassen. Hier wird es sicher noch weitere Veränderungen in der Systematik geben. Bei den Prokaryoten gibt es zwei Verwandtschaftsgruppen, die sich voneinander so stark unterscheiden wie von den Eukaryoten, die *Archaebakterien* und *Eubakterien*. Archaebakterien leben in extremen Lebensräumen, wie heißen Quellen und Salzseen. Zu den Eubakterien zählen u. a. Cyanobakterien, nitrifizierende Bakterien und Purpurbakterien. Prokaryoten bilden also nicht eine, sondern zwei monophyletische Gruppen. Daher wird vielfach vorgeschlagen, dem Reich ein weiteres Taxon überzuordnen, die *Domäne*. Demnach gibt es drei Domänen, zwei prokaryotische und eine eukaryotische: die *Archaea* (Archaebakterien), die *Bacteria* (Eubakterien) und die *Eukarya* (Eukaryoten).

1 Pilze

Aufgabe

① Stellen Sie die verschiedenen Reiche-Systeme grafisch gegenüber.

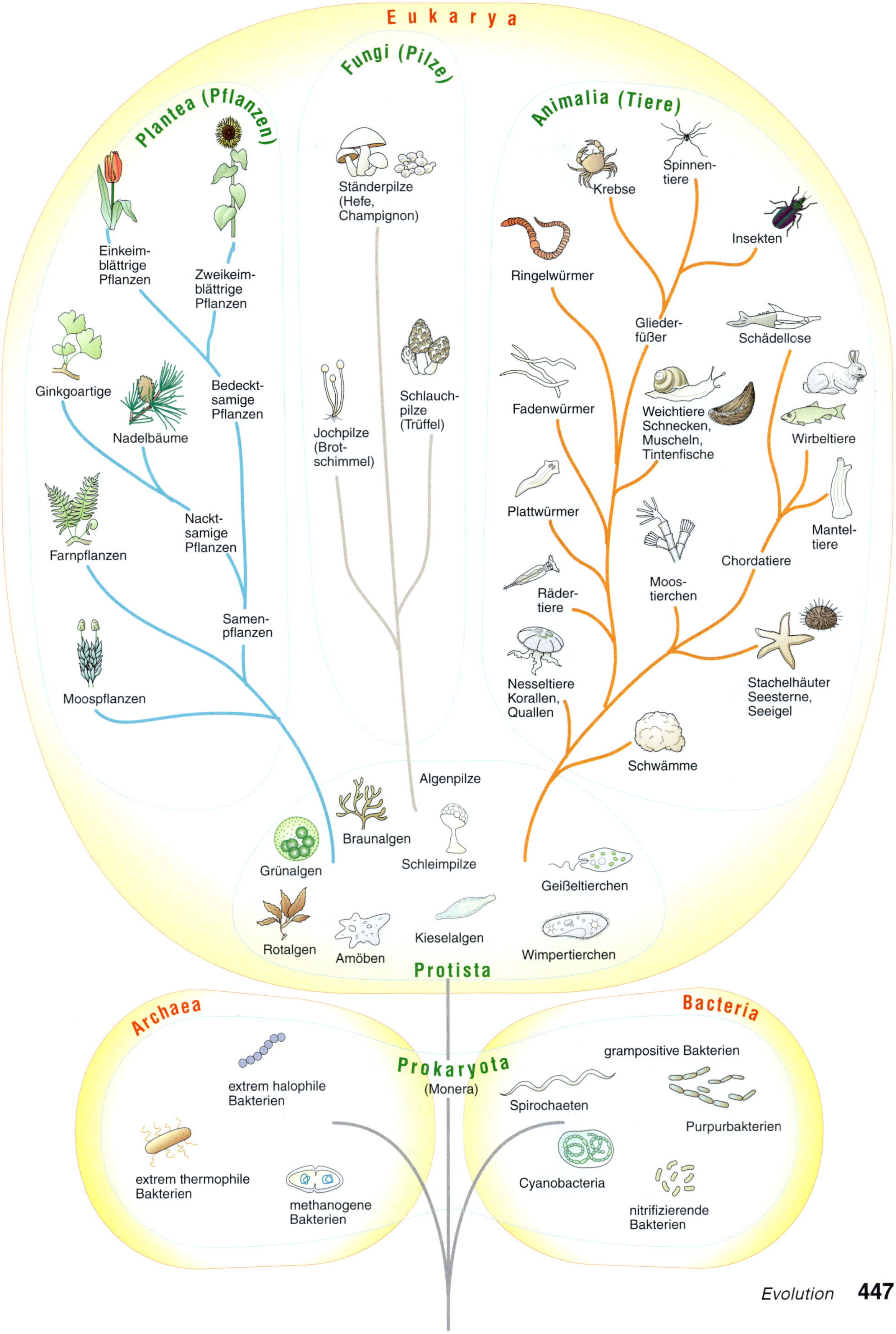
Eukarya
Fungi (Pilze)
Plantea (Pflanzen)
Animalia (Tiere)
Einkeim-
blättrige
Pflanzen
Zweikeim-
blättrige
Pflanzen
Ginkgoartige
Bedeckt-
samige
Pflanzen
Nadelbäume
Nackt-
samige
Pflanzen
Farnpflanzen
Samen-
pflanzen
Moospflanzen
Ständerpilze
(Hefe,
Champignon)
Schlauch-
pilze
(Trüffel)
Jochpilze
(Brot-
schimmel)
Krebse
Spinnen-
tiere
Insekten
Ringelwürmer
Glieder-
füßer
Schädellose
Fadenwürmer
Weichtiere
Schnecken,
Muscheln,
Tintenfische
Wirbeltiere
Plattwürmer
Mantel-
tiere
Chordatiere
Moos-
tierchen
Räder-
tiere
Nesseltiere
Korallen,
Quallen
Stachelhäuter
Seesterne,
Seeigel
Schwämme
Algenpilze
Braunalgen
Grünalgen
Schleimpilze
Geißeltierchen
Rotalgen
Amöben
Kieselalgen
Wimpertierchen
Protista
Archaea
Bacteria
Prokaryota
(Monera)
extrem halophile
Bakterien
grampositive Bakterien
Spirochaeten
Purpurbakterien
extrem thermophile
Bakterien
methanogene
Bakterien
Cyanobacteria
nitrifizierende
Bakterien

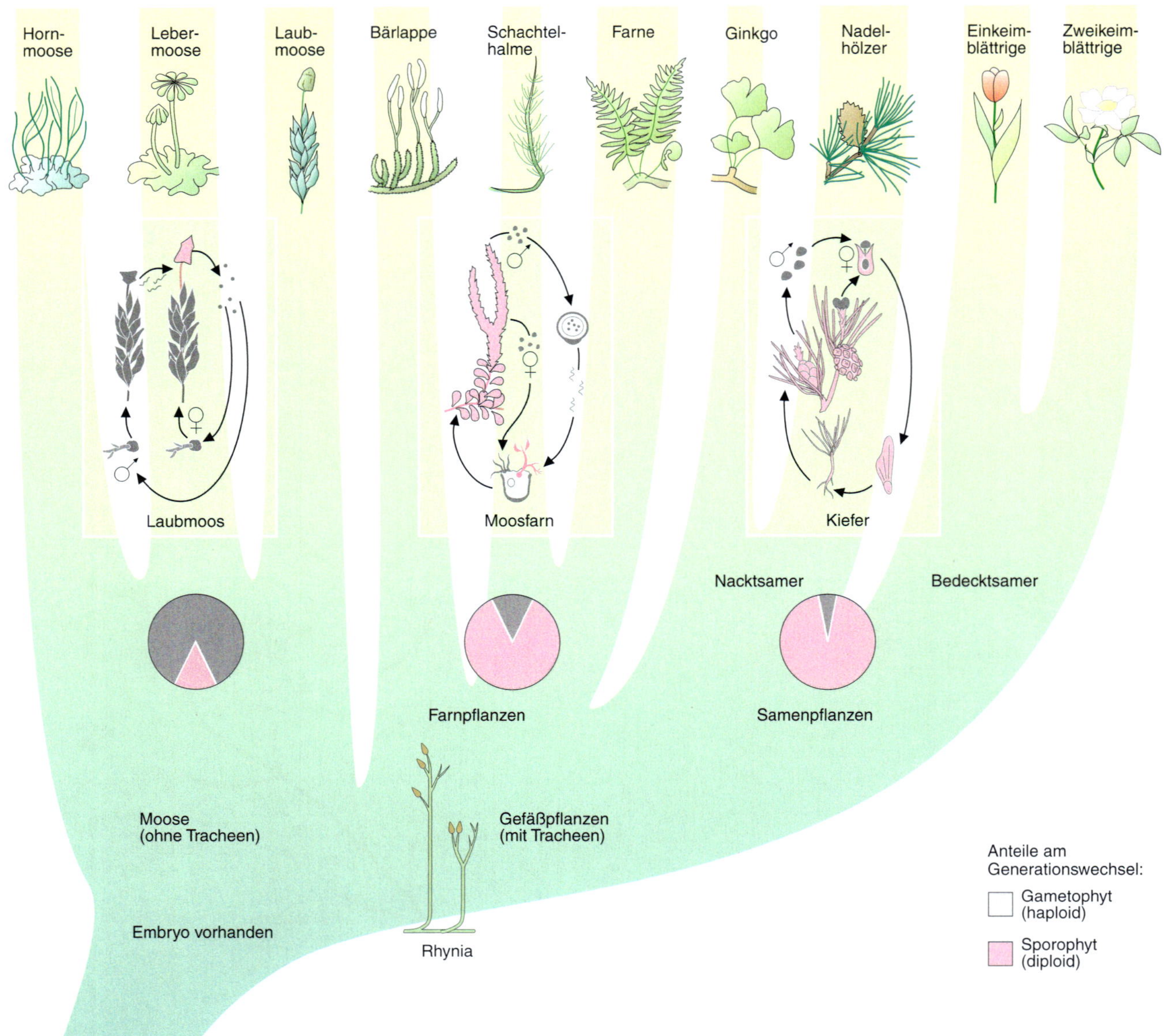

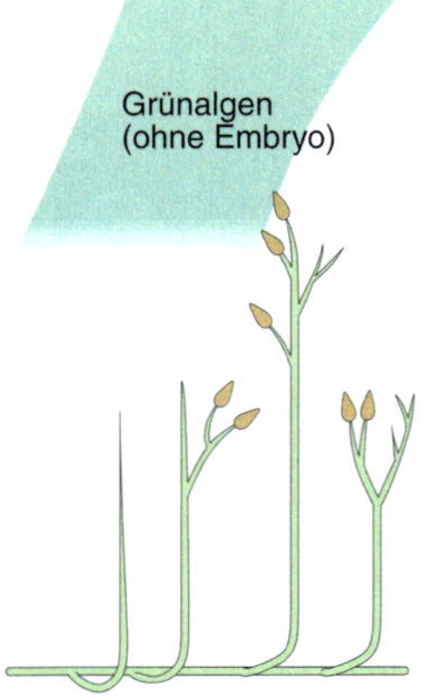

Rhynia
Gattung einfach gebauter Pflanzen, die zu den ältesten Besiedlern des Festlandes gehören.

Das Reich der Pflanzen

Die Pflanzen stammen mit großer Sicherheit von grünalgenähnlichen Vorfahren ab. Ein Pflanzenmerkmal ist der Besitz eines Embryos und damit in Zusammenhang stehend eines Generationswechsels zwischen einem haploiden *Gametophyten* und einem diploiden *Sporophyten* (s. Seite 137). Die einzelnen Strukturen tragen zwar unterschiedliche Bezeichnungen (Pollen, Embryosack, Spore, Vorkeim usw.) sind aber weitgehend homolog. Die gefäßlosen Moose stellen wahrscheinlich eine ältere Seitenlinie dar, die eine eigene Entwicklung durchlaufen hat. Sichere fossile Belege für *Gefäßpflanzen (Tracheophyten)* sind aus den Kieselschiefern des Devon bekannt. Es handelt sich um Pflanzen vom Rhynia-Typ.

Abteilung: Moose
Echte Wurzeln und Leitbündel fehlen. Das Fotosynthese betreibende Moospflänzchen ist der Gametophyt, auf dem der Sporophyt mit Sporenkapsel sitzt.

Abteilung: Farnpflanzen
Leitbündel mit Tracheen sind vorhanden. Der Gametophyt ist klein, die auffälligere Pflanze wird vom Sporophyten gebildet.

Abteilung: Samenpflanzen
Sie stellen die überwiegende Zahl der heute lebenden Pflanzen. Ihr Generationswechsel ist nicht sofort erkennbar, denn der Gametophyt ist extrem reduziert. Die Verbreitung erfolgt durch Samen.

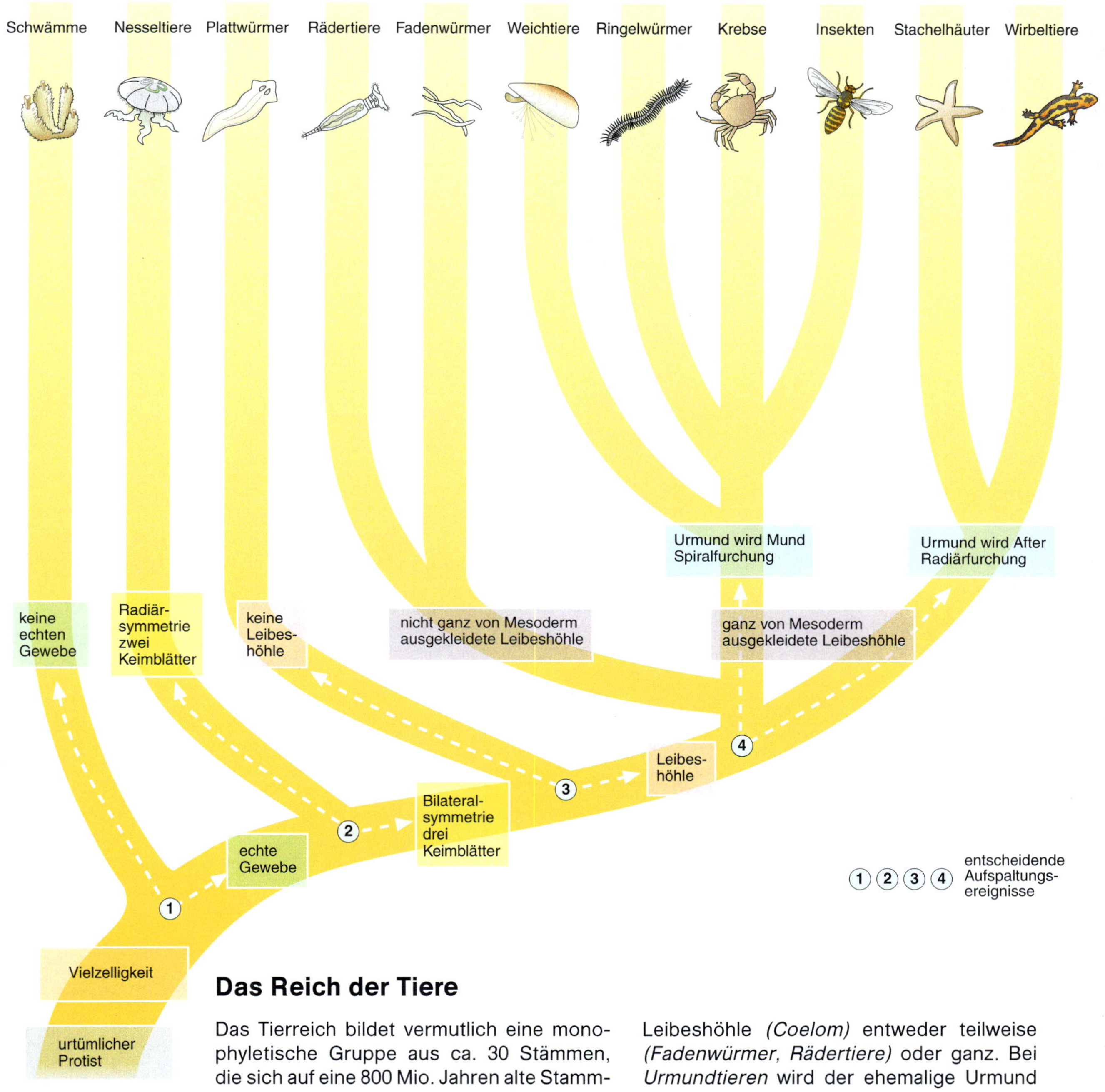

Das Reich der Tiere

Das Tierreich bildet vermutlich eine monophyletische Gruppe aus ca. 30 Stämmen, die sich auf eine 800 Mio. Jahren alte Stammart zurückführen lässt, nur die *Schwämme* könnten unabhängig entstanden sein. Die Embryonalentwicklung spiegelt einige evolutive Schritte wider: Auf einen mit der Gastrula (s. Seite 150) vergleichbaren, radiärsymmetrischen Bauplan lassen sich *Nesseltiere* zurückführen. Bei den weiteren Stämmen bildet sich zusätzlich zum Ento- und Ektoderm als drittes Keimblatt das Mesoderm, der Körper erhält ein Vorderende und wird dadurch bilateralsymmetrisch, *Plattwürmer* bleiben auf dieser Organisationsstufe. Bei allen weiteren wird der Urdarm zum Darmkanal und das Mesoderm umkleidet eine neue Leibeshöhle *(Coelom)* entweder teilweise *(Fadenwürmer, Rädertiere)* oder ganz. Bei *Urmundtieren* wird der ehemalige Urmund zum Mund, ein After bildet sich neu. Dazu gehören *Weichtiere, Ringelwürmer* und *Gliederfüßer*. Ihr Nervensystem liegt als Bauchmark auf der Bauchseite, das Herz auf der Rückenseite. Bei *Neumundtieren* wird der Urmund zum After, der Mund bildet sich neu. Das Nervensystem liegt auf der Rückenseite, das Herz auf der Bauchseite. Das lässt sich bei den sekundär radiärsymmetrischen *Stachelhäutern* allerdings nur noch an Larven beobachten. Die *Chordatiere* entwickeln einen Stützstab *(Chorda)* auf der Rückenseite, der bei den Wirbeltieren vom Knochenskelett (Wirbelsäule) ersetzt wird.

abiotisch
durch die unbelebte Natur bedingt (siehe *Umweltfaktor)*

Absorption
Schwächung bzw. Aufnahme von Strahlungsanteilen beim Durchgang durch Materie; auch Aufnahme von Flüssigkeiten, Gasen oder Energie

Adaptation
Anpassung, speziell von Sinnesorganen oder Rezeptoren an unterschiedliche Reizintensitäten, z. B. beim Auge durch Veränderung der Iris bzw. Netzhaut

adaptive Radiation
Aufspaltung einer Ursprungs- (Stamm-) Art in zahlreiche abgeleitete Arten durch evolutive Anpassung an verschiedene ökologische Bedingungen in meist unbesetzten Lebensräumen in einem geologisch kurzen Zeitraum

Adenosintriphosphat
siehe *ATP*

aerob
werden Stoffwechselprozesse genannt, die nur in Gegenwart von Sauerstoff ablaufen bzw. die Lebensweise in sauerstoffhaltiger Umgebung (vgl. *anaerob)*

afferent
bei Nerven: von Sinneszellen zum Zentralnervensystem hinleitend

Agglutination
Zusammenballung von Blutzellen oder Bakterien unter dem Einfluss von Brückenmolekülen (z. B. Antikörpern)

Aggression
Sammelbezeichnung für Angriffs-, Verteidigungs- und Drohverhalten innerhalb einer Art oder zwischen Arten

AIDS (Acquired Immune Deficiency Syndrom)
durch das menschliche Immunschwäche-Virus *(HIV)* ausgelöste Immunschwäche-Krankheit, die bis zum Jahr 2002 weltweit 20 Millionen Todesopfer forderte; eine Infektion erfolgt vor dem Ausbruch der Krankheit beim Infizierenden über den direkten Kontakt von Körperflüssigkeiten

Aktinfilamente
fadenförmige Proteine, die Bestandteil des Zellskeletts sind

Aktion, bedingte
durch Lernen gebildete Assoziation zwischen einem Verhaltenselement und einem aktivierten Antrieb

Aktionspotential
während der Erregung des Axons gemessener zeitlicher Verlauf des Membranpotentials; pflanzt sich über das Axon durch Veränderung der Ionenkanäle fort

Aktivierungsenergie
der Mehrbetrag an Energie, der zusätzlich zum durchschnittlichen Energiegehalt der kleinsten Teilchen eines Stoffes notwendig ist, um eine chemische Reaktion zwischen ihnen auszulösen

Albino
durch einen erblich bedingten Mangel an Haut- und Haarpigmenten weiß gefärbtes Individuum mit roten Augen; Albinos kommen bei Vögeln und Säugetieren einschließlich des Menschen vor

Allel
eine von mehreren möglichen Ausführungen eines Gens, von dem diploide Körperzellen zwei enthalten, haploide Keimzellen eines.

Allen-Regel
Abstehende Körperteile gleichwarmer Tiere sind bei Formen, die in kalten Gebieten leben, häufig kleiner entwickelt als bei nahe verwandten Formen in wärmeren Klimazonen.

Allergie
Überreaktion des Immunsystems auf bestimmte Substanzen, die als *Allergene* bezeichnet werden

Alles-oder-Nichts-Gesetz
Gesetzmäßigkeit für bestimmte Vorgänge, die entweder nur vollständig und in voller Intensität oder gar nicht ablaufen, z. B. beim *Aktionspotential* von Nervenzellen

allopatrische Artbildung
allos (gr.) „anders", *patria* (lat.) „Heimat" = „in verschiedenen Gebieten"; Entstehung von Arten aus geografisch isolierten Populationen einer Ursprungsart

allosterisch
Fähigkeit eines Moleküls, reversibel mehrere stabile Formen einnehmen zu können

Altruismus
selbstloses Verhalten, Begünstigung Anderer; Gegensatz zu Egoismus

Aminosäure
organische Säure, die neben der Carboxylgruppe eine Aminogruppe enthält; in freier Form und als Baustein von Peptiden und Proteinen in der Zelle allgemein verbreitet

anaerob
werden Stoffwechselprozesse genannt, die ohne Beteiligung von Sauerstoff ablaufen bzw. die Lebensweise von Organismen in sauerstofffreier Umgebung (vgl. *aerob)*

Analogie
Ähnlichkeit in Gestalt oder anderen Merkmalen, die aufgrund übereinstimmender Selektionsbedingungen unabhängig entstanden sind und die nicht auf gemeinsamer Herkunft beruht (vgl. *Homologie)*

Angepasstheit
Eigenschaft eines Lebewesens, die sein Überleben in einer bestimmten Umwelt fördert

Anpassung
Prozess, in dessen Verlauf Individuen Eigenschaften aufweisen, die für das Überleben förderlich sind

Antagonist
Gegenspieler, z. B. bei Muskeln, Hormonen, Rezeptoren an Synapsen und bei chemischen Reaktionen

Antibiotikum
von Mikroorganismen hergestellter Stoff, der das Wachstum anderer Mikroorganismen hemmt, z. B. Penicillin, Chloramphenicol

Anticodon
Basentriplett eines t-RNA-Moleküls, das komplementär zu einem m-RNA-Codon ist

Antigen
Substanz, die eine Antikörperproduktion durch das Immunsystem auslöst

Antikörper
Moleküle in den Körperflüssigkeiten der Wirbeltiere, die spezifisch andere Moleküle *(Antigene)* binden können

Appetenz
Suchen nach der ein bestimmtes Verhalten auslösenden Reizsituation, das

gerichtet (ähnlich einer *Taxis*) oder ungerichtet sein kann (z. B. während der Nahrungssuche)

Archaebakterien (Archaea)
urtümliche, an extreme Lebensbedingungen angepasste Prokaryoten; im Zellaufbau den echten Bakterien *(Eubacteria)* ähnlich

Art
Man unterscheidet zwei verschiedene Sichtweisen, die beide je nach Zusammenhang sinnvoll sind:
morphologische Art: eine Gruppe von Lebewesen, die in wesentlichen Merkmalen übereinstimmen
genetische Art: alle Individuen, die unter natürlichen Bedingungen derselben Fortpflanzungsgemeinschaft angehören und von anderen getrennt sind

Artbildung
Prozess der Entstehung neuer Arten aus einer Ursprungsart; man unterscheidet *allopatrische Artbildung* bei räumlicher Trennung von Populationen und *sympatrische Artbildung* bei gemeinsamen Vorkommen

Assimilation
bei Stoffwechselvorgängen: Aufbau organischer Substanzen aus anorganischen Ausgangsstoffen; auch Umbau aufgenommener Nährstoffe in körpereigene Stoffe

Atmung
äußere Atmung: Sauerstoff- und Kohlenstoffdioxidaustausch mit der Umgebung; *innere Atmung bzw. Zellatmung:* aerobe Stoffwechselvorgänge zur Energiefreisetzung in Zellen

Atmungskette
Kette von Redoxreaktionen in Mitochondrien, bei der Elektronen von wasserstoffhaltigen Verbindungen auf Sauerstoff übertragen werden; aufgrund des entstehenden H^+-Gradienten wird ATP gebildet (siehe *Endoxidation)*

ATP (Adenosintriphosphat)
wichtigster Energiespeicher und -überträger des Stoffwechsels, entsteht aus ADP und Phosphat unter Energieaufnahme; setzt beim Zerfall 30,5 kJ/mol frei und treibt dadurch endergonische Reaktionen an oder macht durch Übertragung von Phosphat andere Stoffe energiereicher und damit reaktionsfähiger

Attrappenversuch
in der Ethologie verwendetes Experiment mit Nachbildungen von Reizkonstellationen, das zur Prüfung der Auslösbarkeit von Verhaltensweisen eines Tieres verwendet wird

Autoimmunerkrankung
Erkrankung, die durch Immunreaktionen des Körpers gegen körpereigene Zellen ausgelöst wird; zu den Autoimmunerkrankungen gehört *Diabetes I*

Autökologie
Teilbereich der Ökologie, der sich mit den Beziehungen einer Art zu seiner Umwelt beschäftigt (siehe auch *Umweltfaktor, Ressource)*

Autoradiographie
fotografischer Nachweis radioaktiv markierter Stoffe; empfindliches Nachweisverfahren für Stoffe und Stoffumwandlungen

Autosom
Chromosom, das im Gegensatz zum *Gonosom* keine geschlechtsbestimmenden Gene trägt; in Körperzellen sind bei diploiden Zellen von jedem Autosom zwei homologe Ausgaben vorhanden

Autotrophie
Ernährungsweise, bei der nur anorganische Stoffe benötigt werden *(Fotosynthese, Chemosynthese;* vgl. *Heterotrophie)*

Aversion, bedingte
erlerntes Verhaltenselement; durch schlechte Erfahrung (Bestrafung) wird ein ursprünglich neutraler oder positiv wirkender Reiz mit Abwehr oder Flucht verbunden

Axon
bis zu 100 cm langer Ausläufer einer Nervenzelle, über den die Erregungen vom Zellkörper zu den Synapsen geleitet werden

Bakteriophage (Phage)
Virus, das Bakterien befällt; es nutzt den Syntheseapparat der Bakterienzelle zur eigenen Vermehrung

Bakterium
Angehöriger einer systematischen Gruppe von einzelligen, zellkernlosen (prokaryotischen) Kleinstlebewesen; man unterscheidet echte Bakterien *(Bacteria)* von den *Archaebakterien (Archaea)*

Baustoffwechsel
Aufbau zell- oder körpereigener Stoffe aus aufgenommenen oder vorher hergestellten Nährstoffen (vgl. *Betriebsstoffwechsel)*

Befruchtung
Verschmelzung der Zellkerne zweier Keimzellen zu einer befruchteten Eizelle *(Zygote)*; nach der *Besamung*

Begattung
geschlechtliche Vereinigung eines männlichen und eines weiblichen Individuums zur direkten Übertragung von Spermazellen in die weiblichen Fortpflanzungsorgane; dadurch wird die *Besamung* und anschließende *Befruchtung* der Eizelle ermöglicht

Behaviorismus
Forschungsrichtung der Lernpsychologie (ursprünglich aus Amerika), die Verhalten auf einfache Reiz-Reaktions-Schemata zurückführt

Bergmann-Regel
Bei nahe verwandten, gleichwarmen Tierarten nimmt die Größe von warmen Zonen in Richtung kalter häufig zu.

Besamung
Eindringen der Spermazelle in die Eizelle; die Besamung geht der *Befruchtung* voraus

Beschädigungskampf
risikoreiches Kampfverhalten, bei dem Tiere verletzende Waffen verwenden, wie z. B. Zähne, Krallen, Geweihspitzen u. a.; tödlicher Ausgang möglich (siehe *Kommentkampf)*

Betriebsstoffwechsel
Abbau organischer Substanzen in Zellen zur Energiebereitstellung (vgl. *Baustoffwechsel)*

Biogenetische Grundregel
Während der Keimesentwicklung eines Individuums zeigen einige Stadien Merkmale von Organismengruppen, die man als frühere Stufen der Stammesentwicklung ansieht. Die Keimesentwicklung scheint also die Stammesgeschichte sehr kurz zu wiederholen.

Biomasse
die gesamte Masse (bzw. Trockenmasse) aller Lebewesen in einem Lebensraum; wird oft nur auf bestimmte Teilbereiche (Populationen, Trophiestufen etc.) bezogen

Glossar

Biomembran
Doppelmembran mit einer immer gleichen Grundstruktur, die jede Zelle umgibt bzw. in kleinere Räume aufteilt

Bionik
wissenschaftliche Disziplin, die sich mit der technischen Umsetzung und Anwendung von Strukturen nach dem Vorbild biologischer Systeme beschäftigt

Biosphäre
der vom Leben erfüllte Raum der Erde

Biotechnologie
Einsatz und Nutzung von biologischen Prozessen oder Lebewesen in technischen Verfahren bzw. industriellen Produktionen

biotisch
durch Lebewesen bedingt oder beeinflusst (siehe *Umweltfaktor)*

Biotop
Lebensraum einer Lebensgemeinschaft

Biozönose
Lebensgemeinschaft aller Organismen in einem Lebensraum

Blastula (Hohlkeim)
frühes Entwicklungsstadium eines tierischen Mehrzellers, bei dem äußerlich gleichartige Zellen eine Hohlkugel bilden

blotten
Basismethode der Molekularbiologie, mit der Moleküle (Proteine, Nucleinsäuren) aus Elektrophorese-Gelen zur weiteren Bearbeitung in gleicher Anordnung auf Membranen übertragen und damit isoliert werden

Brown'sche Molekularbewegung
durch Kollisionen und Schwingungen in Geschwindigkeit und Richtung ständig wechselnde Bewegungen kleinster Teilchen

Bruttoprimärproduktion
die gesamte durch *Fotosynthese* oder *Chemosynthese* gebildete Biomasse in einer bestimmten Zeit (siehe *Nettoprimärproduktion)*

Calvinzyklus
zyklische Reaktionsfolge, die der lichtabhängigen Reaktion der *Fotosynthese* nachgeschaltet ist, bei der CO_2 fixiert und Glucose gebildet wird

Carrier
integrales Protein in der Biomembran, das einen Transport spezifischer Substanzen durch die Biomembran ermöglicht; Transportproteine, Translokatoren

Centriol
paariges Organell der *Centrosomenregion* tierischer Zellen, das an der Organisation von Geißeln und Wimpern beteiligt ist

Centrosom
im Cytoplasma einer Eucyte enthaltenes, für die Zellteilung wichtiges Material; es enthält bei tierischen Zellen die *Centriolen*

chemiosmotische ATP-Bildung
die Bildung von ATP im ATPase-Komplex mithilfe des Energiegehaltes eines Protonengradienten

Chemosynthese
Form der *autotrophen* Lebensweise, bei der anorganische Verbindungen für die Gewinnung von Reduktionsäquivalenten und ATP oxidiert werden

Chloroplast
fotosynthetisch aktives, Chlorophyll enthaltendes Zellorganell (siehe *Plastid)*

Chordatiere
Tierstamm, der durch einen primär rückseitig *(dorsal)* liegenden Stützstab gekennzeichnet ist; neben den Wirbeltieren gehören dazu die Manteltiere und die Schädellosen

Chromatographie
Verfahren zur Auftrennung von Stoffgemischen, das die unterschiedliche Beweglichkeit von Stoffen in einem Strom aus Trägersubstanz (Flüssigkeit oder Gas) ausnutzt

Chromosom
Hauptträger der Erbinformation in einer Zelle; Chromosomen enthalten Gene (DNA) in spezifischer Anordnung und können identisch verdoppelt werden *(Replikation)*. Bei Eukaryoten werden sie vor allem bei der Zellteilung lichtmikroskopisch sichtbar. Im erweiterten Sinne wird auch die ringförmige DNA der Prokaryoten als (Bakterien-) Chromosom bezeichnet.

Chromosomenmutation
Veränderung der Erbinformation, die durch Bruch und Fusion zum Umbau eines Chromosoms führt; dabei können Teile eines Chromosoms verloren gehen *(Deletion)*, an eine andere Stelle verlagert werden *(Translokation)*, verdoppelt werden *(Duplikation)* oder um 180° gedreht wieder eingebaut werden *(Inversion)*

Citronensäurezyklus
wichtigste, zyklisch verlaufende Reaktionsfolge zum oxidativen Endabbau von Kohlenstoffverbindungen (siehe *Tricarbonsäurezyklus)*

Code, genetischer
verschlüsselte Anweisung für die Proteinsynthese, nach der die genetische Information der DNA (Basensequenz) in die Aminosäuresequenz der Proteine übersetzt wird

Codon
aus 3 *Nucleotiden* bestehender m-RNA-Abschnitt (Basentriplett), der für eine Aminosäure codiert

Coenzym
Hilfsmolekül bei Enzymen, das Elektronen, Protonen oder Substratbestandteile bei enzymatischen Reaktionen vorübergehend übernimmt (auch *Cosubstrat* genannt)

Crossingover
wechselseitiger Austausch von Chromosomenstücken zwischen homologen Chromosomen während der Meiose; ein Crossingover führt zur *Rekombination* der Erbinformation, d. h. Gene, die zuvor auf dem gleichen Chromosom lagen, können auf verschiedene Chromosomen verteilt werden oder ehemals getrennte Gene können auf das gleiche Chromosom gelangen

Cytokinese
Zellteilung nach der Kernteilung (siehe *Mitose)*

Cytoplasma
von der Zellmembran umgebener Zellinhalt mit Ausnahme des Zellkerns; in der Grundsubstanz des Cytoplasmas liegen die Organellen

Cytoskelett
Netzwerk feiner Proteinstrukturen, die der Zelle Stabilität und Festigkeit verleihen und Transportaufgaben erfüllen

Darwinismus
Konzepte, die sich auf die Selektionstheorie von CHARLES DARWIN berufen,

ausgehend von gemeinsamer Abstammung, Artbildung in Populationen, allmählichem Ablauf *(Gradualismus)* und natürlicher *Selektion*, die auf verschiedene Phänotypen in einer Population wirkt

Denaturierung
durch Hitze, organische Lösungsmittel, pH-Wert-Änderungen oder Salze verursachte Konformationsänderung von *Nucleinsäuren* oder *Proteinen*; Denaturierung ist in der Regel mit Funktions- oder Aktivitätsverlust verbunden

Dendrogramm (evolutionärer Stammbaum)
Darstellung der Verwandtschaft von Lebewesen in einem baumartigen Schema; der Begriff wird vor allem für Stammbäume benutzt, denen genetische Merkmale zugrunde liegen

Destruent
Organismus, der sich von totem organischem Material ernährt und es zu anorganischer Substanz abbaut

Detritus
organische Reststoffe, die beim Zerfall von Organismen entstehen und sich z. B. als flockige Masse auf dem Grund von Gewässern ablagern

Dictyosom
Zellorganell, bestehend aus einem Stapel flacher Membranvesikel; exportiert Proteinsekrete; die Gesamtheit der Dictyosomen einer Zelle bildet den *Golgi-Apparat*

Diffusion
Konzentrationsausgleich durch Vermischung verschiedener Teilchen aufgrund der Brown'schen Molekularbewegung

diploide Zelle
Zelle mit zwei homologen Chromosomensätzen (2n), von denen einer von der Mutter und einer vom Vater stammt

Dissimilation
Gesamtheit aller abbauenden, der Energiefreisetzung dienenden Stoffwechselwege

Divergenz
beschreibt das Auseinanderlaufen verschiedener evolutiver Entwicklungslinien zu größeren Unterschieden hin (vgl. *Konvergenz)*

Diversität
Mannigfaltigkeit in einem Ökosystem; sie berücksichtigt die Artenzahl, deren Häufigkeitsverteilung und ihre genetische Vielfalt; eine gängige Maßeinheit ist der Diversitätsindex nach SHANNON

DNA = DNS (Desoxyribonucleinsäure)
schraubig gewundene, zweisträngige Kette von *Nucleotiden* (besteht aus dem Zucker Desoxyribose, Phosphat und einer der 4 Basen Adenin, Thymin, Guanin und Cytosin); die Reihenfolge der Nucleotid-Typen in einem Nucleinsäurestrang verschlüsselt die genetische Information einer Zelle

Domestikation
der Prozess der Haustierwerdung und der Entwicklung von Kulturpflanzen aus Wildformen als Folge menschlicher Zuchtwahl

dominantes Allel
Allel, das bei heterozygoten Lebewesen zur Ausprägung eines Merkmals führt (siehe *Erbgang)*

Dunkelreaktion
lichtunabhängige biochemische Reaktionsfolge der Fotosynthese (siehe *Calvinzyklus*)

Effektor
Erfolgsorgan bei Tieren, das die Reaktion eines Organismus auf Reize ausführt; Muskel oder Drüse

efferent
durch Nerven vom *Zentralnervensystem* wegleitend zu Erfolgsorganen (wie Muskeln oder Drüsen)

Elektronenmikroskopie
Vergrößerungsverfahren, die in Elektronenmikroskopen Elektronenstrahlen statt Licht benutzen, wodurch feine Strukturen, Viren und Moleküle sichtbar gemacht werden können

Elektrophorese
Methoden, mit denen Moleküle *(Proteine, Nucleinsäuren)* in einem Gleichspannungsfeld nach ihrer Masse und Ladung aufgetrennt werden

Elterninvestment
Fürsorgeaufwand, den Eltern in die Aufzucht von Nachkommen investieren, der dessen Überlebenswahrscheinlichkeit erhöht, aber die Eltern teilweise daran hindert, weitere Nachkommen zu produzieren

Emission
Ausstoß von (Schad-) Stoffen in die Umgebung

Endhandlung
von KONRAD LORENZ geprägter Begriff für die abschließende Verhaltensweise einer *Instinkthandlung*

Endoplasmatisches Retikulum (ER)
Organell in Eukaryotenzellen, das aus einem Membransystem besteht; es wirkt bei Synthese, Umwandlung und Transport von Stoffen mit

Endosymbionten-Hypothese
gut belegte Hypothese über den Ursprung der Eukaryotenzelle *(Eucyte)*; demnach ist die Eucyte aus einer symbiontischen Gemeinschaft von Zellen hervorgegangen; *Mitochondrien* entstanden aus bakterienartigen Zellen, *Plastiden* aus cyanobakterienartigen Zellen

Endoxidation
Übertragung von Elektronen im aeroben Stoffwechsel von wasserstoffhaltigen Verbindungen auf Sauerstoff unter Bildung von Wasser in den Mitochondrien zur Gewinnung von ATP (siehe *Atmungskette)*

Energie, freie
genauer: *freie Reaktionsenthalpie* (Symbol ΔG); Energieangabe, die *Enthalpie* und *Entropie* in Beziehung setzt; gibt an, ob eine Reaktion freiwillig ablaufen kann ($\Delta G < 0$) oder nicht ($\Delta G > 0$)

Energiefluss
Weitergabe von energiereichen Stoffen in einer Nahrungskette

Enthalpie
genauer: *Reaktionsenthalpie*; Menge an Wärmeenergie, die bei einer chemischen Reaktion bei gleich bleibendem Druck umgesetzt wird (Symbol: ΔH)

Entropie
Maß für die Unordnung bzw. Wahrscheinlichkeit eines Zustandes in einem System (Symbol S); bei allen Veränderungen in einem abgeschlossenen System nimmt die Entropie zu ($\Delta S > 0$)

Enzym
Protein, das als Biokatalysator wirkt und dadurch die chemische Umsetzung bei Stoffwechselprozessen beschleunigt

Epidermis
Abschlussgewebe bei Pflanzen und Tieren

Erbgang
statistisch-gesetzmäßiges Auftreten von Merkmalen in den Nachkommengenerationen; beim *rezessiv-dominanten Erbgang* bestimmt das Allel von nur einem Elternteil die Ausprägung des Phänotyps in der mischerbigen Filialgeneration, beim *kodominanten Erbgang* dagegen zwei Allele. Beim *intermediären Erbgang* findet man eine abgeschwächte Ausprägung des Merkmals in der mischerbigen Filialgeneration.

Ernährungsstrategie
auf die Bedürfnisse und körperlichen Möglichkeiten abgestimmte Form der Auswahl und Beschaffung von Nahrung

Ethnozentrismus
Sichtweise, nach der die Eigenschaften der eigenen Volksgruppe (Kultur) höher bewertet werden als die anderer Kulturen

Ethogramm
Zusammenstellung aller Verhaltensweisen einer Tierart

Ethologie
Verhaltensforschung, Teilgebiet der Biologie; Lehre vom tierischen und menschlichen Verhalten

Eucyte
Zelltyp; Grundbaustein aller *Eukaryoten*; unterscheidet sich u. a. durch den Besitz von Zellkern *(Nucleus)*, *Mitochondrien* und die reiche Kompartimentierung von der *Procyte*

Eukaryoten (auch Eukaryonten)
ein- und vielzellige Lebewesen, deren Zelltyp die Eucyte ist; dazu gehören Protisten, Pflanzen, Pilze und Tiere

eurypotent
Fähigkeit eines Lebewesens, starke Schwankungen eines bestimmten Umwelteinflusses zu tolerieren

Eutrophierung
Anreicherung eines Gewässers mit Mineralstoffen („Überdüngung")

Evolution
alle Prozesse, die zur Entstehung des Lebens in seiner heutigen Vielfalt geführt haben

Exkretion
Ausscheidung von Substanzen durch Exkretionsorgane, wie Haut, Lunge, Niere, Dickdarm oder Schweißdrüsen

Exon
codierender Abschnitt gestückelter eukaryotischer Gene (siehe *Intron)*

Fitness, reproduktive
Maß für den reproduktiven Lebensfortpflanzungserfolg eines Individuums, d. h. die Fähigkeit, seine Gene in der Folgegeneration zu verbreiten

Flaschenhalseffekt
Form von *Gendrift*, die sich aus einer drastischen Verkleinerung einer Population, z. B. durch eine Naturkatastrophe, ergibt

Fließgleichgewicht
Zustand gleicher Konzentrationen von Stoffen in einem offenen System bei dauerndem Zu- und Abfluss von Stoffen und Energie

Fluoreszenz
Aufleuchten von Stoffen bei Bestrahlung mit Licht, wobei das ausgesandte Licht eine größere Wellenlänge aufweist als das absorbierte

Fortpflanzung
Kennzeichen des Lebens, wobei durch die Weitergabe genetischer Information artgleiche, eigenständige Individuen entstehen. Zur geschlechtlichen *(sexuellen)* Fortpflanzung gehört die Befruchtung von Keimzellen. Bei der ungeschlechtlichen *(asexuellen)* Fortpflanzung entstehen neue Lebewesen aus einem Teil des Elternorganismus. Fortpflanzung ist meistens mit einer *Vermehrung* verbunden.

Fortpflanzungsstrategie
betrachtet den Anteil der verfügbaren Biomasse und Energie, der von Individuen einer Art für die Fortpflanzung eingesetzt wird; der Anteil ist genetisch bestimmt

Fossil
versteinerter Rest oder Spur eines Lebewesens in Gesteinen bzw. Sedimenten früherer Perioden der Erdgeschichte

Fotometrie
Messverfahren zum Bestimmen von Lichtintensitäten; erlaubt die Ermittlung von Absorptionsspektren und Konzentrationen

Fotosynthese
wichtigste Form der *autotrophen Assimilation*, bei der mithilfe des Chlorophylls unter Einwirkung des Sonnenlichtes aus CO_2 und Wasser Glucose und Sauerstoff entstehen

Fundamentalnische
Ansprüche einer Art an ihre Umwelt unter Laborbedingungen ohne Einfluss von biotischen Faktoren wie Konkurrenz oder Räuberdruck (siehe *Realnische, Nische, ökologische)*

Fungizid
das Wachstum von Pilzen hemmender Stoff (siehe *Pestizid)*

Furchung
erste Phase in der Entwicklung eines Mehrzellers, bei der aus der Zygote durch aufeinander folgende Zellteilungen eine mehrzellige Kugel *(Blastula)* entsteht; bei dotterarmen befruchteten Eizellen wird das gesamte Plasma aufgeteilt *(totale Furchung)*, bei dotterreichen nur ein Teil *(partielle Furchung)*

Gamet (Geschlechtszelle, Keimzelle)
haploide Ei- oder Spermienzelle, die sich im Gegensatz zur *Spore* erst nach einer Befruchtung zu einem mehrzelligen Organismus weiterentwickelt; in diploiden Organismen entstehen Gameten in spezialisierten Organen *(Gonaden)* durch eine besondere Zellteilung *(Meiose)*, in haploiden Organismen durch *Mitose*

Gametophyt
mehrzellige, haploide Generation der Pflanzen, die (mitotisch) Keimzellen hervorbringt; aus den befruchteten Keimzellen geht anschließend die Sporen bildende diploide Generation *(Sporophyt)* hervor. Gametophyt der Moose: Moospflänzchen, Gametophyt der Farne: Prothallium, Gametophyt der Samenpflanzen: unscheinbare Zellgruppe im Innern des Sporophyten.

Gärung
anaerobe Form der Energiefreisetzung; je nach Gärungstyp entstehen Endprodukte wie Ethanol und CO_2 oder Milchsäure

Gastrula (Becherkeim)
Entwicklungsstadium eines Mehrzellers; es besteht aus zwei Gewebelagen (Keimblättern), die eine innere Höhle (den Urdarm) umschließen.

Gastrulation
zweite Phase in der Entwicklung eines Mehrzellers, bei der aus einer Hohlkugel *(Blastula)* durch Einstülpung oder Einwanderung von Zellen ein Becherkeim *(Gastrula)* entsteht

Gedächtnis
Speicher für erworbene Informationen im Gehirn, die als Erinnerung wieder abrufbar sind

Gedächtniszellen
spezielle Weiße Blutzellen, die nach erstmaligem Kontakt mit einem *Antigen* entstehen und über Jahre im Körper verbleiben können; sie sorgen bei weiteren Antigenkontakten für die schnelle Produktion spezifischer Antikörper

Gegenspielerprinzip
Prinzip, nach dem ein Zustand in einem Organismus durch mindestens zwei gegeneinander wirkende Steuermechanismen kontrolliert und geregelt wird (siehe *Antagonist)*

Gegenstromprinzip
optimierte Form des Wärme- oder Stoffaustausches zwischen unterschiedlichen Flüssigkeiten oder Gasen, die sich durch eine dünne Barriere getrennt in entgegengesetzter Richtung bewegen

Gen
Funktionseinheit der Erbinformation, die auf einem *Chromosom* liegt und aus *DNA* besteht; ein Gen ist nach heutiger Auffassung der DNA-Abschnitt, der für ein RNA-Molekül codiert

Gendrift
durch Zufallsereignisse bedingte, sprunghafte Veränderung von Gen- bzw. Allelhäufigkeiten, die in kleinen Populationen von Bedeutung sind *(Gründereffekt, Flaschenhalseffekt)*

Generalisation
erlernte Verknüpfungen, durch die ursprüngliche Informationen oder Erfahrungen auch auf andere, ähnliche Situationen und Reizkombinationen übertragen werden

Generalist
Lebewesen, das unter sehr unterschiedlichen Lebensbedingungen existieren kann; ein Nahrungsgeneralist etwa zeigt ein breites Nahrungsspektrum (vgl. *Spezialist)*

Generationswechsel
Entwicklungszyklus einer Art, bei der sich Generationen mit unterschiedlicher Form der *Fortpflanzung* abwechseln

genetisch bedingte Krankheit
(Erbkrankheit)
Erkrankung, die sich auf die Vererbung veränderter *Gene* oder *Chromosomen* zurückführen lässt

genetisch bedingtes Verhalten
Verhaltensweisen, die nicht erlernt werden müssen; sie gehen nur auf genetisch weitergegebene, stammesgeschichtlich entstandene Informationen zurück

genetischer Fingerabdruck
Verfahren zur Analyse von DNA aus Haaren, Blutflecken und anderem Material zur Identifizierung von Personen, fachsprachlich auch *DNA-Typisierung* oder *DNA-Profiling* genannt

Genexpression
Vorgang der Merkmalsausbildung, in dem eine Zelle die Information eines Gens nutzt; alle Gene werden dabei zunächst transkribiert (m-RNA-Bildung), codieren sie für Proteine, findet auch Translation statt

Genkartierung
Bestimmung der Position verschiedener Gene auf einem DNA-Molekül

Genkopplung
Vorhandensein von Gruppen von Genen, die gemeinsam vererbt werden, weil sie auf demselben Chromosom liegen; durch Crossingover können solche Kopplungsgruppen durchbrochen werden

Genom
Gesamtheit des genetischen Materials (codierende und nicht codierende DNA-Abschnitte) eines Organismus im einfachen Chromosomensatz

Genommutation
Mutation, die zu einer Veränderung der Chromosomenanzahl in einer Zelle führt; es können entweder einzelne Chromosomen hinzukommen oder verloren gehen, oder der ganze Chromosomensatz kann vervielfacht oder halbiert werden

Genotyp
Beschreibung der Gesamtheit der Gene eines Organismus

Genpool
Gesamtheit aller Gene in einer Population zu einem bestimmten Zeitpunkt

Genregulation
Regulation der Proteinsynthese in einer Zelle durch Genaktivierung bzw. -hemmung

Gensonde
kurzkettiges, markiertes DNA- oder RNA-Einzelstrang-Molekül zum Aufspüren komplementärer Basensequenzen

Gentechnik
Verfahren zur gezielten Veränderung des Genoms einer Zelle durch Übertragung oder Entfernung definierter DNA-Abschnitte zu Forschungs-, Heilungs- oder Produktionszwecken

Gentherapie
medizinische Behandlung von Patienten durch gentechnische Veränderung von Zellen: Bei der *somatischen Gentherapie* werden Gene von Körperzellen des Patienten ersetzt, ergänzt oder entfernt. Eine *Keimbahntherapie* beim Menschen, also die gentechnische Veränderung von Keimzellen, ist in Deutschland aus ethischen Gründen verboten.

Gentransfer
Methoden, mit denen man DNA (Gene) beliebigen Ursprungs in Zellen einbringen kann (siehe *Plasmid)*

Geschlechtsdimorphismus
Verschiedenheit der Geschlechter einer Art hinsichtlich Größe, Gestalt, Farbigkeit, Physiologie oder Verhalten, also der sekundären Geschlechtsmerkmale (= *Sexualdimorphismus)*

Gewebe
durch spezifische Leistungen gekennzeichneter Verband gleichartig differenzierter Zellen

Gewöhnung
reizspezifisches Ausbleiben einer Reaktion oder einer Wahrnehmung, z. B. bei ständig vorhandenen Duftstoffen

Glykolyse
erster Teil des Glucoseabbaus bis zur Brenztraubensäure

Golgi-Apparat
Gesamtheit der *Dictyosomen* in einer Zelle; modifiziert und speichert Produkte des ER

Gonaden (Keimdrüsen)
Organe der Tiere, in denen Keimzellen gebildet werden; weibliche Keimdrüsen nennt man Eierstöcke (Ovarien), männliche Keimdrüsen Hoden

Gonosom (Geschlechtschromosom, Heterosom)
Chromosom, das im Gegensatz zum *Autosom* geschlechtsbestimmende Gene trägt; Gonosomen legen bereits in der diploiden Zygote das Geschlecht fest und werden meist als X- oder Y-Chromosom bezeichnet

Gradualismus
Sichtweise der evolutionären Veränderungen von Lebewesen, die von gleitenden, allmählichen *(graduellen)*, nicht sprunghaften Übergängen bei der Bildung neuer Organe ausgeht

Gründereffekt
Form von *Gendrift*, die auf die Besiedlung eines neuen Lebensraumes durch eine kleine Anzahl von Individuen (Gründerpopulation) zurückzuführen ist, die sich von einer großen Ausgangspopulation abgespalten hat

Grundumsatz
minimaler Energieumsatz eines homoiothermen Tieres in Ruhe; setzt sich zusammen aus dem Erhaltungsumsatz für die Lebensvorgänge in Zellen und der Energie für die Tätigkeitsbereitschaft des Organismus

Habitat
von einer einzelnen Art bevorzugter Lebensraum

Habituation (Gewöhnung)
im Zusammenhang mit Lernvorgängen auftretendes Verschwinden einer Reaktion; z. B. werden unbedingte Reflexe durch reizspezifische Gewöhnung schwächer

haploide Zelle
Zelle mit einem einfachen Chromosomensatz (n), z. B. Keimzelle

Hardy-Weinberg-Gesetz
mathematisches Modell zur Berechnung der Häufigkeiten von *Allelen* und *Genotypen* in einer *Population* (siehe *Populationsgenetik)*

hemizygot
trotz Diploidie mit nur einem Allel für ein bestimmtes Merkmal ausgestattet; dies gilt z. B. für viele Allele auf den Geschlechtschromosomen

Hemmung, allosterische
durch die Veränderung der räumlichen Struktur des Enzymmoleküls bedingte Hemmung der Enzymfunktion

Hemmung, bedingte
durch negative Erfahrungen hervorgerufene Hemmung eines Verhaltens (siehe *Lernen)*

Hemmung, kompetitive
Hemmung der Enzymfunktion durch mit dem Substrat konkurrierende, ähnlich strukturierte Substanzen an der Substratbindungsstelle

Hemmung, neuronale
Hemmung von Übertragungsvorgängen im Gehirn durch inhibitorische postsynaptische Potentiale

Herbizid
Pflanzen schädigende Substanz, die zur Unkrautvernichtung eingesetzt wird (siehe *Pestizid)*

Heterotrophie
Ernährungsweise, bei der organische Nahrungsstoffe als Energie- und Kohlenstoffquellen aufgenommen und in körpereigene Verbindungen umgewandelt bzw. abgebaut werden

heterozygot (mischerbig)
mit zwei verschiedenen *Allelen* für ein bestimmtes Merkmal ausgestattet (vgl. *homozygot)*

HIV (Human Immunodeficiency Virus)
RNA-Virus, das durch die Infektion von Immunzellen die Immunschwächekrankheit *AIDS* beim Menschen auslöst

Hominiden
Menschenaffen (Orang Utan, Gorilla, Schimpanse, Bonobo) und Mensch einschließlich aller ausgestorbener Vorfahren; nach älterer Gliederung nur der Mensch und seine ausgestorbenen Vorfahren (heute: Hominine)

Hominoide
dazu zählen die Gibbons, die Menschenaffen und der Mensch incl. aller ausgestorbener Vorfahren

homoiotherm (gleichwarm)
Temperaturkonstanz von Organismen, die ihre Körpertemperatur stoffwechselphysiologisch unabhängig von den Außenbedingungen innerhalb enger Grenzen regeln; homoiotherm sind Säugetiere und Vögel

Homologie
Ähnlichkeit in Gestalt oder anderen Merkmalen, die sich auf Verwandtschaft bzw. gleiche Herkunft und damit ähnliche genetische Ausstattung gründet (vgl. *Analogie)*

homozygot (reinerbig)
mit zwei identischen Allelen für ein bestimmtes Merkmal ausgestattet (vgl. *heterozygot)*

Hormon
in Drüsen gebildeter Signalstoff, der physiologische Veränderungen hervorruft

Hybridisierung
molekularbiologisches Verfahren; komplementäre Einzelstränge von *Nucleinsäuren* unterschiedlicher Herkunft lagern sich nach gemeinsamer Erhitzung bei anschließender Abkühlung bei hinreichender Ähnlichkeit zusammen (siehe *Gensonde)*

hydrophil
Wasser liebend, in Wasser löslich; polare Substanzen, die Wassermoleküle anziehen und locker binden (Wasserstoffbrückenbindungen); Gegensatz zu *hydrophob, lipophil*

hydrophob
Wasser abweisend, wasserunlöslich; unpolare Substanzen, die Wassermoleküle nicht binden und daher von ihnen ausgegrenzt werden (siehe *lipophil*, Gegensatz zu *hydrophil)*

hypertonisch
Die Konzentration der gelösten Teilchen in der Lösung ist höher als in einer Vergleichslösung (siehe *Osmose)*.

Hyperzyklus
System, das zu Selbstvermehrung, Stoffwechsel und Mutation befähigt ist

hypotonisch
Die Konzentration der gelösten Teilchen in der Lösung ist geringer als in einer Vergleichslösung (siehe *Osmose)*.

Immission
Schadstoff in der Luft *(Emission)*, der auf Lebewesen und Bauwerke einwirkt

Immunität
Reaktionsfähigkeit eines Organismus gegenüber Antigenen von Infektionserregern; man unterscheidet *spezifische* und *unspezifische Immunität*

Indikatororganismus (Zeigerart)
Lebewesen, das besonders empfindlich *(stenopotent)* auf bestimmte Ökofaktoren reagiert und deshalb als Nachweisorganismus für eben diese Umweltbedingungen verwendet werden kann; Indikatororganismen spielen vor allem bei der Beurteilung bzw. Erfassung von Verschmutzungen von Wasser, Luft und Boden eine wichtige Rolle

Infektionskrankheit
durch Erreger verursachte übertragbare Krankheit

Infantizid
Tötung von Jungtieren der eigenen Art (meist durch die Männchen)

Inkubationszeit
Zeitspanne zwischen der Ansteckung und dem Ausbruch einer Infektionskrankheit

Insektizid
Insekten schädigendes bzw. abtötendes Gift (siehe *Pestizid)*; wird z. B. als Pflanzenschutzmittel eingesetzt

Instinkthandlung
von Konrad Lorenz eingeführter und heute umstrittener Begriff für ein „angeborenes", durch bestimmte *Schlüsselreize* über einen entsprechenden Auslösemechanismus ausgelöstes weitgehend formkonstantes Verhalten, das nur bei Vorliegen einer spezifischen Handlungsbereitschaft abläuft

intermediär
dazwischen befindlich (siehe *Erbgang);* phänotypische Zwischenform bei heterozygoten Lebewesen

Intron
nicht codierender Abschnitt gestückelter eukaryotischer Gene; der entsprechende m-RNA-Abschnitt wird beim *Spleißen* entfernt (siehe *Exon)*

Isolation
trennender Mechanismus, der den Genaustausch von Individuen unterbindet; man unterscheidet *präzygote Mechanismen*, die vor der Befruchtung einer Eizelle wirken, und *postzygote Mechanismen*, die die Entwicklung der Zygote zu einem fruchtbaren Individuum verhindern. *Isolation* trennt verschiedene Genpools bzw. Arten und ermöglicht dadurch deren eigenständige Entwicklung.

isotonisch
Die Konzentration der gelösten Teilchen in der Lösung ist identisch mit der in einer Vergleichslösung (siehe *Osmose).*

Karyogramm
aufreihende Darstellung der gefärbten Metaphase-Chromosomen eines Organismus; ermöglicht eine Unterscheidung nach Größe, Gestalt und Muster

Kaspar-Hauser-Experiment
Versuch mit Tieren, die durch Isolierung von Artgenossen daran gehindert werden, bezüglich eines bestimmten Verhaltens Erfahrungen zu sammeln

Keimbahn
Zellenfolge bei Tieren, die von der befruchteten Eizelle bis zu den Keimzellen führt

Klimax
bestimmter Reifezustand eines Ökosystems; Abschluss einer *Sukzession* vor der Zerfallsphase

Klonen
Vervielfältigung genetisch identischer Zellen; nicht zu verwechseln mit „klonieren", der Vervielfältigung einzelner Gene (siehe *PCR)*

kodominant
gemeinsam vorherrschend; Eigenschaft zweier Allele, sich im diploiden Organismus beide phänotypisch voll auszuwirken bzw., wenn sie einzeln auftreten, ein weiteres rezessives zu dominieren (siehe *Erbgang)*

Koevolution
gegenseitige Beeinflussung der Evolution zweier oder mehrerer Arten, die miteinander in Wechselbeziehungen stehen und durch Anpassung bzw. Gegenanpassung ihre Existenz und Fortpflanzung zunehmend sichern

Kohlenhydrat
stickstofffreier, weit verbreiteter biologischer Bau-, Gerüst- und Reservestoff der allgemeinen chemischen Zusammensetzung $C_n(H_2O)_n$; Beispiele: Zucker, Stärke, Zellulose

Kommentkampf
risikoarmes Kampfverhalten, bei dem die Tiere keine verletzenden Waffen verwenden oder diese lediglich nicht verletzend einsetzen: z. B. Drohen, Schieben

Kompartimentierung
Unterteilung des Zellinhaltes in durch Membranen abgegrenzte Reaktionsräume

Kompensationspunkt
jener Zustand, bei dem die Sauerstoffproduktion durch die *Fotosynthese* genau so groß ist wie der Sauerstoffverbrauch durch die *Atmung*; bestimmende Größe ist die Beleuchtungsstärke (Lichtkompensationspunkt)

Komplementsystem
Teil des Immunsystems; es besteht aus ca. 20 Plasmaproteinen und wirkt unspezifisch auf Fremdzellen, die es selbst zerstört oder für den Abbau durch *Makrophagen* vorbereitet

Konditionierung
einfacher Lernprozess durch Ausbildung einer bedingten Reaktion (Reflex oder Aktion) als Antwort auf einen spezifischen Reiz

Konflikt (biologische Definition)
liegt innerhalb eines Individuums vor, wenn für zwei sich widersprechende Verhaltensweisen gleich starke Motivationen vorliegen; liegt zwischen zwei Individuen vor, wenn das Verhalten eines Partners seine eigene reproduktive Fitness erhöht, aber die des anderen dadurch senkt

Konformation
räumliche Anordnung eines Moleküls; ein Molekül kann z. B. in ringförmiger oder gestreckter Konformation vorliegen

Konjugation
Zusammenlagerung von Protozoen oder Bakterien mit nachfolgendem Austausch von Erbgut

Konkurrenz
gegenseitige Einschränkung von Lebewesen durch die Nutzung gleicher begrenzter Ressourcen

Konkurrenzausschlussprinzip
Verschiedene Arten in einem Lebensraum können auf Dauer nicht koexistieren, wenn sich ihre ökologischen Nischen bezüglich der genutzten knappen Ressourcen gleich bzw. zu ähnlich sind.

Konsument
Organismus, der bereits vorliegende Biomasse lebender Organismen als Ressource nutzt (vgl. *Produzent)*

Konvergenz
beschreibt eine im Verlauf der Evolution zunehmende Ähnlichkeit von Individuen oder Organen bei verschiedenen Entwicklungslinien; Ursache ist meist ein ähnlicher Selektionsdruck (vgl. *Divergenz)*

Kopplungsbruch
Trennung von ehemals gekoppelten, also auf demselben Chromosom liegenden, Genen; ein Kopplungsbruch kann durch *Crossingover* während der *Meiose* oder durch eine *Chromosomenmutation* erfolgen

Kosten-Nutzen-Relation
das Verhältnis von Aufwand und Nutzen einer Eigenschaft oder Verhaltensweise; Organismen leben bzw. verhalten sich in der Regel so, dass geringstmögliche Kosten und höchstmöglicher Nutzen vorhanden sind (siehe *Optimierungsprinzip)*

Kreationismus
Schöpfungslehre; religiöse Strömung, die die Evolution als Ursache der Artenvielfalt ablehnt und stattdessen von Schöpfung ausgeht

Krebs
Sammelbezeichnung für bösartige Geschwülste in Körpergeweben; im Gegensatz zu den gutartigen Tumoren können sich Krebsgeschwüre im Körper ausbreiten *(Metastasen)*

Krebszyklus
nach Sir Hans Krebs benannter Teil des oxidativen Nährstoffabbaus (siehe *Tricarbonsäurezyklus)*

K-Stratege
Lebewesen, das seine Biomasse und Energie vorwiegend in die Sicherung der eigenen Existenz investiert und dadurch konkurrenzstark und langlebig ist (vgl. *r-Stratege)*

Kultur
Gesamtheit aller über Lernvorgänge von Generation zu Generation weitergegebenen technischen Fähigkeiten sowie moralischen, künstlerischen und religiösen Vorstellungen; in der Mikrobiologie: Gruppe gezüchteter Mikroorganismen oder Zellen

Kutikula
von Epidermiszellen der Pflanze nach außen abgesonderte, meist wenig durchlässige Schutzschicht aus wachsartigen Substanzen

Lamarckismus
überholte Lehre von der allmählichen Veränderung der Lebewesen durch Gebrauch oder Nichtgebrauch von Organen sowie der Vererbung der dabei erworbenen Eigenschaften

Landschaftsschutzgebiet
Gebiet, das besonderen Nutzungsbeschränkungen unterliegt; diese beziehen sich vor allem auf ein Bebauungsverbot und Einschränkungen in der Veränderung der Landschaft. So dürfen etwa Wiesen in der Regel nicht in Ackerland umgewandelt werden (siehe *Naturschutzgebiet).*

Leitfossil
Fossil, das für eine bestimmte erdgeschichtliche Zeit charakteristisch ist und damit eine zeitliche Einordnung von Gesteinen bzw. anderen Fossilien ermöglicht (siehe *Fossil)*

Lernen
Verhaltens- oder Wissensveränderung infolge individueller Erfahrung auf der Grundlage veränderter neuronaler Strukturen

lichtabhängige Reaktion
erste Schrittfolge der *Fotosynthese*, in der unter Nutzung der Lichtenergie *ATP* und *NADPH* + H^+ gebildet werden sowie Sauerstoff freigesetzt wird; Reaktionsorte sind die Thylakoidmembranen der *Chloroplasten*

Lichtatmung (auch Fotorespiration)
lichtabhängige, O_2-verbrauchende Produktion von CO_2, bei der Chloroplasten, Peroxisomen und Mitochondrien zusammenwirken; die physiologische Bedeutung ist noch nicht eindeutig geklärt

lichtunabhängige Reaktion
Teil der *Fotosynthese*, in dem CO_2 fixiert und mithilfe der Produkte der *lichtabhängigen Reaktion* zu Glucose reduziert wird (= Dunkelreaktion, siehe *Calvinzyklus)*

Liebig'sches Minimumgesetz
Das Gedeihen von Pflanzen wird maßgeblich von dem Mineralstoff bestimmt, der im Vergleich zum Bedarf in der geringsten Konzentration vorliegt.

Ligase
genetischer „Kleber"; Enzym, das DNA-Fragmente miteinander verknüpfen kann (Basiswerkzeug der Gentechnik, siehe *Restriktionsenzym)*

Lipid
unpolare chemische Verbindung, die sich schlecht in Wasser löst; Fette und fettähnliche Substanzen

lipophil
Fett liebend; unpolare Substanzen, die sich mit anderen unpolaren (z. B. *Lipiden)* mischen (siehe *hydrophob*, Gegensatz *hydrophil)*

Liposom
winzige Kugeln aus einer oder mehreren Phospholipid-Doppelschichten mit wässrigem Inhalt in einer polaren Flüssigkeit

Lotka-Volterra-Regeln
drei aus dem Lotka-Volterra-Modell abgeleitete Regeln der Interaktion von Räuber- und Beutepopulation und der wechselseitigen Beeinflussung ihrer Individuendichte;
1. periodische Schwankungen der Bestandsdichten
2. langfristigte Konstanz der Mittelwerte
3. schnellere Erholung der Beutepopulation nach einer Dezimierung

Lymphe
Gewebsflüssigkeit ohne Rote Blutzellen; Filtrat des Blutes von Tierarten mit geschlossenem Blutsystem

Lyse
Auflösung, insbesondere von Zellen und Organellen

Makrophage
differenzierte Zelle des Immunsystems, die auf die *Phagocytose* spezialisiert ist, also dem Abbau meist körperfremder Zellen und Stoffe

Marker
Substanz oder Struktur, die der Auffindung von Produkten, Stoffwechselreaktionen oder genetischen Veränderungen dient

Matrix
Grundstruktur, Grundsubstanz, z. B. der Chloroplasten

Meiose
zweischrittige Kern- und Zellteilung im Rahmen der geschlechtlichen Fortpflanzung; die Meiose führt zur Bildung von Keimzellen mit einem einfachen Chromosomensatz aus Urkeimzellen mit einem doppelten Chromosomensatz. Dabei wird die genetische Information neu kombiniert.

Membranpotential
elektrische Spannung über die Zellmembran, hervorgerufen durch eine unterschiedliche Verteilung von Ionen; wechselt am Axon zwischen *Ruhepotential* und *Aktionspotential*

mendelsche Regeln
drei von GREGOR MENDEL aufgestellte Vererbungsregeln (Uniformitätsregel, Spaltungsregel und Neukombinationsregel)

Meristem
pflanzliches Bildungsgewebe mit teilungsfähigen, undifferenzierten Zellen

Metamorphose
hormongesteuerter Gestaltwandel während der Entwicklung eines Tieres über ein oder mehrere Larvenstadien und ggf. Puppenstadium

Metastase
Tochtergeschwulst eines bösartigen Tumors; sie entsteht, wenn Krebszellen sich über die Blutbahn ausbreiten und an anderer Stelle des Körpers vermehren (siehe *Krebs)*

Mikrotubulus
röhrenförmige Proteinstruktur, die an der Bildung des Cytoskeletts, der Mitosespindel und von Cilien beteiligt ist

Mikrovilli
fingerförmige Ausstülpungen der Zellmembran zur Vergrößerung der Oberfläche; besonders an Epithelzellen des Dünndarms

Mimese
täuschende Nachahmung eines belebten oder unbelebten Objektes der Umgebung, das für die eigenen Fressfeinde ohne Bedeutung ist, durch ein Lebewesen, dessen Überlebenswahrscheinlichkeit dadurch steigt

Mimikry (Scheinwarntracht)
täuschende Nachahmung von Warnsignalen, die von wehrhaften oder giftigen Arten (Vorbild) ausgehen und so die Nachahmer vor Fressfeinden schützen, wenn hinreichend Vorbilder im Lebensraum vorkommen

Mineralstoffe (auch Mineralsalze)
anorganische Verbindungen, die vom pflanzlichen und tierischen Organismus für den Aufbau von Körpersubstanz und für einen geregelten Stoffwechsel aufgenommen werden müssen

missing link
fehlendes Bindeglied; aus evolutionsbiologischer Sicht zu erwartender, aber bisher nicht gefundener Organismus, der Merkmale von stammesgeschichtlich älteren und jüngeren Lebewesen in sich vereint

Mitochondrium
in der Eucyte vielfach vorhandenes Organell mit einer Doppelmembran, in dem die *Zellatmung* abläuft

Mitose
Kernteilung, bei der die zwei Chromatiden eines Chromosoms auf die beiden neu entstehenden Tochterzellen verteilt werden; die Chromosomenzahl bleibt erhalten. Der Kernteilung folgt in der Regel die Zellteilung (siehe *Cytokinese)*

Modifikation
umweltbedingte Veränderung im Erscheinungsbild *(Phänotyp)* eines Organismus, die nicht vererbt wird

molar
Konzentrationsangabe; gibt die gelöste Stoffmenge in einem bestimmten Volumen an (Einheit: mol/l)

Morula (Maulbeerkeim)
frühes Entwicklungsstadium eines Mehrzellers, das aus einer kompakten, kugeligen Zellgruppe besteht und sich zur *Blastula* weiterentwickelt

Mutagene
Substanzen, die in einem DNA-Molekül Veränderungen der Erbinformation *(Mutationen)* auslösen können

Mutation
spontan oder durch *Mutagene* verursachte qualitative oder quantitative Veränderung des genetischen Materials; in Abhängigkeit vom Ausmaß unterscheidet man *Gen-, Chromosomen-* und *Genommutationen*

Nachhaltigkeit
Konzept der dauerhaft umweltgerechten Entwicklung, bei dem soziale, ökologische und ökonomische Bezüge zu berücksichtigen sind

NAD^+
Nicotinamid-Adenin-Dinucleotid; ein in allen Zellen vorhandenes, bei Redoxreaktionen Wasserstoff und Elektronen übertragendes *Coenzym* (Cosubstrat); reduzierte Form $NADH + H^+$

$NADP^+$
Nicotinamid-Adenin-Dinucleotid-Phosphat; Wasserstoff und Elektronen übertragendes *Coenzym* (Cosubstrat) bei Redoxreaktionen, vor allem Reduktion beim Stoffaufbau in der Fotosynthese; reduzierte Form $NADPH + H^+$

Nahrungskette
Abfolge von Organismen, die sich jeweils voneinander ernähren und damit Biomasse und Energie an das folgende Glied weitergeben; sie beginnt vielfach mit Pflanzen als *Produzenten* und führt weiter zu *Konsumenten* und *Destruenten*

Nahrungsnetz
netzartige Verknüpfung von Nahrungsbeziehungen *(Nahrungsketten)* in einem *Ökosystem*

Nahrungspyramide
Darstellung der *Trophieebenen* eines *Ökosystems*; oft sind in tiefer liegenden Trophieebenen mehr Organismen vorhanden, die den Organismen höherer Ebenen als Nahrung dienen; die Abfolge lässt sich daher als Pyramide darstellen

Natrium-Kalium-Pumpe
ATP verbrauchender Transportmechanismus in der Zellmembran, der auch gegen einen hohen Konzentrationsgradienten Na^+- gegen K^+-Ionen austauschen kann; wichtig für das *Ruhepotential*, vor allem an Muskel- und Nervenzellen

Naturschutzgebiet
Gebiet, das aufgrund einer Naturschutzverordnung besonderen Nutzungsbeschränkungen unterliegt. Diese können zum Beispiel Einschränkungen der Freizeitnutzung (Betretungsverbot) und der landwirtschaftlichen Nutzung umfassen (siehe auch *Landschaftsschutzgebiet)*.

Nerv
ein Bündel von Nervenfasern (Axone mit Hüllzellen), von Bindegewebe umgeben; er dient der Leitung elektrischer Erregungen (siehe *Aktionspotential)*

Nettoprimärproduktion
die durch Fotosynthese oder Chemosynthese gebildete Biomasse in einer bestimmten Zeit nach Abzug des von den Pflanzen selbst verbrauchten Anteils (siehe *Bruttoprimärproduktion)*

Neuron (Nervenzelle)
spezialisierter Zelltyp, der elektrische Erregungen bildet bzw. leitet

Nische, ökologische
Gesamtheit der Ansprüche, die eine Art an ihre Umwelt stellt; die Ansprüche werden durch den Einfluss von Umweltfaktoren und durch die Nutzung von lebensnotwendigen Ressourcen bestimmt. Die ökologische Nische kann auch als Gesamtheit der ökologischen Potenzen beschrieben werden.

Nomenklatur, binäre
wissenschaftliche Benennung von Organismen; die Namensgebung ist zweiteilig. Der erste Teil bezeichnet die Gattung, zu der die Art gehört, der zweite Teil benennt die einzelne Art und unterscheidet sie von den anderen innerhalb der gleichen Gattung. Beispiele: Homo sapiens, Pinus silvestris (Gemeine Waldkiefer). Die festen Regeln der Nomenklatur garantieren eine weltweit einheitliche Bezeichnungsweise für alle Organismen.

Nucleinsäure
aus *Nucleotiden* aufgebautes Makromolekül, das als DNA oder RNA Erbinformation speichert bzw. überträgt

Nucleolus
Kernkörperchen; Syntheseort der ribosomalen RNA im Zellkern

Nucleosid
aus Zucker und stickstoffhaltiger Base bestehende Verbindung, die nach Veresterung mit Phosphorsäure ein *Nucleotid* bildet

Nucleotid
aus Zucker, Phosphat und einer stickstoffhaltigen Base zusammengesetzter Baustein der *Nucleinsäuren* bzw. der Coenzyme ADP, NAD^+ und $NADP^+$

Nucleus (Zellkern)
enthält den größten Teil der Erbinformation; Steuerzentrum der Zelle; kommt nur in der *Eucyte* vor

Oberflächenvergrößerung
bei Lebewesen zu beobachtendes und von ihnen genutztes Strukturprinzip; eine möglichst große Oberfläche bei gegebenem Volumen verbessert die Funktion als Austausch- und Reaktionsfläche

Ökofaktor
Faktor, der das Wachstum von Populationen beeinflusst; man unterscheidet *dichteabhängige Faktoren*, deren Wirkung davon abhängt, wie viele Individuen bereits vorhanden sind (z. B. bei der Konkurrenz um Ressourcen) und *dichteunabhängige Faktoren*, die generell wirken (z. B. Wetter, Katastrophen).

Ökosystem
dynamisches Beziehungsgefüge aus *Biozönose* (Lebensgemeinschaft) und *Biotop* (Lebensraum), das durch Stoffkreisläufe und Energiefluss gebildet wird

oligotroph
arm an Mineralstoffen (besonders Phosphat), was bei Stillgewässern meist mit hohem Sauerstoffgehalt einhergeht; im Gegensatz zu eutroph: hoher Gehalt an Mineralstoffen (siehe *Eutrophierung)*

Onkogene
Gene, die an der Auslösung von *Krebs* beteiligt sind; sie entstehen in Zellen aus Genen, die das Zellwachstum kontrollieren *(Proto-Onkogene)* und kommen in Viren vor

Ontogenese
Individualentwicklung; Entwicklung eines Lebewesens von der befruchteten Eizelle bis zum erwachsenen Lebewesen

Operon
Funktionseinheit von Genen des Bakteriengenoms, die eine bedarfsgerechte Synthese der darin codierten Enzyme bewirkt

Optimierungsprinzip
Organismen sind so strukturiert bzw. verhalten sich so, dass die Nutzen N (Fitness fördernde Faktoren) dieser Strukturen bzw. dieses Verhaltens ihre Kosten K (Fitness mindernde Faktoren) überwiegen: $N > K$

Organell
abgrenzbare Bau- und Funktionseinheit im Cytoplasma der Zelle

Osmose
Diffusion zwischen zwei durch eine *semipermeable Membran* getrennten Lösungen, bei denen nur die Lösungsmittelteilchen, nicht aber die Teilchen des gelösten Stoffes die Membran passieren können

Oxidation
Elektronenabgabe einer Substanz; in biologischen Systemen meist einhergehend mit der Abgabe von Wasserstoff oder der Aufnahme von Sauerstoff (vgl. *Reduktion)*

Ozon
kurzlebiges und reaktionsfreudiges Sauerstoffmolekül aus drei Sauerstoffatomen

Paarungssystem
beschreibt, mit welchen (wie vielen) Partnern sich Individuen – unabhängig vom vorliegenden Sozialsystem – paaren

Paläontologie
Wissenschaft aus Teilen von Geologie und Biologie; beschäftigt sich mit Resten und Spuren von Lebewesen (siehe *Fossilien)* in Gesteinen früherer Perioden der Erdgeschichte

Panmixie
gleiche Paarungswahrscheinlichkeit für jedes Individuum einer Population mit jedem anderen des anderen Geschlechts; damit vollständige genetische Durchmischung der Population

Parasympathicus
Teil des vegetativen Nervensystems, der die Aktivität z. B. der Muskeln reduziert und die der Verdauung erhöht; Gegenspieler zu *Sympathicus*

Parasitismus
Beziehung zwischen Lebewesen unterschiedlicher Arten, bei der das eine (der *Parasit)* auf Kosten des anderen (des Wirtes) lebt, indem er sich von diesem ernährt; im Gegensatz zum Räuber tötet der Parasit seinen Wirt, meist nicht vorher oder dabei

Parthenogenese (Jungfernzeugung)
Fortpflanzungstyp, bei dem aus unbefruchteten Eizellen Nachkommen hervorgehen; bei Insekten recht häufig (z. B. Drohnen der Honigbiene)

PCR (Polymerasekettenreaktion)
engl. *polymerase chain reaction*; Verfahren zur gezielten Vervielfältigung bestimmter DNA-Abschnitte (Basismethode der Molekularbiologie)

Peptidbindung
chemischer Bindungstyp zwischen zwei Aminosäuren in Peptiden und Proteinen, der die Primärstruktur erzeugt

Pestizid
Giftstoff zur Bekämpfung von unerwünschten Insekten *(Insektizid)*, Pilzen *(Fungizid)* oder Pflanzen *(Herbizid)*, der vorwiegend in Landwirtschaft, Forstwirtschaft und Gartenbau eingesetzt wird

Phage
Virus, das Mikroorganismen befällt, z. B. Bakteriophage

Phagocytose
Anlagerung, Einverleibung und Verdauung körperfremder Materialien, insbesondere durch Zellen des Immunsystems; alle Weißen Blutzellen phagocytieren (siehe *Makrophage)*

Phänotyp
Gesamtheit der Merkmale eines Organismus (vgl. *Genotyp)*

Pheromon
chemischer Botenstoff, der der Kommunikation mit Artgenossen dient

Phloem
auch als Siebteil bezeichnetes Leitgewebe in Pflanzen; dient vorwiegend dem Transport gelöster organischer Verbindungen, z. B. Zucker

Phosphorylierung
Übertragung einer Phosphatgruppe auf ein Molekül; oft zur Aktivierung des Stoffes oder Steuerung der Enzymaktivität

Phylogenese
Evolutionsgeschichte einer Art oder Verwandtschaftsgruppe

Phylogenetik
Teilgebiet der Biologie, das sich mit der Klärung der Verwandtschaft von Lebewesen und der Aufstellung von Stammbäumen beschäftigt

Phytoplankton
pflanzliche Kleinstlebewesen in Gewässern (siehe *Plankton)*

PID (Präimplantationsdiagnostik)
Verfahren, bei dem einzelne Zellen eines mehrzelligen Embryos entnommen und auf genetische Schäden untersucht werden, bevor der Embryo in den Mutterleib übertragen und ausgetragen wird; PID ist in Deutschland aus ethischen Gründen verboten, da es die Selektion von Embryonen nach nichtmedizinischen Kriterien ermöglicht

Plankton
im Wasser lebende, meist kleine Organismen, die sich nur in geringem Maße aktiv fortbewegen können und vorwiegend von Strömungen verdriftet werden; man unterscheidet pflanzliches *(Phytoplankton)* und tierisches Plankton *(Zooplankton)*

Planstelle, ökologische
Struktur eines Ökosystems, die für bestimmte Arten Lebensmöglichkeiten bietet; Arten mit gleichen *ökologischen Nischen* nutzen in verschiedenen Regionen gleiche ökologische Planstellen

Plasmid
ringförmiges DNA-Molekül, das unabhängig vom übrigen Genom einer Zelle ist; Plasmide kommen hauptsächlich in Bakterien vor, Bakterien können sie an andere weitergeben; sie werden zum Gentransfer genutzt (siehe *Vektor)*

Plasmodesmos
über offene Kanäle in der Pflanzenzellwand reichende Cytoplasmabrücke zwischen benachbarten Zellen

Plasmolyse
Abgabe von Wasser aus der Zellvakuole aufgrund osmotischer Vorgänge, bis sich der Protoplast von der Zellwand löst; Umkehrung: Deplasmolyse

Plastid
in Pflanzenzellen und verschiedenen Algen vorkommendes, von zwei Membranen umgebenes, formenreiches Zellorganell mit eigener *DNA* und 70 S-Ribosomen; wichtigster Typ sind die *Chloroplasten*; außerdem kommen Chromoplasten und Leukoplasten vor

poikilotherm (wechselwarm)
Organismen, deren Körpertemperatur weitgehend von der Umgebungstemperatur abhängt

Polyandrie
Zusammenleben von einem Weibchen mit mehreren Männchen (siehe *Paarungssystem)*

Polygamie
Zusammenleben von einem Individuum mit mehreren Individuen des anderen Geschlechts

Polygenie
Beeinflussung eines Merkmals durch zwei oder mehrere Gene

Polygynandrie
Zusammenleben mehrerer Weibchen mit mehreren Männchen (siehe *Paarungssystem)*

Polygynie
Zusammenleben eines Männchens mit mehreren Weibchen (siehe *Paarungssystem)*

Polymorphismus
genetisch bedingte Variabilität innerhalb einer Art, z. B. Gestalt- oder Farbvariationen

polyploid
Organismus mit mehr als zwei kompletten homologen Chromosomensätzen in den Zellen

Population
Gruppe von Individuen einer Art in einem bestimmten Gebiet, die eine Fortpflanzungsgemeinschaft bilden

Populationsgenetik
befasst sich mit den Häufigkeiten von Genen und Phänotypen in einer Population; auch die Gesetzmäßigkeiten möglicher Veränderungen der Häufigkeiten gehören dazu (siehe *Hardy-Weinberg-Gesetz)*

Potenz, ökologische
Reaktionsbreite einer Art gegenüber einem Umweltfaktor; sie wird quantitativ als Vitalität (Überlebensfähigkeit, etwa Biomassenzuwachs, Überlebensrate etc.) in Abhängigkeit von diesem Umweltfaktor beschrieben

Prädisposition
Merkmal, das unter veränderten Umweltbedingungen eine zusätzliche oder andere Funktion hat als vorher und dadurch einen Selektionsvorteil darstellt

Präferenz
Bevorzugung eines bestimmten Bereiches eines Umweltgradienten durch einen Organismus bzw. eine Art

Prägung
Lernvorgang, dessen Ablauf auf eine sensible Entwicklungsphase (meist in der frühen Jugend) beschränkt ist und der zu einem sehr stabilen Lernergebnis führt

Präzipitation
Zusammenballung von Molekülen unter dem Einfluss von Brückenmolekülen (z. B. Antikörper)

Primärproduktion
von *Produzenten* am Anfang einer *Nahrungskette* bzw. an der Basis von *Nahrungspyramiden* hergestellte organische Biomasse; bezieht sich auf einen bestimmten Zeitraum; man unterscheidet die gesamte durch Fotosynthese und Chemosynthese hergestellte Biomasse *(Bruttoprimärproduktion)* von jener Biomasse, die nach Abzug des Eigenverbrauchs übrig bleibt *(Nettoprimärproduktion)*

Primer
engl. Starter; kurze, einsträngige Nucleotidkette, die basenkomplementär zu einer Matrize (z. B. DNA) ist; dient als Ausgangspunkt für die Synthese des Komplementärstranges durch Polymerasen (siehe *PCR, Replikation)*

Produzent
Organismus, der benötigte organische Biomasse durch *Fotosynthese* oder *Chemosynthese* selbst erzeugen kann; größte Gruppe sind die autotrophen Pflanzen (vgl. *Konsument)*

Prokaryot (auch Prokaryont)
einzelliges, aus einer *Protocyte* (auch *Procyte)* bestehendes Lebewesen; zu den Prokaryoten gehören Eubakterien, und Archaebakterien (vgl. *Eukaryot)*

Promotor
DNA-Abschnitt am Anfang eines Gens, der als Startsequenz für die DNA-Polymerase dient, die m-RNA herstellt (siehe *Transkription)*

prosthetische Gruppe
Nichteiweißanteil eines Proteids (= *Protein* + prosthetische Gruppe), der wichtig für dessen Funktion ist, z. B. als metallhaltiger Molekülanteil eines Enzymkomplexes

Protocyte (Procyte)
Zelltyp der Prokaryoten, der keinen Zellkern besitzt (vgl. *Eucyte)*

Protein (Eiweiß)
hochmolekulare Kette aus verschiedenen Aminosäuren mit einer dreidimensionalen Struktur, die eine große Bedeutung in der Zelle als Gerüstsubstanz, Enzym bzw. kontraktiles Filament hat

Proteinbiosynthese
Herstellung von *Proteinen* nach den Informationen der *DNA* mit den beiden Teilschritten *Transkription* und *Translation*

Protisten
eukaryotische Einzeller bzw. einfache Mehrzeller, die nicht zu den Pilzen, Pflanzen und Tieren gehören; Reich der Lebewesen neben Prokaryoten, Tieren, Pflanzen und Pilzen; Beispiele: Kieselalgen, Grünalgen, Amöben

Protonengradient
Unterschied in der Protonenkonzentration zwischen zwei durch eine Membran abgegrenzten Räumen in Zellen oder Organellen, z. B. in *Mitochondrien* oder *Chloroplasten*; z. B. wichtig bei der ATP-Synthese

Punktmutation
Austausch oder Verlust einer einzelnen Base in einem DNA-Molekül (siehe *Mutation)*

Rasterelektronenmikroskopie (REM)
Variante der Elektronenmikroskopie, bei der das Präparat mit einem Elektronenstrahl abgetastet wird; für die Darstellung von Oberflächen besonders geeignet

Reaktionsnorm
in der Genetik: Bandbreite von Phänotypen, die sich auf denselben Genotyp zurückführen lassen; abhängig von den Umweltbedingungen können sich Lebewesen trotz übereinstimmender genetischer Information in ihrem Erscheinungsbild voneinander unterscheiden
in der Verhaltenslehre: Bandbreite des Reagierens eines Tieres auf richtungsgebende Reize

Realnische
Ansprüche einer Art an ihre Umwelt unter Freilandbedingungen (vgl. *Fundamentalnische; Nische, ökologische)*

Redoxpotential
Maß für die Bereitschaft zur Aufnahme oder Abgabe von Elektronen von einem bzw. an einen anderen Stoff

Reduktion
Elektronenaufnahme durch eine Substanz; in biologischen Systemen meist verbunden mit der Anlagerung von Wasserstoff bzw. Abgabe von Sauerstoff (vgl. *Oxidation)*

Redundanz
Begriff aus der Nachrichtentechnik; bedeutet teilweise Wiederholung einer Nachricht oder „überflüssige Information"; kann beabsichtigt sein, um die fehlerfreie Übertragung sicherzustellen (z. B. liegen Gene in mehrfachen Kopien im Genom vor); auch Codierung von Aminosäuren durch unterschiedliche Basentripletts

Reflex
weitgehend erblich bestimmte, mehr oder weniger zwangsläufige Reaktion eines tierischen Organismus auf einen bestimmten Reiz

Reflex, bedingter
erlernter, konditionierter *Reflex*, der nicht mehr nur auf den angeborenen unbedingten Reiz, sondern auf einen bestimmten, erlernten Reiz hin erfolgt

Reflexbogen
Kette von Prozessen und Stationen *(Rezeptoren, afferenten* und *efferenten* Nervenbahnen, *Synapsen*, Reflexzentrum und *Effektoren)*, die für den Ablauf eines *Reflexes* verantwortlich sind

Refraktärzeit
Zeit, in der an einer erregbaren Membran (z. B. eines Axons) nach einer Erregung aufgrund der Inaktivität bestimmter Ionenkanäle trotz einer Depolarisierung keine neue Erregung ausgebildet werden kann

Regelkreis
kybernetisches Modell zur Darstellung einer *Regelung* in Form von Blockschaltbildern oder Pfeildiagrammen

Regelung
Aufrechterhalten eines bestimmten Zustandes gegenüber verändernd wirkenden Einflüssen; der Ausgleich von Störungen und die Einstellung eines Gleichgewichts erfolgen meist durch negative Rückkopplung

Reiz
Umwelteinfluss, der auf einen Organismus einwirkt und an spezifischen Zellen (Rezeptoren) Erregungen auslösen kann; Reizaufnahme und -verarbeitung sind ein Kennzeichen des Lebens

Rekombination
Um- und Neukombination des genetischen Materials, z. B. im Rahmen der *Meiose*; die *Rekombination* führt zur genetischen Variabilität einer Art und ist ein wichtiger Evolutionsfaktor

REM
elektronenmikroskopisches Verfahren (Abkürzung für *Rasterelektronenmikroskopie)*

Replikation
identische Verdopplung der DNA, die vor jeder Zellteilung *(Mitose* und *Meiose)* stattfindet; der DNA-Doppelstrang wird getrennt und die elterlichen Einzelstränge dienen jeweils als Vorlage für einen Tochterstrang

Reproduktionswert
diejenige Anzahl an Nachkommen, die ein Organismus eines bestimmten Alters aus statistischer Sicht noch erwarten kann (auch Restreproduktionswert)

Resistenz
erblich bedingte Widerstandsfähigkeit gegenüber Krankheiten, Klima, Giften, Medikamenten u. a.; *Resistenz* ist abzugrenzen von der erworbenen Widerstandsfähigkeit (siehe *Immunität)*

Resorption
Stoffaufnahme durch lebende Zellen, im Allgemeinen aktiver Transportprozess ins Zellinnere bzw. ins Blut

respiratorischer Quotient (RQ-Wert)
Verhältnis von CO_2-Abgabe zu O_2-Aufnahme durch ein lebendes System; ein Maß für Art und Anteil der Nährstoffe, die abgebaut werden

Ressource
Bestandteile der Umwelt, die ein Organismus braucht bzw. verbraucht und die dadurch anderen Organismen nicht mehr zur Verfügung stehen (Nahrung, Wasser, Raumbedarf); ist die Ressource knapp, führt das zu *Konkurrenz*

Restriktionsenzym
Enzym, das doppelsträngige DNA an einer spezifischen Basensequenz schneiden kann; Basiswerkzeug der Gentechnik (siehe *Ligase)*

Retrovirus
Virusvertreter einer Gruppe von Viren, der einsträngige *RNA* als genetische Information enthält; vor seiner Vermehrung wird die RNA in einer Wirtszelle durch das Enzym *Reverse Transkriptase* in DNA übersetzt (z. B. *HIV)*.

reverse Transkriptase
Enzym, das nach der Vorlage eines RNA-Moleküls DNA aufbaut

Revier
von Lebewesen gegen Artgenossen verteidigter Raum; sichert eine Ressource

Rezeptor
Sinnesphysiologie: Zone, an der durch spezifische Reize Erregungen ausgelöst werden; Molekularbiologie: meist membrangebundenes Molekül, das spezifische Moleküle bindet und damit Prozesse im Zellinneren auslöst

rezessiv
Eigenschaft eines Allels, bei heterozygoten Lebewesen nicht ausgeprägt zu werden (siehe *Erbgang)*

R_f-Wert
Maßeinheit bei der *Chromatographie;* Quotient aus zurückgelegter Strecke einer Substanz und der Strecke vom Start ibs zur Lösungsmittelfront

RGT-Regel
Zusammenhang zwischen Reaktionsgeschwindigkeit einer chemischen Reaktion und der Umgebungstemperatur; im Allgemeinen steigt die Reaktionsgeschwindigkeit bei einer Temperaturerhöhung um 10 °C auf das Doppelte bis Dreifache.

Rhesusfaktor
Merkmal von Blutzellen, das vor allem auf das Antigen D zurückzuführen ist; im Gegensatz zum AB0-System entstehen D-Antikörper bei einer rh-negativen Person erst nach einem Kontakt mit Rh-positivem Blut

Ribosom
aus RNA und Proteinen aufgebautes Organell, an dem die Proteinsynthese (Translation) stattfindet

Ritualisierung
Entwicklungsvorgang im Bereich der Kommunikation, bei dem ein Verhalten zum Signal reduziert wird

RNA (Ribonucleinsäure)
im Vergleich zur *DNA* kurze Kette von *Nucleotiden*, bestehend aus dem Zucker Ribose, einem Phosphatrest und einer der vier Basen Adenin, Uracil, Guanin und Cytosin; man unterscheidet messenger-RNA, transfer-RNA und ribosomale RNA; m-RNA dient der Transkription, t-RNA der Translation und r-RNA ist Bestandteil der Ribosomen; außerdem Erbsubstanz der *Retroviren*

r-Stratege
Lebewesen, das Energie vorwiegend in Fortpflanzungsprodukte investiert; es hat zahlreiche, konkurrenzschwache Nachkommen (vgl. *K-Stratege)*

Rückkopplung
Ein Zustand oder Vorgang übt eine Wirkung aus, die ihn selbst wieder positiv (Aufschaukelungskreis) oder negativ (Regelkreis) beeinflusst.

Rudiment
in der Entwicklungsgeschichte einer Art verkümmertes, ganz oder teilweise funktionslos gewordenes Organ; manche Rudimente haben eine andere Funktion als vorher, die sich aus einer ursprünglichen Nebenfunktion entwickelt hat

Ruhepotential
elektrische Spannungsdifferenz zwischen Innen- und Außenseite einer erregbaren Membran im nicht erregten Zustand, z. B. an Nerven- oder Muskelzellen

Saprobiensystem
Indikatorsystem für Gewässerverschmutzung auf der Basis des Vorkommens von Indikatororganismen (siehe *Indikatororganismus)*

Schlüsselreiz
Reiz oder Reizkombination, die eine erbkoordinierte Handlung auslöst (siehe *Instinkthandlung)*

Schlüssel-Schloss-Prinzip
räumliches Passen zweier Moleküle zueinander, z. B. Enzym und Substrat

Sedimentation
das Absetzen von Partikeln aus Flüssigkeiten oder Gasen aufgrund der Dichte

Sekundärproduktion
von *Konsumenten* mithilfe aufgenommener Nahrung produzierte Biomasse

Selektion (Auslese)
natürliche Selektion (natürliche Auslese): beruht auf dem unterschiedlichen Fortpflanzungserfolg verschiedener *Phänotypen*, der auf die Wechselbeziehungen zwischen den Organismen und ihrer Umwelt zurückzuführen ist
künstliche Selektion (künstliche Zuchtwahl): Auswahl von Haustieren und Kulturpflanzen entsprechend der menschlichen Zuchtziele
sexuelle Selektion (geschlechtliche Zuchtwahl): Auswahl durch den Geschlechtspartner; beruht auf der Variabilität der sekundären Geschlechtsmerkmale, verstärkt den Geschlechtsdimorphismus

Selektionsfaktoren
Faktoren, die den unterschiedlichen Fortpflanzungserfolg verschiedener *Phänotypen* bewirken; man unterscheidet *abiotische Selektionsfaktoren* (z. B. Kälte, Dunkelheit) und *biotische Selektionsfaktoren* (z. B. Räuber, Parasiten)

Selektionstheorie
Theorie über die Ursachen der Evolution, begründet von CHARLES DARWIN und ALFRED RUSSEL WALLACE

Selektionstypen
aufspaltende Selektion: Individuen am Rande des phänotypischen Spektrums werden gegenüber denen in der Mitte begünstigt. Folge: Im ursprünglichen Maximum der Häufigkeitskurve entsteht ein Minimum.
gerichtete Selektion: Individuen eines Teils des phänotypischen Spektrums werden begünstigt. Folge: Häufigkeitsverteilung verschiebt sich in die Richtung der begünstigten Teilpopulation.
stabilisierende Selektion: Individuen in der Mitte des phänotypischen Spektrums werden gegenüber denen am Rande begünstigt. Folge: Häufigkeitsverteilung bleibt konstant.

semipermeabel
Membraneigenschaft: durchlässig für das Lösungsmittel und undurchlässig für gelöste Stoffe; führt bei Membrankontakt unterschiedlich konzentrierter Lösungen zu *Osmose*

sensible Phase
begrenzter Zeitraum, in dem über obligatorische Lernvorgänge spezifische Verhaltensmuster festgelegt werden können (z. B. Prägung).

Sexualdimorphismus
Verschiedenheit der Geschlechter (siehe *Geschlechtsdimorphismus)*

Sinneszelle
Zelle, an der spezifische Reize neuronale Erregungen auslösen

Sozialsystem
beschreibt, in welcher Konstellation Männchen und Weibchen zusammenleben (vgl. *Paarungssystem)*

Soziobiologie
Wissenschaft, die biologische Angepasstheiten des sozialen Verhaltens von tierischen und menschlichen Populationen untersucht

Spezialist
Lebewesen mit enger *ökologischer Potenz*; an diese wenig schwankenden Umweltbedingungen ist es besonders gut angepasst (siehe auch *Generalist)*

Spleißen
Entfernen von Abschnitten aus der Prä-m-RNA, die dann als reife m-RNA den Zellkern einer Eukaryotenzelle verlässt; die entfernten Abschnitte entsprechen den *Introns*

Spore
Fortpflanzungszelle, aus der sich ohne eine Befruchtung ein mehrzelliger Organismus entwickeln kann. Sporen entstehen in spezialisiertem Gewebe durch Mitose *(Mitosporen)* oder Meiose *(Meiosporen)*. Sie können diploid oder haploid sein. Bei Bakterien werden Überdauerungsstadien Sporen (Endosporen) genannt.

Sporophyt
mehrzellige, diploide Generation von Pflanzen, die (meiotisch) *Sporen* hervorbringt; aus den unbefruchteten Sporen geht anschließend die Gameten bildende haploide Generation *(Gametophyt)* hervor. Sporophyt der Moose: gestielte Sporenkapsel, Sporophyt der Farne: Farnpflanze, Sporophyt der Samenpflanzen: sichtbare Pflanze

Stammzelle
nicht ausdifferenzierte, teilungsfähige Zelle im Gewebe von Mehrzellern, die Wachstum und Erneuerung von Geweben ermöglicht

stenopotent
Kennzeichen eines Lebewesens, das nur in einem engen Bereich eines Umweltfaktors überlebt (vgl. *eurypotent)*; wenig tolerant gegenüber einem Umwelteinfluss

Steuerung
im Unterschied zur *Regelung* die Beeinflussung der Richtung oder Intensität von Größen oder Vorgängen

Stoffkreislauf
Zirkulation von Stoffen bzw. chemischen Elementen, wie Kohlenstoff oder Stickstoff, in einem Ökosystem; ein Kreislauf besteht aus Speichern (z. B. Biomasse, Atmosphäre, Ozeane, Gesteine) und Flüssen (z. B. Assimilation, Zersetzung, Fossilisierung). *Produzenten* binden in ihrer Biomasse Elemente aus den Speichern Atmosphäre und Boden. *Konsumenten* bzw. *Destruenten* setzen sie meist in die gleichen Speicher wieder frei.

Stoma
Spaltöffnung in der Pflanzenepidermis, bestehend aus dem Spalt und (meist zwei) Schließzellen

Strategie
genetisch bedingte Entscheidungsregel für den Einsatz verschiedener Verhaltensalternativen mit gleicher Funktion in unterschiedlichen Situationen

Stress
Summe der Reaktionen eines Organismus auf erhöhte Anforderungen aus der Umwelt

Sukkulenz
Fähigkeit von Pflanzen, Wasser in spezifischen Geweben zu speichern, z. B. im Spross und / oder in Blättern

Sukzession
natürliche Abfolge von Ökosystemen, z. B. bei der Wiederbewaldung einer Brachfläche oder der Verlandung eines Gewässers

Symbiose
Abhängigkeit zwischen zwei Arten mit gegenseitigem Nutzen

Sympathicus
Teil des vegetativen Nervensystems, der bestimmte Organe (z. B. Skelettmuskulatur, Herz) zu höherer Leistungsfähigkeit des Körpers aktivieren kann und andere (z. B. Verdauung, Sexualfunktion) hemmt; Gegenspieler zum *Parasympathicus*

sympatrisch
syn (gr.) „zusammen", patria (lat.) „Heimat" = „zusammen vorkommend"; vergleicht das Vorkommen verschiedener Arten oder Populationen bzw. den Weg der *Artbildung* (vgl. *allopatrisch)*

Synapse
Kontaktstelle zur Erregungsübertragung zwischen Nervenzelle einerseits und Nerven-, Muskel- oder Drüsenzelle andererseits

Syndrom
Gruppe von Merkmalen und Anzeichen; im medizinischen Sprachgebrauch eine Gruppe von Merkmalen einer Krankheit

Synökologie
Teilbereich der Ökologie, der sich mit den Beziehungen der Lebewesen in einer *Biozönose* (Lebensgemeinschaft) beschäftigt (z. B. Räuber-Beute-Beziehungen, Parasitismus etc.)

System
Einheit mit festgelegten Grenzen, bestehend aus Teilen *(Elementen)* und deren Beziehungen *(Relationen)*

Taktik
Verhaltensalternativen gleicher Funktion innerhalb einer Strategie

Taxis
Orientierungsbewegungen frei beweglicher Organismen, die von der Richtung des Reizes bestimmt werden; ist die Bewegung zur Reizquelle hin gerichtet, spricht man von positiver Taxis, bei entgegengesetzter Richtung von negativer Taxis

Taxonomie (Systematik)
Teilgebiet der Biologie, das sich mit dem Beschreiben, Benennen und Ordnen der Organismen nach systematischen Kriterien beschäftigt

Toleranzbereich
Bereich eines bestimmten Umweltfaktors, in dem ein Lebewesen existieren kann

Totipotenz
Fähigkeit bestimmter Zellen, durch Teilung und Differenzierung einen vollständigen Organismus hervorzubringen

Trachee
von der Körperwand ausgehender, verzweigter, luftführender Hautschlauch, der bei Insekten und Spinnen zur Atmung dient; bei Samenpflanzen ist die Trachee Bestandteil des Wasser leitenden Gefäßsystems *(Xylem)*.

Tradition
Weitergabe erlernter Informationen innerhalb einer Gruppe und zwischen den Generationen; Grundlage der Herausbildung von Kulturen

Transduktion
in der Genetik: Einschleusen von Fremd-DNA in eine Bakterienzelle mithilfe von *Phagen*;
in der Sinnesphysiologie: Auslösen von elektrischen Erregungen durch *Reize* in *Sinneszellen*

Transformation
Übertragung von DNA in eine beliebige lebende Zelle

transgene Lebewesen
Lebewesen, denen mit gentechnischen Methoden artfremde Gene übertragen wurden; auch über Art- und Gattungsgrenzen hinweg

Transkription
Synthese von m-RNA-Molekülen am codogenen DNA-Strang; Teil der *Proteinbiosynthese*

Translation
Polypeptid-Synthese anhand einer m-RNA an *Ribosomen*; Teil der *Proteinbiosynthese*

Transmitter
Überträgersubstanz, die an einer *Synapse* die Übertragung der Erregung von der prä- auf die postsynaptische Seite bewirkt

Transpiration
bei Pflanzen: regulierbare Wasserdampfabgabe über die Spaltöffnungen (stomatäre Transpiration) und die nicht regulierbare Wasserdampfabgabe über die Kutikula (kutikuläre Transpiration)
bei Tieren: Abgabe von Schweiß zur Thermoregulation

Transportmechanismus
Weise der Ein- und Ausfuhr von Stoffen und Partikeln durch die Zellmembran; es wird zwischen passivem und aktivem Transport unterschieden

Treibhauseffekt
globale Temperaturerhöhung aufgrund einer höheren Konzentration bestimmter Gase, vor allem von CO_2, in der Erdatmosphäre

Tricarbonsäurezyklus
der auch als *Citronensäurezyklus* bezeichnete, in Mitochondrien ablaufende Abbauprozess der Brenztraubensäure im Anschluss an die *Glykolyse*; Teilprozess der *Zellatmung*

Triplett
aus drei *Nucleotiden* bestehende Informationseinheit der DNA bzw. RNA (siehe *Codon)*

Trisomie
Genommuation, die zum dreifachen (anstelle zweifachen) Vorkommen eines Chromosoms in Körperzellen führt

Trophieebene, trophische Ebene
Stellung von Lebewesen im *Nahrungsnetz* (in der *Nahrungskette)*: *Primärproduzenten* und verschiedene *Konsumenten*

Trophiestufe
Ausmaß des Mineralstoffangebots in Gewässern und Böden: oligo-, meso-, poly- oder eutroph (siehe *Eutrophierung)*

Tumor (Geschwulst)
undifferenzierte Zellmasse, die sich durch die unkontrollierte Vermehrung einer Zelle im Gewebe bilden kann; gutartige Tumore wachsen nur langsam, bösartige Tumore *(Krebs)* können sich im Körper ausbreiten.

Turgor
osmotisch bedingter Innendruck von Zellen mit stabiler Zellwand

Umweltfaktor
Einfluss, der von außen auf ein Lebewesen wirkt; zu unterscheiden sind *abiotische Faktoren* der unbelebten Umwelt (physikalisch, chemisch) und *biotische Faktoren*, die von anderen Lebewesen ausgehen (etwa Beute, Räuber, Konkurrenten)

Ursache, proximate
genetischer, physiologischer, wie z. B. hormoneller oder jeglicher andere direkte Einfluss, der die Ausbildung eines Merkmals bewirkt

Ursache, ultimate
selektionstheoretischer Grund für die Ausbildung eines Merkmals, bei dem die Funktion des Merkmals und deren Selektionswert herangezogen werden

Vakuole
mit Flüssigkeit gefüllter, von einer einfachen Membran umgebener Raum in der Zelle

Van-der-Waals-Kräfte
schwache, zwischenmolekulare Kräfte durch Schwankung der Ladungsverteilung innerhalb der Moleküle; kurzzeitig entstehende Dipole ziehen sich an

Variabilität
die Erscheinung, dass die Individuen einer Population ungleich sind; dies kann genetisch bedingt *(genetische Variabilität, Polymorphismus)* oder durch Umweltunterschiede hervorgerufen sein *(modifikatorische Variabilität)*

vegetativ
ungeschlechtlich; Vermehrungsform ohne sexuelle Fortpflanzung

Vektor
„Genfähre"; DNA-Molekül, in das man eine Fremd-DNA einbauen kann (siehe *Restriktionsenzym, Ligase)* und das in einer Wirtszelle vervielfältigt werden kann (siehe *Plasmid)*

Verhaltensökologie
Wissenschaft von der Angepasstheit von Verhaltensweisen — nicht nur des Sozialverhaltens — an die ökologischen Rahmenbedingungen

Verhaltenspolymorphismus
liegt vor, wenn Tiere mehrere unterschiedliche Verhaltensweisen mit derselben Funktion ausführen können (z. B. Taktiken)

Vermehrung
Kennzeichen des Lebens, bei dem die Anzahl der Individuen vergrößert wird; Vermehrung ist stets mit *Fortpflanzung* verbunden

Verwandtschaftsgrad
Maß für die genetische Übereinstimmung zwischen zwei Individuen, gemessen am Anteil abstammungsgleicher Gene in Prozent des Genoms

Virus
nichtzelluläre genetische Einheit aus Nucleinsäuren und Proteinen, die sich nur in einer Wirtszelle vermehren kann

Wachstum
irreversible Volumenzunahme eines Organismus mit Zunahme körpereigener Substanz; bei Vielzellern durch Zellwachstum und Zellteilung

Wasserstoffbrückenbindung
Wechselwirkung zwischen Molekülgruppen mit einem partiell positiv geladenen Wasserstoffatom und Nachbarmolekülen mit einem freien Elektronenpaar

Xylem
auch als Holzteil bezeichnetes Leitgewebe in Pflanzen; dient dem Transport von Wasser und darin gelösten Mineralstoffen

Zellatmung
Energiefreisetzung in der Zelle durch Oxidation von energiereichen chemischen Verbindungen unter Sauerstoffaufnahme

Zelle
kleinste, mit allen Merkmalen des Lebens ausgestattete Bau- und Funktionseinheit aller Lebewesen; Zellen entstehen aus Zellen. Die Zelle kommt als *Protocyte* (auch *Procyte)* und *Eucyte* vor. Aus Eucyten bestehende Lebewesen können ein-, mehr- oder vielzellig sein.

Zellzyklus
regelmäßige Abfolge von Zellteilung sowie Protein- und DNA-Synthese in einer Zelle; der Zellzyklus wird in Phasen untergliedert und sein Ablauf durch verschiedene Steuer- und Regelmechanismen kontrolliert

Zone, trophogene / tropholytische
Die oberste Schicht in Gewässern erhält genügend Licht, sodass eine Nettoproduktion der Pflanzen vorhanden ist (trophogen). Mit zunehmender Tiefe nimmt das Licht ab, bei der Kompensationstiefe wird der *Kompensationspunkt* erreicht. Darunter beginnt die tropholytische Zone.

Zooplankton
tierische Kleinstlebewesen eines Gewässers, die im Wasser schweben und überwiegend passiv durch die Strömung fortbewegt werden (siehe *Plankton)*

Zygote
befruchtete Eizelle; Produkt der Verschmelzung von Eizelle und Spermium

Bildnachweis

Fotos: 8.1 FOCUS (Andrew Syred, SPL), Hamburg – 8.2 IFA (BCI), Ottobrunn – 8.3 FOCUS (SPL/Motta, Andrews, Porter, Vial), Hamburg – 9.1 Prof. Dr. Manfred Keil, Neckargemünd – 9.2 Prof. Dr. Klaus Hausmann, Berlin – 9.3 FOCUS (SPL), Hamburg – 9.4 Okapia (K. Porter/NAS), Frankfurt – 10.1 Reinhard-Tierfoto, Heiligkreuzsteinach – 10.2 Ekkehard Schmale, Westerburg – 10.3 Klett-Archiv (Aribert Jung/Nature + Science AG), Stuttgart – 11.1a/b Dr. Horst Schneeweiß, Hamburg – 11.2, 4 Johannes Lieder, Ludwigsburg – 11.3 Okapia (D. M. Phillips/PR Science Sc), Frankfurt – 11.5 Okapia (Biophoto Ass./Science Source), Frankfurt – 12.S Klett-Archiv (Nature + Science AG), Stuttgart – 15.K Carl Zeiss Jena GmbH, Jena – 15.Rd. Okapia (Manfred P. Kage), Frankfurt – 16.1 Johannes Lieder, Ludwigsburg – 17.1a Okapia (London Sc. Films/OSF), Frankfurt – 17.1b Okapia (Manfred P. Kage), Frankfurt – 18.1 Okapia (Biophoto Ass., Science Source), Frankfurt – 18.2 Prof. Dr. Manfred Keil, Neckargemünd – 19.1-3, Rd. Dr. Joachim Wygasch, Paderborn – 20.1 Okapia (Biophoto Ass., Science Source), Frankfurt – 20.3 Prof. Dr. Hans Kleinig, Freiburg – 20.Rd. FOCUS (Sinclair Stammers), Hamburg – 21.1 Okapia (Castano, Overseas), Frankfurt – 21.3 Okapia (NAS/Dr. D. W. Fawcett), Frankfurt – 22.S, 23.1 FOCUS (Science Photo Library), Hamburg – 24.1a/b Prof. Dr. Hartwig Wolburg, Tübingen – 24.Rd. Manfred P. Kage / Christina Kage, Lauterstein – 25.1 Corbis (Chris Mattison/Frank Lane Picture Agency), Düsseldorf – 25.2 Picture-Alliance (ZB), Frankfurt – 25.Rd. dpa, Frankfurt – 26.1, 3 Prof. Dr. Hartwig Wolburg, Tübingen – 26.2 FOCUS (SPL), Hamburg – 27.1 W. Wehrmeyer, Bonn – 27.2 Prof. Dr. Dr. P. Hofschneider, München – 27.3 Prof. Dr. Hartwig Wolburg, Tübingen – 28.1 Okapia (Norbert Lange), Frankfurt – 28.2 Okapia (Ca. Biological/Phototake), Frankfurt – 29.1-5 Johannes Lieder, Ludwigsburg – 30.S Klett-Archiv (Nature + Science AG), Stuttgart – 30.1 Okapia (Manfred P. Kage), Frankfurt – 38.1 Okapia (Gerard Lacz), Frankfurt – 38.2a/b Thomas Seilnacht, Bern – 38.Rd. Mauritius (Rosenfeld), Stuttgart – 39.2a/b Klett-Archiv (Aribert Jung/Nature + Science AG), Stuttgart – 41.S FOCUS (Science Photo Library), Hamburg – 41.1 Okapia (Herbert Schwind), Frankfurt – 41.2a Okapia (NAS/David M. Phillips), Frankfurt – 41.2b, c Okapia (D. M. Phillpis/PR Science Sc), Frankfurt – 41.3 Silvestris (Frank Hecker), Dießen – 41.4 Günther Wichert,Dinslaken – 42.1 W. Stockem, Bonn – 43.S, 44.2 Max-Planck-Gesellschaft zur Förderung der Wissenschaften e.V., München – 48.S Klett-Archiv (Nature + Science AG), Stuttgart – 49.S FOCUS (Science Photo Library), Hamburg – 54.S Stockfood Photo Stock Agency (S. & P. Eising), München – 54.1 Das Fotoarchiv (Thomas Mayer), Essen – 54.2 CMA Centrale Marketinggesellschaft, Bonn – 54.3 Okapia (Hans Reinhard), Frankfurt – 54.4 Silsoe Research Institut (Dr. Toby Mottram), Bedford – 55.1 Mauritius (Rosenfeld), Stuttgart – 55.2 Mauritius (Mitterer), Stuttgart – 55.3 Mauritius (AGE), Stuttgart – 55.4, 5 Prof. Jürgen Wirth, Dreieich – 56.1 Dieter Schmidtke, Schorndorf – 56.2 Silvestris (Heitmann), Dießen – 56.3 Reinhard-Tierfoto, Heiligkreuzsteinach – 56.4 Getty Images (Image Bank/Tom Mareschal), München – 57.1 Mauritius (E. Gebhardt), Stuttgart – 57.2 FOCUS (SPL), Hamburg – 57.3 FOCUS (Dr. Arthur Tucker/SPL),Hamburg – 58.1 W. Schlosser, Fluterschen – 58.2 Okapia (NAS/N. P. Varin/Jacana), Frankfurt – 58.Rd. Mauritius (Arthur), Stuttgart – 59.S Okapia (Joe McDonald), Frankfurt – 60.1 Günter Kämpfe, Neu-Ulm – 62.Rd. Manfred P. Kage / Christina Kage, Lauterstein – 63.S IFA (Larson), Ottobrunn – 63.3 Okapia (G. I. Bernard, OSF), Frankfurt – 64.1 Okapia (Jürgen Lichtenberger), Frankfurt – 66.Rd. Okapia (Biophoto Ass./Science Source), Frankfurt – 67.S MEV, Augsburg – 68.1, 2 Prof. Dr. Wolrad Vogell, Erkrath (aus „Unterricht Biologie“, April 1978, Heft 20) – 69.S, 70.S Okapia (NAS, Bill Longcore), Frankfurt – 71.S Klett-Archiv (Aribert Jung/Nature + Science AG), Stuttgart – 79.S Okapia (Manfred P. Kage), Frankfurt – 80.1a/b Manfred P. Kage / Christina Kage, Lauterstein – 81.S Corbis (Michael Kevin Daly), Düsseldorf – 82.1 Bongarts (Alexander Hassenstein), Hamburg – 82.2 Bongarts (Martin Rose), Hamburg – 82.Rd. Helga Lade (NDS), Frankfurt – 84.RD Corbis (Bob Gomel), Düsseldorf – 85.S Wildlife (D. J. Cox), Hamburg – 85.2 Robert Harding Picture Library Ltd. (Robert Harding), London – 86.1 Okapia (Peter Weimann), Frankfurt – 87.1a/b K+S Kali GmbH, Kassel – 88.1 Okapia (W. Prinz), Frankfurt – 88.2 Okapia (C. Brown/PR Science Source), Frankfurt – 89.S Mauritius (Bieck), Mittenwald – 90.1 Manfred P. Kage / Christina Kage, Lauterstein – 91.1 Prof. Dr. Otto L. Lange, Würzburg – 92.1 Dieter Schmidtke, Schorndorf – 92.2 Motor-Presse International, Stuttgart – 93.S Mauritius (Bieck), Mittenwald – 95.1 Silvestris (Albinger), Dießen – 99.S Klett-Archiv (Aribert Jung/Nature + Science AG), Stuttgart – 103.1 Corbis (Bettmann), Düsseldorf – 104.S Okapia (J. Douillet), Frankfurt – 105.1b Prof. Eldon H. Newcomb, University of Wisconsin, Madison, USA – 107.1 aus „Illustrierte Wissenschaft“, Februar 1992 (S. 30): Woods Hole Oceanographic Institution – 107.2 R. R. Hessler, Scripps Institution of Oceanography, La Jolla, California – 108.1 Getty Images (Botanica/Alexandra Grablewski), München – 108.2 Photodisc, Hamburg – 109.1 Helga Lade (BAV), Frankfurt – 109.2 Okapia (NAS, W.&D.McIntyre), Frankfurt – 109.3 FWU, Grünwald – 109.4 FOCUS (SPL), Hamburg – 110.Rd. The Rockefeller University Archives, New York – 111.S MEV, Augsburg – 115.Rd. aus „Benjamin Lewin, Genes IV“ (S. 329), Oxford University Press (Bernard Hirt) – 116.S FOCUS (Dr. Gopal Murti/Science Photo Library), Hamburg – 116.3 aus „Henning, Genetik (S. 67), Springer-Verlag, Heidelberg – 119.K1 Okapia (Norbert Lange), Frankfurt – 119.K2 FOCUS (Prof. P. Motta & T. Naguro/SPL), Hamburg – 121.S FWU, Grünwald – 124.2 FOCUS (SPL), Hamburg – 128.RD Deutsche Sammlung von Mikroorganism, Braunschweig – 133.S MEV, Augsburg – 134.Rd. Okapia (Hans Reinhard), Frankfurt – 135.S MEV, Augsburg – 135.1 Reinhard-Tierfoto, Heiligkreuzsteinach – 135.2 Angermayer (Tierpark Hellabrunn), Holzkirchen – 135.5 Okapia (Carl Roessler), Frankfurt – 136.1 Okapia (Klaus von Mandelsloh), Frankfurt – 136.Rd. Dr. Donald E. Keith; Stephenville – 138.Rd. Mosaik Verlag (Lennart Nilsson), München – 140.Rd.1 Deutsches Museum, München – 140. Rd.2 Horst Schneeweiß, Hamburg – 142.2 Max-Planck-Institut für Züchtungsforschung (Maret-Linda Kalda), Köln – 143.S Corel Corporation, Unterschleissheim – 145.1a K. Hägele – 146.S FOCUS (Jürgen Berger), Hamburg – 146.1, 2, 3a/b FWU, Grünwald – 148.1 aus „E. Passarge, Taschenatlas der Genetik“, S. 81, Georg Thieme Verlag, Stuttgart – 151.S FOCUS (Pascal Goetgheluck), Hamburg – 153.S Angermayer (Hans Pfletschinger), Holzkirchen – 155.1 aus „Alberts/Bray/Lewis/Roberts/Watson, Molekularbiologie der Zelle“, S. 1287, VCH-Verlag, Weinheim – 157.S Mosaik Verlag (Lennart Nilsson), München – 157.2a/b aus „K. V. Hinrichsen (Hrsg.): Humanembryologie“, Springer Verlag Berlin, Heidelberg 1990 – 160.S FOCUS (Jürgen Berger), Hamburg – 160.1, 4, 5 Deutsches Museum, München – 160.2, 3 Corbis (Bettmann), Düsseldorf – 161.1 Corbis (Bettmann), Düsseldorf – 161.2 aus „Medical News“, 1/62 – 161.3 Deutsches Museum, München – 161.4 Picture-Alliance (dpa/Zentralbild, Klaus Franke), Frankfurt – 163.S dpa, Frankfurt – 166.S Silvestris (Heiner Heine), Dießen – 167.S Manfred P. Kage / Christina Kage, Lauterstein – 167.2 Helga Lade (NDS), Frankfurt – 168.1 FOCUS (Lauren Shear/SPL), Hamburg – 168.2 FOCUS (Science Photo Library/L. Willatt), Hamburg – 170.S Okapia (Lond. Sc. Films, OSF), Frankfurt – 170.1 Abraham Menashe, New York – 172.Rd.1, 3 Mosaik Verlag (Lennart Nilsson), München – 172.Rd.2 FOCUS (Science Pictures, Science Photo Library), Hamburg – 173.S Mosaik Verlag (Lennart Nilsson), München – 174.Rd. Dr. Horst Schneeweiß, Hamburg – 178.2a MEV, Augsburg – 178.2b Dr. Goran Söhl (Klett-Archiv) – 179.K FOCUS (Dept. of Clinical Cytogenetics), Hamburg – 182.Rd. Okapia (NAS/H. Morgan), Frankfurt – 184.S Tilman Wischuf, Cleebronn – 184.1 Mauritius (Rossenbach), Mittenwald – 184.2, 3 Prof. Jürgen Wirth, Dreieich – 185.3 Hansjörg Neth, Troy, USA – 186.1 Eye of Science, Reutlingen – 191.K The Nobel Foundation, Stockholm – 192.Rd. Okapia (D. Scharf, P. Arnold), Frankfurt – 194.S FOCUS (National Cancer Institute / SPL), Hamburg – 195.S Eye of Science, Reutlingen – 197.Rd. Bundeszentrale für gesundheitliche Aufklärung, Köln – 198.S Okapia (T. McHugh), Frankfurt – 198.1 AKG, Berlin – 199.1 Mauritius (Torino), Mittenwald – 200.1 FOCUS (Andrew Syred, SPL), Hamburg – 200.2 Eric R. Kandel, Essentials of neural science and behaviour, McGraw-Hill,

S. 287, New York – 200.3 Reinhard-Tierfoto, Heiligkreuzsteinach – 200.4 Okapia (Dr. Frieder Sauer), Frankfurt – 201.1 Okapia (Manfred P. Kage), Frankfurt – 202.1 aus „E. Passarge, Taschenatlas der Genetik“, S. 81, Georg Thieme Verlag, Stuttgart – 202.2 Okapia (Ulrich Zillmann), Frankfurt – 203.1 Corbis (Roger Tidman), Düsseldorf – 203.2 Silvestris (Volkmar Brockhaus), Dießen – 203.3 Silvestris (Fleetham), Dießen – 204.1 Okapia (Norbert Lange), Frankfurt – 204.2 Prof. Jürgen Wirth, Dreieich – 204.3 Silvestris (Janicek), Dießen – 204.4 Corbis (Lester Lefkowitz), Düsseldorf – 204.5 Prof. Dr. Hartwig Wolburg, Tübingen – 205.1 Reinhard-Tierfoto, Heiligkreuzsteinach – 206.1a/b Okapia (Ulla Spiegel), Frankfurt – 206.2 Tilman Wischuf, Cleebronn – 208.1 Okapia (NAS, Thomas D. W. Friedmann), Frankfurt – 209.1 Okapia (Hussenet/BIOS), Frankfurt – 210.1a, 2 Angermayer (H. Pfletschinger), Holzkirchen – 210.1b aus „Heribert Schmid, Wie Tiere sich verständigen“, Otto Maier Verlag, Ravensburg, S. 24 (M. Boppré) – 211.1 Corbis (Barton), Düsseldorf – 212.1a Silvestris (J. & Ch. Sohns), Dießen – 212.1b Okapia (Konrad Wothe), Frankfurt – 212.2 Silvestris (Gerhard Kalden), Dießen – 212.3 IFA (The Natural History), Düsseldorf – 213.1 Corbis (Micheal Kevin Daly), Düsseldorf – 214.1 IFA (Index Stock), Düsseldorf – 215.1 Okapia (Fritz Hanneforth), Frankfurt – 216.1 FOCUS (Science Photo Library), Hamburg – 217.1 ZEFA (E. & B. Bauer), Düsseldorf – 217.2 Okapia (Howie Garber), Frankfurt – 218.2 aus „Gehirn und Nervensystem“, Spektrum der Wissenschaft, S. 64, Abb. 2 – 219.S Okapia (D. Kunkel, Phototake), Frankfurt – 219.1, 4 Johannes Lieder, Ludwigsburg – 219.3 Prof. Dr. Manfred Keil, Neckargemünd – 219.5 aus Spektrum der Wissenschaft 11/79 (Museo Cajal, Madrid) – 220.1a Stefan Goreau, Estate of Fritz Goro, Chappaqua, USA – 225.K Max-Planck-Institut für Medizinische Forschung (Bert Sakmann, Ernst Neher), Heidelberg – 227.S Okapia (D. Kunkel, Phototake), Frankfurt – 228.2 Okapia (Fawcett, Friend/Science Source), Frankfurt – 229.K FOCUS (SPL), Hamburg – 230.1a FOCUS (SPL), Hamburg – 230.1b Okapia (John Mitchell, OSF), Frankfurt – 230.1c Okapia (Ernst Schacke, Naturbild), Frankfurt – 231.S Okapia (D. Kunkel, Phototake), Frankfurt – 232.Rd. Manfred P. Kage / Christina Kage, Lauterstein – 236.1 Okapia (Manfred Uselmann), Frankfurt – 237.S Prof. Jürgen Wirth, Dreieich – 239.1a Johannes Lieder, Ludwigsburg – 240.1, 241,1a/b aus REM-Atlas „Zellen und Gewebe“, Gustav Fischer Verlag – 245.S Creativ Collection Verlag GmbH, Freiburg – 252.S Okapia (D. Kunkel, Phototake), Frankfurt – 252.1 FOCUS (Alexander Tsiaras, Science Photo Library), Hamburg – 252.2 Picture Press (Volker Hinz/STERN), Hamburg – 253.1 Volker Steger (M. Raichle, St. Louis), Stuttgart – 255.1, 4, 9, 12, 13 Prof. Jürgen Wirth, Dreieich – 255.2 MEV, Augsburg – 255.3 Reinhard-Tierfoto, Heiligkreuzsteinach – 255.5 Corbis (Digital Art), Düsseldorf – 255.6 Avenue Images GmbH (Thinkstock), Hamburg – 255.7, 10 Corbis (Tom & Dee Ann McCarthy), Düsseldorf – 255.8 Avenue Images GmbH (Brand X Pictures), Hamburg – 255.11 Photodisc, Hamburg – 256.S Mauritius (K. Paysan), Stuttgart – 256.1 National Institute on Drug Abuse (Michael J. Kuhar), Baltimore, USA – 256.2 Mauritius (Zak), Mittenwald – 262.1a/b, 264.S Boehringer Ingelheim Pharma GmbH, Ingelheim am Rhein – 264.1 Mauritius (Hubatka), Mittenwald – 264.2 Bilderberg (Milan Horacek), Hamburg – 265.1 Visum (Laureen Greenfield), Hamburg – 268.1 Okapia (Tom Vezo), Frankfurt – 268.2 Silvestris (Lothar Lenz), Dießen – 269.S Okapia (Frank Krahmer), Frankfurt – 270.1 Corbis (Reuters), Düsseldorf – 270.2 Okapia, Frankfurt – 270.3 Corbis (Sygma), Düsseldorf – 270.4 FOCUS (SPL), Hamburg – 271.1 Getty Images (Taxi/Benjamin Shearn), München – 271.2 Okapia (David Thompson/OSF), Frankfurt – 271.3 Angermayer (Günter Ziesler), Holzkirchen – 271.4 Okapia (Manfred Danegger), Frankfurt – 271.5 Getty Images (Image Bank/Joseph Van Os), München – 271.6 IFA (R. Maier), Ottobrunn – 272.1 Prof. Jürgen Wirth, Dreieich – 272.Rd.1 Wildlife (J. Cox), Hamburg – 272.Rd.2 Okapia (Dr. Gilbert S. Grant), Frankfurt – 274.1 Picture-Alliance (dpa), Frankfurt – 274.2 Okapia (Darek Karp/Naturbild), Frankfurt – 275.S Okapia (B. Cavignaux, BIOS), Frankfurt – 277.S Reinhard-Tierfoto, Heiligkreuzsteinach – 280.Rd. Silvestris (Lehmann), Dießen – 281.S Corel Corporation, Unterschleissheim – 283.S, 2 Silvestris (Günter Roland), Dießen – 284.1a Naturfotografie Frank Hecker (Frieder Sauer), Panten-Hammer – 285.Rd. Silvestris (Heinrich König), Dießen – 286.Rd. aus „Apfelbach/Döhl, Verhaltensforschung“, 3. Auflage 1980 (nach Hempelmann 1926, verändert), Gustav Fischer Verlag, S. 105 – 287.S Harald Lange Naturbild, Bad Lausick – 288.Rd. ARDEA London Limited (Brian Bevan), London – 291.S Okapia (Barrie E. Watts, OSF), Frankfurt – 291.1-3 Hanna-Maria Zippelius, Mechernich – 292.1 Prof. Dr. Jürgen Lethmate, Ibbenbüren – 292.2 Natural History Photographie Agency (NHPA) (Orion Press), London – 292.Rd. Wildlife (P. Ryan), Hamburg – 293.S Okapia (NAS, Tim Davies), Frankfurt – 293.1 Prof. Dr. Jürgen Lethmate, Ibbenbüren – 293.6 FWU, Grünwald – 294.1a/b Angermayer (Rudolf Schmidt), Holzkirchen – 296.1a Silvestris (J. & C. Sohne), Dießen – 296.1b Okapia (Daryl & Shama Balfour), Frankfurt – 296.1c, e Silvestris (Sohns), Dießen – 296.1d Okapia (Frank Krahmer), Frankfurt – 297.2 Wildlife (Delpho), Hamburg – 298.1 Okapia (Joe McDonald), Frankfurt – 298.Rd. Okapia (Sohns), Frankfurt – 299.1 Okapia (Konrad Wothe), Frankfurt – 300.1 Silvestris (E. u. D. Hosking), Dießen – 301.1 Angermayer (Rudolf Schmidt), Holzkirchen – 302.Rd. Manfred Pforr, Langenpreising – 303.K Dr. Andreas Paul, Institut für Anthropologie, Universität Göttingen – 304.S Okapia (P. Laub), Frankfurt – 304.1 Silvestris (Roger Wilmshurst), Dießen – 306.1 Prof. Volker Sommer, Holzhausen – 306.Rd. Mauritius (age), Mittenwald – 307.1 Angermayer (Günter Ziesler), Holzkirchen – 308.S Angermayer (Sigi Köster), Holzkirchen – 308.1 Silvestris (Aitken), Dießen – 308.3, 5 IFA (R. Maier), Düsseldorf – 309.2 Georg Quedens, Norddorf-Amrum – 309.4 Okapia (NAS/A. Martinez), Frankfurt – 312.1 Okapia (NAS, Tom McHugh), Frankfurt – 313.K Angermayer (Günter Ziesler), Holzkirchen – 313.Rd. Arco Digital Images (P. Wegner), Lünen – 314.1 Okapia (Ludwig Werle), Frankfurt – 314.2 Silvestris (Gerard Lacz), Dießen – 314.Rd.1 Reinhard-Tierfoto, Heiligkreuzsteinach – 314.Rd.2 Silvestris (V. Brockhaus), Dießen – 316.S Corel Corporation, Unterschleissheim – 316.1 Corbis (Peter Guttmann), Düsseldorf – 316.2 EPD (Anja Kessler), Frankfurt – 316.3a/b Okapia (NAS/Art Wolfe), Frankfurt – 316.4 Okapia (NAS/Art Wolfe), Frankfurt – 316.5 EPD, Frankfurt – 317.1 Prof. Jürgen Wirth, Dreieich – 317.2 EPD (Höria), Frankfurt – 317.3 Corbis (Peter Harholdt), Düsseldorf – 317.4, 5 Hans-Peter Krull, Kaarst – 317.6 Okapia (Fritz Pölking), Frankfurt – 317.7 Okapia (G. Wittsie, Peter Arnold), Frankfurt – 317.8 Corbis (Joel Sartore), Düsseldorf – 317.9 Okapia (M. Schneider/UNEP/Still Pictures), Frankfurt – 317.10 Corbis (David Muench), Düsseldorf – 318.1 Getty Images (Stone/Laurie Campbell), München – 318.2 Getty Images (Taxi/Neil McIntyre), München – 318.3 Getty Images (Stone/Bruno Dittrich), München – 318.4 Corbis (Jim Craigmyle), Düsseldorf – 318.5 Angermayer (Ernst Elfner), Holzkirchen – 319.1 CSIRO Publishing, Collingwood – 319.2 Okapia (Manfred Danegger), Frankfurt – 319.3 Reinhard-Tierfoto, Heiligkreuzsteinach – 319.4 Corbis (Joe Bator), Düsseldorf – 320.1 Angermayer (Hans Reinhard), Holzkirchen – 320.2 Okapia (Barbara Rios/NAS), Frankfurt – 323.S Getty Images, München – 323.1 Okapia (Joe McDonald), Frankfurt – 324.S Stockbyte, Tralee, County Kerry – 326.1 Dr. Rudolf König, Preetz – 326.Rd. FOCUS (SPL), Hamburg – 327. Rd. Dr. Heiko Bellmann, Lonsee – 328.1 Okapia (Erich Thielscher), Frankfurt – 329.1 Reinhard-Tierfoto, Heiligkreuzsteinach – 330.S Prof. Dr. Ulrich Heitkamp, Gleichen-Diemarden – 331.S Silvestris (Walter Rohdich), Dießen – 333.1 Angermayer (Hans Pfletschinger), Holzkirchen – 334.Rd. Reinhard-Tierfoto, Heiligkreuzsteinach – 336.1 Okapia (Robert Groß), Frankfurt – 336.2a Angermayer (Hans Reinhard), Holzkirchen – 336.2b Okapia (Luiz C. Marigo), Frankfurt – 336.2c FOCUS (Andrew Syred, Science Photo Library), Hamburg – 336.2d Okapia (Stouffer), Frankfurt – 336.2e Okapia (Robert Henno, Wildlife Pict.), Frankfurt – 336.2f Klett-Archiv, Stuttgart – 337.1 aus „David Attenborough, The atlas of the living world“, Houghton Mifflin Company, Boston 1989, S. 124/125 (Giani Tortoli) – 337.Rd. Angermayer (Hans Reinhard), Holzkirchen – 338.1 Okapia (Stouffer), Frankfurt – 340.1 Corbis (Steve Terrill), Düsseldorf – 340.2 Creativ Collection Verlag GmbH, Freiburg – 341.1 Okapia (Sven Halling/Naturbild), Frankfurt – 341.2 Angermayer (Hans Reinhard), Holzkirchen – 342.1, 343.1 Naturfotografie Frank Hecker (F. Sauer), Panten-Hammer – 344.Rd. Okapia (Cattlin/Holt Studios), Frankfurt – 345.Rd. Angermayer (Hans Reinhard), Holzkirchen –

349.2 Okapia (Hans Reinhard), Frankfurt – 349.Rd.1-3 Dieter Schmidtke, Schorndorf – 352.S Fotosearch RF, Waukesha, WI – 352.1 Angermayer (Hans Pfletschinger), Holzkirchen – 352.2 Reinhard-Tierfoto, Heiligkreuzsteinach – 352.3 ZEFA (M. Mehlig), Düsseldorf – 352.4 Okapia (Cyril Ruoso/BIOS), Frankfurt – 352.5 Mauritius (Nakamura), Stuttgart – 352.6 IFA (BCI/Bob & Clara Calboom), Ottobrunn – 352.7 Bernhard Knauer, Göttingen – 352.8 Picture Alliance, Frankfurt – 353.1-7 Okapia (Clyde H.Smith), Frankfurt – 353.8 Okapia (Wolfgang Lummer), Frankfurt – 354.1 Corbis (Yann Arthus-Bertrand), Düsseldorf – 356.1a/b Bernhard Knauer, Göttingen – 358.1a Corbis (RF Royalty Free), Düssel-dorf – 358.1b Corbis (Francesc Muntada), Düsseldorf – 360.S Tilman Wischuf, Cleebronn – 364.Rd. Bärbel Knabe, Leipzig – 365.S Getty Images (PhotoDisc), Hamburg – 366.3 Bildarchiv Sammer, Neuenkirchen – 368.2 Cartoon-Caricature-Contor (Mandzel), Pfaffenhofen – 370.S Superbild (Eric Bach), Unterhaching – 370.1, 3 Astrofoto (NASA), Sörth – 370.2 Silvestris, Dießen – 372.1 Schlosser, Fluterschen – 372.Rd. Okapia (Kjell-Arne Larsson), Frankfurt – 373.1, 2 aus „Die Düngung von Waldbäumen" (Baule, Fricker), BLV, München – 373.3, 4 ZELMI (Prof. Hafner), Berlin – 373.5, 6 Prof. Dr. Ingrid Kottke, Tübingen – 373.7-9 Horst Hooge, Gleichen-Benniehausen – 374.1a Okapia (Falck), Frankfurt – 374.1b Helga Lade (D. Rose), Frankfurt – 374.Rd. Okapia (Hans Reinhard), Frankfurt – 376.1a Okapia (Detlef Lämmel), Frankfurt – 376.1b Okapia (Skip Moody), Frankfurt – 376.1c Okapia (Eduard Schäfer), Frankfurt – 376.1d Okapia (Winfried Wisniewski), Frankfurt – 376.1e Okapia (Dr. Peter Wernicke), Frankfurt – 376.2 Okapia (Jeffrey Rich), Frankfurt – 376.Rd.1 Okapia (L. Martinez), Frankfurt – 380.2 Okapia (Hans Reinhard), Frankfurt – 380.1a Okapia (H. Farkaschovsky), Frankfurt – 376.Rd.2 Okapia (Fritz Pölking), Frankfurt – 376.Rd.3 Okapia (Johan de Meester), Frankfurt – 377.S, 3a Corbis (Niali Benvie), Düsseldorf – 377.1 Okapia (G. Büttner/Naturbild), Frankfurt – 377.3b Okapia (Manfred Danegger), Frankfurt – 377.3c Okapia (Bernard Castelein), Frankfurt – 377.3d Angermayer (Günter Ziesler), Holzkirchen – 378.1 Okapia (NAS/Gregory G. Dimijian), Frankfurt – 378.2 Picture-Alliance (Okapia/Werner Otto), Frankfurt – 378.3 Silvestris (Heiner Heine), Dießen – 379.1 Corbis (Roger Ressmeyer), Düsseldorf – 379.2 Getty Images (Eastcott Momatiuk), München – 379.3 Deutsches Museum, München – 380.1b Angermayer (Rudolf Schmidt), Holzkirchen – 380.1c Okapia (J. L. Klein, M. L. Hubert), Frankfurt – 380.1d Okapia (Hans Reinhard), Frankfurt – 380.1e Okapia (Institut Pasteur, CNRI), Frankfurt – 380.2 Okapia (Hans Reinhard), Frankfurt – 380.1a Okapia (H. Farkaschovsky), Frankfurt – 380.Rd.1 Angermayer (Rudolf Schmidt), Holzkirchen – 380.Rd.2 Klett-Archiv, Stuttgart – 381.2a Corel Corporation, Unterschleissheim – 381.2b Okapia (Klaus von Mandelsloh), Frankfurt – 381.2c Okapia (Karl Gottfried Vock), Frankfurt – 381.2d Fotosearch RF, Waukesha, WI – 381.2e Angermayer (Hans Pfletschinger), Holzkirchen – 382.1a Klett-Archiv, Stuttgart – 382.1b Mauritius (Rosenfeld), Stuttgart – 382.Rd.1 blickwinkel (O. Giel), Witten – 382.Rd.2 blickwinkel (R. Bala), Witten – 383.2 Corbis (Darama), Düsseldorf – 384.1a/b Okapia (NAS/Michael Tweedie), Frankfurt – 384.Rd. Prof. Dr. Ulrich Kattmann, Bad Zwischenahn – 389.1a Alfred Limbrunner, Dachau – 390.1 blickwinkel (E. Hummel), Witten – 390.K Okapia (U. Walz), Frankfurt – 391.1a Paul Rodach, Sachsenheim – 391.1b Okapia (J. L. Klein, M. L. Hubert), Frankfurt – 391.1c IFA (F. Prenzel), Düsseldorf – 391.1d Okapia (Vedie, Cogis), Frankfurt – 391.1e Getty Images (Tim Davis), München – 391.1f Okapia (Hermeline/Cogis), Frankfurt – 391.1g Angermayer, Holzkirchen – 391.1h Picture-Alliance (Bernhard Brinkmann, Okapia), Frankfurt – 391.1i Corel Corporation, Unterschleissheim – 392.2a Silvestris (Lane), Dießen – 392.2b Natural History Phot. Agency, Ardingly Sussex – 393.S Corel Corporation, Unterschleissheim – 394.1a/b Angermayer (Rudolf Schmidt), Holzkirchen – 394.Rd. Angermayer, Holzkirchen – 395.Rd.1, 2 Reinhard-Tierfoto, Heiligkreuzsteinach – 396.1a IFA (R. Maier), Ottobrunn – 396.2a Reinhard-Tierfoto, Heiligkreuzsteinach – 396.2b blickwinkel (H. Schmidbauer), Witten – 397.S, 2 Arco Digital Images (K. Wothe), Lünen – 397.1 Angermayer (Rudolf Schmidt), Holzkirchen – 401.Rd.1 Dr. Eckart Pott, Stuttgart – 401.Rd.2 blickwinkel (F. Pölking), Witten – 401.Rd.3, Rd.4 Okapia (Alan Root), Frankfurt – 402.1a Okapia (Darlyne A. Murawski/P. Arnold, Inc.), Frankfurt – 402.Rd. Wildlife (P. Oxford), Hamburg – 403.S Okapia (Robert Henno, Wildlife Pict.), Frankfurt – 403.1 Mauritius (Reinhard), Mittenwald – 403.2 Silvestris (Volkmar Brockhaus), Dießen – 403.3 Reinhard-Tierfoto, Heiligkreuzsteinach – 403.4 Silvestris (V. Brockhaus), Dießen – 404.S FOCUS, Hamburg – 405.1a Manfred P. Kage / Christina Kage, Lauterstein – 405.1b FOCUS (Royal Free Hospital, Science Photo Library), Hamburg – 408.1 AKG, Berlin – 409.1 Deutsches Museum, München – 410.S Okapia (Alan Root), Frankfurt – 410.1 Pixtal, New York – 410.2, 4 Deutsches Museum, München – 410.3 AKG, Berlin – 411.1 Dr. Bruno P. Kremer, Wachtberg – 411.2 Deutsches Museum, München – 411.3 FOCUS, Hamburg – 411.4 Corbis (Rick Friedman), Düsseldorf – 415.K Albert Bonniers Förlag AB (L. Nilsson), Stockholm – 416.S Reinhard-Tierfoto, Heiligkreuzsteinach – 419.1a Okapia (Joe McDonald), Frankfurt – 419.1b Okapia (Michael Leach/OSF), Frankfurt – 419.Rd.1 Okapia (Rolf Bender), Frankfurt – 419.Rd.2 Michael Ludwig, Heimsheim – 421.S Corel Corporation, Unterschleissheim – 421.2a/b Dr. Eckart Pott, Stuttgart – 424.1 Naturmuseum Senckenberg, Frankfurt/M. (Foto Abteilung Messelforschung) – 424.Rd.1 Okapia (Breck P. Kent), Frankfurt – 424.Rd.2, Rd.3 Silvestris (Frieder Sauer), Dießen – 424.Rd.4 Okapia (Frieder Sauer), Frankfurt – 425.1 Okapia (Manfred P. Kage), Frankfurt – 425.2a Bayerische Staatsammlung für Paläontologie, München – 425.2b Max-Planck-Institut (J. Schauer, Fricke), Seewiesen – 426.1 Silvestris (Heiner Heine), Dießen – 427.1 Lichtbildverlag Dr. W. Strache, Stuttgart – 427.2 Okapia (NAS/T. McHugh), Frankfurt – 432.Rd.1, Rd.2 FOCUS (John Reader/SPL/Photo Researchers), Hamburg – 433.Rd.1 William H. Kimbel, Institute of Human Origins, Tempe, AZ 85287-4101 – 433.Rd.2 Nevraumont Publishing Company (John Reader), New York – 433.Rd.3, 434.Rd.1-4 David L. Brill, Fairburn – 435.3 aus „Evolution des Menschen", Spektrum Akademischer Verlag, S. 67, Patricia C. Wynne – 437.1 Silvestris (Kerscher), Dießen – 437.2 Patrick Landmann (Arenok), Romeny-sur-Marne – 437.4 Silvestris (GDT-Tierfoto, Brandl), Dießen – 437.5 Achim Sperber, Hamburg – 437.6 Mauritius (Crader), Mittenwald – 437.7 Mauritius (Weyer), Mittenwald – 437.8 Mauritius (Fritz), Mittenwald – 437.9 Bilderberg (Ernsting), Hamburg – 438.S Okapia (NAS/T. McHugh), Frankfurt – 439.3 FOCUS (Heiner Müller-Elsner), Hamburg – 441.Rd. Okapia (F. Gohler), Frankfurt – 442.Rd. FOCUS (SPL), Hamburg – 446.1a Okapia (D. Scharf/Peter Arnold, Inc.), Frankfurt – 446.1b creativ collection, Freiburg – 446.1c Okapia (Ca. Biological/Phototake), Frankfurt – 446.1d Reinhard-Tierfoto, Heiligkreuzsteinach – 446.1e Okapia (Lond. Sc. Films/OSF), Frankfurt – 446.1f Gerhard Fuchs, Flein – 446.Rd.1 Klett-Archiv (Nature + Science/Aribert Jung), Stuttgart – 446.Rd.2 Georg Quedens, Norddorf-Amrum – 446.Rd.3 Okapia (Eckart Pott), Frankfurt

Grafiken: Prof. Jürgen Wirth, Fachhochschule Darmstadt, Fachbereich Gestaltung (Mitarbeit: Matthias Balonier

Nicht in allen Fällen war es möglich, den uns bekannten Rechteinhaber der Abbildungen ausfindig zu machen. Berechtigte Ansprüche werden selbstverständlich im Rahmen der üblichen Vereinbarungen abgegolten.